无线传感器网络导论

Guide to Wireless Sensor Networks

[印] Sudip Misra [加] Isaac Woungang
[印] Subhas Chandra Misra 编

张 杰 王海龙 彭 洁 雷 洋
刘志波 杜周全 周 健 颜 江 译

国防工业出版社
·北京·

著作权合同登记　图字:军 -2010 -115 号

图书在版编目(CIP)数据

无线传感器网络导论/(印)苏迪普·米斯拉
(Sudip Misra),(加)伊萨克·温冈(Isaac Woungang),
(印)沙巴哈斯·查德拉·米斯拉
(Subhas Chandra Misra)编;张杰等译.—北京:国
防工业出版社,2024.5
书名原文:Guide to Wireless Sensor Networks
ISBN 978 -7 -118 -11812 -4

Ⅰ.①无… Ⅱ.①苏… ②伊… ③沙… ④张… Ⅲ.
①无线电通信 - 传感器 - 计算机网络 Ⅳ.①TP212

中国版本图书馆 CIP 数据核字(2019)第 069346 号

Translation from the English language edition:"Guide to Wireless Sensor Networks" by
S,Misra,I. Woungang and S. C. Misra;ISBN 978 -1 -84882 -217 -7

※

国防工业出版社出版发行
(北京市海淀区紫竹院南路 23 号　邮政编码 100048)
北京虎彩文化传播有限公司印刷
新华书店经售

*

开本 710 × 1000　1/16　**印张** 40　**字数** 734 千字
2024 年 5 月第 1 版第 1 次印刷　**印数** 1—1000 册　**定价** 298.00 元

(本书如有印装错误,我社负责调换)

国防书店:(010)88540777　　书店传真:(010)88540776
发行业务:(010)88540717　　发行传真:(010)88540762

前　言

无线通信技术正处于快速发展期。近几年来,针对无线传感器网络(WSN)领域的研究急剧增多。无线传感器网络通过分散部署在特定空间,并装备有可检测具体信息的自主传感节点来实现通信。无线传感器网络本质上是多跳网络,但继承了 Ad Hoc 无线网络的许多特性与功能,如在无基础设施情况下建网,基本不依赖网络规划,在没有集中的网络管理器、路由器、接入点或交换机的情况下,节点有自组织的能力。在没有现成的网络设施,或者不能及时地建设完善网络基础设施、出现突发事件或需进行紧急救援时,则需要快速地建立无线传感器网络。无线传感器网络可以在世界范围内的军事和民用行动中得到有效应用,如战场上敌方入侵时进行目标跟踪,对栖息地实行监测,监控病人以及探测火灾等。

尽管传感器网络已经展现出了独特的魅力,但仍有一些挑战需要解决。众所周知的挑战涉及无线传感器网络的覆盖和部署等,如可扩展性、服务质量、网络规模、计算能力、能量效率和安全性等相关问题。

本书全面阐述了无线传感器网络的基本概念,介绍了无线传感器网络领域的新思路、新成果、核心技术和案例。希望本书能为学生、教师、研究人员和从业者提供有价值的参考。目前无线传感器网络的图书主要是为学者和研究人员所写,而我们试图使这本书对从业者同样有用,这也正是本书特色。

本书分为 27 章。第 1 章讨论了无线传感器网络在信息处理方面的能效问题,这是传感器网络的研究者和从业人员高度关注和所面临的挑战之一。第 2 章和第 3 章讨论了网络拓扑管理和覆盖的问题。第 4 ~7 章涉及路由、数据中心以及协作的问题。第 8 章和第 9 章讨论了传输层控制问题,包括流量控制和拥塞控制。由于传感器网络所处环境噪声大,网络通信容易出错,我们单独列出了一章,在第 10 章讨论网络中的容错性问题。第 11 章讨论传感器网络的自组织和自修复的行为特性。第 12 章重点讨论传感器网络服务质量。由于传感器节点在特定的操作系统下运行,我们单列出第 13 章探讨这一主题。第 14 ~18 章讨论有关介质访问控制、调度和资源分配的问题。第 19 ~21 章关注传感器网络中的安全问题,这部分内容肯定会吸引很多读者,因为网络以及传感器网络的安全性,被认为是非常具有挑战性的问题。第 22 ~ 27 章,相对比较专业,它们涵盖的主题包括多媒体传感器网络、传感器网络的中间设备和仿生传感器网络通信。

下面列出本书相关的特色,以供读者参考:

- 本书大多数的章节是由多年来致力于无线传感器网络研究,并对该领域有着深入研究的著名的学者、研究员、从业人员所著。
- 本书的作者来自多个国家,其中大部分在全球知名的机构工作,这使得本书具有了国际化的特征。本书的读者可吸收来自不同国家作者的观点、建议、经验以及对未来问题的看法。
- 本书多数章节都讨论了未来的研究方向。我们认为,这部分内容将引导研究人员对当前研究的课题有更好的理解。
- 每章的作者都努力提供了较全面的参考文献,这有助于研究人员和读者进一步挖掘感兴趣的课题。
- 本书多数章节都阐述了对从业者的指导。我们相信这部分内容对有直接经验的企业从业者有特别的帮助,并可将这些技术应用于该领域。
- 大部分章节提供了重要的术语及其定义。
- 大部分章节还提供了习题,可帮助读者评估对内容的理解程度。

本书主要是针对学生群体,包括刚刚接触该领域的读者、对该领域知识有中等程度了解的读者以及熟悉该领域许多专题的读者。为此我们精心设计了书的整体结构并优化了书的内容,使得各层次的读者都能从中获益。为了帮助读者学习,在每章的最后都设计了一组练习题。

本书的另一读者群体为研究人员,无论是在学术界还是在企业工作都适用。为了满足这一读者群体的需要,本书的大部分章节专门划出了一节用于讨论未来的研究方向。

最后,我们还考虑了行业读者的需要,书中还有一些深入研究的主题讨论如何将这些知识和想法应用在现实生活中的传感器网络。

再次对本书全部作者表示感谢,正是有他们的努力工作才能把这些独特的资源提供给那些寻求帮助的学生、研究者和从业者。在本书从构思到定稿的各个阶段,得到了各位作者的积极配合。需要说明的是,本书的各个章节分别由不同的作者编写,由作者对每章的内容负责。

我们也特别感谢施普林格出版社的同事以及营销团队,特别是韦恩·惠勒先生和凯瑟琳·布雷特女士,在本书的出版过程中一直辛勤地和我们一起工作,指导本书的出版,也特别感谢他们对本书的出版工作以及在全球市场上的推广给予的支持。

最后,还要感谢我们的父母 J. C. 米斯拉教授、米斯拉夫人、约翰森先生、克里斯汀女士,还有我们的妻子萨塔米塔、苏菈格娜和克拉里瑟等,以及我们的孩子巴伯、图图里、克莱德、莱尼和基利安等,谢谢你们一直以来的支持和鼓励。

苏迪普 · 米斯拉

艾萨克 · 温冈

巴斯 · C. 米斯拉

目　录

第12章 无线传感器网络的服务质量 ……………………… 263

第13章 无线传感器网络嵌入式操作系统……………………… 278

第1章　无线传感器网络中信息的高效节能处理

摘要：无线传感器网络(WSN)通常由数百或上千的传感器节点构成，每个节点都能够感知、处理和发送环境信息，这些节点被部署在一个区域内，用于监测某些物理现象或检测和跟踪目标对象。因为传感器节点所配备电池只有有限的能量，要使得所部署网络尽可能长时间地工作，传感器节点的节能信息处理就显得至关重要。本章介绍了一些经典信息处理的案例，主要集中在估算及分类方面，我们着眼于传感器网络中能量约束的重新分析。首先介绍基本估算和分类的某些典型解决方案，然后介绍用于支持无线传感器网络算法设计的要求。通过验证这些节能信息处理算法，说明如何执行高效节能的无线传感器网络信息处理。本章还提供了案例、问题和答案，以帮助读者理解。

1.1　引言

新型微电机系统、数码电子和无线通信技术的发展促使了无线传感器网络的出现。无线传感器网络包括大量的检测装置，每个装置都能够检测、处理和发送环境信息。单个传感器节点可能只配备有限的计算和通信能力，然而在无线传感器网络中的节点，在正确的编程和网络部署后，便可以在无人偏远地区甚至是危险地区，稳定地获取信息，并协同执行信号处理任务。无线传感器网络的应用包括战场监视、环境监测、生物检测、智能空间和工业诊断等[1]。

图1.1描述了一个典型的无线传感器网络应用，包括目标检测、跟踪、分类[2-3]。在此应用中，信息处理的任务是让接收器从布设的传感器和节点收集信息，并推断出目标的类型是什么以及目标在哪里。

要完成这些信息处理任务，一个基本的做法是让节点发送其测量数据(例如，一个声传感器测量声音信号的幅度)到接收器，如图1.1所示，通过多跳通信网络，让接收器处理测量的数据。但这种做法不节能。一般认为传输和接收每比特信息消耗的能量远大于感测和处理每比特信息消耗的能量[4-5]。通常，一个节点测量的原始数据是大量的。原始测量数据的传输，不仅消耗大量的能量，还增加了网络流量带来的高带宽需求。

能源效率(energy efficiency)被视为无线传感器网络中的主要挑战。一般情

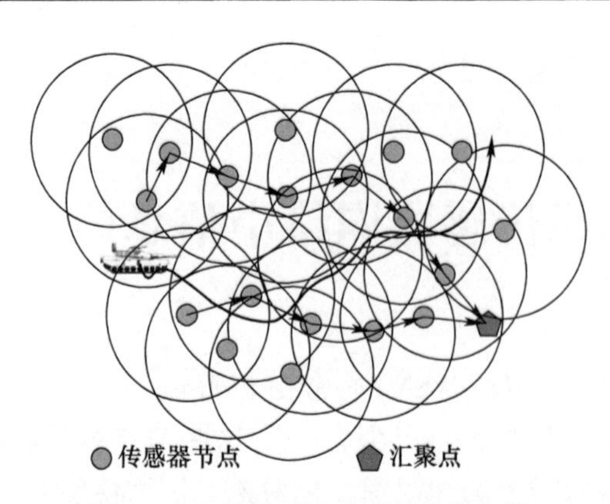

图 1.1　典型的无线传感器网络应用

况下，单个传感器节点的供电依赖电池中有限电量。更换或向节点电池充电会非常困难，如果可能，选择部署备用传感器节点更方便。因此，要寄希望于在单个节点上部署高效节能的协议，使得无线传感器网络的操作时间尽可能长。然而，传统的信息处理方法没有考虑这样的能源效率问题，因此需要在资源受限的无线传感器网络应用中重新审视这一问题。在无线传感器网络中，分布在不同位置的节点对于传感器网络的区域可能有不同的物相视角，这和传感器的测量结果可能有一定的相关性。一个设计良好的算法还应该通过节点之间的协作来完成信息处理任务。

本章阐述了关于设计高效节能的无线传感器网络信息处理算法的最新进展。提高能源效率的方法之一是在传输过程中降低通信电能的消耗。这种方法也可以帮助减少再传输和抵触时变、不可靠的无线电频道。另一种方法是只选择必要的节点来执行信息处理任务（如靠近事件源的节点）并发送最终结果到汇聚点。本章将探讨在高效节能的无线传感器网络中如何来判断和分类这两种方法。首先回顾一些经典的解决方案的判断和分类问题。1.2 节、1.3 节首先介绍无线传感器网络中的信息处理结构和能源效率，然后概述能源效率算法的判断和分类的最新进展；1.4 节介绍在无线传感器网络设计中如何影响网络信息处理协议；1.5 节中给出结论性意见。

1.2　背景

在用于监视获取某些信息的无线传感器网络中，在地理上分布的传感器节点可以相互配合，以便提高信息处理的性能。最原始的信息处理算法是不考虑单个传感器节点的资源限制。在电能受限的无线传感器网络中，需要能量高效的分布式信息处理算法来减少单个节点的能量消耗和延长网络的运行时间。在本节中，给出两种信息处理范例——判断及分类，和在离散时间范围内的典型解决方法。

1.2.1　基本判断

估计基础结合预计的参数值用来描述测得数据的物理场景。估算理论假设测得的数据中包含一些承载信息的量，并假设基于检测的处理已经执行。例如参数的传播方向或反射信号的振幅可能泄露一个目标的位置或大小，从而反映出这个信号。让我们考虑参数估算的总体框架。假设 K 个独立的、地理上分散的传感器节点被用于判断未知参数的向量 $\boldsymbol{\theta}=(\theta_1,\theta_2,\cdots,\theta_p)^{\mathrm{T}}\in\mathbb{R}^P$，从它们的噪声污染观测一个未知参数向量，即

$$x_k = \phi_k(\boldsymbol{\theta}) + \omega_k, k = 1,\cdots,K \tag{1.1}$$

这里 $\phi_k:\mathbb{R}^P\to\mathbb{R}$ 是一个描述传播特性的函数，和附加噪声 w_k 一起被假定 w_k 为一个零均值和方差 σ_k^2 的随机变量。估算的目的是要找到能估算 $\boldsymbol{x}=(x_1,\cdots,x_K)^{\mathrm{T}}$ 的估算器，提供的估算 $\boldsymbol{\theta}$ 记为$\hat{\boldsymbol{\theta}}=(\hat{\theta}_1,\hat{\theta}_2,\cdots,\hat{\theta}_p)^{\mathrm{T}}$。

如果估算的期望值等于参数的真值，估算器被认为是无偏差的，即

$$E(\hat{\theta}_i)=\hat{\theta}_i, i=1,\cdots,p \tag{1.2}$$

否则，估算被认为是有偏差的。最佳估计器常用的最优准则是均方误差(MSE)，即

$$\mathrm{mse}(\hat{\boldsymbol{\theta}})=E[(\hat{\boldsymbol{\theta}}-\boldsymbol{\theta})^2] \tag{1.3}$$

其测量真值到估算值的平均均方偏差。在无偏估计中，有

$$\mathrm{mse}(\hat{\boldsymbol{\theta}})=\mathrm{var}(\hat{\boldsymbol{\theta}})+(E[\hat{\boldsymbol{\theta}}]-\theta)^2=\mathrm{var}(\hat{\boldsymbol{\theta}})$$

不同的无偏差的估算量的性能可以通过比较它们的估算误差方差和一个无偏估计是最优的均方得出，如果它具有最小误差方差，也就是说，它是一个最小方差无偏(MVU)估算。

克拉美－罗下界(CRLB)提供了一个下限误差方差和估算，所有未知参数能达到这一下界的估计器是 MVU 估计器。测量值 x 的统计信息可以通过参数化的概率分布函数(PDF)$p(x;\theta)$来描述。虽然 $p(x;\theta)$可能是在实际中未知的，它提供了 CRLB，即

$$\boldsymbol{C}_{\hat{\theta}}-\boldsymbol{I}^{-1}(\boldsymbol{\theta})\geqslant \boldsymbol{0} \tag{1.4}$$

例如，$\boldsymbol{C}_{\hat{\theta}}-\boldsymbol{I}^{-1}(\boldsymbol{\theta})\geqslant\boldsymbol{0}$ 是半正定的，这里 $\boldsymbol{C}_{\hat{\theta}}=E[(\hat{\boldsymbol{\theta}}-E[\hat{\theta}])^{\mathrm{T}}(\hat{\theta}-E[\hat{\theta}])]$是协方差矩阵，$\boldsymbol{I}$ 是费舍尔矩阵，即

$$[\boldsymbol{I}(\boldsymbol{\theta})_{ij}] = -E\left[\frac{\partial^2\ln}{\partial\theta_i\partial\theta_j}p(\boldsymbol{x};\boldsymbol{\theta})\right] \tag{1.5}$$

此外，一个无偏估计器在 $\boldsymbol{C}_{\hat{\theta}}=\boldsymbol{I}^{-1}(\theta)$达到下界，当且仅当

$$\frac{\partial \ln p(\boldsymbol{x};\boldsymbol{\theta})}{\partial \boldsymbol{\theta}} = \boldsymbol{I}(\boldsymbol{\theta})(g(\boldsymbol{x}) - \boldsymbol{\theta}) \tag{1.6}$$

对于若干个 p 维函数 g 和一些 $p \times p$ 矩阵 $\boldsymbol{I}$。MVU 估算值是 $\hat{\theta}_{\mathrm{MVU}} = g(x)$，最小方差是 $\boldsymbol{I}^{-1}(\boldsymbol{\theta})$。

例 1-1 考虑测量以下线性模型

$$\boldsymbol{x} = \boldsymbol{D}\boldsymbol{\theta} + \boldsymbol{w} \tag{1.7}$$

这里 $\boldsymbol{x}$ 是 $K \times 1$ 的测量值，$\boldsymbol{D}$ 是 $K \times p$ 的观察矩阵（并且 $K \times p$ 可逆），θ 是 $p \times 1$ 未知参数，$\boldsymbol{w}$ 是 $K \times 1$ 相同的每一个都是零均值和方差 σ^2 独立高斯噪声。参数化 PDF$p(\boldsymbol{x};\boldsymbol{\theta})$ 是

$$p(\boldsymbol{x};\boldsymbol{\theta}) = \frac{1}{(2\pi\sigma^2)^{\frac{K}{2}}} \exp\left[-\frac{1}{2\sigma^2}(\boldsymbol{x} - \boldsymbol{D}\boldsymbol{\theta})^{\mathrm{T}}(\boldsymbol{x} - \boldsymbol{D}\boldsymbol{\theta})\right]$$

取一阶和二阶导数

$$\begin{aligned}\frac{\partial \ln p(\boldsymbol{x};\boldsymbol{\theta})}{\partial \boldsymbol{\theta}} &= \frac{1}{2\sigma^2}\frac{\partial}{\partial \boldsymbol{\theta}}[\boldsymbol{x}^{\mathrm{T}}\boldsymbol{x} - 2\boldsymbol{x}^{\mathrm{T}}\boldsymbol{D}\boldsymbol{\theta} + \boldsymbol{\theta}^{\mathrm{T}}\boldsymbol{D}^{\mathrm{T}}\boldsymbol{D}\boldsymbol{\theta}] = \frac{1}{\sigma^2}[\boldsymbol{D}^{\mathrm{T}}\boldsymbol{x} - \boldsymbol{D}^{\mathrm{T}}\boldsymbol{D}\boldsymbol{\theta}] \\ &= \frac{\boldsymbol{D}^{\mathrm{T}}\boldsymbol{D}}{\sigma^2}[(\boldsymbol{D}^{\mathrm{T}}\boldsymbol{D})^{-1}\boldsymbol{D}^{\mathrm{T}}\boldsymbol{x} - \boldsymbol{\theta}] \quad \frac{\partial^2 \ln p(\boldsymbol{x};\boldsymbol{\theta})}{\partial \boldsymbol{\theta}^2} = -\frac{\boldsymbol{D}^{\mathrm{T}}\boldsymbol{D}}{\sigma^2}\end{aligned} \tag{1.8}$$

在一阶导数，第三个方程由于 $\boldsymbol{D}$ 是可逆的，因此有 $\boldsymbol{D}^{\mathrm{T}}\boldsymbol{D}$。对于 MVU 估计器下界，有

$$\mathrm{var}(\hat{\boldsymbol{\theta}}_{\mathrm{MVU}}) = \frac{1}{-E\left[\frac{\partial^2 \ln p(\boldsymbol{x};\boldsymbol{\theta})}{\partial \boldsymbol{\theta}^2}\right]} = \sigma^2(\boldsymbol{D}^{\mathrm{T}}\boldsymbol{D})^{-1}$$

因此，考虑一阶导数，并让 $\boldsymbol{I}(\boldsymbol{\theta}) = \boldsymbol{D}^{\mathrm{T}}\boldsymbol{D}/\sigma^2$，MVU 估算器

$$\hat{\boldsymbol{\theta}}_{\mathrm{MVU}} = (\boldsymbol{D}^{\mathrm{T}}\boldsymbol{D})^{-1}\boldsymbol{D}^{\mathrm{T}}x \tag{1.9}$$

协方差矩阵是 $\boldsymbol{C}_{\hat{\theta}} = \boldsymbol{I}^{-1}(\boldsymbol{\theta}) = \sigma^2(\boldsymbol{D}^{\mathrm{T}}\boldsymbol{D})^{-1}$。

在某些情况下，MVU 估计器不存在或无法找到，即使它存在，一种替代 MVU 估计器常常是最大似然估计（MLE）。最大似然估计的向量参数 $\boldsymbol{\theta}$ 定义了一个值，这个值最大化似然函数 $\ln p(\boldsymbol{x};\boldsymbol{\theta})$ 超过了 $\boldsymbol{\theta}$ 允许的域

$$s(\boldsymbol{x};\boldsymbol{\theta}) := \frac{\partial \ln p(\boldsymbol{x};\boldsymbol{\theta})}{\partial \boldsymbol{\theta}} \tag{1.10}$$

MLE 从式（1.11）得出

$$\frac{\partial \ln p(\boldsymbol{x};\boldsymbol{\theta})}{\partial \boldsymbol{\theta}} = \boldsymbol{0} \tag{1.11}$$

例如，线性模型（1.7）的 MLE 可以通过使式（1.9）等于 0 导出，并且和 MVU 估计器（1.9）是相同的。在某些情况下，我们甚至不必完全了解 $p(\boldsymbol{x};\boldsymbol{\theta})$ 和评估式（1.11）来找到 MLE。在这种情况下，我们可以求助于一种关于测量的线性组

合,并且易于实现。最佳线性无偏估算器(BLUE)是这样一种线性估算器,它被用来确定这样一个 $p(\boldsymbol{x};\boldsymbol{\theta})$ 的一阶和二阶统计量。考虑式(1.7)给出的线性模型,现在假设 $\boldsymbol{w}$ 是一个具有零均值和方差 $\boldsymbol{C}$ 的 $p\times 1$ 的噪声向量(PDF 中的其他 $\boldsymbol{w}$ 未知),则 BLUE 对于 $\boldsymbol{\theta}$ 为

$$\hat{\boldsymbol{\theta}}_{\text{BLUE}}=(\boldsymbol{D}^{\mathrm{T}}\boldsymbol{C}^{-1}\boldsymbol{D})^{-1}\boldsymbol{D}^{\mathrm{T}}\boldsymbol{C}^{-1}\boldsymbol{x} \tag{1.12}$$

并且 $\hat{\boldsymbol{\theta}}$ 的协方差矩阵为 $\boldsymbol{C}_{\hat{\theta}}=(\boldsymbol{D}^{\mathrm{T}}\boldsymbol{C}^{-1}\boldsymbol{D})^{-1}\boldsymbol{D}^{\mathrm{T}}\boldsymbol{C}^{-1}\boldsymbol{x}$。如果 $\boldsymbol{w}$ 为独立的零均值和 σ_k^2 方差的高斯噪声,此时 $\hat{\boldsymbol{\theta}}_{\text{BLUE}}$ 还是 MLE 估算器,进而,如果对于所有 k,有 $\sigma_k^2=\sigma^2$,BLUE(式 1.12)等于 MVU 估算器(式(1.9))。

1.2.2　基本分类

估计是估算物理现象的值,而分类可以视为解释这种现象。例如,声学传感器按一定的采样率测量一些声学信号的振幅,并使用识别方式来推断声音信号是来自轮式车辆还是履带车辆。其他类型的传感器,例如地震传感器和磁强计,也常常用于识别不同现象。要做到识别,首先需要基于传感器测量数据做一些特征提取,然后根据它的识别算法标记每个特征。特征提取/选择本身就是一个重要的课题。对于声信号,时间、频率或时间-频率域的特性常常用于特征的提取。例如,行驶的车辆发出的声音信号通常有两个主要来源:发动机和推进齿轮。不同的发动机可以具有不同的能谱特性,可以用于识别。

识别大致可分为两类:监督识别和无监督识别。监督识别,有一个训练集功能。常用的监督识别算法包括 k 近邻算法、高斯混合模型、支持向量机、神经网络等[7]。然而,这些算法并不是都适用于无线传感器网络。例如,k 近邻算法需要大量的训练以实现合理的识别率,同时 k 近邻算法也需要高容量计算来得到分类结果。另一方面,非监督识别没有事先的训练集,所以无监督识别的目标是在集群中抓取特征,这样的群组功能是在每个群集共享一些重要的属性。一些典型的非监督分类,包括 k-均算法和使用期望最大化的混合建模(EM)算法等。

无线传感器网络可以在不同层次进行识别:节点级上由单个节点进行,组级别由一组接近物理现象(如车辆)的组节点进行,网络级由构成网络的所有节点进行。对于节点级分类器,每一个节点基于所测量数据中提取的特征进行识别。如图 1.2 所示,在每个节点的本地识别器上可以实现相同的或不同的算法。此外,个别节点可以进行单独或统一的训练。总的来说,数据融合涉及两方面。首先是决策融合,将来自不同节点的识别结果合并,在这个过程中,只有判决结果以外的测量数据和提取的特征需要发送到数据中心。其次,数据融合需要将节点数据和提取的特征被发送到融合中心。数据或特征量通常比识别决策高很多,因此,数据融合比决策融合更加节能。

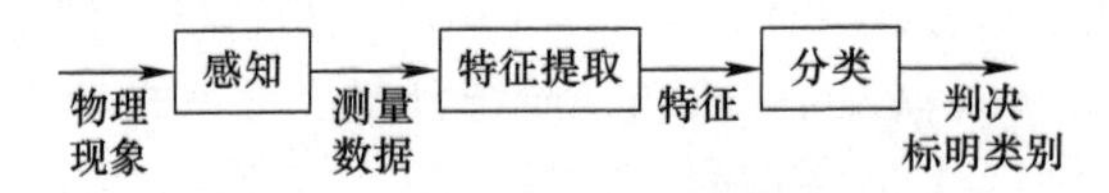

图 1.2　单个节点中的分类

例 1－2　最大似然法(MLC)的节点级分类。假设一个特征可分为 M 类，$\boldsymbol{\Omega}=\{\omega_1,\cdots,\omega_M\}$ 表示类空间，$\boldsymbol{x}=(x_1,x_2,\cdots,x_3)^{\mathrm{T}}$ 表示一个被归类的 $n\times 1$ 的特征向量。分类器可以认为是一个从特征空间到类空间的映射函数：$c(\boldsymbol{x}):\mathbb{R}^n\rightarrow\boldsymbol{\Omega}$。MLC 假定其每个类的基本功能服从多元高斯分布：

$$p(\boldsymbol{x}\mid\omega_i)=\frac{1}{(2\pi)^{\frac{n}{2}}\left|\boldsymbol{\Sigma}_i\right|^{\frac{1}{2}}}\exp\left(-\frac{1}{2}(\boldsymbol{x}-\boldsymbol{\mu}_i)^{\mathrm{T}}\sum\nolimits_k^{-1}(\boldsymbol{x}-\boldsymbol{\mu}_i)\right)\tag{1.13}$$

这里 $\boldsymbol{\mu}_i$ 和 $\boldsymbol{\Sigma}_i$ 分别表示均值和 ω_i 类的协方差矩阵。给定 ω_i 类的 L 个训练特征，$\boldsymbol{\mu}_i$ 和 $\boldsymbol{\Sigma}_i$ 的最大似然估计由 $\hat{\mu}_i=\frac{1}{L}\sum\nolimits_{l=1}^{l}x_1$ 给出，并且 $\hat{\Sigma}_i=\frac{1}{L}(x_l-\hat{\mu}_i)(x_l-\hat{\mu}_i)^{\mathrm{T}}$。对于实际的计算，判别函数 $g_i(\ )$ 的对数形式被用于分类并由下式给出：

$$g_i(\boldsymbol{x})=-\frac{1}{2}(\boldsymbol{x}-\hat{\mu}_i)^{\mathrm{T}}\hat{\sum}\nolimits_i^{-1}(\boldsymbol{x}-\hat{\mu}_i)+\ln P(\omega_i)-\frac{1}{2}\ln\left|\sum\nolimits_i\right|-c\tag{1.14}$$

这里 $P(\omega_i)$ 是 ω_i 类发生的先验概率，$c=-\frac{n}{2}\ln 2\pi$ 是一个常数。如果 $g_i(\boldsymbol{x})=g_j(\boldsymbol{x})$，$j\neq i$，则所述 MLC 分类器的特征向量 $\boldsymbol{x}$ 归到 ω_i 类。

1.3　从业者指南

1.3.1　高效节能信息处理的注意事项

1.3.1.1　能源效率方面的考虑

每个传感器节点一般由四部分组成：感测信元、数据处理单元、数据通信单元和电源单元[1]。电源单元供应能量到其他三个单元。其他三个单元包括传感、数据处理，数据传输和数据接收的任何活动都会消耗电池能量。实验表明，主要能量消耗部分是无线通信（数据传送和接收），而不是感测和数据处理[8-9]。例如，它需要 1μJ 的能量来发送单个节点和 0.5μJ 的能量来接收单个节点。在这段时间内，处理器可以执行 208 个周期（大约 100 指令），并且消耗 0.8μJ 左右的能量[8]。WINS 罗克韦尔地震传感器用于发送接收感应操作模式的使用电量的新的比例是(0.38～0.7)∶0.36∶0.02[9]。因此，在无线传感器网络中，降低无线设备的能量消耗的关键是节省电池的能量和延长网络运行时间。

例 1-3　常用无线传感器的无线电一阶能量消耗模型如图 1.3 所示[4]。消耗的能量用于接收各比特数据,其被假定为常数 e_r。用于发送每个比特数据所消耗的能量,取决于发射机和接收机之间的距离。e_{ij}^t表示传送比特接收器 s_j 接收 s_i 所消耗的能量:$e_{ij}^t = e_t + b \cdot d_{ij}^\alpha$。$e_t$ 一部分是由发送电子装置所消耗的能量。$b \cdot d_{ij}^\alpha$的一部分是发射机放大器所消耗的能量。这里 b 是一个常数,α 是的路径损耗因子。d_{ij}是两节点 s_i 和 s_j 间的欧几里得距离。在文献[4]中,不同的参数的值被设定为 $e_t = e_r = 50\mathrm{nJ/bit}$,$\alpha = 2$ 和 $b = 100\mathrm{pJ/bit/m^2}$。

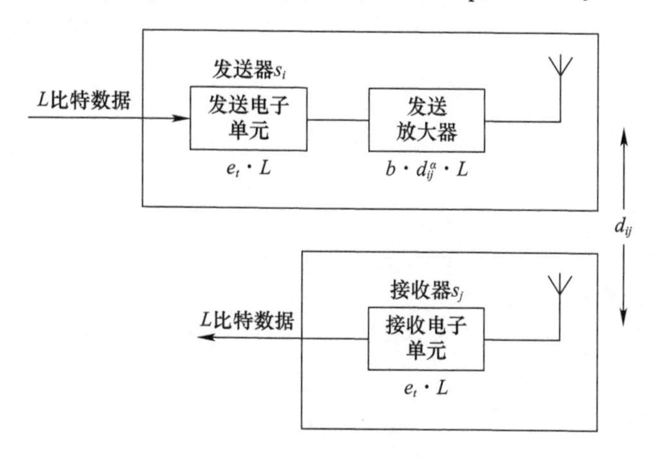

图 1.3　一阶能量消耗模型[4]

1.3.1.2　体系结构的思考

涉及信息处理任务的传感器节点,可以是所有区域内的节点或最靠近事件源的节点,这取决于应用场合。在下文中,我们使用 K 来表示涉及信息处理任务的传感器节点数目,并且这 K 个节点可以是任一小部分节点或在一个无线传感器网络中部署的全部节点。并联的体系结构或串联的体系结构可应用于这 K 个节点。

图 1.4 给出了并联结构的判断:每个传感器节点首先处理测量值 x_k,以产生中间结果作为消息 m_k,该消息通过无线电发送,并且可能被中断。融合中心基于接收信息 m_k 推断出最终的估算结果。融合中心可位于通道或仅仅具有先进计算能力的传感器节点上。在并行体系结构中,各个节点可能不需要复杂的处理能力。例如,处理信元可能只需要对测量结果与阈值作比较,并输出二进制编码的消息。图 1.5 显示了串联结构的判断:传感器节点执行估算是根据它自己的测量值以及从前面的节点中得出的结果。在这种情况下,每个传感器节点可能需要更复杂的计算能力。如果仅有接近事件源的一小部分节点被选择做估算,那么在该串联体系结构中,消息进行本地交换,最后估算结

果被发送到接收器中。并行的体系结构和串联的体系结构还适用于识别和信息处理算法。

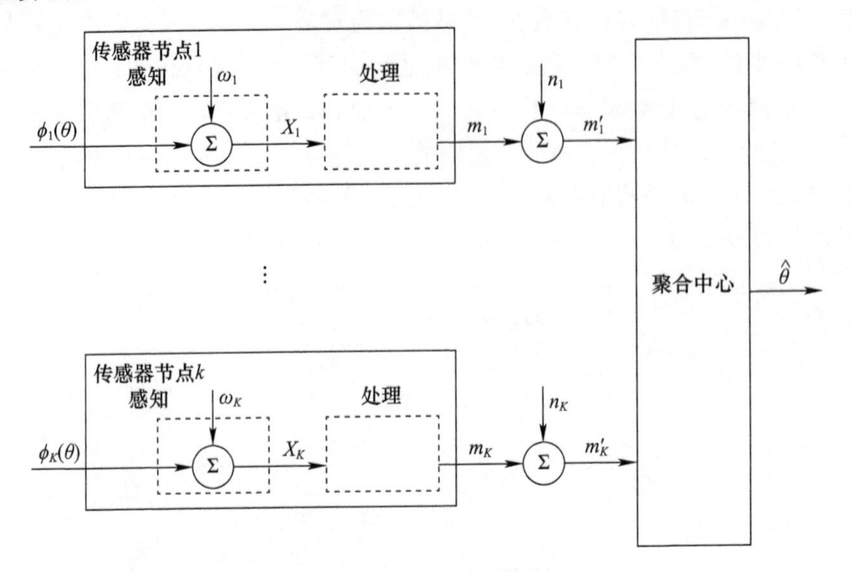

图 1.4　信息处理的并行体系结构

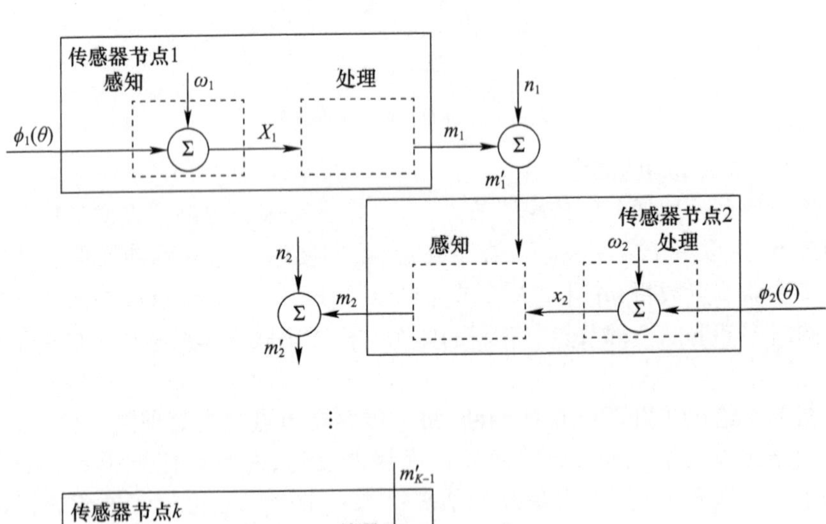

图 1.5　信息处理的串联体系架构

1.3.2 量化估算和序贯估算

1.3.2.1 量化估算

无线传感器网络中的严重制约因素(如带宽和能量)不利于让每个单独的节点发送模拟振幅测量值 x_k 到融合中心进行估算。相反,每个节点可以传输量化版本的 x_k,它被一个有限速率消息函数 $m_k(x_k)$ 所编码,融合中心将基于 m_k 进行估算。此外,在融合中心 m_k'收到的信息量可能会被嘈杂的无线信道破坏。本地的消息函数 $m_k(x_k)$ 的设计考虑有无噪声的无线信道,基于 m_k 或 m_k'相应的估算,在无线传感器网络已经有所研究(相关内容见文献[10]),一些结果如下。

基于二进制消息函数估算已在文献[11 - 15]研究了。基本的考虑是把局部测量编码成只有一个 1bit 的信息,以减少带宽和能量消耗。在无线传感器网络考虑一个简单的估算模型,其中估算一个未知参数 θ,每个传感器节点测量数据如下:

$$x_k = \theta + \omega_k, k = 1, 2, \cdots, k \tag{1.15}$$

如果噪声 PDF$p_k(\omega)$ 是已知的,二进制消息函数被设计成一个指示功能[11]:

$$m_k(x_k) = \begin{cases} 1, x_k \in (\tau_k, \infty) \\ 0, 其他 \end{cases} \tag{1.16}$$

也就是说,如果在测量值 x_k 大于阈值 τ_k,它被编码为 1,否则为 0。该消息 m_k 是一个带参数的伯努利随机变量,其参数为

$$q_k(\theta): = \{x_k \in (\tau_k, \infty)\} = F_k(\tau_k - \theta) \tag{1.17}$$

这里 $F_k(x) := 1/(\sqrt{2\pi}\sigma_k)\int_x^{+\infty} \exp(-u^2/2\sigma_k^2)\mathrm{d}u$ 是 ω_k 的互补累积分函数。

例 1 - 4[11]　假设所有的噪声 ω_k 是独立且相同的高斯 PDF

$$p(\omega) = \frac{1}{\sqrt{2\pi}\sigma_k} / \exp(-\omega^2/2\sigma_k^2)$$

并进一步假设所有传感器使用相同的消息函数

$$m(x_k) = 1/\{x_k \in (\tau_k, \infty)\}, k = 1, 2, \cdots, K$$

这样有 $q_k(\theta) = q(\theta): = F(\tau_c - \theta)$ 和 $\dfrac{\partial q(\theta)}{\partial \theta} = p(\tau_c - \theta)$。$\boldsymbol{m} := (m_1, \cdots, m_K)$ 关于 θ 的 PDF 为

$$p(m;\theta) = \prod_{k=1}^{K} [q(\theta)]^{m(x_k)} [1 - q(\theta)]^{(m(x_k))} \tag{1.18}$$

该似然函数相对于 θ 的一阶导数为

$$\begin{aligned} \frac{\partial \ln p(\boldsymbol{m};\theta)}{\partial \theta} &= \frac{\partial}{\partial \theta} \sum_{k=1}^{K} [m(x_k)\ln(q(\theta)) + (1 - m(x_k))\ln(1 - q(\theta))] \\ &= \sum_{k=1}^{K} \left[\frac{m(x_k)p(\tau_c - \theta)}{q(\theta)} - \frac{(1 - m(x_k))p(\tau_c - \theta)}{1 - q(\theta)}\right] \end{aligned}$$

使$\frac{\partial \ln p(\boldsymbol{m};\theta)}{\partial \theta}=0$,有最大似然估计:

$$\hat{\theta}_{\mathrm{MLE}} = \tau_c - F^{-1}\left(\frac{1}{K}\sum_{k=1}^{K} m(x_k)\right) \tag{1.19}$$

二阶导数是

$$\begin{aligned}\frac{\partial^2 \ln p(\boldsymbol{m};\theta)}{\partial \theta^2} &= \sum_{k=1}^{K} m(x_k)\left[-\frac{p^2(\tau_c-\theta)}{q^2(\theta)}+\frac{\partial p(\tau_c-\theta)/\partial\theta}{q(\theta)}\right] \\ &+ \sum_{k=1}^{K}[1-m(x_k)]\left[-\frac{p^2(\tau_c-\theta)}{[1-q(\theta)]^2}-\frac{\partial p(\tau_c-\theta)/\partial\theta}{1-q(\theta)}\right]\end{aligned}$$

因为对于一个伯努利变量$E[m(x_k)]=q(\theta)$,该 CRLB 由下式给出:

$$\mathrm{var}(\hat{\theta}_{\mathrm{MLE}}) = \frac{1}{E\left[\frac{\partial^2 \ln p(\boldsymbol{m};\theta)}{\partial \theta^2}\right]} = \frac{1}{K}\left[\frac{p^2(\tau_c-\theta)}{F(\tau_c-\theta)[1-F(\tau_c-\theta)]}\right]^{-1} := B(\theta)$$

当$\tau_c=\theta$及$B(\theta)_{\min}=\frac{\pi}{2}\frac{\sigma^2}{K}$时,得出$B(\theta)$的最小值。需要注意的是,$\frac{\sigma^2}{K}$是未使用比特消息函数时最大似然估计误差的最小方差。因此,如果选取τ_c的最优解,与使用未压缩的测量值极大似然估计进行比较,方差只增加$\frac{\pi}{2}$。

上述 MLE 要求噪声的 PDF 知识,可能无法在实践中得到。分散估算方案(DES)[13]提出,不需要噪声的 PDF 知识。假设$\theta\in[-V,V]$,对于V有$\varepsilon_k\in[-U,U]$,U,V为大于 0 的常数,于是有$x_k\in[-V,-U,V+U]$。DES 的基本想法[13]是把K个节点分成大小不同的组S_i,且第i个组中的每个节点将其观测值编码到第i个最显著位(MSB)。具体地说,它将$\frac{1}{2}$的节点分配至第一组,1/4 的节点到第二组,依此类推。对于一个非负实数$u\in[0,2(V+U)]$,它可以被二进制展开$u=\sum_{i=1}^{\infty}u_i 2^{i_0-1}$其中,$u_i\in\{0,1\}$,$i_0=[\log_2(2(U+V))]$,因此$u$的第$i$个 MSB 位是$u_i$。组$S_i$被定义为$[0,2(U+V)]$的子集,其中,第$i$个 MSB 为 1,例如$S_i=\{u\in[0,2(U+V)]:u_i=1\}$。注意:这些集合$S_i(i=1,2,\cdots)$有交集。$S_i$组的传感器$k$的本地信息函数$m_k^i$被定为

$$m_k^i(x_k)=\begin{cases}1, x_k+U+V\in S_i\\0, x_k+U+V\in S_i^c\end{cases} \tag{1.20}$$

这里S_k^c是在$\mathbb{R}$中S_k的补集。$|S_i|$表示在S_i组中节点的数量,并用I_s表示群集的数目。然后融合中心使用线性估算来求$m_k s$的平均值并得出最终估算结果

$$\hat{\theta}_{\mathrm{DES}} = (U+V)+2(U+V)\sum_{i=1}^{I_s}2^{-i}\frac{\sum_{m_k^i\in S_i}m_k^i}{|S_i|} \tag{1.21}$$

这里 m_k^i 是从传感器 k 输出的二进制的信息函数，其属于 S_i 组。我们用数值例子来说明 DES 的工作方式。

例1-5 假设我们有15个传感器，并且 $V=5$，$U=10$。因此，我们把传感器分成4组：S_1、S_2、S_3、S_4，分别包含8、4、2、1个传感器。此外 $S_1=[16,30]$，$S_2=[24,30]\cup[8,16]$，S_3、S_4 可以类推。如果传感器 k 是 S_1 组（或分别为 S_1、S_2、S_3、S_4 组）的，那么对于 $x_k=21$，信息函数输出为 $m_k^1(21)=1$（或 $m_k^2=0$，$m_k^3=1$，$m_k^4=0$）。现在假设传感器在 S_1、S_2、S_3、S_4 组中，则信息的输出分别为{1,0,1,1,1,1,0,1}，{1,1,0,1}，{1,1}和{1}，然后由式(1.21)得出融合中心的最终估算为

$$\begin{aligned}\hat{\theta} &= -15+30\times\left(2^{-1}\times\frac{6}{8}+2^{-2}\times\frac{3}{4}+2^{-3}\times\frac{2}{2}+2^{-4}\times\frac{1}{1}\right)\\ &= -15+30\times0.75=7.5\end{aligned}$$

该 DES 是一种无偏估算，MSE 的上下界推导为[13-14]

$$\frac{U^2}{4K}\leqslant E[\hat{\theta}_{\mathrm{DES}}-\theta^2]\leqslant\frac{(U+V)^2}{K}$$

此外，它是独立于噪声或参数分布的，因此称为万能估算。然而，上述的 DES 需要指定传感器属于哪个组，而且需要一个融合中心给出最终的估算。各向同性的 DES 方案[15]，通过使用一个传感器量化测量的随机方法解决了这个问题。对于每一个新的测量值 x_k，传感器 k 类似投掷硬币，并以概率1/2量化 x_k 值为第一 MSB。以概率为1/4，量化 x_k 为第二 MSB，依此类推。每个传感器以此抛掷硬币策略，量化测量到的第一 MSB 概率大约为1/2，第二 MSB 传感器的概率大致为1/4，依此类推。这个概率 DES[15]在各向同性的所有的传感器中是相同的，而且是独立的网络拓扑的操作。

在不均匀感测的环境中，不能假定传感器的噪声具有相同的分布（或相同的均值和方差），不同的传感器可能具有不同的观测质量。例如，θ 是被估算的一个声学信号振幅的参数，该信号随距离衰减。因此，一个接近信号源的传感器相对于一个较远的传感器，可以有一个较大的局部信噪比（SNR）。在这种情况下，没有必要要求所有传感器的测量值以相同的比特数量进行编码，具有较高的局部信噪比的传感器可以使用更多的比特到它的消息进行编码。在文献[16]中，较长的本地消息 Lk 被设计为一个正比于它的局部信噪比的对数，范化测量值的二进制展开的第一路 Lk 比特被作为消息。

该消息通过无线电信道，该信道是随时间变化和不可靠的。为了进一步降低能耗，消息功能的设计也需要考虑无线信道的质量。例如，如果一个节点的无线信道非常差，它可以选择不发送它的消息或不压缩其测量值，即使观察到它是高质量的。在文献[17]中，传感器和融合中心之间的无线链路被建模为已知的路径增益的加性高斯白噪声。用正交幅度调制和无信道编码，消息的长度被设

计成正比于本地观测的被信道增益缩放了的信噪比。

1.3.2.2 序贯估算

代替发送所有(量化)测量值,位于融合中心的中央估算器相反的估算可以在测量节点进行。在序贯估算中,一个节点不仅可以测得其测量值,而且也可以作为一个估算量,以输出一个基于其自身的测量值,并从其他节点的估算结果得到估算值。虽然序贯估算需要较高的计算能力和消耗更多的电能用于各个节点,但有助于降低整个网络的总能耗。如果要估算的参数是从一个点光源(与被衰减的距离),例如由移动的车辆所发出声音的能量电平,其估算量可以由接近该事件源的节点来完成。这些邻近节点使用本地消息在序贯估算中交换和将最后的估算结果发送到信道中。如果该接收器是远离这些节点则必须使用多跳通信,相对于所有节点发送其测量结果到融合中心进行估算,使用序贯估算可以产生更少的数据流量,从而在广阔的网络中消耗较少的能量。

序贯估算可以被看作是一种分散的增量优化,其中估算被迭代节点所循环和逐步完善。拉巴特和诺瓦克[18]对于序贯估算分析提出的增量次梯度优化理论能准确地权衡。布拉特和赫柔[19]基于费歇尔的如果各个节点只能产生次优估算的评分方法和分析渐近性能提出了一种序贯似然估算法。通过费歇尔的评分方法得到如下迭代版本的最大似然估算:

$$\hat{\boldsymbol{\theta}}(k)=\hat{\boldsymbol{\theta}}(k-1)+\boldsymbol{I}^{-1}(\hat{\boldsymbol{\theta}}(K-1))s(\boldsymbol{x}(k);\hat{\boldsymbol{\theta}}(k-1)) \tag{1.22}$$

其中,$\hat{\boldsymbol{\theta}}(k)$是估算第 k 次迭代,$\hat{\boldsymbol{\theta}}(0)$为随机选择的初步估算,$x(k):=(x_1,\cdots,x_k)^{\mathrm{T}}$为测量向量,$I$ 是在式(1.5)中定义的费歇尔信息矩阵,S 为定义的费歇尔的评分函数(式(1.10))。

显然,应用式(1.22)的序贯估算,我们需要知道参数化的 PDF$p(\boldsymbol{x}:\boldsymbol{\theta})$。在这种情况下,由独立的传感器节点和测量值,费歇尔的得分函数从这个总和的形式得出

$$s(\boldsymbol{x}(k);\hat{\boldsymbol{\theta}}(k-1))=\sum_{i=1}^{k}\left.\frac{\partial\ln p(x_i;\boldsymbol{\theta})}{\partial\boldsymbol{\theta}}\right|_{\theta=\hat{\theta}(i-1)}$$

并且由先前的估算和电流测量更新。序贯估算可以用当两个连续的估算值之间的差小于预定阈值来结束。在未知的 $p(\boldsymbol{x}:0)$ 的情况下,线性估算 BLUE 也可以使用其序贯版本,由给定的线性数据模型可以推导出。

例 1-6[20] 考虑下面的线性数据模型

$$\boldsymbol{x}=\boldsymbol{D}\theta+\boldsymbol{w}$$

这里 $\boldsymbol{x}=(x_1,\cdots,x_k)^{\mathrm{T}}$,$\boldsymbol{D}=(d_1^{-\alpha},\cdots,d_k^{-\alpha})\boldsymbol{w}$,$\boldsymbol{w}=(w_1,\cdots,w_k)^{\mathrm{T}}$。这种模型可以用部署的传感器节点估计一个点热源的温度,d_k 为第 k 个节点和事件源之间的距离。这种可加性噪声被认为是在空间上不相关的白噪声所具有的零均值和

方差 $\hat{\theta}k$,但其他方面是未知的。这个模型的 BLUE 由式(1.12)给出。第 k 个传感器可以通过使用下面的递归结构得出估计的 $\hat{\theta}(k)$:

$$\hat{\theta}(k)=\hat{\theta}(k-1)+\frac{B(k)}{d_k^{\alpha}\sigma_k^2}\left(x_k-\frac{\hat{\theta}(k-1)}{d_k^{\alpha}}\right),k=1,2,\cdots,K \tag{1.23}$$

其中

$$B(k)=\left(\frac{1}{B(k-1)}+\frac{1}{d_k^{\alpha}\sigma_k^2}\right)^{-1} \tag{1.24}$$

这些方程是由 $\hat{\theta}(0)=0$ 和 $B(0)$等于一个很大的数所初始化得到的。

Zhao 和 Nehorai[21] 开发序贯贝叶斯估计方法用于本地化扩散源的应用。对于贝叶斯估算,他们使用了高斯密度近似式和多项式高斯密度函数的线性组合来表示信度状态。在他们的序贯贝叶斯估计中,信度状态可以交换并使用从一个新选择的节点的测量值。在节点可以选择四种信息工具——互信息、克拉美罗下界、马氏距离和协方差作为基础的措施。事实上,序贯估计节点的选择也很重要,因为它决定了估计的收敛速度和总能耗的估计。Wang 等人提供的例子[20] 中,如果使用可调整的传输功率,其以最快的收敛速度的序贯节点不一定具有最低能量消耗。Quan 等人提出了一种贪心的启发式新节点选择办法,如果其测量值的估计误差减少,其最大的可能是相邻的。

1.3.3　分类融合

1.3.3.1　本地独立分类器的融合

由于测量或提取特征的容量比本地分类结果高得多,因此数据融合不适合无线传感器网络。例如,考虑以下产品的规则进行数据融合。根据贝叶斯理论,从 K 个传感器节点选取的 K 分类融合的功能是按最大后验概率指定类。

$$\arg\max_{\omega_j} P(\omega_j \mid x_1,\cdots,x_k) \tag{1.25}$$

显然,这种融合规则规定,单个传感器节点发送它们的特征到融合中心。如果假设 K 个不同节点的 K 个特征统计独立,则融合结果的规则表示为

$$\arg\max_{\omega_j} P(\omega_j)\prod_{k=1}^{K} p(\boldsymbol{x}_k)\mid\omega_j) \tag{1.26}$$

其中,$P(\omega_j)$是 ω_j 发生的先验概率,$p(\boldsymbol{x}_k\mid\omega_j)$是根据 $\boldsymbol{x}$ 得出 ω_j 的级别。等效规则是选择同一类的最大似然:

$$\arg\max_{\omega_j}\left[l_{\omega_j},(\boldsymbol{x}_1\cdots,\boldsymbol{x}_k):=\ln P(\omega_j)\sum_{K=1}^{K}\ln p(\boldsymbol{x}_k\mid\omega_j)\right] \tag{1.27}$$

上述融合规则只要求单个节点来发送它们的中间融合结果(例如 $\ln p(\boldsymbol{x}_k\mid\omega_j)$),当特征尺寸大于类空间时,以上的求和规则有助于节约电能。基于后验概率的

一些其他的融合规则，包括最大规则、最小规则、中位数的规则和多数类表决[23]。多数表决是让每个节点使用一个二元函数来表示其分类结果

$$\delta_{ik}=\begin{cases}1, P(\omega_j \mid x_k)=\max_{\omega_j} P(\omega_j \mid x_k) \\ 0, \text{其他}\end{cases} \tag{1.28}$$

融合中心具有最大的类表决数据库

$$\arg\max_{\omega_j} \sum_{k=1}^{k} \delta_{ik}, k=1,\cdots,K \tag{1.29}$$

假设不同节点在实际情况下所有的独立功能很强。例如，节点收到信号源便可产生非常相关的测量数据，同时节点远离不相关的测量量。为了解决这个问题，文献[24 -26]提出将整个传感器领域划分为小分区域，称为空间相干性区域(SCR)。在每个 SCR 中，提取的特征量(从它们各自的 SCR 内不同节点的测量数据)被认为是相关的，同时在不同的 SCR 内的特性被认为是独立的。应用两步融合方法获得最终结果：在每个 SCR 中的特征值进行第一次平均取得平均特征，然后用来进行区域级分类；然后中间结果(例如，$P(\omega_i \mid x_k)$)被发送到融合中心，融合中心运用融合规则式(1.27)获得最终的分类结果。在文献[26 -27]中介绍了理想或嘈杂的频道中评估出单一目标或多目标的分类，并对所提出的融合方法的性能进行了分析。结果表明，只要每个节点联通一个非零功率，大量独立节点的测量误差概率就会呈指数下降，实际情况中，在目标分类融合中，可能有一些其他因素可以利用。例如，节点离目标的距离和所提取信噪比的特征量。直观地说，接近目标节点的测量数据具有很高的信噪比，并且可能反映出目标的特征。为此，多数表决式(1.29)可以进行修改。

$$\arg\max_{\omega_j} \sum_{k=1}^{k} \omega_k \delta_{ik}, k=1,\cdots,K \tag{1.30}$$

ω_k 设置为

$$\omega_k=P(x_k \mid d_k,\gamma_k)P(d_k,\gamma_k) \tag{1.31}$$

式中：d_k 为目标和第 K 个节点之间的距离；γ_k 为信噪比的特征量；条件概率 $P(x_k \mid d_k,\gamma_k)$ 和先验概率 $P(d_k,\gamma_k)$ 可以从训练集或经验数据中得到。对于线性权加多数表决，权加也可以采取其他形式[28]。例如，它只能让节点离目标的距离小于阈值，并为它们分配相同的加权值。如果 $d_k \leqslant d_{\text{thres}}$，则 $\omega_k=1$，否则 $\omega_k=0$，然而，文献[28]中关于现实生活中车辆分类的结果表明，没有特定的加权方法可以一致地给出相对于其他方法的改进。在一些情况下，融合后的分类比没有融合的分类比要小。使用上述的融合规则(权加)，将节点级分类结果线性组合，得出最终的决定。另一种方法是将无线传感器网络作为一个专家系统，每个节点当作一个专家，并用 D - S 理论[29]与节点级分类结果相结合。在 D - S 理论的框架下，一个有限集合包含所有对某一问题可能的答案，称为取向的识别，

通常用 Θ 指示,本书用类空间$\{\omega_1,\cdots,\omega_M\}$表示。与给 Θ 中的每个元素标概率估计不同,其使用基本概率赋值函数(BPA) b 将幂集 $\Theta(2^\Theta)$ 映射至闭区间[0,1],例如:$b:2^\Theta\to[0,1]$且满足

$$b(\varnothing) = 0, \sum_{A\subseteq\Theta} b(A) = 1 \tag{1.32}$$

这里$\varnothing$是空集。任何一个 $A\subseteq\Theta$,$b(A)$表示已信任的(但不是任何的子集)给定的某个子集的证据。Dempstos 规则提供了一种方法,用来组合来自不同节点的证据,以产生一个新的 BPA。$\boldsymbol{b}_1$ 和 $\boldsymbol{b}_2$ 表示所使用的两个节点向量,$\boldsymbol{b}_1$ 和 $\boldsymbol{b}_2$ 通过正交式(1.32)定义了一个新的 BPA $\boldsymbol{b}=b_1\oplus b_2$,

$$b(C) = b_1 \oplus b_2 = \frac{\sum\limits_{A\cap B=C} b_1(A)b_2(B)}{\sum\limits_{A\cap B\neq\phi} b_1(A)b_2(B)}, C \neq \varnothing \tag{1.33}$$

该组合规则是求交集和结合,多种证据的组合是

$$b = b_1\oplus b_2\oplus\cdots\oplus b_K \tag{1.34}$$

融合中心采用联合 BPA b 选择最高基本概率的 ω_i 类

$$\arg\max_{\omega_i} b(\omega_i) \tag{1.35}$$

参考文献[30]运用上述基于 D-S 理论融合规则的分类融合,其中各个节点使用 k-近邻(k-NN)分类器,并且利用 k-NN 分类器的输出权加分配 BPA 到每个节点。文献[30]使用相同的数据集[28],但采用的是基于小波变换的特征比和在文献[28]中使用的基于快速傅里叶变换的特征提取等提取方法。这些结果表明,DS 融合比所有的测试场景中的多数表决权普遍具有较高的识别率。

上述融合规则虽然形式不同,但都是基于单独训练的本地分级结果。换句话说,决策规则衍生了一个独立于其他地方分类的分类器,所以它是地方决策的结果。在许多情况下,本地分类器也可以通过同样训练集的训练。在接下来的小节中,我们回顾了最近提出的融合规则,这是基于本地分类决策规则相互依赖的结果。

1.3.3.2　依赖本地分类器融合

正如前一小节讨论的,基于决策融合的分类有助于节约能耗,由于数据量要通过无线电传输,本地分类结果远小于由节点提取的特征量。例如,如果有 M 个目标类型进行分类,则对基于多数表决决策融合式(1.29),每个本地分类器都需要发送 $\log_2 M$ 比特来表示决策结果。Wang 等人在文献[31]提出了通过二进制来进一步降低信息位以表示本地判定结果的地方决策。

文献[31]提出的融合方案,称为 DCFECC(容错分布式多级利用纠错码的分类融合法),这是基于使用纠错码作为融合规则来实现容错能力。假设使用 K 个节点作为本地分类器,为 M 个不同的目标进行分类,并且 $K>M$。令 $\boldsymbol{T}$ 表示一个 $M\times K$ 码矩阵的元素,$t_{ij}\in\{0,1\}$,$i=1,\cdots,M$,$j=1,\cdots,K$ 和 $\boldsymbol{t}_i:=(t_{i1},t_{i2},\cdots,t_{iK})$,

i 为 $\boldsymbol{T}$ 的第 i 行。融合中心采用下列融合规则为 $1\times K$ 二进制向量 $\boldsymbol{u}$ 分类 ω_i，如果 $\boldsymbol{u}$ 和 $\boldsymbol{t}_i$ 之间的汉明距离是最小的，即

$$\arg\max_{1\leqslant i\leqslant M} d_{\mathrm{H}}(\boldsymbol{u},\boldsymbol{t}_i) \tag{1.36}$$

这里 $d_{\mathrm{H}}(\boldsymbol{u},\boldsymbol{t}_i)$ 是汉明距离，则分配 ω_i 类到 u。如果不止一个行产生相同的最小汉明距离，链接会打破随机变量。例如，如果融合中心使用下面的代码矩阵：

$$\boldsymbol{T}=\begin{pmatrix}0&1&0&1&0&1&0&1\\1&0&1&1&0&0&1&1\\0&0&1&0&1&1&0&0\end{pmatrix}$$

并且收到 $\boldsymbol{u}=(1,0,0,1,0,0,01)$，汉明距离为 $d_{\mathrm{H}}(\boldsymbol{u},\boldsymbol{t}_1)=3$，$d_{\mathrm{H}}(\boldsymbol{u},\boldsymbol{t}_2)=2$，$d_{\mathrm{H}}(\boldsymbol{u},\boldsymbol{t}_3)=6$，因此融合中心总结了 ω_2 级的最终结果。

码矩阵和本地分类器的设计目标是考虑使最终分类错误及传输错误最小化。设 $C(u,\omega_i)$ 表示融合中心接收到 $\boldsymbol{u}$ 的真实值为 ω_i 时的消耗。融合中心接收到 $\boldsymbol{u}$ 的标准是 ω_i。令 u_k^0 和 u_k^1 分别表示接收到的向量的第 k 个元素是 0 和 1。设 u_k^* 表示第 k 个本地分类及 u_k 在融合中心所接收的 u_k^*。假设 PDF 满足 $p(X_1\,|\,\omega_i),\cdots,p(X_k\,|\,\omega_i),i=1,\cdots,M$ 是独立的，第 k 个地方分级使用以下二进制分类规则

$$\sum_i p(X_1\,|\,\omega_i)\boldsymbol{K}_{ki}\ \underset{u_k^*=0}{\overset{u_k^*=1}{\gtrless}}\ 0 \tag{1.37}$$

和

$$\begin{aligned}\boldsymbol{K}_{ki}=&\sum_{j_1,\cdots,j_{k-1},j_{k+1},\cdots,j_K} P(\omega_i)p(u_1=j_1\,|\,\omega_i)\times\cdots\times\\&p(u_{k-1}=j_{k-1}\,|\,\omega_i)p(u_{k+1}=j_{k+1}\,|\,\omega_i)\times\cdots\times\\&p(u_K=j_K\,|\,\omega_i)\times[C(\boldsymbol{u}_k^0,\omega_i)-C(\boldsymbol{u}_k^1,\omega_i)]\times(1-p_{1k}-p_{0k})\end{aligned}$$

这里 $j_1,\cdots,j_k\in\{0,1\}$。$p_{1k}=P(u_k=1\,|\,u_k^*=0)$，$p_{0k}=P(u_k=1\,|\,u_k^*=1)$ 表示两个传输出现差错概率。由于 $\boldsymbol{K}_{ki}$ 取决于其他节点的规则，因此节点 k 的分类规则还取决于其他分类器。此外，每当融合中心的码矩阵 $\boldsymbol{T}$ 被改变时，相应的局部决策规则也需要进行修改。

码矩阵的设计加上本地决策规则是非常复杂的。Wang 等人提出了两种启发式算法的代码矩阵设计。一种是基于环状列替换的方法，通常是快速的，但可能会收敛到局部最优值。另一种是用模拟韧化，是缓慢的，但是稳定且具有更好的性能。

1.4 未来的研究方向

传统网络协议设计基于分层体系结构来分离不同层次的功能。但是，对于

无线传感器网络,最终目的是让资源有限的传感器节点协作完成一些特定的任务,因此应根据具体任务并以减小能耗为目标设计协议。在某些情况下,设计跨层协议所需的无线传感器网络和信息处理,还可以在网络体系结构的设计中发挥作用。

图 1.6 是基于跨层协议设计应用的示意图。例如,基于媒体接入的参数估计还以参量结果的类型而非原始测量值为依据,且以数据为中心的 MAC 根据数据类型而不是个体节点配置网络资源。由于无线传感器网络中大多数应用涉及信息处理,所以如何设计网络协议,以促进信息处理能力和延长网络运行时间将是未来的研究方向之一。在下文中,我们提供了一些在无线传感器网络中基于应用特异性和信息处理来设计网络协议的例子。

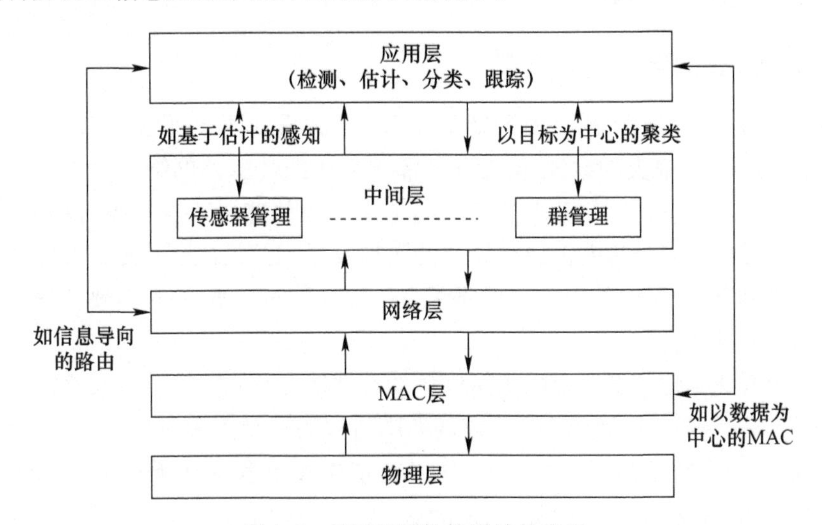

图 1.6　基于跨层协议设计的应用

1.4.1　信息处理和传感器节点管理

传感器活动管理是无线传感器网络协调传感器感应状态的中介软件服务之一。如果所部署的传感器节点数目多于最佳数目,传感器活动管理将在所部署的节点中选择一小部分来执行传感任务,同时可以满足该应用程序的要求,如估算精度仍然可以得到保证。Wang 等人在文献[33 - 34]中提出基于估算量和传感器设计活动管理的信息覆盖面的概念,用来调试传感器节点的状态,以延长网络的寿命[35]。通常来说,如果一个目标参数所需的估算精度可以用 K 个传感器进行估算,那么这个目标可以认为是这 K 个传感器节点所涵盖的信息。利用节点的测量之间的相关性,一个目标可以被 K 个节点的信息覆盖,即使它不能被任何节点信息所涵盖。检测活动管理目标是将信息的覆盖分割到不同的传感器,每个传感器节点的覆盖提供了所有信息目标的覆盖。

移动目标跟踪动态群组管理协议的设计也与信息处理关系十分密切。当一个目标穿过传感器覆盖的领域时,一组传感器节点需要排列和进行动态重新配置以便跟踪移动目标的位置。使用一组节点进行协作信息处理,有助于提高定位的性能。组领导节点的初始化可奠定检测时间或检测可靠性,组成员节点的补充可以确保跟踪应用程序的质量。如果被跟踪的目标是运动的且正在远离它,那么该组领导节点就需要切换为另一个节点。领导节点能交接到另一个领导节点上,该节点拥有最大共同信息量[36](或最大效率[37])。即领导节点选择为目标位置的测量提供最大信息量的节点。

1.4.2 信息处理和路由策略

无线传感器网络中的路由策略在网络中的数据处理方面与传统的无线网络(或数据聚合)有很大的差异,前者往往需要在无线传感器网络开发的不同相关节点之间进行测量。网络数据处理指的是由一个传感器节点生成的数据,该数据可以由另一节点处理并需要将聚合的数据发送到接收器上。充分考虑网络数据处理,如何选择路由的需求不仅要考虑传输能量的效率,而且需要考虑该路径信号处理的性能。

一种方法是将一个路由的整体信息处理性能分解到加性链路度量并运用最短路径方法[38]来选择最佳路线。以高斯随机域的检测作为一个示例应用程序,Y. Sung[39-40]介绍了切尔诺夫路由,如果切尔诺夫信息量是所有其他可能的路由中最大的,该路径将被选择。遗憾的是,切尔诺夫信息表达的规范不允许分解整体检测总和增量的性能来提升的每一个环节。Song 等人表明切尔诺夫具有的高斯信号路由信息量近似等于在每个链路上方差的对数之和。因此,该创新为:对数似然函数可被用作添加链路度量,以及经典的 Bellman - Ford 算法可以被用于实现分布式版本的切尔诺夫路由。

刘等人在文献[41]中考虑了路由查询问题,其中一个查询节点询问传感器网络,来收集有关兴趣现象的信息。但是,查询节点可能不知道一些先验的情况,如此类信息的位置。刘等人用公式表示了查询路由问题,找到了具有最低的通信成本和最大信息增益的路径。一个直接的方法就是使用一个贪婪节点选择策略,它总是选择具有除其他可能的单跳邻节点外,最低成本的下一个节点。然而,这种方法引入了路由空洞问题,作为单个节点其信息增益可能是时变的。为了解决这个空洞问题,他们建议使用定向信息多步前瞻的做法,该方法在每个选择步骤中有不止一个跃点被搜索到。

1.5 小结

无线传感器网络可以帮助人们监测和监督较远的区域来获得有用信息,未来将得到广泛的应用,包括战场监视、环境科学、医疗保健、智能家居等。可能大多数无线传感器网络被用于与信息处理,检测、评估、分类、跟踪或收集物理现象。由于受单个节点和网络资源的约束,因此无线传感器网络需要高效的信息处理技术。本章回顾了最新提高节能效率评估和分类算法的无线传感器网络。两种方法也是无线传感器网络的研究重点。一个是如何降低每个独立节点发送到整个网络的数据量,同时保持网络信息处理的性能不变。另一个是只让接近事件源的节点执行处理,同时仅发送最后的结果到接收器。不仅是信息处理算法,其他网络协议也都需要高效节能的无线传感器网络。对于特殊应用的无线传感器网络,信息处理起着重要的作用,诸如能量高效的网络协议,如节点管理和路由选择协议。可以预期,网络设计中的信息联网集成信息处理将是未来的一个研究方向。

名词术语

无线传感器节点:无线传感器节点是由感知模块、能源模块、无线通信模块和计算存储模块组成,用于感知和处理物理现象,并通过无线进行数据传输。

无线传感器网络:无线传感器网络由大量分布在某一区域的传感器节点组成,监测并记录该区域的物理现象,如温度、压强以及目标移动情况。

信息处理:是指信息的变化,从一个状态到另一个状态,或者从原始数据中提取一些有用的数据信息。比如估算时间序列参数以及使用特征数据对目标进行分类。

高效节能的信息处理:信息处理需要消耗能量。高效节能的信息处理希望在保证合理性能的同时降低能量消耗。

估计:是指在测量数据的基础上对描述物理现象的参数值进行估算。估计理论假设一些需要的信息量都包含在测量数据中。

无偏估计:是指估算的期望值等于参数的真实值。

最小方差无偏估计:估计器的性能一般由估计值和真实值的最小平方误差决定。最小方差无偏估计器是指估计器具有最小方差误差,并且是无偏的。

克拉美 - 罗下界(CRLB):它为估计器进行估算提供了一个下限误差方差。所有未知参数能达到这一下界的估计器,必然是 MVU 估计器。

分类:分类指通过各个类别的先验知识或统计数据对得到的数据进行区分。

分类融合:分类融合是指分别结合自身的数据得到最终的分类结果。

多数表决加权法:多数表决加权法是数据融合常用的一种方法。各个类别的输出结果是经过加权并线性相加的,最后最大权值的类别将作为分类融合的最终结果。

习　　题

1. 举例说明无线传感器网络的常见应用。
2. 为什么能源效率对无线传感器网络至关重要?
3. 如何设计高效节能的无线传感器网络信息处理算法?
4. 对比无线传感器网络信息处理中并联结构和串联结构的优缺点。
5. 什么是无偏估计? 什么是评价估计量常用的最佳准则?
6. 说明 DES 是式(1.15)中数据模型的一个无偏估计器。假设所有的附加噪声是在区间内独立相同且均值为零的随机变量。
7. 通过式(1.23)和式(1.24)推导后续的 BLUE。
8. 推导融合规则(式(1.26))的统计独立特性。
9. 下面是一个使用多数表决加权方法的分类融合实例。从 5 个传感器上的两个数据类型(A 和 B):$\delta_1 = (A,B) = (1,0)$,$\delta_2 = (1,0)$,$\delta_3 = (0,1)$,$\delta_4 = (0,1)$,$\delta_5 = (1,0)$,求解最终的融合结果,其中

$$\begin{aligned} w &= (w_1,w_2,w_3,w_4,w_5) = (1,1,1,1,1) \\ &= (0,1,0,0,1) = (0.2,0.4,0.3,0.5,0.1) \end{aligned}$$

10. 举例说明基于应用需求和信息处理来设计的跨层网络协议设计。

参 考 文 献

1. I. Akyildiz, W. Su, Y. Sankarasubramaniam and E. Cayirci, "Wireless sensor networks: A survey," Computer Networks, Elsevier Publishers, vol. 39, no. 4, pp. 393–422, 2002.
2. D. Li, K. D. Wong, Y. H. Hu and A. M. Sayeed, "Detection, classification, and tracking of targets," IEEE Signal Processing Magazine, vol. 19, no. 2, pp. 17–29, 2002.
3. F. Zhao and L. Guibas, Wireless Sensor Networks: An Information Processing Approach, Elsevier Inc., New York, USA, 2004.
4. W. R. Heinzelman, A. Chandrakasan and H. Balakrishnan, "Energy-efficient communication protocol for wireless microsensor networks," in IEEE Proceedings of Hawaii International Conference on System Sciences, 2000, pp. 1–10.
5. Q. Wang, M. Hempstead and W. Yang, "A realistic power consumption model for wireless sensor network devices," in IEEE 3rd Annual Communications Society on Sensor and Ad Hoc Communications and Networks (SECON), 2006, pp. 286–295.
6. S. M. Kay, Fundamentals of Statistical Signal Processing: Estimation Theory, Prentice Hall Inc., New Jersey, USA, 1993.
7. S. Theodoridis and K. Koutroumbas, Pattern Recognition (2nd Edition), Academic Press, San Diego, USA, 2003.
8. J. Hill, R. Szewczyk, A. Woo, S. Hollar, D. Culler and K. Pister, "System architecture directions for networked sensors," in the 9th International Conference on Architectural Support for Programming Languages and Operating Systems, 2000.
9. V. Raghunathan, C. Schurgers, S. Park and M. B. Srivastava, "Energy-aware wireless microsen-

sor networks," IEEE Signal Processing Magazine, no. 19, pp. 45–50, 2002.
10. J.-J. Xiao, A. Ribeiro, Z.-Q. Luo and G. B. Giannakis, "Distributed compression-estimation using wireless sensor networks," IEEE Signal Processing Magazine, vol. 23, no. 4, pp. 27–41, 2006.
11. A. Ribeiro and G. B. Giannakis, "Bandwidth-constrained distributed estimation for wireless sensor networks–part i: Gaussian case," IEEE Transactions on Signal Processing, vol. 54, no. 3, pp. 1131–1143, 2006.
12. A. Ribeiro and G. B. Giannakis, "Bandwidth-constrained distributed estimation for wireless sensor networks–part ii: Unknown probability density function," IEEE Transactions on Signal Processing, vol. 54, no. 7, pp. 2784 – 2796, 2006.
13. Z.-Q. Luo, "Universal decentralized estimation in a bandwidth constrained sensor network," IEEE Trans. on Information Theory, vol. 51, no. 6, pp. 2210–2219, 2005.
14. J.-J. Xiao, Z.-Q. Luo and G. B. Giannakis, "Performance bounds for the rate-constrained universal decentralized estimators," IEEE Signal Processing Letters, vol. 14, no. 1, pp. 47–50, 2007.
15. Z.-Q. Luo, "An isotropic universal decentralized estimation scheme for a bandwidth constrained ad hoc sensor network," IEEE Journal on Selected Areas in Communications, vol. 23, no. 4, pp. 735–744, 2005.
16. J.-J. Xiao and Z.-Q. Luo, "Decentralized estimation in an inhomogeneous environment," IEEE Transactions on Information Theory, vol. 51, no. 10, pp. 3564–3575, 2005.
17. J.-J. Xiao, S. Cui, Z.-Q. Luo and A. J. Goldsmith, "Power scheduling of universal decentralized estimation in sensor networks," IEEE Transactions on Signal Processing, vol. 54, no. 2, pp. 413–422, 2006.
18. M. Rabbat and R. Nowak, "Distributed optimization in sensor networks," in The 3rd International Symposium on Information processing in sensor networks (IPSN), 2004, pp. 20–27.
19. D. Blatt and A. Hero, "Distributed maximum likelihood estimation for sensor networks," in IEEE International Conference on Acoustic, Speech, and Signal Processing (ICASSP), 2004.
20. B. Wang, K. C. Chua and V. Srinivasan, "Localized recursive estimation in energy constrained wireless sensor networks," Journal of Networks, vol. 1, no. 2, pp. 18–26, 2006.
21. T. Zhao and A. Nehorai, "Distributed sequential bayesian estimation of a diffusive source in wireless sensor networks," IEEE Transactions on Signal Processing, vol. 55, no. 4, pp. 1511–1524, 2007.
22. Z. Quan, W. J. Kaiser and A. H. Sayed, "A spatial sampling scheme based on innovations diffusion in sensor networks," in The 6th international conference on Information processing in sensor networks (IPSN), 2007, pp. 323–330.
23. J. Kittler, M. Hatef, R. P. Duin and J. Matas, "On combining classifers," IEEE Transactions on Pattern Analysis and Machine Intelligence, vol. 20, no. 3, pp. 226–239, 1998.
24. A. M. D'Costa and A. M. Sayeed, "Data versus decision fusion for distributed classification in sensor networks," in IEEE Military Communications Conference (Milcom), 2003, pp. 585–590.
25. A. D'Costa and A. M. Sayeed, "Collaborative signal processing for distributed classification in sensor networks," in International Conference on Information Processing in Sensor Networks (IPSN), 2003, pp. 193–208.
26. A. D'Costa, V. Ramachandran and A. M. Sayeed, "Distributed classification of gaussian space-time sources in wireless sensor networks," IEEE Journal on Selected Areas in Communications, vol. 22, no. 6, pp. 1026–1036, 2004.
27. J. H. Kotecha, V. Ramachandran and A. M. Sayeed, "Distributed multitarget classification in wireless sensor networks," IEEE Journal on Selected Areas in Communications, vol. 23, no. 4, pp. 703–713, 2005.
28. M. F. Duarte and Y. H. Hu, "Vehicle classification in distributed sensor networks," Journal of Parallel and Distributed Computing, vol. 64, no. 7, pp. 826–838, 2004.
29. G. Shafer, A Mathematical Theory of Evidence, Princeton University Press, Princeton, New Jersey, USA, 1976.
30. C.-T. Liu, H. Huo, T. Fang, D.-R. Li and X. Shen, "Classification fusion in wireless sensor networks," ACTC Automatica Sinica, vol. 32, no. 6, pp. 947–955, 2006.

31. T.-Y. Wang, Y. S. Han, P. K. Varshney and P.-N. Chen, "Distributed fault-tolerant classification in wireless sensor networks," IEEE Journal on Selected Areas in Communications, vol. 23, no. 4, pp. 724–734, 2005.
32. G. Mergen and L. Tong, "Type based estimation over multiaccess channels," IEEE Transactions on Signal Processing, vol. 54, no. 2, pp. 613–626, 2006.
33. B. Wang, W. Wang, V. Srinivasan and K. C. Chua, "Information coverage for wireless sensor networks," IEEE Communications Letters, vol. 9, no. 11, pp. 967–969, 2005.
34. B. Wang, K. C. Chua, V. Srinivasan and W. Wang, "Information coverage in randomly deployed wireless sensor networks," IEEE Transactions on Wireless Communications, vol. 6, no. 8, pp. 2994–3004, 2007.
35. B. Wang, K. C. Chua, V. Srinivasan and W. Wang, "Scheduling sensor activity for point information coverage in wireless sensor networks," in International Symposium on Modelling and Optimization in Mobile, Ad Hoc, and Wireless Networks (WiOpt), 2006.
36. J. Liu, J. Reich and F. Zhao, "Collaborative in-network processing for target tracking," EURASIPJornal on Applied Signal Processing, vol. 2003, no. 4, pp. 378–391, 2003.
37. F. Zhao, J. Liu, J. Liu, L. Guibas and J. Reich, "Collaborative signal and information processing: an information-directed approach," Proceedings of the IEEE, vol. 91, no. 8, pp. 1199–1209, 2003.
38. D. P. Bertsekas and R. G. Gallager, Data Networks (2nd Edition), Prentice-Hall, Englewood Cliffs, New Jersey, USA, 1992.
39. Y. Sung, L. Tong and A. Ephremides, "A new metric for routing in multi-hop wireless sensor networks for detection of correlated random fields," in IEEE Military Cmmmunications Conference (Milcom), 2005, pp. 2327–2332.
40. Y. Sung, S. Misra, L. Tong and A. Ephremides, "Signal processing for application-specific ad hoc networks–the role of signal processing in protocol design," IEEE Signal Processing Magazine, vol. 23, no. 5, pp. 74–83, 2006.
41. J. Liu, F. Zhao and D. Petrovic, "Information-directed routing in ad hoc sensor networks," IEEE Journal on Selected Areas in Communications, vol. 23, no. 4, pp. 851–861, 2005.

第2章　无线传感器网络的拓扑管理

拓扑管理是无线传感器网络管理的重要组成部分。拓扑管理的主要目标是节约能量,同时保持网络连接。拓扑管理由实际物理连接和传感器之间的逻辑关系构成。拓扑管理的另一个重要的概念是网络中有一个节点子集,因此产生较少的通信和使这些节点节能。本章提供了三类无线传感器网络的现有拓扑管理详细算法:拓扑发现(学习节点的布局)、休眠周期管理(允许某些节点休眠以节约能量)和聚集(节点分组来节约能量)。

2.1　引言

网络需要持续监控,以确保一致和高效运营。这也是无线传感器网络(WSN)的本质。国际标准组织(ISO)制定的网络模型包括五个功能区:故障管理、配置管理、安全管理、性能管理和计费管理。配置管理需要初始设置网络设备,连续监测和控制这些设备。配置管理对于无线传感器网络的一个关键方面是拓扑管理,其中考虑如何将节点进行排列。

拓扑管理的主要目标是在节能方式下保持网络连接。无线传感器网络中的节点具有最低限度额资源,包括处理器、内存和电能。典型的传感器节点由电池供电,并被部署在很少与人交互的网络中。为了将无线传感器网络中部署的节点有较长的工作周期,节点的电池寿命必须延长。这可以通过节点能量消耗最小化来实现。尽量减少能量消耗的方法之一是在无线传感器网络中实现拓扑管理算法。该算法可以在以下三个类别的拓扑管理中选择一个来实现:①拓扑发现;②休眠周期管理;③聚集。

2.2　背景

拓扑发现涉及网络管理站或基站,确定传感器网络中节点的组织或拓扑,将物理连接或网络中节点的逻辑关系报告给管理站,使它构建出无线传感器网络的拓扑图。当所属的基站或网络管理站向网络发送一个拓扑发现请求到网络时,网络中的每个节点将响应该信息。具体采取拓扑发现时,有三种基本方法。第一种是直接法,在该方法中,节点将在接收到拓扑发现请求后立即发送回应。此时,节点的响应只包含有关该节点的信息。第二种方法是聚合法,其中一个节点将请求发送一个即时响应,但不会发送。相反,该节点会聚合所有从它的子集接收到的数据响应,包括它自己的信息,然后发送响应返回给其上级或初始站。第三种方法是聚集的方法,使节点形成组或群集。在每个群集中选择一个节点为向导,只有向导才回应拓扑请求。向导者的回复包括集群中所有节点的拓扑信息。无论使用哪种方法,掌握无线传感器网络中的拓扑结构,是无线传感器网络的有效且高效网络管理的关键。虽然拓扑发现不直接进行节能,但是掌握无线传感器网络的拓扑结构,可以运用到其他算法中进行节能。

拓扑管理算法中单个节点节省电能的方法是:仅在必要时才接通电源,在其他时间,节点将被关闭或是进入休眠状态。无线传感器网络通常是部署极其密集的网络,这就意味着在网络中的每个区域有许多节点。例如,一个区域部署了10个节点,但可能只需要3个节点就已将该区域完全覆盖。这意味着,7个节点发送的数据是重复或多余的。这些额外的节点被认为是多余的节点,可能并不是必要的。当不需要这些多余的节点时,它们将进入休眠状态。通过将它们进行休眠,然后唤醒它们,再次进行休眠的周期管理算法来确定哪些节点是多余的。休眠唤醒周期必须妥善管理,使该网络保持运行,并且使数据报告和网络功能在节点间传送。这样做,所有的节点将工作大约相同的时间量,以维持正常的网络连接,这是无线传感器网络中的重要内容。实施休眠周期管理算法时必须有尽可能多的延长节能时间。

在无线传感器网络中主要消耗电能的是数据传输。另一种节约电能的方式是让较少的节点将数据发送到收集应用程序数据的基站上。聚类算法就是用来减少向基站发送数据的节点数目。这些算法将节点安排部署在无线传感器网络中,成组或群集。每个集群中有一个节点被确定为集群的领导者或簇头(CH)。那些在集群中但不是一个簇头的节点,称为该集群中的成员节点。通常是成员节点在很短的距离内,将数据发送给它们的簇头节点,从而消耗更少的能量。然后簇头节点将从它的每个成员节点接收的数据转发到基站。只有簇头节点将数据发送到基站。许多聚类算法还可以聚合或融合来自其他群集的簇头节点所接收到的该群集成员节点所发送的数据,然后发送到基站中。这样发送数据的簇头更少,从而减少了电能的使用。

聚类算法的另一个优点是,它允许对资源的空间重复使用。在数据通信的过程中涉及MAC(媒体访问控制)协议。如果当2个节点在彼此的传播范围内发送同一时间、同一频率,无线通信的性能可能有冲突。为了避免冲突,MAC协议利用各种方法来阻止在同一时间多个节点的发射。如果2个节点的无线电范围没有重叠,则它们可能在同一时间传输,而且不会发生冲突。如果在不同的非相邻集群中存在两个节点,这两个节点可能共享同一频率或时隙(对于时间重复使用协议)。例如,假设集群A和B不相邻,集群A中的一个节点可以在传输的同时作为集群B的节点,这样多个节点可同时传输,从而节省传输时间。其中聚类算法可以用来确定哪些节点可以同时传输。

本章将阐述三种拓扑管理算法的具体分类,如图2.1所示。

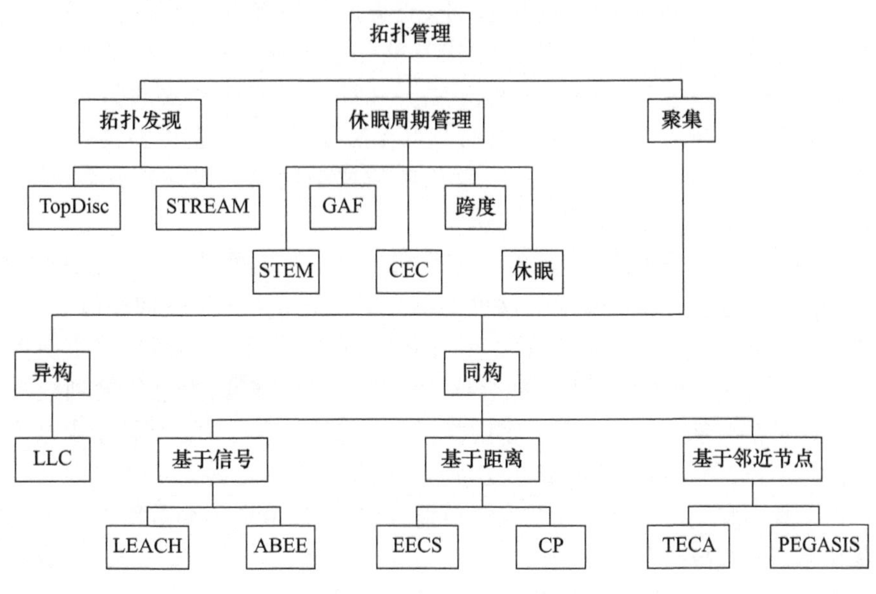

图2.1　拓扑管理算法的分类

2.3　从业者指南

运行具体的应用程序,必须选择合适的算法。对于所有无线传感器网络,至关重要的是要节能,但更为关键的是还要同时保持长时间运行。对于使用时间较短的无线传感器网络,可以采用节能性能较差而延迟性能较好的算法。但如果应用程序的数据非常重要,那么它每个区域都可能需要有足够多的节点,而处于休眠状态的节点更少。为部署的无线传感器网络管理算法选择合适的拓扑结构时,这些都只是需要考虑的因素之一。

传感器的特性是它们容易失效。许多传感器故障仅仅是因为它们耗尽了有限的能量。其他故障还有硬件故障,传感器的破坏(被踩踏、跌落等),以及链路故障等。在部署无线传感器网络或设计新的算法时,必须要考虑到节点故障。例如,一个故障可能对拓扑管理算法产生影响,如果只是一个成员节点出现故障时却没有影响;然而如果簇头出现故障时,至少在目前的范围内,该集群的所有成员节点将不能再与基站进行通信。在休眠周期管理算法中,非冗余节点的故障可能会导致在特定区域的基站无法获取数据。这些问题都可能会导致应用程序数据的丢失。因此簇头和非冗余节点故障应该是拓扑管理算法中需要重点考虑的因素。许多节点发生故障时速度快而且悄无声息,这意味着只是该节点停止工作。然而,它也有可能使其他节点失效。例如,一个节点由于无线电故障或类似的情况开始衰退,那么,它可能传播不正常的信号。这可能会干扰其他能进行通信的节点,这样也会干扰该应用,也可能会干扰拓扑管理算法。这种类型节点失效的另一个后果是,使新添加到网络中这个区域内的节点无法使用,此时它可能需要其他类型的解决方案,如一条新的信道以避免使用这个网络区域。应用数据必须考虑到这方面。

另一种节点故障方式为,一个节点缓慢地失效,它仍可以工作,只是不正常,如电池的消耗或信号持续减弱。这可能不会使其他节点发生类似的故障,但是故障可能仍然会发生。一个节点发生故障时,网络中的其他节点可以重新传输数据。另一方面,其他节点也可能会增大它们的信号强度,力争传输到故障节点。这两种情况都可能会导致更多的能耗。拓扑管理算法中必须标记出这些类型的故障节点,例如不让这些节点成为簇头或将它们标记为冗余使它们处于休眠状态。这实际上可以使其他节点更节能,因为其他节点不会重新传输数据或加强信号传输到故障节点上。

总之,拓扑管理算法必须考虑到许多不同的因素。最重要的方面还是应用程序和部署方案,这在很大程度上影响着拓扑管理算法的效率。在选择或开发一种拓扑管理算法时,必须考虑节点故障,因为它们可能在网络和拓扑管理算法操作中起到重要的作用。

2.4 拓扑发现算法

2.4.1 TopDisc 算法

第一种拓扑发现算法叫 TopDisc 算法[3],是将聚类方法应用到拓扑发现中,类似于聚类算法首先要建立集群并标识每个簇的簇头。在拓扑发现算法中,簇头的任务是上报网络拓扑结构到监测节点或基站上。集群的创建则是通过一种贪婪的近似算法寻找覆盖的集合。该算法从监测节点发送广播包含拓扑要求的数据包中开始(每个节点拓扑信息的数据包)。此拓扑要求在整个无线传感器网络中传播。可以使用两种不同的着色算法,在整个网络中传播拓扑需求数据包时查找簇头。

TopDisc 算法的第一种着色算法是三色法。白色节点表示未被发现的节点，黑色节点表示群集的簇头，灰色节点表示黑色节点的相邻节点。该算法中，开始所有节点都为白色。如果白色节点接收到一个黑色节点的拓扑请求数据包，该白色节点变为灰色节点。如果白色节点接收到来自一个灰色的节点的拓扑请求数据包，它会随机地等待一段时间。如果此节点在该时间段内再收到黑色节点的拓扑请求数据包，它就变成灰色；否则，变为黑色节点。节点变成灰色或黑色后它将忽略所有未来的拓扑请求数据包。所有的黑色节点成为簇头，并向监测节点报告所有邻居集的信息。

第二种着色算法是四色法。与第一种方法相同，该方案也是用白、黑和灰色三种颜色。此方案增加了深灰色，表示新发现的尚未由黑色的节点覆盖的节点（它与黑色节点距离至少是两跳）。深灰色节点从一个灰色节点收到请求后启动一个计时器，观察其是否应该成为一个灰色节点（在计时器过期前接收到来自黑色节点的请求）或黑色节点（未收到来自黑色节点的请求）。四色法要求黑色节点覆盖最大数目的节点，因此，黑色节点之间的距离至少是两跳。与三色法相比，四色法使得群集之间的重叠更小。

TopDisc 算法是一种可扩展的分布式算法，只使用本地信息。这意味着不需要大量信息的交换，也就是说需要传输的数据更少，因而能降低能源消耗。TopDisc算法的一个问题是不能保证黑色节点之间的距离固定。因此，由于黑色节点彼此接近继而难以涵盖最佳数目的灰色节点。

2.4.2　多分辨率传感器拓扑检索

另一个拓扑发现算法是多分辨率传感器拓扑检索法（STREAM）[4]。该算法可以得到不同级别的网络拓扑，因为不同应用可能需要不同分辨率的拓扑结构。某些应用（如路由算法）可能只需要每个区域的任意一个节点可以连接在网络上使其是一个完整覆盖面。其他应用则可能需要知道网络中所有节点的拓扑结构。STREAM 通过一个节点的子集得到的邻近列表创建近似拓扑结构。确定有效拓扑结构需要的最少节点的集合称作最小虚拟主导集（MVDS）。使用 N（无线传感器网络中书点数目）消息复杂度创建 MVDS，其不会随网络密度的增加而增加。创建 MVDS 树的最优结果，拓扑响应到达监控节点需要经历最少数量的跳数。它需要邻集的全部信息以选择 MVDS 中的节点，以覆盖最多的未发现节点。

STREAM 使用着色方案用于发现网络拓扑，方案与拓扑发现算法中的四色法类似。STREAM 中的着色方案使用四种颜色：白色、黑色、红色和蓝色。白色节点表示未被发现的节点，黑色节点是在 MVDS 中的节点，红色表示该节点处在一个黑色节点的虚拟范围内,蓝色表示该节点在黑色节点的通信范围但不在其虚拟范围之内。其中,虚拟范围是 STREAM 算法的一个参数,该参数控制返回拓扑的分辨率。

STREAM 算法的第一步是为所有节点涂上白色,然后由监测节点或基站发送请求拓扑的命令。如果白色节点从一个黑色的节点接收到请求且在黑色节点的虚拟范围内,其变为红色节点并转发请求。如果白色节点不在黑色节点的虚拟范围内,其变为蓝色节点并转发请求,然后启动一个定时器。蓝色节点再接收到黑色节点发出的请求时,将停止其计时器并变为红色节点。如果节点之前未曾转发该请求,则该节点只需要转发该请求。从红色或蓝色节点接收请求的白色节点将成为一个蓝色节点并启动定时器、转发请求。如果蓝色节点计时器过期则该节点将会变为黑色节点。任何黑色或红色节点将不再转发它接收的额外拓扑请求。

2.5 休眠周期管理算法

2.5.1 稀疏拓扑和能量管理(STEM)

稀疏的拓扑和能量管理(STEM)[11]是一种通过添加第二无线电到传感器节点睡眠周期管理算法。主要无线电是数据无线电,用于传输应用数据、路由数据和发射大多数其他的数据。第二无线电是唤醒无线电,仅用于传送管理休眠周期数据。这个无线电是一个工作周期较短的无线电,与传统的无线电相比,更能节省能量。除非它需要接收或转发数据,其他时候数据无线电处于关闭状态。该唤醒无线电将在不同频率下运行,同时将遵循一个监听休眠周期,与其休眠时间相比,所述数据无线电的休眠时间很短。

STEM 有两个版本:STEM - B 和 STEM - T。在 STEM - B 中,当节点需要工作时,唤醒无线电向其发送唤醒信标,该信标将包含目标节点的 MAC 地址。如果传感器接收到信标,并且它是目标节点,那么它将给无线电上电,并且接收无线电数据。如果其不是目标节点则其重新进入休眠状态。因为信标传输中有发生冲突的可能性,一个节点检测到冲突,也会打开它的数据无线电,这将允许打开目标无线电以接收数据。在 STEM - T,唤醒无线电将只发送一个信号音。任何节点检测到这个信号音(检测频率上信号的能量)会变成它们的数据无线电。在这两种情况下,该节点将关闭数据无线电接收,然后发送该数据或在指定的时间之后失效,同时表明它不是目标节点。

随着网络密度的增加,或网络在监控状态下消耗更多的时间,STEM 显示出节约能量的优势。然而,这种节约能量的结果是存在失效的潜伏期。如果一个节点必须与另一个节点通信，而且其他节点的唤醒无线电处于休眠状态，则该节点必须在发送数据前进行等待。出于这个原因，如果信息具有时效性，而且不能接受延时，则不应使用 STEM。

2.5.2 地理自适应保真(GAF)

地理自适应保真(GAF)[12-13]是一种局部的、分散的休眠周期管理算法。GAF 会使用位置信息，该信息是典型的从一个环球定位系统(GPS)设备而来，将组织冗余节点分成组或虚拟网格。虚拟网格定义为“对于两个相邻的网格 A 和 B，所有 A 中的节点能与 B 中所有的节点通信，反之亦然”[12]。

由于所有节点在相邻的网格中可以互相通信，在这两个网格中节点的路由协议是等价的。所有节点开始都处于发现状态，此时它就会发出一个发现信号，并接收回复，以确定在同一网格中的节点。该节点会进入唤醒状态，在指定的时间内又返回到之前的探索状态。如果确定一个节点是一个冗余节点通信的路由协议，那么它将处于一段指定时间的休眠状态。该节点使用排列程序，以确定哪些节点将保持清醒和处理网格路由。寿命最长的节点具有最高优先级，其连接因节点 ID 而断开。当一个节点的定时器到期时，便转回到探索状态。

GAF 是一种分布式算法，但它需要位置信息。GAF 推测连通性，而不是直接测量它，因此可能需要更多的节点保持唤醒。对于使用的路由算法，这个算法是完全独立。这意味着 GAF 可以允许一个节点休眠即使该节点积极参与路由，这可能导致通信的中断并增加路由延迟。因此，GAF 应该只在一些接受延时和位置信息可用的情况下应用。

2.5.3 基于分簇的节能(CEC)

基于分簇的节能(CEC)[13]是基于 GAF 的一种算法，但它可以直接测量网络连接，因此不需要位置信息，并且可以在网络中更精确地查找冗余。CEC 要比 GAF 节省更多的能量。然而，它并不是一直表现良好，如网络拓扑频繁地发生变化时。CEC 整理那些大部分相互两跳的节点组成重叠群。该群中的节点是来自其他单跳的节点，并且拥有剩余能量来选择自己是簇头。由于集群重叠，一些节点是多个集群的成员，这些节点是网关节点，并且将连接集群保持网络连通。毕竟簇头和网关节点被确定后，集群中其余部分的节点被认为是多余的，都将进入休眠状态。经过一段指定时间，这些节点将会被唤醒，簇头也将再次被选中。簇头角色在集群中所有节点上循环，使所有节点都有机会进行休眠和节约能量。

CEC是一个应用程序,可接受休眠周期管理算法,其中没有可用的位置信息。并且由于其可直接测量网络连接,将在可变无线网络范围内,成为一个良好的休眠周期管理算法的解决方案。

2.5.4 跨度

与其他休眠周期管理算法类似,跨度[2]是基于无线传感器网络可以与活跃且密度足够的部署节点的一个子集连接的算法。在跨度中保持活动状态的节点称为协调节点且用于路由协议。其余的节点处于节电状态,这意味着它们正在休眠(关闭无线电)。协调员的选择只与本地信息有关。所有节点都存在一个邻近列表,其中包括协调员链表。这个邻近列表通过定期广播"HELLO"消息进行维护,或用一个简单消息表明节点是活跃的,此消息包含关于节点的信息,例如它是否是一名协调员,其当前的协调员列表以及当前的邻近列表。如果它的两个邻近节点不能互相通信,该节点将成为一名协调员。节点间需要通过直接或者使用一到两个协调员达成通信目的。

2.5.5 休眠

另一个休眠周期算法是休眠法(Naps)[6],这种算法基于消息的广播。每个节点循环休眠与唤醒。周期开始时,节点播出HELLO消息并将计数器设置为零。当节点侦听到HELLO消息时该节点进入侦听状态。每接收一次HELLO消息,其计数器增加。当计数器达到阈值(该算法的一个参数),该节点进入休眠状态。休眠周期满时,该节点将唤醒并开始下一次的唤醒周期。如果该节点的计数器没有达到指定的阈值,节点将保持唤醒状态。

休眠是一个简单的算法,不需要任何位置信息,例如邻近列表或节点位置。休眠使用HELLO消息在网络中引入额外的消息通道。该算法中清醒节点的数目不是最小化,因为该算法假定传输的HELLO消息是可靠的,但由于存在冲突使其并不总是可靠的。该算法中依赖节点从邻近节点接收到的HELLO消息数,因而休眠节点的角色并不是在所有节点中循环的。由于节点间相互邻近,可能总是相同的节点处以休眠状态。随着网络密度的增加,更多的节点将进入休眠状态。因此,低密度网络可能不会受益于休眠,因为很少有节点获准休眠意味着能源节约能力低。

2.6 聚集算法

如今越来越多的聚集算法被开发出来。这些算法可分为各种不同的方式,例如要求位置信息或不要求,分布式或集中式,簇头选择和集群的形成。以上是首先是根据无线传感器网络所部署的类型进行区分。然而一个 WSN 的还可能是异构或同构的。异构的 WSN 是其网络中在资源方面具有不同类型的节点。一些典型的节点与其余节点相比,将具有更多可用的资源,如处理能力和能量。而在同构的 WSN 中,所有节点的可用资源都是相同的。

2.6.1 异构聚集算法

LLC[9]或低能量的局部群集是异构网络的聚集算法。采用 LLC 的网络是由一个两层网络所组成的,一层是簇头,另一个是由仅用于感测的节点所组成的较低层。在该算法中簇头是前网络部署所决定的,并且该部署是随机的。簇头具有更强处理能力并且有更多的初始能量。汇聚节点部署好后,将会知道所有已部署簇头的位置。

该算法包括两个阶段,初始阶段和集群半径控制阶段。在初始阶段,簇头创建一个用于确定集群半径决定点或 CRDP 的三角形。所创建的三角形是一个等边三角形,由三个簇头组成,每一个簇头都在三角形的顶点。采用等边三角形和 CRDP 有助于负载平衡簇头所消耗的能量。其集群半径被估算为该 CRDP 和在三角形中三个簇头之间的距离。计算一个可选的集群半径,即点与簇头之间的距离所消耗最小的能量。

集群半径控制阶段将调整集群半径使之最小化并在簇头上节约能量。LLC 中有两种不同类型的集群半径控制算法,分别是 NLP 方法和向量运算(VC)方法,它们都是非线性规划的,且都是利用一个目标函数。主要差别是 NLP 方法考虑了每个簇头的能量,以减少集群覆盖,NLP 方法也使用了一个迭代策略来重新计算适合 CRDP 的值,这会带来额外的消耗。在 VC 方法中,通过向量运算找到 CRDP 最佳解决方法可以减少这个消耗。

LLC 算法中要求所有的节点的位置信息。它也不会转变簇头的作用,因为簇头是预先确定的,并且是更有能量的器件。通过寻找最优 CRDP、LLC 最大限度地减少重叠集群,从而进行节能。

2.6.2 同构聚集算法

一个同构的 WSN 包括在资源方面相同的节点。该算法利用各种方法来寻找合适的节点作为簇头和分配成员节点来达到最优簇。该算法是根据它们如何决定簇头并形成簇,从而进行进一步的分类。以信号为基础的聚集算法形成集群,基于信号强度来确定簇头。基于距离的聚集算法立足于它们的距离度量。基于邻域的聚集算法则是使用相邻列表的方法立足集群的决定每个节点来实现。

2.6.2.1 以信号为基础的算法

1）低能量自适应聚类层次(LEACH)

以信号为基础的聚类算法中,研究最多的是 LEACH[7]。通过 LEACH 管理一个 WSN,使节点在大约相同的时间通过转变簇头的作用和划分簇头选择,在一定程度上废弃所剩余的能量。这扩展了网络寿命且当网络废弃时在节点上带走较少的能量。

LEACH 的执行分为多了回合。每一轮由启动阶段和稳态阶段组成。启动状态将节点组织起来,成立集群。一个节点决定成为所有其他独立节点的簇头时,该节点将选择一个随机数并且如果这个数小于阈值,则该节点将成为簇头。LEACH 方法基于簇头在该回合的建议概率设定阈值,主要是基于节点作为簇头的次数和能量余量。簇头将发出表明它是簇头的消息。非群集的头节点将会加入收到最强信号消息的集群。每个节点会发送一个消息到新的簇头来通知簇头加入集群。

簇形成后,簇头为成员节点建立一个基于时分多址(TDMA)的传输调度。这使得成员节点除了在它们预定的传输时间通过关闭其无线电来进一步地节约能量。LEACH 协议的另一项有助于节约能量的功能是,所有成员节点发送它们的数据到簇头,簇头将融合这些数据并转换成一个数据包,从而传送较少的数据。一定时间后(先验确定),这一轮结束和下一轮开始,使得簇头的角色在所有节点之间循环。

LEACH 有几个缺点。一个是集群较大造成的能耗,所有的簇头必须广播通知消息给所有在其通信半径内的节点。另一个缺陷是所有簇头必须将数据传输到所述基站,这是一个单跳的,也可能是一个长距离的,需要更多能量。

2）定位节能聚集算法

定位节能聚集算法(ABEE)[8]是一个请求 - 响应算法,该算法采用的是先来先服务的集群形成方法。首先节点被部署在确定位置(通常从 GPS 设备),并开始处于空闲状态。该节点将广播一个请求消息,并启动一个定时器。如果节点收到簇头的响应,它会通过发送一个消息给簇头来加入该集群。这个新的成员节点将忽略它从簇头接收的任何其他响应。如果该节点没有从簇头收到任何响应,那么它会广播一条消息,来说明它是一个簇头。

每个成员节点会周期性地发送一个消息给它的簇头,来了解簇头的当前位置。成员节点还维护信息,来自它的簇头基于相同的周期性消息的簇头广播。该信息允许成员节点计算其与簇头之间的距离。由于所有的簇头都周期性地广播有关其当前位置的信息,成员节点也将在它的无线范围内,接受到来自其他簇头广播消息。如果一个成员节点收到从比目前的簇头更接近它的另一簇头发出的广播,那么它会发送一个消息到其目前的簇头,说是要离开集群。然后,它将发送一个消息到更近的簇头,来加入该集群。这样这个成员节点最小化了自己到簇头的距离,并通过发送其数据到更相近的节点来节约能源。另一种节约能源的方式是尽量减少集群的数量。如果一个簇头从另一个簇头接收到一条消息,并且两个簇头之间的距离低于阈值(一个算法参数),那么这两个集群将合并,以最小化集群的数目。

ABEE 试图通过周期性地转移簇头的作用,以平衡所有节点中的剩余能量。新的簇头选择通过“整个集群作为一个整体,每个节点代表与相同质量粒子形成的实体”[8]。它是由簇头从成员节点间收集所有的位置信息来完成的,即每个成员节点周期性地发送其位置信息到簇头。然后这个簇头使用位置信息来选择最靠近该集群质心的节点,成为下一个簇头。

ABEE 的另一个好处是,簇头将成员节点的数据发送到基站之前,会先将这些数据进行融合。而 ABEE 两个主要的缺点为:首先,ABEE 要求所有节点都知道自己的位置信息,这通常需要每个节点都有一个 GPS 设备;另一问题是,选择簇头时,没有考虑到该节点的剩余能量。这意味着同一个节点可能总被选为簇头,也就是说它会耗尽之前在其区域中大多数其他节点的能量。这可能导致网络寿命更短。

2.6.2.2　基于距离的算法

1)高能效的聚集方案(EECS)

聚集算法立足于一些决定距离是高能效的聚集方案(EECS)[14]。该算法基于 LEACH,但试图实现集群之间更好的负载平衡。部署网络时,基站将广播出一个信息到网络中的所有节点,该信息将由基站在指定的功率电平所发送。这将允许所有已部署的节点来确定它们与所属基站之间的距离。

EECS 有三个阶段:簇头选举阶段、簇形成阶段和数据传输阶段。每个节点可能是一个候选节点,一个头节点,或者一个普通节点。所有节点都在开始状态时指示为普通节点。每一轮开始都是簇头选举阶段,此时簇头被选出。每个节点将选择一个随机数,是该节点成为簇头的概率。如果该节点所选的概率小于指定的阈值,则节点将成为候选节点。候选节点将广播信息,并启动定时器。如果候选节点从另一个候选节点接收到广播信号,并且该节点有更多的剩余能量,该候选节点将加入集群并停止计时器。如果它未在定时器失效之前,从有更多的剩余能量的候选节点收到广播,那么该候选节点将成为首节点或簇头。

普通节点加入集群和集群的负载均衡阶段发生在集群的形成期间。每个簇头将发送一个广播信息。一个普通的节点将加入基于若干距离的集群。一个普通的节点,将计算到每个可能的簇头(其无线电范围内的所有簇头)之间的距离和每个可能的簇头和基站之间的距离。一个普通的节点加入这个集群,该集群将最大限度地减少这两个距离和权重因子。节点尽量减少和它的簇头之间的距离,有助于节约普通节点的能量。通过发送较少的数据或发送数据到更短的距离的簇头来最小化能量消耗。因此,来自基站的簇头更进一步地应该分配较少普通节点给它的簇头(当传输数据到基站时,簇头是来自基站的一个单跳点,更进一步使来自基站的簇头消耗更多的能量)。这里必须在两个距离(节点到簇头和簇头到基站的距离)之间权衡,使用权重因子。该权重因子是一个来自 EECS 中的参数并取决于特定网络部署的最优值。通过使用两个距离度量以及权重因子,所述负载(消耗能量)可以在所有集群形成时得到平衡。

最后阶段是数据传输阶段。在这个阶段,普通的节点将数据传输到它们的簇头上。每个簇头将融合从其普通节点所接收的所有数据,然后发送一个消息到基站。

通过使用这个距离度量和候补广播信息,EECS 便可确保在一定的范围内较大概率地只存在一个簇头。EECS 中群集的数量是恒定的。由节点所消耗的能量是通过每个循环簇头的任务来达到平衡。让所有节点在大约相同的时间内耗尽能量,这有助于延长整个网络的寿命。当每个循环选择簇头时,通过考虑剩余能量,也可以使之半自动化。

2) 群集协议(CP)

群集协议(CP)[5]基于六边形覆盖方法。节点可以处于以下三种状态之一:非集群、集群或簇头。在开始时所有节点处于非集群状态。基站变为初始簇头并且以自己为六角形的中心使之围绕。该基站发送一个消息,说这是一个簇头。此消息将被广播到新簇头中两个跃点之间的所有节点上。一个非集群节点直接从簇头上接收广播,加入该集群,并改变其聚集状态。在聚集状态下的节点将忽略簇头广播。一个非集群节点接收一个簇头广播信息,并间接地将计算出该簇头的位置和方向,计算其离该簇头的六角形中心的距离,并启动一个计时器。如果这个节点从该集群的另一节点接收到消息时,那么它将加入该集群,并更改其聚集的状态。如果它没有收到另一个广播消息且计时器到期时,那么它将成为一个簇头。为了使在集群中的所有节点能够与在一个跃点间的簇头通信,六边形的边长就是该节点的无线电范围。

在 CP 这里几乎没有开销,因为没有很多的额外信息传输到邻近列表上;传输的唯一信息就是簇头的广播消息。同时这允许 CP 测量该网络的密度。然而,所有节点必须知道它们的位置,通常要从 GPS 设备获取。此外,在选择簇头时,剩余能量不作为一个考虑因素。

2.6.2.3 基于邻居的算法

1) 拓扑和能量控制算法(TECA)

拓扑和能量控制算法(TECA)[1]将通过使用单跳邻节点信息成为群节

点。TECA 中节点的五种状态:初始、休眠、无源、网桥和簇头。所有节点开始都处于初始状态,并启动计时器。在初始状态下的节点将通过其他节点监听数据的传输。根据串听这些传输,节点将建立一个邻近表。根据串听消息的信号强度,节点将测量在其邻近表中的每个节点的链路质量。当初始计时器期满时节点将进入无源状态。在无源状态下的节点将继续串听消息并维持它们的邻近表。信标也被用来帮助维持各节点的邻近表。信标包含该节点的 ID,周期性地发送消息、当前状态、剩余能量、超时值以及其每个节点上的单跳邻节点信息。

尚未分配到集群中的任何节点将成为候选簇头。这些候选节点将广播这是一个候选簇头。单跳邻域中的节点具有最多残余能量的将成为簇头。在簇头的一跳邻域中的所有其他节点将加入该集群。每个簇头将启动计时器,并仍将是该时间段中的簇头。当该计时器期满时,该节点将尝试找到另一个集群加入,所以它不必再次成为一个簇头,这样可以节约能量。任何节点在不是一个簇头的情况下,仍然可以是个无源节点。

为了保持网络连接,TECA 还使用网桥节点。无源节点启动一个计时器,并继续串听它们的邻近节点。如果一个无源节点听到至少来自两个簇头的广播,那么它将成为一个候选网桥。从所有网桥候选节点中选择网桥是一个复杂的过程,其目标是减少簇和大量已选出的网桥节点之间数据包丢失。这个过程是基于每个节点双跳跃邻域之间建立的曲线图。每个图都有不同的链路成本并计算出最小生成树。如果无源节点没有被选择为一个网桥节点,则当其计时器到期时,它将进入休眠,并且在另一个指定的时间段内休眠。在此期间,只有簇头和网桥节点保持有效。

通过使用单跳邻域信息,相邻簇头大多处于三跳间隔,但在地理上从来没有彼此接近。簇头和桥梁节点的角色被转换,并且以选中的簇头来考虑剩余能量。TECA 的这些属性帮助延长了网络的寿命。TECA 的一个优点是其使用了网桥节点来保持网络的连通性。然而,使用网桥节点还存在一个缺点,就是它需要更多的节点保持活跃,这将导致消耗更多的能量,并且缩短整个网络的寿命。

2）在传感器信息系统中的高能效收集

在传感器信息系统中的高能效收集(PEGASIS)[10]被开发出来,是为了在 LEACH 中提高群形成的效率。PEGASIS 的核心理念是,通过每个节点仅和一个比较接近邻域的节点进行通信,来消耗更少的能量。这是通过在网络中所有节点形成一个链条来完成的。这个链条可以由该基站计算所需链条形成,也可以使用贪婪算法来形成。链条形成之后,每个节点将发送它的数据到该链条上的下一个节点。下一个节点将融合它所接收到的数据,并转发该数据包到链条上的下一个节点。链条上的领导节点将最终融合的数据发送到基站。当一轮结束后,将选出新的领导节点,并且开始新一轮的工作。

为了帮助分配负载,领导节点的角色将在所有节点间转换。只有离基站较远的节点不会成为领导节点。这是因为在较长距离内传输数据会消耗大量的能量,这会与节省能量的聚类算法相矛盾。每个循环中,能量是由仅一个节点进行数据的发送和接收来节省下来的,并且该节点接收和发送数据到该链条上离它最近的节点上。在每轮中,只有一个节点将数据发送到基站上,这也节省了能量。PEGASIS 的主要缺点是,在每轮选择领导节点时,它没有考虑剩余能量。另外,为了形成最佳的链条,有必要了解网络的全局知识,例如节点的数量和每个节点的位置。

2.7 未来的研究方向

拓扑管理的研究预计将在本章所述的三个领域继续。还一个可能的研究领域是创造一个最佳的聚集算法。这可以通过结合现有算法的优势来完成,消除缺点,并放宽假设,这将是一项艰巨的任务。

任何聚集算法的开发应该是分布式的,并且应转换簇头节点,使所有节点以大约相同的速率失效。分布式算法比聚集算法消耗的能量少,因为分布式算法发送的数据较少(也就没有必要来传输控制数据,在基站与节点之间,集群的组织和维修是必须的)。在簇头选择过程中,剩余能量应该是考虑因素之一。发送数据到基站之前,簇头应通过成员节点融合所接收到的数据,帮助节约能量。在各簇头到基站之间,保持一个相对较短的距离,也是要考虑的一个重要因素。这将减少从簇头给基站发送数据时所消耗的能量,并且延长这些节点的寿命。如果存在多个基站,一个可能缩短簇头和基站之间的距离的方式,就是让每个簇头将数据传送到最近的基站上。

网络中的非簇头节点应选择加入基于各类信息的最佳集群。这些信息中不能是位置信息,因为会增加复杂性,并需要消耗更多的能量。该节点应该加入能最小化耗能同时实现应用程序的集群。这些集群也应该可以进行负载平衡使所有节点在大约相同的时间内失效。

大多数算法的开发都存在假设。如果其中的一些假设可以解决,那么新算法将更为强大。其中最重要的假设是数据传输时产生的。通过考虑传输中的误码和冲突可改进现有的一些拓扑管理算法。另外新算法还应该考虑网络中节点故障,其中包括簇头故障。

可以通过这些特征来开发新算法,该算法将是可以在大多数无线传感器网络中使用的聚集算法,而这样的算法仍然在持续研究。

2.8 小结

拓扑管理是无线传感器网络的重要组成部分,最经常使用,可以节约能源,同时保持网络的连接性。主要有三种拓扑管理类型:拓扑发现、休眠周期管理,以及聚集。拓扑发现使得网络管理员可以看到网络的各种拓扑图,如物理部署或逻辑分组。为了节省能源,在时间周期中,冗余节点可以处于休眠状态。休眠周期管理算法,确定了哪些节点处于休眠和它们的工作时间。大多数部署的无线传感器网络将利用某种类型的聚集算法,该算法将通过节点分组和部署节点的子集发送应用数据到基站上来节省能量。

大部分的拓扑管理算法已在模拟环境中进行测试。这使研究人员可以深入了解在实施时该算法的表现。然而,为了全面测试算法的功能,应该在测试平台来实现并在无线传感器网络的部署中进行评估。

名词术语

基站:一个能够收集网络管理数据或应用数据的节点,比如便携电脑、台式机。

簇:网络中节点自组织形成群组或簇。

覆盖问题:在计算机科学的研究领域中,判断一个确定的区域是否能被多边形,比如六边形的问题覆盖。

潜在因素:时延,在网络中,节点之间传输数据包是存在时延的,包括传播时延、传输时延、排队时延以及处理时延。

最小虚拟支配集:为了实现应用区域覆盖的最小部署或唤醒的节点数。

邻近节点列表:在网络中能够从一个节点一跳到达的目的节点。

网络寿命:网络保持活跃的最长时间,包括至少一个节点或需要覆盖应用区域的最小节点数。

休眠周期:指一个节点在唤醒和休眠之间转换的时间间隔。

空分复用:允许节点同一时间在不同的频段进行传输。

拓扑:网络节点的逻辑或物理结构。

习　题

1. 四色着色方案与三色方案相比有什么优势?

2. 基于距离的聚集算法有什么优势？
3. 拓扑管理算法的主要目标是什么？
4. 为什么维持邻近列表要消耗额外的能量？
5. 哪种方法能够更好地实现拓扑发现？阐述理由。
6. 哪种聚集算法最好？阐述理由。
7. 为什么不在异构网络中部署强健的节点作为簇头？
8. 前面讨论的拓扑管理算法如何保存节点额外的能量？
9. 为什么对位置信息的需求是拓扑管理算法的一个缺陷？
10. 哪种休眠周期算法能够实现最低延迟？

参考文献

1. M. Busse, T. Haenselmann, and W. Effelsberg (2006) TECA: A topology and energy control algorithm for wireless sensor networks. International Symposium on Modeling, Analysis and Simulation of Wireless and Mobile Systems (MSWiM '06), Torremolinos, Malaga, Spain, ACM, October 2–6, 2006.
2. B. Chen, K. Jamieson, H. Balakrishnan, and R. Morris (2001) Span: An energy-efficient coordination algorithm for topology maintenance in ad hoc wireless networks. MobiCom 2001, Rome, Italy, pp. 70–84, July 2001.
3. B. Deb, S. Bhatnagar, and B. Nath (2001) A topology discovery algorithm for sensor networks with applications to network management. Technical Report dcs-tr-441, Rutgers University, May 2001.
4. B. Deb, S. Bhatnagar, and B. Nath (2003) Multi-resolution state retrieval in sensor networks. Proceedings of the First IEEE. 2003 IEEE International Workshop on Sensor Network Protocols and Applications, 2003, 11 May 2003, pp. 19–29.
5. A. Durresia, V. Paruchuri, and L. Barolli (2006) Clustering protocol for sensor networks. 20th International Conference on Advanced Information Networking and Applications, 2006 (AINA 2006), Volume 2. pp. 18–20, April 2006.
6. B. P. Godfrey and D. Ratajczak (2004) Naps: Scalable, robust topology management in wireless ad hoc networks. ISPN '04, Berkeley, CA, ACM, April 26–27, 2004.
7. W. R. Heinzelman, A. Chandrakasan, and H. Balakrishnan (2000) Energy-efficient communication protocol for wireless microsensor networks. Proceedings of the 33rd Annual Hawaii International Conference on System Sciences, Jan 4–7, 2000.
8. X. Hong and Q. Liang (2004) An access-based energy efficient clustering protocol for ad hoc wireless sensor network. 15th IEEE International Symposium on Personal, Indoor and Mobile Radio Communications, 2004, (PIMRC 2004). Sept. 5–8, 2004, Volume 2, pp. 1022–1026.
9. J. Kim, S. Kim, D. Kim, and W. Lee (2005) Low-energy localized clustering: an adaptive cluster radius configuration scheme for topology control in wireless sensor networks. IEEE 61st Vehicular Technology Conference, 2005. (VTC 2005). 30 May-1 June 2005. Volume 4. pp. 2546–2550.
10. S. Lindsey and C. S. Raghavendra (2002) PEGASIS: Power-efficient gathering in sensor information systems. IEEE Aerospace Conference Proceedings, 2002.
11. C. Schurgers, V. Tsiatsis, S. Ganeriwal, and M. Srivastava (2002) Topology management for sensor networks: Exploiting latency and density. MOBIHOC '02, Lausanne, Switzerland, ACM, June 9–11, 2002.
12. Y. Xu, S. Bien, Y. Mori, J. Heidemann, and D. Estrin (2003) Topology control protocols to conserve energy in wireless ad hoc networks. Technical Report 6, University of California, Los Angeles, Center for Embedded Networked Computing, January 2003.

13. Y. Xu, J. Heidemann, and D. Estrin (2001) Geography-informed energy conservation for ad hoc routing. Proceedings of the 7th annual International Conference on Mobile Computing and Networking, Rome, Italy, June 16–21, 2001, pp. 70–84.
14. M. Ye, C. Li, G. Chen, and J. Wu (2005) EECS: An energy efficient clustering scheme in wireless sensor networks. 24th IEEE International Performance, Computing, and Communications Conference, 2005, (IPCCC 2005), April 7–9, 2005, pp. 535–554.

第3章　无线传感器网络覆盖

具有(有限的)传感和无线通信功能的传感器和设备的自组网络在商业和军事应用越来越普及。部署这些无线传感器的第一步是制定基于特定应用的性能标准:①在传感器是静态的情况下,在哪里部署或激活它们;②在(部分)传感器是动态的情况下,如何计划移动传感器的轨迹。这两种情况称为无线传感器网络的“覆盖问题”。本章将给出解决覆盖问题的综合性方法。具体地,先介绍文献中推断的“覆盖”的几个基本属性和实现这些性能的相应算法。在深入了解如何设计最佳操作的同时,可以在完美假设下推出大多数属性(因此也构造了相应的算法)。因此,在本章的第二部分,在一个更现实的环境中考虑“覆盖问题”:①根据地形和气象条件,传感器的感应区域是各向异性的,且形状任意;②实用程序监控区域不同部分的覆盖率是不均匀的,考虑到数量威胁的影响,或发生在特定位置威胁的可能性。最后,本章的第三部分,主要讨论移动传感器的覆盖范围,并研究移动传感器如何在部署区域中导航,以最大限度地实现基于威胁的覆盖。

3.1　引言

技术进步导致了微型化的、低功耗的网络设备出现,这些低功耗设备集成了传感器和致动器,致动器具有有限处理和无线通信功能。这些传感器网络为许多潜在的应用开拓了新的前景,如环境监测(如交通、栖息地和安保)、工业传感和诊断(如工厂、电器)、关键基础设施保护(如电网、水利、废物处理)和战场态势感知应用[1-4]。对于这些算法,传感器节点的部署覆盖了监测区域。节点间相互协作传感、监视和跟踪兴趣事件,并且将获得的数据传送到一个或多个汇聚节点,这些数据通常印有时间和位置信息。

在无线传感器网络中通常有两种部署节点。一方面,如果传感器的成本比较高,部署大量传感器是不可行的,而只在区域的预选位置部署少量传感器。在这种情况下,最重要的问题是传感器配置——将传感器放到哪里才能达到某种性能标准。另一方面,如果有有限电池寿命的便宜传感器可以使用,通常会高密度(最高到20个节点/m^3[5])地部署传感器。这种情况下的重要问题是密度控制——如何控制自主式传感器任意时刻的位置和密度,才能适当地覆盖监测区域。(另一个相关问题是如何在所有传感器中转换自主式传感器的角色,从而延长网络的寿命[6]。)虽然初看传感器部署和密度控制是两个不同的问题,但是两者都归结为判定一系列位置的问题,在一定区域内部署传感器或者激活传感器,且要达到以下两个要求:①覆盖:覆盖监测区域事先确定好的百分比;②连通性:传感器网络要保持连通性,这样才能使传感器节点收集到的信息转发到数据接收器或者控制器。

在本章中,无线传感器网络中的覆盖问题,主要考虑两种运行模式。

模式一:所有传感器节点都静态部署。考虑利用一组最少的传感器来覆盖指定百分比的区域,假设每个传感器节点可以二维地监测一个特定区域(如以传感器为中心,以传感器的传感范围作为半径的盘型区域)。如文献[7]所示,如果无线射程至少是传感范围的两倍,对凸圆区域的完全覆盖意味着一组活动节点之间具有连通性。实际上这种条件只适用于最近出现的宽频谱传感器设备,所以,仅考虑覆盖问题就足够了。

处理覆盖问题有两个研究方向。首先介绍文献[7-10]推断出来的几个基本属性,及实现性能的相应算法[6,11-17]。这个方向介绍的内容主要侧重在尽量减少传感器的数量,但要达到覆盖整个监测区域的要求。鉴于可以设计如何优化运行的观点,在完美的假设下可以推断出多数的算法或分析。如几个部署结果[18]显示那样,由于地理或者气象条件的变化,传感范围实际上是非常不规则的。此外,虽然最大化几何覆盖很重要,但就控制潜在威胁的能力而言,量化传感器覆盖效用更有意义。例如,人口密集、通风不好的地区应该归为仅次于化学攻击的高危险物,因此要优先注意传感器布局。

在第二个研究方向中,将在一个更为现实的环境考虑“覆盖问题”。特别地,传感器的传感区可能是各向异性和任意形的,这取决于物质释放时的计量、释放方式、风速、风向和分散模型。监测区域不同部分的不充分覆盖(或覆盖设施)的期望风险可以部分地解释威胁对人口的影响,或者说在特定位置威胁发生的可能性。在这个更一般的环境中,要考虑的问题是,确定最小组的传感器,以尽量减少威胁。

模式二:移动的传感器节点。在传感器节点移动的情况下,要加上另一个维度的覆盖,这里的覆盖指移动传感器覆盖。一旦将传感器部署在根据传感器布局/密度控制算法指定的区域,运作条件将会使原始结果不佳或者无效。例如,传感器失效或者传感范围减弱,出现障碍,影响传感器覆盖局部地区的能力。通过给移动传感器一个任务,即沿着一条轨迹导航以减少相关事件的检测时间,可以减少意外情况的影响。特别地,可将监测区域分成一个二维网格的信元格,对于每个信元格,风险定义为信元格中相关事件(如化学攻击)的稳态存在可能性。区域内的威胁分布以威胁范围为特征,威胁类型要考虑区域内现实威胁对区域内人口的影响。本章为传感器引进一种随机运动算法来实现基于威胁的覆盖,因此信元格按威胁水平成比例覆盖。

3.2 背景

3.2.1 覆盖的基本性质

已经有几位研究者对覆盖的基本性质和传感器布局进行了研究。本节首先总结三个代表性结果,然后,为了介绍该方向上研究所用的方法,3.3 节详细描述了其中的第一个结果。

文献[7]关注传感器覆盖问题,找出保持完全覆盖的最少传感器。已经证明:给定一个包含传感器的区域 R,如果每个交叉点至少被另一个传感器覆盖,则区域 R 被完全覆盖。一个交叉点意味着两个相邻传感器两个传感盘的交叉点,或者一个传感盘和区域 R 边界的交叉点。文献也得出相邻传感器间的最优条件,使得所需的传感器最少。根据最优条件,在大规模无线传感器网络中,提出了一个完全分散局部算法,称为最佳地理密度控制(OGDC)。

文献[10]中进一步研究证明:如果区域 R 的交叉点是 k 覆盖的话,R 也是 k 覆盖。他们之后提出了覆盖配置协议(CCP),在这个协议中,每个节点收集附近信息,并将该信息作为判定节点是否有睡眠资格的标准。如果传感范围内的所有交叉点至少是 k 覆盖,那么节点可以暂停活动。文献[19]从另一个角度(交叉点 VS 周长)考虑问题,并证明:如果网络中每个传感器都是 k 周长覆盖,那么这个区域就是 k 覆盖,其中被 k 周长覆盖的每个传感器在传感盘周长上都有标点,而这个传感盘至少被另一个 k 覆盖传感器覆盖。然后为确定 k 覆盖周长(区域 k 覆盖)设计出了一个算法,并用它来确定多余传感器,安排传感器闲置周期。然而,要决定冗余度,传感器 s 必须询问其传感范围两倍区域内的所有传感器,重新估计没有传感器 s 的周长覆盖,提高了算法的复杂水平。

3.2.2 覆盖问题构想

传感器覆盖问题可以表述为一个最优化问题:给定传感器的传感区域 R,怎样去布置传感器,才能使得覆盖监测区域所需的传感器 N 数量最少?

我们还可以将问题阐述为:给定有效传感器 N 的数量,怎样去布置传感器,使得需要覆盖监测区域的传感区域 R 最小?当更关注检测时间和能量损耗时,这个阐述是有用的,而能量损耗是和传感区域 R 息息相关的。这实际上就是有名的 N 中心问题。三角不等式假设下的 2 倍近似度的问题可以由贪心路由算法解决[17]。该算法本质上是反复地放置新传感器到离目前这套传感器最远的信元格中。

可以证明,上述两个优化问题在某种意义上是等价的,如果有其中一个问题的解决算法,另一个问题也可以通过多次调用该算法解答,调用次数服从近似度变化。

3.3　最佳地理密度控制及其根本基础

现在要强调问题的研究方法,我们详细讨论最佳地理密度控制(OGDC),该问题即为找出需要最小数量的传感器位置,该位置能维持完全覆盖[7]。覆盖的目的隐含两个要求。一是,一组传感器的部署和活动应该完全覆盖区域 R。为获得能确保完全覆盖的充分条件,将相交点定义为两个圈(盘的边界)或圈和区域 R 边界的交叉点。如果相交点是第三个盘的一个内点,那么可以称它为覆盖。下文中内容来自文献[20]中 59 页到 181 页的引理,为完全覆盖提供了充分条件。如果假设任意 3 个盘的边界没有相交于一点,则该充分条件也是必要的。如果所有传感器随机放置在均匀分布的空间里,因为三个盘的边界没有相交于一点的可能性为零,则该假设是合理的。引理 1 是 OGDC 的一个重要理论基础。

引理 1　假设圆盘的大小远小于凸区域 R,如果一个或多个圆盘分布在区域 R 内,并且至少这些圆盘中的一个与另一个圆盘相交,那么区域 R 内所有交叉点被覆盖,并且 R 被完全覆盖。

第二个要求是为覆盖而部署或激活的传感器应该是最少的。为了获得第二个要求实现的条件,我们首先定义点 x 的重叠为传感范围覆盖的传感器数量减去 $I_R(x)$,其中,

$$I_R(x)\begin{cases}1, & x \in R \\ 0, & \text{其他}\end{cases} \tag{3.1}$$

所有传感器重叠的传感范围是区域内点重叠的积分,该区域被所有传感器覆盖。引理 2 说明尽量减少活动传感器的数量相当于最小化所有活跃传感器节点传感范围的重叠。

引理 2　如果所有传感器节点:①完全覆盖一个区域 R,②有相同的感应范围,那么最小化工作节点的数量相当于最小化所有活跃节点传感区域的重叠。

工作节点 i 的指示符方程 $I_i(x)$ 定义为

$$I_R(x) = \begin{cases}1, & x \in R \\ 0, & \text{其他}\end{cases} \tag{3.2}$$

令 R'包含 R 的区域及所有传感器节点的覆盖区域。传感器节点 i 的覆盖区域为圆盘形,其大小为 $\int_{R'} I_i(x)\,\mathrm{d}x \triangleq |S_i|$,其中 $|S_i|$表示传感器 i 覆盖区域 S_i 的

大小。根据条件(ii),对所有节点 i 都有 $|S_i| = |S|$。根据 $I_i(x)$ 的定义,点 x 的重叠可以表达为

$$L(x) = \sum_{i=1}^{N} I_i(x) - I_R(x) \tag{3.3}$$

其中,N 表示工作节点的数目,L 为所有传感器节点的重叠传感区域,其表达式为

$$\begin{aligned} L &= \int_{R'} L(x) \\ &= \int_{R'} \left(\sum_{i=1}^{N} I_i(x) - I_R(x) \right) \mathrm{d}x \\ &= \sum_{i=1}^{N} \int_{R'} I_i(x)\,\mathrm{d}x - |R| \\ &= N|S| - R \end{aligned} \tag{3.4}$$

条件(i)隐含在第一个等式中,条件(ii)隐含在第四个等式中。方程(3.4)表示工作节点 N 的最少数目相当于尽量减少所有传感器节点传感区域的重叠。

引理 2 将活跃传感器节点数量与活跃节点之间的重叠区域联系起来了,后者可以局部点得到,从而大大简化了分散的局部的传感器部署及密度控制算法。

3.3.1 理想情况下的属性

有了引理 1 和引理 2,我们现在可以讨论如何最小化所有传感器节点传感的重叠范围。我们的讨论是建立在区域 R 相比于每个传感器而言足够大,边界效应可以忽略的假设上的。引理 1,为了完全覆盖区域 R,一些传感器必须放在区域 R 内,它们的覆盖区可能相交。如果 A 和 B 两个圆盘相交,至少一个圆盘需要覆盖它们的相交点。例如,在图 3.1 中考虑圆盘 C 用于覆盖圆盘 A 和 B 的交叉点 O。要最小化重叠而又要覆盖交叉点 O(及其附近不被圆盘 A 和 B 覆盖),圆盘 C 应该与圆盘 A 和 B 相交在点 O;否则,人们总是可以移动圆盘 C 远离圆盘 A 和 B 来减少重叠。

考虑到两个圆盘 A 和 B 相交,我们现在研究需要圆盘的数量和它们的相对位置,覆盖圆盘 A 和 B 交叉点 O 的同时最小化重叠。以三个圆盘的情况(图 3.1)为例,令 $\angle PAO = \angle PBO = \alpha_1$;$\angle OBQ = \angle OCQ = \alpha_2$,和 $\angle OCR = \angle OAR = \alpha_3$。我们考虑两种情况:① $\alpha_1,\alpha_2,\alpha_3$ 都是变量;② α_1 是常数,但 α_2 和 α_3 是变量。①对应可以选择所有节点位置的情况,而②对应的情况是:两个节点(A 和 B)已经固定,需要选择第三个节点 C 的位置最小化重叠。上面的两种情况可以延伸到一般情况,在这种情况下,放置 $k-2$ 额外圆盘去覆盖最先两个圆盘(放在一个二维

平面)的一个交叉点的,可以相应地定义 $\alpha_i,1\leqslant i\leqslant k$。再次,所有圆盘的边界应该相交于点 O,以减少重叠。在接下来的讨论中,为了简单起见,假设传感范围 $r=1$。但是请注意,当 $r\neq1$ 时,结果仍然有效。

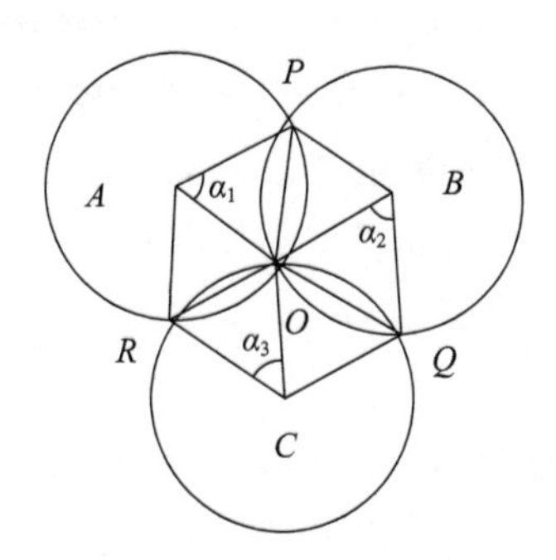

图 3.1　相交于点 O 时重叠最小化的示例

情况 1:$\alpha_i,1\leqslant i\leqslant k$ 都是变量。首先证明如下引理。

引理 3

$$\sum_{i=1}^{k}\alpha_i=(k-2)\pi \tag{3.5}$$

有多个以 C_i 为中心的覆盖区域且它们交汇点为 O。这些覆盖区域的中心标记为 C_i,参数 i 按顺时针方向增加。(图 3.1 中 $k=3$,其中 $C_1=A,C_2=B,C_3=C$)。现在,$\sum_{i=1}^{k}\angle C_iOC_{(i\bmod k)+1}=2\pi$ 且 $\angle C_iOC_{(i\bmod k)+1}+\alpha_i=\pi$。从上面的方程中,可以推理出 $\sum_{i=1}^{k}\alpha_i=(k-2)\pi$。

现在第 i 个和第(i 的绝对值 k)$=1$ 个圆盘(称为相邻圆盘)之间的重叠是 $(\alpha_i-\sin\alpha_i),1\leqslant i\leqslant k$。如果忽略不相邻圆盘造成的重叠,那么总重叠 $L=\sum_{i=1}^{k}\alpha_i-\sin\alpha_i$。覆盖问题可以表述为

$$\min\sum_{i=1}^{k}(\alpha_i-\sin\alpha_i)$$

$$\text{s.t.}\ \sum_{i=1}^{k}\alpha_i=(k-2)\pi \tag{3.6}$$

可以使用拉格朗日乘数法来解决上面的优化问题。解决方案是 $\alpha_i=(k-2)\pi/k,i=1,2,\cdots,k$,使用 k 圆盘来覆盖交叉点 O 产生的最小重叠是

$$L(k)=(k-2)\pi-k\sin\frac{(k-2)\pi}{k}=(k-2)\pi-k\sin\left(\frac{2\pi}{k}\right)$$

注意到每个盘的重叠

$$\frac{L(k)}{k}=\pi-\frac{2\pi}{k}-\sin\left(\frac{2\pi}{k}\right) \tag{3.7}$$

当 $k \geqslant 3$ 时,随 k 单调增加。此外,当 $k=3$(这意味着用一个圆盘去覆盖交叉点)时,最优解是 $\alpha_i=\pi/3$,且和不相邻圆盘之间没有重叠。当 $k>3$ 时,即使忽略不相邻圆盘之间的重叠,每个圆盘的重叠总是高于 $k=3$ 时的情况,这意味着在最小化重叠的情况下,使用一个圆盘覆盖交叉点及其附近是最佳的选择。此外,三个圆盘的中心应该形成一个以$\sqrt{3}r$ 为边长的等边三角形。我们将在下面的定理中阐明上述结果。

定理 1　要覆盖最小重叠的两个圆盘的一个交叉点,只需一个圆盘,且三个盘的中心应该形成一个边长为$\sqrt{3}r$ 的等边三角形,其中 r 是盘的半径。

情况 2:α_1 是常量,而 α_i,$1 \leqslant i \leqslant k$ 都是变量。

在这种情况下,问题仍然可以和问题 1 中表示成一样,不过 α_1 是固定的。同样可以用拉格朗日乘数法来解决这个问题,且最优解是 $\alpha_i=((k-2)\pi-\alpha_1)/(k-1)$,$2 \leqslant i \leqslant k$。可以得出类似的结论,用一个盘覆盖交叉点能得到最小重叠。我们将在下面的定理中阐明上述结果。

定理 2　覆盖两个位置固定的盘的交叉点(即在图 3.1 中 α_1 固定),只需一个圆盘,且 $\alpha_2=\alpha_3=(\pi-\alpha_1)/2$。

总之,以最小重叠覆盖大型区域 R,应该确保:①至少一对圆盘相交;②任意两个圆盘的交点被第三个圆盘覆盖;③如果任何三个传感器节点的位置是可调的,如定理 1 所述,三个节点应该形成一个边长为$\sqrt{3}r$ 的等边三角形。如果如定理 2 所述,A 和 B 两个传感器节点的位置已经固定,第三个传感器节点放置在节点 A 和 B 连线的垂直线上,且到两个圆交点距离为 r(即图 3.2 中的最佳点 C)。在理想的情况下,这些条件对覆盖问题是最优的。

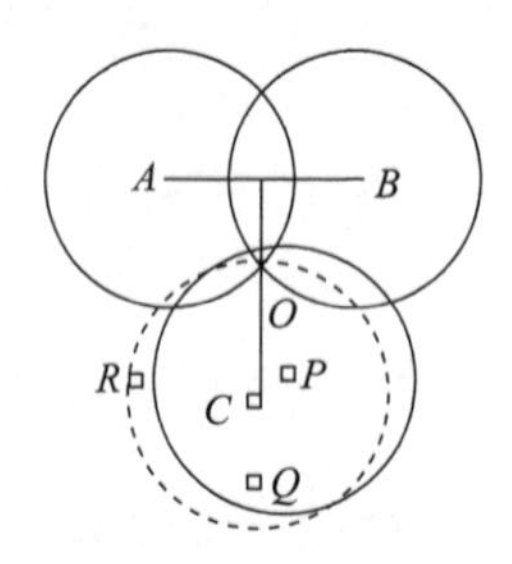

图 3.2　虽然 C 是覆盖 A、B 交点 O 的最优位置,
但那里没有传感器节点。选择靠近 C 的 P 点以覆盖交点 O

重叠的概念可以扩展到异构情况下,其中的传感器有不同的传感范围。具体来说,定理 1 和定理 2 在异构情况下可以通用。感兴趣的读者可参考文献[7]了解详细情况。

3.3.2 最佳地理密度控制算法

现在我们介绍一个完全局部化的密度控制算法,称为 OGDC,该算法利用了上一节推出的最优条件。从概念上讲,OGDC 尝试选择最接近最优位置的传感器节点作为活跃节点。

为陈述清晰,我们假设:①每个节点知道自己位置;②所有传感器节点时间同步。第一个假设是切合实际情况的,也是许多研究一直努力解决本地化问题[21-23]。第二个假设用来方便描述算法。文献[7]中则给出一个更为通用的算法,该算法运作不需要假设。

在任何时候,一个节点处于以下三种状态之一:“不稳定”“开”和“关”。时间分为几轮,每轮有两个阶段:节点选择阶段和稳态阶段。在节点选择的开始阶段,所有节点醒来,它们的状态设置为“不稳定”,并选择工作节点。这一阶段结束时,所有的节点状态改变为“开”或“关”。在稳态阶段,所有节点保持状态固定,直到下一轮的开始。如此选择每一轮的长度,使得它比节点选择阶段更长,但比传感器的平均寿命短得多。如文献[7]所示,在面积为 50m × 50m,网络规模高达 1000 个节点的情况下,执行节点选择操作所花费的时间通常低于 1s(适当地设置定时器值),而大多数节点在不到 0.2s 时间内决定状态(“开”或“关”),此时至少有一个节点主动作为开始节点。每一轮的间隔通常设置为大约几百秒,密度控制的总开销较小($<1\%$)。

在每一轮节点选择阶段开始时,一个或多个传感器节点主动作为开始节点。例如,在图 3.2 中,假设节点 A 主动作为起始节点。然后一个(近似)距离为 $\sqrt{3}r$ 的节点,称为节点 B,将被“选择”作为活跃节点。按照定理 2,要覆盖盘 A 和 B 的交点,最接近最优位置 C(如图 3.2 中的节点 P)的节点将被选中,成为一个活跃的节点。这个流程将继续,直到所有节点改变状态为“开”或“关”,状态为“开”的一组将组成工作组。因为每轮中,节点按概率(志愿者本身是一个开始节点剩余权力有关的概率)主动成为开始节点,工作传感器节点组在每一轮中状态不大可能相同,从而确保整个网络的能量消耗均衡(且能耗最低)及完全覆盖和连通性。在文献[7]里有 OGDC 的详细描述。

3.3.3 OGDC 性能

为验证和评估拟议的 OGDC 设计,文献[7](与 CMU 无线扩展的 ns-2)

在 50m×50m 区域里进行了仿真研究，该区域相当于 1000 传感器均匀随机分布。

除了评估 OGDC 之外，该研究还评估了文献[6]提出的 PEAS 算法性能、在文献[10]中提出的 CCP 算法和基于六边形的类 GAF 算法。其中基于六边形的类 GAF 算法建立在文献[24]中 GAF 算法基础上，操作如下。

整个地区分为方形网格，每个网格选择一个节点唤醒。为了保持覆盖，网格的大小必须要小于或等于 $r_s/\sqrt{2}$。因此，对于大小为 $l\times l$ 的大区域，它需要$2l^2/r_s^2$ 个节点在活动状态下运作，以确保完全覆盖。使用六角网格保持覆盖，每个六边形的边长最多是 $r_s/\sqrt{2}$，并且需要 $8l^2/(3\sqrt{3}r^2)\approx 1.54l^2/r_s^2$ 个工作节点完全覆盖尺寸为 $l\times l$ 的大区域。

在仿真研究中，使用文献[6]中的能量模型，其中传输、接收（空闲）和睡眠的功率消耗比是 20∶4∶0.01。一个能源（功率）单位被定义为节点为保持空闲 1s 所需能量。每个节点的感知范围都是 $r_s=10\text{m}$，如果一直空闲，寿命是 5000s。OGDC 的可调参数设置如下：每轮时间为 1000s，功率阈值 P_t 设置为允许一个节点空闲 900s 时消耗的功率，定时器值分别设置为，$T_d=10\text{ms}$；$T_s=1\text{s}$，$T_e=T_s/5=200\text{ms}$；t_0设置为发送接通电源包时间 6.8ms（无线通信容量 40Kb/s，数据包大小是 34B）。

该地区覆盖率测量如下：将区域分为 50m×50m 网格，如果网格的中心被覆盖，那么整个网格被覆盖。然后覆盖定义为至少被一个传感器覆盖的网格数量与网格总数的比。

图 3.3 显示了工作节点的数量和部署在网络中的传感器节点数量的覆盖范围。在密度控制过程完成后，两个指标都要进行测量。在大多数情况下，在每一轮中，OGDC 执行密度控制只需要不到 1s 的时间，而 PEAS[6] 和 CCP[10] 可能要用 100s。如图 3.3 所示，与基于六边形的类 GAF 算法相比，主动模式下，OGDC 只需要一半的节点操作，但是可以达到几乎相同的范围（在大多数情况下 OGDC 达到 99.5% 以上覆盖）。此外，当网络中部署的传感器节点数量从 100 个增加到 1000 个时，OGDC 下所需的工作节点数量由部署的传感器节点数量适度增加，而 PEAS 和 CCP 工作节点的数量都增加了 50% 。另一个观察结果是，当工作节点的数量变得非常多时，CCP 的覆盖率实际上下降了。这是因为 CCP 要进行大量的消息交换以保持邻域信息。当网络密度高时，数据包经常产生碰撞，并且附近的信息可能是不准确的。相比之下，OGDC 每个节点每一轮最多发送一个接通电源消息，因此数据包碰撞问题不是那么严重。

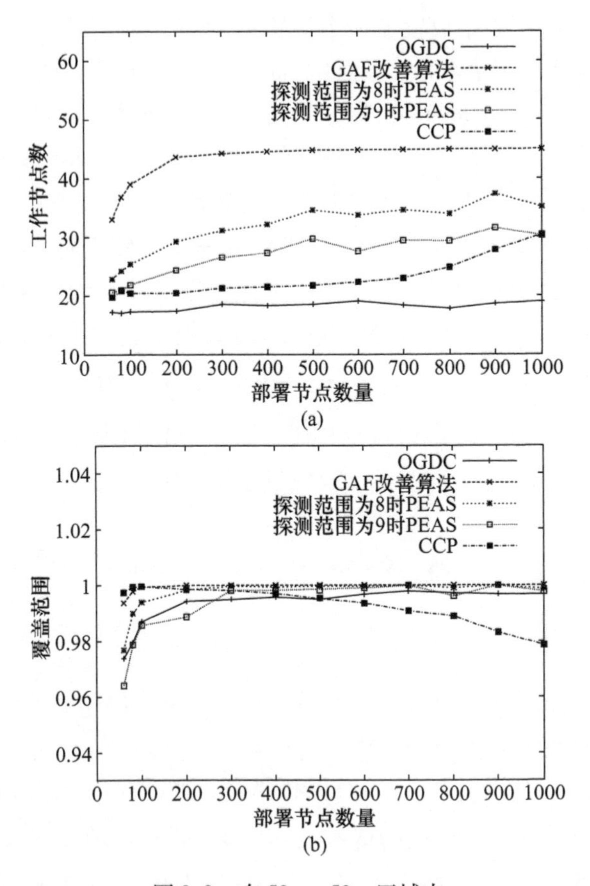

图 3.3　在 50m × 50m 区域内

(a)工作节点数与部署节点数的关系；(b)覆盖范围与部署节点数的关系。

3.4　传感器在现实环境中的布局

虽然上述研究给出了明确了 k - 覆盖特征，揭示了设计完整的 k 覆盖算法，都给出了完美盘的假设。因此，目前尚不清楚这些结果是否适用于高度不规则感应盘的情况。在本节中，我们考虑传感器放置在更现实的环境中——放置传感器为了满足一定的性能标准，如传感器部署的数量、威胁的分布、地形、土地覆盖和气象条件，以及人口分布。该性能标准要么是最小化最大检测时间（从脏弹爆炸瞬间到爆炸检测瞬间的时间间隔）或人口最大化时人员疏散时间（检测时间和烟尘到达人口稠密区域时刻之间的时间间隔）。

具体来说，监控区域分为一组 X 信元格。假设每个信元格最多可以放置一个传感器。如果信元格中放置了一个传感器,那么整个信元格都被覆盖了。我们考虑 1-覆盖和 k-覆盖两个方面(下面定义)。对于每个信元格 $i \in X$,令 R_i^T 表示的一组信元格,在时间 T 内,通过在信元格 i 内放置一个传感器就可以覆盖信元格。也就是说,如果一个事件发生在一些信元格 $i \in R_i^T$,在时间 T 内,在信元格 i 内放置传感器可以感应到该事件。在某种意义上,R_i^T 是信元格 i 内放置的传感器的感应区域(在时间 T 内)。同样,对于每个信元格 $i \in X$,令效用 U_i 定义为由信元格 i 覆盖所得的效用。例如,效用函数可以成为区域里的群体,目标攻击事件在区域发生的概率(如脏弹爆炸)或其组合。在 1-覆盖情况下,在信元格 i 中放一个传感器的效用表述为:$U(R_i^T) = \sum_{j \in R_i^T} U_j$。

令变量 x_i($\forall$ 单元格 $i \in X$)表示传感器是否放在信元格 i 的指标,即如果一个传感器被放置在信元格 i 内,那 $x_i = 1$,其余 $x_i = 0$。现在可以将优化问题作为表述为:

问题 2 最小化传感器数量 $N = \sum_{i \in X} x_i$,受限于

$$U(\cup_{i \in X \wedge x_i} R_i^T) \geqslant C$$

其中 C 是覆盖要求。除了几何覆盖,覆盖要求可以包含参数,如在覆盖率不足情况下出现的潜在威胁,和/或将受到影响的群体。

注意,传统的假设是,R_i^0 是一个以传感器(放置在信元格 i)为中心的盘。在这里允许 R_i^T 是一个 T 时变的函数,并且形式任意。在 3.4.2 节中,我们将讨论如何利用 SCIPUFF 模型[25,26]构造 R_i^T,同时考虑发散材料、地形、土地覆盖和气象条件的特性。如此构造出的 R_i^T 将作为求解算法的输入。还需注意,传统$U(\cdot)$是一个统一函数,且效用降低到几何传感器覆盖。如在 3.1 节中提到的,效用函数可以定义为,量化降低的潜在威胁或通过信元格 i 覆盖获得的潜在好处。在3.4 节中,我们将使用真实群体分布作为 $U(\cdot)$来评估提出的算法。

在 k-覆盖的情况下,至少 k 传感器覆盖信元格,信元格才会生效。换句话说,只有当 $\sum_{j: i \in R_i^T} x_j \geqslant k$,才认为信元格 i 被覆盖。需要注意的是,逆向/向前预测的情况要求 k-覆盖,在此情况下,可以推断事件的起源(如一个羽)以及预测受扩散影响的未来区域。在这种情况下,传感器收集的多个信息是相关的,还可作为某些逆向/转发算法的输入。可以将优化问题表述为:

问题3 最小化传感器数量$N = \sum_{i \in X} x_i$,受限于$\sum_{i \in X} U_i \cdot I\left\{\sum_{j: i \in R_i^T} x_j \geqslant k\right\} \geqslant C$,其中 $I(\cdot)$是指示函数。注意,问题 2 中的约束条件不是线性表达式。在 3.4.1 节中,我们将讨论把 $I(\cdot)$转换成一组线性约束的方法。

3.4.1　问题 1 和 2 的解决方案

在本节中，将讨论问题 1 和 2 的解决算法。在 1 - 覆盖的情况下，问题（问题 1）缩减为加权部分组覆盖问题，引入一个 LogC 近似算法。在 k - 覆盖的情况下，首先讨论这样一个特例，覆盖要求严格，且必需满 k - 覆盖。在这种情况下，可以进一步将问题 2 的描述简化为线性规划问题。在更一般的情况下，问题 2 的描述只能简化为一个整数规划问题。下文将给出一个建立在部分 1 - 覆盖基础上的算法来解决这个问题。

3.4.1.1　问题 1 的求解算法

算法 1 给出了 LogC - Partial - 1 算法。该算法发现信元格 i^* 最高效用为 U_{i^*}，$x_{i^*}=1$ 表示传感器可以放置在信元格中。然后从 X 中删除信元格 i^*，每个信元格 $i \in X$ 的覆盖更新为 $R_i^T = R_i^T = R_{i^*}^T$，覆盖要求更新为 $C = C_i - U(R_{i^*}^T)$。重复这个过程，直到覆盖要求满足（$C \leqslant 0$）或者信元格中都已经放置了传感器（$X = \varnothing$）。

算法 1：LogC - Partial - 1（$X, \{R_i^T\}, U, w, C$）
1：$Y = \varnothing$
2：**while** $C > 0$ AND $X \neq \varnothing$ **do**
3：$i^* = argmax_{i \in X} U(R_i^T)$
4：$Y = Y \cup \{i^*\}$
5：$X = X \backslash \{i^*\}$
6：$C = C - U(R_{i^*}^T)$
7：for each $i \in X, R_i^T = R_i^T \backslash R_{i^*}^T$
8：**end while**
9：return Y

定理 3　鉴于 $U(\cdot)$ 的范围是整数，算法 LogC - Partial - 1 有近似系数 $\log C$。

证明：假设最优位置需要 N_{OPT} 传感器。i 是由 LogC - Partial - 1 放置的第 i 个传感器。A_i 是被第 i 个传感器覆盖但没有被任何 $j < i$ 传感器覆盖的信元格，基本上，A_i 是第 i 次迭代中覆盖的一组新单元。C_i 满足第 i 个迭代覆盖的要求，$C_0 = C$。还没有覆盖的信元格中，处于最佳位置的一个 N_{OPT} 传感器至少可以包含 C_{i-1}/N_{OPT} 的效用。LogC - Partial - 1 选择最大效用覆盖的传感器，因此，$U(A_i)$ 至少是 C_{i-1}/N_{OPT}。因此

$$\sum_{i=1}^{N_{\mathrm{OPT}}} U(A_i) \geqslant \sum_{i=1}^{N_{\mathrm{OPT}}} \frac{C_{i-1}}{N_{\mathrm{OPT}}} \geqslant \sum_{i=1}^{N_{\mathrm{OPT}}} \frac{C_{\mathrm{OPT}}}{N_{\mathrm{OPT}}} = C_{\mathrm{OPT}} = C - \sum_{i=1}^{N_{\mathrm{OPT}}} U(A_i) \tag{3.8}$$

这样有 $\sum_{i=1}^{N_{OPT}} U(A_i) \geqslant C/2$，这意味着 LogC - Partial - 1 可以使用 NOPT 传感器来满足至少一半的覆盖率的要求。因此，LogC - Partial - 1 最多完全需要 $N_{OPT} \cdot \log C$ 个传感器满足覆盖要求。

3.4.1.2 全 k - 覆盖问题的求解算法

回想一下，因为指标函数，问题 2 中的约束并不是一个线性表达式。当覆盖要求严格时，也就是说 $C = \sum_{i \in X} U_i$，整个监测区域必须是 k - 覆盖的，就可以容易地移除指标函数。也就是说，式(3.6)可以化简为 $\sum_{j: i \in R_i^T} x_j \geqslant k$，问题 2 简化为

$$\min \sum_{i \in X} x_i \tag{3.9}$$

$$\text{s.t.} \sum_{j: i \in R_i^T} x_j \geqslant k \qquad \forall i \in X$$

$$x_i \in \{0,1\} \tag{3.10}$$

因为一般整数方程式是 NP - 困难，我们将上述整数方程式放到线性方程式中，通过

$$0 \leqslant x_i \leqslant 1 \tag{3.11}$$

取代上一个约束条件。并在多项式时间内解线性方程式(命名为 Full - k - LP)。现在，剩下的问题是如何为来自线性方程式的整数方程式构造可行的解，以及构建的解有多好。

(1) 为整数方程式构造可行的解

根据线性方程式返回的解 $\{\hat{x}_i\}$，构建一个可行解 $\{x_i\}$。我们定义感应区域的最大数量，通过感应区域，信元格可以覆盖为 $F = \max_{i \in X} |\{j: i \in R_j^T\}|$，这里的 $|\cdot|$ 是基数函数。注意，只有当 $k \leqslant F$ 时，k - 覆盖问题才有解决方案。如果 $\hat{x}_i \geqslant 1/(F-k+1)$ 赋值 $x_i = 1$，其余情况下 $x_i = 0$。

定理 4 由线性方程式(如果 $\hat{x}_i \geqslant 1/(F-k+1)$，$x_i = 1$，其余情况下 $x_i = 0$)返回的解 $\{\hat{x}_i\}$ 构造出来的解 $\{x_i\}$ 是原来整式(3.10)的可行解。

证明：要证明解 $\{x_i\}$ 是原来整式(3.10)的可行解，需要显示 $\sum_{j: i \in R_j^T} x_j \geqslant k$，这可以由矛盾证明。对于一些 $i \in X$，假设在 $\sum_{\hat{x}j: i \in R_j^T} x_j \geqslant k$ 中，P_i 元素不小于 $1/(F-k+1)$。让 $O_i \equiv |\{\hat{x}_j: i \in R_j^T\}|$。然后在 $|\{\hat{x}_j: i \in R_j^T\}|$ 中，元素 $(O_i - P_i)$ 小于 $1/(F-k+1)$。如果 $P_i \leqslant k-1$，下面的不等式是适用的：

$$\sum_{j:i\in R_j^T}\hat{x}_i < \{O_i - P_i\}\frac{1}{F-k+1} + P_i = O_i\frac{1}{F-k+1} + P_i\frac{F-k}{F-k+1}$$

$$\leqslant F\frac{1}{F-k+1} + (k-1)\frac{F-k}{F-K+1} = k$$

这与 $\sum_{\hat{x}j:i\in R_j^T} x_j \geqslant k$ 矛盾(回想$\{\hat{x}_i\}$是线性方程式的可行解)。因此,$P_j > k-1$ 且 $\sum_{\hat{x}j:i\in R_j^T} x_j \geqslant k$ 。

(2) 导出构造的可行解的近似比。

现在我们讨论构建的可行解的近似因素。

定理 5　$\sum_{i\in X} x_i \leqslant (F-k+1)\sum_{i\in X} x_i^*$,其中$\{x_i^*\}$是整式的最优解,$\{x_i\}$是由线性方程式构造的解。

证明:首先, $\sum_{i\in X} x_i \leqslant \sum_{i\in X} x_i^*$, 因为整式的解空间是线性方程式解空间的一个子集。因此,以下不等式是适用的:

$$\sum_{i\in X} x_i \leqslant \sum_{i\in X}((F-k+1)\cdot\hat{x}_i) = (F-k+1)\sum_{i\in X}\hat{x}_i$$

$$\leqslant (F-k+1)\sum_{i\in X} x_i^* \tag{3.12}$$

其中第一个不等式遵守可行解的构建规则,即如果 $\hat{x}_i \geqslant 1/(F-k+1)$,$x_i=1$,其余情况下,$x_i=0$。可以精心构造一个例子,表明 $\sum_{i\in X} x_i \leqslant (F-k+1)\sum_{i\in X} x_i^*$,也就是说,$(F-k+1)$是一个严格的近似比。

3.4.1.3　问题 2 的求解算法

一般情况下,可以利用性质 $I\{x\geqslant k\} = \max\{0,\min\{1,x-k+1\}\}$,将问题 2 中的指标函数“删除”。此外,$y=\max\{x_i - x_j\}$ 可以被以下约束取代:

$$y\geqslant x_i, y\geqslant x_j$$

$$y - x_i \leqslant c_i M, y - x_j \leqslant (1-c_i)M$$

$$c_i \in \{0,1\}$$

其中 M 是一个足够大的正常数。第一对约束确保 y 不小于 x_i或 x_j。第二条约束确保 $y=x_i$ 或 $y=x_j$,这取决于变量 c_i是 0 还是 1。

同样,$y=\max\{x_i - x_j\}$ 可以被以下约束取代:

$$y\leqslant x_i, y\geqslant x_j$$

$$x_i - y \leqslant c_i M, x_j - y \leqslant (1-c_i)M$$

$$c_i \in \{0,1\}$$

因此,问题 2 可以简化为如下整式(命名为 Partial - k - IP):

$$\text{Min}\sum_{i \in X} x_i$$

$$\sum_{i \in X} U_i \cdot y_i \geq C$$

$$y_i \geq 0, y_i \geq z_i$$

$$y_i \leq C_i F, y_i - z_i \leq (1 - c_i) F$$

$$z_i \leq 1, z_i \leq \sum_{j: i \in R_j^T} x_j - k + 1$$

$$1 - z_i \leq d_i F$$

$$\sum_{j: i \in R_j^T} x_i - k + 1 - z_i \leq (1 - d_i) F$$

$$a_i c_i, d_i \in \{0,1\} \tag{3.13}$$

然而,通过执行 $0 \leq x_i \leq 1$,$0 \leq c_i \leq 1$ 和 $0 \leq d_i \leq 1$ 将上面的整式问题转换成线性方程式,构造原来整式相应的解,并不总能产生可行解。实际上,让 $0 \leq c_i \leq 1$,$0 \leq d_i \leq 1$ 导致最优 $\sum_{i \in X} x_i$ 等于零。因此,基于上述为部分 1 - 覆盖提出的算法,接下来我们将讨论一个启发式算法。

对部分 k - 覆盖的一次递增算法:

部分 k - 覆盖的一个简单解决方案是执行 k 次 1 - 覆盖算法。一次递增算法的伪代码在算法 2 中给出。在 1 - 覆盖算法的第$(r-1)$次调用的最后,有些信元格已经 r - 覆盖,表示为 $X' = \left\{ i \in X : I\left(\sum_{j: i \in R_j^T} x_j \geq r \right) = 1 \right\}$。因此,在 1 - 覆盖算法的第 r 次调用时,该效用覆盖需求可以减少 $\sum_{i \in X'} U_i$。同时,在 k - 覆盖条件下,在信元格 i 中放置传感器获得的覆盖效用是:

$$U(R_i^T, k, Y) = \sum_{j \in R_i^T} U_j \cdot I(|\{h : h \in Y \wedge j \in R_h^T\}| = k - 1) \tag{3.14}$$

这是信元格的总效用,信元格在 R_i^T 中,并且已经被落点位置 Y 完全$(k-1)$覆盖。因此,如果一个传感器放置在信元格 i 中,$U(R_i^T, k, Y)$ 是考虑 k - 覆盖所获得的效用。

去除冗余

上面的启发式算法以贪婪方式,通过选择提供最大效用的信元格。在最终布局中,一些传感器有可能是冗余的,在某种意义上,它们的移除将不会影响实现效用覆盖要求。调用一次递增算法后,应该删除这些传感器。算法 3 给出了去除冗余过程中的伪代码，是以一个贪婪的方式运作的。让 Y 表示通过 One - Incremental 或 Partial - 1 + Full - k 返回的信元格组，对于 $\forall i \in Y$，移除信元格 i 中传感器的效用损失是 $U(R_i^T, k, Y)$，这等于在 R_i^T 中的信元格 i 的总效用，此时信元格 i 被 Y 完全 k - 覆盖。因此，把 i 从 Y 中移除会导致效用损失。反复地搜索最小 $U(R_i^T, k, Y)$ 的信元格 $i \in Y$。同时如果 $Y \backslash \{I\}$ 仍能满足要求 C，则从 Y 中移除信元格 i。

算法 2：One - Incremental($X, \{R_i^T\}, U, C$)

1：$Y = \varnothing$

2：**for** $r = 1; r \leqslant k; r++$ **do**

3：　$X' = \{i \in X \cup Y : i$ is at least r - covered by Y$\}$

4：　$C' = C - \sum_{i \in X'} U_i$

5：**while** $C' > 0$ AND $X \neq \varnothing$ **do**

6：$i^* = argmax_{i \in X} U(R_i^T, r, Y)$

7：$Y = Y \cup \{i^*\}$

8：$X = X \backslash \{i^*\}$

9：$C' = C' - U(R_{i^*}^T, r, Y)$

10：**end while**

11：**end for**

12：return Y

算法 3：Redundancy Removal($X, Y, \{R_i^T\}, U, C$)

1：**while** $Y \neq \varnothing$ **do**

2：$i^* = argmin_{i \in Y} U(R_i^T, k+1, Y)$

3：**if** $\sum_{i \in X} U_i \cdot I\{ |\{h : h \in Y \backslash \{i^*\} \wedge i \in R_h^T\}| \geqslant k\} \geqslant C$ **then**

4：$Y = Y \backslash \{i^*\}$

5：**else**

6：break

7：**end if**

8：**end while**

9：return Y

3.4.2　收集和计算输入数据

收集和计算为传感器布局算法准备输入数据，是构建传感器布局过程的主要部分。回想一下，问题 1 和 2 最重要的输入以物理现象为特征，这些输入是信

元格的集 R_i^T，表示将传感器放置在信元格 i 中，可以在时间 T 内覆盖这些信元格的集。在本节中，考虑到发散材料、地形、土地覆盖和气象条件的特点，我们将讨论如何利用 SCIPUFF 模型来计算 R_i^T。

R_i^T 的计算受以下参数影响：发散材料（材料的特性，比如衰变速率和沉积速度，释放函数）、地形和气象条件。前者可由国家地球物理数据中心的 GLOBE 数据库[27]获得。GLOBE 数据库包含整个世界在 30″经度网格间距的高程数据。另一方面，对一个位置的气象条件的有用表述是风向图。它对在一个特定的位置，风速和风向通常怎样分布，给出了一个满载信息的描述。具体地说，它可以得出风向和风速及其发生的百分比。最常用的风向图是由国家资源保护服务（NRCS）制作的。NRCS 使用的数据来源于太阳能和气象数据表面观测网络（SAMSON），由 1961 年到 1990 年间，在美国、关岛和波多黎各等 237 个国家气象局站每小时的观察所得。

给定一个检测时间 T，使用 SCIPUFF[25-26] 可以计算信元格释放导致的离差。离差导致的剂量差由曝露水平决定。在获得来自于每个信元格中释放的分散等值线后，可以按如下方式计算 R_i^T：让传感器检测烟雾活动所需的剂量水平的阈值为 Th。如果信元格 i 包含在剂量水平大于等于 Th 等值线，发散等值线来源于时间 T 内信元格 j 的释放，则将信元格 j 加入到 R_i^T 中。

3.4.3 性能评估

传感器分布算法 One - Incremental 已经在孟菲斯港口的现实环境中评估过了，包括保护孟菲斯及其附近人们不受化学烟雾攻击的目的。另外，随机布局和网格布局用作基线算法，其性能（和 One - Incremental 使用相同数量的传感器）与 One - Incremental 进行比较。监测区域左下角的坐标（经度，纬度）是（-90.25°E，34.85°N），然而右上角的坐标是（-89.75°E，35.35°N）。监控区域的宽度和长度都是 0.5°的精度，大约是 45km × 55km。图 3.4（a）是谷歌地图[28]提供的区域卫星图片。该地区分为 60 × 60 个信元格，每个信元格是 0.5′ × 0.5′，750m × 917m。图 3.4（c）显示了监控区域的地形。

因为目标是保护在孟菲斯及其附近的人们不受化学攻击，效用函数定义人口分布。可以利用 LandScan2005 项目数据以 30″分辨率获得每个信元格中的人口数量。可以利用 LandScan 2005[29] 数据。（美国 LandScan 项目在为一些城市制作白天和夜间高分辨率的人口分布图，分辨率为 3″（包括孟菲斯），但这些数据还没有被国土安全部门审查或发布）。图 3.4（b）显示了监测区域的人口分布。

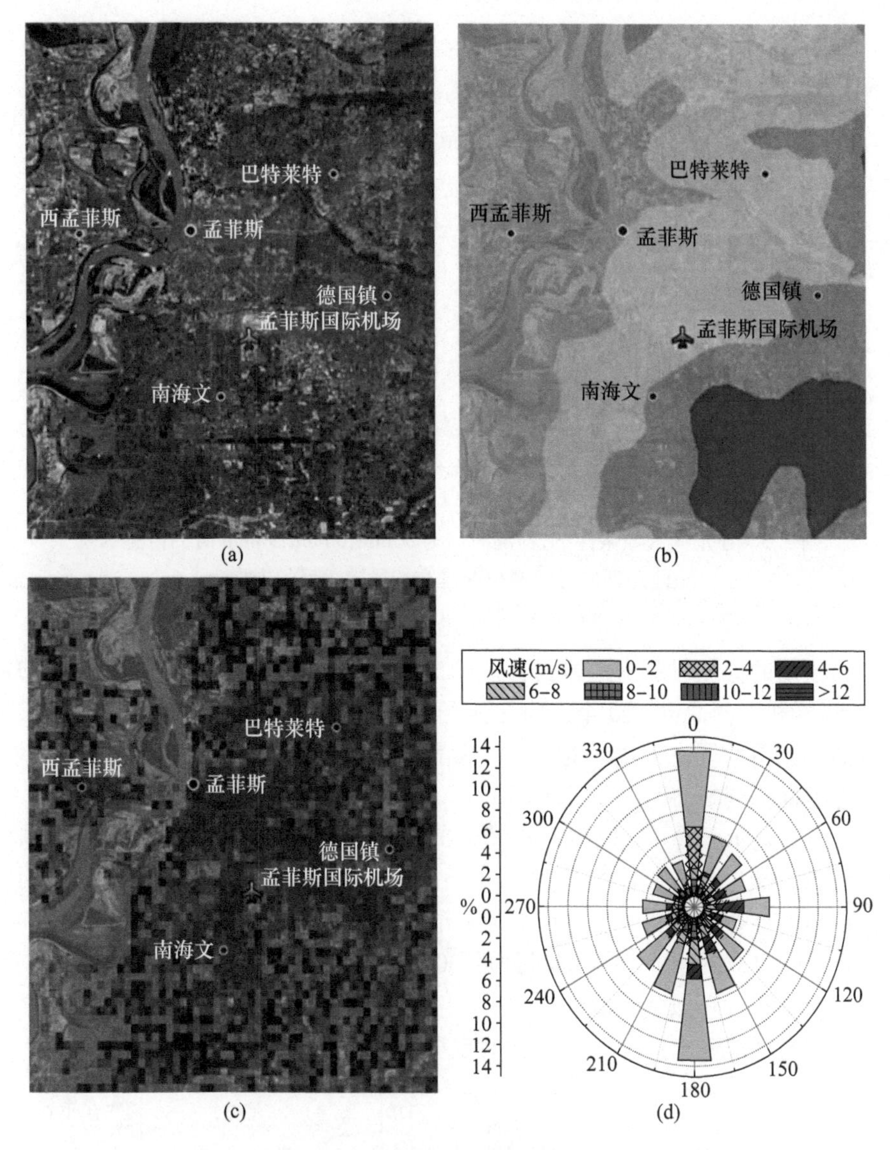

图 3.4　孟菲斯港口及其附近的地形、人口和气象条件

(a)卫星图；(b)地形；(c)人口分布；(d)风向图。

使用风险预测和评估功能(HPAC)[30]将威胁模拟成特定的物质以特定释放率的瞬时释放[30]。同时还使用孟菲斯国际机场(靠近监控区域的中心,如图 3.4(a)所示)的 SAMSON 数据。如图 3.4(d)所示,风速在 0 - 2m/s、方向为 0°(从北方吹来)或 180°(从南方吹来)是最可能的情况。因此,实验着重于这两种气象条件。考虑到地形和气象条件,传感器的传感区域是一个与时间有关的函数。图 3.5 给出了传感器在不同地点和不同检测时间的传感范围。

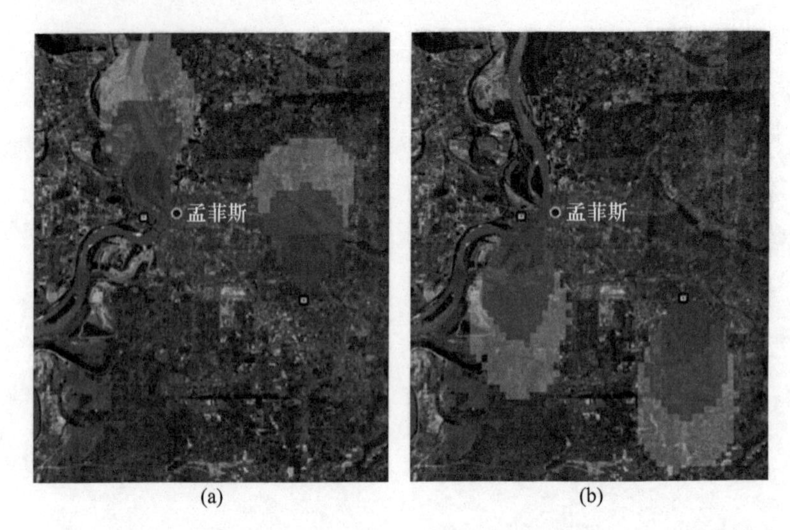

图 3.5　在不同气象条件下，检测时间为 30min，60min，90min 时的传感区域
（注意到传感区域长期是在与风向相反的方向）
（a）风速为 1m/s，从北方吹来；（b）风速为 1m/s，从南方吹来。

以预期的检测时间为性能指标。给定一个传感器位置，预期检测时间的计算如下：随机选择总共 100 个地点来进行化学释放。释放发生的可能性与发生释放的信元格数量成正比。对于 k - 覆盖，检测时间是威胁发生时刻到至少 k 个传感器探测到威胁时刻之间的时间。

图 3.6 显示了在 $k=3$ 情况下，检测时间 T 为 30min，60min，90min 时的预期检测时间。这几个观察按顺序排列。首先，One - Incremental 布局的预期检测时间随着 C 增加而减少，并最终变得小于最大允许检测时间 T。第二，One - Incremental 增加小于随机或网格布局检测时间的 30% ~50% 。第三，One - Incremental 布局的预期检测时间似乎收敛到一个值，当 C 变得很大时，这个值小于 T。这意味着有合理高覆盖要求的部分覆盖类似完全覆盖的性能。

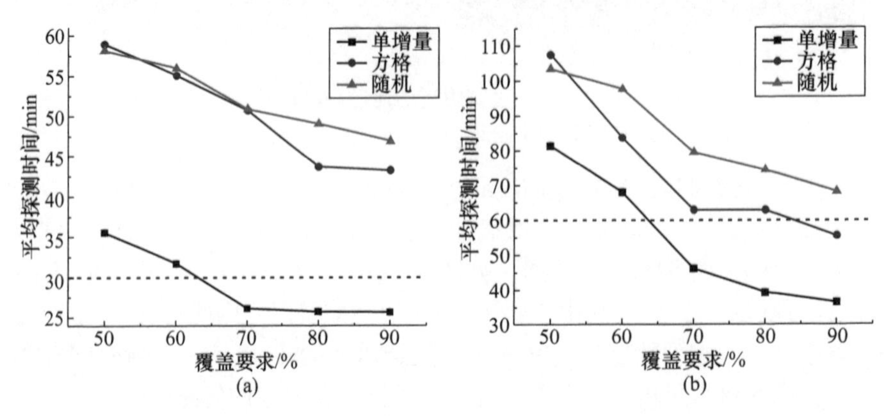

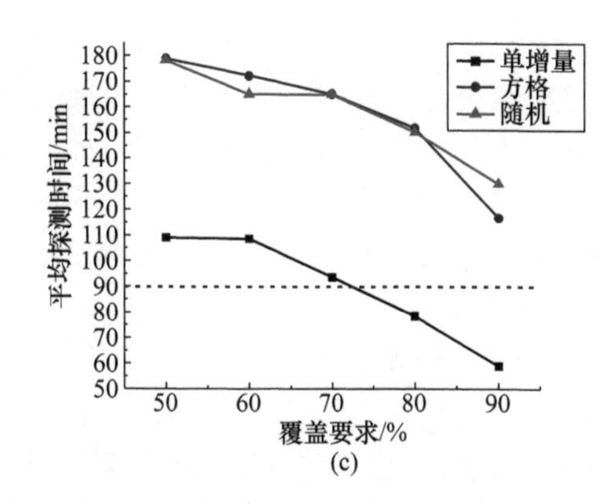

图 3.6　给定不同最大允许检测时间的平均检测时间（三个实验中，$k=3$）
（a）$T=30$min；（b）$T=60$min；（c）$T=90$min。

3.5　使用移动传感器的覆盖

传感器根据某些传感器布置/密度控制算法被部署在该区域，一旦操作条件发生变化，便会导致原来的结果不理想或无效。额外的传感器必须是静态部署或移动感应器，可以派遣监视区域和/或检测相关事件。在这种传感器（部分）移动的情况下，覆盖问题减少了布置传感器移动轨迹的问题，要服从威胁的框架，以减少威胁的效果。具体来说，监测区域 R 被分成二维的信元网格。对每个信元 i，风险 RI 被定义为 i 内兴趣事件稳态的出现概率（例如化学腐蚀）在区域内威胁的分布特征是一种威胁框架，记为 Φ（例如区域的人口分布）。一个信元 i 内威胁级别由其风险乘以威胁来给定，并通过聚合覆盖区域的威胁级别来标准化。

3.5.1　基于威胁的覆盖算法

基于按照威胁等级成比例地覆盖信元的目的，我们现在介绍，基于随机路点（RWP）模型[31]，随机移动算法来实现基于威胁的覆盖面。具体而言，在 RWP 模型中，移动传感器节点围绕着在行程顺序中监测区域 R 移动。每个行程是一条直线，从一些点开始，在其他的点上结束。该终点称为一个转折点，其中的行程成为下一个起点，依此类推。每个转折点被均匀地、随机地从整个区域选择出来。一旦传感器节点到达一个转折点，它也可能随机地暂停一段时间。当传感器节点在行程中移动，速度可以从一定的分布中得出，但以其他方式都被整个行程所固定。我们有一个开始 RWP 算法的权重版本，称为加权随机转折点（WRW）[32]。假设目前的传感器是在信元 i，一个信元 $j(j\neq i)$ 被选择成为下一个转折点的概率为 $\Phi(j)$。转折点的选择是根据威胁框架，而不是根据均匀的随机分布。

基本的 WRW 算法很简单,但其覆盖面框架没有精准的与威胁框架相匹配,因为它没有考虑到在信源和目标之间被覆盖的媒介信元。例如,考虑一个覆盖区域的少数高威胁的热点。在热点之间移动,来给它们足够的覆盖,传感器也将经常访问热点之间的所有信元格,造成中间信元过度覆盖。为了解决上述问题,通过以下特点来增强基本算法:

- 最大行程长度:一次行程的距离不得超过一个参数 L(以距离为单位),因此,当选择下一个转折点时,我们将这个候选信元限制在半径为 L 的盘内,并集中在当前信元格。限制行程长度,迫使该算法考虑更多到任意两个热点之间去的可能途径,从而尽可能减少“热身”转折点信元。

- 预先覆盖适应性:由于该算法的概率性质,需要信元间的相互沟通,并且限制传感器的速度,该算法的实际覆盖区域可能随时偏离出给定的威胁框架。为了纠正偏差覆盖不足,引入并计算每个信元 i:$C_t(i) = \max\{0, \Phi(i - \Pi_t(i)\}$。其中 $\Pi_t(i)$ 是时间的一个部分,信元 i 被传感器访问,直到第 t 个旅行结束。候选信元 i 作为转折点的概率与 $\overline{C}_t(i)$ 成正比。因此,一个被隐藏的信元比已经接收过多覆盖的信元更可能被选择作为下一个中间点。

- 随机暂停时间:如果传感器是一个隐藏的信元,纠正该隐藏的方法。是通过传感器在信元留有一段暂停时间 p。p 是从一个分布中随机抽取的,该分布是由暂停时间确定的。暂停时间参数设为 P(以时间为单位)。具体而言,第 t 个行程在目标信元 i 结束,p ~ 收敛于 $(0, \Omega_t(i))$,这里 $\Omega_t(i) = \dfrac{P \times \overline{C}_t(i)}{\sum j \in \ell \overline{C}_t(j)}$,$\ell$ 是一组信元,在该组中,候选信元是下一个中转站。暂停时间的范围由 P 控制。在一般情况下,当隐藏面较高时,预计暂停时间较大。暂停后,下一个中转点的选择定义下一次路径。暂停时间试图纠正隐藏,用一个非常有效的方法——零移动消耗和不可能的意外更改其他的信元覆盖。

注意,增强 WRW 算法的这些特征可以单独启用。为了表示方便,用一个特定合适的 WRW 增强算法,其中该特定的算法是按字母顺序排列,字母 L、a、P 分别对应“最大行程长度”、“预覆盖的自适应性”和“随机暂停时间”的特性。例如,WRW - L 表示 WRW 算法的最大行程长度约束,WRW - aLP 表示算法启用的三个特点。

3.5.1.1 匹配性能

文献[32]进行了模拟研究,来说明上面介绍的算法的性能。考虑了一些大城市的覆盖面,包括旧金山、洛杉矶(LA)、亚特兰大、巴黎、伦敦和东京。图 3.7(a)给出了亚特兰大的威胁框架。图 3.7(b) ~ (e)表示对亚特兰大分别基于 WRW、WRW - a、

WRW - aL、WRW - aLP 算法所实现的稳定状态覆盖面。视觉上看,随着图 3.7 从(b)发展到(e),与威胁框架的匹配情况有所改善。视觉观察可以通过计算均方根误差(RMSE)来确认。图 3.8 给出了每个算法的 RMSE 及其归一化的 WRW 算法的 RMSE。上述的五个城市,归一化 RMSE 始终从左到右的减少。因此,特征的进展,即 a、aL 和 aLP,每个都有助于提高匹配精度,WRW - aLP 是匹配方面最强大的算法。

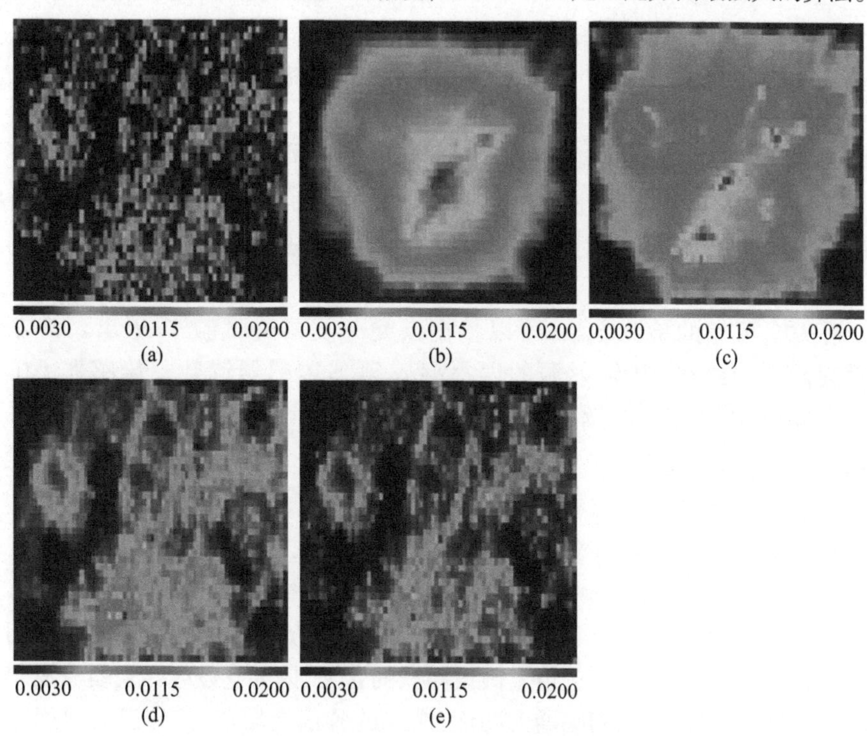

图 3.7　亚特兰大流动性算法的威胁框架和稳定研究覆盖框架

(a)威胁框架;(b)WRW;(c)WRW - a;(d)WRW - aL;(e)WRW - aLP。

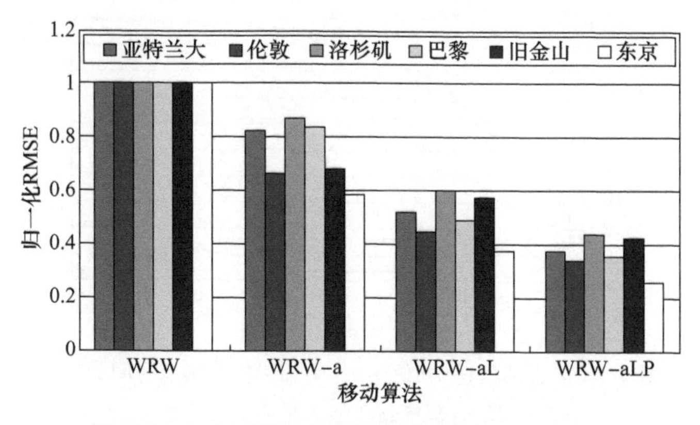

图 3.8　六个不同城市的流动性算法归一化 RMSE

3.5.2 减少时间维度的不确定性

在前面的讨论中，我们假设一个信源被检测，无论何时它都会落入一个传感器的范围之内。在现实中，传感过程是不可靠的，而且传感环境是嘈杂。在一个时间点获得单个传感器的读数，一般不提供有关环境的所有有用信息。

具体地，强度 A 的一个点辐射源的检测中，考虑在每分钟计数(CPM)，例如，如果没有位于离源一定距离的背景辐射，理想检测器将在一秒钟的时间寄存计数间隔[33]。c 是参数 A/d^2 的泊松分布。即使没有可识别信源的存在，一个探测器也可以注册一个辐射计数。此外，这些数是随机的。因此，需要一种方法，以确保传感器计数源于辐射信源，而不是由于背景辐射的随机波动，这可以对强度 B 的点信源。

有一个可靠的检测方法，可以根据奈曼－皮尔逊试验[34]得出。该方法能够得出一个结论，从辐射源的误报率 α 得到传感器读数。传感器 i 在单位时间间隔中注册一个辐射计数 C_i。信源检测问题就转化为下述的假设测试[35]：

- H_0: c_i 是泊松分布的参数 B。
- H_1: c_i 是泊松分布的参数 $B+A/d^2$。

然后，我们通过奈曼－皮尔逊测试与误报率 α，计算一个阈值，如果 $Pr(C_i|H_1)/Pr(C_i|H_1)>\tau$，那么选择 H_1，否则选择 H_0。T 的值则使用拉格朗日方法计算，能够产生一个期望值。假设测试的含义，因为它发生在奈曼－皮尔逊方法，如果该传感的时间间隔增大的话，结果的置信会增加，该传感的效用函数感测时间如图 3.9 所示，说明了该传感问题的兴趣时间维数。所述的效用函数是凹面的，这代表了许多现实生活中的感知活动。

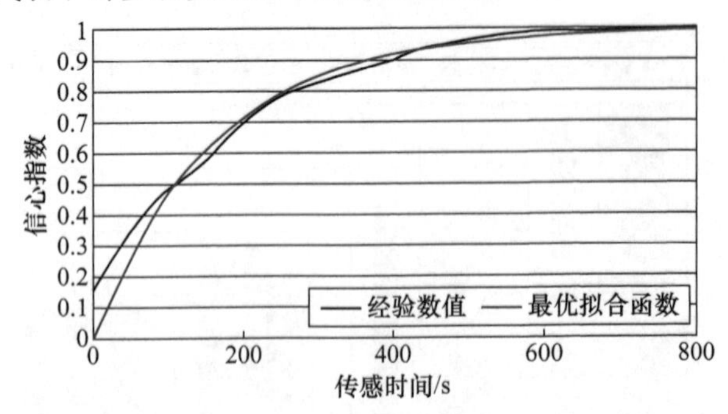

图 3.9 测量的信任(即效用)作为辐射检测感应时间的功能
(经验的特征描述与最小平方拟合函数)

不论移动传感器的时间维度是否被覆盖，如图 3.10 所示，以下的实验已经在环形拓扑实施了[36]。该区域被划分为 50 个信元的一个循环序列。它有 10 个兴趣点(PoI)，其中可能会出现要被检测的动态辐射源。信源是动态的，它的出现是一个短暂的事件，例如，信源在 PoI 是交替出现和消失的，由泊松过程控制。

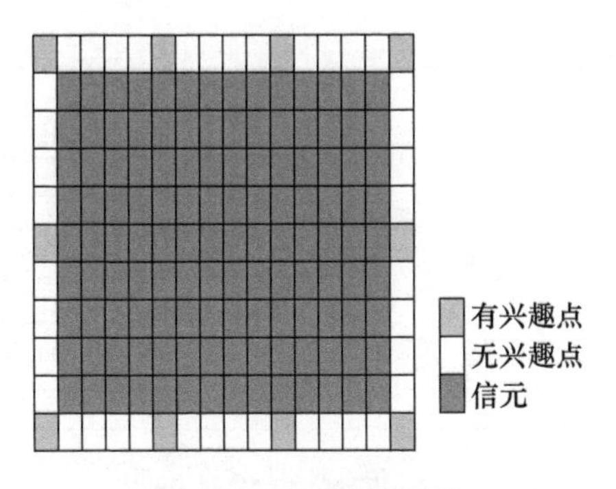

图 3.10　环形拓扑结构

以上讨论的 WRW - ALP 算法考虑 PoI 作为一个高威胁，因此，下面将针对 PoI 讨论覆盖范围。此外，由于基于 WRW - ALP 的传感器可以在 PoI 有显著的时间间隔暂停。该算法具有增加检测结果(具有时间维度)效用的能力。基于 WRW - aLP 算法一个传感器的移动覆盖与其他算法比较：

● 最好的情况是静态覆盖，其中传感器是静态的，选出静态的位置，得到传感的最佳性能。

● 在不考虑时间维度的情况下[37]，通过简单事件捕获算法来进行移动覆盖。这个例子的算法被称为 BAI06 算法，它的设计者是 Bisnik、Abouzeid 和Isler，计数一个事件(该事件存在信源)，即每当事件落入传感范围内时被捕获，并且没有进一步的信任评估检测。该传感器围绕着图 3.10 中所示的电路，以特征速度 v 连续地移动(不停顿)。

性能则由被捕获事件的归一化效用所测定。这是所有事件有时间间隔内被捕获的总和，在时间间隔期间，所有的事件总数被归一化。较高的归一化效用表明，该传感器可以收集到较大部分的感兴趣信息。图 3.11 归一化效用曲线是由不同算法来实现的。

两个观察结果如下：

● WRW - aLP(0)也有类似 BAI06 的性能。这是因为当 P 增大到 2.7 个时间单位，$P = 0$ 确保传感器将连续在 PoI 之间移动，类似 BAI06 算法。但是 WRWaLP(2.7)的执行比 BAI06 的执行效果更好。例如，当平均时速约为每小时 2.2 英里时与 BAI06 的 0.08 相比较，WRW - aLP(2.7)实现了 0.12，高出

50% 的归一化效用。结果表明，在 PoI 的暂停可以通过测量更长允许事件来提高传感的质量，从而获得较高的置信度。

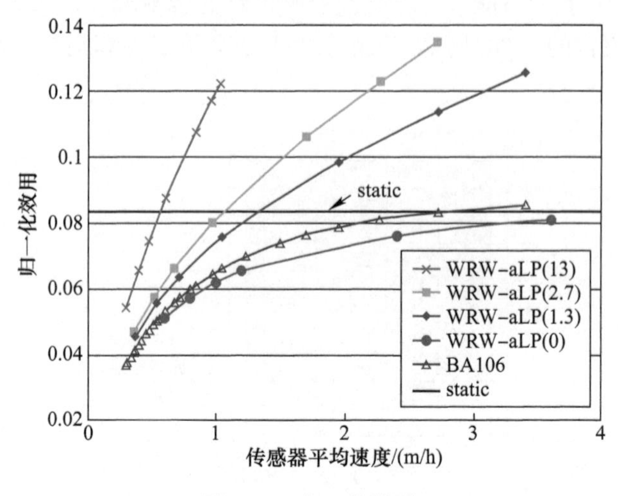

图 3.11　归一化效用

● 静态覆盖极其有效。因此，虽然它本质上是不公正的(也就是说，它完全忽略了一些 PoI)，但是从实用的角度来看，它所执行的是最好最完整的。然而，当平均速度超过了适度值时，图 3.11 表明 WRW - aLP 总是优于静态覆盖。这部分是因为效用函数的凹面。当效用函数是凹面，许多效用是在观察新事件的最初阶段被捕获。该传感器偶尔会从一个 PoI 移动到另一个捕捉更多的新事件，只要移动速度不是很低，就不会过多地消耗行程。

有趣的是，上述结果显示了如何在时间维度上影响移动覆盖的性能。应用 BAI06 算法，更快的传感器总是在更多的事件捕获的效率上得到最好的性能。这里的结果表明，增加该传感器的速度可以提高捕获[37-38]事件的分数。当时间维度存在的情况下，每个捕获事件的传感不确定性也随之增加。显而易见，同时快速移动可允许传感器看多个事件，也由于快速移动，每个事件的视野变得越来越模糊。

3.6　从业者指南

在现实中，传感器的检测区域可能随着各种物理条件发生动态变化。如图 3.5所示，传感区域(或者 R_i^T 的等效计算)高度依赖于气象条件。固定的气象条件不能使用单个地方传感器来形成分散的轮廓；当气象条件发生改变，就无法实现覆盖要求。在这里，我们提出了一种方法，通过扩展一阶递增算法来处理被各种气象条件所诱发的传感地区。让 $\{R_i'^T\}$ 和 $\{R_i''^T\}$ 表示两组传感区域在同一 PoI 中，被两个不同的气象条件所诱发。注意，一般情况 $\{R_i'^T\} \neq \{R_i''^T\}$。可合并两组检测区域定义为传感器的一个新合并传感区域(放置在一个信元 i 内)为 $R_i^T = R_i'^T \cup R_i''^T$。另外，某些气象条件下的信元效用，定义为它的原始效用乘以该气象情况发生的概率。在这种方式中，对于一个特定的气象条件(固定风速和风向)，传感器放置问题可以适应各种本质上相同的气象条件。

我们已经提出了基于威胁的移动覆盖，其中覆盖时间由威胁框架来准确分配。理想情况下，可实现跨越极小的时间尺度，使传感器快速返回到每一个 PoI，并且以较小的延迟发现每个兴趣事件。在实践中，这种精细的尺度受到传感器的速度、时间，以及往返在 PoI 之间行程的能量消耗的限制。行程消耗更是普遍的。移动覆盖是首要问题，因此必须正确处理移动成本。

3.7　未来的研究方向

本章中，测量模型考虑了确定性，它假设传感区域内的事件总是能被检测，并且没有误报。传感模型的另一种类型基于概率，它指定了检测的信任区间。因此，未来的工作是研究如何将传感器安置到基于概率的模型中，使得整体的误报率和目标的丢失率最小化。

其次，功耗和网络寿命是无线传感器网络重要的性能指标。在 OGDC 的每一轮中，每个志愿节点自己是一个起始节点。为了穿过网络时确保统一的功耗，节点基于其剩余电量选择一个概率。未来的工作是扩展 OGDC(或其他密度控制算法)来实现最大网络寿命，同时仍然满足覆盖要求。

对于移动传感器覆盖，基于不同的子区域的重要性，考虑不同的覆盖。另一个重要的考虑是被覆盖事件的类型和事件的动态。可以设计最佳的移动覆盖算法，以最大限度地捕获信息量。此外，如果有多样的传感器，这些传感器的覆盖可以是重叠的。如果传感器的数量与覆盖区域有很大关系，并且这些传感器尝试独立地覆盖整个区域，其覆盖面的冗余可能很明显，从而导致资源利用效率较低。在这种情况下，重要的是要协调协议使这些传感器作为一个组一起工作。

3.8　小结

本章首先介绍了覆盖面的几个基本属性，并且以不同的方式展示了覆盖问题的规划。然后讨论了分散的细节和局部密度控制算法(OGDC)。模拟研究表明,OGDC 工作节点数量需要在 OGDC 下随着已部署的传感器节点数量适度地增加。同时 PEAS 和 CCP 都使得工作的节点数量增加了 50% 。

接下来考虑传感器在现实环境中的放置问题。一个传感器的感测区域(在某些任意的时刻任意)是各向异性和任意性的,并且在区域的不同部分中,定义效用函数 $U(\cdot)$ 以模拟覆盖面的期望效用(或覆盖不足的风险)。该传感器运用一阶增量算法在 Memphis 端口的实际环境中评估。结果表明,一阶增量引发 30% ~50% 的检测时间,比随机或网格放置更小。

最后,考虑基于威胁的移动覆盖面,并且评估如何利用传感任务的时间维度影响移动覆盖面的性能。

名词术语

覆盖问题:在目标监测区域如何部署传感器节点才能实现标准监测性能,比如节点数量最小,或传感区域最小。

感知范围:一个传感器的感知范围是指在该范围内发生的相关事件都能被传感器检测到。

检测时间 T:检测时间是指从某事件发生的时刻到被任意一个传感器检测到的时刻之间的时间间隔。

覆盖需求 C:在局都覆盖中,覆盖需求 C 是指覆盖性能的下限值,比如覆盖区域或覆盖率。

奈曼 - 皮尔逊法:该方法假设在众多辐射存在的情况下增强对单一辐射源检测的可靠性。

OGDC:最佳地理密度控制。

SCIPUFF:二阶闭合高斯积分,是一个离散模型,可以用于计算时间和空间中的离散物质,比如地形、土地覆盖以及气象条件。

感知时间维度:时间维度可以通过产生测量值序列实现对噪声和无关统计数据的排除,进而减少感知的不确定性。

基于威胁的移动覆盖:一个传感器的移动覆盖是指以匹配给定的威胁轮廓为目标的覆盖范围。

风向图:风向图详细地描述了一个特定位置的风向和风速的通常分布情况,给出风向与风速发生变化的百分比。

习　　题

1. 什么是传感器部署问题?什么是传感器密度控制问题?两者之间有什么关系?

2. 为什么需要 k - 覆盖($k>1$)?

3. 给出用传感器实现凸区域感知全网覆盖的充足条件,并阐述所给条件是否包含了能感知任意感知区域的传感器。

4. 简要证明感知区域的全覆盖意味着传感器之间相互连通,无线接收距离至少是感知距离的两倍。

5. 对于在 OGDC 中的简易算法讨论,假设所有的节点都是时间同步的。举例说明相对时间同步也能达到相同的效果。

6. 证明在 3.2.2 节中的两个问题模型是等价的。

7. 为局部 k - 覆盖问题提出另外一个与 1 - 递增不同的启发式算法。

8. 移动传感器的瞬时覆盖和固定传感器有什么不同?

9. 如果在开放的矩形区域中部署一个使用随机路径算法的移动传感器,那么它的覆盖面会是什么样子? 请详细说明。

10. 假设有三个水平信元网格依次排列,威胁指数为(0.5,0,0.05)。随机暂停时间取多少才能有效实现精确匹配? 在实际应用中采用这个暂停时间值会有什么问题?

11. 对于在 3.5.2 节中讲到的动态事件,一般情况下,为了尽可能地发现更多的事件,为什么传感器在 PoI 之间移动得越快越好?

参考文献

1. D. Estrin, R. Govindan, J. S. Heidemann, and S. Kumar. Next century challenges: Scalable coordination in sensor networks. In Proc. of ACM MobiCom' 99, Washington, August 1999.
2. J. M. Kahn, R. H. Katz, and K. S. J. Pister. Next century challenges: Mobile networking for "smart dust". In Proc. of ACM MobiCom' 99, August 1999.
3. I. F. Akyildiz, W. Su, Y. Sankarasubramaniam, and E. Cayirci. Wireless Sensor Networks: A Survey, Computer Networks. March 2002.
4. A. Mainwaring, J. Polastre, R. Szewczyk, and D. Culler. Wireless sensor networks for habitat monitoring. In First ACM International Workshop on Wireless Workshop in Wireless Sensor Networks and Applications (WSNA 2002), August 2002.
5. E. Shih, S. Cho, N. Ickes, R. Min, A. Sinha, A. Wang, and A. Chandrakasan. Physical layer driven protocol and algorithm design for energy-efficient wireless sensor networks. In Proc. of ACM MobiCom'01, Rome, Italy, July 2001.
6. F. Ye, G. Zhong, S. Lu, and L. Zhang. PEAS: A robust energy conserving protocol for long-lived sensor networks. In The 23nd International Conference on Distributed Computing Systems (ICDCS), 2003.
7. H. Zhang and J. C. Hou, "Maintaining sensing coverage and connectivity in large sensor networks," Wireless Ad Hoc and Sensor Networks: An International Journal, Vol. 1, No. 1–2, pp. 89–123, January 2005.
8. S. Slijepcevic and M. Potkonjak. Power efficient organization of wireless sensor networks. In Proc. of ICC, Helsinki, Finland, June 2001.
9. H. Gupta, S. Das, and Q. Gu. Connected sensor cover: Self-organization of sensor networks for efficient query execution. In Proc. of ACM MOBIHOC, 2003.
10. X. Wang, G. Xing, Y. Zhang, C. Lu, R. Pless, and C. Gill. Integrated coverage and connectivity

configuration in wireless sensor networks. In Proc. of SENSYS, 2003.
11. A. Cerpa and D. Estrin. Ascent: Adaptive self-configuring sensor networks topologies. In Proc. of IEEE INFOCOM, March 2002.
12. D. Tian and N. D. Georganas. A coverage-preserving node scheduling scheme for large wireless sensor networks. In First ACM International Workshop on Wireless Sensor Networks and Applications, Georgia, GA, 2002.
13. F. Ye, H. Zhang, S. Lu, L. Zhang, and J. C. Hou. A randomized energy-conservation protocol for resilient sensor networks. ACM Wireless Network(WINET), 12(5):637–652, Oct. 2006.
14. K. Chakrabarty, S. Iyengar, H. Qi, and E. Cho. Grid coverage for surveillance and target location in distributed sensor networks. IEEE Trans. on Computers, 51(12), 2002.
15. Z. Zhou, S. Das, and H. Gupta. Connected k-coverage problem in sensor networks. In Proc. of International Conference on Computer Communication and Networks (ICCCN' 04), Chicago, IL, October 2004.
16. S. Yang, F. Dai, M. Cardei, and J. Wu. On multiple point coverage in wireless sensor networks. In Proc. of MASS, Washington, DC, November 2005.
17. T. Feder and D. Greene. Optimal algorithms for approximate clustering. In Proc. of the 20th Annual ACM Symposium on Theory of Computing (STOC' 88), New York, NY, 1988.
18. R. W. Lee and J. J. Kulesz. A risk-based sensor deployment methodology. Technical report, Oak Ridge National Laboratory, 2006.
19. C.-F. Huang and Y.-C. Tseng. The coverage problem in a wireless sensor network. In Proc. of 2nd ACM International Conf. on Wireless Sensor Networks and Applications (WSNA' 03), pages 115–121, 2003.
20. P. Hall. Introduction to the Theory of Coverage Processes. 1988.
21. A. Savvides, C. Han, and M. Strivastava. Dynamic fine-grained localization in ad-hoc networks of sensors. In Proc. of ACM MOBICOM' 01, pages 166–179. ACM Press, 2001.
22. S. Meguerdichian, F. Koushanfar, M. Potkonjak, and M. B. Srivastava. Coverage problems in wireless ad-hoc sensor networks. In INFOCOM, pages 1380–1387, 2001.
23. L. Doherty, L. El Ghaoui, and K. S. J. Pister. Convex position estimation in wireless sensor networks. In Proc. of IEEE Infocom 2001, Anchorage, AK, April 2001.
24. Y. Xu, J. Heidemann, and D. Estrin. Geography-informed energy conservation for ad hoc routing. In Proc. of ACM MOBICOM' 01, Rome, Italy, July 2001.
25. R. I. Sykes, C. P. Cerasoli, and D. S. Henn. The representation of dynamic flow effects in a lagrangian puff dispersion model. J. Haz. Mat., 64:223–247, 1999.
26. R. I. Sykes and R. S. Gabruk. A second-order closure model for the effect of averaging time on turbulent plume dispersion. J. Haz. Mat., 36:165–184, 1997.
27. National Geophysical Data Center. Global Land One-km Base Elevation Database. http://www.ngdc.noaa.gov/mgg/topo/globe.html, 2007.
28. Google Eearth. http://earth.google.com/, 2007.
29. Oak Ridge National Laboratory. Landscan main page. http://www.ornl.gov/sci/gist/landscan, 2005.
30. Defense Threat Reduction Agency. Hazard prediction and assessment capability (hpac). http://www.dtra.mil/Toolbox/Directorates/td/programs/acec/hpac.cfm.
31. J. Broch, D. A. Maltz, D. B. Johnson, Y. C. Hu, and J. Jetcheva. A performance comparison of multi-hop wireless ad hoc network routing protocols. In Proc. of MobiCom, Dallas, Texas, USA, October 1998.
32. C. Y. T. Ma, J.-C. Chin, D. K. Y. Yau, N. S. V. Rao, and M. Shankar. Matching and fairness in threat-based mobile sensor coverage. Technical report, Department of Computer Science, Purdue University, March 2007.
33. R. E. Lapp and H. L. Andrews. Nuclear Radiation Physics. Prentice-Hall, 1948.
34. A. Sundaresan, P. K. Varshney, and N. S. V. Rao. Distributed detection of a nuclear radiaoactive source using fusion of correlated decisions. In Proc. of International Conference on Information Fusion, Quebec, Canada, July 2007.

35. C. Y. T. Ma, D. K. Y. Yau, J.-C. Chin, N. S. V. Rao, and M. Shankar. Distributed Detection and Data Fusion. Springer-Verlag, 1997.
36. C. Y. T. Ma, D. K. Y. Yau, J.-C. Chin, N. S. V. Rao, and M. Shankar. Resource-constrained coverage of radiation threats using limited mobility. Technical report, Department of Computer Science, Purdue University, June 2007.
37. N. Bisnik, A. Abouzeid, and V. Isler. Stochastic event capture using mobile sensors subject to a quality metric. In Proc. of MobiCom, Los Angeles, California, USA, September 2006.
38. B. Liu, P. Brass, O. Dousse, P. Nain, and D. Towsley. Mobility improves coverage of sensor networks. In Proc. of MobiHoc, Urbana-Champaign, IL, USA, May 2005.

第4章　无线传感器网络中的路由

无线传感器网络由大量的传感器节点通过无线链路连接形成，无需使用固定的网络基础设施。这些传感器节点通信范围有限，其能源的处理、存储能力也有限。无线传感器网络中的路由协议必须确保传感器节点能够在这些条件下进行可靠的多跳通信。本章描述了传感器网络路由协议的设计难点，并举例说明了实现所需特性（如能效、送达率等）涉及的关键技术。介绍了基于地理位置的路由协议研究的前沿技术，给出了一个无需前期路由发现或网络拓扑知识的反应式的有效信息路由范例，介绍了不同的地理路由策略和无信标路由技术。此外本章还说明了物理层对路由的影响，并勾勒了未来的研究方向。

4.1　引言

无线传感器网络由大量的传感器节点通过无线链路连接形成。因为传感器节点的传输范围有限，任何两个设备之间的通信都需要中间转发节点的协助。如果基于简单的网络洪泛，任意两个节点之间的通信都会非常繁琐。因此对于这种无线网络的应用，最基本的需求是设计出更为精巧的路由算法。同时无线传感器节点设备功率低，在研究算法中必须要考虑能耗问题，而无线通信总是会增加能量消耗。

无线网络的路由算法首先遵循基于拓扑路由的传统方法，例如基于网络节点[1-5]之间现有的链路信息决定转发。早期的方案是基于先应式路由策略维护有关的路由信息，即使这些路由中所有可用的路径都从未使用。先应式路由在动态变化的网络拓扑结构下不能很好地扩展，因此仅维护当前正在使用的路由信息的反应式路由逐步发展了起来。

由于设备的移动性或交替节约能源的睡眠周期导致网络拓扑结构频繁发生变化，反应式路由方法仍可能会产生大量的流量。近年来，位置感知（即节点知道它们自己的物理位置）已作为一种可以解决基于拓扑结构的方法中存在的固有局限性缺陷的方法进行研究。现在已经提出了几种新型的基于地理（也称为基于位置的）路由算法，允许路由器几乎无状态数据包转发的实现是使用了附近候选节点及目标节点的位置信息。物理位置信息可以由如全球定位技术（GPS）这类方式来确定，或根据对距离估算传入的信号强度[6-7]来定位。地理路由要求必须事先知道或获取有关目的节点的位置信息。在无线传感器网络中,数据通常是由指定节点接收,该节点称为接收器,并且接收器的位置是可以进行编码的。在一般情况下,目的位置查询是通过使用一个附加的位置服务[8]产生额外网络负载来完成的,在基于位置的方法与基于拓扑的方法进行比较时,必须考虑到带来的额外开销。

4.2　背景

无线传感器网络的路由与固定网络中的常规路由不同,它没有基础设施,无线链路不可靠,传感器节点可能会失效,路由协议必须符合严格的节能要求。无线网络中有许多的路由算法,执行端到端消息传递的路由算法可以分为两种:基于拓扑(由一个 ID 所给定)的算法和基于位置(目标是一个地理位置)的算法,后者也称为地理路由算法。基于拓扑结构的算法和地理路由算法都是以地址为中心的,除了这些类型,在无线传感器网络方面,以数据为中心的路由模式已经成为主流。以数据为中心的路由基于接收器发布请求数据进行查询。这些请求不会涉及具体的传感器节点。相反,在文献[9]所述的以数据为中心的路由算法中,传感器节点可以对提供所请求的数据进行反馈。

另一类的分类标准是消息的使用方法:如果在网络的任何时间内,该消息只有一个唯一的实例,则这种路由方法称为单路径策略。其他的转发策略可以分为局部洪泛和多路径路由,分别取决于消息在每个路由被转发到一些相邻节点的步骤,或路由分别沿着几个可识别的路径执行。单一路径的策略更节省能量,因为它们相对基于多路径或洪泛的方法而言,可以保证传输信息量最小。在高度动态的网络中洪泛可以获得更好的效果[10],而多路径路由在这两个极端之间形成了妥协。本章中将利用保证传递对单路、多路和洪泛路由策略进行进一步分类。假设一个无冲突接入方案,当源和目的地都位于同一网络分区,这些算法能够保证信息传递。路由算法还有另一种分类:如果算法需要节点来维护正在进行的路由任务的状态信息(这在文献中称为“记忆”),最好避免在任何节点上保存过去通信的记忆。但是,由于长期记忆不会增加信息的复杂度,这并不是构造节省能量协议的重要组成部分。在未来,即使小型设备上的内存也将会以指数级增长,而通信资源仍将是网络发展的限制。

4.3　贪心数据包转发

贪心路由算法是一种基于当前转发节点、它的邻居节点和目的节点的位置信息的限制转发决策。每个中间节点都采用这一贪心原理,如果可能的话,消息最终将到达目的地。贪心路由算法的特点因每一个转发步骤所应用的优化准则不同而异。

节点 S 和邻居节点 A 在 S 与目的地 D 的连线上的投影 A' 之间的距离被定义为进度(见图4.1)。

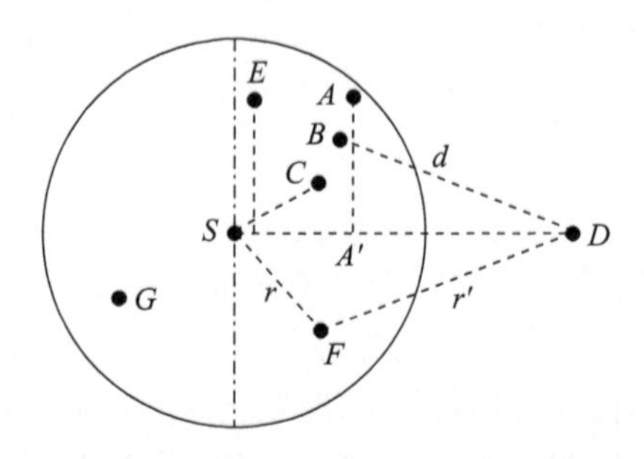

图4.1 贪心路由策略,可以通过进度、距离和方向的概念来定义(例如,节点 A 是 S 的邻居中拥有最靠前进度的,B 与 D 的距离最小,C 在方向上最接近 D)

正向表示相邻节点的正进展。例如在图4.1相邻节点 A,B,C,E 和 F 都是正向。节点 G 则称为反向。贪心路由可以基于距离,它考虑发送者 S 的相邻节点与目标 D 之间的欧几里得距离。贪心路由也可以基于方向,此时考虑当前发送者与目标节点连线的偏差(即下一跳节点、当前节点和目标节点三者之间的夹角)。

在一般情况下,基于距离或进度的贪心转发分别只考虑正向的节点和接近目标的节点,因为选择一个反向节点可能导致路由环路。因此,即使确实存在一条从源到目标的通路,贪心路由也不能保证数据包传达目标节点。例如在图4.2中,虽然这里存在从信源 S 到目标 D 的路径,但是一个要送至 D 的数据包将在节点 A 被丢弃,因为 A 的传输范围内的每个节点都是反向的。这样的情况被称为局域最小值,贪心转发中止的这个节点称为凹节点。

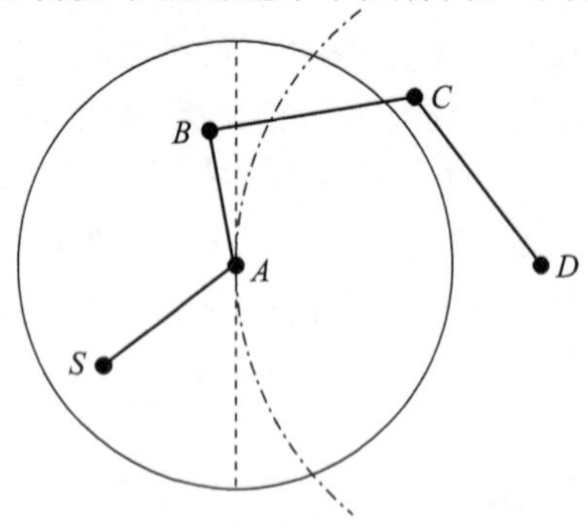

图4.2 一个需要到达 D 的数据包将在节点 A 被丢弃,因为 A 的每个邻近节点(即 S 和 B)都是反向的,此路由故障可能出现在基于距离上和基于进度的贪心转发策略中

基于距离的贪心路由的方法本质上是无回路的，因为来自目标的距离在每个转发步骤中被缩短了。在一般情况下，每个节点将转发数据包到相邻节点，来更接近目标或最靠前进度保证无回路的运行。然而，转发数据包到最接近方向的相邻节点（也可能是其他邻居）的贪心算法，却不是无回路的[11]。

4.3.1　基本单路径策略

20 世纪 80 年代中期，Takagi 和 Kleinrock[12] 阐述了半径内最前沿（MFR）算法，这是第一个基于位置的路由算法。目标为 D 的数据包将被转发到正方向上的下一个相邻节点，使得 D 的前进进度最大（例如，图 4.1 中的节点 A）。Finn 提出的广泛使用的贪心转发策略[13] 应用同样的原则，但它考虑的是距离，而不是进度，即一个节点将数据包转发到离目标距离最小的相邻节点（例如图 4.1 中的节点 B）。

如果信号强度不能进行调节，在每步路由进行最大化进展也是一个不错的选择，因为这可以最小化数据包经历的节点跳数。不过，即使信号的强度是一个固定的参数，由于信号衰减和节点移动，在传输范围的边界向一个遥远的相邻节点发送一个数据包，还是会有较高概率导致数据包丢失。Hou 和 Li[14] 观察到，通过调整到最近的邻居节点的信号强度，可以显著降低由于碰撞导致信息丢失的概率。他们提出了 NFP，其中每个节点发送带有转发进度的数据包到最近的相邻节点（如图 4.1 中的节点 E）。Stojmenovie 和 Lin 定义了 NC[15]，这是考虑了距离而非进度而针对 NFP 做出的修改，即数据包被转发到所有相邻节点中最近的节点来更接近目标（例如图 4.1 中的 C 节点）。为了在进度和成功传输之间取得平衡，尼尔森和克莱瑞克提出了随机进度方法（RPM）[16]，在带有向前进度的所有相邻节点中随机选择某个节点进行转发。

Kranakis 等人定义了指南针路由（DIR）[17]，其中信源或中间节点转发数据包到最靠近发送者和目标节点连线方向的邻居节点。例如在图 4.1 节点 C 最接近节点 S 和目标 D 的连线。指南针路由在每个路由步骤中，通过应用此方案试图将数据包经过的欧几里得路径长度优化到最小。

4.3.2　改良的单路径策略

基于进度和距离的贪心路由可以通过允许一个消息给反向一跳的节点来进行反馈调节，即一个消息只有当它被发送回上一步转发的节点后才会被丢弃[11]。与此方案相结合，贪心路由可以克服目标节点两跳相邻距离内的凹节点。例如在图 4.2 中，一个要传给节点 D 的消息传给节点 D，克服了凹节点 A，因为 A 将其转发到节点 B，而 B 有邻居 C，C 比 A 更接近 D。Stojmenovic 和 Lin[11] 提出了地理距离路由（GEDIR），这是基于距离路由改善了反向规则的应用。

如果节点交换它们的邻居信息,并且每个节点对其 2 跳邻居敏感(称为 2 - MFR,2 - GEDIR 或 2 - DIR 为实例)[11],那么现有贪心路由算法的输送率可以进一步得到提高。在单跳和双跳邻居之间选择下一个转发节点。为了到达一个选定的两跳邻居 C,将在所有的单跳邻居连接到所选节点 C 上时再次应用转发标准。

将使用过的通信路线进行存储也可用于降低现有贪心路由算法的故障率。Lin 和 Stojmenovic[18]定义了基于路由算法 GEDIR、MFR 和 DIR 的备用与不相交的路由方案,但允许选择在多个跳跃点的反向上进行转发。这两项计划维护了状态信息,避免了消息循环,两者的区别在于凹节点对下一跳节点的选择方式。在通过替代方案改进的贪婪路由中,每个中间节点根据转发标准转发第 i 个接收的消息到第 i 个最佳邻居。如果没有剩余邻居,则转发节点将该消息丢弃。因此,这项计划产生的循环可能只是暂时的,并且受最大节点度的限制。通过不相交方案贪心路由进行改进,转发消息的每个节点都会被其所有邻居记住,从设定该消息的下一个跳跃候选节点中进一步淘汰。具有一组空的候选节点的节点将丢弃该消息。不相交的方案本质上是无循环的,每个节点一次最多收到一条消息。图 4.3 给出了一个例子,GEDIR 通过交替和不相交方案成功进行了拓展,而单独应用 GEDIR 将在凹节点 B 上完成消息删除。

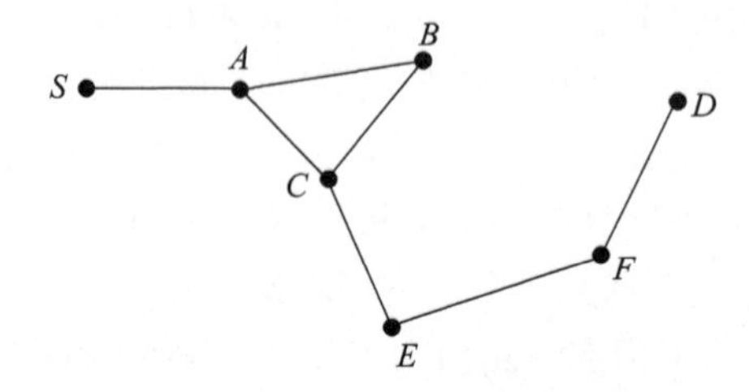

图 4.3　从信源 S 到目标 D 的路径分别是 SABACBCEFD 的交替 GEDIR 和 SABCEFD 的不相交 GEDIR

4.3.3　多路径和基于扩散策略

路由策略:每个中间节点转发消息到正方向上的多个邻节点,这被称为限制定向洪泛策略。冗余消息传输是为了增加现有转发策略的成功率。在凹节点删除的消息可能会通过代替路径传输至目标。然而,即使是有限制的定向洪泛也不能保证消息传送一定成功。

Basagni 等[19]所提出的距离路由算法(DREAM)具有移动性特征,是基于有限的定向洪泛的策略,由于不止一次地转发同一消息,这就需要通过记忆来避免循环。信源和任何中间节点都会转发一次消息到所有的单跳邻节点,都将在一定的角度范围内接近目标 D。

如该图4.4(a)所示,范围是从转发节点到目标 D 预期区域的切线所计算出来的,是一个圆心在 D 处,半径为 r 的圆,可以反映自上次位置更新后 D 最大可能的移动。尤其是 Ko 和 Vaidya[20] 描述了基于定向洪泛和记忆的相似策略。他们提出方位辅助路由(LAR),其最初是为了以有效方式寻找路由,以便支持基于拓扑的反应式路由协议。反应式路由协议经常使用洪泛来确定信源和目标之间的新路由。LAR 使用位置信息来限制洪泛在一定区域,其称为请求区域。只允许请求区域内节点转发路由发现包。图4.4(b)描述了用于 LAR1 方案的请求区域,例如路由发现被限制到包含目的地 D 和信源节点 S 的期望区的矩形区域中。LAR2 方案限制路由发现到目标 D 之间的节点,该距离大于前面的转发节点和 D 之间的距离。

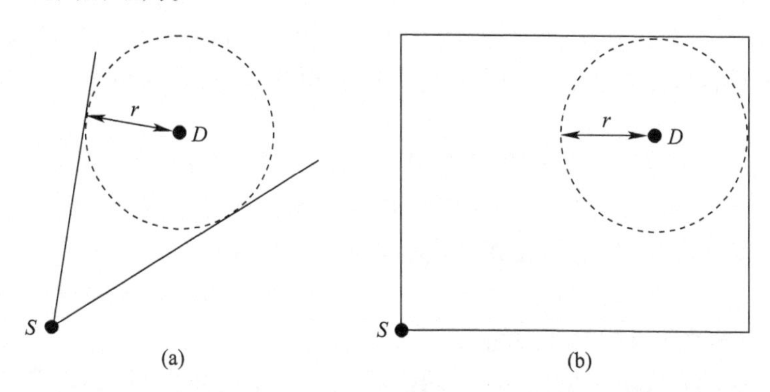

图4.4　目的节点 D 被预期在所描绘的圆内的某处(预期区域)
(a)DREAM 通过位于里面的 S 的切线和预期在区域所定义的角度范围将消息转发到每个节点;
(b)在 LAR 方案所述每个节点中的矩形区域可能是一个候选节点来转发消息。

定向洪泛概念得到了推广,基于距离、进度以及方向的贪心路由分别定义为 V-GEDIR、CH-MFR 和 R-DIR[21]。这些算法的基本思想是确定所有可能"最好的"下一个跃点,将转发标准应用于其预期区域内的每一个可能的目标的位置,与如何将这些节点有效地确定下来不同。R-DIR 决定了所有的相邻节点所受限制角度的范围,并可能位于最靠近该方向上的两条切线中的一条(见图4.4(a))上有两个额外的相邻节点。在 V-GEDIR 中,下一跳跃节点通过预期确定目标区中交叉邻节点的 Voronoi 图来确定,而 CH-MFR 计算相邻节点的凸包(详见文献[21])。

除了交替和不相交的贪心路由,Lin 和 Stojmenovic 提出了基于这些概念的一类多路径贪心路由的方法[18]。一个信源节点首先根据选择标准将消息转发到 c 的"最好的"邻节点上。该消息的多个副本可以沿着几个可识别的路径传播,而选择的路径依赖原来、交替或不相交路由的使用。原来的 c - 贪心法(贪心是 GEDIR 基本算法之一,MFR 或 DIR)中,一个中间节点所接收到的消息仅被转发一次到最佳的邻居(如果有的话),并且所有先后接收的副本都将被忽略。在交替 c - 贪心和不相交的 c - 贪心法中,中间节点分别应用原始交替和不相交的标准,例如,该信息的多个初始副本都像一个信息的原始算法一样进行处理。

4.3.4 能量感知路由

在未来,计算处理能力会迅速增加,而电池的寿命却难以取得显著进展。如果可以调整信号强度,局部路由算法可以尝试通过选择传输范围内的最佳的转发节点来减少能量消耗。Stojmenovic 和 Lin[15] 提出了一个结合了各指数信号衰减的一般功率度量,由于启动能量损失、碰撞、重新传输,并且依靠发送者和接受者之间的距离确认了一个表达式。假设其他节点可以在信源和目标之间任意设定位置,在等间隔区域中,可调整转发节点的最佳数目来减少功率消耗[15]。中间节点的最佳数量是通过信源和目标之间的距离,以及普通功率度量参数计算出来的。

我们不能随意地放置节点,假定路径的其余部分所消耗的功率为最佳,每个中间节点 S 选择一个更接近 D 的邻居 F,从而最大限度地减少将数据包从 S 传输到 F 所需的功率总和,以及在剩余距离 r' 上将数据从 F 转发到目标 D 的最佳功耗。能量感知路由试图减少能量消耗,但是单个节点可能要完成许多的路由任务,这将导致节点过早地损耗。

为了成功完成更大的路由任务数,我们用成本度量[15]来定义成本路由算法。这个度量是一个与电池剩余电量成反比的函数,表示节点转发数据包的磁阻。每个转发节点最大限度地减少成本度量和其余的路径所进行估算的消耗来选择邻居。最后,试图通过均衡降低能量和成本度量来研究减少电源消耗的策略。

Kuruvila 等[22] 根据比例进度的概念,提出了局部功耗和成本感知路由方案。参照图 4.1,该节点目前持有该数据包 S,F 是 S 的一个候选邻居,并令 D 为目标。$|SF| = r$, $|SD| = m$, $|FD| = r'$,有 $r' < m$。电源被用来作为进度的一部分,我们来计量比例进度电源需要从 S 发送 $r^\alpha + c$ 到 F,这里 α 是信号的衰减指数,c 是常数,它用来考虑最小的接收功率和计算功率。部分进度为 $m - r'$,随着类似的发展继续,这里可能有 $m/m - r'$这步,并且总共消耗可能为$(r^\alpha + c)m/m - r'$。因此,邻居最大限度地减少了被选中的$(r^\alpha + c)/(m - r')$所转发的消息。因此,该规则选择一个邻居来最大限度地减少每单位取得的进度所消耗的功率。电源度量可以由进度消耗或电源消耗度量来定义每个单位取得的进度成本或电源成本进行类似替换。这导致算法最大程度地减少了选择转发的邻居$f(F)/(m - r')$,和

最小化 $f(F)(r^{\alpha}+c)/(m-r')$，这里 $f(F)$ 是使用节点 F 转发消耗的一个标准（例如，它可能是其剩余能量的倒数）。

4.4　平面图路由

贪心转发的主要问题是消息在凹节点处开始减少，它们没有邻居来接近目标。在这种局部最小值的情况下，为保证成功传送迫切需要提出一个恢复策略。

Bose 等人描述了 FACE，首个带有保证递送的无记忆单路径恢复机制[23]（该算法与 IEEE802.11 整合，后来在贪心的周边无状态路由（GPSR）实施，该协议是由 Karp 和 Kung 提出[24]）。FACE 算法是平面图形路由算法的一种改进，由 Kranakis 等人提出[17]。如果它应用于平面连接的几何图中，FACE 路由提供有保证的递送。如果图中任意两个边缘之间没有交叉点，那么这个几何图形称为是平面的（参见图 4.5 所示的例子）。

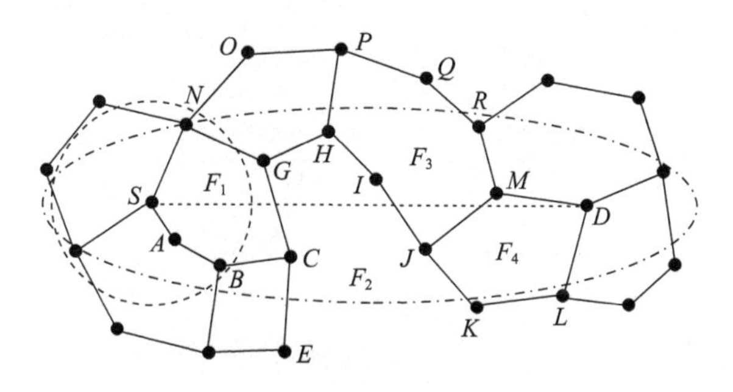

图 4.5　路由算法的一个平面图

例如，当从节点 J 开始时，通过右手法则穿越 F_4 平面的路径为 $JKLDM$。从信源 S 发送一个平面数据包到目标 D，引出路径为 $ABCE\cdots LKJKLD$，如果用直线连接 S 和 D，则右手规则适用于每个相交面。注意，外侧面 F_2 被除了节点 G、H、I 的所有节点穿越。

无线网络可以建模为几何图形，所在区域每个移动设备的位置定义为平面上的一个点。不同的图形类型可以被定义在点集上。一个单位圆盘图（UDG）反映了一个无线网络，其中每个节点都具有相同的传输半径 R，例如如果 u 和 v 之间的欧几里得距离小于一个固定的信元半径 R，那么一个边缘就在任意两个节点 u 和 v 之间。单位圆盘图在文献中是最常用到的。如果它们之间可能发生双向通信，并且 UDS 的子集建模由于发送者和接收者之间的障碍造成连接的中断，那么任意两点间的链路（可能不同的传输半径）变更就形成了最小功率图。

4.4.1　局部平面子图结构

在一般情况下，几何图形反映的无线网络不是平面的。因此在 FACE 恢复过程之前,必须从完整的网络图中提取一个平面子图。在对 FACE 描述过程中,Bose 等人[23]提出了一种分布式算法,从 UDG 中提取平面子图,这是基于一个众所周知的几何平面图模型——加布里埃尔图(GG)所提出的[25]。有限点集 S 的加布里埃尔图是通过连接任意两个节点 v 和 w 来构造的,当且仅当该圆直径 (v,w) 中没有包含其他 S 的节点(参见图 4.6(a))。这可以证明[23]在每个节点校验这个条件,它的邻居只足以在本地构造单位圆盘图的连接平面子图。

一个相对邻区图(RNG)[26],可以通过以下方式构造。检查以一个节点为中心的圆与通过另一个节点的圆之间交集的空性,也就是说如果没有其他的节点,其距离小于或等于节点 v 到 w 之间的距离(参见图 4.6(b)。GG 和 RNG 所谓的邻近图形都属于 β-骨架的一般类型[27]。在 β-骨架中,GG 和 RNG 是局部平面图建设的极端情况,如果使用的是比 RNG 所定义的区域更大的面积,可能会导致一个不连贯的图形;如果使用的比 GG 所定义的区域小,那么可能会导致图形边缘相交。Bose 等人[27]研究了 GG 和 RNG 的跨度比。

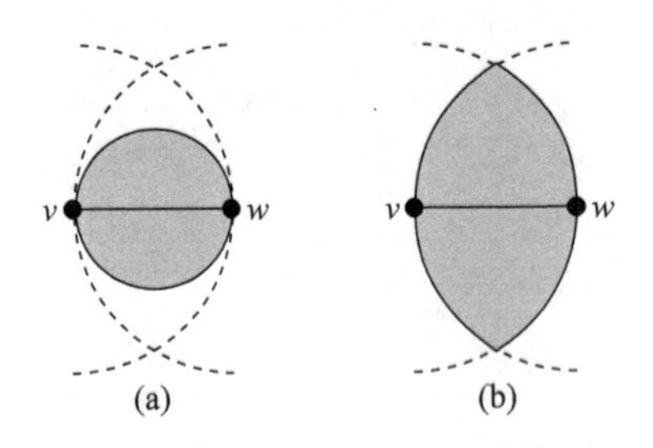

图 4.6　基于 β-骨架的平面图形模型

(a)是一个保存在加布里埃尔图结构的边缘,
该圆的直径 (v,w) 分别包含没有其他邻居的 v 和 w;
(b)圆的交点集中在 v 到 w 是空的,则在相对的邻区图中包含一个边缘。

图 G 的跨度比是指通过在 D 中连接任意两个节点 X 和 Y 最短路径的欧几里得长度和它们直接欧几里得距离的最大比。GG 模型将保留 RNG 模型中的每个边缘,所有 GG 的跨度比小于 RNG 的跨度比。它表明[27]在最糟糕的情况下 GG 的跨度比是 $\Theta(n^{1/2})$,同时 RNG 的跨度比为 $\Theta(n)$。结果表明,基于 β-骨架的平面图形模型将依靠网络节点的数目产生具有跨度比的图。

在几何图形中,由于跨越比是已知的常数[28],Delaunay 三角法是一个很好的测量工具。因此,Delaunay 三角法最近作为平面图结构的一种替代得到广泛研究。然而,Delaunay 三角法因其可能包含任意长度的边缘面不能在局部进行构造。在最近出版的书中,集中使用局部 Delaunay 三角法的平面图的局部结构已经被提出[29-31]。这些算法产生一个具有恒定跨度比的平面图形,但与 GG 和 RNG 结构相比,通信消耗增加了。

Li、Stojmenovic 和 Wang[32] 描述了 PDT(局部 Delaunay 三角法)作为 Delaunay 三角法的一部分,基于1跳或2跳的知识,其边缘可以局部验证。这个结构像 GG 一样,不要求在邻域间转换任何消息,GG 就是它的子图。与 GG 相比它更密集,这造成面路由中较短的跃点计数,在接下来一节中将会详细介绍。

4.4.2　面路由原理

一个几何平面图形将平面分割成几面,被多边形所包围,作为该图的边缘。FACE 算法的主要思想是沿面内部连接信源节点 S 和目标 D 的直线来进行分割(参见图4.5)。通过采用著名的右手法则(左手法则)来穿过每个面的内部,例如一个数据包沿着下一个边的顺时针方向(逆时针方向)被转发到那里。当数据包到达与连接 S 和 D 的线相交的边时,以同样的方式跳过该边,接下来面被此线分割处理。例如,在图4.5中从信源 S 发送数据包到目标 D 来访问的面 $F_1 \cdots F_4$。算法一直进行,直到最终达到目标节点或者当前面第一个边以相同的方向穿过其两次。在后一种情况中,目标节点是不可达的。实践证明,面路由是无循环的,并只在静态连接的平面几何图形中保证递送[33]。

路径长度的关系由面路由产生,相反最短路径的长度作为网络的平均长度增加。面路由的这个令人惊讶的性质可以由一个事实来解释,即子图用于面路由的最大平均等级为6,同时使用的完整图最短路径,其平均度不断增加[23]。通过成功的贪心路由所产生的路径和由 Dijkstra 的单信源相比较,是最短路径算法。因此,Bose 等人[23] 提出基于距离的贪心路由的组合 FACE 算法,称为 GFG。到达凹节点的数据包被切换成恢复模式,沿着面直到传送到达比凹节点的位置更靠近目标的一个节点,进入恢复模式。这个节点的布线在贪心模式下再次执行。Karp 和 Kung 实现了 GFG 算法[24],加入了介质访问层并且将协议更名为 GPSR,并放入移动节点进行实验。

可以通过 sooner - back 方法[34] 来获得 GFG 较小的进步,在面穿过期间,可以到达当前的转发节点的每个邻域。如果有一个邻居更接近目标时,面布线将被取消,并且在贪心模式下再次发送数据包给该节点。

4.4.3　内部节点和捷径

与 Dijkstra 单源最短路径算法相反,面路由可以提高跃点数,因为基于加布里埃尔图的平面图结构对短边更有利。Datta 等人[34] 通过内部节点的概念和快捷路由,改进 GFG 的性能。如果这两个概念分别应用,那么这些改进称为 GFC - I、GFG - S 或 GFG - I - S。所有网络节点 G 的子集 S 称为支配集,如果 G 的每个节点在 S 中至少具有一个邻域。属于控制集的节点称为内部节点。如果控制集被连接,那么 GFG 在控制集会约束产生较短的路径,因为平面图形路由的搜索空间减少到所有节点的子集。更准确地说,只有在内部节点,面路由从加布里埃尔图构造得到的边缘才执行。如果一个凹节点不是内部节点,则将消息转发到其相邻的内部节点。那里的消息仅沿内部节点转发,直到处理局部最小值或最终到达目标节点。

为了构建一个局部控制集,Datta 等人采用 Wu 和 Li[35]等人提出的分布式算法,这得到了进一步的改进[36]。该算法[36]不要求相邻节点之间的任何信息来决定主导地位(除了了解邻近的位置所需的其他信息)。该算法基于用于定义支配集的一个中间节点概念,以及两个附加的规则(基于跨网关和网关节点)来减少内部节点的数量,同时保持网络连接性。如果它具有两个未连接的邻域,那么这个节点是中间节点,如果 A 的每个邻居也是 B 的邻居,那么节点 A 被相邻节点 B 所覆盖,并且 $\mathrm{key}(A)<\mathrm{key}(B)$同时密匙是一个记录$(d,x,y)$组成的节点等级 D(邻居数)和节点位置(x,y)。不被任何邻居覆盖的节点是跨网关节点。如果 A 的每个邻居也是 B 或 C(或两者)的邻居,那么一个节点 A 被由两个相邻的连接节点 B 和 C 所覆盖,有 $\mathrm{ker}(A)<\mathrm{key}(B)$,$\mathrm{key}(A)<\mathrm{key}(C)$。不被任何邻居覆盖的中间节点变为一个跨网关节点。不被任何一对连接的相邻节点覆盖的跨网关节点变为一个网关节点。

除了下一个转发节点,在相同的路径上通过 FACE 路由可能存在更多的邻居节点。例如在图 4.5 中,节点 A 和 B 在路径上通过穿过节点 S 的传输范围中的 F_1 面来产生。当关于 2 跃点邻居的信息是有效的,基于捷径的路由的概念可以应用在每个节点上。一个转发节点在局部构造所有相邻节点可知的平面图形。在这些信息的基础上,一个节点可以建立捷径,是通过发送消息直接到最后一个已知的跃点,这样代替了将其转发给沿途路径的下一跃点。例如,在图 4.5 中,节点 S 可以直接将数据包发送到节点 B。

4.4.4 保证递送的能量感知路由

在局部路由算法中,贪心路由方法中的功率路由、成本路由和功率成本路由是主要能量消耗。但是这些方法并不能保证在单位圆盘图中递送。Stojmenovic 和 Datta 研究了功率-表面-功率(PFP)、成本-表面-成本(CFC)和功率/成本-表面-功率/费用(PcFPc)路由[37],它在面路由以同样的方式适用于 GFG,结合能量感知贪心路由方案。

文献[37]也将内部节点和捷径的概念应用到 PFP、CFC 和 PcFPc 进行了研究。根据用于 GFG 的术语,这些算法分别称为 PFP-I-S、CFC-IS 和 PcFPc-IS。当执行恢复过程 FACE 只被内部节点所执行,实验结果表现出显著的改善,由于算法应用于所有节点的一个子集上,产生了较短路径同时穿过这些面。此外,捷径的原理被用于恢复模式下相对于考虑能量度量来选择最佳的邻居时,可以明显观察到改进。例如图 4.5 节点 S 可能会选节点 B 作为功率最优下一跃节点，方法是在可能的下一跃节点转发节点 A 和 B 上应用相同的最小化原则，因为当使用功率路由时，会用在转发方向上的所有节点。

控制集结构导致内部节点上的能量消耗增加，因为在控制集上面路由只考虑了内部节点。因此，内部节点的静态选择将导致这些节点的使用寿命变短，这最终导致整个网络的寿命更短。因此，同样的自变量适用于成本路由，考虑节点电池的剩余电量，成本度量可能会被应用到控制集结构上。这种能量感知支配集结构是由 Wu 等人提出的[38]。粗略地说，该算法是文献[35]中的基本分布式支配集结构的扩展，并且具有用于删除剩余电池电量较低的冗余节点的附加规则。

4.4.5　限制检索区域

如果一个面以顺时针或者逆时针的方向穿过，那么面路由的有效操作取决于在起始节点的决定。例如在图 4.5 中，运用右手定则穿越外表面 F_2，引出路径为 $CE\cdots LKJ$，直到到达边缘(J,K)交叉连接信源 S 线和目标 D。相反，如果在相反的方向开始面穿越在转换到面 F_3 之前，该数据包被沿着明显较短的路径 *CGHI* 转发。

为了处理这个次优性，Kuhu 等人提出一个 GFG 的延伸算法，在穿越面时限制检索区域。如果在信源 S 和目标 D 之间最佳路径的长度是预先已知的，这足以用焦点为 S 和 D 的椭圆形（见图 4.5）限制面的探索，其中包含从 S 和 D 小于 L 的距离之和（即最优路径由椭圆完全覆盖）。转发算法与椭圆相矛盾，它有折回并且和发送该数据包的方向相反。例如图 4.5 中，边缘(C,E)与该椭圆相矛盾，因此，应用右手定则数据包沿着面 F_2 转发，在节点 C 处中断，后沿相反的方向执行，它会导致路径变为 *SABCGHIJMD*。

一般情况下，最佳路径的长度是不可预测的。然而，限制面穿透到边界椭圆的原理可以通过适当地增大椭圆的尺寸来执行。例如，如果椭圆是由面穿透算法碰撞，它的大小会增加一倍，并且穿透是在相反的方向进行。通过使用这种适应机制，Kuhu 等人定义了其他适应面的贪心路由算法（GOAFR）。

与用于 GFG 的参数相同，适应的实际目的面路由应该尽快退回到贪心模式。在 Kuhu 等人的出版物中[40]，提出了进一步的改进 GOAFRC +，其中在与 GOAFR 的对比中，使用集中在目标节点 D 的圆，以限制一个搜索区域。在算法的执行过程中，该圆的半径被适配在根据从 D 的当前距离预先定义的步骤中。这个圆圈是用来应用一个复杂的“早期故障设置”技术，尽快返回贪心路由（详见 GOAFRC + 的描述[40]）。

4.5 无信标路由

传统的贪心转发机制需要周期性的发送 HELLO 信息(信标),每个节点以最大信号强度来提供电流关于所有单跳邻居的位置信息。这种主动的贪心路由会导致额外的能量消耗,与当前数据流量无关。

Heissenbuttel 和 Braun[41] 提出了无信标路由(BLR)算法。提出基于竞争的转发(CBF)的 Füßler[42] 和提出隐式地理转发(IGF)的 Blum 等人[43] 着眼于无信标路由与 IEEE802.11 MAC 层的集成,正在实施同样的想法。由于没有信标被传输,节点一般是不会意识到其任何相邻节点,并且只广播一个数据包。无信标路由的主要思想是,相邻节点接收到数据包时,在转发数据包之前根据相对于上次节点和目标的位置,计算一个较小的传输时限。首先,位于所述"最佳"位置的节点使用最小延迟重传的数据包,剩余的节点取消其预定传输。

为了确保所有的潜在的转发节点检测重发,只有某个转发区域内的节点才可以作为下一个转发步骤的候选节点。这个转发区域具有各节点的属性:每个节点能够无意中得到该区域之内的其他节点的传输消息。如果外面的节点参与转发区域竞争过程,它可能发生消息的重复性。假设所有节点更接近目标有资格的候选节点(参见图 4.7),并且假定转发延迟取决于与目标的距离。那么 C_2 第一次重传消息,C_1 注意到传输和保持沉默。第二次 C_3 是不能窃听到这种传输和重发消息的,这将导致数据包的重复。因此,只有节点在转发区(C_1 和 C_2)才是适当的候选节点。

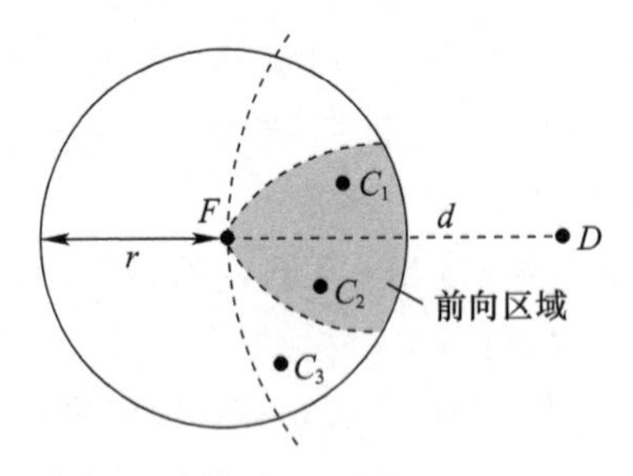

图 4.7 无信标路由原理:转发器 F 广播一个数据包,候选节点 C_1 和 C_2 争夺该数据包,C_2 更靠近目标(D),并重新发送该数据包,C_3 不在转发区域内

另一种技术是通过转发器候选人的有效选择来防止复制[42],转发器广播一个控制信息包,包括目标位置来请求消息传输("请求发送",RTS)而不是广播完整消息。这个请求是由一个或一个以上的候选节点来应答("清除发送",CTS),然后由转发器选定最合适候选节点,并转发数据包(单播)。这种技术的

优点是较大地集中了潜在的候选节点,缺点是由于额外的控制消息而造成能量消耗(RTS = CTS)。

上面所描述的算法是贪心的战略,其决策是局部最优,就像常规贪心转发算法一样。如果在转发区域内没有可用的候选节点(即局部最小值的情况),这些算法不得不需要通过恢复策略以达到保证递交的目的。

4.5.1 保证递交的无信标路由

对于传统地理路由的首选恢复方法是在一个平面子图上穿过一个面,它由邻近区域的信息构成。但无信标路由算法没有邻域的先验知识。相反如果不是通过节点的位置隐含给出,必须通过信息交换来获得这方面的知识。

BLR 协议使用一个简单的恢复机制,这就是所谓的请求响应方法[41]:转发器广播请求,所有的邻域节点应答包括它们在响应消息中相应的位置。如果没有节点更接近目标时,转发器从邻居的位置信息中构造一个局部平面子图(GG),并且根据右手定则转发一个数据包。当进入备用模式时,位置被存储在所述的数据包中。只要有一个节点更接近目标,贪心转发就会被恢复。请求 - 响应可视为反应式信标,因为所有的邻居都参与交换位置信息。

通过使用选择和抗议的方法可以避免此信息的开销[44]。转发器触发争夺的过程中,只有平面子图的邻居可以应答。随后,抗议消息被用来纠正错误的决策。如何解决通过使用选择和抗议的方式使该无信标恢复问题,这里有两种可能性。

第一种称为无信标转发平面(BFP)和构造一个局部平面子图,它可以通过面部路由算法来使用(参见图 4.8)。在 BFP,转发器 F 发送一个 RTS 消息,然后候选节点间展开争夺。与无信标贪心转发相比,在传输范围内的所有节点都是可能的候选节点,并且它们的时限是基于与该转发器(不是与目标的)的距离。候选节点 C 被抑制,如果另一个候选节点 C' 位于加布里埃尔圆圈内(C,F)之前就已回复,即它不得不取消预定的回复。遗憾的是,在此之后,不仅只有 Gabriel 的边缘保持,因为抑制节点可以作为反对其他候选节点的见证。因此,所得到的图形比 Gabriel 子图可能包含更多个边缘,并且错误的决策必须通过抗议消息予以纠正。即使是另一个子图结构,这些抗议消息也是必要的。例如相对邻域图被使用。文献[44]中表明,没有无向的、平面的和连接的接近圈可以在没有抗议的情况下构建。

第二种解决无信标恢复问题是角传送[44]。它也开始与转发器 F 转播 RTS 消息。此消息包含转发器的位置,该位置包括前一跃点的位置和恢复方向(左手或右手)。现在,候选节点根据基于前一个跃点转发器和候选节点之间角的延时函数来应答。这样,第一个节点 C 在(逆)时针以便回复,但是在此情况下,

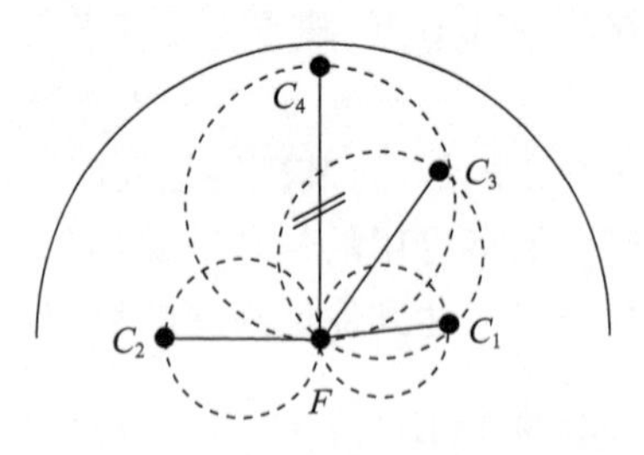

图 4.8　无信标转发器平面化：候选节点根据自己与转发器 F 之间的距离，按照 $C_1C_2C_3C_4$ 的顺序响应，C_3 被抑制。C_3 对 C_4 提出抑制，因为 $C_4(F,C_4)$ 不是 Gabriel 边缘

这不是最终候选节点。其他候选节点有较大的延迟，在加布里埃尔圆内（F,C）被定位。这样的候选节点可针对第一项决定发送抗议消息，并且自动成为被选定的候选节点。这个决定可以再次通过进一步的抗议消息来进行修正，直到再也没有抗议被发出。那么最后选择的候选节点将成为下一跃点，并且从转发器中得到消息（参见图 4.9）。

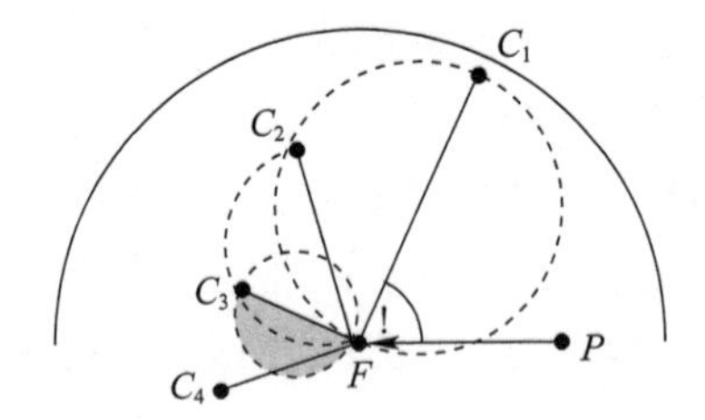

图 4.9　角度继电器：按候选节点顺序 $C_1C_2C_3C_4$，根据角度 α 来应答。C_1 先被选中，然后 C_2 对 C_1 提出抗议，C_3 对 C_2 提出抗议。最后，在没有进一步的抗议情况下 C_3 被选中

4.6　数据中心路由

某种意义上说，数据中心路由不同于基于拓扑和地理路由，消息不会转发到一个特定的主机，这个主机由网络地址或地理位置确定的。在数据中心的路由，信道流出一个请求或接收传感器数据，并且相应的传感器将回答这个疑问。举个例子，如果一个传感器测量的温度上升，超过 10℃ 左右，则接收器可能会请求发出警报。这个要求在整个网络中传播并且一旦事件发生时，将由传感器节点回答。

其中数据中心路由连接最早的一个方法是通过协商获取信息的传感器协议（SPIN）。它是一个应用级的方法，它展示了一个典型的数据中心技术：首先，传感器通过发送元数据包到它的邻居来发布新的数据。邻居检查其是否已经要求或获得所发布的数据。如果不是，它发送一个请求消息，这会触发实际数据包的

发送。协议的另一层意思是为了通过在使用少量的元数据之前进行磋商请求，来传输长的数据包，减少不必要的消耗。

数据中心路由的一个常用的方法是定向扩散[46]（图 4.10）。定向扩散是基于属性值来命名的数据。这样的节点可以指定自己感兴趣的进行具体的数据传输。以下列方式进行消息交换：首先，兴趣消息被扩散，例如通过网络洪泛法来传播。这将设置所谓的梯度，该点沿向后路径传播兴趣。梯度确定该路径返回到兴趣的起源。传感器保存与兴趣匹配的数据，沿着梯度发送所请求的数据。梯度被每个兴趣所维护并且用于路径的建立。这个路径记忆法与从最初的梯度逐步改善路径的强化机制相结合。

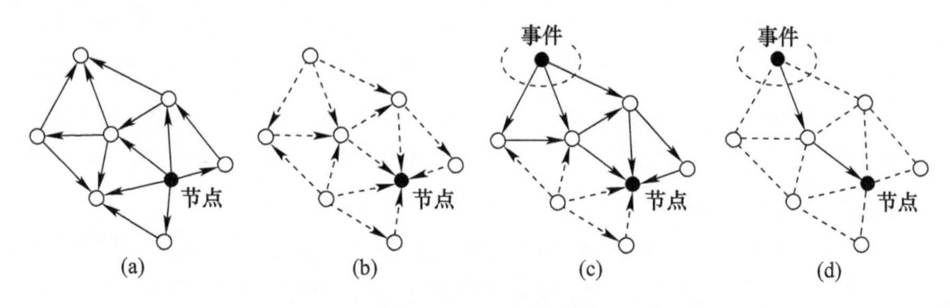

图 4.10　定向扩散[46]

（a）兴趣传播（扩散）；（b）梯度设置；（c）沿初始路径的数据路由；（d）强化后。

虽然定向扩散执行网络洪泛以初始化梯度，ACQUIRE 协议[47]试图减少这方面的消耗：接收器发出一个查询，在该网络中随机的或预定的路径中被转发。这个查询可以是复杂的，由多个兴趣所组成。一旦传感器节点接收这个查询，它会尝试使用来自 d 跃点邻域的信息来解决部分查询。这就要求该邻近区域内进行局部信息交换，如果信息已经废弃了，它可以要求受到限制的洪泛来执行。一旦查询被完全解决，回应被发送回接收器。该协议的目的是有效地回应所谓的一次性查询。参数 d 为从邻域表示权衡等待时间和能源效率之间的可预见性的信息：该可预见性很快完成了查询，但更高的开销消息交换在 d 跃点邻域，增加了能量的消耗。

4.7　提出算法的讨论

路由算法遵循不同的想法，在所有学科中没有哪种算法是最好的。因此，关于效率的问题是多方面的：如何使一个算法更可靠？如何有效地使用资源？如何能快速地递交消息？这可以通过以下所描述的性能度量来量化。

路由算法的传递率定义为在信源节点创建的消息总数中递交成功的消息的比例。这是一个用来讨论贪心路由算法性能的合理的数量，这可能会在已连接的无线网络中出现故障。此外,洪泛率被用作多路径通信开销的量度和基于洪泛的战略。洪泛率定义为源节点与目标节点之间的最短路径所需的算法与消息发送次数的比率。保证递交算法的递交率总是为 1。因此,扩张通常用在文献中表示这些算法的性能。这个量定义为给定方法的跃点数和由最短路径算法所产生跃点数的比例。下面两小节分别讨论这两种贪心转发和结合贪心的面路由。第三小节讨论对现有地理路由算法物理层的影响。

4.7.1 贪心转发的特征

递交率 DIR、GEDIR 和 MFR 的可比性,在很大程度上取决于网络程度[11]。在平均等级为 4 的稀疏网络中,递交率只有 50% 左右。在密集网络运行该方式实现递交率超过 90% ,GEDIR、MFR 和 DIR 的 2 跃点变体为稀疏网络提供了一个低于 10% 的较小的改善。也可以观察到 GEDIR 和 MFR 方法,大多数情况下选择相同的路径,并且成功地与 Dijkstra 的单信源最短路径算法相竞争。DIR 选择的路径往往是较长的[11]。

NC 作为 NFP 的替代被引入,实验观察到,由于贪心路由故障而导致较低的成功率[15]。对于小网络区域,最大限度地推进比选择最接近的邻居或最接近方向 D 的邻居所消耗的能量少。仿真表明功率路由的递交率与 MFR、DIR 和 GEDIR相比具有竞争力,同时它优于所有已知的贪心路由的方法,并具有最低的功耗。此外,文献[15]显示出了其中的功率、成本和功耗,低成本路由是使用一般功耗成本的 Dijkstra 单源最短路径算法的竞争度量。

已知的无信标路由机制的转发区域是覆盖在总传输范围的 0.25。因此,在稀疏的网络无信标路由将更快地导致贪心路由故障,相对于传统的贪心路由机制至多使用总传输范围的 0.5 的路由机制(参见传输范围在正方向图 4.1 中)。在没有移动性或低移动性的密集网络中的性能评估表明,无信标路由可与传统的基于位置的路由机制相媲美。然而,高移动性的无信标路由大大优于传统的基于位置的路由机制,其邻居信息是过时的[41]。

仿真结果表明,V - GEDIR,CH - MFR 和 R - DIR 的优越性超过 DREAM 和 LAR。本书提出的算法具有更高的递交率,同时洪泛率被降低。后者可以由以下事实来解释,即相对于 DREAM 和 LAR,在路由的下一步骤中,角度范围内并非所有节点都会转发该消息[21]。

一般情况下,替任和不相交的方案并不能保证递交,但与替代方案相比较,不相交方案有较高的成功率。提出多策略的执行率(特别是不相交的 c - 贪心)相比较有现有最好的限制的定向洪泛算法,同时线性通信开销减少到 $O(n^{1/2})$。据实验观察 $c<4$ 部分是 c 合理的选择,而对于 $c>3$ 的额外成功率不会补偿额外的洪泛率[18]。

假设有 n 个节点和均匀的二维节点分布在网络中，平均每一个呈现单路径贪心算法创建 $O(n^{1/2})$ 数据包提供两个任意选择的节点之间的消息。尽管如此，这种方法在流量的产生和存储需要保持邻居信息的内存方面有所不同。由每个设备的信标和状态量引起的总的通信复杂度取决于该方法的位置，如需要 1 跃点、2 跃点或根本不需要邻居信息。

4.7.2 平面图路由特性

文献[23]的性能评价表明，GFG 的平均扩张取决于节点数目和网络的平均等级。稀疏网络具有大量的节点，平均扩张显著增加。例如，对于 100 个节点和平均等级为 4 的由 GFG 所产生的路径大于最短路径平均值的 3 倍。对于密集的网络，平均扩张趋向于最佳值 1.0，节点的数目却几乎没有影响。GFG 的该属性可以由作为恢复机制的执行面路由的事实来解释。因此，在密集网络中路由几乎只能由贪心路由的部分来完成，才能具有与最短路径算法相当的性能。

在组合中，引入了快捷路由和内部节点的概念，大幅减少与 FACE 甚至 GFG 相反的平均路径长度。特别是在低节点的网络中附加路径的长度与 Dijkstra 的单信源最短路径相比，减少为 GFG 算法的一半左右[34]。可以观察到，对于稀疏网络性能的改进主要因为内部节点的引入，这是由于 GFG－I－S 使用的控制集的构建。

本书认为 Dijkstra 的单信源最短路径算法，只适用于由分布式控制集构建（不含第二条规则）产生的内部节点，总是在创建任何两个节点之间的最短路径[35]。因此，面布线将产生最接近最佳路径的路径，只能从图中删除位于最佳路径之外的一个边缘子集。

仿真实验表明，平均功耗由 PFP－IS 显著地降低，同时使用快捷方法的优势是很明显的，从而与内部节点的概念相比有更多的有利点[37]。对于低度为 4 的网络，测得剩余能量与 Dijkstra 的最短路径的加权算法相比大约是 31%，而对于具有 10 等级的密集网络，剩余能量降低到 15%。成本和功耗成本路由直至第一个转发节点发送故障成功的路由任务数量来衡量。根据观察分析，功率和成本的组合要优于单独的功率或成本。此外，功率、成本和功率成本感知路由算法均优于所有非功率和非成本感知算法。表现最好的本地化算法 PcFPc－I－S 与 Dijkstra 的单信源最短加权路径算法相比较，实现了约 83% ~92% 的网络寿命。

假设在常数固定的情况下，单位圆盘图模型中，假设在两个节点之间的距离总是大于可能很小但固定的常数，通过 GOAFR 所产生的消耗由沿着最佳路径发送的数据包所需的成本（如跃点计数）的平方来界定。这种渐近性是最优的，例如渐近性没有基于局部位置路由算法的性能比 GOAFR 更好[40]。当 GOAFR 被用于预先计算好的具有有界平均度的控制集上时，甚至可以在任意单位圆图中证明 GOAFR 的渐近最优性。但在对比消耗函数的考虑，必须要由下面所述的线性函数来约束。不同于线性界定消耗函数，一个基于局部位置路由算法的消耗，不能通过最佳路径的超线性成本函数来界定(即非线性边界函数)。从实际角度来看，线性界定消耗函数应该是相关的函数[40]。例如，成本函数用于功率自适应传输，有时表示为一个超线性函数，对于能量的需求将永远不会低于消息传输所需能量的某个阈值。在实践中，也是线性有界的。除了从最坏的情况分析，仿真结果[40]表明，即使在平均情况下 GOAFR + 优于 GFG 和所有已知的自适应面路由的变体，特别是可以观察到关键网络密度为 4.5 的每单位圆盘节点的最显著性能改进。

4.7.3 数据中心路由的特性

数据中心路由协议可以用在传感器网络，这里没有任何位置的信息是可用的。它们的效率依赖用于查询传感器数据的请求类型。重复查询和频繁的传感器读数证明，设置高效路径系统需要更大的开销，同时单次查询应答应该尽可能少地通信。

定向扩散是一个基于洪泛的方法，具有固有的消息的高复杂性。SPIN 也遵循了洪泛的原则，而相比于定向扩散，它是由事件来触发的，由信道的洪泛请求消息。定向扩散是非常适合反复询问的，因为梯度的设置已经完成，加固可逐渐增加路由质量。不同于基于洪泛的协议，ACQUIRE 遵循谣言路由原则[50]，在这里，查询通过网络随机行走传送。该协议非常适用于单次查询。可避免洪泛被限制到一个小的邻域，但随后应答该查询会花费更多的时间。

4.8 从业者指南

大多数路由算法在设计时就考虑了某些假设，尽管这些假设并不一定在现实中有效。最突出的例子是单位圆盘图的假设，这并没有反映实际的信号传播，并且仅仅被当做一个粗略的近似值。当实现路由算法时，这一点必须考虑。地理路由算法通常依赖于单位圆盘图的假设并且需要精确定位。但是，这并不意味着当这些假设都没有得到满足时，它们就没有起到任何作用。而是在实际应用中必须作出一定的调整，例如，如果传输范围是不稳定的，那么它不得对实际的物理层进行处理。但是，并非所有情况都提供递交保证。

4.8.1 不稳定的传输范围

原来的面部算法保证单位圆图的递交和正常运行。在现实生活场景中，移动主机之间的障碍、天气状况或无关的无线电传输可能会导致传输范围的一些不稳定。即使双向的链接被认可(如只有当它已经被 B 认可,从 A 到 B 的通信链接才有效),该算法仍可能由于传输范围的轻微变化而导致失败[48]。Barierre 等人根据面部路由的理念,提出了一种路由方案[48](称为鲁棒 - GFG),即使在传输范围的变化最多为$\sqrt{2}$的情况下,仍然保证递交。例如一个传输范围如图4.11所示,必须分别在由最小和最大传输范围 r 和 R 定义的区域内,同时 R 和 r 的比率必须不超过$\sqrt{2}$。

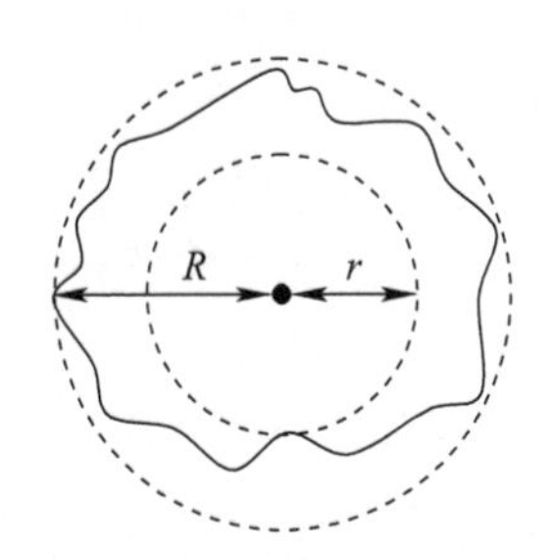

图4.11　移动主机S的传输范围,在最小和最大传输范围 r 和 R 之间变化

限制$\sqrt{2}$的变化,以保证对于任意两个相邻的节点 X 和 Y,圈内的直径经过 X 和 Y 的每个节点至少会被其中一个看到[48]。算法在本地构建底层物理网络图的虚拟超图G的完成阶段使用了这个属性。更精确地说,如果有邻居节点可能没有被节点 Y 看到,并导致边缘(X,Y)从局部加布里埃尔图形被删除,那么每一个节点 X 就会检查每个相邻边缘(X,Y)。节点 X 宣布这些节点为 Y,如果加布里埃尔图形结构只被应用于原来的网络图中,它们可能导致所产生的平面图形的视图不一致。

由此产生的超图足以应用加布里埃尔图形法来构建平面图,该图包含了原始网络图的边缘和完成阶段的虚拟边缘。最后,通过在提取的平面图中使用由虚拟路由扩展的组件面路由算法来处理虚拟边缘(详细说明见文献[48])。Li 等人进一步改善了鲁棒平面图形的构造[51],其论文描述了一种模糊的单位圆图,其改进的方法从通信开销和虚拟边缘方面来补充进行说明。

Kuhu 等人还研究了文献[48]中的图模型[52]。他们研究了这个模型的性质和路由算法,并提出了扩展环形洪泛协议,只要有可能,它将遵循一个贪心算法,并且故障点切换到洪泛协议。在增加(每次使半径加倍)跃点距离寻找一个节点(该节点比发生故障的节点更接近目标)时,故障点发起洪泛。然后这个故障节点要求该节点继续进行贪心模式。该方法与 Finn 提出的恢复相具有一定的相似性[13],它采用固定的任意距离(因此不能保证递交)而不是距离的迭代和加倍。

4.8.2 物理层对路由的影响

除了不稳定的传输区域外,还可以在实践中观察到物理层的其他副作用,例如,接收信号强度的波动会影响接收的成功率。在一些文章中,传输失败或成功的概率由误码率(BER)或数据接收率(PRR)来表示。然而,在节点之间的这些速率往往假定为不变的,与距离无关。在实践中,人们可以观察到,接收的概率随距离的变化而变化。这里有一个区域围绕着发送节点几乎为1,而在很大的一个距离处变为0。变化最大的是位于全程接收的地区和没有接收的区域之间的过渡区。这对于路由选择是尤其重要的,因为它与选择更近但不是更大进展的节点是不是更好这个问题有关。成功传输或传向一个遥远的节点时,成功接收的概率是较低的,并且可能必须重新发送。

这些因素都导致新的路由协议有待开发研究[53]。路由度量是一个重要的研究方面,即当转发数据包时,用于选择一个邻居的决策标准。基于跃点数度量上的路由协议往往青睐较长的链路,这可能是有损耗的,并且需要多次发送尝试。例如,没有考虑重新传输的跃点计数度量不能成功最小化传输的总数目。

另一种度量已经由 De Couto 等人[54]提出。它是基于传输和确认数据包丢失率,并且表示的是预期发送次数(ETX),而不是跃点数。使用反应性路由协议DSR 的实验表明性能有所改进,超过了基于纯跃点数度量。使用这个度量需要发送方和在接收端判断数据包丢失的情况,这是通过发送探测消息和评价确认来完成的。

Seada 等人[55]在地理路由算法中,提出了不同的技术来解决物理层问题。首先,路由度量不仅是基于距离,还基于距离和数据包接收率(PRR)的乘积。其次,将具有低 PRR 或高距离的节点列入黑名单(基于阈值或所有邻居的相对比例),并成为不可转发使用的。因此,将最糟糕的候选节点进行排序,以避免许多不成功的传输尝试。使用该路由度量要求发送者已知 PRR。如果这不能从信道质量指标来精确估计,则需要探测用于 PRR 测量的消息。

在地理路由算法中,到目标进度或距离可以是在每个步骤中测量的,并且每个步骤都与一个特定的传输成本相连接。因此,Kuruvila 等人[56-57]提出了基于进度和消耗比率的路由度量。成本取决于预期的跃点数(EHC),其中包括重新传输和丢失确认。

4.8.3 局部误差的影响

地理路由的理论模型假设了一些有关节点的确切信息。然而,在实践中某些信息总是存在一些有关物理装置位置的估算误差,这取决于环境和所使用的定位系统。Seada 等人[49]首次研究了这样的局部误差对面路由的影响。

从图 4.12 可以观察到位置的不准确性可能导致在局部平面图的构建期间发送错误,最终导致面路由被应用时,转发决策发生变异。例如,假定在图 4.12 中节点 A 的估算位置 A' 在直径(S,B)的圆内,而其余节点 S、B 和 D 有一个准确的位置估算。在节点 S 应用局部平面图结构会导致删除边缘(S,B),另一方面,节点 A 不保留与节点 B 的链接,因为节点 A 没有被连接。因此,所得到的平面图形被断开且面路由也不能保证传送更多的消息,即使有从信源到目标的路径。除了由于删除不正确边缘所导致的断开之外,在文献[49]中还构建了类似的错误案例,说明交叉链接和目标位置的误差同样会导致传输的失败。

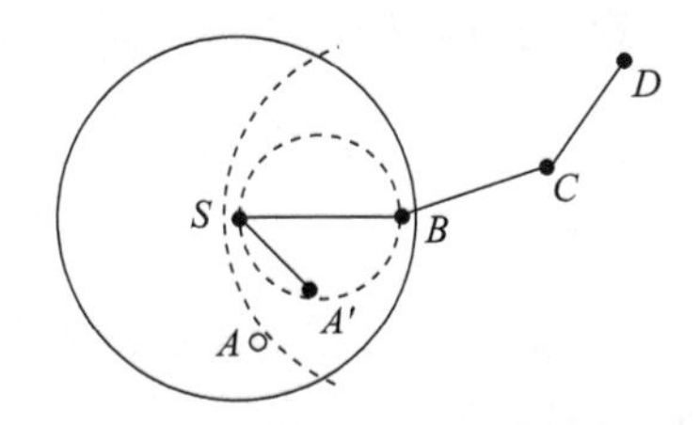

图 4.12　由于不正确的边缘去除而断开,关于节点 A 的错误估算位置 A' 导致边缘(S,B)违反 Gabriel 图形条件而被误删[49]

一般情况下,转发的错误是由删除了导致网络分区的必要的边缘而所造成的,而边缘删除不足会导致转发的循环发生。在一些非正式的分析中,也通过相关的模拟进行了验证 Seada 等人猜想删除边缘而引起断开问题似乎具有很高的概率,如果解决了这个问题,可能会使性能在一定程度上得到最大的提升[49]。有人提出了面部算法的一个修改策略,这需要修改局部平面图结构(这里称为请求 GFG)。当节点 A 由于直径(A,B)圆内节点 C 即将删除边缘(A,B),它必须发送一个询问到 B,来确认是否看到节点 C。节点 A 不得删除该边缘除非它得到由 B 发来的回应,表明 B 确实看到节点 C[49]。注意,在鲁棒 - GFG 中,此修复程序是由任意两个相邻节点之间的简单请求响应协议来完成的,因为该单位圆图模型是假设的。

频繁的消息交换可以提高估算位置定位的准确性。例如,文献[58]提出了基于迭代松弛的地理定位系统。文献[58]介绍了几千次迭代的分布式协议,这意味着每个节点应发送和接收数千条消息,才能使位置变得相当准确。很明显的问题是该协议需要很大的通信成本,才能获得位置信息,且遵循 GFG[23] 或变体。

4.8.4　未来的研究方向

还有一些开放性的研究问题需要在今后加以解决。因为简易和通信成本低,加布里埃尔图最好作为一个局部平面图形的构建方法写入文献中。然而,其他局部平面图形的结构是已知的,并且通常调查面路由产生的路径长度,和从局部提取路径所需的通信成本之间的权衡仍然是一个悬而未决的问题。

此外,稳健性仍然是一个悬而未决的问题。在实践中面路由的适用性将受益于从局部 FACE 提取的技术。此外,位置不准确性的相关问题需要进一步研究,且需要寻找无位置记忆解决方案,在这种环境中使信息依旧能成功传输。流动性引起的循环有可能导致其断开,即使有从信源到目标的路径。需要进一步研究动态网络拓扑相对应的技术。最后,考虑到 QoS 方面,邻居节点拥挤和终端到终端的延迟,是现有的地理路由算法今后要改进的方面。

4.9 小结

地理路由在传感器网络中是一个合适的路由范例,因为它只使用本地高效决策和可扩展协议的设计,并且需要最小存储能力。在很多传感器应用中,位置感知无论如何都是主要的,因为知道传感器的位置对于其评估至关重要。路由任务的全局目标可以根据当地决策和基本贪心转发算法来实现,并且不需要先前路径的记忆。这种算法的特性取决于在每一个转发步骤所应用的优化准则。在一般情况下,基本的贪心路由执行一个接近的密集网络的加权最短路径算法,同时递交率在稀疏网络中显著下降。递交率在几个方向已得到改进,如提供 2 跳跃点邻居信息,在反方向进行消息转发,多径或基于洪泛来转发信息。记忆可以用于基于洪泛以提供有保证的递送,同时也是单路径的策略。然而,这些策略可能需要增加通信成本,和放弃单路径贪心路由无状态的特性。

面路由是无环路的,并保证静态无线网络的递交,同时保留了贪心路由技术的无记忆性和局部性。适用于它自己的面路由趋向于增加通信消耗,而不是贪心路由成功时所需的消息数。因此,面路由主要作为一个恢复机制,以克服局部最小值,而贪心路由在这里是无效的。面路由中的几点改进,这里呈现的重点是通过提取更好的平面图或使节点沿着穿透面的下一跃点来减少跳数。此外,能量概念同样被列入平面图结构。进一步的改进由于路径长度依赖于关于面穿透方向上的首要决定而导致的次优性。最后,面路由原本的定义是一个理想化的无线网络,该无线网络均匀地在网络节点固定范围传输。最近的面路由研究是在实际网络中对不稳定的传输范围和动态变化的网络拓扑结构进行改进。

名词术语

无信标路由:路由算法基于位置信息,各节点并不知道它们的邻居是谁,因为它们不需要交换信息。

凹节点:没有邻居节点比自己更接近目标节点的节点。

数据中心路由:中心节点为了得到数据而广播一个请求,其他节点通过该请求传输数据信息。

传输率:成功传输信息的比例,用于衡量路由算法的可靠性。

扩张率:路由算法的跳数和最短路径的跳数之间的比率。

控制集:网络中的一个节点子集,每一个非控制集至少包含一个属于控制集的邻居节点。

面路由:指一个通信平面图内的路由算法,通常在贪心算法失效时采用恢复机制进行替代。

洪泛:向整个网络散布一个信息。

洪泛率:指信息传输的次数和最短路径上的跳数之间的比值,是路由算法的信息传输效率的衡量准则。

贪心算法:基于位置的路由算法方案,通常从距离目的节点最近的邻居节点进行信息传输,以最小化到目标的距离(或满足不同的局部优化标准)。

多路径策略:信息可以经过复制从不同路径同时向目的节点进行传输的一种路由策略。

平面化:构建通信图的二维子图。

右手定则:沿着通信图进行数据包传输的规则,一个数据包沿着顺时针方向从到达边缘节点向下一个边缘节点进行传输。

路由度量:给节点分配权值或成本的函数,是进行替代算法选择对比的标准。

跨度比:两个节点之间最短路径和它们之间的欧几里得距离的最大比例。

单位圆图(UDG):无线传感器网络固定传输半径的简要模型:只有当两个节点的距离小于传输范围时,节点的单位圆图包含两个节点之间的边缘。

习　题

1. 哪种贪心算法是无环路的? 哪种不是?

2. 贪心路由算法能否按照能量标准找到一个能量最优路径,该路径选择的邻居节点能够实现进程中的每个单元的能量都是最低的?

3. 面路由是否在任意单位圆图中起作用?

4. 平面图路由是否需要网络的全局知识?

5. 面路由在单位圆图中保证递交,在短路径路由中呢?

6. 分析图4.5中的网络,哪个路由是GFG算法的变体创立的? 以基于距离的贪心算法开始，当到达凹面节点时转换为面路由，一旦发现某个节点比这个凹面节点更靠近目标，又恢复为贪心算法。

7. 在二维子图中，贪心算法比面路由算法更有效，一旦发现某个节点更接近目标，是否应该立刻对 GFG 做出修改，立刻停止使用面路由算法，并恢复使用贪心算法？

8. 在图 4.5 展示面路由算法中，什么叫洪泛率？

9. 信标路由算法能够在预先不知道邻居位置的情况下完成位置路由计算，那么它的优势在哪里？

10. 地理位置路由能否应用到非单位圆图中？

参考文献

1. S. Ramanathan and Martha Steenstrup. A survey of routing techniques for mobile communications networks. Mobile Networks and Applications, 1(2):89–104, 1996.
2. Elizabeth M. Royer and Chai-Koeng Toh. A review of current routing protocols for ad hoc mobile wireless networks. IEEE Personal Communications, 6(2):46–55, April 1999.
3. Josh Broch, David A. Maltz, David B. Johnson, Yih-Chun Hu, and Jorjeta Jetcheva. A performance comparison of multi-hop wireless ad hoc network routing protocols. In Proceedings of the 4th ACM/IEEE International Conference on Mobile Computing and Networking (MobiCom'98), pages 85–97, 1998.
4. Kemal Akkaya and Mohamed Younis. A survey on routing protocols for wireless sensor networks. Ad hoc Networks, 3(3):325–349, May 2005.
5. I.F. Akyildiz, W. Su, Y. Sankarasubramaniam, and E. Cayirci. Wireless sensor networks: a survey. Computer Networks, 38:393–422, 2002.
6. Jeffrey Hightower and Gaetano Borriella. Location systems for ubiquitous computing. IEEE Computer, 34(8):57–66, 2001.
7. Srdjan Capkun, Maher Hamdi, and Jean-Pierre Hubaux. GPS-free positioning in mobile adhoc networks. In Proceedings of the Hawaii International Conference on System Sciences (HICSS'01), 2001.
8. Ivan Stojmenovic. Location updates for efficient routing in ad hoc networks. In Ivan Stojmenovic, editor, Handbook of Wireless Networks and Mobile Computing, Chapter 21, pages 451–471. Wiley, 2002.
9. Ivan Stojmenovic and Stephan Olariu. Data-centric protocols for wireless sensor networks. In Handbook of Sensor Networks, Chapter 13, pages 417–456. Wiley, 2005.
10. Christopher Ho, Katia Obraczka, Gene Tsudik, and Kumar Viswanath. Flooding for reliable multicast in multi-hop ad hoc networks. In Proceedings of the 3rd International Workshop on Discrete Algorithms and Methods for Mobile Computing and Communications (DIAL-M' 99), pages 64–71, 1999.
11. Ivan Stojmenovic and Xu Lin. Loop-free hybrid single-path/flooding routing algorithms with guaranteed delivery for wireless networks. IEEE Transactions on Parallel and Distributed Systems, 12(10):1023–1032, October 2001.
12. Hideaki Takagi and Leonard Kleinrock. Optimal transmission ranges for randomly distributed packet radio terminals. IEEE Transactions on Communications, 32(3):246–257, March 1984.
13. Gregory G. Finn. Routing and addressing problems in large metropolitan-scale internetworks. Technical Report ISI/RR-87-180, Information Sciences Institute (ISI), March 1987.
14. Ting-Chao Hou and Victor O.K. Li. Transmission range control in multihop packet radio networks. IEEE Transactions on Communications, 34(1):38–44, January 1986.
15. Ivan Stojmenovic and Xu Lin. Power-aware localized routing in wireless networks. IEEE Transactions on Parallel and Distributed Systems, 12(11):1122–1133, November 2001.

16. Randolph Nelson and Leonard Kleinrock. The spatial capacity of a slotted aloha multihop packet radio network with capture. IEEE Transactions on Communications, 32(6):684–694, June 1984.
17. Evangelos Kranakis, Harvinder Singh, and Jorge Urrutia. Compass routing on geometric networks. In Proceedings of the 11th Canadian Conference on Computational Geometry (CCCG'99), pages 51–54, August 1999.
18. Xu Lin and Ivan Stojmenovic. Location-based localized alternate, disjoint and multipath routing algorithms for wireless networks. Journal of Parallel and Distributed Computing, 63:22–32, 2003.
19. Stefano Basagni, Imrich Chlamtac, Violet R. Syrotiuk, and Barry A. Woodward. A distance routing effect algorithm for mobility (DREAM). In Proceedings of the 4th Annual ACM/IEEE International Conference on Mobile Computing and Networking (MOBICOM-98), pages 76–84, October 1998.
20. Young-Bae Ko and Nitin H. Vaidya. Location-aided routing (LAR) in mobile ad hoc networks. In Proceedings of the 4th Annual ACM/IEEE International Conference on Mobile Computing and Networking (MOBICOM-98), pages 66–75, October 1998.
21. Ivan Stojmenovic, Anand Prakash Ruhil, and D. K. Lobiyal. Voronoi diagram and convex hull based geocasting and routing in wireless networks. In Proceedings of the 8th IEEE Symposium on Computers and Communications ISCC, pages 51–56, July 2003.
22. Johnson Kuruvila, Amiya Nayak, and Ivan Stojmenovic. Progress and location based localized power aware routing for ad hoc and sensor wireless networks. International Journal of Distributed Sensor Networks, 2(2):147–159, July 2006.
23. Prosenjit Bose, Pat Morin, Ivan Stojmenovic, and Jorge Urrutia. Routing with guaranteed delivery in ad hoc wireless networks. In Proceedings of the 3rd ACM International Workshop on discrete Algorithms and Methods for Mobile Computing and Communications (DIAL-M' 99), pages 48–55, August 1999.
24. Brad Karp and H. T. Kung. GPSR: Greedy perimeter stateless routing for wireless networks. In Proceedings of the 6th ACM/IEEE Annual International Conference on Mobile Computing and Networking (MobiCom' 00), pages 243–254, August 2000.
25. K.R. Gabriel and R.R. Sokal. A new statistical approach to geographic variation analysis. Applied Zoology, 18:259–278, 1969.
26. G.T. Touissaint. The relative neighborhood graph of a finite planar set. Pattern Recognition, 12:261–268, 1980.
27. Prosenjit Bose, Luc Devroye, William Evans, and David Kirkpatrick. On the spanning ratio of gabriel graphs and beta-skeletons. In Proceedings of the Latin American Theoretical Informatics (LATIN'02), April 2002.
28. J.M. Keil and C.A. Gutwin. Classes of graphs which approximate the complete euclidean graph. Discrete and Computational Geometry, 7:13–28, 1992.
29. Jie Gao, Leonidas J. Guibas, John Hershberger, Li Zhang, and An Zhu. Geometric spanner for routing in mobile networks. In Proceedings of the second ACM International Symposium on Mobile Ad Hoc Networking and Computing (MobiHoc' 01), pages 45–55, October 2001.
30. Xiang-Yang Li, Gruia Calinescu, and Peng-Jun Wan. Distributed construction of a planar spanner and routing for ad hoc wireless networks. In Proceedings of the 21st Annual Joint Conference of the IEEE Computer and Communications Society (INFOCOM), pages 1268–1277, June 2002.
31. Xiang-Yang Li and Yu Wang. Quality guaranteed localized routing for wireless ad hoc networks. In IEEE ICDCS 2003 (MWN workshop), 2003.
32. Xiang-Yang Li, Ivan Stojmenovic, and Yu Wang. Partial delaunay triangulation and degree limited localized bluetooth scatternet formation. IEEE Transactions on Parallel and Distributed Systems, 15(4):350–361, 2004.
33. H. Frey and I. Stojmenovic. On delivery guarantees of face and combined greedy face routing in ad hoc and sensor networks. In Proceedings of the ACM Annual International Conference on Mobile Computing and Networking (Mobicom' 06), Los Angeles, USA, 2006.
34. Susanta Datta, Ivan Stojmenovic, and Jie Wu. Internal node and shortcut based routing with

guaranteed delivery in wireless networks. In Proceedings of the IEEE International Conference on Distributed Computing and Systems (Wireless Networks and Mobile Computing Workshop WNMC), pages 461–466, April 2001.
35. Jie Wu and Hailan Li. On calculating connected dominating set for efficient routing in ad hoc wireless networks. In Proceedings of the 3rd International Workshop on Discrete Algorithms and Methods for Mobile Computing and Communications (DIAL M'99), pages 7–14, August 1999.
36. Ivan Stojmenovic, Mahtab Seddigh, and Jovisa Zunic. Dominating sets and neighbor elimination-based broadcasting algorithms in wireless networks. IEEE Transactions on Parallel and Distributed Systems, 13(1):14–25, January 2002.
37. Ivan Stojmenovic and Susanta Datta. Power and cost aware localized routing with guaranteed delivery in wireless networks. In Proceedings of the Seventh International Symposium on Computers and Communications (ISCC'02), pages 31–36, July 2002.
38. Jie Wu, Fei Dai, Ming Gao, and Ivan Stojmenovic. On calculating power-aware connected dominating sets for efficient routing in ad hoc wireless networks. Journal of Communications and Networks, 4(1), March 2002.
39. Fabian Kuhn, Roger Wattenhofer, and Aaron Zollinger. Worst-case optimal and average-case efficient geometric ad-hoc routing. In Proceedings of the 4th ACM International Symposium on Mobile Computing and Networking (MobiHoc 2003), pages 267–278, 2003.
40. Fabian Kuhn, Roger Wattenhofer, Yan Zhang, and Aaron Zollinger. Geometric ad-hoc routing: Of theory and practice. In Proceedings of the 22nd ACM International Symposium on the Principles of Distributed Computing (PODC), Boston, Massachusetts, USA, pages 63–72, July 2003.
41. Marc Heissenbüttel and Torsten Braun. BLR: Beacon-less routing algorithm for mobile ad-hoc networks. Elsevier's Computer Communications Journal, pages 1076–1086, 2003.
42. Holger Füßler, Jörg Widmer, Michael Käsemann, Martin Mauve, and Hannes Hartenstein. Contention-based forwarding for mobile ad-hoc networks. Ad Hoc Networks, 1(4):351–369, November 2003.
43. Brian M. Blum, Tian He, Sang Son, and John A. Stankovic. IGF: A state-free robust communication protocol for wireless sensor networks. Technical Report CS-2003-11, Department of Computer Science, University of Virginia, April 21 2003.
44. H. Kalosha, A. Nayak, S. Rührup, and I. Stojmenovic. Select-and-protest-based beaconless georouting with guaranteed delivery in wireless sensor networks. In Proceedings of the 27th IEEE International Conference on Computer Communications (INFOCOM), April 2008.
45. Wendi Rabiner Heinzelman, Joanna Kulik, and Hari Balakrishnan. Adaptive protocols for information dissemination in wireless sensor networks. In Proceedings of the 5th annual ACM/IEEE international conference on Mobile computing and networking (MobiCom'99), pages 174–185, 1999.
46. Chalermek Intanagonwiwat, Ramesh Govindan, Deborah Estrin, John Heidemann, and Fabio Silva. Directed diffusion for wireless sensor networking. IEEE/ACM Transactions on Networking, 11(1):2–16, 2003.
47. Narayanan Sadagopan, Bhaskar Krishnamachari, and Ahmed Helmy. Active query forwarding in sensor networks. Ad Hoc Networks, 3(1):91–113, January 2005.
48. Lali Barriere, Pierre Fraigniaud, Lata Narajanan, and Jaroslav Opatrny. Robust position-based routing in wireless ad hoc networks with unstable transmission ranges. In Proceedings of the fifth ACM International Workshop on Discrete Algorithms and Methods for Mobile Computing and Communications (DIAL-M' 01), pages 19–27, 2001.
49. Karim Seada, Ahmed Helmy, and Ramesh Govindan. On the effect of localization errors on geographic face routing in sensor networks. Technical Report 03-797, University of Southern California USC, 2003.
50. David Braginsky and Deborah Estrin. Rumor routing algorthim for sensor networks. In Proceedings of the 1st ACM international workshop on Wireless sensor networks and applications (WSNA'02), pages 22–31, 2002.
51. X.Y. Li, K. Moaveninejad, and W.Z. Song. Robust position-based routing for wireless ad hoc

networks. Ad Hoc Networks, 3(5):546–559, September 2005.
52. Fabian Kuhn, Roger Wattenhofer, and Aaron Zollinger. Ad-hoc networks beyond unit disk graphs. In Proceedings of the 2003 Joint Workshop on Foundations of Mobile Computing (DIALM-POMC), pages 69–78, September 2003.
53. Ivan Stojmenovic, Amiya Nayak, and Johnson Kuruvila. Design guidelines for routing protocols in ad hoc and sensor networks with a realistic physical layer. IEEE Communications Magazine, 43(3):101–106, 2005.
54. Douglas S. J. De Couto, Daniel Aguayo, John Bicket, and Robert Morris. A high-throughput path metric for multi-hop wireless routing. Wireless Networks, 11(4):419–434, 2005.
55. Karim Seada, Marco Zuniga, Ahmed Helmy, and Bhaskar Krishnamachari. Energy-efficient forwarding strategies for geographic routing in lossy wireless sensor networks. In Proceedings of the 2nd International Conference on Embedded Networked Sensor Systems (SenSys'04), pages 108–121, 2004.
56. Johnson Kuruvila, Amiya Nayak, and Ivan Stojmenovic. Hop count optimal position-based packet routing algorithms for ad hoc wireless networks with a realistic physical layer. IEEE Journal on Selected Areas in Communications, 23(6):1267–1275, 2005.
57. Johnson Kuruvila, Amiya Nayak, and Ivan Stojmenovic. Greedy localized routing for maximizing probability of delivery in wireless ad hoc networks with a realistic physical layer. Journal of Parallel and Distributed Computing, 66:499–506, 2006.
58. A. Rao, S. Rathasamy, C. Papadimitriou, S. Shenker, and I. Stoica. Geographic routing without location information. In Proceedings of the 9th Annual International Conference on Mobile Computing and Networking (MobiCom' 03), pages 96–108, 2003.

第5章　无线传感器网络中的几何路由

本章用几何思想来研究无线传感器网络中的路由算法。无线传感器网络具有独特的几何特点，如因为传感器节点嵌入并设计用于监控物理空间。因此，网络的几何嵌入可用于可扩展性和高效的路由算法设计。本章以地理路由节点的地理位置引导路由路径的选择。地理路由的可扩展性促使将更多的工作用于研究虚拟坐标的设计，运用这些工作可以将贪心路由算法应用到网络中的路由信息。最后一部分的要点是以数据为中心的路由，查询被路由到持有感兴趣数据的传感器节点。挑战在于发现拥有数据的"源节点"，并将消息路由到那里。

5.1　引言

对于任何类型的网络，最终的目标和最基本的问题是解决对等节点之间信息高效的传递。路由协议是网络体系结构的一个重要组成部分，它可以高效正确的在一对节点之间建立路由，以便及时传递消息。

传统的互联网路由通过地址聚合来实现其可扩展性，其中到多个目的地的路线管理被一个唯一的路由表记录。但这在多跳无线传感器网络中并不适用，附近的路由节点的节点ID是绝不互相靠近的。然而无线传感器网络有独特的特点，如传感器节点用来做嵌入，用来设计监听物理环境。因此，传感器节点的物理位置提供了很多可用于设计传感器高效、可扩展路由机制的机会。

本章研究了两个主题，其中的几何思想被广泛用于无线传感器网络路由：点对点路由和以数据为中心的路由。

点对点的路由是有效地找到信源地址和目标地址之间路线。由于传感器节点资源有限（通信、电力和内存限制），为了能够实现可扩展性，具有低维护成本和小的状态信息的轻量路由协议就显得十分重要。这组研究中的路由协议实现扩展性是通过运用传感器节点的物理位置，或者把虚拟坐标分配给节点，其中路由通常以局部和贪婪的方式进行考虑。

第二类几何路由集中在以数据为中心的路由，即路由找到感兴趣的数据。

出于传感器网络特定应用的特征,人们更加关注节点所感知和传递的数据而不是节点本身。以数据为中心的路由,查询携带它正在寻找的数据类型的描述,且路由协议使该查询能找到数据。

最后介绍传感器网络的位置服务和分层路由。位置服务对点对点路由与地理位置坐标或虚报坐标来说是一个重要的支持基础设施组件。每一个传感器节点通常都有一个在编号时分配的 ID,该 ID 唯一标识一个节点,但通常不用于辅助路由。点对点路由体系通常分配一个名称或路由地址到节点来实现路由协议的应用。例如,在地理路由中一个节点的地理位置就是它的路由名称。源节点路由到目的地节点通常用源节点名称到目的地节点名称来表示。位置服务用于维护 ID 和路由名称的映射,并支持对节点名称的查询。位置服务可以认为是数据为中心的路由的一种特殊情况,其中“感兴趣的数据”是给定 ID 的目的地名称。

本章着重于设计原则和每个算法的主要思想。请参阅原始论文来研究细节和实验评估。典型设置是一个大型单一的临近节点能够正确通信并且远距离节点通过多跳路由进行通信的传感器网络。

5.2 背景

传感器的位置信息是传感器数据完整性和网络组织不可缺少的部分。传统获得位置信息的方法包括全球定位系统[49]。但是,因为花费高、体积大,只能在户外运用的缺点使得 GPS 不适合大规模的传感器网络定位。已经有很多关于定位算法的研究,这些算法通过局部测量相邻节点间的距离和角度来得出传感器节点的位置[7,23,44,71,75-77,86-87,89,91]。两通信节点之间的距离可以通过接收信号强度指标(RSSI)或到达时间(TOA)技术来估算。相邻边缘之间的角度可以由多个超声波接收器[80],或定向天线和激光发射/接收器进行测量。

一般来说,定位算法可以分为基于锚的方法和无锚方法。基于锚的方法假设许多(有时很多)的锚节点已经知道自己的位置[23,75-77,86-87,89]。其余节点通过到锚节点的距离和角度推算出自己的位置。在无锚方法中没有节点知道自己的具体坐标。输出的是传感器的相对定位,会受到全局的平移和旋转的影响。

许多基于锚的定位算法使用迭代的三边测量法或它的变体。锚节点通过 GPS 或预先设定的信息来获得它们的位置。然后其他节点用三边测量逐渐找到自己的位置[75,86-87]。在基础的三边测量体系,一个节点 P 的位置可以通过测量三个不共线的锚节点的距离来确定。然后节点 P 就变成一个锚节点。如图 5.1 所示,重复这个过程直到所有节点都被定位。

类似的增量定位方法可以通过使用角度来定位[76-77]。对于这些增量的方法需要解决两个问题。一个是解决大型网络中的误差累积。人们可以采取如质量—弹簧松弛来平滑误差分布,或者使用强大的统计处理优化测量[66]。另一个问题是处理初始锚节点数量的不足。如果锚比较少或者锚分布不均匀,一些节点可能不能找到3个相邻的锚节点来定位自己。在这种情况下,可能通过多跳路径使用距离估计来锚定节点位置[75]或者采用合作多边法来解决一个更大的优化问题[86-87]。

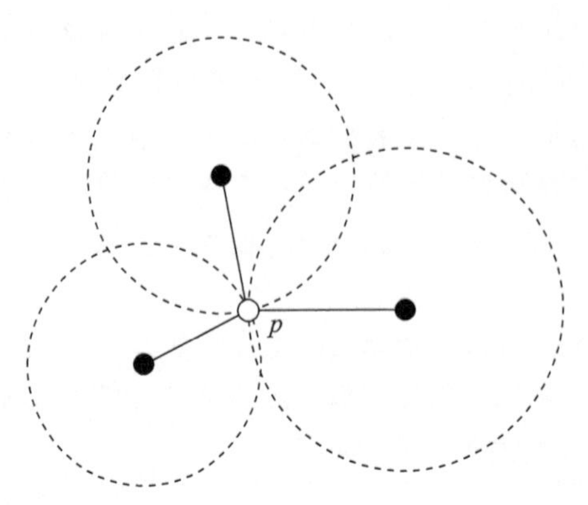

图5.1　一个p节点通过三边测量法对3个锚节点测距

现在的无锚算法需要连接图[89]或邻近的传感器之间的距离作为输入[7,42,71,91]。这种方法一个主要的问题是定位不明确——定位解决方案不唯一,定位算法可能想出不同的嵌入来满足所有的距离约束条件,但这远远偏离了地面实况。以图5.2为例。事实上,使用范围信息的局部优化(如质量—弹簧松弛技术)可能会陷入局部极小值,导致网络的一部分翻转到其余部分,并生成一个远离地面实况的网络布局[24,71]。

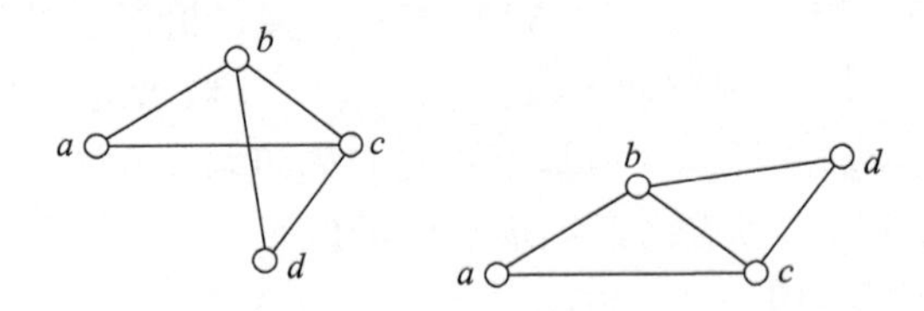

图5.2　一个连通图有相同的边长两种不同的嵌入

为了处理定位模糊,Moore等[71]建议使用鲁棒四边形来进行基本的迭代操作。具有所有边对的四个节点上的四边形是具有唯一实现的全局刚性组件①。全局布局是通过粘合局部识别的鲁棒四边形来获得。同样,根据刚性理论的思

① 当图的边长不发生变化时图的形状不能连续变化,认为该图在平面中是严格的。受限于全旋转和转变,如果确认图插入平面方式独特,则图是全局严格的。

想，Goldenberg 等人提出记录、传播并验证传感器多个可能的位置来发现真正的网络布局[42]。

传感器网络定位的全局优化技术包括多维尺度（MDS）[9,89]和半定规划[7,91]。它们解决传感器定位的全局优化问题。这样的结果显然比局部优化算法要好。同样，角度测量也可以模拟一个求解节点位置的线性程序来解决节点定位[13]。但是这些算法都是集中解决方案。不同定位方法的性能在 Mote - based 上得到评估[104-105]。

从理论的角度来看，我们能制定一个定位问题，在平面上嵌入一个单位元，如果假设通信图遵循这个单位圆盘图模型①。拥有完全的连通信息，确定一个组合图形是不是圆盘图是 np - compelet，从而发现平面这样的嵌入（相邻节点嵌入距离小于 1，不相邻的节点距离远远大于 1）也是 np - hard。事实上，即使是一个精简版本的问题依旧很难。Kuhn 等人证明，要找到一个嵌入，使得不相邻对至少是 1，相邻对在 $\sqrt{3/2}$ 以内就是 np - hard。即使测量相邻节点之间的距离或者相邻边的角度问题依旧还是 np - hard。没有多少人知道单位圆嵌入的近似算法。迄今为止唯一的理论结果是一个算法，其上界为 $O(\log^{2.5} n \sqrt{\log\log n})$，它表示相邻对之间最远的距离与不相邻对之间最近的距离之比。然而该算法用了一些繁重的图嵌入机制，并不实用。

在实践中有很多为室内和室外定位而设计的系统。它们大多假定一些锚或者信标节点的位置是已知的，比如 WiFi 接入点。一个普遍的策略是使用射频指纹识别优先收集标记位置信息的不同接入点的信号强度值。然后可以通过将节点从不同接入点接收到的当前信号强度值与射频指纹进行匹配来定位节点。几个有代表性的系统包括 RADAR[6,58,63,107]、英特尔的地方实验系统。室内定位的另一个方式是使用定向天线和到达角（AOA）来定位一个节点。在 VOARBA 中，锚节点都配有旋转天线以从要定位的节点发送的数据包中估计 AOA 信息。用一个简单的三角测量方法来找到它的位置。室内定位的方法运用其他介质如超声波（Active Bat）[48]、红外（Active Badge[102]）、光波[72]。在这个类别中，一个众所周知的系统是麻省理工学院的板球系统[80]。它使用超声波结合射频。它使用一些部署在建筑物各个房间天花板的超声波信标。节点通过接收这些波推断出范围来定位自己的位置。

5.3　地理路由

地理路由最初是由 Bose 等人提出[10]，Karp 和 Kung[53]将其独立用于资源

① 通过单位圆图的边将两个距离小于 1 的节点连接。

受限和动态网络中的路由，如 Ad hoc 移动网络和传感器网络。GOAFR + 系列协议提出在最坏的情况下效率的进一步改进。在地理路由中，传感器节点的物理位置用于指导信息路由。地理路由有两种模式：贪心模式和恢复模式。

5.3.1 贪心模式

在这种模式下，节点当前所有的数据包朝着目的地“前进”，它只基于自己本身、直接相邻的节点和目的地的位置。前进到目的地的方式可以从很多方面来定义。例子有：最接近目的地、半径内最前面(MFR)、最靠近前面(NFR)、最近距离(NC)[95]、地理距离的路由(GEDIR)[94]和指南针路由[57]。定义前进的最流行的方法是检查到目的地的欧几里得距离，然后选择下一跳为最接近目的地的节点，如图 5.3 所示。贪心路由经常能够在密集网络中传输数据包，但在稀疏的网络中可能会失败。例如，数据包可能达到一个局部最小的节点，它的相邻节点到目的地的距离比它自己到目的地的距离更远，如图 5.3所示。

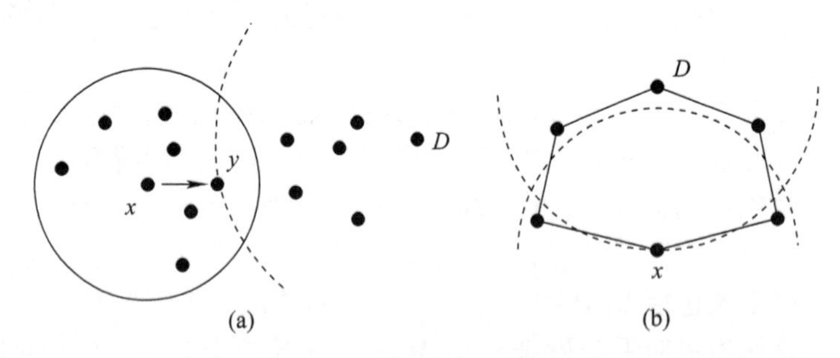

图 5.3 (a)贪心转发模式，x 发送数据包到 y，相邻节点更靠近目的地 D；(b)x 是一个局部最小节点，它的相邻节点比它到目的地 D 的距离要远

5.3.2 恢复模式

当贪心模式不能使数据包向一些节点前进时，路由过程将被转换成恢复模式。恢复模式定义了如何以局部最小值转发数据包，以保证数据的传输。一些摆脱局部最小值方法的例子有简单洪泛法则[94]、终端路由[8]、bread - first search 或者 depth - first search[5]、面向路由算法[10]和周边路由[53]。

这里我们使用一个特殊的路由协议——贪心周边无状态协议来详细解释两种模式。在贪心模式中，一个节点将数据包转发给距离目的地最近的邻居节点上。这个数据可能到一个局部最小节点上，它所有相邻节点到目的地的距离比它本身到目的地的距离更远。为了离开局部最小节点，这个协议维护了一个平面和连接子图，如加布里埃尔图（GG）或相对邻域图（RNG）。见图5.4所示。

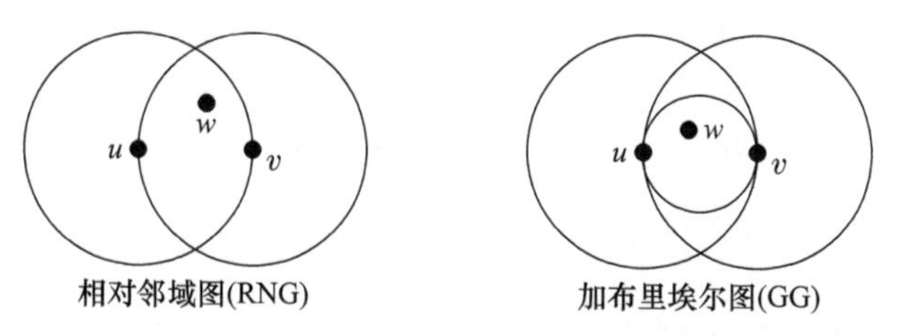

图5.4 在RNG，边缘uv被包括在内，除非有一个节点在两个圆盘相交的中心到u，v的半径等于u和v之间的欧几里得距离

当数据包被卡住时，恢复模式使数据包沿着源位置和目的地之间相交的假想线子图前进（图5.5）。当信息到达比进入恢复模式的节点更靠近目的地的节点时，又再次采用贪心模式。贪心路由结合周边路由保证数据包能传送到有路径的目的地。恢复模式和面向路由算法一样都由Bose独立发现[10]。平面图形以及路由决策仅需要相邻节点的信息进行局部决策。这使得地理路由对大型网络有非常大的吸引力，因为在每个节点和数据包上维护的状态信息是微乎其微的。

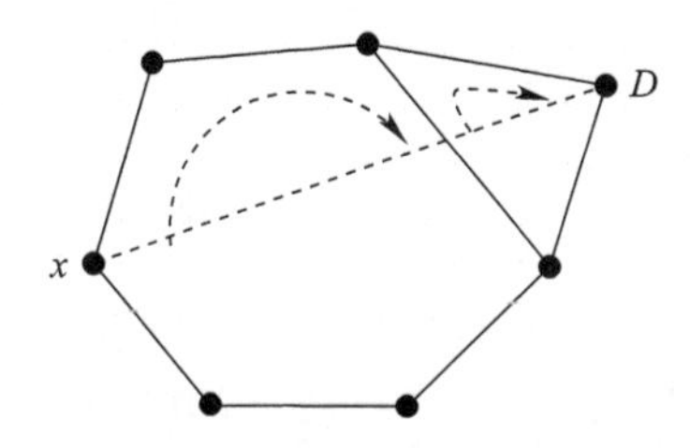

图5.5 周长沿着平面图的表面从x到目的地D

面向路由和周边路由的恢复方案在理论上能很好地工作，但在实践上遇到了一些问题。一个平面子图的正确结构是建立在实际中难以获得的精确位置信息基础之上的，通信图采用单位盘图建模，这在实践中是不正确的。传感器节点的通信模型实验评估显示了各种时间和空间无线电的不规则性[38,100]。当一些很长且高质量的链接存在时，邻近的节点可能不能直接通信。随着时间的推移，连接的质量也会变化。在实践中，提取的相对邻域图或加布里埃尔图可能会断开或仍然包含交叉的边缘，如文献[55,88]所示。随后这将导致在真正实验时传输率降到68%[55]。之后许多修复机制，提出通过探测技术[45,54-55]去除交叉链接。这些机制用额外的处理提高了交付率。

面向路由的另一个问题是，特别是在有大孔的传感器领域，路由可能会“拥抱”孔的边界。因此孔边界的节点的经历的流量要高于平均水平。负载不平衡可能会导致边界节点比别的节点更早耗尽电量,从而扩大孔的范围或者断开网络。

简而言之,定位和提取一个平面子图的挑战以及孔边界上的流量累积的问题是超越地理路由和设计虚拟坐标的两个主要动机,而且这些虚拟坐标仍然保留了地理路由的良好特性,其中包括局部路由算法,接近最小状态信息和对拓扑变化及节点失效后的稳定性。

5.4 路由和虚拟坐标

5.4.1 虚拟坐标

5.4.1.1 NoGeo

Rao 等人[81]提出的 NoGeo,是最早利用虚拟坐标建立高效几何路由的建议之一。当无法获得传感器节点的位置时,我们的想法是生成传感器节点的虚拟坐标,并赋予这些虚拟坐标标准的地理路由。虚拟坐标的定义服从网络连接,它由一个图的橡皮筋表示[67]。为了得到橡皮筋公式,一些节点(最好在周边网络上)被赋予固定的位置,每一个节点(不固定的)运行一个迭代算法将自己放在邻居当前位置的质心。每次迭代,一个节点的当前位置更新为邻居当前位置的平均值:

$$x_i = \frac{\sum_{j \in N(i)} x_j}{n_i};y_i = \frac{\sum_{j \in N(i)} y_j}{n_i}$$

式中:(x_i, y_i)是节点 i 的当前位置;(N_i)是节点 i 的一组邻节点,并且 $n_i = |N_i|$。

众所周知,如果所有边缘都被视为橡皮筋,则该算法会降低系统的总能量,并收敛到一个唯一的图,即所谓的橡皮筋表示。

当周界上的节点被识别而位置不可知时,引入一个引导阶段以首先在周界上嵌入节点。周边的每个节点覆盖着网络,每一个周边上的其他节点记录距离周边上其他所有节点的最小跳跃总数。现在周边的每一个节点运行下列优化,以找到使嵌入的成对距离和跳数测量之间的平方差之和最小化的嵌入:

$$\min \sum_{i,j \in P} [h(i,j) - d(i,j)]^2$$

式中:P 是一组周边的节点;$h(i,j)$是两个周边节点 i、j 之间的跳跃总数;$d(i,j)$是已知的嵌入距离。这种优化可以通过在每个周界节点上运行标准多维缩放算法来解决。

最后,如果不知道周边节点,可以用以下方式来识别。任意选择一对节点被指定为引导信标。它们在网络中发起洪泛广播最大跳跃值在 2 条以内的节点邻居被认为是周边节点。

由于虚拟坐标没有理由要接近真实的位置,只有贪心算法适用于这些虚拟坐标的路由。当一个数据包被卡在节点 u 时,采用洪泛法来传输数据包。特别是 u 执行限制洪泛方案并在 TTL 初始设置为 1 的情况下洪泛网络。只有从 u 到 TTL 跳值以内的节点接收到信息。TTL 之后每次翻倍,直到到达目的地位置。

贪心路由对所构造的虚拟坐标中的性能示于文献[81]中的多个拓扑上。出人意料的是,贪心转发方案是非常健壮,在节点足够密集时能达到一个高的传输率。当网络由于障碍物产生大洞时,贪心路由在虚拟坐标上的性能甚至比在真实位置的路由性能更好。直观地说,这是因为虚拟坐标来自网络连接,反应网络连通性比真正的位置更好。

5.4.1.2　贪心嵌入

由 NoGeo 推动的一些理论研究提出了这样的问题:能否找到一个给定平面图的嵌入来保证贪心路由有效工作[19,79]。这样的一个嵌入称为贪心嵌入。换句话说,每一对节点 p、q,都有一个 p 的邻节点到 q 的距离比 p 到 q 的距离要短。众所周知,并不是每一个图都适用于贪心嵌入,如 7 叶节点[79]的星型。已知一些图有贪心嵌入,例如,哈密顿路径图、任意已完整图、任何 4 连通图(有哈密顿路径[97])和任何狄洛尼三角连通图。它仍然对充分描述的一类贪心嵌入图开放。

Papadimitriou 和 Ratajczak[79]做出以下猜想,任何 3 连通图①在这个平面有一个贪心嵌入。它们表明,平面 3 连通图具有三维嵌入,有这样一个贪心路由总是有效的特殊距离函数。这是由于一个著名的图论结果,一个 3 连通的平面图实际上是一个三维凸多面体的边缘图[111]。因此可以找到一个距离函数沿着该凸多面体进行路由,以保证传输。Raghavan Dhandapni 发现任何贪心嵌入的平面上,贪心转发总是成功的[22]。

最近,3 连通图构想被 Leighton 和 Moitra 证明是正确的[64],被 Angelini 等人[2]独立运用。后来对算法[64]进行了改进,使得坐标使用 $O(\log n)$ 位来表示具有 n 个顶点的图[43]。

Kleinberg 证明[56]如果我们使用双曲空间,贪心路由将会变得容易。他证明,任何连通图在双曲空间有一个嵌入,利用双曲距离的贪心路由从任意节点到任意节点总是会成功。直觉是在双曲空间嵌入一颗树,使得贪心路由在这棵树上工作。由于任何连通图有一个生成树,贪心路由适用于所有连通图。基于这种观察,产生了给双曲空间的传感器节点分配虚拟坐标的分布式算法。

5.4.1.3 虚拟极坐标路由算法(GEM)

虚拟极坐标路由算法是由 Newsome 和 Song 提出的[73],它构造极坐标系作为传感器节点的虚拟坐标。具体来说,取一个传感器节点的生成树,给每一个节点相对于它在树上的位置一个极坐标。一个节点的虚拟坐标包含两部分:等级即跳跃到树根的最小次数和角范围。树根有一个最大的角范围,即从 0 到 $2^{16}-1$。p 的子节点组成 p 范围的子集,它正比于子树的大小。两个子对象的角范围不重合(见图 5.6)。

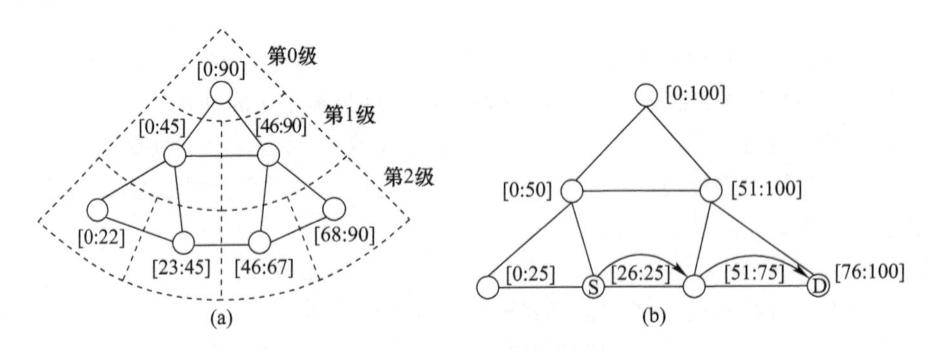

图 5.6 虚拟极坐标路由算法
(a)极坐标分配;(b)虚拟极坐标路线。

此极坐标系下贪心路由方案称为虚拟极坐标路由,它被用来从一个节点传递信息到另一个节点。在虚拟极坐标中,一个节点检查相邻 1 跳且更靠近目的地的节点。两个角范围的"接近度"或距离被定义为两个角在各自范围内的最小距离。如果一个节点没有找到任何一个更靠近目的地的邻居,这个数据包被路由到父节点。注意,当数据包达到数的根部时,数据包沿着树结构向下传送到包含目的节点的子树结构中。因此这个算法最终将信息传递。和 NoGeo 一样[81],GEM 也保持恒定的存储需求和 $O(1)$ 状态信息包,以及局部路由步骤。

极坐标的一个问题是,流量往往累积在树的根部和它的附近。为了解决这个问题,可以构造多棵树,每棵树都有与之相关的一组极坐标。传输时将数据包随机路由到其中一棵树上。

5.4.1.4 面部追踪

Zhang 等人的动机是从包含地理位置的人脸路由通信网络中提取一个平面图。他提出用通用方式定义一个"表面"并在任意图上运用面部路由。在每个节点 v 上定义相邻边的固定和任意循环顺序,并命名为"旋转"。v 的每一个边缘都提供一个从 0 到 $d-1$ 的整数索引,其中 d 是 v 的阶层。索引为 $i+1$ 的边缘 vw 在索引为 i 的边缘 vu 之后。引索为 0 的边缘在索引为 $d-1$ 的边缘之后。uv 边缘有两个方向，从 u 到 v 和从 v 到 u。顶点有一个固定轮换方案，一是通过遍历轮换方案的边缘定义一个“表面”。例如，以有向边 uv 为开始，在表面相邻的边缘被定义为 v 的下一个边缘并遵循 v 的轮换方案。如图 5.7 所示，表面跟踪算法从有向边缘 uv 访问 v，通过 v 点的循环索引排序获取到下一个边缘 vw。

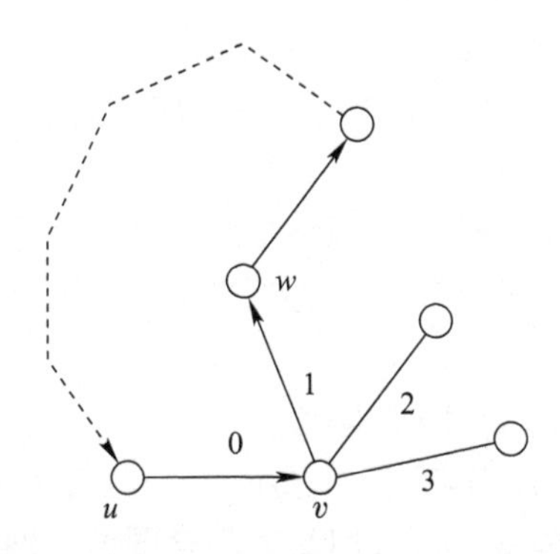

图 5.7　按照每个顶点的轮换方案遍历所有有向边缘得到一个表面

表面跟踪路由通过在涉及的顶点处按照轮换方案的排序跟踪一系列有向边，当与第一个有向边再次相遇时停止。注意，第一个有向边在表面跟踪算法上第二次相遇时必须是这组序列的第一个边缘，也就是说，有向边不可能在表面边界出现两次，如果一个不同的有向边在表面追踪时 vw 第二次相遇，同样之前的边缘 uv 也必须相遇两次，除非 vw 是排列的第一个边缘，否则只有一种方式从 uv 得到 vw。这样每一个表面追踪的算法是一个有向边缘的闭合循环。

可以发现追踪算法仅仅需要对每个顶点的边进行固定但任意的排序。这样它能在通用图上很好地工作而不用假设单位圆图模型。表面追踪算法作为一个预处理阶段来发现所有节点相邻的表面。每一个表面有一个表面 ID。现在地理坐标路由包含贪心路由模式和表面跟踪模式。当一个信息在节点 u 被卡住不能朝着目的地前进时，它进入表面跟踪模式并通过节点 u 的相邻表面来转换这个图。如果这个信息发现一个节点比 u 更靠近目的地，它离开表面追踪模式并返回贪心路由模式。否则，消息将传到一个相邻的表面，即一个与当前表面共享一个边的表面。该消息保存它访问过的表面 ID，并从一个表面跳到另一个表面，直到它到达目的地，或者遍历整个图后声明没有找到通往目的地的路径。与在不成功的平面图减法中使用探测去除交叉边的方法不同，表面跟踪技术在表面路由模式不需要删除任何链接。

5.4.2　地标路由

许多虚拟坐标路由系统都是基于地标的[16,26,32,74]。运用地标在大型网络生成节点名或地址和路由的方法出现在 20 年前,例如 Tsuchiya 的地标层次结构[100]。我们将在 5.6 节讨论分层路由。下面所描述的所有基于地标的路由方案有两级的层次结构。

在传感器网络环境中,一小部分节点被选作为地标。地标充斥在网络中,每一个节点记录它到地标的跳跃总数距离。然后使用地标距离来生成虚拟坐标以用于节点之间的路由。路由通常由基于地标的距离上的势函数以贪婪的方式引导。下列方案中最主要的差异大部分在于势函数的设计,本书后面会有解释。

基于地标的方案的简单性和对网络维度的独立性而受到青睐。不像表面路由在平面图上需要一个平面来布置传感器节点,基于地标路由能够简单地扩展到在 3D 部署的传感器。

5.4.2.1 基于梯度地标的路由(滑翔者)

基于梯度地标的路由(滑翔者)主要研究一些有大的空洞或者不规则形状的传感器网络的路由问题。它通过用紧凑联合图编码网络的全局拓扑来区分全局和局部路由,这个图提供了一个粗略的全局路由指南。具有全局引导的实际路线将被基于地标距离的贪心路由规则实现。

在滑翔者中,选中许多地标并且网络被划分为泰森多边形碎片,这样所有相同碎片内的节点是最接近同一地标的。如果两个相邻节点在不同的泰森多边形碎片上,那么这两个泰森多边形碎片是相邻的。这个碎片相邻图由组合德劳内图指引,提取并传播到所有节点,用于跨碎片的全局路由。图 5.8 显示了地标泰森多边形图解和双重组合劳德内图。

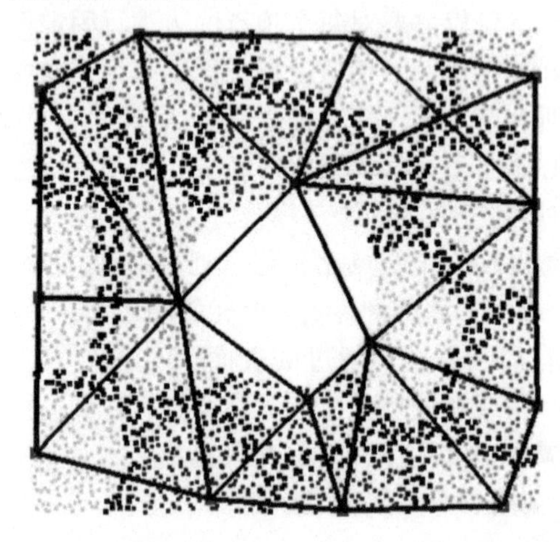

图 5.8　大方块显示地标。传感器节点用小点表示,节点被分为碎片。在相同碎片里的所有节点被画成相同颜色,黑色的节点是碎片的分界

每一个节点 p 在路由中有一个虚拟坐标。一旦泰森多边形碎片被分割,每一个节点都属于一个泰森多边形单元。我们称这个单元为节点的居住碎片,我们称它的地标为家地标。与多个地标距离相等的节点会选择一个最小 ID 的地标作为家地标。p 家地标的邻居在组合劳德内图上称为参考地标。节点名称包含其家地标的 ID 和它到参考地标的多跳距离的列表。注意,节点名称是由附近的地标子集本地定义的。

为了路由到不同碎片中的节点,一个节点首先查询组合德劳内图来找到碎片访问列表。跨碎片的路由叫碎片交互路由,并能够使用节点本身和它邻居的虚拟坐标来实现。回想一下,每个节点对它的参考地标有最小跳数信息。因此发往相邻碎片的数据包被路由到该碎片中的地标,特别是转发到其到该碎片的地标的跳数距离减小的邻居上。如图 5.9 所示,当一个数据进入下一个碎片,它检查这个碎片是否包含目的地。如果不包含,将再一次运用碎片交互路由路由到下一个传输碎片。我们注意到当这种转发发生在数据包首次进入碎片时,因而,数据包并不一定要经过中转碎片的地标。

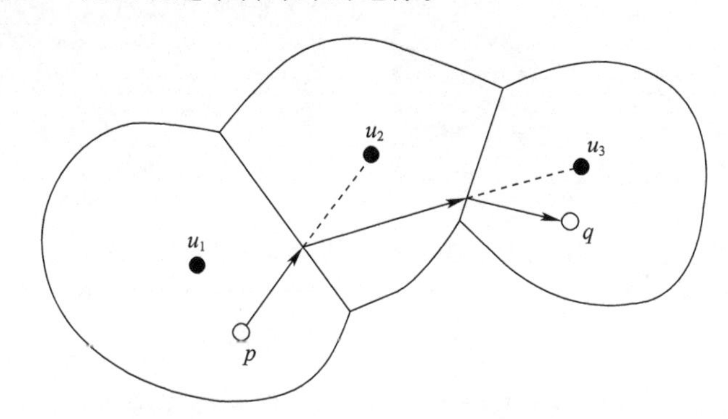

图 5.9　跨越路由路线:朝着 u_2 所在碎片的路线前进,数据包采用贪心方式传送至相邻地标 u_2 直到它进入这个碎片

为了路由到同一碎片中的节点数据包通过贪心下降引导到一个势函数上,该函数由到一组本地地标(包括家地标和参考地标的距离)组成,用 $\{u_1, u_2, \cdots, u_k\}$ 来表示。对任意节点 p 来说,用 $\tau(p, u_i)$ 来表示 p 和 u_i 最小跳数距离。$\bar{\tau}(p) = \sum_{i=1}^{k} \tau(p, u_i)^2 / k$ 的意思是平方距离。然后我们将中心虚拟坐标向量分配给 p。

$$C(p) = (\tau(p, u_i)^2 - \bar{\tau}(p), \cdots, \tau(p, u_k)^2 - \bar{\tau}(p))$$

点 p 和点 q 之间的中心虚拟距离被定义为 $d(p, q) = |C(p) - C(q)|^2$。给定一个目的地 q,我们的贪心路由算法选择 p 的邻居 r,使 $d(r, q)$ 最小化。也就

是说,我们通过贪婪最小化到目的地的欧几里得距离来移动数据包,在虚拟坐标系中测量。这个算法是局部且高效的,因为只有相邻节点的虚拟坐标是必要的。

选择中心虚拟坐标向量的原因是,只要有3个局部地标不共线,连续域中的变量就不存在最小值。从中心虚拟坐标中的平方距离向量中减去平均值是很重要的。如图5.10所示,如果不减去平均值(即将虚拟坐标向量定义为平方距离向量),路由可能停留在局部最小值。

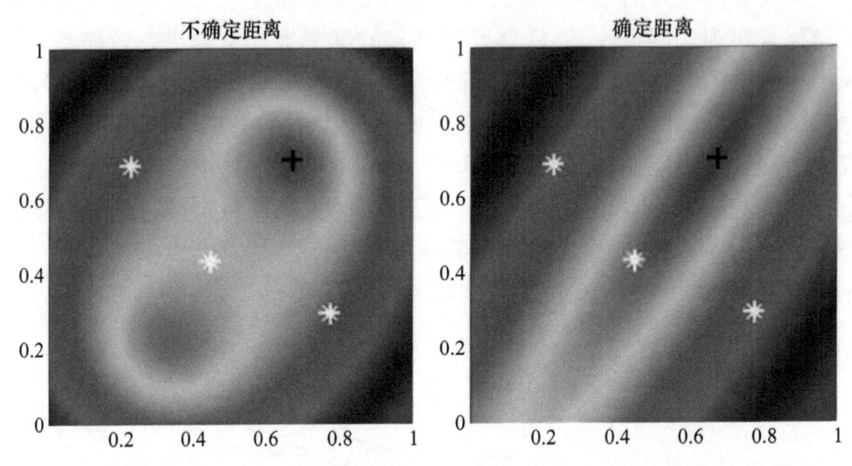

图5.10 基于地标的贪心路由的距离函数。这里有3个地标标记为雪花,目的地标记为"+"号,点的颜色表示它相对于偏离中心坐标和中心坐标到目的地的距离,注意偏离中心情况下的局部最小值

在离散网络中交互碎片路由总是能成功,但是如果传感器离散分布的话,中心虚拟坐标向量的交互碎片路由可能仍然会遇到困难。实验表明,当随机分布的节点平均有6或更多个邻居时,传送率接近100%。在最坏的情况下,数据包达到局部最小值时,节点能通过简单传播包含目的地的碎片来传送信息。

简而言之,滑翔者通过两级层次结构将全球路由(怎样避免空洞)和本地路由(传送数据包到目的地)分开。在可能部署传感器网络的许多现实情况中,布局的拓扑特征(例如孔洞)将只有少数,而且将主要反映环境的底层结构(即障碍)。此外,这个相对简单的全局拓扑可能会保持稳定:节点可能会不断变动,但是这种自然的变化不太可能破坏或创建大规模的拓扑特征。由此可得由于全局拓扑结构稳定,因此可以负担得起抽象组合劳德内图水平的主动路由。

滑翔者的设计原理暗示应该选择地标来捕获传感器领域的全局拓扑。因此,地标数量可能依赖于拓扑的复杂性,例如传感器邻域的空洞数量而不是传感器数量。关于这个问题,最近的研究[40]表明了在连续域和既定标准下怎样设置地标保证组合劳德内图(或它连续的变体,测量的德劳内三角)能够表示潜在域(未知)的准确拓扑图。在该手册中,也提出了怎样在传感器网络设置中选择地标的分布式算法[40]。

5.4.2.2　标志向量路由(BVR)

标志向量路由(BVR)[32]是另一个已经引起相当大关注的基于地标的路由方案。它使用一个势函数,该函数取决于距离目的地最近的 k 个地标的距离。k 是一个系统参数。在 k 个地标中,与出发地相比更接近目的地的地标被施加一个"拉"力,其余的施加上一个"推"力。势函数是两者的结合。

对目的地节点 q,让 $\tau(p,u_i)$ 表示 q 和一个地标 u_i 之间的最小跳数。$C_k(q)$ 表示最接近地标 q 的 k 地标。$C_k^+(p,q)\subseteq C_k(q)$ 表示地标的子集,相比 p 更接近 q;$C_k^-(p,q)\subseteq C_k(q)$ 表示地标的子集,相比 p 来说更加远离 q。势函数 $\delta(p,q)$ 定义为

$$\delta_k(p,q) = A\sum_{i\in C_k^+(p,q)}[\tau(p,u_i)-\tau(q,u_i)] + \sum_{i\in C_k^-(p,q)}[\tau(q,u_i)-\tau(p,u_i)]$$

式中:A 是一个取值为 10 的参数。贪心路由选择最小化上述目的地的势函数的邻居。当贪心路由受阻,这个信息被传送到离目的地最近的地标,在那里进行范围不断增加的受限洪泛以传递数据包。

尽管势函数的设计是一个启发式算法,但该算法在仿真工作中运行良好。BVR 已经在许多情况下作为一个比较的基准[70,74]。

5.4.2.3　贪心地标下降路由(GLDR)

贪心地标下降路由最近被 Nguyen 等[74]提出,再加上地标选择策略,保证在连续域中有界伸展的数据包传递。

地标被选为一个 r 采样:任意节点与地标之间的跳数在 r 以内。这些地标被在所有节点上并行运行的一个分布式算法选择。每一个节点如果没有被其他地标抑制将会等待一段随机的时间并声明自己是一个地标。如果它成为一个地标,它会通知它的 r 跳邻居并抑制所有没有成为地标的节点。这将生成一个 r 采样,并且根据随机等待时间的参数,可以控制所选地标的数量。

和 BVR 类似,一个节点的虚拟坐标定义为到一小组最近的地标的距离向量。为了将数据包路由到其目的地,源节点在目的地的寻址地标中选择与源和目的地的距离比最大的地标,并朝着这个地标移动直到它到达一个与这个地标有相同跳数的节点作为目的地。这时候,路由程序不断被重复并不断选中不同地标直到到达目的地。示例如图 5.11 所示。众所周知,该方案始终工

作在连续域并生成恒定有界延伸的路径。在离散网络中,可能会发生数据包陷入循环的情况,这可以通过检查数据包移动的最后几个地标来检测。当这种情况发生时,使用寻址地标的距离矢量上的 L_1 和 L_∞ 规范将数据包贪婪地转发到目的地。如果依旧没有到达目的地,则用一个范围洪泛来传送数据包。

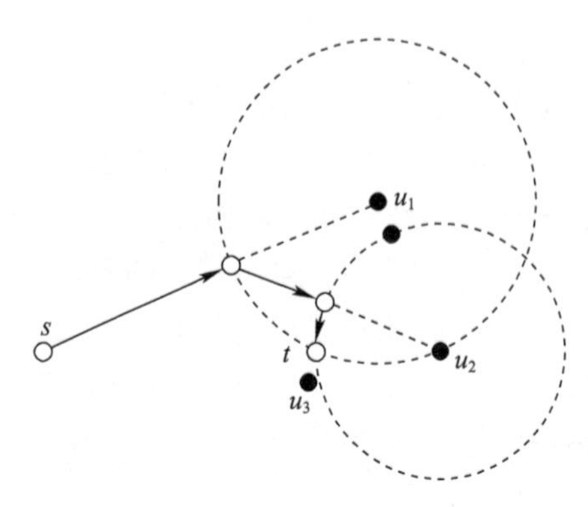

图 5.11　贪心地标下降路由。起始 s 选择地标 u_1 并朝它前进,直到它到 u_1 的距离等于目的地 t 到 u_1 的距离。不停重复这个过程,直到到达目的地 t

使用 r 采样的地标选择方案是独立的,并能为其他基于地标路由方案所用。例如,当一个地标被选择为 r 采样而不是一个随机抽样时,BRV 将会提高传输率[74]。

5.4.2.4　宏观地理贪心路由

Funke 和 Milosavljevic 提出宏观地理贪心路由结合了滑翔者和地理路由的想法来解决不准确位置信息和小型网络漏洞和违规行为[36-37]。在滑翔者中,选择一个稀疏的路标集以捕获区域内传感器的拓扑特征;为了进行全局路由指导,将地标上的组合劳德内图分配给每一个节点。在宏观贪心地理路由中,选择一组密集的地标,而且这个组合劳德内图没有分配给所有节点,而是用于地理路由。

这个想法是提取平面组合劳德内图的子图并将其嵌入在平面上。每一个节点 v 被给予一个名字,该名称由家地标组成,即泰森多边形碎片包含 v 的地标和它唯一的 ID。碎片内部和交换碎片路由以以下方式实现。对碎片内部路由来说,由于地标是密集的而且每个碎片只有固定数量的节点,该数据包用简单的洪泛方式到目的地所在的碎片上。对交换碎片路由来说,该数据包被指导至下一个碎片,这个碎片的家地标依照欧几里得距离是靠近目的地的。换句话说,下一个地标由地理贪心转发来选择,滑翔者中的交换碎片路由被用来指定数据包到相邻的碎片上的路线。在当前家地标没有一个相邻地标更加接近目的地时,采用边界路由，路线用平面型组合劳德内图。

简而言之，平面型组合劳德内图及其嵌入用于在传感器领域中导航。这个方法介于滑翔者与地理路由之间。由于地标被合理分离，导航对于低级网络链接变化和位置不准确是稳健的。

5.4.2.5　小状态小延伸路由

Mao 等人[70]在传感器路由网络中采用紧凑路由方案（Thorup 和 Zwick[98-99]）的想法。这个基本的想法是选择 $O(\sqrt{n})$ 地标。这些地标用洪泛法遍历网络而且每一个节点记录到这些地标的多跳距离。$u(p)$ 表示最靠近 p 的地标，$r(p)$ 表示 p 到 $u(p)$ 的距离。每一个节点 p 识别它的簇 $C(p)$，它由到 p 点的距离在 $r(q)$ 以内的节点 q 组成，即所有的节点相比它们的地标更接近 p。对每一个节点 p 来说，它维护了一个路由表，其中包含到它的簇 $C(p)$ 中所有地标和节点的跳数值。

这个路由算法是具有以下规则的贪心算法：

(1) 如果目的地 t 在源 s 的簇 $C(s)$ 内部，用路由表规定 s 到 t 的正确路径。

(2) 如果目的地 t 在源 s 的簇 $C(p)$ 外部，s 首先会将数据包路由到最接近 t 的地标。当它发现一个节点具有到 t 的路由表条目时，这个数据包传送到 t。

可以看到这个路由算法保证传送——t 在它最近地标 $u(t)$ 簇以内，这样数据包最终会到达有路由表条目 t 的节点，从该节点，数据包由本地路由表引导到目的地。另外，路由路径的长度是在源和目的地之间的最小跳数距离的 3 倍范围内。$\tau(p,q)$ 表示 p 和 q 之间的跳数距离。如果目的地在 $C(s)$ 以内，数据包经由借助路由表获取的最短路径传输。如果目的地在 $C(s)$ 之外，如图 5.12所示，$\tau(s,t) \geqslant \tau(t,u(t))$，这样数据包朝着 $u(t)$ 前进。假设到 $u(t)$ 的路上数据包到达一个节点 p，其簇包含目的地 t。我们有 $\tau(s,p) \geqslant \tau(s,u(t))$，$\tau(p,t) \geqslant \tau(u(t),t)$。

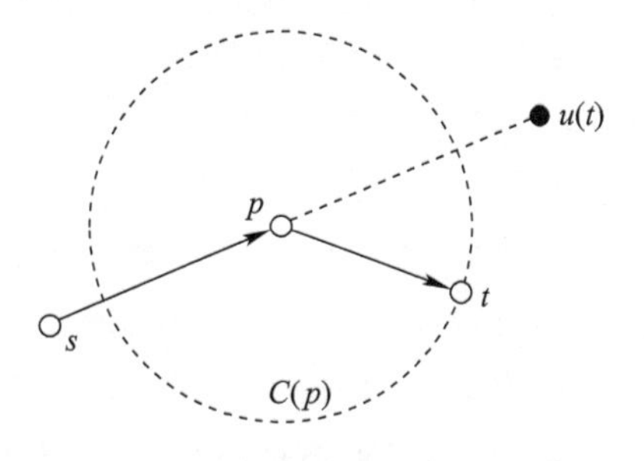

图 5.12　紧凑路由的一个例子

现在的路由为

$$\begin{aligned}\tau(s,p)+\tau(p,t) &\leqslant \tau(s,u(t))+\tau(u(t),t)\\ &\leqslant [\tau(s,t)+\tau(t,u(t))]+t(u(t),t)\\ &\leqslant \tau(s,t)+2\tau(u(t),t)\\ &\leqslant 3\tau(s,t)\end{aligned}$$

当传感器节点统一部署时，可以统一放置大约 $O(\sqrt{n})$ 个地标。这样每一个节点的簇大小也约为 $O(\sqrt{n})$。这样路由表的大小按 $O(\sqrt{n})$ 的数量级，并且能为任何一对节点建立最坏情况的延伸 3 路径。

总结本节，我们研究了一组传感器网络中贪心路由用地标来定义虚拟坐标的典型观点。其他一些协议与类似的想法在这里没有详细讲述。例如，Caruso 等[16]在传感器网络中运用 3 个地标和启发式的势函数。Wattenhofer 等[103]研究在特殊图形里路由的地标布局，如环状、网格状、树状、蝴蝶装状和超立方体。最后，这些地标主要用作参考点，并不服务于网关节点的功能（这往往会吸引网络流量）。在建立虚拟坐标后，地标通常以与其他节点相同的方式表现。

5.4.3 基于中轴的路由

基于中轴的路由由 Bruck、Gao 和 Jiang 提出[14]，他们考虑了和滑翔者类似的设置，传感器全都统一部署在可能有障碍物或不规则形状的一个几何区域中。再次捕获传感器场的全局拓扑以用于全局路由引导，其不同点在于使用的是底层传感器的中轴。

传感器网络的中轴被定义为一组在网络边界上具有至少两个最近节点的节点集。如果在网络边界上有 3 个或更多最近的节点，位于中轴上的节点被称为中间顶点，如图 5.13 所示。中轴是一个地区的“骨架”，来捕获所有的拓扑特性，如有多少孔以及它们是如何连接的。出于路由的目的，中轴由一个中轴图（MAG）表示，它是一个连接中间顶点的组合图，并大小正比于大几何特征的数量。这个中轴图非常紧凑并且每一个节点都已知。例如，图 5.13 的中轴图有两个中间顶点、一个边和一个自环。中轴的建设需要检测网络边界（或空洞边界）上的节点，为此存在着分布式和高效算法[25,28-29,33,35,41,59,101]。中轴上的节点能够通过局部洪泛被识别。具体来说，每一个边界节点发起信息的洪泛，这个信息包含它的 ID 和一个记录信息走了多少跳数的计数器。如果一个节点从离它当前最近边界节点更远的边界节点接受一个数据包，就会停止转发数据包。如果边界节点大约在相同的时间启动它们的洪泛，而且每一个数据包以大约相同的速度移动，那么这个数据包一到达中轴就被丢弃。这种方法减少了数据包的总数并保持通信总成本花费较低。每一个节点学习它最近的边界节点并能判断它自身是否在中轴上。建设中轴完成后，我们让节点洪泛整个网络，提取出中轴的信息来构造一个抽象的中轴图。这个图会传播至每一个节点。此外,在中间边上的每个节点记下它停留在哪一个中间边,它在该中间边上的相邻节点是哪些,它距离中间边的每个端点的跳数。

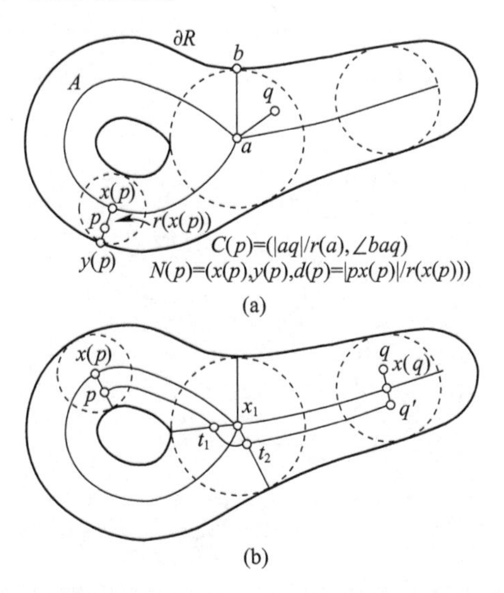

图 5.13　封闭区域 R 边界的中轴例子(显示只有一部分中轴在 R 内部),
∂R 表示密集的曲线,中轴 A 有一个圆圈,表示 R 区域有一个穿孔
(a)命名方案;(b)从 p 到 q 的道路系统。

构造了中间轴之后,每一个节点被赋予一个遵循中轴图的名称,其根据中轴最近的节点和到它的跳数距离来定义。对每一个在中轴图的传感器 w,我们将弦定义为从 w 到它边界上最近的传感器节点的最短路径(树)。一个传感器的名字包含它所在的弦以及到其相应的中轴节点归一化距离,参见图 5.13 点 p。这样的命名方案将传感器场分区成规范的区域,在每个规范区域内定义了一个局部笛卡儿坐标系,其中一个轴作为中轴图的边缘,另外一个轴作为中轴边缘顶点的弦。局部笛卡儿坐标系以完全相同的方式粘合在一起,如中轴图的边缘邻接所示,并为高效的点对点路由提供一个流畅自然的道路系统。为了帮助一个数据包从一个标准块传送到相邻块,我们通常在中间顶点建立一个极坐标系统,见图 5.13 节点 q。

一个节点找到到达目的地的路线,只需要知道中轴图和目的地的名称。路由首先在抽象的中轴图上进行规划,该图通常尺寸较小,梯度下降路由在每个标准块实现。通过在全局规划步骤中使用中轴图,一个源可以从源对应的中轴上的节点对目标对应的节点找到参考路径,定义为在中轴图最短路径。实际的路由规则是曼哈顿类型,即第一次尝试匹配中轴点与目的地和并行参考路径的路由,然后尝试将到中轴点的距离与目标的距离匹配,并沿着弦进行路由。通过标准区域的高效本地梯度递减的局部坐标系统,平行于中轴和沿着弦的路由都能被实现,见图 5.13 所示。

图 5.14 所示为一个传感器网络有一些大空洞的例子。图 5.15 显示了基于中轴路由产生的路径和 GPSR 产生的路径。基于中轴的路由方案在传感器节点上积累了更加平衡的流量负载,因为在这样复杂的网络中路由路径不会收敛到孔洞边界。

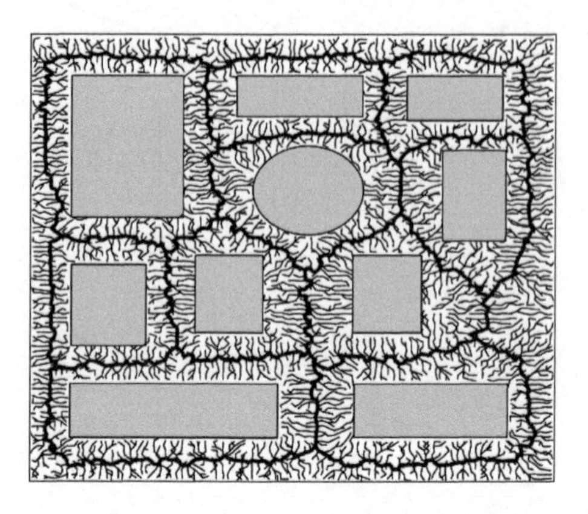

图 5.14　中轴和弦(最短路径树的根节点在中轴),障碍物(空洞)用灰块表示

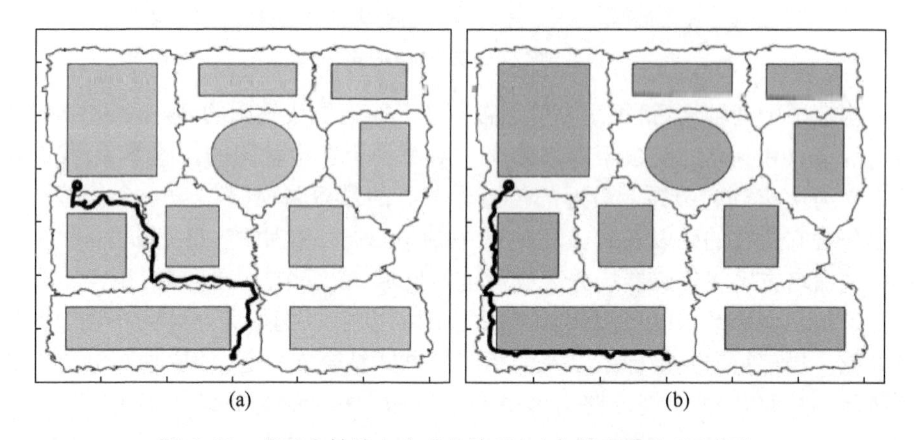

图 5.15　基于中轴路由生成的路径(a)与地理路由(b)相比

5.4.4　环状路由方案

目前为止,我们讨论使用的几个方案,传感器通常密集地部署在 2D 区域来提供足够的覆盖率和感应分辨率。最近 Caesar 等[15]提出了一个基于环的路由方案,将问题简化到一维环中的路由。

在虚拟环路由中(VRR),这些节点被赋予一个任意的标识符并将它们编组成一个虚拟环，这个环按照它们 ID 的循环递增顺序组织起来。在这个环的每一个节点保持 r 个相邻邻居（$r/2$ 个邻居顺时针方向，$r/2$ 个邻居逆时针方向）。这些邻居称为节点的虚拟邻居，与通过无线链路直接相连的物理邻居不同，请注意，虚拟邻居不是物理上的接近。在虚拟环路由中，从一个节点到每个虚拟邻居的路由都建立和储存在这个路线上节点的路由表，如图 5.16 所示。这些路径称为 vset－paths 并且在网络拓扑改变时继续维护。具体来说，每个节点 p 维护一个有以下记录的路由表（S_i，T_i，下一跳朝着 S_i，下一跳朝着 T_i），用于每一对路径通过 p 的虚拟邻居（S_i，T_i）。

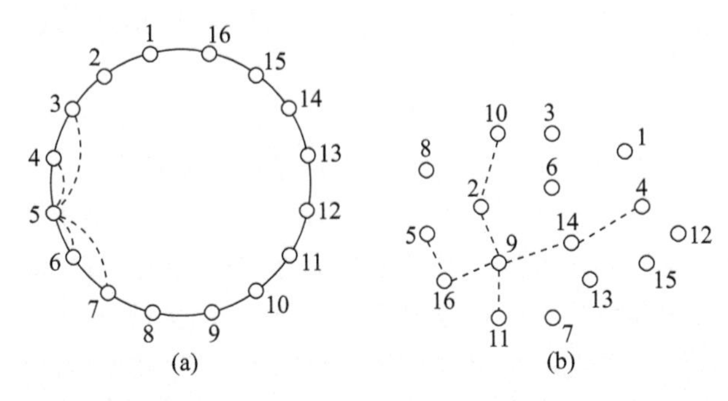

图 5.16　（a）虚拟环和节点 5 的虚拟邻居；（b）节点 5 和它的虚拟邻居 4 之间的实际路径，节点 10 和它的虚拟邻居 11 在实际网络中的位置。这条路径上所有的节点维护进入这条路径的路由表

当数据包被路由到目的地时，如果源节点有目的地的路由表条目，数据包将被相应地传送。否则，源 s 检查它的路由表并选择在虚拟环上最接近目的地 ID 的路径端点 q。数据包朝着 q 转发到下一跳。在下一个节点重复此次操作。可以看到，通过存储在网络的虚拟路径，可以找到从任意节点到任何节点的路径——在最坏情况下数据包可以按照虚拟环到达目的地。实际性能会更好，因为每个节点还维护通过它的虚拟路径的路由信息。直观地说，一个节点会被路由到 ID 空间中（在虚拟环上）最接近目的地的节点，尽管这个节点可能与目的地在完全不同的方向。但是在虚拟环上靠近目的地的节点有进入目的地的路由表。因此，该算法将数据包路由到一些对目的地有更多了解的节点。事实上，一个数据包在没有发现到目的地的路由信息之前不必访问目的地的虚拟邻居。仿真结果表明，与最短路径相比该路由路径有很小的增大。

在网络初始化时，虚拟路径可以逐步构造而不需要使用洪泛遍历网络。建立一个新的虚拟路径的控制信息与当前虚拟路径有关。节点移动和拓扑变化引起的任何路径故障都通过使用剩余的虚拟路径，采用相似的方式修复，来适应网络动态。

5.5 数据发现和数据中心路由

在以数据为中心的路由中,节点对特定类型的数据提出查询,路由算法路由查询与检索传感器网络中的相关数据。数据中心路由完全不同于传统路由模式,它不仅关注从源节点到目标节点得到的数据包,而且还涉及目的地的发现,也就是有所需信息的传感器节点。这可以阐述为信息代理的问题,它说明怎样收集、处理、储存数据以及如何路由查询以发现相关数据信息。这个问题是将执行数据采集和事件检测的信息生产者(也称为源)与搜索此信息的信息消费者(也称为接收者)相匹配。

在传感器网络中的这个问题是由 Intanagonwiwat、Govindan 和 Estrin[50] 在定向扩散的工作中提出的。传感器网络本地处理遥感数据并通过属性 - 值这样一对值来组织它。一个节点通过发送它对命名数据的兴趣来请求数据。这些兴趣在网络中传播。一旦发现数据匹配请求的兴趣,就被传送回查询节点。中间节点也可以缓存兴趣并加强某些在数据源和查询节点之间的路由。一个相似的路由范例在 Tiny-DB[69] 中也被采用,用来支持查询分布式数据的聚合信息。一个 SQL 类型的查询传播至网络中的所有节点,查询节点确定树的根地址。随着数据传送回根部,它在内部节点处聚合,在这个方法中,执行的协作预处理很少。因此,发现所需信息通常要用洪泛法则遍历网络。这个方法的目标在于查询流数据类型,这样使用洪泛法则的成本能够被后面长期的数据传送调整和分担。

5.5.1 地理散列表

数据中心路由的一个并行方法是采用数据为中心的储存,目标是具有许多同时检测到的事件的大规模网络,这些事件不一定是所有用户都希望的。这个想法与互联网上的分离式散列表(DHT)类似[82,84,92,109]。生产者在指定的节点留下资料用来给用户检索。这样跨时间和空间的数据能够在会合节点聚合。

在地理散列表(GHT)[83],数据按数据类型哈希到地理位置。接近散列位置的节点作为会合节点。用户应用相同的哈希函数并从同一集合节点中检索数据。将数据和查询传送到会合节点是由如 GPSR 的地理路由实现。具体而言,每一个事件都要根据基于内容的散列函数散列到一个地理位置,该位置与事件数据类型相关。这个散列的位置可能没有一个传感器节点。地理位置最接近散列位置的节点被当成主节点。然后使用 GPSR 将事件路由到散列位置。由于地理路由的特性,这个数据包最终将到达主节点。在主节点,GPSR 不能找到一个距离散列位置更近的邻居,这样进入周边模式来遍历主节点所待的面。这个面称为主周边。这个周边上的节点(除主节点外),被称为副本节点。在数据包返回主节点后,实现数据缓存组件。在主边界的所有节点缓存这个数据。考虑到可能发生变化的网络拓扑结构,主节点周期性地发送更新数据包到散列位置来修复主节点和主边界。

GHT 通过避免信息发现的网络洪泛极大地降低了通信成本和能源消耗。它的简单性也非常吸引人。这个想法在文献[46]进一步发展用来建立一个分层存储结构,该结构能够感知数据的相关性,即相似的数据散列在附近。

5.5.2　双裁决

双裁决的想法是 GHT 的关于距离灵敏度的扩展和改进。特别是如果这个生产者实际上接近数据生产者(虽然没有彼此的认知),我们希望这个数据消费者能快速发现数据生产者。在许多应用程序这是一个有吸引力的功能,这时信息会最有用,因此在被收集的时空区域查询将会更频繁。在 GHT,散列位置通常是通过随机哈希函数在传感场上产生,均匀分布在可能远离生产者和消费者的位置。

在双裁决中,会合节点沿着一个连续的曲线选择。这个动机是双重的。数据从数据源节点传送到会合节点是通过多跳路由实现。因此它很自然地沿着数据传输的路径留下信息提示,而没有额外的通信成本。此外,在多个节点上的数据提示复制为消费者提供了更多的灵活性用来发现相关数据,相比遇到 0D 的节点它更容易遇到 1D 的曲线。

5.5.2.1　直线双裁决

直线双裁决是一个基本的双裁决方案,在信息发现和路由不同变体中开发,工作原理如下:数据或数据指针被存储在遵循复制曲线的节点上,而数据请求沿着试用曲线传播。任何检索曲线相交于所需要的数据复制曲线。因此可以保证成功的检索。对一个简单熟悉的情况,假设二维网络嵌入到一个节点都位于格子点的平面上(见图 5.17)。信息存储线遵循水平线,信息检索曲线遵循垂直

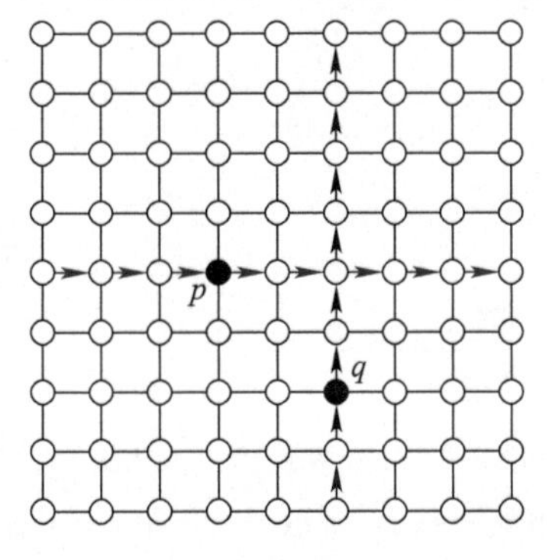

图 5.17　网格上的直线双裁决路由方案

线。为了与其他双裁决方案区别,将这个方案命名为直线双裁决。注意,数据检索的曲线独立于数据来源的位置。事实上,消费者沿着垂直线通过本身前进时,保证接触到所有水平存储线,从而能够找到所有存储在网络中的数据。双裁决方案也是距离敏感的——如果生产者和消费者事实上彼此靠近,它们还必须沿使用水平和垂直线连接它们的路径彼此靠近。

5.5.2.2 球面双裁决

球面双裁决方案由 Sarkar、Zhu 和 Gao 等人提出[85],将 GHT 和直线双裁决作为子案例。与在 GHT 中一样,一个数据项被它的数据类型散列到地理位置。生产者不是沿着地理贪心路径到会合节点前进,而是沿着一个经过它自身和会合节点的圆来进行,并在过程中复制数据或数据指针。

为便于说明,我们使用球面投影将传感器节点映射到一个球体。在原点放置一个与平面相切的半径为 r 的球体,定义这个切点为南极,它的对应点为北极。在这个平面的点 h^* 映射到球体通过 h^* 和北极的线的路口,如图 5.18 所示。这提供了从面到球体一对一的映射,另外,北极映射到无穷远点。立体投影保持圆形。球面上的任何圆圈,包括大圆,在平面上被映射成一个圆。通过指定此映射,复制和恢复方案在一个球体上进行描述。

像在 GHT 中一样,每一个数据类型散列到地理位置 h^*。当一个生产者向散列位置路由时,不是像在 GHT 中一样遵循贪心地理路线,它遵循它自己的位置 p 和散列位置 h 定义的大圆,表示为 $C(p,h)$。来自有相同数据类型不同生产者的数据将会被路由到聚合信息能被执行的相同散列位置。所有大圆可以由 $C(*,h)$类型表示通过散列位置 h 以及对应点 $\bar{h}$。这样实际上有 2 个会合节点 h 和 $\bar{h}$,它们位于网络中很远的地方,并且都具有相同数据类型的所有信息。注意,散了位置 h 只与数据类型有关。这样位置 $\bar{h}$ 能够由一个简单几何计算得到,如图 5.18 的例子。

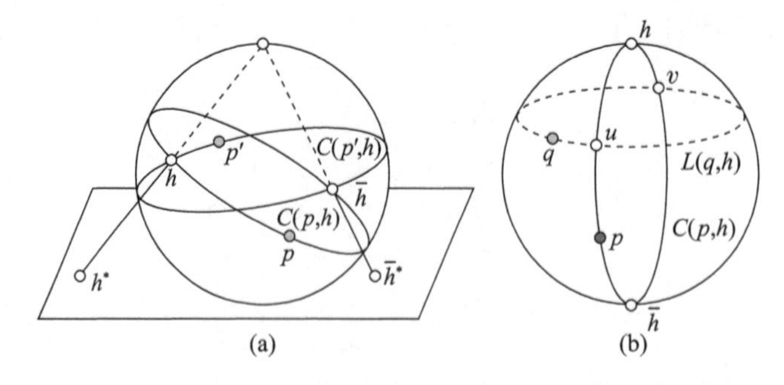

图 5.18 (a)平面上的点 h^* 映射到球体上的点 h,p、p'的大圆用虚线表示;(b)客户遵循固定距离的圈(虚线圈)到散列位置 h 来检索所有相同数据类型的数据

现在,这个可以从生产者到散列位置的新的数据复制策略,使得消费者的检索方案更加灵活。

(1) GHT 检索规则:与在 GHT 中一样,用户能路由到散列位置 h^* 或 $\bar{h}^*$ 中更近的那一个,检索所有相同类型的数据。

(2) 距离敏感检索规则:如果用户离生产者距离为 d,消费者能花费 $O(d)$ 来发现这个数据,尽管他们都不知道彼此的位置信息或者 d 的边界。具体来说,如果我们旋转球体,以使散列位置 h 在北极,然后复制曲线恰好是经度曲线。距离敏感的检索方案遵循纬度曲线寻找复制曲线,见 5.18 的例子。这个检索曲线(即纬度曲线)和复制曲线有两个交点,其中一个离用户的距离在 $O(d)$ 以内。这样消费者沿着以球体上的圆同样距离的到散列位置 h,并用一个加倍的轨迹来发现更接近复制曲线的交点,见图 5.19 显示的例子。

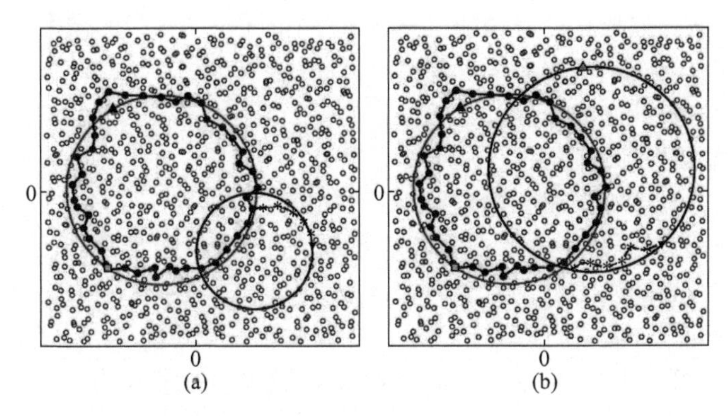

图 5.19　用户纬度曲线(a)和用户大圆曲线(b)黑三角表示散列的位置;实心圆连接路径表示生产者复制曲线;星号连接路径表示检索曲线;黄色方块表示一个生产者,倒三角表示用户

(3) 聚合数据检索规则:因为任何把散列位置 h 与它的对应点 $\bar{h}$ 分开的闭合曲线,都将与所有具有相同数据类型的复制曲线相交,因此消费者现在拥有极大的灵活性来选择一组数据类型检索曲线 $\{T_i\}$, $i=1,\cdots,m$。特别是消费者能为每个数据类型 T_i 遵循如下的一个数据检索曲线:

① 要么通过散列位置 $h=h(T_i)$ 或者 $\bar{h}$,这个聚合位置用来计算和存储;

② 或者是一个可以区分 h 和 $\bar{h}$ 的封闭曲线,收集所有相关的数据并计算总量。

上述检索规则没有指定一个独特的检索曲线但允许有多种的可能性。这样多个消费者寻找相同的数据类型可能通过它们自己的决定选择不同的路由。这种灵活的数据检索规则支持负载均衡流量模式和路由稳健性。

（4）全功率数据检索规则：消费者沿着任意大圆前进并能获取所有储存在网络的数据，因为任意两个大圆是相交的。图 5.19 给出了一个例子。

适度增加复制的球面双裁决方案让节点故障更稳健。检索曲线的的灵活使得集合节点不再是瓶颈，因为检索曲线不一定访问它。此外，数据存储方案支持节点故障的本地恢复方案。如果传感器在某些地区被摧毁，则所有的相关数据被储存在边界上，这样就可以在本地恢复。

5.5.2.3 谣传路由

谣传路由是由 Braginsky 和 Estrin[11] 提出的，可以视为一种概率双裁决方案。信息生产者前进并在路径留下数据指针。消费者沿另一条路希望遇到一个数据指针。检索曲线有与生产者曲线相交的概率。因此，消费者沿发出足够多的检索路线以获得足够高的概率来满足其中一条事件曲线。

如果生产者和用户采取的路径是直线，则两条随机线在传感器场相交的概率是一个常数。如果路径遵循随机路线，这两个随机线相交的概率将会比较低。该算法是随机的有小概率无法发现生产者曲线。有吸引力的特性是节点稳健性通过内置的随机算法的设计。

5.5.2.4 虚拟坐标双裁决

双裁决方案也可以在虚拟坐标空间中定义。事实上，许多虚拟坐标自然承认两套相互正交的规则，例如在笛卡儿坐标空间中的横线与竖线；从原点和极坐标空间中的同心圆发出的射线。Fang 等人在具有非平凡拓扑的一般传感器领域中使用双规则方案进行以数据为中心的路由。这个想法是为了在两级滑翔者上结合双裁决和 GHT。回想一下在滑翔者中，选择一组地标并且将传感器划分为若干个泰森多边形碎片，每一个碎片包含最靠近相同地标的节点。层次结构的顶层是描述了泰森多边形碎片相邻信息的组合劳德内图。从概念上讲，基于地标的信息存储和检索方案有两个层次，一个是用于块邻接图层次信息存储的分布式散列表，另一个是位于较低层次（每个碎片内）的双规则方案，确保每个碎片内的信息检索。

尤其是，在顶层，数据类型被散列到一个碎片而不是单个节点。在碎片连接图的基础上，根部在散列碎片上的最短路径树能够被每一个节点计算。相同内容的所有生产者和消费者遵循这一共同的最短路径树前进到散列碎片。作为一个生产者，信息消费者朝着散列碎片前进，检查它路线上的每一个碎片来找到所需的数据（我们称为检索路径），当检索路径遇到复制路径时返回。在底层，即每一个碎片内部，通过基于地标的双裁决方案实现数据存储和检索。在最坏的情况下，消费者访问最后的散列碎片来检索所需数据。通常在到最后碎片的路上，消费者可能碰到一个含有期望信息的碎片并停止向前前进。

5.6　定位服务和分层路由方案

在地理路由或者使用虚拟坐标的路由中,源发送一个消息到具有目的地的名称(地理位置或虚拟坐标)的一个目的地。在某些应用程序,如路由到地理位置或区域,源已经知道了目的地的位置。对其他应用程序,路由到有特殊 ID 的节点,源需要通过定位服务获取位置或目的地的名称。位置服务支持任何节点根据其 ID 查询任何其他节点的名称。对于互联网,主机名和 IP 地址之间的映射由集中服务器(也称 DNS)实现。在传感器网络,位置服务最好以分布式的方式实现,以避免被识别成位置服务器的传感器过载。

定位服务可以视为以数据为中心的路由的一个特例。特别是,感兴趣的数据是一个节点的名称,这个数据的生产者是这个节点本身。以数据为中心的路由或以数据为中心的存储被用来以分布式的方式传播和存储节点名,这样任何其他节点可以查询到这个信息。

在本节中,我们涉及了几种分层路由方案。5.5 节中所描述的路由方案或多或少有些“直接”,利用了物理空间中传感器节点的二位嵌入。或者,可以在节点构建层次结构用于点对点路由和数据为中心存储及信息检索。通常当考虑分层数据结构时,我们经常关心负载平衡问题和层次根部的单点故障。以下方案利用一些新颖的想法分散工作负载和避免层次结构上的高层次节点超载。

5.6.1　地标层次结构

5.6.1.1　地标层次结构

Tsuchiya[100] 提出一个地标层次结构用来对节点命名和路由,其可能作为第一个层次路由方案。每一个节点是一个地标,这些节点组织成不同级别的地标。第 i 级的地标具有半径 r_i。与第 i 级地标的跳数距离 r_i 以内的节点具有到该地标的路由表条目。在 i 的等级提高时半径 r_i 也增加。在最高等级 h,这里有少量的“全局”地标,这样每一个节点都有一个路由表条目。换句话说,每一个节点知道怎样规定路由路线到这些全局地标,而且他们知道如何利用不同的解决方法通往附近的“局部地标”。

为了构建地标层次结构,每一个节点都是等级为 0 的地标。一些 $i-1$ 级的地标被选为 i 级,这样每一个地标在 $i-1$ 级至少有一个 i 级地标的距离在 r_{i-1} 以内。一个节点可能是多个级别的地标。每一个节点 p 维护所有的地标 ℓ

的路由表条目，如果 ℓ 是一个 i 级地标，这样地标 p 在 ℓ 的 $\boldsymbol{r}_i$ 范围以内。

节点 p 的地址被作为地标 $l_0, l_1, \cdots, l_h$ 的链接，这样地标 ℓ_{i+1} 与 ℓ_i 的距离在 r_i 以内，并且 $l_0 = p$。换句话说，地标 ℓ_i 有一个路由表到达 ℓ_{i-1}。路由是基于属于贪心路由范畴的路标地标实现。为了路由到节点 p，节点检查其路由表条目，以查找 p 的寻址地标，并采用最低等级的地标 ℓ_i（最坏情况下用全局地标 ℓ_h）。然后这个数据包被传送到朝着 ℓ_i 的下一跳。重复此过程直到传送到目的地。当数据包远离目的地时，它是由目的地的高等级的地址地标指导，并且当数据包接近目的地时路由信息是精确的。有几点需要说明：

（1）寻址地标不是独一无二的。根据命名方案一个节点可能有多个合法的地址。

（2）路由方案能保证信息传送，但是这个路径可能不是从出发地到目的地的最短路径。

（3）到目的地 p 的路径不一定要经过 p 的寻址地标。

地标路由使用了地标层次结构，但是路由的优势在于层级结构的交叉支流链接，这样相比较树状路由有一个更好的稳健性的拓扑变化。这个想法后来进一步在两个方面发展：完善地标层次结构的构造来获得有界路由路径的延伸（路径长度之比与最短路径长度）；并使用地标层级结构来进行定位服务和地址查找。

5.6.1.2 离散中心层次结构

Funke 等[34]通过离散中心层次机构完善层次结构定义如下：类似于上面的地标层次结构，每一个节点是 0 级的中心；i 级中心被选作 $i-1$ 级中心的子集并满足覆盖和包装的属性。

（1）每一个 $i-1$ 级中心离最少一个 i 级中心的距离在 2^i 以内。

（2）两个 i 级中心之间的距离最少在 2^i 以内。

当覆盖半径加倍时，最高等级至多为 $\log_2 n$。每一个 $i-1$ 级中心选择一个距离在 2^i 以内的 i 级中心。并将后者表示为前者的父集。这样节点 p 的地址在层次结构上被它的父类 $l_0, l_1, \cdots, l_h$ 确定，这里 $l_0 = p$，且 ℓ_i 是 ℓ_{i-1} 的父类。

通过离散中心层次结构，交叉分支链接也被包括用来帮助路由。特别是，一个中心 v 在 i 级有它的簇 $C(v)$ 作为一组子节点。如果有一个节点 q 在 $C(v)$ 簇的距离在 $\alpha \cdot 2^{i+1}$ 以内，且 $\alpha > 0$ 为一常数，这时一个节点 u 在 i 级有一个簇 $C(v)$ 作为相邻的簇。在每一级每一个节点维护一个路由表用来进入各自的相邻簇。一个节点在不同条件规定路由路线信息到相近的邻居簇。以下属性可以说是相邻的簇。

(1) 一个节点到它 i 级父类距离以 2^{i+1} 为界。特别是,我们跟踪父链接并总结其最大可能的长度,得到 $1+2+2^2+\cdots+2^i \leqslant 2^{i+1}$。

(2) 如果取 $\alpha>3$,一个节点在 i 级 $C(v)$ 簇有 $C(w)$ 作为相邻簇,w 是 v 的子集,w 是 $i-1$ 级。

一个节点 u 规定路由路线到目的地节点 v,u 检查它的路由表找最低等级的包含目的地的簇 $C(w)$。然后 u 规定数据包路由路线朝着 $C(w)$ 簇。当数据包到达 $C(w)$ 簇,在下一个节点重复这个过程。这个新的层次结构保证在 4 次以内,从出发地 u 到目的地 v 的路由路线的最短路径长度为 d_{uv}。实际上,假设在 u 的路由表条目中找到的最低级别的集群 $C(w)$ 位于级别 k,那么 d_{uv} 必须比 $\alpha \cdot 2^k$ 大(否则 u 在 $k-1$ 级有一个相邻簇包含目的地)。u 到 $C(w)$ 采用的路径最多为 $\alpha \cdot 2^{k+1} \leqslant 2d_{uv}$。

一旦数据包到达 $C(w)$,就可以找到一个级别严格低于 k 的邻居簇。因此,下一个更低一级簇的路径长度多为第一段的一半,即从 u 到 $C(w)$ 的路径长度。因此路径长度的总和最多为第一段路径的两倍,且小于 $4d_{uv}$。

在传感器网络设置,当传感器相对均匀分布时,通信图通常具有恒定的加倍维度。即一个半径为 R 的球能被数量不变、半径为 $R/2$ 的球覆盖。既然这样,结构层次有深度 $O(\log n)$,并且每个节点有一个恒定数量的相邻簇。因此,在最坏的情况下每个节点的路由表的条目数为 $O(\log n)$,且在平均情况下是常数。

地标层次结构还支持数据中心路由和分布式的定位服务。特别是,数据项被散列并存储在被称作数据服务器的某些其他节点,特别的,一个生产者 u 在每一级都有它的父类,定义为 $l_0=u,l_1,l_2,\cdots,l_h$。对于每一个级别 i,在这个等级生产者发送数据到每一个 u 的相邻簇。对于这样一个簇 $C(p)$,这些数据按照它的数据类型散列到这个簇内部的一个节点 q。同样,数据项在网络中存储的副本数最多为 $O(\log n)$。

存储数据到地标层次结构使得用户能以距离敏感的方式发现数据项,即一个距离用户为 d 的生产者能够在花费 $4d$ 以内检索数据。尤其是,当一个用户 v 想要发现一个数据项,它开始访问其祖先集群中第 i 层的数据服务器。i 从 0 开始增加直到发现数据项或者到达最高等级。数据存储方案放置更多的数据服务器在附近的集群中,更少的服务器放置在很远但大型的集群中。检索方案开始搜索本地邻居,直到它发现一个附近的数据服务器。

最后,我们注意到,一些文献中也探索了使用地标层次结构进行路由和位置服务的类似想法。这些结构使用不同的方式来构造层次结构并承认路由性能有不同的质量界限。

5.6.2 移动网络中的路由和定位服务

在移动网络中,由于结构依赖于网络的距离,在距离随着节点移动变化频繁的时候,前面小节描述的地标层次结构并不适用。另一方面,鉴于源知道目的地位置,地理路由在移动网络中是稳健的。随着节点不断移动,我们将需要为移动的节点提供定位服务,这样任何节点都能查询任何其他节点的当前位置。注意,为实现这个定位服务,需要一些路由协议来传递查询信息。这样路由和定位服务似乎是一个鸡与蛋的问题,这些问题需要在协作框架中一次性解决。Li 等[65]提出的网格定位服务(GLS)代表了这样协议的一个例子。

GSL 实现了一个分布式定位服务,在这里一个节点作为一个服务器位置并储存其他节点的位置信息。一个节点的位置被储存在多个其他位置服务器之中。当一个节点不断移动并改变它的位置时,它将更新它位置服务器的新位置。任意其他节点寻找节点的位置只需节点的 ID,其协议与该节点首先选择位置服务器时使用的协议几乎相同。GSL 使用一致性散列法来分配位置服务器,此方法最初提出是用于互联网中网页的分层散列,而非定位服务。

例如,假设节点通过 GPS 设备知道它们的地理位置。节点移动的区域按深度为 k 的四叉树递归分割。这样最小的正方形只包含一个节点。这个最小的正方形称为第 1 顺位正方形。这个边界框称为 k 顺位正方形,并被分割成 4 个相同大小的 $k-1$ 顺位正方形。事实上,其他类型的平衡分区也可以用在这里。服务器位置的选择遵循与上一节相同的原理。对每一个从 1 到 k 的每一个 i,节点 u 待在顺位 i 的唯一的正方形中。u 在包含 u 的其他三个同级 i 顺位方格中的每一个中选择一个位置服务器。特别是,在正方形 S 内部,位置服务器被选为最接近节点 u 的 ID 的节点,定义为具有最小 ID 大于 u 的节点。ID 空间是一个圆。例如,ID2 比 7 更靠近 17。

执行一个位置为 v 的查询,u 仅仅知道 v 的 ID 但并不知道 v 的服务器位置。事实上 v 也不知道它的服务器位置。现在回想一下,u 也是一些其他节点的服务器位置。u 将发送信息至一个根据 u 所拥有位置信息的节点中距 v 最近的节点,该节点称为 w。当 u 有 w 的位置信息时,这个请求能够被地理路由传送。现在 w 做同样的事情,直到信息到达 v 的服务器位置,从这里这个信息通过地理路由能够被传送到 v。如图 5.20 中例子显示。

这个方案的正确性遵循以下要求,随着 i 的增加这个查询访问最靠近 v 的节点在 u 的 i 顺位 $S_i(u)$ 正方形内。这样如果 v 在节点 u 的 k 顺位正方形内,到 v 最近的节点是 v 本身。这样信息会被传递到 v。为了证实这一说法是正确的,

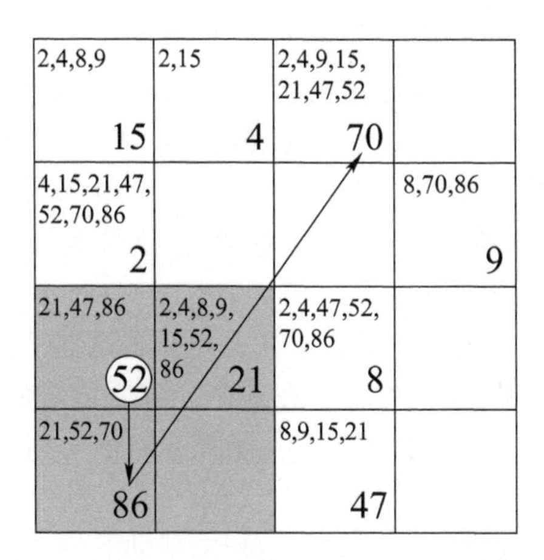

图 5.20　GLS 的一个例子。在每个正方形右下角的数字是这个正方形内部节点的 ID。左上角的数字是其他作为服务器位置的节点的 ID。箭头显示一个在 52 的询问在查找 ID 为 70 的节点的位置

我们通过归纳来证明。在 $i=1$ 级，u 是它第一顺位正方形唯一的节点。现在假设信息到达节点 w，它是 u 的 i 顺位 $S_i(u)$ 正方形中最靠近 v 的节点。这就是说在 $S_i(u)$ 中，在 v 和 w 的 ID 之间没有其他节点。现在假设在 $S_{i+1}(u)$ 中最靠近 v 的节点是 x。如果 x 是 w，然后这个结论完全正确。如果 x 不是 w，x 待在 $S_i(u)$ 的同级正方形中。x 将选择它在 $S_i(u)$ 中的位置服务器作为离 x 最近的节点，它必须是 w。这样 w 是 $S_{i+1}(u)$ 中最靠近 v 的节点的服务器位置。路由协议将会将信息传到 x，如图 5.21 所示。

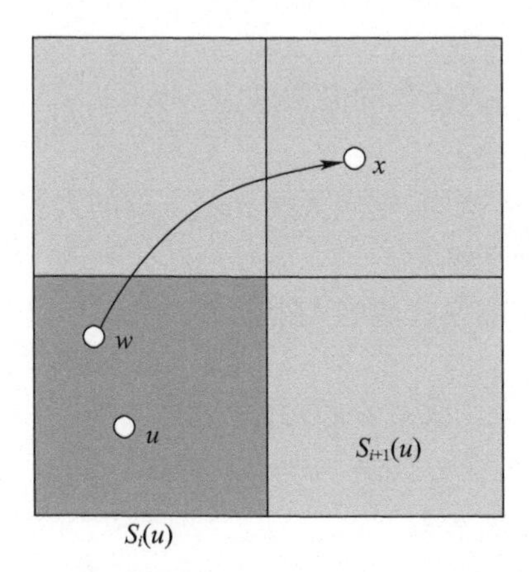

图 5.21　在 $S_{i+1}(u)$ 中最靠近 v 的节点用 x 表示，如果不等于 w，在 $S_i(u)$ 中必须选择 w 作为它的服务器位置。这样 w 有 x 的位置和消息传送到 x

当一个节点移动时它会在其位置服务器更新位置。这个更新操作本质

上与查询算法是一样的。当一个节点 u 想要在正方形 S 更新位置服务器。它发送消息到这个地理路由的正方形。一旦这个信息到达 S,第一个节点将会以一个 S 内部对 u 节点的查询为开始。如图 5.21 所示的查询算法,这个消息在它离开这个正方形之前最后转发到 S 内部最靠近 u 的节点,而这个正方形恰好是 u 的位置服务器。这样定位信息被更新到这个服务器位置。

为了初始化系统,位置服务器从下往上更新。这些节点首先定位它们的位置服务器在第 1 顺位的同级正方形。在这个步骤完成之后,这些节点运用位置更新方案在第 2 顺位同级正方行定位位置服务器等。因此不需要洪泛来设置系统。

位置服务器结合地理路由在一致性散列的帮助下是一个非常好的主意,不需要全局协调。这个方案后来被改进,在位置更新和距离敏感查询(例如,Abraham 的 LLS 及 Flury 和 Wattenhofer 的 MLS)[31]方面有最坏情况下的边界性能。LLS 应用的想法是,有一个节点沿着在距离呈指数增加的螺旋上发布它的位置。同样的,查找操作也需要一个螺旋。当查找螺旋访问一个位置更新访问过的正方形,这个查询将会返回位置信息。直观的,如果这个节点距离 d 在移动距离 $O(d)$ 以内,查询螺旋将会与发布螺旋相交。

5.7 从业者指南

对于从业者,路由算法的选择可能取决于以下考虑:

1. 传感器节点容量

(1) 电源支持:电池或持久的电力供应。

(2) 板载内存的大小。

(3) 传播特性(传播范围、定向天线和全方位的天线、数据丢失率)。

2. 网络规模和部署设置

(1) 网络的大小和部署区域的大小。

(2) 节点密度。

(3) 节点分布均匀性(路由空洞存在与否)。

(4) 节点移动性。

(5) 同构节点或异构节点。

(6) 网络的可访问性。

(7) 传感器节点位置的可用性。

3. 应用需求

(1) 通信模式(多对一的数据采集、一对多的数据传播、点对点的路由和数据为中心的路由）。

（2）通信负载（消息传递的频率）。

（3）预期的网络运营时间。

（4）数据包的大小和格式。

（5）对延迟和吞吐量的服务质量要求。

5.8　未来的研究方向

本章的研究工作揭示了在传感器网络路由中使用几何抽象的潜力。在基本问题上未来还有很多研究的方向。

（1）传播模型：无线通信信道的建模在路由算法设计中有很大的影响。简化的模型，例如单位圆盘图在算法中被广泛地采用，其虽然简单却包含了丰富的几何结构集。然而，现实场景的偏差使得一些单位圆盘模型的算法在实践中失败。更现实的模式被提出和采用。但是开发更加精心和现实的不同通信模型仍然是一个挑战，揭示了关键的见解并承认有效路由算法的设计。

（2）支持基础设施的支持：在路由算法的设计中应用几何的思想通常需要一些支持架构组件，例如本地化、同步和拓扑理解。

（3）移动性：本章的大部分算法假设为静态传感器网络覆盖。由于节点的移动和不均匀性，我们需要从节点移动性抽象来的几何结构和如何有效地帮助网络中的路由信息方面提出新的想法。

（4）传感器数据的几何结构：当一个传感器网络监控物理信号时，来自传感器节点的数据之间存在自然相关性，包括时间和空间频谱。提取和利用传感器数据的几何结构能够帮助数据压缩、聚合和路由算法的验证。

（5）理论基础：本章讨论的一些几何算法使用了连续几何域的想法并在离散网络应用了这些思想的模拟。离散网络几何概念的严格定义研究仍然是一个悬而未决的问题。

5.9　小结

在过去几年里，几何思想广泛地应用于无线传感器网络设计。本章涵盖了利用“传感器网络几何结构”各个方面的路由算法：节点的地理位置（如地理路由），以及传感器网络的全域形状和拓扑结构。

名词术语

网络定位:在无线网络中,网络定位可以发现所有节点的地理位置。一个网络定位算法可以是基于锚的也可以是无锚的。基于锚的算法假设网络中的某些节点的位置信息是已知的。而无锚算法不需要假设任何位置信息就可以返回网络中节点的相对位置信息。

地理路由:在一个无线 Ab Hoc 网络中,地理路由是使用地理位置信息选择邻居作为下一跳的路由算法。

虚拟坐标:无线传感器网络中的每一个节点都会在路由算法中分配得到一个虚拟坐标作为自己的身份标识。一个虚报坐标路由算法通过源节点、邻居节点以及目的节点的虚拟坐标来做出路由选择。虚拟坐标的大小可以是一个网络大小的常数,或者是网络大小的一个多重对数函数。

贪心嵌入:将一个节点图嵌入到一个 d 维的欧几里得空间,使得任意一对节点(p,q)都存在一个邻居节点 p,其到目的节点的距离比 p 和 q 之间的欧几里得距离要小。这样的一种嵌入方式就叫贪心嵌入。

地标路由:无线传感器网络中的一组节点被选作地标,而其他节点到这些地标之间的跳数则作为它们的标识和路由信息。

数据中心路由:一个消息的目的地不再指定一个固定的目的节点,而是定义为拥有该消息请求信息的节点。数据中心路由算法需要发现拥有请求数据的节点并建立连接。这些拥有该数据的节点通常称为源或信息生产者。这些发起数据查询的节点通常称为汇聚节点或信息消费者。

地理散列表:它是一个数据中心路由方案。源节点将使用一个散列函数处理数据并分发到地理散列表对应的位置。靠近该位置的节点将作为汇聚节点存储这些数据。一个寻求该数据的节点将向该位置发起查询并从汇聚节点找到需要的数据。

双裁决:一种以数据为中心的算法,源节点在网络中沿着数据存储曲线(可能取决于源位置和数据类型)散列数据。汇聚节点沿着数据检索曲线(可能取决于接收位置和数据类型)散列数据。如果每条数据存储曲线与每条数据检索曲线相互交叉,那么数据检索机制可以保证数据成功的发现。

定位服务:对地理路由来说,源节点需要知道目的节点的位置才能向其发送信息。定位服务提供了每个节点的分布以及它们的地理位置。定位服务包括中心定位服务或分布式定位服务。

地标层结构:网络中所有的节点都是不同地标层的地标。节点一般是由到地标层某些节点的网络距离来命名的。路由的选择是由源节点和目的节点的名字决定的。地标层结构又称为多级地标路由算法。

习　　题

1. 在网络中,假设在 n 个节点之外还存在 k 个锚节点。图中有 m 个边,m 的值取多少时会使系统中自由度为零?

2. 请证明下面的两个结论:

(a) 证明相对邻域图是加布里埃尔图的一个子图。

(b) 证明加布里埃尔图是同一组节点德劳内三角化的子图。平面上有一组节点 P,Voronoi 图将平面分成了不同的连接单元,同一个单元中的所有点都是与点 P 邻近且距离相等的。德劳内三角化是 Voronoi 图的对偶图,如果 u,v 是两个相邻节点,那么 uv 也是该图的边。德劳内有一个空循环特性,即任意一个德劳内边都可以找到一个圆,该圆经过该边的两个端点并且圆内不包含任何点。该特性的逆命题也成立:如果图中所有边都满足空循环特性,那么该图就是德劳内三角化图。

(c) 证明相对邻域图包含了最小生长树。因此相对邻域图和加布里埃尔图具有连通性。

3. 证明在德劳内三角化中嵌入了贪心模式。

4. 说明一个包含一颗卫星和七个子节点的平面没有嵌入贪心模式。

5. 证明任何图形中,只要顶点固定了,那么它的橡皮筋公式(见 5.4.1.1 节中定义)也就唯一确定了。(提示:说明橡皮筋公式嵌入最小化了的一个凸状能量函数。)

6. 证明在欧几里得平面上,当地标不在一条直线上时,通过最小化中心与目的节点之间的虚拟距离用于 GLIDER 内部路由的贪心路由算法没有局部最小值。

7. 详细说明在地理路由中怎样协调节点的移动特性。

8. 证明在地标路由中,如果至少选择三个不共线的地标并在欧几里得平面上用与地标之间的欧几里得距离定义其他任意的点的虚拟坐标,那么每一个点的虚拟坐标都是独一无二的。请举例说明在离散的无线网络中上述结论可能不成立。

9. 从存储需求、潜在问题,以及节点的稳健性出发,对比地理散列表和双裁决方案在数据中心路由中使用的利弊。

10. 详细说明在 GLS 中怎样处理节点嵌入问题。

参 考 文 献

1. I. Abraham, D. Dolev, and D. Malkhi. LLS: A locality aware location service for mobile ad hoc networks. In DIALM-POMC ’ 04: Proceedings of the 2004 joint workshop on Foundations of mobile computing, 2004. ACM Press, New York, pages 75–84.

2. P. Angelini, F. Frati, and L. Grilli. An algorithm to construct greedy drawings of triangulations. In Proceedings of the 16th International Symposium on Graph Drawing, pages 26–37, 2008.
3. J. Aspnes, D. Goldenberg, and Y. R. Yang. On the computational complexity of sensor network localization. In The First International Workshop on Algorithmic Aspects of Wireless Sensor Networks (ALGOSENSORS), pages 32–44, 2004.
4. B. Awerbuch and D. Peleg. Concurrent online tracking of mobile users. In SIGCOMM' 91: Proceedings of the conference on Communications architecture & protocols, 1991. ACM Press, New York, pages 221–233.
5. M. Badoiu, E. D. Demaine, M. T. Hajiaghayi, and P. Indyk. Lowdimensional embedding with extra information. In SCG' 04: Proceedings of the twentieth annual symposium on Computational geometry, 2004. ACM Press, New York, pages 320–329.
6. P. Bahl and V. N. Padmanabhan. RADAR: An in-building RF-based user location and tracking system. In IEEE INFOCOM, Volume 2, pages 775–784, 2000.
7. P. Biswas and Y. Ye. Semidefinite programming for ad hoc wireless sensor network localization. In Proceedings of the 3rd International Symposium on Information Processing in Sensor Networks, pages 46–54, 2004.
8. L. Blazević, L. Buttyán, S. Capkun, S. Giordano, H. Hubaux, and J. L. Boudec. Self-organization in mobile ad hoc networks: The approach of terminodes. IEEE Communications Magazine, pages 166–175, 2001.
9. I. Borg and P. Groenen. Modern Multidimensional Scaling: Theory and Applications. Springer-Verlag, Berlin 1997.
10. P. Bose, P. Morin, I. Stojmenovic, and J. Urrutia. Routing with guaranteed delivery in ad hoc wireless networks. Wireless Networks, 7(6):609–616, 2001.
11. D. Braginsky and D. Estrin. Rumor routing algorithm for sensor networks. In Proc. of the 1s ACM Int'l Workshop on Wireless Sensor Networks and Applications (WSNA), pages 22–31, September 2002.
12. H. Breu and D. G. Kirkpatrick. Unit disk graph recognition is NP-hard. Computational Geometry: Theory and Applications, 9(1–2):3–24, 1998.
13. J. Bruck, J. Gao, and A. Jiang. Localization and routing in sensor networks by local angle information. In Proceedings of the Sixth ACM International Symposium on Mobile Ad Hoc Networking and Computing (MobiHoc'05), pages 181–192, May 2005.
14. J. Bruck, J. Gao, and A. Jiang. MAP: Medial axis based geometric routing in sensor networks. Wireless Networks, 13(6):835–853, 2007.
15. M. Caesar, M. Castro, E. B. Nightingale, G. O'Shea, and A. Rowstron. Virtual ring routing: Network routing inspired by dhts. In SIGCOMM '06: Proceedings of the 2006 conference on Applications, technologies, architectures, and protocols for computer communications, 2006. ACM Press, New York, pages 351–362.
16. A. Caruso, A. Urpi, S. Chessa, and S. De. GPS free coordinate assignment and routing in wireless sensor networks. In Proceedings of the 24th Conference of the IEEE Communication Society (INFOCOM), Volume 1, pages 150–160, March 2005.
17. H. T.-H. Chan, A. Gupta, B. M. Maggs, and S. Zhou. On hierarchical routing in doubling metrics. In SODA' 05: Proceedings of the sixteenth annual ACM-SIAM symposium on Discrete algorithms, 2005. Society for Industrial and Applied Mathematics, Pennsylvania, pages 762–771.
18. B. Chen and R. Morris. L+: Scalable landmark routing and address lookup for multi-hop wireless networks. Technical Report MIT-LCS-TR-837, Massachusett Institute of Technology, 2002.
19. M. B. Chen, C. Gotsman, and C. Wormser. Distributed computation of virtual coordinates. In SCG' 07: Proceedings of the twenty-third annual symposium on Computational geometry, 2007. ACM Press, New York, pages 210–219.
20. Y.-C. Cheng, Y. Chawathe, A. LaMarca, and J. Krumm. Accuracy characterization for metropolitan-scale wifi localization. In MobiSys ' 05: Proceedings of the 3rd international conference on Mobile systems, applications, and services, 2005. ACM Press, New York, pages 233–245.

21. H. S. M. Coxeter. Introduction to Geometry. Wiley, New York, 2nd edition, 1969.
22. R. Dhandapani. Greedy drawings of triangulations. In SODA' 08: Proceedings of the nineteenth annual ACM-SIAM symposium on Discrete algorithms, 2008.
23. L. Doherty, L. E. Ghaoui, and S. J. Pister. Convex position estimation in wireless sensor networks. In IEEE Infocom, Volume 3, pages 1655–1663, April 2001.
24. A. Efrat, C. Erten, D. Forrester, A. Iyer, and S. G. Kobourov. Force-directed approaches to sensor localization. In Proceedings of the 8th Workshop on Algorithm Engineering and Experiments (ALENEX), pages 108–118, 2006.
25. Q. Fang, J. Gao, and L. Guibas. Locating and bypassing routing holes in sensor networks. In Mobile Networks and Applications, Volume 11, pages 187–200, 2006.
26. Q. Fang, J. Gao, L. Guibas, V. de Silva, and L. Zhang. GLIDER: Gradient landmark-based distributed routing for sensor networks. In Proceedings of the 24th Conference of the IEEE Communication Society (INFOCOM) Volume 1, pages 339–350, March 2005.
27. Q. Fang, J. Gao, and L. J. Guibas. Landmark-based information storage and retrieval in sensor networks. In The 25th Conference of the IEEE Communication Society (INFOCOM' 06), pages 1–12, April 2006.
28. S. P. Fekete, M. Kaufmann, A. Kröller, and N. Lehmann. A new approach for boundary recognition in geometric sensor networks. In Proceedings 17th Canadian Conference on Computational Geometry, pages 82–85, 2005.
29. S. P. Fekete, A. Kröller, D. Pfisterer, S. Fischer, and C. Buschmann. Neighborhood-based topology recognition in sensor networks. In ALGOSENSORS, Volume 3121 of Lecture Notes in Computer Science, 2004 Springer, Berlin, pages 123–136.
30. G. G. Finn. Routing and addressing problems in large metropolitan-scale internetworks. Technical Report ISU/RR-87-180, ISI, March 1987.
31. R. Flury and R. Wattenhofer. MLS: An efficient location service for mobile ad hoc networks. In MobiHoc '06: Proceedings of the seventh ACM international symposium on Mobile ad hoc networking and computing, 2006. ACM press, New York, pages 226–237.
32. R. Fonesca, S. Ratnasamy, J. Zhao, C. T. Ee, D. Culler, S. Shenker, and I. Stoica. Beacon vector routing: Scalable point-to-point routing in wireless sensornets. In Proceedings of the 2nd Symposium on Networked Systems Design and Implementation (NSDI), pages 329–342, May 2005.
33. S. Funke. Topological hole detection in wireless sensor networks and its applications. In DIALM-POMC '05: Proceedings of the 2005 Joint Workshop on Foundations of Mobile Computing, 2005. ACM Press, New York, pages 44–53.
34. S. Funke, L. J. Guibas, A. Nguyen, and Y. Wang. Distance-sensitive routing and information brokerage in sensor networks. In IEEE International Conference on Distributed Computing in Sensor System (DCOSS' 06), pages 234–251, June 2006.
35. S. Funke and C. Klein. Hole detection or: "How much geometry hides in connectivity?". In SCG '06: Proceedings of the twenty-second annual symposium on Computational geometry, pages 377–385, 2006.
36. S. Funke and N. Milosavljević. Guaranteed-delivery geographic routing under uncertain node locations. In Proceedings of the 26th Conference of the IEEE Communications Society (INFOCOM' 07), pages 1244–1252, May 2007.
37. S. Funke and N. Milosavljević. Network sketching or: "how much geometry hides in connectivity? - part II". In SODA '07: Proceedings of the eighteenth annual ACM-SIAM symposium on Discrete algorithms, 2007. Society for Industrial and Applied Mathematics, Pennsylvania, pages 958–967.
38. D. Ganesan, B. Krishnamachari, A. Woo, D. Culler, D. Estrin, and S. Wicker. Complex behavior at scale: An experimental study of low-power wireless sensor networks. Technical Report UCLA/CSD-TR 02-0013, UCLA, 2002.
39. J. Gao, L. Guibas, and A. Nguyen. Deformable spanners and their applications. Computational Geometry: Theory and Applications, 35(1–2):2–19, 2006.
40. J. Gao, L. J. Guibas, S. Y. Oudot, and Y. Wang. Geodesic Delaunay triangulations and witness complexes in the plane. In Proceedings of the ACM–SIAM Symposium on Discrete Algorithms (SODA' 08), 571–580, January 2008.

41. R. Ghrist and A. Muhammad. Coverage and hole-detection in sensor networks via homology. In Proceedings the 4th International Symposium on Information Processing in Sensor Networks (IPSN' 05), pages 254–260, 2005.
42. D. K. Goldenberg, P. Bihler, Y. R. Yang, M. Cao, J. Fang, A. S. Morse, and B. D. O. Anderson. Localization in sparse networks using sweeps. In MobiCom ' 06: Proceedings of the 12th annual international conference on Mobile computing and networking, 2006, ACM Press, New York, pages 110–121.
43. M. T. Goodrich and D. Strash. Succinct greedy geometric routing in r2. Technical report on arXiv:0812.3893, 2008.
44. C. Gotsman and Y. Koren. Distributed graph layout for sensor networks. In Proceedings of the International Symposium on Graph Drawing, pages 273–284, September 2004.
45. Y.-J. Kim, R. Govindan, B. Karp, and S. Shenker. Lazy cross-link removal for geographic routing. In SenSys ' 06: Proceedings of the 4th international conference on Embedded networked sensor systems, 2006. ACM Press, New York, pages 112–124.
46. B. Greenstein, D. Estrin, R. Govindan, S. Ratnasamy, and S. Shenker. DIFS: A distributed index for features in sensor networks. In Proceedings of First IEEE International Workshop on Sensor Network Protocols and Applications, pages 163–173, Anchorage, Alaska, May 2003.
47. A. Gupta, R. Krauthgamer, and J. R. Lee. Bounded geometries, fractals, and low-distortion embeddings. In FOCS ' 03: Proceedings of the 44th Annual IEEE Symposium on Foundations of Computer Science, 2003. IEEE Computer Society, Washington, page 534–543.
48. A. Harter, A. Hopper, P. Steggles, A. Ward, and P. Webster. The anatomy of a context-aware application. In MobiCom ' 99: Proceedings of the 5th annual ACM/IEEE international conference on Mobile computing and networking, 1999, ACM Press, New York, pages 59–68.
49. B. Hofmann-Wellenhof, H. Lichtenegger, and J. Collins. Global Positioning Systems: Theory and Practice. 5th edition, Springer, Berlin, 2001.
50. C. Intanagonwiwat, R. Govindan, and D. Estrin. Directed diffusion: A scalable and robust communication paradigm for sensor networks. In ACM Conference on Mobile Computing and Networking (MobiCom), pages 56–67, 2000.
51. R. Jain, A. Puri, and R. Sengupta. Geographical routing using partial information for wireless ad hoc networks. IEEE Personal Communications, 8(1):48–57, Feb. 2001.
52. D. Karger, E. Lehman, T. Leighton, R. Panigrahy, M. Levine, and D. Lewin. Consistent hashing and random trees: Distributed caching protocols for relieving hot spots on the world wide web. In STOC '97: Proceedings of the twenty-ninth annual ACM symposium on Theory of computing, 1997. ACM Press, New york, pages 654–663.
53. B. Karp and H. Kung. GPSR: Greedy perimeter stateless routing for wireless networks. In Proceedings of the ACM/IEEE International Conference on Mobile Computing and Networking (MobiCom), pages 243–254, 2000.
54. Y.-J. Kim, R. Govindan, B. Karp, and S. Shenker. Geographic routing made practical. In Proceedings of the Second USENIX/ACM Symposium on Networked System Design and Implementation (NSDI 2005), May 2005.
55. Y.-J. Kim, R. Govindan, B. Karp, and S. Shenker. On the pitfalls of geographic face routing. In DIALM-POMC '05: Proceedings of the 2005 joint workshop on Foundations of mobile computing, 2005. ACM Press, New York, pages 34–43.
56. R. Kleinberg. Geographic routing using hyperbolic space. In Proceedings of the 26th Conference of the IEEE Communications Society (INFOCOM' 07), pages 1902–1909, 2007.
57. E. Kranakis, H. Singh, and J. Urrutia. Compass routing on geometric networks. In Proceedings 11th Canadian Conference on Computational Geometry, pages 51–54, 1999.
58. P. Krishnan, A. S. Krishnakumar, W.-H. Ju, C. Mallows, and S. Ganu. A system for LEASE: System for location estimation assisted by stationary emitters for indoor RF wireless networks. In IEEE Infocom, Volume 2, pages 1001–1011, Hongkong, March 2004.
59. A. Kröller, S. P. Fekete, D. Pfisterer, and S. Fischer. Deterministic boundary recognition and topology extraction for large sensor networks. In Proceedings of the Seventeenth Annual ACM-SIAM Symposium on Discrete Algorithms, pages 1000–1009, 2006.

60. F. Kuhn, T. Moscibroda, and R. Wattenhofer. Unit disk graph approximation. In Proceedings of the 2004 Joint Workshop on Foundations of Mobile Computing, pages 17–23, 2004.
61. F. Kuhn, R. Wattenhofer, Y. Zhang, and A. Zollinger. Geometric ad-hoc routing: Of theory and practice. In Proceedings 22nd ACM International Symposium on the Principles of Distributed Computing (PODC), pages 63–72, 2003.
62. F. Kuhn, R. Wattenhofer, and A. Zollinger. Asymptotically optimal geometric mobile ad-hoc routing. In Proceedings of the 6th International Workshop on Discrete Algorithms and Methods for Mobile Computing and Communications, pages 24–33, 2002.
63. A. M. Ladd, K. E. Bekris, A. Rudys, L. E. Kavraki, D. S. Wallach, and G. Marceau. Robotics-based location sensing using wireless ethernet. In MobiCom '02: Proceedings of the 8th annual international conference on Mobile computing and networking, 2002. ACM Press, New York, pages 227–238.
64. T. Leighton and A. Moitra. Some results on greedy embeddings in metric spaces. In Proceeding of the 49th IEEE Annual Symposium on Foundations of Computer Science, pages 337–346, October 2008.
65. J. Li, J. Jannotti, D. Decouto, D. Karger, and R. Morris. A scalable location service for geographic ad-hoc routing. In Proceedings of 6th ACM/IEEE International Conference on Mobile Computing and Networking, pages 120–130, 2000.
66. Z. Li, W. Trappe, Y. Zhang, and B. Nath. Robust statistical methods for securing wireless localization in sensor networks. In IPSN '05: Proceedings of the 4th international symposium on Information processing in sensor networks, Piscataway, NJ, USA, 2005. IEEE Press, New York, pages 91–98.
67. N. Linial, L. Lovász, and A. Wigderson. Rubber bands, convex embeddings and graph connectivity. Combinatorica, 8(1):91–102, 1988.
68. X. Liu, Q. Huang, and Y. Zhang. Combs, needles, haystacks: Balancing push and pull for discovery in large-scale sensor networks. In SenSys '04: Proceedings of the 2nd international conference on Embedded networked sensor systems, 2004, ACM Press, New York pages 122–133.
69. S. Madden, M. J. Franklin, J. M. Hellerstein, and W. Hong. TAG: A tiny aggregation service for ad-hoc sensor networks. SIGOPS Operating Systems Review, 36(SI):131–146, 2002.
70. Y. Mao, F. Wang, L. Qiu, S. S. Lam, and J. M. Smith. S4: Small state and small stretch routing protocol for large wireless sensor networks. In Proceedings of the 4th USENIX Symposium on Networked System Design and Implementation (NSDI 2007), April 2007.
71. D. Moore, J. Leonard, D. Rus, and S. Teller. Robust distributed network localization with noisy range measurements. In SenSys '04: Proceedings of the 2nd international conference on Embedded networked sensor systems, 2004. ACM Press, New York, pages 50–61.
72. A. Nasipuri and R. E. Najjar. Experimental Evaluation of an Angle Based Indoor Localization System. In Proceedings of the 4th International Symposium on Modeling and Optimization in Mobile, Ad Hoc and Wireless Networks, pages 1–9, Boston, MA, April 2006.
73. J. Newsome and D. Song. GEM: Graph embedding for routing and data-centric storage in sensor networks without geographic information. In SenSys '03: Proceedings of the 1st international conference on Embedded networked sensor systems, 2003. ACM Press, New York, pages 76–88.
74. A. Nguyen, N. Milosavljevic, Q. Fang, J. Gao, and L. J. Guibas. Landmark selection and greedy landmark-descent routing for sensor networks. In Proceedings of the 26th Conference of the IEEE Communications Society (INFOCOM'07), pages 661–669, May 2007.
75. D. Niculescu and B. Nath. Ad hoc positioning system (APS). In IEEE GLOBECOM, pages 2926–2931, 2001.
76. D. Niculescu and B. Nath. *Ad hoc* positioning system (APS) using AOA. In IEEE INFOCOM, Volume 22, pages 1734–1743, March 2003.
77. D. Niculescu and B. Nath. Error characteristics of ad hoc positioning systems (APS). In MobiHoc '04: Proceedings of the 5th ACM International Symposium on Mobile Ad Hoc Networking and Computing, pages 20–30, 2004.

78. D. Niculescu and B. Nath. VOR base stations for indoor 802.11positioning. In MobiCom' 04: Proceedings of the 10th annual international conference on Mobile computing and networking, 2004. ACM Press, New York, pages 58–69.
79. C. H. Papadimitriou and D. Ratajczak. On a conjecture related to geometric routing. Theoretical Computer Science, 344(1):3–14, 2005.
80. N. B. Priyantha, A. Chakraborty, and H. Balakrishnan. The cricket location-support system. In MobiCom '00: Proceedings of the 6th ACM Annual International Conference on Mobile Computing and Networking, pages 32–43, 2000.
81. A. Rao, C. Papadimitriou, S. Shenker, and I. Stoica. Geographic routing without location information. In Proceedings of the 9th annual international conference on Mobile computing and networking, 2003. ACM Press, New York, pages 96–108.
82. S. Ratnasamy, P. Francis, M. Handley, R. Karp, and S. Schenker. A scalable content-addressable network. In SIGCOMM '01: Proceedings of the 2001 conference on Applications, technologies, architectures, and protocols for computer communications, 2001. ACM Press, New York, pages 161–172.
83. S. Ratnasamy, B. Karp, L. Yin, F. Yu, D. Estrin, R. Govindan, and S. Shenker. GHT: A geographic hash table for data-centric storage in sensornets. In Proceedings 1st ACM Workshop on Wireless Sensor Networks and Applications, pages 78–87, 2002.
84. A. I. T. Rowstron and P. Druschel. Pastry: Scalable, decentralized object location, and routing for large-scale peer-to-peer systems. In Middleware '01: Proceedings of the IFIP/ACM International Conference on Distributed Systems Platforms Heidelberg, London, UK, 2001. Springer-Verlag, Berlin, pages 329–350.
85. R. Sarkar, X. Zhu, and J. Gao. Double rulings for information brokerage in sensor networks. In Proceedings of the ACM/IEEE International Conference on Mobile Computing and Networking (MobiCom), pages 286–297, September 2006.
86. A. Savvides, C.-C. Han, and M. B. Strivastava. Dynamic fine-grained localization in *ad-hoc* networks of sensors. In Proceedings 7th Annual International Conference on Mobile Computing and Networking (MobiCom 2001), Rome, Italy, July 2001. ACM Press, New York, pages 166–179.
87. A. Savvides, H. Park, and M. B. Strivastava. The *n*-hop multilateration primitive for node localization problems. Mobile Networks and Applications, 8(4):443–451, 2003.
88. K. Seada, A. Helmy, and R. Govindan. On the effect of localization errors on geographic face routing in sensor networks. In IPSN '04: Proceedings of the third international symposium on Information processing in sensor networks, 2004. ACM Press, New York, pages 71–80.
89. Y. Shang, W. Ruml, Y. Zhang, and M. P. J. Fromherz. Localization from mere connectivity. In MobiHoc '03: Proceedings of the 4th ACM International Symposium on Mobile Ad Hoc Networking and Computing, pages 201–212, 2003.
90. S. Shenker, S. Ratnasamy, B. Karp, R. Govindan, and D. Estrin. Data-centric storage in sensornets. SIGCOMM Computer Communication Review, 33(1):137–142, 2003.
91. A. M.-C. So and Y. Ye. Theory of semidefinite programming for sensor network localization. In SODA '05: Proceedings of the sixteenth annual ACM-SIAM symposium on Discrete algorithms, 2005. Society for Industrial and Applied Mathematics, Pennsylvania, pages 405–414.
92. I. Stoica, R. Morris, D. Karger, M. F. Kaashoek, and H. Balakrishnan. Chord: A scalable peer-to-peer lookup service for internet applications. In SIGCOMM '01: Proceedings of the 2001 conference on Applications, technologies, architectures, and protocols for computer communications, 2001. ACM Press, New York, pages 149–160.
93. I. Stojmenovic. A routing strategy and quorum based location update scheme for ad hoc wireless networks. Technical Report TR-99-09, SITE, University of Ottawa, September, 1999.
94. I. Stojmenovic and X. Lin. Loop-free hybrid single-path/flooding routing algorithms with guaranteed delivery for wireless networks. IEEE Transactions on Parallel and Distributed Systems, 12(10):1023–1032, 2001.
95. I. Stojmenovic and X. Lin. Power-aware localized routing in wireless networks. IEEE Transactions on Parallel and Distributed Systems, 12(11):1122–1133, 2001.
96. H. Takagi and L. Kleinrock. Optimal transmission ranges for randomly distributed packet radio terminals. IEEE Transactions on Communications, 32(3):246–257, 1984.

97. R. Thomas and X. Yu. 4-connected projective-planar graphs are hamiltonian. Journal of Combinational Theory Series B, 62(1):114–132, 1994.
98. M. Thorup and U. Zwick. Approximate distance oracles. In Proceedings ACM Symposium on Theory of Computing, pages 183–192, 2001.
99. M. Thorup and U. Zwick. Compact routing schemes. In SPAA '01: Proceedings of the thirteenth annual ACM symposium on Parallel algorithms and architectures, 2001. ACM Press, New York, pages 1–10.
100. P. F. Tsuchiya. The landmark hierarchy: A new hierarchy for routing in very large networks. In SIGCOMM '88: Symposium proceedings on Communications architectures and protocols, 1988. ACM Press, New York, pages 35–42.
101. Y. Wang, J. Gao, and J. S. B. Mitchell. Boundary recognition in sensor networks by topological methods. In Proceedings of the ACM/IEEE International Conference on Mobile Computing and Networking (MobiCom), pages 122–133, September 2006.
102. R. Want, A. Hopper, V. Falcao, and J. Gibbons. The active badge location system. ACM Transactions on Information Systems, 10:91–102, January 1992.
103. M. Wattenhofer, R. Wattenhofer, and P. Widmayer. Geometric Routing without Geometry. In 12th Colloquium on Structural Information and Communication Complexity (SIROCCO), Le Mont Saint-Michel, France, May 2005.
104. K. Whitehouse and D. Culler. A robustness analysis of multi-hop ranging-based localization approximations. In IPSN '06: Proceedings of the fifth international conference on Information processing in sensor networks, 2006. ACM Press, New York, pages 317–325.
105. K. Whitehouse, C. Karlof, A. Woo, F. Jiang, and D. Culler. The effects of ranging noise on multihop localization: an empirical study. In IPSN '05: Proceedings of the 4th international symposium on Information processing in sensor networks, Piscataway, NJ, USA, 2005. IEEE Press, New York, pages 73–80.
106. F. Ye, H. Luo, J. Cheng, S. Lu, and L. Zhang. A two-tier data dissemination model for large-scale wireless sensor networks. In MobiCom '02: Proceedings of the 8th annual international conference on Mobile computing and networking, 2002. ACM Press, New York, pages 148–159.
107. M. Youssef, A. Agrawala, and U. Shankar. WLAN location determination via clustering and probability distributions. Technical report, University of Maryland, College Park, MD, March 2003.
108. F. Zhang, H. Li, A. A. Jiang, J. Chen, and P. Luo. Face tracing based geographic routing in nonplanar wireless networks. In Proceedings of the 26th Conference of the IEEE Communications Society (INFOCOM'07), pages 2243–2251, May 2007.
109. B. Y. Zhao, J. D. Kubiatowicz, and A. D. Joseph. Tapestry: An infrastructure for fault-tolerant wide-area location and. Technical report, Berkeley, CA, USA, 2001.
110. G. Zhou, T. He, S. Krishnamurthy, and J. A. Stankovic. Impact of radio irregularity on wireless sensor networks. In MobiSys '04: Proceedings of the 2nd international conference on Mobile systems, applications, and services, 2004. ACM Press, New York, pages 125–138.
111. G. Ziegler. Lectures on Polytopes. Springer-Verlag, Berlin 1995.

第6章　无线传感器网络中的协作中继

协作中继被证明是一种改善无线网络性能在错误率方面的有效方法。该技术通过利用相互中继信号的协作节点提供的空间分集来对抗衰落。在无线传感器网络的背景下,协作中继可以应用在传感器节点上降低能量消耗从而延长网络的生命周期。然而,发挥这个优点需要仔细地将这一技术整合到路由进程中以利用分集增益。本章介绍了理解协作中继所需要的基本概念和实现协作中继的最新节能路由协议。

6.1　引言

无线通信能够通过在无线信道发射和接收电磁波实现信息传输。信道是由Shannon定义的[1],它作为一个中介被用于从发送方到接收方的数据传输。在无线通信的情况下,通信介质则是"无线电信道"以及尝试进行数据通信的相关无线电频率范围。有线和无线通信的一个潜在原则是信道的质量影响发送方和接收方成功传输的信息量。一个"较强的"信道能够比"较弱的"信道以更高的速率进行通信,因此优先权更高。

无线通信中的挑战来自于介质的性质。第一,无线媒介受到大气因素的影响,大气可能对信号的强度和完整性产生负面的影响。第二,由于多径传播,衰弱信号的多份副本到达接收器时相位不一致,会产生相长和相消组合。接收信号强度的结果变化称为衰弱,会在该信道上与信号衰减一起影响数据传输的最大速率。第三,无线媒介的广播特性意味着可能受到同时在同一信道内传输的其他信号的干扰。其中一些负面因素对无线传输来说是不可避免的,如大气的影响效应和信号衰减。然而,通过创新性的工程设计和协议制定,可以减少其他因素的负面影响如衰弱和信道竞争。其中之一就是协作中继方法,用来克服无线网络中衰减所引起的负面影响。

6.2　背景

发送信号强度随移动距离的增加而衰减是一个常见的无线通信障碍。因

此，距离发射器较远的天线将接收功率降低的信号，从而妨碍发射信号的成功接收。各向同性天线在自由空间损耗由以下关系式给出

$$\frac{P_{tx}}{P_{rx}}=\frac{(4\pi d)^2}{\lambda^2} \tag{6.1}$$

式中：P_{tx}是传输信号的功率；P_{rx}是接收信号的功率；λ 是载波波长；d 是发送和接收之间的距离。

对于其他类型的天线，发射器和接收器天线的自身增益也应加以考虑。从式(6.1)得，功率与信号的移动距离成反比，即 $P_{rx}\sim P_{tx}d^{-\alpha}$。$\alpha$ 被作为路径损耗指数，取值介于 2(对于户外环境)与 4(对于户内环境)之间，取决于无线环境性质。重要的是，路径损耗的实际影响受到无线源的传输范围的限制。

转发的使用就是为了增加传输范围。中继是用于提高无线节点传输范围的主要技术，最简单的形式是在传统的转发中使用一个中间节点，以提高从原始源接收到的信号强度。这个加强的信号随后向预定的目的地转发。在图 6.1 中，节点 R 充当节点 S 与节点 D 之间传输的中继节点：节点 R 从节点 S 接收原来的传输信号，在提高了信号强度后转发给节点 D。这个典型转发的主要优点是增加了无线网络的覆盖区域。

图 6.1　典型的转发：节点 R 作为节点 S 和 D 之间的中继节点。在阶段 1，从节点 S 发送到节点 R，随后在阶段 2 中节点 R 发送到节点 D

最新的一种转发形式是协作中继。经典转发的目的是增加无线源的传输范围，而协作中继的目的是清除无线电信道衰减的影响，以减少在接收机处成功解码特定消息所需要重传的次数。因此，协作中继的重点是降低无线信道经历衰弱的错误率。

6.2.1　协作中继

协作中继[2-5]的目的是利用在目前无线网络中存在的固有分集，其核心采用独立的衰减路径和分集组合技术。它是基于在频率、时间或空间上分离的信道通常会独立地经历衰落效应地观察。如果信息数据是通过多个独立的路径接收的，这些路径中至少一个不会发生深度衰减的概率很高。因此，通过最优地组合来自不同路径接收的信号，接收器是可能实现成功的解码传输的。

实现协作中继的第一步是实现多个独立的衰落路径。在无线系统中，我们

观察到可以使用的三种主要分集类型如下：

(1) 时间分集：通过观察发现信道条件随时间的变化。该衰减经历了相干间隔之间的信道变化从而产生在时间上独立的衰减路径，在这里可以使用交织和前向纠错(FEC)码来实现分集增益。

(2) 频率分集：可用带宽大于相干带宽时观察到这种情况。对应于相干带宽的每个频率范围代表一个在频率上分离的独立的衰减信道，可使用扩展频谱技术或交织和前向纠错，以实现分集增益。

(3) 空间分集：通过在发送机中使用多个天线发送或接收来实现的。假定该天线在空间被充分分离(超过半个波长)，它们会引起信道的独立的衰落特征，因此可以用来实现分集增益。接收分集是由相干组合接收的信号在不同的天线上实现[6]。在发射分集[7-9]，发射机采用信道状态信息(CSI)来处理来自不同天线发射的信号以使它们同相到达接收机。如果 CSI 不可用，发送分集仍然可以通过在空间(即天线)和时间上进行编码实现，称为空时编码技术。

多样性的三种形式中，空间分集由于需要额外的天线和相应的 RF 电路会产生额外的硬件成本。在严格限制的复杂性系统中，如无线传感器网络，使用天线阵列来实现空间分集，可能无法实现。然而可以通过多个传感器节点的协作来构建提供分集增益的虚拟天线阵列。每个协同传感器节点独立天线之间可以构成虚拟阵列，并可以用来实现空间分集。如图 6.2 所示，描述了一个涉及三个传感器节点协作转发方案的示例，其中天线在源节点和转发节点构成一个虚拟阵列。

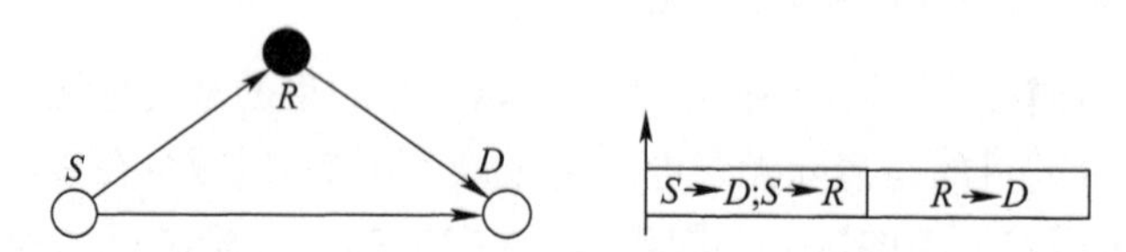

图 6.2　协作中继：节点 R 作为节点 S 和节点 D 之间的转发节点。在阶段 1，传送从节点 S 到节点 D 和从节点 S 到节点 R；在阶段 2，传送从节点 R 到节点 D；在阶段 2 后，节点 D 最佳组合来自阶段 1 的 S 的发送和来自阶段 2 的 R 的发送来利用空间分集

6.2.2　转发策略

根据中继节点采用的转发策略，中继策略可以分为三大类。根据应用的延迟限制和转发节点的计算功率，中继节点可以用来放大和转发(AF)、解码和转发(DF)，或者解码—重新编码(DR)输入的信号。每一种方法都有其优缺点。我们将在后面更详细地进行描述。

(1) 放大和转发:在放大和转发方案中,转发节点在第一阶段从源接收信号(图6.2)。在阶段2中,转发经过强度放大后的衰减信号到目的节点。解码之前,目的节点将中继信号与它通过直接信道(在阶段1)从源接收到的原始传输相结合(第1阶段)。这种方案的一个主要优点在于,相比于DF方案对信号进行编码,中继节点只需使用很少的计算能力,而这个编码不是必要的。另外,延时介绍作为一个转发的结果至少还有AF。文献[4]已经表明,二阶分集增益是可能使用AF的。可以看出,对于大的信噪比中断概率通过 $P_{\text{out}} \approx \left[\frac{2^{2R}-1}{\text{SNR}}\right]^2$ 进行赋值,其中 R 是该信道的频谱效率(1b/s/Hz)。因此,如果信噪比增加10dB,中断概率将降为原来的1/100倍。然而,作为原始信号一部分的任何噪声都会被中继放大并转发到目的地,这是该策略的一个主要缺点。

(2) 解码和转发:在DF方案中,在阶段1中断节点试图对接收信号中的信号进行解码。只有当第1阶段成功时,它才转发到第2阶段的目标节点。目的地节点将转发传输与存储在第1阶段的原始信号最佳地结合起来。这种方法的一个主要优点是,在所述中继信道中引入的噪声在解码中会被删除,这将使第2阶段中原始信号副本的发送非常精确。然而,在没有纠错码时,已引入到信号的任何错误都将传送到目的地。利用错误检测技术(如CRC和校验)可以保证错误消息不转发到目的地节点。根据所采用的转发策略,转发节点可以选择丢弃任何到达中继时已发生错误的消息。DF方案的缺点主要是由于转发节点对它接收的每个消息进行解码增加了成本。这在转发中间增加了运算也为转发处理引入了显著的延迟,所以不能很好地满足于延迟敏感的应用需求。在文献[4]中,已经证明在高信噪比下,DF不提供分集增益。更具体地说,对于高信噪比,中断概率满足 $P_{\text{out}} \approx \left[\frac{2^{2R}-1}{\text{SNR}}\right]^2$,$R$ 为频谱效率。需要注意的是,要求中继在中继之前成功解码每条消息这将DF方案的性能限制为源到中继信道的性能。

(3) 解码—重新编码:DR是根据DF变化,它遵循类似的原则。它不同于DF,所述代码用于将信号在转发节点进行编码来区别于从源地址到目的地的传输。因此,额外的冗余在接收器是可见的,因为它接收到相同消息的编码为不同代码的两个副本。然而,仍然没有很好地避免目的节点转发错误的问题。

6.2.3 组合策略

协作中继的有效性依赖于接收机的相干且最优地组合输入信号的能力。各种组合策略都是可能的。一个组合策略定义了如何接收处理被假定通过独立的衰减路径到达的多个信号。它既可以定义每个单独的信号对接收器输出的贡献比例,也能定义如何选择单独的信号作为接收器解码器的输入。如果两个策略中的前者被选为向前合成阶段,则与输入信号相关联的相位将被移去。这称为同相位。由于输入信号通过独立的路径到达,它们中每个都会有一个相位 θ_i 并到达彼此接收器的异相位。所需要的输入信号之间的相位差以相干组合输入信号进行补偿。同相位的输入信号的故障会导致输出信号仍然表现出显著的衰减,这是由于通过不同衰减路径的信号的建设性和破坏性增加造成的。输入信号的相位是通过信号与其相关联的向量相乘来消除,$e^{-j\theta_i}$,θ_i 是信道组合之前的相移。大多数组合的策略可以表示为相关联的不同输入信号以不同权重组成的一个线性组合。接收机分集组合系统模型如图 6.3 所示。

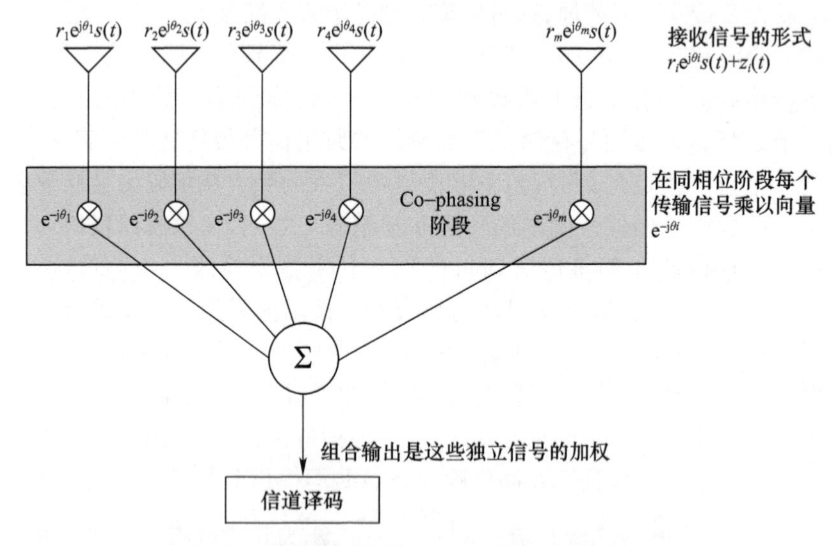

图 6.3　组合策略为各个分支不同权重的线性组合,与单独的分支相关联的相位在共同相位阶段[10]除去

我们可以根据分配给各个分支的权重的不同对这些组合策略进行分类,分别如下:

(1) 相同比组合(ERC):各个输入信号相结合的最简单的方法是分配相同的权重给每个分支。在 ERC 同相位后,信号与每个单独的分支进行线性组合,对输出信号的贡献相等。因此,线性组合输出信号 $y_d[t]$将表示为

$$y_d[t] = \sum_{i=1}^{m} e^{-j\theta_i} y_{i,d}[t] \tag{6.2}$$

由于权重不考虑信道质量,它可以弥补某些信道状态信息(如随时间变化的SNR)不适用于单个路径的情况。在图 6.2 中 3 节点的情况下,该输出信号将是来自源到目标的中继信号 $y_{r,d}[t]$和直接信号 $y_{s,d}[t]$的线性组合(合相位后)。

(2) 固定比率组合(FRC):在 FRC 中,每个单独的信号被分配一个固定的权重,这并不对整个通信产生影响。每个单独路径的权重都是对感知平均信道质量的估计。由于权重在整个通信过程中是固定的,它不是基于时间变化的信道特性,例如接收信号强度(RSS),而是由各种因素共同决定的,如转发和目的地之间的固定距离等。因此权重是一个可以感知的但并不确定的信道质量的估计。由于是多个信号相结合,FRC 需要在同相位的信号组合前完成。使用 FRC,线性组合的输出是

$$y_d[t] = \sum_{i=1}^{m} w_{i,d}\mathrm{e}^{-\mathrm{j}\theta_i}y_{i,d}[t] \tag{6.3}$$

式中:$w_{i,d}$是单个信号路径的权重。

将这个方法应用于图 6.2 例子中的 3 节点,线性组合的输出为

$$y_d[t] = w_{s,d}\mathrm{e}^{-\mathrm{j}\theta_s}y_{s,d}[t] + w_{r,d}\mathrm{e}^{-\mathrm{j}\theta_r}y_{r,d}[t] \tag{6.4}$$

然而,由于中继信道是一个多跳路径,还需要考虑从源到中继的前向信道的质量。因此,线性组合将需要从源到中继再到目的地的整个路径来计算权重 $w_{r,d}$。

(3) 选择组合(SC):选择组合在具有平均 SNR 最高的各个路径中选择。因此,组合器不能连续地组合独立信号。尽管使用 SC 不要求单独信号之间要同相位,因为其中只有一个信号会被选中,但在计算 $y_{i,d}$对应的 SRN_i 时同相位是隐喻其中的。选择规则可以表示为

$$y_d[t] = y_{i^*,d}[t] \tag{6.5}$$

式中:$i^* = \arg\max_i \mathrm{SNR}_i$。

我们还可以这样结合 ERC 和 SC:SC 用于中继选择,ERC 用于将中继信号与从源到目的地的直接传输线性组合。当多个转发存在和应用时,在图 6.2 中 3 节点的例子中,有

$$y_d[t] = \mathrm{e}^{-\mathrm{j}\theta_s}y_{s,d}[t] + \mathrm{e}^{-\mathrm{j}\theta_{r^*}}y_{r^*,d}[t] \tag{6.6}$$

式中:$r^* = \arg\max \mathrm{SNR}$。

显然,为了实现这一点,同相位的信号需要在输入到线性组合器之前完成。

(4) 阈值结合(TC):阈值结合是用来实现接收分集的一个更简单的选择组合形式。各个分支被顺序扫描,直到高于预定阈值 τ_{SRN} 的 SNR 值的第一分支被找到。这个分支被视为首选的分支,直到搜索重启时这个值低于 τ_{SRN}。由于这种方法仅输出一个接收的信号,不需要对各个信号进行同相。可表示为

$$y_d[t] = y_{i^*,d}[t] \tag{6.7}$$

这里,每一个分支 l^* 满足 $\mathrm{SNR}_i > \tau_{\mathrm{SRN}}$。

如果这个方法应用于图 6.2 中 3 个节点的例子,它会导致直接信号或所述转发信号被选择作为组合器的输出。如果多个转发被使用,就存在一个直接信号与一个转发信号相结合的可能性。在 ERC 或 FRC 中 TC 可用于转发选择,在解码之前完成组合转发信号和直接信号。可以表示为

$$y_d[t]=\mathrm{e}^{-\mathrm{j}\theta_s}y_{s,d}[t]+\mathrm{e}^{-\mathrm{j}\theta_{i^*}}y_{i^*,d}[t] \tag{6.8}$$

这里,每一个分支 l^* 满足 $\mathrm{SNR}_i>\tau_{\mathrm{SRN}}$。

(5) 最大比组合(MRC):指所有的单个分支进行最佳组合后接收的信号(最优化在这里表示为输出信噪比最大化)。正如前面所指出的那样,在同相位阶段的相量 $\mathrm{e}^{-\mathrm{j}\theta_i}$ 相乘消除了与单独的通道相关联的相位。另外在对最佳权重的计算中每一个单独的信道的衰减系数(r_i),也被告知了每一个信道。MRC 是基于接收器了解对应于各个分支的信道增益 h_i 的假设。可以将线性组合器的输出表示为

$$y_d[t]=\sum_{i=1}^{m}w_{i,d}\cdot y_{i,d}[t] \tag{6.9}$$

式中:$w_{i,d}=h_i^*$,即权重等于信道衰减系数 h_i 的复共轭。

在图 6.2 中 3 节点例子的情况下,组合器的输出是直接信号与所述转发信号的最佳组合,并可以表示为

$$y_d[t]=h_s^*\cdot y_{s,d}[t]+h_r^*\cdot y_{r,d}[t] \tag{6.10}$$

式中:$h_i^*=r_i\mathrm{e}^{-\mathrm{j}\theta_i}$。

6.3 传感器网络中协作中继的概念验证

我们考虑一个如图 6.4 所示的简单 2 跳网络,为无线网络中协作中继的优点提供概念验证。我们考虑两种网络模型——非对称和对称。在非对称模式下,中继节点 r 的位置是与源 s 和目的地 d 等距离(即归一化距离 $d_{s,d}=1$,且 $d_{s,r}=d_{r,d}=0.5$)。在对称模式下,我们定位中继节点,使得在源、目的和中继之

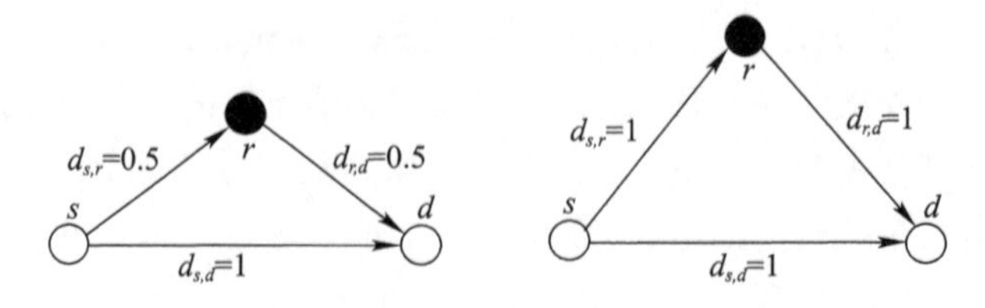

图 6.4 网络拓扑:非对称和对称网络拓扑

间是彼此等距的(即归一化距离 $d_{s,d}=d_{s,r}=d_{r,d}=1$)。

假设一个持续衰落信道,其中无线信号的功率随距离衰减为 $d^{-\alpha}$,我们计算经历不同的中继方案(经典的、AF 和 DF)后,信号的中断概率。进一步地,组合策略在接收器被假定为最大比组合。源和目的节点之间的传输可以通过输入—输出关系进行建模。

$$y[t]=d^{-\alpha/2}h[t]x[t]+z[t] \tag{6.11}$$

式中:$h[t]$用来描述增益通道的衰减;$x[t]$和 $y[t]$都是复基带的输入和输出信号;$z[t]$是一个 0 均值的、功率密度为 N_0 的白色复高斯过程;d 和 α 是节点和路径之间各自的损失指数。

对于一个给定的可靠信道 $h[t]$,在时间 t 可能进行可靠通信的最大速率由互信息 $I[t]$给出,表示为

$$I[t]=\log\left(1+\frac{P_x|h[t]|^2}{d^{\alpha}N_0}\right) \tag{6.12}$$

式中:平均发射功率 P_x 使用高斯码本。在一个衰减环境中,信道是随机的,表示可靠通信的最大速率 $I[t]$也是随机的。假定编码长度足够大,一个分组错误率的下界可以通过中断概率来获得,即该互信息低于归一化的分组数据速率 R 的概率。表示为

$$\Pr(I[t]<R)=\Pr\left(|h[t]|^2<\frac{(2^R-1)N_0}{P_x d^{-\alpha}}\right) \tag{6.13}$$

为了找出最适合的转发策略,通过模拟中断概率[11]对上述策略的性能进行比较。该性能数据表明所研究的中继方案提供的瞬时容量小于给定速率或频谱效率 R 的可能性有多大。

对于非对称网络拓扑结构,图 6.5 显示了直接传输方案、经典中继和使用放大转发或解码转发中继策略的协作中继的 SNR 函数的中断概率。结果表明,路径损耗指数为 3 的条件下,所研究的技术不能支持速率为 1b/(s·Hz)。对于直接传输,必须保证 20dB 的信噪比使得在数据传输中无错误的概率为 99%。如果使用传统的转发,相同的中断概率可以用一个略小的信噪比来获得。而显著的性能提升可以通过使用协作中继获得。在 10^{-2} 中断概率下,协作中继协议相对于传统的中继提供 8dB 的信噪比增益。

类似的趋势也在图 6.6 观察到,图 6.6 显示了对称拓扑的中断概率作为信噪比的函数,只有一个显著的差异。可以观察到,传统的中继在这样的网络中不提供任何的性能收益。其性能比直接传输差,为了达到相同的中断概率,比直接传输需要更高的信噪比,在 10^{-2} 中断概率下,与传统中继相比协作中继协议提

供4dB的信噪比增益。

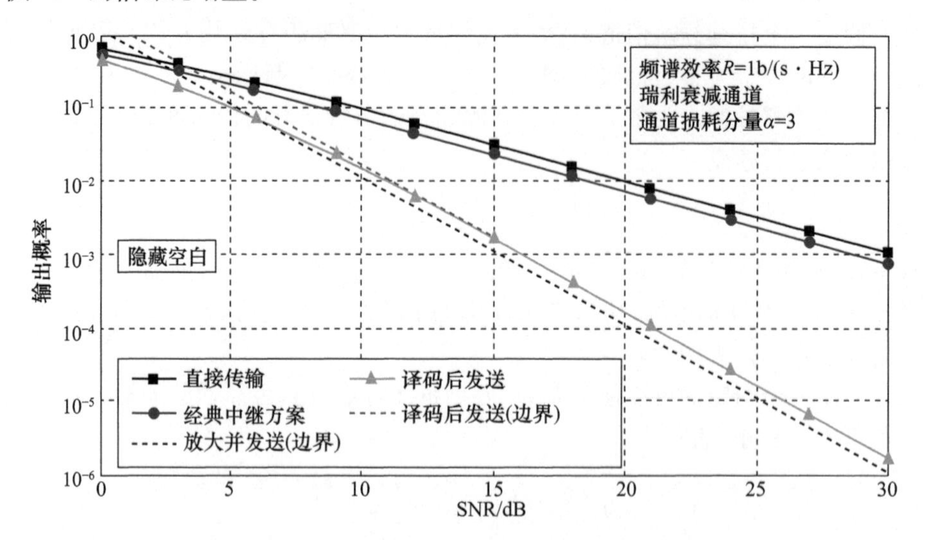

图6.5 非对称网络的中断概率和信噪比。可以观察到多达8dB信噪比增益。在无线传感器网络中,它可以使节能变得为显著

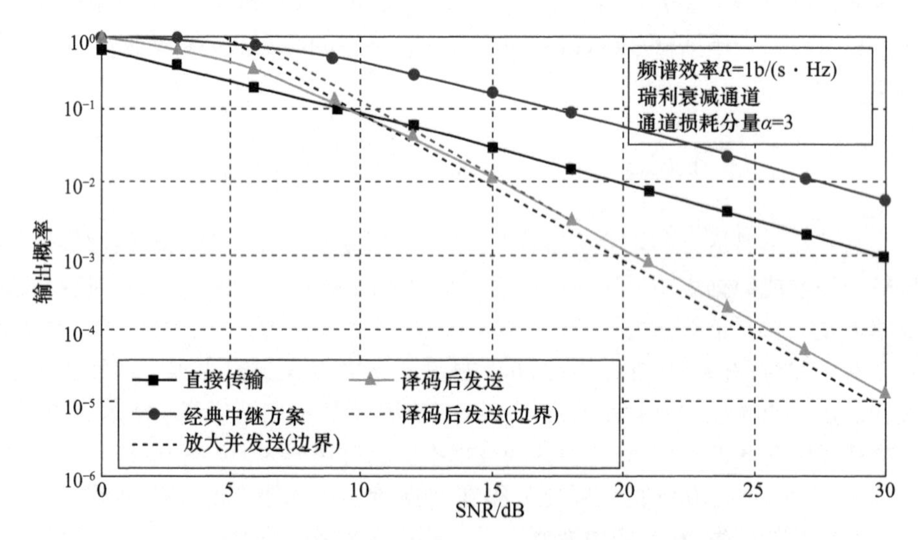

图6.6 对称网络和中断概率的信噪比。可以观察到多达4dB信噪比增益。在无线传感器网络中,它可以使节能变得为显著

信噪比增益可被以下两种方法中的一种利用。它可以用来提高源与目的地之间的传送质量或在源和中继节点上减小发射功率,而不导致出错率性能降低。从结果中还可以观察到,放大并转发的方案优于解码并转发。

6.4　无线传感器网络中的协作中继

无线传感器网络是由能量受限的单个传感器节点组成,因此非常看重协作中继的优势。降低所需的信噪比以达到所需频谱效率的指定中断概率,可以转化为网络范围内的能量节约,这样的能量节约将导致网络的寿命显著增加。然而,真正实现这些优势需要仔细将协作中继结合到路由过程中。本节将讨论无线传感器网络中协作中继的实际应用。

在目前可实现的无线传感器网络中,协作中继协议可根据用于协作中继的技术来分类,如下:

(1) 固定的协议:在固定的协议中始终使用协作中继。接收器等待直接和中继的信号到达,并试图在中继的信号与原始发送信号合成后将消息进行解码。如果未能成功地解码信号可能导致重传请求到达接收器。在文献中提出的大多数方法都是属于这一类。

(2) 自适应协议:在自适应协议中,只有当中继和目的地之间的信道可以保证低错误率时才采用协作中继。这需要中继节点来估计中继与目标节点之间的信道,并只有信道质量高于某个阈值时中继才会被执行。如果无法找到满足这一要求的中继信道,会由源尝试重传。因此,自适应协议存在一个缺点:在同一个信道(源到目的地)上重复编码的重传不会提供任何分集增益。

(3) 按需协议:在按需协议中只有当收到具体目的节点的请求时协作中继才被执行。按需协议过度依赖于来自接收器的反馈,以判断来自源的原始传输是否不成功。如果原始传输失败,则中继节点协作地将数据转发到目的节点。

(4) 伺机协议:伺机方案是按需协作中继协议的扩展。它利用这样的特性,即在多跳通信中,在网络中间节点成功解码数据包不是成功的端到端必要条件。它们通过绕开薄弱信道,以确保端至端通信的成功。

在下面的章节中,我们给出从协议设计的角度来看目前的协作中继协议的概念。建议读者参考相关资料来深入了解每一种方法。

6.4.1　独立协作分集(DCD)协议

独立协作分集协议[12]是一个固定的协作中继协议,它采用解码并转发的转发策略和最大比合并的合并策略。DCD 旨在利用非对称网络拓扑中无线信道路径损耗的非线性。正如在 6.3 节一笔带过的那样,在非对称拓扑结构中,中继节点到源的接近意味着源到中继节点信道的平均路径损耗将小于源到目的地的信道的路径损耗。在来自源的相同广播传输中,在中继节点的接收信号强度将高于目的节点的强度。DCD 协议旨在利用此一特性。此外,DCD 在中继节点采用自适应的功率控制,并充分利用了路径损耗的非线性。一旦中继节点成功地解码一个信号,它就以这样一种方式调整发射功率:使目标接收到的中继信号具有与源直接传输相同的信噪比。接收器使接收到的两个信号的备份结合以充分利用空间分集的收益。

该协议的"独立"的特性,源自该协议中的固定中继属性。一旦中继节点成功地解码该分组,则将重新编码数据包并转发到目的地。因此,它不依赖于源或目的地来触发它的转发,即不需要来自接收器的反馈。

DCD 的中断概率 P_{out} 已被证明是(我们建议读者参考文献[12]的详细资料):

$$P_{\text{out}}=\frac{2d_{s,d}^{\alpha}+1}{2}\left(\frac{d_{s,d}^{\alpha}+1}{2}\right)^{2}\left(\frac{2^{2R}-1}{\text{SNR}}\right)^{2} \tag{6.14}$$

式中:α 是路径损耗指数;$d_{i,j}$是与该中继位置相关的距离;R 是所需的频谱效率。

因为 DCD 是一个固定的协议,该协议需要实现所需频谱效率的两倍,以满足规范化要求。因此,根据平均互信息计算的中断概率定义为 $P_{\text{out}}=\Pr[I<2R]$。这个定义引入了式(6.16)的 $2R$ 项。从式(6.16)可以观察到,为了达到给定的中断概率同时保持所期望的频谱效率所需的信噪比,需要调整中继的位置。研究已经发现,为获得最佳性能(即与直接传输的相比,最大信噪比增益),该中继的位置应该是:$r_{s,r}=1-r_{r,d}=0.5$[12]。

DCD 设计简单,并提供分集增说,但它也并非是完美的。中继节点可以精确定位在源和目的地之间的要求,在随机传感器网络的拓扑结构中并不适用。此外,DCD 过度依赖于路径损耗的非线性特性,不允许它推广到非线性不成立的对称网络中。此外,该协议"独立"的特性阻止了来自源节点或中继节点的重传机制。在衰减环境这可能会导致低数据包传送率。此外,DCD 提出自适应功率控制以提高中继节点能效,然而,传感器节点上的自适应功率控制是具有挑战性的(几乎是不可能的),目标需求的信噪比值将进一步加剧要求,它给网络引入了附加的复杂性和控制开销。

6.4.2 简单协作分集(SCD)协议

简单协作分集协议[13]是一个固定的协作中继协议,可以使用放大并转发或解码并转发作为中继机制以及最大比合并作为合并策略。SCD 是被设计使用允许潜在中继节点相互竞争的分布式机制来选择"最佳"中继节点。假设一个衰减缓慢的信道,SCD 使用瞬时信道状态信息来选择中继节点,提供从源到目的地的最佳的端到端的路径。如图 6.7 所示。节点 $r_1 \sim r_5$ 是潜在中继,因为它们可以与源和目的地进行通信。中继节点 r_3 被选择用于数据转发,因为它提供了一种基于信道质量的最佳的端至端的路径。

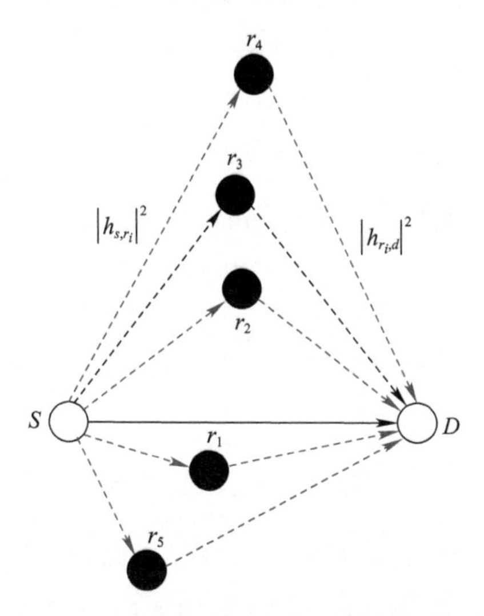

图 6.7　SCD 中中继的选择:在瞬时信道状态信息的基础上,中继 r_3 是从一组潜在的中继节点中选择,因为它提供了从源到目的地最好的端到端的路径

在 SCD 中,中继选择被集成到 MAC 协议中,它被假设为一个结合了 RTS/CTS 数据包交换的 CSMA 协议。中继的选择是主动完成的,具体过程如下:

(1) 源极 S 发射一个被所有的潜在中继节点 S 和目的地 D 所接收的 RTS 数据包。每个接收的 RTS 的潜在中继节点使用此传输来估计源到中继信道的质量,即 $|h_{s,r}|^2$。

(2) 收到 RTS 数据包的目标节点回应一个 CTS 数据包。先前已接收到的 RTS,并且从目的地接收到 CTS 的所有节点都是潜在的中继。RTS 和 CTS 的接收表明,这些中继与源和目的地共用一个信道。重要的是,从 D 响应的 CTS 允许一个潜在的中继来估计中继到目的地的信道质量,即 $|h_{r,d}|^2$。

(3) 假设信道互异,该信道的相干时间足够大,每个中继器能够估计从源到目的地的端到端的路径的质量 q_i。文献[13]提出了两种对质量参数估计的策略,如下:

① 策略 1:最小的信道质量。

在策略 1 中,质量参数被选择为两个信道质量估计中的最小值,即

$$q_i = \min[\,|h_{s,r_i}|^2, |h_{r_i,d}|^2\,] \tag{6.15}$$

② 策略 2:信道质量的调和平均值。

在策略 2 中,质量参数被选为两个信道质量估计的调和平均值,即

$$q_i = \left[\frac{2 |h_{s,r_i}|^2 |h_{r_i,d}|^2}{|h_{s,r_i}|^2 + |h_{r_i,d}|^2} \right] \tag{6.16}$$

(4) 显然,最大的 q_i 应该被选为转发数据包。要实现以分布式方式的“最佳”中继选择,每个中继启动一个定时器,其持续时间 T_i 与 q_i 的值成反比,即

$$T_i = \frac{C}{q_i}, \text{其中 } C \text{ 是一个常数} \tag{6.17}$$

并开始列出传入的数据包。式(6.17)表明,q_i 值为最大值的中继节点,其 T_i 的值最小,即它的计时器会先到期。这确保了源和目的地之间的最佳端到端路径中的中继将被选择作为转发过程的中继。

(5) 当最佳中继的定时器超时后,它会传播一个短数据包通知其他潜在中继关于它的存在。只要其他继电器接收该分组,它们回退各自的定时器并终止竞争过程。

6.4.3 基于混合的 ARQ 协作中继(HACR)协议

HACR[14]是利用解码和转发作为中继机制,以最大比合并作为合并策略的按需协作中继协议。它被称为混合型,采用前向纠错(FEC)和自动重传请求(ARQ)来从接收端解码的错误中恢复过来。HACR 采用块编码和利用无线信道的广播特性来满足来自中继节点的 ARQ,从而实现空间分集。假设底层的 MAC 协议是基于时分多路复用(TDM)的。因此,每个节点在特定的时隙发送或接收。此外,每个节点被假设为位置感知。该协议的功能如下:

(1) 源极 S 将 b 位的信息编码成 n 个符号的码字来准备发送消息。如果重复编码,所有 M 个块将是相同的,该码字被分成 M 个块。接收两个或更多块的节点将通过分集合成来尝试解码。

(2) 源在第一时隙广播上述中的第一个块。目的地尝试解码消息,如果 $I_{s,d}[1] > R$(满足一个块的解码成功所需的频谱效率),则成功。如果成功,目标回应一个确认(ACK)。如果没有,则需要进行重传。重传会在竞争过程之后选择的中继节点触发。

(3) 在来自源的原始传输之后,在时隙 1 期间接收到该传输的所有节点将尝试对其进行解码。这时成功的解码节点(即 $I_{s,r}[1] > R$),都包含在一组解码集 $D(S)$。在 $D(S)$ 中的节点竞争来作为中继目的地,并且“赢”得竞争的节点发送一个确认(ACK)到源。当然,只有当目的地未成功解码初始传输时,中间节点才会进入竞争过程。该争用过程的目的是为了确保该分组的传送是由最接近目的地的中继进行的。为了实现这一目标,网络中的每个中继为它的 ACK 分配一个窗口 w_i。这种分配是通过在每一个中继 $r_i(i = 1, 2, \cdots, m)$ 里将竞争间隔分割为 i 个子区间来实现的。在第一个间隔,最靠近目的地的中继 r_m。如果解码

成功的话会响应 ACK 数据包。否则,它会保护沉默。同样的,在第二个间隔如果它成功的话,中继 r_{m-1} 响应。这样一般在间隔 w_i,中继 r_{m-i+1} 会响应当且仅当它在解码组 $D(S)$。

(4) 以 ACK 响应的第一个中继节点会在该块的传输后发送相同争用过程的第二个块。这个过程将一直继续,直到目的地能够成功地解码该传输。如果在传输块后没有中继响应,则在竞争周期之后,源将重新传输。

6.4.4　协作中继和跨越式地理路由

文献[15]提出了一个机会协作中继协议,该协议绕过了具有弱无线电信道的链路。采用解码并转发的中继机制与最大比合并的合并技术。它是一种位置感知的协议,它建立在其他地理路由协议的基础上,如 GeRaF[16],是完全分布式的,并且是节能的。在多跳无线传感器网络中,数据分组由分散在端节点之间的传感器节点转发而不是直接从源 S 发送到目的地 D。地理路由是基于每个节点都知道的它自己和目的地 D 的地理位置的基本假设。此外,除了在源和目的地,该传感器节点可以扮演不同的角色来协同地从源传输数据包发送到目的地。每个节点都可以作为下一跳转发节点 X,作为中继节点 R,或者作为跨越节点 LPF。下一跳节点 X 类似于传统的方案逐跳转发数据包。但是,如果两个转发节点之间的链接质量很差,中继节点 R 可帮助将分组传送到下一跳节点 X。如果中继传输被一个地理位置上比下一跳节点更靠近目的地的邻居节点监听并且成功地解码,此 LPF 节点可以接管转发数据包的任务。为了确保最合适的一组节点被选择用于数据包传输,无论作为一个下一跳、一个中继,或者一个越级节点,节点都将与对等节点进行竞争。不同类型的节点在图 6.8 中有表示。

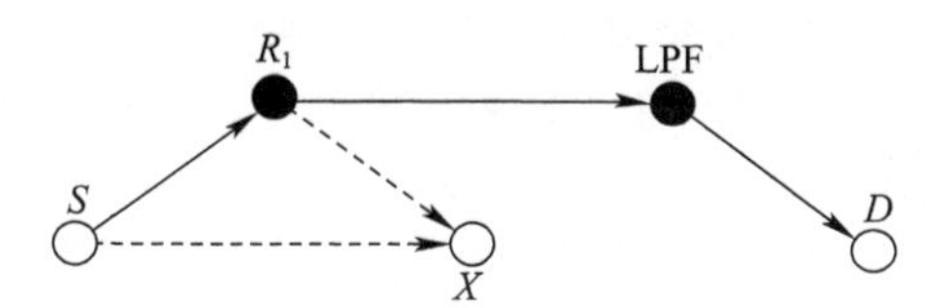

图 6.8　从 S 到 D 的通信,节点 X 是下一跳节点,R_1 是潜在中继节点,LPF 是潜在越级节点。虚线表示一个分集组合点

该协议的关键要素之一是选择一个最佳的转发节点。在网络中,包括众多的传感器节点,每个源节点有多个邻居,它们都可以作为下一跳节点。要选择最合适的下一跳节点,源节点的邻居不得不相互竞争。竞争的这一原则也适用于中继的选择和越级节点的选择并且所有三种类型的节点的竞争过程都是相似的。它是通过基于 RTS/CTS 的 CSMA/CA 协议的计算用于控制命令帧中的传输的度量来实现的。度量取决于要分配的节点的作用,并且它总是考虑该传感

器的电池中的可用能量。该度量还可以结合到最终的目的地的距离、到前一个或下一跳节点的距离和相应的无线电链路的信道质量。链路质量只在容易获得的情况下才会被考虑进去,节点之间的选择规则会以分布的方式实施,方法是计算在每一个节点的度量,并在一段与计算的度量成反比的时间内延迟响应命令帧(类似于 SCD[13])。

在一组潜在的转发节点的 X 中选择下一跳节点 x,度量考虑到三个成本标准,分别是剩余节点能量 $\xi_x[t]$,到目的地 D 的距离 $d_{x,D}$,和从源 S 到 x 的反向链路的链路质量。链路质量为由衰落增益 $|h_{S,x}[t]|^2$ 和距离 $d_{S,x}$ 来表征。该度量为定义为

$$m_x[t]=\frac{\xi_x[t]}{|h_{S,x}[t]|^{-2}d_{S,x}^{\alpha}+d_{x,D}^{\alpha}} \tag{6.18}$$

最佳下一跳节点 X 满足

$$X[t]=\arg\max_{x} m_x[t] \tag{6.19}$$

对于中继节点 R 的选择,度量考虑了剩余节点的能量 $\xi_x[t]$,从源 S 的到潜在中继节点 r 处的反向链路的链路质量,以及中继 r 到 X 的前向信道质量。因此度量定义为

$$m_x[t]=\frac{\xi_x[t]}{|h_{S,r}[t]|^{-2}d_{S,r}^{\alpha}+|h_{r,x}[t]|^{2}d_{r,X}^{\alpha}} \tag{6.20}$$

最佳中继节点满足

$$R[t]=\arg\max_{r} m_r[t] \tag{6.21}$$

对于越级节点 LPF 的选择,度量考虑了节点的剩余能量 $\xi_l[t]$,越级节点到最终目的地 D 的距离为 $d_{l,D}$。LPF 到 D 链路的链路质量估计不可用,因此不加以考虑。简单定义度量为

$$m_l[t]=\frac{\xi_l[t]}{d_{l,D}^{\alpha}} \tag{6.22}$$

最佳 LPF 节点满足

$$\mathrm{LPF}[t]=\arg\max_{l} m_l[t] \tag{6.23}$$

由于其中继机制是解码并转发,潜在中继和越级节点的集合被限制为已经成功解码了数据包的节点。实验结果表明,相比于直接传输和主动协作中继,跨越式协作中继提供了更为显著的节能收益。

为了说明协议的工作机制,图 6.8 提供了一个具有一定代表性的场景,从 S 到 D 的通信由跨越式协作中继来实现。我们建议读者参考文献[15]中更详细

的协议描述和情景分析进行深入的了解。

这里考虑一个简单的两跳场景，其中一个源节点 S 旨在与目标节点 D 进行通信。节点 X 被选为最优下一跳地址，转发节点使用的是前面提到的分布式竞争机制。首先 S 通过广播传输发数据包到 X，此时在 S 的通信范围内的所有节点都将接收并尝试对数据包进行解码。除了 X 以外的成功地解码数据包的节点就是我们说的潜在的中继。如果节点 X 对 S 的初始传输解码没有成功，它将请求重传。接收该重传请求的所有潜在中继竞争是基于式(6.22)给出的度量。竞争定时器最先超时的中继被选为第一中继，并将数据包传送到 X。节点 X 在结合与原来的传输后，尝试将收到的数据包进行解码。如果 X 是成功的，该节点将起一个源的作用，并将继续沿着类似的路线将其转发到下一跳。如果在 X 中解码失败，它可能规避 X，寻找一个在地理上比 X 更领先并能够成功解码的节点 R_1 代替到 X 的传送。这种机制称为跨越式，并确保了在一部分网络的弱信道不阻止端至端的通信（图 6.9）。

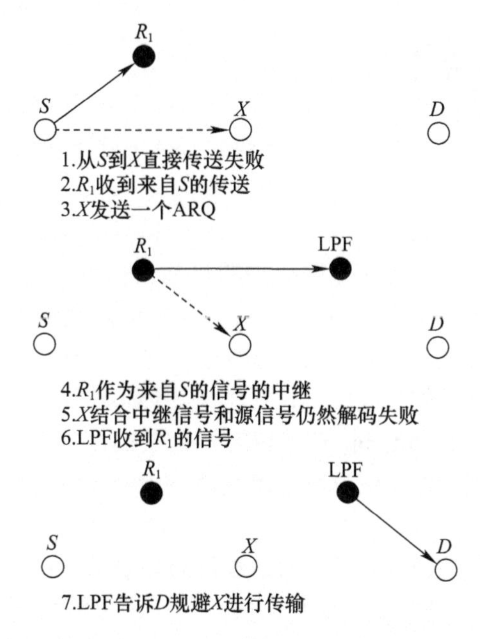

图 6.9　跨越式协作中继：从 S 到 D 的通信首先试图通过 X 协作中继。当协作中继失败时，采用跨越式的方式尝试到达目的地 D。虚线表示传输失败

6.5　从业者指南

我们的重要发现之一是，中继的优势（包括经典与协作）是依赖于中继节点

的位置的。从一个协议设计的角度来看,这是一个需要充分考虑的重要因素。当存在多个潜在中继时,只会选择那些可以提供分集增益的中继。中继的选择问题是协作中继协议设计的一个重要方面。从呈现结果可以看出,中继节点位置的影响在经典中继的情况下比对协作中继的影响策略更大。节点的剩余能量水平也会对策略产生影响。例如,SCD 协议是一种主动的协议,但可以被修改以作为有最小的代价反应型协议。与其他依赖位置信息的方案(如 GeRaF[16])相比,它具有显著优势。通过考虑信道状态信息,SCD 后台进行分析判断,而不需要中继所在的精确位置信息。此外,分布式的中继选择方法使得它成为随机网络拓扑结构的较为实用的方案。然而,该协议不考虑中继节点的剩余能量,这可能会导致在慢衰落环境中的节点能量早早耗尽。此外,基于距离的中继选择其他基于中继到目的地信道的瞬时信噪比(瞬时中继)和传送概率(随机中继)的策略也是可能的[12]。然而,目前的各种中继的选择/争论的一个共同缺点是未考虑中继节点的剩余能量水平。

6.6 未来的研究方向

在无线传感器网络中,协作中继优势的研究仍处于初期阶段,还有很多值得进一步研究的潜在领域。

显然,从讨论中可以得到,协作中继依赖于提供独立衰减路径中继节点的最优选择。为了实现这一在传感器网络中的目标,研究人员将重点放在了空间分集的研究。空间分集具有很大的吸引力,因为它可以让传感器网络模型作为虚拟分布式多天线系统从而更好地与 MIMO 系统进行对比。空间分集优点是依赖于传感器节点之间有足够的间距。这在密集的传感器网络中是很受限制的。研究还需要对寻求动态利用时间、光谱和空间分集的组合多样性方法进行研究。这些方案的设计还有待尝试。这种技术在协作中继过程的好处和仔细整合还需要进一步研究。

目前对协作分集的研究重点一直放在静态单跳通信中或一个单一的源和目标之间的多跳通信中。因此,拓扑约束可以不作为关键因素进行考虑分析。然而,在实际的实现过程中,可能存在多种不同的通信模式。实际上,在任何传感器网络的部署中,将存在多个发送者与一个或多个目的地,并且传感器可能会发生移动。这些就需要考虑拓扑约束,在移动传感器网络的部署中需要更多的研究来支持多跳的协作中继。

在协作中继过程中,最佳的编码和解码方案发挥了举足轻重的作用。协作分集最初是基于空时编码[17]。实用空时码的开发也是一个活跃的研究领域,特别是在 MIMO 系统中。

协作分集,也可以用于网络编码的框架上。除了高效的信道编码,我们相信网络编码也是一个具有吸引力的研究领域。网络编码可以提高协作中继的优势,特别是在具有多个源的部署的协作中继。初步研究表明,此领域具有重大的研究价值和潜力[18]。

此外还必须通过实验测试台评估来验证文献中确定的协作中继的优点,以验证当前解决方案所基于的假设的有效性。

6.7　小结

实践中已经证明,协作中继在预防无线传感器网络衰减的方面发挥了显著的作用,它是一个很有研究前景的策略。本章提供并讨论了协作中继的基础概念、独立衰落路径的实现和分集组合的技术。概念验证已经表明,在所需的 SNR 达到指定的中断概率的同时,协作中继为保持所需的效率起到了显著作用。特别重要的意义在于,能量受限的无线传感器网络通过降低传感器节点的发射功率,可以显著提高网络寿命。从实际意义上来说,本章是对利用分布式天线多样性的协作中继协议的概述。

名词术语

相干时间间隔:信道条件保持基本不变的时间段。

相干带宽:信道应答基本一致的一个频率范围。

中断概率:中继系统的瞬时容量不足以支持需求率 R 的概率。

信道连通性:前向信道和反向信道具有相似和同等的特性。

协作中继:协作中继可以有效改进无线网络中误码的性能。它通过利用空间分集实现协作节点之间中继信号的传输避免发生衰减。

时间分集:通过观察发现信道条件随时间的变化。该衰减经历了一致性区间之间的信道变化从而产生在时间上独立的衰减路径,在这里可以使用交织和前向纠错(FEC)代码来实现分集增益。

频率分集:通过观察发现可用带宽大于相干带宽。每个频率范围对应于相干带宽代表一个在频率上分离的独立的衰减信道,可使用扩展频谱技术或交织和前向纠错,以实现分集增益。

空间分集:通过在发送器中使用多个天线发送或接收提供。假定该天线在空间被充分分离(一半以上的波长),它们会引起信道的独立的衰减特征,因此可以用来实现分集收益。

相同比组合(ERC):各个输入信号相结合的最简单的方法是分配相同的权重给每个分支。在 ERC 同相位后,信号和与每个分支同等贡献的输出信号进行线性组合。

组合最大比(MRC):指所有的单个分支进行最佳组合后接收的信号(最优化在这里表示为输出信噪比最大化)。MRC 中基于接收器了解各独立分支的信道增益 h_i 的假设。

习　题

1. 描述协作中继的优点。
2. 列出传感器网络中不同类型的分集。
3. 描述"放大和转发"中继策略。
4. 描述"解码和转发"中继策略。
5. 描述"解码—重编码"中继策略。
6. 列出无线传感器网络中使用的四种不同类别的协作中继协议。
7. 描述固定协作中继协议的工作原理。
8. 描述自适应协作中继协议的工作原理。
9. 描述按需协作中继协议的工作原理。
10. 描述伺机协作中继协议的工作原理。

参考文献

1. C. E. Shannon, "A mathematical theory of communication", SIGMOBILE Mobile Comp. Commun. Rev. 5, 1, Jan. 2001, pp. 3–55.
2. A. Sendonaris, E. Erkip, and B. Aazhang, "User cooperation diversity – Part I: System description," IEEE Trans. Comm., vol. 51, no. 11, Nov. 2003, pp. 1927–1938.
3. A. Sendonaris, E. Erkip, and B. Aazhang, "User cooperation diversity – Part II: Implementation aspects and performance analysis," IEEE Trans. Comm., vol. 51, no. 11, Nov. 2003, pp. 1939–1948.
4. J. N. Laneman, "Cooperative Diversity in Wireless Networks: Algorithms and Architectures", PhD Thesis, Massachusetts Institute of Technology, Sep. 2002.
5. R. U. Nabar, H. Boelcskei, and F. W. Kneubuehler, "Fading relay channels: Performance limits and space-time signal design," IEEE J. Sel. Areas Commun., Vol. 22, No. 6, Aug. 2004, pp. 1099.
6. W. C. Jakes, "Microwave mobile communications,"New York: Wiley, 1974.
7. V. Tarokh, N. Seshadri and A. R. Calderbank, "Space-time codes for high data rate wireless communication: Performance criterion and code construction," IEEE Trans. Inf. Theory, vol. 44, March 1998, pp. 744–765.
8. N. Seshadri and J. Winters, "Two signaling schemes for improving the error performance of frequency-division-duplex (FDD) transmission systems using transmitter antenna diversity," Int. J. Wireless Inform. Netw., vol. 1, no. 1, 1994, pp. 49–60.
9. J. Guey, M. Fitz, M. Bell, and W. Kuo, "Signal design for transmitter diversity wireless communication systems over Rayleigh fading channels," in Proc. IEEE VTC, 1996, pp.136–140.
10. A. Goldsmith, "Wireless Communications", Cambridge University Press, 2005.
11. EU project e-SENSE, deliverable D3.2.1, "Efficient Protocol Elements for Light Weight Wireless Sensor Communication Systems," Nov. 2006.
12. E. Zimmermann, P. Herhold, and G. Fettweis, "A Novel Protocol for Cooperative Diversity in Wireless Networks" Proc. of the 5th European Wireless Conference - Mobile and Wireless Systems beyond 3G, Feb. 2004.

13. D. R. A. Beltsas, A. Khisti, and A. Lippman, "A simple cooperative diversity method based on network path selection", IEEE Trans. on Sel. Areas Commun., vol. 24, no. 3, March 2006.
14. B. Zhao and M. C. Valenti, "Practical Relay Networks: A Generalisation of Hybrid-ARQ", IEEE J. Sel. Areas Commun., vol. 23, no.1, Jan. 2005.
15. P. Coronel, R. Doss, and W. Schott, "Geographic Routing with Cooperative Relaying and Leapfrogging", Proc. of IEEE Global Telecommunications conference, Nov. 2007.
16. M. Zorzi and R. Rao, "Geographic Random Forwarding (GeRaF) for Ad hoc and Sensor Networks: Energy and Latency Performance," IEEE Trans. Mobile Comp., vol. 2, no. 4, Oct. 2003, pp. 349–365.
17. J. N. Laneman and G.W. Wornell, "Distributed space-time coded protocols for exploiting cooperative diversity in wireless networks", IEEE Trans. Inf. Theory, vol. 51, no. 12, Nov. 2003, pp. 1126–1131.
18. Y. Chen, S. Kishore, and J. Li, "Wireless Diversity through Network Coding", Proc. of IEEE Wireless Communications and Networking Conference (WCNC), March 2006.

第7章　无线传感器网络的数据中心性

以数据为中心是无线传感器网络区别于其他无线数据网络的重要特点。在传感器网络中建立以数据为中心的操作方式,可更好地使用有限的网络资源。此外,以数据为中心可以很好地匹配无线传感器网络的性质。本章综述了大量无线传感器网络以数据为中心的一些新兴研究课题。这些课题包括以数据为中心的路由、数据融合以及以数据为中心的存储。

7.1　引言

在过去的20年,处理器技术和计算机网络技术不断的进步,使得分布式计算领域的研究成为一个越来越让人感兴趣的课题。分布式计算系统由多个计算实体组成,各个部分通过网络互相连接,能够协同处理计算问题,这种系统的分布式特性需要精细的系统设计技术,以解决其固有的复杂性。随着无线通信技术的出现,无线网络成为分布式系统中一个重要的分支,这种网络的基本结构是通过接入点连接到一个传统的本地网络(LAN)[1]。还有另一种无线网络称为移动自组网络。自组织网络的主要特点是,它们没有接入点或基站,它们通过在同一区域中的两个或多个移动设备的无线接口相互检测而形成。

在自组织网络中已经出现了一种类型相对较新的网络,称为无线传感器网络(WSN)[2-4]。无线传感器网络的节点在特定区域密集分布,节点可供利用的资源有限,它们可通过网络中传感器和执行器的操作形成一个大规模的分布式系统。无线传感器网络节点可合作实现某个任务,节点可以不同,如有些节点有多个传感模块,有不同的嵌入式处理器、存储器、电源、通信和定位能力。因此,无线传感器网络可以定性为可联网的嵌入式系统,其特性如下:

(1) 网络化:在协调和执行高级别的任务时支撑传感和行动方案的网络是必要的。

(2) 嵌入式:众多分布式嵌入设备用于对物理环境监视和交互,形成小的不受约束的自治系统。

(3) 系统:传感和行动被紧紧地耦合到所述的物理环境。

传统的通信主要关注通信对等体,也就是数据发送方和接收方之间的关系。

在无线传感器网络中,应用程序对节点的身份信息不感兴趣,而是对该节点拥有的关于无线传感器网络与所在的物理环境交互的信息感兴趣。以数据为中心的网络主要概念是,网络的焦点是正在传送的数据而不是节点本身,一个应用程序使用数据(而不是节点)作为地址发出请求到网络[5]。

以数据为中心的一个简单的例子如图 7.1 所示。在以地址为中心的方法中,数据源(节点 1)在发送数据包前预先在前加上了汇聚节点的地址(节点 4),如左图所示。而在以数据为中心的方法中,数据源在发送的数据包前加上一个识别标签(该例中的"A")到数据分组,只有等着"A"的节点将接收数据包,如图 7.1右图所示。

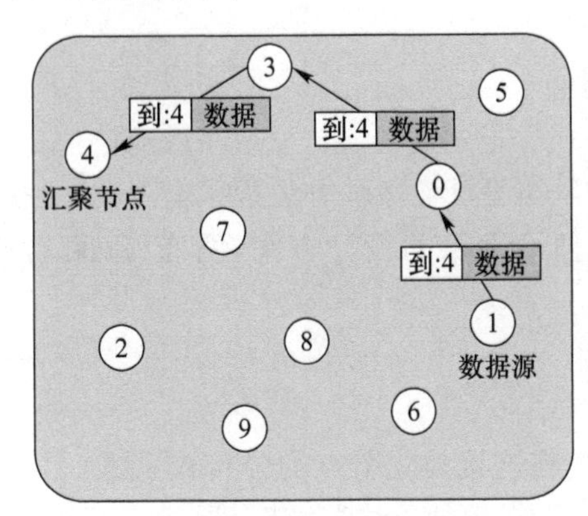

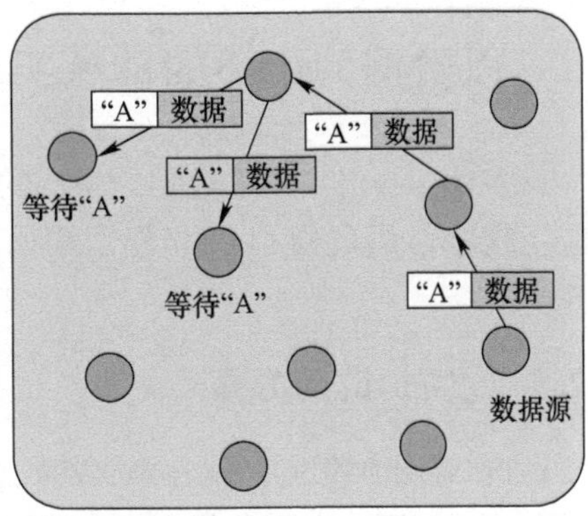

图 7.1　分布式系统设计中以地址为中心和以数据中心的设计方法

与传统以地址为中心的网络相比,以数据为中心的设计方法允许发展各种网络架构。

以数据为中心的无线传感器网络有如下的网络属性:

(1) 网络中的数据聚合:可减少网络中的数据流量[6]。

(2) 以数据为中心的寻址:使通信关系可简单表达[7]。

(3) 时间不相关:数据的请求信息没指定任何时间响应细节,该属性在基于事件检测的传感应用中非常有用[7]。

(4) 容错性:因为节点不是网络关注的重点,节点的故障在网络上的影响有限。

(5) 可扩展性:寻址机制不依赖于网络中节点的数目以及所使用的局部算法,如成簇机制,这增强了系统的可扩展性。

上述优点使得以数据为中心的设计思想吸引了无线传感器网络,其目的是实现现有有限资源的优化使用。此外,无线传感器网络的应用以数据为中心[3,8],同时也具有连续数据收集并且从大量分散传感器节点整合数据的属性。

本章的目的是提供一种可深入了解以数据为中心的网络设计方法，介绍它们的优点，并展示如何将数据作为网络设计的重点，从而显著改变传统的设计范式。本章首先在7.2节对以数据为中心的无线传感器网络进行了抽象的讨论，描述了如何将以数据为中心的无线传感器网络设计反映到底层的系统架构中。7.3节概述了已有文献中提出的数据聚合路由，表明以数据为中心的设计方法的真正作用是提供了数据在网络中流动时可以对本身操作的能力。7.4节详细介绍了网络中数据聚合处理技术。7.5节介绍了以数据为中心的存储方法，然后从文献中选取了一些例子进行说明。7.6节进行了总结，得出结论。

7.2 以数据为中心的抽象实现

有多种方法可实现以数据为中心的网络设计。每种方法意味着需设计一组由应用程序使用的接口。本节介绍两种最重要的设计方案：发布/订阅和数据库。

7.2.1 发布/订阅方案

发布/订阅方案是一种由通信基础设施连接独立节点的分布式系统。其想法(图7.2)很简单。所有节点都连接到一个“软件总线”。节点通过它们的“发布”动作在软件总线上公开其数据，并通过“订阅”动作宣布它们对特定类型的数据感兴趣。之前已“订阅”了已经发布的某种数据的节点，会被通知该数据在总线上可用。

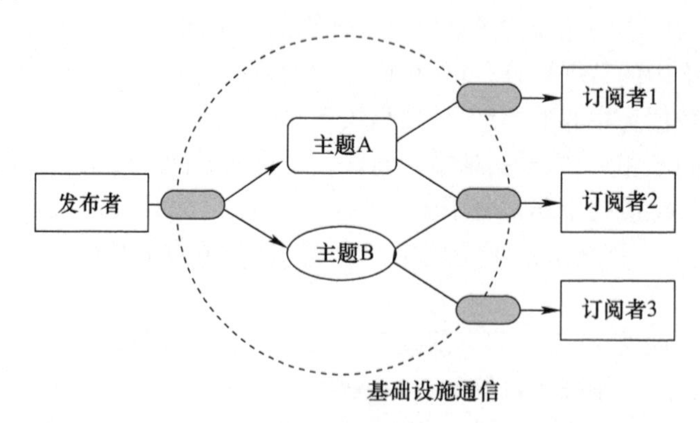

图7.2 发布/订阅系统

“发布”者和“订阅”者在发布/订阅模式中的关系特征有三点[9,10]：

(1) 空间不相关：无需让发布者和订阅者相互知道对方。

(2) 时间不相关:在发布和数据通知的事件之间不存在相关性,用“软总线”提供中间存储。

(3) 流量不相关:与软件总线的异步交互可以在没有任何阻塞的情况下发生。

发布/订阅系统有几种方式用于处理该数据,这些方式简述如下[9]:

(1) 基于组的寻址:这是发布/订阅系统最早的方式。在这样的系统中,每个节点(不管是发布者或订阅者)作为一个或多个预定组的成员参与。订阅者的订阅(以及类似的发布者的发布)仅限于该订阅者(或发布者)所属的组。这种方法的缺点是,它会导致系统访问受限,订阅者无法接收来自某些发布者的发布。此外,这种方法不支持由发布/订阅者倡导的以数据为中心的信息通信。

(2) 基于主题的寻址:以主题为基础的(也称为基于标题)发布/订阅系统中,数据的发布/订阅有一个主题。主题属于预定义的主题命名空间。用户订阅的软件总线识别他们感兴趣的主题,发布者发布与他们相关的主题的消息。主题的一个典型例子是股票在证券交易所上市交易的名称;当一个给定的股票价格变化时,产生一个相应主题的通知。尽管基于主题的抽象很简单,但是它缺乏灵活性。

(3) 基于内容的寻址:在基于内容的发布/订阅系统中,订阅匹配的标准从消息内容本身进行提取。基于内容的方法主要优点是,它让订阅标准有了最大的灵活性。它的灵活性使得无线传感器网络相当重视基于内容方法的这个优势。来自一个基于空间的无线传感器网络谓词的例子是“板载卫星传感器节点中可用能量是否比阈值低?”原始谓词可使用标准逻辑运算符(与,或,非)组合成更复杂的谓词[11]。

7.2.2　数据库

在无线传感器网络中实现简单的以数据为中心的设计是将它们视为动态数据库,这是一种与所使用的发布/订阅系统完全不同的方法。数据库视图的概念与以数据为中心的方法来设计的无线传感器网络匹配得很好。这是因为在无线传感器网络中,对物理环境的某些特定方面“感兴趣”可被视为数据库中的特定查询操作。

两个最有代表性的传感器数据表系统是 TinyDB[12] 和美洲狮[13]。在TinyDB中,用户定义的一组声明性查询来定义从无线传感器网络中收集的信息。查询前需表明所要获得的读数类型,包括用户感兴趣的节点子集,并且可以对所收集的数据执行简单的转换。它们可由一组结构化查询语言(SQL)详细描述。样本查询可以表达如下:

```
SELECT AVG(temp)
FROM sensors
WHERE location in(0,0,100,100) AND light. 1000lux
SAMPLE_PERIOD 10 seconds
```

在 TinyDB 中的查询通过指定给个人计算机(PC)进行,然后在无线传感器网络中将任务分配给查询执行器。之后传播查询,在过程中可使用多种高效节能技术,包括网络处理和跨层优化,最后将结果传送到查询节点。

在 TinyDB 中查询的结果通过整个网络传播,并通过路由树收集。路由选择树的根节点是查询的终点,一般在发出查询的用户位置。路由树中的节点需保持父子关系,以便路由树中的支节点把正确的结果传播到根节点。在无线传感器网络数据收集中,查询处理器的设计与查询处理技术的发展是这个领域中活跃的研究课题之一。

7.3 以数据为中心路由

在多跳网络中,数据包从源节点到目标节点必须通过中间节点中继。中间节点的任务是确定哪些邻近的节点不需要执行数据包转发的任务,通常通过路由表来完成。该路由表针对每个最合适的相邻节点列出目的节点。路由表由构成路由协议的一组规则构建和维护。

不同的路由机制已明确表示无线传感器网络必须考虑其网络[14]的独特性。几乎所有的路由协议都可以归类为以数据为中心、分层的,或基于位置的协议,尽管也有一些协议基于网络流量或服务质量(QoS)要求。本章的重点是以数据为中心的无线传感器网络,只关注以数据为中心的路由协议。在以数据为中心的路由中,路由决策基于与数据相关联的名称。因为存在许多以数据为中心的路由协议,本节将概述几个有代表性的以数据为中心的路由算法。

7.3.1 洪泛机制和分布式一致性机制

洪泛机制和分布式一致性机制[15]是两个经典的可在无线传感器网络中传播数据的机制,无需使用任何路由算法或拓扑维护技术。洪泛机制内容如下:每个节点广播所接收的数据包到所有相邻节点,直到数据包到达最终目的地。分布式一致性机制是洪泛机制的增强版本,其中接收节点随机选择单个相邻节点转发数据包,该邻居将数据包继续转发到一个随机选择的相邻节点,依此类推。

洪泛机制的主要优点是,容易实现,但以牺牲性能为代价,有几个不足之处[16]:

(1) 内爆:消息被重复发送到同一个节点。

（2）重叠：两个节点同时感测到相同的信号。

（3）资源浪费：没有考虑资源的利用率。

7.3.2　通过协商获取信息的传感器协议

一个早期的以数据为中心，通过协商获取信息[16]的传感器协议，简称为SPIN，主要针对传统洪泛机制的不足，其基本思想是发送有关数据的信息，比发送数据本身更有效。

在 SPIN 协议中传输的数据使用元数据命名方式。元数据格式的语义特定于应用程序且不由 SPIN 指定。一个 SPIN 协议操作的核心依赖三种类型的消息：ADV、REQ 和 DATA。ADV 被节点用于广播特定的元数据，REQ 用于请求特定数据，DATA 用于运送实际数据。SPIN 协议的操作如下所示。

例 7-1　如图 7.3 所示，在传感器网络中考虑了 6 个步骤。节点"A"启动协议，通过使用"ADV"类型的数据广播到节点"B"。如果节点"B"对该数据感兴趣，它通过返回"REQ"类型的消息响应，然后这些数据被使用"DATA"类型的消息发送到 B，如图 7.3 第 3 步所示。节点"B"然后发起新一轮的循环，广播这些数据给它的相邻节点"C""D"和"E"，因为仅有节点"C"和"E"对该数据感兴趣，它们从 B 请求数据，然后"B"在一下步使用"DATA"类型的消息将数据发送给它们。此过程重复进行，对该数据感兴趣的传感节点将得到该数据的备份。

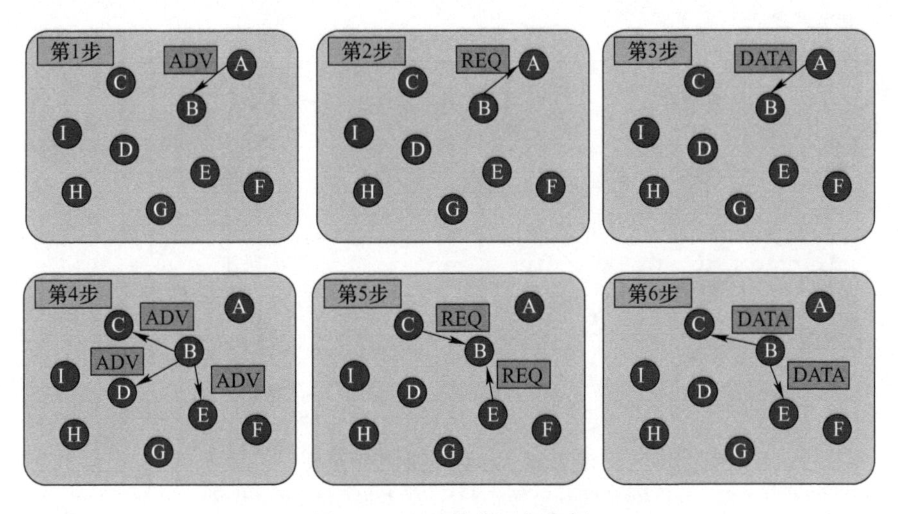

图 7.3　SPIN 协议运行案例

SPIN 减少了传感器网络中的能源消耗，与洪泛机制以及元数据的协商相比，能耗大约减少了 3.5 倍，数据冗余几乎减少了 50% 。然而，SPIN 的不足之处是它的传播机制不能保证数据的交付。例如,接收节点(数据将要被传递到的节点)在远离源节点的情况下,如果信源和信宿之间的中间节点对该数据不感兴趣,则该数据不会到达接收节点。

7.3.3 定向扩散

定向扩散是专门针对无线传感器网络[17,18]开发的以数据为中心的通信技术之一。扩散基于发布/订阅应用程序接口(API),发布的数据如何传送到用户的细节被数据产生者和发布者隐藏。

在定向扩散技术基础上出现了几个针对不同情况优化的协议,这使得定向扩散技术变成了一种设计理念,而不是一个具体的协议[17]。定向扩散由三个阶段组成,如图 7.4 所示:兴趣传播、数据传播以及路径增强。第一阶段涉及的节点广播一组以属性值对命名的数据,具体如下:

```
//卫星排列的探测位置
type = position
//每 20ms 发回结果
interval = 20s
//下一个 5min
duration = 15minutes
//卫星的可用功率大于 1.5W
power > = 1.5W
```

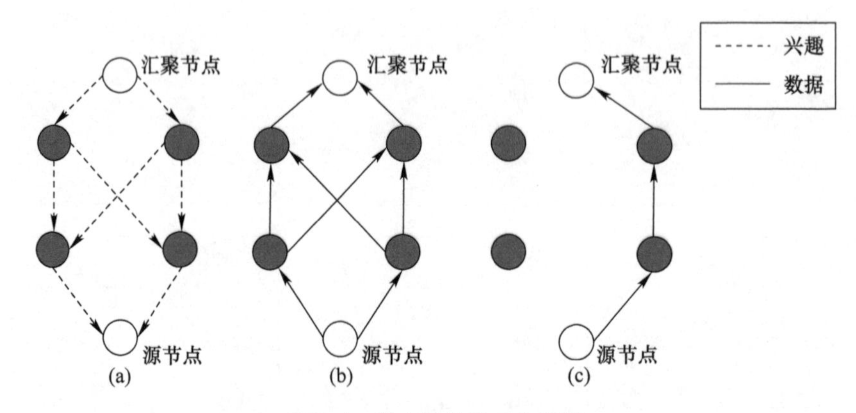

图 7.4 定向扩散的三个步骤
(a)兴趣传播;(b)梯度设置;(c)数据沿增强路径传递。

有兴趣的消息通过网络使用洪泛机制或其他一些更复杂的技术发布。当一个节点接收到该兴趣分组时,它通过检索该节点的内部缓存检查该分组是否为新的消息,如果分组对该节点为新的,该分组将被缓存并被再次广播给相邻节点。该节点还可记住收到该兴趣分组的相邻节点，一旦数据被发布，实际数据就可以被转发到所有的这些节点。这就是所谓的向感兴趣发送者设置梯度。每个节点都维护一个梯度缓存信息，节点可以通过存储单独的一组梯度用于接收感兴趣类型的数据。

定向扩散过程的第二步涉及分组数据通过网络的传播，一旦梯度设立传播就马上启动。一个拥有实际数据的节点被汇聚节点要求成为一个源节点，开始发送数据包。每个接收到数据分组的节点根据数据属性列表和对应值进行匹配操作，如果匹配已建立，则该节点的数据包被传递到该节点的应用程序模块，否则该节点则被认为是中间节点。

在其最简单的形式中，中间节点将向所有的外向梯度节点广播所有的输入数据，但同时也可能通过抑制某些数据的信息来适应每个梯度的数据速率。这种简单的方法存在一个问题，因为回路中的梯度曲线存在一些不必要的重复，所以它会导致网络中存在不必要的开销。简单地检查这些数据消息的来源不可行，因为缺乏全局唯一标识符，这个问题可以通过对网络中的每个节点引入一个数据高速缓存来解决，每个节点将最近收到的数据报文中的数据进行缓存。如果接收器有多个相邻节点，其会强化其中之一的节点（例如，传递数据消息第一个副本的那个邻居）。要做到这一点，汇聚节点强化其优选的相邻节点，而优选邻居又加强了其上游的优选邻居，以此类推。

对上述的定向扩散的优化包括两个阶段（首先通过网络洪泛信息，然后沿着一个增强路径传送数据），此外是汇聚节点发起了数据的“拉取”，这也是将其称为“两相牵引”定向扩散的原因。其他的各种基于最初定向扩散的协议已经被开发[18]。一个替代方案是推动扩散，适用于网络中有许多接收节点，却只有少数的发送节点的情况。一个典型的例子是，一个应用程序，其中网络中传感器节点经常彼此需要相互交换数据以监测本地事件，但实际的事件数量却相当低。

一相牵引扩散是定向扩散[19]的另一种版本，它面对在网络中有多个发送节点和少量接收节点的情况。正如其名字所表明的，一相牵引扩散消除了两相牵引扩散中的洪泛阶段，该阶段构成了它主要的开销。网络处理的第一阶段仍然是信息洪泛，然而，兴趣消息在信息发送节点和首先接收信息的节点间形成了父子关系，并在网络中形成了路由树。

7.4　数据聚合

以数据为中心的无线传感网络最强大之处是能够对网络中传送的数据进行操作[6]。在这样的网络中最简单的处理方法是聚合。数据聚合可视为将来自许多传感器节点的信息结合成一组有意义数据的自动化方法。数据聚合,也可以称为数据融合。下面举例说明数据融合在一个以数据为中心的系统中的优点。

图7-2 图7.5表示在以数据为中心的路由协议中,平均温度被报告给数据汇聚节点。融合函数是AVG,每一个节点的标号$x(y)$代表了局部温度测量为x,而融合(平均)值到目前为止为y。例如,节点4(4)表示它的平均温度是$(4+6)/2=5$。

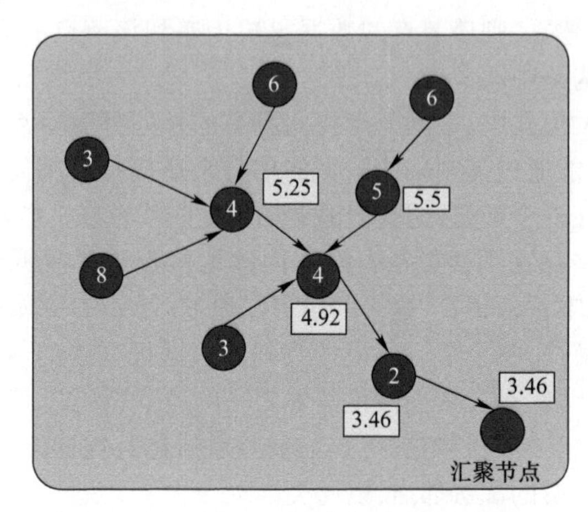

图7.5 无线传感器网络测温数据融合

本节概述了现有的有关数据融合的研究活动。首先,对不同类别的融合功能进行了描述;其次,对融合体系设计的重要性进行了讨论;然后对该系统可能涉及的需权衡的内容进行了概述。

7.4.1 融合函数

根据应用的要求,可以使用三种类型的数据融合函数:基本聚合函数、冗余抑制及系统参数估计。

1. 基本操作

数据融合的基本操作包括计数、最小值、最大值、求和和平均值[20]。尽管基本函数共享相同的融合结构,但是不同的函数在以下三个方面有不同的特点[20]:

(1) 重复敏感:一个重复敏感函数所受影响之一是来自于单一传感器的重复读。影响重复敏感函数的应用是总和、运算和、平均值运算。

(2) 示例或概要:示例性函数,一方面取决于所有传感器读数集合中的任何一个值。另一方面,汇总函数依赖于整个一组的值,并且通常情况下,对单个值的依赖不强烈。

(3) 单调性:如果一个函数只增加它所作用部分状态的大小(或者是只减少),则该函数被认为是单调的。形式上,一个函数 f 是单调的充要条件是当且仅当对任意两个局部状态 s_1 和 s_2,以及它们的融合状态 s',每一个状态的大小记为 $m(s)$,要么 $m(s') \geqslant \max(s(s_1), m(s_2))$,或者是 $m(s') \leqslant \mathrm{mix}(s(s_1), m(s_2))$。

2. 冗余抑制

数据冗余是一项重要的聚合操作,因为传感器的数据在空间和时间域上具有相关性。在这种情况下,数据融合等同于数据压缩[21-22]。Petovic 等人在文献[23]中提出了一个简单好用的冗余抑制案例,称为数据漏斗。数据漏斗应用了基于排序的源编码概念来压缩连续读取的数据。例如,假设一个区域中有 4 个节点,其 ID 为 1、2、3 和 4,4 个传感器的读数是 0 ~ 5 范围内的整数,节点 4 接收了来自其他 3 个传感器读数,节点 4 能将自己的读数按 3 个读数的顺序进行隐式编码,这样只发送 3 个读数即可。这是可行的,因为共有 6(3!)种顺序关系组合。具体而言,数据分组中 ID 的顺序(1,2,3)表示数据的第四个读数是 0,排序(1,3,2)表示的值为 1,依此类推。采用这种方式中,通过为每 4 个读数实际发送三个以实现压缩。

3. 系统参数估计

在对多个传感器数据的观察基础上,数据融合函数的目标是解决系统参数最小化估计误差中的优化问题[24]。传感器合作分发一些重要信息到特定节点,然后估算感兴趣的参数。一个优化问题的案例是从传感网中读取温度范围内所有房间的温度来估计它的平均温度,可根据最小平方误差(MSE)准则来估计最优值。

7.4.2　系统结构

一个融合系统由 3 个主要部分组成:源模块、汇聚模块和融合模块。可以通过各种方式确定融合模块的位置以优化融合过程。本节将介绍文献中一些常用的使用方法。

数据漏斗路由协议整合了融合和压缩技术。在数据融合过程中,无线传感器网络中任意特定区域内的节点接收到兴趣消息后,将自己的数据报告给预先指定的边界节点。边界节点充当融合节点,在每一轮的上报周期中该区域内的所有节点共享时刻表。指定的融合节点接收所有从其区域压缩后的数据报告,然后将它发达到汇聚节点(图 7.6)。

DFuse[25]是专门针对视频流媒体应用而设计的分布式数据融合机制。第一步涉及将聚合角色"简单"分配给网络内的节点。然后每个节点在本地决定是否要传送上一步中分配给它的角色到相邻节点,该决定通过成本函数来判断特定角色是否合适。成本函数包括最小传输成本(MT)、最小功率方差(MPV)以及最小传输成本与功率比(MTP)。例如,在一个带有 m 个数据输入源和 n 个数据输出消费者的融合函数 f 中,函数 f 在节点 k 上的传输成本公式为:

$$\mathrm{CMT}(k,f) = \sum_{t}^{m}(\mathrm{source}_i) * \mathrm{hop\ Count}(\mathrm{input}_{i,k}) + \sum_{t}^{n}(f) * \mathrm{hop\ Count}(k,\mathrm{output}_j)$$

式中:$t(x)$ 表示数据源 x 的传输速率;hop Count(i,k) 为节点 i 和 k 之间的距离。

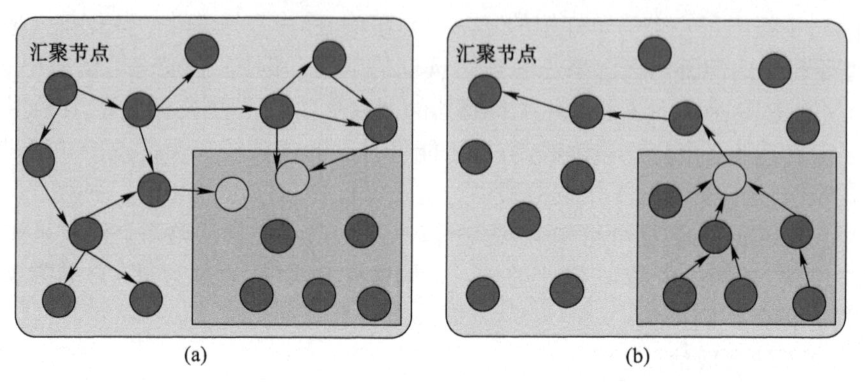

图 7.6 数据融合
(a)定向洪泛阶段;(b)数据通信阶段。

例 7-3 图 7.7 表示分配的融合点在执行 DFuse 数据融合算法的系统中移动的情况。如果所有数据输入的汇聚节点的过程中通过了一个中继节点(第 1 步,图 7.7),并且在融合点处出现收缩,那么中继节点将成为新的汇聚节点,并且老汇聚节点会将它的任务转移到新汇聚节点(图 7.7 中第 2 步)。在这种情况下,融合点正在远离汇聚节点,并且越来越靠近数据源。同样地,如果融合节点的输出同样需要经过中继节点,并且有数据扩展,那么中继节点将再次成为新的融合节点。在这种情况下,融合节点会越来越接近汇聚节点并远离数据源点。

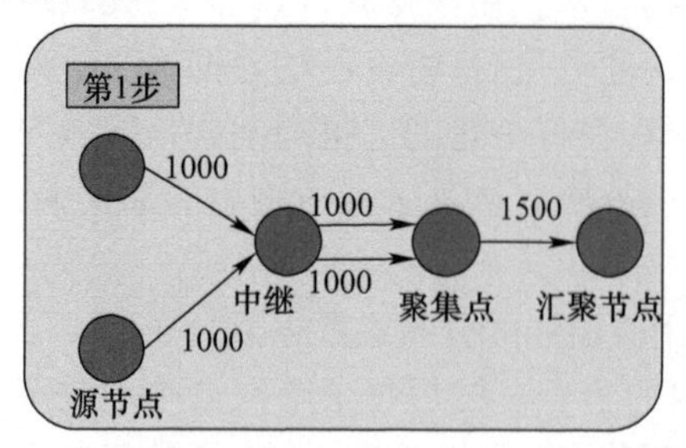

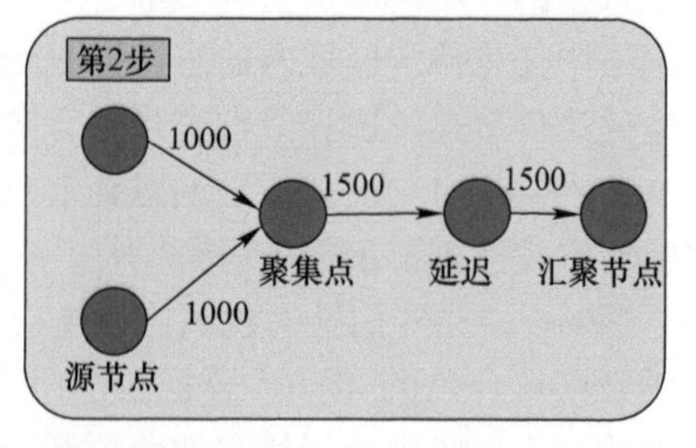

图 7.7 DFuse 中的融合运算

7.4.3 资源权衡

由于传感器网络中的资源限制,存在以下的权衡:能耗与估计精度[24,26],能耗与融合延迟[27-28]以及带宽与融合延迟[21]。

7.4.3.1 能耗与精度之间的权衡

能耗正比于流经网络的消息量。因此,在无线传感器网络中减少消息数量的最终目的是减少能耗。然而,准确度(在许多情况下)也正比于汇聚节点接收到的信息数量。因此在融合系统内精确度和能耗之间需要一个折中。

7.4.3.2 能耗和延时之间的权衡

融合导致的最坏情况下的延迟是与汇聚节点和最远的源节点之间的跳数成正比。当没有融合时,各个源节点的数据发送时间和汇聚节点接收到的第一个数据包之间的延时正比于汇聚节点和最近的源节点之间的跳数。因此一种评估融合时间的方法是研究这两个距离之间的差值。

7.4.3.3 带宽和延迟之间的权衡

当沿路径传送的数据量减少时,使用数据融合能让带宽得到更有效地利用。然而,如果融合过程是沿着网络中多条平行路径进行,在这种情况下得到的结果将不同。此时,融合和数据发送到目的地所产生的延迟会被减少,但是所用的带宽会增加。

7.4.4 数据融合带来的节能

在本节中,介绍了使用数据融合带来的能源成本和节约的一些分析界限。基于文献[5]中分析的计算也证明了,在无线传感器网络中使用以数据为中心的算法比以地址为中心的算法效率更高。

数据传输的总量 d_i 所需的以地址为中心的优化算法是:

$$N_A = d_1 + d_2 + \cdots + d_k = \text{sum}(d_i) \tag{7.1}$$

定理 1　优化的以数据中心的协议性能 N_D 在数据传输方面比 N_A 低:

$$N_D \leqslant N_A$$

证明:与源节点沿着最短路径发送信息到汇聚点的情况相比,数据融合优化只能减少融合树中所需的最小边数量。

定义 1　一组节点 S 的直径 X(跳数)是这些成对的节点之间最短路径的最大值:

$$X = \max_{i,j \in S} \text{SP}(i,j)$$

式中:$\text{SP}(i,j)$ 表示从数据节点 i 移动到节点 j 所需的最小跳数。

定理 2　如果源节点 $S_1, S_2, \cdots S_k$ 中直径 $X \geqslant 1$，传输总跳数 N_D 所需的以数据为中心的优化协议需满足如下限制：

$$N_D \leqslant (k-1)X + \min(d_i) \tag{7.2}$$

$$N_D \geqslant \min(d_i) + (k-1) \tag{7.3}$$

证明：方程(7.2)可以通过数据融合树的构建来获得，由$(k-1)$个源节点组成的树发送数据包给剩余的最靠近汇聚点的源节点。当 $X=1$ 时，得到方程(7.3)。

定理 3　如果直径 $X < \min(d_i)$，则 $N_D \leqslant N_A$。因此从中可以得出结论：最优的以数据为中心的协议比以地址为中心的协议更好。

证明：$N_D \leqslant (k-1)X + \min(d_i) < (k)\min(d_i) \Rightarrow N_D < \text{sum}(d_i) = N_A$ (7.4)

定义 2　使用以数据中心的协议而不是以地址为中心的协议，FS 能获得的节省部分可以量化如下：

$$FS = (N_A - N_D)/(N_A) \tag{7.5}$$

定理 4　FS 获得的节省部分范围如下：

$$FS \geqslant 1 - ((k-1)X + \min(d_i))/\text{sum}(d_i) \tag{7.6}$$

$$FS \leqslant 1 - (\min(d_i) + k - 1)/\text{sum}(d_i) \tag{7.7}$$

假设所有的源节点被定位在距汇聚节点相同的最短路径上，即，$\min(d_i) = \max(d_i)$，然后 FS 的区间如下：

$$1 - \frac{((k-1)X + d)}{kd} \leqslant FS \leqslant 1 - \frac{(k-1+d)}{kd} \tag{7.8}$$

定理 5　假设 X 和 k 是固定的，那么，当 d 趋于无穷大时(即当汇聚点无限远离源节点)符合下列条件：

$$\lim_{d\to\infty} FS = 1 - 1/k \tag{7.9}$$

证明：在极限情况下，即当 $X \ll d$，以及 $k \ll d$ 时，它足以说明，在方程(7.8)中的上下限收敛到同一个值：

$$\lim_{d\to\infty}\left(1 - \frac{((k-1)X + d)}{kd}\right) = \lim_{d\to\infty}\left(1 - \frac{(k-1)X}{kd} - \frac{d}{kd}\right) = 1 - 1/k$$

以及

$$\lim_{d\to\infty}\left(1 - \frac{d+k-1}{kd}\right) = \lim_{d\to\infty}\left(1 - \frac{d}{kd} - \frac{k-1}{kd}\right) = 1 - 1/k$$

式(7.9)表明,如果汇聚节点和源节点之间的距离比源节点与源节点之间的距离大,那么优化的以数据为中心的协议比以地址为中心的协议要节省 k 倍流量。当有 4 个源节点彼此靠近并远离汇聚节点,那么以地址为中心的协议将需要约 4 倍的传输量,也就是说,数据融合后要减少大约 75% 的传输量。当有 10 个这样的源节点时,传输量将会减少 90% ,依此类推。

7.5　以数据为中心的存储模式

在无线传感器网络中,节点从环境中感知与事件相关的信息,这些数据需要被存储,无论是在存储原址还是外部的某个位置。无线传感器网络中三个可能的数据存储范例模式,如图 7.8 所示[29]。

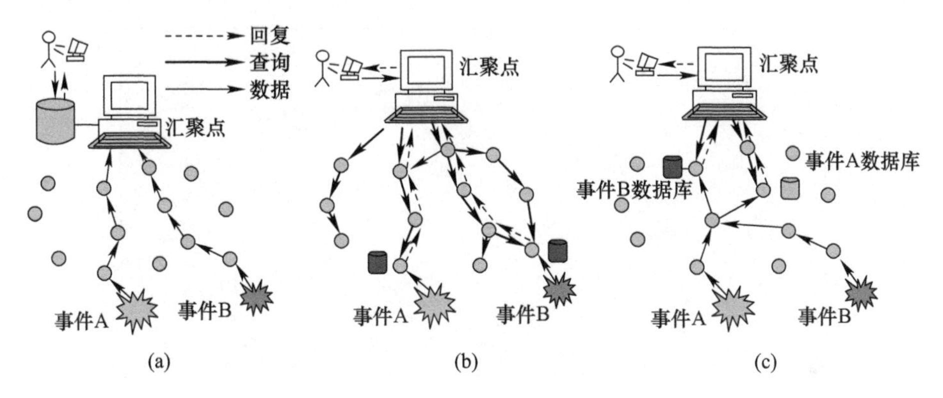

图 7.8　三种类型的存储方案[29]
(a)外部存储;(b)本地存储;(c)以数据为中心的存储。

(1) 外部存储:所有事件数据都存储在外部存储点。

(2) 本地存储:所有收集的信息都存储在检测节点的本地。

(3) 以数据为中心的存储:数据被存储在预先指定的节点,每个节点与特定的事件类型相关联。

第三种范例模式称为以数据为中心的存储,与在 7.3 节中以数据为中心的路由方式都是同一系列的方法。以数据为中心的存储需要存储网络中任何节点收集到的具有相同通用名称的所有数据。网络中对于具有特定名称的数据所需要的任何查询都直接发送到被分配存储该特定命名数据任务的节点。这种方法的优点在于,它避免了某些以数据为中心的路由协议需要的洪泛。该方法对于无线传感器网络中经常从网络内部发起的查询特别有利。以数据为中心的存储系统可能与以数据为中心的路由一起存在,从而应用程序根据其特定需要选择适当的数据访问模式。

例 7 -4 考虑图 7.9 中所示的网络,其中包含温度传感器节点。假设温度传感器节点“A”和“B”中的数据表明,它们各自的区域中温度上升超过 70℃,同时节点“C”已映射到被命名为“温度 >70”的事件,由节点“A”和“B”所产生的事件路由到节点“C”。知道这种命名后,另一个节点“D”可以通过直接将消息路由到节点“C”来进行检索,很明显,这种方法避免了在网络中信息的洪泛。

有两个代表性的方法可以实现以数据中心的存储:位置散列表(GHT)和多维分布式索引数据(DIM)。这两种方法都依赖于位置信息。在 GHT[29] 中,散列函数常用于将属性或特定类型的事件转化成为二维空间中的点。如果无线传感器网络中没有任何节点位于散列函数结果指定的坐标处,该数据就被存储在距离散列结果最近的节点上。

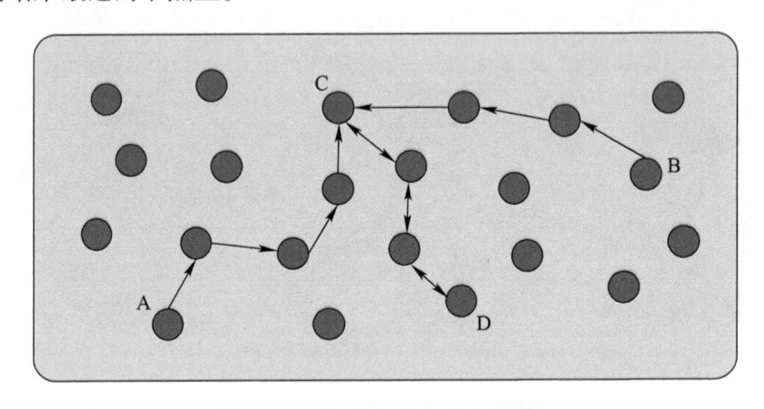

图 7.9 以数据为中心的存储概念

DIM[30] 为多维范围查询设计。DIM 读数把具有多个属性的向量映射到一个二维地理区域。DIM 中假设了两种情况:首先,传感器节点都知道自己的位置以及区域边界;其次,所有的传感器节点都是静态的。

7.6 从业者指南

对于需要最少基础架构的应用程序来说,以数据为中心不是一个有效的选择,因为基础架构需要对节点进行特定寻址。以数据为中心的算法最适合用于较大的网络中,可扩展性对于此类网络比较重要。对于规模较小的网络,以数据为中心的模式的性能方面可能比以地址为中心的差。

无线传感器网络中应用以数据为中心的算法可以集成在中间件层、操作系统内或者是两者都有。中间件通常实现了更高的抽象层,并提供了合适的 API 给应用程序。某些协议(如聚合)的实现,通常需要发生在中间件层。较低的层，例如以数据为中心的路由和以数据为中心的MAC协议都可以作为操作系统的一部分来实现。

7.7 未来的研究方向

以数据为中心的无线传感器网络还处于早期发展阶段，还有很多研究的挑战。高效的以数据为中心的协议，还没有针对移动传感器网络[31]和异构传感器网络[32]进行开发。以数据为中心的协议一般是为“传统的”传感器网络设计的，将来的研究需要覆盖有独特属性的无线传感器网络，如能够在极端环境下工作[33]的无线传感器网络。一个有前景研究方向的例子是为一个航天器编队飞行任务设计以数据为中心的传感器网络[34]。

7.8 小结

本章回顾了以数据为中心的算法和机制，包括以数据为中心的路由、数据融合和以数据为中心的存储等几个主题。它表明以数据为中心的网络性质与以地址为中心的传统网络方法有显著不同。利用数据本身作为网络操作的基础很大程度改变了现有的设计范例。实施以数据为中心的网络设计方法取决于所使用的编程抽象。由于使用简单发布/订阅的抽象，是迄今为止最常见的方法。采取任何可能以数据为中心的抽象算法主要会影响该网络的用户和网络本身之间的交互。还有，它也影响到了该网络对协议的选择。例如，定向扩散是一种路由协议，它是专门为发布/订阅网络设计。在无线传感器网络的以数据为中心的协议设计中，考虑到此类网络的计算资源有限，效率是首要设计目标。

名词术语

以数据为中心：对一个网络节点寻址所使用的手段。

融合：对网络中传输这些数据进行的一种处理方式。

发布/订阅系统：一种软件通信模式，它基于发布的数据到软件总线的方法，其中数据可通过网络中的订阅节点访问。

以数据为中心的路由：在以数据为中心的模式中，数据从提供数据的源节点流向一个汇聚点，地址与数据本身相关联。

以数据为中心的存储：在以数据为中心的模式中，其写事件相关的数据被存储在预先指定的节点中，每个信息都有一个特定的事件类型与之相关联。

融合点：在传感器网络中对输入的数据执行聚合过程的节点。

数据融合：来自多个源节点的原始数据组合成一个有意义的数据格式。

数据漏斗：来自一个特定区域的所有节点的数据发送到一个节点，聚集在一起后由网络进行处理。

洪泛机制：每个节点广播它的数据到它所有相邻节点的过程。

习　题

1. 说明在传感器网络中实现以数据为中心的抽象的两个可能的选项。
2. 简单地列出在无线传感器网络中应用以数据为中心协议的优点。
3. 什么是发布/订阅系统？
4. 推扩散和拉扩散的不同之处是什么？
5. 以数据为中心的路由和以数据为中心的存储不同之处是什么？
6. 考虑如下情况，一组33个卫星传感节点在600km的太空自由飞行，所有数据都被一个能和地面基站通信的单一节点中继，预测一下使用以数据为中心的协议和以地址为中心的协议带来的功耗节省情况。
7. 地理哈希表和以数据为中心的存储有什么联系？
8. 对下述聚合情况进行分类：

(a) 一个传感网络，任务是需要在一个100km^2的森林中识别的任务时刻动物的平均数量。

(b) 一个传感网络，任务是在田园区域估计污染程度，误差范围为10%。

(c) 一个传感网络，任务是在一块农田中估计平均光照强度。

9. 解释SPIN协议的基本思想。
10. 描述数据库和以数据中心之间的关系。

参考文献

1. George Coulouris, Jean Dollimore, and Tim Kindberg. "Mobile and Ubiquitous Computing." In Distributed Systems: Concepts and Design book edited by George Coulouris, Jean Dollimore, and Tim Kindberg, Chapter 16, 2005.
2. Ian F. Akyildiz, Weilian Su, Yogesh Sankarasubramaniam, and Erdal Cayirci. "A survey on Sensor Networks." IEEE Communications Magazine, 40(8):102–114, 2002.
3. Deborah Estrin, Ramesh Govindan, John Heidemann, and Satish Kumar. "Next Century Challenges: Scalable Coordination in Sensor Networks." In Proceedings of the ACM/IEEE International Conference on Mobile Computing and Networking, Seattle, Washington, USA, ACM. August, 1999, pages 263–270.
4. G. J. Pottie and W. J. Kaiser. "Wireless Integrated Network Sensors," Communications of the ACM, 43(5):52–58, May 2000.
5. Bhaskar Krishnamachari, Deborah Estrin, and Stephen Wicker. "Modelling Data-Centric Routing in Wireless Sensor Networks." USC Computer Engineering Technical Report CENG 02–14, 2002.
6. B. Krishnamachari, D. Estrin, and S. Wicker. "The Impact of Data Aggregation in Wireless Sensor Networks." International Workshop on Distributed Event-Based Systems, (DEBS '02), Vienna, Austria, July 2002.

7. J. Schlesselman, G. Pardo-Castellote, and B. Farabaugh. "OMG data-distribution service (DDS): architectural update." IEEE Military Communications Conference, MILCOM 2004.
8. J. A. Stankovic, T. E. Abdelzaher, C. Lu, L. Sha, and J. C. Hou. "Real-time communication and coordination in embedded sensor networks." Proc. IEEE, 91(7):1002–1022, 2003.
9. P. Eugster, P. Felber, R. Guerraoui, and A. Kermarrec. "The Many Faces of Publish/Subscribe." ACM Computing Surveys, 35(2), 2003.
10. V. Narayanmurthy. "A Publish/Subscribe scheme for networked embedded systems." Masters Thesis, Dept. of Computer Science, University of Iowa. August 2002.
11. G. Banavar, T. Chandra, B. Mukherjee, J. Nagarajarao, R. Strom, and D. Sturman. "An Efficient Multicast Protocol for Content-Based Publish-Subscribe Systems." In Proceedings of the 19th International Conference on Distributed Computing Systems, pages 262–272, 1999.
12. S. Madden, M. J. Franklin, J. M. Hellerstein, and W. Hong. "The design of an acquisitional query processor for sensor networks." In Proceedings of the 2003 ACM SIGMOD International Conference on Management of Data, San Diego, California, June 2003, pages 491–502.
13. W. F. Fung, D. Sun, and J. Gehrke. "COUGAR: The Network is the Database." In Proceedings of ACM SIGMOD International Conference on Management of Data, ACM Press, NY, 2002, pages 621–621.
14. Jamal N. Al-Karaki and Ahmed E. Kamal. "Routing Techniques in Sensor Networks: A survey." IEEE communications, 11(6):6–28, December 2004.
15. S. Hedetniemi and A. Liestman. "A survey of gossiping and broadcasting in communication networks," Networks, 18(4):319–349.
16. W. R. Heinzelman, J. Kulik, and H. Balakrishnan. "Adaptive Protocols for Information Dissemination in Wireless Sensor Networks." Proc. ACM MobiCom '99, Seattle, WA, 1999, pages 174–185.
17. C. Intanagonwiwat, R. Govindan, and D. Estrin. "Directed diffusion: A scalable and robust communication paradigm for sensor networks." In Proceedings of the 6th Annual International Conference on Mobile Computing and Networking, ACM Press, NY, 2000, pages 56–67.
18. C. Intanagonwiwat, R. Govindan, D. Estrin, J. Heidemann, and F. Silva. "Directed diffusion for wireless sensor networking." IEEE/ACM Transactions on Networking, 11(1):2–16, 2003.
19. J. Heidemann, F. Silva, and D. Estrin. "Matching data dissemination algorithms to application requirements." In Proceedings of the 1st international Conference on Embedded Networked Sensor Systems (Los Angeles, California, USA, November 05 - 07, 2003). SenSys '03. ACM, New York, NY, pages 218–229.
20. S.R. Madden, M.J. Franklin, J.M. Hellerstein, and W. Hong. "TAG: a Tiny Agegation Service for Ad. Hoc Sensor Networks." In Proceedings of OSDI, Boston, MA, December 2002.
21. A. Scaglione and S. D. Servetto. "On the interdependence of routing and data compression in multi-hop sensor networks." In Proceedings of the 8th Annual ACM/IEEE International Conference on Mobile Computing and Networking (MobiCom '02), Atlanta, Georgia, 2002.
22. J. Chou, D. Petrovic, and K. Ramchandran. "A distributed and adaptive signal processing approach to reducing energy consumption in sensor networks." In Proceedings of INFOCOM 2003, San Francisco, April 2003.
23. D. Petrovic, R. C. Shah, K. Ramchandran, and J. Rabaey. "Data funneling: Routing with aggregation and compression for wireless sensor networks." In proceedings of the 1st IEEE International workshop on Sensor Network Protocols and Applications (SNPA), Alaska, May 2003.
24. M. Rabbat and R. Nowak. "Distributed optimization in sensor networks." In Proceedings of the 3rd International Symposium on Information Processing in Sensor Networks (IPSN), Berkeley, California, April 2004.
25. R. Kumar, M. Wolenetz, B. Agarwalla, J. Shin, P. Hutto, A. Paul, and U. Ramachandran. "DFuse: A framework for distributed data fusion." In Proceedings of the 1st ACM Conference on Embedded Networked Sensor Systems (Sensys '03), Los Angeles, California, November 2003.
26. A. Boulis, S. Ganeriwal, and M. B. Srivastava. "Aggregation in sensor networks: An energy-accuracy trade-off." In Proceedings of the 1st IEEE International Workshop on Sensor Network Protocols and Applications (SNPA 2003), Anchorage, Alaska, May 2003.

27. C. Schurgers, V. Tsiatsis, S. Ganeriwal, and M. Srivastava. “Optimizing sensor networks in the energy-latency-density design space.” IEEE Transactions on Mobile Computing, 1(1):70–80, January 2002.
28. Y. Yu, B. Krishnamachari, and V. K. Prasanna. “Energy-latency tradeoffs for data-gathering in wireless sensor networks.” In Proceedings of INFOCOM 2004, Hong Kong, March 2004.
29. S. Ratnasamy, B. Karp, S. Shenker, D. Estrin, R. Govindan, L. Yin, and F. Yu. “Datacentric storage in sensornets with GHT, a geographic hash table.” Mobile Networks and Applications, 8(4):427–442, August 2003.
30. X. Li, Y. J. Kim, R. Govindan, and W. Hong. “Multi-dimensional range queries in sensor networks.” In Proceedings of the 1st ACMConference on Embedded Networked Sensor Systems (Sensys ’03), Los Angeles, California, November 2003.
31. Y. C. Tseng, S. L. Wu, W. H. Liao, and C. M. Chao. “Location Awareness in Ad Hoc Wireless Mobile Networks.” IEEE Computer, 34(6):46–52, June 2001.
32. M. Yarvis, N. Kashalnagar, H. Singh, A. Rangarajan, Y. Liu, and S. Singh. “Exploiting Heterogeneity is sensor networks.” IEEE proceedings of INFOCOM 2005. 24th Annual Joint Conference of the IEEE Computer and Communications Societies, 2005.
33. T. Vladimirova , C. P. Bridges, G. Prassinos, X. Wu, K. Sidibeh, D. J. Barnhart, A. Jallad, J. R. Paul, V. Lappas, A. Baker, K. Maynard, and R. Magness. “Characterising Wireless Sensor Motes for Space Applications,” in 2nd NASA/ESA Conference on Adaptive Hardware and Systems (AHS), 2007.
34. A.-H. Jallad, “Space-Based Wireless Sensor Networks”, PhD Thesis, Surrey Space Centre, Department of Electronic Engineering, University of Surrey, October 2008.

第8章 无线传感器网络中拥塞和流量控制

由于无线传感器网络(WSN)的资源约束、节点众多,WSN提出了一系列独特的具有挑战性的协议设计。面临的挑战之一即在这样的环境中如何解决拥塞控制和可靠数据传输:无线传感器网络的应用和无线基础设施的特点不同于目前常规网络,解决方案明显不同。在本章中,我们对现有拥塞控制方法进行调研,并根据各种参数,如拥塞检测和控制、特定应用目的、目标数据交付模式,以及公平性和可靠性支持机制对它们进行分类。WSN的应用表现出了各种各样的通信模式,现有文献集中于传感器之间三种类型的应用程序:单对单、单对多和多对单。在有线和无线自组织网络中可靠性和拥塞管理方法在一对一(单播)和一对多(多播或广播)通信情况下已被广泛研究,提供了很好的经验来借鉴。然而,多对一的通信模式涉及的各种情况和挑战,是该研究领域关注的重点。因此,本章的重点是拥塞和无线传感器网络中多对一流量模式的控制方式。

8.1 引言

无线传感器节点的特点是资源有限,包括处理、存储、通信和能源资源。自组织技术和传感器节点的结合使得它可以将它们以特设的方式部署在一个人迹罕至的区域,以获取目标区域所需的相关信息。多个传感器节点可自组织成网络收集信息,并转发信息给观察者。观察者可以是一个中央节点(基站)或围绕网络移动、收集数据的移动节点。一般情况下,观察者被假定为资源丰富的节点,它有存储、处理和分析收集资料来源的能力,并根据需要,可在网络发布,这使得传感器网络在军事、民用、工矿、医疗、监控和科学以及商业等领域有广泛的应用。

无线传感器网络需要特定的协议和系统支持不同于传统网络的特征。具体而言,无线传感器网络与传统网络的区别如下:

(1) 以数据为中心:观察节点对及时、准确地收集数据感兴趣。与此相反,传统的网络通常重点放在网络上的不同端点之间的通信。物理位置相同的传感器所报告的信息存在冗余,网络的性能最好用特定的应用术语表示,而非直接用吞吐量之类的网络术语衡量。

(2) 独特的通信模式:在无线传感器网络中,数据通常从一组传感器节点集合向收集数据的观察节点发送。这样的通信涉及多个发送者和一个接收者,称为多对一的通信模式。

上述因素再加上无线信道的性质和对能量效率的重视,这些都需要有针对无线传感器网络特性敏感的新协议和算法。本章概述并分类了拥塞管理的无线传感器网络协议[1]。拥塞问题是分组交换网络中的一个经典问题,如果源节点收集超过网络容量的一个或多个中间节点(路由器)的数据,将导致数据包丢失[2]。如果提供的负载在网络不受控制(通过拥塞管理协议,可限制源速率),网络崩溃就可能会出现。对无线传感器网络性能而言,拥塞造成的影响在具体应用方面可得到最好的评估,因此,与仅依靠经典方法的网络相比,新的拥塞管理协议可带来更有效的解决方案。

拥塞控制本质上是一个资源分配问题。一个基本的拥塞控制只是确保源节点速率受到管制,以避免或减轻拥塞,更好的方法是能够公平地分配资源,即确保网络中相互竞争的传感器节点能得到相同的带宽[3]。另一种情况是当发送方发送数据的速度比接收机更快,就需要流量控制。解决拥塞的重要目标,是无线传感器网络流量控制算法在汇聚节点处以高效的方式提供所需的可靠性,即保证数据从源节点到汇聚节点的成功传送。

本章首先概述了无线传感器网络的各种拥塞和流量控制算法,对于一般的基于数据采集的应用程序,收集的数据从传感器的一组子集向汇聚节点传送,形成漏斗状。在无线传感器网络中大多数这类算法侧重于避免或减轻拥塞,一般使用简单的基于 ARQ 的协议来保证通信的整体可靠性。由于提供拥堵和传感器网络流量控制的一个重要目标是尽量减少网络中的综合能耗,因此需要将两者结合起来。因此,我们还调研了一些考虑了能效的针对无线传感器网络可靠数据传输的协议。最后,我们概述了支持无线传感器网络不同数据传输模式的应用拥塞控制(较少见)协议,并简述了支持无线传感器网络速率控制的 MAC 协议。

本章的其余部分安排如下:8.2 节解释了拥塞并详细说明了流量控制,其次说明了为什么现有的拥塞管理技术并不能直接适用于无线传感器网络的情况。8.3 节描述了在无线传感器网络中开发节能拥塞和流量控制协议中一般的挑战和设计问题。8.4 节给出了用来区分本章所讨论的拥塞和流量控制协议的分类方法。虽然拥塞控制和可靠性分别是传输协议两个重要的特征,我们更愿意在单独的章节讨论,但大多数无线传感器网络中现有的协议主要集中于一个单独的特征,而给予其他特性很少或根本没有关注。8.5 节关注了典型数据采集的基础应用,并讨论了在拥塞控、制流量控制和保证传感器网络公平性上的一些重要的贡献。8.6 节讨论了一些现有的方法,重点是为无线传感器网络提供可靠的保证。8.7 节描述了其他的对无线传感器网络和拥塞流量控制做出贡献的相关算法。最后,8.8 节比较了一些在本章讨论的方法,并在 8.4 节的基础上作出了总结。

8.2　背景

本节概述一般拥塞管理的问题和传统网络中的流量控制。然后,我们解释了为什么在无线传感器网络中对拥塞和流量控制有独特要求的原因。

8.2.1　拥塞管理

拥塞是由于数据流在中间节点超出链路或节点缓冲能力造成的。在有线网络中,拥塞是一个给定的链路(固定的点对点链路)的容量。在无线网络中,链路的容量由在干扰范围活动节点的数目确定,由 MAC 协议负责调解节点之间的竞争。但是。即使经历拥塞节点的流量点不随时间变化,一个链路的有效容量也可能随时间而变化。拥塞控制通过检测拥塞的早期迹象,并在设置的拥塞点之前恢复(称为拥塞避免)或检测拥塞并从拥塞控制中恢复(称为拥塞减轻)。拥塞管理算法的不同之处是它们如何完成拥塞检测与控制(或避免)。检测可以在源节点或中间节点执行。在任一情况下,控制可通过减少源节点的发送速事实现。下面将详细阐述这些方法。

8.2.1.1　拥塞检测

拥塞检测是所有拥塞控制算法中首要的一步。在一般情况下,拥塞可以在中间节点或在汇聚节点(端至端)被检测到。在中间节点,拥塞或拥塞的可能性可以基于各种因素,如当前队列有占用率、分组服务时间或根据现在和过去信道的负载条件的组合来推断。例如,基于队列占用的拥塞检测在 DECbit[4] 和随机早期检测(RED)[5] 算法中使用。DECbit 给出了拥塞的明确通知,而 RED 给出隐含的拥塞通知,这两者通过在一个数据包中捎带拥塞状态信息进行传输或丢弃它以实现控制。端到端的拥塞检测可以考虑的因素有超时、重复的 ACK、包间延迟等。传输控制协议(TCP)[6] 根据重复 ACK 或超时检测拥塞。因此,当收到三个重复的 ACK 时,TCP 的快速恢复模块认为发生了拥塞。

8.2.1.2　拥塞控制

一旦拥塞(或拥塞的早期征兆)被检测到,拥塞控制机制需要马上启动,拥塞控制被执行。其可以是以主动方式通过避免拥塞崩溃发生,也可以是以反馈方式通过在已经发生拥塞的网络中减轻拥塞。现在我们简要地解释两种机制。

(1) 拥塞避免:拥塞避免策略涉及在网络中检测拥塞的早期迹象并发起预防措施,以避免网络因拥塞崩溃。例如,TCPVegas[7] 协议尝试在初始阶段检测拥塞,通过对所测量的吞吐速率与预期吞吐率在发送节点进行比较,根据差值,源节点确定发送速率是否需要进行调整。其他拥塞避免机制包括 DECbit 和 RED,通过在中间节点监视队列的占用情况以检测,并将早期的征兆通知到终端节点。

(2) 拥塞缓解:一旦拥塞发生并被检测到,如果在有线网络和无线网络中传输的数据流是端到端,而不是协作的情况下,机制将减轻由源节点整体提供的负载。因此对于这样的网络,可假设拥塞发生在竞争数据源节点之间,因此确保源节点之间的公平性是一个问题。尤其如此,因为拥塞控制是以分布式方式执行的,即源速率控制不协调。在无线传感器网络中,为同一个响应而查询多个源节点,争夺资源的情况经常发生。也就是说,所有的数据包都服务于同一个流并且公平的概念必须通过应用数据质量的特定措施取代。

8.2.2 流量控制

流量控制是一种机制,用于确保有一个或多个发送器和其接收器之间没有速率失配。换句话说,流量控制可以确保发送者的总传输速率不超过接收器的接收速率。有两种类型的流量控制机制:

(1) 闭环流量控制:在这种技术中,接收器给出直接反馈给源节点。根据反馈,源节点可以调整其传输速率以处理速率不匹配。

(2) 开环流量控制:在该技术中,不存在由接收节点到源节点的反馈,它涉及了逐跳反馈。

8.2.3 无线传感器网络中拥塞和流量控制的必要性

在描述无线传感器网络拥塞控制问题之前,我们定义将在本章中使用的关键字。在无线传感器网络中,多个传感器上传它们的读数给基站是一个普遍的情况,数据一般遵循基于树的路由拓扑结构,该结构的基站(汇聚点)作为树的根,如图 8.1 所示。这里,节点 S 表示汇聚点,而另一些节点表示数据发生器和/或转发器。在本章中,我们把靠近源的节点称为上游节点,靠近底部的节点作为下游节点。如果节点 F 和 G 都是源节点,那么它们表示节点 C 的一组上游节点,而节点 A 作为节点 C 的下游节点。此外,我们称数据转发路径朝着汇聚点的单跳节点为父节点。在这个拓扑结构,节点 A 是节点 C 和 D 的父节点。类似的,称节点 A 的子树为一个它所有上游节点(C,D,F,G)形成的树,节点 A 为树根。

无线传感器网络的拥塞影响和拥塞避免机制的必要性由 Tilak 等人[1] 进

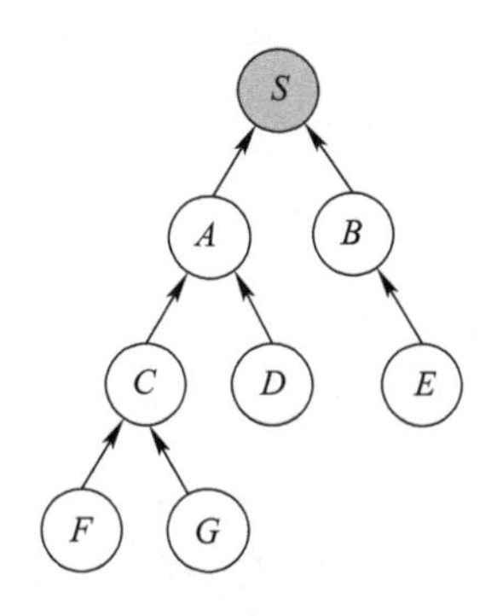

图 8.1　基于树的路由拓扑

行了定义。具体来说,他们研究了提高数据报告率和传感器密度对观察者在数据汇集应用程序中查看信息质量的影响。虽然传感器节点的较高密度分布为更准确的检测提供了机会,但如果不控制拥塞,就会损害整体网络的性能;当传感器密度增加时,更多的负载需共享无线信道和更易饱和的网络,除了需要确保传感器节点的整体速率不超过该网络的容量之外,重要的是要确保满足特定应用所需的最低精度要求,同时在网络上无需花费更多的精力来实现比预制要求更高的精度。为了支持应用程序的需要,拥塞控制应该满足下述不等式。

$$C_{\text{application}} \leqslant \sum_{i=1}^{M} b(S_i) \leqslant \alpha C_{\text{total}} \tag{8.1}$$

式中:$C_{\text{application}}$为满足应用程序所需的信道容量;C_{total}为信道总容量;α 为由多跳连通所引起的自干扰系数(α 一般约为 0.25[8])。$\sum_{i=1}^{m} b(S_i)$ 表示从事件检测传感器传输的所有数据,其中每一个传感器 S_i 传输的比特率为 $b(S_i)$,从时间 T 到 $T+\delta$,δ 为平均延迟。观察者期望的精度级在不同类型的、具有不同流量的范例应用中有所不同。例如,多个节点响应同一个事件所产生的流量一般都有冗余,因而需减少冗余,这需要在基站处理。

无线传感器网络应用了漏斗模型,如图 8.2 所示,它有助于区分由汇聚点和由源节点引起的拥塞。

(1) 事件源附近的拥塞:检测到事件时传感器节点所在的事件区域会瞬间产生突发流量,导致碰撞,接近源节点的数据包丢失明显。如果检测节点的密度以及数据生成速率很高,这个问题将特别突出,在这种情况下靠近源节点区域将持续出现碰撞概率急剧增加的情况[9]。为了解决这个问题,已经提出了逐跳信令指示方法以减小发送速率[3,9]。

(2) 汇聚点附近的拥塞:多个源节点产生的数据流以多跳的方式向汇聚点

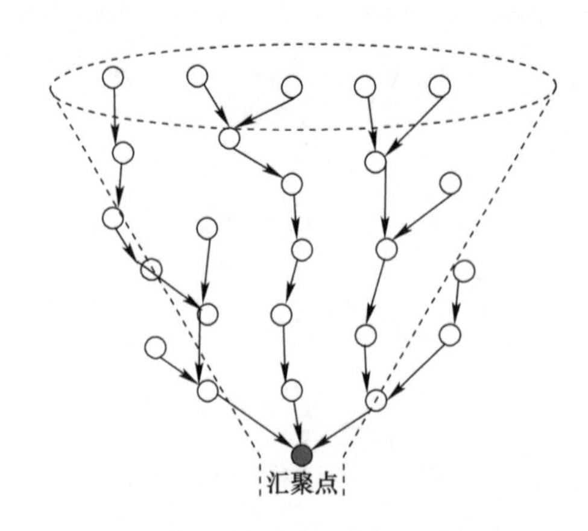

图 8.2 无线传感器网络中漏斗模型对流量的影响

(基站)流动。尤其是在检测到事件的情况下,几乎同时在源节点产生数据。数据流量沿多条路径传给基站,在基站附近的区域将出现较大流量负荷,这是由漏斗状的通信模型引起的[10]。这些增加的流量负载可能导致在汇聚节点附近出现节点级或链路级的拥塞。具体而言,在一个稀疏部署的网络中,源节点高速产生的数据可以在汇聚点附近造成短暂的热点区域[9]。

其他形式的数据流传输模式,例如一对一和一对多的通信也经常出现在无线传感器网络中。这些通信模式也给拥塞管理带来了相关的挑战。例如,通过一对一的通信可以在网络中观察到由于隐藏终端的问题或网络中的并发流产生的干扰造成数据包的丢失情况,而在一对多通信中(例如洪泛情况下)表示出来的与拥塞相关问题则是在远离源节点时表现出来,如果没有采用任何控制措施,下游节点同时转发数据可能会由于数据包碰撞而丢失分组。

8.3 挑战和设计空间

本节,我们将回顾一些拥塞和流量控制技术带来的挑战。无线传感器网络提出了一些独特的设计问题,这些问题与传感器节点相关,与不同的通信模式和不同的部署模式下有限的传感、处理、存储和通信的能力相关。因此,在开发有效的拥塞和流控制机制之前,考虑与无线传感器网络相关联的各种挑战非常重要。

8.3.1 资源约束

无线传感器网络提出的重大挑战包括节点有限的电池容量、处理能力、存储器和存储能力。无线电通信在能量消耗中所占比重最大,因为它需在节点内部处理数据以减少被传送的数据量,而且采用有效的网络协议可减少不必要的数据包丢失。

8.3.2　流量模式

传统网络和无线传感器网络之间的另一个区别是独特的通信模式[11]。在大多数传统网络中,点对点、单播通信占主导地位。然而,在无线传感器网络中,多对一通信最常见,因为数据需从多个传感器节点持续地发送到观察者或需对一个查询或事件进行响应。此外,当查询被传播到网络中时,或者当重要的事件(或事件摘要)的信息在网络中主动传播时,可以通过优化的广播或地理广播算法进行一对多的通信。重要事件发生时,网络可能会出现短暂的活跃,而在其他时间,网络可以表现出低的活性。在使用存储的应用程序中,其他复杂的通信模式也可以出现。这些流量模式在拥塞怎样被显现、检测和控制它的方案中扮演了一个重要的角色。

8.3.3　网络体系结构

传感器网络体系结构可分为平面和多层结构。在平面结构中,所有传感器节点类型相同,且具有类似的职责。在这样的拓扑结构中,可扩展性是一个主要问题,因为即使是小的变化也需要被传播到整个网络。在多层拓扑结构情况下,资源受限的传感器节点位于低层,而资源相对丰富的节点位于较高层[13],这种构架中网络本身可执行密集的计算处理,因此可提供更高的网络容量,此外,它还增强了可管理性和可扩展性。

8.3.4　可替代的性能指标

由于无线传感器网络是由应用程序驱动的网络,其价值主要在于提供给应用程序的感测数据的质量,理想的拥塞机制和流量控制机制的主要目标应针对保持数据质量的应用水平标准。在一般情况下,源节点在拥塞网络中做出的反应是通过限制数据生成速率以及调度数据包或丢弃数据包,从而在汇聚点减少数据量。评价指标如覆盖率、数据新鲜度、可靠性替代了吞吐量、延迟率和开销等传统的以网络为中心的指标。在传感器网络中检测到的多个事件可能具有不同的重要性。因此,当拥塞发生时,需要提供一种将重要事件赋予较高的优先权的机制。

8.3.5　数据冗余

是否出现数据冗余与应用程序定义的标准相关,但观察更有广泛的适用性,通常一个感兴趣的观察事件一般被多个在感应范围内的传感器节点检测到，通过数据融合或源速率控制以减少冗余，降低网络中的通信量很重要[1]。然而，应该有的冗余依然会存在，如果不损害数据质量，部分信息丢失是可以接受的。

8.4 拥塞和流量控制的分类方法

我们根据本节描述的几个方面区分拥塞控制协议。

8.4.1 拥塞检测机制

拥塞检测机制可以分为局部拥塞检测和全局拥塞检测机制。局部拥塞检测通常发生在中间节点，其中拥塞检测可以通过监测拥塞本地指标如队列占用情况或信道状态来发现。另一方面，全局拥塞检测则是在汇聚点（基站）执行，其中端对端的属性如数据包延迟以及损失的比例或分布都可以被用来推断拥塞，尤其是源节点速率得到控制时这些属性如何变化。

8.4.2 全局拥塞控制

传输协议采用闭环控制过程，其中它们试图采用控制源节点传输来实现有效地运行点。无线传感器网络有一些协议基于传统的拥塞控制方法，考虑了网络中的性能指标，如终端到终端的吞吐量和可靠性，我们称这种方法为以网络为中心的拥塞控制方法。另外，无线传感器网络应用驱动特性引入了其他的方法，因为协议试图达到应用程序特定的性能指标，如 8.2.3 节所述。我们称这种方法为采用特定应用程序来进行拥塞控制的方法。

8.4.3 速率控制机制

无线传感器网络速率控制机制大致可分为集中式、源控制机制、分布式、逐跳反馈机制。源节点控制机制在数据收集节点进行，从本质上讲，当拥塞（或拥塞的早期征兆）被检测到时，汇聚节点指示拥塞来源，以调整源节点的数据发送率。逐跳反馈机制则是在中间节点进行，其中中间节点根据其局部拥塞状态指示其上游节点调整数据发送率。

8.4.4 公平性或 QoS

拥塞控制表示拥塞存在时资源分配方面的基本要求。具体而言，拥塞控制的根本任务是降低发送速率以避免拥塞。更精细的资源控制是可能的，其中有关资源分配的附加要求维持不变，包括拥塞发生时试图保持流量竞争的公平性方法。同样的方式，OoS 方法试图根据数据重要性和预定的等级来分配资源。

我们确定了一些支持提供这些功能的协议。

8.4.5 目标应用模式

大多数协议侧重于数据被汇集到基站的多对一的通信模型。然而,一些协议不同于此模型中的假设,如假设的高速率数据流,或对多个汇聚节点的多个查询,以及其他的针对不同数据的传输模式,如多对多的通信或一对多的通信交流。

8.4.6 其他指标

我们还根据指标条款区分协议。例如,有些协议需要额外的支持(专业的 MAC,或额外的网络容量),还有一些协议需特别注意能源效率。

8.5 无线传感器网络通信的拥塞和流量控制

本节概述了拥有拥塞控制和流量控制支持的无线传感器网络传输协议。不同于有线或无线 Ad Hoc 网络的传统拥塞管理算法,大多无线传感器网络中的现有协议重点涉及了数据从传感节点传向基站或针对一个查询生成的多对一通信模式的应用。因此,本节讨论的方法主要集中在无线传感器网络中多对一的通信模式。我们首先介绍了以网络为中心的协议,其次是特定应用的协议,最后是同时支持以网络为中心和特定应用的方法。

8.5.1 网络为中心的方法

如 8.4 节已给出的分类方法所述,以网络为中心的拥塞控制方法集中在传统网络的性能指标,如端到端的吞吐量和可靠性。本节描述了对无线传感器网络量身定制的方法。

8.5.1.1 CODA:节能拥塞检测与避免

在传感器网络中拥塞检测和避免(CODA)算法[9]不同于传统的方法,它试图节约能耗,而且专注于瞬态和持续性热点问题,并且通过对单个传感器节点的调节以产生比其他节点更高的数据速率。按照该分类方法,CODA 采用局部拥塞检测机制、逐跳反馈机制和源节点速率控制机制。具体而言,CODA 包含三种机制:基于接收节点的拥塞检测、开环逐跳反馈机制以及闭环多源调节机制。基于接收节点的拥塞检测机制可以在汇聚点以及中间节点使用,它基于显式拥塞检测机制,如接收节点的队列占用率和信道状态。一旦拥塞被检测到,如果它是短暂的,开环逐跳反馈技术将被用来快速缓解拥塞。如果拥塞持续存在,源节点的速率控制变得必要,并且闭环多源节点调控机制也将被应用。因此,这两种控制机制,协调使用时可互补。下面将更详细地描述这三种机制。

(1) 基于接收节点的拥塞检测:缓冲区占用检测作为拥塞水平的一种度量已被广泛用于传统的拥塞检测算法。在本书中,作者证明,因为信道共享特点,单独的缓冲区占用检测在拥塞的无线网络中不是一个很好的措施。在 CODA 算法中,接收节点不仅可以监控缓冲区占用量,还可测量现在和过去的信道利用率以检测拥塞。在拥塞时,信道负载量通常比缓存占用以更快的速度增加。许多数据包能成功地被接收节点接收是由于通信路径上的干扰较少,发送节点发送的数据包数量少,竞争小,因此,仅通过缓存占用减少可能提供关于网络拥塞状态的虚假信息。然而,连续监听会带来高昂的能源成本。因此,为了节省能耗,CODA 使用了一个抽样方案,它只在特定条件下激活本地信道监控,如仅当发送缓冲区不为空时。

(2) 开环逐跳反馈:当接收节点检测到拥塞时,它发送反馈信号给源节点。反馈可以传播所有到源节点,或者根据自己的局部拥塞状态只到这中间节点。路由协议也可以利用反馈的信息优势来引导路由决策和选择更好的非拥塞路径用于通信。

(3) 闭环多源调节:当发生持续拥塞时,在汇聚节点上 CODA 运行闭环拥塞控制机制,以调节多个源节点。当一个源节点的发送速率超过最大理论吞吐量 S_{max}时,源节点通过在数据包中设置一个位信息以通知汇聚节点。只要传输速率持续高于 S_{max},汇聚节点就开始发送 ACK 给源节点,直到汇聚节点检测到拥塞,此时它将停止发送 ACK,直到拥塞缓解,并私下通知发送节点降低其速率。

8.5.1.2 融合:数据包优先级感知

虽然 CODA 支持拥塞缓解,但它并没有提供源节点之间的公平性保证。融合[3]解决了这个问题,同时还支持优先 MAC——一种可快速耗尽拥塞节点的队列的机制。类似 CODA,融合也使用逐跳反馈机制来进行速率控制。此外,融合利用局部拥塞检测方法,但与 CODA 不同,协议设计者实际上规定基于队列占用的拥塞检测始终是优于基于信道取样。我们现在详细地描述融合方法。

(1) 逐跳流量控制:这种机制类似于 CODA,不同之处是,融合使用了一个隐含的机制,而不是使用了 CODA 中的显式信息传递。具体来说,节点通过监听它们父节点发送的数据包来检查拥塞位是否被置位,在这种情况下它们限制传送以让父节点脱离拥塞。如果拥塞持续,这种逐跳反馈可以达到源节点,但是,当在父节点检测到拥塞时,完全停止子节点的发送可能会进一步阻止对源节点的反馈传播,为了避免这个问题,每个子节点允许发送具有拥塞位设置的数据包从而允许子节点侦听拥塞。

(2) 限制源节点速率:这种机制针对的是来自远端的源节点数据包在汇聚

节点附近由于拥塞而丢失的问题。为了解决这个问题,一个基于被动侦听的方法被使用。每个传感节点监听父节点转发的数据流量以确定节点的总数 N。当父节点发送 N 个数据包时,每个子节点接收一个令牌。如果子节点至少有一个令牌,那么于节点被允许发送信息,并且每次传送消耗一个令牌。这个简单的基于令牌的方法使每个传感节点的传输速率与它的子节点速率相匹配。这个方案工作的前提是,假设所有传感器都提供相同的流量负载,并且路由树没有显著倾斜。

(3) 优先 MAC:CSMA MAC 层给所有传感器节点提供了平等的机会传输数据。但这存在问题,特别是发生拥塞时,作为连接多个源传感器节点的父节点,如果其内部队列已满往往会丢弃数据包。因此,当接入无线媒介时要优先考虑已经阻塞的父节点。Aad 和 Castelluccia 提出的技术解决了这个问题[14],让每个传感节点的随机退避长度变成一个局部阻塞位的函数。因此,拥塞节点的退避间隔设置为一个非拥塞节点退避间隔的四分之一,从而增加了拥塞传感器节点接入无线介质的机会。

在一般情况下,逐跳流量控制机制可以在网络中的任何链路中减少传输速率,而速率限制技术可以为每个源节点产生的数据提供公平性。此外,优先 MAC 也可由传输中的流量优先来提供公平性。总之,即使网络达到饱和,这些策略也可相互补充从而实现高效。

8.5.1.3　带公平性的分布式传输速率控制算法

除了在 CODA 中所描述的拥塞缓解机制,Ee 等人提出了另一个方法[15]——针对需要公平性支持的机制。类似 CODA,它使用基于队列占用检测的局部拥塞检测机制。此外,该速率控制算法还基于逐跳反馈机制。为了取得公正性,每个节点向其上游节点分配公平的传输速率。下面讨论该算法中的基本速率控制和公平机制。

基本的拥塞控制机制是一个闭环控制算法,当节点的队列已满或即将满时,链路中的每个节点对其上游的节点施加反馈。同样,当队列变空时则该节点对它的上游节点发布更高的报告率。为避免同一层次的节点由于同时传输所产生的干扰,引入一些抖动,拥塞控制算法包括以下步骤:

(1) 测量平均数据包传输速率 r:假设数据包大小相同,该数据包的传输率可估算为发送一个数据包所需要时间的倒数。数据包发送时间为 t,它由传输层首次将数据包发送到网络层和网络层通知传输层该数据包被发送的时间组成。估计数据包传输的时间是 t 的指数移动时间的平均。

(2) 分配适当的数据包生成速率到上游节点:平均数据包传输速率在所有的上游节点中被分割为 n,分配的数据包产生率为

$$r_{\text{data}} = \frac{r}{n} \tag{8.2}$$

为了计算 n，一个自下而上的传播算法被运用，每个节点在数据包嵌入其子树的大小并将其发送到父节点。父节点检测所有子节点子树的数量，它自身加1（如果它的父节点本身产生数据包），并在数据包中嵌入这个数，进一步向汇聚节点转发。当队列溢出或即将溢出时，节点分配一个较低的数据包生成率到其上游节点。

（3）比较速率 r_{data} 和从父节点获得速率 $r_{\text{data,parent}}$，并传播更小的速率通知到上游节点：$r_{\text{data,parent}}$ 信息要么被父节点附带，要么作为控制信息单独传播。

公平性控制机制使用概率选择或基于时间段的比例选择。在第一种方式中，有较大子树的子节点比其他子节点有更高的概率被队列选中。而在第二种方式中，每个时间内，每个队列传输的数据包数目是 n 和该队列服务的节点数量的乘积。

8.5.1.4 IFRC：对干扰敏感的公平速率控制

IFRC[16]不同于以往的方法，它提出了一种干扰感知的方法来进行拥塞控制。IFRC 使用了局部拥塞检测算法，该算法基于监测队列占用率，而且在网络中获得了公平性的支持。虽然 Ee 等人的工作[15]和 IFRC 算法注重于速率控制的公平性保证，但 IFRC 算法不同于前者，一个节点控制所有节点的速率，而后者干扰前者的传送，不是只控制它的子节点。IFRC 的主要贡献包括影响拥塞节点传输数据速率的所有节点的集合，并设计一个低开销而有效的机制来分享拥塞信息到这样一组节点。下面详述 IFRC。

IFRC 使用了基于 CSMA 的 MAC 协议，并在 MAC 层提供链路层重传机制以从分组丢失中恢复。此外，IFRC 还使用了链路质量的路由协议，它建立以基站为根的树结构。每个节点假定只生成一个数据流，IFRC 认为节点 n_j 是节点 n_i 的潜在干扰，如果数据流在 n_j 产生，它使用一个链接通过节点 n_i 干扰该数据流发送。因此，对于多对一的传送，节点 n_i 的一组潜在干扰节点包括 n_i 的邻居节点、n_i 邻居的父类节点、父类子树的邻居节点。下面介绍 IFRC 设计的 3 个主要阶段：

（1）拥塞检测：IFRC 采用指数权重平均队列移动率占用作为拥塞检测措施。

$$q_{\text{avg}} = (1 - w_q)\, q_{\text{avg}} + w_q q_{\text{inst}} \tag{8.3}$$

当队列长度超过阈值上限 U 时，IFRC 检测到即将到来的拥塞。当检测到拥塞，IFRC 减半其数据的生成速率 r_i，然后开始叠加，即使它的速率减半，但由于采用单一的阈值上限仍可能使节点仍保持在拥塞状态，作者提出使用多个阈值 $U(k)$ 的方法，如当 k 开始增加时，$U(k) - U(k-1)$ 减少。这将使节点大幅减少它的速率直到队列开始消耗。

（2）拥塞共享：在 IFRC 中，一个节点发送数据时捎带本身的发送速率和拥塞状态及其最拥塞的子节点信息。此信息可通过监听而在网络中递归共享。因此，IFRC 的目标是在最拥塞的位置公平地分享速率，在如下规则的帮助下达到：

规则 1：节点的速率比它父节点要小。

规则 2：节点的速率应小于其拥塞邻居或拥塞邻居的子节点。

（3）速率适配：速率适配在 IFRC 中基于逐渐增加和倍数递减（AIMD）的原则。在每一个节点 n_i，数把包内部传送时间为 $\left(\frac{1}{\text{rate}}\right)$，速率增加 $\left(\frac{\delta}{\text{rate}}\right)$，$\delta$ 表示递增增加的强度。当阻塞检测到时，其速率是减半的（倍数减少）。

为了避免 rate 从 rate_{min} 到 rate_{max} 的跳变，我们需要 $\frac{\delta}{\text{rate}} \ll \text{rate}_{\text{min}}$，即

$$\delta = \xi \text{rate}_{\text{min}}^2 \tag{8.4}$$

式中：ξ 是一个小正数，对于小而稀疏的网络，其值由下式确定，

$$\xi < \frac{F_j}{8U_0} \tag{8.5}$$

对于大的网络，

$$\xi < \frac{9U_1}{2s^{-2}F_j} \tag{8.6}$$

式中：U_0 和 U_1 为队列阈值；s 为树的平均深度；F_j 是拓扑和网络规模的函数。

8.5.1.5　RCRT：拥塞控制与端到端的可靠性

到目前为止，所讨论的拥塞控制方法都不支持可靠的数易传输。虽然某些传感器网络应用不关心 100% 的可靠性，尤其是在应用同一位置传感器采集的冗余信息时[1]，但有一类传感器网络应用需要 100% 的数据可靠性。例如，在结构监测应用中，结构模式形状估计可以通过多个关联传感器获得的读数进行，采样数据的损失可能会导致不准确的估计。为了解决这个问题，RCRT[17] 除了支持速率控制机制以外还支持端到端的可靠性。RCRT，主要涉及高速率且要求 100% 可靠性的数据通信应用。RCRT 在接收器使用了全局拥塞检测机制，基于所述接收器和源节点之间变化的 RTT。此外，RCRT 采用了集中式的速率控制机制，基于源节点控制的方法。速率控制机制在汇聚节点中实现，因为汇聚节点有网络状态的全面信息，这使得更有效的源速率控制成为可能。与 IFRC 相比，RCRT 支持每个传感器节点的多个并发数据流，以及根据不同流的需求，为不同流提供不同速率的分配机制。RCRT 可以实现两倍于 IFRC 的速率。我们现解释 RCRT 支持的不同机制。

(1) 端到端的可靠性:RCRT 使用标准的端到端基于 NACK 的反馈机制以支持 100% 的可靠性。本质上,接收器维护每个数据流缺失的数据包列表(这里,流代表一个源和一个接收器之间传送的数据),并且发送丢失的数据包列表到每一个源节点以便恢复。接收器还维护了每个流的无序数据包列表以支持按序传送。

(2) 拥塞检测:RCRT 使用一个隐式拥塞检测机制,只要损失修复的时间小于某一阈值,接收器就假设网络未拥塞。为恢复损失所需的 RTT 的数量来自源节点 i 的值是

$$L_{\text{norm},i}=\frac{L_i}{r_i RTT_i} \tag{8.7}$$

式中:L_i 为源 i 的无序数据包列表;r_i 为分配给源的速率。如果指数权重 $L_{\text{norm},i}$ 的平均值(用 C_i 表示)远大于上限阈值,RCRT 将检测到拥塞。在理想情况下,一个损失可在大约一个 RTT 时间内修复($C_i=1$)。因此当 $C_i>2$,网络更有可能拥塞。RCRT 用一个更保守的值作为上限阈值($U=4$),因为当网络从不拥塞到拥塞状态时 C_i 大幅增加。较低的阈值 L 被设为 1。

(3) 速率适配:RCTR 用一个 AIMD 方法来控制整体速率,不是 $R(t)$ 而是 $\sum r_i(t)$。当网络不拥塞时,$R(t)$ 逐渐增加:

$$R(t+1)=R(t)+A \tag{8.8}$$

式中:A 是一个常数,同样,当网络被拥塞时,速率成倍地减少:

$$R(t+1)=M(t)R(t) \tag{8.9}$$

式中:$M(t)$ 为一个与时间相关的倍率减少因子。RCRT 采用保守的方法来确定何时降低速率,速率调整后,接收器等待至少 2RTT_i 时间以得到变化速率的反馈。另外,RCRT 与在 TCP 中假设它是一个常数如 $M=0.5$ 相比,使用了一个较好的方式来确定 M 的值。本质上,$M(t)$ 基于 f_i 所经历的丢失率计算,如果 f_i 的数据包传送比率为 p_i,那么源 i 和接收器之间所期望的值为 $\frac{r_i(1-p_i)}{p_i}$,它包含损失的流量。当一个数据流在网络中被阻塞时,f_i 的速率被调整,使得源 i 的总流量为 r_i。当一个单一的数据流被拥塞,RCRT 保守的调整整体速率 $R(t)$,通过设置它为

$$M(t)=\frac{p_i(t)}{2-p_i(t)} \tag{8.10}$$

(4) 速率分配:RCRT 分配速率 $r_i(t)$ 到每一个基于速率分配政策的 P 的数

据流。RCRT目前支持三种码率分配策略:需求比或权重率比、需求限制(总速率在所有的源节点中公平分配,没有源节点能得到超过其需求的速率),以及公平的速率分配政策。

8.5.2　特定应用的方法

如 8.2.3 节所述,无线传感器网络在特定的应用中有可靠性的要求,从根本上不同于传统的传输协议中提出的以网络为中心的可靠性要求。无线传感器网络涉及应用驱动协议,与网络的任务相关。因此在一个典型的基于数据收集的应用中,事件被多个合作的传感节点检测并被送往基站,使用者对可靠的检测所有事件感兴趣,而不是可靠地接收每个数据包(包含冗余信息)。这固有的属性使得网络能容忍一些包的丢失。与此相类似,与不重要的事件相比,使用者的焦点在于尽可能快地知道关键事件。本节描述了考虑特殊应用要求的无线传感器网络协议。

8.5.2.1　ESRT:特定应用,集中速率控制

事件到汇聚节点可靠传输(ESRT)[18]协议关注以最小的资源在汇聚节点获得所需的事件可靠性而调整源节点的发送速率。根据该类方法,ESRT 使用了局部拥塞检测机制。此外,ESRT 为基于源控制的集中式速率控制机制。本质上,ESRT 采用闭环拥塞控制机制,其处理主要在汇聚节点完成。ESRT 假设汇聚节点足够强大,能通过广播到达网络中的所有源节点。ESRT 的核心思想是,汇聚节点命令源节点调整自己的上报速率,其基于目前在汇聚节点的可靠措施以及网络中的拥塞状态。另一方面,当汇聚节点的可靠措施比所需的要低时,如果网络中没有拥塞,汇聚节点则指示源节点大幅增加它们的上报速率。然而,如果在网络中有拥塞,汇聚节点指示源节点成倍地减少上报速率。另一方面,如果汇聚点的可靠性标准比所需要的还高,汇聚节点则指示源节点减小它们的上报速率以节能。

ESRT 关注两个参数:①由汇聚节点计算的可靠性指标 η;②拥塞的当前状态。汇聚节点计算在 i 期间的 η_i 为

$$\eta_i = \frac{r_i}{R_i} \tag{8.11}$$

式中:r_i 是被观察事件的可靠性;R_i 是汇聚节点所期望的事件可靠性。

为了通知汇聚节点自己当前的拥塞状态,每个传感器节点将监测自己的队列大小并设置发往汇聚节点数据包中的拥塞位。

在 ESRT 中的动作基于这样的观察,即增加拥塞情况下数据的上报率实际上可能会降低数据质量。具体而言,Tilak 等人[1]提出的意见认为,在拥塞的情况下,数据包会被丢弃,而不会区分哪些会被丢弃,哪些会被转发。与具有较低

上报率的情况相比,这可能导致较低的数据质量,在这种情况下丢弃的数据包较少,源接收到的更好。使用这些参数,汇聚节点归类当前的网络状态为5个不同的状态,如图8.3所示。

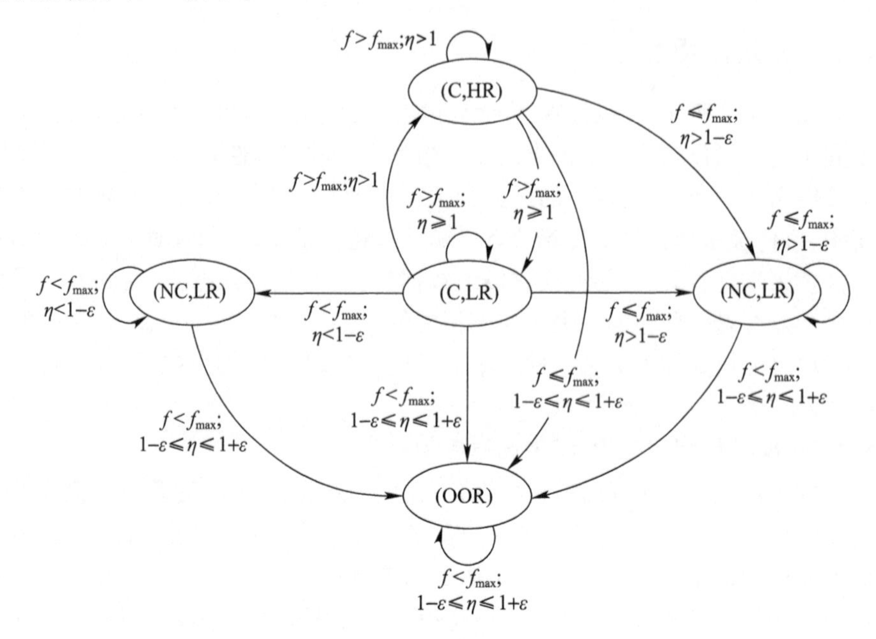

图8.3　ESRT协议状态模型和转换

(1) 无拥塞,可靠性低(NC,LR):源节点成倍增加其上报速率,以提高可靠性。

(2) 无拥塞,可靠性高(NC,HR):网络不拥塞,但观察到的可靠性比期望的可靠性高。因此,汇聚节点指示源节点细心地减少上报速率,为了在较低的开销同时始终保持所要求的可靠性。

(3) 拥塞,可靠性高(C,HR):网络拥塞并且可靠性比期望值高。

(4) 拥塞。可靠性低(C,LR):这是最糟糕的状态,其中ESRT呈指数降低上报速率以缓解拥塞,并尽可能提高可靠性。

(5) 最佳操作区域(OOR):最佳操作区域,这里上报速率仅仅只满足所需的可靠性。更准确地说,$1-\varepsilon\leqslant\eta_i\leqslant1+\varepsilon$,其中$\varepsilon$是一个小的错误范围,用来提供稳定性。ESRT的目标是始终保持网络在OOR的状态。

8.5.2.2　COMUT:基于数据重要性的拥塞控制

在事件监测的传感器网络中,某些事件是比其他事件更重要。因此,具有不同重要性级别的事件数据流量需要不同的处理方式,以确保重要性更大的事件有更高可信度和实效性传送给汇聚节点。COMUT(多级流量拥塞控制)[19]考虑了这种重要的情况,并提供了基于簇的拥塞控制机制。COMUT为局部的拥塞检测机制,其基于该节点的当前队列占用率。此外,COMUT 是一个集中的、基于源节点控制的速率控制方法,该方法运行在簇头(哨点)层。从本质上讲,每个节点将其局部拥塞程度通知监测点。监测点将其集群的集体拥塞级别以及源自其集群内的事件流的最高重要性级别与其他监测点进行交换,其他监测点位于通往接收机的路径上。每个监测点可命令其成员根据它们数据的重要性以及路径的拥塞状态调整其数据产生率。这项工作的贡献是双重的,我们首先提出了一个自组织成簇机制,允许在簇头层面主动监控拥塞,其次是分散的机制,用于测量内部以及簇间的路径流量强度。

(1) 簇构造:COMUT 使用一个基于成簇的拥塞控制方法来支持簇内可扩展性和数据包传输速率调控。每个簇由一个簇头(又名监测节点)管理。它在局部区域主动监控并预测拥塞的发生。簇头以一定概率采用随机的方法选出并宣布成为监测节点。换句话说,每个传感器节点等待一个随机时间,如果某个时刻它从其他节点接收到一个监测点所公布的消息,它加入这个簇。如果超时,它以 P_n 的概率成为一个监测节点,并设定一个新的概率为 $1-P_n$ 的随机时间段。P_n 是 n 的函数,n 是在延时后节点没有选择自己成为监测点的统计数量。这样下一个超时时间段的值为

$$P_{n+1}=(1-P_n)(1-\mathrm{e}^{-\alpha n})+P_n \tag{8.12}$$

式中:α 为 P_n 随 n 增长的有效程度。这是为了确保只使用较少的迭代步骤,每个传感器节点可以成为一个监测节点或邻近节点作为监测点的簇成员。为了便于簇的形成,COMUT 使用了区域路由协议(ZRP)[20]。

(2) 流量强度估计和速率调节方法:每个传感器监控其本地队列负载并以固定的时间间隔上传负载报告到监测点。监测点应用来自每个簇成员的本地数据计算簇整体负载。在监测点收集到的从源节点到汇聚节点所有路径的拥塞估计被上传以获取流量增加的总体估计,也称路径的拥塞程度。监测点周期性转发拥塞等级的本地计算值以及其簇内最高级最重要的数据流给其他朝向源节点的路径上的监测点。阈值可以分析得出,在簇中超过该值即可被视为拥塞。因此,为了节省能源,只有拥塞高于阈值时,拥塞程度才能被转发,而不是周期性地转发。此信息对在源节点调整数据包生成率有益。提议的速率调整策略基于逐渐增加和成倍减少(AIMD)的方法。但是,为了支持多种重要性水平,调控策略可修改,使得如果拥塞级别高于阈值,或者如果存在一个沿某路径到汇聚节点更重要的数据流,那么可将不太重要的数据流生成速度下降到某一最小速率,最小速率的值可以通过实验或通过模拟测量得出,并且可以在传感器节点部署之前设置。在初始化阶段(在网络设定时间),流向监测点的洪泛算法事件会浪费能量并造成拥塞,监测点会因此估计拥塞度,并通知源节点发起速率调节。为了解决这个问题,COMUT 使用了慢启动机制,分配了大量 RRE 时隙,该时隙是节点

在增加速度之前应该等待的时间。因此,除了处理早期的拥塞情况以外,CO-MUT 可通过分配较小的等待间隔以利于具有较高重要性的事件数据流。

8.5.3 混合方法

本节提出了虹吸算法[21],这是一种混合方法,它支持传统的以网络为中心,以及特定应用的拥塞控制。前面所讨论的拥塞控制方案通过在源节点限制数据的生成率或丢弃数据包,以减轻或尽量避免拥塞,这导致在汇聚节点处可信度的降低。因此,虹吸算法的主要目标是在汇聚节点保持应用可信度,即使在拥塞崩溃情况下(应用程序可信度基于特定的应用尺度)。与 CODA 算法在节点级发动的支持以网络为中心的阻塞控制相似,虹吸算法采用局部拥塞检测机制,并且为了全局的拥塞检测机制在基站启动特定应用的拥塞控制。虹吸算法的主要贡献在于它新颖的拥塞控制机制,其基于额外网络性能的使用。从本质上讲,少量的多射频虚拟汇聚节点(VS)随机分布在传感区域,该区域的节点已被加载流量负载,当阻塞发生时,通过另外的高性能射频网络传送数据到汇聚节点。虹吸算法定义一个特别的节点作为虚拟汇聚节点,该节点配备了低功耗微尘射频节点功能和备用的长距(例如,IEEE 802.11)射频。下面简要介绍虹吸算法的设计原理和水平。

(1) VS 发现和范围控制:虹吸可以以一个渐进的方式部署。因为汇聚节点不可能都配备备用射频,此外,不能保证 VS 会始终在一个拥挤的节点附近出现,为了便于发现 VS,汇聚节点广播嵌入了信息符的 VS 发现数据包,它包含 VS - TTL(跳数)设置,如果汇聚节点采用备用网络则值为 1 否则为 NULL。作者实验证明了 l 的最优值为 2。当一个 VS 收到发现 VS 信息时,它标识这个包的运送者为下一个虹吸跳。如果这个包在备用网络中接收,VS 转发带有嵌入了信号字节的数据包,并将 VS - TTL 设置为 1,表示有两个射频连接。因此,非 VS 节点接收的带有符号字节和 VS - TTL 的控制包,加上它们邻居列表中的 VS(沿着到 VS 的路径),值远大于 0。注意,如果 VS 收到由非 VS 节点转发的数据包,VS 节点不会对它的邻居节点宣布它的存在,因为不存在超出备用射频信道的到汇聚节点的路径。也就是说,这样的一个 VS 将结束在同一个路径上转发数据包,因为这样的路径将在汇聚节点处形成漏斗,导致在汇聚点附近拥塞。

(2) 拥塞检测:虹吸采用 CODA 提出的机制[9],在一个节点处检测局部拥塞水平。因此,当检测到拥塞时,VS 关闭从超载节点和备用网络向汇聚节点重定向的流量。然而,重要的问题是什么时候将流量重定向。如果一有拥塞的可能性流量就被重定向,将减弱在汇聚节点处更好执行聚合的可能性,反之亦然。因此,最有利的是拥塞的发生在形成漏斗的可能性之前,将流量重定向。网络中用于检测拥塞的另一种方法是事后拥塞检测,其中汇聚节点启动基于 VS 的重定向,启动条件取决于测量应用可靠度和事件数据的质量。虽然,这种做法不利于检测网络中发生的瞬时拥塞,但它可以检测到接近汇聚节点处的拥塞发生。此外,它避免了在低功率微尘节点运行拥塞检测算法的需要。此外,当使用全网聚合时,它能避免早期的流量重定向。

(3) 流量重定向:如果数据包重定向位被设置,传感器转发数据包到邻居VS。虹吸算法采用两种方法来设置重定向位:按需重定向,即检测到拥塞后设置重定向位,以及始终保持重定向,即总是设置重定向位。当 VS 接收到数据包后,将其转发给朝着汇聚节点的下一跳,其中下一跳可以是在主或备用网络中。作为一般的流量重定向指引,重定向路径上的下一跳应该有链路估计,对常规路径来说,下一跳的链路估计在 15% 以内(下限)。

(4) 备用网中的拥塞:虹吸式算法采用由 Murty 等人提出[22]的用于备用网络的拥塞检测方案。VS 检测到主要和备用网络拥塞时,不公布它的存在。在这种情况下,使用 CODA[9]方案中提出的逐跳反馈机制。然而,作者认为,只有较少的机会让 VSS 变得拥塞,因为它们可以同时在不同的信道使用两个无线电进行通信。

8.6 在无线传感器网络中的可靠性要求

通常情况下,传输协议还负责维持端到端的可靠性。本节讨论的重点是确保可靠性的传输协议,很少或没有关注拥塞控制问题。

如 8.2 节所述,在传感器网络中的很重要的一类数据流是多对一的数据流,这些数据流在多个传感器节点共同监测一个现象时出现,并将数据报告到一个基站用于进一步的处理。然而,在无线传感器网络中还有其他类型的数据流,其中包括一对一和一对多。例如,在以数据为中心的存储系统中(例如 CHT[23]),取决于数据的关联,在一个传感节点感知的数据需存储到其他一些传感器节点中。在这种情况下,正感知的节点和负责其存储的节点之间存在一对一的通信。在这种应用中,数据很少冗余,那么端至端的可靠性保证机制[24-25]非常必要。然而,支持端到端可靠性的标准协议(如 TCP),可能不适合传感器网络,因为 TCP 协议较长的数据头超出了资源有限的传感器节点的能耗。另外,TCP 假设的智能发送和简单接收不适合传感器网络模型,因为传感网络中发送者必须是简单但接收节点(基站)可以是复杂的。此外,如果数据冗余,那么由 TCP 协议提供的可靠性将被浪费,因为基站只要接收到足够的信息,就足以实现所需的监控质量。

同样,当由汇聚节点对传感器节点重新编程时,一个一对多的延迟容忍通信模式是需要进行观察的。在这样的应用程序中可靠性显得尤为重要,因为即使只丢失一个数据包,对整个程序来说就可能会出现错误[26]。在传感器网络中查询信息通常是由一个节点生成的,但会在整个网络中(或它的一些区域)转发,这是一个一对多的模式。最后,在要处理的应用中可能包括所有类型的信息流量,所以通用可靠性保证机制应该被使用。

8.6.1 RMST:在传输层中的定向扩散路由协议

RMST[24]是一个传输层的协议,其目的是提供保证交付和分段/重组的支持。在任一接收节点或中间节点通过使用一种选择性的 NACK 协议来提供可靠性。响应 NACK 的快速恢复通过使用节点的本地高速缓存沿朝向源节点的路径来实现的。如果中间节点恰好有 NACK 所需的数据包的一个副本,那么该重发请求将被中间节点回答,从而减少了端-端重发的消耗。

8.6.2 RMBTS:块数据传输的可靠性

无线传感器网络中所说的可靠性通常针对少量的数据,请如低频传感器的读数或事件检测的数据[28-29]。但是,在无线传感器网络中还有一类数据有重要应用价值,需要大容量的数据传输。例如,在声波束成型应用中,数据需要被转移到一个集中的位置处理,或者是图像传感器的数据,其中非冗余的图像原始数据需传输到基站的网络应用程序中,这些都需要可靠的大容量数据通信的服务。

如果宽带可用,选择使用冗余信息传送可提供可靠性。然而,这种方法在有大量数据需传输的情况下,将明显降低数据的吞吐量。作为对比,在有较长突发数据包的情况下,为了提供可靠性,使用控制消息的额外成本也可以接受。出于这个原因,RMBTS 使用一个可靠的 MAC(使用 RTS/CTS 和确认)协议。因为可靠的 MAC 可以大幅减少由于传输错误和碰撞所产生的数据包丢失,一个基于 NACK 的端到端重发机制可以用于恢复剩余丢失的数据包。在每个节点上使用链路监视服务,通过发送周期性 ping 消息并跟踪每个邻居的回复计数,来收集连接到相邻节点的链路的统计信息然后节点可以使用该信息在构建以基站为根的生成树的过程中选择更好的父节点。

8.6.3 RBC:多对一和突发流量的可靠性

在这项工作中,作者着眼于无线传感器网络中的突发性数型汇集(多对一,突发流量),并表明,常用的逐跳数据包恢复机制,如同步明确的 ACK(SEA)和停止一等待隐含 ACK(SWIA)机制,不会导致此方案性能的提高。SEA 算法中每个数据包的接收是通过直接明确 ACK 机制获悉,由于无调度的重传和 ACK 丢失,将遭受信道竞争的问题,对于 SWIA,在下一跳发送的数据包(监听基础的方法)中捎带 ACK,所遭受的是由于捎带 ACK 的而增加了丢失的概率,这是由数据包不必要的重传引起。信道使用率偏低是由于按顺序交付的约束以及缺乏重传调度。

为了处理这些问题,RBC 使用了少窗口块的确认方案,这减轻了假定数据包都带有时间戳按顺序传送的要求,同时,它通过使用块确认减少了 ACK 丢失的概率。为了重传调度,RBC 引入可分类的争用控制,发送次数少的数据包拥有更高的信道接入优先级。当多个具有相同的优先级节点同时传输数据包时,优先考虑有更多队列数据包的节点。最后,RBC 还采用精确的定时器管理,处理由于网络状态的不断变化引起的 ACK 延迟并加速丢失的数据包重传。

8.6.4 PSFQ:一对一多流量模式的可靠性

PSFQ 是适合一对多路由的可靠传输协议。在传感器网络的环境中一个重要应用是重新编程基于应用需求的传感器节点。在这样的应用程序中可靠性显得尤为重要,因为即使只丢失一个数据包,整个程序的结果就可能是失败的。PSFQ 设计的关键思想是源节点较慢的数据产生率,而接收器可通过相邻节点获取丢失的部分在本地迅速恢复。

PSFQ 算法包括三个步骤。①泵操作:发送数据之前,源等待一段时间,该时间在 t_{min} 到 t_{max} 的上下限内均匀分布。选择一个适当的 t_{min} 值非常重要,因为它决定了在接收机处的本地恢复时间,并允许减少冗余广播。②提取操作:当检测到的序列号空缺时,接收器可以通过发送 NACK 映射到相邻节点发起快速提取操作。中间节点启用了本地缓存,以支持接收器处丢失段的快速恢复。③上报操作:为了收集统计传播状况的数据,以及允许源节点释放交付段,必须告知源节点成功传送的信息。上报从最远的目标节点开始,允许中间节点捎带它们的报告,从而可沿路径实现聚合。

8.6.5 STCP:混合通信模式的可靠性

STCP 是一个传输层的协议,它支持异构的应用,如连续数据流或事件驱动的应用,并为他们提供了可靠性和拥塞控制服务。为了提供持续数据流应用的可靠性,它需要数据包之间的到达间隔时间,利用基站的优势来实现基于 NACK 的可靠性。另一方面,基站不知道基于事件应用中下一个数据包的到达时间,STCP 采用了基于 ACK 的可靠性预测机制。此外,STCP 还支持处理有不同可靠性要求的数据流问题。例如,如果所观察到的可靠性大于所需的可靠性值[1],基站将不发送 NACK 所丢失的数据包。在以数据为中心的应用中,由于源检测事件的数目可以很大,STCP 不提供基于确认的可靠性支持,因为确认每个源会消耗网络资源和能源。与此相反,因为数据中固有的冗余性或相关性,可容忍来自多个源的数据丢失。

STCP 可根据目前缓冲区的占用情况在中间节点可能设置拥塞位以支持拥塞控制,这是显式拥塞通知(ECN)的一种形式。因此,在收到一个设置拥塞位的数据包时,接收节点通知源极(S)需采取必要的措施,如降低数据上报率,或者选择另一个非拥塞路径。

8.7 其他相关工作

在本节中,我们介绍了有助于拥塞控制的相关工作。具体来说,我们描述了一对一和一对多的数据交付模式下有关避免拥塞的协议,接下来是支持无线传感器网络中多对一的流量速率控制的 MAC 协议。

8.7.1 一对一协议

本节描述了 Flush 协议:一个基于流水管线形式的拥塞控制方法,其针对多跳的一对一通信模式。根据 8.4 节中的分类,直接方式是一个以网络为中心的避免拥堵并提供端到端可靠性传输的方法。对目标应用模型而言,直接方式特别适合无线传感器网络中大容量数据的传输。类似于 IFRC,直接方式是基于队列占用,使用本地拥塞检测机制。直接方式专注于内部路径的干扰(或自干扰)问题。当后继节点发送相同的报文时与前节点接收新的数据发生内部路径干扰,当两个或更多的数据流发生干扰时也会引发内部路径干扰。另外,Flush 提出了一种新颖的速率控制方法(基于静态速率预测),与 IFRC 相比增加了总速率。由于 AIMD 的典型的锯齿波模式,IFRC 的 AIMD 策略可能低效。我们现在描述更多关于 Flush 的细节。

Flush 假定不同的数据流互不干扰,因此忽视了需要关注的内部路径干扰问题。此外,Flush 假定一个节点可以侦听其他接收机的单跳数据包,链路层可以提供高效率的单跳确认,还提供从源到目的地节点的尽力交付路由的数据转发机制。汇聚节点发送一个请求到特定的源节点,请求一个特定对象数据时,Flush 通过四个阶段完成传输。在拓扑查询阶段,汇聚节点通过测量 RTT 相对于源节点的时间戳,计算超时。在数据传输阶段,源以最大的速率在不会引起拥塞的路径上发送数据到汇聚节点。确认阶段在源节点完成数据传输后,其中汇聚节点通过应用 NACK 来请求重传。在最终的完整性检查阶段,一旦接收到完整的数据,汇聚节点检查数据的完整性,如果完整性检查失败则发送新的请求。下面综述 Flush 算法实现的重要目标、可靠转发和最少传输时间。

8.7.1.1 可靠性协议

数据从源节点传输到汇聚节点期间,可能由于故障或队列溢出而丢失一些数据包。当汇聚节点相信数据发送完时,汇聚节点会发送 NACK 信息到源节点,其中每个 NACK 数据包包含至多三个丢失的包序列号。Flush 不是发送一系列包含所有丢失序列号的 NACK 数据包,而是通过每次发送单个 NACK 数据包来简化算法,直到所有的数据包被汇聚节点成功地接收。

8.7.1.2　动态速率控制机制

在一组线性连接的节点之间(从源点到汇聚节点),Flush 提出了一种简单的流水管道模型:当一个节点发送数据给所有后面的节点时,它一直会等待直到它后面的节点转发该数据包,并且所有节点沿着可能干扰其后继的路径转发数据包。因此,动态速率控制算法的管理遵循两个规则:

规则一:只有当它的后继节点在无干扰时才发送数据包(以支持流水管道操作模式)。

规则二:一个节点的发送速率不大于它后继节点的发送速率(防止速率不匹配)。

因此,发送一个数据包后,节点 i 将延迟发送的时间:

$$d_i = \delta_i + (\delta_{i-1} + f_{i-1}) \tag{8.13}$$

式中:δ_i 是节点 i 发送一个数据包的时间;f_{i-1}是其他节点发送数据包的时间,它可以被后继节点干扰。为了便于计算,每一个数据包从$(i-1)$节点传输,包括f_{i-1}和 δ_{i-1}。它可以通过 i 节点侦听获得。Flush 持续估算和更新 δ_i 和f_i。为了防止速率不匹配,每个节点的发送时间间隔为 $D_i = \max(d_i, D_{i-1})$。此外,每个节点在它数据分组中仅仅包含 D_i,因此,先前的节点可以通过侦听来获取该值。当队列占用率超过指定的阈值时,为了处理节点的拥塞,它通过将 δ_i 加倍来通告发送间隔。

8.7.2　一对多协议

一对多数据交付模式通常可以在信息广播或查询应用中观察到。下面,我们简要概述一些协议。

广播或洪泛是在一对多数据传输模式中的常用方法,然而,这种简单的方法造成网络的高能耗,因为数据包由于 MAC 层的冲突导致的丢失,并且在特定的节点处通过不同的路径(重叠问题)传输的数据会造成冗余。前面的问题可以通过基于闲聊的方法进行处理[33],其核心思想是将数据包转发到一个随机选择的邻居节点,而不是所有的节点。但是闲聊不能处理重叠问题。因此,Heinzelman等人[34]提出了信息协商(SPIN)的传感器协议族,通过让节点被此协商以只传输有用的信息,以节能的方式解决重叠问题。

提拉克等人提出了一个协议[12],该协议用于非均匀信息传播的传感器网络,其中基本假设是有关事件的信息对于更接近事件的节点很重要,也就是说,可以容忍远离事件源的节点丢失一些有关事件的信息,这样使每个节点的信息不均匀。为了确保网络传输满足节点的需要,确定性或概率性的方法都可以采用。从本质上讲,前者应用了滤波的方法,从 n 个分组中转发一个数据包,其中 n 是上述协议的参数,$\frac{1}{n}$代表滤波频率。后者则是采用概率的方法基于随机数的值以确定是否发送数据。

我们还列出了另一组协议的重点,这些协议适用于无线自组织网络和移动网格(无线自组织)。其基于位置的算法(LBA)中[35],数据包包含了节点的位置信息,以便接收点能够判断其广播的信息是否值得发送。在 ABHP 协议中[36],节点收集两跳相邻节点信息并明确地选择一组一跳范围的邻居节点重新广播数据包,这样所有的两跳节点都能覆盖。类似地,在 SBA 算法中[37],为了重新广播数据包节点维持两跳信息,仅当重新广播的数据包能覆盖更多的节点(该节点没被发送节点覆盖)。对于高传输误码率的环境来说,可以使用双覆盖广播方案(DCB)[38]。在 DCB 中,能被发送节点的两跳邻居节点和转发节点的一跳邻居节点所覆盖的节点被选出,而发送节点的一跳非转发节点被至少两个转发节点覆盖。Hypergossiping 协议[39]是专为稀疏 MANET 设计的协议,适合于由于节点的运动而引起网络分区的协议,Hypergossiping 协议通过分区内的闲聊算法并在分区点执行重复广播来处理该问题。

8.7.3 ARC 自适应速率控制支持的 MAC 协议

ARC 是一个支持自适应速率控制的 MAC 协议,其目的在于为无线传感器网络中所有节点提供公平的信道接入。ARC 采用载波侦听多路访问(CSMA)机制,而且还试图减少因为随机同步时发生的冲突。具体来说,ARC 引入随机传输延迟,并使用退避间隔的相位偏移。这里,退避间隔指某个节点在竞争间隔结束后等待的希望获取信道的时间。让我们更感兴趣的话题是 ARC 使用一个简单的自适应速率控制方案,基于 AIMD 的方案。每个节点独自决定自适应的速率,这取决于父节点是否能够将其数据包转发成功。为了实现自生成通信路径的公平性,节点经过 n 个子节点的路由转发信息时,分配给自身生成的数据包的带宽为总带宽的$\frac{1}{n+1}$。因此,自适应速率控制方案和修改后的 CSMA 机制相结合,提供了一个支持无线传感器网络信道接入公平性的有效和节能的解决方案。

8.8 未来的研究方向

本节提出的调查报告呈现了本章许多令人关注的研究方向,如在真正的测试平台上实施本章提出的拥塞管理协议。在广泛真实的场景,允许以公平和一致的方式评估这些协议的性能。例如,可以使用各种指标,包括稳健性、能源效率等来比较协议。在现实世界中节点故障物理环境的不友好性质则是常态而非例外。这将使研究人员和最终用户深入了解这些协议的性质,并使他们能够选择一个符合其要求的协议。

此外,针对不同的数据传输模式而整合出的拥塞控制机制、维持公平性和可靠性的方法、评估完整传输协议效率的措施对传感器网络都非常有益。

8.9　小结

以数据为中心的特点和无线传感器网络多对一的数据交付模式,吸引了许多研究人员将重点放在无线传感器网络拥塞管理相关的问题研究上。本章研究了拥塞和流量控制方法,以及确保在无线传感器网络中可靠的数据传输的机制。表 8.1 所列为拥塞控制和可靠性协议的比较。

表 8.1　拥塞控制和可靠性协议的比较

	拥塞控制支持	可靠性保证	拥塞检测机制	拥塞控制目标	速率控制机制	公平性/Qos 支持	目标应用模型
CODA	是	否	局部	网络中心	逐跳反馈	否 否	多对一
Fusion	是	否	局部	网络中心	逐跳反馈	公平	多对一
Ee. et al	是	否	局部	网络中心	逐跳反馈	公平	多对一
IRFC	是	否	局部	网络中心	AMID	公平	多对一
RCRT	是	是	全局	网络中心	集中式,源控制	否	多对一
ESRT	是	是	局部	特定应用	集中式,源控制	否	多对一
COMUT	是	否	局部	特定应用	集中式,源控制	事件重要性基于 Qos	多对一
Siphon	是	否	NA	混合	使用附加网络能力	恒定上报速率	多对一
RMST	否	是	NA	NA	NA	否	一对一
RMBTS	否	是	NA	NA	NA	否	一对一

续表

	拥塞控制支持	可靠性保证	拥塞检测机制	拥塞控制目标	速率控制机制	公平性/Qos 支持	目标应用模型
RBC	否	是	NA	NA	NA	否	多对一
PSFQ	否	是	NA	NA	NA	否	一对多
STCP	是	是	局部	网络中心	集中式,源控制	否	混合
Flush	是	是	局部	网络中心	动态速率控制	否	一对一

我们在考察无线传感器网络的传输层协议时也注意了相类似的工作[41],其中比较了现已经被用于拥塞控制、丢包检测、通知机制和缓解、恢复机制等不同方法的可靠性。在本章中,我们对提出的拥塞控制、流量控制和可靠性的现有协议进行了调研,并根据各种参数(如用于拥塞检测和控制的机制、对特定应用程序设定的支持、目标数据传输模型以及对公平性和可靠性的支持)对它们进行了比较。此外,通过使用该领域中的一些重要的文献[16-17,32]使本章更全面。

习　题

1. 为什么在无线传感器网络中的拥塞控制协议需要与有线或无线 Ad Hoc 网络不同?

2. 短暂的和持续的热点如何在无线传感器网络中发生?什么样的机制可用来处理这个问题?

3. 在传感网络中发生的不公平类型有哪些?讨论至少一种处理不公平类型的机制。

4. 为什么 TCP 不能直接适用于传感网络的传输层?

5. ESRT 可能的问题是什么?不同的事件应该给不同的优先级吗?为什么 ESRT 减少了网络的总吞吐量?

6. Flush 提出了一个基于拥塞控制方法的管道机制,然而,它仅为一对一的连通设计,该方案如何能展开到支持应用层可靠性的多对一的通信?

7. 不减少总吞吐量的情况下,我们能结合所给的方法创建一个面向一对多和多对一通信的、支持可靠数据交付的新协议吗?

8. 基于汇聚节点导向的协议能很好地适应无线传感器网络,因为汇聚节点对网络全面把握并且知道应用的特定要求,上述的讨论有根据吗?如果没有根据,说出你的理由,你能提出一个能解决上述问题之一的可行方法吗?

9. 在 Siphon 算法中,网络假定有一个由少量资源富足节点组成的备用网络。一种可行的解决方法是将最少的功能放置于低功耗传感节点:传感节点将感知环境并上报数据给附近的 VS。VS 通过备用网络转发它们的数据给基站,讨论一下这种方法的利弊。

10. COMUT 支持基于节点上报事件的重要程度来分配速率给传感节点,然而,COMUT 不能直接被用于保证网络中的权重公平。讨论至少一种 COMUT 需要考虑的保证网络中权重公平性的附加因素,你能建议一个解决问题的可能方向吗?

参考文献

1. S. Tilak, N.B. Abu-Ghazaleh, and W. Heinzelman. Infrastructure tradeoffs for sensor networks. In WSNA '02: Proceedings of the 1st ACM international workshop on Wireless sensor networks and applications, ACM, New York, NY, USA, 2002. pages 49–58.
2. V. Jacobson. Congestion avoidance and control. In ACM SIGCOMM '88, Stanford, CA, August 1988, pages 314–329.
3. B. Hull, K. Jamieson, and H. Balakrishnan. Mitigating congestion in wireless sensor networks. In SenSys '04: Proceedings of the 2nd international conference on Embedded networked sensor systems, ACM, New York, NY, USA, 2004. pages 134–147.
4. K.K. Ramakrishnan and R. Jain. Congestion avoidance in computer networks with a connectionless network layer: Part iv: A selective binary feedback scheme for general topologies, August 1987.
5. S. Floyd. Random early detection gateways for congestion avoidance. IEEE/ACM Transactions on Networking (TON), 1(4):397–413, 1993.
6. M. Allman, V. Paxson, and W. Stevens. Tcp congestion control, 1999.
7. L.S. Brakmo, S.W. O'Malley, and L.L. Peterson. Tcp vegas: new techniques for congestion detection and avoidance. SIGCOMM Comput. Commun. Rev., 24(4):24–35, 1994.
8. J. Li, J. Jannotti, D.S.J. De Couto, D.R. Karger, and R. Morris. A scalable location service for geographic ad hoc routing. In MobiCom '00: Proceedings of the 6th annual international conference on Mobile computing and networking, New York, NY, USA, 2000. ACM, pages 120–130.
9. C.-Y. Wan, S.B. Eisenman, and A.T. Campbell. Coda: Congestion detection and avoidance in sensor networks. In SenSys '03: Proceedings of the 1st international conference on Embedded networked sensor systems, New York, NY, USA, 2003. ACM, pages 266–279.
10. G.-S. Ahn, S.G. Hong, E. Miluzzo, A.T. Campbell, and F. Cuomo. Funneling-mac: A localized, sink-oriented mac for boosting fidelity in sensor networks. In SenSys '06: Proceedings of the 4th international conference on Embedded networked sensor systems, ACM, New York, NY, USA, 2006. pages 293–306.
11. S. Tilak, N.B. Abu-Ghazaleh, and W. Heinzelman. A taxonomy of wireless micro-sensor network models. SIGMOBILE Mob. Comput. Commun. Rev., 6(2):28–36, 2002.
12. S. Tilak, A. Murphy, and W. Heinzelman. Non-uniform information dissemination for sensor networks. In ICNP '03: Proceedings of the 11th IEEE International Conference on Network Protocols, IEEE Computer Society, Washington, DC, USA, 2003. page 295.
13. O. Gnawali, K.Y. Jang, J. Paek, M. Vieira, R. Govindan, B. Greenstein, A. Joki, D. Estrin, and E. Kohler. The tenet architecture for tiered sensor networks. Proceedings of the 4th international conference on Embedded networked sensor systems, 2006. pages 153–166.
14. I. Aad, C. Castelluccia, and R.A. INRIA. Differentiation mechanisms for IEEE 802.11. INFOCOM 2001. Twentieth Annual Joint Conference of the IEEE Computer and Communications Societies. Proceedings. IEEE, 1, 2001.
15. C.T. Ee and R. Bajcsy. Congestion control and fairness for many-to-one routing in sensor-

networks. In SenSys '04: Proceedings of the 2nd international conference on Embedded networked sensor systems, ACM, New York, NY, USA, 2004. pages 148–161.
16. S. Rangwala, R. Gummadi, R. Govindan, and K. Psounis. Interference-aware fair rate control in wireless sensor networks. In SIGCOMM '06: Proceedings of the 2006 conference on Applications, technologies, architectures, and protocols for computer communications, ACM, New York, NY, USA, 2006. pages 63–74.
17. J. Paek and R. Govindan. Rcrt: Rate-controlled reliable transport for wireless sensor networks. In SenSys '07: Proceedings of the 5th international conference on Embedded networked sensor systems, ACM, New York, NY, USA, 2007. pages 305–319.
18. Y. Sankarasubramaniam, O. Akan, and I. Akyildiz. Esrt: Event-to-sink reliable transport in wireless sensor networks, 2003.
19. K. Karenos, V. Kalogeraki, and S.V. Krishnamurthy. Cluster-based congestion control for supporting multiple classes of traffic in sensor networks. In EmNets '05: Proceedings of the 2nd IEEE workshop on Embedded Networked Sensors, Washington, DC, USA, 2005. IEEE Computer Society, pages 107–114.
20. Z.J. Haas, M.R. Pearlman, et al. The Zone Routing Protocol (ZRP) for Ad Hoc Networks. TERNET DRAFT-Mobile Ad hoc Networking (MANET) Working Group of the bternet Engineering Task Force (ETF), November, 1997.
21. C.-Y. Wan, S.B. Eisenman, A.T. Campbell, and J. Crowcroft. Siphon: Overload traffic management using multiradio virtual sinks in sensor networks. In SenSys '05: Proceedings of the 3rd international conference on Embedded networked sensor systems, New York, NY, USA, 2005. ACM, pages 116–129.
22. D. Larson, T. Strategist, R. Murty, and E. Qi. An Adaptive Approach to Wireless Network Performance Optimization. Technology, page 1, 2004.
23. S. Ratnasamy, B. Karp, L. Yin, F. Yu, D. Estrin, R. Govindan, and S. Shenker. Ght: A geographic hash table for data-centric storage in sensornets, 2002.
24. F. Stann and J. Heidemann. Rmst: Reliable data transport in sensor networks. In Proceedings of the First International Workshop on Sensor Net Protocols and Applications, Anchorage, Alaska, USA, 2003. pages 102–112.
25. P. Volgyesi, A. Nadas, and A. Ledeczi. Reliable multihop bulk transfer service for wireless sensor networks. In ECBS '06: Proceedings of the 13th Annual IEEE International Symposium and Workshop on Engineering of Computer Based Systems (ECBS'06), IEEE Computer Society, Washington, DC, USA, 2006. pages 112–122.
26. C.-Y. Wan, A.T. Campbell, and L. Krishnamurthy. Psfq: A reliable transport protocol for wireless sensor networks. In WSNA '02: Proceedings of the 1st ACM international workshop on Wireless sensor networks and applications, New York, NY, USA, 2002. ACM, pages 1–11.
27. C. Intanagonwiwat, R. Govindan, and D. Estrin. Directed diffusion: A scalable and robust communication paradigm for sensor networks. In Mobile Computing and Networking, 2000. pages 56–67.
28. A. Mainwaring, D. Culler, J. Polastre, R. Szewczyk, and J. Anderson. Wireless sensor networks for habitat monitoring. Proceedings of the 1st ACM international workshop on Wireless sensor networks and applications, 2002, pages 88–97.
29. G. Simon, M. Maróti,' A. Lédeczi, G. Balogh, B. Kusy, A. Nádas, G. Pap, J. Sallai, and K. Frampton. Sensor network-based countersniper system. Proceedings of the 2nd international conference on Embedded networked sensor systems, 2004. pages 1–12.
30. H. Zhang, A. Arora, Y. Choi, and M.G. Gouda. Reliable bursty convergecast in wireless sensor networks. Proceedings of the 6th ACM international symposium on Mobile ad hoc networking and computing, 2005, pages 266–276.
31. Y.G. Iyer, S. Gandham, and S. Venkatesan. Stcp: A generic transport layer protocol for wireless sensor networks. In Proceedings. 14th International Conference on Computer Communications and Networks (ICCCN), 2005. pages 449–454.
32. S. Kim, R. Fonseca, P. Dutta, A. Tavakoli, D. Culler, P. Levis, S. Shenker, and I. Stoica. Flush: A reliable bulk transport protocol for multihop wireless networks. In To appear in Proceedings of the Fifth ACM Conference on Embedded Networked Sensor Systems (SenSys). ACM, 2007.
33. HEDETNIEMI-S. HEDETNIEMI, S. and A. LIESTMAN. A survey of gossiping and broad-

casting in communication networks. In Networks 18, 1988.
34. W.R. Heinzelman, J. Kulik, and H. Balakrishnan. Adaptive protocols for information dissemination in wireless sensor networks. In MobiCom '99: Proceedings of the 5th annual ACM/IEEE international conference on Mobile computing and networking, ACM, New York, NY, USA, 1999. pages 174–185.
35. S.-Y. Ni, Y.-C. Tseng, Y.-S. Chen, and J.-P. Sheu. The broadcast storm problem in a mobile ad hoc network. In MobiCom '99: Proceedings of the 5th annual ACM/IEEE international conference on Mobile computing and networking, New York, NY, USA, 1999. ACM, pages 151–162.
36. W. Peng and X. Lu. Ahbp: An efficient broadcast protocol for mobile ad hoc networks. J. Comp. Sci. Tech., 16(2):114–125, 2001.
37. W. Peng and X.-C. Lu. On the reduction of broadcast redundancy in mobile ad hoc networks. In MobiHoc '00: Proceedings of the 1st ACM international symposium on Mobile ad hoc networking & computing, IEEE Press, Piscataway, NJ, USA, 2000. pages 129–130.
38. W. Lou and J. Wu. Double-covered broadcast (DCB): A simple reliable broadcast algorithm. In INFOCOM '04. Twenty-third Annual Joint Conference of the IEEE Computer and Communications Societies, 2004.
39. A. Khelil, P.J. Marrón, C. Becker, and K. Rothermel. Hypergossiping: A generalized broadcast strategy for mobile ad hoc networks. Ad Hoc Netw., 5(5):531–546, 2007.
40. A. Woo and D.E. Culler. A transmission control scheme for media access in sensor networks. In MobiCom '01: Proceedings of the 7th annual international conference on Mobile computing and networking, ACM, New York, NY, USA, 2001. pages 221–235.
41. S. Floyd. A survey of transport protocols for wireless sensor networks, 2006.

第9章　无线传感器网络的数据传输控制

动态无线通信、资源有限和应用的多样性给无线传感网络中数据传输控制带来了严峻挑战。无线传感器网络中有两种典型的通信模式：汇聚传输和广播，我们对这两种模式中的数据传输控制进行了研究，并讨论了这两种模式中数据传输控制的相似性和差异性。我们对目前的汇聚传输和广播协议进行了讨论，并对无线传感网络中的数据传输控制提出了开放性的研究课题。

9.1　引言

无线传感器网络日益改变着人们与物理世界沟通的方式，它们在科学（如电子学）、工程（如工业控制）和日常生活（如健康）等方面已经有了广泛的应用。空间分布的传感器节点通过其传递的信息相互关联。无线传感器网络中两个典型的信息传递是汇聚和广播。汇聚使接收节点从空间分布的多个节点收集信息（如事件检测）；广播指的是节点（如新的传感器程序）将数据从自身发送到网络中的所有节点。

尽管人们对传统网络（如因特网和无线网络）中的信息传递进行了广泛研究，无线传感网络由于其无线通信的复杂性、资源的约束以及应用的多样性给信息的传递带来了独特的挑战。撇开其他任务，无线传感网络中的信息传输控制就是一个具有挑战性且非常重要的任务。然而，信息传输控制在不同的信息传递方式中又各有差异。例如同步在信息汇聚中非常重要，但在广播方式中意义不大；大多数事件中广播方式希望获得100%的信息可靠性（如传感网络的重新编程），但是可靠性在不同的信息汇集场景中又有很大差异。广播的源节点是一个可作为一个单点控制的单个节点；而信息汇聚的源节点通常分布在不同区域。

本章的9.2节和9.3节将详细探讨在信息汇聚和广播中的数据传输控制问题。对广播中的数据传输控制问题的讨论主要从传感器网络重新编程的角度来讨论，因为它是在传感器网络中最常用的广播服务之一。同时9.4节将对此作出总结。

9.2　汇聚广播中的数据传输控制

本节首先回顾在汇聚广播中数据传输的基本问题和方法，然后详述 RBC 协议[1]。

9.2.1　简介

在汇聚广播中，多个源节点需要将数据提交给汇聚节点处理，由于流量负载随着到汇聚节点距离的减小而增大，这将形成漏斗效应。因为数据包到达节点的速度比节点能转发的速度快，这使得漏斗效应的一个后果是网络拥塞，其中数据包队列会发生溢出。同时，漏斗效应加剧了信道争用的情况，而且数据包丢失的可能性会增加数据冲突的概率。为了确保汇聚广播时数据的可靠传输，需解决拥塞控制和差错控制这两个最基本的问题。除了可靠的数据传输，另一个问题是确保不同的源节点传送数据时的公平性。公平的数据传输是非常重要的，否则，汇聚节点无法检测或观察到监测区域发生的事件，因为该区域的数据包明显地减少。针对汇聚广播中的这些问题，研究人员提出了不同的方法来解决拥塞控制、差错控制和公平性控制，在下一节将讨论一些具有代表性的机制。

9.2.2　背景

对于拥塞控制，Wan 等人提出 CODA（检测和避免拥塞）协议[2]，在 CODA 协议中，一个节点同时监视其队列长度和信道负载条件（如在短时间内发送的数据包），检测其任何潜在的网络拥塞。当队列长度和/或信道负载条件超过一定的阈值时，节点将宣布网络拥塞。一旦某个节点检测到网络拥塞，则可以使用两个互补的方法来改善拥塞：开环（逐跳拥塞控制）以及闭环（端到端的拥塞控制）。在开环（逐跳拥塞控制）中，具有检测拥塞功能的节点会通知拥塞对应的发送节点，这些传输节点将相应减少其对应的发射速率，然后沿拥塞来源的反方向传播这种“拥塞”的信息，扩散”反馈”，因此源节点最终会降低它们的流量产生率。在开环、端到端的拥塞控制中，汇聚节点协调源节点在不同的信息源处调整流量产生率。

Wan 等人认为 CODA 协议在处理节点内和无线传输之间的拥塞是一样的。为了解决这个问题，Ee 和 Bajcsy[3]提出了一个分别处理节点中的拥塞和无线通信中拥塞的方案。节点中的拥塞通过监测其队列长度进行检测，通过开环机制、逐步控制机制对其处理；无线通信中的拥塞（通常也称为信道争用）通过节点在应用时随机退避的发送时间间隔来解决，而不是通过无线传输的时间间隔来解决。此外针对拥塞控制,Ee 和 Bajcsy 还提出了基于速率的机制,以确保数据包传输的公平性。根据文献[2]和[3]中确认的若干观察结果,Hull 等人研究了不同的拥塞和公平性控制机制的有效性[4],他们发现,逐跳的流量控制对所有类型的工作负载和利用水平都是有效的,速率的限制对获得公平性特别有效。

ESRT 关注传递事件相关信息的可靠性[5]通过基于事件的可靠性和源节点的报告频率之间的关系来控制拥塞。具体而言,就是汇聚节点持续地测量事件的可靠性,并决定相应源节点上报的频率。源节点会根据汇聚点形成的反馈频率生成一个报表,以避免网络发生拥塞现象。

为了无线传感器网络中可靠数据包传输,Stann 和 Heidermann[6]研究了逐跳差错控制和恢复控制,并与端到端的差错控制相对比。图 9.1 显示了分别采用 10 跳的逐跳和端到端差错控制方式发送 10 个数据包所需的传输次数。我们看到,逐跳误差控制机制显著减少了所需的发送次数。

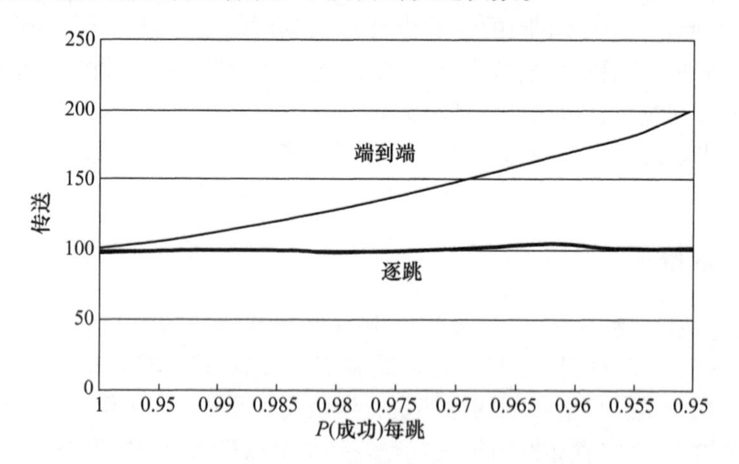

图 9.1　需要发送 10 个数据包经过 10 跳的传输量

突发事件的区域有大量的实时数据包需要从多个源节点传送到汇聚节点,针对这种情况下的可靠性,Zhang 等人提出了 RBC 协议[1]。RBC 协议解决了在很高的信道竞争和冲突情况下可靠性和实时误差控制问题。为了提高信道利用率,并减少 ack 丢失,RBC 协议使用一个无窗口数据块确认机制协议,保证连续数据包的转发并复制数据包的确认。为减轻重发产生的信道争用,RBC 协议采用差异化的争用控制。此外,RBC 使用了可处理不同的 ACK 延迟机制,并减少了基于计时器的重传延迟。我们将在下一节详述 RBC 协议。

9.2.3　可靠的突发性汇聚广播

无线传感器网络的典型应用是监测用户感兴趣的事件。通常,这类事件比较少。然而,当该事件发生时,常常会生成大量的突发性数据,这些数据需要可靠和实时地传送到基站。

一个典型的事件驱动应用是在 DARPA NEST 场试验“沙线”(以下简称 Lites)。在 Lites 中,几秒钟内一个事件就可以产生高达 100 个的数据包,这些数据包通过多跳路由从不同的网络位置传输到基站。在事件驱动应用上大量的突发流量会给可靠性和实时的数据包传送带来特殊的挑战。在短期内产生大量的数据包会导致高度的信道竞争问题,因此数据包碰撞的概率很高。这种情况在多跳路由路径进一步被恶化:首先,由于数据包传送过程中平均多跳次数的增加,带来了参与信道接入竞争的数据包数量的增加;其次,由于多跳网络中的某些问题,比如说隐藏终端,会增加数据包冲突的可能性。因此,数据包在突发性汇聚广播过程中丢失的概率高,如使用 TinyOs 的默认无线电堆栈,在 Lites 实验中,对大多数事件,有大约 50% 的数据包损失。

对于实时数据包的传递,逐跳恢复通常优于端到端恢复,而且不需要 100% 的数据包交付(例如在无线传感器网络的突发性汇聚广播)。然而,现有的逐跳控制机制在突发的汇聚广播中应用不是很好。Zhang 等人[1]通过一个有 49 个 MICA2 微尘节点的测试平台和带流量追踪的实验,得出常用的链路层差错控制机制并设有显著改善数据包传输的可靠性,甚至可能降低数据包传输的可靠性。例如,当数据包在每一跳中被重传两次时,整体的数据包传输率仅增加 6.15%;当重传数量增加时,数据包交付比率实际上降低了 1.33%。

现有的逐跳控制机制问题是并没有适当地安排数据包的重发,所以重发的数据包将进一步加剧信道竞争,并且导致更多的数据包丢失。此外,由于无序的数据包交付和保守的重传定时,数据包交付在现有的逐跳机制下将显著延迟,导致数据包的积压和网络的吞吐量的减少。

另一方面,在传感网络中突发汇聚广播的新的网络和应用模式为可靠、实时的传送控制提供了的独特机会:

(1) 无线信道的广播特性使得一个节点可通过侦听信道来确定其数据包是否被它的邻居节点接收和转发。

(2) 时间同步和为有序发送数据包加时间戳的情况缓解了传输层有序传送的约束,因为应用程序可以通过它们的时间戳来确定数据包的顺序。

因此,充分利用这些机会并满足突发性汇聚广播的可靠性和实时性的挑战技术成为研究热点。

Zhang 等人[1]研究了两种常用的逐跳突发汇聚广播数据包恢复方案的限制。他们发现,在这两项方案中缺乏的重传调度机制使得突发汇聚广播情况下基于数据包重传的恢复机制无效。此外,数据包按序传送使得通信信道利用率低。为了应对这些挑战,设计了 RBC 协议(可靠的突发汇聚广播)。利用独特的传感器网络模型,RBC 协议具有以下的功能机制:

(1) 为了提高信道利用率,RBC 协议使用一个无窗口的块确认方案,其可以在存在数据包丢失和确认丢失的情况下实现连续的数据包转发。块确认还通过复制接收数据包的确认来降低确认丢失的可能性。

(2) 为了改善重传产生的信道竞争,RBC 协议引入差异化竞争的控制,按照它们的排队情况以及排队的数据包被传输的次数进行排序,在其邻居节点中排名最高的一个节点首先访问信道。

在本节的其余部分,我们详细检查了现有错误控制机制的缺点并描述了 RBC 如何解决这些缺点。

9.2.3.1 现有的错误控制机制性能

在传感器网络中两种广泛使用逐跳数据包的恢复机制是同步显式 ACK (SEA)和停止并等待隐式 ACK(SWLA)。Zhang 等人[1]研究了它们在突发汇聚广播时的性能,并讨论他们的研究结果,如下:

1. 同步显示 ACK

在 SEA 中,一个接收器切换到发送模式,在接收数据包后,立即发回应答;如果相应的 ACK 在一定的时间之后没有收到,发送者立即重发数据包。Zhang 等人研究了使用 B - MAC[9] 和 S - MAC[10] 时 SEA 的性的。B - MAC 采用 CSMA/CA机制来控制信道接入;S - MAC 也采用 CSMA/CA 机制,但它应用了 RTS - CTS信号交换来减少隐藏终端的影响。

带 B - MAC 的 SEA。事件的可靠性、数据包的平均传送延迟以及该事件的正常输出如表 9.1 所列。其中:RT 代表在每一跳中数据包重传的最大次数(例如,RT = 0 表示数据包不能被重传);ER 表示事件可靠性;PD 表示数据包传送的延迟;EG 代表事件的正常输出值[1]。

表 9.1 表示当数据包重传时,事件的可靠性略有增加(即高达 3.69%)。然而,最大的可靠性仍然只有 54.74%,而且,更糟的是,重传的最大次数从 1 增加到 2 时,事件的可靠性以及有效吞吐量都会下降。

带 S - MAC 的 SEA 协议。与 B - MAC 不同,S - MAC 采用 RTS - CTS 握手机制的单点传输,从而降低数据包冲突。S - MAC 的性能如表 9.2 所列。

表 9.1 在 Lites 追踪中的带 B_MAC 的 SEA 算法

尺度	RT = 0	RT = 1	RT = 2
可靠性/%	51.05	54.74	56.63
传送延迟/s	0.21	0.25	0.26
正常输出值/(数据包/s)	4.01	4.05	3.63

表 9.2　在 Lites 追踪中的带 S_MAC 的 SEA 算法

尺度	RT = 0	RT = 1	RT = 2
可靠性/%	72.6	74.79	70.1
传送延迟/s	0.17	0.183	0.182
正常输出值/(数据包/s)	5.01	4.68	4.37

与 B－MAC 相比，在 S－MAC 中，RTS－CTS 握手机制使 S－MAC 提高了 20% 事件可靠性。但数据包重传仍得不到有效的提高，甚至有所下降。

分析：我们可以得知重传可靠性得不到有效提高甚至减少的原因。在 SEA 中，丢失的数据包被重传，与此同时新的数据包产生并被转发。此过程没有被适当调度，只会增加信道竞争从而带来更多的数据包冲突。这种情况由于 ACK 信号的丢失被进一步加剧，可能性高达 10.29%。这是因为确认信号的缺失会导致已接收数据包的不必要重发。为保障有效重发以提高稳定性，需要建立重发调度机制以改善由于重传而导致的信道竞争。

2. 停止并等待隐式 ACK

停止并等待隐式 ACK 机制（SWIA）的原理是：除基站外的每一个节点能转发它所接收的数据包，并且转发的数据包可以看成对前一节点发送信号的确认。在 SWIA 中，数据包的发送端侦听通道中数据包是否在特定的限定时间内被转发。若在限定时间内数据包被转发，就表示它被接收，否则数据包丢失。SWIA 的优势在于除了在数据包中以捎带的特殊控制信息外，没有信息的确认成本，SWIA 性能如表 9.3 所列。

表 9.3　在 Lites 追踪中的带 B_MAC 的 SEA 算法

尺度	RT = 0	RT = 1	RT = 2
可靠性/%	43.09	31.76	46.5
传送延迟/s	0.35	8.81	18.77
正常输出值/(数据包/s)	3.48	2.58	1.41

在 SWIA 中，我们可以得知事件最大可靠性只有 46.5%。当数据包在每一跳最多重传一次时，可靠度将大幅度下降。在每一跳重传两次，数据包传输滞后性将增加，即使可靠性有一定的提升，但吞吐量将大幅降低。

分析：上还现象出于以下原因。①在 SWIA 中，数据包的长度会因为捎带传输控制信号而增加，因此，确认信号更可能丢失（在我们的实验中高达 18.39%），从而增加了不必要重传次数。②大量数据包列队等待接收，因此转发被延迟。随之而来的是，捎带的确认信息被延迟，导致相应的数据包被不必要的重传。③一旦有一个数据包在等待确认，其后到达的数据包将不能被转发，即使此时信道畅通。因此，通道利用率以及系统传输量将下降，从而网络等待以及数据包传输滞后情况将增加。④在 SEA 中,重传调度机制的缺乏将引起信息不必要的重传,这将造成信道堵塞和数据包丢失。

为解决 SEA 协议和 SWIA 在突发汇聚广播中的限制,Zhang 等人提出了 RBC 协议[1]。此方案建立了一个无窗口块确认机制以提高信道利用率、减少确认信号丢失。设计一个分布式的竞争控制机制以使数据包重传更有计划性,同时减少了新产生的数据包与重传数据包的竞争。考虑到基于隐式确认机制中的竞争信道访问的数据包比显示确认机制更少,Zhang 等人设计了基于隐式确认机制的 RBC 协议(如在数据包中的捎带控制信号)。

9.2.3.2 无窗口式确认机制

在传统的块确认机制中[12],副本检测以及数据包按序转发两者都应用了滑动窗口。滑动窗口减少了网络吞吐量,因为数据包可能已发送但得不到确认(因为一旦数据包未被确认,发送方只能发送到其窗口大小)。并且在数据包顺序传输中,一旦数据包丢失,传输延迟率将大大增加,因为数据包的丢失会影响之后的每一个数据包。考虑到实时性的要求,滑动窗口确认机制不适合突发性汇聚广播。

为了解决存在不可靠链路时,传统块确认的限制,RBC 利用了在突发汇聚广播中不需要按顺序传送的事实。协议无需考虑数据包传输的顺序,只需检测接收的一系列数据包是否在中途丢失,接收的数据包是否与之前发送的重复。最后,无窗口块确认机制被设计以保障持续的数据包转发,即使存在不可靠的连接以及由此产生了数据包和确认信号的丢失。为了更好地阐述,我们任选一对节点 S 和 R,S 是发送节点,R 是接收节点。

无窗口队列管理。如图 9.2 所示,发送节点 S 将它的数据包队列组织为 $(M+2)$ 的链表,M 是每一跳的最大重传次数。为描述方便,我们称链表为虚拟队列,表示为 $Q_0, Q_1, \cdots, Q_{M+1}$,虚拟队列按序排列,如果 $k<j$,则 Q_k 的级别比 Q_j 高。

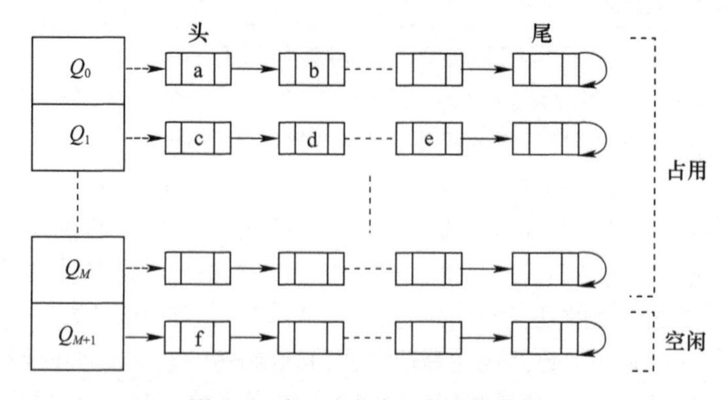

图 9.2 在一个节点上的虚拟队列

虚拟队列中，将被发送或被确认的 $Q_0,Q_1,\cdots,Q_M$ 缓冲区中的数据包与 Q_{M+1} 聚集形成自由队列缓冲区。虚拟队列的维护如下：

（1）当一个新的数据包到达 S 需要发送时，S 从 Q_{M+1} 缓冲区的头部分离，如果可以则将数据包存储在队列缓冲区，并将该队列缓冲区添加到 Q_0 的尾部。

（2）存储在虚拟队列 $Q_k(k>0)$ 中的数据包将不会被发送，除非 Q_{k-1} 为空；同一个虚拟队列中的数据包则按照 FIFO 的顺序发送。

（3）当虚拟队列 $Q_k(k\geqslant 0)$ 中的一个数据包被发送出去后，相应的队列缓冲区移动到 Q_{k+1} 的尾部，当数据包被重新发送 M 次时，队列缓冲区则移动到 Q_{M+1} 的尾部。

（4）当一个数据包被确认已接收，持有数据包的缓冲区被释放并且移动到 Q_{M+1} 的尾部。

前面的规则有助于识别节点上相对数据包的相对新鲜度（也就是在 9.2.3.3 中所述的差异化竞争控制中使用）；同时，它们也有助于维持未确认数据包的发送顺序而无需使用滑动窗口，这提供了无窗块确认机制的基础。此外，新到达的数据包可以立即发送，而无需等待先前发送的数据包的确认信息，从而使得在现有数据包和 ACK 丢失的情况下能连续转发数据包。

块确认机制和减少 ack 丢失。S 中的每一个队列缓冲区都有一个 ID，在 S 中是唯一的。当 S 发送一个数据包到接收器 R 时，S 附加数据包缓冲区的 ID 以及下一个将被发送的数据包缓冲区的 ID。如图 9.2 所示，当 S 发送缓冲区 a 中的数据包时，S 就附加 a 和 b 的值。在队列维持程序中，如果被发送的数据包缓冲区在 Q_0 的尾部或除 Q_0 外的虚拟队列头部，S 仍然附带 Q_{M+1} 缓冲区头部的 ID，这是由于一个或多个新的数据包可能在下一个队列中的数据包被发送之前到达，在这种情况下，新到达的数据包将会被先发送出去。如图 9.2 中缓冲区 c 中的数据包被发送时，S 就附加 c，d，f 的值。

当接收器 R 从 S 接收一个数据包 P_0 时，R 获取了由 S 发出的下一个数据包缓存区的 ID n'。当接收器 R 下次再从 S 中接收数据包时，它会确认 P_n 是否来自 S 的缓存区 n'。如果 P_n 来自缓存区 n'，则 R 就认为从 S 获取数据包 P_0 到 P_n，中间没有丢失数据，否则，R 会检测 P_0 到 P_n 之间丢失的一些数据。

对于每一个从 S 传输给 R 的最长数据包 $p_k\cdots p_{k'}$，在中间没有丢失任何包时，R 附加数据包 $p_{k'}$ 一个二元数组 $<q_k,q_{k'}>$，它是 S 中存储 p_k 和 $p_{k'}$ 缓存区的 ID。我们称 $<q_k,q_{k'}>$ 是对数据包 $p_k\cdots p_{k'}$ 的块确认。当 S 稍后侦听转送的数据包 $p_{k'}$ 时，S 就获知从 p_k 到 $p_{k'}$ 所有发送的数据包都已经被 R 接收。然后 S 释放存储这些数据包的缓存。例如，如果 S 检测到一个块承认 <c，e>，它的队列状态如图 9.2 所示，S 就会知道在 Q_1 缓存区中 c 和 e 之间所有的数据包都已经被接收，然后释放 c 到 e 之间，包括 c 和 e 的缓存。

在处理块确认 $<q_k, q_{k'}>$ 时还有一个小细节，在释放缓存 q_k 后，S 将维持一个 $q_k \leftrightarrow q_{k''}$ 的映射，$q_{k''}$ 是 $q_{k'}$ 之后要发送或者将要被发送的数据包缓存。当 S 侦听到另一个块确认 $<q_k, q_n>$ 后，S 通过 $q_k \leftrightarrow q_{k''}$ 知道，在缓存 $q_{k''}$ 和 q_n 之间发送的数据包已经被 R 接收到，然后 S 释放这些数据包的缓存，并更新映射 $q_k \leftrightarrow q_{n''}$，$q_{n''}$ 是储存 q_n 之后要发送或者将要被发送的数据包的缓存。S 为 q_k 维持这个映射直到 S 收到一个块 NSCK$[n', n)$ 或块确认信息 $<q, q'>$，$q \neq q_k$，这种情况下，S 分别为 n 或 q 维持这个映射，通过上述缓存指针映射，节点 S 可以处理侦听的块确认和块 NACK。为了方便，我们将缓冲区称为被映射到块确认的锚点。在前面讨论的示例中，缓存 $q_{k''}$ 和 $q_{n''}$ 曾经是锚点，我们称锚标识缓存中的数据包为锚数据包。

在早期的块确认机制中，对一个已接收数据包的确认信息是捎带在数据包本身以及在数据包之后连续接收的数据包上，中间没有任何丢失。因此，这个确认信息被复制，显著减少了丢失的概率。

重复检测和过时应答信号过滤。因为在有损通信信道中不可能完全阻止应答信号的丢失，数据包确认信号的丢失会被不必要的重传。因此，对数据包进行重复检测和丢弃是很有必要的。

启用重复检测，发送方 S 为每个队列缓冲器保留一个计数器，在缓存中每存一个新的数据包其值就递增一次。当 S 发送一个数据包时，它附上相应缓存区计数器的当前值。对于 S 中的每个缓存区 q，接收者 R 保留附加在缓存区中最后一个数据包上的计数器值 c_q。当 R 稍后从缓存 q 中接收另一个数据包时，R 检查附加在数据包上计数器的值是否等于 c_q：如果它们相等，R 就知道该数据包重复并丢弃它，否则 R 认为该数据包为新的数据包，并接收它。重复检测是局部的，即它只需要每个队列缓存区的局部信息，而不是强加涉及不同的缓冲区的（如滑动窗口）可能降低系统性能的任何规则。

对于早期重复检测机制的正确性，我们只需要为计数器的值选择域大小 C，使得连续失去 C 个数据包的概率可以忽略不计。例如，对于在 Lites 追踪中，每跳数据包丢失概率高达 22.7%，C 仍然可能小至 7，这是由于连续丢失 7 个数据包的概率仅为 0.003%（对于每个节点来说，给定的计数器的值域比较小，队列也比较小，重复检测机制不会消耗太多的内存。例如，在 Lites 中，大小只需要 36B）。

除了重复检测，我们也使用缓存计数器过滤掉过时的应答信息。尽管数据包在 R 中转发时严重延迟的概率很低，但为保存后续到达的数据包，块确认机制中的队列缓冲区一直被 S 重复使用。为了处理这个问题，R 在每个转发的数据包附加了 ID 以及最初在 S 中储存的这些数据包缓冲器的计数器值；当 S 侦听到由 R 转发的数据包时，S 检查捎带的计数器值是否等于相应缓冲区的当前值：如果相等，S 认为是一个有效的捎带块确认，否则，S 认为块确认已过时并忽略它。

在基站处汇总应答信息。在传感器网络中,基站通常转发所有它接收到的数据包到外部网络。其结果是,基站的子节点(即,直接转发数据包到基站的节点)无法侦听基站所转发的数据包,基站不得不明确确认它接收到的数据包。为了减少信道争用,基站聚集一些在短期内连续接收的数据包的应答信息,组合成一个单一的数据包,并广播该数据包给它的子节点。因此,基站的子节点将调整其控制参数以适应基站处理应答信息的机制。

9.2.3.3　差异化竞争控制

在无线传感器网络中,每一跳的连接是可靠的,大部分数据包丢失是由于严重的信道竞争中的冲突。为了实现可靠的数据包传送,丢失的数据包需要重发。然而,数据包重传可能会导致更多的信道争用和数据包丢失,从而降低了通信的可靠性。此外,由于应答信息丢失,会存在不必要的重传,这只会增加信道竞争,降低通信的可靠性。因此,规定数据包的重传时间,使它们不对其他的数据包传输造成干扰,这是非常有必要的。

在我们的无窗块确认方案中,保持虚拟队列的方式有利于重传的调度,这是因为数据包由不同的虚拟队列自动组合到一起。在列较高虚拟队列的数据包发送的次数较少,并且接收器已接收的数据包中位于较高虚拟队列的概率较低(例如,Q_0 中的数据包为 0),因此,根据虚拟队列持有的这些数据包的顺序来排序,而且较高排序的数据包在访问通信信道时具有较高的优先级。根据该规则,接入信道时,已发送次数较少的数据包将早于那些已发送多次的数据包,并且不同等级数据包之间的冲突将被降低。

无窗块确认机制已经可以处理一个节点内数据包的差异化和调度方案,因此,只需要一个机制,用于在不同的节点间调度数据包的传输。为了减少同一等级数据包之间的干扰,平衡网络节点的排队以及节点之间信道的竞争,节间之间的分组调度也考虑到了特定等级的数据包数量,以便让有更多这样数据包的节点传输更早。

定义节点 j 的排序函数 rank(j)为 $<M-K;\lfloor Q_k \rfloor;\mathrm{ID}(j)>$,其中 Q_k 为节点 j 中排序最高的非空虚拟队列,$|Q_k|$是 Q_k 中数据包的数量,ID(j)是节点 j 的 ID。rank(j)定义如下:①第一个字段确保那些已传送次数较少的数据包优先(重新)发送;②第二个字段确保那些有更多的数据包队列的节点优先获得机会发送;③第三个字段是打破前两个字段的关系。秩值越大的节点排名越高。分布式传输调度的工作原理如下:

(1) 每个节点在它发出的数据包上都捎带了其排序。

(2) 当侦听或接收数据包时,节点 j 与该数据包发送者 k 比较它们的排序。当且仅当 k 排名比 j 更高时,j 才会改变其行为,在 $w(j,k) \times T_{\mathrm{pkt}}$时间内,节点 j 不会发送任何数据包。T_{pkt}是在 MAC 层发送一个数据包所用的时间,当 rank(j)和 rank(k)在三元组的第 i 个元素不同时,$w(j,k)=4-i$。$w(j,k)$被定义为,使得所有等待节点同时开始传输的概率降低,而排名较高节点倾向于等待时间更短。T_{pkt}采用 EWMA 的方法估计。

(3) 如果发送节点 j 检测到它的下一个数据包将不会在 T_{pkt} 的时间内发送(节点 j 知道,当前数据包发送后,它的排序会比另一个节点低),j 通过标记要发送的数据包来表示这一点,使侦听数据包的节点在争夺控制权时跳过 j(这种机制可以减少空闲等待的概率,此时信道空闲,但没有数据包被发送)。

9.2.3.4 实验结果

表 9.4 给出了 RBC 算法的性能测试结果,我们可以观察到 RBC 算法的以下属性:

(1) 随着重传次数的增加,事件可靠性显著增加。可靠性的增加主要归因于减少了不必要的重传(通过减少应答信息的损失和自适应重传定时器)以及重传的调度。

表 9.4 在 Lite 追踪中的 RBC 算法

尺度	RT = 0	RT = 1	RT = 2
可靠性/%	56.21	83.16	95.26
传送延迟/s	0.21	1.18	1.72
正常输出值/(数据包/s)	4.28	5.72	6.37

(2) 与 SWIA 相比,该机制也基于隐式 - ACK,RBC 显著地减少了数据包传送的延迟。这主要归因于在数据包和 ACK - 丢失的情况下连续的数据包转发能力和定时器引起的延迟的降低。

(3) 随着重传数量的增加,在基站处数据包接收的速率和该事件有效吞吐量不断增长。当数据包在每跳最多重传两次时,事件实际吞吐量达到 6.37 数据包/s,非常接近 Lites 跟踪的最佳吞吐量(6.66 个数据包/s)。

与 SWIA 相比,RBC 的可靠性提高了 2.05 倍并降低了数据包平均传送延迟 10.91 倍。与带 B - MAC 的 SEA 协议相比,RBC 的可靠性提高了 1.74 倍,但增加了数器包的平均传送延迟 6.61 倍。然而有趣的是,与 SEA 相比,RBC 的实际吞吐量仍然提高了 1.75 倍,其原因是,在 RBC 中,丢失的数据包会在生成较晚但传输次数较小的数据包的后面进行重传。因此,丢失的数据包传送延迟将增加,这增加了平均数据包传送的延迟,但没有影响系统的有效吞吐量。观察表明,由于传感器网络独特的应用模型,指标评价总系统的行为(如事件的正常输出)往往比指标评价单元的行为(如每一个数据包的延迟交付)有更多的相关性。

9.3　数据传输控制的重编程

本节针对传感器网格的重编程,讨论数据传输控制中的基本问题和方法。

9.3.1　简介

大规模嵌入式设备的无线网络部署要求节点可重编程,其中还可能需要经过多跳。由于一个程序必须整体完整,重编程服务必须提供数据转发 100% 的可靠性。因此,嵌入式设备的无线网络重编程服务的需要可转化为大容量数据可靠传播的问题。由于有限的能量、内存和有损无线链路的限制,设计这样的服务是一个具有挑战性的问题。

9.3.2　背景

无线网络早期的工作显示,简单的广播重传信息将导致广播风暴问题,其中冗余、竞争和冲突损害了良好的执行能力。仅仅简单的重发机制不可靠、不快速。因此,数据传送在空间和时间上都需要进行一个更复杂的处理。

发送一个新的程序,不同于发送一个命令,一个新的程序通常由很多个数据包组成的,而一个命令通常就由几个数据包组成。在发送一个新程序的情况下竞争和冲突的概率更高。另外,在重编程的情况下,优化传输延时是一个重要问题。虽然广播少量数据包也有其研究挑战,由于空间限制,我们将只专注广播大量的数据包的情形。因此,对于较少数据的传播解决方案不适合重编程。本节将为嵌入式设备的无线网络寻找最先进的重编程服务。

9.3.3　挑战

在重编程问题上的主要挑战如下:

(1) 100% 的可靠性:嵌入式设备的无线网络中,有损链接是常见的,很难提供 100% 的可靠性。

(2) 能耗:嵌入式设备电池供电的特点使得能量消耗必须被最小化。智能尘埃节点减少能量消耗的操作顺序如下:EEPROM 写入 16B,发送一个数据包,接收一个数据包,空闲侦听 1ms,然后 EEPROM 读 16B[13-14]。

(3) 重新编程整个网络的时间:由于网络的主要目的是传感,所以尽量减少重编程网络所需时间是很有必要的。

(4) 内存消耗:由于程序可能比可用的 RAM 大,故在内存消耗方面广播服务必须是具有可扩展性。

上述所有挑战,在可靠传送的问题上,嵌入式设备的无线网络与个人计算机中的无线网络是不同的。

9.3.4 重编程技术

我们给出了一些常用的技术以解决上述难题。这将有助于学习者了解最先进的重编程服务的工作原理。练习者可以使用它们来调整现有的重编程服务性能或开发自己的新服务。

1. 100% 的可靠性

(1) 逐跳恢复:鉴于网络的有损性质,丢失数据包的恢复可在逐跳的方式下完成。相比于端到端的恢复,可减少传输的数据量。

(2) 发送节点的选择与抑制:发送方选择和抑制的技术目标是,确保在无线电范围内最多一个节点在广播数据。选择标准的一个例子是,选择具有较多潜在接收者的节点[15]。如果一个节点在发送数据信息的同时也在侦听其他节点的数据消息,它会根据唯一确定节点间顺序的任何规则抑制其传输。这种规则的一个例子是各节点的 ID。发送方的选择和抑制减少了冲突的数量。

(3) 时分多址(TDMA):在链路层,当同时发送数据的相邻节点数目较少时,CSMA/CA 协议引起的延迟较低。随着节点数目的增加,退避的次数也会增加。此外,由于隐藏终端的存在增加了冲突的次数,由此导致更多的重传,因此延迟更大。处理节点同时传输数量增加的一种方法是使用 TDMA,每个节点分配一个时隙发送[16-17]。TDMA 通过计算调度,以保证在冲突范围内没有两个节点在同一时间内发送。冲突的范围约等于传输范围的两倍。

(4) 使用隐式 ACK 和基于 NACK 的显式 ACK:TDMA 的使用,为从节点范围内的每个发射机监听到的延迟创建了一个较低的下限。简单而言,即一个节点可以知道其附近的其他节点谁将发送信息[16-17]。此属性使节点可以使用隐式 ACK 来检测消息的丢失。隐式 ACK 较明确的优点是,可减少信息传输的数量,因此更节能。然而,隐式 ACK 要求发送方维持接收的状态,状态的数量随着接收器的数量线性增长。因此,可扩展的方法是使用基于 NACK 的恢复机制,其中接收器报告丢失的数据包序列编号给发送方,发送者再重新广播所请求的数据包[15]。

2. 能耗

(1) 发送方的选择和抑制:发送方选择和抑制的使用减少了邻近区域并发传输的节点数,从而降低了冲突的次数。

(2) 选择发送方时平衡负载:一个不公平的发送者选择机制将给发送者的传输增加负担,也会消耗它的能量。一个公平的发送方选择机制需考虑节点的剩余能量[15]。

(3) 无线电占空比:如果发送方的选择和抑制技术被应用,某个节点可能没有出现在选择和抑制的轮换中,它可以选择关闭其无线电[17]。发送者选择和抑制的使用给未选定和抑制的节点提供了一个在所选定的发送者传输数据时关掉其无线电的机会。

(4) 选择发送节点的最小连通控制集(MCDS):无线电传输将消耗大量的能量。减少发送节点的数量将节省能源。对发送者选择的约束是,所有的节点必须接收整个程序。如果通过无线网络归纳出一个图,选择最小发送者集合的问题等同于寻找一个归纳图的 MCDS[16]。在本节的标题“术语”给出了 MCDS 的正式定义,这里给出一个例子,如图 9.3 所示。

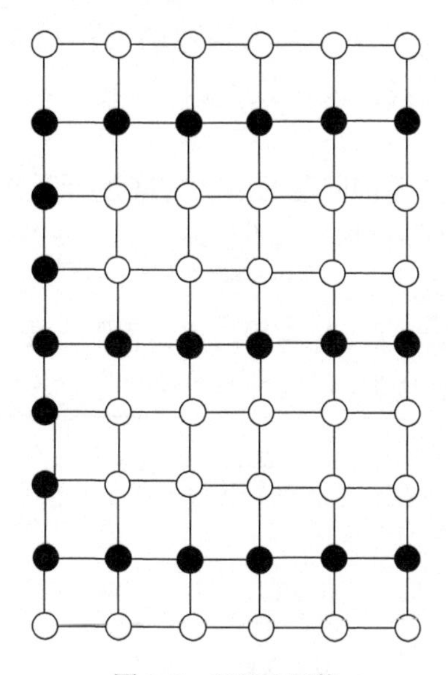

图 9.3　MCDS 网络

图 9.3 中,圆圈表示节点,两个节点之间的连线表示这两个节点可以相互通信,黑圆点代表 MCDS。

3. 重新编程整个网络的时间

(1) 经过多跳的信息流水线化:尽管某个节点没有收到完整的程序,但是它可以成为一个发送端,并开始发送数据包。这种情况会导致流水线传输,从而降低延迟[14,16,27]。然而,如果不能确保冲突范围内的两个节点同时传送信息,该策略将隐藏的终端效应。

(2) 尽可能快的传输:使用发送端的选择和抑制机制,技术上可以使发送端以最快的速度转发数据包。

4. 内存消耗

(1) MNP 中的上传与下载阶段:该程序的规模远超出 RAM 容量。事实上,在 RAM 中,它保存位图甚至也不可行,其中位被分配给程序中的每个数据包。

有两种方法处理 RAM 容量小问题，分别是使用基于窗口的恢复机制成在 EEPROM中保存丢失的数据包而不是在 RAM 中。在基于窗口的恢复机制中，除非在前面窗口的所有数据包都被成功接收，否则发送端不会发送新的数据包，在使用 EEPROM 时，虽然它的容量不是问题，但是延迟却又成了一个难题，因为在访问 EEPROM 时读取和写入比 RAM 要慢。二是加快访问丢失数据包的一种方法[5]，是维护一个连接丢失的数据包时隙的链表。这样一来，就没必要浏览数据包的整个列表来搜索丢失的数据包。

(2) 程序分段：在分配 RAM 时，整个程序可以分为数据包和 RAM 中固定的 N 个缓冲区，上述缓冲区大小和数据包的大小相同[14]。由于一个节点的 RAM 中确实拥有所有数据包，该节点只能快速响应 RAM 中这些数据包的重传请求。

尽管我们根据这四个不同问题的解决方案进行了技术分类，但这些分类是互不相交的。例如，发送端选择技术不仅减少了冲突提高了可靠性，而且还通过传输数量的减少节省能源。

在表 9.5 中，我们总结了上述常用的重编程服务技术。

表 9.5　所使用的重编程服务技术

	可靠性	能效	延迟	存储消耗
Deluge[14]	发送端的选择与抑制；NACK 的恢复	发送端的选择与抑制	流水线发包	将程序分成页面和数据包
Infase[17]	TDMA，ACK—注入	无线电循环工作	流水线发包	基于窗口的恢复
MNP[15]	发送端的选择与抑制，基于 NACK 的恢复	选择发送端的负载均衡	—	在 EEPROM 中使用链表记录丢失的数据包
Sprinkler[16]	TDMA，ACK—注入	选择发送端使用 MCDS	流水线发包	—

9.4　实践方法

汇聚广播。在 RBC 中，容忍无序的数据包传送使得可以设计块窗口应答机制。一般情况下，网络协议的设计趋向于无线传感器网络的特定应用，在设计或选择网络协议时应该注意应用特性。例如，开环、逐跳控制适合于短暂的拥塞，闭环、端到端的控制对持续拥塞效果更好。此外，端到端差错控制可能是必需的，它确保 100% 的数据交换。

重编程：重编程服务可以分为两大类，分别是移动自组织和结构化，这取决于发送端选择的方法。结构化方法产生网络结构图,节点是图的顶点,如果两个节点可以相互通信,则两个节点之间将有一条边,然后,依据该图选择发送端。移动自组织服务不会生成这样的图。Deluge 和 MNP 算法可归入移动自组织类别,Infuse 和 Sprinkler 算法归于结构化类别。

使用结构化方法的好处是,在计算一个 MCDS 和进行 TDMA 调度时,所需要的控制信息少于移动自组织。一个直观的原因就是,图中的节点的位置可以用于决定节点是否成为一个发送者。然而,在所有节点中生成这样的图是复杂的问题,需要紧密考虑无线链路的变化的特性。例如,Infuse 和 Sprinkler 算法假设节点之间的距离是它们之间链路质量的指示,并依赖节点的位置来生成图。在实践中,假设不一定成立,并可能降低该协议的性能。

9.5　未来的研究方向

(1) 汇聚广播。在无线传感器网络中,尽管为汇聚广播提出了很多数据传输控制机制,但如何有效确保特定于应用的 QoS 仍然是开放的研究问题。为解决无线传感器网络中 QoS 的要求与网内处理之间的交互关系,还需要大量的研究工作,因为 QoS 的要求会影响网络中的空间和事件的数据流。网络编码对于在无线网络中提高信息传输效率和服务质量,往往是一个有效的方法。如何将网络编码应用在无线传感器网络中的汇聚广播中以及如何保证高效的数据传输是值得探讨的问题。

(2) 重编程。对于移动自组网的重编程服务,无线介质的竞争随着网络密度的增加而增加。例如,在洪泛算法中,节点在接收到信息后,节点本身作为发送端广播,但在一个密集的网络中,这些广播会产生竞争[14]。尽管知道网络的密度会减轻这种竞争,但需要了解网络的拓扑结构,因此违反移动自组网络的原则。所以,未来的研究方向是抑制广播,以避免产生竞争。

结构化方法,如 Infuse 和 Sprinkler,假设每个节点的位置信息以生成拓扑图[16-17],基本想法是根据图中的节点位置来决定两个节点彼此是否在竞争的范围之内,然后估算 MCDS 和 TDMA 的调度方案。然而,在无线嵌入式网络中的定位本身就是一个困难的问题。大部分先进的定位技术需要特殊的声学或超声硬件,这可能并不适用于所有的嵌入式设备,因此,不依赖于定位服务的 MCDS 和 TDMA 调度估算方案还需要进一步进行研究。

9.6　小结

本章回顾了传感器网络中为汇聚广播和以重编程为导向广播而设计数据传

输控制技术所面临的挑战,我们也看到了它们之间的区别(在这两个解决方案中的方法)。为了保证服务质量和效率,我们也提出了一系列数据传输控制的问题。一般情况下,如何设计以应用和任务为特性的数据传输控制机制仍然是一个有趣的,开放性的问题。

名词术语

聚播:数据包从多个空间分布的传感节点传输到一个共同的汇聚节点的传送方式。

拥塞控制:在源节点和中间节点控制数据包的生成速率避免过度利用网络中节点的缓存和无线信道。

误差控制:在网络中检测和恢复由数据包传输冲突引起的或其他因素引起的传输错误。

公平:不同节点访问网络资源的平等(无线信道带宽)。

无窗口块确认机制:块确认机制确保了持续的数据传输,无需考虑数据包和确认包的损失,没有传统的基于窗口的块确认机制中滑动窗口大小强加的约束。

MCDS:图 $G=(V,E)$ 的一个支配集合(DS)是 V 的一个 V' 子集,使得对每个 $v\in V$ 的顶点要么在 V' 中要么与 V' 的一些成员相邻。一个最小连通支配集合(MCDS)是一个最小基数的连通支配集。

基于 TDMA 的传输:一个基于时分多址的传输是一个机制,该机制中的每个节点给定了一个调度方案,使得两个相邻节点或共享同一相邻节点的两个节点都不会同时传输。

流水线传输:流水线传输的过程由节点及时产生并同时传输的数据包组成。

隐式 ACK:隐式 ACK 是一种确认机制,发送者根据以下 2 点推断:①一个数据包已经被成功的接收,如果它监听到发送者的下一个节点转发了该数据包;②它没有监听到转发。

基于 N-ACK 的恢复:如果一个节点通过明确要求发送者重传以恢复丢失的数据包,这样的一个恢复方案称为基于 N-ACK 的恢复。

习　　题

1. 在传感网络聚播中,数据传输控制的基本因素是什么?

2. ESRT 如何不同于诸如 CODA 之类的协议?

3. 研究 RBC 论文[1],并分别讨论无窗块确认机制和分布式竞争控制在改进聚播的可靠性和吞吐量方面所扮演的角色。

4. 在 RBC 中分析 ack-丢失的概率。

5. RBC 已经关注了无窗块确认机制和分布式竞争控制机制,但如果没有精心的流量控制队列可能溢出。请为 RBC 设计一个流量控制机制。

6. 广播风暴问题是什么?

7. 嵌入式设备组成的无线传感网络中,可靠性广播的挑战是什么?

8. 就延迟而言什么时候 TDMA 快于 CSMA/CA?

9. MCDS 是什么,在嵌入式设备组成的无线传感网络中,它如何有益于广播的可靠性?

10. 可靠的重编程服务的两个类别是什么? 两者之间有什么不同?

参考文献

1. Hongwei Zhang, Anish Arora, Young-Ri Choi, Mohamed Gouda (2007). Reliable Bursty Convergecast in Wireless Sensor Network. Computer Communications (Elsevier) 30(13):2560–2576.
2. Chieh-Yih Wan, Shane B. Eisenman, Andrew Campbell (2003). CODA: Congestion Detection and Avoidance in Sensor Networks. ACM SenSys, Los Angeles, CA.
3. Cheng Tien Ee and Ruzena Bajcsy (2004). Congestion Control and Fairness for Many-to-One Routing in Sensor Networks. ACM SenSys, Baltimore, MD.
4. Bret Hull, Kyle Jamieson, Hari Balakrishnan (2004). Mitigating Congestion in Wireless Sensor Networks. ACM SenSys, Baltimore, MD.
5. Yogesh Sankarasubramanjam, Ozgur B. Akan, Ian F. Akyildiz (2003). ESRT: Event-to-Sink Reliable Transport in Wireless Sensor Networks. ACM MobiHoc, Annapolis, MD.
6. Fred Stann and John Heidemann (2003). RMST: Reliable Data Transport in Sensor Networks. International Workshop on Sensor Net Protocols and Applications.
7. Anish Arora, Prabal Dutta et al. (2004). A Line in the Sand: A Wireless Sensor Network for Target Detection, Classification, and Tracking. Computer Networks (Elsevier) 46(5):605–634.
8. TinyOS. http://www.tinyos.net/.
9. Joseph Polastre, Jason Hill, David Culler (2004). Versatile Low Power Media Access for Wireless Sensor Networks. ACM SenSys, Baltimore, MD.
10. Wei Ye, John Heidemann, Deborah. Estrin (2002). An Energy-Efficient MAC Protocol for Wireless Sensor Networks. IEEE INFOCOM, New York.
11. Miklos Maroti (2004). The Directed Flood Routing Framework. Technical report, Vanderbilt University, Nashville, TN.
12. Geoffrey Brown, Mohamed Gouda, Raymond Miller (1989). Block Acknowledgment: Redesigning the Window Protocol. ACM SIGCOMM, Austin, TX.
13. Alan Mainwaring, David Culler, Joseph Polastre, Robert Szewczyk, John Anderson (2002). Wireless Sensor Networks for Habitat Monitoring. First ACM International Workshop on Wireless Sensor Networks and Applications, Atlanta, GA.
14. Jonathan Hui, David Culler (2004). The Dynamic Behavior of a Data Dissemination Protocol for Network Programming at Scale. ACM SenSys, Baltimore, MD.
15. Sandeep Kulkarni, Limin Wang (2005). MNP: Multihop Network Reprogramming Service for Sensor Networks, IEEE ICDCS, Columbus, OH.
16. Vinayak Naik, Anish Arora, Prasun Sinha, Hongwei Zhang (2007). Sprinkler: A Reliable and Energy Efficient Data Dissemination Service for Extreme Scale Wireless Networks of Embedded Devices, IEEE Transactions on Mobile Computing, 6(7), 777–789.
17. Sandeep Kulkarni, Mahesh Arumugam (2004). Infuse: A TDMA Based Data Dissemination Protocol for Sensor Networks. Technical Report MSU-CSE-04-46, Michigan State University, East Lanting, MI.

第10章　具有容错能力的无线传感器网络算法/协议

无线传感器网络具有广泛的应用价值,以及拥有无限的潜力。无线传感器网络中的节点由于能量耗尽、硬件故障、通信链路错误、恶意攻击等原因很容易出现故障。因此,容错性是在无线传感器网络中的关键问题之一。该章介绍了无线传感器网络中目前的容错研究工作,研究如何在无线传感器网络的不同应用中解决容错问题。对五类应用进行了讨论:节点的位置、拓扑控制、目标和事件检测、数据采集和汇总以及传感器监视。在每个类别中,我们关注在应用层为实现容错而提出的有代表性的协议和方法。

10.1　引言

10.1.1　背景

无线传感器网络近年来由于其在军事传感、野生动物追踪、交通监控、医疗卫生、环境监测、建筑结构监测等方面的应用而得到了越来越多的关注。无线传感器网络可以视为无线自组网络的一个特殊的家族。一个无线传感器网络由大量低成本和低功率传感器装置组成,可以部署在地面上、空气中、车辆上、水中以及建筑物内。每个传感器节点配备有一个感测单元和一个无线收发器,可将感测的事件传送到基站,基站称为汇聚节点。传感器节点彼此协作以执行数据检测、数据通信和数据处理的任务。

无线传感器网络中的节点由于能量耗尽、硬件故障、通信链路错误、恶意攻击等很容易出现故障。与传统的蜂窝网络以及自组织网络不同,这些网络的基站没有能源限制,电池也可以根据需要进行更换,而传感器网络节点具有非常有限的能源并且它们的电池通常不能充电或更换,这主要是因为节点往往处于恶劣或危险的环境中,所以传感器网络中的一个重要特征是节点严格的功率预算。一个传感器节点由传感单元和无线收发器组成,这两个组件通常直接与环境发生相互作用,容易受各种物理、化学和生物因素的影响,导致传感器节点可靠性降低。即使在硬件条件良好的情况下,传感器节点之间的通信也受到许多因素的影响，如信号强度、天线角度、障碍物、气候条件和干扰。

容错是指系统中存在故障的情况下提供所需功能的能力[8]。由于传感器节点很容易出现故障，在许多传感器网络应用中容错性应认真考虑。事实上，对于容错性已经做了大量的工作，它一直是无线传感器网络中最重要的课题之一。早期的研究工作，可以在文献[18]中找到，然而，其覆盖范围非常有限，引用的参考文献也已过时。本章的目的是探讨有关无线传感器网络容错功能到目前的研究工作。我们研究了在不同的应用中如何解决容错问题，对五类应用进行了讨论：节点的位置、拓扑控制、目标和事件检测、数据采集和汇总以及传感器监视。在每个类别中，我们关注了有代表性的研究工作，这些工作集中在提出的算法和在应用层实现容错的应用。

本章的其余部分将讨论故障在不同层的无线传感器网络中是如何发生的，并简要介绍故障检测和恢复策略。章节的分类如下：10.2 节讨论无线传感器网络节点的放置问题，10.3 节主要介绍容错拓扑控制，10.4 节主要介绍目标检测和事件检测，10.5 节主要是数据采集和数据聚合的讨论，10.6 节主要是传感器监控的研究，10.7 节对本章进行总结。

10.1.2　不同层的容错机制

在文献[18]中对五个层的容错能力进行了讨论。它们是物理层、硬件层、系统软件层、中间件层和应用层。在研究的基础上，我们将无线传感器网络容错功能从系统角度出发分为四个层次。具体而言，系统容错功能可以存在于硬件层、软件层、网络通信层和应用层。

10.1.2.1　硬件层

硬件层的故障可能由节点的任何硬件组件引起，诸如存储器、电池、微处理器、感测单元和网络接口（无线广播）等。有迹象表明，导致传感器节点的硬件故障主要有三个原因。一是，传感器网站通常用于商业用途并且对节点的成本敏感，这造成传感器节点的设计不会总是使用高品质的元件。二是，严格的能源约束限制了传感器节点长时间的可靠性能，例如，当节点的电池电量处于一定的水平时，传感器的读数可能不正确[26]。三是，传感器网络通常部署在恶劣和危险的环境中，这将影响传感器节点的正常运行。节点的无线射频受环境因素影响严重。

10.1.2.2　软件层

传感器节点的软件由两部分组成：系统软件和中间件，系统软件如操作系统，中间件例如通信、路由和聚合。系统软件的一个重要组成部分是支持分布式执行及同时执行本地化算法。软件错误是在无线传感器网络中的常见错误来源。一种有潜力的方法是通过软件的多样性来避免。既然难以在硬件层采用经济的方法提供容错性,因此众多的容错方法主要集中于中间件层。目前大多数无线传感器网络的应用都很简单。为了适应实际应用,有必要在无线传感器网络中发展更复杂的中间件。

10.1.2.3 网络通信层

网络通信层的故障是无线通信链路的故障。如果硬件没问题,那么无线传感器网络链路故障与周围的环境有关。此外,链路故障也可能由于节点的射频干扰引起。如节点 a 处于其他节点的干扰范围内,当其他节点发送消息时,那么节点 a 不能成功地从节点 b 接收消息。提高无线通信性能的正确方式是使用主动纠错方案和重传,但这两种方法可能会引起操作进一步的延迟。需要指出的是,容错能力和效率之间需要一个权衡。

10.1.2.4 应用层

容错性也可以解决应用层的故障。例如,为多个节点不相交的路径提供了路电容错功能。该系统可以由链接断开的路径切换到可用的备选路径。然而,一个应用程序中的容错方法不能直接应用到其他的应用程序,在不同的应用中它需要解决的容错能力不一样。另一方面,应用程序级的容错能力,基本上可用于处理任何类型的资源中的故障。

10.1.3 故障检测和恢复

为了解决无线传感器网络的故障,系统遵循两个主要步骤。第一步是故障检测,它是检测某个特定的功能是否有故障,并预测其何时可以继续正常工作。第二步是当系统检测到故障后从故障中恢复。

有两种类型的检测技术:自诊断和协同诊断。能够通过节点本身来确定的一些故障即为自诊断检测。例如,电池耗尽引起的故障可以由传感器节点本身检测,节点的剩余电量可以通过对当前电池电压的测量进行预测。另一个例子是失效链路的检测,如果节点没有在预定的时间间隔内从相邻节点处收到任何消息,可以认为连接到它的相邻节点的某些链路有故障。然而,还有一些故障需要一组传感器节点协同诊断,在无线传感器网络的故障中有很大一部分属于这一类。例如,文献[19]提出的检测方法是在事件检测应用中识别故障传感器节点。该检测方法基于这样的假设,即同一区域中的传感器节点应该具有相似的感测值,除非节点处于事件区域的边界。该方法对所有节点的邻居进行测量,并使用结果来计算节点发生故障的概率。

故障恢复的最常用技术是复制或冗余容易发生故障的组件。例如,传感器网络通常用于定期地监视一个区域并将感测的数据转发到基站。当某些节点无法提供数据时,由于冗余节点被部署在该区域,所以基站仍然能得到足够的数据。多路径路由是另一个例子，在提供单一路由的情况下，如果沿途一些节点/链路发生故障，请求和呼叫就不能建立或维持，如保持一组候选的路由就能提高路由的可靠性。如果它是能够承受 $k-1$ 个节点的故障，则它需要网络的 k 连通性。在单跳传感器网络的故障恢复机制中[5]，提出的故障恢复方案是针对传感器节点发生故障而提出的，包括汇聚节点的故障，其基本思想是将节点存储器分成两部分，即数据存储器和冗余存储器，数据存储器用于存储检测到的数据以及从其他节点故障恢复的数据。冗余存储器用于存储冗余数据以备将来恢复。恢复的数据存储在没有故障的节点中在可用时发送到接收器，同时需要传感器节点的总数为 n，提供大小为 $(n+1)/n$ 的存储空间。

10.2　两层无线传感器网络的节点部署

由于传感器节点容易出现故障，一种提高可靠性和延长无线传感器网络的生命周期的方法是引用两层网络架构。该架构采用了一些功能强大的中继节点，其主要功能是收集来自传感器节点信息并传递给接收器，也就是说，中继节点充当网络的骨干。中继节点在能量、存储、计算和通信能力方面比普通传感器节点功能更强大。网络被划分为一组集群。所述中继节点为簇头，它们彼此连接以执行数据转发任务。每个簇中只有一个簇头并且每个节点分别至少属于一个簇，以使得节点在当前簇头不可用时可以切换到备用簇头。在每一个集群中，节点采集原始数据并上报至簇头。簇头分析原始数据，提取有用的信息，然后生成更小尺寸的数据包，通过多跳路径上传到汇聚节点。

发送器的故障可能会导致中继节点停止发送任务给传感器以及中继数据给汇聚节点。如果中继节点的接收器出现故障，那么传感器发送的数据都将丢失。因此，传感器的通信链路故障需要重新分配传感器到其他通信范围内的簇头。如果故障发生在簇头间，两个相应的簇头应该由另一个多跳路径重新连接。因此，为了处理一般的通信故障，网络中每对中继节点之间应该至少有两条节点不相交路径。

在两层无线传感器网络中，对中继节点的放置要求是用最小数目的中继节点可以实现特定程度的容错。在两层无线传感器网络中，针对容错的中继节点最少数量放置问题已经有很多研究工作[14,15,22,28]。也有其他一些研究工作，如文献[2]中研究节点部署，使传感器网络实现 k 连通，它没有使用中继节点和两层架构，但是，可以通过为传感节点和中继节点设置统一的通信范围，可以将其简化为两层架构中的相同布局问题。因此，本节专注于中继节点在两层架构网络中的部署问题。

有多种关于最少中继节点部署问题的定义。一般来说，这个问题可以被描述如下：给定一组在区域中随机分布的节点以及它们的位置信息，需要在该区域放置一些中继节点用于转发数据到汇聚节点，使每个传感器节点被至少一个中继节点覆盖。该目标是所用中继节点的数目最小，使网络实现 k 连通（通常为 2 连通）。

文献[15]中，假设传感器初始网络为 2 连通，并且传感器节点参与数据的转发。其目标是保证每个传感器节点被至少两个中继节点覆盖，并且中继网络为 2 连通。该问题被证明是中继节点双覆盖问题的一个扩展，它已经被证明是 NP 完全问题[11]。它提出了一种多项式时间近似算法，证明了所提出算法的性能被限制在 $O(D\log n)$，其中 n 是网络中节点的数目，D 是网络直径，其在文献[15]被定义。因为初始网络假定为 2 连通，假设太理想，所以很难在实际中得到应用。而且，它还假设了传感器节点参与转发任务。但由于传感器节点通常只有有限的计算和通信能力，尤其是非常有限的能源资源，这些都限制其算法的应用。

文献[22]中的工作不需要事先假设。问题规范描述如下：在一个区域内有一组节点 S 且有统一通信半径 d，问题是放置一组中继节点 R，使得①网络 G 全连通②网络 G2 连通。该问题的目标是：最小化 $|R|$，$|R|$ 表示 R 中中继节点的数量。

作者为最小中继节点部署问题 1（MRP－1 的简称）提出了一个 $(6+\varepsilon)$ 的近似解决方案，为最小中继节点部署问题 2（MRP－2 的简称）然后提出了 $(24+\varepsilon)$ 的近似解决方案，其中“ε”是一个任意的正数，并且当“ε”被固定，其运行时间是一个多项式。该解决方案被扩展到传感器节点和中继节点两者的通信半径不同的情况。解决方案的基本思想是将问题分为两个阶段。第一阶段放置中继节点以覆盖所有的传感器节点。第二阶段是增加更多的中继节点，使网络全连通/2 连通。

该解决方案基于两个基本工作。第一个是圆盘覆盖问题。给定平面上一个点集，问题是要确定最小数量的圆盘，使其在指定半径内覆盖所有的点。文献[16]针对这个问题提出了一个多项式时间逼近方案（PTAS）。也就是说，对于任何给定的误差 $\varepsilon \geqslant 0$，该方案找到的解与最优解的比值不大于 $(1+\varepsilon)$。当 ε 被固定时，运行时间是一个多项式，该方案称为最小圆盘覆盖方案。

另一个基本工作是最小斯坦纳点的斯坦纳最小树问题的（STP－MSP）。在欧几里得平面上给定一组终端，问题是要找到一个斯坦纳树，在树中的边长最大为 d 的情况下斯坦纳点的数目最小。Du 等人为 STPMSP[10] 提出了 2.5－近似算法。该算法被称为 STP－MSP 算法。请注意，传感器节点不参与数据转发。STP－MSP算法不能直接应用到这个问题。

基于早期的基础工作,针对 MRP - 1 的 $(6+\varepsilon)$ - 近似算法如下:

算法 1

输入:S,带位置信息的一组传感器节点。

ε,大于 0 的任意给定误差。

d,传感器节点和中继节点的通信半径。

输出:G,一个连通的网络图,包括传感器节点和中继节点。

(1) 为部署一组中继节点 R_1,使用最小圆盘覆盖方案,使得 $\forall s \in S, \exists r \in R_1, r$ 覆盖 s。

(2) 为了部署中继节点 R_2,使用 R_1 作为 STP - MSP 算法的输入,使得 G 是连通的。

(3) 输出 G 和中继节点的位置。

由于接下来的定理是解决方案的部分核心技术,没有这些定理介绍该解决方案是不完整的。我们在原来证明过程的基础上做了一个简化的版本[22]。

定理 1　设 R 是由算法 1 得到的计算结果,并且 R^{opt} 是 MRP - 1 的最优解。可推出:$\frac{R}{R^{\text{opt}}} \leqslant (6+\varepsilon)$。

证明:设 R_1^{opt} 表示覆盖 S 的最小中继节点集合。由于 R_1 为 PTRS 的解,因此

$$|R_1| \leqslant (1+\varepsilon)\,|R_1^{\text{opt}}| \tag{10.1}$$

设 R_2^{opt} 表示使 R_1 连通的最小中继节点集合。由于 R_2 是 2.5 - 近似算法的解,因此

$$|R_2| \leqslant 2.5\,|R_2^{\text{opt}}| \tag{10.2}$$

对于任意 $r \in R_1$,必须有至少一个传感器节点 s 能够被 r 覆盖(否则 r 从 R_1 中除去)。考虑到节点 s 的通信圆(图 10.1),存在 $v \in R^{\text{opt}}$,使得 R 和 V 能够被 s 覆盖。也就是说,中继节点 R 和 V 都在传感器 s 的通信圆内,因此 $d(r,v) \leqslant 2d$。一个额外的中继节点 u 被放置在线段 $v \to r$ 的中点。因此,$d(u,v) = d(r,u) \leqslant d$。这意味着节点 V 可以与节点 R 通过节点 u 通信。所以,对于 $r \in R_1$ 的任意中继节点,根据前面的描述,额外放置一个中继节点,使得 R^{opt} 可以在 R_1 中每个中继节点进行通信。

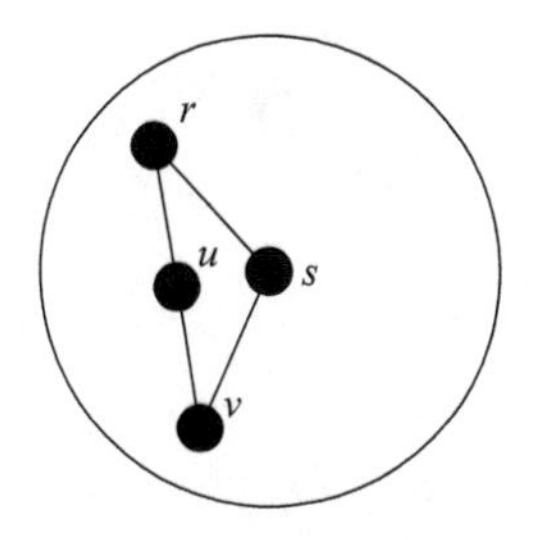

图 10.1　传感器的通信范围

也就是说，R^{opt}是使 R_1 连通而附加的中继节点。需要注意的是，R_2^{opt} 是使 R_1 连通的最小的一组中继节点，并且添加的中继节点的数量等于$|R|$。因此，

$$|R_2^{opt}| \leqslant |R^{opt}| + |R_1| \tag{10.3}$$

根据式(10.1)～式(10.3)，为 MRP－1 设计的算法确定的中继节点总数如下：

$$\begin{aligned}|R_1| + |R_2| &\leqslant (1+\varepsilon)|R_1^{opt}| + 2.5(|R^{opt}| + |R_1|)\\ &\leqslant (1+\varepsilon)|R^{opt}| + 2.5(|R^{opt}| + (1+\varepsilon)|R^{opt}|)\\ &\leqslant 6|R^{opt}| + 3.5\varepsilon|R^{opt}|\end{aligned}$$

也就是说，$\frac{|R|}{|R^{opt}|} = \frac{|R_1| + |R_2|}{|R^{opt}|} \leqslant (6+\varepsilon)$。

为 MRP－2 而设计的$(24+\varepsilon)$－近似算法如下所示，其基本思想是增加额外的中继节点使网络 2 连通。

算法 2 的近似比率为$(24+\varepsilon)$。详细的证明可以在文献[22]中找到。

算法 2

输入：S，带位置信息的一组传感器节点。

ε，大于 0 的任意给定误差。

d，传感器节点和中继节点的通信半径。

输出：G，一个 2－连通网络包括传感器节点和中继节点。

(1) 运行算法 1 得到一组中继节点 R，使得 $S+R$ 连通。

(2) 增加三个备份节点在每个 $r \in R$ 的通信圆内，如图 10.2 所示，在该步骤中的所有备份节点集记为 R'。

(3) 输出 G 和 $R+R'$中中继节点的位置。

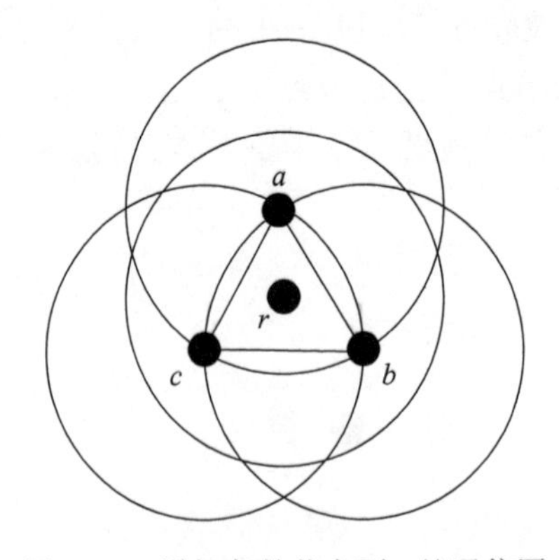

图 10.2　增加备份节点到 r 的通信圆

文献[15]和文献[22]的工作在文献[28]中做了进一步的整合和扩展。它

研究了四种类型的针对容错的中继节点部署问题。分别是带/不带基站单层部署,以及带/不带基站两层节点部署。在单层模式,边可在任意两种类型的节点之间存在。也就是说,在单层模式中传感器节点和中继节点都参与数据包转发,而在双层模式中仅中继节点参与数据包转发。对于每个问题,提出了一种多项式常数近似算法。其性能比率与以前最好的算法相比,要么小于要么相同。四个问题及其相应的算法将逐一介绍。

其基本技术是使用 steinerization 方法。假设 x_i 和 x_j 是两个传感器节点。R 和 r 分别是中继节点和传感器的通信范围。如果 $d(x_i,x_j)\leqslant r$,那么 x_i 和 x_j 能够连通。另外,x_i 和 x_j 可通过下述方法在线段 $[x_i,x_j]$ 上部署最小数目的中继节点,使其相互连接(称为 steinerization$[x_i,x_j]$)。

(1) 如果 $d(x_i,x_j)\leqslant(r,2r]$,则在线段 $[x_i,x_j]$ 的中点上放置一个中继节点。

(2) 如果 $d(x_i,x_j)>2r$,在线段 $[x_i,x_j]$ 的 $1+[(d(x_i+x_j)-2r)/R]$ 处放置一个中继节点。这样,两个中继节点 y_i 和 y_j 与节点 x_i 和 x_j 分别相距 r。其他中继节点分布在线段 $[y_i,y_j]$ 的 $[(d(x_i+x_j)-2r)/R]-1$ 处。

给定 $R\geqslant r>0$ 以及一组中继节点 X,加权无向图 $G^S(r,R,X)$,被称为 (r,R,X) 的 steinerized 图。由顶点集 $V=X$ 组成,并且和权重定义如下的边组成:

$$c(x_i,x_j)\begin{cases}0, & d(x_i,x_j)\in[0,r]\\ 1, & d(x_i,x_j)\in[0,r]\\ 1+[(d(x_i,x_j)-2r)/R], & \text{其他}\end{cases}\tag{10.4}$$

实际上,每个边的权重是需要连通端点的中继节点数。

算法 3 的近似比为 14。详细的证明可以在文献[28]中查到。带基站单层部署算法与算法 3 类似。唯一的区别在于,它在步骤 2 中构造 steinerized 图 $G^S(r,R,B,X)$,其中 B 是一组基站。带基站的单层部署算法其近似比被证明为 16。

算法 4 的近似比被证实为 $(10+\varepsilon)$,这是在文献[22]中宣称改进的 $(24+\varepsilon)$ - 近似算法。然而,应该指出的是,算法 4 和其整合的 5 - 近似算法这两种算法都假设节点可以被放置在相同的位置,这在文献[22]中是不允许的。在文献[23]中的 5 - 近似算法的基本思想类似算法 1。首先,使用最小圆盘覆盖方案,将一组最小的中继节点(例如 A)放置在可以覆盖所有传感器节点的位置。其次,它找到与 A 中的节点 1 - 1 映射的传感器节点子集。然后将一组中继节点,例如 B,放在子集同样的位置。最后,它调用 STP - MSP 算法来放置一组中继节点,例如 C,使网络得以连接。该组所需的中继节点的集合是 $A\cup B\cup C$。

算法3:(对于没有基站的单层部署)
输入:$R \geqslant r > 0$ 以及一组传感器节点 $X = \{x_1, x_2, \cdots, x_n\}$。
输出:一组中继节点 $Y = \{y_1, y_2, \cdots, y_l\}$。
(1) 构建斯坦纳图 $G^S(r, R, X)$。
(2) 使用文献[17]的2-近似算法计算 $G^S(r, R, X)$ 中的一个2-连接最小权重生成子图 G_A(G_A 覆盖所有传感节点)。
(3) $l = 0$。
(4) 对于每一个边 $(x_i, x_j) \in G_A$ 且 $c(x_i, x_j) \geqslant 1$。
(5) 带 $c(x_i, x_j)$ 中继节点的 Steinerize 边 (x_i, x_j): $y_l + 1, y_l + 2, \cdots, y_l + c(x_i, x_j)$。
(6) $l = l + c(x_i, x_j)$
(7) 结束。

算法4:(对于没有基站的双层部署)
输入:$R \geqslant r > 0, \varepsilon > 0$ 以及一组传感器节点 $X = \{x_1, x_2, \cdots, x_n\}$。
输出:一组中继节点 $Y = \{y_1, y_2, \cdots, y_l\}$。
(1) 应用文献[23]中的5-近似算法,设置的中继节点集 $Z = \{z_1, z_2, \cdots, z_k\}$,以使网络连通。
(2) 复制 Z 中的每个中继节点以得到 Y。

该算法为带基站的两层部署设计,类似于文献[23]中的5-近似算法。它被证明了近似比是$(20+\varepsilon)$[28]。

文献[14]对异构无线传感器网络中中继节点的部署进行了研究。它假定传感器节点具有不同的传输范围,而中继节点使用统一的传输半径。问题由两种情况组成:①完全容错情况下的中继节点部署,其目标是部署最小数量的中继节点,以保证每对传感器节点和/或中继节点间有 k 个顶点不相交的路径;②局部容错情况下中继节点的部署,其目标是部署最小数量的中继节点,只在每对传感器节点之间建立 k 个顶点不相交的路径即可。该算法的基本思想与算法3类似。它首先构造一个 steinerized 加权图,然后应用现有的算法在权重图上计算 k-顶点连接生成图。根据边的权重安排中继节点的位置,在扩展图中设置边的权重后最终生成所需图形。

所有上述部署节点的方法都是确定的。随机节点的放置问题在文献[20]中进行了讨论。事实证明,当传输范围 r_n 满足 $n\pi r_n^2 \geqslant \ln n + (2k-1)\ln\ln n - 2\ln k! + 2\alpha$,其中 $k>0$,并且 α 为任意实数,n 足够大时,即使在一个单位面积的正方形区域随机放置,网络 $G(V, r_n)$ 是$(k+1)$-连接的概率至少是 $\mathrm{e}^{-e^{-\alpha}}$。

10.3 拓扑控制

虽然节点部署提供了一种可以在无线传感器网络实现容错的方法,但是容错性能却由于节点运动和能量消耗降低了效果。因此，拓扑控制对于无线传感器网络容错性能的构建和维持非常必要。

文献[4]提出了容错拓扑控制协议。它首先构造一个连通支配集（CDS）作为网络的主干，对于 CDS 中的每一个节点，它增加了一些必要的邻居节点到主干，以符合所必需的顶点连通度。主干上的节点采用了电源的开/关模型，只需打开必要的节点开关以满足连接需求，同时关闭其他不必要的节点，并周期性的轮询以保证节点之间的公平。这里有几种轮询标准，一个是基于节点能量的选择标准：在 CDS 中逐次选择能量更富余的节点，直到生成图达到局部 k 顶点连通。另一个标准是关联度。具有较高关联度的节点首先被选择。这是因为具有较高关联度的节点都有更短的延迟。还有一些混合标准也在文献[4]中进行了讨论。仿真结果表明，在达到期望的顶点连通度下，网络寿命得到了改善。

大多数现有的容错拓扑控制目标是在网络中实现 k - 连接，该目标适合于自组织网络，即网络中的任意两个节点都可以请求连通。然而，无线传感器网络中的数据传输方式通常是收集与汇总。从传感器节点到汇聚节点和网关节点路径上的节点具有容错能力非常重要，这些节点比传感器节点的功能更强大。

文献[3]研究了异构无线传感器网络中的容错拓扑控制。该网络中的无线设备有两种类型：大量传感器节点和少数资源丰富的超级节点，问题是调整各节点的传输范围，使得存在从各传感器到设置的超级节点有 k 条顶点不相交的通信路径，其目标是减少由传感器节点所消耗的总功率。提出了三种解决方案。第一种 k - 近似算法包括两个步骤，在第一步中，将一个给定的图精简为一个有向图，其中超级节点被合并为一个根节点。在第二步中，采用最小权重 k - 输出连接问题现有最优解来计算每个传感器的最小传输范围。下面逐一简述这两个步骤。

给定的图采用 $G(V,E,c)$ 表示，其中 V 是节点的集合，E 是边的集合，c 是权重边的集合（表示在边上消耗的功率）。精简图构造如下。在 V 中所有的超级节点被整合成为根节点。传感器之间的边保留，传感器和超级节点之间的边被替换成传感器与根之间的边，边的权重保留，如果一个传感器连接到一个以上的超级节点，则只有最近的边被保留。随后，两个传感器之间的每个无向边被指向它们的两条有向弧替换，传感器和根之间的无向边被替换成从传感器到根的有向弧。步骤如图 10.3 所示。

算法的第二步基于第一步中简化的图。在简化的图中，它将现有的最优解应用在最小权重 k - 输出连通问题上。每个节点最终的传输范围是满足最终结果的最长边的传输范围。详细的算法如下：

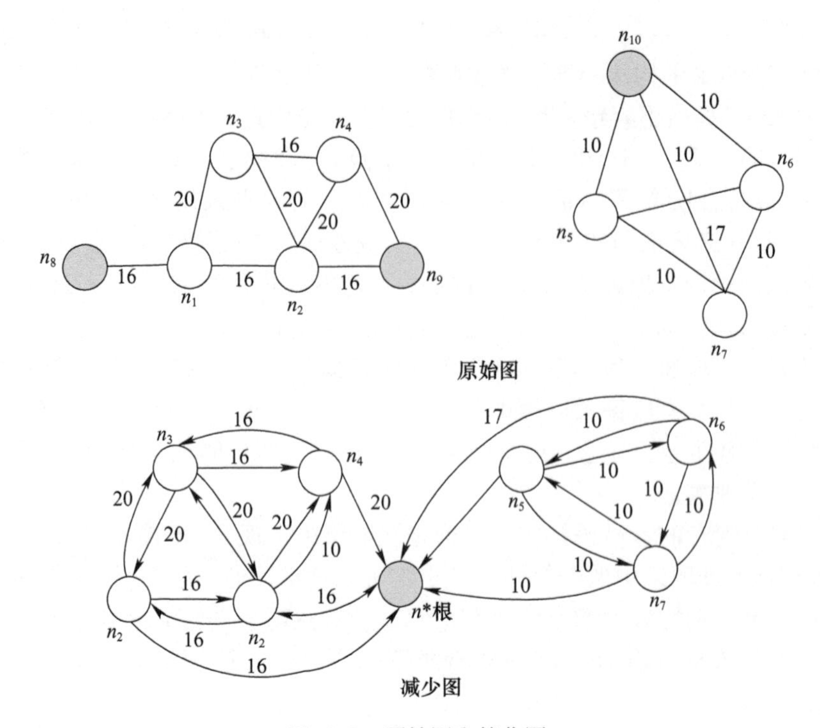

图 10.3　原始图和简化图

算法 5
(1) 构建 G 的简化图。
(2) 反转简化图中每条弧的方向并保持弧的权重。
(3) 为最小权重 k - 输出连通问题应用最优解。
(4) 反转回每条圆弧的方向。
(5) 为每个传感器进行(6)中的操作。
(6) 调整传输范围,以满足图中的最长弧。
(7) 结束。

算法 5 被证明能达到的性能比为 k。一种最小化传感器最大发射功率的贪婪算法被进一步提出,其基本思想在简化图中以递减的方式排序所有边,对已排序的每条边,如果在没有边的情况下,仍然保持与根的 k 顶点连通性,则丢弃该边。该过程继续进行,直到所有的边都被计算出。类似算法 5,每个节点最终的传输范围满足最终图中的最长边的传输范围。该算法的分布式版本可在文献[3]中找到。

无线网络的容错性还可以通过节点的运动控制来实现。虽然文献[7]中的工作是关于移动机器人网络,但是该算法不需要太多的修改就可以很容易地应用到无线传感器网络。文献[7]提出了一个局部移动控制算法,在连接的网络中构建双连通的网络拓扑结构以实现容错,算法的目标是最小化节点移动的总距离。

每个节点被假定为具有 p 跳邻居节点的信息。一个节点的 p 跳子图包含从该节点到 p 跳范围内的所有节点以及它们之间的链路。一个节点被认为是一个 p 跳关键节点当且仅当没有该节点时,其 p 跳子图断开。分布式算法在每个节点上执行,过程如下:在初始化阶段,每个节点都将检查它是否是一个 p 跳关键节点,如果一个节点发现自己是 p 跳的关键节点,它将广播一个其关键性的声明到它所有相邻的节点。

为了使网络双连通,所有的关键节点会因为节点的运动而变为非关键节点。节点的移动可能创造新的邻居节点,也可能会破坏现有的一些节点链接。既然一个关键节点的 p 跳子图因为没有节点将断开,那么一个关键节点的移动可能会破坏某些当前链接,从而导致网络的断开。然而,如果所有非关键节点的链路都断开,则网络仍然保持连接。移动控制的基本思想是移动非关键节点,同时保持关键节点的状态,除非它们变成非关键节点。根据一个关键节点的邻居节点的数量,分为三种情况:①关键节点没有邻居关键节点:②关键节点带有一个相邻的关键节点;③关键节点有几个相邻的关键节点。

情况①中,一个节点发现自己是 p 跳的关键节点,而且没有从邻居节点获得任何关键公告数据包。任意关键节点的 p 跳子图在没有该节点的情况下可以被分成两个不相交的部分。移动控制的基本思想是从这两个不相交部分选择相邻的节点,让它们彼此相向运动,直到它们连接起来。如图 10.4 所示,黑色节点 3 是关键节点,白色节点为非关键节点,假定图中的 $p=2$,由于节点 3 是关键节点。其 2 跳子图被分成两个不相交的子集 $A=\{1,2,4,5\}$ 和 $B=\{6,7,8\}$。假定节点 5 和 8 的距离是在这两部分中所有节点对中最小的。节点 3 计算出节点 5 和节点 8 的新位置,并要求它们移动以变为邻居节点。

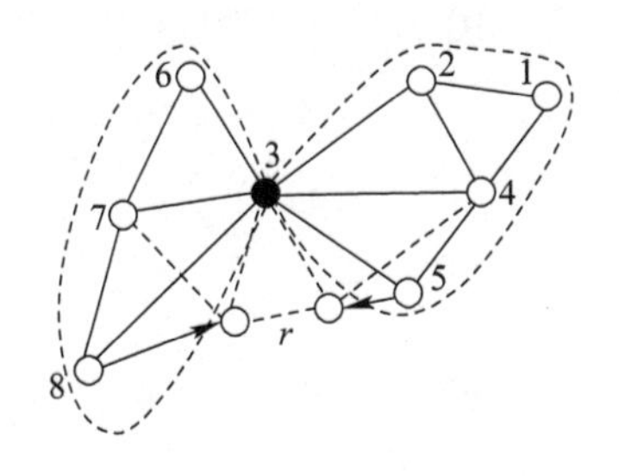

图 10.4　没有相邻关键节点的关键节点

情况②中,其基本思想是让带较大 ID 的关键节点选择它的非关键邻居节点向另一个关键节点移动。如图 10.5 所示,黑色节点 4 相 5 中是关键节点,白色的其他节点为非关键节点。由于节点 5 的 ID 大于节点 4 的 ID,节点 5 安排运动。同样假设$p=2$,节点5把其2跳子图分为两个不相交的子集$A=\{1,2,3,4,6\}$和$B=\{7,8\}$。假设节点4和7的距离为B中所有节点的最小值。节点5计算节点7的新位置,并要求它向节点4移动,直到连通。

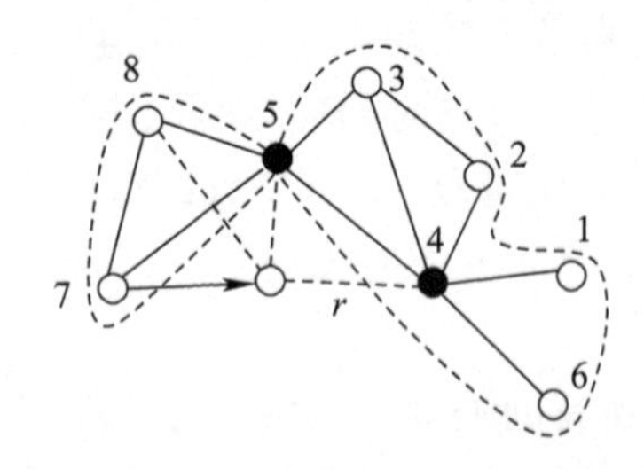

图10.5 有一个相邻关键节点的关键节点

情况③中,一些关键的节点有一个以上的相邻关键节点。注意,如果它发现自己是p跳的关键节点,那么该节点将一个关键性的声明数据包发送到它所有直接相邻的节点。随后,网络中的所有节点都知道自己的相邻节点的状态。如果关键节点具有非关键邻居,则称其可用,否则不可用。关键节点可用意味着它具有能够移动的非关键邻居。可用/不可用的关键节点把可用/不可用的声明数据包广播到它的相邻节点。一个关键的节点宣称本身是一个关键头节点,当且仅当它是可用的,而且其ID大于其他任何可用的关键相邻节点的ID,或者没有可用的相邻关键节点时。这种情况下采用的策略是使用成对的合并策略,每个关键头节点支配节点对合并,并选择其他的关键节点之一进行配对。例如,选择有最大ID的可用关键邻居节点(如果有的话),否则是选择具有最大ID的其他不可用相邻关键节点。然后是使用情况②的移动控制算法为每一对节点计算新的拓扑结构。

如图10.6所示,全黑的节点为关键节点(节点的虚线框是该节点的子图)。节点1、5和6是关键头节点。因为节点3不可用。节点1成为一个关键头节点,最后,它形成3对:(1,3),(5,4)和(6,4),分别由节点1、5、6主控。在情况

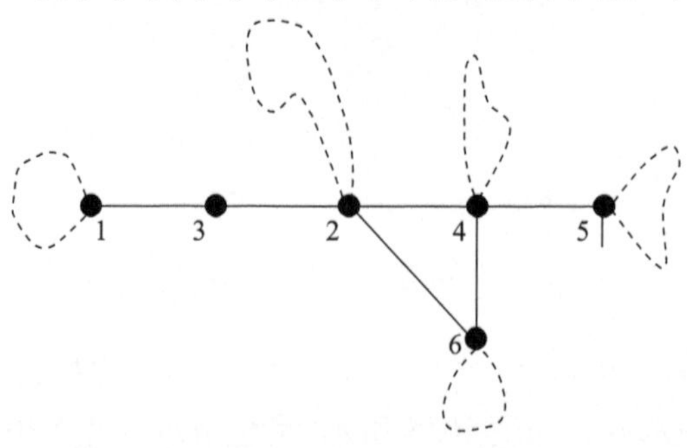

图10.6 有几个关键邻居节点的关键节点

②中，每一对中的关键头节点为合并该对而调用移动控制算法，两两合并持续进行，直到所有的关键节点变为非关键节点，即网络双连通。

10.4　目标和事件检测

传感器网络一个重要的应用是探测、分类和查找特定的事件，以及在特定区域追踪目标。一个案例是在战场上部署无线传感器网络以检测坦克，一旦一个坦克移动到一个特定的区域中，坦克的信息，如位置和速度，由能够感测的传感器进行收集和报告。另一个应用是利用无线传感器网络探测森林火灾。在目标和事件检测容错方面，已经做了大量的工作。本节中将分别介绍有代表性的目标检测与事件检测工作。

10.4.1　目标探测

Clouqueur 等人提出了两种用于传感器网络中协作目标检测的容错算法[6]。传感器网络中，节点的失效往往是因为恶劣的环境条件或恶意破坏。两种算法都基于传感器节点的信息共享以达成一致。

第一种算法称为值融合，原理如下：每个节点自身测量获得的原始能量，除去最大的 n 值和最小的 n 值，计算出一个平均值，并将该平均值与最终决定的阈值比较，得到 n 值。第二种算法，称为决策融合，不适用于原始测量，而是适用于每个传感器节点的本地决策。它的工作方式与价值融合算法相同。作者提到，当所有的节点都无故障时，就没有必要丢弃数据。

准确的协议可保证无故障的节点之间的一致性，因此有故障的节点只会降低系统的准确性。当故障节点的数量超出了可接受的界限时，系统发生故障。作者已经针对不同的虚警概率、节点的数量、最大功率和衰减因子测量了两种算法检测概率，并得出了结论，在故障传感器节点的比率增加时，决策融合优于价值融合。除了具有低的通信成本、高精度和准确度以外，这两种算法都能有效的容忍网络中出现一定数量的故障节点。

Ding 等人[9]最近提出了容错算法来检测包含目标的区域，并识到目标区域内可能的目标，同时算法能满足很少的传感器能量预算和故障传感器的要求。其目标检测方法背后的基本思想是每个传感器计算信号测量的中值，这样可以使故障传感器极端测量值的干扰被过滤。如果中值超过一定的阈值，那么它暗示了一个目标存在的可能性。然而，它没有告诉有多少目标存在以及目标在哪。目标定位算法用来计算每个目标的位置。与基站进行通信并计算目标位置的任务被委派给一个特定的传感器，称为根传感器，它是一个有着局部极大值的传感器。根传感器计算有相似观测值的相邻传感器的几何中心。目标位置是通过使用多个周期的观察值进一步提炼。

目标检测算法:

(1) 在一个给定的邻域内每个传感器获取其信号测量值。

(2) 每个传感器计算它的中值。

(3) 如果中值超过阈值,传感器变为一个事件传感器。

目标定位算法:

(1) 在一个给定的邻域内,从所有的事件传感器节点获取估计的信号强度信息。

(2) 在一个给定的邻域内,推断出有最大信号强度的本地事件传感器,并标识它们给根节点。

(3) 对于每一个根节点,基于一组事件传感器子集的几何中心计算目标的位置。

目标识别算法:

(1) 对于每一个传感器,应用上述目标检测和目标定位算法。

(2) 收集了 T 个周期的原始数据以后,基站应用聚类算法聚合估计值为最终目标位置的计算值。每组是一个目标。

(3) 如果组的大小小于是周期的数量的一半(即 $T=2$),那么这一组得到的信息有很高的概率是假警报,否则上报一个目标并使用组内所有原始数据的几何中心获得目标位置的估计。

由 Ding 等人提议的算法[9]在密集分布传感器网络效果好,因为中值在低密度网络中不稳定,而且目标必须是相距甚远才能将它们作为独立的目标。作者假定每个传感器可以使用 GPS 或无 GPS 的技术计算它的物理位置,并且在处理和发送/接收邻近测量以及正确执行算法方面没有错误。

10.4.2 事件检测

席勒和艾扬格[19]提出了针对无线传感器网络的分布式和局部容错事件检测方法。在观察到的传感器故障很可能是随机不相关的,而事件的测量是在空间相关的基础上,他们提出了一种算法,其中每个传感器节点与它的相邻的节点进行通信,收集它们的二元决策以校正自己的决策。多数投票机制证明是错误校正工作中的最优决策方案。该算法描述如下。

假设 N_i是传感器节点 i 的邻居节点,每一个节点失效的概率为 p。二元变量 T_i和 S_i,分别为代表了 i 的真实情况和 i 的真实输出。也就是说,如果该节点在一个正常的区域,那么 $T_i=0$,如果该节点是一个事件的区域,那么 $T_i=1$。类似,如果传感器测量值正常,那么 $S_i=0$,否则,$S_i=1$。这里有四种可能的情况:($S_i=0,T_i=0$),($S_i=0,T_i=1$),($S_i=1,T_i=0$)和($S_i=1,T_i=1$)。它假定传感

器节点故障的概率是不相关的而且是对称的，即

$$P(S_i=0 \mid T_i=1)=P(S_i=1 \mid T_i=0)=p$$

二进制值通过引入传感器阈值的实数值确定，即 $0.5(m_n+m_f)$，其中 m_n 是正常读数的均值，m_f 是事件读数的均值。

设 $E_i(a,k)$ 是证据，这样与 k 相邻的传感器报告相同的二进制读数为 i 节点本身。作者用贝叶斯故障识别技术来确定真实读数 T_i 的估计值 R_i。因为它假定网络高密度部署，附近的传感器有可能有类似的事件读数，除非它们是在事件区域的边界上。所以，采用下面的模型：

$$P(R_i=a \mid E_i(a,k))=k/N$$

因此，节点 i 在面对证据 $E_i(a,k)$ 时，可以接受自己的读取 S_i 值的概率由下式给出：

$$P_{\mathrm{aak}}=P(R_i=a \mid R_i=a,E_i(a,k))=\frac{(1-p)k}{(1-p)k+p(N_i-k)}$$

忽视自己读取的概率只是 $1-P_{\mathrm{aak}}$。基于贝叶斯公式估计、P_{aak} 和决策阈值 $0<\theta<1$，作者提出了三个决策方案：

（1）使用随机决策方案的算法。

① 获得节点 i 的所有 N_i 个邻居节点的传感器读数 S_j。

② 确定 k_i，节点 i' 的邻居节点 j 的数目，对节点 j 的要求是 $S_j=S_i$。

③ 计算 P_{aak}。

④ 生成一个随机数 $u\in(0,1)$。

⑤ 如果 $u<P_{\mathrm{aak}}$，令 $R_i=S_i$，否则令 $R_i=\neg S_i$（S_i 是一个二进制变量，$\neg S_i$ 是 S_i 的相反值）。

（2）使用阈值决策算法方案。

① 获得节点 i 的所有 N_i 邻居节点的传感器读数 S_j。

② 确定 k_i，节点 i' 的邻居节点 j 的数目，对节点 j 的要求是 $S_j=S_i$。

③ 计算 P_{aak}。

④ 如果 $P_{\mathrm{aak}}>\theta$，令 $R_i=S_i$，否则令 $R_i=\neg S_i$。

（3）使用最优判决方案。

① 获得节点 i 的所有 N_i 个邻居节点的传感器读数 S_j。

② 确定 k_i，节点 i' 的邻居节点 j 的数目，对节点 j 的要求为 $S_j=S_i$。

③ 若 $k_i>0.5N_i$，设置 $R_i=S_i$，否则设置 $R_i=\neg S_i$。

事实证明，如果至少有一半邻居节点的读数相同，对每个节点来说最佳策略是接受自己的读取。仿真结果表明，采用最优阈值决策方案，在失效率高达10% 的情况下，故障可减少 85% ~95% 。

席勒和艾扬格的算法只针对传感器节点故障，没有考虑到噪声给测量带来

的影响。而且,它也不知道该邻居节点的规模有多大。

在文献[24]中,Luo 等人提出了一种分布式的方法,能解决检测误差和传感器的故障同时出现的情况,同时为了提高能效以及提供足够的错误检测,算法选择了合适的邻域规模。他们的算法是对席勒和艾扬格[19]工作的改进,其提出了一个多数表决机制,使单个节点可通过与它们相邻节点的沟通,改善它们的二元决策机制。除了对传感器故障的检测,同时也增加了对误差的检测,为提高能源的利用率还确定了适当的领域规模。

在他们的模型中,每个传感器节点有 n 个邻居节点,并基于噪声环境中其自身的测量值独立地做出二元决策。一个节点的错误行为被该位置的传感器视为"事件",而传感器故障被视为"无事件"。作者考虑到了一个两层检测系统,其由一个融合传感器节点及它的 n 个邻居节点组成。融合传感器在 n 个传感器决定的基础上最终决定未知的假设是 H_0 还是 H_1。设 x_i 表示第 i 个传感器的观测值,$i=1,\cdots,n$。令 u_i 表示第 i 个传感器的二元决策(0 或 1),并且 λ 表示所有节点共同的判决门限。基于接收传感器节点的决定,融合传感器做出最后决定 u_0,如图 10.7 所示(n 个节点中,大多数为 k,少数服从多数)。如果融合传感器决定 H_0,则 $u_0=0$,如果融合传感器决定 H_1,则 $u_0=1$。也就是说,如果 $u_1+\cdots+u_n\leqslant k$,则 $u_0=1$;反之,$u_0=0$。

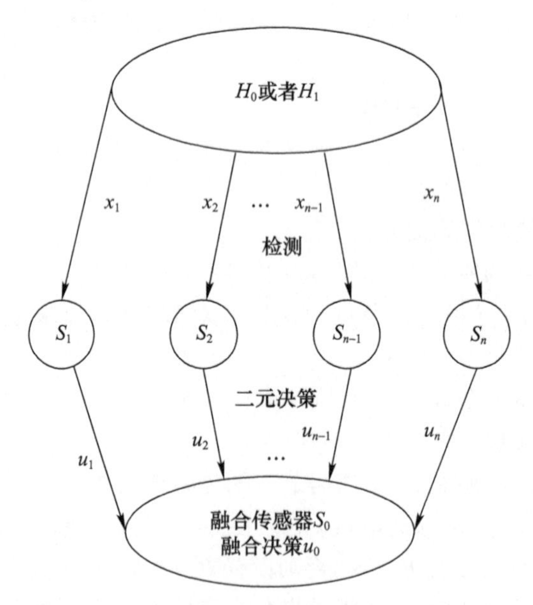

图 10.7 决策结构

对于一个给定的约束检测误差 P_e 和传感器故障的概率 P_f。作者使用了一个双环搜索算法来寻找 $\tau g(=\ln\lambda)$,g,和 n 的最优解通过优化算法能够找到最优决策阈值(λ)和决策多数(k),并使得检测错误的概率减至最小。在内环中,优化的(τ,k)对是通过对一个固定邻域规模为 n 的数值优化得到。在外环中,通过二分查找来找到满足给定的误差范围的最小 n 值。优化多数决策阈值和邻域规模后,每个节点然后根据阈值做出决策,并获得其邻居的决策,最后基于多数做出最终决策。该检测算法可以概括如下:

(1) 在每一个传感器节点中设定 τ,k 和 n。该步骤可以在制造时或在部署之后进行。

(2) 每个传感器基于自身的度量以及自身的阈值测试 $\tau(=\ln\lambda)$ 来获得自己的二元决策 u_i。

(3) 每一个传感器获得 n 个相邻节点的二元决策 $u_1,u_2,\cdots,u_n$ 并计算 $u_1+u_2+\cdots+u_n$。

(4) 每个传感器节点基于少数服从多数的表决原则做出最终容错决定。

Luo 等人在文献[24]中假设节点 i 的 n 个邻居节点的连接情况和真实情况基本一致。也就是说,如果节点 i 是处于事件区域中,那么所有节点都是它的相邻节点,反之亦然。这一假设不能适用于在事件边界处的传感器节点。实验已经表明,这将引起边界附近的传感器节点产生混乱并导致检测精确度的下降。在实际应用中,某些节点可能没有足够的邻居节点来满足优化标准。作者建议保持多个备选方案(性能较差)或简单地部署更多个传感器节点。在嘈杂的通信链路中产生的通信错误可能会影响到事件检测。解决方案在检测过程中会涉及传感器节点的失效模型。

10.5　数据采集和聚合

无线传感器网络通常被用来监测环境,收集来自传感器节点或者是查询节点的信息,并对信息做进一步的处理。无论无线传感器网络应用在什么地方或干什么,都需要收集每个传感器节点采集的信息,然后传送给汇聚节点。这些工作需通过数据采集和数据汇总的方式进行。数据采集是指结合来自不同传感器节点的数据,消除冗余,并最小化传输次数。在数据聚合中,相邻节点检测到的数据要么高度相关要么冗余,所以在传递到上层之前需要进行融合计算。由于节点失效和传送故障是无线传感器网络中常见的故障,所以在设计数据采集和数据聚合协议中要考虑容错的问题。

数据采集和数据聚合的一般方法是构造一个植根于汇聚节点并连接网络中所有节点的生成树。然而,树形的拓扑结构不够稳健,不能防止任意节点失效和传输错误的问题。一个聚合结构也称为概要扩散,文献[25]提出了高能效的多径路由方案。在概要中有三个基本函数。

（1）概要生成函数：SG(．)提取一个传感器读数（包括其元数据），并生成表示这些数据的概要。

（2）概要融合函数：SF(．;．)提取两个概要并生成一个新的概要。

（3）概要评估函数：SE(．)转换要成最终的答案。

该概要扩散算法由分布阶段和聚合阶段组成。在分布阶段，聚合查询通过网络洪泛并且构造聚合拓扑。在聚合阶段，单个传感器节点的读数被逐跳路由到查询节点。该算法的详细信息如下：

在查询分配阶段，网络中的节点形成一组围绕所述查询节点的环（如 q 节点，q 处于环 R_0 内）。节点根据其到 q 的距离，位于不同的环。如果距 q 的距离为 i 跳，那么节点处于环 R_i 内。查询聚合时间被分成多个周期，在每个周期执行一次聚合处理。它假设不同环的节点对于时间同步很宽松，并且分配了特定的时间间隔当要求它们接收概要时。如图 10.8 所示，节点 q 在环 R_0 内。在环 R_1 内有 5 个节点（包括在聚合阶段期间的一个失效节点），在 R_2 内有 4 个节点。在每个周期开始时，最外面环（以 R_2 为例）的每个节点产生本地概要 $s = SG(r)$，其中 r 是与查询答案相关的传感器节点的读数。节点向所有的邻居节点广播其概要。一般来说，在环 R_i 内的节点，在其分配的时间内唤醒，生成其本地概要 $s = SG(\cdot)$，并接收环 R_{i+1} 内所有其传输范围内的节点概要，一旦接收到概要 s'，节点更新本地概要为 $s = SF(s;s')$。更新的概要 s 在节点所分配时间的最后被广播。因此，融合的概要被层层传送给节点 q，节点 q 把值 $SE(s)$ 作为查询周期结束时的答案返回。即使从 $E \to q$ 以及 $B \to G$ 的传送失败，也能知道节点 B 的概要可以达到查询节点。然而，如果节点 D 和 $E \to q$ 的传送都失败的话，节点 A 的概要将不能被节点 q 接收到。

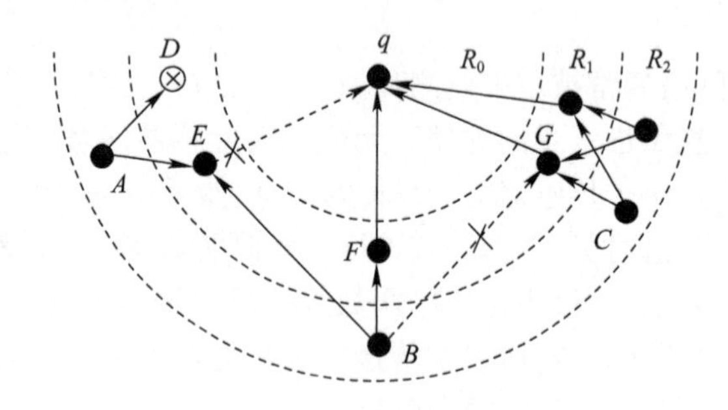

图 10.8　一个大纲扩散的例子

通过将网络划分为一组环，可以在任意拓扑结构上进行数据汇总。由于在传送数据到查询节点中使用了多条路径，因而融合算法的另一个挑战是支持敏感数据副本的聚合，这超出了本书的范围。有兴趣的读者可以在文献[25]中发现更多的细节。

文献[13]提出了无线传感器网络中敏感数据副本聚集的两个容错方案。该方案使用可用的路径冗余交付正确的聚合结果给汇聚节点。基本思路如下：一个分组的丢失，可能是因为两个传感器之间的链路错误，但有可能有一个或多个传感器已经正确地侦听到了该数据包。如果它们中还有一些节点没有传送自己的值，则可以通过对丢失包的聚合来纠正错误。由于丢失的数据包被其他的数据包聚合，所以错误恢复不会造成额外的开销。

假定在每次查询过程中网络是静态的。网络中的轨道拓扑分层形成，类似于图 10.8。唯一的区别是，一些边可以在同一道/层之间存在(图 10.9)。

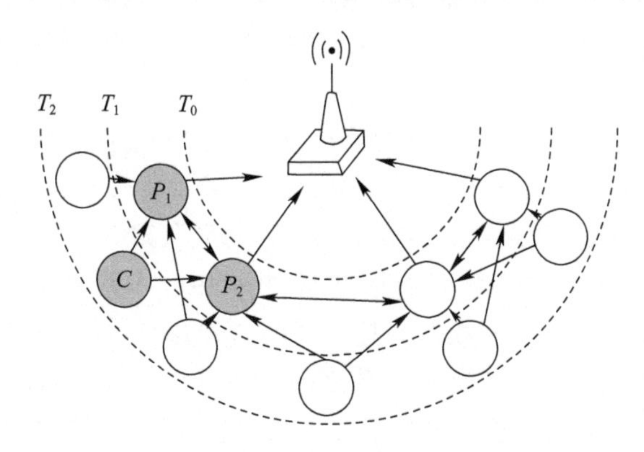

图 10.9　跟踪拓扑

边可分为三种类型：主要边、备份边和侧边。主要边和备份边在相邻层(传感器节点及其主节点之间存在)之间。侧边位于相同的层(主节点)内。假定主要边、备份边和/或侧边的错误是独立的，每个传感器选择一个父节点(和相应的一条边)作为其主父节点，并选择零个或多个父节点作为备份。主要边形成一个生成树，只要不发生通信错误就可被使用。如果一个主要边出现错误，数据可以成功地通过一些备份边交付。缺少的值最多使用一次侧边进行聚合，所以聚合和传送到汇聚节点的值没有任何重复。应当指出的是，传感器可以是一些支节点的主父节点并且同时也可以是一些其他节点的备份父节点。

每个父节点附加一个位向量到它发送的数据中。该位向量包含 IDs 和已被正确接收并聚合的子节点位置。每个父节点广播其位向量。通过监听侧边的位向量，当一个或更多的子节点从位向量中丢失时，备份父节点知道链路错误。每个父节点在拓扑构建期间确定其子节点在其他父节点位向量中的位置。主/备用父节点的位向量对每个子节点来说包含其两个位。一个是 e 位，表明子节点的主要边错误。如果主父节点没有从子节点处接收到信息，e 比特位设置为 1。通过监听主父节点的信号，一个备用父节点也将其 e 位设为 1 用来传播错误信号。另一种是 r 位，表明该传感器正在校正或帮助纠正错误。

如图 10.9 所示，这里有三层，其中传感器节点 C 在 T_2 层处有两个父节点：主父节点 P_1 和备份父节点 P_2。传感器 C 传送一个信息给 P_1，P_2 监听到这个信息。如果这里没有错误的话，那么就只有 P_1 聚合这个信息，假设在主边 $C \to P_1$ 处有一个链路错误，P_2 将接收侧边 $P_1 \to P_2$ 处 P_1 的位向量。P_2 发现传感器 C 丢失的信息，P_2 聚合节点 C 的值成为自己的信息以纠正错误。

数据收集是无线传感器网络中另一个重要的和基本的操作。文献[27]针对移动传感器网络的延迟/容错数据采集方案进行了研究。该计划由两部分组成：数据传输和队列管理。数据传输是基于交付概率以确定何时何地发送数据消息。队列管理是在容错的基础上确定哪些消息要被发送或丢弃。这两个重要参数在以下内容中介绍。

交付概率：它反映了一个传感器节点可以交付数据信息到汇聚节点的可能性。关于数据传输的决定基于交付概率。设 ξ_i 表示传感器 i 的交付概率。ξ_i 预置为零，一旦有消息传输或计时器到期的事件将对其更新。具体而言，如果在时间间隔 Δ 内没有消息传输，计时器将过期，并产生一个超时事件。这意味着该传感器不能在 Δ 内传送任何数据消息。因此，它的交付概率应该被减少。无论何时，只要当传感器 i 成功发送一个数据报文到另一个节点 k，ξ_i 就应该被更新，以反映当前它提供数据信息到汇聚节点的能力。因为其较低的连通性所以端到端的确认方案在该计划内没有执行，传感器 i 不知道传送到节点 k 的消息最终是否到达汇聚节点。因此，它通过节点 k 的交付概率和 ξ_k 估算交付信息到汇聚节点的概率等。ξ_i 的更新方式如下：

$$\xi_i = \begin{cases} (1-\alpha)[\xi_i] + \alpha\xi_k, & \text{传输} \\ (1-\alpha)[\xi_i], & \text{超时} \end{cases} \tag{10.5}$$

式中，$[\xi_i]$ 为被更新之前传感器 i 的交付概率，并且 $\alpha(0 \leqslant \alpha \leqslant 1)$ 是一个常数，用来保存历史状态的部分。如果 k 是汇聚节点，则 $\xi_k = 1$. 这是因为消息已经交付到汇聚节点，否则，$\xi_k < 1$。

容错：通过信息的副本表示信息的重要性。与其他数据包在传输后被删除的收集方案不同，该方案的传感器节点在传送信息给其他传感器后仍然可以保留信息的副本。因此，多个信息的副本可以在网络中被不同的传感器节点创建和维持。这种冗余容错表明了对给定信息的重要性。假设每个信息都携带了保持它容错的字段。设 F_i^j 表示传感器 i 队列中信息 j 的容错。在文献[27]中有两种方法来定义信息的容错。

第一种方法是基于交付概率的方法。信息的容错性被定义为在网络中该信息至少有一个副本由其他传感器节点传送到汇聚节点的概率。在开始时信息的默认容错被初始化为零。假设传感器 i 多播信息 j 到附近的 Z 个传感器节点，用

N_Z 来表示，其中 $1 \leqslant z \leqslant Z$。多播传输必然会产生 $Z+1$ 个副本。令 F_i^j 表示传送给节点 N_Z 的信息 j 的容错性，可由下式计算：

$$F_{N_z}^j = 1 - (1 - [F_i^j])(1 - \xi_i) \prod_{m=1, m \neq z}^{Z} (1 - \xi_{N_m}) \tag{10.6}$$

在传感器 i 中信息的容错更新为

$$F_i^j = 1 - (1 - [F_i^j])(1 - \xi_i) \prod_{m=1}^{Z} (1 - \xi_{N_m}) \tag{10.7}$$

式中：$[F_i^j]$ 表示在多播之前信息 j 在传感器 i 中的容错。每条信息的容错根据式(10.2)和式(10.3)进行更新。一般情况下，信息被转发次数越多，信息的副本就会创建越多。因此，它会增大其交付概率，导致更强的容错能力。

第二种方法称为基于信息跳数的方法，其中容错性根据信息的跳数来定义。设 h_j 表示信息 j 被转发的次数。具有较大 h_j 的信息通常在网络中有更多的副本。在这种方法中，容错性被定义为 $F_i^j = h_j^2/H^2$，其中 H 为最大跳数。对于一条新的信息，因为 $h_j = 0$，所以 $F_i^j = 0$。如果信息刚刚被发送到汇聚节点，则 $F_i^j = 1$。文献[27]中的仿真结果表明，基于信息跳数的方法没有基于传递概率的方法准确。

基于交付概率的方法，数据传输的处理过程如下。假设传感器 i 有一个信息 j 在其准备好进行发送的数据队列顶部。当它移动到一组 Z 传感器的通信范围时，传感器 i 首先通过握手获悉其传送概率和可用的缓冲区空间。如果 $F_{N_z}^j > F_i^j$ 并且节点 N_z 中有可用的缓冲区，信息 j 被传送到节点 $N_z(1 \leqslant z \leqslant Z)$，节点 i 的交付概率是根据式(10.3)来进行更新。该过程持续直到更新的 F_i^j 大于预定阈值。

基于所述容错，队列管理的过程如下：每个传感器都包含有准备用于传输的数据信息队列。容错性小意味着信息被转发的次数少并且在其他节点的副本更少。因此，更重要的信息，应具有更高的发送优先级，这可在队列中根据信息的容错大小进行一个递增的顺序排列。具有最小容错性的信息总是排在队列的顶部，并优先发送。一条信息被丢弃的情况有两种：第一种是队列已经排满，那么如果新信息的容错性比排在队列末尾信息的容错性要大，该信息将被丢弃。否则，在队列末尾的信息将被替换为新的信息，而且新的信息应插入到队列中合适的位置（不总是在队列的末尾）。第二种，如果一条信息的容错性大于阈值，则该信息被丢弃，以减少传输消耗，这是假设该信息有很高的可能性会被网络中其他传感器节点传递到汇聚节点。如果信息已经被传送到了汇聚节点，则该信息会被立即删除。

10.6　传感器监测和监控

传感器监视/监控与上一节所讨论的目标/事件的检测不同。目标/事件检测通常是检测目标或事件存在和状态的变化，而传感器监测/监控通常是监测应用中的静态目标以及热点。在传感器监控/监控应用中,提高可靠性的一种流行策略是部署更多的节点。由于对传感器节点能量的严格限制,传感器节点通常只有部分被激活,用来维持系统的正常操作,同时其他传感器节点处于休眠状态。因此,它需要一个时间表,用来确定哪些节点保持活跃状态,哪些可以进入休眠状态。为了保证网络的正常运行,休眠节点应经常监视活跃节点。一旦被检测到节点失效,则立即将其替换。另一方面,节点应该尽可能地保持休眠来节省能量。如果在监测的过程中能量消耗过高,备用节点可能会在其被需要前就已经消耗完了能量。

文献[1]研究了容错传感器网络中的最优监测周期。提出了一种称为休眠-查询-活跃(SQA)的调度方案。这是为了确保网络的持续连接以及网络寿命的最大化。它假定节点都知道自己的位置,并使用该信息将二维空间划分为网格,任意两个相邻的网格中两个最远节点的距离必须比传感器节点的通信半径 R(图 10.10(a))要小。因此,网格单元长度 r 必须满足 $r \leqslant R/\sqrt{5}$,这是为了确保单个网格存在多个节点时的连通性。

进一步假设网络中的每个节点只能处于两种状态的一种:休眠状态或处于激活状态,如图 10.10(b)所示。等待状态的目的是为了使同时启动的节点进行时间的同步。节点在下列情况通过网络发送“发现消息”:①当它们进入到活跃状态;②当它们周期性的进入活跃状态(以克服信息的丢失);③当它们收到较低等级的节点发送的信息时进入活跃状态。在这里,节点的等级通过对节点的活跃时间或剩余能量进行估计确定。也就是说,更高的等级意味着更长的预期寿命。无论何时,当处于活跃状态的节点接收到来自更高级别的节点信息时,它将立即设置一个唤醒定时器并进入休眠状态。休眠的超时时间 T_S 被视为监测周期,每次一个节点进入休眠状态,它就会选择一个具有均匀概率的间隔作为 T_S 的值。因为通过一个理论方法来确定 T_s 的值是一个难度较大的任务[1],所以选择适当的 T_S 值需通过大量的模拟实验得到。

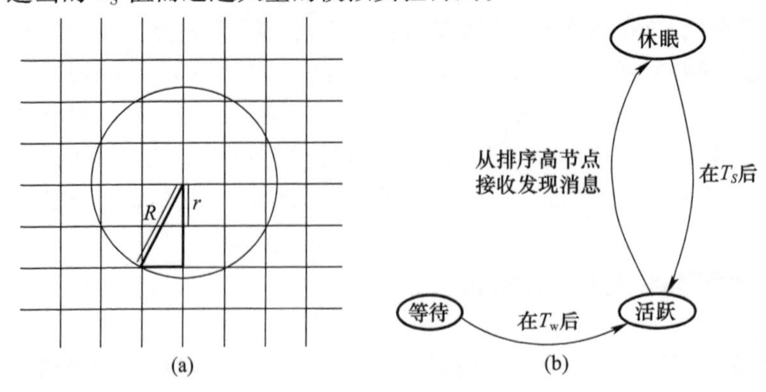

图 10.10 休眠-查询-活跃(SQA)算法

传感器网络区域覆盖问题已在文献[12]中解决。问题是调度传感器节点使其处于激活或休眠状态,从而使得连通性和全区域覆盖两点能够得以实现。目标是性能方面具有现有最佳本地化方案的活动传感器比率相似的性能,同时显著减少在每个节点做决定的信息数量。假定射频感知与射频通信不同,并且传感器节点的时间是同步的。为了将低开销的通信应用于高密度网络,作者提出了四种不同的协议,综述如下。

每个节点选择一个随机超时,并在超时时间消耗之前侦听其他节点的信息发送。一旦超时结束,这个节点的邻居节点表中包含每个已经做出更短超时决策的节点,该节点评估覆盖和连通性状态,如果传感区域没有被完全覆盖或连通的要求不满足,则决定激活,否则,该节点进入睡眠模式。该节点宣布它的决定给其相邻的节点。注意,一个节点决定被激活以后,它可接收到更多活跃节点的信息。如果感应区域被完全覆盖或连通要求完全满足,则节点可通过发送撤退信息给邻居节点来改变主意。

提出的协议框架由四部分组成:超时计算、覆盖评估、连通保护以及决定公布。下面一一介绍。

超时时间计算,假定任意两个相邻的节点将选择不同的随机数,这样,两个节点将不会试图在同一时间发送消息,以避免冲突。其实,当节点接收到来自相邻节点足够多的信息并且感知区域已完全覆盖,传感区域节点可以在超时到期前决定进入休眠状态。它可节省在无用信息上的计算。

一个节点如果它的传感区域被一组有着低超时值的连通节点全覆盖,则该节点会决定进入休眠。覆盖评价是研究如何判断一个节点的感知区域是否全覆盖。为处理边界节点,覆盖准则延伸到考虑传感区域和部署或监视区域的交点。节点传感区域和监测区域的交叉点称为节点的"修正传感区域"。如图 10.11 所示,节点 A 的修正传感区域是阴影区域。A 可以进入休眠模式,因为圆心在 C

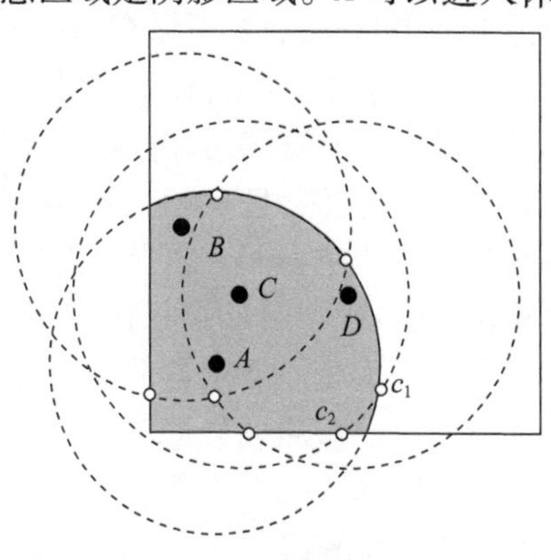

图 10.11　覆盖评估

的圆覆盖了由其他圆创建的所有交叉点和 A 的修改感测区域，同时 C_1 和 C_2 被中心在 D 的圆覆盖。

连通性被保证的一个简单的规则是，只要传感区域被全覆盖并且通信范围至少是传感范围的两倍，就可以保证连通性，在通信范围小于两倍传感范围的情况下，如果其感测区域被连通的相邻节点完全覆盖，则节点可以决定关闭。

验证了覆盖条件之后，每个节点判断是否要发送信息。信息包含节点的地理位置和活动状态。协议的四种形式由节点发送的信息来区分。

（1）主动型：每一个确定被激活的节点精确地发送一条信息，否则该节点休眠而不发送任何信息。

（2）主动型和消极型：每个节点精确地发送一条信息。肯定或否定确认信息分别用于激活状态或休眠状态。

（3）主动和退避：同积极型一样只是除了一个已经决定稍后从激活状态切换到休眠状态的节点以外，切换条件基于活跃节点最新发布的信息。这样的节点发送一个退避信息。

（4）主动、消极和退避：一个节点的任何决策都会被传送。每个节点发送一条与最初决定的激活或休眠状态相对应的信息。原本主动决定的节点可能稍后会切换到休眠状态，并发送一个退避信息。

仿真结果表明，协议最后一个形式（第四种）在四个形式中有最好的整体性能，活跃节点的百分比较低、网络的寿命更长。但是，它会产生比其他协议更多的信息。

传感器网络的监控属性对使用寿命的要求很高。文献[21]研究了传感器监控系统的最大生命周期问题。在给定的一组目标、传感器节点以及一个基站（BS）的区域中，传感器节点被用于观测（或监视）目标，并收集感测数据到 BS。每个传感器具有初始的能量储备、一个固定的监视范围和一个可调节的发射范围。传感器同时至多只能有一个目标，目标可以在内部多个传感器的监测范围。一个典型的例子是使用相机持续监测一些目标，如货物集装箱。在一些应用中，为了容错或用于对目标的定位，一个目标需要由多个传感器随时监测，不失一般性，每个目标应该被 k 个节点随时监测，且 $k \geq 1$。由于传感器的冗余部署特性，问题是安排一个处于活跃状态的传感器子集以监视目标，并找到活动传感器节点将数据发送给基站的路由，使得每个目标在任何时间内都被 k 个传感器监测并使得整个传感器网络的寿命最大化。使用寿命是指，从网络开始部署直到存在一个目标不能被 k 个传感器同时监测或数据不能被转发到基站为止，这些问题是由传感器节点的能量消耗引起。

提议的最优解决方案由三个步骤组成。在步骤一中，使用线性编程（LP）技术规划了问题，以计算最大寿命的上限和工作负荷矩阵。步骤二的目的是根据工作负载矩阵找到传感器监视目标的详细时间表。其基本思想是将工作负荷矩阵作为二分图,然后应用完美匹配技术来分解负荷矩阵为一系列的调度矩阵。每一个完美匹配的矩阵列对应一个调度矩阵,寻找完全匹配矩阵列的过程一直持续到工作负荷矩阵被完全分解。步骤三基于调度矩阵和来自 LP 公式的数据流计算来构建每个时期的传感监视树。

10.7　从业者指南

链路故障是无线传感器网络在现实部署中的一个常见问题。为了提高通信的可靠性,在无线传感器网络的具体应用中可采用跨层设计。例如,为实现网络的容错能力,放置比必要节点更多的冗余节点是一个解决问题的方案。在 MAC 层和通信层,增加无线通信可靠性的一个标准解决方案是采用误差校正机制和确认机制。在软件层,它需要避免操作系统的错误和中间件的错误。基于不同的应用,在本章介绍的技术和算法可以在不同条件下被使用。

然而,在容错和网络的效率之间存在权衡。许多容错技术和算法可能导致额外的能量消耗、费用的增加、传输冲突以及操作的延迟。因此,平衡点需认真分析,并根据网络任务和应用目标来决定。

为了能在安全关键的应用中应用无线传感器网络,在容错系统的所有操作阶段中都必须解决安全威胁。然而,目前大多数的方法不包括安全措施。

10.8　小结和展望

本章目的是探讨目前在无线传感器网络容错方面的研究工作。我们研究了在节点部署、拓扑控制、目标和事件检测、数据采集和聚合以及传感器监控等方面的容错技术。我们专注于应用层,并介绍在每种应用中有代表性的工作。其实,还有其他应用中的容错问题,如集群、时间同步、网关分配等。

尽管在无线传感器网络系统的每一层对于容错性都已做了大量的工作,然而跨层解决方案的实现预计还需要一段时间。如果资源可以在不同层间被适当地整合以及调度,可能资源的使用会更加有效。因此,所预期的跨层解决方案比现有的解决方案具有更好的性能。

无线传感器网络的一个新的趋势是与其他无线设备/系统进行合作,如执行器网络和 RFID 系统。例如,有越来越多的应用要求网络系统可以通过执行器与物理系统或环境交互。也就是说,它需要使用带执行器传感器网络来构建无线传感和执行器网络(WSAN)。虽然无线传感器网络的容错技术可以在 WSAN 重复使用,但所要求的新的解决方案面临许多新的挑战。例如,当一个执行器出现故障时，该报告它们的数据给执行器的传感器节点可以切换到另一个执行器或将数据直接传递到汇聚节点。

致谢：本研究由 NSERC 合作研究和发展基金（No. CRDPJ319848 - 04）以及英国皇家学会达尔夫森研究奖金支持。

名词术语

容错：在一个存在故障的系统中提供所需功能的水平的能力。

自我诊断：传感器节点本身可以确定故障。

协同诊断：几个传感器节点通过合作确定故障。

圆盘覆盖：给定平面上的一个点集，问题是要找出能在规定的半径内覆盖所有的点的最小圆盘组。

带最少斯坦纳点斯坦纳树问题（STP - MSP）：在欧几里得平面内给定一组终端，问题是要找到一个斯坦纳树，树中每条边的长度最大为 d 并且斯坦纳点的数量最小。

支配集（DS）：如果图中的每一个顶点都在子集中或者与子集中至少有一个顶点相邻，则称为该图顶点的子集。

连通支配集（CDS）：一个连通的 DS。

***p* 跳子圈**：由图形定义的一组节点，该图形包含所有 p 跳数范围内的节点和所有相应的链路。

***p* 跳关键节点**：该节点称为 p 跳的关键节点当且仅当没有节点时其 p 跳子图断开。

可用性：一个关键节点如果有非关键邻居节点，则说该关键节点是可用的。

关键的头节点：一个关键的节点被认为是一个关键的头节点。当且仅当它是可用的，并且其 ID 比任何可用的关键相邻节点的 ID 要大，或没有可用的关键邻居节点。

习　　题

1. 从系统的观点评论在 WSN 中哪个层会发生故障？本章关注了哪个层？
2. WSN 中基本的失效检测和恢复方法是什么？
3. 为 WSN 放置最少数量的中继节点，文献[22]中的基本思想是什么？
4. 针对圆盘覆盖问题最好的已知结果是什么？
5. 针对 STP - MSP，已知的最好近似比率是什么？
6. 请在图 10.5 中找到 DS 和 CDS。
7. 假设 $p = 1$，请在原始图 10.3 中找出 p 跳关键节点。
8. 目标/事件检测的基本方式是什么？

9. 数据采集和数据聚合之间有什么不同?
10. 传感监控/监视和目标/事件检测之间有什么不同?

参考文献

1. F. Araújo, and L. Rodrigues. "On the Monitoring Period for Fault-Tolerant Sensor Networks," LADC 2005, LNCS 3747, São Salvador da Bahia, Brazil, October 2005.
2. J.L. Brediny, E.D. Demainez, M.T. Hajiaghayiz, and D. Rus, "Deploying Sensor Networks with Guaranteed Capacity and Fault Tolerance," MobiHoc 2005, urbana-champaign, IL, 2005.
3. M. Cardei, S. Yang, and J. Wu, "Algorithms for Fault-Tolerant Topology in Heterogeneous Wireless Sensor Networks," IEEE Transactions on Parallel and Distributed Systems, vol. 19, no. 4, pp. 545–558, 2008.
4. Y. Chen, and S.H. Son, "A Fault Tolerant Topology Control in Wireless Sensor Networks," Proceedings of the ACS/IEEE 2005 International Conference on Computer Systems and Applications, 2005.
5. S. Chessa, and P. Maestrini, "Fault Recovery Mechanism in Single-Hop Sensor Networks," Computer Communications, vol. 28, issue 17, pp. 1877–1886, 2005.
6. T. Clouqueur, K.K. Saluja, and P. Ramanathan, "Fault Tolerance in Collaborative Sensor Networks for Target Detection," IEEE Transactions on Computers, vol. 53, no. 3, pp. 320–333, 2004.
7. S. Das, H. Liu, A. Kamath, A. Nayak, and I. Stojmenovic, "Localized Movement Control for Fault Tolerance of Mobile Robot Networks," The First IFIP International Conference on Wireless Sensor and Actor Networks (WSAN 2007), Albacete, Spain, 24–26 Sept. 2007.
8. M. Demirbas, "Scalable Design of Fault-Tolerance for Wireless Sensor Networks," PhD Dissertation, The Ohio State University, Columbus, OH, 2004.
9. M. Ding, F. Liu, A. Thaeler, D. Chen, and X. Cheng, "Fault-Tolerant Target Localization in Sensor Networks," EURASIP Journal on Wireless Communications and Networking, 2007.
10. D. Du, L. Wang, and B. Xu, "The Euclidean Bottleneck Steiner Tree and Steiner Tree with Minimum Number of Steiner Points," Computing and Combinatorics, Seventh Annual International Conference COCOON 2001, Guilin, China, Aug. 2001 Proceedings.
11. R.J. Fowler, M.S. Paterson, and S.L. Tanimoto, "Optimal Packing and Covering in the Plane are NP-complete," Information Processing Letter, vol. 12, pp. 133–137, 1981.
12. A. Gallais, J. Carle, D. Simplot-Ryl, and I. Stojmenovic, "Localized Sensor Area Coverage with Low Communication Overhead," Proc. of IEEE Sensor'06, Daegu, Korea, Oct. 2006.
13. S. Gobriel, S. Khattab, D. Mosse, J. Brustoloni, and R. Melhem, "Fault Tolerant Aggregation in Sensor Networks Using Corrective Actions," Third Annual IEEE Communications Society on Sensor and Ad Hoc Communications and Networks, vol. 2, pp. 595–604, 2006.
14. X. Han X. Cao E.L. Lloyd, and C.C. Shen, "Fault-Tolerant Relay Node Placement in Heterogeneous Wireless Sensor Networks," INFOCOM 2007.
15. B. Hao, H. Tang, and G.L. Xue, "Fault-Tolerant Relay Node Placement in Wireless Sensor Networks: Formulation and Approximation," High Performance Switching and Routing (HPSR 2004), pp. 246–250, 2004.
16. D.S. Hochbaum, and W. Maass, "Approximation Schemes for Covering and Packing in Image Processing and VLSI," Journal of the ACM (JACM), vol. 32, issue 1, pp. 130–136, Jan. 1985.
17. S. Khuller, and B. Raghavachari, "Improved Approximation Algorithms for Uniform Connectivity Problems," Journal of Algorithms, vol. 21, pp. 214–235, 1996.
18. F. Koushanfar, M. Potkonjak, and A. Sangiovanni-Vincentelli, "Fault Tolerance in Wireless Sensor Networks," in Handbook of Sensor Networks, I. Mahgoub and M. Ilyas (eds.), CRC press, Section VIII, no. 36, 2004.
19. B. Krishnamachari, and S. Iyengar, "Distributed Bayesian Algorithms for Fault-Tolerant Event Region Detection in Wireless Sensor Networks," IEEE Transactions on Computers, vol. 53, no. 3, pp. 241–250, 2004.
20. X.Y. Li, P.J. Wan, Y. Wang, and C.W. Yi, "Fault Tolerant Deployment and Topology Control

in Wireless Networks," MobiHoc 2003, Annapolis, MD, 2003.
21. H. Liu, P.J. Wan, and X. Jia, "Maximal Lifetime Scheduling for Sensor Surveillance Systems with K Sensors to 1 Target," IEEE Transactions on Parallel and Distributed Systems, vol. 17, no. 12, Dec. 2006.
22. H. Liu, P.J. Wan, and X. Jia, "On Optimal Placement of Relay Nodes for Reliable Connectivity in Wireless Sensor Networks," Journal of Combinatorial Optimization, vol. 11, pp. 249–260, 2006.
23. E. Lloyd, and G. Xue, "Relay Node Placement in Wireless Sensor Networks," IEEE Transactions on Computer, vol. 56, pp. 134–138, 2007.
24. X. Luo, M. Dong, and Y. Huang, "On Distributed Fault-Tolerant Detection in Wireless Sensor Networks," IEEE Transactions on Computers, vol. 55, no.1, pp. 58–70, 2006.
25. S. Nathy, P.B. Gibbons, S. Seshany, and Z.R. Anderson, "Synopsis Diffusion for Robust Aggregation in Sensor Networks," SenSys'04, November 3–5, 2004, Baltimore MD.
26. G. Tolle, J. Polastre, R. Szewczyk, D. Culler, N. Turner, K. Tu, S. Burgess, T. Dawson, P. Buonadonna, D. Gay, and W. Hong, "A macroscope in the redwoods," In SenSys'05: Proceedings of the third International Conference on Embedded Networked Sensor Systems, New York, 2005.
27. Y. Wang, and H. Wu, "DFT-MSN: The Delay/Fault-Tolerant Mobile Sensor Network for Pervasive Information Gathering," INFOCOM 2006, Barcelona, Spain, 2006.
28. W. Zhang, G.L. Xue, and S. Misra, "Fault-Tolerant Relay Node Placement in Wireless Sensor Networks: Problems and Algorithms," INFOCOM 2007, Anchorage, AL, 2007.

第 11 章　无线传感网络的自组织和自修复方案

传感网络的基本功能是感知、数据处理和信息通信[1]。本章研究了计算自修复和自组织策略,这些策略能在被优先部署之前编程到传感器单元。策略是一组规则,该规则实际上就是分配功能给特定的状态;特别是,一个传感单元周期性地检查当前它的状态是否匹配一些规则,并且确定是否有相应的动作被执行。理想状态下,一个优化的方案将评估这些规则,重定义它们并将它们转换为一个临时优化策略。我们没专注传感器节点的可靠性或通过传感器单元收集数据的正确性。因为网络目标的性能不一样,WSN 中自组织的设计不同于其他的无线网络模型,如 MANET,Proc SPIE 3713: 229 - 237,1999;Sohrabi et al. IEEE Pers Comm Mag 7: 16 - 27,2000; Sohrabi 和 Pottie,Proc IEEE Vehicular Tech Conf,1222 - 1226,1999。

11.1　引言

传感器信息技术(SensIT)始于 DARPA 项目,主要关注分散式、高冗余的网络在日常生活各个方面的应用。传感器网络中的节点通常为特别的任务部署:监控、勘察、减灾工作、医学辅助等类似的任务。提高计算和无线通信能力将扩展传感器能扮演的角色,从执行简单的信息传播任务到更多可执行的任务如传感融合、信息分类和合作目标追踪。它们还可以部署在敌对的环境或不能接近的地区。通过合作,将信息传输给更高层。传感器节点的位置无须被预定义,网络能以任意拓扑结构开始工作。

传感器节点通常高密度散播在传感器区域,该区域中有一个或多个称为汇聚点的节点(也称为发起节点),这些节点有和更高层网络通信的能力(如互联网、卫星等)。节点的高密度部署,意味着邻居节点的距离远小于通信距离。一般来说,传感器节点在一个空间的分布是二维泊松分布,节点必须彼此协调,以便利用高密度节点提供的冗余来使总能量消耗最小化,从而延长整个网络的寿命,避免冲突。选择较少的节点可以节省能量,但是相邻的活跃节点之间的距离太大,导致丢包率变大,传输的能量需求过高。选择更多的节点会引起能量浪费,并且共享信道会因为冗余消息而拥塞,导致冲突增多,随之而来的就是丢失数据包。

传感器节点配备有处理器,但是它们内存有限,仅能执行简单的任务和计算。采用无线电、红外或光学介质通信。因为节点的数量庞大导致开销大,传感器节点可能没有任何全局标识(ID)。在一些案例中,它们可以携带 GPS。对大部分 WSN,节点不是通过它们的 IP 地址来寻址,而是通过它们产生的数据来寻址。为了区分邻居节点,节点可以有本地独有的 ID,如 802.11 中的 MAC 地址[24]和蓝牙簇地址[6]。

能量消耗主要发生在传感、数据(信号)处理、通信三个部分,通信是主要的能量消耗部分,对网络来说,这是节点高精度定位和分布协议的需要。对传感数据而言,所要求的带宽相对较低,在 1 ~ 100kb/s 之间[36]。传感器节点之间的信道通信必须用很少的信息建立,这可通过允许一个节点决定何时邀请另一个节点加入一个连接或何时断开该连接来完成;因此,节点必须能全面控制连接过程。

一个自配置系统必须能够从它收集的信息中抽出必要的信息以支持软件智能化。自配置应该考虑采取以下针对自配置网络设计的措施:

(1) Ad Hoc 部署:节点可能不会以规则模式定位(网格、蜂窝、3D 网格、3D 蜂窝等)

(2) 有限的资源和能量约束:一个传感单元有资源限制(电池、内存、计算功率)。一个节点执行动作的数量和动作消耗的时间必须被最小化,以延长电池的寿命。

(3) 没有全局独一无二的 ID:地址方案仅依赖于本地唯一 ID。

(4) 可扩展性:为发起者传回数据的传输协议不能只根据传感器的数量,也要根据发起者和事件的数目进行扩展。

(5) 可靠交付:返回给发起者的数据必须可靠,即使传感器节点不可靠。

(6) 易错的无线介质:无线通信介质比有线介质更容易出错,并且冲突会更加频繁的发生。

良好的自组织协议的扩展不仅依据无线传感器网络中节点的数量,而且还依据节点的密度进行扩展。

11.2 背景

一个传感器节点和它的邻居节点只是在共享的无线介质上通信,并没有掌握整个网络的信息。由于网络中传感器节点的数量非常大,掌握全局情况是不可行的。假定传感器节点在它的整个生命周期中都保持不变,然而,它们可能高度不可靠,节点在没有任何事先的通告时随时失效,甚至根本没有任何警告信息的出现就可能失效。例如,后一种情况可能发生在当电池出现故障后,有一个可充电电池,且电池正被充电时。我们可以总结出无线传感器网络的特点如下:

(1) 一个传感节点有能量、计算能力、内存和传输范围的限制。

(2) 大量的传感节点被高密度部署。

(3) 传感器需要工作在无人值守状态,容易失效,可以与特定的应用合作。

(4) WSN 通过一个带有较强计算能力并且没有能量限制的汇聚点连接到外部世界,汇聚节点负责维持该网络。

一个传感器节点由 4 个基本部分组成:传感单元(传感器)、电源单元、无线电接口(收发器)和处理单元,如图 11.1 所示。

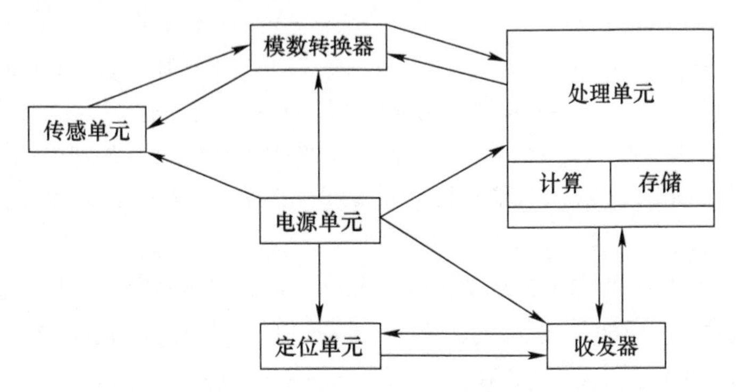

图 11.1　传感器节点组成单元

智能传感器可能有一个定位单元,负责确定传感器位置(使用 GPS 或欧洲伽利略系统)。收发器单元将节点连接到网络的其余部分。传感单元由一个传感器和一个信号转换器组成,可将模拟信号变为数字信号(ADC)。观察到的现象被传感器捕捉变成模拟信号,然后被送入 ADC 单元,变为数字信号,随后送入处理单元。处理单元装备有一个小的内存,负责信息处理、信息通信和管理其他的部件。它也负责监督节点与其他节点在完成分配的感测任务时的协作。

有相干的和非相干的两种类型的数据处理技术。在非相干处理中,从传感单元收集的原始数据被本地处理,抽出一组小组值给定参数,然后交付给中心节点(CN)做进一步处理,最终到达汇聚点。在相干处理中,从传感单元收集的原始数据进行一些有限的处理后打上时间标并发送到一个转接节点做进一步计算。非相干处理的好处是相对小的数据量,而相干处理可能有较大的数据量。转接节点从中心节点中选出(靠近传感区域或远离传感区域)。

在 WSN 之前,MANET 已经被研究了很长时间。自然,为 WSN 创建自组织策略研究工作的灵感来自 MANET 的自组织和自修复协议,通过改写它们以适应 WSN 的特点。

在 11.2.1 节中,我们讨论了 MANET 协议用于 WSN 中时的缺点以及解决其中部分问题的提议。自适应簇协议(睡眠和唤醒、虚拟成簇和轻量成簇)在11.2.2节中讨论。针对WSN的定向扩散和其他的树构造协议在11.2.3节中讨论。最近为WSN设计的自组织方法模仿了自然生物的一些方面,而且在11.2.4节中讨论这个方向的研究工作。

11.2.1 MANET的自组织协议

以前在移动自组网的工作集中在通过发现邻居来形成拓扑,维持邻里名单,并调度节点之间的通信。在许多MAC协议中(IEEE 802.11,TDMA或CDMA),节点必须在所有时间都监听信道,然而,这种协议不适合WSN。

802.11的DCF协议[24]主要参照了MACAW协议的研究[5],很好地应对了隐藏终端问题。不幸的是,当节点在空闲模式时,它们的能量消耗相对较高[41]。节能模式(PS)允许节点周期性睡眠和唤醒,但这些模式仅被设计于单跳网络。正如Tseng等人[44]已经观察到的,在多跳网络中,PS模式下实现网络分割、邻居发现和时间同步有困难。为了克服这些缺点,Tseng等人已经提出了三个方案,都不需要邻居节点睡眠和唤醒周期的同步。

一个低占空比的MAC协议(IEEE 802.15.4)与经修改的MAC协议相结合(例如聚类、生成树构造),用于替代IEEE 802.11协议,减少节点的能量消耗。Sohrabi等人提出的(SMACS)协议[40]将邻居发现和信道分配阶段结合起来,让节点在动态中形成链路,但这意味着链路持续期间节点将一直处于唤醒状态。

Piconet[4]是用于低功率的无线自组网的结构。它将节点设置为休眠状态,但是在相邻无趣节点的睡眠和唤醒周期之间不同步。

基于TDMA的协议要求节点形成真正的簇,并且节点主要在簇内通信,因此发生干扰的概率较高。并且无论何时只要簇的拓扑结构发生变化,TDMA方案就需要跟着改变,最终,对任何变化都将生成相对大量的控制信息。Sohrabi和Pottie[39]提出了一个基于TDMA帧的协议,称为超帧。在超帧的持续时间内,节点和邻居节点通信。同时,协议不阻止两个节点同时接入介质,只是概率较低。这种方案的一个缺点是带宽的利用率较低,因为和邻居节点通信的时隙不能被重新利用,即使没有和特定的邻居节点通信。

普适传感网络是一种特殊类型的传感网络,它包含了一种特殊类型的节点称为父节点(PN),这种节点带有相对丰富的资源。父节点负责网络数据的处理,将处理的数据路由给发起节点并最小化通信延时。它们能从网络中动态地增加或移除,并且它们的功能应该是即插即用。父节点定期以设定的信标交换率交换所谓的网络状态信标(NSB)。

Iqbal等人[26]提出了一种主动的自配置协议,强加了信标交换率的上限,并通过响应所述网络的负载的变化动态地更新速率。

Gupta 等人[19]提出了一个自组织的方式，在一个传感网络中的节点有唯一的 ID。每次数据请求，响应查询的网络被重新组织，仅一小部分传感器对其进行处理，这种只有一小组节点处理查询的方式，形成了所谓的网络逻辑分区。在这个自组织过程中使用消息的数量相对较小，因此这种技术引入的开销并不会抵消预期的好处。唯一的缺点是这种方式假定传感节点拥有唯一的 ID。

11.2.2　自适应簇协议

早期的针对 MANET 提出的聚类算法（最高或最低的 ID，最高的连接度）不能为所有的 WSN 所用，因为传感节点可能没有唯一的 ID，或者这种协议依赖当前的邻居节点信息，执行需要花费时间和能量。而在一个 WSN 中，传感节点大多数时间都处于睡眠状态。如果网络密度高，信息冲突的可能性也高，这些都将增长能量消耗和对时间的要求。

但是，通过分层的方式来构建网络能获得较好的可扩展性[18]。不同的节点可以扮演不同的角色。分层连通控制集由 Wu 提出[46,47]，Kochhal 等人[29]将其进行了扩展，成为一个基于角色的分层自组织算法。Subramanian 和 Katz[42]提出了一个自配置的分层结构。Chevallay[9]等人继续了他们的工作；基于能量和处理能力选出簇头。另一种节约能量的方法是为各种传输半径构建多个连接控制集。

在轻量级成簇算法中的簇头被随机选取。每个节点以特定的概率 p 选择它自己为簇头，值 p 固定，因此，它不能适应网络的动态变化。更遗憾的是，簇之间的通信没有完全解决。

Ye 等人[49]提出了一个介质接入控制协议（S－MAC），它基于一个普通的睡眠调度，能使节点形成虚拟簇。

为了节省能量，睡眠和唤醒协议调度节点在大多数时间进入睡眠模式；这些节点以随机的方式或在预定义的时刻被唤醒。使用本地邻居节点信息，节点自行决定关闭或打开，这取决于它们是否需要覆盖一个区域，这个区域要么没被覆盖，要么被其他节点覆盖。Slijepcevic 和 Potkonjak[38]提出了一个启发式的协议，为了覆盖一个监控区域而选择一组互斥的传感器节点。Tian－Georganas[43]对节点进行时序安排以关闭冗余传感节点。Ye 等人提出了一个 PEAS 协议[48]，该协议划分监控区域为一个给定的半径圆盘，允许一个单节点在一个圆盘里面随时被激活，而其他的节点处于睡眠状态。Olariu 等人[35]为适应网络或环境的变化提出了一个高能效的自组织协议。为了保存能量，节点应尽可能长时间的关闭。Cerpa 和 Estrin[8]为一个传感器和执行器网络提出了一个自配置、自适应协议(ASCENT):自适应是指一组节点被选出来变得“活跃”而剩下的节点保持“消极”状态。协议周期性地检查消极节点是否应该变得活跃。活跃节点持续不断地执行路由和其他的操作。协议要求节点个体有较高的计算能力和大的内存。

11.2.3 定向扩散和其他的生成树构建协议

Mirkovic 等人[34]为具有唯一 ID 的传感器网络提出了一个分段的协议,针对树构建分为 4 个阶段,针对树维持有 4 个阶段,网络被组织成一个自我优化的、基于多播树的结构。自优化概念与多个源节点和汇聚点之间的最小化数据交付路径相关。但是优化的方式仅在该树第一次建造时被应用。随后的动作,诸如节点加入或离开,仅会有局部的效果。如果加入,最近的邻居成为树中的新节点的父节点;如果失效,重新进行连接邻居节点的尝试。从这个角度来看,由 Mirkovic 等人提出的协议自配置比自优化更多。

定向扩散[25]是一个以数据为中心的协议,该协议中,节点不是通过它们的 ID 来识别,而是通过它们生成的传感数据来识别。数据按属性—值对来组织,一个发起节点为一块特定的数据发出一个请求,该请求是通过数据块的一个兴趣点在整个传感网络进行广播实现的。不同的节点不同程度上匹配这个请求,并且依次从邻居节点按梯度顺序指向发起节点,中间的节点可以起到执行答案的预过滤作用。发起者周期性地给网络中剩余节点广播一个兴趣点,维持网络的稳健性和可靠性。

11.2.4 自组织仿生协议

自然和自组织系统之间的关联由 von Foerster[16]提出,后来 Eigen[15]扩展了其应用。仿生工程当前依赖于人工免疫系统(AIS)、群智能、进化(遗传)算法、分子生物学和心跳率的分析。

一个 AIS 侧重于检测环境中的变化或一个系统正常行为的偏差,并被用于病毒和检测系统[21,28]。它也能被用于自保护系统。观察了大量昆虫交互行为(蚂蚁和蜜蜂)的群智能算法,能被用于形成簇或在自组织网络中用于搜索和探测[7,27]。来自分子生物学的信号路径(细胞内和细胞间)和通信传播能被有效地应用于 WSN,这些应用可以完成从 WSN 到汇聚点的高效响应,并缩短路由[14,30]。心率的分析可用于在一个完全连接的传感器网络[22]或全向连接的传感器网络中实现[31]检测共识。

最近在 WSN 的自组织和使用仿生机制的传感/执行器网络(SANET)[12,14,17]的研究集中于仿生网络或自组织以及仿生数据采集问题[11]。为了减少发送到汇聚节点的信息量,一个解决方法是识别出现类似读数的区域并只允许一个单一的区域来传送数据[37,45]。Cuhna[11]提出了另一个解决方法，该方法允许传感器节点识别感测现象的模式，并只向汇聚节点报告该模式的异常变化。这个机制与人类以及动物对接受连续刺激的反应类似。Barbarossa 和 Scutari[3]已经提出了一个自同步机制，在没有一个融合中心的情况下实现全局决策。

11.3　从业者指南

根据摩尔定律，射频芯片（RFIC）和微处理器的成本下降极快。当前，传感器、微机电系统（MEMS）、无线集成网络传感器（WINS）和微微网有不同的设计技术。

如果传感器单元被移动或环境发生改变，网络应该能够自动重新配置和重新适应，也就是自适应和自组织。如果传感器单元发生故障，电池耗尽或外部因素威胁到它们的功能，它们应该能够自组织，即应发生自我修复和自我保护。考虑到硬件被限制，自组织协议必须提供鲁棒性和节能的通信。

一个多跳传感器网络必须运行在传感器 - 汇聚点和汇聚点 - 传感器（广播）模式下。当许多节点失效时，介质接入控制（MAC）和路由协议必须适应新链路的信息（通过调整传输范围）和到汇聚节点的路由，通过重新路由数据包通过节点剩余能量更多的区域。

11.4　未来的研究方向

照明和 HAVC（取暖、通风、空调）无线系统[23]（配有运动和安全监测），是将来无线传感器网络应用场景。这样的网络将学会预测简单事件和标记异常事件。理想情况下，它们应该“即插即用”，一旦部署，各个单元应该根据本地信息（当前环境，本地传感单元密度和网络吞吐量）自动地配置和优化它们的性能，即自配置、自优化。

11.5　小结

本章给出了几种在节点部署之前能在传感器单元编码的自修复和自组织策略的方法。因为传感器节点没有全局 ID，没有可重新使用的电池并且都固定不动，WSN 不能简单地使用现有的为 MANET 开发的自组织（自配置）和自修复协议。其间我们解释了为什么是这样，提出了大量由 MANET 启发的协议，并详细地描述这些 WSN 协议的特点。最近的研究聚焦于仿生通信协议，这些协议缩短了生物和自动系统之间的间隔。

名词术语

仿生协议:一个模仿生物处理过程的网络协议。

相干信号处理:收集来自传感单元的原始数据,经过一些有限的预处理之后,贴上时间戳并发送到中心节点做进一步处理。

定向扩散:这是一个数据中心协议,在该协议中,节点不是通过它们的 ID 来识别,而是通过它们检测(传感)结果产生的数据来标识。

轻量级成簇:一个成簇协议,协议中簇头随机被选出(每个节点以一个特定的概率 p 选出自已为簇头,值 p 固定)。

非相干信号处理:从传感单元收集的数据被本地预处理,抽出一小组给定参数的值并且交付给一个中心节点(CN)做进一步处理,最终到达汇聚节点。

普适传感网络:一种特殊类型的传感网络,包含特定类型的传感节点,这些节点带有相对多的资源,称为父节点(PN)。

传感区域:传感器节点高密度聚集的区域。

传感节点:由传感单元(发送器)、电源单元、射频接口(接收器)和处理单元 4 个基本部件组成。

汇聚点(发起者):一个有能力和更高层次网络(互联网、卫星等)通信或应用的节点。

虚拟簇:一个协议,在协议中的节点基于它们共有的睡眠调度组成簇。

习 题

1. 举例说明 MANET 和 WSN 两者的不同之处。
2. 举例说明 MANET 和 WSN 的共同特点。
3. 在一个传感器节点中,什么单元使用最多的能量?
4. 无线 Ad Hoc、WSN 和 MANET 这三个网络中,哪一个类型的主要目标是 QoS?
5. 对于设计自组织 WSN 来说,讨论一下由一个汇聚节点发送的查询是给少量节点好还是给大量节点好?

参考文献

1. Akyildiz IF, Su W, Sankarasubramanian Y, Cayirci E (2002) A survey on sensor networks. IEEE Commun Mag, 102–114.
2. Bandyopadhyay S, Coyle E (2003) An efficient hierarchical clustering algorithm for wireless sensor networks. Proc INFOCOM, San Francisco.
3. Barbarossa S, Scutari G (2007) Bio-inspired sensor network design. IEEE Signal Process Mag, 26–35.
4. Bennett F, Clarke D, Evans JB, Hopper A, Jones A, Leask D (1997) Piconet: Embedded mobile

networking. IEEE Pers Commun Mag, 4:8–15.
5. Bharghavan V, Demers A, Shenker S, Zhang L (1994) MACAW: A media access protocol for wireless LANs. Proc ACM SIGCOMM, 212–225.
6. Bluetooth Special Interest Group (1999) Bluetooth v1.0b specification. http://www.bluetooth.com. Accessed 20 February 2008.
7. Bonabeau E, Dorigo M, Theraulaz G (1999) Swarm Intelligence: From Natural to Artificial Systems. Oxford University Press, New York.
8. Cerpa A, Estrin D (2004) ASCENT: Adaptive self-configuring sensor networks topologies. IEEE Trans Mobile Computing, 3(3):272–285.
9. Chevallay C, Van Dyck RE, Hall TA (2002) Self-organization protocols for wireless sensor networks. Thirty-sixth Conf Inf Sci Syst, Princeton, New Jersey.
10. Clare LP, Pottie GJ, Agre JR (1999) Self-organizing distributed sensor networks. Proc SPIE, 3713:229–237.
11. Cuhna DO (2005) Bio-Inspired Data Acquisition in Sensor Networks. Tech Report at Universidade Federal do Rio de Janeiro. http://www.gta.ufrj.br/ftp/gta/TechReports/CuDu05a.pdf. Accessed 20 February 2008.
12. Das SK, Banerjee N, Roy A (2004) Solving optimization problems in wireless networks using genetic algorithms. Handbook of Bio-Inspired Algorithms, Chapman and Hall/CRC, London.
13. Deb B, Bhatnagar S, Nath B (2003) Multi-resolution state retrieval in sensor networks. Proc IEEE Intl Workshop on Sensor Network Protocols and Applications, 19–29.
14. Dressler F, Krueger B, Fuchs G, German R (2005) Self-organization in WSN using bio-inspired mechanisms. Proc 18th ACM/GI/ITG Intl Conf on Arch of Comput Syst (ARCS), Workshop on Self-Organization and Emergence, 139–144.
15. Eigen M (1979) The Hypercycle: A Principle of Natural Self Organization. Springer, Berlin.
16. Foester H (1960) On self-organizing systems and their environments. Proc Self-Organizing Syst, Yovitts MC, Cameron S (Editors), Pergamon Press, United Kingdam, 31–50.
17. Gerhnson G, Heylighen F (2003) When can we call a system self-organizing? Proc 7th Euro Conf on Advances in Artificial Life (ECAL), 606–614.
18. Giridhar A, Kumar PR (2006) Toward a Theory of in-network computation in wireless sensor networks. IEEE Commun Mag, 44:98–107.
19. Gupta H, Zhou Z, Das SR, Gu Q (2006) Connected sensor cover: Self-organization of sensor networks for efficient query execution. IEEE/ACM Trans Networking, 14(1):55–67.
20. Heinzelman W, Chandrakasan A, Balakrishnan H (2000) Energy-efficient communication protocols for wireless micro sensor networks. Thirty-Third Hawaiian Intl Conf Syst Sci (HICSS), Hawaii.
21. Hofmeyer S, Forrest S (2000) Architecture for an artificial immune system. Evol Comput, 8:443–473.
22. Hong Y-W, Cheow LF, Scaglione A (2004) A simple method to reach detection consensus in massively distributed sensor networks. Proc Intl Symp Information Theory, 250.
23. IEEE 802.15.4 Wireless Personal Area Network, http://www.ieee802.org/15/pub/TG4.html. Accessed February 2008.
24. IEEE Computer Society LAN MAN Standards Committee (1997) Wireless LAN medium access control (MAC) and physical layer (PHY) specifications. Tech Report 802.11-1997, Inst of Electrical and Electronics Eng, New York.
25. Intanagonwiwat C, Govindan R, Estrin D (2000) Directed diffusion: A scalable and robust communication paradigm for sensor networks. Proc 6th Annual Intl Conf on Mobile Computing and Networking, 56–67.
26. Iqbal M, Gondal I, Dooley LS (2005) Distributed and load-adaptive self configuration in sensor net works. Proc Asia-Pacific Conf Commun, 554–558.
27. Kennedy J, Eberhart RC, Shi Y(2001)Swarm Intelligence. Morgan Kaufmann, San Francisco.
28. Kephart JO (1994) A biologically inspired immune system for computers. Proc Fourth Intl Workshop on Synthesis and Simulation of Living Systems, 130–139.
29. Kochhal M, Schwiebert L, Gupta S (2003) Role-based hierarchical self-organization for wireless ad hoc sensor networks. Proc ACM Workshop on Wireless Sensor Networks and

Applications (WSNA), 98–107.
30. Krueger B, Dressler F (2005) Molecular processes as a basis for autonomous networking. IPSI Trans Advances Research: Issues in Computer Sci and Eng 1:45–50.
31. Lucarelli D, Wang I-J (2004) Decentralized synchronization protocols with nearest neighbor communication. Proc Second Intl Conf on Embedded Networked Sensor Syst(SenSys), 62–68.
32. Meguerdichian S, Koushanfar F, Potkonjak M, Srivastava MB (2001) Coverage problem in wireless ad-hoc sensor networks. Proc INFOCOM 3:1380–1387.
33. Meguerdichian S, Koushanfar F, Qu G, Potkonjak M (2001) Exposure in wireless ad hoc sensor networks. Proc Mobicom, 139–150.
34. Mirkovic J, Venkataramani GP, Lu S, Zhang L (2001) A self-organizing approach to data forwarding in large-scale sensor networks. IEEE Intl Conf Commun (ICC), 1357–1361.
35. Olariu S, Xu Q, Zomaya AY (2004) An energy efficient self-organization protocol for wireless sensor networks. Proc ISSNIP, 55–60.
36. Pottie GJ, Kaiser WJ (2000) Wireless integrated network sensors.Commun ACM 43(5):51–58.
37. Rahimi M, Pon R, Kaiser WJ, Sukhatme GS, Estrin D, Sirivastava M (2004) Adaptive sampling for environmental robotics. IEEE Intl Conf on Robotics and Automation, 3537–3544.
38. Slijepcevic S, Potkonjak M (2001) Power efficient organization of wireless sensor networks. IEEE Intl Conf Commun (ICC), 472–476.
39. Sohrabi K, Pottie G (1999) Performance of a novel self-organizing protocol for wireless ad hoc sensor networks. Proc IEEE Vehicular Tech Conf, 1222–1226.
40. Sohrabi K, Gao J, Ailawadhi V, Pottie G (2000) Protocols for self organization of a wireless sensor network. IEEE Pers Commun Mag, 7:16–27.
41. Stemm M, Katz RH (1997) Measuring and reducing energy consumption of network interfaces in hand-held devices. IEICE Trans Commun E80-B(8):1125–1131.
42. Subramanian L, Katz RH (2000) An architecture for building self-configurable systems. IEEE/ACM Workshop on Mobile Ad Hoc Networking and Computing (MobiHoc), Boston, MA.
43. Tian D, Georganas ND (2002) A coverage-preserving node scheduling scheme for large wireless sensor networks. Proc ACM Workshop on Wireless Sensor Networks and Applications (WSNA), Atlanta, GA.
44. Tseng Y-C, Hsu C-S, Hsieh T-Y (2002) Power-saving protocols for IEEE 802.11-based multihop ad hoc networks. Proc INFOCOM, 200–209.
45. Willet R, Martin A, Nowak R (2004) Back casting: Adaptive sampling for sensor networks. Information Processing in Sensor Networks (ISPN), 124–133.
46. Wu J (2002) Dominating set based routing in ad hoc wireless networks. In: Handbook of Wireless and Mobile Computing, Stojmenoic I (ed.) Wiley, New york, 425–450.
47. Wu J, Li H (1999) On calculating connected dominating set for efficient routing in ad hoc wireless networks. Proc Third Intl Workshop on Discrete Algorithms and Methods for Mobile Computing and Commun, 7–14.
48. Ye F, Zhong G, Cheng J, Lu S, Zhang L (2003) PEAS: A robust energy conserving protocol for long-lived sensor networks. Proc Intl Conf Distributed Comput Syst, 28–37.
49. Ye W, Heidemann J, Estrin D (2004) Medium access control with coordinated adaptive sleeping for wireless sensor networks. IEEE/ACM Trans on Networking, 12(3):493–506.

第 12 章　无线传感器网络的服务质量

尽管传统计算机网络的研究已经很成熟了,但直到最近,服务质量(QoS)概念还没有应用到无线传感器网络。因为无线传感器节点苛刻的能量和受限的计算资源,QoS 的支持具有挑战性。此外,一些特定的服务属性诸如延时、可靠性、网络寿命和数据质量等可能本质上就会冲突。多径路由能改进可靠性;然而,因为重复传输,能量消耗和延时会增加。此外,高精度的传感数据导致更多的能量消耗和延时。对于这样的关系模型,必须为 QoS 支持提供质量的度量和控制平衡的方法。本章讨论了 WSN 中 QoS 支持的现有方法,并建议了进一步研究的方向。

12.1　引言

服务质量管理参照了系统化的测量和计算服务管理的方法。近来有线网络的服务质量问题吸引了很多人的研究兴趣,产生了大量的研究成果。一个有关 QoS 的研究调查各种服务参数,如带宽分配之间的相互作用和对其所提供的服务质量(例如延时、抖动和吞吐量)的影响。为了分别提供带宽保证和不同的服务要求,基于预留的方法(如 IntServ[1])和无预留的方法(如 DiffServ[2])得到了发展。IntServ 的结构指定了一个基于流量的带宽保留协议并且提供无缝数据流给使用者。另一方面,DiffServ 结构不维护每个流的状态。相反,它支持区分服务类别,以提供更好的 QoS,例如,为具有更高优先级的服务类别提供更短的延迟和更小的抖动。

移动 Ad Hoc 网络(MANET)针对 QoS 的支持有不同的挑战[3],这些不同来自动态的拓扑、相对低的带宽和与 MANET 相关联的共享无线通信介质,尽管有不同,大多 MANET 中的 QoS 研究主要关注带宽分配[4]。事实上,MANET 拓扑结构更加稳定,在这种拓扑结构中的节点比无线传感器网络中的节点更加能力,这一事实明显区分了这两个网络域。

WSN 有完全不同的结构。WSN 中的节点在能源、网络带宽、内存和 CPU 主频方面有严格的资源约束。还有,它们有不稳定的无线电通信范围,瞬态连接和单向链路[5]。尽管有这些限制,但 WSN 经常用于关键的应用。这些属性表明了 WSN 中 QoS 的重要性[6]。不幸的是,现存的 QoS 方法并不直接适用于 WSN。例如,基于流量的方法(诸如 IntServ)需要建立端到端连接,然而,个别传感器节点没有充足的资源管理每个连接的状态信息。而且,节点之间不稳定的连接使得在两个较远的终端之间建立一个持续的路径是不可能的。

WSN 扮演了一个信息收集单元的角色,提供数据传感服务诸如目标追踪、火灾检测或栖息地监控。值得注意的是,QoS 的要求比如传感数据的精确性和单个读数的重要性,在不同的应用中差异很大。例如,一个路由协议在一个称为目标追踪的应用中能实现最小化延时和最大化可靠性,这通过实时的多径路由和增长的能量消耗达到。针对一个智能建筑中的火灾检测,可靠性是重要的,需要确保重要的传感数据不丢失。然而,根据数据值来区分及时性,高温或压力值要比正常读数有较高的优先级。还有,描述正常状态的冗余数据能被融合,以达到能量消耗最小化。此外,一个为长期栖息地监测而部署的 WSN 可以不需要支持实时数据传输。数据被融合使能量消耗最小化,并将其存储在基站中,每天通过卫星连接发送给科学家。因此,建立基于一个特定应用场景的 QoS 模型使我们能够识别关键的 QoS 要求和指标,它的一个可行的 QoS 管理方案可能涉及多方权衡而得出。同时,确定适用于大多数 WSN 应用程序的关键 QoS 要求(如果有)也很重要。总的说来,在 WSN 中的 QoS 是一个相当新的研究问题,有许多遗留问题要进行研究。在本节中,我们概述了现有的主要工作,同时讨论了 WSN 中的 QoS 问题以供未来工作参考。

12.2 背景

WSN 提供的信息质量(包括精确度、时延性或可靠性)以及无线传感器网络的整体寿命是两个主要的、相互冲突的属性。据报道,根据节点的密度和通信模式[7],在路径上的每个链接平均丢包率接近 5% ~10%,这将导致在一个 15 个节点的路径上丢失近一半的数据包。同样的研究确认,对一个覆盖 1200m^2 区域来说,最短的往返时间大约 600ms[7],而最大的延时近似 5s。这很清楚地表明了无线通信介质的不稳定性。在这样的介质中,保证 QoS 无疑是一个挑战[8]。

为特定的应用需求定制方案并且避免通用方法是可能的。但即便这样,一个应用经常需要在不同状况下执行,而且带有不同优先级的数据,包括控制信息、周期性的传感读数和报警信息。为了提供网络范围内的 QoS,每个系统组件必须遵从所要求的 QoS 参数。在本章,针对 WSN 中 QoS 支持的 MAC 层(媒介接入控制层)、网络层和网内处理的解决方案都进行了讨论。这些方法是跨层的解决方案,因为它并不总是可以将系统组件划分为相互排斥的模块。事实上,在 WSN 中,开放系统互连(OSI)层的反射有相互融合的趋势[9]。

12.2.1　MAC 层解决方案

MAC 层提供了信道接入控制服务，允许节点共享多个无线通信信道。大多数的网络层 QoS 解决方案在时效性领域都有 MAC 层扩展。这些扩展包含但不限于修改 CSMA/CA 协议，以使退避延时与发送的数据包的优先权成反比。因此，在发生冲突时，具有要传输的高优先级数据包的节点在重新尝试访问无线信道之前会等待更短的时间间隔。

因为传输失败时，重传会在 MAC 层被处理，因此为了获得拥塞状态的信息和链路质量，更高层可能需要询问 MAC 层。在 12.2.2 节中大多数路由方案利用了这个信息进行延时估计。总的来说，MAC 层 QoS 支持主要受限于调度策略应用、信道分配、缓冲管理、错误控制和错误恢复。为了支持高层服务，在 WSN 中的 MAC 层 QoS 支持特别关注调度和信道分配，诸如路由和数据聚合，我们接下来讨论。

QUIRE[10] 是一个基于簇的 MAC 层协议，该协议试图形成节点簇，以保证簇中仅一个节点通过与飞过部署区域的移动代理通信来发送感知数据。该方法侧重于带移动代理的 WSN 网络，移动代理划分该区域为六边形蜂窝。每个代理广播蜂窝半径值，悬停在每个蜂窝上。每个在蜂窝中的节点接收信息并等待一个与接收信息质量成反比的时间段。在等待期间，如果一个节点收到了来自同一个簇中的节点对广播信息的回复，而且此节点有更好的连接质量，那么它会取消自己的发送。这个方法的目标是从网络中收集足够的数据以使在传感区域中数据分布能以给定的概率 P_s 重新生成。同时，QUIRE 确保能够以小于最大失真 D 的均方误差来估计被感知点。在考虑到 QoS 度量 P_s 和 D 的情况下，完成区域划分。

Q - MAC[11] 是一个高能效的协议。Q - MAC 是旨在通过节点内和节点间的调度来提供两个类之间的差异化服务来提高无线传感器网络能源效率的 MAC 层协议。每个节点有一个内部节点分类器，它为每个优先级使用一个单独的 FIFO 队列。节点间级别的分类将信道划分给紧迫性最高的节点。一个节点的紧迫性通过考虑它的数据包优先级、到目的地的剩余跳数、节点保留的能量以及队列长度进行评价。

CC - MAC[12] 通过修剪冗余数据来利用传感器读数的空间相关性。由于距离相近的传感节点产生的数据相似，基于节点分布的统计信息，可以计算一个相关的半径。该半径被 CC - MAC 用来定义相关的区域，并对属于同一区域的相关信息的进行过滤。CC - MAC 由两个主要部分组成：事件 MAC（E - MAC）和网络 MAC（N - MAC）。E - MAC 通过丢弃邻近节点的数据包减少网络流量，N - MAC处理并转发过滤的数据包给汇聚点及对邻近区域的数据包进行优先级排队。尽管留下了许多将来的工作,但所提议方法对服务质量的影响是明显的,相关半径可以根据用户定义的精度约束来调整。

WSN 的隐式优先接入协议[13]定义了一个蜂窝网络的 MAC 层协议。该协议为信息交付提供了一个延时保证,它通过一个 EDF 调度程序充分利用了可用的带宽,该调度程序利用了 WSN 信息的周期性特性。在这个方法中,节点被分组为蜂窝,所有在一个蜂窝内的节点彼此之间直接相连,蜂窝间的通信通过更强大的簇头(CHs)处理。一个簇头有两个收发器同时发送和接收数据包。在整个网络中共使用了 7 个信道,这被建模在六角形蜂窝的集合。一个簇头可以和它蜂窝内的节点通信,同时使用不同的信道和邻居蜂窝的簇头通信(最多 6 个),蜂窝内的通信基于共享的 EDF 调度。这个时间表的共享特性允许所有节点精确地知道谁应该发信息,什么时候发信息。此外,还保留了一些时隙供蜂窝间通信。使用这些时隙,簇头节点之间可基于另一个 EDF 调度计划通信,如果一个节点不使用分配给它时隙的剩余部分,它将为剩余时隙广播一个放弃信息。在这种情况下,下一个合适的节点可以接管信道,这将增加带宽的利用率。

12.2.2 网络层解决方案

MAC 层协议能处理单跳通信,对于端到端的 QoS 保证,必须有网络层的支持。无线传感器网络中网络层的 QoS 包括端到端的实时服务和可靠性,这是无线传感器网络关键任务应用的基本要求。因为无线电通信对能量的苛刻要求[14-15],QoS 感知路由协议也必须使用最小数量的控制消息。支持期望的 QoS 具有挑战性,同时还要最大限度地减少控制信息的数量。

考虑到传感器节点的资源限制[16],没有来自底层 MAC 层的帮助而实现一个高效的路由协议是一项艰巨的任务。由此可见,大多数这一类的方法采用跨层的解决方案,它建立在一个 QoS 感知 MAC 协议之上,为网络层 QoS 的需要提供较低层的网络信息和服务。

在可靠性领域,使用多路径路由[17-19]是一种常见的做法。这个方案背后的思想是利用无线传感器网络中节点普遍高密度分布的特性。因为高密度分布,在源节点和汇聚节点之间有多条路径,假定一个链路的分组传递率是 95% ,那么一个 14 跳路径传递率将小于 50% 。然而,如果有两条不相交的路径,并且链路的可靠性和跳数相同,数据包可以沿着两条路径进行复制,以实现 75% 的交付率。可靠性增长是通过牺牲网络的寿命而实现的,因为如果两条路径都使用,能量消耗大约翻一倍。但是,多径路由可以支持负载均衡,以提高网络的寿命[20]。在这种情况下发送一个数据包,为实现负载均衡,路由算法仅选择多个路径中的其中一个路径。

RAP 协议[21]在网络层和 MAC 层提出了一种跨层协议,这种结构设计支持无线传感器网络中软实时要求。该架构采用地理转发(GF)协议[22-23],协议中一个节点转发数据包到比它靠近汇聚节点 1 跳的邻居节点。当有多个一跳邻居节点靠近汇聚节点时,它将转发数据包给最靠近汇聚点的节点。因此,一个节点仅需要保存它一跳邻居节点的地理位置信息。

在 RAP 协议中,每个查询的感知周期和截止时间都被指定,RAP 应用了单调速度调度方案(VMS),方案中一个数据包响应查询的优先级根据其请求的速度确定,该值为距离 D 除以截止时间。具体而言,在静态单调速率(SVM)方案中,永久优先权由源节点根据所要求的速度分配给分组。另一方面,动态单调速率(DVM)支持在中继节点动态速率调整,在该方案中,根据到汇聚点的距离和截止时间,分配一个新的优先级给分组。因此,当一个分组遭遇拥塞时,它的优先级如速率可以增长。相反,如果一个分组的移动速率比请求的速率要快,它的优先级将被降低以提供更多的带宽给其他节点。但是该方法要求要么时间同步[24],要么需要 MAC 层支持计算要经过的时间。在文献[21],DVM 性能不及 SVM,这可能由于缺乏可靠的机制来测量网络内的延迟并相应地调整速度。RAP 要求带优先级的 MAC,能根据报文的优先级区分退避延时。一旦发生冲突,节点在间隔[0,CW)内挑选一个随机的退避延时,竞争窗口 $CW = CW_{prev} \times (2 + (PRIORITY - 1)/MAX\_PRIORITY)$,这里 CW_{prev}是前一个竞争窗口的大小,最大优先级是与文献[25]相似的优先级级别数。其结果是,一个高优先级的数据包在发生冲突时可能有更短的退避时间间隔。

贪心(GF)算法中不可能总有空隙存在,其中可能没有 1 跳邻居节点比当前分组所在的节点[22-23]更靠近汇聚点。然而,RAP 简单地假设 GF 的持续可用性,缺乏避免无效的逻辑。而且也没有拥塞控制机制。其结果是,许多带有高速要求数据包在网络拥塞时可能会错过其截止时间。此外,该研究并没有详细考虑无线传感器网络链路和节点的动态性。

SPEED[26]是一种路由协议,旨在为无线传感器网络提供一个统一的传输速率。与 RAP 相似,SPEED 依赖 GF;与 RAP 不同,它不依赖 MAC 层的实时支持。每个节点存储它一跳邻居节点的位置信息和每条链路的延时估计,该估计是使用常规数据消息和在确认(ACK)信息上附带的相应延迟来计算的。

要尽量支持作为 QoS 参数之一的交付速度(设置速度),每个节点转发数据包到更靠近汇聚节点的一个单跳邻居节点并且通过支持设置速度的无线链路连接到该邻居。支持更高传输速率的节点更有可能被选择,此转发方法称为无状态具有不确定性地理转发。如果需要的速度不能得到支持,数据包以一个给定的称为中继比率的概率被丢弃,该概率由 MAC 层的邻居节点反馈回路基于测得的数据包丢失信息计算而出,该丢失信息表示拥塞或不良链路质量的严重程度。

当一个节点没有转发候补节点,也就是没有比本身更靠近汇聚节点的节点或它不能满足向一个特定的目的地交付所需的速度时,节点执行反馈路由。节点发出一个反馈信标给上行节点,通知它们去调整汇聚点路径链路的平均延时,接收到这个信息节点用新的信息更新自己的表。如果节点没有将发布节点作为目标候选节点,它将忽略此反馈信标。使用反馈信标也可以在传输中避免空隙。识别空隙的节点将平均延迟设置为无穷大,并通知上游节点。

多径多速(MMSPEED)[17]协议是一个涵盖了网络层和 MAC 层的跨层协议,它通过为差异化服务在网络范围内提供多个速度级别,与此同时在可靠性领域支持 QoS 来扩展 SPEED 协议。可扩展性方面,MMSPEED 依靠 GF,类似于 RAP 和 SPEED。其关键的思想是在一个单一的网络上有不同的速度层。因此,对于 N 个速度层,有 N 个不同的速度设置。每个虚拟层都有自己的 FCFS 队列。不同于 SPEED 协议,在 MM - SPEED 协议中 MAC 层将属于高速层的分组优先于低速层的分组。此外,每个节点计算到分组截止时间的剩余时间,并为数据包设置新的速度层,以便新速度是能够满足截止时间要求的最小速度。

在可靠性领域,MMSPEED 利用了由 MAC 层和多路径路由提供的丢失率的信息。假设网络中有均匀损耗率和均匀的跳距,节点 i 通过单跳邻居节点 j 来局部估计分组到目的地的端到端可达性 D(RP)如下:

$$\mathrm{RP}_{i,j}^{d} = (1 - e_{i,j})(1 - e_{i,j})^{[\text{估计的跳数}]} \tag{12.1}$$

这里 e_{ij} 为已知的节点 i 和 j 之间单跳链路丢包率。在式(12.1)的跳数估计由已知距离除以由已知的节点 j 到最终目的地的单跳距离。因此,式(12.1)中的最后部分 $(1-e_{i,j})^{[\text{估计的跳数}]}$ 是网络其余部分的一个粗略估计。给定一个节点 i 能交付数据包给节点 j 所要求的可靠性 P^{req},如果 $\mathrm{RP}_{i,j}^{d} > P^{\mathrm{req}}$,节点 i 能转发数据给节点 j。由于决定基于估计,该估计可能在以后被证明不正确,因此还实现了动态补偿逻辑。当一个节点 s 无法找到一个单一的邻居满足 P^{req},它可以选择将数据包转发到两个节点(j_1 和 j_2)。在本例中,如果 $P^{\mathrm{req}} = 80\%$,$\mathrm{RP}_{s,j_1}^{d} = 70\%$,并且 $\mathrm{RP}_{s,j_2}^{d} = 60\%$,然后节点将计算总的可达概率(TRP),如下:

$$\mathrm{TRP} = 1 - (1 - \mathrm{RP}_{s,j_1}^{d})(1 - \mathrm{RP}_{s,j_2}^{d}) = 1 - (1 - 0.7)(1 - 0.6) = 0.88$$

这里 $(1 - \mathrm{RP}_{s,j_1}^{d})$ 是通过节点 j_1 的路径失败的概率,$(1 - \mathrm{RP}_{s,j2}^{d})$ 是通过节点 j_2 的路径失败的概率。因此,TRP 是它们中的至少一个将提供该数据包向信宿的概率。节点 s 可以任意指定一个新 P^{req}(例如,0.6 和 0.5)给每个节点。此时

TRP = 1 - (1 - 0.6)(1 - 0.5) = 0.8。与时间域的情况相似,当一个节点存在不可靠邻居节点时,它可以使用可靠性反馈信标,以减少上游节点的期望。在这种情况下,发送反馈信标的节点将不会分配比信标消息中指定的可靠性等级更高的可靠性等级。因为反馈信标的作用只持续一段有限的时间,临时链路问题对可靠性评估的影响是有限的。

通过以足够的速度和可靠性为每个级别提供服务,MMSPPEED 能有效地利用宝贵的资源。

JiTS(刚好实时调度)[27]是用于软实时数据包传送的网络层协议。JiTS 只考虑了时效性,而没有考虑可靠性。它不假定 QoS 感知 MAC 的相关支持。相反,它依赖于广泛接受的非优先级的 IEEE802.11 的 MAC。不像其他的路由协议,JiTS 的目的是在尽可能延迟数据包的截止日期。延时数据包的想法类似 Mobicast[28]中的准时交付的概念,该概念为移动用户的传感数据设计。不像 Mobicast,JiTS 没有假定用户的移动性。还有,特别是当网络中数据融合被应用时,它是有用的,它能利用富裕时间增加相似数据在中继节点相遇以进行融合的概率。

JiTS 转发逻辑使用排序队列,数据包按目标传输时间以非递减的顺序插入。当传输时间到时,转发队列头部的数据包。目标传输时间的计算使用平均每跳延迟估计,该估计通过 ACK 消息和到达目的地的跳数来计算。确定目标传输时间的富余时间估计(= 当前时间 + 富余时间)和在该路径上均匀分布的整体跳数如下:

$$\text{富余时间} = \frac{(\text{期限} - \text{传输时延})}{\text{距离}(X,\text{终点})} \times a \tag{12.2}$$

式中:传输时延是端到端的传输延时估计,这等于估计的平均单跳时延和估计的到目地的跳数的乘积。另外,式(12.2)中的变量 a 是安全系数。通过将其设置为一个小于 1 的值,如 0.7,JiTS 可以容忍估计误差。

JiTS 有几个变体,特别是非线性的 JiTS 表现出了最好的性能。在无线传感器网络中,因为从源节点到汇聚节点的多对一通信模式,在靠近汇聚节点的地方,数据包的拥塞可能增长。为了减轻汇聚节点附近的拥塞,当一个分组越靠近汇聚节点,其非线性的 JiTS 延时的时间就越长。具体而言,指数增长的富余估计部分被分配给更靠近汇聚节点的节点:

$$\text{富余时间} = \frac{(\text{期限} - \text{传输时延})}{2^{\frac{R}{O}}} \times a \tag{12.3}$$

式中:R 是到汇聚点的剩余距离;O 是一跳的估计距离。

与 RAP、SPEED 和 MMSPEED 不同,JiTS 不采用任何特定的路由协议。在它们的仿真研究中,许多无线传感器网络系统(诸如微型操作系统)支持的最短路径路由协议在截止期的未命中率和丢包率方面大大优于 GF 协议。

LESOP(低能量自组织协议)[9]基于一个新的两层网络结构建立,称为嵌入式无线互连(EWI),它取代了 OSI 模型。EWI 的设计是合理的,因为在无线传感器网络中几乎所有的解决方案都需要跨层实现。

LESOP 是专门为目标跟踪的应用而设计的,其中检测到目标的第一个节点通过辅助唤醒无线电信道忙音来启动节点之间的合作。LESOP 通过建模 QoS、即目标位置的精度和能量消耗之间的权衡来关注目标位置的精度。增长传感间隔之间的空闲时间,会减少能量消耗,但这将增加目标检测的延时。这是在能量和 QoS 之间的权衡。此外,LESOP 对目标的跟踪误差和覆盖率之间的关系进行了建模,以确定应在传感状态下的节点最小数目。这个最小数目是通过 QoS 的参量计算出,该参量是最小可接受的增益,其通过添加一个新节点到传感节点集合来得到。LESOP 的缺点是要求辅助信道,这将增加成本。

12.2.3 网络内数据服务

因为传感器节点的读数往往存在冗余,传感数据可以在网络中进行聚合,以减少传输的数据包的数量以及相应的能量消耗[29]。这种服务可以作为用户应用程序的一部分或在一个单独的数据服务层实现[30]。这个服务处理所感测数据的质量和准确性并最小化网络内数据的流量,同时能符合一个预定的传感精度。考虑到聚合处理可能与实时性约束的冲突是很重要的[48],因为它要求中继节点延迟数据的传递,以便聚集来自不同节点的信息。因此,数据聚合应该与 QoS 感知路由以及 MAC 相配合,以最大限度地发挥作用。

在传感器网络中基于预测的监控(PREMON)协议[31]将 MPEG[32]压缩原理应用到无线传感器网络领域。在该方法中,汇聚节点积累了足够的信息来构建预测模型,然后,它分发这个模型以及与此模型的寿命到合适的传感器节点。接收到预测模型的传感器节点改变它们的传感模式为更新模式,并仅当它们的预测值超过了预定的误差时,才开始发送它们的传感读数。这就是提供请求的监控质量(QoM)的方式。

PREMON 协议是为了减少无线电传输而预测传感数据的最早的方法之一。减少量取决于容错性,即预定义的 QoM 和预测模型的正确性。由基站不断地分配预测模型可能会显著地消耗大量宝贵的能量。此外,因为集中式的模型构建,PREMON 的可扩展性是有限的。

网络聚合时间一致性感知(TINA)协议[33]提出了一种利用传感器读数的时间相干性的方法。

每个查询有一个被查询本身指定的 TCT(时间一致性容错)值。如果新的读数和老读数之间的差别小于与之相关的 TCT 值时,传感器不报告其读数。父节点在尝试聚合它们的读数时,跟踪它们的子节点。如果父节点没有收到子节点的任何更新消息,子节点旧读数将被用于数据聚合。为了区分因为 TINA 逻辑而保持沉默的节点和发生故障的节点,一个节点需周期性地发送心跳包给父节点。通过这种方式,当网络遭受严重拥堵时,TINAS 方法可提高数据的质量(QoD)。

Romer 等人[34]基于所述 QoS 要求采用了减少数据传送量的方法。源和汇聚节点定义了容错预算 e_{max},从源节点到汇聚点不会传输一个完整的传感数据流 $\{x[k]\}$,源节点仅发送数据的子集到汇聚节点。更具体地说,在源节点和汇聚节点执行相同的最小均方(LMS)预测[35]。使用 LMS 的预测器时,源节点计算预测误差 $e[k]=x'[k]-x[k]$,这里 $x'[k]$ 采用了 LMS 方法预测的传感数据值,$x[k]$ 是实际的传感读数,如果 $e[k]>e_{max}$,源节点传输 $x[k]$,否则 $x[k]$ 被直接丢弃。因此,源和汇聚节点对能支持容错预算 e_{max}。

12.3　从业者指南

资源有限的无线传感器网络通常部署在关键任务的应用中。因此,为提高成本效益比,研究了 QoS 感知的方法。不幸的是,提供所需的 QoS 并不是如应用一个服务那么简单,诸如路由、MAC 层协议、定位、时间同步和网内数据聚合等能够独立实现,可忽略其他的系统参数。在质量领域,所有的服务共享至少一个共同的感兴趣的子集,如网络寿命和延迟。本质上,质量的概念可用一个黑箱模型表示,其中终端用户期望一个无缝集成的服务,该服务可以表示为输入和输出。

服务质量是一个协议的副产品,是最终提议的一个解决方案的结果,还是在设计阶段的最终目标? 这个问题很重要,因为在前两个例子中,服务质量只是在感兴趣的应用中的一个小问题。如果服务质量是主要关注的问题,那么组件之间的集成和协作以及由此产生的整体系统性能很重要。例如,一个旨在支持软实时传递保证的路由解决方案,可以在仿真中表现良好;然而,在实际系统中它可能是无用的,因为它忽略了实际的无线传感器网络系统中诸如 MAC 协议和数据聚集等。这些可以显著影响服务延迟的全局参数。

通常所说的 QoS 是一个系统范围的概念,它必须这样处理。由于严重的资源制约,大多数无线传感器网络协议为感兴趣的特定应用进行了优化。而且,大多数的解决方案是跨层的。随之而来的是 QoS 的管理变得复杂。因此,一个有前途的 QoS 支持方法是分析应用程序领域,设计一个 QoS 解决方案,该方案符合预期目标的应用程序集所采用的基本方法。相关 QoS 感知服务设计的关键问题总结如下：

（1）QoS 的支持必须是整个设计/开发过程中的一个组成部分，因此，预期的一组应用的详细分析必须是起点，该设计应该和可能的特定领域的系统配置兼容和合作，除非它普遍适用于不同的应用领域。

（2）必须根据目标应用集的相关性来决定要支持的 QoS 参数。此外必须考虑性能指标和测量方法，工具和环境等也应确定。如果是一个跨层的方法，提供给上层所需的下层服务。

（3）必须研究影响所选 QoS 参数的服务性能的因素。例如，可用无线带宽和剩余能量可能会影响数据的实时性和可靠性。通过这种方式，一个 QoS 感知无线传感器网络服务的设计者（S）可以在考虑使用 QoS 参数的 QoS 模型的同时，识别 QoS 参数之间的潜在权衡，例如时效性和可靠性之间。

（4）资源的约束，例如内存和能源的限制应予以考虑。由于严重的资源制约，一个简单的、轻量级的方法是首选。另外，还应考虑到无线通信的非确定性、不可靠性，让 QoS 的管理方案适应不同的环境。

（5）通过仿真验证模型是非常重要的。如果模拟的结果是令人信服的，在实际环境部署之前，该方法应该在一个真正的由电池供电的无线传感器节点如微尘节点组成的测试平台中进行评估。虽然有许多高度可靠的仿真环境，如NS-2，但几乎没有仿真软件能够提供从一个测试平台获得的所有内容。另一方面，仿真研究可以涵盖更大范围的实验参数设置并执行潜在的侵入性或破坏性实验。因此，仿真和测试平台的实验是相辅相成的。从这些实验中，可以重新确定在设计期间常被忽视的重要问题，以进一步提高系统的设计。

（6）如果前面的步骤都成功，则系统可以部署在一个目标环境中，开始逐步从相对小规模的环境转移到较大规模的环境。如果有新的问题出现，以前的设计步骤可能要重新考虑。

12.4 未来的研究方向

一个系统内的各种 QoS 功能的整合是一个开放的研究课题，我们相信，未来的研究工作将遵循这一路径，在无线传感器网络中将采取整体 QoS 的观点。整体方法的定义不属于特定的服务类别的范畴，如路由和信道分配。相反，这是一个更广泛的概念。问题是，即使对于特定的领域，也缺乏一套既定的协议。虽然有团体试图整合现有的研究工作[36]并提议完整的系统建议[37]，但仍需要进行更多的服务集成工作。在服务质量方面，不推荐忽略看似不相关的系统功能，因为它们可能会影响其他的方面。因此,面向 QoS 的方法需要超越微观的视角,并且包含跨领域问题以实现无缝集成。

操作系统是开展 QoS 一体化的合适方向,操作系统需要提供的必要接口用来访问上层 QoS 管理方案所需要的信息,如链路质量和延迟等。如果以 QoS 为中心的操作系统提供了用于 QoS 管理的必要信息和低级服务,那么在上层的 QoS 解决方案,可以专注于直接与它们相关联的某些方面。由于这些原因,一个以服务质量为中心的无线传感器网络操作系统的需要在系统服务之间定义丰富和清晰的接口。这样的操作系统也应当模块化,以便只用所需的系统组件选择性地集成为一个特定的应用。通过可组合并提供广泛用于 QoS 管理的基本低级系统信息和服务,以 QoS 为中心的操作系统能在无线传感器网络中提供一个整体的 QoS 管理依据。

此外,新的编程语言或在现有的编程语言上扩展[38-42]是必要的,以解决无线传感器网络特有的挑战。与传统的编程语言相比,WSN 的编程语言,如 nesC 等都是比较难以理解和应用的。一种新的编程语言需要直接支持无线传感器网络的事件驱动性质,同时降低编程难度。

在无线传感器网络中基于多媒体的感知也是重要[43-44],快照、音频和视频形式的多媒体数据,需要来自网络严格的 QoS 支持。需要新的 QoS 兼容媒体格式[45]、新的网络数据协作分布处理算法[46]和新的实时服务[47]要求用来支持要求苛刻的多媒体服务。在不久的将来,多媒体传感可能成为无线传感器网络主要的研究课题之一。目前,缺乏与之相关的工作。

12.5　小结

本章讨论了无线传感器网络中最新的针对 QoS 支持的算法,对大量已有的 MAC、路由和数据服务方法进行了研究。大部分研究工作在这一特定领域致力于提供及时的路由服务。由于无线传感器网络的研究相对较新,无线传感器网络中的 QoS 问题并没有得到充分的研究。关键服务,诸如 MAC、路由和数据聚合还可以进一步扩展以支持 QoS。此外,在不同层对于无线传感器网络的 QoS 管理方法的无缝整合也没有深入研究。需要一个整体视图来彻底研究不同层之间的 QoS 交互。如果这些方法没有被足够精心地集成,它们可能彼此产生不利的影响而导致不良的结果。例如,过多的数据融合会显著降低时效性,而不适当地应用实时多路径路由可能会消耗太多的能量。因此,应注意在一个感兴趣的应用的上下文中考虑相关的 QoS 参数。同时,需要更多的研究工作来开发一个通用的 QoS 模型。该模型的 QoS 管理机制可以被组合以满足特定应用的需要。在未来带宽要求苛刻的应用场景,如多媒体传感可能进一步使无线传感器网络中的 QoS 要求复杂化。这是无线传感器网络中的 QoS 管理需要一个整体方法的另外一个原因。

名词术语

服务质量: QoS 可以有许多不同的含义来定义,如延迟、抖动、吞吐量、可靠性、传感器数据的准确性或网络的寿命。QoS 研究为感兴趣的应用定义相应的 QoS 指标,研发了各种方法来支持所需的 QoS,希望通过对 QoS 的研究,为广泛的应用制定共同的 QoS 指标和 QoS 管理方案。综上所述,QoS 管理是一种测量和管理计算服务质量的系统方法。

基于流量的 QoS:基于流量的 QoS 支持所需的 QoS,如用于已建立的端到端连接所需要的带宽。它通过维护每个流的状态信息和保留 QoS 支持所需要的资源以支持确定性的 QoS 保证。但是,由于有大量簇头管理每个流的信息,它的可扩展性差。IntServ 是一个有代表性的协议,可提供基于流的 QoS。

基于类的 QoS:基于类的 QoS 被开发出来是为解决基于流的 QoS 的可扩展性问题。它不支持每个流的 QoS,而是为聚合流量类提供了 QoS。DiffServ[2] 是一个典型的例子。

硬 QoS:其服务服从于严格的确定性和质量保证。资源为保证服务而保留。该系统将拒绝因资源短缺而不能被满足的要求。

软 QoS:没有硬性保证,但提供服务质量的概率保证。由于不可靠的无线通信和严重的资源制约,在无线传感器网络中支持硬 QoS 保证是不可行的。相反,在无线传感器网络中需要软统计的 QoS 保证。

实时性:实时性表明了及时传递数据的程度。这是在许多 WSN 应用中的一个关键 QoS 度量,需要实时传感和控制。

可靠性:可靠性衡量所请求数据的交付率。该 QoS 尺度也非常重要,它保证传感器数据可靠地传送到汇聚点,以便在该点执行更复杂的数据分析。

多路径路由:多路径路由指一类路由协议,该协议是利用一条以上的路径进行数据通信的路由协议。对于可靠性来说,单个数据分组可以通过多个路径发送,并可替换使用多个路径。如果需要负载平衡,即使有多个可同时用的链路一个分组可通过单个链路转发。

数据(QoD)的质量: QoD 是指提供的信息,如数据精度、分辨率和实时性的质量。由于无线传感器网络是以数据为中心,QoD 是一个比传统服务质量更广泛的概念,而传统概念主要集中在底层的网络性能,如延迟、抖动或吞吐量等。

时空一致性:传感器数据值在一个给定的时间间隔内不会大范围振荡。例如,在一个智能建筑内的温度读数从一个传感周期到另一个周期内不会迅速改变。这个属性可以用来进行数据融合。

习　题

1. 你觉得基于预留的 QoS 规定适用于无线传感器网络吗？为什么？

2. 给出两个具有不同 QoS 期望的具体应用场景。

3. 有线网络、基于基础设施的无线网络、移动 Ad - Hoc 网络(无线自组网)和无线传感器网络之间在服务质量方面的主要区别是什么？

4. 在 MAC 层 QoS 关注的重点是什么？

5. 在网络层 QoS 关注的重点是什么？

6. 什么是数据聚合？怎样才可以作为 QoS 的工具使用？

7. 传感器读数的时间一致性如何被用来满足不同的 QoD 要求？

8. 传感器读数的空间一致性如何被用来满足不同的 QoD 要求？

9. 当通过多条路径服务时，时效性和可靠性域之间的主要区别是什么？

10. 计算路由路径延迟最广泛使用的方法是什么？为什么？

参 考 文 献

1. R. Braden, D. Clark, and S. Shenker. Integrated Services in the Internet Architecture: An Overview. IETF RFC 1633, 1994.
2. S. Blake, D. Black, M. Carlson, E. Davies, Z. Wang, and W. Weiss. An Architecture for Differentiated Services. IETF RFC 2475, 1998.
3. P. Mahapatra, J. Li, and C. Gui. QoS in mobile ad hoc networks, IEEE Wireless Communication, vol. 10, no. 3, pp. 44–52, 2003.
4. K. Wu and J. Harm, QoS support in mobile ad hoc networks, Crossing Boundaries, vol. 1, no. 1, Fall 2001.
5. I.F. Akyildiz et al. Wireless sensor networks: A survey, Computer Networks, Elsevier Science, vol. 38, no. 4, pp. 393–422, 2002.
6. Y. Wang, X. Liu, and J. Yin. Requirements of Quality of Service in Wireless Sensor Network. International Conference on Networking, International Conference on Systems and International Conference on Mobile Communications and Learning Technologies (ICNICONSMCL’06), Mauritius, 2006.
7. N. Ota, D. Hooks, P. Wright, D. Auslander, and T. Peffer. Poster Abstract: Wireless Sensor Network Characterization – Application to Demand Response Energy Pricing, In Proceedings of the First international conference on Embedded Networked Sensor Systems, November 05–07, 2003.
8. M. Perillo and W. Heinzelman. Sensor Management, Wireless Sensor Networks, Kluwer Academic, 2004.
9. L. Song and D. Hatzinakos. A cross-layer architecture of wireless sensor networks for target tracking, IEEE/ACM Transactions on Networking, vol. 15, no. 1, pp. 145–158, 2007.
10. Q. Zao and L. Tong. QoS Specific Medium Access Control for Wireless Sensor Networks Fading, Eighth International Workshop on Signal Processing for Space Communications, Cataria, Italy, July 2003.
11. Y. Liu, I. Elhanany, and H. Qi. An Energy-Efficient QoS-Aware Media Access Control Protocol for Wireless Sensor Networks. In Proceedings of the IEEE International Conference on Mobile Adhoc and Sensor Systems, November 2005.
12. M.C. Vuran and I.F. Akyildiz. Spatial correlation-based collaborative medium access control in wireless sensor networks, IEEE/ACM Transactions on Networking, vol. 14, no. 2, pp. 316–329, 2006.

13. M. Caccamo, L.Y. Zhang, L. Sha, and G. Buttazzo. An implicit prioritized access protocol for wireless sensor networks. In Proceedings of IEEE Real-Time Systems Symp., Dec. 2002, pp. 39–48.
14. S. Madden, M.J. Franklin, J.M. Hellerstein, and W. Hong. "TinyDB: An Acquisitional Query Processing System for Sensor Networks," in ACM Transactions on Database Systems, 2005.
15. W.S. Conner, J. Chhabra, M. Yarvis, and L. Krishnamurthy. Experimental Evaluation of Synchronization and Topology Control for In-Building Sensor Network Applications, in Proceedings of Wireless Sensor Networks and Applications, San Diego, CA, September 2003.
16. J. Beutel. Metrics for sensor network platforms. In ACM RealWSN'6, Uppsala, Sweden, June 2006.
17. E. Felemban, C. Lee, and E. Ekici. MMSPEED: Multipath multi-SPEED protocol for QoS guarantee of reliability and timeliness in wireless sensor networks, IEEE Transitions on Mobile Computing, vol. 5, no. 6, pp. 738–754, 2006.
18. D. Ganesan et al. Highly resilient, energy efficient multipath routing in wireless sensor networks, Mobile Computing and Communications Review, vol. 5, no. 4, pp. 11–25, 2002.
19. X. Huang and Y. Fang. Multiconstrained QoS multipath routing in wireless sensor networks, Wireless Networks Journal, vol. 14, no. 4, pp. 465–478, 2007.
20. N. Jain, D. Madathil, and D. Agrawal. Energy aware multi-path routing for uniform resource utilization in sensor networks. In International Workshop on Information Processing in Sensor Networks (IPSN), April 2003.
21. C. Lu et al., RAP: A Real-Time Communication Architecture for Large-Scale Wireless Sensor Networks, In Proceedings of the Eighth Real-Time and Embedded Technology and Applications Symposium, IEEE CS Press, Los Alamitos, CA, 2002.
22. B. Karp and H.T. Kung. GPSR: Greedy Perimeter Stateless Routing for Wireless Networks, In Proceedings of the Sixth Annual International Conference on Mobile Computing and Networking, August 06–11, pp. 243–254, 2000.
23. Y.-B. Ko and N.H. Vaidya. Location-aided routing (LAR) in mobile ad hoc networks. In Proceedings of the Fourth Annual ACM/IEEE International Conference on Mobile Computing and Networking, October 25–30, pp. 66–75, 1998.
24. J. Elson. Deborah Estrin, Time Synchronization for Wireless Sensor Networks. In Proceedings of the 15th International Parallel & Distributed Processing Symposium, April 23–27, 2001, p. 186.
25. I. Aad and C. Castelluccia. Differentiation Mechanisms for IEEE 802.11. IEEE INFOCOM 2001, Anchorage, Alaska, April 20.
26. T. He, J.A. Stankovic, C. Lu, and T.F. Abdelzaher. SPEED: A Stateless Protocol for Real-Time Communication in Sensor Networks, In Proceedings of International Conference on. Distributed Computing Systems (ICDCS '03), Providence, RI, May 2003.
27. K. Liu, N. Abu-Ghazaleh, and K.D. Kang. JiTS: Just-in-Time Scheduling for Real-Time Sensor Data Dissemination. In Proceedings of the Fourth Annual IEEE International Conference on Pervasive Computing and Communications (PERCOM'06), Washington, DC, IEEE Computer Society, Silver Spring, MD, 2006, pp. 42–46.
28. Q. Huang, C. Lu, and G.-C. Roman. Mobicast: Just-in-time multicast for sensor networks under spatiotemporal constraints. International Workshop on Information Processing in Sensor Networks, Palo Alto, CA, April 2003.
29. S. Madden, M.J. Franklin, J.M. Hellerstein, and W. Hong. TAG: A Tiny AGgregation service for Ad-Hoc sensor networks, In Proceedings of the Fifth symposium on Operating Systems Design and Implementation, December 09–11, 2002.
30. R. Kumar, S. PalChaudhuri, D. Johnson, and U. Ramachandran. Network Stack Architecture for Future Sensors, Rice University, Computer Science, Technical Report, TR04-447, 2004.
31. S. Goel and T. Imielinski. Prediction-based monitoring in sensor networks: Taking lessons from MPEG, ACM SIGCOMM Computer Communication Review, vol. 31, no. 5, October 2001.
32. J. Watkinson, MPEG-2, Butterworth-Heinemann, Newton, MA, 1998.
33. M.A. Sharaf, J. Beaver, A. Labrinidis, and P.K. Chrysanthis. TiNA: A scheme for temporal coherency-aware in-network aggregation. In Proceedings of the Third ACM International

Workshop on Data Engineering for Wireless and Mobile Access, San Diego, CA, September 19–19, 2003.
34. S. Santini and K. Romer. An Adaptive Strategy for Quality-Based Data Reduction in Wireless Sensor Networks. In Proceedings of the Third International Conference on Networked Sensing Systems (INSS'06), Chicago, IL, 2006.
35. S. Haykin. Least-Mean-Square Adaptive Filters. Edited by S. Haykin, New York: Wiley-Interscience, 2003.
36. Embedded WiSeNts. http://www.embedded-wisents.org/, December 2006.
37. K. Sohrabi, J. Gao, V. Ailawadhi, and G. Pottie, Protocols for self-organization of a wireless sensor network, IEEE Personal Communications Magazine, vol. 7, no. 5, pp.16–27, Oct.2000.
38. E. Cheong and J. Liu. galsC: A Language for Event-Driven Embedded Systems. In Proceedings of the Conference on Design, Automation and Test in Europe, March 07–11, 2005, pp. 1050–1055.
39. D. Gay, P. Levis, R. von Behren, M. Welsh, E. Brewer, and D. Culler. The nesC Language: A Holistic Approach to Networked Embedded Systems. In Proceedings of Programming Language Design and Implementation (PLDI) 2003, San Diego, CA, June 2003.
40. D. Janakiram and R. Venkateswarlu. A Distributed Compositional Language for Wireless Sensor Networks. In Proceedings of IEEE Conference on Enabling Technologies for Smart Appliances (ETSA), Hyderabad, India 2005.
41. Srisathapornphat, C. Jaikaeo, and C. Chien-Chung Shen Sensor Information Networking Architecture. International Workshops on Parallel Processing, pp. 23–30, 2000.
42. B. Greenstein, E. Kohler, and D. Estrin. A Sensor Network Application Construction Kit (SNACK), In Proceedings of the Second International Conference on Embedded Networked Sensor Systems, November 03–05, 2004.
43. I.F. Akyildiz, T. Melodia, and K.R. Chowdhury. A survey on wireless multimedia sensor networks, Computer Networks, vol. 51, 921–960, 2007.
44. Y. Gu, Y. Tian, and E. Ekinci. Real-time multimedia processing in video sensor networks, Image Communication, Elseiver Science, vol. 22, no. 3, 2007.
45. Y. Wang, R.R. Reibman, and S. Lin. Multiple description coding for video delivery, In Proceedings of the IEEE, vol. 93, no. 1, pp 57–70, January 2005.
46. M. Chu, J.E. Reich, and F. Zhao. Distributed attention for large video sensor networks. In Proceedings of the Institute of Defence and Strategic Studies (IDSS), London, UK, February 2004.
47. S. Kompella, S. Mao, Y.T. Hou, and H.D. Sherali. Cross-layer optimized multipath routing for video communications in wireless networks, IEEE Journal on Selected Areas in Communications, vol. 25, no. 4, pp. 831–840, May 2007.
48. B. Krishnamachari, D. Estrin, S.B. Wicker. The Impact of Data Aggregation in Wireless Sensor Networks. In Proceedings of the 22nd International Conference on Distributed Computing Systems, July 02–05, 2002, pp. 575–578.

第 13 章　无线传感器网络嵌入式操作系统

设计者已经设计、实现了一系列用于无线传感器网络的操作系统(OS)并对其进行了提升,然而,在设计之前,他们需要作出这样一个决定:嵌入式系统(EOS)拥有不同的设计理念,并且设计者在构建系统时必须遵守这些理念。由于 EOS 是无线传感器网络的核心部件,因此这个决定对于每一个模型的构建以及实现是非常重要的,因为这些都将反映到无线传感器网络上来,并且在其上层建立的协议也会与构建的模型有关。本章将会讨论这些模型的设计以及建立在 WSN 上 EOS 的体系结构。

13.1　引言

本章介绍了无线传感器的嵌入式系统领域最新的研究状态,同时强调了研究开放性的挑战。首先介绍了无线传感器嵌入式系统的重要性及其在无线传感器网络的性能中的关键作用。然后介绍了在无线传感器网络上一个操作系统应该具有的基本特性,并且说明为什么现有的嵌入式操作系统(EOSS)不是一个合适的选择。随后将以一种对比的方式去讨论嵌入式系统设计的架构,介绍了在设计中存在的重要的设计问题,并且以举例的形式给出。最后,对该领域的最新研究趋势进行了探讨。到这一章的最后,读者应该了解底层 EOS 对无线传感器网络的性能的影响,不同的平台和背后的设计问题之间的差异和权衡,并在各种平台下开发应用程序方面积累实践经验。

13.2　背景

嵌入式系统是一个完全覆盖控制它的计算机的系统。反过来这个封装的计算机需要一个操作系统来管理其资源,如内存和能量。一个操作系统管理一个嵌入式系统称为 EOS,EOS 通常用于一个特定的功能。EOS 的适用范围包括从工业机械到消费领域的电子产品,例如工业控制、机器人、网络、移动电话和手持设备、计算器、军事火箭发射架,甚至包括宇宙飞船,这些设计都是执行一套特定的任务。相比更大和更复杂的通用操作系统,专业化使 EOS 具有小巧的尺寸,因为至少在大多数情况下，运行 EOS 的微控制器的功能也非常小。由于每个领域执行不同的任务，而且需要提供不同的硬件功能，单一操作系统无法管理各类嵌入式系统。因此，EOS 就是专为该系统设计的。有些系统需要实时操作和能源效率，但其他系统可能有安全性或低生产成本的需求，这些都必须由 EOS 提供。

研究 EOS 的领域越来越多，由于新的嵌入式系统领域的出现，使它们更无处不在。构成了本章重点的一个新兴的领域，是无线传感器网络领域。无线传感器网络的技术就 EOS 的设计和架构有很大的影响。由于这项技术，EOS 正逐渐成为当今世界的生态系统基础设施的基本要素。

13.3　无线传感器操作系统

一个无线传感器网络包括很多有无线通信模块的传感器节点。传感器节点的这些特性使其成为嵌入式系统的一个很好的例子。例如，用无线传感器网络节点执行一个一般的任务，即收集传感器读数，并将其发送到一个接收器或基站以对其进行操作。此节点不具有用户界面，分别由一组按钮控制，并使用 LED 作为一种显示形式。

作为一个网络，这些传感器可以运行各种感知应用，读取从声音到温度所有类型的数据。为了识别对象，无线传感器网络需要进行模式识别，随后将数据融合并传送到可靠性低并且难以管理的网络中。这需要从位置感知算法到节能路由应用的运行[5]。与此同时，一个节点可以作为一个路由器，朝着自己的目的地转发数据，或者回答来自远处基站发过来的询问。因此，需要一个新的专门设计的操作系统运行所有这些应用程序。操作系统（OS）必须考虑到安全，能源效率以及大量的并发事件。这听起来像现今三种类型的操作系统的混合：个人计算机、分布式系统以及实时系统。所需的操作系统也可以在 MMU 的硬件体系结构上运行，该硬件架构具有一个运行频率为 5MHz 的 8 位微控制器 8KB 闪存程序存储器和 512B 的系统内存[1]。现有的 EOS 不符合这些要求，因此应该专门为无线传感器网络设计适用的操作系统。

EOS 的设计者必须遵循两个完全不同的设计理念之一，并根据这一理念建立自己的系统[2]。两种原则被称为事件驱动模型和线程驱动模型。这个决定是非常重要的，因为每个模型的行为和性能不同，所以这些将反映到无线传感器网络上，这是因为 EOS 是系统的核心，任何基于它顶层的协议与所设计模型的特点有关。即使在应用程序级别，每个模型都有其独特的编程结构，程序员必须遵循。那么，选择哪种模型和编程结构更容易呢？为了找到答案，本章对这两种模型进行了研究。以下各节将讨论这两个模型更多的细节，以便于更好地理解后面讨论的底层操作系统。

13.3.1 事件驱动模型

事件驱动的系统是基于一个非常简单的机制，在网络领域很流行。这是因为模型补充了网络设备的工作方式，一个事件驱动系统由一个或多个事件处理程序组成。处理程序主要是等待某个事件发生，因此它们通过无限循环的形式来实现，一个事件可以是从无线传感器产生的数据的可用性，或者是一个数据包的到达，或者是一个定时器的过期。每个事件都可以有一个指定的处理程序来等待它发生。当一个事件发生时，相关联的事件处理程序或者立刻执行该事件，或者将该事件添加到缓冲区以便以后执行。事件从缓冲区中以 FIFO 的方式删除，如果一个事件有较高的优先权，该执行模型将执行优先权高的事件，否则将按顺序执行。图 13.1 所示为事件驱动系统执行的流程。

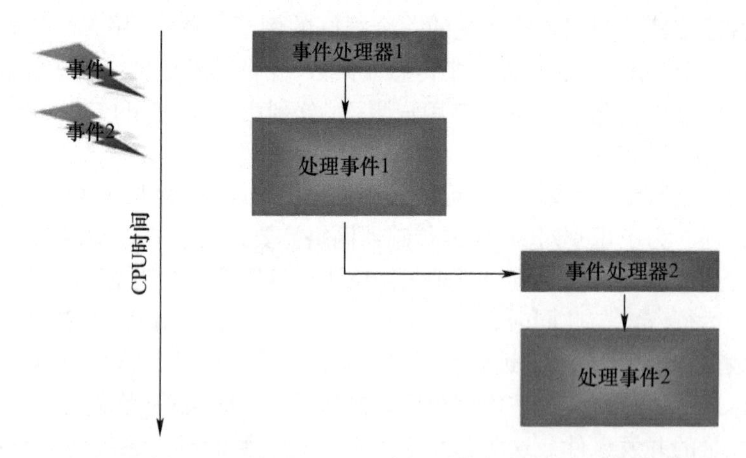

图 13.1 事件驱动执行模型允许一个事件对应一个程序，事件处理程序 1 轮询事件 1，并在事件出现的时候执行，即使在执行事件 1 的过程中出现了事件 2，只有当事件处理程序 2 轮询时事件 2 才能被执行

13.3.2 线程驱动模型

线程驱动是基于进程的，进程在 CPU 上以一种看似并行的方式抢先运行。每一个进程获得一个时间片，即 CPU 时间量。当时间片结束时，进程必须被抢占，从而运行其他的进程。在线程驱动系统中，抢占发生的次数超过了严格的需要。

然而，CPU 共享提供了多个 CPU 虚拟化来代替真正的 CPU。线程驱动模型的主要部分也叫系统的核心，称为内核。内核提供了所有的系统服务，如应用程序所需级别的资源分配。调度程序是系统的主要控制器,它建立在内核中,决定了什么时候运行一个程序以及什么时候抢占它。图 13.2 为线程驱动系统执行的流程。

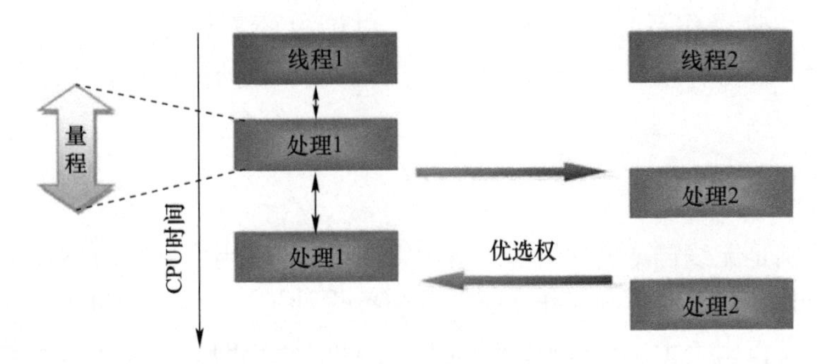

图 13.2　线程驱动的执行模型允许模拟在几个 CPU 上并行的执行不同过程,每次进程 1 在 CPU 上花费它的时间片时,调度程序都会抢占它,并将下一个进程放在 CPU 时间片上,在本例中为进程 2

13.3.3　事件驱动与线程驱动的对比

一些研究人员认为,事件驱动与线程驱动相比具有更高的并发性,而另外一些人则并不这么认为。为了对每个设计进行较好的权衡,表 13.1 以及表 13.2 定义了每一个模型的优缺点。下面的章节将基于事件驱动模型对操作系统进行研究。

表 13.1　事件驱动模型的优缺点

优点	缺点
低资源并发	事件循环受控
网络协议工作方式的补充	程序需被分割成若干子程序
廉价的调度技术	有界缓冲区——生产者消费者问题
高可移植性	高学习曲线

表 13.2　线程驱动模型的优缺点

优点	缺点
消除了有界缓冲区问题	复杂的共享存储
程序员可控程序	昂贵的上下文切换
自动调度	复杂的堆栈分析
实时性能	高内存占用
低学习曲线	堆栈操作,可移植性不高
模拟并行执行	多处理器上更好地运行

13.4 事件驱动的嵌入式操作系统

事件驱动操作系统是基于前面已经讨论过的事件驱动模型而建立的，下面从架构和执行过程方面对操作系统进行讨论，展示设计对实际系统的影响。

13.4.1 TinyOS

为了满足无线传感器网络的严格约束，TinyOS 采用事件驱动方式作为并发模型，是目前 WSN 的标准操作系统。TinyOS 设计了一个非常小的内存占用，操作系统只需占用小于 200B 的存储空间[1]。TinyOS 中的事件驱动是基于这样一个事实，即它减少了堆栈的大小。这是因为一次可以运行一个进程另一个事实是，它消除了不必要的上下文切换这个影响能源效率的因素。TinyOS 是由一组可重用的系统组件和一个节能调度器组成，因此没有内核。每个组件由四个部分组成：指令集、事件处理程序、一组任务和一个固定大小的存储框架。部件支持的命令和事件必须进行预定义，以提高模块化。

TinyOS 的组件是按层次排列，低级组件用于硬件，高级组件构成应用层。组件分为三个类型：

（1）硬件抽象组件：映射到 TinyOS 组件模型的物理硬件，是最低级的组件，这样的组件是 RFM 无线电组件，操作连接到 RFM 收发机的引脚。

（2）合成硬件组件：这些组件模拟硬件的行为。例如，无线电字节组件执行可由硬件执行的编码和解码。这些组件工作于前一个组件之上。

（3）高层软件组件：这些组件构成了应用层，并负责数据管理和路由，同时也进行数据融合等应用。

由于对组件进行了有组织的安排，因此需要某种形式的“连接”或者“捆绑”使得组件之间的协议更明确，这都将通过它的命令和事件所提供。如前面提到的，一个 TinyOS 组件是由命令、事件、任务和帧组成，如图 13.3 所示，命令是一组来自其他组件请求的函数的调用或服务。事件处理程序对从先前的命令返回的结果的处理。这些结果由提供服务的组件以事件的形式触发，以指示服务的完成。命令和事件不能阻塞，而任务是延迟运算的另一种形式，大部分计算工作通过任务完成。组件定义了可能发布的任务，当一个任务被发布时，一直处于缓冲，直到调度器执行为止。当没有任务而被挂起时，调度器为了节能，将 CPU 设置为睡眠模式。一次只有一个任务可以运行并完成，命令或者事件可以占用当前任务。另外，为了不耽误其他的任务，一个任务不能设置的过长。最后，使用固定大小的框架通过存储参数来描述组件的状态。确定框架的固定大小以及静态分配允许,在编译时进行简单的存储管理,在实际场景中这些部分怎样结合起来工作,例 13－1 提供了一个全方面的答案。

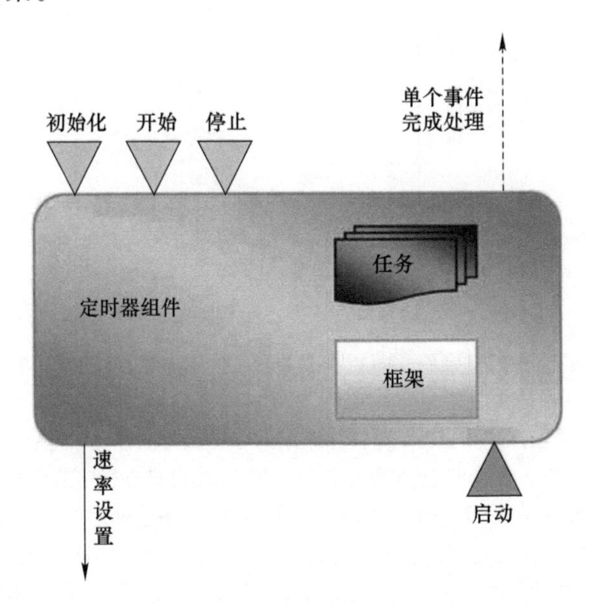

图 13.3　TinyOS 组件的视觉模型。倒三角代表执行命令,三角形代表了事件处理器,向上的虚箭头代表单个事件,向下实箭头代表发布的命令

例 13－1　TinyOS 组件的交互方式

为了更好地理解 TinyOS 的组件结构和这些组件的交互方式,下面的例子将介绍多种不同的 TinyOS 组件用来执行一个简单的发送邮件的程序。更具体一点,本例阐述了分组的最后一个比特在传输过程中的交互方式。在开始之前,表 13.3给出了一个组件的四个操作部分(命令、事件、任务和框架)。

表 13.3　事件模型中向上以及向下的操作命令表明了一种模块之间如喷泉式的活动。为防止数据流中的循环,信号事件不允许进行命令

	发布命令	触发事件	布置任务	存放于架构
命令	仅减少组件	否	是	是
事件	仅减少组件	仅增加组件	是	是
任务	仅减少组件	仅增加组件	是	否

我们可以想象 TingOS 在尝试通过无线电传输消息的最后 1bit 数据作为发送消息的一部分时产生的交互喷泉,如图 13.4 所示。

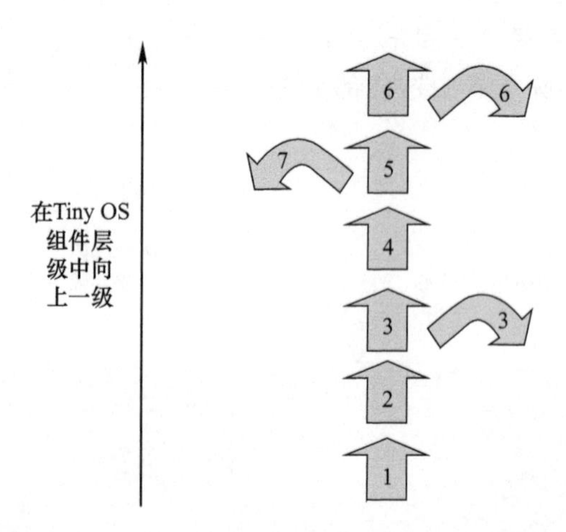

图 13.4 向上的箭头代表事件。向右弯曲的箭头代表命令，向左弯曲的箭头记录一项任务，在第一步中，硬件收发器向 RFM 部件发出一个中断信号表明已准备好传输最后一个比特。在第二步中，RFM 组件将中断命令转换为上传无线电字节信号中的 Tx－bit_evo 位。第三步，无线电比特组件将 Tx 位信息进行字节级处理。其由下级 RFM 组件发出最后比特位的命令。第四步，广播包处理 Tx 字节准备事件，其通过发送 Tx 包已打好的事件给上级 AM 组件。第五步，AM 组件发送到上级应用层一个事件，该事件显示发送信息命令已经完成。第六步，应用程序发送另一个命令给 AM 组件。第七步，AM 组件发布准备新数据包的任务

13.4.2 SOS

SOS 是针对无线传感器网络中的另一个基于事件驱动的操作系统。如同 TinyOS 一样，SOS 由不同组件组成。然而，这些组件或者模块是动态可重新配置的。为了实现这种重新配置，SOS 由一个静态编译的内核以及一组动态加载的模块组成。

13.4.2.1 SOS 模型

SOS 模块可以是任何东西，从一个非常低等级的传感器驱动到一个高层的应用程序。每个模块是一个与位置无关的二进制文件，用来实现一个特定的任务[6]。模块可以通过发布消息或者直接进行函数调用来进行通信，每个模块是一个消息处理函数，这在原则上与 TinyOS 的事件处理程序类似。

13.4.2.2 SOS 内核

SOS 内核为模块提供系统服务，这项任务通过使用跳转表的机制来完成。跳转表存储在存储器中并且为动态模块扮演 API 功能。图 13.5 所示为跳转表的布局图。模块还可以通过内核传递调用其他模块的函数。为了支持动态配置，内核提供了一个动态函数注册和模块订阅服务的功能。使用该服务，任何模

块都可以向内核注册其功能，从而使这些功能可供其他模块订阅。模块通过向内核提供函数实现的相对地址来注册其函数。内核存储这些地址，并为订阅模块的每个函数提供一个处理程序。

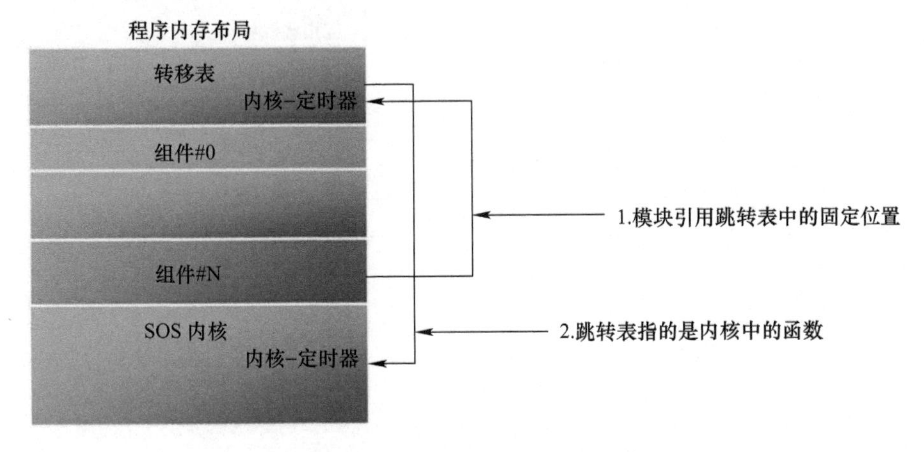

图 13.5 SOS 中模块跳转表的方向重置

13.4.2.3 SOS 调度器

SOS 调度器是内核的一部分，并以 FIFO 运行，它包含两个优先级队列，SOS 中的内存分配也是动态的，不像 TinyOS 有固定大小的帧。SOS 中，只有模块是动态的，内核不以动态的方式进行升级。如在 TinyOS 中，更新应用需要一个新的系统镜像，而 SOS 方案则更为高效节能。

13.5 线程驱动 EOS

13.3.2 节讨论的模型，由于它的易于编程以及高并发性受到设计人员的欢迎。遵循该设计的操作系统将在下面的章节中进行讨论。

13.5.1 缺陷跟踪系统

缺陷跟踪系统（MOS）是针对无线传感器网络领域的第一个线程驱动的操作系统。MOS 开发者认为，线程驱动模型最适合高并发无线传感器网络应用的需求。正如 13.3.3 节提到，这种设计模式消除了生产者与消费者之间的缓冲界限，MOS 的线程设计对于越来越复杂的网络传感器是很有用的。例如，无线传感器网络中某些节点必须执行耗时的安全加密算法。在仅允许执行短任务的系统中，其他时间敏感的任务可能不会被执行。MOS 与事件驱动相比有个特点，即为实时操作。实施操作允许时间敏感任务在分配的期限内执行，因此是可以预测的。线程驱动系统被认为需要内存足够的大以至于它们在 WSN 中无法使用,然而,MOS 开发者可以将原始的线程驱动操作系统压缩到一个 500B 的 RAM 中。因此,MOS 架构是一个传统的分层架构,图 13.6 说明了这一点。

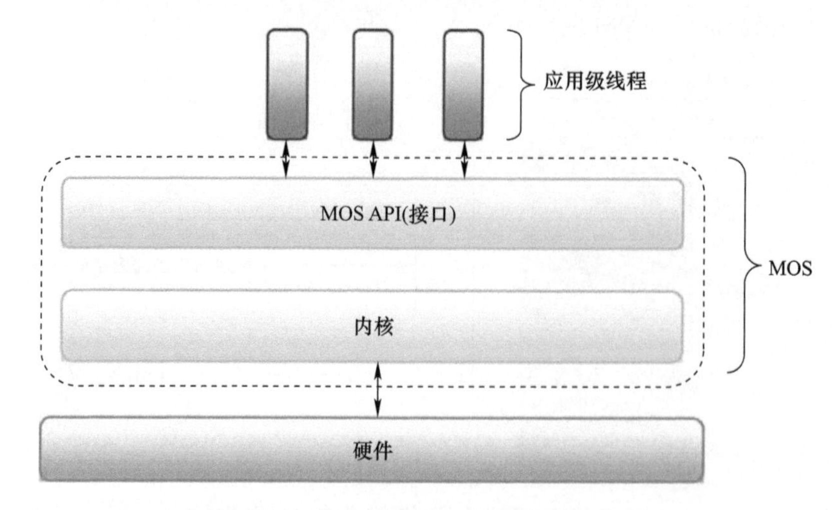

图 13.6　在一个分层架构中,内核、调度器以及驱动设备置于硬件之上。一个应用接口置于内核之上,并且提供应用层所需要的库和系统调用

MOS 提供了一个可移植并易于使用的接口,通过它可以创建应用程序。由于 MOS 使用 C 语言进行编程,因此现有的协议很容易移植到 MOS 中。由于有丰富的 API,MOS 中的应用程序可以读取传感器数据,切换 LED 并通过无线电传输数据,只需 10 行代码。例如,为了发送一个消息,MOS 的 API 使用函数 com_send进行发送,对于切换 LED,MOS 也提供切换函数 mos_led_toggle。API 提供的功能包括了网络处理、机载传感器、LED 以及调度器。这种紧凑的程序使得有一个相对较低的学习曲线,MOS API 简化了跨平台支持,因为它被设计在物理传感器节点和运行在 X86 平台的虚拟节点之间,即 X86 平台上的传感器和虚拟传感器使用相同的 API。

13.5.2　内核和调度器

MOS 中的内核是一个典型的内核,由类 UNIX 的调度器组成,该调度器部分符合 POSIX 线程。该调度器根据循环调度在线程中设置不同的优先级,同样也支持共享变量、二元以及计数信号量。MOS 内核的目标是为资源受限的传感器节点提供常规的 UNIX 特征,表 13.4 为紧凑结构 MOS。

RAM 是作为一个堆进行管理的,但是程序员在他们的应用程序中不能动态分配这个堆。每个线程在堆中都有分配的空间,当线程退出时空间恢复。构成线程表的主要数据结构在内核中,表中每个线程拥有单独的入口,正如传统操作系统中的进程表。由于表是静态分布的,只允许固定数量的线程,即 12 个。线程的上下文没有保存在表入口处,而是保存在堆栈中。这将大大减少了线程表的空间,调度器使用指针来有效操作入口相关事务。

表 13.4　MOS 调度器(144B)由一个 120B 的线程表(12 个线程,每个线程 10B)、一组指针以及字段组成

最大就绪链表指针数量	4
每一个就绪链表大小	5B
单个当前指针大小	2B
中断状态域	1B
标志域	1B
最大线程数量	12B
每个线程大小	10B
调度开销	144B

MOS 中上下文的转换是由硬件中断系统调用或信号量操作触发。计时器每隔 10ms 触发一次中断,即意味着一个时间片是 10ms 长。计时器中断是内核中唯一的中断。其他的中断是由设备驱动程序处理。上下文转换操作需要 1000 个时钟周期。一开始,内核建立一个空闲的并且拥有最低优先级的线程,当没有其他线程在运行时再进行调度。调度器将空闲的线程作为一种形式的能量存储。无论什么时候空闲线程被调用,由于没有任务执行,MOS 可以进入睡眠模式以节省能量。

13.5.3　RETOS

RETOS 为另一种用于 WSN 的线程驱动操作系统,它设计的四个目标分别是:提供线程驱动接口、避免错误的应用程序、动态重构和网络抽象。从而为受限的传感器网络组成一个强大的特征集。RETOS 的独特之处在于使用了优化技术来减少能源消耗和空间的占用。RETOS 开发商打算通过提供一个简单的编程模型使网络更受欢迎,因此线程驱动模型是首选。然而,他们也相信,必须对其优化使其可行。

13.5.3.1　系统弹性

RETOS 提供系统弹性中的两种技术:双模式操作和应用程序代码检查。双模式操作提供了内核与用户执行之间的逻辑分离。应用程序代码检查提供编译代码的动态分析和运行时行为的动态检查。根据线程的状态,双模式操作是通过从用户堆栈切换到内核堆栈,反之亦然。应用程序代码检测阻止应用程序访

问其边界外的内存以及直接访问硬件。为了解决线程驱动系统的缺点，RETOS提供了以下优化措施。

13.5.3.2 单内核堆栈

为了减少RETOS中内存的标记，会用到两种技术：单内核堆栈以及堆栈大小分析。在线程驱动系统中，每一个线程需要一个用户和内核堆栈。RETOS中内核堆栈被缩减为一个共享式的内核堆栈。这将意味着不允许内核级别的抢占。然而，内存大小将会显著地减小。堆栈大小分析是用来确定每个堆栈适用的内存大小。

13.5.3.3 上下文切换

上下文切换由于其高能耗而有恶名。上下文切换时钟中断处理程序确定量程结束时。由于时钟以特定频率中断，且大部分中断并没有处理，因而引起很大能量浪费。为解决该问题设计了可变定时器，使定时器中断频率依赖于超时请求(图13.7)。在RETOS中的可变定时器管理线程的超时请求，并设置时钟周期速度。在线程数量非常大的传统操作系统中，可变定时器是不可行的。然而对网络节点而言其数据足够小，因而可以使用这些可变定时器。

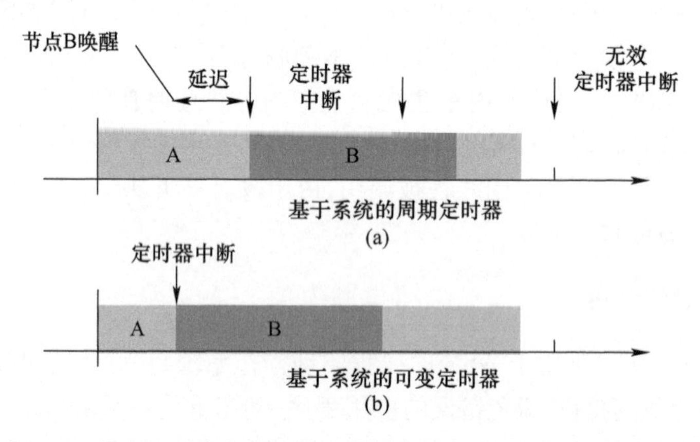

图13.7 在图(a)中，具有更高优先级的线程B在执行A的过程中达到，但是B不得不等待直到定时器发布一个中断信号。在图(b)中，线程B请求一个超时，A被抢占，优先级更高的B被执行。除非定时器中断，线程不再去相应任何请求

13.6 Contiki Hybrid EOS

在无线传感器网络中，非常需要既可以支持执行事件驱动也支持线程驱动的操作系统。然而，大多数将两种模型合并到一个操作系统中的方案，同时存在两者的缺点。这一节给出这种操作系统的实例。

13.6.1 Contiki

Contiki 是围绕事件驱动的内核;此外,它提供可以应用于单个进程的最优抢占式线程[11]。Contiki 包括一个内核、存储器、程序加载程序和一组进程。它不提供硬件抽象层,相反,它允许设备驱动程序和应用程序直接与硬件进行通信。

13.6.1.1 内核

内核由一个基于优先级的调度程序组成。当事件发生时,该调度程序通过调度相应的事件处理程序分派事件给运行的进程。调度器不断调度轮询处理程序,其不断的轮询处理事件。轮询处理程序通常位于硬件旁边,为硬件更新做轮询。进程通信总是通过发布事件来完成。内核支持两种类型的事件:同步的和异步的。同步事件需要立即运行事件处理程序和需要运行完成,而异步事件是不同的计算形式,因此,总是被延后发送。不同于以往的操作系统,电源管理不是由调度程序完成的。在 Contiki 系统中,电源管理由应用程序员来决定。Contiki 为程序员提供了事件队列的大小。当系统进入睡眠模式时,程序员可依靠这个来决定。

13.6.1.2 应用程序和服务

Contiki 用 C 语言编程。进程是运行的应用程序或服务,服务是可以被其他程序所使用的进程,多个应用程序可以使用相同的服务,服务和应用程序可以在运行时由 Contiki 的加载程序替换使用。Contiki 中的一个服务例子是通信协议栈。因为服务是可替换的,我们可以在运行时改变路由协议。服务由服务层管理。服务层监控正在运行的服务并用来寻找可用服务。每个服务都有一个接口来表明其 ID。使用服务的应用程序通过存根库链接应用程序来实现这一点。该存根库用服务层寻找服务进程。一旦服务被定位,其 ID 就会缓存起来,否则请求就会被中止。服务还可以来使用相同机制调用其他服务。图 13.8 说明了由于动态重新编程,通信堆栈可能会分成两个不同的服务。它还表明了服务和事件通信是如何发生的。

是什么让 Contiki 成为混合式操作系统的呢? 除了服务之外,Contiki 还提供了一组库,如用作通信服务的存根库。Contiki 提供的另一个重要的库是线程库,它为程序员提供应用程序接口来实现抢占式线程。该库由两部分组成:一是与内核接口的平台无关部分,另一个是在抢占过程中处理堆栈转换的平台相关部分[11]。该库有 6 个函数,分别是 mt_yield( ),mt_post( ),mt_wait( ),mt_exit,mt_start( )以及 mt_exec( )。前四个由正在运行的线程调用,后两个用于启动线程。

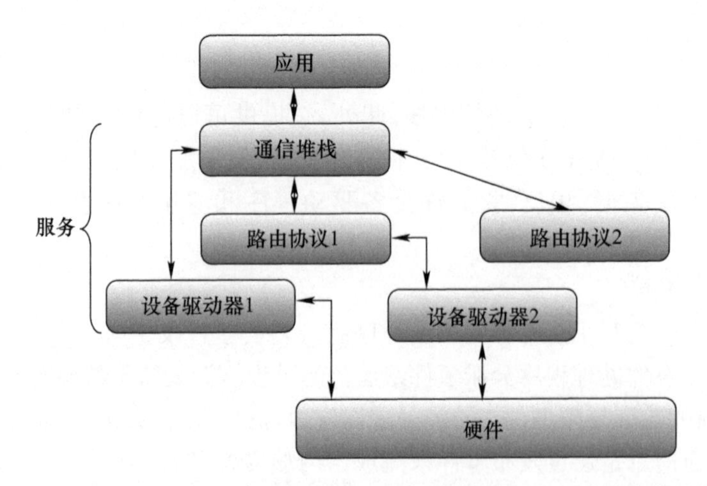

图13.8　由于在运行中的动态编程，通信堆栈是松散耦合的，由几个路由协议和设备驱动程序。设备驱动程序读取到一个传入的数据包进入缓冲区，使用之前描述的服务机制调用上层通信服务。通信堆栈处理数据包的标头，并为数据包目的地的应用程序发布一个同步事件。应用程序处理数据包并在将控制权返回给堆栈之前缓冲一个应答（改编自文献[11]）

例13-2　Contiki中的动态程序设计、服务和事件

之前提到的操作系统开发受制于无线传感器网络的事件驱动和线程驱动的理论。下一节对这些操作系统的性能进行比较。

13.7　分析比较

我们展示了几种专为无线传感器网络设计的操作系统，每个系统聚焦于一种执行模式。它们根据无线传感器网络的需要提供不同的服务和功能，尽管其中一些有着相似的执行模式。这一节用比较的方式对无线传感器网络操作系统的重要特征进行总结。

13.7.1　一般比较

表13.5为无线传感器网络操作系统的比较。

表13.5　无线传感器网络操作系统的比较[12]

特征	TinyOS	MOS	SOS	RETOS	Contiki
改编程序	是	否	是	是	是
优先调度	否	是	是	是	是
实时操作	否	是	否	是	是

续表

特征	TinyOS	MOS	SOS	RETOS	Contiki
功率监控调度	是	是	否	是	是
基于内核	否	是	是	是	是
弹性	是	否	否	是	是
模式	事件驱动型	线程驱动型	事件驱动型	事件驱动型	混合型

13.7.2　线程驱动与事件驱动

一般认为,事件驱动的操作系统需要更少的资源和能量[13]。TinyOS 和 MOS 的能源效率都已经在相关文献中进行研究,实验基于模拟网络流量的一个抽象的应用程序。应用程序在每个操作系统中运行,空闲时间百分比也被计算进去。所有操作系统中没有任务运行时,即确定空闲时间。操作系统中空闲时间越多,其能源保存的越多。应用通过改变流量的多少改变路由树形图上节点的位置。越接近根部,流量越大,叶节点意味着更少流量。通过控制流量,一个节点可以在不移动的情况下在树上重新定位。应用程序包括两个部分:传感任务和数据包的到达率。高消耗的流量仅仅意味着长传感任务的到达率高,结果见图 13.9。

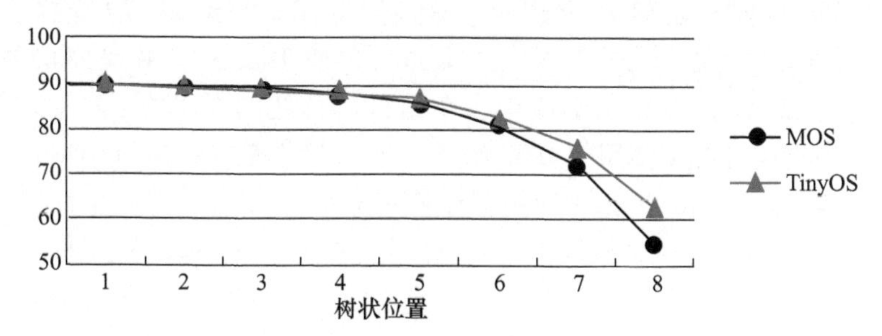

图 13.9　随着流量增加,由于经常实行上下文切换,MOS 比 TinyOS 耗能更多(改编自文献[13])

图 13.9 显示了当传感任务为 100ms 时的实验结果。随着传入数据包的数量增加,TinyOS 相比 MOS 显出更优能耗。这是因为当进程数量增加时,调度程序会经常上下文切换。上下文切换比大多数进程消耗更多 CPU 周期。然而,当流量低时,所有操作系统都有相似的表现。更多实验表明,尽管 MOS 能效更低,但在实时运行上却比 TinyOS 更可预测。

13.8　从业者指南

从业人员或应用程序开发人员想要编写最简单的算法。但是,他们还需要关注其他一些因素，如能源效率。在这一部分中，我们将用自身的实际经验来引导从业人员学习如何使用两种设计理念选择操作系统。

理解了不同的 EOS 背后的概念后，通过运用这些概念开发自己的无线传感器网络应用程序，来体会这些概念。对想为无线传感器网络编写应用程序的从业者来说，这部分不仅可以作为出发点，同时也可为传感器网络编程概念提供参考。我们提出两种编写相同应用程序的方式，一种是在 TinyOS 中使用事件驱动模型；另一种是在 MOS 中使用线程驱动模型，分别在例 13－3 和例 13－4 进行展示。我们打算开发的应用程序是一个简单的应用程序，它能按一定的速度切换无线传感器的一个 LED。例 13－3 和例 13－4 不用于网络编程，它们是对不同的操作系统模型编程原则的介绍。

例 13－3　在 TinyOS 中编写一个简单的驱动程序。

在这个例子中，我们提供了在 TinyOS 下基于组件的编程。TinyOS 使用的编程语言叫 nesC，这是一个 C 的变体。它拥有一个强大的编译器可以强制执行 13.4.1 节所提到的 TinyOS 的特点。更多地了解 nesC 请参考文献[14,15]。让我们开始给应用程序命名。我们称之为“Toggle”。TinyOS 中的应用程序由两个组件或文件组成。一个负责实施称为模块，另一个负责“连线”成为配置，它告诉 TinyOS 如何绑定组件。根据 TinyOS 的约定，配置应该叫做 Toggle. nc，模块叫做 ToggleM. nc。Toggle. nc 是 Toggle 应用程序的配置组件。要连接组件时，配置指定使用哪个组件。传统的程序员不熟悉这种类型的连接。所有组件必须使用的 Main 组件。Main 组件是首先在 TinyOS 应用程序中执行的组件。我们的 Toggle 应用程序使用 ClockC 组件设置一个计时器切换 LED，同时使用 LedsC 组件操纵 LED 和我们即将实现的 ToggleM 组件。所以我们的配置如下：

```
1  configuration Toggle{
2  }
3  implementation{
4  components Main,ToggleM,ClockC,LedsC;
5  …}
```

我们的配置还没有完成。定义使用组件之后，我们需要做连接。在 nesC 中通过使用◇运算符来完成的。在我们描述连接之前，我们需要了解一个简单的接口，称为“StdControl”。它是所有的组件用来初始化和启动的。

也就是说，每个组件应该实现 StdControl 接口的三个函数，即 init()、start() 和 stop()。接口如下所示：

```
1  interface StdControl{
2    command result_t init();
```

```
3     command result_t start();
4     command result_t stop();
5   }
```

我们配置的一下部分连接了与 Toggle 应用程序一起使用的其他组件的接口。连接在“implementation”中完成。

```
1  configuration Toggle{
2  }
3  implementation{
4    components Main,ToggleM,SingleTimer,LedsC;
5
6    Main.StdControl - > ToggleM.StdControl;
7    ToggleM.Clock - > ClockC;
8    ToggleM.Leds - > LedsC;
9  }
```

程序第 6 行将 Main. StdControl 连接到 ToggleM. StdControl 上,这意味着 ToggleM. StdControl. init()方法被 Main. StdControl. init()方法所调用。这同样适用于 start()与 stop()方法。

```
1  module ToggleM{
2  provides{
3    interface StdControl;
4  }
5  uses{
6    interface Clock;
7    Interface Leds;
8  }
9  implementation{
10  bool state;/*  state of the LED(on or off) * /
11
12  /*  implementation of StdControl interface * /
13  command result_t StdControl.init(){
14    state = FALSE;
15    call Leds.init();
16    return SUCCESS;
17  }
18  command result_t StdControl.start(){
```

```
19    return call Clock. setRate(TOS_I1PS,TOS_S1PS);
20  }
21  command result_t StdControl. stop(){
22    return call Clock. setRate(TOS_I0PS, TOS_S0PS);
23  }
24  /*  Implement the event handler for Clock. fire * /
25  event result_t Clock. fire(){
26    state = ! state;
27    if(state){
28      call Leds. redOn();
29    } else {
30      Call Leds. redOff();
31    }
32    return SUCCESS;
33    }
34  }
```

在我们的模块有三个子句:“provides”子句,它定义提供的接口集;“uses”子句,它定义了使用的接口集;“implementation”子句,在这里我们能看到我们提供的接口指令和使用的接口的事件处理程序的实现。

在14行和15行中,我们初始化组件。19行创建一个计时器。因此,当计时器停止,ClockC组件将向上触发一个事件到应用程序。这个事件在第26-33行进行处置。每当事件发生时,事件处理程序将按照在19行中所规定的速度切换红色LED。

例13-4 在MantisOS中编写一个简单的线程驱动程序

在本例中,我们实现了与之前相同的应用程序,但这次在线程驱动的MOS中完成的。在MOS中编程更加简单,因为它遵循惯用的线程驱动方法和高度便捷的C语言。整个程序可以用三个简单的步骤来编写。更多关于MOS编程的内容请参考文献[16]。

步骤1

首先我们提供我们的Toggle. c文件所需的标头。总是需要引用mos. h头文件。msched. h包含调度程序。为了操纵LED,我们还包括led. h。

```
1  #include  "mos. h"
2  #include  "mshced. h"
3  #include  "led. h"
```

步骤2

现在我们实现切换其中一个LED的功能。

```
4  void toggle_thread(void){
5    while(1){
6    mos_led_toggle(0);
7    mos_thread_sleep(1000);
8    }
9  }…
```

第 6 行所调用的函数带有一个参数,该参数指示要切换哪个 LED。在我们的例子中是 ID 为 0 的第一个 LED。第 7 行调用一个函数将线程阻塞一秒钟的时间。这个阻塞模拟示例 13－3 中的计时器。

步骤 3

最后,我们实现应用程序的入口点,start( )函数。我们把函数转换成一个线程,给线程 128B 的堆栈空间和正常的优先级。

```
10  void start(void){
11  mos_thread_new(toggle_thread,128,PRIORITY_NORMAL);
12  }
```

13.9　未来的研究方向

尽管已存在多个专用于 WSN 的操作系统,然而大多只是未来 WSN 操作系统设计方向的基础。研究人员目前对提高 EOS 来使其实现更好的能源消耗、空间占用和实时操作很感兴趣,并且重点关注单个节点的操作。从设计的角度来看,正如在 13.3 节所提到的,无线传感网络操作系统应该具有分布式系统的特点,这一特点在目前的无线传感网络操作系统中仍不明显。需要在无线传感网络操作系统内共享资源的可行性的基础上开展更多的研究。此外,未来的无线传感网络将由成千上万的节点组成。如此多不同的操作系统设计和执行模型以及不同的性能,需要研究混合部署,以便实现无线传感网络的可扩展性。更好的是,无线传感网络操作系统的全球化设计可以被设计出来。例如,TinyOS 已经被看作是无线传感网络的标准操作系统,大多数研究工作是在它的基础上完成的。为了实现通用设计,我们应该做更多的工作来消除不同的操作系统之间能耗/精度的权衡,例如我们在 13.7.2 节所看到的,MOS 比 TinyOS 提供的更高的精度,反过来 TinyOS 比 MOS 提供更好的能源消耗。这可以通过优化线程驱动系统的抢占或通过向事件驱动系统添加抢占来完成。增加对 TinyOS 的抢占是一个正在进行的研究工作。此外,需要对无线传感网络操作系统进行更可靠的比较以确定其他权衡,以此建立一个预期通用系统的清晰图像。为此,为无线传感网络操作系统建立基准的研究确实拥有极大的益处。

从编程的角度来看,目前的编程模型级别太低。例如,在13.6.1节,我们看到Contiki允许程序员直接操作没有硬件抽象层的计算机硬件。尽管这可能会减少层级结构中级别的数量,但它迫使程序员考虑硬件细节。这可以通过为了创建演示[17]而投入巨大的努力来反映。我们需要一个编程模型来消除硬件烦人的细节。此外,当前的编程模型也是以节点为中心的,例如nesC。nesC完全关注于对单个节点进行编程。该领域研究的一个方面是宏编程,主要目的是为无线传感网络的聚合程序开发一种高级语言。名为TinyDB的此类工作已经开始,它已经采取了步骤[17]。我们需要更多针对整个系统的编程模型。用于无线传感网络编程的其他编程工具也处在一个需要做更多工作的阶段,比如工具调试和编程接口(IDEs)。

13.10 小结

在这一章,我们从操作系统的角度对无线传感网络进行了讨论,介绍了形成无线传感网络操作系统核心的不同的设计模型,展示了性能和可用性之间的权衡。还展示了如何通过探索不同的无线传感网络操作系统来优化这些设计网络模型。对于每个操作系统,我们解释其背后的设计理念以及选择那个理念的动机。我们还为每个操作系统的执行模型配备详细的例子和数据。此外,对所有的操作系统进行特征比对,对两种不同设计模型的操作系统进行性能比较并且展示了设计的权衡。接着我们为该领域的从业者提供了实践经验,展示了关于这两种模型的编程有何不同,以便更好地理解前面所提到的概念。最后提出了无线传感网络EOS在该领域未来和开放研究的方向。

尽管无线传感网络EOS领域的研究正快速地增长,该领域的从业人员就操作系统和开发工具却有很少的选择。因此从业者必须了解每个操作系统及其编程模型的原理,根据他的需求来做出选择,并呈现更好的结果。展现不同的操作系统的主要目标不是决定哪些优越,而是展示哪些传统方法依然应用以及哪些新方法可以作为替代。这是操作系统开发人员的共同目标,因为他们被无线传感网络所提出的挑战所激发。现在,在我们努力找出什么是可行的,什么是不可行的之后,我们可能会说当前研究的动机已经部分从挑战节点的低级限制转向挑战高层次的操作系统的限制。

名词术语

微控制器:单片计算机,成本效益比微处理器更高。

内存管理单元:内存管理单元是一个硬件组件,负责处理访问内存,将虚拟地址转化为实际地址。

有界缓冲区生产者—消费者问题:当项目从缓冲区被删除的速度比被增添的速度慢时,这个问题就会出现。当最终缓冲区被填满之后,将不会接收更多的数据。

闪存:非易失存储器可以被电擦除进行重新编程。

硬件中断:来自硬件的信号,表明需要注意。

随机存取存储器:随机存取存储器是一种计算机存储。

先入先出调度程序:流程是先进先出的方式。

上下文切换:当调度程序用另一个进程取代了在中央处理器上运行的进程。

中央处理器周期:中央处理器的单元。中央处理器的速度是由中央处理器周期或时钟周期决定的。一组指令通常需要固定数量的中央处理器周期来执行。时钟的速度越快,就可以计算越多的指令。

路由树:当包含网络化传感器时,它们会定义一个路由来转发数据。当节点被分层放置时,路由将形成一个树状结构。

习　题

1. 指出事件驱动和线程驱动设计模型之间的两个主要差异。

2. TinyOS 是一个基于应用程序的操作系统吗？为什么？

3. 为什么 TinyOS 比 MOS 更节能？

4. RETOS 调度程序是怎样进行功率监控的？

5. TinyOS 调度程序是如何决定它应该从睡眠模式中被唤醒的？MOS 调度程序呢？MOS 调度程序可以用不同的方式唤醒系统吗？

6. 假设一个线程驱动模型拥有可变大小的任务。同时假定,小任务有更高的优先级,从而不断抢占更长的任务造成额外的上下文切换。提出一个调度策略来减少上下文切换。提示:较低的上下文切换比实时操作更可取。

7. 事件驱动的系统能提供抢占吗？为什么？

8. 上下文切换和 1000 个时钟周期一样昂贵,在 4MHz 处理器上将它转换为毫秒。

9. 假设事件驱动系统拥有 5ms 的时间片和 4MHz 的处理器。假设有两个运行程序,每个消费 800000 时钟周期并且同时开始。还假设环境切换消耗 20000 个时钟周期。在(a)100ms 和(b)200ms 之后,有多少上下文切换会发生？

10. 说出一个在 13.6.1 例 13－2 中提供的一些路由协议的好处。

参考文献

1. J. Hill, R. Szewczyk, A. Woo, S. Hollar, D. Culler, and K. Pister, "System architecture directions for networked sensors," Proceedings of the Ninth International Conference on Architectural Support for Programming Languages and Operating Systems, ACM Press, New York, USA, November 2000, pp. 93–104.
2. H. Lauer and R. Needham, "On the duality of operating system structures," Proceedings of the Second International Symposium on Operating Systems, IR1A, Rocquencourt, France, October 1978; reprinted in Operating Systems Review, April 1979, pp. 3–19.
3. R. Behren, J. Condit, and E. Brewer, "Why events are a bad idea (for high-concurrency servers)," Proceedings of HotOS IX: The Ninth Workshop on Hot Topics in Operating Systems, USENIX Association, Hawaii, USA, May 2003, pp. 19–24.
4. A. Gustafsson, "Threads without the pain," Queue, ACM Press, New York, USA, November 2005, pp. 34–41.
5. H. Karl and A. Willig, Protocols and Architectures for Wireless Sensor Networks, Wiley, April 2005, pp. 45–50.
6. C. Han, R. Kamur, R. Shea, E. Kohler, and M. Srivastava, "A dynamic operating system for sensor nodes," Proceedings of the Third International Conference on Mobile Systems, Applications,and Services, ACM Press, New York, USA, June 2005, pp. 163–176.
7. S. Bhatti, J. Carlson, H. Dai, J. Deng, J. Rose, A. Sheth, B. Shucker, C. Gruenwald, A. Torgerson, and R. Han, "MANTIS OS: An embedded multithreaded operating system for wireless micro sensor platforms," ACMKluwer Mobile Networks and Applications Journal, Special Issue on Wireless Sensor Networks, Kluer Academic, Hingham, USA, August 2005, pp. 563–579.
8. C. Duffy, U. Roedig, G. Herbert, and C. Sreenan, "An experimental comparison of event driven and multi-threaded sensor node operator systems," Proceedings of the Fifth Annual IEEE International Conference on Pervasive Computing and Communications Workshops, IEEE Computer Society, White Plains, New York, USA, March 2007, pp. 267–271.
9. H. Kim and H. Cha, "Multithreading optimization techniques for sensor network operating systems," Wireless Sensor Networks, Springer, Heidelberg, April 2007, pp. 293–308.
10. C. Hujumg, C. Sukwon, J. Inuk, K. Hyoseung, S. Hyojeong, Y. Jaehyun, and Y. Chanmin, "RETOS: Resilient, expandable, and threaded operating system for wireless sensor networks," Proceedings of the Sixth International Conference on Information Processing in Sensor Networks, Massachusetts, USA, April 2007, pp. 148–157.
11. A. Dunkels, B. Gronvall, and T. Voigt, "Contiki – A lightweight and flexible operating system for tiny networked sensors," Proceedings of the Twenty Ninth Annual IEEE International Conference on Local Computer Networks, November 2004, pp. 455–462.
12. S. Yi, H. Min, J. Heo, B. Boand, and E.F. Roberts, "Performance analysis of task schedulers in operating systems for wireless sensor networks," Computational Science and Its Applications, Springer, Heidelberg, May 2006, pp. 499–508.
13. C. Duffy, U. Roedig, G. Herbert, and C. Sreenan, "A performance analysis of mantis and tinyos," University College Cork, Ireland, Technical Report CS-2006-27-11, November 2006.
14. D. Gay, P. Levis, R. von Behren, M. Welsh, E. Brewer, and D. Culler, "The nesC language: A holistic approach to networked embedded systems," Proceedings of Programming Language Design and Implementation, California, USA, June 2003, pp. 1–11.
15. TinyOS. http://www.tinyos.net.
16. Multimodal Networks of In-situ Sensors. http://mantis.cs.colorado.edu.
17. M. Welsh and R. Newton, "Region streams: Functional macroprogramming for sensor networks," Proceedings of the first workshop on data management for sensor networks, Toronto, Canada, August 2004.

第14章　传感器网络的自适应分布式资源分配

传感器网络领域的一个主要研究挑战就是分布式资源分配问题，它指的是如何分配或安排传感器网络中的有限资源，以最小化成本，并最大化网络能力。我们对分布式资源分配问题的现有研究进行了综述。为了弥补现有研究中的缺点，我们提出了自适应分布式资源分配（ADRA）方案，它指的是传感器网络中单个传感器节点通过相对简单的本地活动进行模式管理。各个节点响应其邻居节点的状态和回馈，随时调整它的运行状态。通过节点之间的本地相互作用而达到令人满意的全局行为。

我们研究了一般ADRA方案对某一实际应用场景的效力，即跟踪载体运动的声波无线传感器网络（WSN）的传感器模式管理。本书同时提出了ADRA的增强版，带有节点密度补偿器的ADRA，以提高随机分布式传感器感测场的算法。我们通过仿真对这些算法进行了估计，并使用Crossbow MICA2智能尘埃提出了声波WSN场景。仿真和硬件实验结果表明，ADRA方案和其增强版，取得了性能目标，如覆盖面积、功率消耗以及网络寿命之间的良好平衡。

14.1　引言

随着MEMS传感器装置、低功率嵌入式处理器以及无线网络等技术的快速进步，现在已经可以使用成百上千微小而便宜的智能传感器节点部署大型无线传感器网络。这些传感器节点可以互相协作，感测环境，收集并处理环境数据，引导智能决策。

传感器网络因其广阔的重要潜在应用范围，如环境监测、卫生保健监测、军事与安全监控、商品和生产流程追踪、智能家居以及很多其他应用，而在学术界和工业界激起大量的研究兴趣[1,9-10,15]。

然而，大规模传感器网络的设计提出了很多具有挑战性的研究问题。最重要的开放研究问题之一就是分布式资源分配——如何在没有中央协调器的情况下分配传感器网络中有限的传感、处理或通信资源，以监控动态变化的环境。

大型传感器网络中的分布式资源分配之所以具有挑战性，是因为几方面的原因。首先,存在大量的决策者。其次,决策者之间的通信有限。所以,各个决策者所得的信息不完整。再次,环境是不断动态变化的。最后,所需的解决方案受到时间的限制。

已经有文献提出了解决分布式资源分配问题的几种方法。本章首先对现有分布式资源分配方法进行了研究。我们提出了自适应分布式资源分配方案,相比既有的技术,它是从一个不同的角度解决分布式资源分配问题。ADRA 方案指的是传感器网络中的单个传感器节点通过相对简单的本地活动而进行模式管理。各个节点响应其邻居节点的状态和回馈,随时调整它的运行状态。ADRA 方案是可扩展的,因为邻居节点的动作协调只需要较少的通信。相对于传感器网络运营的动态环境,它具有自适应以及鲁棒性。

我们的方案是传感器网络内有效资源分配的一个通用框架。在本章中,为了评估 ADRA 方案的效用,我们将它应用于一个实际的应用场景。使用这个方案在声波 WSN 中进行传感器模式管理,追踪载体在空旷环境中的运动。本文也提出了 ADRA 方案的一个变体,称为带有密度补偿器的 ADRA(ADRA - dc)方案,以更有效地处理随机传感器节点部署场景。我们在栅格、随机以及热区传感器部署场景下对两种方案均进行了评估,并使用 Crosshow MICA2 智能尘埃设计了 ADRA 方案原型。我们的仿真与硬件实现结果表明,我们提出的方案在性能目标,如覆盖面积、功率消耗以及网络寿命之间达到了良好的平衡。

本章余下部分安排如下:14.2 节对相关研究进行了回顾,并讨论了我们的研究贡献;14.3 节进行了问题描述,并提出了 ADRA 方案的总体框架,以及增强的 ADRA - dc 方案;14.4 节描述了声波 WSN 追踪载体的应用场景;14.5 节提出针对三种场景——栅格、随机和热区部署实施 ADRA 方案的算法;14.6 节提出并讨论仿真研究方法与结果;14.7 节讨论了实际操作的硬件原型实现和性能结果;最后,14.8 节对本章进行了总结,并提出了未来研究的方向。

14.2 背景

学者们已经对分布式资源分配问题的各个不同方面进行了研究。在广泛应用于临界控制系统、高速通信系统以及各种监控应用的分布式实时系统中,一个重要的研究问题就是如何向应用程序分配资源,以及如何执行应用程序,以按照一些实时约束标准,最大化性能。按照文献[2],解决这一问题有两种不同的方法。在静态方法中,问题解决过程发生于系统运行之前[5]。动态方法更加灵活,因为它可以处理在系统运行期间发生的意外情况,而这些意外影响会造成服务质量的变化[16,35]。然而,先前的研究已经表明,两种方法在大体上都属于 NP 完全问题[11,18]。所以,通常都是开发启发式技术,找出实时系统中资源分配问题的最优解[2,5,22]。

在文献[2]中,假设系统模型是一种不断运行应用程序的异构分布式实时系统。在分布式实时系统中,资源向应用程序的分配是通过描述规范(如硬件平台、服务质量约束)而进行的,然后形成合适的启发式算法,最大化可允许的工作负荷增量,然后进行动态资源分配过程,而避免破坏 QoS(服务质量)。为解决问题,开发了三种贪婪启发算法。最关键路径优先(MCPF)启发算法适合时延约束的实时异构系统。其他两种启发算法是,最关键任务优先(MCTF)启发算法和平局决胜两相贪婪(TB - TPG)启发算法。它们适合通量约束的异构系统要求。对贪婪启发算法的详细讨论,参看文献[3,17]。

很多学者已经研究了将分布式资源分配问题映射到分布式约束补偿问题(DCSP)的系统设想[19,27-28,32,38-39]。从形式上,约束补偿问题(CSP)是由 n 个变量值取自有限离散域的变量和一组对这些变量值的约束组成的。解决一个 CSP 问题,意思就是搜索一个对所有变量均一致的赋值方法,满足约束条件。CSP 中的一个很好的例子就是 n - 皇后谜题。在人工智能领域,对 CSP 的研究,有着悠长而辉煌的历史[21]。当变量和约束在多智能体间分布时,CSP 就成为一个分布式 CSP,即 DCSP。分布式资源分配问题到 DSCP 的映射,足够一般化且可重复利用,可以解决一些具体的困难,如二义性和动态性。然后,找出 DCSP 的解,实际上就是对分布式变量进行赋值,满足所有分布式约束而解决这个问题。在文献[39]中,对解决 DCSP 问题的各种算法进行了综述,在文献[25]中对一些算法的性能进行了比较。在文献[4,20]中对利用 DCSP 进行无线网络资源分配进行了讨论。

在基于市场主导型技术[24,36]中,分布式系统被模式化为发挥经济职能的智能体之间的相互作用。资源通过智能体之间的买卖而进行分配。卖方寻求收益最大化,而买方寻求支出的最小化。智能体间传达资源请求和报价。使用某些启发式算法或策略通过价格信息传播而控制智能体行为。

在文献[24]中,提出了一种市场主导型宏程序设计(MBM),以分配传感器网络中的资源。传感器节点响应全局公布的价格信息而进行简单的本地活动,获得收益,所以传感器网络形成一个虚拟市场。各个传感器节点执行成本评估功能,通过公布价格信息而在整个网络内诱发全局行为,驱使节点反应。系统寿命、精确度或时延目标,通过调谐价格信息而满足。所以,在过程中进行宏程序设计编码,以响应变化的网络条件更新价格信息。

另一个解决多智能体资源分配问题的有趣方法是任务资源分配的拍卖和竞标技术,如组合拍卖[29-30]和联盟形成[33]。

文献[30]中,在 WSN 的背景下,构想了一个经典资源分配问题的变体,称为设定型资源分配问题。这种构想,反映了具有多设置的传感器节点域内存在的挑战，各个设置对多任务均可能有用。那么，这些任务和资源分配就会转化成竞标，通过一种改良式的组合拍卖而得到解决，这里，可以利用上述拍卖解决方案研究最近取得的进展。

在文献[33]中，对多智能体环境的协作任务执行进行了讨论。假设一组智能体，以及它们必须满足的一组任务，考虑在哪些情况下，各个任务应附属于一组将履行该任务的智能体。当单个智能体无法履行任务时，就需要将任务分配给各智能体组。然而，智能体组比单个智能体能更有效地履行任务，这也是有益的。它提出了自主智能体间任务分配问题的解决方案。并表明，分布式智能体联合履行任务更有效。尽管该方案是在分布式智能体的背景下提出的，但它也可应用于 WSN 背景，而无需经过太多修改。

大多数多智能体系统领域的研究都集中于多智能体对资源分配的谈判。在文献[6-7]中，提出了一个分布式问题解决中的通信与控制“合同网”框架。它作为合同谈判的共用中介，是任务分配的基本形式。谈判过程协议有助于确定交换信息的内容，且它不只是一种物理通信的方式。

在文献[23]中，提出的谈判协议是分布式的，且是基于中介的。它利用环境中多智能体的合作性质，最大化社会效用。各智能体在认识到资源冲突时均能发挥中介的能力。单个智能体对全局分配问题进行本地考虑，对分配提出建议。它应用一个有限状态机作为谈判协议的核心。协议的一些特点与分布式逃逸算法相同[37]。在文献[12]中，提出了一些分布式资源分配问题的协作和自适应算法，其中使用了组合拍卖的基本策略。在文献[8]中，从一个不同的视角对谈判过程进行了讨论。它认为智能体要解决的问题，就是制定一个规划，然后，智能体需要解决规划问题并相互谈判。智能体共同合作将问题分解成子问题，分配并交换子问题以及解决方案，综合得到整体的解决方案。

我们的研究不同于上述研究，贡献主要有两个方面。首先，ADRA 方案是一个可扩展的且自适应的传感器网络分布式资源分配方案。因为它只依靠传感器网络中节点之间的邻居通信，所以具有可扩展性。各个节点能对环境（如存在目标）以及其邻居节点的状态和回馈做出反应，所以具有自适应性。这些本地节点相互作用，产生理想的全局系统行为。

其次，ADRA 方案是一种总体框架，适用于很多 WSN 应用。例如，我们已经将 ADRA 方案应用于声波 WSN 的实际应用场景，进行目标探测和追踪。此外，在以前的研究中，通常通过分析建模或一般传感器网络仿真进行性能评估。在我们的研究中，除了通过仿真评估 ADRA 方案之外，也将该方案实施于一个真实的传感器网络平台，评估它的效用。

14.3　ADRA 方案

14.3.1　问题构想

传感器网络的基本单位就是传感器节点,它具有传感、处理和通信能力。传感器网络有一组静止的传感节点,各节点有一组可以分享的模式(或活动),在任意具体的时间点,它只能选择一个模式。

在传感器网络运行期间,各个传感器节点的实用价值取决于几个因素,即传感覆盖(或目标探测)、目标定位,以及目标定位误差最小化。对于某个传感器节点来说,能量消耗速度影响着它的使用寿命。当传感器节点没电时,就不能再传感、处理或通信,那么它的实用价值就变为零。

传感器节点没有关于目标及其运动的先验信息。它们可以传感并探测目标,根据传感器的方位角测量值而获得目标的方向信息。定位一个探测的目标,至少需要两个传感器节点。最小化定位误差需要两个以上的传感器节点同时探测目标。传感器节点可以与处在通信范围内的其邻居节点进行通信。然而,从可用的通信和环境感知来看,节点无法充分认知整个网络。

所以 WSN 中的资源分配问题,就是按照某些性能约束,最大化一些 WSN 目标功能。例如,在声波 WSN 模式管理,追踪载体运动的情况下,目标功能就是通过最小化资源使用而最大化 WSN 寿命,而约束就是,覆盖率必须至少达到所有节点打开时绝对覆盖面积的 50% 。

14.3.2　一般 ADRA 方案

我们提出 ADRA 方案,作为一种框架或方法,引导传感器节点进行有效的资源分配。ADRA 方案如算法 1 所示。

在 ADRA 方案中,传感器节点在它的寿命期内重复经历很多运行周期。一个运行周期指的是一个完整的独立活动期限,即节点从周围环境和其邻居节点收集足够的目标有关信息进行决策的过程。它决定着整体网络自适应环境保持最大性能的必要动作。每个周期分成三个阶段。在每个阶段内,ADRA 方案指定必须进行的本地动作,以达到有效的模式管理和全局传感器资源分配。

在第 1 阶段(初始化),各个节点初始化它的内部状态,通过查询其邻居节点的模式状态和环境信息,比范围内的目标,而做好准备。在第 1 阶段的结尾,各个节点与其邻居节点分享收集的初步信息。在第 2 阶段(处理),各个节点从邻居节点收集所有初步信息。将对信息进行分析,并与其自己的信息结合,产生行为规划,即可能执行的行动。同样,该规划在邻居节点之间共享。第 3 阶段

(决策)是做出最终决策的阶段,有了所有必需的信息和邻居节点的动作规划,节点就能决定如何作用,以最大化网络的整体性能。

算法1:自适应分布式资源分配

第1阶段:初始化

查询邻居节点的模式状态。

获得有关探测目标的信息(如果存在)。

更新本地变量(如效用、电池寿命)。

将探测目标信息发送至邻居节点。

第2阶段:处理

从邻居节点接受目标有关信息。

将自己探测的目标信息与邻居节点探测的目标信息融合。

根据邻居节点的信息,计算效用变化。

计算自己的传感器模式有关规划。

可选:计算邻居节点的规划。

向邻居节点发送有关的规划信息。

第3阶段:决策

接收邻居节点的有关规划信息。

根据邻居节点的影响确定自己的规划。

执行规划,改变自己的传感器模式。

14.3.3 增强型 ADRA 方案:带有密度补偿器的 ADRA

一般 ADRA 方案是 WSN 中分布式资源分配的框架。它适用于传感器节点具有栅格状布局的 WSN,但对节点随机分布的 WSN 并不能产生好的结果。这是因为一般 ADRA 方案都没有考虑整个 WSN 内部传感器节点分布的密度,尤其是本地密度。无论传感器节点如何分布,它对传感器节点的模式管理均利用同样的计算规则。这对栅格布局节点的 WSN 来说比较适宜,因为节点的在整个传感器感测场内是类似的。然而,在随机节点分布环境中,传感器感测场内某些区域可能比其他区域的节点更多。所以,这些密集部署区域的节点,相比稀疏部署区域的节点,就较不可能被分配某一具体单位的资源。尽管概念比较简单,但难以将一个传感器感测场分成数个具有不同本地密度的分区。这是因为,不指定各个分区的面积,则传感器感测场就有无限种分区方式,而引起一个 NP 难题。

我们提出了一个一般 ADRA 方案的增强版,称为带有密度补偿器的 ADRA (ADRA - dc)方案,以处理随机节点分布的情况。ADRA - dc 相比一般 ADRA,具有一个密度补偿元件。密度补偿器不是将传感器感测场分成不同的密度区,而是计算某一具体节点对整个 WSN 的相对密度。换句话说,它量化了密集部署区内节点的似然性。所以模式管理算法将考虑这种密度补偿器,以达到更公平的资源分配。ADRA - dc 方案如算法 2 所示。

算法 2:自适应分布式资源分配 - 密度补偿器

第 1 阶段:(与一般 ADRA 同)

查询邻居节点的模式状态。

获得有关探测目标的信息(如果存在)。

更新本地变量(如效用、电池寿命)。

将探测目标信息发送给邻居节点。

第 2 阶段:处理

从邻居节点接受目标有关信息。

将自己探测的目标信息与邻居节点探测的目标信息融合。

根据邻居节点的信息,计算效用变化。

计算密度补偿。

根据传感器模式有关密度补偿计算自己的规划。

可选:计算邻居节点的规划。

向邻居节点发送规划有关信息。

第 3 阶段:决策(与一般 ADRA 同)

接收邻居节点的有关规划信息。

根据邻居节点的影响确定自己的规划。

执行规划,改变自己的传感器模式。

14.4　声波传感器网络内的模式管理

我们研究了一个为监控空旷环境中载体运动而部署的声波 WSN。在这一网络中,声波传感器节点使用电池供电。这个方案能达到兴趣区域覆盖能力、目标定位能力以及电池电量储存以延长网络寿命能力之间的可控平衡。

声波传感器节点有两个模式:开启或等待。当声波传感器节点处于“开启”状态,则它具有完全的传感、处理与通信功能。当节点处于“等待”模式时,它停止对环境的传感且具有优先的通信能力。在这种状态下,一个节点每个时间单位所消耗的电池寿命量假设是节点为“开启”状态时的十分之一。则“等待”状态的节点依然可以按照 ADRA 方案与其邻居节点通信、交换信息,并在需要的时候转换到“开启”状态对目标进行传感。

声波传感器的传感能力本来就是全方向的,也就是说,它可以从任何方向上探测一个目标的声波信号,误差方差为 1rad。当某个目标位于传感器的传感范围内时,视为它可以被探测。传感器测量值或目标探测值,是以传感器监测的目标方位角(角度)值的形式,结合形成该目标的位置方位。ADRA 方案中目标方位角值与信息将在邻居节点间进行传输。

14.5 算法描述

14.5.1 Stansfield 算法

对于 ADRA 方案,我们采用 Stansfield 算法[34]结合多个传感器节点探测的目标方位角值,以定位该目标,即获得目标的位置方位。Stansfield 算法是以目标坐标最佳点估计与以目标可能位置为界限的不定性椭圆形式而计算目标的位置方位。

图 14.1 说明了 Stansfield 算法如何发挥作用。该图给出了 4 个传感器节点和一个目标。约束是各个传感器节点只能探测目标的方位角,不能探测精确的位置以及与目标的距离。这一约束适用于各种传感器。各个传感器节点可能包含一批具有测向能力的内在基本传感器。Stansfield 算法输出目标定位的两个度量:目标坐标最佳点估计和以目标可能位置为边界的不定性椭圆。

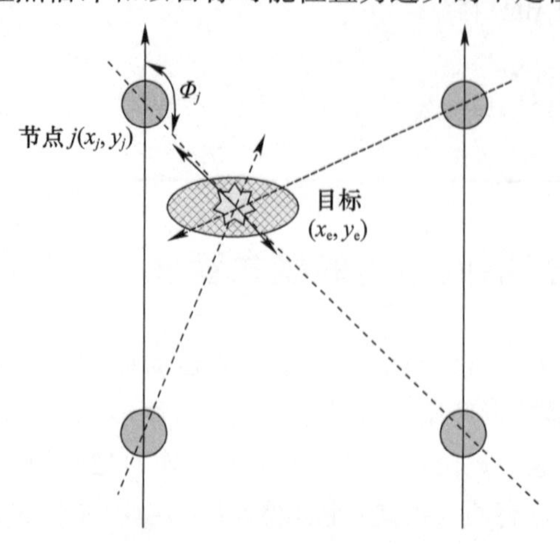

图 14.1 Stansfield 算法

最佳点估计的坐标使用下列方程进行计算：

$$\begin{bmatrix} x_e \\ y_e \end{bmatrix} = \left(\sum_{j=1}^{n} \begin{bmatrix} \cos^2\Phi_j & -\sin\Phi_j\cos\Phi_j \\ -\sin\Phi_j\cos\Phi_j & \sin^2\Phi_j \end{bmatrix} \right)^{-1} \cdot$$

$$\sum_{j=1}^{n} \begin{bmatrix} x_j\cos^2\Phi_j & -y_j\sin\Phi_j\cos\Phi_j \\ -x_j\sin\Phi_j\cos\Phi_j & y_j\sin^2\Phi_j \end{bmatrix}$$

这里，Φ_j是从第 j 个传感器节点到正北的目标方位角，x_j是第 j 个传感器节点的 x 坐标，且y_j是第 j 个传感器节点的 y 坐标。

不定性椭圆代表算法的准确度限制。它的参数按照下列几何方程进行计算：

$$s = \sum_{j=1}^{n} \left(\frac{\cos\Phi_j \sin\Phi_j}{v_j D_j^2} \right)$$

$$t = \sum_{j=1}^{n} \left(\frac{\sin^2\Phi_j}{v_j D_j^2} \right)$$

$$u = \sum_{j=1}^{n} \left(\frac{\cos^2\Phi_j}{v_j D_j^2} \right)$$

式中：v_j是第 j 个传感器节点对应的方位角方差；D_j是目标与第 j 个传感器节点的估计距离，且 n 是相关方位角值的数量。

使用参数 s、t 和 u，则椭圆的短轴长度 a 和长轴长度 b 可以计算为

$$a^2 = -\frac{2\log e(1-p)}{t - s\tan\varphi}, b^2 = -\frac{2\log e(1-p)}{u + s\tan\varphi}$$

式中：e 是自然对数的底；p 是目标位于该椭圆界定范围内的概率。

椭圆倾角 φ 的计算公式为

$$\tan(2\varphi) = -\frac{2s}{t-u}$$

14.5.2　使用一般 ADRA 的声波传感器网络中的模式管理

我们对声波场景执行 ADRA 方案的算法如算法 3 所示。在第 1 阶段(初始化与发送，initAndSend)，各个节点获得自己对目标方位角的传感器测量值，然后使用 Stansfield 算法计算目标的位置方位。它也更新自己的可能性，即对于确定节点模式(开启或等待)的效用值。然后，它将探测的目标有关信息以及自己的模式信息发送给邻居节点。

在第 2 阶段(接收、处理发送，rcvProcessSend)，各个节点接收其邻居节点的

目标方位角以及位置方位。然后,它将自己的方位角值与邻居节点的方位角值融合,获得新的目标位置方位。节点更新它自己的可能性,并将其可能性以及电池寿命信息发送给邻居节点。

在第3阶段(接收执行,rcvExe),各个节点接收其邻居节点的可能性以及电池寿命信息。根据自己与邻居节点之间电池寿命的差异,节点计算它的新可能性值。计算完成后,节点通过比较可能性与阈值决定是否“开启”。

算法3:声波传感器网络中的模式管理

```
1:main()
2: Constants : battPri,/* priority value for battery life conservation */
3: covPri,/* priority value for coverage */
4: locPri,/* priority value for localization */
5: threshold/* threshold value */
6: Variables : potential,/* potential for on or standby mode */
7: battLife,/* battery life of node */
8: battLifeDiff/* battery life difference between self and neighbor */
9:重复
10: initAndSend();
11: rcvProcessSend();
12: rcvExe();
13:直至操作终止,或者节点耗尽电池寿命

14:procedure initAndSend()
15:询问邻居节点状态
16:获取目标方位值的传感器测量值
17:Stansfield 算法计算目标位置定位
18:更新自我潜势
19:发送给邻居:目标方位值和现有位置定位,自身模式(开机或待机)

20:procedure rcvProcessSend()
21:从邻居中接收:目标方位值和位置定位,邻居模式
22:更新潜势
23:使用来自自身和邻居的新值融合和更新当前的方位值和位置修复集合
24:遍历自己和邻居节点的承载值
25:提升自我潜势(通过 covPri)
```

26:结束遍历

27:遍历自己和邻居节点的每个位置修复

28:提升自我潜势(通过 locPri)

29:结束遍历

30:发送给邻居:自我潜势和电池寿命

31:procedure rcvExe()

32:接收自邻居:潜势值和电池寿命信息

33:遍历每个邻居节点

34:计算电池寿命的不同

35:若(邻居电池寿命 > 其电池寿命),则

36:通过(battPri * battLifeDiff)降低潜势

37:否则,通过(battPri * battLifeDiff)提升潜势

38:

39:

40:结束遍历

41:若(潜势 < 门限)则

42:调至“待命”状态

43:否则

44:调整到“在命”状态

45:

14.5.3　使用 ADRA - dc 的声波传感器网络内的模式管理

如前所述,一般 ADRA 方案并未考虑 WSN 内节点的相对密度。所以,它对域内的所有节点,即使是位于密集部署分区,较低可能被分配某一资源的节点,均采用同样的计算规则。ADRA - dc 旨在解决这一问题。因为将 WSN 域分成具有不同密度的绝对分区比较困难,且代价昂贵,所以我们引入了一个密度补偿器,以计算某一节点相对 WSN 域全局密度的相对本地密度。通过下述几个步骤对它进行描述。

14.5.3.1　第一步

在域内部署传感器节点后,根据定位信息(假设各个节点的定位已知)可以计算各个节点到其邻居节点的平均距离 m_i,这里 i 是节点指数,且 $i \in n$。计算结果将组成一个 $1 \times n$ 维矩阵 $[m_1, m_2, m_3, \cdots, m_n]$,而 n 是这个域内节点的个数。

14.5.3.2 第二步

然后搜索矩阵，找到它的最大项和最小项，表示为 $m_{\max}$ 和 $m_{\min}$。用这两个值进行矩阵的标准化。

$$\left[\frac{m_1+a-m_{\min}}{m_{\max}-m_{\min}},\frac{m_2+a-m_{\min}}{m_{\max}-m_{\min}},\cdots,\frac{m_n+a-m_{\min}}{m_{\max}-m_{\min}}\right]$$

式中，a 是一个阻止标准的 m_i 变成 0 的常量。根据客观知识，密集部署分区内的节点，比稀疏部署分区内的节点，平均距离相对较小。标准化的平均距离可以表示这一趋势。标准化平均值越小，节点就越可能位于密集分区内。这一标准化平均值将是密度补偿器的基本要素之一。

14.5.3.3 第三步

仅考虑标准化平均距离，不足以确定一个节点的相对密度。考虑这种情况，即两个节点相互靠近，但是离其余节点较远，如图 14.2 所示。这两个节点将具有非常小的标准化平均距离，因为它们没有任何其他的邻居节点。然而，很明显，不能说这两个节点位于密集部署区内。

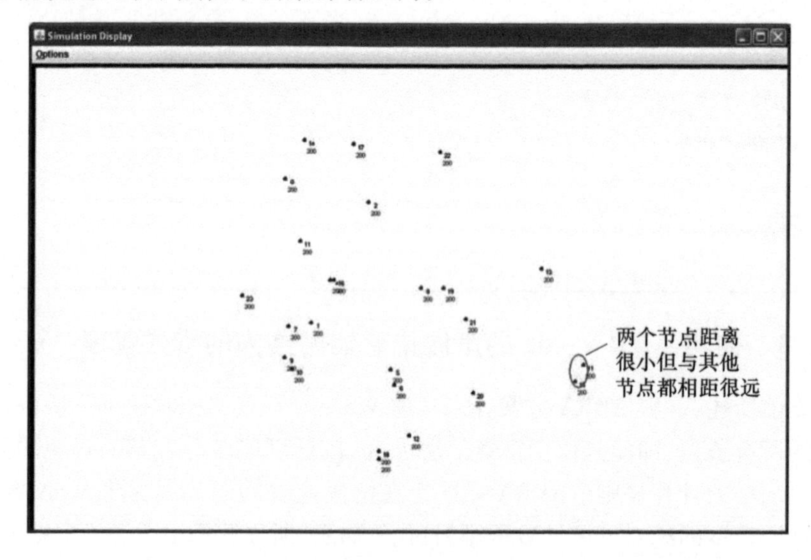

图 14.2 图示一个节点的邻居节点数量也可以表示它的相对密度

所以，节点的邻居节点数量也可以表明它位于密集部署区域的可能程度。一个节点具有越多的邻居节点，该节点就越可能位于一个密集部署区内。例如，考虑前述同样的情况，即使两个节点的标准化平均距离非常小，也不一定意味着它们位于密集部署区内，因为它们只是彼此相互邻近，而离其余节点较远。考虑到这一因素，所以需要将邻居节点的数量插入密度补偿器。

14.5.3.4　第四步

为了进一步提高 ADRA - dc 算法,我们也考虑了传感器传感范围(或半径)。考虑图 14.3(案例 1)和图 14.4(案例 2)所示的两种场景。图 14.3 的节点具有 20 单位的传感范围,而图 14.4 的节点具有 10 单位的传感范围。从地域上说,我们认为案例 1 和案例 2 具有相同的节点分布形式。然而,案例 2 中的有效传感范围比案例 1 的传感范围小很多。所以,从功能上说,案例 1 比案例 2 更密集。所以,节点的传感范围也应纳入密度补偿器公式。

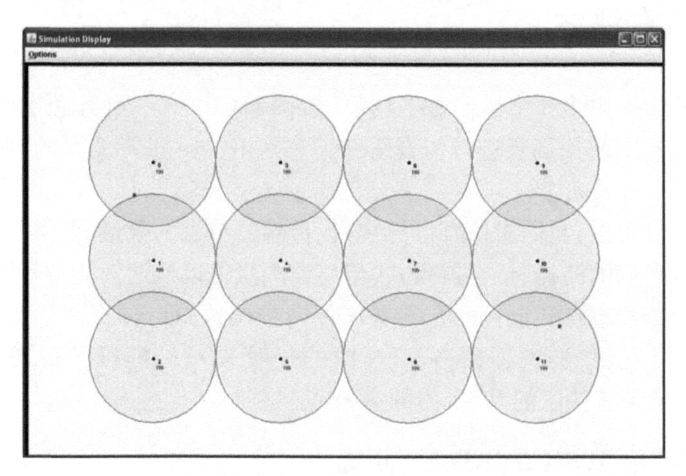

图 14.3　12 个传感半径为 20 单位的节点栅格分布(案例 1)

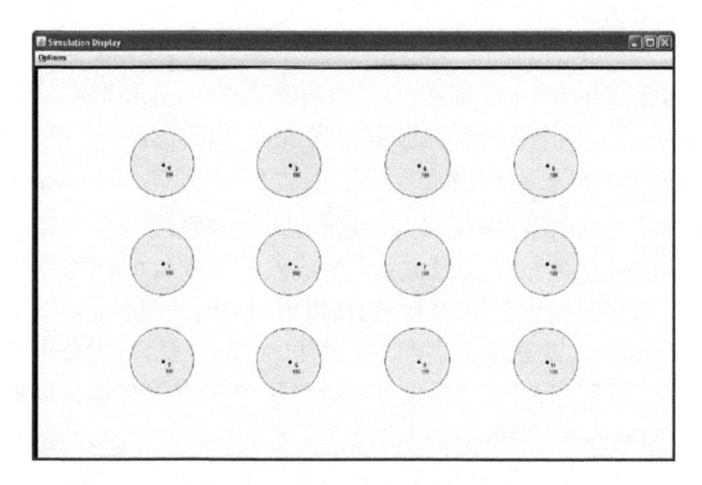

图 14.4　12 个传感半径为 10 单位的节点栅格分布(案例 2)

14.5.3.5　第五步

密度补偿器的最终计算如下所示,使用该密度补偿器,计算节点资源分配节点的可能性。

$$密度补偿器 = \beta \frac{(\log sr)(H_i^\gamma)}{m_i'}$$

式中：β 是密度补偿器的比例因子，在本章进行的仿真中，设为 0.145；sr 是传感半径，在本章进行的仿真中，设为 10、20 和 30；H_i^γ 是密度补偿器的邻居因子，H_i 是节点 i 邻居节点的数量；γ 是一个非线性的比例因子，在仿真中设为 1.65；且 m_i' 是节点 i 到其邻居节点的标准化平均距离。

14.6 仿真评估

我们使用递归多孔主体仿真工具包（Repast 3.0[31]，一种开源主体型仿真和建模工具包），对应用场景进行仿真研究。它是用 Java 进行编写的，最初由芝加哥大学开发。

在仿真设置中，我们对仿真世界规模、传感器节点的数量、节点部署拓扑、目标数量以及它们的路径、传感器模式、传感器测量值以及通信能力等属性进行建模。假设传感器节点知道自己在部署区域内的位置，且它们是时间同步的。我们将研究三个仿真场景，即栅格 WSN 内的一般 ADRA、随机分布式 WSN 内的 ADRA－dc 及带有热区的 WSN 内的 ADRA。

14.6.1 栅格 WSN 的 ADRA 研究

14.6.1.1 试验方法

我们通过对一批按照若干行列的栅格状方式部署的传感器节点进行建模，仿真这种场景。传感器节点的传感范围和无线电通信范围与其邻居节点的传感范围和无线电通信范围重叠。两个邻居节点之间的间距最小，以致代表一个内部节点覆盖面积的圆，只与其 4 个邻居节点的覆盖面积相交，而不与其他节点的覆盖面积相交。通过简单的几何法则，可知节点间距 d 与传感范围 sr 的关系式是：$d = sr\sqrt{2}$。

我们使用一个固定的仿真设置：24 个节点的 Net24（6×4 格）研究通用的 ADRA 方案。传感范围设定为 20 单位，所以节点之间的间距 $d = 28.3$ 单位。因为各个节点需要与其邻居节点交换信息，所以无线电通信范围必须大于节点间距 d。对于该仿真研究，通信范围设为 30 单位。进行仿真的栅格区域相应的维度就是 200 单位 $\times$ 120 单位。我们也建立了 8 个目标模型，它们按照一个恒定的速度——1/3 单位每仿真刻度，穿过传感器感测场。

我们研究了上述固定仿真设置条件下声波传感器网络运营的三种情况。在基准（“无算法”）情况下，网络不使用 ADRA 方案，即所有节点在耗尽它们的电池电量前，将一直“开启”。在另外两种情况下，即“有算法但无目标”以及“有算法并有目标”，网络使用 ADRA 方案控制它的运行状态。在前一种情况下，不存在目标,而在后一种情况,存在待追踪目标。

图 14.5 是 Net24 仿真的一个屏幕截图。一个活跃节点的传感覆盖半径用一个圆表示。没有这样一个圆的节点表示处于等待模式。

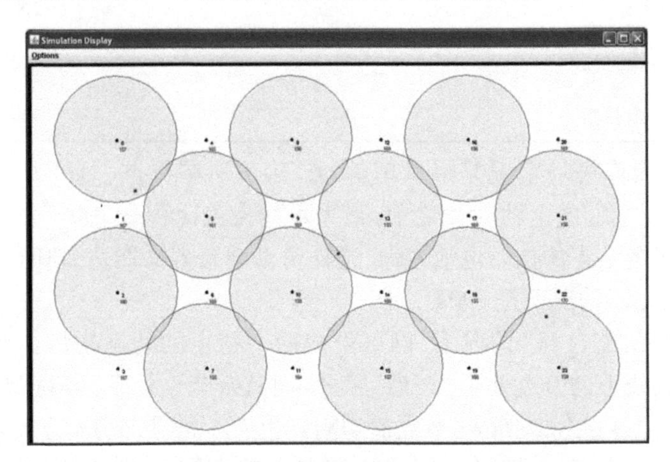

图 14.5　声波传感器网络仿真(Net24)的屏幕截图

我们使用网络覆盖面积和传感器网络寿命作为性能指标。覆盖面积定义为任何内部的点至少被一个圆所覆盖的最大面积,圆重叠的面积不重复计算。各个传感器节点开始时均具有一个预先设定的电池寿命。随着仿真时间的过去,各个节点以取决于其模式的变化速度消耗电池寿命,直至它的电池寿命耗光。我们测量了覆盖面积与时间的关系。随着越来越多的节点用光它们的电池寿命,出现传感器网络覆盖面积随时间下降的趋势。我们将传感器网络寿命定义为覆盖面积降为零时所用的时间。

14.6.1.2　仿真结果与讨论

Net24 覆盖面积随时间的变化如图 14.6 所示。此外,三种情况下平均覆盖面积以及该网的网络寿命结果如表 14.1 所列。

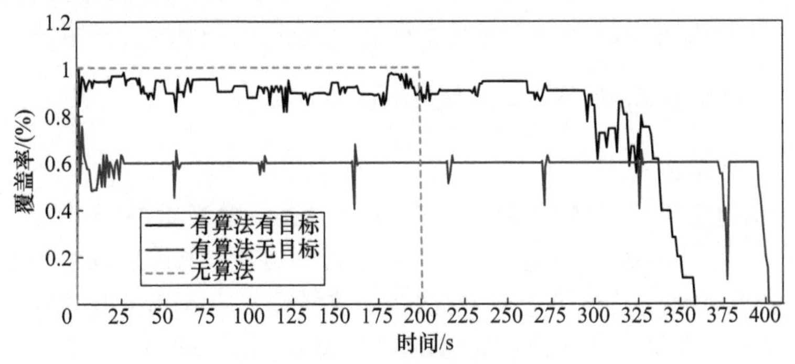

图 14.6　覆盖面积与时间的关系(Net24)

表 14.1　覆盖面积与网络寿命

Net24 案例	平均覆盖面积/%	网络寿命/s
无算法	100	200
有算法无目标	59.4	402
有算法有目标	84.3	358

基准（“无算法”）情况是最易理解的。因为所有节点一直“开启”，所以在所有节点耗尽它们的电池寿命之前，最大可能覆盖面积是 100%。在我们的仿真中，设定了各节点的初始电池寿命，这样仿真网络寿命能达 200s。所以，WSN 寿命在“无算法”情况下是 200s。

在“有算法无目标”情况下，网络聚成两个稳定的状态构形。在一个构型内，交替对角线上的节点处于“开启”模式，而其余节点处于“等待”模式。在另一个构型内，“开启”和“等待”节点模型刚好相反。受到 ADRA 方案自适应性质的引发，网络通过定期反转节点的状态而在这两个构型之间转换。这样，节点的电池寿命消耗在整个网络内随着时间的进行尽可能达到均衡。所以，稳态就是一半节点处于“开启”状态，且这种情况下网络寿命是 402s，是“无算法”情况的 2 倍。然而，因为不是所有的节点一直都处于“开启”状态，所以造成 Net24 的覆盖面积下降到基准情况最大覆盖的 59.4%。

“有算法有目标”的情况表明目标追踪的效果。在开始的时候，覆盖面积上升超过“有算法无目标”情况，这是因为 ADRA 方案为了帮助追踪目标而打开更多的节点。随着更多的节点打开，耗电量也升高了。最后，随着越来越多节点耗完它们的电池寿命，覆盖面积开始下降。所以，在这种情况下，网络寿命比“有算法无目标”情况短，但依然长于“无算法”情况。此时，覆盖面积是基准情况最大覆盖面积的 84.3%；WSN 寿命是 358s。

总之，ADRA 方案网络寿命的显著提高是以网络覆盖面积的下降为代价的。我们的结果也表明，ADRA 方案是可扩展的，它也适用于更大的网络。

14.6.2　随机分布式 WSN 的 ADRA - dc 研究

14.6.2.1　试验方法

我们通过随机部署传感器节点，建立了传感器感测场模型对随机分布式 WSN 场景进行了仿真。在随机方式中，一个传感器节点的传感范围和无线电通信范围与其邻居节点范围重叠。首先，我们将研究一般 ADRA 方案应用于这一随机 WSN 域的影响。其次，我们将 ADRA - dc 应用到随机 WSN 域。为了证明密度补偿器元件的效用，我们将比较这两种仿真的结果。

仿真的传感器节点数量依然是 24 个(随机 - Net24)。为了获得可重复的随机性(即两种仿真运行使用同样的随机节点分布),我们固定随机种子(随机数发生器种子)为 1234。我们也希望所产生的任意坐标处于仿真空间内(规模 200 × 120)。所以,我们随机设定各节点坐标,x 轴坐标随机数的平均值为 200/2,标准差为平均值除以 1.5;y 轴坐标随机数的平均值为 120/2,标准差为平均值除以 1.5。实际上,我们正在生成 24 个以仿真空间中心点(100,60)为中心的随机笛卡儿坐标,x 轴的标准差为 66.7,y 轴的标准差为 40。图 14.7 说明了节点的分布。

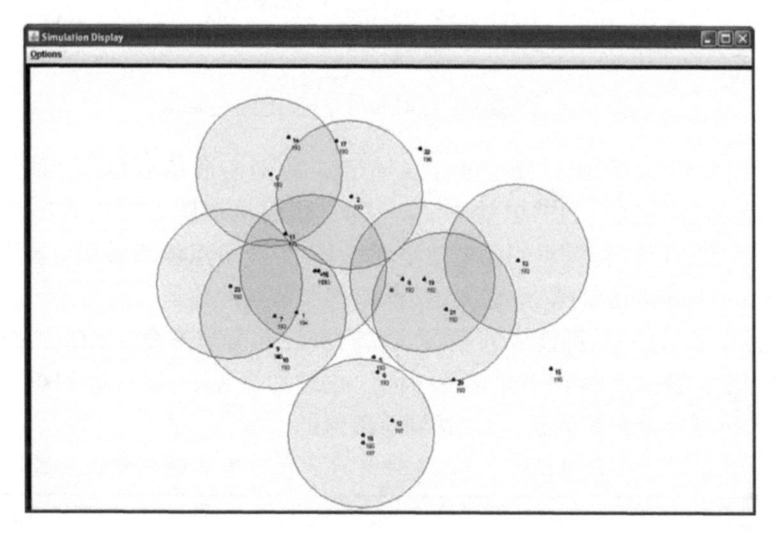

图 14.7　随机分布式声波传感器网络仿真的屏幕截图(随机 - Net24)

为了证明密度补偿器元件的效用,我们将一般 ADRA 以及 ADRA - dc 方案用于这一随机部署的 WSN。我们并未建立移动穿过传感器感测场的目标模型,因为目标的存在只是在传感器模式计算规则中引入一个线性部分,且它并不影响密度元件的结果。

我们继续使用网络覆盖面积和传感器网络寿命作为性能指标。我们将比较一般 ADRA 和 ADRA - dc 产生的结果,尤其是不同方案下传感器网络的寿命。因为密度补偿器计算也将考虑传感器节点的传感半径,所以我们在 ADRA - dc仿真中研究三种传感半径设置,即传感半径分别设为 10、20 和 30 单位。

14.6.2.2　仿真结果与讨论

在图 14.8 中,“无密度补偿”情况是一般 ADRA 应用于图 14.7 所示的随机分布式 WSN,“有密度补偿”中“覆盖面积 = 10,20,30”分别是 ADRA - dc 在传感器节点传感半径分别设为 10、20 和 30 单位的三种情况。

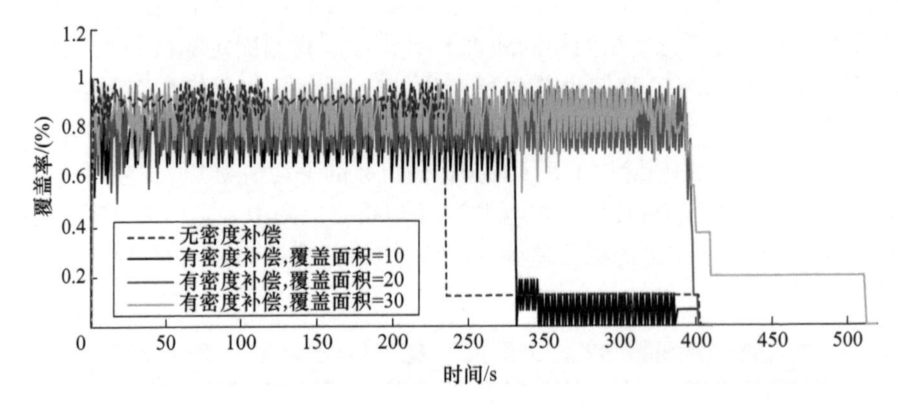

图 14.8 覆盖面积随时间的变化(随机 - Net24)

从图 14.8 可以看出,"无密度补偿"情况的绝对寿命是 401s,这意味着在那时,所有传感器耗完它们的电池寿命。然而,我们从该图也可以看出,在 233s 处,大多数节点已经耗完它们的电池电量,只有少数节点依然活跃。表 14.2 说明了 233s 时间点前后的覆盖率以及活跃传感器节点的数量。因为 WSN 的有效寿命仅为 234s,这一点不能令人满意。我们所说的有效寿命,指的是为覆盖范围下降到最大覆盖 50% 以下之前的时间。在这种情况下,234s 时间点之后,只有 2 个传感器节点依然活跃,只能达到总覆盖的 12% 。

表 14.2 一般 ADRA、有效寿命前后的覆盖率和活跃节点数量

	0 ~ 233s	234s	235s	236s
平均覆盖率	90.4%	61.9%	12.0%	12.0%
活跃节点数量	24	11	2	2

当 ADRA - dc 应用到随机分布式 WSN 时,绝对 WSN 寿命以及有效寿命均得到改善。这是因为密度补偿器元件计算了某一节点相对于其余节点的相对密度,然后通过该元件更新了某个节点的位函数,而达到更加公平的资源分配。

传感半径为 10、20 和 30 单位时,绝对寿命分别为 401s、401s 和 512s。表 14.3说明了三种情况的覆盖率和有效寿命。如表 14.3 所列,这三种情况的有效寿命分别是 280s、395s 和 398s。当传感半径设为 20 和 30 单位时,这两情况的有效寿命几乎是一般 ADRA 情况的两倍。然而,当传感半径设为 10 单位时,有效寿命只提高 20% 。这是因为当传感半径设为 10 单位时,WSN 被认为是一个稀疏分布的网络,不考虑区域密度。密度补偿器将具有一个较小的值,而使更多的节点打开。

表 14.3 三种情况的覆盖率和有效寿命

覆盖面积 = 10	0 ~ 280s	281s	282s	283s
平均覆盖面积/(%)	76.7	31.3	18.8	18.8
活跃节点数量	24	9	3	3
覆盖面积 = 20	0 ~ 395s	396s	397s	398s
平均覆盖面积/(%)	81.9	43.1	33.7	12.0
活跃节点数量	17	16	5	5
覆盖面积 = 30	0 ~ 398s	399s	400s	401s
平均覆盖面积/(%)	85.6	37.2	37.2	37.2
活跃节点数量	17	16	5	5

传感半径为 10、20 和 30 单位的情况下，有效寿命期限内平均覆盖率分别为 76.7%、81.9% 和 85.6%。注意，随着传感半径的增加，平均覆盖率大致呈直线增加。使用标准最小方差回归方法，得到这一随机节点分布的平均覆盖率与传感半径之间的线性关系函数。

$$y = 72.5 + 0.455x$$

式中：y 是以百分比表示的平均覆盖率；x 是传感半径。通过这一线性方程，就可以通过寿命、覆盖范围以及传感半径之间的平衡，而对网络进行自定义，也可以在部署节点前估计 WSN 的性能。

14.6.3 带热区 WSN 的 ADRA 和 ADRA - dc 研究

在一个典型的 WSN 内，传感器感测场内的一些区域可能比其他区域具有更多的节点。例如，在一个目标追踪的声波传感器网络中，我们可能会在交叉路口部署更多的节点。在 WSN 内，部署更多节点的区域就称为热区。通过在热区附近或热区内部署更多的节点，实际上就为该区域分配了更多的物理资源。然后我们将研究一般 ADRA 和 ADRA - dc 方案如何处理这种情况。注意，随机分布式 WSN 可能存在热区，但这种热区是随机产生的（因为一些区域可能比其他区域具有更多的节点）。因为随机产生的热区在功能上毫无用处，所以不进行讨论。为了研究热区场景，我们有计划地在传感器感测场内生成了一个热区，并研究 ADRA 和 ADRA - dc 方案对这种部署的有效性。

本研究仿真的节点数量是 24。如图 14.9 所示，WSN 域内有三个热区。各个热区附近部署了 8 个节点。第一个热区的坐标是（167，80），第一热区附近 8 个随机分布的节点，平均坐标为（167，80），且 x 和 y 轴的标准差均为 8。除了第二和第三热区的标准差分别为 13 和 18 之外，第二和第三热区的节点按照相似的方式部署。导致所产生的热区只有不同的节点密度。如图 14.9 所示，标准差越小，节点在热区周围分布就越密集。表 14.4 说明了三个热区的配置。

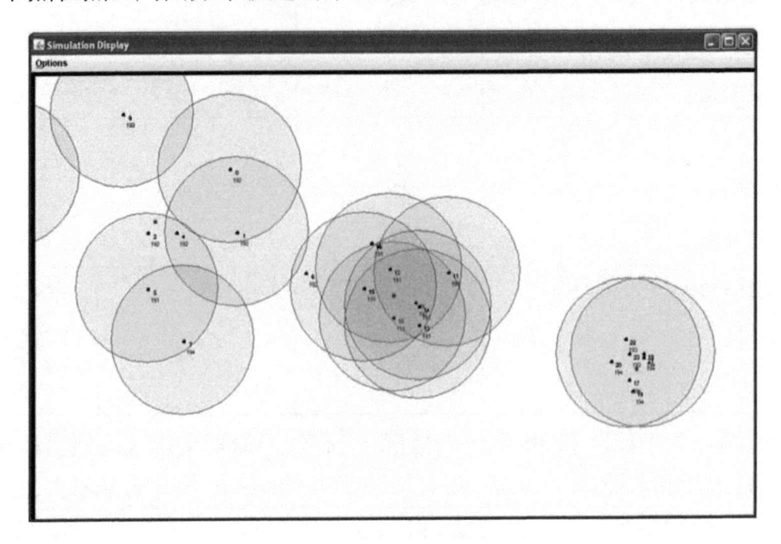

图 14.9　热区分布

表 14.4　三个热区的配置

热区	中心坐标平均值	标准差 x	标准差 y
1	(167,80)	5	5
2	(100,60)	8	8
3	(34,40)	23	23

我们研究了一般 ADRA 和 ADRA - dc 方案在本场景下的表现。性能指标依然采用覆盖率和网络寿命。在本研究中，我们没有研究传感器节点传感半径的影响，因为它在之前的模拟研究中已经研究过。

在图 14.10 中，有两个覆盖率与寿命的曲线图。分别是“无密度补偿”情况，即一般 ADRA 方案应用于本场景。“有密度补偿器”情况，即传感半径设为 20 单位时 ADRA - dc 方案应用于本场景。

从图 14.10 可以看出，一般 ADRA 和 ADRA - dc 的绝对网络寿命分别是 272s 和 400s。此外对于这两种情况，覆盖率都以阶梯方式下降。这是因为 WSN 域内分布不均匀，有三个热区，各有 8 个节点，在资源分配方面，发挥的是子网的功能。所以，当热区 3 消失，其次是热区 2，最后是热区 1，网络寿命也在这个阶段达到尽头。表 14.5 说明了两种情况下具体时间的寿命、覆盖率和活跃热区。如表 14.5 所列，ADRA - dc 方案可以牺牲较小的覆盖率而实现所有三个热区的较长网络寿命。

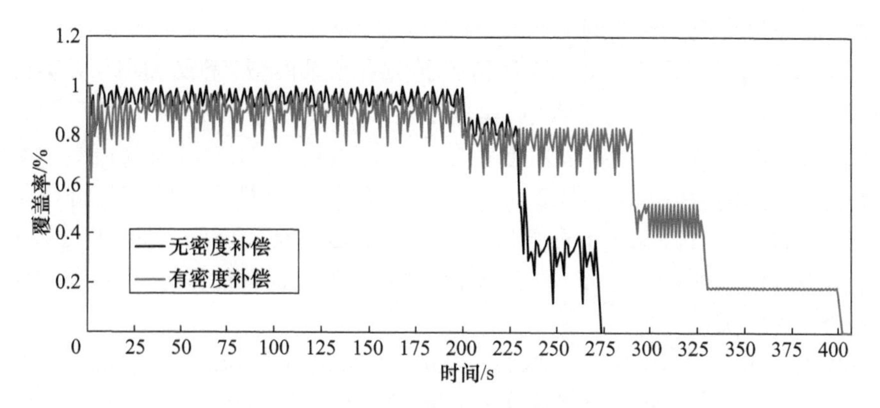

图 14.10 带热区的 WSN,覆盖面积随时间的变化

表 14.5 带热区 WSN 的 ADRA 和 ADRA - dc

一般 ADRA	0 ~ 200s	201 ~ 229s	230 ~ 272s	273s
平均覆盖率	94.4%	82.8%	33.3%	0%
活跃热区	1,23	1,2	1	无
ADRA - dc	0 ~ 290s	291 ~ 325s	325 ~ 400s	>400s
平均覆盖率	83.0%	46.5%	19.1%	0%
活跃热区	1,23	1,2	1	无

14.7 从业者指南

14.7.1 硬件原型实现

为了评估 ADRA 方案在实际传感器硬件平台的性能,我们利用 Crosshow MICA2 智能尘埃制造了声波传感器网络场景原型[26]。智能尘埃是在 TinyOS 开发环境下用 nesC 进行编程[14]。nesC 是 C 编程语言的扩展。TinyOS 是一种为传感器节点而设计的事件驱动操作系统。我们的硬件测试平台按 4 × 4 栅格部署 16 个 MICA2 智能尘埃。我们也使用 Crosshow MTS310CA 传感器板,接到 MICA2 智能尘埃上。

一个智能尘埃的总耗电量是它的元件,包括处理器、无线电、记录器内存以及传感器板的耗电量总和。各个元件可以按照不同的功能模式运作。当按照不同的模式运作时,各个元件的耗电量也不同。例如,微控制器在完全运行期间需要 8mA 电流,而在睡眠模式只需要 8μA 电流[26]。所以,总体耗电量是所有元件耗电量的总和按照各个元件运行模式工作周期的平均。在我们的测试平台中,我们根据经验,测量了一个 MICA2 智能尘埃的耗电量,在活跃模式大约为

25mA,而在等待模式大约为11mA。

我们的测试平台旨在建立声波传感器网络场景模型,完成ADRA方案的硬件实现概念验证。我们为了省电,禁用了所有声波传感器之外的所有传感器。MTS310CA传感器板上的声波传感器是一个传声器,只能提供声波信号的量级读数,它不能提供声波信号的来源方向。所以,我们对算法3的实施进行了简化,以便只进行目标探测,不进行目标定位。幸运的是,这种简化并未对ADRA方案有效性的证明产生任何大的影响,因为我们的关键性能指标、覆盖面积和网络寿命依然相关。

我们使用MTS310CA发声器的蜂鸣声(声波频率为4kHz)来模仿目标发生的响声。两个智能尘埃之间的间距与声波传感器的传感范围有关,与仿真的方式类似。根据经验测量,我们在测试平台中确定智能尘埃之间的良好间隔距离为50cm,因为这是以一个合理内部阈值探测MTS310CA声音信号的合适距离。

14.7.2 结果与讨论

图14.11说明了我们16节点测试平台测量的三种情况下覆盖面积随时间的变化。x轴上的时间单位指的是时间周期。周期时间短,会造成数据包碰撞减少和电量管理难以控制,而周期时间过长,会阻碍目标探测。在我们的实现中,我们通过实证,确定时间周期为5s,达到的性能比较理想。各个MICA2智能尘埃是由一对AA电池供电,电量可以持续数天。为了加快数据收集和分析过程,我们只考虑前250个周期,如图14.11所示。

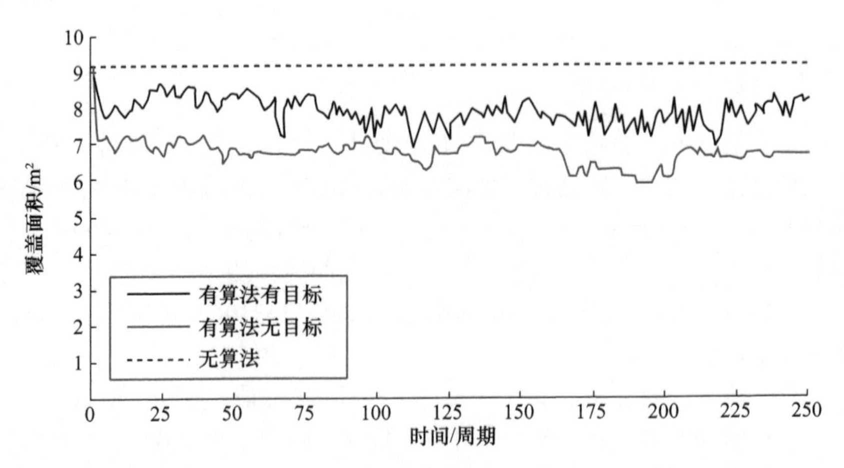

图14.11　16节点MICA2测试平台的覆盖面积随时间的变化

不出所料,基准("无算法")情况非常简单:所有节点一直"开启",所以覆盖面积随着时间的过去保持在9.1m²。在"有算法无目标"情况下,覆盖面积下降到一个平均值 6.7m²。当目标引入“有算法有目标”情况，更多的节点被激发而转为开启，所以我们得到一个比“有算法无目标”情况更大的覆盖面积。在图 14.11中，该图表示“有算法有目标”在 250 个周期内超过“有算法无目标”情况。有目标的情况下，平均覆盖面积是 7.9m²。

在 250 个周期内，“有算法无目标”情况以及“有算法有目标”情况的覆盖面积，分别是“无算法”情况的 73.6% 和 86.8% 。然而，如果将该试验运行更长的时间，则这种情况下，随着越来越多的智能尘埃耗尽它们的电池电量，覆盖面积将下降，如在仿真试验中一样。

14.8　小结与展望

在 WSN 中，很多传感器节点相互协作，发挥各种传感、通信与处理功能。对于这种大规模分布式系统，一个关键的挑战就是，如何在动态变化环境中有效地分配有限的分布式资源。本章已经对研究分布式资源分配问题各个方面的现有文献进行了评述。

我们提出了 ADRA 方案，它指的是传感器网络中邻居节点之间协作，发挥作用并进行模式管理决策。ADRA 方案有助于传感器网络动态以及响应适应周围环境变化。我们通过研究声波传感器网络的实际应用，即使用 ADRA 方案进行传感器模式管理，证明了该方案的效用。仿真以及硬件原型结果表明ADRA 方案能达到良好的覆盖面积和目标追踪，且能节省大量的电量并延长网络的寿命。

一般 ADRA 方案是 WSN 内分布式资源分配的一个框架。它非常适用于栅格状部署的传感器 WSN 网络。我们提出了 ADRA 方案的加强版，称之为 ADRA - dc方案，解决随机部署传感器节点的场景。ADRA - dc 方案在随机部署 WSN 的分布式资源分配决策时考虑了传感器节点的密度。

在 ADRA - dc 方案中，密度补偿器的计算依然是基于启发式算法。为了使各种节点分布达到最优结果，密度补偿器的参数必须相应调整。因为上述调整是需要耗费时间的，且可能导致人为误差，所以解决这一问题的一个可能的方法就是使用基因编程法（GP）。这个问题可以通过集中于研究如何利用 GP 解决参数估计问题而得到解决。最后，探索 ADRA 方案的扩展也是未来研究的一个很好的方向。

名 词 术 语

ADRA：ADRA 指的是自适应分布式资源分配。它是指传感器网络中的单个传感器节点通过相对简单的本地活动而进行模式管理。各个节点的模式是基于本地规则以及相邻邻居节点的相互作用而以分布式方式动态决定的。

ADRA - dc:带有密度补偿器的 ADRA(ADRA - dc)是一般 ADRA 方案的扩展。ADRA - dc 方案考虑传感器网络中某一具体区域的节点密度。密集部署的区域内资源分配策略不同于稀疏部署区域的策略。

基于智能体的仿真:基于智能体的仿真,是一种试验框架,指的是网络中仿真自主智能体的活动和相互作用,以评估智能体对系统全局的影响的一个计算模型。

多智能体系统:多智能体系统是一个由多个软件或硬件智能体组成的系统,共同完成单个智能体难以完成的目标。

Stansfield 算法:Stanfield 算法是一种融合多传感器节点探测目标方位角值以定位目标的计算技术。它以目标坐标最佳点估计,和以目标可能位置为边界的不定性椭圆形式而计算目标的位置方位。

传感器调度:在 WSN 中,因为电量、处理功率、带宽等资源有限,网络中传感器节点必须适当调度,以节省能源或避免在使用某一具体系统资源时发生冲突。解决传感器调度问题,有两种一般的方法,集中法与分布法。在集中传感器调度中,中央协调器将计算相关成本函数并确定各个单个节点的模式。在分布式传感器调度中,各个节点根据本地规则以及与其邻居节点的相互作用而计算自己的模式。

Qos:Qos 指的是服务质量。在通信工程领域内,服务质量就是向各种应用程序、用户以及数据流提供不同优先级,保证一定性能水平的能力。在 WSN 背景中,QoS 根据具体的部署网络的应用而不同。例如,对于 WSN 追踪运动目标,QoS 可以使用诸如追踪精确度、置信区间以及误差协方差等指标来衡量。

MCPF 和 MCTF:MCPF 指的是最关键路径优先,MCTF 则指的是最关键任务优先。它们是一种根据预先确定的优先级确定传感器节点模式,来解决分布式资源分配问题的贪婪启发式算法。

CSP 和 DCSP:约束补偿问题(CSP)是由 n 个变量值取自有限离散域的变量和一系列对这些变量值的约束组成的。解决一个 CSP 问题,意思就是搜索一个对所有变量均一致的赋值方法,以满足约束条件。分布式约束补偿问题(DCSP)是 CSP 到分布式系统领域的扩展。

MBM:MBM 指的是市场主导型宏程序设计,它是传感器网络内分配资源的范例。传感器节点响应全局公布的价格信息而进行简单的本地活动,获得收益,所以传感器网络形成一个虚拟市场。各个传感器节点执行成本评估功能,通过公布价格信息而在整个网络内诱发全局行为,驱使节点反应。系统目标如寿命、精确度或时延目标,可以通过调谐价格信息而满足。所以纳入宏程序设计编码,以响应变化网络条件而更新价格信息。

习　题

1. 解释分布式资源分配在 WSN 中的重要性。

2. 简要讨论两种已有的 WSN 资源分配算法。

3. 解释何谓市场主导型宏程序设计。

4. 解释何谓 ADRA 方案。

5. 写出一般 ADRA 方案的逻辑流程。

6. 解释何谓 ADRA - dc 方案。

7. 写出带有密度补偿器的 ADRA 方案的逻辑流程。

8. 假设在某个 WSN 内部署 4 个节点，其中 3 个节点坐标已知，记为(x_i, y_i)。位置未知的节点可以测量从它自身到 3 个已知位置节点的距离(根据声音)。记未知位置为(x_c, y_c)，且测量的距离记为 $d_i, i=1,2,3$。得出最小二乘传感器网络定位公式确定(x_c, y_c)。

9. 在 WSN 目标追踪应用中，假设已有声音测量值，则使用最小二乘法估计实际目标轨线。

10. 使用前一问题中的方法融合目标轨线的缺点是什么？困难是什么？

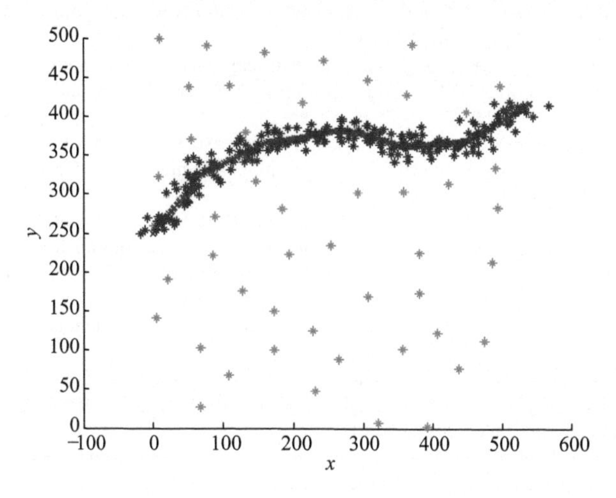

参 考 文 献

1. Akyildiz I, Su W, Sankarasubramaniam Y, Cayirci E (2002). Wireless sensor networks: a survey. Computer Networks 38(4):393–422.
2. Ali S, Kim J, Siegel H, Maciejewski A, Yu Y, Gundala S, Gertphol S, Prasanna V (2002) Greedy heuristics for resource allocation in dynamic distributed real-time heterogeneous computing systems. Proc. of the 2002 Intl. Conf. on Parallel and Distributed Processing Techniques and Applications (PDPTA 02), Las Vegas, NV, 519–530.
3. Armstrong R, Hensgen D, Kidd T (1998). The relative performance of various mapping algo-

rithms is independent of sizable variances in run-time predictions. Proc. of the Seventh IEEE Heterogeneous Computing Workshop, 79–87.
4. Bejar R, Krishnamachari B, Gomes C, Selman B (2001). Distributed constraint satisfaction in a wireless sensor tracking system. Proc. of Workshop on Distributed Constraint Reasoning, Seattle, WA.
5. Braun TD, Siegel HJ, Beck N, Boloni LL, Maheswaran M, Reuther AI, Robertson JP, Theys MD, Yao B, Hensgen D, Freund RF (2001). A comparison of eleven static heuristics for mapping a class of independent tasks onto heterogeneous distributed computing systems. Journal of Parallel and Distributed Computing 6:810–837.
6. Davis R, Smith R (1983). Negotiation as a metaphor for distributed problem solving. Artificial Intelligence 20(1):63–109.
7. Davis R, Smith R (2003). Negotiation as a metaphor for distributed problem solving. Communication in Multiagent Systems: Agent Communication Languages and Conversation Policies 20:63–109.
8. Durfee E (2001). Distributed problem solving and planning. The Ninth ECCAI Advanced Course on Multi-Agent Systems and Applications, Prague, Czech Republic.
9. Estrin D, Govindan R, Heidemann J, Kumar S (1999). Next century challenges: scalable coordination in sensor networks. Proc of the Fifth ACM/IEEE Intl. Conf. on Mobile Computing and Networking 263–270.
10. Estrin D, Culler D, Pister K, Sukhatme G (2002). Connecting the physical world with pervasive networks. IEEE Pervasive Computing 1(1):59–69.
11. Fernandez-Baca D (1989). Allocating modules to processors in a distributed system. IEEE Trans. on Software Engineering 11:1427–1436.
12. Frank M, Bugacov A, Chen J, Dakin G, Szekely P, Neches B (2001). The marbles manifesto: a definition and comparison of cooperative negotiation schemes for distributed resource allocation. Proc. of the AAAI Fall Symp. on Negotation Methods for Autonomous Cooperative Systems, North Falmouth, MA, 36–45.
13. Gay D, et al. (2003). The nesC language: a holistic approach to networked embedded systems. Proc. of ACM SIGPLAN Conf. on Programming Language Design and Implementation (PLDI), San Diego, CA, 1–11.
14. Hill J, et al. (2000). System architecture directions for networked sensors. Proc. of the Ninth Intl. Conf. on Architectural Support for Programming Languages and Operating Systems (ASPLOS), Cambridge, MA, 93–104.
15. Huang G (2003). Casting the wireless sensor net. Technology Review 106(6):50–56.
16. Huh E, Welch LR, Shirazi BA, Tjaden B, Cavanaugh CD (2000). Accommodating QoS prediction in an adaptive resource management framework. In Parallel and Distributed Processing. Rolim J, et al. (eds.), Lecture Notes in Computer Science 1800:792–799.
17. Ibarra OH, Kim CE (1997). Heuristic algorithms for scheduling independent tasks on nonidentical processors. Journal of the ACM 2:280–289.
18. Islam KMJ, Shirazi BA, Welch LR, Tjaden BC, Cavanaugh C, Anwar S (2000). Network load monitoring in distributed systems. In Parallel and Distributed Processing. Rolim J, et al. (eds.), Lecture Notes in Computer Science 800–807.
19. Jung H, Tambe M, Kulkarni S (2001). Argumentation as distributed constraint satisfaction: applications and results. Proc. of the Fifth Intl. Conf. on Autonomous Agents 324–331.
20. Krishnamachari B, Bejar R, Wicker S (2002). Distributed problem solving and the boundaries of self-configuration in multi-hop wireless networks. Proc. of the 35th Intl. Conf. on System Sciences 3856–3865.
21. Mackworth A (1994). The logic of constraint satisfaction. Constraint-Based Reasoning 58: 3–20.
22. Maheswaran M, Ali S, Siegel HJ, Hensgen D, Freund RF (1999). Dynamic mapping of a class of independent tasks onto heterogeneous computing systems. Journal of Parallel and Distributed Computing 2:107–131.
23. Mailler R, Lesser V, Horling B (2003). Cooperative negotiation for soft real-time distributed resource allocation. Proc. of the Second Intl. Conf. on Autonomous Agents and Multiagent Systems, Melbourne, Australia 576–583.

24. Mainland G, Kang L, Lahaie S, Parkes D, Welsh M (2004). Using virtual markets to program global behavior in sensor networks. Proc. of the 11th ACM SIGOPS European Workshop, Leuven, Belgium.
25. Meisels A, Kaplansky E, Razgon I, Zivan R (2002). Comparing performance of distributed constraints processing algorithms. Proc. of AAMAS Workshop on Distributed Constraint Reasoning, Bolojna, Italy.
26. Mica2 user's manual. http://www.xbow.com/support/support_pdf_files/mts-mda_series_users_manual.pdf.
27. Modi P, Jung H, Shen WM, Tambe M, Kulkarni S (2001). A dynamic distributed constraint satisfaction approach to resource allocation. Proc. of the Seventh Intl. Conf. on Principles and Practice of Constraint Programming (CP 2001), Paphos, Cyprus, 685–700.
28. Modi P, Scerri P, Shen WM, Tambe M (2003). Distributed Resource Allocation: A Distributed Constraint Reasoning Approach. In Distributed Sensor Networks: A Multiagent Perspective. Kluwer Academic, New York.
29. Nisan N (2000). Bidding and allocation in combinatorial auctions. Proc. of the Second ACM Conf. on Electronic Commerce, Minneapolis, MN 1–12.
30. Ostwald J, Lesser V (2004). Combinatorial auctions for resource allocation in a distributed sensor network. Technical Report 04-72, University of Massachusetts at Amherst.
31. Repast 3.0 – Recursive Porous Agent Simulation Toolkit, http://repast.sourceforge.net.
32. Salido M, Barber F (2003). Distributed constraint satisfaction problems for resource allocation. Proc. of AAMAS Workshop on Decentralized Resource Allocation, Melbourne, Australia.
33. Shehory O, Kraus S (1998). Methods for task allocation via agent coalition formation. Artificial Intelligence 101(1–2):165–200.
34. Stansfield RG (1947). Statistical theory of DF fixing. Journal of the IEE, Part IIIA 94(15): 762–770.
35. Welch LR, Shirazi BA, Ravindran B, Bruggeman C (1999). DeSiDeRaTa: QoS management technology for dynamic, scalable, dependable, real-time systems. In Distributed Computer Control Systems, De Paoli F, MacLeod IM(eds). Elsevier Science, Kidlington, UK, 7–12.
36. Wellman M (1996). Market-oriented programming: some early lessons. In Market-Based Control: A Paradigm for Distributed Resource Allocation. World Scientific, River Edge, NJ.
37. Yokoo M, Hirayama K (1997). Distributed breakout algorithm for solving distributed constraint satisfaction problems. Report of Research Institute for Marine Cargo Transportation 8:43–50.
38. Yokoo M, Hirayama K (2000). Algorithms for distributed constraint satisfaction: a review. Autonomous Agents and Multi-Agent Systems 3(2):185–207.
39. Yokoo M, Durfee E, Ishida T, Kuwabara K (1998). The distributed constraint satisfaction problem: formalization and algorithms. IEEE Transactions on Knowledge and Data Engineering 10(5):673–685.

第15章　无线传感器网络的调度活动

我们对传感器网络调度活动的研究，所涵盖的内容远远超过介质访问控制(MAC)协议，且不是为了对特定或通用的MAC技术进行综述。我们的目的比较泛化，研究调度策略和技术，它们可以用于避免干扰、降低能耗、延长网络寿命，通过优先考虑应用通信模式以优化网络性能，保证监控任务中的传感覆盖率，从而达到良好的服务质量。我们研究了各种干扰模型下的调度方案，包括传统的信道分离约束模型、协议模型以及物理信号干扰噪声比模型。对于本章涉及的每个主题，我们调研了最终达到的效果，并细致地剖析了一两个有代表性的研究工作。

15.1　引言

本章研究传感器网络中的调度问题，集中讨论了各种干扰模型下各种场景的调度策略和技术，所涉及的内容远远超过介质访问控制协议，而且不是为了综述特定或通用的MAC技术。我们的目的比较泛化，研究了调度策略和技术，它们可以用于避免干扰，降低能耗延长网络寿命，通过考虑低层应用通信模式以优化网络性能，保证监控任务中的传感覆盖率，从而达到良好的服务质量(QoS)。我们对各种干扰模型下的调度机制进行了研究，包括传统的信道分离约束模型、协议模型以及物理信号干扰噪声比(SINR)模型[1]。

传感器节点活动的调度在过去几十年一直都是广受关注的课题。在无线传感器网络，每个传感器节点均配有一个无线收发器，它们通过共享通信介质上的无线射频或信道保持通信(如果不能明确表述，我们可以设想一个具有单一共享信道的网络)。通常一个传感器节点有四种模式：发送、接收、空闲监听或休眠。若一个传感器的无线电处于打开状态，且它既不发送也不接收，就可以说这个传感器为空闲监听状态。一个处于空闲监听状态的节点若收到一个传输信号就可以切换到接收模式。当一个传感器处于发送模式，它可以将信号发送到共用信道，或如果该共用信道被分为若干子信道，则发送到有效子信道之一。传感器节点活动的调度就是指定一个传感器节点在每个时隙可以停留的状态。例如，一次调度可在某一时间为某一既定传感器节点指定三种方案之一的状态:①该传感器节点的无线电关闭,它停留在休眠模式;②无线电打开,传感器节点处于空闲监听,当它收到传输信号可以切换到接收模式;③无线电打开,传感器节点如果有数据包需要转发,该传感器节点就可以传输,如果共用信道分成若干子信道,也会指定发送到哪个子信道。已经证实,传感器节点活动的调度在无线传感器网络的各个方面,包括干扰避免、能量节省以及一个网络可以达到的最佳理论分析性能,都是一个重要而有效的机制。

调度的一个重要作用就是通过安排传感器节点的传输而避免干扰。干扰是由在一个传感器节点的邻近区域内同时传输而引起,导致接收的数据包受损而无效。为处理干扰,已经开发了一系列 MAC 协议[2-4]。其中一类就是竞争型协议,因为它们比较简单而且在无线网络中应用比较普遍。然而,其为了解决竞争问题,需要重传,所以这些协议不具有能量效率,且它们不适宜能量受限的传感器网络。另一种技术称为分配型协议,或调度协议,它能通过细致安排传感器节点的传输而保证预定接收器的接收不受干扰,因为无信道竞争、不存在能量浪费,所以它们比较适合传感器网络。其基本的理论是,首先将共用信道分成子信道,然后将子信道分配给传感器节点。已经开发出了各种信道划分技术,例如,频分多址(FDMA)方案中的频带,码分多址(CDMA)方案中的正交调制码将共用信道分为多个子信道[3,5]。给定一组子信道,两个同时传输信道之间的干扰量取决于它们所用子信道之间的间隔以及信号传送器之间的距离。子信道分配应能保证预定接收器所受的干扰量不超过可接受的范围。

调度也可以用于低流量网络以节省能量。传感器通常依靠电池运行,所以能量效率是传感器网络中最重要的约束之一[6]。已有研究确认空闲监听是一种主要的耗电模式[7-10]。例如,基于 Chipcon[12] CC1100 RF 收发器的 WorldSens[11] 传感器节点,接收模式电流为 16.2mA,而发送模式为 15.1mA(输出 0mW · dB)。已经证明,如果网络大多数时间内流量负荷都比较轻,传感器节点的周期性占空比,即通过对传感器节点活跃和休眠模式的安排,就可以达到更佳的能量效率[8,9,13-16],这里所说的一个传感器活跃,指的是它的无线电处于打开状态,即它要么传输、接收或处于空闲监听模式。占空比控制中一个重要的问题就是,如何保障通信连通性以及在存在休眠节点时如何解决小数据包的转送延迟。已经有学者提出了各种占空比的调度方案[7-10,17-26]。

除了协议设计外,调度也是一种分析一个网络可以达到最佳性能的理论工具。因为精心设计的调度方案代表了一种传感器节点活动的理想状况,已经有人使用它来研究无线网络的容量[1,27]。在文献[1]中,通过在任意和随机网络中对节点传输进行空间和时间调度,而获得了一个无线网络吞吐能力的推定下限。这一技术,也被用于评估[27]多收发器和信道的网络容量。文献[28,29]分别通过构建合适的调度方案而研究了广播能力和数据聚合能力。文献[30-32]研究了调度的复杂性,即在某一时间在给定的一组通信请求中安排所有的请求。

调度策略高度依赖干扰模型,它描述了某一传输无干扰被接收的情况。本章研究了各种干扰模型下的调度问题。最常见模型之一就是带信道分离约束的图标[33-39],这里的约束定义为根据两个节点之间距离而分配给它们子信道之间的最小间隔。在文献[40]中,几何距离定义为各个传感器节点之间的干扰范围,来自一个节点的播送可能干扰这个距离内的所有节点。在文献[1]中,提出了协议模型,它使用一个保护区参数,以确保其他同时传输的节点距离接收器足够远。传感器节点之间的干扰在文献[41]中被描述为一组干扰链路,这里假设两个节点,u 和 v,当且仅当从 u 发出的传输被节点 v 干扰,从 u 到 v 的链路才是一个干扰链路。在文献[1]中,使用物理模型(物理 SINR 模型)描述了不同信号发射器引起的干扰累积效应。

本章还研究了不同干扰模型下各种场景的调度策略和技术。涵盖的主题如下:其中对于每个主题,我们对结果进行了分析,并详细举例研究了一两个有代表性的。在15.3节,我们从一个已经被广泛研究的调度问题——通过带有信道分离约束的图标识模拟信道分配问题着手。根据上述图标识而产生的调度可彻底保证无干扰的通信。然而,正如理论分析表明,这样一种调度所需子信道的跨距较大,尤其是在密集网络中。15.4节讨论了一项最近刚提出的调度策略,称为轻调度,它仅通过将信道分离约束强加于应用程序所需的通信链路而降低了所需子信道的跨距。另一种形式的调度,占空比控制,是一种能量节省的重要机制,将在15.5节进行介绍。因为通常部署一个传感器网络都是为了具体的应用,所以可以通过考虑基本应用通信模式而优化调度,这类策略将在15.6节进行研究。15.7节将重点讨论协议模型和 SINR 模型,研究一种有代表性的调度机制,并阐述如何在理论分析中使用调度机制。

15.2 背景

在本章中,给定一个图 G,使用 $V(G)$(使用 $E(G)$)表示图 G 中的节点集(边缘集)。如传感器网络中大多数工作方法一样,如果未明确表述,我们采用一个通用的图 G 对一个传感器网络进行建模。$V(G)$ 中的顶点对应一个传感器节点,且对任何两个节点,$u,v \in V(G)$,当且仅当 v 可以接收来自 u 传出的信号,同时 u 是这个网络中唯一传输的节点,在 $E(G)$ 中就存在一条从节点 u 到节点 v 的边,可以说 v 处于 u 的传输范围内。一些研究工作考虑通过单位圆图(UDG)对传感器网络进行建模,所以在这里我们提出定义:UDG 指节点所处的等大小圆盘图,当且仅当两个节点的圆盘相交,这两个节点之间就存在一个边。信道分配问题是与调度有关的最重要问题之一。通常通过图标识进行建模,这里不同的标号表示不同的子信道。给定一个图 G,则用函数 $l(\,):V(G)\rightarrow\mathbf{N}$ 表示将每个 $u\in V(G)$ 的节点映射到一个非负整数 $l(u)\in\mathbf{N}$。给定一个标号 $l(\,)$,节点 u 被分配的子信道就用标号 $l(u)$ 表示。

对图标识定义的约束要服从调度目的、调度策略和描述了无干扰通信条件的干扰模型。对于本章研究的每个问题,我们都定义了干扰模型并且给出了图标识的定义。因为子信道代表了稀缺的系统资源,例如,FDMA 方案中的频率和 CDMA 方案中的正交码,因此在一个图标识模型或一个标号方案中,一个关键的性能指标就是所需标号的数量。我们将一个标号的跨距定义为最大标号减去最小标号,标号的跨距对应于相应信道分配所用的带宽。给定一个标号定义,通过满足定义约束的给定图上任意标号所要求的最小跨距标号称为标号数。注意,标号数独立于特定的标号方案,只是由标号定义以及被标号的网络决定。在本章中,假设 $K\geqslant 1$,我们使用整数集 $\{0,\cdots,K\}$ 来表示跨距为 K 的标号集。

图符号定义如下。给定图 G 和两个节点 $x,y\in V(G)$,若 G 为无向的,则定义 x 与 y 之间的链路为 $x\leftrightarrow y$,用 $N_G(x)\equiv\{y\in V(G)\mid x\leftrightarrow y\in E(G)\}$ 表示 x 的邻居节点集,用 $\delta_G(x)\equiv|N_G(x)|$ 表示 x 的度,用 $\Delta_G\equiv\max\{\delta_G(x)\mid x\in V(G)\}$ 表示 G 的度。给定 $H\subseteq V(G)$,定义 $N_G(H)\equiv\cup_{x\in H}N_G(x)$。若 G 是有向的,则定义从 x 到 y 的定向链路为 $x\rightarrow y$,x 的输出和输入的邻居节点集则分别是 $N_G^+(x)\equiv\{y\in V(G)\mid\exists x\rightarrow y\in E(G)\}$ 和 $N_G^-(x)\equiv\{y\in V(G)\mid\exists y\rightarrow x\in E(G)\}$。从节点 x 到节点 y 的一个路径具有 $z_1\rightarrow z_2\rightarrow\cdots\rightarrow z_k$ 的形式,这里 $z_1=x,z_k=y$,且 $\forall i\in[1,k-1]$,$z_i\rightarrow z_{i+1}\in E(G)$。给定两个节点 $x,y\in V(G)$,定义图 G 中 x 与 y 之间的距离 $d_G(x,y)$ 为从 x 开始到 y 结束的最短路径边数。图 G 的直径 D_G 定义为两个节点之间的最大距离,$D_G\equiv\max\{d_G(x,y)\mid x,y\in V(G)\}$。$x$ 与 y 之间的几何距离定义为 $\|x,y\|$。

15.3　完全无干扰的调度

一些研究[33-39]通过信道分离约束进行图的标识,从而建立信道分配问题的策略,这里根据两个传感器之间的距离定义它们所使用的子信道分离约束。该策略基于一项研究成果,即给定一组子信道,有两个主要的因素会影响同时传输的信道之间的干扰。第一个就是在所用子信道上同时传输的无线电频谱的邻近度,一般而言,两个相互靠近的子信道之间的干扰大于相距甚远的子信道之间的干扰。第二个因素就是预定的接收器与其他信号发送器之间的距离，因为信号强度随着距离增加而减弱。带有信道分离约束的图标识定义如定义 1 所示，这里使用一组正整数参量$d_1, d_2, \cdots, d_k$描述信道分离约束。具体来说，d_i是相距为 i 的节点所分配子信道之间的最小间隔。

例 15－1 IEEE（电气与电子工程协会）802.11a 为 12 信道的规定[42]。因为相邻信道的干扰，在 FDMA 方案中需要保护带（图 15.1）并且传感器节点相邻时不能同时使用相邻的信道[43]。

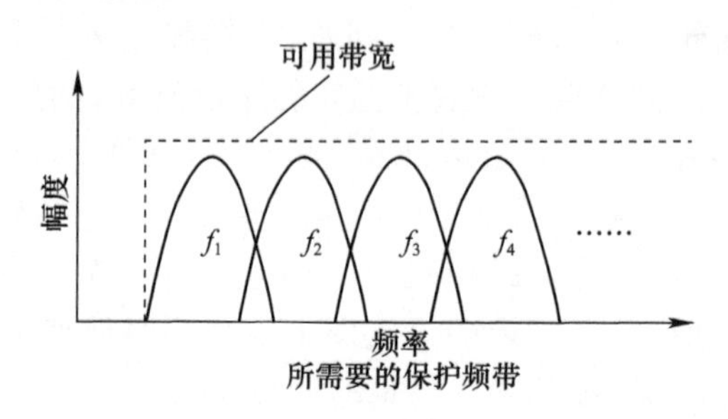

图 15.1 相邻信道干扰

定义 1 （$L(d_1, d_2, \cdots, d_k)$－标号），给定一个图 G 和一组正整数，$d_1 \geqslant d_2 \geqslant \cdots \geqslant d_k > 0$，在 G 中的一个 $L(d_1, d_2, \cdots, d_k)$－标号是一个函数 $l()$：$V(G) \rightarrow \mathbf{N}$，满足：$\forall v, u \in V(G)$，使得$d_G(u,v) = i$，$|l(u) - l(v)| \geqslant d_i$。在 G 上的 $L(d_1, d_2, \cdots, d_k)$－标号的标号数采用$\lambda_{d_1, d_2, \cdots, d_k}(G)$表示。

例 15－2 在图 15.2(a)和(b)中，给出了 $L(2,2,1)$－标号，它保证任何距离为 1 的两个节点（如节点 a 和 c）间隔至少为 2，任何距离为 2 的两个节点（节点 b 和 e）的间隔至少为 2，且任何距离为 3 的两个节点（节点 a 和 e）的间隔至少为 1。

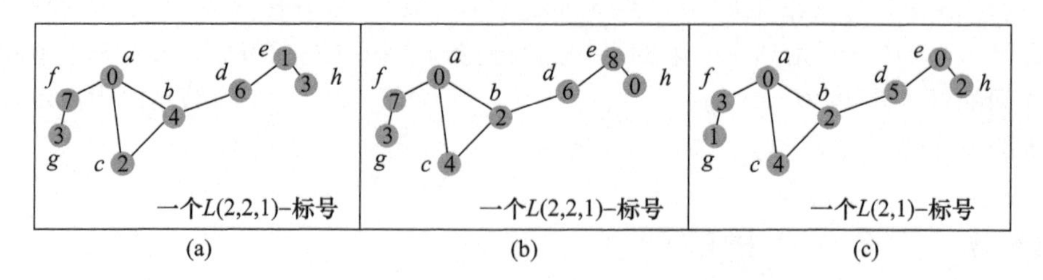

图 15.2 $L(2,2,1)$－标号和 $L(2,1)$－标号的示例

例 15－3 在图 15.2(c)中，给出了 $L(2,1)$－标号，它保证任何距离为 1 的两个节点（如节点 a 和 c）间隔至少为 2，任何距离为 2 的两个节点（节点 c 和 d）的间隔至少为 1。

为了限制距离为 i 的节点同时传输之间的干扰，应适当定义d_i的值，

$i\in[1,k]$。因为信号强度会随着距离增加而减弱,若两个节点之间的距离足够大,则同时传输引起的干扰对它们来说就无关紧要,即使它们是在同一子信道传输。我们所说的复用距离,是指可以共用同一信道而不相互干扰的两个节点之间的最小距离,当按照 $L(d_1,d_2,\cdots,d_k)$ - 标号进行子信道分配建模时,它为$k+1$。

值得指出的是,基于这样一种标号机制而进行的子信道分配实际上是完全无干扰的,因为每个节点的每次传输均被其传输范围内的其他节点无干扰接收。$L(d_1,d_2,\cdots,d_k)$ - 标号的一个基本情况就是,对两个距离进行约束定义,即,$L(d_1,d_2)$ - 标号。在文献[39]中首次提出了 $L(d_1,d_2)$ - 标号的定义,且从那时起,引起了大量的研究[33,35,37,44]。后面我们将对通用 $L(d_1,d_2,\cdots,d_k)$ - 标号和特定情况 $L(d_1,d_2)$ - 标号的图标识研究结果进行综述。

例 15 - 4　$L(d_1,d_2,\cdots,d_k)$ - 标号的复用距离为 4。也就是说,任何两个距离至少为 4 的节点可以分配同一标号。在图 15.2(b)中,节点 a 和 h 之间的距离为 4,它们被分配了同一标号 0。

15.3.1　一般图的标号

图标识问题,是众所周知的 NP 完全问题,即使在非常简单的情况下也是如此。在文献[39]中,通过简化 Hamiltonian 路径证明了 $L(2,1)$ - 标号问题是一个在直径为 2 的图上的 NP 完全问题。在文献[45]中,通过简化为平面图的染色问题证明在无限三角形栅格图的有限诱导子图中的特定情况 $L(d_1)$ - 标号是 NP 完全问题。对于任何给定的$d_1,d_2,\cdots,d_k$的值,这些证明均适用于 $L(d_1,d_2,\cdots,d_k)$ - 标号。有人也研究了对 UDG 的图标号[46-47],结果表明对这类图来说,依然是 NP 完全问题。在文献[48]中,证明在任何定比中最小标号跨距的近似问题依然是 NP 难题。由于发现最优图的标号是 NP 完全问题,该领域的大多数研究要么集中于能产生次优但可接受结果的有效启发式算法,要么集中于讨论具有特性的图的近似最优解。后面我们将对这两个方面取得的研究成果进行综述。

我们提出一种非常简单但常用的标号策略——贪婪标号(算法 1)。在这个策略中,按照某种顺序对节点进行标号。每次检查到一个未标号的节点,就分配给它一个不会使标号约束无效的最小标号。这一方法被很多文献[33,49,50]研究使用,其中所使用的不同标准,就是对标号排序的定义,比如随机定义和邻居递增/递减数。由此而产生的所用标号的跨距在很大程度上取决于节点标号的顺序,且它可能不是最优的。然而,这样一种启发式算法可在多项式时间内发现一个标号,极端的简化使它在实际中受到欢迎。

算法 1:贪婪式图标识

Input:传感器节点顺序规定:$v_1, v_2, \cdots, v_n$.

1:$l(v_1)=0$;

2:**for** $i=2$ 到 n**do**

3:$X=0$

4:**for** $j=1$ 到 $i-1$,**do**

5:**if** $d_G(i,j) <= k$ **then**

6:$X = X \cup [\max\{0, l(j) - d_{d_{G(i,j)}} + 1\}, l(j) + d_{d_{G(i,j)}} - 1]$;

7:**end if**

8:**end for**

9:$l(v_1)$ = 不在 X 中最小的标签;

10:**end for**

例 15-5 我们考虑图 15.2 中图的 $L(2,2,1)$-标号。设标号顺序为 a,b,c,d,e,f,g,h。根据贪婪标号算法而产生的一个 $L(2,2,1)$-标号如图 15.2(b)所示。例如,当检查出 f 时,a,b,c,d 以及 e 已经标号,且已知 $l(a)=0, l(b)=2, l(c)=4, l(d)=6, l(e)=8$。注意,这时 g 是未标号的,我们得出:①因为 $d_1=2$ 的约束,节点 a 距离 f 一个跳距,所以不能为 f 选择标号 0,1;②因为 $d_2=2$ 的约束,节点 b 距离 f 两个跳距,所以不能为 f 选择标号 1,2,3;③因为 $d_2=2$ 的约束,所以不能为 f 选择标号 3,4,5;④因为 $d_3=1$ 的约束,节点 d 距离 f 三个跳距,所以不能为 f 选择标号 6。所以能分配给 f 的最小标号是 7。

现在考虑标号数字的界限,也就是对一个图 G 的一个 $L(d_1, d_2, \cdots, d_k)$-标号所需子信道的最小跨距。目前大多数下限的结果都基于 i-clique 的尺寸[51-52]。通过研究图的标号问题与最大独立集问题[53]、巡回售货员问题[39,53]、图块的覆盖问题[54-55]之间的关系,也可以得到 $\lambda_{d_1,d_2,\cdots,d_k}(G)$ 的下限。这里根据集团的尺寸提出下限,作为示例。给定一个图 G,G 的 i-clique 定义为一个 $V(G)$ 的一个子集,$\{u,v \in V(G) \mid d_G(u,v) \leqslant i\}$。我们得出下列改编自文献[51]的定理。

定理 1[51] 对于任何图 G 以及任何整数集 $d_1 \geqslant \cdots \geqslant d_k > 0$,得

$$\lambda_{d_1,d_2,\cdots,d_k}(G) \geqslant \max_{i \in [1.k]} \{d_i(|C|-1) \mid C \text{是 } G \text{ 的一个 } i\text{-clique}\}$$

证明:对于任何 $i \in [1.k]$,我们考虑图 G 的任一 i-clique$C$。对于任意两个节点,$u,v \in C$,通过 i-clique 的定义,得 $|l(u)-l(v)| \geqslant d_i$。所以,分配给 C 中节点的最大标号和最小标号之间的差是

$$\max\{l(u) \mid u \in C\} - \min\{l(u) \mid u \in C\} \geqslant d_i(|C|-1)$$

例 15-6 在图 15.2 中,$\{a,b,c,d\}$ 是一个 2-圈子,$\{a,b,c,f,g\}$ 和

$\{f,a,b,c,d\}$是 3 – 圈子，如图 15.3 所示。

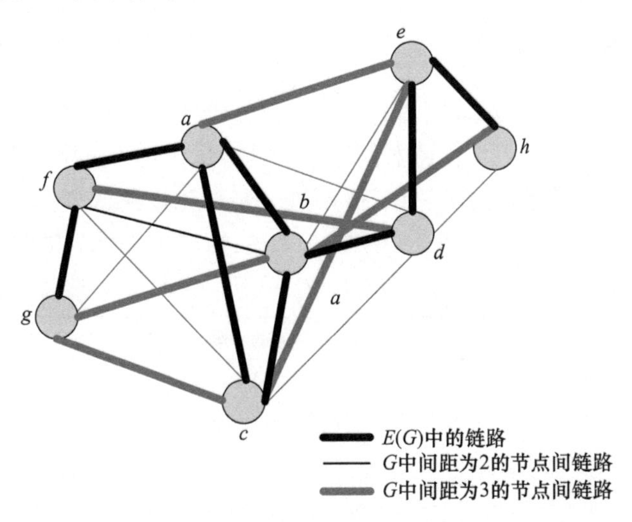

图 15.3　图 15.2 的$\lambda_{2,2,1}$下限

例 15 – 7　在图 15.2 中，1 – 圈子的最大尺寸是 3，2 – 圈子的最大尺寸是 4，3 – 圈子的最大尺寸是 5。根据定理 1，下限是

$$\lambda_{d_1,d_2,\cdots,d_k}(G) \geqslant \max\{2\cdot(3-1),2\cdot(4-1),1\cdot(5-1)\}=6$$

现在讨论特别情况，$L(d_1,d_2)$ – 标号。应用定理 1 到 $L(d_1,d_2)$ – 标号，我们得出一个下限$\lambda_{d_1,d_2}(G) \geqslant \max\{d_1(|C|-1),d_2\Delta_G\}$，这里 C 是 G 中的最大圈子。另一个下限可以通过检查节点的一个邻居跳距而获得。我们考虑一个节点 u 具有最多的邻居Δ_G，通过距离为 2 约束节点，分配给$N_G(u)$中节点的标号差至少为$d_2(\Delta_G-1)$；由于有对距离为 1 的节点的约束，所以一个下限是$\lambda_{d_1,d_2}(G) \geqslant d_2(\Delta_G-1)+d_1$。具体来说，我们得出$\lambda_{1,1} \geqslant \Delta_G$[56]和$\lambda_{2,1} \geqslant \Delta_G+1$[39]。对于 $L(d_1,d_2)$ – 标号的上限，根据贪婪标号，我们得出对 $L(1,1)$ – 标号，$\lambda_{1,1} \leqslant \Delta_G^2$。在文献[39]中对特别情况 $L(2,1)$ – 标号进行了研究，结果表明$\lambda_{2,1} \leqslant \Delta_G^2+2\Delta_G$。在文献[44]中，上限提高到$\lambda_{2,1} \leqslant \Delta_G^2+\Delta_G$，在文献[57]中提高到$\lambda_{2,1} \leqslant \Delta_G^2+\Delta_G-1$，在文献[58]中提高到目前最佳界限$\lambda_{2,1} \leqslant \Delta_G^2+\Delta_G-2$。更一般地说，对$\lambda_{d,1}(G)$的一个上限$\Delta_G^2+(d-1)\Delta_G$是在文献[35]中提出的。我们将结果总结如下：

定理 2[35,39,49,56,58]　对于任何图 G 以及任意整数集$d_1 \geqslant \cdots \geqslant d_k > 0$，我们得出，①$\Delta_G \leqslant \lambda_{1,1}(G) \leqslant \Delta_G^2$；②$\Delta_G+1 \leqslant \lambda_{2,1}(G) \leqslant \Delta_G^2+\Delta_G-2$；③$\Delta_G-1+d \leqslant \lambda_{d,1}(G) \leqslant \Delta_G^2+(d-1)\Delta_G$；④$d_2(\Delta_G-1)+d_1 \leqslant \lambda_{d_1,d_2}(G)$。

在定理 2 中已经讨论了下限，在 15.4 节定理 4 的证明中，将给出对上限$\lambda_{d,1}(G) \leqslant \Delta_G^2+(d-1)\Delta_G$的证明，作为 $L_S(d_1,d_2)$ – 标号的一种特别情况，在

15.4 节中给出了定义。

15.3.2 特定图的标号

已经有大量的文献对特别图的标号进行了研究。因为通常传感器节点的位置都未经细心设计,且一个传感器网络未必具有这些具体拓扑结构之一,所以在表 15.1 中对这些结果进行了总结,而不进一步讨论证明或算法,详细的研究可见文献[62,63]。为了简化表达,在表 15.1 中,省略了符号Δ_G中的下标 G。

表 15.1 特定图的 $L(d_1,d_2,\cdots,d_k)$ - 标号结果总结

图的类型	标号数的界限	参考文献
路径	$\lambda_{1,1}(G)=2$	[33]
	$\lambda_{1,1}(G)=2,3$ 或 4	[39]
	$\lambda_{1,1,1}(G)=3$	[59]
	$\lambda_{2,1,1}(G)=4$	[34]
六边形栅格	$\lambda_{1,1}(G)=3$	[33]
	$\lambda_{2,1}(G)=5$	[34,39]
	$\lambda_{1,1,1}(G)=5$	[59]
	$\lambda_{2,1,1}(G)=6$	[34]
二叉树	$\lambda_{2,1}(T)\in[\Delta+1,\Delta+2]$	[39]
	$\lambda_{d,1}(T)\in[\Delta+d-1,\min\{\Delta+2d-2,2\Delta+d-2\}]$	[35]
	若$d_1/d_2\geqslant\Delta,\lambda_{d_1,d_2}(T)\in[d_1+(\Delta-1)d_2,d_1+(2\Delta-2)d_2]$	[60]
完全二元二叉树	$\lambda_{1,1}(T)=3$	[33]
	$\lambda_{2,1}(T)=4$	[39]
尺寸 $n\geqslant31$	$\lambda_{1,1,1}(T)=5$	[59]
	$\lambda_{2,1,1}(T)=6$	[34]
顺序 n 的周期,C_n	$\lambda_{1,1}(C_n)=2$ 或 3	[33]
	$\lambda_{2,1}(C_n)=4$	[39]
	$\lambda_{d_1,d_2}(C_n)=\begin{cases}2d_1 & \text{若 } n \text{ 为奇,且 } n\geqslant3\text{,且 } d_1/d_2>2\\ d_1+2d_2 & \text{若 } n\equiv0\bmod4\text{,且 } d_1/d_2>2\\ 2d_1 & \text{若 } n\equiv2\bmod4\text{,且 } 3\leqslant d_1/d_2\leqslant2\\ d_1+3d_2 & \text{若 } n\equiv2\bmod4\text{,且 } d_1/d_2>3\\ 2d_1 & \text{若 } n\equiv0\bmod3\text{,且 } d_1/d_2\leqslant2\\ 4d_2 & \text{若 } n\equiv5\text{,且 } d_1/d_2\leqslant2\\ d_1+2d_2 & \text{其他}\end{cases}$	[60]
	$\lambda_{1,1,1}(C_n)=3$ 或 4	[59]

续表

图的类型	标号数的界限	参考文献
	$\lambda_{2,1,1}(C_n)=4$	[34]
二维栅格	$\lambda_{1,1}(G)=4$	[33,59]
	$\lambda_{2,1}(G)=6$	[34]
	$\lambda_{1,1,1}(G)=7$	[59]
	$\lambda_{2,1,1}(G)=8$	[34]
外部平面图	$\lambda_{2,1}(G)\leqslant\begin{cases}\Delta+2, 若\ \Delta\geqslant 8\\ 10, 其他\end{cases}$	[61]
三角形外部平面图	$\lambda_{2,1}(G)\leqslant\Delta+6$	[50]
平面图	$\lambda_{2,1}(G)\leqslant 3\Delta+28$	[50]
三角平面图	$\lambda_{2,1}(G)\leqslant 3\Delta+22$	[50]
二叉树①	$\lambda_{d,1}(G)\leqslant(2d-1+\Delta-t)/t$	[35]
似弦图②	$\lambda_{d,1}(G)\leqslant(2d+\Delta-1)^2/4$	[35]
二步图 2	$\lambda_{2,1}(G)\leqslant\Delta^2$	[39]

注:①给定一个整数 $t>0$,一个二叉树是由 $n>t+1$ 个顶点递归定义的一个图,如下:ⓐ$(t+1)$个顶点的圈子 clique 是一个二叉树,且ⓑ含有$(n+1)$个顶点的二叉树,可以通过由一个具有 n 个顶点的二叉树形成,该过程是通过在具有 n 个顶点的二叉树内形成一个新的紧邻所有 t - 圈子顶点的一个新顶点而形成;②当且仅当每个长度≥4 弧有一条弦时(没有弧长≥4 的推导),图是弦化的

15.4　轻调度

根据 15.3 节定义的图的标号而进行子信道分配能保证完全无干扰的传输。然而,正如分析表明,这一调度需要大量的子信道。例如,在定理 2 中给出的 $L(d,1)$ - 标号所需跨距上限具有 $O(\Delta_G^2)$ 复杂度且大多数标号方案都使用 $O(\Delta_G^2)$ 个标号。因为子信道属于稀缺资源,且传感器网络通常都是密集部署,所以,完全无干扰的方案不可能总是可行的或如意的。在本节,我们提出另一种调度策略,称为轻调度,它旨在减少所需子信道的数量而保持令人满意的通信连通性。具体来说,子信道的跨距在 UDG 中可以减小到 $O(\Delta_G)$。

轻调度基于这么一研究结果,即完全无干扰的调度不一定必需。具体的应用程序具有它们自身的通信模式。例如,监控任务中的数据搜集只需要各个节点经由无干扰路径连接到汇聚点。甚至当需要任意两个节点通信时,它也足以保证链路的无干扰通信,形成一个强连接部分。

例 15-8　在图 15.4(a)中,灰色的线形成一个植根于汇聚点的定向树形,树边朝向树根,沿着这些树边的无干扰传输足以进行数据搜集。在图 15.4(b)

中,任何两个节点之间的通信可以通过沿着灰线实现无干扰传输。

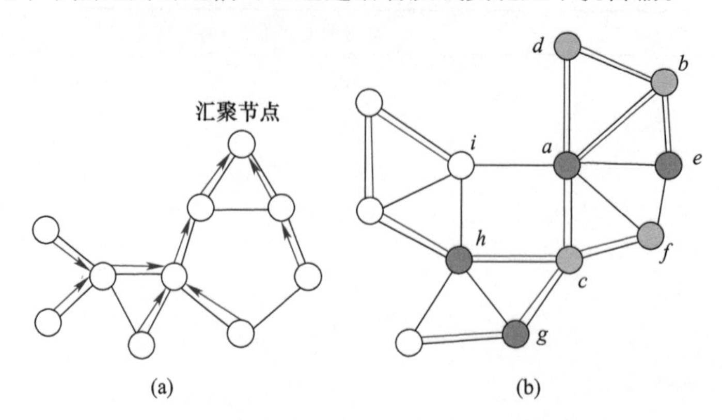

图 15.4　安全无干扰的调度并不总是必需的
(a)到汇聚节点的通信;(b)任意两个节点间的通信。

综合传统的图标识定义,称为$L_S(d_1,d_2)$ - 标号[64],在定义 2 中给定,这里子图 S 是捕捉应用通信模式的一个参数。目的是保证 S 内每个链路的无干扰传输。尽管研究的网络通过非定向图进行建模,但子图 S 可以是定向的。因为重点是研究 S 内每个链路的无干扰传输,所以基于 S 的内连通性定义约束。这与传统的 $L(d_1,d_2,\cdots,d_k)$ - 标号对两个节点之间距离的约束定义不同。

定义 2　(轻标号:$\boldsymbol{L_S(d_1,d_2)}$ - 标号[64])给定一个图 G,一个子图 S,使得 $V(S)\subseteq V(G)$ 且 $E(S)\subseteq E(G)$,且整数$d_1\geqslant d_2>0$,在图 G 上的一个$L_S(d_1,d_2)$ - 标号是一个函数 $l(\ ):V(G)\to\mathbf{N}$,满足:$\forall x\to y\in E(S)$,我们得出 $|l(x)-l(y)|\geqslant d_1$且$|l(x)-l(z)|\geqslant d_2$,$\forall z\neq x,z\in N_G(y)$(图 15.5)。标号数表示为$\lambda_{d_1,d_2}(G,S)$。

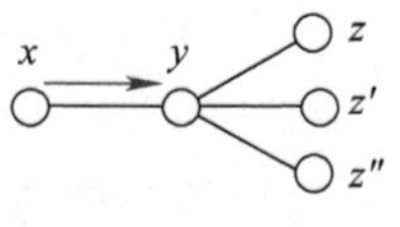

图 15.5　$<x\to y>\in E(S),z,z',z''\in N_G(y)$

例 15-9　$L_S(1,1)$ - 标号的一个示例如图 15.6 所示,这里,S 内的链路以灰线表示。当考虑链路$\forall a\to b\in E(S)$,分配给 a 和分配给 b 的标号之间的间隔应至少为d_1,也就是说,$|l(a)-l(b)|\geqslant d_1$,并且分配给 a 和分配给 b 的邻居节点之间的标号,即 d 和 e 的标号之间的间隔应至少为d_2,即,$|l(a)-l(d)|\geqslant d_2$ 且$|l(a)-l(e)|\geqslant d_2$。注意信道分离约束并未强加于链路 $e\to a$,所以得出 $|l(e)-l(f)|=0\leqslant d_1$。

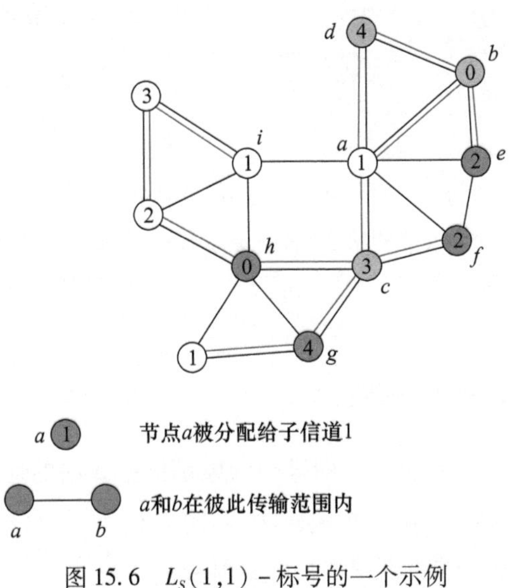

图 15.6　$L_S(1,1)$ - 标号的一个示例

这一定义意味着,为了保证从 x 到 y 的无干扰传输,分配给 x 的子信道应该与那些分配给 y 的其他邻居节点的子信道加以区别,对这一区别的要求,由信道分离约束d_1和d_2表示。注意与传统的对 E 内所有链路进行信道分离约束的 $L(d_1,d_2,\cdots,d_k)$ - 标号不同,在一个$L_S(d_1,d_2)$ - 标号内,这些约束仅施加于 S 内的链路。这一定义是对传统的 $L(d_1,d_2)$ - 标号的总结。具体来说,当 $G=S$,$L_G(d_1,d_2)$ - 标号也是一个 $L(d_1,d_2)$ - 标号,反之亦然。另外,任何标号都是一个有效的$L_\phi(d_1,d_2)$ - 标号。事实上,$L_S(d_1,d_2)$ - 标号的约束也可以根据两个节点之间的距离替换进行定义,只要强制推断 LC(x,y)对所有 $x,y\in V(S)$的节点成立,这里 LC(x,y)的定义如下(图 15.7):

$$\mathrm{LC}(x,y)\equiv|l(x)-l(y)|\leqslant\begin{cases}d_1, & y\in N_S^+(x)\\ d_2, & \exists\in N_S^+(x)\wedge y\in N_G(z)\end{cases}$$

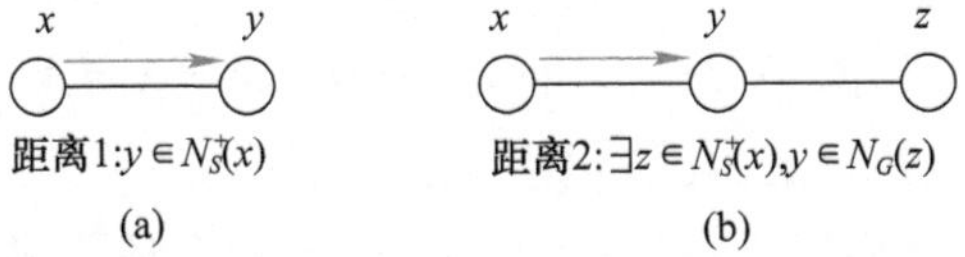

x　y　　x　y　z

距离1:$y\in N_S^+(x)$　　距离2:$\exists z\in N_S^+(x),y\in N_G(z)$

(a)　　(b)

图 15.7　推理 LC(x,y)

很容易看出,当且仅当 LC(x,y)对所有 $x,y\in V(S)$,$x\neq y$ 成立,一个标号就是一个$L_S(d_1,d_2)$ - 标号。与传统的 $L(d_1,d_2,\cdots,d_k)$ - 标号不同,在 LC(x,y)内,第一个跳距由 S 中定义,第二个跳距由 G 定义——这就要求距离为 1 的两个

节点之间间隔至少为d_1(在 S 中定义)且距离为 2 的两个节点之间间隔至少为d_2(第一个跳距在 S 中定义,第二个跳距在 G 中定义)。

例 15-10 在图 15.6 中的示例中,浅灰色节点(与深灰色节点区别)是节点 a 的第一(第二)跳距邻居节点。

提出$L_S(d_1,d_2)$-标号的目的是为了减少所需子信道的数量。下面将举例说明,一个$L_S(d_1,d_2)$-标号所需的子信道少于一个 $L(d_1,d_2)$-标号。

例 15-11 对图 G 的一个传统的 $L(1,1)$-标号跨距的下限为Δ_G,在这个示例中,$4 \leqslant \Delta_G = 6$。

15.4.1 $\lambda_{d_1,d_2}(G,S)$的界限

我们已经明白,$L_S(d_1,d_2)$-标号的约束是根据 S 内的连通性或节点间距离(第一个跳距由 S 中定义,第二个跳距由 G 中定义)而定义的。这里通过给出距离每个节点一个跳距的邻域约束,而重新改写这个定义,通过与定义 2 相比,可以容易地得出等式。

$$\forall x \in V(G), \forall y \in N_S^-(x), |l(y)-l(x)| \geqslant d_1 \text{且}$$
$$|l(y)-l(z)| \geqslant d_2, \forall z \neq y, z \in N_G(x)$$

该定义表明对一个领域内标号的"独特性"要求比传统的 $L(d_1,d_2)$-标号的要求低,所以有更好的下限。我们以$L_S(1,1)$-标号为例。在图 G 上的标号$L(1,1)$要求其是在图 G 上定义的在所有节点的邻居节点上唯一的标签,一个$L_S(1,1)$-标号只要求由 S 定义的每个节点引入的邻居节点,应该被分配一个由 G 定义的唯一的标号。$\lambda_{d_1,d_2}(G,S)$的下限可以从这一定义推出。

定理 3[64] 给定一个图 G 和一个子图 S,使 $V(S) \subseteq V(G)$,且 $E(S) \subseteq E(G)$,且整数$d_1 \geqslant d_2 > 0$,我们得出

$$\lambda_{d_1,d_2}(G,S) \geqslant, d_2 \max\{\delta_S^-(x)+f(x)-1 \mid x \in V(G)\}+d_1 \geqslant d_2(\Delta_s-1)+d_1$$

这里,$f()$是一个根据 $V(G)$定义的二元函数,如下:若$(N_G(x)-N_S^-(x)) \neq \varnothing$,则$\forall x \in V(G)$, $f(x)=1$,否则,$f(x)=0$。

注意:若 $S=G$,我们得出,对所有 x, $f(x)=0$ 且上述下限是$d_2(\Delta G-1)+d_1$。所以可得出$\lambda_{1,1}(G,G) \geqslant \Delta_G$且$\lambda_{2,1}(G,G) \geqslant \Delta_G+1$,这与定理 2 陈述的结果相一致。

例 15-12 在图 15.8 所示的一个$L_S(1,1)$-标号中,$\{x,y_0,\cdots,y_4\}$中的节点要求在$\{x,y_0,\cdots,y_4,z_0,\cdots,z_4\}$中有唯一的标号,且 7 个标号就已足够,而一个

$L(1,1)$ - 标号要求$\{x,y_0,\cdots,y_4,z_0,\cdots,z_4\}$中每个节点都具有一个唯一的标号，所以需要 11 个标号。

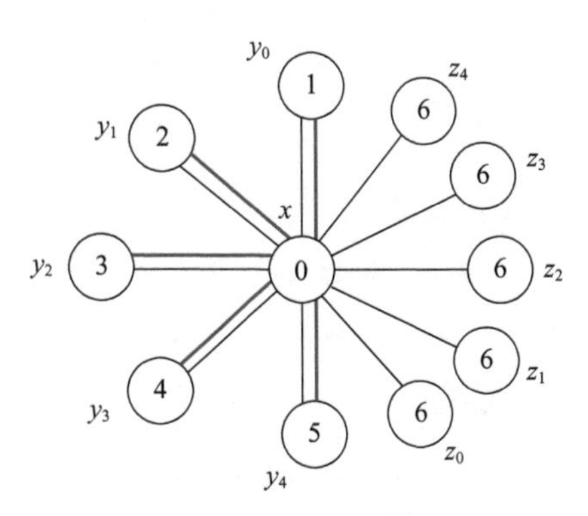

图 15.8　定理 3 示例

现在我们提出$\lambda_{d,1}(G,S)$的一个上限，这里认为 S 无向。这一上限可以延伸至定向的 S，因为每个有效的$L_S(1,1)$ - 标号也是一个有效的$L_S(d,1)$ - 标号，这里 S'是一个由忽略了每条链路的方向的 S 构成的无向图。推理 LC( )表明，给定任何节点 x，x 的标号受到距离 2 跳内节点，即$N_S^+(x)\cup\{y\mid\exists z\in N_S^+(x),y\in N_{G(z)}\}-\{x\}$内节点标号的约束，我们用$N_{S,G}(x)$来表示这一集合。因为标号约束应用于所有节点对，所以 x 的标号不仅受到$N_{S,G}(x)$内节点的约束，而且受到每个节点 y 的约束，所以 $x\in N_{S,G}(y)$。我们用$D_{S,G}(x)$表示所有对 x 的标号具有影响的节点：$D_{S,G}(x)\equiv N_{S,G}(x)\cup\{y\mid x\in N_{S,G}(y)\}$。注意：若 $x\in D_{S,G}(y)$，则$y\in D_{S,G}(x)$。

例 15 - 13　在图 15.9 中，令$N_{S,G}(x)=\{z_2,y_2,y_3,y_4\}$，且$D_{S,G}(x)$由所有灰色节点组成。

算法 2 是$L_S(d,1)$ - 标号方案。

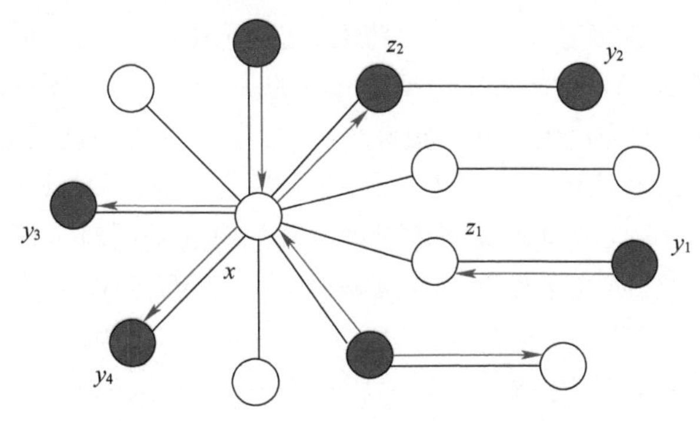

图 15.9　$N_{S,G}(x)$和$D_{S,G}(x)$示例

算法2[64]:$L_S(d,1)$-标号方案

1. 最初所有的节点都未标号。
2. 在每一步,$k=0,1,\cdots$,
   2.1 符号的定义如下:
   $\cdots U_k = V(G) - \cup_{i=0}^{k-1} S_i$,未标号节点的集,
   $\cdots P_k = \cup_{i=\max\{0,k-d+1\}}^{k-1} S_i$,被分配标号 k'节点的集,所以 $k-k'<d$,且
   $\cdots E_k = N_S(P_k)$,S 内与标号为k'的节点相邻的节点集,所以 $k-k'<d$。
   2.2 S_k集计算为$U_k - E_k$的一个最大子集,所以$\forall_{x,y} \in S_k, x \notin D_{S,G}(y)$。
   2.3 S_k集内所有节点都被分配标号 k,即,$\forall_u \in S_k, l(u)=k$。
3. 重复S_k的计算,直至所有节点都被标号。

引理1[64]　给定一个无向图 G,一个子图 S,使得 $V(S)\subseteq V(G)$ 且 $E(S)\subseteq E(G)$,以及一个正整数 d,算法2生成了一个 G 的$L_S(d,1)$-标号。

证明:通过显示 i 中的每一步证明引理,LC(x,y)对所有 $x,y\in\cup_{j=0}^{i-1}S_j$的任意节点都正确。当$\cup_{j=0}^{i-1}S_j=\phi$ 时,$i=0$。现在我们证明如果它在步骤 k 中成立,那么它在步骤$(k+1)$中就成立。给定任意两个节点 $x,y\in\cup_{j=0}^{i-1}S_j$,分别用$i_x$和$i_y$表示 x 和 y 的标号,得出,$x\in S_{i,x}, y\in S_{i,y}$,且$i_x, i_y\leqslant k$。若$i_x<k$ 且$i_y<k$,通过归纳假设,LC(x,y)成立。若$i_x=k$ 且$i_y=k$,通过选择行 2.2 中S_k,得出 $y\notin D_{S,G}(x)$,所以 LC(x,y)成立。否则,不失一般性,假设$i_x=k$ 且$i_y\neq k$。因为$i_x-i_y\geqslant 1$,所以只需要考虑 $y\in N_S(x)$的情况。在这一情况下,得出 $y\notin S_k$,否则的话就有 $x\in E_k$,所以在行 2.2 中,$x\notin S_k$,这与 $x\in S_{ix}\in S_k$矛盾。按照P_k的定义,得出 $k-i_y\geqslant d$,即,$i_x-i_y\geqslant d$,所以我们证明了 LC(x,y)。

这个方案所用标号跨距如下。

引理2[64]　依照算法2,所用标号跨距不超过$\max_{u\in V(S)}|D_{S,G}(u)|+(d-1)\Delta_S$。

证明:设 K 为标号的跨距,且 u 是S_k中的一个节点。我们将$[0,K-1]$集分成 $I=\{i\mid \exists v\in S_i, v\in D_{S,G}(u)\}$集和$I'=[0,K-1]-I$。直观地,$I$ 是$D_{S,G}(u)$内节点所分配的标号集。注意 $K=|I|+|I'|$且$|I|\leqslant|D_{S,G}(u)|$。所以如果$|I'|\leqslant(d-1)\delta_S(u)$,就可以证明该引理。我们首先证明对于任意 $i'\in I'$,有一个节点 $u'\in\delta_S(u)$,所以在步骤 i'中,$u'\in P_i'$。注意 $\forall v\in S_i$,因为按照 I'的定义 $v\notin D_{S,G}(u)$,我们可得出 $u\notin D_{S,G}(v)$,所以,$u\notin U_{i'}-E_{i'}$,否则通过将 u 加到$S_{i'}$,我们可得出一个更大的集,$S_{i'}\cup\{u\}$,所以 $\forall x,y\in S_i\cup\{u\}, x\notin D_{S,G}(y)$ 且 $y\notin D_{S,G}(x)$,这与 2.2 行中"最大"性质相矛盾。因为 $u\in S_k\subseteq U_{i'}$,我们得出 $u\in E_{i'}$,即 $\exists u'\in P_{i'}, u'\in N_S(u)$。

于是我们有 $|I'| \leqslant |\cup_{u' \in N_S(u)} \{i|i' < K \wedge u' \in P_i\}|$,有 $|i|x \in P_i| \leqslant d-1$,因为 $\forall x, |i|x \in P_i| \subseteq [l(x)+1, l(x)+d-1]$。所以我们证明了 $|I'| \leqslant (d-1)\delta_S(u)$。

注意 $|D_{S,G}(x)| = |N_S(x) \cup \{y | \exists z \in N_S(x), y \in N_G(z)\} \cup \{y | \exists z \in N_G(x), y \in N_S(z)\} - \{x\}| \leqslant \Delta_S + \Delta_G\Delta_S + \Delta_G\Delta_S = \Delta_S + 2\Delta_G\Delta_S$。也得出 $|D_{S,G}(x)| \leqslant \Delta_G^2$,因为 $D_{S,G}(x) \subseteq N_G(N_G(x))$,所以,$|D_{S,G}(x)| \leqslant \min\{\Delta_G^2, \Delta_S + 2\Delta_S\Delta_G\}$。所以得出如下上限。

定理 4[64]　给定一个无向图 G,一个子图 S,使得 $V(S) \subseteq V(G)$ 且 $E(S) \subseteq E(G)$,以及一个正整数 d,我们得出 $\lambda_{d,1}(G,S) \leqslant \min\{\Delta_G^2, \Delta_S + 2\Delta_S\Delta_G\} + (d-1)\Delta_S$。

在特殊情况下 $S = G$,这一上限是 $\lambda_{d,1}(G,S) \leqslant \min\{\Delta_G^2, \Delta_S + 2\Delta_S\Delta_G\} + (d-1)\Delta_S = \Delta_G^2 + (d-1)\Delta_G$,所以定理 2 中 $\lambda_{d,1}(G)$ 的上限得以证明。对于一个一般的 G,若 Δ_S 限于一个常数,那么得出 $\lambda_{d,1}(G,S) = O(\Delta_G + d)$。给定一个连通图,已经有人对恒定界度而生成的连通子图进行了研究。例如,给定任意连通的 UDG G,一个连通子图内的节点度,称为局部最小生成树(LMST),被限制于 6[65],这表明 $O(\Delta_G + d)$ 标号足以保证各对节点都能通过一个无干扰通路而连通。

定理 5[64]　给定任何连通的 UDG G,都有一个标号跨距为 $O(\Delta_G + d)$ 的标识方法能保证,任意两个节点,$u, v \in V(G)$,都存在一个从节点 u 到节点 v 的连通路径,其中每条链路 $\forall x \leftrightarrow y \in E(S)$, $|l(x) - l(y)| \geqslant d$, $|l(x) - l(z)| \geqslant 1$, $\forall z \neq x, z \in N_G(y)$。

15.4.2　$L_S(1,1)$ - 标号的启发式算法

因为一个 $L_G(1,1)$ - 标号是 $L_S(1,1)$ - 标号的一个特殊情况,所以最小化一个 $L_S(d_1,d_2)$ - 标号所用标号数量的问题就是一个 NP 完全问题。在普通网络和子图上的 $L_S(d_1,d_2)$ - 标号的启发式算法,其设计与 $L(d_1,d_2)$ - 标号类似。这里,我们为数据搜集应用程序提出了一个调度方案(算法 3),它要求从每个节点到汇聚节点都存在一个(定向的)无干扰路径。具体来说,无干扰通信,在一个植根于汇聚节点且所有树边都朝向汇聚节点的定向宽度优先搜索(BFS)树中,可保证链路的无干扰通信。在这一方案中,定向 BFS 树并未明确构建,它隐含于一些算法的令牌循环中,这些算法按照 BFS 的顺序循环了一个令牌[66]。为了表示简单化,这里,当说到一个节点为一个邻居节点标号,则指的是它发送了一个含有被分配标号的数据包到一个邻居节点。我们可以证明所需标号的数量不超过 $\Delta_G + 1$。

算法3[64]:$L_S(1,1)$-标号进行数据搜集

最初所有的节点都未标号。对节点 p 的代码:

- 若 p 是汇聚节点:p 本身标号为0,且其子节点分别标号为 $1,2,\cdots,\delta_{G(p)}$,那么 p 就启动一个BFS顺序的一个令牌。
- 当 p 第一次收到令牌时:用 C 表示 $N_G(p)$ 内已经标号的节点集。在BFS令牌循环中节点 p 将令牌转发到下一节点之前,它在 $N_G(p)-C$ 中标识节点,通过这种方式,所有在 $N_G(p)-C$ 内的节点在 $N_G(p)\cup\{p\}$ 中都有属于自己的单独标号。

定理6[64] 给定一个图 G 和一个节点 r,算法3中的方案使用了不超过 Δ_G+1 个标号,产生了一个 $L_T(1,1)$-标号,这里 T 是一个植根于 r 且树边朝向 r 的定向BFS树。

15.5 占空比控制

在传感器网络中,传感器节点通常依靠电池运行,所以能量效率是一个重要的约束[6]。根据观察结果,在无线传感器网络中很多应用程序要求不高,可以忍受较长的端对端时延,所以需要一个节省能量的策略来权衡网络性能,比如数据包转发时延和吞吐量,以减少能量损耗。在本节中,我们提出一种节能策略,称为占空比控制,旨在降低空闲监听所消耗的能量。在传感器网络中,因为一个传感器节点在没有其他额外信息的情况下,不能分辨何时会发送给它消息,为了不错过数据包,一个传感器节点必须保持它的无线电开启并侦听共用的信道,这就是"空闲监听"。空闲监听已经确认是传感器网络中耗电的主要因素,特别是在流量较低的情况下。很多实验结果指出,空闲监听的能量消耗率是接收状态所需能量的50%~100%[9,67,68]。研究已经表明,传感器节点的循环占空比控制可以降低空闲监听的能耗,并且在大多数流量负荷较轻的情况下,能获得更好的能量效率[8-9,13-16]。

例15-14 Digitan 2 Mb/s无线通信网路模组(IEEE 802.11/2Mb/s)规范表示,空闲监听、接收以及传输的能耗比率为1∶2∶2.5[67]。如果数据流量较低,且一个节点80%的时间都处于空闲监听状态,10%的时间处于接收状态,另外10%的时间处于数据传输状态时,空间监听、接收和传输的总能耗量比就是8∶2∶2.5。

尽管占空比控制可以节省能量,它也会破坏网络的性能。占空比控制引起了额外的时延:一个源节点在其休眠期采样的数据必须排队等候至活跃期,且一个中间节点不得不等待下一跳节点苏醒,才能转发数据包。占空比控制也可能会引起链路断开,它会导致网络隔离,例如,如果没有两个端节点都活跃的时隙

被调度,一个链路的端节点不能沿这条链路上的其他端节点通信。需要一个良好设计的占空比控制方案处理这些问题。

本节的重点是占空比的控制算法。已经很多研究集中研究了占空比控制问题并提出了各种技术[7-10,17-26]。这些研究得出了各自不同的调度方案和对传感器节点之间协作的不同要求。很多研究均要求一个有效的同步机制[8-9],在另一个方面,也有人研究了不协调占空比控制方案[7]。后面章节我们将首先回顾现有的占空比控制技术,然后集中讨论占空比的控制算法,基于同步机制[8]提出一个占空比控制的图论抽象和理论分析的方法。

15.5.1　占空比控制综述

很多占空比控制方案都需要一个有效的同步机制。与 TDMA 相比,占空比控制要求的同步宽松得多(如,0.5s 的活跃期比通常的时钟漂移率长 10^5 倍[9]),可通过减少同步所需信息交换而节省能量,此外,已经有人提出了占空比控制专用的有效同步协议[69-70]。一个经典的占空比控制算法的实例就是 S-MAC 方案[9]。在 S-MAC 方案中,传感器节点在每个活跃期时广播本地时钟的时间戳,这样它们可以调整自己的本地时钟,遵循一个通用的休眠/活跃调度。因为传感器节点遵循同一调度机制,所以在活跃期间通信一直可行且避免了链路断开。这一简单的构想已经证实可以减少空闲监听的成本。然而,延时会和每个期间多跳次数一样久,此外,因为网络部署前就指定了占空比,所以它不能很好地处理吞吐量波动的问题。为了适应实际吞吐量并减少延时,有人提出了超时 MAC(T-MAC)方案[15]。在 T-MAC 中,在每个周期开始处,调度一个自适应超时间隔,在此期间每个节点侦听共用信道——如果它未听到任何通信,则进入休眠状态,否则就保持活跃,直至没有通信被感知。一个类似的想法,称为自适应监听,扩展了 S-MAC 的使用[71]。大多数现有研究都通过仿真对占空比调制的网络进行性能评估。已经有文献从理论上研究了基于同步机制的占空比控制,在文献[8]中提出了一个图论模型,证明了最小化端对端通信延时是一个 NP 难题。所有这些研究要么假设干扰不构成问题[8],要么就通过竞争型方案进行解决[9]。根据这些研究成果,占空比控制需要一个同步机制,在文献[64]中提出了一个整合了干扰避免和占空比控制的调度方案。

由于同步会引起复杂性和信息成本,有人对异步占空比控制方案进行了研究,这一方案取消了同步要求,更适应网络的动态变化,如网络中节点加入和节点失效的变化。同步占空比控制方案中的一个重要技术就是应用一种前导码抽样技术[72-74],其基本想法就是在每个数据包前面加上一个长的前导码。传感器节点大多数时间都处于休眠状态,定期苏醒后将感知信道,若信道为空闲,它就继续休眠,否则它就保持活跃,继续侦听,直至收到数据包。若传输前导码所需的时间长于休眠间隔,需要保证一个唤醒预定接收节点的发送节点。另一种技术是使用随机机制。在文献[7]中,研究了一种完全无协调的占空比控制方案,其中,每个节点独自在活跃和休眠模式间切换,它们的活跃期和休眠期的持续时间分别是两个独立的同一分布的随机变量的两个独立序列。文献[7]对这一随机网络方案的延时进行了严格的理论分析。

15.5.2 基于同步机制的占空比控制

本节重点讨论基于同步机制的占空比控制。我们假设时间被有序编成时隙,各个时隙足够长,通过随机访问机制可以在一个时隙内解决干扰。所考虑的场景是,每对传感器节点对通信的要求都有相同的可能性,目标是保证任意一对节点之间的通信延时较小。

我们将介绍一种由文献[8]提出的占空比控制问题的图论抽象。在这一模型中,使用一个参数 k 来表示应用程序的能效要求——要求一个传感器节点,若没有数据需要转发,则在整个 k 时隙保持活跃。给定一个由图 G 建模的网络,使用时隙分配函数 $f:V(G)\rightarrow[0,k-1]$,赋予每个节点 u 一个时隙,$f(u)\in[0,k-1]$。各个节点 u 的调度按照占空比控制调度函数 $f(\ )$ 定义如下:

(1) 每个传感器节点 u 只在时隙 $ik+f(u)$,$i=0,1,\cdots$,如果没有数据需要传输才处于活跃状态,时隙集 $\{ik+f(u),i=0,1,\cdots\}$ 称为 u 的活跃时隙。

(2) 若传感器节点有一个数据包需要转发给一个邻居节点,它可以在邻居节点的活跃时隙内苏醒并传输数据包。

例 15-15 在图 15.10 中给出了网络的两个占空比控制方案[8]。每个节点被分配 $k=3$ 个时隙中的一个时隙,由圆圈内的数字表示。稍后将解释灰色箭头和它们相关联的数字。在图 15.10(a)中,节点 a 在时隙 $\{3i\mid i=0,1,\cdots\}$ 苏醒,侦听信道。如果有数据包需要转发给邻居节点,也就是说,节点 e 它可以在邻居节点的一个活跃时隙中苏醒并转发数据包,也就是节点 e 的 $\{3i+2,k=0,1,\cdots\}$ 时隙。

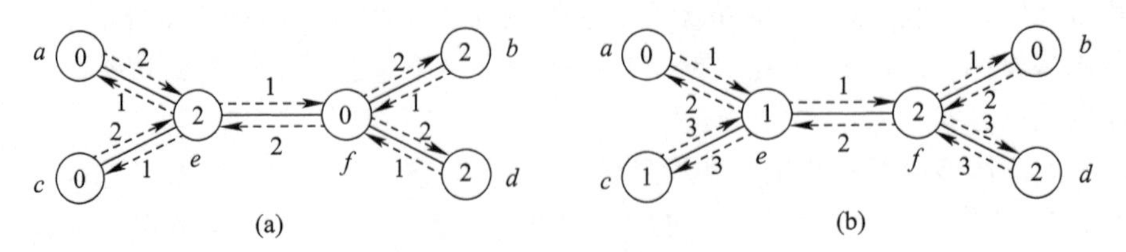

图 15.10 占空比控制的网络示例[8]
(a)示例 1; (b)示例 2。

已知这一模型,对于任意两个节点 $u,v \in V(G)$,使得 $u \leftrightarrow v \in E(G)$,从 u 到 v 的数据传输延迟的定义如下:直观上,节点 u 在其一个活跃时隙内接收一个数据,然后它需要等到节点 v 的下一个活跃时隙才能将数据包转发给 v。

$$d_G^f(u,v)=\begin{cases}k, & f(u)=f(v)\\(f(v)-f(u))\bmod k, & \text{其他}\end{cases}$$

沿路径 P 的通信延迟定义为 $d_G^f(P)=\sum_{u\to v\in P} d_G^f(u,v)$。

例 15-16　在图 15.10 中,灰色箭头的数字表示相应方向上一个链路的延迟。例如,在图(a)中从节点 c 到节点 e 延迟是 $(f(e)-f(c))\bmod 3=2$,而且在图(b)中,因为 $f(e)=f(c)$,所以 $k=3$。

与图形符号距离和网络直径的定义类似,从一个节点到另一个节点的延迟距离也定义为它们之间所有连接路径的最小延迟,并且一个占空比控制网络的延迟直径被定义为任意两个节点之间的最大延迟距离。

定义 3　(延迟距离 $D_G^f(u,v)$ 和延迟直径 D_G^f)给定一个网络 G,一个正数 k,以及一个时隙分配函数 $f:V(G)\to[0,k-1]$,对任何两个节点 $u,v\in V(G)$,u 和 v 之间的延迟距离定义为 $D_G^f(u,v)\equiv\min\{d_G^f(P)\mid P$是从 u 到 v 的一个路径$\}$,且延迟直径定义为 $D_G^f\equiv\mathbf{max}_{u\to v\in V(G)} D_G^f(u,v)$。

所以,设计目标是制定一个最小化延迟直径的占空比控制方案 $f()$。然而,文献[8]中通过简化 3-CNF-SAT 方案,证明最小化延迟直径是一个 NP 完全问题。相信的决策问题定义如下。

定理 7[8]　延迟有效睡眠调度 DESS(G,k,f,C) 的决策问题定义为"给定一个网络 G,一个正数 k,以及一个时隙分配函数 $f:V(G)\to[0,k-1]$,一个正整数 C,$D_e^f\leqslant C$ 是否成立"。DESS(G,k,f,C) 问题是 NP-Coniplte。

证明:既然这里有一个节点的多项式数量对,并且从一个节点到另一个节点的延迟距离能在多项式时间中计算,延时直径能在多项式时间中计算并与 C 比较。于是 DESS$(G,k,f,C)\in$ NP。为了证明 DESS(G,k,f,C) 是 NP 难题,后面我们将一个多项式时间从 3-CNF-SAT 简化成一个特例,DESS$(G,2,f',4)$,这里 G 和 f' 定义如下。

我们考虑一个 3-CNF 公式 F,由 n 个条款和 m 个文字组成,即

$F=c_1\wedge c_2\wedge\cdots\wedge c_n$,这里 $\forall i\in[1,n]$,$c_i=y_{i1}\vee y_{i2}\vee y_{i3}$,且 $y_{ij}\in\{x_1,\bar{x}_1,\cdots,x_m,\bar{x}_m\}$,$j\in[1,3]$,不失一般性,若 $\bar{x}_k\notin\{y_{i1},y_{i2},y_{i3}\}$,则假设 $\forall i\in[1,n]$,$\forall k\in[1,m]$,如果 $x_k\in\{y_{i1},y_{i2},y_{i3}\}$,则 $\bar{x}_k\notin\{y_{i1},y_{i2},y_{i3}\}$。我们给出一个从 F 到 DESS$(G,2,f',4)$ 的简化,图 G 的构建如图 15.11 所示,注意 G 的直径构建为 4。

顶点集为 $V(G)=\{S\}\cup\{X_i,X_{i1},X_{i2},i\in[1,m]\}\cup\{C_i,i\in[1,n]\}$，这里①$S$ 是一个特别的节点，②各个文字x_i都有三个相应的节点，X_i，X_{i1}(代表x_i)和X_{i2}(代表$\bar{x}_i$)，③各个条款c_i都有一个相应的节点C_i。边集 $E(G)$的计算如下：对于每个文字x_i，$i\in[1,m]$，边 $S\leftrightarrow X_{i1}$，$S\leftrightarrow X_{i2}$，$X_i\leftrightarrow X_{i1}$，且$X_i\leftrightarrow X_{i2}$添加到 $E(G)$(图 15.11 中的黑线)。然后，对每个条款c_j，$i\in[1,n]$，我们检验每个文字x_i，$i\in[1,m]$：如果x_i出现于c_j，即$x_i\in\{y_{i1},y_{i2},y_{i3}\}$，则$X_{i1}\leftrightarrow C_j$添加到 $E(G)$，且若$\bar{x}_i$出现于c_j，即$\bar{x}_i\in\{y_{i1},y_{i2},y_{i3}\}$，则$X_{i2}\leftrightarrow C_j$添加到 $E(G)$(图 15.11 中的黑线)。

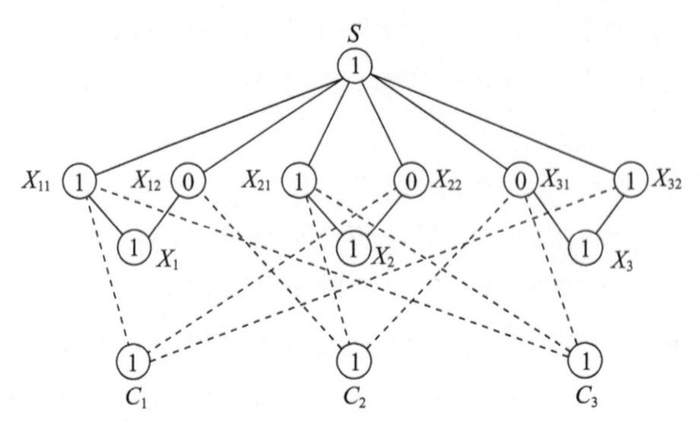

图 15.11　从 3CNFSAT 到 DESS 的简化[8]

时隙分配函数f'定义如下：①对 $v\in\{S\}\cup\{X_i,i\in[1,m]\}\cup\{C_i,i\in[1,n]\}$，$f'(v)=1$，且②若$x_i$为真，则$f'(X_{i1})=0$，否则$f'(X_{i1})=1$。此外，$f'(X_{i1})+f'(X_{i2})=1$。注意我们有 $k=2$，且给定任意两个相邻节点 u 和 v，当且仅当$f'(u)\neq f'(v)$时，$d_G^{f'}(u,v)=d_G^{f'}(v,u)=1$，否则$d_G^{f'}(u,v)=d_G^{f'}(v,u)=2$。这一简化可以在多项式时间内计算。现在我们证明当且仅当$D_G^{f'}\leqslant 4$ 时，公式 F 可以满足。

首先证明 F 可以被满足的条件是$D_G^{f'}\leqslant 4$。通过证明对任意节点 u，$D_G^{f'}(u,S)\leqslant 2$ 且$D_G^{f'}(S,u)\leqslant 2$ 来完成：

(1) $\forall i\in[1,m]$，有①$D_G^{f'}(X_i,S)=D_G^{f'}(S,X_i)\leqslant 2$，因为 $\exists k\in[1,2]$，得$f'(X_{ik})=0$，因$f'(X_{i1})+f'(X_{i2})=1$，所以$d_G^{f'}(X_i\rightarrow X_{ik}\rightarrow S)\leqslant 2$；②$\max\{D_G^{f'}(X_{i1},S),D_G^{f'}(X_{i2},S)\}=2$，因为$f'(X_{i1})$或$f'(X_{i2})$中一个刚好为 1，且$f'(S)=1$。

(2) $\forall i\in[1,n]$，考虑C_i和 S 之间的延迟距离。因为条款$c_i=y_{i1}\vee y_{i2}\vee y_{i3}$为真，有 $k\in[1,3]$，使得$y_{ik}\in\{x_1,\bar{x}_1,\cdots,x_m,\bar{x}_m\}$成立。设$y_{ik}$为$x_j$或$\bar{x}_j$，$j\in[1,m]$。那么$\exists l\in[1,2]$，$f'(X_{jl})=0$ 且$X_{jl}\leftrightarrow C_i\in E(G)$。因此有$D_G^{f'}(C_i,S)=D_G^{f'}(S,C_i)=2$，因为这里有一个路径$C_i\rightarrow X_{jl}\rightarrow S$(反之亦然)有一个交替的 1,0 时隙。

现在来证明如果 F 不被满足,则$D_G^{f'}>4$。因为 F 不满足,所以条款c_l为假。我们用 $N=\{X_{ik}\mid C_l\leftrightarrow X_{ik}\in E(G)\}$ 表示 G 中c_l的邻居节点,注意C_l是唯一与$\{X_{ik},i\in[1,m],k\in[1,2]\}$中节点相邻的节点。首先证明对每个$X_{ik}\in N$,$f'(X_{ik})=1$:如果 $k=1$,通过构建 G 而得出$x_i\in\{y_{l1},y_{l2},y_{l3}\}$,且因$c_l$为假,所以$x_i$为假,根据$f'()$的定义,$f'(X_{i1})=1$;如果 $k=2$,我们得出,$\bar{x}_i\in\{y_{i1},y_{i2},y_{i3}\}$且因$c_l$为假,所以$x_i$为真,$f'(X_{i1})=0$ 且$f'(X_{i2})=1$。

给定一个节点X_{ip},使得$X_{ik}\in N$,这里 $k=3-p$,可以证明$D_G^{f'}(C_l,X_{iP})>4$。每一条从C_l到X_{ip}的路径都会达到 N 内的一个节点,那么到 S 或$\{C_j,j\in[1,n]\}$内的一个节点或$\{X_j,j\in[1,m]\}$内的一个节点,到达X_{iP}至少需要一跳。注意第一跳的延迟为 2,因为,对所有$X_{ik}\in N$,有$d_G^{f'}(C_l,X_{jk})=d_G^{f'}(X_{jk},C_l)=2$,即$f'(C_l)=f'(X_{jk})=1$。第二跳也有延迟 2,因为对所有的$X_{ik}\in N$,$f'(X_{ik})=1$ 且对于所有$u\in\{S\}\cup\{X_i,i\in[1,m]\}\cup\{C_i,i\in[1,n]\}$,有$f'(u)=1$。因此得证。

鉴于这一事实,即最小化通信延迟是 NP 完全问题,对特定的拓扑结构已经有人设计了最优的算法。这里针对树形结构[8]给出了优化的时隙分配函数 f。首先,我们提出一个下限。

定理 8[8]　给定一个树 T 和一个正数 k,对每个时隙分配函数$f:V(G)\to[0,k-1]$,有$D_T^f\geqslant D_Tk/2$,这里D_T是树 T 的直径。

证明:考虑两个距离为D_T的节点 u 和节点 v。因为 T 是一个树形拓扑,所以在节点 u 和节点 v 之间只有一条路径。假设这条路径为$i_1\leftrightarrow i_2\cdots\leftrightarrow i_{DT}\leftrightarrow i_{DT+1}$,这里$i_1=u$ 且$i_{DT+1}=v$。对于所有时隙分配函数$f()$,有 $D_T^f(u,v)=\sum_{j=1}^{D_T}d_T^f(i_j,i_{j+1})$,且 $D_T^f(u.v)=\sum_{j=1}^{D_T}(k-d_T^f(i_j,i_{j+1}))$。所以证明$D_T^f(u,v)+D_T^f(v,u)=kD_T$且$D_T^f\geqslant\max\{D_T^f(u,v),D_T^f(v,u)\}\geqslant kD_T/2$。

下述分配函数f使树 T 的延时直径最小。设 r 是一个节点,使得有一个节点 u 满足$d_T(r,u)=D_T$。对每个节点 u,使用 $p(u)$表示 u 的父节点在树的根 r。分配函数f定义如下:①设$f(r)=0$;②对每个未分配节点 u,如果$f(p(u))=0$,那么$f(u)=\lceil k/2\rceil$;否则$f(u)=0$。

例 15-17　图 15.10 中占空比控制在 $k=3$ 时为最优。

15.6　应用导向的调度

传感器网络的部署通常是为了特定的目的,比如战场监控、人体生理数据监控、汽车追踪等。支持任一这些特定目的的应用程序都具有自己的通信模式。近年来,有人提出应用型调度的概念,利用这一特性降低通信时延,并减少调度所需的资源量。已经有人提出了用于数据搜集的有效应用型调度协议[75,76]和主干型通信[41]方案。在这些方案中,传感器节点活动的调度方案根据特定的通信模式优化,且附带考虑路由方案。因为在具体的通信模式中,通常没有必要保持所有传感器节点都处于活跃状态,通常采用某种程度的占空比控制。本节首先综述一些有代表性的研究,然后举例研究数据聚合的渐进优化调度方案。

15.6.1 综述

在文献[73]中,数据聚合 MAC(DMAC)协议解决了在占空比控制网络中的数据采集时延问题。它为通信受限于已确定的以汇聚节点为树根的固定无向数据搜集树的传感器网络设计。基本思路是按照每个传感器节点在生成树中的深度而调度它的活跃期。节点在完成向下一级的数据转发后尽快将之调度成休眠状态,且在接收下一轮数据包时及时唤醒。这样,数据包就可以从叶节点连续逐级转发到汇聚节点。

文献[72]关注由 UDG 建模的传感器网络中数据分发的无干扰调度。在文献[72]中,从植根于汇聚节点的一个 BFS 树构建一个数据聚合树,在树的构建中,使用最大独立集技术。根据这一数据聚合树调度传感器节点的传输,且设计的调度方案能在 UDG 中实现渐进最优时延 $O(\Delta + D)$,这里 Δ 是节点度且 D 是网络直径。

主干结构在各种无线网络中得到了广泛应用,但是对基于这一结构通信调度的研究却很少。在文献[41]中,提出了一种主干型通信的调度方案,它能在具有某些特性的网络中达到渐进最优时延。基本的思路是将通信分成三个阶段:从非主干节点到主干节点的传输,从主干节点到非主干节点的传输,以及主干结构内的通信。为每个阶段设计调度,以保证无干扰通信。尽管非主干节点和主干节点之间的通信会因为节点度较大带来较高成本,但在这一通信中,任何两个节点之间的跳数可以被限定。在文献[41]中提出的调度方案可以保证,任何节点对之间通信其时延为 $O(\Delta^2 + D)$,如果传感器节点具有有界的传输范围,这里 Δ 是节点度且 D 是网络直径。

15.6.2 数据聚合调度

我们将研究为监控任务设计的传感器网络中的数据聚合调度方案。在监控任务中,每个传感器节点产生数据包并将它们传输到一组特定的基站,称为汇聚节点,它们负责收集数据。我们研究了数据聚合,其中,当一个传感器节点从其邻居节点收到一个数据包,它可以将这个数据包与其自身的数据包进行合并,且合并的数据包含所有必需的信息。环境监测是这种场景的例子之一,其信息热点是监测区的最大温度，在这种情况下，两部分（或更多）数据包可以通过取它们的最大值而加以合并。

现在考虑由 UDG 建模的传感器网络中的时分调度，这里，时间被汇编成时隙。给定一个网络 G，使用一个标号函数 $l:V(G)\to N$ 表示调度方案，它为每个节点 u 分配一个非负整数 $l(u)$。各个节点 u 可以只在时隙 $\{l(u)+i(K+1)\mid i=0,1,\cdots\}$ 内进行传输，这里 K 是标号 $l()$ 所用的标号跨距。假设两个节点当且仅当它们可以相互通信时才相互干扰。所以当且仅当接收器邻域内只有一个节点进行传输时，传输信号才能被其预定接收器无干扰接收。这可以规范描述如下：$\forall$ 节点 $x,y\in V(G)$，使得 $x\leftrightarrow y\in E(G)$，从节点 x 到 y 传输当且仅当 $l(x)\neq l(y)$ 且 $l(y)\neq l(z)$，$\forall z\in N_G(y)$ 时才无干扰。注意这一模型与 $L(1,1)$ - 标号一致。实际上，如果将上述条件应用于 $E(G)$ 内的所有链路，就会得到一个 $L(1,1)$ - 标号。若将 $L(1,1)$ - 标号应用于数据聚合，时延将是 $O(D\Delta^2)$，因为大多数标号算法都是使用 $O(\Delta^2)$ 标号。后面我们将研究一个专为数据聚合通信而设计的，且能达到 $O(\Delta+D)$ 时延的调度方案[72]。在文献[72]中，首先构建了一个植根于汇聚节点的数据聚合树，然后根据该树进行传感器节点的传输调度。

15.6.2.1　数据聚合树的构建

数据聚合树的构建有以下三个步骤。

（1）步骤 1，构建一个植根于汇聚节点的 BFS 树，它将传感器节点分为几层——汇聚节点是层 0 内的唯一节点，层 i 含有一组节点，表示为Layer_i，它们距离汇聚节点的距离为 i。我们按照 $0,1,\cdots,L$ 对这些层进行编号，这里 L 是一个节点与汇聚节点之间的最大距离。

例 15－18　在图 15.12(a)中，建立一个 BFS 树，并将传感器节点分为数层，以数字进行表示。例如，$\text{Layer}_0=\{$汇聚节点$\}$，$\text{Layer}_1=\{a,b,c\}$以及$\text{Layer}_2=\{d,e,f,g,h\}$。

（2）在步骤 2 中，最大独立集，Black 逐层形成如下。首先 Black 是一个空集。对于每个 $i=0,1,\cdots,L$ 层，满足下述两个条件的节点最大子集 $\text{Black}_i\subseteq\text{Layer}_i$ 被添加到 Black：①Black 是一个独立集，且②Black_i 中的节点独立于已经添加到 Black 的节点。我们用$P_B(v)$表示节点 v 在 BFS 树中的母节点。在这一步骤的结尾，很容易看出下述特性。

引理在步骤 2 的结尾，$\forall i\in[1,L]$，有① $\forall v\in\text{Black}$，$P_B(v)\in\text{Layer}_{i-1}$ 且 $P_B(v)\notin\text{Black}_{i-1}$，以及② $\forall w\in(\text{Layer}_i-\text{Black}_i)$，$\exists u\in\text{Black}_i\cup\text{Black}_{i-1}$，使得 $w\leftrightarrow u\in E(G)$，我们称 u 为 w 的一个支配者。

例 15－19　在图 15.12(a)中，标出最大独立集的节点。我们得出$\text{Black}_0=\{$汇聚节点$\}$且$\text{Black}_1\neq\varnothing$。对于层 2，选择$\text{Layer}_2$的最大独立集$\text{Black}_2=\{d,f,h\}$，

其中的节点也独立于$\text{Black}_0 \cup \text{Black}_1$ = {汇聚节点}内的节点。节点 $e \in \text{Layer}_2 - \text{Black}_2$有支配者 $d, f \in \text{Black}_2$。节点 $m \in \text{Layer}_3 - \text{Black}_3$有支配者 $d \in \text{Black}_2$。

（3）在步骤3中，通过设 $V(T)=V(G)$ 并计算 $E(T)$ 而构建的数据聚合生成树 T。注意：一个节点可能具有多个支配者，这里为每个节点 u 选择一个支配者，并以d_u表示被选中的节点。

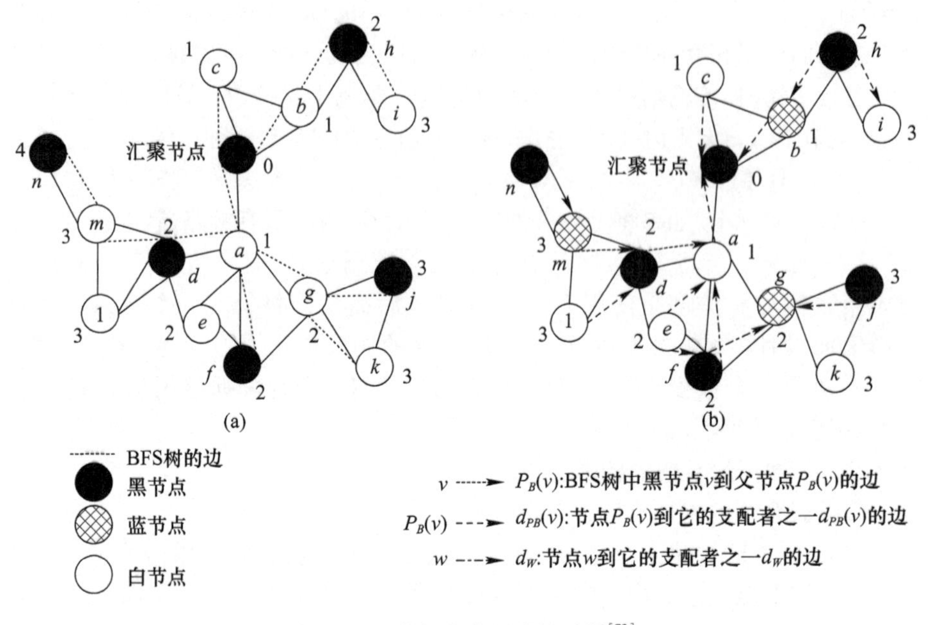

图 15.12　数据聚合调度的示例[72]
（a）步骤2；（b）步骤3。

① 步骤 3.1. $\forall i \in [1, L]$，$\forall v \in \text{Black}_{i+1}$，边 $v \leftrightarrow P_B(v)$ 被添加到 $E(T)$ 并且如果没有添加到 $E(T)$ 则添加边$P_B(v) \leftrightarrow d_{P_B(v)}$。注意由引理3，$d_{P_B(v)} \in \text{Black}_i \cup \text{Black}_{i-1}$。我们用 $\text{Blue} \equiv \{P_B(v) \mid v \in \text{Black}\}$ 表示父节点的集合，具体来说，层 i 内的母节点用$\text{Blue}_i \equiv \text{Blue} \cap \text{Layer}_i$表示。定义 $\text{White} \equiv V(G) - \text{Black} - \text{Blue}$。

② 步骤 3.2. $\forall w \in \text{White}$，$w \leftrightarrow d_w$ 被添加到 $E(T)$。注意由引理3(2)，$d_w \in \text{Black}$。

例 15-20　我们将图 15.12(b)中的节点 $d \in \text{Black}_2$ 作为一个实例。因为 $P_B(d)=a$，且 a 具有一个支配者d_a = {汇聚节点}，边 $d \leftrightarrow a$ 和 $a \leftrightarrow$汇聚节点被添加到(T)。因为对于节点 $e \in \text{White}$，f 是 e 的一个支配者，所以添加边 $e \leftrightarrow f$。

可以证明 T 的树拓扑。给定一个节点 $v \in V(G)$，用$P_T(v)$表示节点 v 在树 T 中定义的父节点，给定一个子集 $S \in V(G)$，用$P_T(S) \equiv \cup_{u \in S}\{P_T(u)\}$表示。我们可以证明如下特性。

引理 4 给定一个网络 G，所以构建的子图 T，具有 $P_T(\text{White}) \subseteq \text{Black}$，$P_T(\text{Black}_i) = \text{Blue}_{i-1}$ 且 $P_T(\text{Blue}_{i-1}) \subseteq \text{Black}_{i-1} \cup \text{Black}_{i-2}$ 的特性。

15.6.2.2 数据聚合调度

给定聚合树，数据聚合调度非常直接。按照引理 4 提出的特性，可以沿树边自上而下至树根聚合数据以完成数据聚合。首先，数据沿树边从 White 内的节点转发到 Black 内的节点。对于每层 i，如果数据已经被 Black 内距离树根 i 以内的节点收集，那么如下所述，它们可以聚合到 Black 内距离树根 $i-1$ 以内的节点，数据从 Black_i 内的节点转发到 $P_T(\text{Black}_i)$，即 Blue_{i-1} 内的节点，然后从 Blue_{i-1} 内的节点转发到 $P_T(\text{Blue}_{i-1}) \subseteq (\text{Black}_{i-1} \cup \text{Black}_{i-2})$。所以通过对 $i = L, \cdots, 1$ 重复这一过程，可以逐层聚合数据包且都完全到达树根（汇聚节点）。

根据这一研究结果，算法 4 给出了一个聚合方案，Schedule(S,T,G,l) 是一个为 S 内节点标号的子程序，以保证从 S 内节点到按照网络 G 中聚合树 T 定义的父节点之间的无干扰传输。标号开始于标号 l 并返回到下一个可用标号。该子程序中 1－10 行的先判定型循环会计算 S 内未标号但可以分配同一标号的节点最大集 X，目的是保证从节点 x 到所有 $x \in X$ 的 $P_T(x)$ 的无干扰传输。最初 X 为空（行 2）。对于每个节点 $s \in S$，行 4 检验若被分配编号 l 是否会引起干扰，因为当且仅当 $s \leftrightarrow u \in E(G)$ 时，来自 s 的传输会在节点 u 处引起干扰，这要求对所有 $x \in X$，有 $s \leftrightarrow P_T(x) \notin E(G)$。对 S 内所有未标号的节点重复进行检查，且 X 是在同一时隙内可以调度传输并分配同一标号的节点最大集（行 8）。重复这个过程直至所有节点都被标号。

例 15－21 对图 15.12，考虑 Schedule(White, T, G, 0)，得出 White = $\{l, e, k, c, i\}$。在先判定型循环的第一次迭代中，因为节点 l, k, c, i 可以分配同一标号，所以都标为 0。注意在下一迭代中，节点 e 标为 1。

算法 4[72]：数据聚合调度

```
1: int l = 0; //下一个有效标记;
2: l = Schedule(White, T, G, l);
3: for i = L to 1, do;
4: l = Schedule(Black, T, G, l);
5: l = Schedule(Blue_{i-1}, T, G, l);
6: end for;


subroutine Schedule(S, T, G, l)
输入：传感器集 S、数据融合树 T、网络 G 和下一个有效标签 l
```

```
1:while S≠φ,do
2:X≠φ
3:    for all s∈S,do
4:        if ( ∀x∈X,⟨s→pr(x)⟩ ∉ E(G)) then
5:            Add s to X,and removes from S
6:end if
7:end for
8:∀x∈X,l(x) = l;
9:l + +
10:end while
11:return l
```

正确性遵循算法解释如下。在下述定理的调度机制下我们提出了数据聚合的时延。这里给出了直观的证明[72],读者们可以参考文献[72]获得更多信息。注意子程序 Schedule(S,T,G,l)所需的标号数量是 S 内节点度(由聚合树 T 定义)内的多项式。树构建中的最大独立集属性以及 UDG 的几何特性保证 Black 和 Blue 内的节点在 T 中具有恒定有界的度,且 T 的直径与 G 的直径具有同样的阶。所以,第一跳转发的时延,也就是从 White 内节点到其在树 T 内父节点的传输时延会是 $O(\Delta)$,且随后每个 $O(D)$跳的时延是 $O(1)$。

定理 9[72] 给定一个由 UDG 建模的网络 G,按照提出的方案,从节点到汇聚节点的数据聚合可以在 $O(D+\Delta)$ 内完成,这里 Δ 是节点度,D 是 G 的直径。

15.7 协议模型和 SINR 模型下的调度

很多关于调度问题的研究工作都考虑了基于图论概念的干扰模型。本节将研究两种模型:协议模型和物理模型下的调度问题[1]。在协议模型中,使用参数 Γ 来模拟这一状况,由协议指定保护时隙带,预防邻居节点同时向同一信道传输。在物理模型(即物理 SINR 模型)中,根据不同信号发送器发出的干扰累积效果定义无干扰通信的条件。这些定义如下:

定义 4 (协议模型[1])从节点 x 到节点 y 的传输是无干扰的,若对任何其他同时向同一信道传输的节点 z 来说,能得出 $\|z,y\| \geqslant (1+\Gamma)\|x,y\|$,这里 $\|x,y\|$是节点 x 到节点 y 的几何距离。

定义 5 (物理模型(SINR 模型)[1])设$\{x_0,\cdots,x_K\}$是某些时间点在同一信道同时传输的节点集。设P_i是节点x_i,$i\in[0,K]$选择的发射功率水平。那么从

节点$x_i, i \in [0,K]$发出的传输,能被节点 x 接收的无干扰传输条件为

$$\frac{\dfrac{P_i}{\|x_i - x\|^{\alpha}}}{N + \sum_{k \in [0,K], k \neq i} \dfrac{P_k}{\|x_k - x\|^{\alpha}}} \geqslant \beta$$

式中:β 是最小的信号干扰比(SIR);N 是环境噪声功率水平,信号功率递减与距离 r 的关系是 $1/r^{\alpha}$,这里假设 $\alpha > 2$。

示例 22　在图 15.13 中,设节点 u 和 v 之间的距离为 $r = \|u,v\|$。为了保证从 u 到 v 的无干扰传输,处于距 v 为$(1+\Gamma)\|u,v\| = 2r$ 内的所有节点,即w_1和w_2,不应同时进行传输,而w_3发出的传输不会干扰从 u 到 v 的传输。

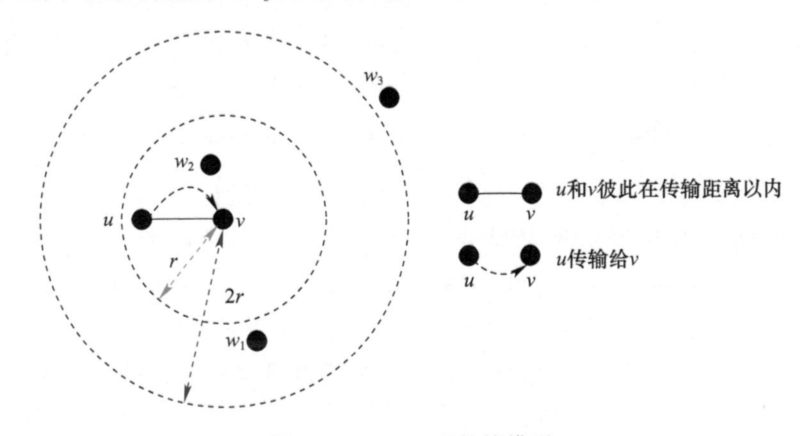

图 15.13　$\Gamma = 1$ 的协议模型

这些模型自提出以来就被广泛的研究。已经有人对调度设计进行了研究,并对这两个模型进行了复杂性分析[1,27-32]。下面首先对这些研究进行综述,然后通过构建节点的传输调度,获得了协议模型下多信道无线网络的容量。

15.7.1　协议模型和 SINR 模型下调度研究综述

本节将介绍在协议模型和 SINR 模型下调度问题的主要研究成果。我们用 n 表示节点的数量,用 W 表示各个节点以 b/s 为单位的传输率。在这些研究中,调度是指给每个节点分配一个传输功率,并且如果有多个信道可用,分配给节点的信道在每一个有序的时隙内能发送;如果一个节点在一个时隙中未被调度进行传输,则功率分配为 0。

文献[1]研究了协议模型和 SINR 模型下无线网络的吞吐能力。研究了两种类型的网络:任意网络和随机网络。在任意网络设置中,网络吞吐量的衡量单位是“bit - meter/second”——也就是 1 比特在 1 秒内传输 1 米的距离,就可以说

这个网络传输1"比特-米/秒"。在随机网络设置中,节点随机分布在一个单位圆环面上。每个节点形成一个随机选择的目的地数据包流。网络容量定义为按bit/s测量所有数据包流的总吞吐量。在文献[1]中结果表明在任意网络中,如果节点的部署为最优、流量模式分配最优、各个节点的传输范围选择最优,在协议模型下,传输吞吐量规模为$\Theta(W\sqrt{n})$b·(m/s)。在SINR模型下,对适当的c和c',$cW\sqrt{n}$b·(m/s)是可实现的,但$c'Wn^{(\alpha-1)/\alpha}$b·(m/s)是不可行的。至于随机网络,对适当的c和c',在协议模型下,每个节点的吞吐量规模为$\Theta(W\sqrt{n\log n})$b/s,而在SINR模型下,每个节点的吞吐量达$cW\sqrt{n\log n}$b/s是可行的,但$c'W\sqrt{n}$b/s是不可行的,当n趋向于$+\infty$,两者的概率都为1。

文献[27]研究了协议模型下有多个收发器和信道时的网络吞吐量。设m为收发器的数量,c是信道的数量。这里,每个节点的传输率W为使用所有信道的总数据率,在信道之间均分,所以c个信道中每个信道支持的数据率是W/cb/s。已经表明,在任意网络中,若$c/m=O(n)$,网络吞吐量是$\Theta(W\sqrt{mn/c})$b·(m/s),且若$c/m=\Omega(n)$,网络吞吐量是$\Theta(W\sqrt{mn/c})$ b·(m/s)。在随机网络中,如果$c/m=O(\log n)$,网络吞吐量为$\Theta(W\sqrt{n/\log n})$ b/s,如果$c/m=\Omega(\log n)$,而且$c/m=O(n(\log\log n/\log n)^2)$,则网络吞吐量为$\Theta(W\sqrt{mn/c})$ b/s,若$c/m=\Omega(n(\log\log n/\log n)^2)$,则吞吐量为$\Theta(Wnm\log\log n/(c\log n))$。

文献[31]讨论了SINR模型下无线网络的调度复杂性。给定一组通信请求,调度复杂性定义为成功安排所有请求所需的最小时间量。在文献[31]中提出了一个能在$O(\log^4 n)$时间内成功安排强连通链路集的调度算法,它表明连通的调度复杂性在任意网络中随着节点数量而呈多重对数增长。

文献[29]研究了协议模型和SINR模型下的数据聚合能力,这里,数据聚合能力指的是每个节点可持续传输数据到汇聚节点的最大可持续率(b/s)。结果表明,在SINR模型下,可以达到$\Omega(1/\log^2 n)$的持续率。相比之下,结果表明协议模型下的最佳可能持续率为$\Theta(1/n)$。

文献[28]在研究多跳无线网络中广播能力时考虑了协议模型,广播能力定义为在一个有限的时间内,在网络中可以产生广播数据包并被所有节点收到的最大速率。已经证明,一个均匀密度的网络,其广播能力是$\Theta(W/\max\{1,\Gamma^d\})$,这里$\Gamma$是协议模型所采用的保护区参数,$d$是网络所存在空间的维数。

15.7.2 多信道网络协议模型下的调度方案

因为一种精心设计的调度方案代表的是传感器节点的理想状态,所以已经有人使用调度机制对网络可以达到的最佳性能进行了理论分析。在文献[1,27]中,通过在空间和时间上调度节点的传输可获得无线网络吞吐量的下限。这里我们将文献[27]中提出的调度方案作为一个实例进行研究。为具有 V 组 n 个随机分布于一个单位圆区域上节点的随机网络设计调度方案。目的是研究单个收发器多个信道网络的能力,即每个节点配有单个收发器并且可以通过多个信道通信。我们用 c 表示信道的数量,并为信道编号为 $0,\cdots,c-1$。

假设可以通过调度方案设置每个节点的传输范围,而且当且仅当它们处在彼此的传输范围内时才可以通信。使用文献[27]中的协议模型来描述无干扰通信的条件。在这一模式下,给定任意两个节点 u 和 v,当且仅当①节点 v 处在节点 u 的传输范围内,②节点 u 可以向节点 v 传输,且节点 v 正在监听同一信道,以及③满足协议模型定义的无干扰约束,从 u 到 v 的传输才是成功的。

假设通过使用所有信道而可能达到的总数据率为 W。在各信道间均分总数据率,所以 c 个信道中每个信道支持的数据率是 W/cb/s。按照流量模式定义的网络能力为,n 个节点中每个节点发送 $\gamma(n)$ b/s 到一个随机选择的目的地。我们用"数据包流"指代源节点和目的节点对之间的流量。每个节点的吞吐量定义为 $\gamma(n)$ 的最大值,该值由高概率(*w. h. p.*)支撑,且网络容量定义为 $n\gamma(n)$,因为总共有 n 个数据包流。在文献[27]中给出了网络容量的如下下限。

定理 10[27]　一个随机具有单一收发器多信道网络的网络容量如下,这里 n 是节点的数量,c 是可用信道的数量,且 W 是总数据率:①如果 $c=O(\log n)$,网络容量为 $\Theta(W\sqrt{n/\log n})$ b/s,②如果 $c=\Omega(\log n)$ 且 $O(n(\log\log n/\log n)^2)$,则网络容量为 $\Theta(W\sqrt{n/c})$ b/s,且③若 $c=\Omega(n(\log\log n/\log n)^2)$,则网络容量为$\Theta(Wnm\log\log n/(c\log n))$ b/s。

在文献[27]中已经通过构建一个路由方案和一个传输调度证明了这一下限。这里传输调度指为每个节点在每个时隙指定该节点分配的信道,以及它对所分配信道可以采取的行为(传输或监听)。证明分为三个阶段:蜂窝构建和传输范围分配、路由选择方案、调度方案。下面将阐述每个阶段的基本想法。

15.7.2.1　蜂窝构建和传输范围分配

单位圆形面的表面被分成方形蜂窝。每个蜂窝的面积为

$$a(n)\equiv\min\{\max\{(100\log n)/n,c/n\},(1/D(n))^2\}$$

这里 $D(n)\equiv\Theta(\log n/\log\log n)$,且每个节点的传输范围设为 $r(n)\equiv\sqrt{8a(n)}$。可以对这样一个蜂窝结构证明下列属性:

(1) 一个目的地节点接收的数据包流量数目不超过 $D(n)$ w. h. p,证明可见文献[27]。

(2) 每个蜂窝中节点的数量是受限的,具体来说,如果 $a(n) > (50\log n)/n$,则每个蜂窝具有 $\Theta(na(n))$ 节点 w. h. p. ,读者们可以参考文献[27]的证明。注意当 n 值适当大时,$a(n) > (50\log n)/n$。

(3) 一个蜂窝中的每个节点可以与其 8 个邻居蜂窝内的任意节点通信。

(4) 可能被某个节点传输干扰的蜂窝数量为$k_{\text{inter}} \leqslant 72(2+\Gamma)^2$。可以证明如下:考虑来自一个节点的传输情况,称为 w,干扰另一个传输,称为从节点 u 到 v 的传输。在协议模型下,w 距 v 的距离在$(1+\Gamma)r(n)$内。因为 w 与 u 之间的距离不超过$(2+\Gamma)r(n)$。所以,一个蜂窝内的节点只会受到$(2+\Gamma)r(n)$距离内节点的干扰,它完全封闭于一个边长为$3(2+\Gamma)r(n)$的较大正方形内。所以最多有$(3(2+\Gamma)r(n))^2/a(n) = 72(2+\Gamma)^2$个蜂窝可能受到从 w 发出传输的干扰。

给定节点传输范围的分配,可以构建如下干扰图G_{I}:当且仅当 u 和 v 可以相互干扰时,$V(G_{\text{I}}) = V$,且一个链路 $u \leftrightarrow v \in E(G_{\text{I}})$。因为每个蜂窝可以干扰的蜂窝不超过某些恒定的$k_{\text{inter}}$数量,且每个蜂窝具有 $\Theta(na(n))$ 个节点,所以度为$\Delta_{G_{\text{I}}} = O(na(n))$。

15.7.2.2 路由方案

我们为与 n 个源 - 目的对一一对应的 n 条数据流提出路由方案。对于每个源 - 目的对,如节点 S 和节点 D,数据包选择处于蜂窝内连接 S 和 D 的直线所代表的路由,且对每个这样的蜂窝来说,都有一个节点被“分配”给数据包流。在该蜂窝中被分配一个数据包流的节点是唯一沿该路径转发数据的节点。通过数据包流分配程序[27]完成分配,如算法 5 所示,其中步骤 2 平衡数据包流的分配,确保所有节点被分配(近似)相等的数据包流量数。被分配一个数据包流的节点会收到前一蜂窝中某个节点的数据包,并将这个数据包发送到下一蜂窝的某个节点。

算法 5[27]:数据包流分配程序

● 步骤 1:对于任何起源于某个蜂窝的数据包流,源节点 S 被分配给这个数据包流。
同样,对于任何以某蜂窝为目的的数据包流,目的节点 D 被分配给这个数据包流。

● 步骤 2:余下的每个数据包流(通过一个蜂窝)被分配到目前为止被分配的数据包流最少蜂窝的节点。

分配给每个节点数据包流的总数量为 $O(1/\sqrt{a(n)})$ w. h. p. 证明如下:

(1) 每个节点都是一个数据包流的发起者。因为每个节点是至多 $D(n)$ 个 w. h. p. 数据包流的目的地,在数据包流分配程序的步骤 1 中,每个节点至多被分配 $1+D(n)$ 个数据包流 w. h. p. 。

(2) 步骤 2 分配给每个节点至多 $O(1/\sqrt{a(n)})$ 个数据包流,因为①步骤 2

中的分配要确保所有节点都得到近似等量的数据包流，②每个蜂窝具有 $\Theta(na(n))$ 个节点，且③可以证明贯穿一个蜂窝的源 - 目的地链路数量，也就是说，通过一个蜂窝的数据包流的数量，为 $O(n/\sqrt{a(n)})$（读者们可以参考文献[77]的证明）。

(3) 所以每个节点被分配的总数据包流为 $O(D(n)+1/\sqrt{a(n)})$，由于为 $a(n)$ 选择的值保证 $a(n)\leqslant(1/D(n))^2$，所以它为 $O(1/\sqrt{a(n)})$。

给定这样的一种分配方案，构建一个路由选择图 G_R，图中有 $V(G_R)=V$ 且 $E(G_R)$ 由每个连续节点对的链路 $x\leftrightarrow y$ 构成，该链路由每条数据包流的路由设定。因为通过一个节点的每条数据包流最多引出两条边，一个是输入一个输出，且每个节点最多分配 $O(1/\sqrt{a(n)})$ 条数据包流，所以图 G_R 的度为 $\Delta_{G_R}=O(1/\sqrt{a(n)})$。

15.7.2.3　调度方案

节点传输的调度方案基于路由选择图 G_R 的边标号和干扰图 G_I 的顶点标号。

(1) 图 G_R 的边标号可保证共用端节点的任何两个边被分配不同的标号。以函数 $l_e():E(G_R)\rightarrow\mathbf{N}$ 表示，它满足 $\forall x\leftrightarrow y, x'\leftrightarrow y'\in E(G_R)$，若 $\{x,y\}\cup\{x',y'\}\neq\phi$，那么 $l_e(x\leftrightarrow y)\neq l_e(x'\leftrightarrow y')$。$L_e$ 表示标号的跨距。

(2) 图 G_I 的顶点标号保证任何两个相邻的顶点分配不同的标号。以函数 $l_v():V(G_I)\rightarrow\mathbf{N}$ 表示，所以 $\forall x\leftrightarrow y\in E(G_\mathrm{I})$，$l_v(x)\neq l_v(y)$。我们用 L_v 表示标号的跨距。

调度方案如算法 6 所示。每秒的间隔被分为 $(L_e+1)M$ 个时隙，每个时隙长度为 $1/((L_e+1)M)$，这里 $M=\lceil(l_v+1)/c\rceil$。可知，链路标号决定着在同一时隙可以调度的链路集——具有同一标号的链路可以在相同时隙内被调度，并且顶点标号决定了一个节点被分配的信道，如果信道的数量 $c\geqslant l_v+1$，那么在一个时隙内可以调度具有同一编号的链路——对于每个链路 $x\leftrightarrow y$，节点 x 和节点 y 被分配信道 $l_v(x)$，且 x 被允许进行传输给正侦听这一信道的节点 y。因为具有同一边标号的链路不共用任何端节点，所以明确了指定每个节点的状态。对顶点标号的约束保证不会发生干扰。当信道的数量 $c<l_v+1$，具有同一标号的链路就被分为 M 个分离集，且在一个时隙内调度每个集。

众所周知，给定一个图 G，边标号方案至多使用 $O(\Delta_G)$ 个标号，顶点标号方案至多使用 (Δ_G+1) 个标号[78]。所以对 G_R 的边标号，标号跨距为 $L_e=O(\Delta_{G_R})=O(1/\sqrt{a(n)})$，且对 G_I 的顶点标号，标号跨距为 $L_v=O(\Delta_{G_I})=O(na(n))$。所以每个时隙长度 $1/((L_e+1)M)=\Omega(\sqrt{a(n)}/\lceil na(n)/c\rceil)$。每个信道可以传输的速率为 W/c(b/s)。所以在每个时隙，可以传输

$$\gamma(n) = \Omega\left((W = \sqrt{a(n)}) / \left(c \left\lceil \frac{na(n)}{c} \right\rceil \right) \right)$$

所以可以通过替代 $a(n)$ 的值而得到总网络容量 $n\gamma(n)$ 的下限。

算法 6[27]:传输调度方案

1:for$k=0,\cdots,L_e$ **do**

2:E_k =标签 k 边缘分现连接的集合;

3:**for all links** $\langle x \leftrightarrow y \rangle \in E_k$ **do**

4:$t = l_v(x) \% c$;//note $t \in [0, c-1]$

5:$s = \left[\frac{l_v(x)}{c} \right]$;//note $s \in [0, M-1]$

6:允许节点 x 在狭缝 $kM+s$ 中广播到通道 t;

7:节点 y 在 $kM+s$ 每秒的狭缝中接听通道 t 的信息;

8:**end for**

9:**end for**

15.8 从业者指南

已经证明,调度是无线传感器网络中一种有效的机制。因为完全无干扰的调度需要大量的子信道,所以综合考虑带路由安排的调度问题,研究基于应用要求的具体通信模式以优化网络性能,将是一个非常有意义的课题。

15.9 未来的研究方向

能源效率是传感器网络的一个重要问题。目前缺乏整合干扰避免和占空比控制的研究。无线传感器网络中的干扰常通过图论模型描述,所以调度问题常常归结为各种图的标号问题,而这一问题在过去几十年学者们已经进行了广泛的研究。然而,这些图模型并不能捕捉不同发送器所发出干扰的累积影响。所以研究更精确的模型,如物理 SINR 模型下的调度问题,将非常具有前景。

15.10 小结

本章研究了不同干扰模型下各种场景的调度问题。研究的主题包括带有信道分离约束的图标号建模的信道分配问题、通过只对应用所需的通信链路实施约束而降低所需子信道跨距的轻调度、通过切换传感器节点活跃和休眠模式而实现能效的占空比控制方案，以及具体应用的优化调度方案。我们也讨论了协议模型和 SINR 模型下的调度。对每个主题，我们都对结果进行了研究，并详细列举出一两个有代表性的研究工作进行分析。

名词术语

干扰：在无线接收器的附近在同一信道同时传输而引起的干扰，可导致接收的数据包损坏无用。

调度：传感器节点活动的调度，即指定一个传感器在每个时隙序列中可以保持的模式。传感器节点传输的调度，即指定是否允许一个传感器节点在某一时隙进行传输，可以用来避免干扰。另一种调度形式，称为占空比控制，它使传感器节点在活跃和休眠模式间切换，是实现传感器网络中能效的一种重要机制。

分配型 MAC 协议：分配型 MAC 协议旨在通过调度节点的传输而避免干扰。基本的思路是首先将共用信道分成子信道，然后将子信道分配给传感器节点。

CDMA 和 FDMA：CDMA 和 FDMA 是分配型介质访问技术，分别通过使用正交调制代码和载波将共用信道分成子信道，而实现共享信道的多个接入。

图标识：对图的标识就是分配给顶点整数值，以满足某种约束。不同的标号代表不同的子信道，可以使用图标号来对分配型 MAC 协议的信道分配问题建模。图标号中定义的约束受干扰模型的制约，描述无干扰通信的条件。

占空比控制：占空比控制就是传感器节点在活跃和休眠模式之间切换。这一机制可以在流量较低的传感器网络中实现高能效。

空闲监听：在传感器网络中，一个传感器节点在没有其他信息的情况下不能辨别一条信息何时发送给自己。为了不错过数据包，一个传感器节点必须保持自己的无线电开启并侦听共用信道，这就是空闲监听。

数据聚合：在为监控任务设计的传感器网络中，每个传感器节点产生数据包并把它们传输给一组称为汇聚节点的专用基站，它们负责收集数据。在数据聚合中，当一个传感器节点从其邻居节点收到一个数据包，它可以将这个数据包与自己的数据包进行合并，合并的数据包含有所有必需的信息。环境监测是这一场景的实例，目标信息是监测区的最大温度。在这种情况下，两(更多)块信息包可以通过取其最大值而合并。

协议模型：在协议模型中，使用参数 Γ 来模拟一种状况，协议需要保护频带以防止邻居节点同时向同一信道传输。在这种模型下，从一个节点 x 到一个节点 y 的传输，若对于任何同时传输到同一信道的其他节点 z 来说，得出 $\|z,y\| \geqslant$

$(1+\Gamma)\|x,y\|$,这里$\|x,y\|$是节点 x 到 y 的几何距离。

物理 SINR 模型:是一种描述无线网络中无干扰通信条件的模型。设$\{x_0,\cdots,x_K\}$是某些时间点在同一信道同时传输的节点集。设P_i是节点x_i,$i\in[0,K]$选择的发射功率水平。那么从节点x_i,$i\in[0,K]$发出的传输,就是被节点 x 接收的无干扰传输,其条件为

$$\frac{\dfrac{P_i}{\|x_i - x\|^{\alpha}}}{N + \sum_{k\in[0,K],k\neq i}\dfrac{P_k}{\|x_k - x\|^{\alpha}}} \geqslant \beta$$

式中:β 为最小的信号干扰比(SIR);N 为环境噪声功率水平,信号功率递减与距离 r 的关系是 $1/r^{\alpha}$。

习　　题

1. 设计图 15.2 中的一个 $L(1,1)$ - 标号。
2. 按照定理 2,对图 15.2 进行一个 $L(1,1)$ - 标号的标号数下限是多少?
3. 证明具有一个路径拓扑的图 G 的标号数$\lambda_{1,1}(G)=2$。
4. 给出一个图 15.4(a)中的$L_S(1,1)$ - 标号,这里 S 是定向树,它植根于汇聚节点,灰色链路为标志的边。
5. 为一般子图 S 的一般图 G 上的$L_S(1,1)$ - 标号设计一个分布式贪婪标号方案。
6. 证明算法 3 产生一个数据搜集的$L_S(1,1)$ - 标号,这里 S 是一个定向宽度优先搜索的树,它植根于汇聚节点,且树边朝向汇聚节点。
7. 证明 15.5.2 节提出的一种树形时隙分配函数。
8. 证明 15.6.2 节提出的数据聚合调度引理 3。
9. 证明 15.6.2 节提出的数据聚合调度引理 4。
10. 设计一个广播问题的调度,即从一个称为源节点的节点向网络中所有其他节点传播信息。使用 15.6.2 节提出的干扰模型。

参考文献

1. P. Gupta and P. Kumar. The capacity of wireless networks. IEEE Transactions on Information Theory, 46(2):388–404, 2000.
2. K. Kredo II and P. Mohapatra. Medium access control in wireless sensor networks. Computer Networks, 51(4):961–994, 2007.
3. T. Rappaport. Wirelss Communications, Principles and Practice. Prentice Hall, Upper Saddle River, NJ, 1996.
4. L. Wang and Y. Xiao. A survey of energy-efficient scheduling mechanisms in sensor networks. Mobile Networks and Applications, 11:723–740, 2006.

5. I. Katzela and M. Naghshineh. Channel assignment schemes for cellular mobile telecommunications: a comprehensive survey. IEEE Personal Communications, 3(3):10–31, 1996.
6. I. W. Akyildiz, Y. Su. Sankarasubramaniam, and E. Cayirci. Wireless sensor networks: a survey. Computer Networks, 38(4):393–422, 2002.
7. O. Dousse, P. Mannersalo, and P. Thiran. Latency of wireless sensor networks with uncoordinated power saving mechanisms. In Proceedings of Fifth ACM international symposium on mobile ad hoc networking & computing (MobiHoc), 2004.
8. G. Lu, N. Sadagopan, B. Krishnamachari, and A. Goel. Delay efficient sleep scheduling in wireless sensor networks. In Proceedings of IEEE INFOCOM 2005.
9. W. Ye, J. Heidemann, and D. Estrin. An energy-efficient MAC protocol for wireless sensor networks. In Proceedings of IEEE INFOCOM, 2002.
10. W. Ye, J. Heidemann, and D. Estrin. Medium access control with coordinated, adaptive sleeping for wireless sensor networks. Technical Report ISI-TR-567, USC, Jan. 2003.
11. Worldsens, http://worldsens.citi.insa-lyon.fr/.
12. Chipcon Inc. http://www.chipcon.com/.
13. E. Jung and N. Vaidya. An energy efficient MAC protocol for wireless LANs. In Proceedings IEEE INFOCOM, 2002.
14. S. Singh and C. Raghavendra. PAMAS: Power aware multi-access protocol with signalling for ad hoc networks. SIGCOMM Computer. Communication. Review., 28(3):5–26, 1998.
15. T. van Dam and K. Langendoen. An adaptive energy-efficient MAC protocol for wireless sensor networks. In ACM Sensys, 2003.
16. R. Zheng, J. Hou, and L. Sha. Asynchronous wakeup for ad hoc networks. In Proceedings of Fourth ACM International Symposium on Mobile Ad Hoc Networking and Computing (MobiHoc), 2003.
17. Q. Cao, T. Abdelzaher, T. He, and J. Stankovic. Towards optimal sleep scheduling in sensor networks for rare-event detection. In Proceedings of Fourth International Symposium on Information Processing in Sensor Networks (IPSN), 2005.
18. Y. Chen, E. Fleury, and V. Syrotiuk. Topology-transparent duty cycling for wireless sensor networks. In Proceedings of 21st IEEE International Parallel and Distributed Processing Symposium (IPDPS), 2007.
19. A. Keshavarzian, H. Lee, and L. Venkatraman. Wakeup scheduling in wireless sensor networks. In Proceedings of ACM International Symposium on Mobile Ad Hoc Networking and Computing (MobiHoc), 2006.
20. F. Koushanfar, N. Taft, and M. Potkonjak. Sleeping coordination for comprehensive sensing using isotonic regression and domatic partitions. In Proceedings of IEEE INFOCOM, 2006.
21. M. Miller and N. Vaidya. A MAC protocol to reduce sensor network energy consumption using a wakeup radio. IEEE Transactions on Mobile Computing, 4(3):228–242, 2005.
22. Ö. Akan and I. Akyildiz. Event-to-sink reliable transport in wireless sensor networks. IEEE/ACM Transactions on Networks., 13(5):1003–1016, 2005.
23. V. Rajendran, K. Obraczka, and J. Garcia-Luna-Aceves. Energy-efficient, collision-free medium access control for wireless sensor networks. Wireless Networks, 12(1):63–78, 2006.
24. M. Sichitiu. Corss-layer scheduling for power efficiency in wireless sensor networks. In Proceedings of IEEE INFOCOM, 2004.
25. R. Subramanian and F. Fekri. Sleep scheduling and lifetime maximization in sensor networks: fundamental limits and optimal solutions. In Proceedings of Fifth International Conference on Information Processing in Sensor Networks (IPSN), 2006.
26. N. Trigoni, Y. Yao, A. Demers, J. Gehrke, and R. Rajaraman. Wave scheduling and routing in sensor networks. ACM Transactions on Sensor Networks, 3(1):2, 2007.
27. P. Kyasanur and N. Vaidya. Capacity of multi-channel wireless networks: impact of number of channels and interfaces. In Proceedings of 11th Annual International Conference on Mobile Computing and Networking (MobiCom), 2005.
28. A. Keshavarz-Haddad, V. Ribeiro, and R. Riedi. Broadcast capacity in multihop wireless networks. In Proceedings of 12th Annual International Conference on Mobile Computing and Networking (MobiCom), 2006.
29. T. Moscibroda. The worst-case capacity of wireless sensor networks. In Proceedings of Sixth

International Conference on Information Processing in Sensor Networks (IPSN), 2007.
30. T. Moscibroda, Y. Oswald, and R. Wattenhofer. How optimal are wireless scheduling protocols? In Proceedings of IEEE INFOCOM, 2007.
31. T. Moscibroda and R. Wattenhofer. The complexity of connectivity in wireless networks. In Proceedings of IEEE INFOCOM 2006.
32. T. Moscibroda, R. Wattenhofer, and A. Zollinger. Topology control meets SINR: the scheduling complexity of arbitrary topologies. In Proceedings of 12th Annual International Conference on Mobile Computing and Networking (MobiCom), 2006.
33. R. Battiti, A. Bertossi, and M. Bonuccelli. Assigning codes in wireless networks: bounds and scaling properties. Wirelen Networks, 5(3):195–209, 1999.
34. A. Bertossi, C. Pinotti, and R. Tan. Efficient use of radio spectrum in wireless networks with channel separation between close stations. In Proceedings of Fourth international Workshop on Discrete Algorithms and Methods for Mobile Computing and Communications (DIALM), 2000.
35. G. Chang, W. Ke, D. Kuo, D. Liu, and R. Yeh. On L(d,1)-labeling of graphs. Discrete Mathematics, 220:57–66, 2000.
36. I. Chlamtac and S. Pinter. Distributed nodes organization algorithm for channel access in a multihop dynamic radio network. IEEE Transactions on Computing, 36(6):728–737, 1987.
37. J. Georges and D. Mauro. Labeling trees with a condition at distance two. Discrete Mathematics, 269:127–148, 2003.
38. W. Hale. Frequency assignment: theory and application. In Proceedings of IEEE, volume 68, pp. 1497–1514, 1980.
39. J. Griggs and R.Yeh. Labeling graphs with a condition at distance 2. SIAM Journal on Discrete Mathematics, 5:586–595, 1992.
40. W. Wang, Y. Wang, X. Li, W. Song, and O. Frieder. Efficient interference-aware TDMA link scheduling for static wireless networks. In Proceedings of 12th Annual International Conference on Mobile Computing and Networking (MobiCom), 2006.
41. Y. Chen and E. Fleury. Backbone-based scheduling for data dissemination in wireless sensor networks with mobile sinks. In Proceedings of Fourth ACM SIGACT-SIGOPS International Workshop on Foundations of Mobile Computing (DIAL M-POMC), 2007.
42. IEEE Standard for Wireless LAN Medium Access Control and Physical Layer Specification, 802.11. 1999.
43. S. Kapp. 802.11a. more bandwidth without the wires. Internet Computing, IEEE, 6(4):75–79, 2002.
44. C. Chang and D. Kuo. The L(2,1)-labeling on graphs. SIAM Journal on Discrete Mathematics, 9:309–316, 1996.
45. C. McDiarmid and B. Reed. Channel assignment and weighted coloring. Networks, 36(2):114–117, 2000.
46. B. Clark, C. Colbourn, and D. Johnson. Unit disk graphs. Discrete Mathematics, 86(1-3):165–177, 1990.
47. A. Gräf, M. Stumpf, and G. Weißenfels. On coloring unit disk graphs. Algorithmica, 20(3):277–293, 1998.
48. C. Lund and M. Yannakakis. On the hardness of approximating minimization problems. Journal of the ACM, 41(5):960–981, 1994.
49. A. Bertossi and M. Bonuccelli. Code assignment for hidden terminal interference avoidance in multihop packet radio networks. IEEE/ACM Transactions on Networks, 3(4):441–449, 1995.
50. H. Bodlaender, T. Kloks, R. Tan, and J. Leeuwen. Approximations for λ-coloring of graphs. In Proceedings STACS, 2000.
51. A. Gamst. Some lower bounds for a class of frequency assignment problems. IEEE Transactions on Vehiculor Technology, 35(1):8–14, 1986.
52. C. Sung and W. Wong. A graph theoretic approach to the channel assignment problem in cellular systems. In Proceedings of IEEE 45th Vehicular Technology Conference, 1995.
53. D. Smith and S. Hurley. Bounds for the frequency assignment problem. Discrete Mathematics, 167–168:571–582, 1997.

54. J. Janssen and K. Kilakos. Tile covers, closed tours and the radio spectrum. Telecommunications Network Planning. Kluwer, Boston, MA, 1999.
55. J. Janssen, T. Wentzell, and S. Fitzpatrick. Lower bounds from tile covers for the channel assignment problem. SIAM Journal on Discrete Mathematics, 18(4):679–696, 2005.
56. R. Yeh. Labeling graphs with a condition at distance two. PhD Thesis, University of South Carolina, 1990.
57. D. Kral'and R. Skrekovski. A theorem about the channel assignment problem. SIAM Jorunal on Discrete Mathematics, 16(3):426–437, 2003.
58. D. Goncalves. On the l(p,1)-labeling of graphs. Discrete Mathematics and Theoretical Computer Science, AE:81–86, 2005.
59. A. Bertossi and C. Pinotti. Mappings for conflict-free access of paths in bidimensional arrays, circular lists, and complete trees. Journal of Paralled and Distibuted Computing, 62(8):1314–1333, 2002.
60. J. Georges and D. Mauro. Generalized vertex labelings with a condition at distance two. Congressus Numerantium, 109:141–159, 1995.
61. T. Calamoneri and R. Petreschi. L h; 1 - labeling subclasses of planar graphs. Journal of Par - allel and Distributed Computing, 64:414–426, 2004.
62. J. Janssen. Channel Assignment and Graph Labeling. Wiley., New York, NY, 2002.
63. R. Yeh. A survey on labeling graphs with a condition at distance two. Discrete Mathematics, 306:1217–1231, 2006.
64. Y. Chen and E. Fleury. A distributed policy scheduling for wireless sensor networks. In Proceedings of IEEE INFOCOM, 2007.
65. N. Li, J. Hou, and L. Sha. Design and analysis of an MST-based topology control algorithm. In Proceedings of IEEE INFOCOM, 2003.
66. B. Awerbuch and R. Gallager. A new distributed algorithm to find breadth first search trees. IEEE Transactions on Information Theory, 33(3):315–322, 1987.
67. O. Kasten. Energy Consumption, http://www.inf.ethz.ch/ kasten/research/bathtub/energy consumption.html.
68. M. Stemm and R. Katz. Measuring and reducing energy consumption of networks interface in hand-held devices. IEICE Transactions on Communications, E80-B(8):1125–1131, 1997.
69. S. Ganeriwal, D. Ganesan, H. Shim, V. Tsiatsis, and M. B. Srivastava. Estimating clock uncertainty for efficient duty-cycling in sensor networks. In Proceedings of Third International Conference on Embedded Networked Sensor Systems (SenSys), 2005.
70. G. Werner-Allen, G. Tewari, A. Patel, M. Welsh, and R. Nagpal. Firefly-inspired sensor network synchronicity with realistic radio effects. In Proceedings of Third International Conference on Embedded Networked Sensor Systems (SenSys), 2005.
71. W. Ye, J. Heidemann, and D. Estrin. Medium access control with coordinated adaptive sleeping for wireless sensor networks. IEEE/ACM Transactions on Networks, 12(3):493–506, 2004.
72. A. El-Hoiydi and J. Decotignie. WiseMAC: An ultra low power MAC protocol for multi-hop wireless sensor networks. In ALGOSENSORS, 2004.
73. J. Hill and D. Culler. MICA: A wireless platform for deeply embedded networks. IEEE Micro, 22(6):12–24, 2002.
74. J. Polastre, J. Hill, and D. Culler. Versatile low power media access for wireless sensor networks. In Proceedings of Second International Conference on Embedded Networked Sensor Systems (SenSys), 2004.
75. S. Huang, P. Wan, C. Vu, Y. Li, and F. Yao. Nearly constant approximation for data aggregation scheduling in wireless sensor networks. In Proceedings of IEEE INFOCOM, 2007.
76. G. Lu, B. Krishnamachari, and C. Raghavendra. An adaptive energy-efficient and low-latency MAC for data gathering in wireless sensor networks. In Proceedings of 18th International Parallel and Distributed Processing symposium (IPDPS), 2004.
77. A. Gamal, J. Mammen, B. Prabhakar, and D. Shah. Throughput-delay trade-off in wireless networks. In Proceedings of IEEE INFOCOM, 2004.
78. D. West. Introduction to Graph Theory. Prentice Hall, Upper Saddle River, NJ, 2001.

第16章　无线传感器网络中的高能效介质访问控制

过去十年,无线传感器网络的介质访问控制已经成为一个活跃的研究领域。本章讨论了一组重要的介质访问控制(MAC)的特性和在协议设计中可能实现高能效设计的方法。然后将现有的MAC协议分成五个组,分析介绍了其典型协议,并比较了在无线传感器网络环境中各自的优势和劣势。最后从实践角度提出了想法,并开放性地探讨了未来研究方向。

16.1　引言

无线通信的进步,低功耗电子元件和低功率无线射频设计使得低功率传感器节点能够集成传感、处理和无线通信能力。这些微型传感器节点自组织形成一个网络并相互协作来完成一个共同的任务,如工业传感、环境监测或资产跟踪。通常,在传感器与中心节点之间通过多跳方式实现通信,中心节点称为一个sink。然而,在许多新兴的应用中也会出现其他的通信模式,如传感器节点之间的一对一通信[1]。无线传感器网络中一个主要挑战是关于如何实现高能效地共享无线信道资源。无线介质的广播特性要求必须在收发端之间建立奇点才能实现通信。而在一个含有多个节点进行数据传输的网络中,介质访问控制协议(MAC)需要强制执行这个奇点。

人们已经广泛研究了无线语音和数据通信中的MAC协议。20世纪70年代,人们在分组无线网络中开发了aloha协议[2],20世纪90年代,无线局域网的出现给MAC协议的发展带来了新的研究兴趣点。文献[3]提出了一种Ad Hoc网络使用的MAC协议。一般来说,无线网络中MAC协议设计主要遵循两个策略:基于分配和基于竞争[4]。

(1) 基于分配的MAC协议。这类MAC协议是基于预约和分配的。通常,一个中央节点(如一个访问点)通过广播一个时刻表来管理访问介质,这个时刻表中指定了每个节点在共享介质中传输的时间、长度。基于分配的MAC协议的一个代表例子就是时分多址(TDMA)协议。在图16.1中,TDMA把信道分为很多单独的时隙,每个时隙又分为不同的帧。每个时隙只有一个节点可以进行传输。接入点提前安排哪一个时隙使用哪一个节点,这些决定保存在每帧或多帧的底部。TDMA经常用于蜂窝无线通信系统,移动节点只与基站通信,节点之间不存在点对点通信。TDMA的一个主要优点是达到了高能效的标准。当一个节点在一帧的所有时隙都不与接入点通信时,它可以关闭其无线设备。然而,TDMA要求多个节点形成簇,类似于蜂窝通信系统中的单元。TDMA还需要精确的时间同步,接入点要求一个节点能在它被分配的时隙开始时被精确地唤醒。此外,当一个簇中的节点数量发生改变时,TDMA协议很难动态地改变其帧长和时隙分配方案来满足实际需要。

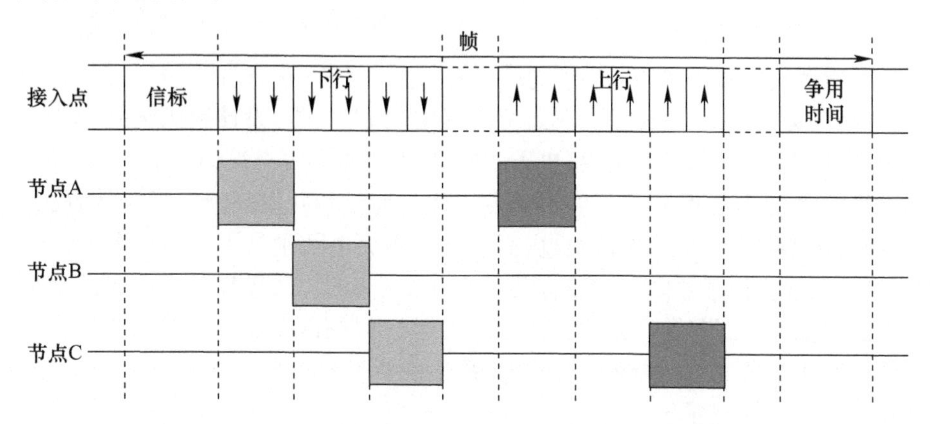

图16.1　TDMA通信:在每帧内为每个节点分配一个固定的时隙,通信本质是无且高能效的

(2)基于竞争的MAC协议。这类协议不按照时间或频率对信道进行划分或分配。相反,接入共享介质是采用基于竞争的,按需分配的模型。基于竞争类的MAC协议的一个例子就是载波侦听多路访问(CSMA)协议。在基于CSMA的协议中,发射机在传输之前要先感应无线信道,如果没有检测到正在进行的通信,它会假定介质处于空闲状态并开始数据传输。CSMA有几种变形,包括非持续CSMA、1-持续CSMA、p-持续CSMA[5]。当网络中的所有节点都可以感应到彼此的传输时,CSMA效率最高。然而,在多跳无线网络中,CSMA存在隐藏终端问题将会导致接收机碰撞[5]。CSMA/CA协议被引入来解决隐藏终端问题,其中CA代表避免碰撞,并已通过IEEE 802.11无线局域网标准[6]。CSMA/CA引入三次握手使隐藏节点意识到即将到来的传输,从而防止碰撞。如图16.2所示,握手从与发送者发起短的请求发送(RTS)帧的预定接收开始。接收器响应一个明确的发送(CTS)帧,通知其相邻节点即将到来的传输。收到CTS帧之后,开始在发送端进行数据传输。因此,一个成功的RTS/CTS握手能确保通信有限高的概率实现无碰撞。

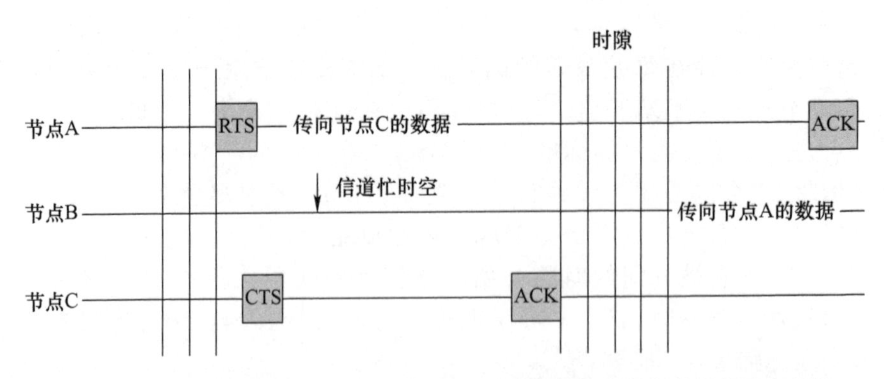

图 16.2　CSMA 通信:在 RTS/CTS 之后进行数据传输,有很高的概率避免碰撞

传感器网络独特的特点和要求,使得需要重新研究当前的 MAC 技术。首先,传统的无线 MAC 协议是为单跳无线网络(如 WLAN)设计和优化的,不能简单地应用于多跳通信中。其次,更重要的是,在能量和复杂性约束下的无线传感器网络中建立无线 MAC 协议的目的在于优化能量和开发创新的高能效解决方案:因为传感器节点采用电池供电,而在网络中充电几乎是不可能。最后,在一个传感区域内,传感器网络一般有几百到几千个节点,这些节点通常随机分布,而不是按预先计划部署。因此,MAC 协议需要本身有效地通过自组织方式进行组网。高能效的 MAC 协议设计中的挑战主要来自这些因素,可以概括为如下几点:

(1) 传感器节点的数目要比一个 Ad Hoc 网络或无线网络中的节点数量高出几个数量级。

(2) 传感器节点部署密集。

(3) 传感器节点很容易失效,而且功率、计算能力和存储能力有限。

(4) 传感器网络的拓扑结构可能发生非常频繁的改变(如当节点损坏)。

(5) 由于开销和传感器数量较大,传感器节点可能没有全局标识。

(6) 在传感器网络中,感知事件可能导致突发流量。

本章介绍了针对无线传感器网络 MAC 协议的一系列研究。我们的目标是全面了解目前在这一领域的研究现状,通过总结现有的方法来解决上述问题。我们还提供了一些开放性的关于未来 MAC 协议发展方向的研究问题,这些问题还没有进行充分研究。更详细的有关流行的传感器网络 MAC 协议的技术规范,请参考文献[8-9]。

本章的其余部分组织如下:16.2 节讨论 MAC 层相关的传感器网络性能,包括分析在传感器网络中能耗的主要原因;16.3 节回顾主要用于传感器网络的 MAC 协议;16.4 节针对未来 MAC 协议设计的问题做了研究。

16.2 背景

MAC 层的主要功能是确保一个网络的节点可有效利用物理介质,同时向上层的网络层提供无差错的数据传输。MAC 协议的性能受一些限制因素的影响,因此在协议设计中需要在几个相互对立的因素中进行权衡,如服务质量、吞吐量和能效。在无线传感器网络,MAC 协议必须达到以下两个目标[7]:

(1) 创建网络基础设施:由于可能会密集部署成千上万的传感器节点,MAC 层必须建立逐跳通信所需的基础设施,使传感器网络具备自组织能力。

(2) 允许在传感器节点之间公平高效地共享无线通信介质。

以下各节将讨论一些重要的因素,这些因素需要在 MAC 协议的设计中充分考虑,以满足能量和传感器网络及其应用的复杂性制约。

16.2.1 能效

传感器节点应足够廉价,使得相比充电再使用,直接丢弃更节省成本,传感器网络还要在只有环境能源(如阳光、振荡等)的条件下足够高效。由于能量限制,能效成了传感器网络 MAC 协议的一个主要设计目标。作为无线传感器节点的微电子设备,只能配备有限的电源(电池供电)。因此,传感器节点的运行寿命主要依赖于电池寿命。为了确保一个甚至几个传感器节点的失效不会破坏一个传感器网络的正常运行,在传感器网络部署中可以存在很大的冗余。传感器网络寿命的保守估计定义为网络中第一个节点耗尽所有能量的时间。在实践中,网络寿命可以定义为网络经历网络分割的时间。不论哪种定义,目标都是优化网络寿命,高能效的 MAC 协议在实现这一目标的过程中具有非常重要的作用。在许多硬件平台上,无线电是一个能耗大户。MAC 层直接控制无线活动,因此其能效是一个非常重要的性能指标,将直接影响网络的寿命。大多数传感器网络应用涉及数据收集,在传感器网络中的传感器节点的主要任务是检测数据/事件,执行一些数据的初步处理,然后发送数据。因此能量消耗主要是由于数据检测、数据处理和数据通信产生的。在这三个因素中,数据通信时消耗的能量最大。这涉及数据的发送和接收两个方面,其中发送和接收消耗能量的比例为 1∶2.5[10]。

在文献[7]中下述的能耗源由基于竞争的 CSMA 类型的 MAC 协议定义。

(1) 空闲侦听。由于节点不知道何时将接收到消息,它就需要在接收模式下保持无线电工作。在传感器网络应用中,这是一个主要的能耗来源。因为典型的接收机在接收状态下即使没有接收数据也要比在待机状态下的能耗高两个数量级。

(2) 碰撞。当一个传感器节点在同一时刻接收多个数据包时,这些包将会损坏并被丢弃。此时,发送和接收过程中耗用的能量就浪费了。如果采用自动重传(ARQ)机制,后续重发的这些数据包也将增加能量消耗。显然,碰撞是基于竞争的MAC协议中的一个主要问题,RTS-CTS握手可以解决单播消息的碰撞问题,但是增加了协议开销,同样会增加能耗。

(3) 串音。由于无线电信道是一个共享的介质,一个传感器节点能够收到发往其他节点的数据包。因此当节点密集、流量大时,串音可能成为能耗产生的一个主导因素。这时就需要考虑自适应的功率控制,以限制传感器节点的干扰范围。

(4) 协议开销。MAC的报头和控制报文不直接传递数据,因此被视为开销;发送、接收和收听这些协议将消耗能量。在许多应用中,每个消息中只有很少的数据被传送,因此这些开销是显著的。

(5) 流量波动。在传感器网络流量中,感应到的事件可能会导致一个流量高峰,这就增加了碰撞的概率。更重要的是,后续的随机回退过程会增加延迟时间和能耗。当负载接近信道容量时,因为需要反复检测以确定信道无干扰,这使得几乎无数据能够传送,既消费了大量的能源,也导致了性能崩溃。

可以说,由于无线状态消耗最多的能量,节约能量的一个明显的手段就是当不需要时关闭无线状态。然而,结果证明这只是理想化的状态,在实际应用中它将增加而不是减少能量消耗。因为传感器节点使用短数据包通信,大多数情况中,数据通信消耗的能量主要是无线电设备启动时耗费的能量。因此,在每个空闲期间关闭无线电将导致能量的负收益。这就需要一个精心设计的MAC协议来实现能效,这个协议要在智能无线控制和高效协议设计之间找到一个合适的平衡。

16.2.2 MAC性能

无线传感器节点的能量约束条件要求,能效是传感器网络中的MAC协议的主要设计目标之一,但不是唯一的设计目标。为了有效地运行,传感器网络需要提供一定的服务质量保证来满足传统的性能指标。需要考虑如下因素并纳入协议设计[11]。

(1) 有效碰撞避免。碰撞避免是所有MAC协议的核心任务。它决定了传感器节点何时以何种方式能够访问共享介质,并发送数据。基于竞争的MAC协议允许一定程度的碰撞,但避免重复发生碰撞是协议设计中应考虑的一个重要因素。

(2) 可扩展性和适应性。在传感器领域中,传感器节点的数目可能有成百上千个。由于传感器网络由低功耗不稳定节点组成,链接很有可能会随时出现或消失，传感器节点可能加入或离开网络，或者邻居节点的数量可能由于物理环境的变化而改变。一个好的 MAC 协议应当很好地适应网络规模、节点密集度和拓扑的改变。可扩展性和适应性，是传感器网络中的两个重要属性，是确保传感器网络能适应没有预先计划部署的、不确定的环境，正常运行的关键。

(3) 高效的信道利用率。信道利用率是一个传统的阐述协议效率的 MAC 协议度量标准，它反映出信道的可用带宽中有多少是用于通信的。高的信道利用率对于在最小的等待时间内传递大量的数据包是至关重要的。

(4) 延时。延时是指从一个传感器节点的分组发送到接收节点的数据包被成功接收的延迟时间。不同的应用对延迟有不同的要求。监控应用程序通常可以容忍一些额外的信息延迟，因为网络速度通常比目标速度快得多。目标速度一有信息网络必须迅速作出反应，延时通常被认为是一个不太重要的属性。

(5) 吞吐量。它是指在一个给定的时间内从发送端到接收端成功传送的数据量。与延时相类似，吞吐量的重要性取决于具体的应用。生存时间要求较长的应用通常可以接受更长的延时和更低的吞吐量。

(6) 公平。在传统的通信网络中，公平是一个重要的属性，它反映了不同的节点平等共享介质的能力。然而，公平通常不是一个设计目标，因为所有的传感器节点都共享一个共同的任务并且相互合作。因此，在传感器网络中，成功是以应用程序的整体性能为标准，而不是确保每个节点接收到公平的共享介质。

无线传感器网络 MAC 协议的设计是一项需要满足有冲突约束的重要任务。正如前面提到的，需要考虑许多影响因素。然而，对于无线传感器网络来说，最重要的设计目标是高能效、有效碰撞避免、可扩展性和适应性。其他属性也同样重要但不是关键的，因此可以作为次要目标对待。

16.3　传感器网络的 MAC 协议

现在简要描述一些针对传感器网络开发的 MAC 协议。与一般的 MAC 协议相似，传感器网络 MAC 协议也可以大致分为两大类：基于分配和基于竞争。然而，大多数传感器网络中 MAC 协议是一种混合协议，旨在融合利用基于分配和基于竞争两种策略的固有优势。本节根据其内在的相似之处回顾这些协议，并确定了 5 类传感器网络 MAC 协议。

16.3.1 基于竞争的 MAC 协议

这组 MAC 协议更接近于基于竞争的 CSMA/CA 协议,在这组协议中,节点可以在任何时刻开始传输,并争用信道,无需维护和共享时刻表。这种 MAC 协议将消耗较少的处理资源,具备更灵活的网络规模。基于竞争的协议的主要挑战是,如何减少由碰撞、串音、空闲侦听引起的能耗。

CSMA/CA 特性已经加入到 IEEE 802.11 标准的无线 Ad Hoc 网络中。但是,无线传感器网络的主要缺点是空闲侦听的能耗。抽样前同步码[12]和低功率侦听[13]是两个主要的 MAC 协议,旨在减少空闲侦听的能耗。这两个协议共享的常用技术是一个低级别的载波检测方法,该方法能有效地关闭无线状态,而不会造成任何输入数据的丢失。如图 16.3 所示,它工作在物理层,在物理层之前有个前同步码,用来通知传输的接收方,并允许接收方调整自己的电路以适应当前的信道条件。在前同步码之后,一个起始位用来通知数据开始传输。这种高效的载波检测技术允许接收节点周期性地打开无线来检测有无前同步码;如果存在,节点将处于监听状态直到收到起始位并接收到信息;否则,无线将关闭直到下一个采样。采用这种技术,接收节点能够节省很多能量,因为节点处于周期性的休眠模式直到检测到前同步码,能耗主要在发送节点,它必须增加前同步码的长度,直到数据传输。这同样可以应用于其他基于竞争的 MAC 协议。抽样前同步码[12]可以视为这种高效的载波检测技术和 ALOHA 协议的一个组合,而低功耗侦听[13]是该载波检测技术和 CSMA 协议的一个组合。

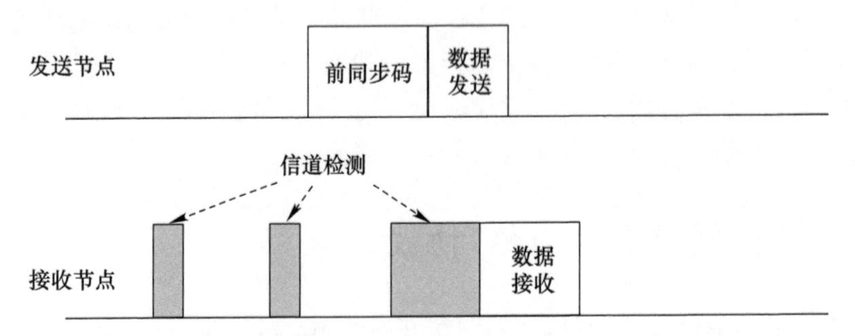

图 16.3　低级别载波检测技术:抽样前同步码和低功率侦听都使用这种相同的技术有效地关闭无线,而不会丢失任何输入数据

WiseMAC 扩展了抽样前同步码协议,其传感器节点通过携带在基础 CS-MA 协议中的 ACK 上的信息来维护其邻居的时刻表的偏移。在邻居休眠的时刻表基础上,WiseMAC 分配传输任务以便接收节点的抽样时刻对应于发送端前同步码的中部。影响前同步码长度选择的另一个参数是发送节点和接收节

点之间潜在的时钟漂移。当一个节点需要向特定的邻居发送一条消息时,它使用邻居的分配偏移表决定何时开始传送前同步码并考虑时钟漂移,前同步码以上一次消息交换的时间间隔的长度为比例延长,这些措施的总体效果是 WiseMAC 协议在可变流量条件下获得更好的性能。当流量小时,WiseMAC 使用长的前同步码且功耗较低,因为接收节点的能耗占据主导地位;当流量大时,WiseMAC 使用短的前同步码提高能效,使开销最小化。WiseMAC 运行原理如图 16.4所示。

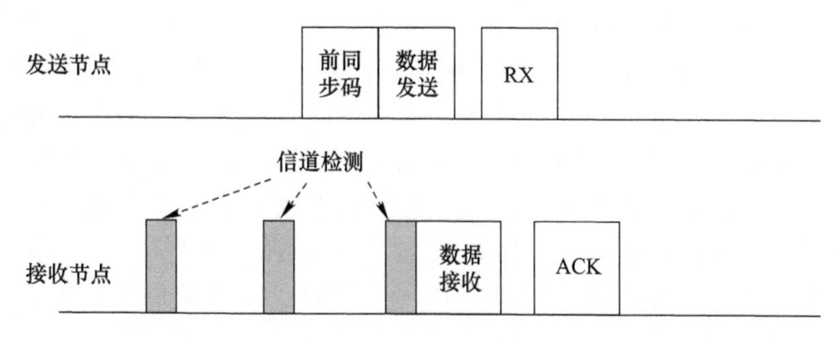

图 16.4 WiseMAC:基于邻居休眠的时刻表基础上,WiseMAC 分配传输任务以便接收节点的抽样时刻对应于发送端前同步码的中部

Woo 和 Culler 为汇聚丢弃类传感器网络应用(如远程环境监测)提出了一种基于 CSMA 的 MAC 协议。它假定基站尝试公平地在该领域的所有传感器节点收集数据。考虑到靠近基站的传感器节点由于从其他节点转发更多的数据而占用更多的流量这一事实,MAC 协议结合 CSMA 自适应速率控制机制;每个传感器节点动态地调整其原始数据包注入网络的速率。如果一个数据包注入成功,则线性增加其速率,否则速率呈线性下降。使用这一措施,它实现了网络中所有节点之间公平的带宽分配。

WiseMAC 协议的进一步发展是最小前同步码 CSMA 协议(CSMA - MPS),它提高了能效并减少了延时[16]。发送节点之间交替发送小型控制消息并侦听从该接收节点的响应。能效通过使用小型控制信息来实现,该信息允许发送节点估计接收节点的抽样偏移,这样做,在一个 ACK 信息中无需额外字段就可以得到邻居的抽样偏移。

16.3.2 TDMA 变种

TDMA 已经吸引了传感器网络研究人员的注意,因为它本质上是无碰撞的。由于节点都知道自己何时传入数据,所以可以有效地消除空闲侦听。然而,对于无线传感器网络,TDMA 协议有一些限制:最大的挑战之一是,在没有任何基础设施的传感器网络中,TDMA 如何有效地运作。TDMA 要求节点与在簇中的一个被要求作为基站(或簇头)的节点形成簇。此外,TDMA 通常假定与基站之间直接单跳通信,而不是与对等节点之间间接地多跳通信。此外,TDMA 的可扩展性有限,当节点离开簇或有新节点加入时,帧的长度将要进行调整。更重要的是,在传感器网络中,簇间通信和簇间干扰是需要重点处理的问题。人们通过不同方式提出了多种基于基础 TDMA 协议的扩展解决方案以适应传感器网络的需求。

van Hoesel 等人提出了一套基于 TDMA 协议的传感器网络协议,包括 EMACS[17]、LMAC[18]和 AI-LMAC[19]。

在 EMACS 的协议中,每个时隙分为三个部分:一个争用阶段、一个流量控制部分和一个数据段[17]。EMACS 基于这种假设,只有某些节点需要建立骨干网络基础设施,因此节点被分为活跃的、被动的、处于休眠状态的。活跃节点拥有自己的一个时隙,可以在自己的时隙内传输;被动节点没有时隙,只有从活跃节点申请一个时隙后才能传输;休眠节点处于休眠状态,直到被唤醒转变为活跃或被动节点。在两跳邻域内时隙数是唯一分配的,这就允许时隙在无干扰距离内重复使用。

LMAC 比 EMACS 的改善在于允许所有传感器节点拥有一个时隙,也就是说,所有节点都是活跃的。因此就省去了争用阶段[18]。节点可以在它们不预定接收的数据时关闭无线状态,减少了能耗。当一个节点要传输时,它广播一个消息头中的控制部分,详细说明目的地和长度,接着立即进行数据传输。控制部分还包括一个比特位的信息,指定了发送端最近的邻居所占用的时隙。因此当一个新节点加入网络时,它足以通过从所有流量中侦听一个完整的侦来判断哪个时隙可用。通过一个简单的运算处理和通过时隙中的传输控制信息随机声明一个可用时隙。由于 LMAC 不提供数据 ACK,可靠性需要由上层来负责保证。

EMACS 和 LMAC 协议提供简单的时隙分配,可以在高负载下具有高利用率。但是这种方法的缺点是网络设置需要花费大量时间,尤其是对于从接入点开始设置的大规模应用来说,时隙碰撞可能需要花几帧来解决。此外,传感器节点不能根据不同的流量状况自适应进行时隙分配。

AI-LMAC 在 LMAC 的基础上对一个节点所拥有的时隙数目进行了改进[19]。每个节点维护一张数据分布表,这张表上记录了由它产生和转发的数据的简单统计。分配给一个节点的时隙数目可以在数据分布表和其他统计信息的基础上进行增减。为进一步节省能量,一个节点只能在一帧中被它占用的第一个时隙发送一条控制信息。当正确接收到数据时,AI-LMAC 控制信息也会提供一个 ACK。AI-LMAC 自适应机制的缺点在于维护数据分布表时会消耗计算和能量资源。由于网络中可能存在新加入的节点,后面的节点必须始终侦听一个帧中的所有时隙的控制部分，甚至是未使用的时隙。

斑马 - MAC（Z - MAC）是另一种 TDMA 变种，其中传感器节点分配一个时隙，但允许没有时隙的节点使用，通过 CSMA 机制具有优先级的退避时间[20]。它可以被认为是一种基于竞争和基于分配的混合协议。当网络的流量小时，Z - MAC协议类似 CSMA，当流量大时，它近似于一个严格的 TDMA，能够节省大量的能量。为达到能效而产生的协议开销，主要由 TDMA 结构产生。类似于其他 TDMA 协议，带来能量开销的同步过程也应考虑在内。

流量自适应介质访问（TRAMA）协议是另一种基于 TDMA 的协议[21]。与 Z - MAC类似，它通过基于分配和基于竞争的结合，采用一种高效节能的方式，旨在提高 TDMA 的利用率。传感器节点定期广播它的即时邻居身份标识和通过它们的路由的流量信息。这确保了每个节点都可以知道它的两跳邻居和其近邻的需求。借助于分布式哈希函数，可以计算出基于节点身份标识和时隙数的每个时隙的终点节点。小流量的节点可以释放其剩余帧中的时隙用于大流量节点。TRAMA 通过权衡延时和算法复杂度实现了高信道利用率。

16.3.3　S - MAC 及其变种

S - MAC 是一种专为无线传感器网络设计的 MAC 协议[11]。它也是研究最多的传感器网络分配型 MAC 协议，自从 2004 年提出后以不同的方式一直延续至今。S - MAC 协议假定节点专用于单个应用程序，它可以容忍一定程度的延迟，具有较长的空闲时间。S - MAC 技术引入了虚拟簇来实现本地管理同步，并采用粗粒度睡眠/唤醒周期，允许节点花费其大部分时间在睡眠模式下。节点自由选择适合自己的侦听/睡眠时间表，然后与它们的邻居共享对等通信成为可能。为了防止长期时钟漂移，节点定期同步数据包发送到即时邻居，以便接收这些数据包的节点可以调整自己的时钟，来补偿可能产生的任何漂移。同步数据包允许节点获得其邻居的时间表，使其可以在适当的时候唤醒以发送消息。它们还能够启用新的节点加入网络。

数据传输采用传统的 RTS - CTS - DATA - ACK 序列限制碰撞，避免了隐藏终端问题。每个数据包还包含一个持续时间字段，为当前的传输指示所需要的时间。因此，如果一个节点侦听到任何数据包，它就知道它需要继续保持静默多久。在这种情况下，S - MAC 将使节点进入休眠状态，所以能够避免由串音导致的能耗。此外，S - MAC 的一个重要特征是消息传递的概念，这是一种允许消息中的多个帧以突发方式发送的优化。在消息传递中，一个单一的 RTS 和 CTS 交换用于为所需的整个时间预定介质，用于发送属于一个消息的所有的片段，从而减少开销。通信开销的减少节省了能量。然而为确保在必要的时候能够选择性重传,每个片段采用单独处理模式。

为减少对延迟敏感的应用程序的延时,动态传感 MAC(DSMAC)对 S - MAC 进行了扩展,它允许传感器节点采用基于流量和能量考虑的动态占空比。利用在同步期间添加的字段,所有节点共享它们的单跳延迟值,所有节点以相同占空比开始。然而当接收节点注意到平均单跳延时值高时,它决定缩短休眠时间并在一个同步周期内进行广播。在发送端收到此减少休眠周期信号后,它会尝试增加其占空比。为确保在同一个虚拟簇内的传感器节点保持同步,任何占空比的增加以功率平方的形式进行。

另一种扩展的 S - MAC 是超时 - MAC(T - MAC)协议,它改善了在可变流量负载下关于延时和吞吐量的性能。它使用一个定时器指示活跃期的结束,而不是依赖一个固定的占空比时间表。此措施将应用从选择合适的占空比的负担中解放出来,也因为降低了花费在空闲侦听的大量时间节约了能量,同时它也能适应流量状况的变化。自适应占空比允许 T - MAC 根据网络流量的变化来自动调整。

然而,这也产生了虚拟簇中的节点之间在侦听期间不同步的缺点,导致过早休眠的问题,限制了消息在每一帧时间内的跳数。

AC - MAC 和 MS - MAC 是 S - MAC 的最新变种。AC - MAC 是一种扩展 S - MAC的替代方法[24]。AC - MAC 允许传感器节点携带一些缓冲消息,使得在每个同步帧里引入多个数据交换时隙,而不是只使用一个自适应占空比。发送节点在一个同步帧的第一个 RTS 信息中,包括一个与其所占用缓冲容量成比例的值。基于这个值,接收节点在当前同步周期内计算所使用的占空比范围。MS - MAC 把 S - MAC 扩展到了移动传感器网络中。每个传感器节点记录接收到的它的邻居的信号强度值,把这些变化作为移动的标志。MS - MAC 为实现更快的调度同步而消耗能量:高速移动的节点和其邻居间更频繁地寻找额外的调度,并以较低延时使用这些调度。

16.3.4 自组织 MAC 协议

自组织功能如汇聚或分组使协议更容易扩展,协议作为一个单一实体可以查看整个簇,此外还可以通过区分簇间和簇内流量进一步提高能效。S - MAC 和它的变种也可以被认为是自组织协议,它们自组织成虚拟簇,同步相邻传感器节点间的休眠时间。低功耗自适应集簇分层型协议(LEACH)为远程监控等传感器网络应用而设计[26],其数据从单个传感器节点发送到中央接收器。为节省能量,LEACH 把簇中的节点分组,其中一个特殊的节点称为簇头,用来协调簇和簇内产生的转发数据。一旦一个簇形成,簇头计算时间表,并将其分配到其控制的节点。为增加网络寿命,簇头的角色是在簇内节点轮换的,以防单一节点能量耗尽。节点按照自己的时隙将数据传输至簇头并通过簇头将数据传输至基站。簇头同样可以进行一些信息融合(或删除冗余),使每个簇产生相当于单一节点的流量。簇内通过直序扩频(DSSS)的方式通信以减少与其他簇之间的干扰。簇头采用预设序列与基站通信。

LEACH要求每个簇头可以直接与基站通信。由于簇头角色是在簇内轮换的,这实际上意味着所有节点都应当能与基站通信。GANGS协议通过强制簇头进入骨干路由避免了这一问题[27]。簇的形成分为两步:首先,最初的簇头根据现有能量资源来选择,有剩余能量的任何节点可以宣布自己为簇头并广播出去;其次,将那些簇头连接起来使整个网络连通。簇头执行分布式算法分配时隙,这就导致每个簇头有一个时隙发送并获得邻居的时隙。簇头间通信基于TDMA时刻表。簇头确定TDMA时刻表后在簇内广播信息以便其他节点能够在每帧结束时使用可用时隙发送自己的数据。与LEACH类似,GANGS协议需要为簇的建立和簇头轮换消耗额外的时间和能量。但是它在为转发流量提供了自由竞争流量的同时保持了簇内随机接入协议的简单性。LEACH和GANGS的体系结构如图16.5所示。

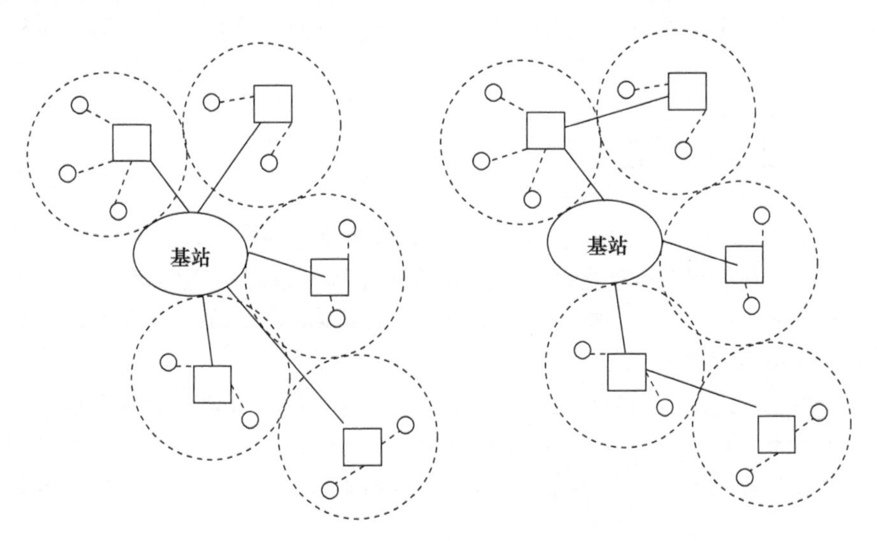

图16.5　LEACH和GANGS机制:在LEACH中要求所有簇头可以直接与基站通信,GANGS允许簇头与基站之间超过一跳

分组TDMA是一种替代协议,其目的是通过节点分组限制碰撞提高信道利用率[28]。与其他自组织协议不同,分组TDMA在每一时刻选择一个子节点进行接收,其他节点可以在自己的时隙传输数据。分组围绕着接收端建立。接收分组的形成在随机超时值的基础上以分布式方式产生。接收器选择和

分组结构会重复执行,直到每个节点至少有一次作为接收器。该协议将时隙分配给不同的组使各组间避免碰撞。与其他自组织协议类似,分组 TDMA 在分组阶段消耗大量的时间和能量。因此,它可能不适合用于高动态传感器网络。

16.3.5 移动传感网络 MAC 协议

大多数传感器网络 MAC 协议是基于静态的传感器网络的研究,因此当它们应用于移动传感器网络时无法提供可靠的性能。16.3.3 节介绍的 MS - MAC 考虑了 MAC 层的移动性。

MMAC 是明确设计用于移动传感器网络的几个 MAC 协议之一[29]。沿用与 TRAMA 类似的原则,MMAC 引入了一个移动自适应帧,使协议能够动态地适应移动模式下的变化,使其适用于移动传感器网络。MMAC 协议假设所有节点都知道自己当前位置,它可以根据 AR - 1 模型来预测节点的移动模式[30]。流量信息和移动模式可以决定传输的特定时隙,MMAC 与基于分配的协议在这方面类似。实证结果表明,其性能接近静态传感器网络的 TRAMA 协议,对于移动场景,MMAC 在能效和延时方面优于 S - MAC 和 TRAMA。用于 MMAC 的移动模型目前还是一个非常简单的随机模型,这为今后在这一领域的研究留下了很大的空间。

16.4 业务吞吐量

如 16.2 节所讲,无线传感器网络的 MAC 协议受很多约束条件影响,协议的设计者需要在能量和性能之间进行权衡作出不同的选择。在调查了 20 个为传感器网络而设计的 MAC 协议的基础上,Langendoen 和 Halkes 指定了三个重要的设计权衡决策[8]。

所使用物理信道的数目:指无线通信的可用带宽能否划分为多个信道。两种常用技术是频分多址(FDMA)和码分多址(CDMA)。多个信道可以允许同时无碰撞地传输多个消息。然而,这需要复杂的无线设计,并会消耗相当多的能量。

节点间的组织化程度:它是指在传感器网络中,是否需要或者需要多少节点在 MAC 层组织起来一起工作。这种组织是完全随机的,还是基于帧结构的,或者基于其他结构的,比如时隙,CSMA 和 TDMA 协议在组织化程度方面可以被视为两个极端。CSMA 协议中,节点组织是完全随机的,它很容易适应移动节点和流量波动,而 TDMA 协议是基于帧结构的严格组织,不存在碰撞、串音和空闲侦听开销,能够提供固定的能效。

节点传入消息通知的方式:涉及如何将传入消息通知接收端。一般情况下有三种典型的方法:分配、唤醒和侦听。在基于分配的协议中,如 TDMA,接收节点知道打开无线的准确时间,因为数据严格按照分配表传输。而在基于竞争的协议中,节点必须在没有外界帮助下不断从发送端侦听,随时准备处理即将到来的传输。为了消除由此产生的空闲侦听开销,发送端可能通过一个第二无线电发送一个唤醒信号,让空闲无线电准备接收传入信息。

16.5　未来的研究方向

在今后的工作中,需要解决其他的 MAC 层未解决的问题,而不是仅仅专注于能效。Ali 等人提出了今后研究的 9 个方面[31],至少应当解决好以下几个方面:

(1) 标准化传感器硬件:通过一个标准化的无线电,传感器节点可以与任意数量的设备通信,同时共享物理层。IEEE802.15.4 是底层的新兴标准,但它的无线接口是基于分组的,它的 MAC 规范不适用于所有传感器网络。

(2) 跨层协议设计:协议层之间的信息共享可以允许协议相互协作和限制运行所需的资源。基于分配的 MAC 和主动路由层的协作可以使用单个消息在传感器节点之间共享状态信息,并分发路由信息从而减少能耗。开发这样的跨层协议架构将是一个不断发展和系统化的过程。例如分集组合和协作中继已被确定为在这一领域中具有发展潜力的技术[32]。

(3) 移动传感网络:正如 16.3.5 节所提到的,无线传感器网络中的移动性为 MAC 协议的设计带来了独特的挑战。随着传感器网络越来越多用于医疗保健和灾害响应,对 MAC 协议来说,在协议设计中明确解决移动性影响已经变得越来越重要。

(4) 新的优化准则:能效可能是 MAC 协议中最重要的设计目标,但它不是唯一的一个。其他性能,如延迟,可能在不同的应用程序中显得更为重要。如何在多个有冲突准则之间实现最优权衡也是一个重要的挑战。

(5) 和平共存:很有可能出现这样一种情况,来自不同供应商的无线传感器网络在相同物理环境中共用一个公共频带工作。这就需要解决不同 MAC 协议之间的整合问题和安全问题。

16.6　小结

在过去的几年里,无线传感器网络的介质访问控制一直是一个非常活跃的研究领域。人们提出了多种 MAC 协议,其中大多数基于网络寿命和性能之间权衡的协议已经达到了很高的能效。智能无线管理和高效的协议设计是必不可少的,因为它们能减少由于空闲侦听、碰撞和串音带来的能耗。

本章回顾了无线传感器网络中的 MAC 协议,并讨论了重要的 MAC 特性和可能在协议设计中需要做出的权衡,把典型的 MAC 协议分为五组并描述了每组的代表协议。虽然人们提出了许多传感器网络的 MAC 协议,但都没有被接受作为标准。出现这种情况的一个原因是在传感器硬件和物理层方面缺乏统一的标准。此外,MAC 协议被普遍认为依赖于应用程序,是否有一个灵活的 MAC 协议可以支持不同的传感器网络应用、同时能够以最小的能量消耗提供可接受的传输性能,目前仍然是一个开放性问题。

名词术语

介质访问控制:无线介质的广播特性要求要想实现成功通信,需要建立一个发送者和接收者之间的奇点。介质访问控制(MAC)是指在有多个节点需要传输数据的网络中强制执行这种奇点。

空闲侦听:由于节点不知道何时将接收到消息,它就需要在接收模式下保持无线电工作。在传感器网络应用中,这是一个主要的能耗来源。因为一般的接收机在接收状态下要比在待机状态下的能耗高两个数量级。

碰撞:当一个无线接收设备同时收到不止一个数据包时,数据包会碰撞损坏,必须丢弃。碰撞是基于竞争的 MAC 协议的一个主要问题。

高效的信道利用率:信道利用率是一个传统的阐述协议效率的 MAC 协议度量标准,它反映出信道的可用带宽中有多少是用于通信。高的信道利用率对于在最小的等待时间内传递大量的数据包是至关重要的。

延时:延时是从一个传感器节点的分组发送到接收节点的数据包被成功接收的延迟。不同的应用对延迟有不同的要求。监控应用程序通常可以容忍一些额外的信息延迟,因为网络速度通常比目标速度快得多。目标速度限制了网络的反应速度。

吞吐量:指在一个给定的时间内从发送端到接收端成功传送的数据量。与延时相类似,吞吐量的重要性取决于具体的应用。寿命要求较长的应用通常可以接受更长的延时和更低的吞吐量。

协议开销:用于信号的 MAC 报头和控制报文不直接传递数据,因此被视为开销;发送、接收和收听这些协议开销消耗能量。

串音:由于无线电信道是一个共享的介质,一个传感器节点能够收到发往其他节点的数据包。当节点密集、流量大时,串音可能成为能耗的一个占主导地位的因素。

基于分配的 MAC 协议:这是一类基于保留和分配的 MAC 协议,比如 TDMA。

基于竞争的 MAC 协议：这类协议不按照时间或频率对信道进行划分、保留或分配。相反，这类协议接入共享介质采用的是基于竞争按需分配的模型。比如 CSMA。

习　　题

1. 描述 MAC 协议的作用。
2. MAC 协议可以分为哪两类？
3. 描述在无线传感器网络中设计高效 MAC 协议的挑战。
4. 列举影响 MAC 协议性能的因素。
5. 列举无线传感器网络中基于竞争的 MAC 协议的例子。
6. 列举无线传感器网络中基于分配的 MAC 协议的例子。
7. 阐述 Z – MAC 的工作原理。
8. 列举传感器网络中所使用的自组织 MAC 协议的两个例子。
9. 描述分组 TDMA 的工作原理。
10. 描述 S – MAC 中的信息传递优化。

参考文献

1. P. Coronel, R. Doss, and W. Schott. Geographic routing with cooperative relaying and leapfrogging in WSNs. IEEE Global Telecommunications Conference (Globecom'07), USA, November 2007.
2. N. Abramson. The ALOHA system – Another alternative for computer communications. In Fall Joint Computer Conference, Montvale, NJ, 37:281–285, 1970.
3. R. Jurdak, C. Lopes, and P. Baldi. A Survey, classification and comparative analysis of medium access control protocols for ad hoc networks. IEEE Communications Surveys and Tutorials, 6(1):2–16, 2004.
4. J.F. Kurose and K.W. Ross. Computer Networking: A Top–Down Approach Featuring the Internet. Reading, MA: Addison Wesley, Third edition, 2005.
5. F. Tobagi and L. Kleinrock. Packet switching in radio channels: Part II – the hidden terminal problem in carrier sense multiple access and the busy-tone solution. IEEE Transactions on Communications, 23(12):1417–1433, 1975.
6. Wireless LAN Medium Access Control (MAC) and Physical Layer (PHY) Specification, IEEE Std. 802.11.
7. I.F. Akyildiz, W. Su, Y. Sankarasubramaniam, and E. Cayirci. Wireless sensor networks: A survey. Computer Networks, 38(4):393–422, March 2002.
8. K. Langedoen and G. Halkes. Energy-efficient medium access control. In R. Zurawski (ed.), Embedded Systems Handbook, Boca Raton, FL: CRC Press, 2005.
9. K. Kredo II and P. Mohapatra. Medium access control in wireless sensor networks. Computer Networks, 51(4):961–994, 2007.
10. R. Doss, G. Li, V. Mak, S. Yu, and M. Chowdhury. The crossroads approach to information discovery in WSNs. Lecture Notes in Computer Science 4094, January 2008.
11. W. Ye, J. Heidemann, and D. Estrin. Medium access control with coordinated adaptive sleeping for wireless sensor networks. IEEE/ACM Transactions on Networking, 12(3):493–506, 2004.
12. A. El-Hoiydi. ALOHA with preamble sampling for sporadic traffic in ad hoc wireless sensor networks. In IEEE International Conference on Communications (ICC2002), New York, April 2002.

13. J. Hill and D. Culler. MICA: A wireless platform for deeply embedded networks. IEEE Micro, 22(6):12–24, 2002.
14. A. El-Hoiydi and J.-D. Decotignie. WiseMAC: An ultra low power MAC protocol for multihop wireless sensor networks. In Proceedings of the International Workshop on Algorithmic Aspects of Wireless Sensor Networks (Algosensors), pages 18–31, July 2004.
15. A. Woo and D. Culler. A transmission control scheme for media access in sensor networks. In Proceedings of ACM/IEEE International Conference on Mobile Computing and Networking, Rome, Italy, pages 221–235, July 2001.
16. S. Mahlknecht and M. Böck. CMSA-MPS: A minimum preamble sampling MAC protocol for low power wireless sensor networks. In Proceedings of the IEEE International Workshop on Factory Communication Systems, pages 73–80, September 2004.
17. L.F.W. van Hoesel and P.J.M. Havinga. Poster abstract: A TDMA-based MAC protocol for WSNs. In Proceedings of the International Conference on Embedded Networked Sensor Systems (SenSys), pages 303–304, November 2004.
18. L.F.W. van Hoesel and P.J.M. Havinga. A lightweight medium access protocol (LMAC) for wireless sensor networks: Reducing preamble transmissions and transceiver state switches. In Proceedings of the International Conference on Networked Sensing Systems (INSS), Tokyo, Japan, June 2004.
19. S. Chatterjea, L.F.W. van Hoesel, and P.J.M. Havinga. AI-LMAC: An adaptive, information-centric and lightweight MAC protocol for wireless sensor networks. In Proceedings of the Intelligent Sensors, Sensor Networks, and Information Processing Conference, pages 381–388, December 2004.
20. I. Rhee, A. Warrier, M. Aia, and J. Min. Z-MAC: A hybrid MAC for wireless sensor networks. In Proceedings of the International Conference on Embedded Networked Sensor Systems (SenSys), pages 90–101, November 2005.
21. V. Rajendran, K. Obraczka, and J.J. Garcia-Luna-Aceves. Energy-efficient, collision-free medium access control for wireless sensor networks. In Proceedings of the International Conference on Embedded Networked Sensor Systems (SenSys), pages 181–192, November 2003.
22. P. Lin, C. Qiao, and X. Wang. Medium access control with a dynamic duty cycle for sensor networks. In Proceedings of the IEEE Wireless Communications and Networking Conference (WCNC), volume 3, pages 1534–1539, March 2004.
23. T. van Dam and K. Langendoen. An adaptive energy-efficient MAC protocol for wireless sensor networks. In Proceedings of the International Conference on Embedded Networked Sensor Systems (SenSys), pages 171–180, November 2003.
24. J. Ai, J. Kong, and D. Turgut. An adaptive coordinated medium access control for wireless sensor networks. In Proceedings of the International Symposium on Computers and Communications, volume 1, pages 214–219, July 2004.
25. H. Pham and S. Jha. An adaptive mobility-aware MAC protocol for sensor networks (MS-MAC). In Proceedings of the IEEE International Conference on Mobile Ad-hoc and Sensor Systems (MASS), pages 214–226, October 2004.
26. W.B. Heinzelman, A.P. Chandrakasan, and H. Balakrishnan. An application-specific protocol architecture for wireless microsensor networks. IEEE Transactions on Wireless Communications, 1(4):660–670, October 2002.
27. S. Biaz and Y.D. Barowski. GANGS: An energy efficient MAC protocol for sensor networks. In Proceedings of the Annual Southeast Regional Conference, pages 82–87, April 2004.
28. Y.E. Sagduyu and A. Ephremides. The problem of medium access control in wireless sensor networks. IEEE Wireless Communications, 11(6):44–53, December 2004.
29. M. Ali, T. Suleman, and Z.A. Uzmi. MMAC: A mobility-adaptive, collision-free MAC protocol for wireless sensor networks. In Proceedings of the 24th IEEE International Performance Computing and Communications Conference, Phoenix, Arizona, pages 401–407, USA, April 2005.
30. Z.R. Zaidi and B.L. Mark, Mobility estimation for wireless networks based on an autoregressive model. In Proceedings of 2004 Global Telecommunications Conference, Dallas, TX, pages 3405–3409, December 2004.
31. M. Ali, U. Saif, A. Dunkels, T. Voigt, K. Romer, and K. Langendoen, Medium access control issues in sensor networks. ACM SIGCOMM Computer Communication Review, 36(2): 33–36,

April 2006.
32. J. Polastre, J. Hui, P. Levis, J. Zhao, D. Culler, S. Shenker, and I. Stoica. A unifying link abstraction for wireless sensor networks. SenSys '05: Proceedings of the 3rd international conference on Embedded networked sensor systems, San Diego, California, USA, pages 76–89, 2005.

第17章　无线传感器网络高能效的资源管理技术

通常无线传感器网络设备的能量有限,有时采用不能充电的电池,而这些电池要求维持数月甚至数年。为了提高传感器网络的使用寿命,必须要求高效的能量管理技术,以成功实现网络任务。然而,这些技术涉及传感器网络系统中数据处理和传输的各个层次。因此在系统设计和运行中每一级都应纳入能量效率思维,最大限度地提高网络寿命和连通性。本章主要介绍了文献中提出的每一层的最优化能量使用方面的最新技术。为了说明该方法的效果,同样列举了在减少能耗方面的设计实例。此外,还提出了通过利用不同层之间的交互以达到节能目的的新想法。这些新观点可以有效降低能耗。

17.1　引言

先进的MEMS(微电子机械系统)传感器技术,再加上低功耗、低成本的数字信号处理器(DSP)和无线射频(RF)电路,刺激了无线传感器网络在民用和军用的宽频谱上的飞速发展,如环境监测、战场监视和家庭网络收集、处理和传播广泛的复杂环境数据[1]。在多数情况下,这样的一个传感器网络由成百上千的电池供电的廉价设备构成,在恶劣环境下实施感应、计算和无线通信的任务。从本质上说,许多微型传感器是为自动化信息收集和分布式传感建立一个自主而强大的数据计算和分布式通信系统。

当传感器网络应用开启,传感器网络的真正实施仍受许多物理条件限制,如有限的电池电量、内存和计算能力。在所有这些制约因素中,最关键的一条是能耗。实际上,在许多应用场合很难甚至不可能更换电池,特别是当传感器网络工作在恶劣或者远程环境中时。因此,整个传感器网络的寿命主要取决于单个节点的电池寿命。然而,对于单个传感器节点,通过无线传输的通信任务所消耗的能量占主导地位。因此,为了最大限度地延长传感器节点的寿命,功率意识必须纳入用于数据通信的网络协议栈的设计[2,5]。一般情况下,在通信中能耗显著的协议层是物理层、数据链路层(DLL)和网络层。对于物理层,其主要功能包括调制和编码,使数据可以在存在信道衰落的状态下被可靠地传递。同时该层还根据工作环境负责处理器和无线参数的调整。数据链路层中处理分组分片和纠错。此外，在该层中执行介质访问控制，以协调多个竞争的传感器之间的信道接入。网络层负责建立从数据采集点到汇聚节点的路径，沿着这条路径转发数据。

本章提出将节能归纳于传感器网络中的所有这些层中。实际上，网络的能量效率主要取决于系统的所有组件。因此，节能意识必须纳入制度设计和运行各个层面，从而最大限度地延长电池的使用，尽可能提高网络的寿命[1,9,10]。我们主要讨论每一层的低功耗策略，以减少能量消耗。

本章的其余部分安排如下：17.2 节给出一些传感器网络的背景，简要展示了能源效率和性能之间的权衡；17.3 节介绍了两个在物理层有代表性的节能策略，动态电压调节（DVS）和动态调制调节；17.4 节讨论了数据链路层低功耗技术，而这些技术包括自适应分组分片、前向纠错以及低功耗 MAC 控制，并详细介绍了其机制；17.5 节从能源效率的角度来描述了传感器网络不同的路由协议，以及对它们的优缺点进行了讨论；17.6 节中给出了一些资源管理的跨层方法，提出了能源效率实现机制和利益；17.7 节讨论了未来研究的发展方向；17.8 节对本章内容进行总结。

17.2　背景

随着 MEMS 技术的进步，传感器节点的体积越来越小，而功能更强大。然而尽管这些通信和小型化技术成功实现，开发长寿命电池供电的技术进展却还远远不能令人满意。因为这强加给微小传感器节点网络的约束，可供处理和通信的能量仍然十分有限。因此，为了节省宝贵的电池资源，适当的电源管理技术是必要的。

如图 17.1 所示，传感器节点是由四个基本部件构成：传感单元、处理单元、收发单元以及电源单元。当一个事件发生，并且由传感单元检测到时，所观察到的数据由集成在传感单元上的 ADC 转换（模数转换）为数字信号。然后该数字信号被遣送到处理单元，用于执行数据打包以及鲁棒性和安全性的编码[4]。然后，将处理后的数据通过无线信道由收发单元发送到终端用户。因此，对于系统的运行，在物理层中的传感器节点的功耗来源可以分为两种类型：与计算相关的和与通信相关的。传感器的计算主要涉及数据处理、交换和 CPU 使用等。而通信则关注无线分组的传输和接收。下一节使用 DVS[12] 和 DMS[10] 作为例子，根据操作系统中的不同环境条件，讨论输出质量如何在计算和通信能量中进行权衡。

传统上，无线网络的用户可能期望高性能（高数据处理和传输速率，低延迟

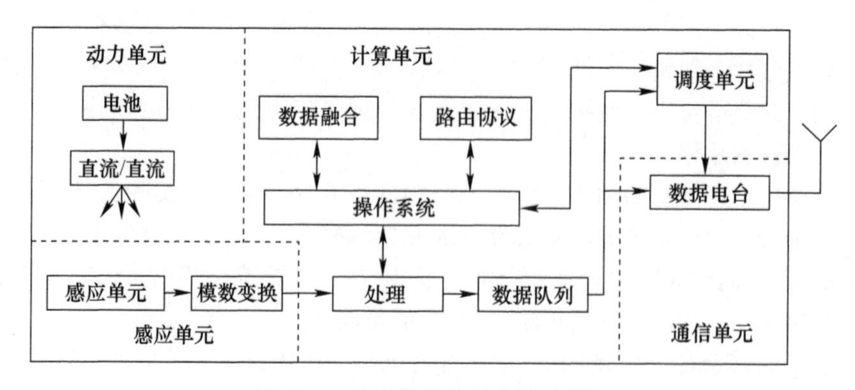

图 17.1　传感器节点的结构示意图

和高吞吐量等)，并且采用的设计理念是假定系统大部分时间是在最坏的操作状态下工作的。例如，他们可能会不必要地让处理器以一个完整的或固定的速度工作，以更多的能量消耗为代价实现最低的处理延迟。另一个例子是，总是使用具有低的传输延迟、最高调制电平甚至需要更高的发射功率电平。显然，这与无线传感器网络能耗标准相冲突。相对于在传统的蜂窝式或 Ad Hoc 网络中提供高 QoS(高网络吞吐量、低分组延迟)或终端的移动性管理优先级更高，在传感器网络中我们更关心的是网络寿命。实际上，由于传感数据的高度相关性，传感器网络对分组的丢失和延时有更高的容错性。因此网络弹性为我们提供了更大的灵活度，以取得能量和系统性能之间的平衡。在物理层中，处理器的工作状态和无线电调制电平应该根据随时间变化的计算和通信负载进行自适应调整，以减少能量消耗，延长电池的使用寿命。

17.3　物理层低功率技术

17.3.1　动态电压调节

计算量随时间而变化，且并不总是需要最好的系统性能。利用这一事实开发的 DVS，是一种有效的通过基于瞬时负载动态调整时钟速率和电源电压来降低 CPU 能量的技术。在减少活动期间降低运行频率导致能耗线性减少，同时也意味着更大的路径延时以及峰值性能的妥协。然而一些系统的性能损失是可忍受的或者可忽略的。当嵌入式系统的计算负荷较轻，鉴于能量效率，不必将电源电压(时钟频率)设置为最大值。DVS 的目的是适应电源电压和时钟频率匹配瞬时负载。

例 17－1　一个 DVS 功能的 SA－1100 微处理器能够以 30 的离散增量将核心电压从 0.9V 动态调整到 2.0V，时钟速度从 59MHz 到 206MHz。它在目标跟踪应用中执行波束成形运算。所需的计算延迟是 20ms。我们不断增加工作量(多个对象进行跟踪),并动态调整核心电压以满足计算。我们采用文献[16]中的参数,并模拟实现了 DVS 的能量增益。仿真结果表明,采用 DSV,在不降低性能的前提下,能耗可减少约 60% 。结果如图 17.2 所示。

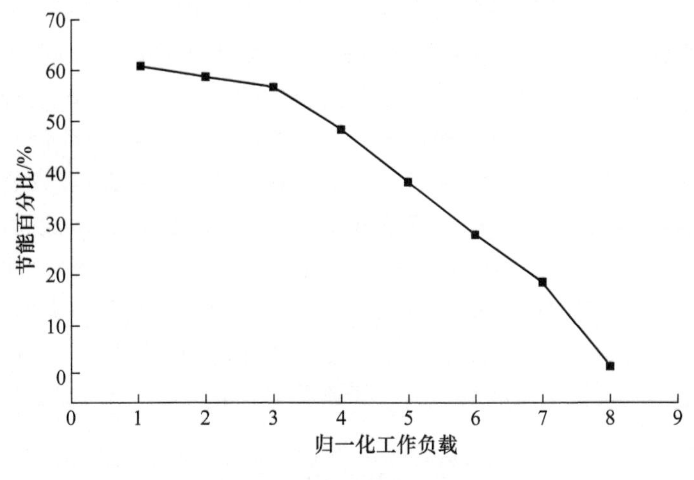

图 17.2　负载的节能比例

让我们来看看 DSV 如何实现节能。式(17.1)是处理器的能量消耗模型。

$$E = E_{\text{swich}} + E_{\text{leakage}} = CV_{\text{DD}}^2 + (tV_{\text{DD}})I_0 e^{\frac{V_{\text{DD}}}{nV_{\text{th}}}} \tag{17.1}$$

式中:C 为开关电容;V_{DD}为电源电压;V_{th}为热电压;I_0 和 n 分别为处理器技术的常数。

在该方程中,总的能量消耗是由两部分组成:开关能量(等式的第一项),为进入到电源电压 V_{DD}(相当于 1)的电路从零电压(即 0)上通电的寄生电容;漏感能量(方程式的第二个项),起源于当处理器工作时从电源到大地不可避免的电流泄漏。可以看出:①对于给定的任务,给定一个固定的电源电压 V_{DD},开关能量独立于时间,而泄漏的能量随时间 t 线性增加;②交换和漏感能量与 V_{DD}成二次近似指数关系。不同的计算应用程序有不同的性能要求,所有时间均设置 V_{DD}到最大值(等于最坏情况下的工作负载)是能量低效的。因此,当计算工作量大时,电源电压应升高,以便提供足够的电流驱动,并减少在集成电路中的传播延迟,以满足苛刻的性能要求。然而,当工作负荷低时,此时处理器大部分时间是空闲的。供电电压应该缩小,以减少能量泄漏,在这种方式中,电源电压在电路级作为控制旋钮,以实现一种能量性能的权衡,以及通过调谐电压来实现节能,以提供满足需要的性能。因此,通过适当调整供电电压仍然可以满足任务需要,而不浪费多余能量。

17.3.2 动态调制调节

同样,无线子系统中的合并功率意识也可导致节能显著,因为无线通信是无线传感器节点的主要功率消耗。事实上,通过计算得出,对于一个嵌入式系统,由无线传输通信部件消耗的能量占主导地位。例如,罗克韦尔公司的传感器节点花费用于传输1位的能量大约是用于执行一条指令的2000倍,因此,这一事实也为能源效率的提高提供了较大的空间。DMS(动态调制调节)[14,17]是DVS的对应,可以使调制等级与瞬时通信负载相符合。在无线前端的能量消耗包括两个部分:①通过电子电路消耗的能量,占功率消耗比重比较大的有频率合成器、锁相环和滤波电路等;②为驱动天线而通过前端的射频功率放大器消耗的能量。注意,第一部分是相关的电路工作的持续时间,一旦调制电平固定,持续时间是不变的,而第二部分是高度依赖于调制阶数 M。M 的选择可以直接影响总的能量消耗和通信延迟,从而提供了一个控制面板用于达到能量和系统性能之间的平衡。在数学上,用于发送一个信息比特的能量成本可以表示为[17]

$$E_{\text{bit}} = \frac{E_{\text{start}}}{L} + \frac{P_{\text{elec}}(M) + P_{\text{RF}}(M)}{R_s + \log_2(M)} \times \left(1 + \frac{H}{L}\right) \tag{17.2}$$

式中:H 和 L 为分组的有效载荷大小和报头大小;E_{start} 为启动发射电路的能耗,$P_{\text{elec}}(M)$ 为电子电路所消耗的功率;$P_{\text{elec}}(M)$ 为通过根据调制电平 M 的输出辐射放大器所消耗的功率;R_s 为 M 进制调制方式的符号速率。

式(17.2)中,变量 H、L、E_{start}、R_s 是固定的,因此,能量消耗是调制电平 M 的函数。为减少电子电路的能耗 $P_{\text{elec}}(M)$,我们应该采取更高的调制电平 M 来缩短电路的工作时间。然而一旦调制电平 M 增大,为保持误比特率(BER)在可接受的水平,必须增加发送功率 $P_{\text{RF}}(M)$ 以输出更多的能量。因此,在式(17.2)最小化的能量消耗前提下,应该能找到 M 的最优值。

例17-2 表17.1给出了不同调制电平下传输一个信息比特的能耗。

表17.1 单位可用比特的能耗

调制电平	$M=2$	$M=4$	$M=8$	$M=16$
距离10m	-20.2	-22.4	-25.3	-27.6
距离100m	-15.1	-17.2	-12.0	-10.5

采用文献[17]中的硬件和信道参数。可以看出,当传输距离短,例如10m,使用高调制电平可降低能耗。然而,当传输距离增大到100m时,$M=4$ 是最佳的水平,即2比特/符号的大小是最节能的调制模式。这是因为现在通过该电路由功率放大器消耗的能量占主导地位。虽然使用高调制电平可以缩

短传输时间(也能减少电路的能量消耗),克服长距离衰减,但更多的能量必须被辐射出去,从而抵消所取得的增益。前面的例子揭示了最优的调制电平 M 依赖于工作环境。对于能源效率,这为我们提供了实用的指引以调整通信系统:当瞬时通信负荷低,为节省能源,应该选择最佳的调制电平,并在这个速度上传输数据;然而,当通信负荷高时,为保持一个可接受的通信延迟,就要以更多的能量消耗为代价,增大调制电平。这是 DMS 的中心思想:自适应调制等级,匹配瞬时流量负载。通过调制电平动态调整,可以保持能量和性能之间的平衡。

17.4　DLL 中的功率感知策略

随着人们对电池供电的无线传感器网络日益增加的兴趣,能源效率已成为系统性能的最重要的指标之一。降低传感器网络的功率消耗成为网络系统在设计考虑中不可或缺的因素。同样,DLL 也可以被调整以优化能量利用率。对于 DLL,协议栈组件包括数据分片、差错控制和媒介访问控制。它们一起代表 DLL 的主要功能,并直接影响了传感器网络的能量消耗。

17.4.1　自动分组分片

因为多径衰落和遮蔽,无线链路是一个具有高错误率和突发性错误的非常不可靠的信道。在空中传输的分组必然容易出现损坏和递送失败,导致整个分组重传,这是非常消耗能量的。因此,如何在恶劣的环境中以有效的方式传输分组是一个具有挑战性的问题。

从上层传来的数据流分片是在 DLL 中进行的。分组通过有损链路传输的可靠性对分片的大小非常敏感。长的分组更容易发生信道衰落,而一旦一个比特被破坏,整个分组将不得不重传。因此,缩短的分组可以提高衰落环境下的传输可靠性。然而,传统上,链路层协议的设计者更喜欢固定的分组大小,并为最恶劣的工作环境选择一个大小。尽管这能为安全递送留下足够的冗余,但是由于大部分能量花费在传输开销中,这也是很低效的。因此,如何实现在效率和可靠性之间的平衡,从而最大限度地提高能量利用是一个复杂的问题。无线信道是一个随时间变化的函数这一事实进一步加剧了困难。这需要分组长度根据信道变化动态调整。当不包括错误保护时,采用由该 DLL 的最优分组大小可以表示为[11]

$$L_{\text{opt}} = \frac{-h\ln(1-p) - \sqrt{-4h\ln(1-p) + h^2\ln(1-p^2)}}{2\ln(1-p)} \tag{17.3}$$

式中:h 为包含在分组头的比特数;p 为信道的误比特率。

根据公式选择分组大小,分组损坏可能性可以最小化。

图 17.3 显示了最佳的分组大小与信道 BER 的关系。可以看出,当信道质量恶化时,我们要减小有效载荷,以降低传输的分组的损坏概率。另一方面,如果所接收的分组是错误的,ARQ(自动重复请求)将运行,重传损坏的分组。图 17.4显示出了假设采用 ARQ 前提下,长度优化后节省能量的百分比。该参考分组大小固定在 2000bit。

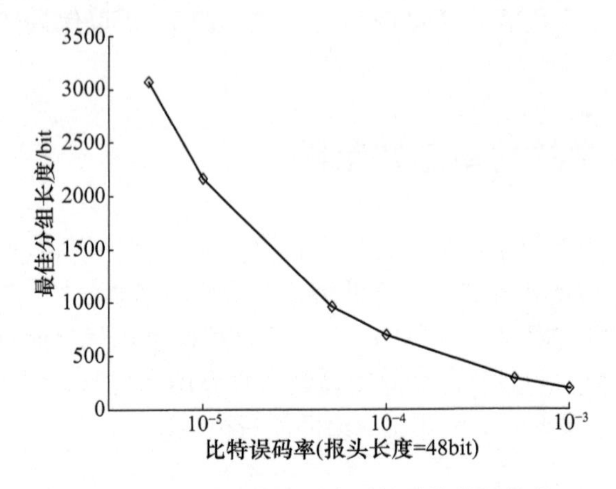

图 17.3　不同比特误码率下的最佳分组长度

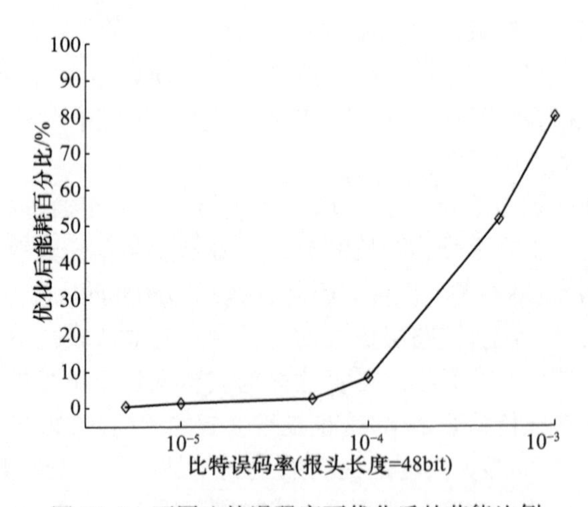

图 17.4　不同比特误码率下优化后的节能比例

为了在资源有限的无线传感器网络中实现自适应分组分片,关键是让发送方知道无线链路的瞬时误码率,并针对这种波动及时作出反应。在无线通信系统中,当调制和编码方式固定时,误码率是接收信号 SNR(信噪比)单独的函数。信号的信噪比可以在接收端进行测量,并映射到 BER。然后这个计算出的 BER

通过一个反馈信道采用类似 802.11X 中 RTS/CTS 的握手方式发送回发送端。通过这种方式,自适应分片可以根据前面给出的等式来实现。这个方案另一个值得关注的是信道变化速度。当信道质量变化太快,反馈信道状态信息(CSI)到达发送端时可能已经过时,致使选择了一个不适合的分组大小。然而,一般情况下,在网络中的传感器节点是静止或低移动性的,因此信道变化足够慢。例如,以 1m/s 的移动速度,2.4GHz 的中心频率的相干时间是约 122.88ms。因此,由于 1 帧的持续时间大约为几毫秒,它可以确保在至少几个帧的持续时间内信道保持近似恒定。

17.4.2 前向纠错

DLL 的另一个重要功能是接收到分组的错误恢复。前向纠错(FEC)是这样一个恢复策略。通过在原始数据中引入差错保护,所传输的分组在信道衰落中更加健壮,而且交付可靠性提高。这一策略一直在蜂窝网络系统被采纳。然而,对于资源受限的传感器,FEC 的效果是值得商榷的:一方面,FEC 可以减少分组差错的概率,从而减少重发次数,节省能量;另一方面,FEC 可能招致额外的能量耗散,作为通信和计算的复杂性也上升。传感器节点的平均功耗可以表示为[16]

$$E = P_{tx}(T_{on-tx} + T_{startup}) + P_{out}T_{on-tx} + P_{rx}(T_{on-rx} + T_{startup}) + E_{enc} + E_{dec} \tag{17.4}$$

式中:p_{tx}和 p_{rx}为发射器和接收器电路功率;p_{out}为辐射输出功率;T_{on-tx}和 T_{on-rx}为分组发送和接收的持续时间;$T_{startup}$为发送器/接收器电路的启动时间;E_{enc}和 E_{dec}分别为消耗在数据编码和解码的能量。

在早期的能耗模型中,相对于分组传输,额外的能量将在消息通信过程中所产生,因为包含错误保护后每帧的长度将增加。这意味着,无线电电路(收发器、接收器、放大器输出、合成器、锁相环/压控振荡器等)将工作在一段较长的时间,将会消耗更多的能量。从计算要点看,分组冗余可能导致在通信双方数据编解码过程中产生额外消耗的能量,所需要的能量是从有限的电池电源吸收,因此,应当考虑到电源管理。因此,鉴于能量效率,有必要决定是否使用 FEC 方案。

一般情况下,如果采用卷积码,对数据进行编码所需要的能量可以忽略不计。然而,在接收端需要的维特比译码是非常耗能的,并且可能会超过消耗在通信中的能量。因此,如果花费在错误保护相关的能量大于编码增益,则 FEC 策略并不节能且系统最好不要编码。我们一起看下面的例子[16]。

例 17-3　对一个 StrongARM SA-1100 微处理器驱动的无线传感器,路径损耗为 70dB,传输速率为 1Mb/s,电路噪声电平为 10dB,比较有无前向纠错传输模式的能量效率。我们采用码率为3/4、约束长度为6的卷积码,改变误比特率要求。

在误比特率要求为10^{-5}时(话音数据),经过数据编码,传输1个有用比特所需要的平均能量为1.2×10^{-7}J,相应的没有编码的数据所需要的能量为1.35×10^{-6}J。这说明译码的能量决定了通信的能量。事实上,在这种情况下,为成功传送1个有用比特,超过90%的能量消耗在编译码电路。

我们进一步将误比特率要求改变为10^{-8}(误差敏感数据),再次比较两个模式下的能量效率。编码模式下的能量需求为1.4×10^{-6}J,而未编码模式下的能量需求急剧上升至1.3×10^{-5}J。这是由于为满足高的通信性能,未编码模式必须大幅度提高辐射功率电平,通信能耗超过了编译码数据的能耗。当编码模式更强健能够抵消信道损耗时,就不需要大幅度提高传输电平。

从早先的例子中可以看出,FEC不总是数据传输的一个能效策略,是否采用FEC取决于通信质量要求。如果要求低的误码率,FEC对于能效来说是一个合适的解决方案。然而如果误码率要求不是那么高,我们可以仅仅发送未编码的数据包。事实上,在很多应用场景中,由于收集数据过程中大量的冗余,传感器网络的容错性是很强的,因此,可靠性要求不是很严格。所以在这种情况下,通常不推荐使用FEC。

17.4.3 高效能的介质访问控制

一个典型的传感器网络由成百上千个通过无线连接的微型传感器节点组成。通常,无线信道被多用户共享,由于同时传输,附近的两个端子之间会发生数据包传输冲突,这就会产生重传和不必要的能源和带宽浪费。因此,协调多个竞争用户的介质访问是介质访问控制(MAC)协议的主要任务。无线网络的MAC协议的功能包括:①建立用户,使得传感器网络可以被设置在一个自组织的方式;②有效地解决传感器节点之间的信道接入的冲突。然而,由于传感器节点所携带的电池预计要使用几年,是宝贵的资源,电池能量的耗尽意味着节点的失效和网络的局部割断,导致对应位置产生“盲区”,因此,不同于传统的无线网络MAC协议最关注的高QoS(高吞吐量和低延时)、高带宽效率和公平问题,对于一个传感器网络,我们更感兴趣的是一个功率感知的MAC协议,可以延长传感器的使用寿命。

17.4.3.1 传统IEEE 802.11 MAC协议

对无线局域网和Ad Hoc网络而言,IEEE 802.11 DCF(分布式协调功能)是一个标准的MAC协议。IEEE 802.11是一个基于CSMA/CA(载波侦听多路访问冲突避免)完全分布式的介质访问控制方案。在该方案中,每个移动终端采用争用基准访问介质。数据传输开始之前,发送者和接收者都必须有一个 RTS – CTS握手信号为"储备"通道。整个发送序列是经过 RTS – CTS – DATA – ACK 四次握手,如图 17.5 所示。

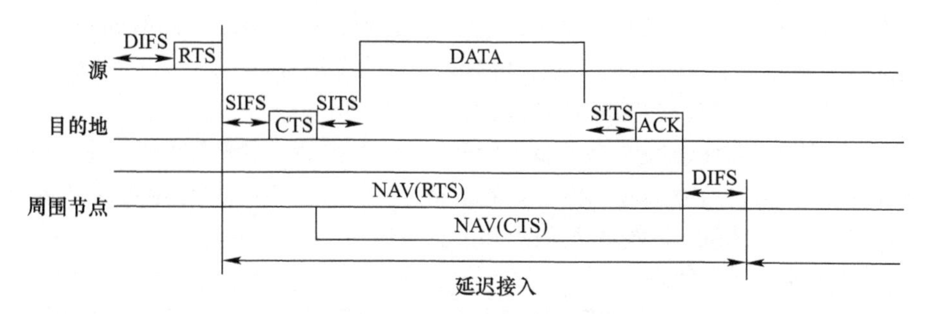

图 17.5　IEEE802.11 的握手机制

当一个发送者有分组要发送时,它通过检测该空中接口(在物理层)和其 NAV(网络分配矢量)感测通道。如果信道忙,则终端等待,直到信道空闲,在这种情况下,它发送一个 RTS 到目的终端。目的节点成功地接收到 RTS,答复源 CTS。收到 CTS 后的源可以开始数据传输。数据在目的地被接收后,目标发送一个 ACK 到源,确认数据接收的成功。这是一个理想情况下的四次握手,如果源没有接收到 CTS 或 ACK(由于在源或目标碰撞),它返回一个随机的时间周期,其通过将其竞争窗口大小变为双倍实现,每一个数据包,其中包括 RTS、CTS、DATA 和 ACK,有一个持续时间在其头部,这是用于指定无线通道将仍然被占用的时间。邻居节点在收到这些数据包后调整自己的 NAVS,如图 17.5 所示。因此,如果不是其物理空中接口或 NAV 指示,无线信道被认为是由一个终端被占用。握手和指数回退机制,使得 IEEE 802.11 成为具有高度分布式的、可扩展的、健壮的介质访问协议,它长期以来被商业化,应用于家庭网络。

虽然 IEEE 802.11 已被广泛采用作为无线局域网的标准 MAC 协议,但由于能量效率低,它不适合无线传感器网络。在 IEEE 802.11 方案中,能源浪费的来源包括以下内容[20]:

(1) 空闲监听。在传感器网络中,每个终端有可能充当任何周围的邻居路由器,因此,它必须保持感测信道,因为它不知道下一次发送何时发生。即使在没有流量时,该传感器也要在大部分时间内保持接收电路。据测量,消耗在空闲状态下的能量与接收数据的能量相当,因而是能源浪费的主要来源。

(2) 不必要的报文串扰,即接收原先未预定的或通过它传送的数据包。

(3) 数据包冲突。如果传输的数据包被损坏,它不得不被重传,导致额外的能量消耗。事实上,无线传感器网络的特点是高节点密度,从而在空中传输比 Ad Hoc 网络更容易产生碰撞。

(4) 控制开销。每个数据包传输之前,双方应完成一个 RTS – CTS 握手,即使有大量的报文发送。RTS – CTS 握手之前,必须有一个信道感测时间段,以确保信道是明确的。这可以产生延迟和不必要的能源浪费。

17.4.3.2 S – MAC 传感 MAC 协议设计

为了解决早期识别能源效率低下的问题,在文献[20]中作者提出了 S – MAC 协议,以减少来自所有来源的不必要的浪费。在 S – MAC 协议中电源感知策略包括定期收听、休眠、碰撞、避免侦听和消息传递。

1) 定期收听和休眠

在没有任何事件发生期间,传感器节点之间流量很少。因此,大部分时间里,传感器节点处于空闲状态时,曾经被认为是一种能源浪费。因此,保持传感器一直处于监听模式是不必要的。为了节省电池能量,一个可行的办法是让传感器进入休眠状态,并关闭通信单元,以减少由于空闲侦听产生的能源消耗。S – MAC协议中,通过定期循环传感器的活跃和休眠状态、占空比,在空闲状态下的能量浪费显著降低。S – MAC 基本的省电策略如图 17.6 所示。图中,时域划分为连续的循环周期,每个周期包括两种状态:收听和休眠状态。处于收听状态时,传感器处于活动状态,并且可以与周围邻居交流。在休眠状态时,传感器将关闭其无线电以节省能源。这两种状态之间的传感器交替,从而有效减小占空比,进一步降低能源在空闲监听上面的浪费。

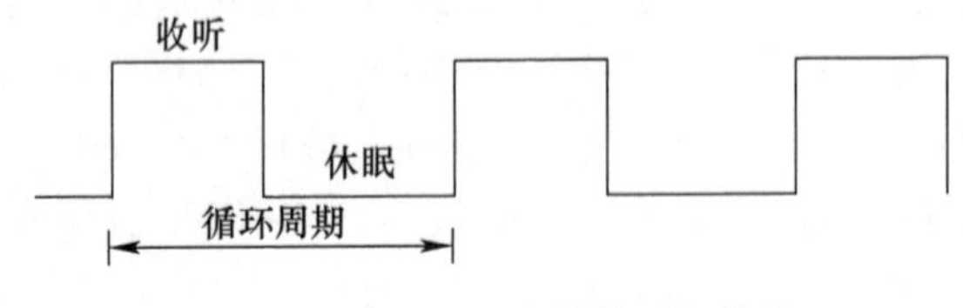

图 17.6 S – MAC 定期收听和休眠

虽然 S – MAC 协议在节能上是有效的,仍需要正确处理两个具有挑战性的问题。第一个是通信延迟,特别是当通信必须通过多个传感器路由的。让传感器进入休眠状态可以产生延迟,因为它的邻居必须等待唤醒传感器传输缓冲的数据包。这是能源效率和性能之间的权衡。如果需要更高的通信性能,可以以更多的能耗为代价而缩短休眠时间。

因此,休眠时间的调节依赖在上层中运行的应用。第二个问题是通信节点之间的同步。为加强沟通和提升能源效率,理想方式是相邻的传感器可以在收听和休眠周期上同步,也就是说,它们可以在完全相同的时间休眠和唤醒,使活跃周期的利用率最大化,从而减少了通信延迟。为与邻居同步,每个传感器节点维护一个调度表,记录其邻居的侦听和休眠时间。网络内的同步是通过传感器节点之间周期性交换同步数据包来实现的。该机制详述如下。

当一个传感器节点启动时,它必须与邻居按照邻居的收听和休眠的时间同步。新启动的传感器首先侦听一段时间,等待从邻居中发送一个同步数据包的广播。如果它收到一个同步数据包,传感器通过选择包含在同步信息中的相同的收听和休眠时间与该节点同步。然后一个随机时间后,会生成一个同步数据包,包括它的调度表,并广播发送出去。在这种情况下,传感器不能接收任何同步信息,它调度它自己的收听和休眠时间,然后包括一个同步数据包,同样广播到网络中。如果传感器在广播自己的时间表同步数据包后接收,它采用两个调度表和唤醒相应。

作为一个同步数据包是非常短的,并且广播周期约为 10s[20]。因此,S－MAC在能源和带宽利用率上是有效率的。采用这种方式,具有相同的调度表的传感器节点将形成虚拟簇,簇内它们可以在通信活动中同步。整个网络被划分成多个虚拟簇,采用两个以上调度表的传感器节点将成为一个网关传感器,如图 17.7所示。在传感器网络中,节点可能会由于电池耗尽随时失效,一个新的成员还可以随时加入该组。通过定期同步广播,这种同步方案使得网络高度自适应拓扑变化,而且成本也非常低。

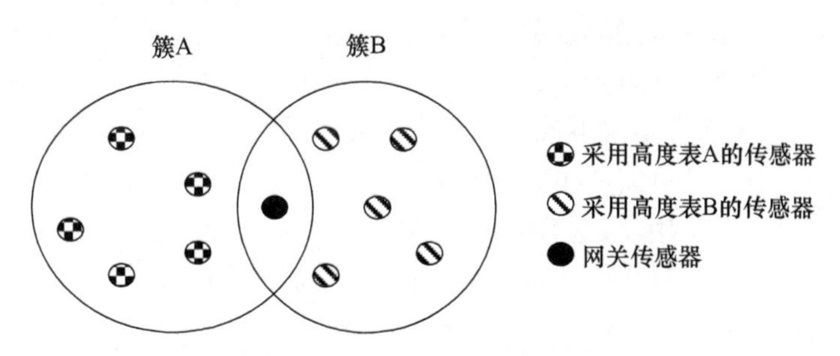

图 17.7　S－MAC 虚拟簇构成图

2）碰撞和避免偷听

作为一个虚拟簇,多个传感器可以争夺收听期间的信道访问,避免数据包冲突。S－MAC 协议也采用了类似 IEEE802.11 中的碰撞避免机制。在发送数据包前,通信对应该有一个 RTS－CTS 交换。RTS 和 CTS 包括时间的通道将被占用。因此,当周围的传感器接收 RTS 或 CTS,它会相应地设置其估值,并在指定的时间保持沉默。采用这种方式,隐藏的碰撞问题得到解决。此外,还通过在发送侧进行物理载波感测以确保空中没有传输。因此,如果估值和物理层注明,则认为信道是空的。正如前面提到的,串音是能源浪费的另一个来源。为了避免收到不是自己的数据包,传感器可以在 RTS/CTS 指定的时间进入休眠状态。

例 17－4　图 17.8 是如何避免分组碰撞和串音的例子。传感器 A 想要发送一个包到 B,在 A 和 B 之间建立 RTS－CTS 交换。信道繁忙的持续时间也包含在 RTS－CTS 信号数据包中。对于传感器 C,收到 RTS 后,它应该进入睡眠状态,以避免收到发往 B 的数据包。而对于传感器 D,在收到 CTS 后,它也进入睡眠状态,并保持沉默,以避免与 B 包冲突。传感器 C 和 D 的休眠持续时间分别由 RTS 和 CTS 指定。

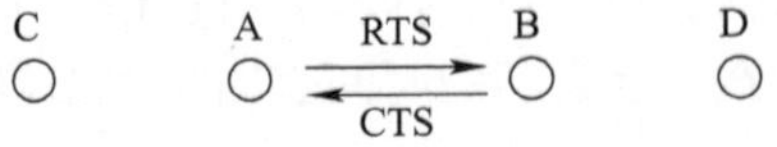

C　A　RTS　B　D　CTS

图 17.8　S－MAC 分组碰撞和串音机制

3）消息传递

在一个无线传感器网络,有时感测到的数据必须在进一步处理或融合前完全发送到接收节点。原始数据的传输需要很长的数据包。然而,长包更容易损坏,一旦几个比特出错,整个数据包必须重传,从而避免发生延迟和额外的能量消耗。该问题的解决方案是数据包碎片,也就是说,将一个长消息分成多个短包,每次传输一个短数据包。对于 IEEE802.11,这种方法的能源利用率很低,并且由于以下几个原因可能导致载波感知的延迟:

（1）对于每个短分组传输,都有一个 RTS－CTS－DATA－ACK 交换。不管传输是否成功,发送方不得不放弃为下一个介质访问再次竞争,以确保多个传感器之间的公平性。这可能产生竞争延迟。

（2）在每一个争用点,所有的传感器必须唤醒,这意味着一些能量浪费在电路交换。此外,在载波侦听,所有传感器同时保持它们无线上的探测通道,这也是能源浪费的根源。

为了解决这些问题,S－MAC 协议对 IEEE 802.11 的握手机制做了一些修改。而不是为每个短分组执行一个 RTS－CTS 握手,S－MAC 只有一个 RTS－CTS 交换为所有序列的短分组数据传输指定信道,如图 17.9 所示。

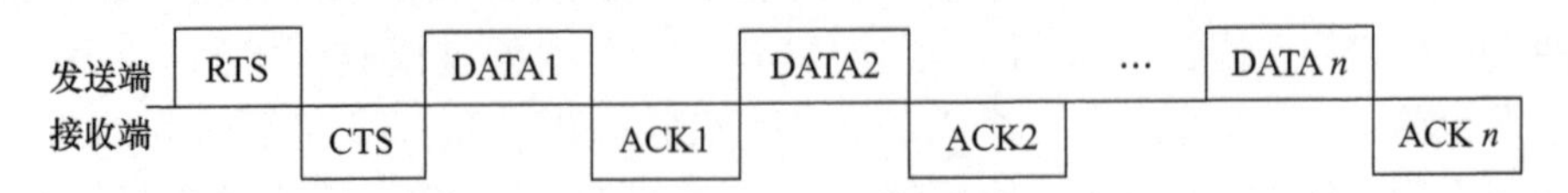

图 17.9　S－MAC 信息传递原理

在图 17.9 中,只有一个 RTS－CTS 交换,并且信道繁忙的持续时间也包含在 RTS－CTS 中。在收到这个信令交换后,周围的传感器在指定的时间内将进入睡眠状态,从而避免频繁地开关电路和不必要的载波侦听。对于每一个到达的短数据包,接收传感器发送 ACK 返回给发件人。如果没有接收到 ACK 时,发送方将重传丢失的数据包。ACK 包也携带着信道占用时间,于是已处于唤醒状态的或接收器周围新启动的传感器也可以进入休眠状态。采用这种方式,不会有周围发送者和接收者的竞争传感器干扰,因此通信延迟被降低。对于这些相互竞争的传感器,它们同样可以免除频繁的电路交换和载波侦听,从而减少能源浪费。

17.5　高能效数据包路由

自组织无线传感器网络由成百上千个价格便宜、电池驱动的传感装置密集地分布在观察区的范围内。为收集感兴趣区域内的信息,传感器节点必须共同协作把收集的数据转发到接收器。这是网络层的功能。无线传感器网络与 Ad Hoc 网络有许多相似性,因为它们都是电池供电、随机部署、自主型分布式系统。然而,由于更为恶劣的工作限制,传统的 Ad Hoc 网络路由协议不一定适合传感器网络的要求:①传感器芯片设备体积小,更容易出现能量耗尽;②传感器网络的节点数可能要高几个数量级;③低数据速率的无线电台、有限的内存和计算能力使网络范围内很难协作计算,在 Ad Hoc 网络中采用的一些多径设置机制不能使用。此外,由于传感器网络具有基于属性的寻址和定位意识,在 Ad Hoc 网络中唯一的节点地址在传感器网络中是无用的。所有这些不利因素的影响尤其是物理限制,使得传感器网络的路由协议设计非常具有挑战性。

在路由协议的设计中,这些原则必须加以考虑:

(1) 能源效率应始终放在第一优先级。

(2) 传感器网络是以数据为中心,应该有基于属性的寻址和位置感知。

(3) 节点间的数据和筛选融合能够减少能量消耗。

17.5.1　洪泛

洪泛是消息从观测点传递到接收器的最简单的方法[1]。在该方案中,每个传感器既不需要维护一个路由表,也不需要计算下一跳发送消息。在接收到数据包时,如果它不是潜在的信息接受者,传感器只是重播出来。因此,洪泛对于拓扑变化是强健的,因为每个传感器不需要保持一个邻居列表。它具有低计算复杂度并在缓存路径中不需要内存等优点。然而,该方案具有一些致命的缺陷。

(1) 内爆。内爆是同一节点接收到重复消息的现象。例如,在图 17.10 中,最初的消息是从节点 A 广播,最后,汇聚节点 S 收到来自邻居相同消息的三个副本。此外,通过转播,每个节点还从自己的邻居收到消息的多个副本。

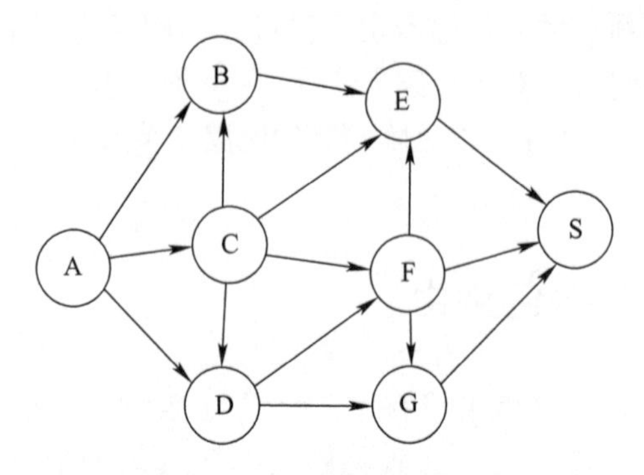

图 17.10 洪泛中的内爆现象

(2) 叠加。如果两个节点监视同一区域,并同时检测到两者的激励,那么就会收集到重叠的感知数据碎片。当重叠的数据是由这两个节点洪泛,网络通信量将增加一倍。因此,数据的两个副本被发送到接收端造成能量和带宽的浪费。这种现象会更严重地增加网络的规模。图 17.11 所示的例子中,传感器 A 和 B 检测该事件的"E",因此它们都报告给汇聚节点 S,导致叠加问题。

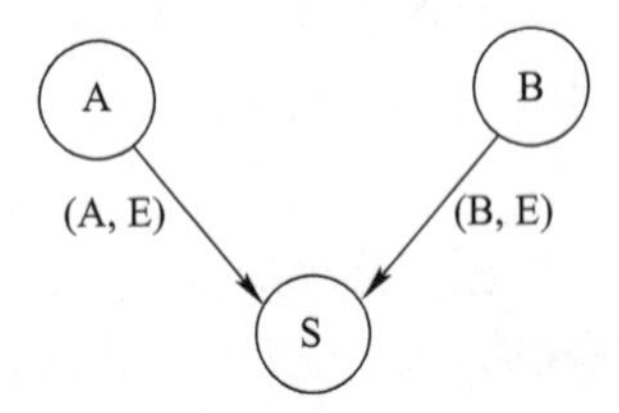

图 17.11 洪泛中的叠加现象

(3) 资源盲目。每个传感器盲目转播消息,而无须任何代价的能量和带宽消耗。因此,洪泛在资源利用效率上极低,只能在小规模网络中应用,这些网络中复杂的路由协议不是必需的,流量负载不是很重。

17.5.2 流言

流言是洪泛稍微改进版[1]。与广播一条接收消息到其周围的所有节点相反,传感器随机选择一个邻居发送消息。该邻居还随机选择一个邻居来传递消息。该过程将持续直到该消息最终到达目的地。因此,避免了洪泛的内爆问题。然而,这种方案可能会导致消息传播到目的地有长时间的延迟,因此不是一个有效的路由协议。

17.5.3 协商式传感器信息分发协议

协商式传感器信息分发协议(SPIN)是适用于无线传感器网络的以协商为基础的信息传播协议[1]。与洪泛和流言相比,SPIN 是有效率的,因为它使用元数据进行谈判,以消除整个网络中冗余数据的传输。此外,SPIN 使传感器节点以立足于现有的电池资源的沟通决策,从而更有效地消耗能量,延长传感器的使用寿命。

具体而言,在 SPIN 中,传感器使用元数据来简明而完整地描述所收集的数据。而不是像在洪泛或流言中那样发送整个数据,SPIN 发送的数据用于描述收集的数据的属性(如声音、图像或视频)。元数据的大小比原始数据的要小得多,从而显著降低了能耗。实际的数据传输之前,传感器之间的元数据交换是经一个数据公告进行。当收到这则公告,邻居传感器会检查它是否有这些数据。如果对这些数据感兴趣,它会发送一个请求消息来检索数据。否则,它可以忽略公告。以这种方式,元数据协商克服在传感区域重叠并且资源盲目情况下洪泛的缺陷——冗余信息传递。

在 SPIN 中有三种消息类型:ADV、REQ 和 DATA。ADV 是包含实际数据的元数据的公告消息。REQ 是一个请求信息。当接收到 ADV 时,如果传感节点对实际数据感兴趣,它就发送 REQ 来检索数据。DATA 是包含丰富信息的实际数据信息。

注意到 ADV 和 REQ 只包括元数据,因此它们的大小比该数据小得多。先决 ADV - REQ 交换在能量消耗方面比对应的数据要小。因此,ADV - REQ 交换是一个很好的方式用来避免能量浪费在多余的消息传递上。让我们用一个例子来说明 SPIN 的工作机制。

例 17 - 5　在图 17.12 中,传感器 A 获得新的数据,并希望将其传播到网络中的其他传感器。首先,传感器 A 产生一个 ADV 数据包,包括描述实际数据的元数据,并发送 ADV 到其相邻传感器 B(a)。当收到 ADV 时,传感器 B 检查它是否真正需要这些数据。如果对这些数据感兴趣,它发送一个 REQ 回 A(b)。当 A 接收到 REQ 时,它开始发送整个实际数据到 B,随后传感器 B 按照相同的 ADV - REQ - DATA 握手与其周围传感器节点重复相同的过程(d) ~ (f)。

一些简单的节能机制也可以被集成到 SPIN。例如,如果该能量电平高时,传感器节点可以如前面所述参与 ADV - REQ - DATA。当传感器发现其能量电平低于规定阈值时,可以自适应地降低其在消息交换中的参与,从而节约了有限的能源。SPIN 的另一个优点是,它对拓扑变化是强健的,因为它只需要知道自己的单跳邻居。因此,计算复杂度低。不过也不能保证成功的数据传输。假设感兴趣的传感器与发端传感器之间有多跳距离,而在之间的传感器都对数据不感兴趣,那么数据就不能被中继到目的地。

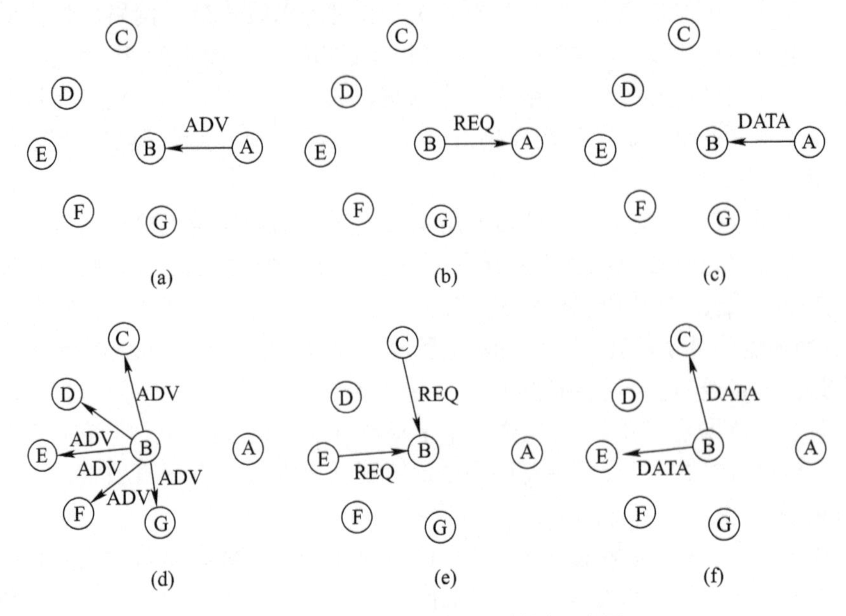

图 17.12 SPIN 中的数据包传播示意图

17.5.4 低能量自适应分群分层

在无线传感器网络中,为便于远程监控和控制,收集到的原始数据必须传送给负责与外界通信的基站。现在有很多可用的路由协议,它们可以被分为多跳路由或直接传输。在多跳路由协议中(如流言和 SPIN),数据以逐跳方式被转发,同时在直接传输中,数据被直接发送到基站。但是这些协议在能源效率方面都缺乏考虑。对于多跳路由协议,最靠近基站传感器必须用于为远端传感器中继数据。因此,这些传感器被不公平地利用,将由于能量耗尽迅速失效。对于直接传输,远距离传感器不得不提高输出功率,以确保数据包可靠传送。因此,平均说来,发送一个数据包,这些传感器比那些靠近基站的传感器要消耗更多的能量。前面描述的现象就是我们所说的能量负载不平衡的问题。此外,由于通过在附近的传感器收集到的数据是高度相关的,原始数据的传输在带宽和能量效率方面非常消耗资源。因此,数据应该在本地处理减少数据冗余。这种技术称为数据融合。

低能量自适应分群分层(LEACH)是一种基于簇的协议,使传感器网络最大限度地减少能量消耗[3]。在 LEACH 协议中,整个网络分为簇,每个簇中有一个传感器节点被选为簇头,它从簇内其他传感器收集数据,进行本地数据融合并把数据转发到基站。因此,与传统的路由协议相比,簇内短程通信和簇头数据融合显著减少了所消耗的能量。此外,为维持能源利用上的公平性,所有的传感器轮流担任簇头。

具体来说,LEACH 的主要功能包括以下内容:

(1) 网络管理是很容易,因为不需要复杂的路由协议。

(2) 传感器与簇头之间的内部数据传输能量消耗比直接传输代价小得多。

(3) 通信负担由于本地数据融合得到缓解。

(4) 能量载荷均匀分布在整个网络,并且无传感器过度使用。

为实现在传感器之间的能量消耗平衡,LEACH 的操作分为"轮",并且在每一轮中,传感器被重新组合以形成新的簇。因此,一个循环包括两个阶段:一个建立阶段,在此期间组织成新的簇;一个稳定阶段,在此期间传感器将数据传输到簇头对数据进行融合和转发。

17.5.4.1　簇建立阶段

在建立阶段,每个传感器决定是否在本轮担任簇头。该决定基于节点可以成为簇头的预定比例和该传感器至今已经成为簇头的次数。具体地,该传感器节点 n 产生一个[0,1]之间均匀分布的随机数,并且如果数值小于阈值,则节点将成为本轮簇头。阈值设置如下:

$$T(n)=\begin{cases}\dfrac{p}{1-p\times\left(r\bmod\dfrac{1}{p}\right)}, & n\in G\\ 0, & \text{其他}\end{cases}\tag{17.5}$$

式中:p 是传感器节点能够成为簇头的期望的比例;r 是当前的轮次;G 是在过去几轮没有成为簇头的一组节点。

如果传感器节点已经决定充当这一轮的簇头,它将广播一个"簇头公告"到周围的节点。注意这里可以有多个新当选簇头的多个公告,非簇头节点因此必须选择一个遵循。要做到这一点,它选择它接收公告的最强信号强度,因为这意味着所选择的簇头是附近最接近的一个。

17.5.4.2　簇稳定阶段

例 17-6　图 17.13 显示了整个网络是如何分簇的。$P=0.2$,在 50m×50m 区域里部署了 33 个传感器节点。

一旦传感器已选择其分簇,它必须通知相应的簇头。簇头应妥善保管属于这个簇的传感器的成员名单。这样一个新簇就形成了。为了避免不同簇之间的通信阻断,每个簇分配一个唯一的 CDMA 码。同样,为协调簇内数据传输,使用 TDMA 方式并且每一个传感器分配一个时隙。一个新的簇建立后,TDMA 调度表广播给所有成员节点。因此,每个传感器都知道何时能发送,为节约能源,它也将在分配给其他传感器的时隙关闭无线。在每一轮,簇头必须保持无线不断从其成员传感器接收数据,从而消耗比普通传感器更多的能量。然而,LEACH的新颖特点是,每个传感器轮流当簇头,因此,没有传感器节点被不公平地使用。网络进入稳定阶段后,簇头开始承担起自己的责任:数据收集、融合,并转发给基站。

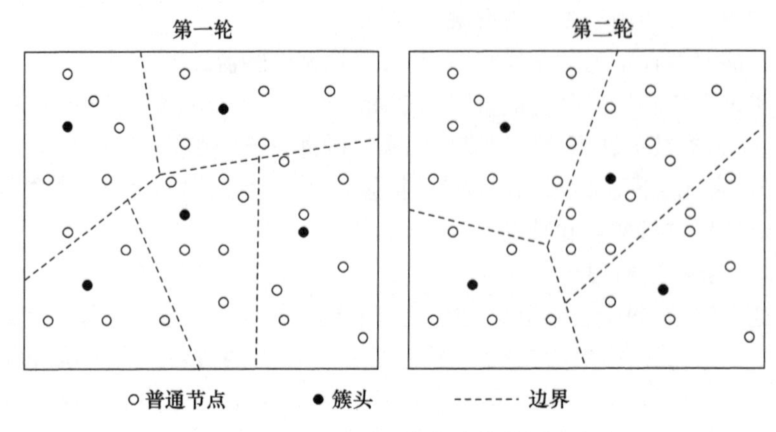

图 17.13　LEACH 中的分簇示意图

17.6　从业者指南

在传统的计算机网络,七层开放系统互连(OSI)的分层结构已经作为通信系统的设计标准得到广泛认可和应用。根据 OSI 模型,整个网络任务划分成 7 层,并且很好地定义了每一层提供的服务。这个分层结构已经证明是成功的,因为它提供了模块化、透明度和标准化的计算机网络。

此外,每个层必须为与其相邻的更高一层提供一定的透明服务,更高的层屏蔽了这些服务是如何具体实现的[6,15]。这种方法降低了系统设计的复杂性,因为设计者可以只集中在一个特定的子系统而不用关注到整体系统架构将发生的变化。这样的分层结构也提供了来自不同制造商的不同网络和设备之间方便的兼容性和互操作性。

与有线网络不同,无线网络中,数据包通过无线信道被发送,这是非常不可靠的,特点是衰减、阴影和多径衰落。此外,无线信道随时间波动,吞吐量是一个随时间变化的函数。在不同的层设计协议时,这些因素也不能忽略。然而,传统的分层协议缺乏灵活性,因为它们被设计在最恶劣的条件下工作;因此,它们无法适应不断变化的工作环境。因此,当应用到无线网络时,适用于有线网络的分层的方法可能会导致次优解或低效的资源利用率。为了解决这个问题,提出跨层设计以提高系统的性能和资源利用的效率。跨层设计的精髓是优化协议层之间的信息交换,从而实现系统性能显著改善[18-19]。通过多个层之间的信息共享,整个系统可以更好地适应工作环境。如前所述,由于多径和阴影,无线链路的质量是一个随时间变化的函数。这种波动的性质为性能和资源利用系统的改进提供了空间。

例 17-7　在无线 Ad Hoc 网络中,信道状态信息可以反馈到网络层的路由计算。因此,根据物理层信息,网络层可以丢弃较大衰落的路径,并选择能够支持更高数据速率的路由。这是 RICA 信道自适应路由协议的中心思想(接收者发起信道自适应路由)[7]。因此,带宽和能量的利用率最优化,网络性能也增强[7]。网络层和物理层之间的相互作用如图 17.14 所示。四个协议的平均节点能量消耗的速度和链接吞吐量在图 17.15 和图 17.16 中分别给出。它表明,在网络层的共享信道状态信息可以根据瞬时信道变化起到智能路由调整作用。

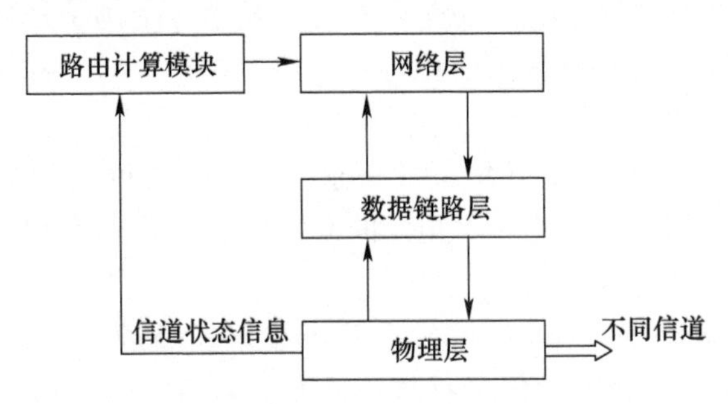

图 17.14　网络层和物理层之间的相互作用

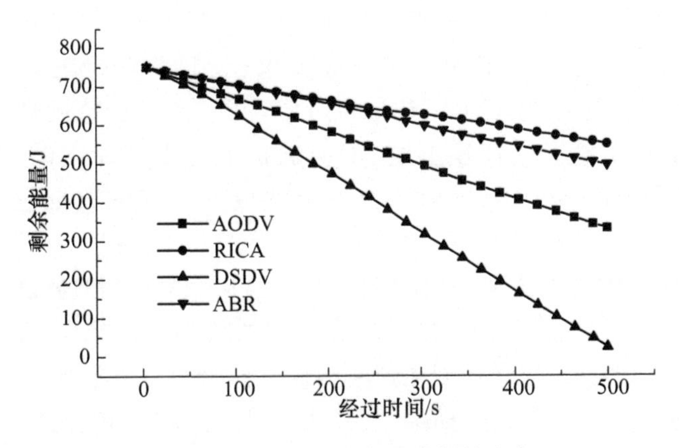

图 17.15　平均节点能量消耗的速度

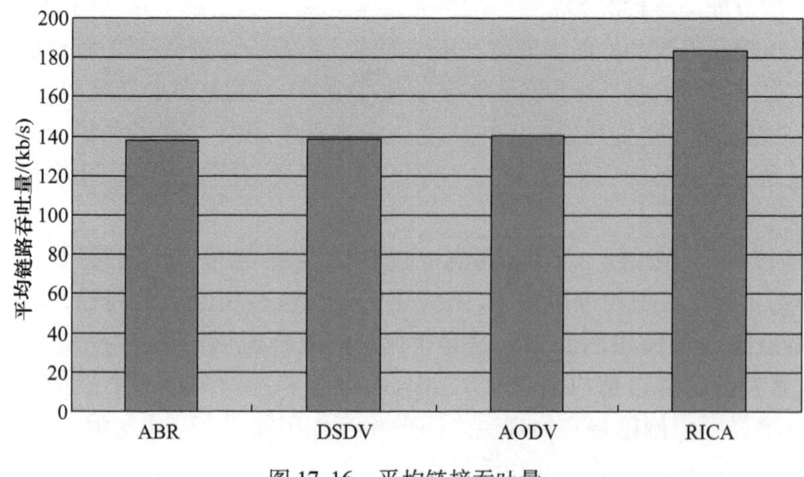

图 17.16 平均链接吞吐量

类似地,无线信道的时变特性,也可以应用在传感器网络中的 MAC 层,和物理层和 MAC 层之间的相互作用也是可行的。其中一个例子是自适应的数据包碎片,其中包长度可以根据信道变化进行自适应调整。另一种情况是在无线链路的机会通信。

我们假设一个敌对衰落环境下的传感器和基站之间的点对点数据包的传输。为简单起见,我们还假定一个恒定的发射功率电平,并借助自适应调制和编码(AMC)抵抗信道衰落。

例 17-8 如在前一节所讨论的,发送数据包经过衰落信道可能承受过多的能量消耗,因为更多的能量被消耗在数据编码/解码中并且传输的持续时间也被延长。因此,为了节省能源,本能的方法是将数据包临时缓冲,直到信道质量恢复到所要求的阈值。然而,数据包缓冲可能会导致通信延迟和缓冲区溢出。因此,给定的网络性能要求(交付率和延迟),必须量化高于该传输缓存的报文信道质量传输的门槛。更具体地,该问题可以表示如下:当给出通信负载和信道模型时,如何选择上述报文发送的传输阈值,从而使沟通能量消耗最小化,同时仍然可以达成在规定的数据包传送速率和延迟要求[8]。

在这个例子中可以看到,为节约能量一个连接 MAC 层和物理层的联合跨层设计是必要的。MAC 层和物理层的联合集成如图 17.17 所示。其中物理参数如瞬时 CSI、信道变动(信号强度和频率偏移)、流量负载以及性能需求(递送速率和延迟)被送入所述模式选择单元,其执行排队递归[8]和选择最节能的运行模式。物理层的这个单元和瞬时 CSI 的输出信噪比(SNR 阈值)被提供给 MAC 层分组调度;如果瞬时信道质量高于阈值时,发送数据包;否则,缓冲直到该通道恢复正常。在物理层中，发射机是 MAC 层的调度器的控制下，并根据当前的信道质量进行基于突发的自适应吞吐量。保存的通信业务负荷能量和平均接收 SNR 比例如图 17.18 所示。据观察，优化后就可以节省高达 40% 的能耗。节能也可以延长传感器的寿命，并且寿命相应的增益如图 17.19 所示。我们观察到，使用跨层设计可以延长传感器的寿命至 110% 。这说明信道相关的跨层设计的有效性。

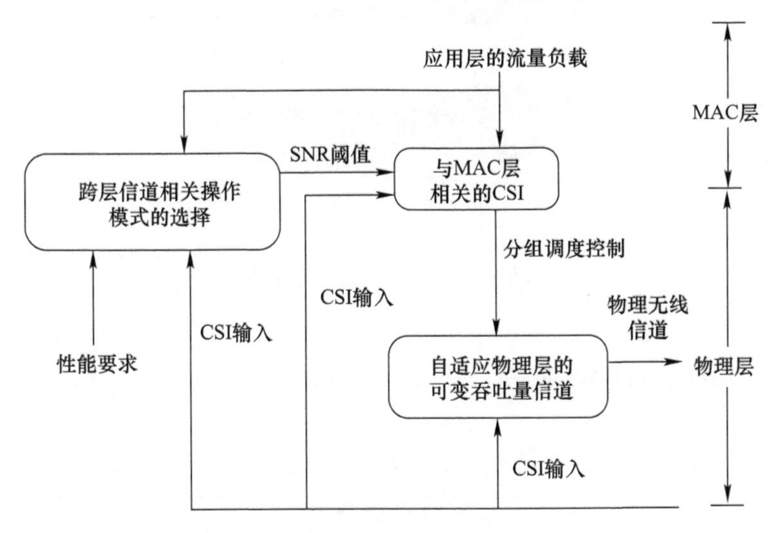

图 17.17　MAC 层和物理层的联合集成

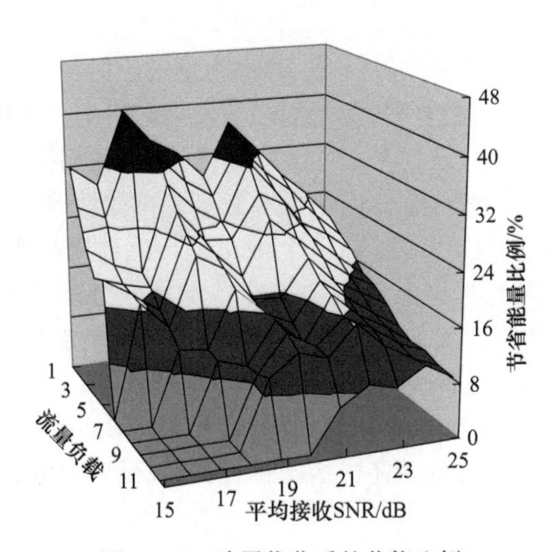

图 17.18　跨层优化后的节能比例

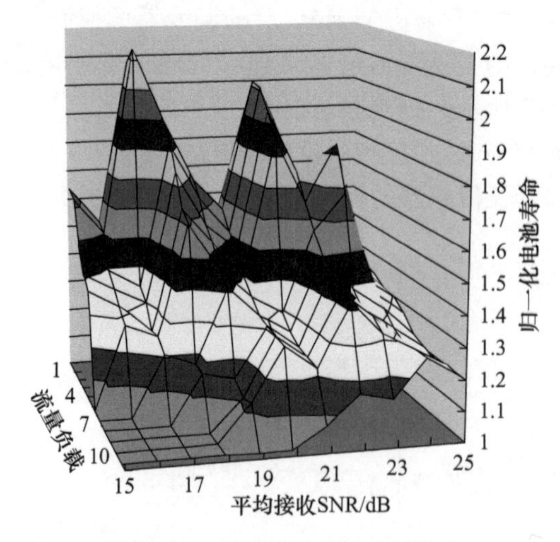

图 17.19 跨层优化后的电池寿命

17.7 未来的研究方向

通信能源管理是非常重要的,因为它是在系统运行期间的主要能量消耗。本章已经给出了每一层实现高效能源管理技术的介绍。然而,随着节能意识必须纳入系统的层次结构的各个方面,今后的研究仍然有许多开放性的问题。

在物理层,我们只能采取 DVS 和 DMS 为例讨论能源效率和性能之间的权衡。除了电源电压和调制电平,众所周知的发射功率电平可以根据距离、信噪比和性能要求进行调整,从而基于能源效率考虑,为我们提供了控制方向。然而,发射功率控制在无线传感器网络是非常具有挑战性的,因为它需要复杂的辅助电路和快速响应调节算法,在一个微小的传感器网络来实现可能是困难的。此外,使用不同的功率电平协调传感器也是一个感兴趣的问题。另一方面,为了克服由于信道衰落或拥塞导致的数据包损坏,动态和自适应的频谱利用是必要的,它可以显著提高性能和能源效率。因此,认知无线电通过智能频谱管理提供了一个解决方案,而这个话题在无线传感器网络中是未经开发的。在物理层能源效率的其他研究问题还包括硬件设计、降低开关电源和预测处理器的工作量。

在数据链路层中,除了节能方案讨论外,电力管理[1]就是这样一个开放的问题。为了减少能量消耗,当不需要时传感器节点应关闭电源的通信单元,虽然针对此问题的很多研究工作已经完成,仍需要进一步研究。例如,切断通信单元会产生数据包的延迟和丢失。如何在能源效率和性能之间建立平衡是一个复杂的问题,这需要综合考虑通信负载、可用电池、性能要求和启动开销等。此外,在数据链路层中,自适应报文分片和前向纠错技术可以与 ARQ 组合使用来进一步提高能源效率,而不是单独使用。最后,为优化吞吐量和电池寿命的动态功率控制和编码协议也是可能的,并且它尚未在无线传感器网络的研究中解决。

在无线传感器网络中,路由是非常重要的,并且它已经吸引了很多关注。本章已经讨论了无线传感器网络的几个经典路由协议。与传统网络不同,无线传感器网络是以数据为中心,并且命名方案可能不足以用于复杂的查询,它们通常依赖于特定的应用程序。因此,有效的标准命名方案是一个感兴趣的开放式问题。另一方面,对于基于分簇的路由协议如 LEACH,一个未研究的话题是如何形成簇能使能量消耗和延迟开销优化。簇头间(簇头间数据包的路由)的通信是今后研究中的一个开放问题。此外,簇间的数据汇聚和融合也是一个感兴趣的问题。最后,位置感知可以优化能源消耗,未来另一种可能的研究问题是如何利用位置信息提供节能路由。

17.8　小结

无线通信、微机电系统和计算技术的进步已经促进了低成本、低功耗、多功能的无线传感器网络的增长。在每层中通过协议栈驱动,传感器节点可以一起合作,形成一个完全分布式的自动监测和控制系统。它有巨大的应用潜力,包括军事、工业和家庭网络。因此,无线传感器网络已被公认为是 21 世纪最有前途的技术。

然而,在无线传感器网络广泛应用之前,还存在着很多的物理问题需要解决。其中一个问题是低能量的设计,这也是本章讨论的重点。具体来说,由于有限的能源约束,节能意识必须在每一层都集成到协议栈,因为通信消耗最多的能源,本章已经讨论了适用于各层的各种典型的低功耗技术,它们与数据通信密切相关。有了这些方法,可以最大限度地显著降低能源消耗,延长传感器的寿命。此外,我们也提出了一些跨层方法来减少传感器网络的能耗。通过层与层之间的交互,跨层设计可以提升基于信息交换各层的适应性。这种联合设计的方法已证明能有效地节约能源。本章所介绍的技术主要是在通信方面。然而,有效的能源管理涉及传感器系统层次结构的各个层面,从硬件到软件架构,从操作系统到通信协议。事实上,所有的系统组件可以极大地影响能量消耗,这取决于应用程序。因此,未来的研究仍然有很大的空间,需要投入更多的努力研究这个话题。

致谢:本课题研究由中国国家自然科学基金项目 60602066 和 60773203 共同资助支持,并受广东省自然科学基金项目 5010494 和深圳市基金项目 QK200601 支持。

名词术语

能源管理:由于电池每个传感器所携带的能力是有限的,为延长电池的寿命,必须适当利用能源。能量管理需要在每一层中采用各种技术尽最大的努力来降低功耗。

电源设计:有限的电池电量规定了传感器节点的部署和操作的限制。为了最大限度地提高稀缺能源的使用量,尽可能地延长传感器使用寿命,节能必须纳入系统设计的各个层面,从硬件到软件架构,从操作系统到通信协议。

DVS:DVS 是“动态电压缩放”的缩写。这是一个有效的方法,它通过动态调整基于瞬时负载的时钟速度和电源电压降低 CPU 的能量。

DMS:DMS 是“动态调制缩放”的缩写。它适应于符合瞬时通信负载的调制电平,从而降低了能耗。

数据包碎片:来自上层的数据流应被分段封装在数据链路层帧中。链路层的每个帧长度可以显著影响在空中传输的可靠性,并且进一步地影响能量效率。因此,帧的长度应自适应地根据瞬时信道状态调整。

前向纠错:通过在消息发送端添加冗余数据,可以检测和校正接收端误差。这种技术可以提高传输的可靠性并降低发送端重传的次数,有时也能减少通信中的能耗。

介质访问控制:介质访问控制是在 OSI 模型(第二层)中指定的数据链路层的一部分。它提供了有可能使多个网络终端共享同一信道的信道访问控制机制。在无线传感器网络中,媒体接入控制协议是非常重要的,因为它可以协调多个相互竞争的传感器节点之间的信道接入,从而减少分组冲突的能耗。

数据融合:因为临近传感器收集到的数据是高度相关的,原始数据的传输在带宽和能源效率方面非常耗费资源。因此,数据应该在本地处理以减少数据冗余。这种技术称为数据融合。

信道衰落:信道衰落是指一个载波调制信号通过一定的传播媒介产生的失真。在无线系统中,衰落是由于多路径传播,并且有时称为多径引起的衰落。在数学上,衰落通常建模为一个在发送信号的振幅和相位中随时间变化的随机变化值。

跨层优化:跨层优化的中心思想是在两个或两个以上的层优化控制和信息交换,通过利用不同的协议层之间的相互作用来实现显著的性能改善。

习　题

1. 与传统的无线网络相比，制约传感器网络部署的物理限制有什么？
2. 简要介绍“能量感知设计”。
3. 如何在系统性能和能耗之间权衡？
4. 无线传感器网络的数据链路层的功能是什么？
5. 给定误比特率 p 和分组报头大小 h，在 17.3 节中推导出最佳有效载荷大小。
6. IEEE 802.11 中 S－MAC 是如何减少能耗资源的？
7. Ad Hoc 网络协议能被应用在无线传感器网络中吗？
8. LEACH 在能量利用率方面有哪些优点？
9. SPIN 是如何节能的？
10. 简要介绍“跨层协议设计”。

参考文献

1. Akyildiz IF, Su W, Sankarasubramaniam Y, Cayirci E (2002) A Survey on Sensor Networks. IEEE Communication Magazine 40:8, pp 102–114.
2. Carle J, Ryl DS (2004) Energy-Efficient Area Monitoring for Sensor Networks. IEEE Transactions on Computer 37:2, pp 40–46.
3. Heinzelman WR, Chandrakasan A, Balakrishnan H (2000) Energy Efficient Communication Protocol for Wireless Microsensor Networks. In: Proc. 33rd Annual Hawaii International Conference on System Sciences, pp 1–10.
4. Kwok YK (2007) Key Management in Wireless Sensor Networks. In: Y Xiao and Y Pan (eds), Security in Distributed and Networking Systems. World Scientific, London.
5. Kwok YK, Lau KN (2007) Wireless Internet and Mobile Computing: Interoperability and Performance. Wiley, New York.
6. Lau KN, Kwok YK (2006) Channel Adaptive Technologies and Cross Layer Designs for Wireless Systems with Multiple Antennas: Theory and Application. Wiley, New York.
7. Lin XH, Kwok YK, Lau KN (2005) A Quantitative Comparison of Ad Hoc Routing Protocols with and Without Channel Adaptation. IEEE Transactions on Mobile Computing 4:2, pp 111–128.
8. Lin XH, Kwok YK, Wang H (2007) On Improving the Energy Efficiency of Wireless Sensor Networks Under Time-Varying Environment. In: Proc. of the 32nd IEEE Conference on Local Computer Networks (LCN), Dublin, Ireland.
9. Lu G, Krishnamachari B, Raghavendra CS (2004) An Adaptive Energy-Efficient and Low-Latency MAC for Data Gathering in Wireless Sensor Networks. In: Proc. of IPDPS, pp 26–30.
10. Min R, Bhardwaj M, Cho SH (2002) Energy-Centric Enabling Technologies for Wireless Sensor Networks. IEEE Transactions on Wireless Communications 9:4, pp 28–39.
11. Modiana E (1999) An Adaptive Algorithm for Optimizing the Packet Size Used in Wireless ARQ Protocols. Wireless Networks 5:4, pp 279–286.
12. Pering T, Burd T, Broderson R (1998) The Simulation and Evaluation of Dynamic Voltage Scaling Algorithm. In: Proc. of International Symposium on Low Power Electronic and Design, pp 76–81.
13. Raghunathan V, Schurgers C, Parg S, Srivastava MB (2002) Energy-Aware Wireless Microsensor Networks. IEEE Transactions on Signal Processing 19:2, pp 40–50.

14. Sinha A, Chandrakasan A (2001) Dynamic Power Management in Wireless Sensor Networks. IEEE Transactions on Design and Test of Computer 18:2, pp 62–74.
15. Shakkottai S, Rappaprt TS (2003) Cross-Layer Design for Wireless Networks. IEEE Communication Magazine 41:10, pp 74–80.
16. Shih E, Cho SH, Ickes N, Min R (2001) Physical Layer Driven Protocol and Algorithm design for Energy-Efficient Wireless Sensor Networks. In: Proc. of ACM. MOBICOM 2001, Rome, Italy.
17. Shurgers C, Aberthorne O, Srivastava MB (2001) Modulation Scaling for Energy Aware Communication Systems. In: Proc. of ISLPED 2001, pp 96–99.
18. Srivastava V, Motani M (2005) Cross-Layer Design: A Survey and the Road Ahead. IEEE Transactions on Wireless Communications 43:12, pp 112–119.
19. Su W, Lim TL (2006) Cross-Layer Design and Optimization for Wireless Sensor Networks. In: Proc. of the Seventh ACIS International Conference on Software Engineering, Artificial Intelligence, Networking, and Parallel Computing, pp 23–29.
20. Ye W, Heidemann J, Estrin D (2002) An Energy-Efficient MAC Protocol for Wireless Sensor Networks. In: Proc. of INFOCOM, pp 1567–1576.

第18章 无线自组织网络中的传输功率控制技术

移动无线自组网中最耗费能量的事情是通信。而媒介访问控制协议利用相关技术降低了数据传输中的能量损耗。本章介绍这种技术,主要讨论传输能量控制的基本情况,介绍数据包的传输功率及其在无线通信中传输能量控制解决方法。此外,讨论传输能量控制实现的相关问题,并指出实现这些技术的难点所在。最后,展望移动无线自组网和无线传感网络中进行传输能量控制的媒介访问控制协议可能面临的挑战。

18.1 引言

移动无线自组网一般用在没有预装基础设施的地域,或者因为自然灾害事件无法使用基础设施的地域。在移动无线自组网中,所有装置通过组装形成一个移动无线网络,每个装置相当于网络中的一个节点,可以充当数据源和传输者,节点之间依次传递信息。但是,移动无线自组网比无线网的技术要求更高,一方面因为移动的特性,另一方面因为硬件限制。其中,最主要的限制就是硬件节点受控于有限能量。因为每个节点如果想要实现移动就必须是非常小的,需要借助微型电池作为能量源。这种能量上的欠缺势必影响移动无线自组网的硬件和软件设计——进行这些设计的时候必须要考虑到能量消耗。

移动无线自组网的运行中,通信是最耗能的,表18.1说明了这一点。因此,无线自组网的协议必须要动态调试以适应无线传感网,减少能耗,提高延展性。在现有技术中,每个通信层[15,18,23]都提供了减少能耗的途径。其中,媒介访问控制协议层是其中最相关、最重要的一个,因为它能协调每个数据包的传输。

媒介访问控制协议层有三个地方非常耗能,分别是接受、发送和写操作,如图18.1所示。为了避免无线设备空闲收听,CSMA/CA协议使用小功率循环,其中,每个节点隔一段时间检测一下媒介是否处于空闲状态,以确定传输不间断。如果检测不到传输,无线电广播设备就会失效,并转移至下一个传感阶段。这种策略的协议称为B - MAC[18]。此外,还有一种方法是多路传输,为每一个节点传输数据分配特定的时间、频率和密码,称为 S-MAC[24]。

表 18.1 Mica motes2 中各部分的能耗

设备	电流
处理器	
全部运行	8mA
休眠节点	8μA
收发(0dBm)	
接收	8mA
发送	12mA
休眠	2μA
闪存	
写	15mA
读	4mA
休眠	2μA
传感器	
全部运行	5mA
休眠	5μA

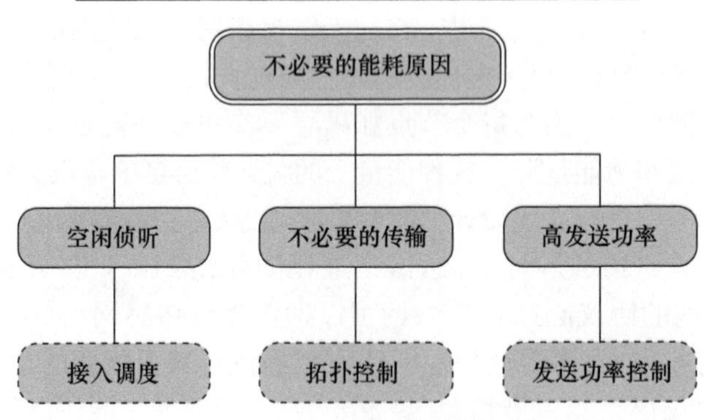

图 18.1 MAC 层降低能耗的方法

如果无线传输过程能够避免空闲时间,MAC 协议就能优化帧画面的能耗。其中一种途径是通过关闭不必要的节点来减少帧数量。这要通过拓扑控制协议来实现,并确定必需的最小帧数量,维持整个领域内的传感覆盖,最终建立有效路径。在此过程中,媒介的冲突也会减少,因为参与竞争获得媒介的节点数减少了。

为了保证数据帧的正确接收,帧画面必须以最小能量值抵达接收器,以便能够被收发器检测出其和噪声的区别。一般来说,MAC 协议的传输能量值是非常高的,也就是说此过程比较耗能。因此,我们可以降低传输能量值,进而使接收到的信号更接近帧解码所需的最小能量值。这种技术就是传输能量控制,也是本章的重点。

这里主要介绍如何利用 TPC 技术解决上述问题。在无线自组网中应用 TPC 技术以下好处:减少能耗,减少冲突数量和冲突造成的数据包丢失;能够提高空间再利用率,使多个节点同时进行传输,这样使得网络的能量和吞吐量都能够增加。

无线自组网中,TPC 技术在[4,9,14] MAC 层和[11]路由层中都已经得以利用。我们认为,既然评估最小传输能量的信息是由 MAC 和 PHY 层提供的,那么这个运行就应该在 MAC 层完成。这是由于,路径协议需要依赖 MAC 和 PHY 层获得所需数据,且 MAC 协议可以调整每帧的传输能量,无论是 RTS、CTS、数据或者 ACK,而路径层却局限于粗粒度上调整传输能量。

目前,TPC 技术广泛应用于基础设施网络。例如,新近标准 WiMax 和 IEEE 802. 11h,用在无线网络中以便自动调整传输能量。但是,无线自组网和无线传感网中的 TPC 协议却仍然处于发展初期。其中,无线自组网中的问题更加复杂。首先,对于无线传感网[9,12,14]来说有几个 MAC 层面的 TPC 协议,却很少在真实硬件上测试过。此外,基础设施网络中的无线部分通常由一次反射构成,而无线自组网中通信却需要通过无线连接在多个反射之间穿梭反复,这就需要识别 TPC 的路径协议。

本章论述了物理层以及 MAC 层相关的 TPC 问题。我们首先介绍了物理层的无线传输的一些观点,并给出了 TPC 的概念以及如何解决这个问题,并分析了这些技术的实施方法,最终论证了 TPC 技术能够明显降低无线自组网中的能耗。本章结尾说明了此领域中的一些挑战。

18. 2　背景

为了促进 TPC 技术的研究,本章描述了 TPC 协议在无线自组网中的优势以及用来评估理想传输能量的物理量。之后,论述了 TPC 技术实施的条件,传输媒介中信号衰减的原因以及如何保持良好的连接质量。

18. 2. 1　TPC 的优势

TPC 影响无线通信的几个特征,如节点连通性、媒介冲突、延迟、能耗和数据率。以下分别简介这几个特征。

(1) 连通性。网络连通性是由节点之间的连接决定的,依赖于帧的正确接收和解码。TPC 技术会影响这个进程,因为传输能量决定了这个协议框架是否能够克服冲突、衰减和信号扭曲的问题。当连接稳定性降低时,TPC 技术能够用来维持一定的连通性,提高传输能量。无线连接通常是不对称的,也就是说,传输的特征随着通信检测的变化而变化。这种连接不对称会阻碍依赖信息的相关协议的运行。例如,CSMA/CA 下,承认。节点 A 可能向节点 B 发送一个 MAC 协议的框架,而节点 A 可能没有结构接收框架,这就导致没用的重发、冲突和框架损失,继而导致吞吐量减少。TPC 技术能够通过调整通信中的传输能量来缓和连接不对称。

(2) 媒介冲突。传输范围是由信号强度决定的。因此,更高的传输能量会增加共享媒介的节点数量,冲突的可能性也随之增加。同时,媒介冲突的增加也会增大潜在危险因素并且降低传输率。利用 TPC 技术就可以控制冲突量。如果传输数据的时候只利用所使用的能量保证通信成功,那么只有共享同一空间的节点才能接入媒介,正如图 18.2 所示。

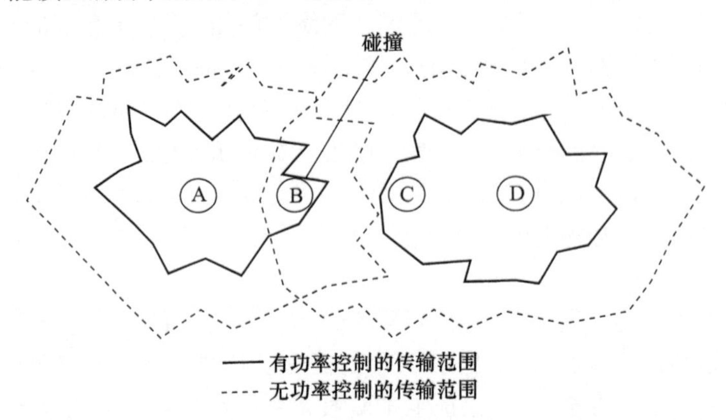

图 18.2　调整发送功率避免冲突

在图 18.2 中,多边形代表了节点 A 和节点 D 的传输范围,虚线代表了普通的传输范围,实线代表了减少的传输范围。如果节点 A 和节点 D 同时以正常能量传输数据到节点 B 和节点 C,那么节点 B 就会产生冲突。如果传输能量降低到最小值,那么就不会有冲突了,而且节点 A 能够在不干扰节点 D 和节点 C 之间传输的情况下将数据传输到节点 B。结果就是,冲突会减少,网络会支持更多的即时传输,进而提高网络的利用率。最终,更小的传输范围会降低隐藏和暴露终端的数量,更少的节点会接收到其他节点的传输数据。

(3) 吞吐量。由于冲突的存在,节点数量将直接影响连接吞吐量。调整传输能量会减少竞争节点的数量,这样就不需要那么多的重新发送。因为减少的传输范围会允许出现更多的即时传输,TPC 可以用来增加媒介再利用。另外,

TPC 能够用更强大的编码和调制来传输框架,这样就能够提供更高的数据率。在无线环境中,如 WiFi 和 WiMax,连接数据率是动态的,随着环境改变而改变的。IEEE802.11g 网络中,你可能会在最佳环境中得到 54Mb/s,而数据率可能会因为基站距离远或者基站受到强烈干扰而降低。我们可以通过利用更耐久的编码技术补偿这种冲突,但付出的代价就是数据率降低。TPC 协议中,节点能够增加传输能量,进而维持高数据量。

(4) 潜在因素。潜在因素是通信中反复进行的跳跃功能。TPC 技术可以通过改变每条路径中的跳跃数量来增加或者减少潜在因素。更高的传输能量就会选择更短的路径,潜在因素也会减少。同时,更低的传输能量则需要更长的路径。

(5) 能量。无线电设备消耗的能量取决于传输能量和冲突数量。因此,传输能量越高,耗能就越高。正如之前所述,太低的传输能量则可能会减低连接数据率及其质量。因此,TPC 协议会努力实现能耗和效率之间的协调。

TPC 技术旨在大幅度提高能量利用率和无线自组网的功能。然而,这些技术只有当满足以下条件时才能实现。

18.2.2　实现 TPC 的要求

为了实现 TPC 技术,硬件必须提供一定支持,以测量信号强度以及能够动态改变传输的机制。这里列举所需的条件如下:

(1) 较快的传输能量转换。接收器必须能够在线转换传输能量,且无须重启硬件。传输能量的修正应该是迅速的,这样就能从一个数据包到另一个数据包利用不同的传输能量。在有组织的无线网络中,数据包总是发往同一个节点;而在无线自组中,却可能发往不同的节点。因此,每个输出数据包的传输能量都有可能改变。

(2) 入射信号解读。无线电设备必须提供接口来测量即时信号强度。这种测量是用来计算平均噪声基底,本章后面会论述这个问题。

(3) 当无线电设备支持连接特征的测量,必须在空闲的时候量化连接条件和平均信号丢失,并根据此实现有效的 TPC 算法。接下来一章将论述这个问题。

18.2.3　评估连接情况

为了计算理想的传输能量,TPC 算法预先得到无传输时的信号强度,以及每个入射框架下的信号强度,这可以由接收信号强度指示器实现。

为了区别数据包和垃圾信息,无线设备需要在不活跃间歇定期检测信号强度,这就是本底噪声。因为电磁辐射源不断改变,本底噪声也是一个随时改变的近似值。本底噪声的测量一般通过 CCA 算法实现,并通过硬件实施。CCA 算法是 MAC 协议用来检测媒介在传输框架之前是否在占用的具体方法。如果即时信号强度不高于本底噪声,那么节点就只能传输数据。反之,节点会在特定的时候重新传输。本底噪声还可决定正确解码框架的最小接收量。

实现 TPC 技术的另外一个方面是接收量,通过入射信号解读实现。接收量通常用来和传输量比较,以确定能量丢失,也就是信号衰减。

信号衰减决定了信号是否能够到达目标节点。Reijers 等和 Lal 等证明了信号范围并不遵循同心圆模型。而且,信号衰减随着湿度、温度、节点和天线位置的变化而变化。最终,衰减受障碍物和移动干扰源的影响。

正如 18.3 节中的网络拓扑结构,节点 A 向节点 B 和节点 C 传输信息。尽管节点 B 离节点 A 更近,但是节点 C 也可能接收到来自节点 A 的信号,而且信号强度更强,因为节点 A 和节点 B 之间存在障碍,增加了其间的信号衰减。

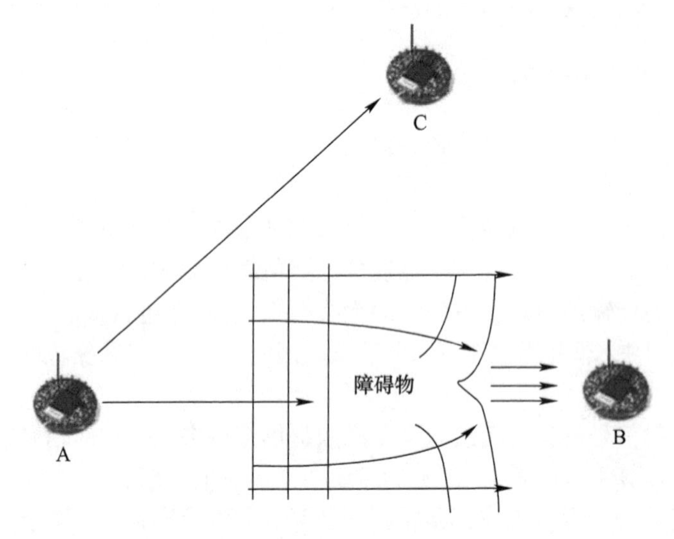

图 18.3　遇到障碍物时的信号衰落

信号传播模型是评价信号衰减的途径之一。但是,该方法没有考虑障碍存在这种情形。因为节点不能够预知障碍的存在,也不能确定信号在这种状况下是如何衰减的,传播模型会产生不可靠的结果。另外,复杂的传播模型强调媒介的动态性,不适合用于受限的无线自组网。

由于这些局限性,估算衰减必须要比较传输和接收能量,或者利用试验来确认能够克服衰减的最小传输量。这两种方法构成了 TPC 算法的基础,在后面的章节中会介绍。

18.3 从业者指南

本章介绍在无线自组网和无线传感网中调整传输能量的具体方法。第一种方法是利用动态调整,传输能量一次增加或减少一小部分,直至找到最小传输能量。第二种方法是通过信号衰减计算最佳传输能量值,通过迭代方式找到最小传输能量值。第三和第四种方法是前两种的改进,建立在 TPC 技术实现和实际硬件的基础之上。

18.3.1 迭代法

该迭代方法中,每个节点使用下面所述的步骤调整发送功率。若发送方连续地从接收器接收到确认消息(ACK),则认为链路质量是好的,并且降低发送功率。若没有接收到特定数量的 ACK,发送方标识链路质量很差,并增加发射功率。因此我们说,发送方根据其感知链路质量迭代可用的发射功率,故名迭代。

该迭代方法基于一个闭合回路其中的节点进行交互,以评估理想的发送功率。要使用的假设如下:

(1) MAC 层必须提供一个公认的包装发送服务。

(2) 用于发送每个数据包的发送功率必须是可调整的,并且 ACK 帧必须以相同发送功率发送数据帧,以避免非对称连接。

(3) 收发机必须提供数量有限的离散功率值,例如,在无线传感器网络的 Mica Motes 2 平台,有 22 个电平,有大约 dBm 的间隔[3]。

(4) 数据传输在连续流动中发生,使得该方法具有足够的时间来收敛。数据传输极少时,介质变化比较快,而在这样的情况下的最小发送功率可能永远不会收敛。

迭代方法的操作分为两个阶段,如图 18.4 所示。第一阶段确定理想发送功率,第二阶段根据环境条件的变化改变发射功率。

第一阶段。该阶段确定正确发送数据包到指定目的地所需的最小发射功率。第一个数据包由所述无线设备以最大功率发送(P_{TXmax})。如果接收被确认,发送方将发射功率降一个级别($P_{TX}=P_{TX}-1$)。一直重复,直到数据包是不承认的,这是由于非接收的分组显示使用的传送功率不足以使数据信息传送到目的节点。因此,理想的发送功率是允许正确接收数据包的最小值。

第二个阶段。在这个阶段,发射功率可能随着环境发生任何变化,诸如节点的移动性和干扰。在此过程中,通过阈值,决定发射功率必须减小还是增加,其中阈值需要根据每个部署的特性进行调整。如果连续传输的给定数目确认达到

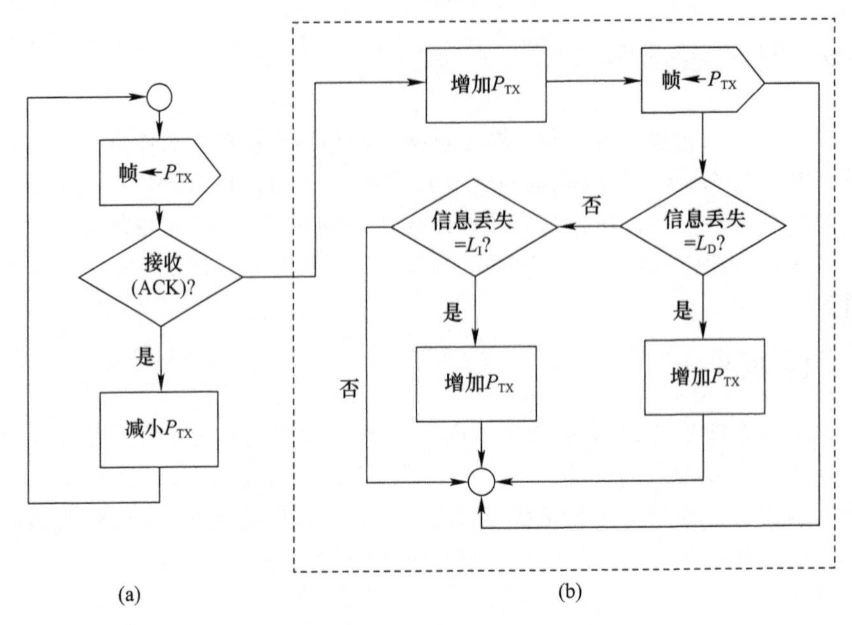

图 18.4　迭代法的运行
(a)第一相位；(b)第二相位。

减少阈值(LD)，发送功率降低一个级别。如果未确认的消息的预定量达到增加阈值(LI)，该发送功率增加一个级别。

18.3.2　衰减法

该方法通过量化被传输信号穿过介质时的衰减情况来计算最小传输功率。因此，每当一个输入帧到达收发器，节点将发射功率值与接收功率值进行比较，以确定信号遭受的衰减量。有了这些信息，信号强度将随先前测量的衰减值退化，节点按接收功率能正确解码的最小帧来调整传输功率。

这一方法最早是由 Karn[10] 在 WLAN 的文章中提出的，并被广泛运用于 MANET[14,17]。该方法对节点的资源进行了限制，以应用于无线传感器网络。

为了计算基于介质衰减最小传输功率，该方法采用描述收发器的限制方程，以及帧的正确接收的期望。具体描述如下。

计算的发射功率必须在收发机的限制之内，也就是说，在收发机必须能够在计算的功率内传输①，即

$$P_{\text{TXlower threshold}} \leqslant P_{\text{TXmin}} \leqslant P_{\text{TXupper threshold}} \tag{18.1}$$

① 为了简化理解，这一章中所表达的关系是按瓦特写的。要在 dBm 中使用这些方程，需要将这些值转换成 dBm 量纲。

如式(18.2)描述的,输入信号必须克服介质施加的衰减。衰减可以由不同的接收和发送功率来近似表示,即

$$G_{i\to j}=\frac{P_{\mathrm{RX}j}}{P_{\mathrm{TX}i}} \tag{18.2}$$

到达接收机的信号的强度必须是当前框架下可以正确解码并要确保接收强度高于经验定义阈值($\mathrm{RX}_{\mathrm{threshold}}$)。因此,信号必须被转换成这样一个功率,再减去信号衰减,其价值仍将优于 $\mathrm{RX}_{\mathrm{threshold}}$,即

$$P_{\mathrm{TXmin}(i\to j)}\geqslant\frac{\mathrm{RX}_{\mathrm{threshold}}}{G_{i\to j}} \tag{18.3}$$

接收到的信号必须从环境噪声 NFj 中辨别。这可以确保接收到的信号强度比信号噪声比(SNR)大。式(18.4)描述了这一关系,重写了接收功率与发射功率的关系,即

$$p_{\mathrm{TXmin}(i\to j)}\geqslant\frac{\mathrm{SNR}_{\mathrm{threshold}}\times N_j}{G_{i\to j}} \tag{18.4}$$

为了实现这个方法,我们使用 RSSI 的读数和 CCA 算法提供的信号强度值(18.2.3 节中描述的)作为上述方程的输入值。对比以前的方法,该方法采用闭环控制的衰减,其中,使用的操作见图 18.5。

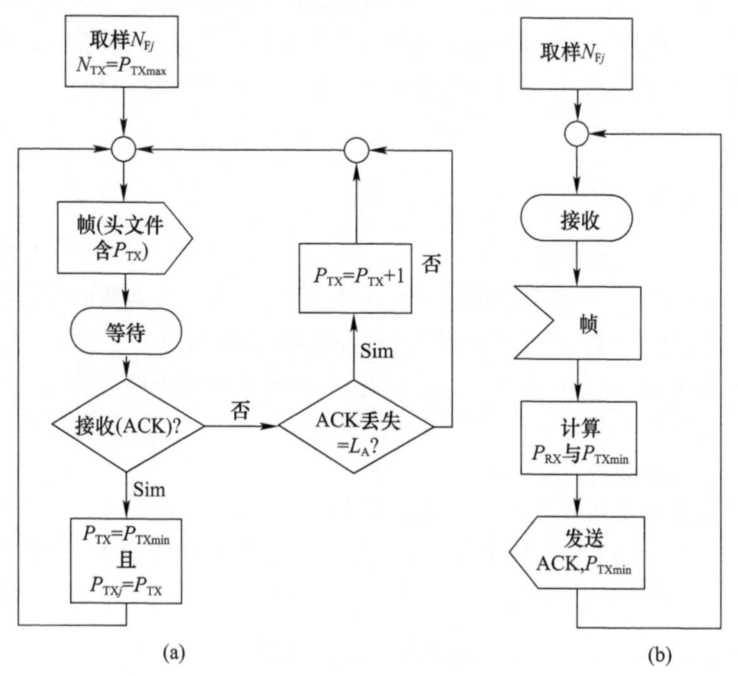

图 18.5　衰减法的操作方法
(a)转换器;(b)接收器。

没有变速箱的情况下，确定本底噪声需节点周期性地对介质采样。一个节点 i 发送一个帧给节点 j，且通知的发送功率值以数据帧为标题。如果这是从节点 i 到 j 的第一传输，使用的是标准的传输功率值。

用迭代算法计算发送功率的衰减。当节点 j 接收来自节点 i 的帧，它使用 RSSI 读数来评估(P_{RXj})的接收强度。

使用环境噪声平均值和接收和发送功率值来计算节点 j 的最小传输功率。这里介绍的方程(18.5)满足式(18.1)～式(18.4)限制。

$$P_{\text{TXmin}(i \to j)} = \max\left\{\frac{RX_{\text{threshold}}}{G_{i \to j}}, \frac{\text{SNR}_{\text{threshold}} \times N_j}{G_{i \to j}}\right\} \tag{18.5}$$

在计算最小传输功率后，节点 j 通过 ACK 帧确认节点 i 消息的接收，并通过节点 i 使用的同样的传输功率来发送。计算后的传输功率 $P_{\text{TXmin}} \cdot (i \to j)$ 在 ACK 中嵌入。因此，在唯一的传输结束时，节点 i 将会知道从其发给节点 j 的最小传输功率。后续的传输也会运用这一传输功率。

由于介质条件的变化，计算出的传输功率不可以永久使用。假设介质的情况恶化的速度很快，所有的数据包被丢弃，而该方法使用一个控制回路，并没有来自接收器的回应，发送者必须基于其本地知识采取行动。

为了解决这个问题，我们提出了一个类似迭代法的方案。每当一些连续的消息不被承认时，发射机会增加发射功率。需要注意的是，只有突然增加的衰减会影响该方法，因为突然下降将在新情况发送的第一帧被检测到，衰减方法将计算一个较小的最小传输功率，并用于随后的传输。

18.3.3 混合方法

迭代方法具有最小传输功率波动的缺点。假设当前的传输功率 P 是最小传输功率，可得到一个可靠的渠道。因为渠道是可靠的，大多数的数据包将被接收，从而正确接收 LD 后，连续的数据包传输功率会降低为 P^-。然而，P^- 不像 P 一样能有效传输数据包，因此，迅速达到提高传输功率的条件，传输功率增加，但这种连续的波动会导致不必要的损失。混合方法通过与衰减法结合式(18.4)提高了迭代法的能力。

为了确保接收功率不低于一定值，保持链接的质量，混合方法控制每一帧的接收功率。为此，它采用式(18.6)确保传输功率不低于安全值，保证数据包正确接收。

$$P_{RXj} \geqslant \text{SNR}_{\text{threshold}} + \text{NF}_j \tag{18.6}$$

除了上述的修改，混合方法与迭代方法的原理相同。它有两个阶段，第一阶段确定最小传输功率，第二阶段和迭代法相同，调整的理想传输功率。

混合法如图 18.6 所示。在第一阶段，当接收到确认时，传输功率降低一个水平。在第一帧丢失，或接收机告诉信号发送器它必须增加其发射功率时，该混合方法被切换到第二阶段。在这一阶段，当一个数据包达到接近平均噪声的接收功率时，接收器通知发送器发送功率必须增加一级。其中，嵌入在 ACK 帧中的通知，使发送器增加一级传输功率。

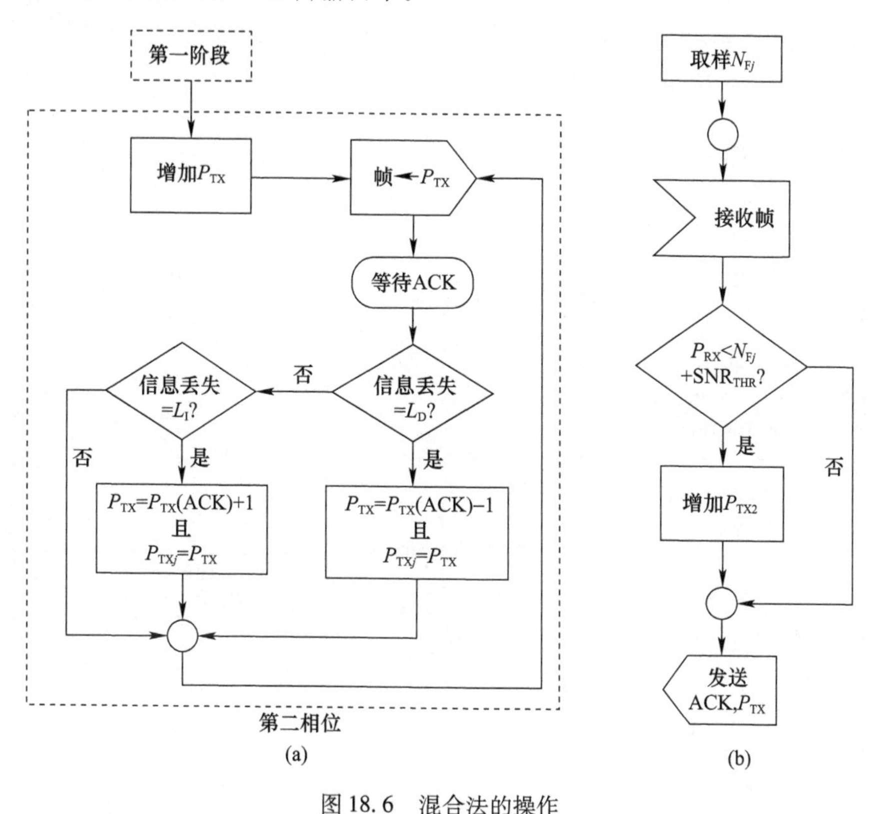

图 18.6　混合法的操作

(a)转换器；(b)接收器。

18.3.4　可适性指数加权滑动平均法

衰减的方法受到波动，将导致数据包的大量丢失，这是因为输入值总是随着环境和电池的质量而变化。由于这些变化，计算出的传输功率显著变化，从而促使我们找到保持更稳定的方法。为了实现这个过程，可以使用信号滤波器，它是数学中常用的物理系统的数字控制功能。这里提供了一些函数使输出信号表现更加顺畅，将过去的信号形式考虑在内，连同其电流值，产生一个更稳定的输出信号。

平均函数的选择必须考虑两个因素。第一，该方法的内存占用应尽可能低；

第二,实施时应快速、简单,避免浮点变量,少使用或不使用分歧①。因此,基于复杂方程的函数应该被丢弃。平滑衰减法(AEWMA)使用 EWMA(指数加权移动平均)功能,把最小传输功率的计算以前的行为包括在内。AEWMA 方法与衰减法很相似,如图 18.7 所示,其中节点 i 发送一个数据包给节点 j,接收器采用同衰减法一样的方法计算出理想的传输功率。在 AEWMA 方法中,采用 EWMA 函数来计算功率,并将其结果返回给发送器。因此,节点 i 和节点 j 在储存信息时必须考虑连接质量,这不同于其他方法在发送器中存储。

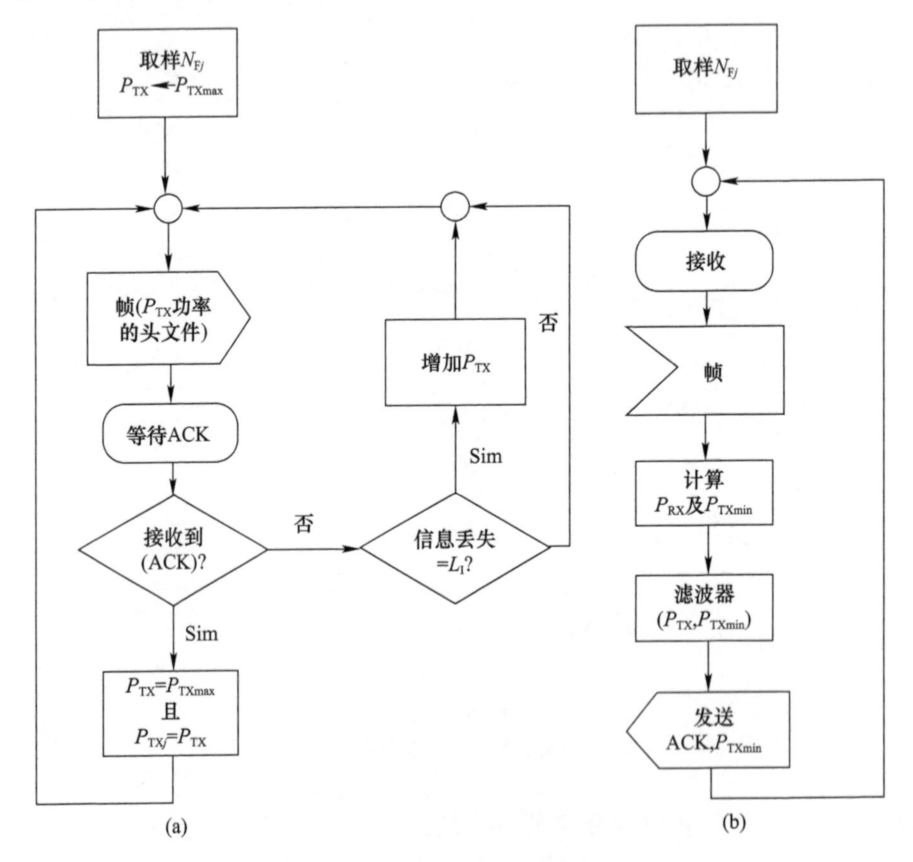

图 18.7 可适性指数加权滑动平均法
(a)转换器;(b)接收器。

EWMA 函数是加权平均函数,其以指数下降的权重分配到老数据中。假设使用一系列的读数(I)作为输入,使用每一个新读数(O)的瞬时"平均"作为输出,且这一平均数基于因素 α,其中 $0 < \alpha < 1$。迭代中输出值 i 由 $O_i = O_{i-1} \times$

① 大多数的嵌入式处理通过软件实施,因此这个操作应该避免。

$(1-\alpha)+I_i\times\alpha$ 给出。在给出的迭代 i 中,这个方程保证,第 $(i-k)$ 个输入序列的元素按目前输出值权重 $\alpha\times(1-\alpha)^{i-k}$ 计算。这个计算的另一个属性,通过降低 α 的值,并在最终结果中将更多的权重赋予过去的输入值,而不是最近的输入值。此外,α 值必须认真选择,因为高的值将导致输出的不断变化,而一个较低的值会导致非常缓慢的变化。

18.3.5　方法分析和比较

TPC 协议意在能解决能量损耗,同时也有很多缺点,例如,数据承认的必要性和参数的调整。表 18.2 总结了每种方法的优缺点。

表 18.2　每种方法的优缺点

方法	优点	缺点
迭代法	避免复杂计算; 不需要知道 P_{RX}	需要调整 L_D 和 L_I; 数据包丢失; 需要多次迭代
衰减法	一次计算就可以获得 P_{TXmin}	需要调整 $SNR_{threshold}$; 数据包丢失
混合法	避免复杂计算; 比迭代法更少的数据包丢失	需要调整 L_D 和 L_I 和 $SNR_{threshold}$
可适应性指数加权滑动平均法	比衰减法更少的数据包丢失	需要调整 $SNR_{threshold}$ 和 α; 滤波器需要更多的 CPU

对于 802.11 无线自组织网,数据包承认应用是一个小问题,因为数据包比确认字符更大。然而,在无线传感网中,数据框架通常都很小(小于 100B),确认字符数据包就变得更重要。Polastre 等指出数据包确认并不需要额外的能量。因此,我们可以认为更小传输和不频繁的重新发送所能带来的能量节约远远大于无线传感网中确认字符所带来的能量节约。

TPC 协议的主要缺陷就是需要根据网络的拓扑和通信量特征调整相应参数。因此,将来的工作应该着力于对每种情形提供最优解决方案,并且当网络环境特征改变之后,也动态随之调整。

迭代和混合法主要的优势是其简单性。但是,需要更多的时间计算最小传输能量值,这是由于这两种方法通常会降低或者提高传输能量值。相反,衰减法和可适应性指数加权滑动平均法用一个数据包交换就能够估计最小传输能量值。

18.4　TPC 未来面临的挑战

在无线自组网和传感网中应用 TPC 技术为改善网络的功能和寿命创造了

更多的机会。同时,应当看到了 TPC 协议使用过程中面临的一些困难和挑战。

(1) 传输能量路径和拓扑控制协议。在 TPC 框架下,路径协议可以到达更多的节点,节点周边可以扩大到最大范围。然而,通过多次反射路径向距离远的节点传输可能比用单一反射路径更有效率。现有的传统路径协议没有认识到这一点,因为向周围传输数据的能量耗值总是相同的。为此,TPC 协议需要在路径选择时考虑能量传输问题。拓扑控制协议也可利用 TPC,并从中获益。这些协议都关闭了多余的节点,但是却保持本范围的检测。为了保持网络连通,拓扑控制协议为了维持连通性不得不使一些无效节点保持活跃。这样,通过提高有效节点的传输能量,就可以减少活跃但是多余的节点。

(2) 节点移动性。尽管无线传感网大部分时候是静态的,一些网络也可能用到移动节点。这种情况下,当节点移动到网络之外的时候,网络就会被割分,这就需要调整传输能量以到达离开覆盖区域的节点。另一方面,当节点靠近网络的时候,传输能量值就降低。节点移动性的挑战就是如何在不同的速度下实现移动,这就需要看传输能量更新的频率。

(3) 多路广播和广播信息。已有的 TPC 协议假定接收器能够承认数据包的接收。然而,在多路广播和广播传输中,却不建议有这种假设,因为这会给协议带来复杂性,而且潜在可能接收器会发送更多的信息。目前,很多研究都专注于计算理想传输能量值。广播和多路广播信息可以在这个能量值下传送,多次反射路径被用来将信息传送到剩余的节点,那些不在传送范围内的节点,将不予传送。然而,这并未被证明是最节约能量的解决方案。如果用单次反射实现大部分的目标节点,减少到达远距离节点的信息数量,传输能量可能会更高。

(4) 可重构的无线电广播设备。作为一种软件无线电设备,这种新型收发器允许调整物理层参数,如运行频率、带宽、通道数和调制技术。通过动态改变这些参数,无线传感网对环境条件的变化可以更有弹性。如果能够在节点之间协调参数的话,这种弹性可以由 MAC 协议提供。软件无线电设备会影响 TPC 的运行,更有弹性的通过使用调制和编码技术到错误比特,节点会进一步减少传输能量。传输能量会更大范围地实现最优化,因为 MAC 协议会在能量损耗和带宽之间进行交易选择。

(5) 水下网络。水下网络通信面临更多的挑战,因为数据是通过声波传输的。这种情况下,信号传播和衰减随着环境的不同和连接空间定向的不同而变化。因为声波比无线电波传播的要慢,协议必须考虑到这种数据传输的延迟。TPC 协议要完全重新设计以克服这些限制。

(6) 自动信息计算。正如 18.2.1 节所述,大部分的无线标准用的是 AMC,此技术会影响 TPC 技术的设计,因为最小接收能力会随着每一个调制解码组的变化而变化。另外,每一个连接的数据率和能量损耗也会影响路径判定,所以路径协议应该同时具备 TPC 协议和 AMC 协议。

18.5　小结

无线自组网是由移动节点组成的,它们可以自动组合建立起一个缺少基础建设的网络。每个移动节点由电池供能,但是这些装置很小所以容量有限。为了延展网络的寿命,需要尝试减少网络的能耗。由于通信是其中最耗能的环节,就需要研究对能量敏感的网络协议。

TPC 协议能够实现传输能力的调节,可以减少无线自组网中的能耗。它能够在发送每个数据包的时候消耗更少的能量,进而提高对媒介的利用率,因为同时进行的传输彼此之间很少会互相影响。本章研究了很多与这种协议的设计和执行相关的问题,并探讨了建立可靠连接的要求以及调整传输能量的四个方法步骤。由于已有收发器和移动处理器的限制,一般认为 TPC 技术必须要尽可能的简单。并且要求这些技术考虑处理收发器提供的数据并不准确的特性。

TPC 技术给无线传感网的设计带来了新的挑战,比如说在路由选择和拓扑协议中的传输能量问题。尽管 TPC 协议需要路由选择和媒介访问控制协议的协调,但是人们很少关注 TPC 的路由选择问题,因为这已在大多数无线标准中实现了,并且包含在 TPC 相关的解决方案中。

名词术语

衰减:表示信号从它们的源头到目的地丢失强度量的量。这在通信中是很重要的,因为收发器只有在信号到达目的地的强度高于某个最小值时才能解码信号,这个值称为灵敏度。

闭环:在控制理论中,闭环指的是使用该系统的电流输入值,以及最后的输出,以提供一个输出控制器。在未知的条件下(例如,在汽车适应在颠簸道路上的自动速度控制器),一般使用最后的输出允许控制器以适应不可预期的变化。

争用:指的是竞争源试图访问介质的量。较高的竞争可以通过两件途径引起。途径一,如果基站有显著量数据要发送时,它们会经常尝试访问介质,增加了争用;途径二,当加入更多的基站,多个数据包将要被发送,增加了争用。在 CSMA/CA 的 MAC 协议中,由于碰撞的概率增加,争用限制了可以传送报文的量。

占空比:为避免空闲侦听,一些收发器以一定量的时间被关闭。例如,60% 占空比是指通常在 60% 的时间里无线电会被关闭,在其余时间启动来寻找数据。

滤波器:在电子电路或计算机程序中用于删除不需要的信号变化的功能,例如低通、高通和PID滤波器,分别删除较高的值、低于特定值的值或突然的变化。

空闲监听:在没有数据传输时,无线电保持接收模式。

不对称链接:对于一个给定的节点对,当发生不对称链接时,能够在一个方向上发送数据,而另一个方向不能发送数据。这种情况是不利的无线传输,因为几种MAC协议需要对称链接,需要对数据信息(从发送方到接收数据流)进行确认(从接收数据流发送者)。

底噪(NF):是当没有传输时平均信号强度的估计。它被用在MAC协议,以确定当一个基站传送时不会造成冲突。

信噪比(SNR):定义了正确地解码数据所需要的功率之差。如果数据的传输功率等于或大于SNR+NF,将非常可能达到无错接收。

习　题

1. 由于每个网络的不同配置在很多方面与结构化网络采用的技术不同,对于调整发送功率的无线自组网的MAC级别的技术,网络之间影响TPC协议实现的主要区别是什么?

2. 可以采用哪些技术来减少无线自组网MAC层中的能量消耗?分别描述一下。

3. 描述如何使用TPC技术使传输介质空间复用。

4. 试想一下,如何使用TPC方法增加能量消耗,并减少延迟的多跳路径,或通过减少所消耗的能量增加等待时间。假设一个节点A将数据发射到另一节点B,它们之间有许多的节点,如何建立一个路由。

5. 在无线网络中,物理层必须知道数据传输和噪声电平之间的差值。使用硬件从噪声中区分信号实现的方法有哪些?分别描述一下。

6. 介质的信号衰减可以使用传播模型来估计。然而,这些模型由于硬件的限制不能在移动自组网或无线传感器网络使用。研究一些因特网的传播模型(Okumura、Hata、对数衰减及其他),并验证它们的方程的复杂性。它们能不使用浮点运算执行吗?

7. 衰减的方法呈现在其计算发射功率的波动。基于该方法,写一个程序,模拟方程的输出。在输入值(发送功率和噪声)变化频繁的情况下,对其进行测试。做一个图形来说明程序的输出。

8. 基于占空比的定义,较长的工作周期可能导致数据包传递需要更多或更少的等待时间,为什么?

9. 搜索互联网上的闭环信号的滤波器,特别是PID(如积分和微分)滤波器。是否有可能不使用浮点运算实现这样的滤波器?是否可以采用PID控制器在限制终端，诸如在一个无线传感器网络的节点？

10. 讨论在 RTS/CTS 对话中使用不同的传输功率的影响。

参考文献

1. Akyildiz, I.F., Pompili, D., Melodia, T.: Underwater acoustic sensor networks: Research challenges. Ad Hoc Networks 3(3), 257–279 (2005).
2. Cardei, M., Wu, J.: Energy-efficient coverage problems in wireless ad hoc sensor networks. Elsevier Computer Communications, 29(4), 413–420 (2006).
3. CC1000: Chipcon products from texas instruments. CC1000 low power FSK transceiver. http://focus.ti.com/docs/prod/folders/print/cc1000.html (2007).
4. Correia, L.H.A., Macedo, D.F., dos Santos, A.L., Loureiro, A.A.F., Nogueira, J.M.S.: Transmission power control techniques for wireless sensor networks. Elsevier Computer Networks 51(17), 4765–4779 (2007).
5. Crossbow: Mica2: Wireless Measurement System. http://www.xbow.com (2007).
6. Gomez, J., Campbell, A.T.: A case for variable-range transmission power control in wireless multihop networks. In: Proceedings of the IEEE Infocom, vol. 2, pp. 1425–1436 (2004).
7. Gupta, P., Kumar, P.: Critical power for asymptotic connectivity in wireless networks. In: Stochastic Analysis, Control, Optimization and Applications: A Volume in Honor of W.H. Fleming, W.M. McEneaney, G. Yin, and Q. Zhang (Eds.). Foundations and Applications Series, Boston, MA (1998).
8. Gupta, P., Kumar, P.: Capacity of wireless networks. IEEE Transactions of Information Theory 46(2), 388–404 (2000).
9. Jung, E.S., Vaidya, N.H.: A power control MAC protocol for ad hoc networks. In: Mobi-Com' 02: Proceedings of the 8th Annual International Conference on Mobile Computing and Net - working, pp. 36–47. ACM Press, New York (2002).
10. Karn, P.: A new channel access protocol for packet radio. In: American Radio Relay League-Ninth Computer Networking Conference, London, ON (1990).
11. Kawadia, V., Kumar, P.R.: Principles and protocols for power control in wireless ad hoc networks. IEEE Journal on Selected Areas in Communications 23(1), 76–88 (2005).
12. Kubisch, M., Karl, H., Wolisz, A., Zhong, L.C., Rabaey, J.: Distributed algorithms for transmission power control in wireless sensor networks. In: Proc. IEEE Wireless Communications and Networking Conference (WCNC'03), vol. 1, pp. 558–563 (2003).
13. Lal, D., Manjeshwar, A., Herrmann, F., Uysal-Biyikoglu, E., Keshavarzian, A.: Measurement and characterization of link quality metrics in energy constrained wireless sensor networks. In: IEEE GLOBECOM, pp. 172–187 (2003).
14. Monks, J.P.: Transmission Power Control for Enhancing the Performance of Wireless Packet Data Networks. Phd. Thesis, University of Illinois at Urbana-Champaign, Urbana, IL (2001).
15. Narayanaswamy, S., Kawadia, V., Sreenivas, R.S., Kumar, P.R.: The COMPOW protocol for power control in ad hoc networks: Theory, architecture, algorithm, implementation, and experimentation. In: European Wireless Conference, Florence, Italy (2002).
16. Oh, S.J., Wasserman, K.M.: Optimality of greedy power control and variable spreading gain in multi-class cdma mobile networks. In: MobiCom '99: Proceedings of the 5th Annual ACM/IEEE International Conference on Mobile computing and networking, pp. 102–112. ACM Press, New York (1999).
17. Pires, A.A., de Rezende, J.F., Cordeiro, C.: ALCA: A new scheme for power control on 802.11 ad hoc networks. In: IEEE International Symposium on a World of Wireless, Mobile and Multimedia Networks (WoWMoM), pp. 475–477 (2005).
18. Polastre, J., Hill, J., Culler, D.: Versatile low power media access for wireless sensor networks. In: Proceedings of the 2nd International Conference on Embedded Networked Sensor Systems, pp. 95–107. ACM Press, New York (2004).
19. Qiao, D., Choi, S., Jain, A., Shin, K.G.: Miser: An optimal low-energy transmission strategy for ieee 802.11a/h. In: MobiCom '03: Proceedings of the 9th Annual International Conference on Mobile Computing and Networking, pp. 161–175. ACM Press, New York (2003).
20. Rashid-Farrokhi, F., Liu, K., Tassiulas, L.: Downlink power control and base station assign-

ment. IEEE Communications Letters 1(4), 102–104 (1997).
21. Reijers, N., Halkes, G., Langendoen, K.: Link layer measurements in sensor networks. In: First IEEE Int. Conference on Mobile Ad Hoc and Sensor Systems (MASS'04), pp.224–234 (2004).
22. Tuttlebee, W.H.W.: Software-defined radio: Facets of a developing technology. IEEE Personal Communications 6(2), 38–44 (1999).
23. Wan, C.Y., Campbell, A.T., Krishnamurthy, L.: PSFQ: A reliable transport protocol for wireless sensor networks. In: Proceedings of the First ACM International Workshopon Wireless Sensor Networks and Applications, pp. 1–11. ACM Press, New York (2002).
24. Ye, W., Heidemann, J., Estrin, D.: An energy-efficient mac protocol for wireless sensor networks. In: Proceedings of the IEEE Infocom, pp. 1567–1576. New York (2002).

第 19 章　无线传感器网络的安全性

小尺寸、低能耗、由电池供应能量的无线传感器可以很容易地被安装在人类不容易到达的地方，如危险的地方、野生动物领地。无线传感器之间的相互协作可以提高科学研究、制造、建筑、运输或者军事调度的效率。但是，由于其开放式的协作模式，无线传感器很容易受到对手的恶意攻击。对布置在开放环境中的无线传感器网络（WSN），无法进行实体性的安全防护。现有的大多数安全技术对于能量、计算能力以及带宽都有限的无线传感器来说，计算量都太大。由于其相互协作的特性，当一个传感器节点受到攻击时，无线传感器网络的许多节点都会受到影响。这一章讨论无线传感器网络的安全弱点及其面对的安全挑战，对针对已知的安全弱点设计的代表性安全机制进行了回顾，并提出仍需解决的问题。

19.1　引言

无线传感器网络由一些小尺寸、低能耗、电池供电的无线传感器组成。它们自我配置并互相协作，以低代价在直接观测或有线系统部署低效、昂贵、危险或者其他无法实现的情况下对环境进行感知。但是，无线传感器网络一些特性引入了很多安全方面的挑战。

首先，无法对无线传感器网络进行物理层面的防护。无线传感器节点通常被部署在开放环境中，如战场环境。因此，攻击者可以捕获传感器节点来窃取机密数据或重新进行设置并执行恶意代码。由于无线传感器的协作、自配置的性质，其他没有受到攻击的传感器也会受到很大影响。在最坏的情况下，整个无线传感器网络会被攻击者控制。无线电通信引入了另一种物理攻击——无线电干扰。攻击者可以使用高能量信号对传感器之间的无线通信进行干扰。为了降低能量消耗和硬件成本，许多现有的无线传感器，如 MICA motes，不支持跳频或扩频抗干扰技术。因此，部分网络可能变得不可访问，或者在严重的情况下，整个系统可能会失去作用。当前为解决无线传感器网络中的物理攻击所做的工作相对较少。

由于无线通信是开放、广播性的，攻击者可以轻松窃听通信通道，还可以将虚假数据或控制数据包注入系统。加密技术是消息机密性、完整性及身份验证的第一道防线。然而,公钥加密对于小型无线传感器来说计算量太大了。公钥加密或消息身份验证在传感器节点要花费几秒钟[1]。公钥系统比对称密钥系统消耗更多的内存。此外,它们大大增加消息的数据量。因此,公共密钥系统会显著加强对宝贵能量和带宽的消耗。出于这些原因,在无线传感器网络中大多数现有的加密方案是基于对称密钥系统的。然而,在对称密钥系统中,密钥分配是一个主要挑战。一个简单的解决办法是使用一个单一的、全网络共享的密钥。然而在这种机制下,对单个节点的攻击会导致所有加密失效。一个更好的解决方案是邻近节点之间的成对密钥共享。密钥分配将在本章稍后给出更详细的讨论。

无线传感器网络的服务在很大程度上依赖于自我配置和高度分散的路由、定位及时间同步协议。尽管已有大量的路由协议,但它们大多不考虑设计的安全性。时间和位置信息是至关重要的,因为它们为传感器读数提供了空间和时间的上下文信息。如果没有上下文信息,传感器数据的有用性将大大降低。通过聚集冗余的传感器数据,网络数据聚合可以减少无线传感器网络的能量和带宽消耗。然而,攻击者可以通过有意地注入虚假数据来扰乱数据聚合。另外,因为中间节点需要能够读取通过它们转发的数据,端至端加密方式的可信度会变低[2]。一个可能的结果是,通过提取一个通信路径上单个节点的密钥,攻击者可以获得传感器读数。另外,根据被对手注入的虚假传感器数据也可能会做出错误的决策。我们将讨论与这些机制相关的安全问题以及安全的路由、定位及数据聚合的实现方法。

大多数无线传感器网络具有独特的流量模式,这不同于有线网络或其他 Ad Hoc 网络[2]。通常,查询从基站传播到传感器节点,传感器数据由节点发送至基站。因此,攻击者会在基站附近观察到较大的数据流量。此外,通过对消息的发送间隔进行相关性计算,可以确定基站的位置。一旦确定了基站的位置,可以将攻击集中在基站或最接近它的节点以获取最大攻击效果[3]。由于目前的无线传感器网络体系结构主要依赖于基站和其附近节点的稳健性和安全性,相应的攻击结果可能是灾难性的。

总之,在一个典型的无线传感器网络中,在能量和其他资源严重受限以及面临重重安全威胁的情况下,传感器节点需要负责数据采集、数据处理、定位、时间同步以及数据转发的上下行。因此,安全性对于无线传感器网络的成功至关重要。因此需要更多的由真实的部署和实验支持的对于无线传感器网络的安全性的研究。

本章的剩余部分将介绍无线传感器网络的安全弱点。在此之后,将对一些前景较好的无线传感器网络安全解决方案进行讨论。接着,将给出对从业者的指导、未来研究方向、结论、术语定义以及考察对本章内容掌握程度的问题。

19.2 背景

在介绍安全解决方案之前,本节首先明确已知无线传感器网络的安全弱点。无法把每一个安全弱点都列出来,因为,随着无线传感器网络安全研究变得更加成熟,无线传感器网络受到不同方式的实际攻击,更多的安全弱点会被发现。

(1) 节点攻击[4-6]。相比于大多数的计算系统,mote 在一个传感器网络中很容易受到物理攻击。它们一般都被布置在开放环境中,很容易被攻击者捕获。这使攻击者可以窃取加密信息,查看和修改程序,甚至损坏或更换硬件。通过防篡改包装或伪装来防止攻击者对 mote 定位是可行的。然而,这些方法会增加单个 mote 的成本,这使得实用性不高。此外,设计者们发现,准确地预测并阻止对手的攻击潜力非常困难。另外,无线电通信的公开广播特性使得攻击者可以加入恶意节点。即使传感器节点是防篡改的,这种攻击仍然是可行的。所以,可以容忍部分受攻击网络的软件解决方案是必需的。

(2) 无线电干扰[5-6]。拒绝服务(DoS)攻击被广泛定义为任何损害或根除网络执行其预期功能的事件。往往攻击的结果类似于由软件错误或电源故障引起的网络拒绝服务。然而,在我们的讨论将专注于由攻击者引起的问题。构成拒绝服务的攻击类型有些宽泛,因为有很多脆弱的功能可能被颠覆。拒绝服务攻击的最基本类型是无线电干扰,在这种情况下,攻击者广播一个高能量的信号,以阻止其他节点通过无线信道进行通信。较小数量的随机分布的受干扰节点就可以导致整个网络不可用。一个节点可能可以确定它正被干扰,因为它可以观察到异常高的环境能量水平。但是,因为它无法与其他受影响的节点进行协作以做出响应,也无法向未受攻击影响的区域或者基站进行报告,它几乎不能做任何事情。

(3) 路由攻击[5-8]。在有线连接中,主机之间通过路由器请求或响应对方。这些路由器是高度专业化的机器,拥有很多的资源和保障。与此相反,在一个典型的无线传感器网络中工作的传感器节点不仅承担着数据源的角色,也承担着路由器的角色。在能量、通信量、计算量和内存都严重受限的情况下,传感器节点需要负责数据采集、数据处理以及数据转发。因此,路由协议必须有足够的弹性以应对可能发生在网络任何位置的失败,同时要足够简单以保持可伸缩性。

但是,许多路由协议包含安全漏洞隐患。攻击者可以很容易地通过传送虚假的路由更新来扰乱网络。这可能导致循环路由,产生虚假的错误信息,增加或减少路径长度,以及许多其他攻击。因为区别一个故障节点和一个恶意节点非常困难,所以需要某种形式的预防或容错。基本的消息身份验证协议可以使路由数据包免受改变或欺骗,但还有其他很难靠加密方法防止的攻击方式,如接下来在身份验证和加密中要讨论的。

(4) 选择性转发[2,6-8]。选择性转发攻击可以采取多种形式。攻击者可以随意丢弃数据包,尝试给自己的消息不合理的优先级,或误导数据流的流向。在误导流向方面,一个恶意节点可以通过将数据导向错误的目的地来攻击一个发送者。另外,也可以通过将很多节点的消息导向一个接收器来将这个接收器冲垮。

(5) 天坑攻击[2]。天坑,也叫黑洞,在对手向基站通告一个非常高质量的路径时被创建。这可能是一个真正的通告,也可能是伪造的。这个高质量路径通告会造成相邻节点选择恶意或被攻击的节点转发数据包。这些相邻节点也会通告它们的邻居发现了一个高质量的路径。这些邻居又会将这样的通告继续下去。结果,大量的数据流被导向对手,给了它许多篡改数据的机会。以这种方式,天坑攻击使许多其他的攻击,如选择性转发,成为可能。

(6) 女巫攻击[7-9]。另一种常见的攻击是女巫攻击,在其中对手伪装成几个不同的节点。女巫攻击在无线传感器网络中相对容易实现,因为无线传感器网络中的节点通常不会有一个独特的、值得信任的标识符。作为替代,例如,一个传感器节点可以以它的由介质访问控制地址增强的位置信息作为身份标识。没有身份验证机制的无线传感器网络中,恶意的或被入侵的节点都能够很容易地声明一个假身份。通过这种方式,它可以让许多节点认为这是它们的邻居。因此,女巫攻击可以使多种形式的攻击,如天坑攻击和选择性转发攻击成为可能。对于依赖于投票/共识机制的协议,这是个系统性的问题。

(7) 虫洞[2]。虫洞攻击通常涉及两个遥远的恶意节点。这两个节点可以通过只有攻击者才能使用的带外信道转发数据包,这样它们就能串通以声明一个比彼此的实际距离小的间距。例如,一个恶意节点位于基站附近而另一个遥远的恶意节点可以通告一个高质量的到基站的路径。此外,当一个节点基于它收到的消息的第一个请求做出一些反应而忽略这条消息的其他请求时,一个路由竞争的局面就出现了。虫洞可以使节点提前收到本应经过多跳才到达它的路由信息。因此,一个攻击者可以确保它始终“赢得”竞争,并可以操纵由这样的路由协议给出的拓扑结构。

(8) HELLO flood 攻击[2]。这是一个在 TinyOS 中特别显著的漏洞,因为它使用信标进行路由发掘。基站向其单跳邻居周期性发送 HELLO 消息。收到这些消息,mote 认为它们处在汇点的正常无线电范围内,因此它们在一个树状拓扑中将其标记为父节点。然后,它们再次将信标转播给它们的邻居。下游节点将它们接收到的第一个信标的发送者标记为它们的父节点,并用自己的身份再次转播信标。这个过程一直持续到每个 mote 都有自己标记的父节点为止。这是一个开销很小的简单算法,但是它的开放性也导致了很多系统弱点。对手可以通过重播或插入一个假的 HELLO 信标,把它自己伪装成树形拓扑的根,并有可能使数据流完全不通过基站。

此外,具有更大的传送功率的攻击者,例如一个笔记本电脑,可能能够使网络中的每个节点相信这个对手处在其正常的无线电范围内。当节点试图将消息发送给这个假邻居时,许多远离对手的节点将白白发送着数据包。

(9) 复信欺骗[2]。复信欺骗相当有害,尽管它可能只是把之前合法传送的 ACK 再重传一次。这种类型的攻击能够使发送节点相信一个弱链接是一个强链接,或一个死节点是一个活节点。这可以导致一些类型的拒绝服务或能量耗尽攻击,因为沿着弱链接或死链接传送的数据包会丢失,而同时宝贵的能量被浪费了。

(10) 虚假数据注入以扰乱数据聚合[7-8,10]。无线传感器网络最有限的资源是能量,而最耗能的任务是无线电发送。另一方面,许多由传感器收集的数据是冗余的。因此,通过巧妙的数据汇总机制来减少传输的数据包数量是必需的。然而,如前所述,数据聚合使得端到端的加密方式不可行。此外,攻击者通过操纵数据就可以对一个应用进行强有力冲击,而不必攻击系统的路由或定位等其他方面。例如,攻击者可以注入一个非常高的温度读数来创建一个虚假的火灾警报。

在聚合点进行攻击,攻击者不仅窃取或损坏了该节点收集的数据,也影响了下游所有节点提供的数据。它还允许攻击者从总体上改变将要报告给基站的聚合结果。在最坏的情况下,通过攻击一个单个节点,该攻击者可能会对无线传感器网络造成如同它捕获了大部分网络的损害。在刚才提到的火灾探测的例子中,攻击者可以通过注入一个虚假的温度读数让基站错误地认为有火灾,以达到攻击整个无线传感器网络的目的。

一个好的解决方案必须提供在基站进行纠错的功能,以使得在存在虚假数据注入时也能支持一定水平的感知精度。此外,做网内处理的中间节点应尽快消除任何虚假注入数据,以避免由不必要的转发引起的虚假数据传播和能源消耗。

(11) 流量分析[3,10]。流量分析,有时也称为归巢,是由无线传感器网络中普遍的多对一的数据流动模式造成的。传感器节点感知环境并向基站转发数据。在当前的无线传感器网络体系中,攻击某些节点会比攻击其他节点更有效。一个代表性的例子就是基站。如果基站被攻击,整个无线传感器网络都落在了敌人的手中。其他重要节点包括数据聚合点,以及被选出的承担协调任务的群头。一个最简单的必须采取的步骤是将数据包中可能泄露路由信息的所有信息加密。但这还是不够的。由于多对一的流动模式,基站附近的流量增大。对手可以跟踪邻近节点的数据包发送速率,并向那些高速率节点移动,直至到达基站。攻击者也可以观察到节点发送消息以及接收消息的节点随后转发消息。这样一来,通过时间相关性,对手可以通过跟踪一个数据包的传输路径找出到基站的路径。为了减少流量分析的风险,可以随机化流动模式或通过数据聚合来避免速率监测或时间相关性计算。

(12) 位置欺骗[2,7-8]。对于许多传感器网络应用,位置信息非常重要。没有准确的位置信息,大多数传感器读数可能会失去意义。例如,在位置信息缺失、错误或被攻击的时候,以火灾检测或敌人坦克跟踪为目的的传感器读数将毫无意义。在一个协作式的定位机制中,由于一些恶意的或遭入侵的节点提供虚假的位置信息,大量的传感器节点可能会得到错误的位置估计。虽然每个传感器节点可以配备一个全球定位系统(GPS),但是GPS太昂贵而且能量消耗太大了。为了解决这个问题,在探索低成本的分布式定位机制上已经做了大量工作[11-18]。但是,这些算法在设计时并没有考虑安全性。因此,对手可以向它的邻居报告虚假的位置信息而不被发现。在最坏的情况下,因为位置信息被损坏,所有的传感器读数都会变得无用。

如果使用地理路由,对手通过假称它最接近基站来发起选择性转发攻击。如果需要的话,它可以声明几个不同的位置来吸引尽可能多的数据包。当节点没有位置验证机制而只是简单地相信其他节点的声明时,这个结合着选择性转发的女巫攻击的效果被最大化。在地理路由中,也有可能通过伪造位置通告在数据流中建立循环路由,而使数据流不能够有效地转发数据包。这导致一种节点1发送到节点2,然后攻击者发通告说节点1是接近终点的节点的情况;收到这个通告,节点2将数据包转发给节点1,然后节点1又转发给节点2,如此将一直进行下去。这种攻击会耗尽被攻击节点的能量,并阻止数据包被发送到需要到达的地方,而同时攻击者只花费很少的资源。

19.3 现有的安全方案

本节转向现有的针对上一节中介绍的无线传感器网络的安全挑战的安全对策。它们不可能解决已有的每个攻击算法。另外,许多本节所描述的方案仍然有弱点。但是,这个小节可以使读者对无线传感器网络的安全解决方案有一个一般的理解,并知道从哪里开始进一步阅读。

1) 干扰

Akyildiz 等人给出了一个简单的无线电干扰攻击应对方法[19]。当节点感知到连续、类似环境性的高能读数,它们将怀疑已被干扰并切换到红外、光学或任何其他形式的非无线电通信方式。这种方法假定设备具有这样的替代通信方式以及对手没有对这些替代通信方式进行干扰。然而,将它们添加为传感器节点将增加成本和能量消耗。另外,红外或光通信受到视线传播(line - of - sight transmission)的限制。因此,文献[19]中的方法对无线传感器网络的适用性是有限的。

另一种有效的方法是使用扩频无线电[20],即把最初的窄带数据被扩展到宽带。一种流行的方法是跳频,即发送方周期性地改变伪随机序列中载波信号的频率。收到伪随机序列的接收方可以解码接收到的信号。这样,攻击者要么需要调整其频率进行跟踪,要么就不断地干扰整个频带。然而,扩频需要宽带无线电硬件,且需要采取更为复杂的数据传输算法,这将花费更多的能量、存储空间和计算量。

在大型网络中,可能干扰只影响部分网络。基于此,Wood 和 Stankovic 提出了一种新的方法来圈定一个被干扰的区域[21]。如果被干扰的区域被圈定,不受影响的节点可以绕过这个区域进行路由。被干扰的节点会盲目发送高能量的干扰信息。在被干扰区域边界的节点可以根据收到的干扰信息协同推算出该区域的边界。一旦干扰区域被成功圈定,区域以外的节点可以绕过该区域进行路由。Wood 等人在文献[22]中提出了几种对付 mote 级干扰的方法,这些 mote 和无线传感器网络节点具有相同的功率。他们使用支持跳频的 MicaZ mote 实现并评估了他们的方法。文献[23]对由更强大的攻击者带来的干扰进行了深入的研究。

2)加密[7-8]

窃听不以减慢或停止网络工作为目标,而是要访问被收集的信息。在许多系统中,例如气象数据采集系统,这可能并不是一个问题。然而,如果传感器需要收集医疗信息或追踪军事活动,如友方坦克的运动,它将是一个很大的问题。对此基本的解决方法是加密。除了保护数据的机密性,加密还提供保护路由和其他控制信息的额外好处,这可以帮助阻止许多类型的攻击。如前面讨论的,公钥加密是有线网络安全领域的支柱,但对于无线传感器网络,它实在是过于昂贵了。此外,由于对网内数据处理,如数据聚合的强烈需要,端对端的加密是无效的。因此,链路层对称密钥方案通常被应用在无线传感器网络中。但是,如果使用单一的全网共享密钥,对一个节点的攻击就能使所有加密工作失效。因此,密钥分配是至关重要的,例如使用基于集群的共享密钥和邻居之间的成对共享密钥。

3)密钥分配

Eschenauer 和 Gligor 较早开始从事解决无线传感器网络中的密钥分配问题[24]。因为传感器一般随机布置,所以很难提前知道哪些节点将成为单跳邻居。因为不知道需要哪些节点直接与其他节点通信,在预部署阶段就完全建立成对密钥共享是不可能的。因此,一种方案被提出,即在预部署阶段每个节点随机在一个预定义的有 n 个密钥的密钥池中选择 $m(n\gg m)$ 个密钥。部署后,节点立即与邻居通信,通过交换密钥 ID 来发现它们是否具有共享密钥,而同时又不会让对方知道加密方式。变量 m 是一个可调参数,可以通过对它进行设置使得一对邻居共享至少一个密钥的概率达到期望值。发现有共享密钥的节点可以通过质询/响应的方式验证其邻居是否真正具有密钥。然后,该共享密钥就成为这个链接的密钥。如果两个节点不具有共享密钥,可以通过与它们有共享密钥的邻居建立路径密钥(path key)。另外,没有共享密钥的邻居之间可以生成一个密钥,并通过已经确保安全的路径传递给对方。如果这个过程完成后网络还不具备完整的安全链接,则需要进行范围扩展(range extension),即在硬件允许的情况下暂时增加节点的发射功率。否则,它们也可以请求邻居将密钥 ID 多广播传递几次,直到一个有共享密钥的节点可以被找到。需要注意的是,这种方法完全是分布式的,和 SNEP[25] 与 TinySec[26] 不一样,它并不要求基站在两个传感器节点之间设置安全路径。

Chen 等人在文献[27]描述了文献[24]的三种改善方案。第一个是 q - composite 随机密钥预分配方案。在这种方法中,q 个公共密钥被散列在一起来计算两个传感器之间的共享密钥。这种方法的好处是,由于共享密钥有更多的变化,攻击者需要捕捉和攻击更多的节点来达到与文献[24]中相同的攻击效果。然而,为了维持相同的连接概率,需要一个更大的 m。其结果是,被攻击的单个节点会暴露属于整个密钥池中的更多密钥。如果攻击者成功攻击多个节点,算法的抵抗力会比文献[24]中差很多。他们提出了多路径密钥加固方案,其中一条消息被分成几个片段,每个片段被路由到一个单独的安全路径。因此,攻击者需要在各路径中至少攻击一个节点来得到原始数据。这是比较安全的,但与文献[24]相比其开销过高。最后,他们提出了一个随机成对密钥分配方案,它提供节点到节点的认证,并对节点捕获有抵抗能力。在预部署阶段,密钥分配方案生成 n 个独特的节点 ID。这个 n 可以大于网络的节点数,因此,节点在之后还可以被添加。每个节点的 ID 与 m 个其他随机选取的不同节点 ID 相匹配,对于每对节点,离线生成一个独特的成对密钥。密钥和成对的 ID 被存储在这两个密钥环中。在部署之后,每个节点向其邻居广播它的 ID(节点 ID,而不是密钥 ID),并在其密钥环中搜索收到的 ID。然后,像在基本方案中那样,它可以启动挑战/响应来验证密钥。

4)身份验证和安全广播

为进行认证广播,大量与验证相关的协议都基于 μTelsa 算法[25]。在一般的计算体系中,身份验证通过使用非对称数字签名进行,但是这对于传感器节点来说计算量太大了。μTelsa 通过延迟公开对称密钥,引入了需要的非对称性。要发送一个认证的数据包,基站会使用密钥为这个数据包计算一个消息认证码(MAC),并将其发送到所有节点。一个 MAC 可以被看作一个安全的校验和。由于在这个时间点上只有基站知道密钥,没有攻击者可以改变处在传输过程中的数据包。接收节点将数据包存储在缓冲器中。经过一段时间后(这段时间由通信到所有节点的时间估计值确定),基站将密钥广播给所有接收者。当节点接收到被公开的密钥,它可以很容易地使用前一个密钥来验证它,因为每个密钥都是由一个公共单向函数生成的密钥链的一部分。在部署前,基站已经随机选择了一个密钥作为密钥链的最后密钥。然后,它通过反复调用散列函数反向推导出其他密钥。链中的每个密钥都是散列其后续密钥的结果。任何认证的广播进行之前,推导出的最后一个密钥和散列函数一起被送到所有节点。当接收者想要验证一个被公开的密钥,它可以将单向散列函数应用到这个密钥。如果散列结果等于前一个密钥,所公开的密钥是有效的。如果所公开的密钥是有效的,则该节点可以使用该密钥来验证 MAC。如果 MAC 验证正确,则可以断定所存储的数据包来自基站,没有被改变。

5）安全、基于信任的路由

理想情况下,一个网络将能够检测错误和攻击,区分它们,并采取适当的应对措施以完全恢复。然而,由于噪声及动态环境,无线传感器网络很难进行这样的入侵检测[28]。此外,在问题的根源被清除的情况下,无线传感器网络不应该被关闭。因此,路由协议必须对这些侵入行为有抵抗力[29-31]。

无线传感器网络容侵路由协议(INSENS)[29]可以限制有效攻击区域。它可以分为三个阶段:预部署、路由发现和数据转发。预部署阶段与 μTesla 类似。路由发现阶段在部署后立即进行并周期性重复。路由发现本身包含三轮。在第一轮中,基站通过验证的广播将路由发现请求发送到传感器节点。当节点第一次接收到一个特定的请求,它将发送者的 ID 增加到它的邻居列表。它还将其自己的 ID 附加到包含在请求消息中的路径上,并将到目前为止的整个路径的 MAC 也附加到请求消息中。在此之后,它将扩展后的请求消息广播给它的邻居。如果接收到的请求的序列号与先前接收过的序列号相同,它会更新其邻居列表,但不会将该请求转发。在路由发现的第二轮,含邻居的 ID 列表和从节点本身到基站的路径的反馈信息会从每个节点发送回来。此消息包括在第一轮产生的所有 MAC,且其通过独特的、节点和基站的共享密钥产生的 MAC 验证其真实性。在第三轮,基站验证所接收的邻居信息,并使用它来确定网络的拓扑结构。基于此拓扑结构,它可以计算出每个节点的路由表,并通过它与接收节点共享的对称密钥安全地将路由表发送给接收节点。即使被俘,一个节点也仅仅暴露了它自己的密钥;因此,对手无法伪造足够的 MAC 来在反馈信息中提供一个假路径。攻击者可以在路由发现阶段重播路由发现请求。这可能使下游节点傻乎乎地相信一个不准确的拓扑结构,但对上游节点没有影响。但是,这种方法有两个严重的缺点:①安全路由发现具有较高的开销;②该算法在很大程度上依赖基站,从而降低了伸缩性并加剧了单点故障/攻击的问题。

ARRIVE[30]是一个路由协议,在应用到树状拓扑结构的传感器网络时有很好的抵抗力。在此算法中,每个节点监听并记录相邻节点的历史行为,并形成一个信誉度量。然后它不仅将数据包转发到父节点,还将数据包沿着冗余路径发送,以补偿单一转发路径的不可靠性。对于冗余转发,每个节点将数据包转发给超过了一定信誉度量阈值的父节点邻居。

Abu - Ghazaleh 等[31]提出了一个基于信任的地理路由协议,对数据包丢弃攻击有很好的适应性。该算法还通过跟踪观察到的行为来计算单跳邻居的信誉值,并沿多条路径转发数据。一旦相邻节点被确认为不可信,将结合信誉统计数据与验证的位置信息来推断新的通往基站的路径。地理路由是高度可伸缩的,因为节点只需要保持其单跳邻居的地理位置。信誉信息也无需大的开销就可以存储。此外,相互信任的节点可以交换信誉信息来获得除了关于它们近邻的其他知识。

信任管理系统是一个由安全性策略、认证和信任关系组成的综合性机制,旨在指明哪些节点可信而哪些不可信。例如,一个节点可以根据信任值将数据包转发到最可信的节点。此外,节点可以选择最可信的节点作为群头,同时排除节点由受攻击或故障而造成的不端行为。鉴于无线传感器网络在嘈杂的开放环境中运行,区分受攻击和故障是很难的。然而,受攻击或发生故障的节点可能不具有协作性,从而得到一个较低水平的可信值。鉴于严厉的能源和资源的限制,为无线传感器网络建立一个高效率、高准确度的分布式信任管理方案是具有挑战性的。有关 Ad Hoc 与 P2P 网络的存在很多信任管理方案,包括文献[32 - 41]所提到的。然而,它们不直接考虑无线传感器网络的限制(Fernandez - Gago 等人在文献[42]中讨论过为 Ad Hoc 和 P2P 网络开发的信任管理办法对无线传感器网络的适用性)。

一个无线传感器网络通常由成百上千个传感器组成。因此,一个集中式的组网方式可能不具有伸缩性。从安全角度来说,这种集中式的方式也不可取。攻击者可以添加串通的恶意节点到无线传感器网络,通过侦听来打败基于信任的路由协议[30,43]。此外,恶意节点可以对无辜节点倒打一耙。一些针对无线传感器网络的信任管理协议被开发出来[30 - 31,44 - 46],但这些方法仍是初步的。它们只能部分解决前面讨论的无线传感器网络信任管理问题。总体而言,尽管很重要,但在无线传感器网络的信任管理方面只做了相对较少的工作。无线传感器网络信任管理中的要求和限制需要进一步被明确界定,满足要求的解决方案需要进一步被开发。

6）安全定位和位置验证

对于定位已经有许多研究[11-18]。然而，这些研究都没有关注安全问题。Lazos 等在文献[46]中提出了一个与范围无关的安全方案。他们的协议考虑了可能的对于定位机制的攻击，使各节点可以以安全的方式确定自己的位置。但是，它无法阻止恶意节点声称任何它希望声称的位置。

Sastry 等人在文献[48]中提出了一个位置声明安全验证方案。假设一个节点，称为待验者，希望声明其位置。待验者必须通过射频信号发送位置声明到其他节点，称为检验者。检验者也通过射频向待验者发回一个随机数，即一个随机比特串。待验者接着必须通过超声波信道发回这个随机数。检验者这时知道了从它发送随机数到接收到自己的位置所需要的时间。这个位置声明被用来导出声称的到待验者的距离。另外，光速和声速都是预先知道的。因此，通过计算声称的距离与音速的商可以检验这个商值是否与随机数被传送到接收者所需的时间相匹配，从而对位置进行较粗糙的验证。但是，这种方法需要附加的超声波信道，这会增加传感器节点的成本。事实上，一个攻击者可以在不改变其与检验者的距离的情况下改变自己位置，因此，这种方法只能支持距离验证，而不能支持位置验证。另外，在存在过载、数据包丢失或环境干扰时，待验者可能会延迟回应。在这种情况下，一个无辜节点会被错误地认为发送了一个虚假的距离声明。

Abu - Ghazaleh 等[31]提出了一个不需要额外硬件的位置验证方法。它增强了位置验证功能，因为这种验证方法并不仅仅依赖于到单个待验者的距离[48]。在这种方法中，作为定位技术核心的三角定位过程被反向使用。与收听不断从锚节点发送的定位信标不同，mote 向锚节点发送定位请求。值得信赖的邻近锚节点对请求者进行定位，并将位置信息通过 MAC 认证加密传送给它。

在文献[49]中讨论了一种对抗恶意锚节点的方法。非恶意信标节点向被攻击节点发送位置请求，并通过它收到响应需要的时间来估计被攻击节点与它的距离，并以此对被攻击节点进行测试。这个距离估计值与接收到的位置声明对应的距离进行比较。如果距离之差大于一个给定的阈值，测试信标向基站报告发现了可疑对手。根据提出撤销建议的信标数量，基站决定它要哪个锚节点发送撤销警报。每个锚节点提出了多少次撤销建议同样需要被考虑，以防止合法的节点由于 DOS 攻击被撤销。

恶意信标节点存在时，定位的另一种选择是尝试容忍它们的存在而不是将它们剔除[50]。这样，通过消除被用于测试和撤销的额外消息，可以节省开销[49]。在这个方法下有两种选择：①“抗攻击最小均方估计”，它假定偏远的位置估计是由恶意信标信号做出的,并处理掉它们;②“基于投票的位置估计”,它将网络的总区域分割为单元,并将从不同信标得到的不同位置估计作为一个单元的选票。最后,得票最多的单元的中心被当作位置估计。两种方法都涉及迭代细化,并在良性信标信号在“一致的”信标信号中占多数时,都能够容忍恶意信标信号。

7) 安全聚合

当使用聚合时,对聚合点的攻击可以使对手危及很大一部分网络,从而影响在基站的最终结果。通过攻击一个节点,对手可以对数据收集做到如同颠覆了很多数据节点一样的损害。Wagner 在文献[51]中显示,最小值、最大值、求和以及平均都是不安全的聚合函数,因为一个恶意数值就能把它们影响到任何所需的程度。例如,如果一个对手希望把均值增加 100 倍,它只需把真正的平均结果加 100 次。平均可以通过对传感器读数范围设置界限,或忽略一定数量的最大值和最小值变得更有抵抗性,前一种称为截头,而后一种称为修剪。此外,计数是一个可接受的聚合函数,因为一个受攻击节点只能从 1 变到 0 或从 0 变到 1,也就是说,它的最大影响尺度只限于 1。最有抵抗性的聚合函数是求中位数,也就是修剪的极端形式(除了中间值都被忽略)。此外,Wagner 提出了“近似完整性”的概念,在这个概念里阐述了中间节点(不包括基站或那些直接在它附近的节点)对聚合结果的影响有限。如果对结果的影响的上界可以确定,且该影响能够被限制在由物理噪声引起的固有误差的级数上,聚合系统具有近似的完整性。

Pryzatek 等在文献[52]中提出了更具体的安全数据聚合协议,其中包含重复进行一个包括聚合、保证以及证明三个阶段的过程。在第一阶段,聚合器从感测节点收集数据并计算一个聚合结果。接着,聚合器使用 Merkle 散列树[53-54]对收集的数据进行保证。树的叶子是明文数据,每个 Merkle 树的内部节点是它的两个子节点串联后的散列值。所使用的散列函数对碰撞具有抵抗性。因此,因为使用了树根作为保证,如果恶意聚合器试图改变任何叶子的值,它将很容易被抓住。在最后阶段,聚合器将聚合结果及保证发送给检验者。这会启动一个交互式证明过程,以确认其正确性。首先,检验节点检查经过保证的数据是否能很好地代表由无线传感器网络通过随机抽样报告的数据。然后,它保证聚合结果接近正确结果,这个结果可以从经过保证的值获得。

8) 注入阻碍性数据攻击

在一些无线传感器网络应用中,如温度读数这样的数据并不是秘密,因此窃听可能不是一个需要被关注的问题。但是,在任何无线传感器网络中,基站接收信息的准确性是必须确保的。这是具有挑战性的,因为如前面讨论的,被攻击的节点可以注入虚假信息。主要有两种方法处理这种类型的攻击:①基站或聚合点可以进行统计分析以得到一个近似正确的答案[52];②虚假数据可以通过一些互相验证的过程被剔除。一个好的解决方案不仅要在基站提供准确性,也应尽快消除注入数据,以避免不必要的会减少网络寿命的转发。

在文献[10]中提出了一个检测/消除的方案。这个方案假定已经使用了密钥分配和广播认证技术,如在前面基于信任的路由所讨论过的。包含五个阶段的方案总结如下:

(1) 节点初始化及部署。

① 初始化:每个节点加载独特的 ID 和所需的建立成对密钥的信息。

② 部署:节点与它们的每一个单跳邻居建立成对密钥。

(2) 关联发现。

① 每个节点发现其关联节点的 ID,即距其 $t+1$ 个单跳的节点。其中 t 是一个阈值,它等于最小集群包含的与群头数据一致的节点的数目。

② 该过程周期性地进行,除非在一个邻居节点失败。

(3) 报告认可。

① 每个认可节点为待认可的数据计算两个 MAC,一个使用它与基站共享的密钥;另一个使用它上游关联节点与其共享的成对密钥。

② 节点将 MAC 发送给自己的群头,群头将 MAC 汇入一个报告,并将报告发送给基站。

(4) 路由过滤。

① 在转发报告之前:每个节点首先使用成对密钥验证给它发送报告的单跳邻居的真实性;然后,它们确认在报告中存在 $t+1$ 个 MAC(或在 MAC 个数小于 $t+1$ 时到基站的跳跃次数);最后,它们从下游的关联节点验证 MAC。

② 倘若上述三项测试中任何一项失败,它们将报告扔掉。

③ 否则,转发节点使用一个基于与其上游关联节点共享的成对密钥的 MAC,来替换其下游关联关节点的 MAC,并将新报告转发到朝向基站的下一个节点。

(5) 基站验证。

① 如果基站检测到 $t+1$ 个正确认可,它接受报告;否则,它会丢弃报告。

作为启发,如果最多有 t 个节点被攻破,那么系统在将注入的虚假数据转发最多 $t+1$ 次后,可以将虚假数据滤掉。值得注意的是,系统越安全,所部署结构的灵活性就越差,因为每个集群必须包含包括群头的 $t+1$ 个节点,并且因此,网络的密度被限制。显然,一个小的 t 会使系统更安全,但它要求在网络中集群的尺寸较小以及有较多个集群,这可能会限制集群管理的灵活性。方案要求 $t+1$ 个节点同时检测到一个事件并协作生成报告。当事件短暂、传感器节点出现故障或对环境噪声敏感,这可能是难以实现的。此外,较小的 t 要求较大数量的上游和下游关联节点对,这会增加计算成本。因此,根据感兴趣的应用的重要性和支持某一 t 所需要的成本,可以调节 t。这种方法的一个缺点是,为使传感器节点找到上游关联节点并向基站报告数据,需要双向无线链接。但是,无线链接往往是不可靠的,且是单向的。因此,在现实世界中常见的噪声无线环境中,该方法可能不能奏效。

9)抗流量分析

正如之前讨论过的,对手可以通过速率监测和时间相关进行流量分析来确定基站或基站附近节点的位置。Deng 等人[3]提出了四种技术来减轻这些弱点。第一个方法是让节点将数据包转发到一系列父节点中的一个,使路由模式不再明显;第二,可以将随机运动注入该数据包的路径。这将有助于分配数据流,以降低速率监测的可能性。另一个技术是随机选取一组转发节点以任意时间间隔沿假路径发送假数据包。这将降低时间相关观察的有效性。最后一项技术随机引入了人造的高流量区域。这会诱骗流量分析器,使其认为基站在一个假位置上。

Conner 等人[55]提出了一种新的方法来对抗无线传感器网络中的分析。在他们的模型中,传感器的数据首先被转发到一个假的汇点,称为诱饵汇点。在该汇点数据被聚合并转往真正的汇点。通过这种方式,通向真正汇点的网络流量下降,而通向诱饵汇点的流量增加。这样,汇点可以对对手隐藏起来。然而,这种方法对相对长期的流量分析来说仍有弱点。在长期流量分析中对手可能能够发现信息从诱饵汇点流向真正汇点。总体而言,之前考虑流量分析对抗的工作很少,需要更多的工作。

19.4 从业者指南

现在,我们对用来设计一个安全的无线传感器网络的方法有了深入的理解。现在可以考虑哪些情况下使用哪些工具。一种想法是试图使系统可以抵抗任何可能的攻击,如此便需要使用尽可能多的前述算法。然而,这往往是不切实际的。一些算法可能是不相容的;除此之外,为了试图阻止威胁,在察觉到的威胁水平和设计者愿意承担的成本之间总需要取得一个平衡。威胁水平是提供给对手的机会以及潜在攻击者的动机水平的函数。而动机水平是无论从窃取数据还是干预网络任务可以得到的潜在利益的函数。在决定待部署的综合安全策略时,由攻击者的动机与弱点相结合形成的以应用为中心的安全上下文需要重点考虑。

为了说明这些,我们将概述其对两种类型的传感器网络应用的适用性。第一个这样的应用是栖息地监测。无线传感器网络由于其获取周围环境的高分辨率信息的能力,非常适合这个工作。此外,相比于人类直接观测,它们是不显眼的,因而不会产生“观察者效应”[56]。

对于这样的应用,除了随机的损害,很难看到攻击这样的网络的任何潜在好处。这些网络大多在偏远地区,这将增加攻击成本。有限的动机与成本相比较来看,只需要适度的安全机制。具体来说,就是没有什么理由去实现防止窃听、物理攻击或者流量分析及随后攻击的算法。但是,因为这样的应用的主要目的是收集准确的数据,所以重点需要关注的是防止数据被污染。因此,提供身份验证机制及打击虚假数据注入攻击是有必要的。对于数据注入,某个应用特定的关于预期的数据范围的知识,对用来剔除虚假数据包的统计方法有帮助。此外,如前面讨论的,没有适当的上下文信息的数据往往是没用的,所以安全定位也应被实现。

另一方面,让我们考虑一个战场监视应用。从攻击者的角度来看攻击这样一个系统的潜在收益是巨大的。成功的攻击可以改变战争的格局并导致大量人员伤亡。因此,攻击者投入资源以监测网络、访问其数据和干扰其正常功能的动机会很强。此外,由它们的性质决定,它们可能被部署在一个敌人已经有资源的地区。因此,支持机密性、完整性、真实性、正确的路由、正确的位置信息以及时间戳,对于这种类型的无线传感器网络应用是很重要的。此外,它必须遵守实时约束并避免流量分析。因此,这种系统的设计者面对相当大的挑战并且必须愿意投入较高的能量和经济花销。

如果应用的上下文信息也被考虑,则可以进行一些优化。在敌人活动性高或位置接近的时候,则增加速度和安全的紧迫性。这可能是必要的,例如,暂时放弃聚合的好处,转而使用端到端加密发送高优先级消息。在活动性低的时候,这些要求减弱,就可以转向使用节能的方法。

当然,所述的两种情况是两个极端的例子,但对从业者来说可以作为推断他们自己系统的具体要求和约束的一般性路标。

19.5 未来的研究方向

无线传感器网络的安全是一个有许多待解决问题的新兴领域。本章已经讨论了各种问题,包括(但不限于)节点攻击、干扰、密钥分配、身份认证、基于安全/信任的路由、安全定位、位置验证、安全数据聚合以及抗流量分析。所有这些问题(以及其他问题)都值得进一步研究。例如,解决无线传感器网络中的干扰问题的工作还相对较少。

无线传感器网络的加密方法主要依赖共享密钥系统,导致在密钥分配上具有挑战。虽然对密钥分配已经有很好的研究,但与公共密钥系统相比,现有的方法都有某些安全缺陷。因此,高效的公共密钥系统,如椭圆曲线算法值得进一步研究。如果一个高效的公共密钥系统可在资源严重受限的无线传感器被支持,密钥分配将变得容易得多。其结果是,诸如成对共享密钥建立、安全聚类以及身份验证等关键安全机制的设计将变得更加容易,会减少潜在失误、错误或安全协议设计中的弱点。

由于在无线传感器网络中有众多的安全威胁和系统故障,安全的基于信任的路由是必需的。然而,相关的工作非常少。研究中需要做出定义信任要求和建立信任管理系统方面的努力。为解决无线传感器网络中独特的资源限制和安全问题,从为 P2P 和 Ad Hoc 网络开发的信任管理计划进行改进是一个好的起点。

位置和时间在无线传感器网络中发挥重要的作用。没有这些信息,传感器读数会变得毫无意义。因此,在存在恶意信标节点时安全定位和节点对于位置声明的验证是需要的,值得进一步研究。

安全聚合和抗流量分析对安全地支持网内处理和保护基站是很重要的。之前在安全数据聚合和抗流量分析方面的工作相对较少。

经常被忽略的另一个重要课题是为增强安全性对传感器网络的架构进行重新设计。目前的架构需要靠近末端的单个传感器节点既作为数据源又作为路由器进行工作。通过攻击少数传感器节点,攻击者就可以控制整个网络。传感器网络的无线通信容易受到干扰。多对一的通信模式植根于当前的架构,在这种架构中传感器向一个(或几个)基站报告,这使其容易遭受很多的 DOS 攻击和流量分析。如果网络体系不那么脆弱,更安全的传感和控制就可以实现。因此,需要开发一个替代的、更安全的架构。

像 19.4 节中介绍过的,由于不同类型的无线传感器网络应用有不同的安全要求,应该根据攻击者的动机和机会考虑不同应用特定的安全上下文并优化安全方案[7-8]。这样,应用的设计者可以优化安全性及能源和其他资源的消耗,以及性能影响的成本效益比。然而,这方面的工作以前做得很少。

此外,大多数现有的无线传感器网络安全协议是通过模拟计算或受控制的实验室实验来评估的。因而,有必要在真实环境中评估它们,以评估它们对处于噪声和不可预知的真实环境中的大规模安全传感器网络的适用性。一般来说,无线传感器网络的安全性是一个相当新的研究领域,还有很多工作要做。

19.6 小结

无线传感器网络呈现了巨大的希望。它价格低廉、易于部署、自我配置。然而,正如我们已经看到的。这些优点也导致了许多安全弱点。由于能量、带宽和 mote 可以承载的计算复杂度有限,以及它们所处的典型的无法进行实体保护的开放环境,保护无线传感器网络是一个具有挑战性的课题。

尽管面临着众多的威胁,这些资源受严重约束的节点要负责数据采集、数据处理、定位、时间同步、聚合和数据转发。在传统系统中,大多数功能不是没有必要,就是或由专门的、相对保护完善的、高性能的机器处理。因此,解决安全问题对于无线传感器网络的成功是极其重要的。本章讨论了无线传感器网络中的安全问题并概述了现有的知名安全解决方案。大体来说,大量的进一步研究是必需的,因为许多无线传感器网络的安全挑战依然没有解决。

致谢:这项工作部分由 NSF 的 CNS - 0614771 资助。

名 词 术 语

拒绝服务攻击:拒绝服务攻击是任何减轻或消除网络履行其应尽职责的能力的攻击。这包括如无线电干扰或能量耗尽攻击等低级别攻击。此外,它们也包含对路由或更高级别协议的更加复杂的攻击。本章中讨论的大多数攻击都是 DoS 攻击。

HELLO flood 攻击:在此类攻击中对手发送高功率 HELLO 消息来让网络中的每个节点相信这是它们的邻居。

虫洞攻击:两个对手使用强大的发射器互相沟通,来假装它们比实际上的距离近。

天坑攻击:目标是通过操纵路由过程吸引尽可能多的流量,它们可以是任何一个选择性转发攻击的装备。

女巫攻击:对手伪装成多个节点,由于没有一个像 IP 地址的唯一标识符,这是一个弱点。

机密性:支持保密,防止窃听攻击。因为无线通信的开放广播性质,为保证机密性需要加密。

消息身份验证:验证发送者身份的加密过程。这通过使用 MAC(消息认证码)来实现。通过 MAC,接收者可以验证收到的消息是否在传送过程中已被更改或伪造。

聚合:合并冗余数据来减少需要发送的数据包数量的过程。这可以节省宝贵的能源和无线网络带宽。安全聚合需要确保聚合的结果不被假数据注入扭曲。

定位:一个节点确定自己的位置的过程。这个过程经常通过已经知道自己位置的锚节点广播它们的位置来获得帮助。安全定位使传感器节点在受损的锚节点广播虚假信标消息时也能定位。另一方面,检验者在验证定位时检查由传感器节点声明的位置是否有效。安全定位和位置验证是很重要的,因为没有位置信息,传感器读数在如目标跟踪等许多无线传感器网络应用中是没有意义的。此外,一些路由协议依赖于高精确度的位置估计。

流量分析:流量分析是检查数据包传输模式的过程。无线传感器网络中,对手可以通过分析流量模式找到基站或基站附近节点的位置。它可以联合其他的攻击者发起如聚焦基站的 DoS 攻击,来削弱网络。

习　　题

1. 为什么无线传感器网络必须能容忍对节点的攻击?
2. 我们为什么关注对手实施流量分析的能力?
3. 为什么使用链路层对称密钥方案来阻止偷听?
4. 在无线传感器网络中应用对称密钥加密系统的主要挑战是什么?
5. 在一个安全的定位机制中,主要需要解决的弱点是什么?
6. 为什么求中值是比求均值安全得多的聚合函数?
7. 流量分析攻击通常是怎么完成的?
8. 什么是信任管理系统? 它能带来什么好处?
9. 我们为什么不愿意使用过于依赖基站的安全算法?
10. 请叙述在调节阻止数据注入进攻的五阶段方案[10]过程中需要做的权衡。

参 考 文 献

1. D. J. Malan, M. Welsh, and M. Smith, A public-key infrastructure for key distribution in TinyOS based on elliptic curve cryptography, In IEEE SECON, Santa Clard, CA, 2004.
2. C. Karlof and D. Wagner, Secure routing in wireless sensor networks: Attacks and countermeasures, Sensor Network Protocols and Applications, 2003.
3. J. Deng, R. Han, and S. Mishra, Countermeasures against traffic analysis attacks in wireless sensor networks. Technical report, CU-CS-987-04, 2004.
4. R. Anderson and M. Kuhn, Tamper resistance - A cautionary note, Proc. Second Usenix Workshop Electronic Commerce, Usenix, Berkeley, CA, 1996, pp. 1–11.
5. A. Perrig, J. Stankovic, and D. Wagner, Security in wireless sensor networks, Communications of the ACM, vol. 47, no. 6, June 2004.
6. A. Wood and J. Stankovic, Denial of service in sensor networks, IEEE Computer, pp. 54–62, September 2002.
7. E. Sabbah, K. D. Kang, A. Majeed, K. Liu, and N. AbuGhazaleh, An application driven perspective on wireless sensor network security. In Q2SWinet'06, October 2, 2006.
8. E. Sabbah, K. D. Kang, N. AbuGhazaleh, A. Majeed, and K. Liu, An application-driven approach to designing secure wireless sensor networks. Wireless Communications and Mobile Computing, Special Issue on Resources and Mobility Management in Wireless Networks, vol. 8, no. 3, pp. 369–384, March 2008.
9. J. Newsome, E. Shi, D. Song, and A. Perrig, The Sybil attack in sensor networks: Analysis an defenses, In IPSN '04, Berkeley, CA, 2004.

10. S. Zhu, S. Setia, S. Jajodia, and P. Ning, An interleaved hop-by-hop authentication scheme for filtering of injected false data in sensor networks, In IEEE Symposium on Security and Privacy, Berkeley, CA, 2004.
11. P. Bahl and V. N. Padmanabhan. RADAR: An in-building RF-based user location and tracking system, In Proceedings of the IEEE INFOCOM '00, March 2000, Tel Avice, Israel.
12. N. Bulusu, J. Heidemann, and D. Estrin. GPS-less low-cost outdoor localization for very small devices, IEEE Personal Communication, 2000.
13. T. He, C. Huang, B. Blum, J. Stankovic, and T. Abdelzaher. Range-free localization schemes for large scale sensor networks, In MobiCom'03, San Diego, CA 2003.
14. R. Nagpal. Organizing a global coordinate system from local information on an amorphous computer. Technical Report A.I. Memo 1666, MIT A.I. Laboratory, August 1999.
15. D. Niculescu and B. Nath. Ad hoc positioning system (APS) using AoA, In INFOCOM '03, San Francisco, 2003.
16. D. Niculescu and B. Nath. DV based positioning in ad hoc networks, Journal of Telecommunication Systems, vol. 22, nos. 1–4, pp. 267–280, January 2003.
17. A. Savvides, C. C. Han, and M. B. Srivastava, Dynamic fine-grained localization in ad-hoc networks of sensors, In MOBICOM '01, Rome, Italy, July 2001.
18. B. H. Wellenhoff, H. Lichtenegger, and J. Collins, Global Positions System: Theory and Practice, Fourth Edition, Springer Verlag, 1997.
19. I.F. Akyildiz et al., Wireless Sensor Networks: A Survey, Computer Networks, Elsevier Science, vol. 38, no. 4, 2002, pp. 393–422.
20. R. Anderson, Security Engineering: A Guide to Building Dependable Distributed Systems, Wiley Computer Publishing, New York, 2001, pp. 326–331.
21. A. D. Wood, J. A. Stankovic, and S. H. Son, JAM: A jammed-area mapping service for sensor networks, In Real-Time Systems Symposium (RTSS), Cancun, Mexico, 2003.
22. A. D. Wood, J. A. Stankovic, and G. Zhou, DEEJAM: Defeating energy-efficient jamming in IEEE 802.15.4-based wireless networks, in the Fourth Annual IEEE Communications Society Conference on Sensor, Mesh and Ad Hoc Communications and Networks (SECON), San Diego, CA, June 2007.
23. W. Xu, W. Trappe, Y. Zhang, and T. Wood, The feasibility of launching and detecting jamming attacks in wireless networks, in Proc. of MobiHoc. ACM Press, 2005, pp. 46–57.
24. L. Eschenauer and V. D. Gligor, A key-management scheme for distributed sensor networks, In the Ninth ACM conference on Computer and Communications Security, Washington, DC, 2002.
25. A. Perrig, R. Szewczyk, V. Wen, D. Culler, and J.D. Tygar, SPINS: Security protocols for sensor networks, In MobiCom, Rome, Italy, 2001.
26. C. Karlof, N. Sastry, and D. Wagner, TinySec: A link layer security architecture for wireless sensor networks, In ACM SenSys, Baltimore, MD 2004.
27. H. Chan, A. Perrig, and D. Song, Random key predistribution schemes for sensor networks, In IEEE Symposium on Security and Privacy, May 2003.
28. C. Baslie, M. Gupta, Z. Kalbarczyk, and R. K. Iyer, An approach for detecting and distinguishing errors versus attacks in sensor networks. In Performance and Dependability Symposium, International Conference on Dependable Systems and Networks, 2006, Philadelphia, PA.
29. J. Deng, R. Han, and S. Mishra, A performance evaluation of intrusion-tolerant routing in wireless sensor networks, In Second International Workshop on Information Processing in Sensor Networks (IPSN 03), Palo Alto, CA, April 2003.
30. C. Karlof, Y. Li, and J. Polastre, ARRIVE: Algorithm for robust routing in volatile environments. Technical Report UCB//CSD-03-1233, University of California at Berkeley, Berkeley, CA, 2003.
31. K. Liu, N. Abu-Ghazaleh, and K. D. Kang, Location verification and trust management for resilient geographic routing, Journal of Parallel and Distributed Computing, Vol. 67, pp. 215–228, 2007.
32. K. Aberer and Z. Despotovic, Managing trust in a peer-2-peer information system, Proceedings of the Tenth International Conference on Information and Knowledge Management (CIKM01),

2001, pp. 310–317.
33. E. Aivaloglou, S. Gritzalis, and C. Skianis. Trust establishment in ad hoc and sensor networks. In the First International Workshop on Critical Information Infrastructure Security, 2006 (CRITIS'06), Samos Island, Greece.
34. T. Bearly and V. Kumar, Expanding trust beyond reputation in peer to peer systems, In 15th International workshop on Database and Expert Systems Applications (DEXA'04), IEEE Computer Society, 2004.
35. F. Cornelli, E. Damiani, S. Paraboschi, and P. Samarati, Choosing reputable servents in a P2P Network, In 11th International World Wide Web Conference, Honolulu, HI, May 2002.
36. Z. Liang and W. Shi, PET: A personalized trust model with reputation and risk evaluation for P2P resource sharing, In 38th Hawaii International Conference on System Sciences, Hilton Waikoloa Village, Island of Hawaii, 2005.
37. Z. Liu, A. W. Joy, and R. A. Thompson. A dynamic trust model for mobile ad-hoc networks. In Tenth IEEE International Workshop on Future Trends of Distributed Computing Systems, pp. 80–85, Suzhou, China, May 2004.
38. A. Singh and L. Liu. TrustMe: Anonymous management of trust relationships in decentralized P2P systems, In Third International Conference on Peer-to-Peer Computing (P2P'03), IEEE, 2003.
39. N. Stakhanove, S. Basu, J. Wong, and O. Stakhanov. Trust framework for P2P networks using peer-profile based anomaly technique, In 25th IEEE International Conference on Distributed Computing Systems Workshops (ICDCSW'05), IEEE, 2005.
40. Y. Wang and J. Vassileva, Trust and reputation model in peer-to-peer networks, In Third International Conference on Peer-to-Peer Computing (P2P'03), 2003.
41. Z. Yan, P. Zhang, and T. Virtanen, Trust evaluation based security solutions in ad-hoc networks, In NordSec 2003, Proceedings of the Seventh Nordic Workshop on Security IT Systems, Norway, 2003.
42. M. Fernandez-Gago, R. Roman, and J. Lopez, A survey on the applicability of trust management systems for wireless sensor networks, In Proceedings of Third International Workshop on Security, Privacy and Trust in Pervasive and Ubiquitous Computing (SecPerU 2007), pp. 25–30, 2007.
43. S. Marti, T. J. Giuli, K. Lai, and M. Baker, Mitigating routing misbehavior in mobile ad hoc networks, In Mobile Computing and Networking, Atlanta, GA, 2000.
44. S. Ganeriwal and M. B. Srivastava, Reputation-based framework for high integrity sensor networks. In Proceedings of SASN '04: Proceedings of the Second ACM Workshop on Security of Ad Hoc and Sensor Networks, pp. 66–77, New York, 2004.
45. S. Tanachaiwiwat, P. Dave, R. Bhindwale, and A. Helmy, Location-centric isolation of misbehavior and trust routing in energy-constrained sensor networks, In IEEE Conference on Performance, Computing and Communications, pp. 463–469, 2003.
46. Z. Yao, D. Kim, I. Lee, K. Kim, and J. Jang, A Security Framework with Trust Management for Sensor Networks. In Workshop of the First International Conference on Security and Privacy for Emerging Areas in Communication Networks, pp. 190–198, 2005.
47. L. Lazos and R. Poovendran. SeRLoc: Secure range-independent localization for wireless sensor networks, In the ACM Workshop on Wireless Security, San Diego, CA, 2003.
48. N. Sastry, U. Shankar, and D. Wagner, Secure verification of location claims, In the ACM Workshop on Wireless Security, San Diego, CA, 2003.
49. D. Liu, P. Ning, and W. Du. Detecting malicious beacon nodes for secure location discovery in wireless sensor networks, In The 25th International Conference on Distributed Computing Systems, Columbus, OH, June 2005.
50. D. Liu, P. Ning, and W. Du, Attack-resistant location estimation in sensor networks, In IPSN' 05, Los Angeles, CA, April 2005.
51. D. Wagner. Resilient aggregation in sensor networks, In SASN'04, Washington, DC, October 2004.
52. B. Przydatek, D. Song, and A. Perrig. SIA: Secure information aggregation in sensor networks, In Proceedings of ACM Sen-Sys, Los Angeles, CA, 2003.

53. R. C. Merkle, Protocols for public key cryptosystems. In Proceedings of the IEEE Symposium on Research in Security and Privacy, pp. 122–134, April 1980.
54. R. C. Merkle, A certified digital signature, In Proc. Crypto'89, pp. 218–238, 1989.
55. W. Conner, T. Abdelzaher, and K. Nahrstedt, Using data aggregation to prevent traffic analysis in wireless sensor networks, DCoSS, San Francisco, CA, June 2006.
56. A. Mainwaring, J. Polastre, R. Szewczyk, D. Culler, and J. Anderson, Wireless sensor networks for habitat monitoring, In WSNA, Atlanta, GA, 2002.

第 20 章　无线传感器网络中的密钥管理

在无线传感器网络中,加密是实现数据机密性、完整性和身份验证的方法。然而,为了有效加密,加密密钥需要适当的管理。首先,必要的密钥在布置传感器节点之前就需要被分配到节点。通过这样的方式,需要安全通信的任何两个或更多节点可以建立一个会话密钥。然后,会话密钥需要一次次被更新以防止生日攻击(birthday attack)。最后,如果发现任何节点被攻击,被攻击节点的密钥环需要被撤销,并且一些或所有泄露的密钥可能需要被替换。这些过程,加上支持它们所需的协议和技术,称为密钥管理。本章将探讨不同的密钥管理方案与它们各自的优点和缺点。

20.1　引言

信息保障(IA)是一组保护和防卫信息及信息系统的措施,它确保它们的可用性、完整性、验证性、机密性和不可否认性。这些措施通过整合保护、检测和反应功能来供给信息系统复原[4]。加密是保护功能的核心,为了有效加密,加密密钥需要适当的管理。我们可以将无线传感器网络的密钥管理体系分为三个主要组成部分:①密钥建立;②密钥更新;③密钥撤销。密钥建立是在需要进行安全通信的几方之间建立会话密钥。密钥更新延长密钥的有效寿命;密钥撤销确保退出的节点不再能够破译在网络上传输的敏感信息。每个组件必须存在于一个完整的密钥管理框架。对于设计一个密钥管理框架,彻底了解这些部件发挥什么样的角色以及它们如何相互整合是至关重要的。

20.2　背景

设计无线传感器网络密钥管理框架的挑战在于无线传感器网络特有的约束(表 20.1)。

当设计一个密钥管理框架时,我们基本上要同时满足安全目标和表 20.1 中的约束。我们可以根据表 20.1 提炼出几个设计原则:

表 20.1　无线传感器网络的约束及它们在安全性方面的影响

序号	约束	影响
1	节点有硬件和资源上的严重限制	节点无法执行耗能高或存储空间占有量高的算法
2	传感器节点运行时无人照看,因此很容易受到节点捕获攻击	对手可以攻击任何节点
3	传感器节点大体上对篡改没有抵抗能力	对手一旦捕获一个节点,就可以攻击这个节点的所有密钥
4	没有固定的基础设施	节点不能假定在它周围存在特定用途的节点
5	没有预先构造的拓扑结构	节点无法提前知道它的邻居是谁
6	传感器节点在开放介质中通信	文中默认所有的通信都可以被外部读写

(1) 设计准则 1　与通信相比,计算可以增大开销:一般情况下,我们不介意为了节省传输量多做一点点计算,因为通信的花销比计算高三个数量级。

(2) 设计准则 2　使用最少的公钥加密:公钥算法在传感器节点的存储空间和能量消耗依然大到难以使用。即使有必要,对公钥加密算法的使用也应保持在最低限度。

(3) 设计准则 3　弹性:严重的硬件和能源限制表明,安全性永远不应该被过分考虑。相反,通常容忍能力更胜于过激的防护策略。基于此理念,我们设计的密钥管理方案并不试图实现完全安全,而是要有弹性。

本章的目标是根据这些准则及文献中的技术前沿,介绍无线传感器网络密钥管理的组成部分。

在文献中,常常被忽视的无线传感器密钥管理的一个方面是加密协议的形式确认,也就是对这些协议的正确性或不正确性进行形式化的数学证明。在协议确认上,需要确认的最重要的两个特性是保密和验证。然而,如果我们假设入侵者可以构造无限数量的消息,或者可以有无限数量的并行任务(同一协议并行执行),那么这些问题的不可判定性是众所周知的(没有办法说清楚这些特性是否是有根据的)。一种使问题可判定的方法是限制并行任务数。使用这种策略的工作大多是基于约束求解。这一章的第二个目标是给出通过约束求解进行协议确认的入门方法,并希望在未来的无线传感器网络设计中协议确认能够成为密钥管理机制的一个集成步骤。

本章的剩余部分组织如下。作为预备,我们将首先引入用于表示加密协议的符号;其次,讨论通过使用约束求解进行协议确认;然后介绍三个组成部分,即密钥建立、密钥更新和密钥撤销。在讨论过程中提到的所有协议将使用约束求解进行确认。最后,我们将给出一个简短的结论。

20.3 用于定义协议的符号

本章使用表 20.2 中的符号定义加密协议。

表 20.2 用于表示加密协议的符号

符号	意义
$A,B,\cdots$	传感器节点 $A,B,\cdots$
$N_A,N_B,\cdots$	$A,B,\cdots$产生的随机数
K_{AB}	A 与 B 共享的密钥
$E(K,M)$	使用密钥 K 对消息 M 的加密
$\mathrm{MAC}(K,M)$	使用密钥 K 的消息 M 的消息验证码(MAC)
$\mathrm{PRF}(K,M)$	应用到明文 M 的使用密钥 K 的伪随机函数
$\Vert$	串联操作符
K'	密钥更新时替代 K 的新密钥

需要注意的是,当 $E(K,M)$ 和 $\mathrm{MAC}(K,M)$ 出现在相同的消息中时,加密协议实际上使用 K 生成的一个子密钥,而 MAC 使用另一个由 K 生成的子密钥。例如,给定一个伪随机函数 $\mathrm{PRF}(\cdot,\cdot)$ 和一个主密钥 K,加密子密钥可以生成为 $\mathrm{PRF}(K,1)$,MAC 子密钥可以生成为 $\mathrm{PRF}(K,2)$。不直接使用 K 是因为流行的 CBC 加密操作模式很容易受到生日攻击:如果使用相同的密钥来变换多于$O(2^{m/2})$的明文(见本章末问题 1 和 2),则有可能两个或更多个明文会映射到相同的密文,使得数据伪造容易发生。我们称 $O(2^{m/2})$ 为生日门限。使用不同的子密钥进行加密和验证使我们能够在达到生日门限前处理更多的明文。此外,如果相同的密钥同时用于加密和验证,则可能出现不可预知的问题。

20.4 协议确认

根据我们对攻击者模型引入的不同限制,可以用一些形式化的方法进行协议确认。如果限制并行任务的数量,我们可以用串空间模型[8]对协议进行建模,并使用约束求解有效地确认其安全性。串空间模型可以非正式地理解为

表 20. 3 中的第一列的概念到第二列的概念的映射。

表 20. 3　串空间模型

协议	串空间模型	例子
角色:主角在协议中做什么	串:一个事件序列	发起者、响应者、服务器
完整运行:对协议的完整迭代	束:一系列合法或非法的串,钩在一起,一个串发出一条消息,而另一个串接收到相同的消息。这一系列串代表一个完整的协议交换	1. 发起者→攻击者:… 2. 攻击者→响应者:… 3. 响应者→攻击者:… 4. 攻击者→发起者:…

基本上,一个协议包含彼此交换消息的角色,而在角色之间来回“飞翔”的消息可以看作串。一个束基本上是一捆交错串。系统方案是协议的带有特定结果的某些特定主角之间的假设实例。例如,我们可以指定一个系统方案,其中主角包括一个发起者、一个响应者、一个服务器,这样就可以定义它们的角色,并将结果指定为攻击者获取的任务密钥——所有这些都是我们的约束。如果能找到一个满足这些约束条件的束,我们可以说协议不符合保密要求。请注意一个事实:一个束不可能是无限的,这意味着我们不能模拟无限多个并行任务。在无线传感器网络中,主要需要满足这三种安全要求:

(1) 保密。任务密钥只能让通信节点知道。

(2) 身份验证(隐含完整性)。密钥建立协议必须以每一方正确地验证与之通信的其他方为结束。换句话说,它必须保证任何闯入者 M 不能在没有节点 A 的密钥(在密钥建立协议中使用)的情况下冒充节点 A。

(3) 抵抗重播。对角色 R 进行重播攻击的意思是未验证方引起 R 运行,即让 R 来处理重播的消息。如果 R 恰好保持每一次运行的状态,那它将保持不正确的状态。

这种方法的优点在于它可以很容易地使用 Prolog 实现。一个例子是 CoProVe[①]。这一章给出的所有用标准符号表示的协议都使用 CoProVe 确认过。

20.5　密钥建立

我们从密钥管理的第一部分开始:密钥建立。准确地讲,密钥建立是一个为了随后的加密使用将共享密钥提供给两方或多方的过程或协议。有两种类型的密钥建立协议:

① http://www. home. cs. utwente. nl/etalle/protocol_verification_TN/coprove/。

(1) 密钥传输,其中一方创建或获得一个密钥,并将其安全地传送到其他方。

(2) 密钥确认,其中双方或多方得到一个共享的密钥,这个密钥是一个由每一方(理想情况下)提供的信息的函数,这样没有任何一方可以预先确定密钥。

密钥预分配协议是一个密钥协商协议,据此建立的密钥是由初始密钥材料完全预先确定的。密钥预分配对于无线传感器网络是必不可少的,因为:①它最大限度地减少信息交换,即通信;②它不需要任何密钥分配中心(KDC)。然而,正如我们将要看到的,密钥预分配不是唯一的在无线传感器网络中使用的密钥建立技术,因为由于传感器节点的资源限制,我们很少能预分配足够的密钥材料,使得任何一对的节点能够建立一个任务密钥。后面将介绍一些密钥预分配机制。

在无线传感器网络中,密钥建立需要支持这些基本的通信模式:①全局广播;②区域广播;③单播。因此,将在支持这些通信模式的背景下讨论密钥建立协议。请注意,对于每一种模式,我们在理论上可以使用对称密钥加密或者公钥加密技术,其限制了我们使用对称密钥加密。下面将讨论如何建立密钥以支持三种基本的通信模式。

20.5.1 全局广播

在一个全局广播中,节点(发送方)拟广播消息给网络中的所有其他节点(接收方)。安全目标是确保消息从发送方到接收方的完整性、真实性和保密性。发送方不能与所有接收方共用一个密钥,因为任何接收方都可以伪造消息。发送方也不能与每个接收方共享一个不同的密钥,因为这样的方案是不可伸缩的——发送方需要播出由信息相同但密钥不同的多个加密组成的一个大消息。相反,完整性和身份验证的标准方案是 μTESLA(时控、高效、流式、容失的验证协议的"微型"版)[14]。

为了启动协议,发送方首先生成一个单向密钥链($K_1,K_2,\cdots,K_n$),其中 $K_i=H(K_{i+1}),i=1,\cdots,n-1,H(\ )$是抗碰撞的散列函数,并将密钥链的根 K_1 安全地分配到接收方。K_1 称为密钥链的保证。为使这个协议正常工作,发送方和接收方必须同步它们的时钟。发送方和接收方将时间分成间隔。当发送方在时间间隔 i 广播一条消息 M_i,发送方总是将 $\mathrm{MAC}(K_i,M_i)$附加到 M_i。直到 δ 时间间隔后,当发送方播出 K_i时,接收方才能验证 M_i(图 20.1)。如果满足:①存在一个密钥 $K_j=H^{-1}(K_i),1\leqslant j<i$;②$K_i$产生 $\mathrm{MAC}(K_i,M_i)$,接收方成功地验证发送方。需要注意的是 μTESLA 的安全性在于如下事实:由于抗碰撞散列函数的"单向性",攻击者无法按($i,i+1,i+2,\cdots$)的递增顺序再生密钥链。以下是关

于 μTESLA 的细节:

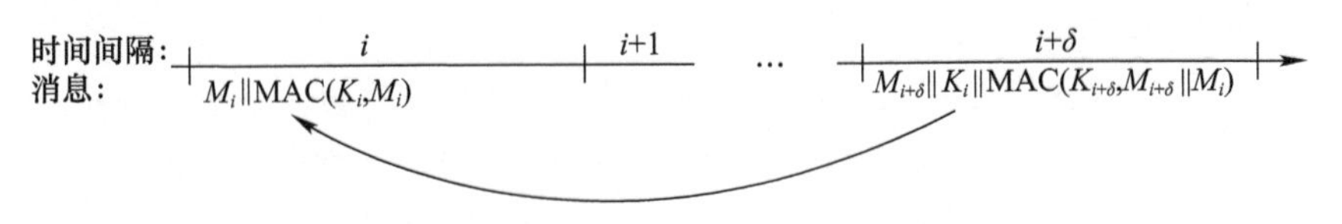

图 20.1　密钥根据 SPINS 中的一个步骤发布

(1) 发送方时钟和接收方时钟应该同步到何种程度?

如果发送方和接收方知道最大时间同步误差,它们只需要大致被同步。

(2) 时间间隔应该多长?

一个时间间隔应该足够允许一个消息到达网络的所有接收方。

(3) δ 应该多大?

建议最低是 2,因为需要一个时间间隔将消息全部传播到所有的接收方,一个间隔作为时间缓存(此缓存必须比 2 倍的最大时间同步误差大[7]),另一个间隔发送对应的密钥。在实践中,δ 通常是很小的,因为传感器节点在等待验证密钥时可用于缓存消息的存储空间非常小。

(4) 密钥链应该多长?

密钥链需要尽可能长的同时,传感器节点却只有有限的存储。显而易见的策略是存储一些密钥链的中间密钥,并根据这些存储的密钥连续运用散列函数生成其余的密钥。到目前为止最好的算法需要$(m+1)\left(n^{\left(\frac{1}{m+1}\right)}-1\right)$个存储单元来存储中间密钥,其中 n 是密钥链的长度,m 为散列函数产生一个密钥需要的计算数目[9]。但是,这个算法背后的假设为 $n \leqslant m^{m+1}$,所以为免 n 太小,m 不能太小。但 m 也不能过大,因为这将增加能源消耗和延迟。

因为密钥随着消息被分配,μTESLA 本身不能提供保密性。在这方面,全局密钥通常与 μTESLA 一起使用来提供数据的保密性。

20.5.2　区域广播

做区域广播时,节点(发送方)拟广播消息给它所有的邻居(接收方)。安全目标是确保消息从发送方到接收方的完整性、真实性和保密性。和前面一样,可以使用 μTESLA 提供完整性和验证功能,以及一个集群密钥(一个节点和它的邻居共享的密钥)来提供保密性。或者,可以放松时间同步的要求,因为接收方与发送方只有一个跳距。以下描述的协议最初被设计用于被动参与——一个数据通信范式,其中节点在听到它的邻居发射类似自己发送的数据时会抑制自己的传输。这种协议本质上是 μTESLA,与集群密钥一起使用,但没有密钥公开的步骤。在这种协议中,如在 μTESLA 一样,发送方向接收方

(亦称发送方的邻居)分配其密钥链的保证和一个集群密钥[15]。使用这个密钥组合的理由如下:

(1) 如果只使用密钥链,密钥链中的密钥就必须在集群中广播,在没有时间间隔差异的情况下,一个集群外的攻击者将能够使用这些密钥伪造消息。

(2) 如果只使用集群密钥,发送方的身份将无法验证。

(3) 但是如果一起使用,集群密钥一方面可用于加密消息,另一方面可以对外部隐藏密钥链密钥。同时,密钥链密钥可以用来进行身份验证。

这个协议的缺点是,一个集群内的攻击者仍然可以给其他接收方伪造消息。注意,该协议不适合全局广播,因为全局广播传播不止一个跳距,且缺少时间间隔,会允许一个恶意的上游接收方伪造消息到下游接收方。

20.5.3 单播

单播是一对一的通信。安全目标是确保两个通信节点之间消息的完整性、真实性和保密性。用 A 和 B 表示两个节点。我们只处理 A 和 B 是邻居的情况,因为当 A 和 B 之间有多个跳距,通常依次可以保证单跳的安全。我们的目标是建立一个 A 和 B 之间的任务密钥,这在无线传感器网络文献中称为成对密钥。

20.5.3.1 随机密钥预分配

建立成对密钥的流行策略是随机密钥预分配(RKP)(又称概率密钥共享)。总的想法是准备密钥材料池,称作密钥池,并向每个传感器节点分配一个尺寸固定的密钥材料子集,这个子集是从密钥池中随机选择出来的。属于一个节点的密钥材料称为这个节点的密钥环。用 P 和 K 分别表示密钥池和密钥环的尺寸,两个相邻的具有潜在不同密钥池子集的节点只能以一定的与 P 和 K 相关的概率建立成对密钥。也就是说,一个节点可能无法安全地连接到它的所有邻居。然而通过调整 P 和 K,能够使网络具有安全连接的概率提高。

在 RKP 中,两个节点建立任务密钥的过程是这样的:当一个节点被添加到网络中,通过广播它所拥有密钥的标识符列表,节点发起共享密钥发现。邻居用它们的密钥标识符列表回复。通过对比列表,新节点和它的邻居发现它们共享的密钥。接着从共享密钥衍生出任务密钥,例如通过将 PRF 应用到共享密钥的 XOR。这种方法的缺点是:它允许攻击者找出节点持有哪些密钥,给了攻击者进行策略性攻击的空间。另一种方法是,不再为一个节点随机选择密钥材料,而是根据一个 PRF 的结果来挑选密钥材料。例如,节点 A 的第 i 个密钥的索引通过 $\mathrm{PRF}(K_s, A \parallel i) \bmod P$ 给出,其中 K_s 为由所有节点共享的密钥。使用本方法,一个节点可以仅仅通过它的邻居 ID 确定其邻居密钥的索引。

根据使用的“密钥材料”,可以形成 RKP 的不同实例:

(1) 对称密钥[6]:最简单的情况是使用对称密钥作为密钥材料。在这种情况下,每个节点都从含 P 个密钥的密钥池中随机选择 K 个密钥。当一个节点 A 被攻破,A 的密钥可被用来攻击其他不涉及 A 的安全信道,因为密钥可能也存放在 A 的通信范围外一些其他节点中。

(2) 多项式[11]:在这种情况下,密钥池包含伽罗华域 GF(q)上的 P 个对称的 t - degree 二元多项式,即含有 $f(x,y) = \sum_{i,j=0}^{t} a_{ij}x^i y^j$ 形式的多项式的多项式池,其中 $a_{ij} = a_{ji}$;$a_{ij},x,y \in \mathrm{GF}(q)$,$q$ 是一个比节点的数目大得多的素数(问题 9)并且至少有所需的密钥长度那样长。用 $\{f_1(x,y),\cdots,f_p(x,y)\}$ 表示这组多项式。每一个节点 A 通过从 $\{1,\cdots,P\}$ 中随机地选择 $i_1,i_2,\cdots,i_K$,选择了 K 个多项式份 $f_{i1}(A,y),\cdots,f_{iK}(A,y)$。通过共享密钥发现,$A$ 和 B 可以找出它们共有的多项式。如果多项式是 $f_1(x,y)$,分别通过计算 $f_1(A,B)$ 和 $f_1(B,A)$,A 和 B 可以与对方建立一个任务密钥。当节点 A 被攻破,A 的多项式份 $f_{i1}(A,y),\cdots,f_{iK}(A,y)$ 仅可以用来攻击涉及 A 的安全信道,除非攻击者设法攻击共享多项式 $(t+1)$ 个份。

(3) 矩阵[5]:在这种情况下,密钥池包含伽罗华域 GF(q)上 P 个 $N \times (t+1)$ 矩阵 $M_1,M_2,\cdots,M_P$,其中 N 是预期网络总节点的数,t 是一个安全参数,q 是比 N 大得多的素数并且至少有所需的密钥长度那样长。矩阵通过三个步骤生成:第一步,使用 GF(q)的一个本原元素 s 生成伽罗华域 GF(q)上的 $(t+1) \times N$ 的范德蒙型矩阵 $\boldsymbol{G}$,即

$$\boldsymbol{G} = \begin{bmatrix} 1 & 1 & 1 & \cdots & 1 \\ s & s^2 & s^3 & \cdots & s^N \\ s^2 & (s^2)^2 & (s^3)^2 & \cdots & (s^N)^2 \\ \vdots & \vdots & \vdots & & \vdots \\ s^t & (s^2)^t & (s^3)^t & \cdots & (s^N)^t \end{bmatrix}$$

第二步,生成 P 个 $(t+1) \times (t+1)$ 随机对称矩阵 $\boldsymbol{D}_1,\boldsymbol{D}_2,\cdots,\boldsymbol{D}_p$。第三步,也是最后一步,最终的矩阵为 $\boldsymbol{M}_1 = (\boldsymbol{D}_1 \cdot \boldsymbol{G})^{\mathrm{T}},\boldsymbol{M}_2 = (\boldsymbol{D}_2 \cdot \boldsymbol{G})^{\mathrm{T}},\cdots,\boldsymbol{M}_p = (\boldsymbol{D}_p \cdot \boldsymbol{G})^{\mathrm{T}}$。

$\boldsymbol{G}$ 有以下有用的性质:(1)由于 s 是一个本原元素及 $N<q$, $s,s^2,\cdots,s^N$ 都是独一无二的,并且可以作为传感器的 ID;(2)G 的任何 $(t+1)$ 列都是线性无关的。下面是分配到第 j 个节点的:(1)$\boldsymbol{G}$ 的第 j 列,记为 $G(j)$;(2)$M_{i1},M_{i2},\cdots,M_{iK}$ 的第 j 行,记为 $M_{i1}(j),M_{i2}(j),\cdots,M_{iK}(j)$,其中 $i_1,i_2,\cdots,i_K$ 从 $\{1,\cdots,P\}$ 中随机选择。因此,从理论上,每个节点要存储 1 个矩阵列和 K 个矩阵行。但在实践中,每个节点只需要存储分配给它的列和 K 个矩阵行的第二个元素,因为所

有同一列的元素，只是此列第二个元素的不同次方。例如，第一个节点存储 s 时，第二个节点存储 s^2，依此类推。通过共享密钥发现，节点 i 和 j 可以找出它们共有的矩阵。如果该矩阵为 $\boldsymbol{M}_1$，则 i 和 j 可以通过首先分别向对方公开列 $G(i)$ 和 $G(j)$ 来彼此建立一个任务密钥；然后分别计算出密钥 $M_1(i)G(j)$ 和 $M_1(j)G(i)$。需要注意的是，$\boldsymbol{M}_1\boldsymbol{G}=\boldsymbol{G}^{\mathrm{T}}\boldsymbol{D}_1^{\mathrm{T}}\boldsymbol{G}$ 是对称的，因此 $M_1(i)G(j)=(M_1G)_{ij}=(M_1G)_{ji}=M(j)G(i)$，即节点 i 和 j 能够获得相同的任务密钥。当节点 j 被攻破，节点 j 的矩阵行 $M_{i1}(j),M_{i2}(j),\cdots,M_{iK}(j)$ 只可以用于危害涉及节点 j 的信道的安全，除非攻击者设法破坏 M_{i1} 或 M_{i2} 或…或 M_{iK} 的 $(t+1)$ 行，因为 M_{i1} 或 M_{i2} 或…或 M_{iK} 的任何 $(t+1)$ 行是线性无关的。

现在考虑这样一个情况：A 和 B 不共享任何密钥，但各自都有一个到共同的邻居 S 的安全链路。在这种情况下，A 和 B 仍可以建立一个任务密钥，此时 S 将作为一个可信的第三方。下面的密钥交互协议可用来建立经由 S 的 A 和 B 之间的任务密钥 K_{AB}[14]：

协议 1

$A \to B: N_A \parallel A$

$B \to S: N_A \parallel N_B \parallel A \parallel B \parallel \mathrm{MAC}(K_{BS}, N_A \parallel N_B \parallel A \parallel B)$

$S \to A: E(K_{AS}, K_{AB}) \parallel \mathrm{MAC}(K_{AS}, N_A \parallel B \parallel E(K_{AS}, K_{AB}))$

$S \to B: E(K_{BS}, K_{AB}) \parallel \mathrm{MAC}(K_{BS}, N_B \parallel B \parallel E(K_{BS}, K_{AB}))$

$A \to B: \mathrm{Ack} \parallel \mathrm{MAC}(K_{AB}, \mathrm{Ack})$

协议 1 已经由 CoProVe 检验：①K_{AB} 有安全的保密性；②A 和 B 之间的相互验证是安全的；③对在 S 上的重播攻击安全[10]。

20.5.3.2 LEAP +

RKP 之外的另一个选择，作为 LEAP + 的一部分，如下：

(1) 首先，给每个节点嵌入一个初始密钥 K_{IN}。

(2) 在启动时，每个节点 A 获得它自己的主密钥 $K_A=\mathrm{PRF}(K_{\mathrm{IN}},A)$，并设置其计时器在 $T_{\min}$ 之后报时。$T_{\min}$ 为攻击者攻击一个节点的最小时间的估计值。A 发送包含其 ID 的 HELLO 消息。

(3) 只要计时器还没报时，如果 A 从邻居 B 听到 HELLO 消息，它会生成成对密钥 $K_{BA}=\mathrm{PRF}(\mathrm{PRF}(K_{\mathrm{IN}},A),B)$，并承认 B。如果相反，B 首先收到并回复 A 的 HELLO 消息，成对密钥为 $K_{AB}=\mathrm{PRF}(\mathrm{PRF}(K_{\mathrm{IN}},B),A)$。

(4) 当定时器报时，K_{IN} 将从内存中被擦除。

然而，该方案只是对静态网络很有用，因为 K_{IN} 被删除后，一个节点不能再生成成对密钥。

20.5.3.3　EBS

不相容基系统(EBS)[12]是以对称密钥为基础的 RKP 的一种变化。与从 P 个密钥中随机选择 K 个不同,EBS 从 P 个密钥中为每个节点选择独一无二的 K 个密钥,所以只有 $P!/[K!(P-K)!]$ 个选择,且最多只能有 $P!/[K!(P-K)!]$ 个节点。通过选择一个 $K>P/2$,EBS 确保每对节点共享至少一个密钥,从而保证网络处于连接状态。该方案的缺点在于,当一个节点被攻击,仅有 $P-K$ 个密钥,或少于密钥池一半的密钥仍完好无损。正因为如此,一个使用 EBS 的无线传感器网络经常划分成集群,每个集群配有不同的密钥池,以使整个系统对节点捕获更有抵抗力。

20.6　密钥更新

如前面提到的,不同的子密钥被用于加密和验证,因为这可以较慢达到生日门限,但生日门限终将被达到。进一步延缓达到生日门限的解决方案是密钥更新,即周期性更新共享密钥的过程,以提高生日门限(在有关加密的文献中一般“密钥更新”和“密钥重设”不做区别地使用,但我们为密钥撤销之后的过程保留“密钥重设”这个叫法)。有两个主流的方法[1]:

(1) 并行密钥重设。我们从密钥 $K_{enc,0}$ 和 $K_{mac,0}$ 开始。第 i 个($i=1,2,\cdots$)更新的密钥为 $\mathrm{PRF}(K_{enc,0},i)$ 和 $\mathrm{PRF}(K_{mac,0},i)$。注意:$K_{enc,0}$ 和 $K_{mac,0}$ 可以由相同的主密钥 K_0 通过 $\mathrm{PRF}(K_0,1)$ 和 $\mathrm{PRF}(K_0,2)$ 生成。

(2) 串行密钥重设。我们从密钥 K_0 开始。首先被更新的密钥是 $\mathrm{PRF}(K_0,1)$ 和 $\mathrm{PRF}(K_0,2)$,分别用于加密和 MAC。第 i 个($i=2,3,\cdots$)更新的密钥是 $\mathrm{PRF}(\underbrace{\cdots\mathrm{PRF}}_{i-1\text{times}}(K_0,\underbrace{0)\cdots,0)}_{i-1\text{times}},1)$ 和 $\mathrm{PRF}(\underbrace{\mathrm{PRF}\cdots\mathrm{PRF}}_{i-1\text{times}}(K_0,\underbrace{0)\cdots,0)}_{i-1\text{times}},2)$,分别用于加密和 MAC。

这些方法的优点如下。假设密钥长度为 k。如果任务密钥不更新,生日门限为 $2^{k/2}$。如果任务密钥每 $2^{k/3}$ 个函数调用更新一次(这里的“函数”是加密或 MAC),任务密钥在生日攻击可能成功之前可被刷新 $2^{k/3}$ 次。换句话说,生日门限从 $2^{k/2}$ 增加至 $2^{2k/3}$。

对于无线传感器网络,串行密钥重设是首选,因为在并行密钥重设中,计数器 i 和密钥 K_0 需要被存储,并且如果一个节点被攻破,这些信息将允许攻击者生成未来的密钥及所有过去的密钥。也就是说,并行密钥重设不提供前向安全性。另一方面,在串行密钥重设中,只有 $\mathrm{PRF}(\underbrace{\cdots\mathrm{PRF}}_{i-1\text{times}}(K_0,\underbrace{0)\cdots,0)}_{i-1\text{times}},0)$ 需要被存储,并且因 PRF 的不可逆性,这不允许任何过去的密钥被再生。

20.7 密钥撤销及重设

密钥撤销是在原定的到期时间前从使用中将密钥撤销的过程，当发生了例如节点被捕获这种情况时，需要施行密钥撤销。当发现一个节点被攻击，一个密钥撤销列表将被构建，并使用 μTESLA 向整个网络广播。该列表包含被攻击节点的 ID，以及节点密钥的索引（可选）——这些密钥从密钥池来，且有一个如前述的基于节点 ID 计算这些索引的机制，这样使得密钥索引是可知的。

撤销密钥的过程通常伴随着密钥重设。出于这一点，有效密钥撤销的主要挑战是如何做到有效密钥重设。让我们考虑节点捕获情况下需要更换的密钥的类型（图 20.2）。

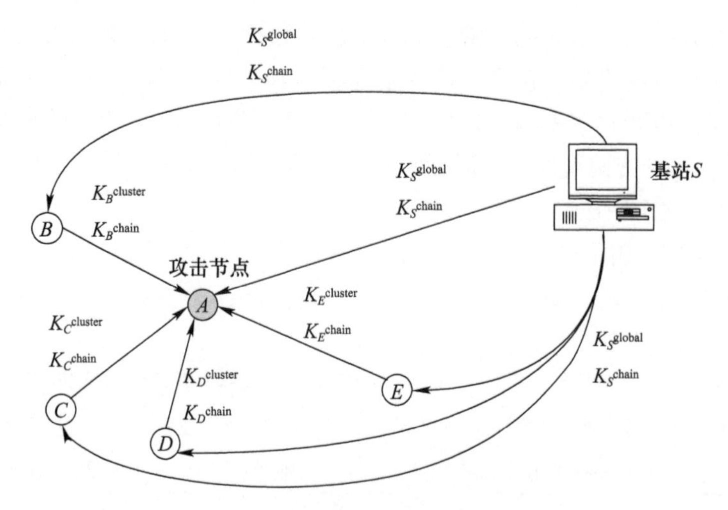

图 20.2　在节点 A 被攻击前分配的密钥；K_v^{global}，K_v^{chain}，$K_v^{cluster}$ 分别代表全局密钥、密钥链保证和由节点 v 分配的集群密钥

（1）全局广播密钥。如果系统使用 μTESLA，则被攻击的节点一定存储了由基站分配的密钥链保证 K_S^{chain}，但攻击者无法恢复对应于 K_S^{chain} 的密钥链，所以未受攻击的节点不需要更换它们保存的 K_S^{chain}。我们已经说过一个 μTESLA 密钥链只支持基站消息的验证。为提供 S 的广播消息的机密性，全局密钥 K_S^{global} 是必要的。如果被攻击节点存储了 K_S^{global}，那么未受攻击的节点的 K_S^{global} 需要被替换。

（2）区域广播密钥。如果系统被动参与，那么受攻击节点 A 肯定已经将它的集群密钥 $K_A^{cluster}$ 和密钥链保证 K_A^{chain} 分配给了它的邻居，并且已经从邻居收集了集群密钥和密钥链保证,分别记为 K_v^{cluster} 和 K_v^{chain}($v \in A$ 的邻居)。每一个 A 的邻居 v,应清除 K_A^{cluster} 和 K_A^{chain},以及再生并向邻居再分配 K_v^{cluster} 和 K_v^{chain}。请注意,与 K_S^{chain} 不同,K_v^{chain} 需要更新,因为如果没有密钥发布机制,利用一个已泄露的 K_v^{cluster},攻击者可以使用 K_v^{cluster} 伪造消息(此弱点已经提到过)。

(3) 单播密钥。成对密钥是单播密钥。有两种情况:或者泄露的成对密钥仅用于涉及退出节点的安全信道,或者密钥可能实际上在网络的其他任何地方为不涉及退出节点的安全信道所使用。第一种情况适用于基于多项式的 RKP、基于矩阵的 RKP 和 LEAP + ;第二个情况适用于基于对称密钥的 RKP 和 EBS,因为后面这些机制的密钥潜在地由分布在整个网络的所有节点共享(所有这些机制在上一节中提到过)。对于 EBS,密钥重设是必不可少的,因为每个节点包含多于一半密钥池的密钥。对于基于对称密钥的 RKP,密钥重设不那么紧迫,因为在这种情况下,一个节点的密钥环通常比密钥池尺寸要小得多。因此,只要密钥池中泄露的密钥(简称"受攻击池密钥")被正确地撤销,该网络应该只是连接性降低(只计算安全链接)。

现在,要被替换的密钥类型是已知的,接下来需要考虑的问题是如何生成新的密钥并分配到目标节点。乍一看,似乎有大量的安全组通信文献提供了更新全局密钥的技术。然而,这些技术无法很好地运用到无线传感器网络中,主要是因为它们不考虑密钥运输的多跳特性。此外,对于无线传感器网络,逻辑上的第一步是更新受攻击池密钥,因为池密钥是被用来推导成对密钥的,而成对密钥用于传输其他密钥。下面描述该密钥重设过程:

(1) 新池密钥可以集中地由一个基站产生或由一个分布式的方式产生[12]。在后一种策略中,一些节点的任务是产生某些特定密钥,例如,第 i 个节点产生第 i 个池密钥。不论哪种方法,问题都是把新密钥给到正确的节点。如前所述,密钥重设对 EBS 是必不可少的。当一个节点被攻破,密钥池中 P 个密钥中的$P-K$个保持安全,且所有未受攻击的节点都必须有这 $P-K$ 个密钥中至少一个(这不是 RKP 机制的情况!)。假设泄漏的密钥为 $K_1, \cdots, K_m$。对于每一个完整的密钥 $K_i(i=m+1, \cdots, P)$,消息 $E(K_i, E(K_1, K_1') \parallel \cdots \parallel E(K_m, K_m'))$ 被生成并通过 μTESLA 广播到网络中。然后每个节点将能够更换其泄露的密钥并与邻居推导出新的成对密钥。另一方面,对于基于对称密钥的 RKP,更换受攻击池密钥并不特别重要,且实际上执行起来没有效率。在这个方案中,受攻击节点的邻居从它们的系统中清除泄露的密钥并与它们各自的邻居重新建立成对密钥。

(2) 新的集群密钥由被攻击节点的邻居们产生。例如在图 20.2 中,节点 B

将产生一个新的 $K_B^{cluster}$ 和一个新的 K_B^{chain} 并将它们发送到它的邻居,与新的成对密钥加密。

(3) 新的全局密钥由基站产生并随后被广播到网络。基站 S 将执行以下操作[15]:

① S 生成新的全局密钥 K_g'(图 20.2 中 K_S^{global} 的简写)。

② S 使用 μTESLA 向网络广播 K_g'的散列 $h(K_g')$。一切网络中的节点缓存 $h(K_g')$。这个散列稍后将用来检验 K_g'。

③ S 用它的集群密钥对 K_g'加密并广播到邻居。邻居们分别利用它们较早前接获的散列 $h(K_g')$ 检验 K_g'。S 的邻居接下来用它们的集群密钥重新加密 K_g'并将重新加密过的 K_g'广播给它们各自的邻居。该过程持续进行,直到 K_g'到达网络中的每个节点。通过优化底层路由协议,这个扩散过程可更有效率,但协议的原理是相同的。

20.8 从业者指南

对于当前一代的节点来说,区域广播安全化通常来讲代价太大。首要应该对查询广播、数据汇聚传输和邻居到邻居的单播进行安全防护。这意味着一个节点应该至少存储一个和基站共享的独一无二的密钥、一个由基站分配的 μTESLA 保证,以及一组分别与不同的邻居共享的成对密钥。

20.9 未来的研究方向

将密钥管理与无线传感器网络的其他组件集成是最具挑战性的任务。例如,高能效的密钥管理体系应该为底层的路由协议优化,反之亦然。安全数据聚合也需要被考虑在内。同时,现有的组成部分可以进一步改善。事实上,基于多项式和基于矩阵的 RKP 可以进一步一般化[13],密钥重设对于基于对称密钥的 RKP 实际上是很困难的。最重要的是,永恒的追求是降低密钥管理的资源需求。

20.10 小结

密钥管理是无线传感器网络安全的核心领域之一。我们的做法是将密钥管理架构分为三个部分——密钥建立、密钥更新以及密钥撤销,并介绍每个部分的组件。此外,我们还介绍了作为检验密钥管理协议安全性的一种工具,即约束求解。未来的密钥管理体系结构可以基于这些组件来设计,并使用约束求解作为检验工具。

名 词 术 语

生日攻击:一种对加密的攻击。这种攻击基于如下观察:对一个输出均匀分布的函数 $H()$ 经过 $O(n^{1/2})$ 次评估后,有超过 50% 的机会产生碰撞,即找到两个参数 x_1 和 x_2 使得 $H(x_1)=H(x_2)$。

密码块链接(CBC):通过加密算法定义的加密操作模式:

① 将消息 M 分成 n 个尺寸为 l 的块 $M_1, M_2, \cdots, M_n$;

② 随机选择 $C_0 \in \{0,1\}$ (C_0是初始向量);

③ For $i \leftarrow 1$ to n, do $C_i = E(K, M_i \oplus C_{i-1})$;

④ 返回 $C_0 C_1 \cdots C_n$。

加密操作模式:加密多个消息块的范式。独立地将块 $M_1, M_2, \cdots, M_n$ 加密为 $E(K, M_1), E(K, M_2), \cdots, E(K, M_n)$ 的范式称为电子码本(ECB)模式。ECB 是不安全的,因为一个对手可以通过任意地重新排列、重复或省略原来的密文块,构建符合逻辑的密文。更安全的操作模式添加随机性到依赖于先前块的每个块,使得流中的两个相同的块具有不同的加密。

集群密钥:一个节点和它的邻居之间共享的密钥。

抗碰撞散列函数:

满足如下属性的单向散列函数 $H()$:不可能通过计算找到使 $H(x)=H(x')$ 的 x 和 x'(选择的自由使得寻找碰撞比寻找前像更容易,所以满足这个属性的函数比不满足的函数更安全)。

汇聚传输:与多播相反的一种传输模式,其中消息流汇聚于一个中心点。

有限域:伽罗华域。

伽罗华域:阶有限的域。域是一个由满足如下域公理的两个二元运算符(和运算)和 · (积运算)定义的集合:

性质	+	·
恒等性	存在,用 0 表示	存在,用 1 表示
逆运算	存在,表示为 $-a$	存在,表示为 a^{-1}
结合律	$(a+b)+c=a+(b+c)$	$(a \cdot b) \cdot c = a \cdot (b \cdot c)$
交换律	$a+b=b+a$	$a \cdot b = b \cdot a$
分配律	$a \cdot (b+c)=(a \cdot b)+(a \cdot c)$	

模素数的整数、实数、有理数等都是例子。

全局密钥:由网络中的所有节点共享的密钥。

消息验证码(MAC):从密钥和消息生成的代码,在接收方与发送方共享密钥时让消息的接收方对消息进行验证,以确保没有被窜改且确由发送方发送而来。

单向散列函数:满足如下性质的散列函数 $H()$,即

① 前像抵抗性:对于 y,无法计算满足 $H(x)=y$ 的 x。

② 二阶前像抵抗性:对于 x,无法计算满足 $H(x)=H(x')$ 的 x'。

成对密钥:在范围内的一对节点之间共享的密钥。

本原元素:如果有最小的 i 使得 $g^i \equiv 1 \bmod m$ 为 m,则 g 为 m 的本原根。

本原根:见本原元素。

伪随机函数(PRF):一个映射 $\{0,1\}^k \times \{0,1\}^l \rightarrow \{0,1\}^m$,其中 k 是密钥的长度,l 是输入的长度,m 是输出的长度。在这个映射中,没有能够明显区别一个从伪随机函数族选择的函数和一个真正的随机函数的概率多项式时间算法。

习　　题

1. 生日攻击从生日悖论而来,在一个至少 23 人的小组中,有超过 0.5 的机会有人有相同的生日。证明在一个从 n 个前像到 r 个图像的映射中,两个或更多个前像映射到相同的图像的概率大于 $1-e^{-(n^2-n)/(2r)}$。

2. 用 m 表示一个 PRF 的块大小,以使可能的 PRF 输出块的总数为 2^m。用 2^m替代习题 1 中的 r,证明当 $n>2^{m/2}\sqrt{2\ln 2}$,两个或更多的明文映射到相同的密文的概率 >0.5。因此,生日门限为 $O(2^{m/2})$。

3. 假设一个基站每分钟做一次验证的广播,且网络将持续 3 年。如果使用 Kim 的算法实现 μTESLA,最低内存要求是什么?

4. 在基于对称密钥的 RKP 中,两个节点如果至少共享一个密钥,它们只能建立一个任务密钥。给定密钥池大小 P 和密钥环大小 K,计算两个节点能够建立一个任务密钥的概率 P_s。

5. 继续前面的练习,设网络的大小为 n,每个节点有 d 个邻居,求网络能够建立安全链接的近似概率? 提示:当网络进行链接时,一个节点至少要安全地连接到一个邻居。

6. 扩展基于对称密钥的 RKP,如果两个节点共享至少 q 个密钥,我们可以强制它们只能建立一个任务密钥。这个机制被称为 q - 复合 RKP[3]。给定密钥池大小 P 和密钥环大小 K,计算两个节点能够建立任务密钥的概率 P_s。

7. 继续前面的练习,如果 x 个节点受到攻击,两个未受攻击的节点之间的

安全链接被攻击的概率是多少？

8. 在 RKP 机制的许多提案中，无线传感器网络被建模为随机图。一个随机图 $G(n,p_s)$ 是具有 n 个顶点（传感器节点）的图形，图形的边（安全链接）在任意两个顶点之间存在的概率由一个概率为 P_s 的硬币投掷独立决定[2]。如果 P_s 为零，则图形是断开的，如果 P_s 为 1，图形是完全连接的，所以必须存在一定的 P_s 值使得图形几乎是完全连接的。尽管随机图引起关于连接性的直觉是正确的，随机图模型 $G(n,p_s)$ 不能代表无线传感器网络的真正本质，为什么？

9. 在基于多项式的 RKP 中，q 必须远大于传感器的数量，为什么？

10. 在初始提案[14]中，协议 1 不包括最后的传输，但为什么最后传输是必要的？在 A 和 B 不需要是邻居这个意义上，协议 1 最初被提议作为 A 和 B 通过可信第三方 S 建立一般密钥的协议。在这个设定中，有什么潜在问题？

参考文献

1. Abdalla M, Bellare M (2000) Increasing the lifetime of a key: A comparative analysis of the security of rekeying techniques. In: Advances in Cryptology – ASIACRYPT 2000, volume 1976 of LNCS, pp. 546–565. Springer, New York, NY.
2. Bollobás B (1985) Random Graphs. Academic, New York, NY.
3. Chan H, Perrig A, Song D (2003). Random key predistribution schemes for sensor networks. In: Proceedings of the 2003 IEEE Symposium on Security and Privacy. IEEE Computer Society, Washington, DC.
4. CNSS (2006) National Information Assurance (IA) Glossary, CNSS Instruction No. 4009, revised June 2006. http://www.cnss.gov/Assets/pdf/cnssi 4009.pdf.
5. Du W, Deng J, Han YS, Varshney PK, Katz J, Khalili A (2005) A pairwise key predistribution scheme for wireless sensor networks. ACM Transactions on Information and System Security, 8(2):228–258.
6. Eschenauer L, Gligor VD (2002) A key-management scheme for distributed sensor networks. In: Proceedings of the Ninth ACM conference on Computer and communications Security, pp. 41–47. ACM, New York, NY.
7. Hu Y-C, Perrig A, Johnson D (2002) Ariadne: a secure on-demand routing protocol for ad hoc networks. In: Proceedings of the Annual International Conference on Mobile Computing and Networking, pp. 12–23. ACM, New York, NY.
8. Javier ThayerFabrega F, Herzog JC, Guttman JD (1998) Strand spaces: Why is a security protocol correct? In: Proceedings of The 1998 IEEE Symposium on Security and Privacy, pp. 160–171. IEEE Computer Society, Washington, DC.
9. Kim S-R (2005) Scalable hash chain traversal for mobile devices. In: Computational Science and Its Applications – ICCSA 2005, volume 3480 of LNCS, pp. 359–367. Springer, New York, NY.
10. Law YW, Corin R, Etalle S, Hartel PH (2003) A formally verified decentralized key management architecture for wireless sensor networks. In: Proceedings of the Fourth IFIP TC6/WG6.8 International Conference on Personal Wireless Communications (PWC 2003), volume 2775 of LNCS, pp. 27–39. Springer, New York, NY.
11. Liu D, Ning P, Li R (2005) Establishing pairwise keys in distributed sensor networks. ACM Transactions on Information and System Security, 8(1):41–77.
12. Moharrum M, Eltoweissy M, Mukkamala R (2006) Dynamic combinatorial key man-

agement scheme for sensor networks. Wireless Communications and Mobile Computing, 6(7):1017–1035. Wiley, New York, NY.
13. Padró C, Gracia I, Molleví SM, Morillo P (2002) Linear key predistribution schemes. Design, Codes and Cryptography, 25:281–298.
14. Perrig A, Szewczyk R, Wen V, Culler D, Tygar JD (2001) SPINS: Security protocols for sensor networks. In: Proceedings of the Seventh Annual International Conference on Mobile Computing and Networking, pp. 189–199. ACM, New York, NY.
15. Zhu S, Setia S, Jajodia S (2006) LEAPC: Efficient security mechanisms for large-scale distributed sensor networks. ACM Transactions on Sensor Networks, 2(4):500–528.

第21章　无线传感网络中的安全数据聚合

构建“智能”传感网络的最大好处是传感器可以在数据被送往数据使用者之前对数据进行处理。通常处理方式是将数据聚合为一个更紧凑的形式,称为一个聚合,并将聚合发送给数据使用者。处理过程中主要的安全挑战在于:①防止遭受 Byzantine 损坏,以免数据最终的聚合变得完全没有意义;②在数据提供者和数据使用者之间提供端到端的保密性。本章回顾了解决这些挑战的最新技术。

21.1　引言

无线传感网络的主要用途是收集和处理数据。基于两个原因,我们不希望将所有原始数据样本(以下以样本简称)直接发送到汇点。第一个原因是,传感器的数据传输率是有限的。第二个原因是,通信的能耗比计算高三个数量级。实际上,现在通常做法是,样本沿着从源到汇聚点的路径被聚合。最简单的例子是,当从两个相邻的传感器发出的两个样本几乎一样时,只需要发送一个样品到汇点。一般情况下,空间或时间相关性可能在数据中存在,即由相邻的传感器收集的数据或由传感器在不同时刻收集的数据可能相关。因此,与一次传送全部高度相关的数据到接收器相比,使用一些中间传感器节点将数据聚合成一个单一的综合性概要并将概要发送到汇点也许更节能。这种策略称为数据聚合,或数据融合,或网内处理。

数据聚合的本质在于如何产生数据概要。将原始数据作为输入,并产生概要作为输出的函数称为聚合函数。显然,使用哪种聚合函数依赖于我们想从原始数据中得到哪种数据统计。例如,我们可能对原始数据的最小、最大、相加或平均值感兴趣。然而,在恶意节点存在时,刚才提到的聚合功能是不安全的,因为一个恶意的传感器仅仅通过提交一个虚假数据就可以任意改变聚合结果。寻找安全的聚合函数是安全数据聚合的首要目标。为方便起见,称这个首要目标为稳健性目标。

安全数据聚合的第二个目标是确保除了汇聚点和源,没有其他节点能够得到关于原始数据或聚合结果的知识。为方便起见,称这个次要目标为保密目标。

本章的目标是探索实现这两个安全数据聚合目标的技术。安全的一个共同主题是设置多层防线。为了实现稳健性目标,第一道防线用来阻止外部攻击者(即不具备我们系统密钥的攻击者)发送错误的数据到我们的网络,第二道防线是要尽可能减少通过提交错误数据来改变聚合结果的内部攻击者(即我们的网络中被入侵的设备)带来的影响。第一道防线可以依靠加密技术,特别是邻居之间的验证;对于第二道防线,必须依靠从弹性聚合到投票等一系列技术。最后防线是结果检验,也就是通过与部分或全部源检验结果来再次检查聚合结果。为实现保密目标,我们需要一个叫隐私同态的特殊加密结构(可以理解为"隐私保全同态")。

因此,本章的结构如下:首先介绍一些关于数据聚合模型和机制的背景信息。然后,引入弹性聚合、投票、结果检验和隐私同态等技术。

21.2 背景

一个安全数据聚合的过程可以分为三个阶段:

(1) 查询传播阶段(图 21.1(a)):汇点(通常是基站)用一个 SQL 式的查询注满,如

```
SELECT AVERAGE (temperature) FROM sensors
WHERE floor = 6
EPOCH DURATION 30
```

在这个查询示例中,AVERAGE 被指定为聚合函数。

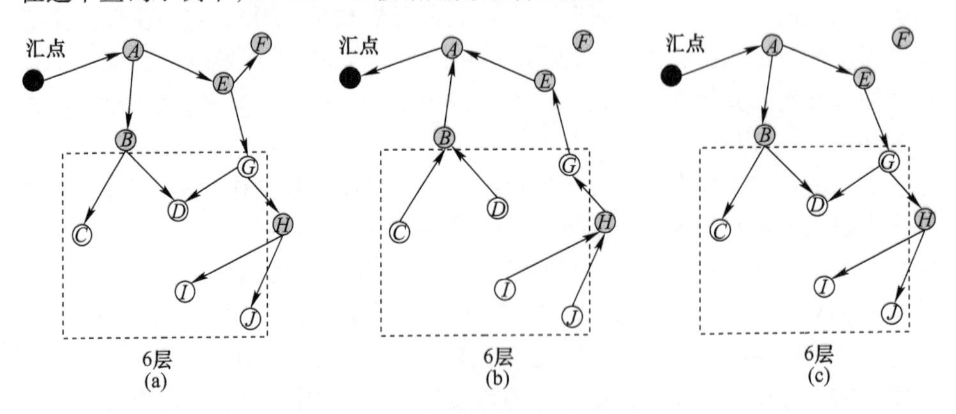

图 21.1 安全数据聚合的阶段

(a)查询传播;(b)数据聚合;(c)结果检验。

(2) 数据聚合阶段(图 21.1(b)):满足查询的节点自选为源。例如,为响应

上面的示例查询，仅在 6 层的节点，即由 WHERE 语句所示，将成为源；并且，如由 EPOCH DURATION 语句表明，源每 30s 将样本送往汇点。所有非叶子节点使用依赖于查询的聚合函数从其子节点聚合样本。例如，对于上面的示例查询，聚合函数是 AVERAGE。在图 21.1(b)中，节点 A、B、G 和 H 从它们的子节点聚合数据。一些聚合者只聚合数据(如节点 A、B、H)。一些聚合者同时作为源，因为它们还产生数据(如节点 G)。一些节点只向汇点转发数据，这类型的节点称为转发者(如节点 E)。聚合者和转发者之间最大的区别在于，转发者直接转发数据而无需等待聚合更多的数据。然而，一个节点在接收到查询时并不知道它最好应该成为一个聚合者还是转发者。例如，在接收到查询时，节点 E 不知道它是将会单独从 F 收到数据，还是单独从 G 收到数据，还是会从两者都收到数据。稍后，我们将讨论一个叫做 SDAP 的机制，这个机制会帮助我们确定节点是应该成为一个转发者还是聚合者。到达接收者的是最终的聚合结果。

(3) 结果检验阶段(图 21.1(c))：为了最大程度上保证聚合结果的可靠性，汇点会与所有源节点检验聚合结果。描述这个过程的另一个术语是认证，因为源节点被要求认证聚合结果的有效性。鉴于通信系统的复杂性，这个步骤被保留用于聚合结果在任务中至关重要的时候，因此这一步并不总是被执行。

聚合函数一般分为以下三类[6]：

(1) 基本聚合。无线传感器网络需要支持 SQL 式的查询。上面已经给出了一个这样的查询例子。为了支持这些查询，需要实现这些聚合函数作为基本的 SQL 操作：MIN、MAX、SUM、AVERAGE 和 COUNT。

(2) 数据压缩。有时候，我们只是想将原始数据传输到一个中央处理点，然而还是希望传输能够节省带宽和能量。一个显而易见的方法是对数据进行压缩。有几种压缩技术，但共同的基础是 Slepian - Wolf 定理，这个定理指出，如果两个离散随机变量 X 和 Y 相关，则 X 可以使用 $H(X|Y)$ 比特进行无损压缩，其中 $H(X|Y)$ 是 X 以 Y 为条件的条件熵。

(3) 参数估计。通常，我们对样本数据的概率密度函数的参数感兴趣，并且可以对这些参数进行分布式的估算。参数估计的问题可以表示为一个优化问题[19]。传统上，代价函数(即，将被最小化的函数)为均方误差。例如，如果要估计的参数为均值且样本为 $x_1,\cdots,x_n$，则代价函数为

$$\sum_{i=1}^{n}(x_i-\mu)^2$$

然而，上述聚合机制存在几个挑战。首先，一些传感器在校准时可能发生错误，在恶劣的环境下它们自己也可能会出现故障。此外，一些传感器可能被捕获、攻

击或重新编程以向网络注入虚假数据。这些问题造成的结果是聚合结果会变得无效。我们采取的解决这类问题的方法包括弹性聚合和投票。使用弹性聚合，可以构造对数据污染有弹性的聚合函数。使用投票，可以最小化接收虚假数据的风险。弹性聚合和投票是用来挫败恶意源节点的补充方法。结果检验是对抗恶意聚合的办法。在该步骤中，如果说源对最终的聚合结果有贡献，这贡献就体现在它们有最终的机会来进行检验。

有些应用可能需要对数据从源到汇点的路径中加密。我们采取的解决这类问题的方法是隐私同态。但是，隐私同态只在网络中没有恶意源节点时才工作。为了阻止恶意源节点的攻击，我们再次需要像弹性聚合和投票这样的方法。图 21.2总结了安全数据聚合技术。

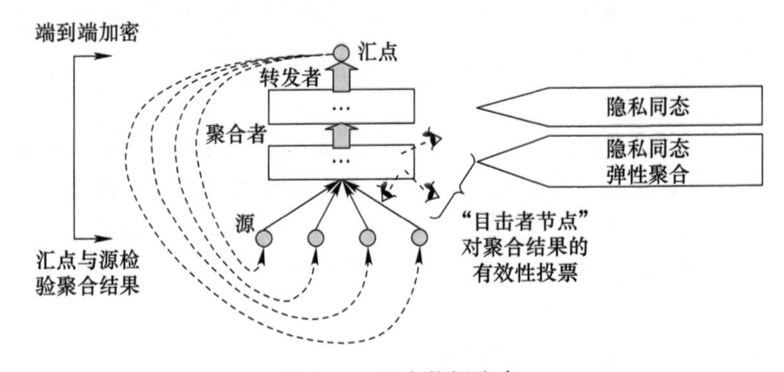

图 21.2　安全数据聚合

在一个现实的威胁中，任何源、聚合者及汇点都可能被攻击。然而，我们不关心汇点是不是被攻击，因为汇点是最终的数据消费者。如果它被攻击，则没有任何理由再去考虑其他情况。在本章的余下的部分，表 21.1 中的符号将被使用。协议列表总是从特定于底层通信协议的数据段抽象出来。

表 21.1　本章中使用的符号

符号	意义
$f()$	一般的多参数聚合函数
rms( )	均方根函数
$E[\,]$	期望函数
$X_{(i)}$	随机变量 X 的 i 阶统计
$\mathrm{Med}(x_1,\cdots,x_n)$	$x_1,\cdots,x_n$ 的样本中值
$E(K,M)$	使用密钥 K 的消息 M 的加密
$h(M)$	消息 M 的抗碰撞散列
$\mathrm{MAC}(K,M)$	使用密钥 K 的消息 M 的消息验证码(MAC)

续表

符号	意义
$\|$	串连运算符
q	查询 ID
$x \in_R X$	通过均匀、随机的方式从集合 X 中选择的 x
$\mathbb{Z}_p$ or $(\mathbb{Z}/p\mathbb{Z})$	模 p 整数群
$\mathbb{Z}_p^*$ or $(\mathbb{Z}/p\mathbb{Z})^*$	模 p 乘法可逆元素群
$\mathrm{GF}(p)$	p 阶伽罗华域(有限域)
$\mathrm{GF}(p)^*$	p 阶伽罗华域的乘法非零元素群

21.3　弹性聚合

因为传感器可能发生故障,或者可能被攻击而注入虚假数据,我们在聚合原始数据时必须小心。例如,如果聚合函数用来计算一个数据集合的最小/最大值,一个受攻击的节点可以通过注入一个比实际最小/最大值低或高很多倍的虚假值来偏置聚合结果——我们称这个结果为污染值或异常值。换句话说,一个如返回最小/最大值的聚合函数是一个鲁棒性较差的聚合函数。因此,我们的任务是找到鲁棒性强的聚合函数。为了实现针对不止一个而是多个攻击者的鲁棒性,(k,α)-弹性的概念在文献[24]中被引入。一个具有(k,α)-弹性的聚合函数将攻击者可以引入的错误局限在一个小的常量因子范围之内。

定义 1[24]　由 $\hat{\Theta}(X_1,\cdots,X_n)$ 表示聚合函数,并用这个函数来基于样本 $x_1,\cdots,x_n$ 估计参数化的分布函数 $f(x|\theta)$ 的参数 θ。定义

$$\mathrm{rms}(\hat{\Theta}) \triangleq \sqrt{E[(\hat{\Theta}-\theta)^2 \mid \theta]} \tag{21.1}$$

当 n 个样本 $x_1,\cdots,x_n$ 中的 k 个受到污染,这时的 $\hat{\Theta}$ 记为 $\hat{\Theta}^*$。定义函数 $\mathrm{rms}^*(\,)$ 为

$$\mathrm{rms}^*(\hat{\Theta},k) \triangleq \sqrt{E[(\hat{\Theta}^*-\theta)^2 \mid \theta]} \tag{21.2}$$

接下来,如果

$$\mathrm{rms}^*(\hat{\Theta},k) \leqslant \alpha \cdot \mathrm{rms}(\hat{\Theta}) \tag{21.3}$$

则称聚合函数 $\hat{\Theta}(X_1,\cdots,X_n)$ 关于 $f(x|\theta)$ 具有(k,α)-弹性。由于 $\mathrm{rms}(\hat{\Theta})$ 依赖于以 θ 为参数的分布,弹性的概念是相对于该分布的。使用这个概念,很容易看出为什么求和以及样本中值是不是具有弹性的:对于任何 α,如果攻击者将一个

x 值变为 $x+\alpha\mathrm{rms}(f)$，则 $\mathrm{rms}^*(f,1)/\mathrm{rms}(f)>\alpha$（问题1）。

我们可以计算样本中值的 (k,α) – 弹性如下：如果分布是正态分布 $N(\mu,\sigma^2)$，则第 p 个样本分位数（或等价的 pn 阶统计数据）的渐近均值和渐近方差分别是 $\mu+(z_p\sigma/\sqrt{n})$ 和 $(p(1-p)\sigma^2)/(n\phi(z_p)^2)$，其中 $z_p=\Phi^{-1}(p)$，Φ 和 ϕ 分别为 $N(0,1)$ 的 cdf 和 pdf（文献[17]，第262页）。样本值是第0.5个样本分位数（或 $0.5n$ 阶统计），其标准差为

$$\mathrm{rms}(f)=\sqrt{\mathrm{Var}(X_{(0.5n)})}=\frac{\sigma}{\sqrt{n}}\sqrt{\frac{1}{4\phi(\Phi^{-1}(0.5))^2}}\approx\frac{\sigma}{\sqrt{n}}\sqrt{\frac{\pi}{2}} \tag{21.4}$$

对 k 个值的污染至多可以将中值增加或减少到第 $(0.5+k/n)$ 或第 $(0.5-k/n)$ 样本分位数。设置 $p=0.5+k/n$（$p=0.5-k/n$ 的情况是对称的），有

$$\mathrm{E}\left[\left(X_{(pn)}-\left(\mu+\frac{z_p\sigma}{\sqrt{n}}\right)\right)^2\right]=\mathrm{Var}(X_{(pn)})=\frac{p(1-p)\sigma^2}{n\phi(z_p)^2}$$

$$\Rightarrow\mathrm{E}\left[\left(X_{(pn)}-\mu-\frac{z_p\sigma}{\sqrt{n}}\right)^2\right]=\frac{p(1-p)\sigma^2}{n\phi(z_p)^2}$$

$$\Rightarrow\mathrm{E}[(X_{(pn)}-\mu)^2]-2\frac{z_p\sigma}{\sqrt{n}}\mathrm{E}[X_{(pn)}-\mu]=\frac{p(1-p)\sigma^2}{n\phi(z_p)^2}-\frac{z_p^2\sigma^2}{n}$$

$$\Rightarrow\mathrm{rms}^*(f,k)=\sqrt{\mathrm{E}[(X_{(pn)}-\mu)^2]}=\frac{\sigma}{\sqrt{n}}\sqrt{\frac{p(1-p)}{\phi(z_p)^2}+z_p^2} \tag{21.5}$$

式中：z_p 和 $\phi(z_p)$ 为

$$\begin{aligned}z_p&=\Phi^{-1}(0.5+k/n)=\sqrt{2}\,\mathrm{erf}^{-1}(2(0.5+k/n)-1)\approx\sqrt{2\pi}(k/n)\\ \Rightarrow\phi(z_p)&\approx\frac{1}{\sqrt{2\pi}}\exp(-\pi(k/n)2)\end{aligned} \tag{21.6}$$

设置 $a=2k/n$，我们可以从式(21.4)、式(21.5)和式(21.6)得

$$\begin{aligned}\alpha&=\sqrt{\frac{2}{\pi}\left(\frac{p(1-p)}{\phi(z_p)^2}+z_p^2\right)}\approx\sqrt{\frac{2}{\pi}\left[\frac{\frac{1}{4}(1-a^2)}{\frac{1}{2\pi}\exp\left(-\frac{\pi}{2}a^2\right)}\right]+\frac{\pi}{2}a^2}\\ &=\sqrt{(1-a^2)\exp\left(\frac{\pi}{2}a^2\right)+a^2}=\sqrt{(1-a^2)\left(1+\frac{\pi}{2}a^2+\frac{\pi^2}{4\cdot 2!}a^4+\cdots\right)+a^2}\\ &\approx\sqrt{1+2\pi(k/n)^2}\end{aligned} \tag{21.7}$$

因此，当 $k\ll n$，样本中值具有 $(k,\sqrt{1+2\pi(k/n)^2})$ – 弹性。

稳健性的另一种量度是击穿点 ε^*，定义为在参数的估计偏离真实估计之前

一个数据集的最大污染部分,用数学表示为

$$\varepsilon^* = \sup\{k/n : \text{rms}^*(\hat{\Theta}, k) < \infty\} \tag{21.8}$$

最大可能出现的击穿点是 0.5,因为很明显,如果超过一半的数据被污染,将没有办法正确地估计一个参数。鲁棒性统计方面的研究告诉我们,样本中值为我们提供的击穿点为 0.5。表 21.2 列出了其他聚合函数的(k,α) - 弹性及击穿点。

表 21.2　一些聚合函数的(k,α) - 弹性及击穿点

聚合函数	弹性 α	击穿点 ε^*
高斯分布的样本中值	$\approx \sqrt{1+2\pi(k/n)^2}$, if $k \ll n$	0.5
高斯分布的 5% - 削减的均值	$\approx 1+6.278k/n$, if $k<0.05n$	0.05
高斯分布的$[1,u]$ - 截短的均值	$1+(u-l)/\sigma \cdot k/\sqrt{n}$	不适用
参数为 p 的伯努力分布的计数	$\sqrt{1+k^2/[np(1-p)]}$	不适用

21.3.1　分位数聚合

前面对于样本中值的弹性的计算是基于一个单一聚合器与源节点正好距离一个跳距的模型。如果网络中有多个聚合器,上面的结果是不适用的。需要注意的是,对一系列中值求中值是不具有弹性的。例如,数据集{1,2,3,4,16}的中值为 3,而{Med(1,2,3),Med(4,16)}的中值为 6。如果对{Med(1,2,3),4,16}取中值,得到 4,这更接近实际的中值 3。我们可以从这后一个方法中学到的是,计算最终中值之前,一些中间子集可以被压缩(例如,中值 2 是集合{1,2,3}的一个合理压缩),但一些不应被压缩(例如,元素 4 和元素 16 足够远而使得它们的中值不具代表性)。

与上述类似的思想可以在 Shrivastava 等人的分位数聚合技术[22]中找到。在这个技术中,原始数据被聚合为 q - 概要,多个 q - 概要可以进一步聚合成新的 q - 摘要。该技术可以由一个例子(图 21.3)最佳地示出。假设一个数据取值范围从 1 到 16。我们建立一个 16 叶的二叉树(叶节点在这里也称为叶片),并标记节点从 1 开始到 $2^{\log 16+1}-1$(请注意,在本节"节点"的意思是在图 21.3 中的逻辑节点,而不是传感器节点)。对于数据集{1,2,3,4,16},我们为 16、17、18、19 和 31 每一个节点分配一个计数 1。所有其他节点具有 0 计数。基于压缩参数 k 的两个规则将用于压缩这棵树:

Rule(A):count(node) + count(parent) + count(siblings) $\geq \lfloor n/k \rfloor + 1$

Rule(B):count(node) $\leq \lfloor n/k \rfloor$

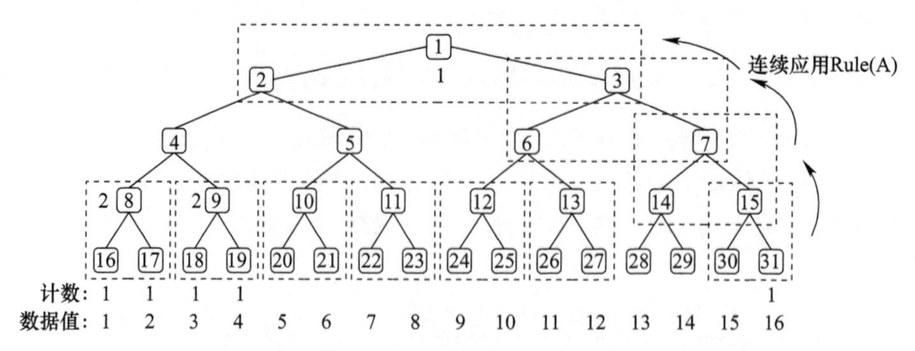

图 21.3　以压缩参数 $k=2$ 产生一个 q - 概要数据集{1,2,3,4,16}
（节点旁边或下边的数字是计数。最终的 q - 概要包括边缘加厚的节点，
并用{ <8,2 >, <9,2 >, <1,1 >}表示）

这些规则将应用到除了根和叶节点之外的所有节点。Rule(A)规定一个节点连同其父和兄弟节点应该有一个最少为$\lfloor n/k \rfloor+1$ 的组合计数。如果组合计数低,这条规则鼓励我们组合节点和它兄弟的计数。例如：

（1）集群 8 - 16 - 17 的初始组合计数为 $2<\lfloor 5/2 \rfloor+1$,因此组合节点 16 和 17 的计数到节点 8 的计数,也就是分配计数 $1+1=2$ 到父节点 8。集群 8 - 16 - 17 的组合计数为 $2+1+1=4>\lfloor 5/2 \rfloor+1$,因此,我们不将其提升到集群 4 - 8 - 9 进行进一步压缩。

（2）集群 9 - 18 - 19 做与上述类似的处理。

（3）集群 15 - 30 - 31 的初始组合计数为 $1<\lfloor 5/2 \rfloor+1$,因此组合节点 30 和 31 的计数到节点 15 的计数,产生了一个新的组合计数 $1+1=2$。然而,集群的结合计数仍然不满足 Rule(A),所以我们将其提升到集群 7 - 14 - 15,然后到集群 3 - 6 - 7,并最终到集群 1 - 2 - 3。在结束时,节点 1 被分配计数 1。

Rule(B)规定节点的计数最多应为$\lfloor n/k \rfloor$。这条规则阻止我们太多地压缩树。例如,

① 节点 8 和 9 的计数为 $2=\lfloor 5/2 \rfloor$,所以它们满足 Rule(B)。

② 节点 1 的计数为 $1<\lfloor 5/2 \rfloor$,所以它也满足 Rule(B)。

总结这个例子,我们只需要节点 8、节点 9 和节点 1 来表示 q - 概要。q - 概要被表示为一组形式为 < 节点表示,计数 > 的元组。因此,在例子中,q - 概要为{ <8,2 >, <9,2 >, <1,1 >}。该 q - 概要的对应中值处于节点 9,且节点 9 对应数据值 3 和 4,所以可以计算出中值为 3.5。

两个 q - 概要的聚合只需要一个额外步骤。给定两个 q - 概要 Q_1 和 Q_2。

（1）新的 q - 概要中第 i 个节点的计数←Q_1 中第 i 个节点的计数 + Q_2 中第 i 个节点的计数。

(2) 应用 Rule(A)和 Rule(B)到新的 q - 概要。

到达汇点的是一个代表有损直方图的 q - 概要。由此直方图，如最小值、最大值和平均值等统计数据可以被估计。

21.3.2　RANBAR

另一种估计模型参数的方法是在一开始使用尽可能少的样本来确定一个初步的模型，然后用初步的模型来确定与该模型一致的样本，并随后用所有被认为一致的样本改进该模型。该模型被迭代改进，直至一致数据的部分高于某个阈值。这种方法称为 RANSAC(随机样本一致)，与所推补的模型一致的数据集称为一致集。RANSAC 起源于计算机视觉文献。Buttyán 等[2]将 RANSAC 范式引入安全数据聚合并称它为 RANBAR。如果目标分布是高斯分布，则相应的 RANBAR 算法如下：

(1) 设样本集的初始大小为 s。$s \leftarrow 2$，因为至少需要两个样本来估计方差，而方差为高斯分布的一个参数。

(2) 设一致集的大小为 t。$t \leftarrow n/2$，因为假定在最坏的情况下，一半的源节点可能受到攻击。

(3) 设迭代的最大次数为 i。$i \leftarrow 15$，根据 Buttyán 等人的经验分析[2]。

(4) 设误差容限为 δ。$\delta \leftarrow 0.3$，根据 Buttyán 等人的实验结果[2]。

(5) 丢弃样本最高的 0.5% 和最低的 0.5% 之后构建一个样品直方图 hist( )。

(6) 当试验次数 $\leqslant i$，执行

随机选取 s 个样本；

$\mu \leftarrow s$ 个样本的样本均值；

$\sigma^2 \leftarrow s$ 个样本的样本方差；

实例化高斯模型 $N(\mu, \sigma^2)$；

对于每一个样本 x，$d \leftarrow |\mathrm{pdf}_{\mu,\sigma}(x) - \mathrm{hist}(x)|$；

将 $d > \delta$ 的样本丢弃；

一致集←所有剩余的样本；

如果一致集的大小 $> t$；

$\mu \leftarrow$ 一致集的样本均值；

$\sigma^2 \leftarrow$ 一致集的样本方差；

返回高斯模型 $N(\mu, \sigma^2)$；

Break loop，中断循环；

End if，结束 if 语句；

End while，结束 while 语句。

(7) 返回失败。

本节介绍了弹性聚合的概念,并描述了多跳弹性聚合的两个具体方法。第一个方法聚合分位数,然后从分位数计算样本中值。第二个方法通过 RANSAC 范式,首先基于尽可能少的数据构建一个初步模型,然后基于与初步模型一致的样本对模型进行迭代改进。这种方法只有当系统先验地知道数据如何分布(即高斯、泊松等)才能工作。

21.4 投票

在描述投票如何工作之前,首先需要做出几个假设。

假设 1:两个实体上接近的节点很有可能感受到相同的现象,因此返回的读数是彼此接近的。

假设 2:在任何一个节点的邻居中,恶意节点是少数。

投票的总体思路如下。首先,我们考虑恶意源的情况。当节点 A 发送数据到它的聚合器,这个数据可能是假的。为了保证数据有效,由假设 1,我们可以要求 A 附近的节点来检查数据。我们称这些邻近节点为"证人节点"[9]。例如,A 的一个证人节点可以是它的邻居之一。由于一些证人节点本身可能是恶意的,直接的办法是让证人节点投票来反映数据的有效性。由假设 2,多数张赞成票应该能够让我们相信数据是有效的。然而,让证人节点对每一个 A 可能要发送的数据进行投票是非常低效的。为此,可以让证人节点对聚合结果投票。新机制是这样的:我们要求聚合器的见证节点在聚合器向汇点发出聚合结果之前对聚合结果投票。若没有得到大多数证人节点的赞成票,聚合器将无法发送聚合结果。问题是证人节点究竟如何对数据进行投票。在密码学中的标准方法是对数据进行签名,也就是说通过计算数据的一个消息验证码(MAC)或数字签名。

使用 MAC 的一个方案如下[9]。假设每个节点与汇点(不是聚合器)共享一个独特的密钥。在向汇点发送聚合结果之前,聚合器向其证人节点询问其聚合结果的有效性。每个对聚合结果审核通过的证人节点生成一个基于聚合结果的 MAC,并将 MAC 发送给聚合器。在收集到足够的 MAC 之后("足够"的定义是一个系统参数),聚合器将聚合结果及证人节点产生 MAC(简称"证人 MAC")送往汇点。在汇点,如果证人 MAC 的 k 与聚合结果一致,并且 $k/$(证人节点的总数)在一个系统定义的阈值之上,则聚合结果被认为是有效的。这个方案的缺点是,它只适用于单级聚合树。

使用数字签名的方案如下[13]。假定①网络分为集群,②每个集群都有一个关联的公—私密钥对,③群头作为聚合器工作。每个集群成员都有集群私钥的一个独特部分,此集群私钥由可验证的(t,n) - 阈值秘密共享生成。它利用了至

少 t/n 个集群成员来生成有效的签名。在向汇点发送其聚合结果之前，聚合器向其证人节点询问它的聚合结果的有效性。每个对聚合结果审核通过的证人节点生成一个基于聚合结果的不完全签名，并将此不完全签名送往聚合器。收集到足够的可以组装一个有效的完整签名的不完全签名后，聚合器将聚合结果和签名一起送往汇点。该方案的缺点是：①与 MAC 相比，产生数字签名更加昂贵；②网络的集群结构需要保持固定。

由于通信的复杂性和密钥管理的要求，投票一般实现起来比较昂贵，因此最好保留用于小规模网络。

21.5　结果认证

结果认证是对数据窜改攻击者的最后一道防线。汇点执行结果认证的目的是要再次与源节点确认中间的聚合器没有窜改中间聚合结果。为简单起见，我们从单个聚合器组成的无线传感器网络开始讨论。然后，将在单个聚合器这个例子中学习到的思想扩展到更普遍和常见的多聚合器情况。对于将要描述的方案，有两个公共密钥预分配要求：①汇点必须分别与其他每个节点共享一个唯一的密钥，②每节点可以与其每个邻居分别建立成对密钥。这些要求在实践中是可以满足的。和以前一样，在下列讨论中会用到大量的例子。

21.5.1　单个聚合器的情况

在图 21.4(a)中，聚合器 A 分别从节点 $1,2,\cdots,n$ 收集样本 $x_1,x_2,\cdots,x_n$，并将样品聚合到结果 $y=f(x_1,x_2,\cdots,x_n)$ 中。假设聚合函数计算 $X=\{x_1,x_2,\cdots,x_n\}$ 的中值，通过使用一个交互式证明算法[18]，汇点 S 可以通过采样 X 的子集来验证 y。为使这种算法工作，A 必须首先将 X 按升序排列，所以不失一般性地，我们假设 X 是已经经过排序的。该算法检查 y 是否接近 X 的真正中值：

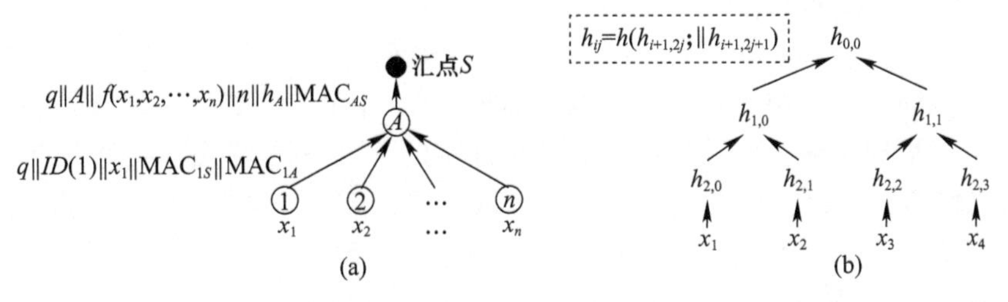

图 21.4　(a)单个聚合器无线传感器网络；(b)$n=4$ 情况下的保证树

(1) $n \leftarrow$数据样本的数量。

(2) 如果 n 是奇数,

向 A 请求 $x_{(n+1)/2}$;

$z \leftarrow x_{(n+1)/2}$;

如果 n 是偶数,

向 A 请求 $x_{n/2}$和 $x_{(n+2)/2}$;

$z \leftarrow (x_{n/2} + x_{(n+2)/2})/2$。

(3) 如果 $y \neq z$,则拒绝 y。

(4) 当 i 从 1 到$\frac{1}{\varepsilon}$,执行

如果 n 为奇数,选取 $j \in_R \{1 \cdots n\} \backslash \{(n+1)/2\}$ 且不做替换;

否则如果 n 为偶数,选取 $j \in_R \{1 \cdots n\}$ 且不做替换;

向 A 请求 x_j;

$t \leftarrow x_j$;

如果 $j \leqslant n/2$ 且 $t > y$,则拒绝 y;

如果 $j > n/2$ 且 $t < y$,则拒绝 y。

(5) 接受 y

根据这一算法,S 在 for 循环(可以在一次运行中完成)向 A 做了 $1/\varepsilon$ 次请求。在这么多次的请求中,S 可以确保,如果 y 不存在于 X,或 y 在 X 中的索引至少距离样本中值的真实索引 $\varepsilon n(\varepsilon > 0)$,则 S 会以 $1-(1-\varepsilon)^{1/\varepsilon}$的正确概率拒绝 y(习题 8)。该算法中,在数据聚合阶段 S 会从 A 要求以下信息:

(1) 聚合结果 y;

(2) 数据样本的数量 n;

(3) 数据样本的保证 h_A。

该保证是必要的,因为在结果认证阶段当 S 从 A 请求值时,必须确保 S 得到的值在数据聚合阶段由某个源节点保证过,或者换句话说,一个聚合器 A 不能简单地生成聚合值。构建 h_A 的方法是将 h_A 作为二进制保证树的根,即当 $n=4$,图 21.4(a)中保证 h_A 被计算为图 21.4(b)中的根 $h_{0,0}$,且

$$h_{0,0} = h(h(h(x_1) \parallel h(x_2)) \parallel h(h(x_3) \parallel h(x_4)))$$

假设 S 只向 A 请求第一和第二个元素,即 x_1 和 x_2,如果 A 也向 S 发送 $h_{1,1}$,则 S 已经可以重构保证。如果散列的长度与样本的长度一样,发送 $h_{1,1}$来代替 x_3和 x_4可以使传输的数据量降低一半。如果散列的长度比样本的长度短,所节省的带宽更大。

现在,我们知道 S 如何检查聚合结果是否代表样本中值,也知道 S 需要从 A 收集什么样的信息。下面将详细介绍协议的工作原理。在数据聚合阶段,源节

点 1 将以下内容发送给聚合器 A：

$$q \| \mathrm{ID}(1) \| x_1 \| \mathrm{MAC}_{1S} \| \mathrm{MAC}_{1A}$$

其中，$\mathrm{MAC}_{1S}=\mathrm{MAC}(K_{1S},q \| \mathrm{ID}(1) \| x_1)$ 及 $\mathrm{MAC}_{1A}=\mathrm{MAC}(K_{1A},q \| \mathrm{ID}(1) \| x_1 \| \mathrm{MAC}_{1S})$。

聚合器 A 将以下内容返回汇点：

$$q \| A \| f(x_1,x_2,\cdots,x_n) \| n \| h_A \| \mathrm{MAC}_{AS}$$

其中，$\mathrm{MAC}_{AS}=\mathrm{MAC}(K_{AS},q \| A \| f(x_1,x_2,\cdots,x_n) \| n \| h_A)$。

在结果认证阶段，举例来说，当 S 请求 x_1 和 x_2，A 向其返回 $M \| \mathrm{MAC}(K_{AS},M)$，其中，$M=q \| \mathrm{ID}(1) \| x_1 \| \mathrm{MAC}_{1S} \| \mathrm{ID}(2) \| x_2 \| \mathrm{MAC}_{2S} \| h_{1,1}$。然后 S：①分别使用 MAC_{1S} 和 MAC_{2S} 对 x_1 和 x_2 进行验证，②使用 Przydatek 等人的算法检查 x_1 和 x_2 是否是可接受的，③检查 x_1，x_2 和 $h_{1,1}$ 是否允许保证被重建。

21.5.2　多聚合器的情况

现在考虑多个嵌套聚合器的情况。首先，讨论 Chan 等人的分层网内聚合[5]，然后介绍 Yang 等人的安全逐跳数据聚合协议（SDAP）[26]。

21.5.2.1　Chan 等人的分层网内聚合[5]

为了描述这个方案，我们需要两个二元运算符：

（1）AGG（msg1，msg2）：设 $\mathrm{msg1}=q \| v_1 \| c_1$，$\mathrm{msg2}=q \| v_2 \| c_2$，则 AGG（msg1，msg2）$=q \| f(v_1,v_2) \| c_1+c_2$。

（2）COMB（msg1，msg2）：设 $\mathrm{msg1}=q \| v_1 \| c_1$，$\mathrm{msg2}=q \| v_2 \| c_2$，则 COMB（msg1，msg2）$=q \| v_1 \| c_1 \| v_2 \| c_2$。

图 21.5 显示了我们随后的讨论中使用的例子，它是从图 21.2 导出的。在这个例子中，白色的传感器 C、D、G、I、J 是源节点。我们从数据聚合阶段开始讨论。在这个阶段，每个传感器向其父节点发送以下格式的消息：

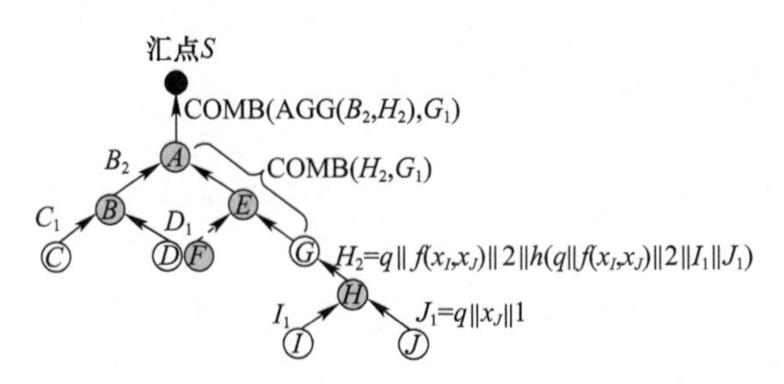

图 21.5　Chan 等人的安全分层网内聚合[5]。在这个例子中，只有白色传感器提供源数据。为了图示的清晰，成对 MAC 被省略了。消息以“nodeIDcount”样式标记

$$\text{queryID} \| \text{value} \| \text{complement} \| \text{count} \| \text{commitment} \| \text{MAC}$$

其中，“queryID”是一个标识查询的数字，“value”是由发送者计算的原始数据或聚合结果，“complement”是 value 的补值，“count”是导出聚合的样本的总数，

“commitment”与单个聚合器情况下的定义相同，MAC 是以发送者与接收者之间共享的成对密钥签名的消息验证码。“complement”字段是用于验证“value”字段的，为清楚起见，在以下讨论中将被忽略。每个消息都被假设受到一个成对 MAC 的保护，这一点在协议描述中并未明确指出。在数据聚合阶段，I 和 J 各发送一个数据消息到 H，而 H 将数据聚合到消息 H_2（以“nodeIDcount”样式对消息命名）。注意 H_2 中的保证依赖于 I_1 和 J_1。当 H_2 到达 G，G 不会聚合 $f(x_I, x_J)$ 和 x_G。相反，G 认为 H_2 是一个三节点树（严格地说，三节点树的一个根节点），而 G_1 是一个单节点树，并决定使用 COMB 操作符将 H_2 与 G_1 结合起来。在收到 B_2 和 COMB(H_2, G_1)时，A 认为 B_2 和 H_2 都是三节点树，而 G_1 是单节点树，并决定将 B_2 和 H_2 聚合到 AGG(B_2, H_2)，并发送 COMB(AGG(B_2, H_2), G_1)到 S。只聚合大小相同的树的原因是为了创建平衡二叉树。只创建平衡二叉树的优点是，边缘拥塞（一个链接的拥塞）只有 $O(\log^2 n)$，其中 n 是样本数目。最终，S 只接收由平衡二叉树组成的森林——这就是所谓的保证森林——由七节点树 AGG(B_2, H_2) 和单节点树 G_1 组成，并由此 S 计算聚合结果为 AGG(AGG(B_2, H_2), G_1)。

在结果认证阶段，S 向网络广播 COMB(AGG(B_2, H_2), G_1)，比如：使用 μTESLA。接着，进行下面的传输：

$A \to B: H_2$；$A \to E$：COMB(B_2, G_1)；$B \to C$：COMB(H_2, D_1)；$B \to D$：COMB(H_2, C_1)；$E \to G$：COMB(B_2, G_1)；$G \to H: B_2$；$H \to I$：COMB(B_2, J_1)；$H \to J$：COMB(B_2, I_1)

这些传输完成后，C 和 D 都可以单独重建 AGG(B_2, H_2)，G 可以重建 G_1，I 和 J 都可以重建 AGG(B_2, H_2)。与单聚合器情况不同的是，与在汇点重建保证不同，我们现在在每个单独的源节点重建保证。一个成功地重建保证的源节点会发送一个确认消息 $q \parallel$ nodeID $\parallel$ OK $\parallel$ MAC$(K, q \parallel$ nodeID $\parallel$ OK$)$到汇点，其中 K 是传感器与汇点共同独享的密钥。重建保证失败的源节点会立即发出警报，例如，通过广播一个负确认消息。当足够的确认消息被接收到并且没有负确认时，该协议成功结束；否则，该协议失败。

负确认是用来对付以下情形的：由于汇点只知道有多少源节点，而不知道哪些是源节点，任何内部攻击者都可以伪造一个确认消息，但只要有一个源节点无法重建保证，它就能通过发送一个负确认来提示整个网络。但是，使用负确认会带来另一种风险，即内部攻击者可以伪造一个负确认。这些问题的根源在于保证在源节点本身而不是汇点重建。

21.5.2.2 SDAP

从 Chan 等人的文章[5]中，我们了解到在汇点重建比在源节点本身更好。要做到这一点，我们不需要让所有源节点来证明其提交的数据，相反，只需要注意可疑的传感器。这是 SDAP 背后的动机。在之前的方案中，每当 S 需要认证一个聚合结果，它需要植根于 A 的整个子网（图 21.5），因为它不知道谁是源传感器。但是,如果我们将子网分组,则只需要检查看上去可疑的组(图 21.6)。这是更有效的,也是 SDAP 背后的动机。

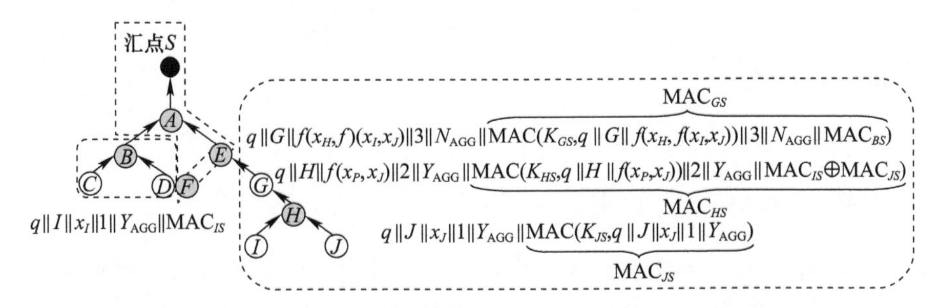

图 21.6　SDAP 将网络分成组(在这个情况下有 3 个组)。在这个例子中,只有白色传感器提供源数据。为了图示清晰,成对 MAC 被省略

SDAP 的本质是分组算法。在数据聚合阶段,传感器通过检查是否 $h(q \| \text{nodeID}) < F_g(c)$ 来决定它是否成为一个组长,其中 $F_g(c)$ 是一个随数据计数 c 增长的函数,也就是数据计数越高,不等式越有可能成立。假设 $h(\,)$ 和 $F_g(\,)$ 具有相同的值域 $[0,M]$,一个 $F_g(\,)$ 的候选为 $M(1-e^{-\beta c})^{\gamma}$,其中 β 用于控制曲线的梯度,γ 用以控制曲线 $F_g(\,)$ 的形状。组长的作用是在消息中设置一个布尔标志 N_{AGG} 来标明消息只需要被转发。非组长节点设置标志为 Y_{AGG},表明该消息应被正常聚合。图 21.6 的例子显示有三个组长 B、G 和 S。所有在上层节点中没有组长的传感器由汇点领导。

图 21.6 示出了我们用于随后讨论的例子,这个例子来自图 21.2。在这个例子中,白色传感器——C、D、G、I、J——是源节点。我们从数据聚合阶段开始讨论。在这个阶段,每个传感器向其父节点发送以下格式的消息:

queryID ‖ nodeID ‖ value ‖ count ‖ aggregate - flag ‖ commitment

除了"aggregate - flag",该格式类似于 Chan 等的方案[5]。每个消息都被假设由一个成对 MAC 保护,这个 MAC 在我们的协议描述中并没有明确显示。在数据聚合阶段,J 向它的父节点发送以下消息:

$J \rightarrow H: q \| J \| x_J \| 1 \| Y_{\text{AGG}} \| \text{MAC}_{JS}$
其中 $\text{MAC}_{JS} = \text{MAC}(K_{JS}, q \| J \| x_J \| 1 \| Y_{\text{AGG}})$

H 将 I 和 J 的数据聚合在以下消息中:

$H \rightarrow G: q \| H \| x_H \| 2 \| Y_{\text{AGG}} \| \text{MAC}_{HS}$
其中 $x_H = f(x_J, x_J)$
$\text{MAC}_{HS} = \text{MAC}(K_{HS}, q \| H \| x_H \| 2 \| Y_{\text{AGG}} \| \text{MAC}_{IS} \oplus \text{MAC}_{JS})$

注意：MAC_{IS}和MAC_{JS}都贡献于MAC_{HS}。XOR 运算符，而不是串联运算符，被用来结合MAC_{IS}和MAC_{JS}，因为 XOR 运算是服从交换律的。由于 G 是源节点且是一个组长，它不止增加了 1 个计数，还设置了N_{AGG}标志：

$$G \to H: q \parallel G \parallel x_G \parallel 3 \parallel N_{AGG} \parallel MAC_{GS}$$

其中 $x_G = f(x_G, (x_I, x_J))$

$$MAC_{GS} = MAC(K_{GS}, q \parallel H \parallel x_G \parallel 3 \parallel N_{AGG} \parallel MAC_{HS})$$

因为N_{AGG}标志，上述消息在它从 G 到 S 的过程中从来没有与任何其他消息聚合。在 S，每个组的聚合被保存为如下格式：(leader's node ID, value, count, commitment)。从所有的组接收到聚合后，对于每个组的聚合：

(1) S 检查是否 $h(q \parallel \text{leader's nodeID}) < F_g(\text{count})$。如果不成立，则 S 丢弃这个组聚合。否则，S 继续进行下一个检查。

(2) S 检查该组聚合是否代表异常，例如通过使用 Grubbs 测试（当然 S 还可以测试多个异常）。一旦异常被发现，结果认证开始执行。需要注意的是一个异常不一定就是无效数据。事实上，如果结果认证成功，在异常寻求应用中，这个异常将被视为我们感兴趣的数据。换句话说，在这样的应用中，异常检测只是想确定异常值是真实的。

假定可疑组是由 G 领导的组，为了启动结果认证，将进行下面的传输：

$$S \to A: G \parallel q \parallel q_a$$

其中 q_a是标识此轮认证的 ID，并用来选择认证路径。当请求到达 G，G 选择一个认证路径如下。假定 G 有计数为 $c_1, c_2, \cdots, c_d$的 d 个子节点。对于每一个具有 ID 的子节点，G 计算 $h(q_a \parallel \text{ID}) \sum_{i=1}^{d} c_i$。如果结果在区间 $\left[M \sum_{i=1}^{j-1} c_i, M \sum_{i=1}^{j} c_i\right)$，$G$ 选取第 j 个子节点，其中 M 为 $h(\,)$的最大值。这个方案的结果是，子节点的计数对 $\sum_{i=1}^{d} c_i$ 的贡献越大，该子节点被选为认证路径的下一个节点的可能性越大（习题 9）。在这个例子中，G 只有一个子节点 H，所以 G 无论如何需要选择 H。假定最终的认证路径为 GHJ，则以下消息会被发送回 S：

$$G \to \to S: q_a \parallel G \parallel x_G \parallel 3 \parallel MAC_{GS}$$

$$H \to \to S: q_a \parallel H \parallel x_H \parallel 2 \parallel MAC_{HS}$$

$$J \to \to S: q_a \parallel J \parallel x_J \parallel 1 \parallel MAC_{JS}$$

$$I \to \to S: q_a \parallel I \parallel x_I \parallel 1 \parallel MAC_{IS}$$

这些消息必须按照正确的顺序发送(习题 10)。在收到这些消息后,S 执行以下检查:

(1) x_G正确地由$f(x_G, f(x_J, x_I))$导出。

(2) MAC_{GS}正确地由下面的步骤重建:

$$MAC_{IS} = MAC(K_{IS}, q \parallel I \parallel x_I \parallel 1)$$

$$MAC_{JS} = MAC(K_{JS}, q \parallel J \parallel x_J \parallel 1)$$

$$MAC_{HS} = MAC(K_{HS}, q \parallel H \parallel f(x_J, x_I) \parallel 2 \parallel MAC_{IS} \oplus MAC_{JS})$$

$$MAC_{GS} = MAC(K_{GS}, q \parallel G \parallel f(x_G, f(x_J, x_I)) \parallel 3 \parallel MAC_{HS})$$

如果所有的检查成功通过,S 接受 G 组聚合并计算最终聚合结果。否则,S 忽略 G 组聚合来计算最终聚合结果。

21.6　隐私同态

到目前为止,我们已经讨论了实现稳健性目标的技术:弹性聚合、投票和结果检验。现在,我们将谈谈为实现保密目的要采取的技术——隐私同态(PH)。使用 PH 的目的是为了让聚合器直接聚合加密数据。PH 的定义如下:若 $f(x) \otimes f(y) = f(x \oplus y)$,则称这个函数为$(\oplus, \otimes)$ - 同态,这里"$\otimes$"是其值域内的一个操作符,"$\oplus$"是其定义域内的一个操作符。如果 f 是一个加密函数且其反函数 f^{-1} 是相应的解密函数,则我们有一个 PH。

PH 首次被引入[21]以允许加密数据的处理。据我们所知,PH 是最近才被首次应用到无线传感器网络[4,10]。

PH 与传统意义上的密码不同,因为 PH 能够达到的最高安全性[27]是在非自适应选择密文攻击(IND - CCA1)下的语义安全[15]。大致说来,这意味着 PH 能达到的最佳安全性是针对一个对加密—解密黑匣子具有有限访问的攻击者。也就是说,在自适应选择密文攻击(IND - CCA2)下没有 PH 是语义安全的[20]。或者换句话说,当一个攻击者可以无限制地访问加密—解密黑匣子,任何 PH 都可以被击败。

在实践中,我们只寻找对选择明文攻击(IND - CPA)[11](它比 IND - CCA1 弱)语义安全的 PH。对于数据聚合这是可以接受的,因为我们认为攻击者可以操纵源节点(可以访问加密黑匣子)的输入,但看不到汇点(不能访问解密黑匣子)的输出。

PH 从定义上说是可塑的。因为攻击者只需将操作符应用到两个已知密文就可以得到一个新的密文,所以它不能达到不可塑(NM - CCA)的概念[7]。在无线传感器网络中，我们通过要求样本使用每个单跳的安全信道来进行单跳，从而传播到汇点来解决这个问题。如此，样本首先由 PH 加密，然后用安全通道的任务密钥签名，从而防止外部攻击者修改消息。

在无线传感器网络中迄今 PH 有三种主要方法：①基于多项式环[8,25]的 PH；②基于一次一密[4,16]的 PH；③同态公钥加密系统[14]。

不幸的是，第一种方法仅仅在已知明文攻击[23]下就是不安全的，而这种攻击比前述讨论中的选择明文攻击要弱得多。因此，我们只剩下第二和第三种方法。

实际上我们早就已经知道使用一次一密的第二种方法[1]。在这种方法中，加密函数只是简单地增加了一个消息 m，它用密钥流 k 模拟一个一次性密码，即 $E(k,m)=m+k \pmod p$。当 n 个密文被加在一起，所得到的密文为

$$C = \sum_{i=1}^{n} E(k_i, m_i) = \left(\sum_{i=1}^{n} m_i + \sum_{i=1}^{n} k_i\right) \bmod p$$

为对得到的密文 C 进行解密，解密器需要保持使用过的密钥，并得到明文的总和如下

$$\sum_{i=1}^{n} m_i \bmod p = C - \sum_{i=1}^{n} k_i \bmod p$$

该方案的安全性在于密钥流的随机性。密钥流可以使用在流密码模式下的标准块密码生成，例如在计数器模式下使用 AES，或者若更低的安全级别可以接受的话，使用专用流密码。这种方法的缺点是：

(1) 该方案的安全性并没有得到严格的证明，特别是在明文空间使用 XOR 运算符的地方对于加法运算的使用。

(2) 汇点需要将它的密钥流与源同步。例如，如果计数器模式被使用，则汇点将需要与源同步和源一样多的计数器。当有很多源时，这将成为可扩展性方面的一个问题。

(3) 在传感器需要与一个或多个跳距外的传感器共享密钥并同步计数器时，一个更显著的可扩展性问题将会出现[16]。

(4) 这种在密钥由源与汇点共享这个意义上对称的方法，是不具有入侵抵抗性的。一些方案尝试通过要求一个传感器与一个或多个跳距之外的传感器共享密钥来增强抵抗性[16]，但正如前面提到的，如此可扩展性又会成为一个问题。

第三种方法基于同态公钥加密系统。这种方法与使用密钥流相比优点在于密钥管理变得更加容易。

基于能量和带宽效率,两个候选加密系统已经确定[14]:①ElGamal 椭圆曲线(EC－EG),②Okamoto－Uchiyama(OU)。

21.6.1.1　ElGamal 椭圆曲线

1）密钥设置

选择一个大的素数 p(163 位是标准最小长度)。

选择定义在 $GF(p)$ 上的椭圆曲线 E。

选择 E 上的素数阶为 n 的点 G。

$x \in_R [1,n-1]$。

计算公钥 $Y=xG$。

找到一个将消息 m 映射到 E 上的点 M 的同态编码函数 $\varphi()$。

2）加密

$M=\varphi(m)$。

$k \in_R [1,n-1]$。

M 的加密是 $(C_1,C_2)=(kG,kY+M)$。

3）解密

解密 (C_1,C_2) 为 $M=-xC_1+C_2$。

$m=\varphi^{-1}(M)$。

ElGamal 椭圆曲线 EC－EG 为(＋,＋)－同态,因为如果 M_1 被加密为 $(C_{11},C_{12})=(k_1G,k_1Y+M_1)$,$M_2$ 加密为 $(C_{21},C_{22})=(k_2G,k_2Y+M_2)$,则 (C_{11},C_{12}) 和 (C_{21},C_{22}) 的逐分量和为 $((k_1+k_2)G,(k_1+k_2)Y+(M_1+M_2))$,解密为 $M_1+M_2=\varphi(m_1+m_2)$。最大聚合数被确定为小于椭圆曲线 E 的阶除以 m 的最大值。在实践中,必须小心以确保 φ 映射到 E 上的有效点且 φ^{-1} 映射到一个有效的消息。

EC－EG 的语义安全性依赖于这样一个假设:给出公钥 $Y=xG$ 和 kG,区分 xkG 和 rkG 是不可能的,其中 r 是一个随机数。这就是所谓的 Decisioanl Diffie－Hellman(DDH)假设,它是与椭圆曲线的离散对数问题相关的。目前,这被认为是计算上难以解决的问题,是许多加密方案的安全基础。

21.6.1.2　Okamoto－Uchiyama

1）密钥设置

选择两个大的 k 位素数 p,q 并设置 $n=p^2q$。

定义子群 $\Gamma=\{x \mid x\in(\mathbb{Z}/p^2\mathbb{Z})^*, x=1 \bmod p\}$。

定义函数 $L:\Gamma\to GF(p)$ as$L(x)=(x-1)/p$. L 是(×,＋)－同态的,即

$$L(ab)=L(a)+L(b) \bmod p$$

$$L(a^b)=bL(a) \bmod p$$

随机从$\mathbb{Z}_p^*$中选择g,使得$g^{p-1} \equiv 1 \bmod n$为p。

设置$h = g^n \bmod n$。

设置私钥$=(p,q)$。

设置公钥$=(n,g,h,k)$。

2）加密

$r \in_R \mathbb{Z}_n$。

密文对应于明文$m(0<m<2^{k-1})$,$C = g^m h^r \bmod n$。

3）解密

明文对应与密文C

$$\begin{aligned} C &= L(C^{p-1} \bmod p^2)/L(g^{p-1} \bmod p^2) \bmod p \\ &= L(g^{(m+nr)/(p-1)} \bmod p^2)/L(g^{p-1} \bmod p^2) \bmod p \\ &= L(g^{m(p-1)} \bmod p^2)/L(g^{p-1} \bmod p^2) \bmod p \\ &= m \end{aligned}$$

Okamoto－Uchiyama(OU)是(+,×)－同态的,因为如果m_1加密为C_1,m_2加密为C_2,则密文乘积解密

$$\begin{aligned} C_1C_2 &= L((C_1C_2)^{p-1})/L(g^{p-1}) \bmod p = (m_1+m_2)L(g^{p-1})/L(g^{p-1}) \bmod p \\ &= m_1+m_2 \end{aligned}$$

是初始消息的和。请注意,由于最大消息值为$2^{k-1}-1$,我们必须确保聚合操作的最大数目小于$p/(2^{k-1}-1)$。

OU的语义安全性依赖于因子分解$n=p^2q$的难解性。对n的分解允许攻击者知道私钥p和q。与ElGamal相似,OU可以基于椭圆曲线构造,然而这样做能量效率较低[14]。

通过使用椭圆曲线,EC－EG并不要求像OU那样多的位来表示一个密文。然而,EC－EG的φ^{-1}函数的计算量随着聚合结果的值的增加而增加。因此,一般的建议是当聚合的结果小时使用EC－EG,否则使用OU[14]。

21.7 从业者指南

在上述介绍的技术中,投票、结果检验以及PH都需要大量的资源。只有弹性聚合是实际最可实现的。如果所有的数据都只聚合一次,则一个简单的如表21.2列出的弹性聚合函数或RANBAR,可以直接使用。否则,分位数聚合可用于在每个聚合点压缩数据,这样在最后的汇点仍然可以很好地从压缩数据推导各种统计数字。

21.8　未来的研究方向

防御恶意源节点的第一层是弹性聚合。尽管样本中值是一个鲁棒性很好的位置量度(位置在这里指数据集的中点),有时还是需要收集样本的最小值或最大值等统计数字。当数据分布不是先验的,目前还没有具有(k,α)-弹性的方式来聚合这些统计信息。在这方面需要进一步的研究。结果检验是一个通信密集型过程。一些量化和优化所涉及的开销的工作是必要的。除此之外,现有机制都是在全网参与数据聚合的假设下设计的,但这样的假设未必成立。这个事实可以用来改进现有方案。隐私同态实现起来仍然昂贵,但大量的优化工作可以在这个领域内完成。在这里值得注意的一项工作是最近在文献[12]中,作者考虑了如何在无线传感器网络的数据聚合中实现隐私目标。这是一个有趣的研究路线。

21.9　小结

安全数据聚合有两个目标:稳健性和保密性。稳健性的目标是确保恶意源节点或聚合器无法随意偏置聚合数据的统计数字。技术包括弹性聚合、投票和结果检验。弹性聚合是用于防止恶意源节点造成的潜在的数据改变。当数据具有很高的空间相关性时,在聚合器接受传感器的样本之前,聚合器首先询问传感器的邻居,让它们对数据进行表决——这个机制称为投票。由于对资源要求很严格,投票是为小型网络保留的。我们用结果检验来确保中间聚合器和转发者都不会窜改聚合结果。为实现保密的目的,要求汇点和源之间的中间传感器可以聚合加密样本,但无法知道实际的聚合值。实现这一目标的标准技术是隐私同态。

名词术语

自适应选择密文攻击:除了解密预言是永久提供给攻击者的,自适应选择密文攻击和选择密文攻击是相同的。

选择密文攻击:针对加密系统的分成两个阶段的攻击:在第一阶段,攻击者送入一个含有精心选择密文的解密预言并分析生成的明文与密文的关联;在第二阶段,攻击者丢掉解密预言,并尝试从密文推断出对应的明文信息。

选择明文攻击:对一个加密系统的攻击,其中攻击者送入一个含有精心选择密文的解密预言,并分析生成的密文与明文的关联。对于公钥加密系统,这类攻击是简易可行的,因为加密密钥是公开的。

解密预言:一个抽象的概念,它独立于对手,但应要求为对手解密密文。

椭圆曲线:由 $y^2 = x^3 + ax + b$ 形式的等式定义的有限域 $GF(p)$ 上的椭圆曲线,其中 $a, b \in GF(p)$,满足 $4a^3 + 27b^2 \neq 0 \bmod p$。

加密预言:一个抽象的概念,它独立于对手,但应要求为对手加密明文。

熵:一个随机变量 X 的熵是 X 的"不确定性"的一个量度。如果 X 有对应于概率 $p_1, p_2, \cdots, p_n$ 的 n 个取值,则 X 的熵为 $-\sum_{i=1}^{n} p_i \log p_i$。

有限域:见伽罗华域。

伽罗华域:阶有限的域。域是一个由满足如下域公理的两个二元运算符"+"和"·"定义的集合,如下:

性质	+	·
恒等性	存在,用 0 表示	存在,用 1 表示
逆运算	存在,表示为 $-a$	存在,表示为 a^{-1}
结合律	$(a+b)+c=a+(b+c)$	$(a \cdot b) \cdot c = a \cdot (b \cdot c)$
交换律	$a+b=b+a$	$a \cdot b = b \cdot a$
分配律	$a \cdot (b+c) = (a \cdot b) + (a \cdot c)$	

模素数的整数、实数、有理数等都是例子。

群:在抽象代数中,群是一个有限或无限的集合,由满足如下群公理的二元操作符"+"定义:

(1) 封闭。$a + b \in G, \forall a, b \in G$。

(2) 单位元。存在一个单位元,记为 0,s. t. $a + 0 = a, \forall a \in G$。

(3) 逆。存在逆,记为 $-a$,s. t. $a + (-a) = 0, \forall a \in G$。

(4) 结合律。$(a + b) + c = a + (b + c), \forall a, b, c \in G$。

当操作符为乘法符号,它称为一个乘法组。

可延展性:如果一个加密系统的消息是可延展的,攻击者可以以一种有意义的可控方式通过修改相应的密文来修改明文。不可扩展性现在被认为是加密系统的一个需要的性质。

消息验证码(MAC):从密钥和消息生成的代码,在接收方与发送方共享密钥时让消息的接收方对消息进行验证,以确保没有被窜改以及是从发送方发送来的。

(元素的)阶:元素 $x \in G$ 的阶是使得 $x^n = 1$ 的最小正整数 n,其中 1 是 G 的单位元。

成对密钥:在范围内的一对节点之间共享的密钥。用这个密钥建立的 MAC 在本章中非正式地称为成对 MAC。

隐私同态: 如果满足 $f(x)\otimes f(y)=f(x\oplus y)$,则称函数 f 为 $(\oplus,\otimes)$－同态,这里“$\otimes$”是其值域内的一个操作符,“$\oplus$”是其定义域内的一个操作符。如果 f 是一个加密函数,且其反函数 f^{-1} 是相应的解密函数,则我们有一个隐私同态。

语义安全性: 对于加密系统的一个要求,要求在给出密文时能够有效计算的关于明文的一切,在不给出密文时也能有效计算。换句话说,攻击者不能从密文中学到关于明文的东西,除有关其长度的琐碎信息外。

习　题

1. 展示“求和”不是一个有弹性的聚合函数。

2. 给定 $\Pr\{$节点报告 1$\}=p$,$\Pr\{$节点报告 0$\}=1-p$,展示“计数”是一个有弹性的聚合函数。

3. 假设我们正在收集方差为 1 的正态分布的样本,我们可以以下列方式估算均值[3]。假设样本为 $x_1,\cdots,x_n$,其中 n 为偶数。我们将样本分为两组 $Z_1=X_1+\cdots+X_{n/2}$,$Z_2=X_{n/2+1}+\cdots+X_n$,它们的差 $W=Z_1-Z_2$。直观地,除非样品被污染,W 的样本均值应该大约为 0。换句话说,如果对于某个门限 h_α,$|W|>h_\alpha$,则可以说样本已被窜改。为限制对于 50 个样本的虚假检测概率为 0.05,h_α 应为多少?

4. 证明一个以压缩参数 k 构造的 q－概要 Q 具有的最大尺寸为 $3k$(q－概要节点)。

5. 在一个以压缩参数 k 构造的 q－概要中,设 σ 为一个数据样本可取值的数量,证明任何节点的最大错误为 $\log\sigma\lfloor n/k\rfloor$。

6. 在一个分位数查询中,目标是找到排位(即在一个顺序样本序列中的位数)为 pn 的值 x,即找到样本中值,$p=0.5$。定义误差 ε 如下:

$$\varepsilon \triangleq \frac{|\text{true rank of } x-pn|}{n}$$

使用习题 4 和习题 5 的结果,证明给定 m 个记忆单元来构建一个 q－概要,则以 $\varepsilon<(3\log\sigma)/m$ 回答任何分位数查询是可能的。

7. 在 RANBAR 中,通过经验分析,迭代的最大次数被设为 $i=15$。如果将 i 设得太高或太低,会发生什么?

8. 证明在 Przydatek 等人的算法中,拒绝一个虚假中值(即一个 $\varepsilon n(\varepsilon>0)$ 或更远离真实中值的样本)的概率最小为 $1-e^{-1}$。

9. 在 SDAP 的结果检验阶段,一个父节点通过看 $h(q_a\parallel \mathrm{ID})\sum_{i=1}^{d}c_i$ 的位置来选择认证路径中的下一个节点。如果结果处于以下区间

$$\left[M\sum_{i=1}^{j-1}c_i, M\sum_{i=1}^{j}c_i\right)$$

则父节点选取它的第 j 个子节点。假设散列函数的输出为均匀分布，证明此父节点选择第 j 个子节点的概率为 $c_j/\sum_{i=1}^{d}c_i$。

10. 在 SDAP 的结果检验阶段，为什么传感器将它们的消息依序回送给 S 是重要的？

参考文献

1. Ahituv N, Lapid Y, Neumann S (1987) Processing encrypted data. Communications of the ACM, 30(9):777–780.
2. Buttyán L, Schaffer P, Vajda I (2006a) RANBAR: RANSAC-based resilient aggregation in sensor networks. In: Proceedings of the Fourth ACM Workshop on Security of Ad Hoc and Sensor Networks (SASN '06), pp. 83–90. ACM, New York, NY.
3. Buttyán L, Schaffer P, Vajda I (2006b) Resilient aggregation with attack detection in sensor networks. In: Proceedings of the Fourth Annual IEEE International Conference on Pervasive Computing and Communications Workshops (PERCOMW'06). IEEE, New York, NY.
4. Castelluccia C, Mykletun E, Tsudik G (2005) Efficient aggregation of encrypted data in wireless sensor networks. In: Mobile and Ubiquitous Systems: Networking and Services (MobiQuitous '05). IEEE, New York, NY.
5. Chan H, Perrig A, Song D (2006) Secure hierarchical in-network aggregation in sensor networks. In: Proceedings of the 13th ACM Conference on Computer and Communications Security (CCS '06), pp. 278–287. ACM, New York, NY.
6. Chen W-P, Hou JC (2005) Chapter 15: Data gathering and fusion in sensor networks. In: Handbook of Sensor Networks: Algorithms and Architectures. Wiley, New York, NY.
7. Dolev D, Dwork C, Naor M (1991) Non-malleable cryptography. In: Proceedings of the 23rd Annual ACM Symposium on Theory of Computing (STOC '91), pp. 542–552. ACM, New York, NY.
8. Domingo-Ferrer J (2002) A provably secure additive and multiplicative privacy homomorphism. In: Information Security: Proceedings of the Fifth International Conference (ISC '02), Sao Paulo, Brazil, September 30–October 2, volume 2433 of LNCS, pp. 471–483. Springer, New York, NY.
9. Du W, Deng J, Han YS, Varshney PK (2003) A witness-based approach for data fusion assurance in wireless sensor networks. In: IEEE Global Telecommunications Conference (GLOBECOM '03), volume 3, pp. 1435–1439. IEEE, New York, NY.
10. Girao J, Westhoff D, Schneider M (2005) CDA: Concealed data aggregation for reverse multicast traffic in wireless sensor networks. In: IEEE International Conference on Communications (ICC '05), pp. 3044–3049, Seoul, Korea, May 2005. IEEE, New York, NY.
11. Goldwasser S, Micali S (1984) Probabilistic encryption. Journal of Computer and System Sciences, 28:270–299.
12. He W, Liu X, Nguyen H, Nahrstedt K, Abdelzaher T (2007) PDA: privacy-preserving data aggregation in wireless sensor networks. In: Proceedings of the IEEE Conference on Computer Communications (INFOCOM '07), pp. 2045–2053, Anchorage, Alaska, USA, 6–12 May 2007. IEEE, New York, NY.
13. Mahimkar A, Rappaport TS (2004) SecureDAV: a secure data aggregation and verification protocol for sensor networks. In: IEEE Global Tele-communications Conference (GLOBECOM '04), volume 4, pp. 2175–2179. IEEE, New York, NY.
14. Mykletun E, Girao J, Westhoff D (2006) Public key based crypto-schemes for data concealment in wireless sensor networks. In: IEEE International Conference on Communications (ICC '06), volume 5, pp. 2288–2295. IEEE, New York, NY.
15. Naor M, Yung M (1990) Public-key cryptosystems provably secure against chosen ciphertext

attacks. In: Proceedings of the Twenty-Second Annual ACM Symposium on Theory of Computing (STOC '90). ACM, New York, NY.
16. Önen M, Molva R (2007) Secure data aggregation with multiple encryption. In: Wireless Sensor Networks, volume 4373 of LNCS, pp. 117–132. Springer, New York, NY.
17. Patel JK, Read CB (1982) Handbook of the Normal Distribution, 1st edn. Marcel Dekker, New York, NY.
18. Przydatek B, Song D, Perrig A (2003) SIA: secure information aggregation in sensor networks. In: Proceedings of the First International Conference on Embedded Networked Sensor Systems, pp. 255–265. ACM, New York, NY.
19. Rabbat M, Nowak R (2004) Distributed optimization in sensor networks. In: IPSN '04: Proceedings of the Third International Symposium on Information Processing in Sensor Networks, pp. 20–27. ACM, New York, NY.
20. Rackoff C, Simon DR (1991) Non-interactive zero-knowledge proof of knowledge and the chosen ciphertext attack. In: Advances in Cryptology: Proceedings of the 11th Annual International Cryptology Conference (CRYPTO '91), Santa Barbara, CA, USA, August 11–15, 1991, volume 576 of LNCS, pp. 433–444. Springer, New York, NY.
21. Rivest RL, Adleman L, Dertouzos ML (1978) On data banks and privacy homomorphisms. In: Proceedings of Foundations of Secure Computation, pp. 169–179. Academic, New York, NY.
22. Shrivastava N, Buragohain C, Agrawal D, Suri S (2004) Medians and beyond: new aggregation techniques for sensor networks. In: Proceedings of the Second International Conference on Embedded Networked Sensor Systems (SenSys '04), pp. 239–249. ACM, New York, NY.
23. Wagner D (2003) Cryptanalysis of an algebraic privacy homomorphism. In: Information Security: Proceedings of the Sixth International Conference (ISC '03), Bristol, UK, October 1–3, 2003, volume 2851 of LNCS, pp. 234–239. Springer, New York, NY.
24. Wagner D (2004) Resilient aggregation in sensor networks. In: Proceedings of the Second ACM Workshop on Security of Ad Hoc and Sensor Networks (SASN '04), pp. 78–87. ACM, New York, NY.
25. Westhoff D, Girao J, Acharya M (2006) Concealed data aggregation for reverse multicast traffic in sensor networks: Encryption, key distribution, and routing adaptation. IEEE Transactions on Mobile Computing, 5(10):1417–1431.
26. Yang Y, Wang X, Zhu S, Cao G (2006) SDAP: a secure hop-by-Hop data aggregation protocol for sensor networks. In: Proceedings of the Seventh ACM International Symposium on Mobile Ad Hoc Networking and Computing (MobiHoc '06), pp. 356–367. ACM, New York, NY.
27. Yu Y, Leiwo J, Premkumar B (2008) A study on the security of privacy homomorphism. International Journal of Network Security, 6(1):33–39. Preliminary version appeared in Proceedings of the Third International Conference on Information Technology – New Generations (ITNG '06), pp. 470–475, Las Vegas, Nevada, USA, 2006. IEEE, New York, NY.

第22章　无线多媒体传感器网络

在无线通信、可视传感器设备和数字信号处理等方面发展出的低功耗和成熟的技术,使得无线多媒体传感器网络(WMSN)成为可能。如同感知温度、湿度的传感器网络一样,WMSN通过自动的传感设备捕获和处理视频、音频信号。这一章主要论述了以下几个主题:①WMSN应用和面临挑战的概述;②应用于WMSN的先进译码技术综述;③WMSN通信协议研究,包括路由技术和物理层标准;④WMSN服务质量和安全性方面的概述。

22.1　引言

最近,在微电子学上的进展,以及在微小无线传感器方面出现的新产品,吸引了越来越多学术界和工业界的注意力。如果具备低成本、低功耗和小体积等特性,无线传感器能够有各种各样的应用,比如战场环境监控、空间监测、产品检验、存货清单管理、虚拟键盘和敏捷办公。大部分这样的应用都需要一个足够大的覆盖范围来贯穿延伸物理空间和大规模部署无线传感器。无线传感器网络就是一个通过传感器间自动协作使上面提到的应用更为便利的系统。

总体来讲,WSN可以分为同构传感器网络和异构传感器网络[1]。在同类传感器网络中,传感器处理能力、电池能量和硬件复杂度是一致的。异构传感器网络是由配备不同电池容量服务与不同应用的传感器节点组成。异构传感器网络通常运行在一个开放的空间,比如人为监测的战场和野外环境。此外,这些传感器节点能够自组织[2]、事件自动监测和自动响应。

传感器可以用于各种各样的场景:一些传感器能够记录温度和湿度;其他能够检测噪声水平。通过简单的安装,这些传感器融入一个无线网络,用户控制信号发射或是数据交换。图22.1[3]说明了一个典型的无线传感器网络节点的主要组成部分,其中阴影部分将通过由本章余下的内容进行讨论。传感器单元通常由传感器设备和模-数转换器(ADC)组成,它负责传感数据捕获,并传递给处理单元。处理单元的作用是处理传感单元捕获的数据,并打包发送给其他传感器或是基站。多媒体传感器扩展了普通传感器的声音和视频感知能力,因此能够在诸如视频监控和交通监测等多媒体信号丰富的应用中发挥作用。这种多媒体能力的增强为图 22.1 阴影部分组件带来了额外的代价:①需要的视频或音频传感器单元都很昂贵;②处理和压缩多媒体传感器数据需要更高的能量消耗,通常需要用数字信号处理器(DSP)代替微处理器;③需要更大的所及读取存储或是混合存储设备;④也许需要更大的通信带宽来传输大量多媒体信息;⑤处理多媒体数据带来的更大的处理复杂度需要更大的电源模块。在传感器上还有两个可选的模块:移动模块和位置发现模块。尽管绝大部分多媒体传感器放置在固定位置,但也有可能被嵌入一个移动模块,用于追踪移动物体。举个例子,比如 GPS 等位置发现模块,能够提供邻居节点的位置信息,用于计算路由(如距离矢量路由),提高 WMSN 的性能。

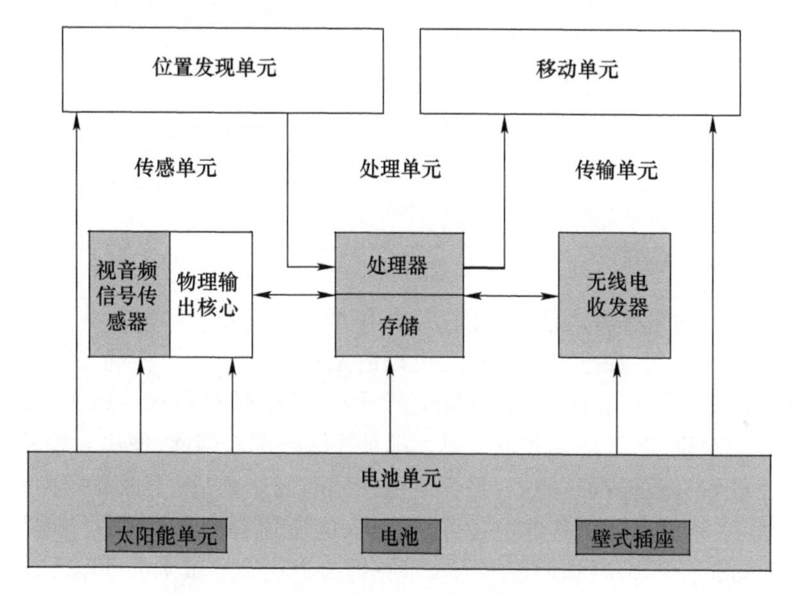

图 22.1　无线多媒体传感器节点基本组成[3]

22.2　背景

有时候 WSN 被认为是无线 Ad Hoc 网络的一个子集[4]。尽管 WSN 有许多无线 Ad Hoc 网络的特性,但是也有许多不同[3]。①一个传感器网络中传感器节点的数量可能是一个 Ad Hoc 网络的数倍;②由于电池能量的限制,传感器网络的拓扑结构会更频繁的变化;③传感器节点主要采用广播通信的模式,但是大部分无线 Ad Hoc 网络是以点对点通信为基础;④传感器节点收到电池能量、计算能力和存储空间的诸多限制;⑤因为巨大的开销和大量的传感器,传感器节点可能没有全局 ID。WSN 的应用领域可以分为 5 类:军事应用、环境监测、后勤支持、以人为中心的应用和机器人应用。传感数据可以直接或通过多跳传输给基站,如图 22.2 所示。

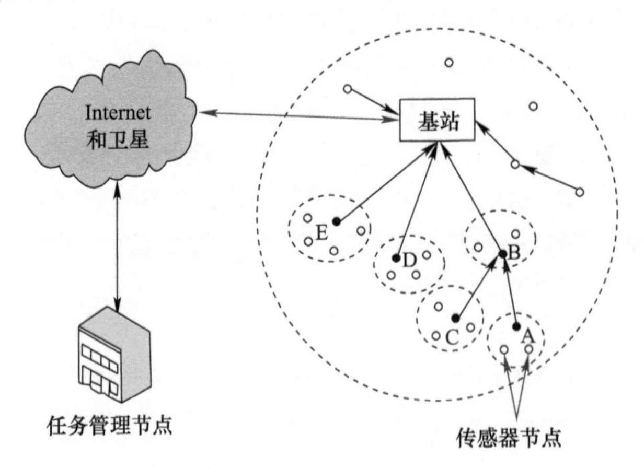

图 22.2 WSN 架构

22.2.1 信源编码

因为受到能量和处理能力的限制,在 WMSN 中进行视频和音频的传输有三方面的挑战。首先,在无线通信中无线频谱是有限的[6]。一种解决方案是使用一种先进的信源编码技术,减小有效负载,因此减少带宽需求。其次,对多媒体传感器节点来说,处理单元和电池单元都是稀缺资源。因此,使用一种复杂的源编码技术能够有效地提高能效,延长电池使用时间。最后,不像有线网络,由于信道干扰、多路径衰弱和其他损耗等原因,无线通信会有很高的误码率。因此,高效和有效的信源编码和信道编码技术在解决上述挑战带来的问题方面是至关重要的。

在多媒体传感器节点上,图像和视频是通常的媒体类型。在视频传感器和监控系统中提出了很多的图形/视频编码技术,例如 JPEG、区别性 JPEG[7,8] 和 H. 264[9]。在 ZigBee 网络[7] 中比较 JPEG 和 JPEG2000 ,JPEG2000 在峰值信噪比方面表现出了更好的容错率,这是因为它改进了多重层次编码。JPEG、区别性 JPEG 用于构成一个视频传感器平台,能够以少于 5W 的功耗通过 802. 11 网络传输高质量的视频信号[8]。为了减少传输负荷,H. 264[9] 可以用来产生一个高压缩比的信号。例如,物体跟踪等额外的一些特性,则使用了中间滤波器算法来提高计算速度[10]。不管怎么样,编码器的复杂度增加了能量消耗[11],对WMSN应用来说是不合适的,因为传感器节点的处理能力和存储空间有限。

音频是适用于多媒体传感器节点的另一种媒体类型。配备话音和声音监测手段的多媒体传感器节点能够应用于监视和监听。在文献[12 - 13]中,对包括以波形结构为基础的编码技术、合成编码技术、综合分析编码、底带宽编码等话音和声音编码技术进行了综述。在文献[14]中对无线应用的话音编码进行了详细的研究,其他的研究对通过多跳网络和无线信道进行普通话音通信进行的比较研究[15]。

其他有前途的无线传感器编码技术是分布编码,它把复杂的编码算法转移到解码器上[16]。流行的分布编码技术包括 PRISM 技术、Slepian - Wolf 编码和 Wyner - Ziv 编码[17-18]。Slepian - Wolf 是一个无损的信源编码,通过压缩两个相互独立的具有同一分布相关性的随机数 X 和 Y[19]。在一个点对点的无损通信系统中,可实现的最低限度速率是通过 Slepian - Wolf 原理规定的。Slepian - Wolf 的基础组件是编码存储箱,意思是信号源是分开编码和集中解码的。Wyner - Ziv 编码是对 Slepian - Wolf 编码的扩展[20]。在编码器和解码器都使用不太重要的信息时,Wyner - Ziv 起到了比率失真的作用。此外,Wyner - Ziv 能够提供一种容错传输,非常适用于一对多上行链路视频通信系统,比如无线视频和分布传感器网络[22]。文献[23]描述了一个最大限度压缩音频信号同时使能量消耗最小的 WMSN 系统,它使用了一种以小波分析为基础的分布视频编码技术。

22.2.2　路由协议

由于 WSN 和 Ad Hoc 无线网络中有一些相似之处,一些研究员尝试修改在 Ad Hoc 无线网络中的 WSN 的现有路由协议。Aditya Mohan 等人测试包括低功耗、可靠时间同步和崭新标准[24]的路由协议,通过对传感器密集间隔的测试平台路由协议的评估,HSN DSDV 和可靠时间同步可以实现更高的性能。此外,N. Pham 等人在 4 个无线传感器路由协议之间作出比较:多跳路由器协议、Ad Hoc 网络按距离矢量需要路由(TinyAODV)、贪婪转发(GF)和贪婪转发与接收信号强度指示(GF - RSSI)[25]。在医学应用的 WSN 测试平台进行研究得出了绩效评估,基于它们的结果,GF - RSSI 具有比其他各种工作条件下更好的性能。也表明了 GF - RSSI 中适度的能源消耗的数据包传送有着较高的成功率。此外,Jamal N. AI - Karaki 等人回顾 WSN 路由技术和总结三个不同网络结构的路由协议:扁平(SPIN、谣传路由等)、分层(LEACH、传感器综合等),与基于位置的路由协议(SPAN、GAF 等)[26]。

不同于 Ad Hoe 无线网络,WMSN 通常由几百或几千个相机节点组成。这些节点能够感知环境和传输数据到终端。因此,在无线局域网(WLAN)中使用的传统路由协议和局域网(LAN)不能直接采用 WMSN 有几方面原因。第一,由于传感器数量庞大,基于传统的 IP 协议,如 IPv4 和 IPv6 可以为需要通过互联网监测的传感器创建 ID。第二,相对于传统的无线通信网络,WMSN 受到能量供应,处理能力和存储容量的限制,复杂的路由算法可能并不合适,因为这些传感器的数量庞大可以创造巨大的路由表。此外,在 WMSN 的最短路径路由选择可能并不总是最佳的解决方案。在 WMSN 数据流量的平衡也可能是一个开放的研究课题。第三,位置信息也是 WMSN 的一个关键特征,因为数据收集通常是基于位置。GPS 定位技术可以作为 WMSN 定位技术解决方案。然而,在一些环境中,GPS 是不可访问的。在文献[27]中,提出了一个基于 WLAN 的定位算法,系统根据从三个发射器接收到的信号强度估计用户的位置,并用一个前置多径缓冲器以进行多径干扰消除。在文献[28]中,信号特性的分析可以更好地提高算法的设计。可以观察到信号强度不能由一个单一的分布指定(即对数正态分布)。统计特性表明,在某些情况下信号强度是固定的。最后,传感器网络可以被设计为应用在如战场监测和机器人的设计等方面。在 WMSN 中可能需要考虑路由服务的质量。基于这些设计方面,提出了 WMSN 的新的路由协议。下面讨论几个著名的路由技术,如低功耗自适应集簇分层型协议(LEACH)、基于协商并且具有能量自适应功能的信息传播协议(SPIN)和 SPEED。

LEACH 是 Heinzelman 等人提出的基于集群的协议,在文献[29]中,这是一个自组织、自适应的分簇协议,在传感器节点最大限度地减少能量消耗。在 LEACH 协议中,传感器节点将自行组织基于最小通信能量的本地集群。一旦所有的节点被分成相应的簇,传感器节点开始收集数据并传送到簇头。由于簇头从集群接收所有的数据,它聚集数据并将它们发送到基站。LEACH 协议的关键特征是局部的协调和控制集群设置,簇头的旋转来提高系统的寿命,局部聚集和压缩来减少通信开销。基于集群的协议,延长了最远节点到基站的生命周期,提高了感知的可管理性。此外,为了推广这种能源在多个节点的使用,LEACH 还提供动态路由机制。在 LEACH 中簇头不会固定在一个位置,而是根据消耗函数在不同时间间隔变化。在文献[29]中,作者发现基于仿真模型,只需要 5% 的节点作为簇头。然而,LEACH 仍然有一些缺点,如在簇头变化中的额外消耗和在诸如聚合和加密等网络处理中的延迟。

SPIN 是 Heinzelman 等人提出的自适应协议[30,31]。不同于传统的协议,比如具有资源盲目性、会发送重复信息的洪泛和闲聊,SPIN 集成协商和资源的适应机制来克服重复的信息。为了在无线传感网络的各个节点高效率的传播信息,传感器使用元数据来描述它们所收集到的数据。在 SPIN,节点之间采用元数据协商从而能够避免冗余数据传输。这种机制通过重复的报文传输节省了能量和带宽。此外,运行 SPIN 的节点可以在数据传输前轮询其资源。SPIN 的另一个优点是,每个节点只需要知道它的邻居。因此,逻辑改变可以本地化,路由表可以减少。根据文献[32]中的研究公布,SPIN 的主要缺点是如果汇聚节点关注太多事件,汇聚节点周围的节点的电量可能会很快耗尽。

在文献[33,34]中,介绍了一种传感器网络时空通信协议,命名为 SPEED。SPEED 提供了三种类型的即时通信服务:实时单播、实时域多播和实时域中的传播。SPEED 采用邻居反馈回路(NFL)和背压路由可以维持所需的交付速度和路由期间的流量拥塞。此外,延时估计机制可以确定是否已经发生拥塞。在 SPEED 上,每个节点维护一个保存路由信息的邻居表。动态源路由(DSR)和 Ad Hoc 按需矢量路由(AODV)相比,SPEED 在降低端到端时延和失误率方面表现出了更好的性能。在另一方面,研究[35]表明,SPEED 协议只提供一个全网速度,这不适合用于区分不同期限的流量拥塞。SPEED 在可靠性方面也受到限制,无法提供任何保证。此外,与其他的能量感知路由协议相比,SPEED 不支持进一步的路由能量度量,因此它的能源消耗可能是一个潜在的问题。

在文献[36]中,覆盖和路由成本都被集成到一个应用感知路由协议。研究表明,因为摄像头捕获数据的独特方式,视频传感器网络的寿命可以延长。不同于传统的传感器网络,摄像机的视野(FOV)是不可预测的。因此,应用感知协议的行为在视频传感器中不同。此外,基于其结果,新的成本函数实现了对传感器的无线视频路由能量感知的边际改进。表 22.1 总结了上面讨论的协议。

表 22.1　路由协议比较

	集簇分层型协议[29]	自适应协议[30-31]	传感器网络时空通信协议[33-34]	应用感知协议[36]
基础协议	分层网络	平面网络	基于 QoS	基于应用
网络寿命	非常好	好	未知	未知
多媒体支持	未知	未知	QoS 支持	是
特征	动态聚类,数据聚集,元数据	数据聚集,元数据,全局拓扑维护	实时服务,拥塞避免	新成本度量
缺点	流量延迟,动态聚类的额外开销	不可升级,库可能容易排出功率	不支持区分各种流量	仅适用于视频传感器网络

22.2.3　物理层

与有线网络不同,无线网络中的数据包很容易受噪声干扰,在传输过程中丢失。在 WMSN,因为节点可能会耗尽能量或可能造成损害,应当提供一定的鲁棒性的机制来保证最终用户仍然可以接收信息。例如,在网络中的冗余节点有助于解决损坏或能量耗尽的节点。此外,数据包丢失和冲突也应该在无线传感器多媒体网络中考虑。由于有限的带宽和无线特性,丢包是不可避免的,在传输过程中容易发生干扰和碰撞错误,从而导致数据损坏量增加。在文献[37]中,作者将现有的 WSN 的 MAC 协议分为四大类:基于调度、无碰撞、基于竞争和混合方案。他们还总结为 WSN 设计 MAC 面临的挑战。通过清除在传输过程中的碰撞,用于重传的功率和端到端延迟将减少。此外,当前的无线 MAC 协议对 WMSN是不可行的,因为它们只专注于吞吐量而不是其消耗功率。在文献[38]中,作者研究了 WSN 中无冲突的介质访问的缺点,如时分多址(TDMA)、载波侦听多路访问(CSMA)和频分多址(FDMA)。TDMA 系统中的难点有:节点同步,拓扑结构变化适应及吞吐量最大问题。另一方面,CSMA 需要使用额外的碰撞检测机制来实现无碰撞,而 FDMA 需要额外的电路来动态地与不同信道进行通信。在文献[39]中的研究使用 7 种不同的信道以避免共信道干扰。然而,这种方法需要额外的硬件支持无碰撞的特点,并会增加生产成本。

WMSN 的目标是使用如视频和音频的传感器来处理丰富的媒体数据,这一节将讨论一些流行的无线通信标准,这些标准包括 IEEE 802. 11、蓝牙、超宽带(UWB)和紫蜂协议。

蓝牙是一种无线个人局域网(WPAN)标准,它使用 2. 4GHz 频谱提供了一个通用的短距离无线通信功能。蓝牙可以实现如耳机套、视频游戏控制器、打印机这些设备在一个安全的无线电频率之间进行数据交换,基于蓝牙的节点组织成一个微微网,由主机和 7 个从机组成。主机可以对调频序列做决定。然而,蓝牙也存在有两个缺点:首先,蓝牙需要有一个主节点不断地花大量精力轮询其从节点;第二,蓝牙受限于每个微微网的活动从机数量,一些重要数据会在非活动时间被丢弃。由于上述两个因素,蓝牙技术是不适于无线多媒体传感网络的应用。

IEEE 802. 11 无线局域网标准是 WLAN 另一个众所周知的标准。有三个物理媒体被定义在最初的 802. 11 标准中:直接序列扩频、跳频扩频和红外线。在文献[4]中,802. 11b 具有最大数据速率为 11Mb/s。802. 11b 通常用在点对多点配置,一个客户端通过位于在接入点覆盖区域的全向天线和一个或多个客户端进行通信。基于 802. 11 的 WMSN 的优点有:对硬件的要求简单,数据速率高和采用直接序列以避免跳频系统[41]的问题。然而,802. 11 系统的成本和功耗远远超出了 WMSN[42]的可行性。IEEE 802. 11e 标准也支持 QoS 的局域网应用,包括无线局域网上的话音和视频。通过为 802. 11e 标准部署增强的分布式信道访问(EDCA)和混合协调功能(HCF),可实现基于预定义优先级的流量下发。

紫蜂协议是一套标准的高层次的通信协议标准,基于 IEEE 802.15.4 标准的目的在于体积小、低功耗的数字无线电。紫蜂协议满足 WSN 大部分的应用要求,如低数据速率、延长电池的使用寿命和一个安全的网络。紫蜂协议工作在 ISM 无线电频段:868MHz 的在欧洲,915MHz 的在美国和 2.4GHz 的在世界各地。这种技术的目的是为比竞争的 WPAN 标准(如蓝牙)简单和便宜。虽然紫蜂协议是部署在低数据速率、低成本、低功耗的嵌入式应用中,但是对于 WMSN 它是不可行的:在紫蜂协议网络中 JPEG 和 JPEG 2000 图像的多跳传输的最优表现在文献[43-44]中得到了测试。结果表明,来自不受控制的 IEEE 802.15.4 和 IEEE 802.11 无线设备[44]的不利环境的干扰导致 JPEG 2000 图像的多跳传输不能完成。此外,Kim 等人[45]实现了人脸识别在无线图像传感器网络中的应用。图像传输速度和功耗是该文所考虑的。结果表明,大部分的功耗被消耗在无线电收发器,传输速度在不要求高帧率的系统中相当低。在文献[46]中,无线摄像头网络基于紫蜂协议被开发。无线摄像头不同的子系统之间相互作用,减少层间的通信开销,从而提高性能。

超宽带[47]旨在促进高速、低功耗、低成本的多媒体应用。超宽带和其他被指定的传统窄频带有两个差异。第一,超宽带系统的带宽是一个算术中心频率的25%以上。超宽带的目的是提供一个有效的多媒体传输带宽。第二,超宽带通常以无载波的方式实现。超宽带不同于传统的"窄带"系统,窄带系统利用射频载波移动信号[48]。

在文献[49]中,对超宽带无线传感网络的一个实际例子进行了研究,利用超宽带的 WSN,保证了低功耗、低成本和广泛的部署传感器网络。虽然超宽带传输已经讨论了好几年,IEEE 802.15.3a 的工作组仍然无法达成共识。文献[50]中提出了开放性的研究问题。基于超宽带的、以向 WMSN 提供 QoS 为目标的跨层通信应该被设计。上述标准之间的比较总结于表22.2。

表22.2　物理层协议的比较

协议	频率范围	覆盖率	数据率	支持 SoS
802.11b	2.4GHz DSSS	高达110m	11Mb/s	同802.11e
802.15.1(蓝牙)	2.4GHz FHSS	高达10m	1Mb/s	是
802.15.3	2.4GHz	30~50m	10~50Mb/s	是
802.15.3a(超宽带)	3.1~10.6GHz	高达10m	100~500Mb/s	是
802.15.4(紫蜂协议)	868~868.6MHz 902~928MHz 2400~2483.5MHz	10~75m	20kb/s 40kb/s 120kb/s	否

22.2.4 安全

无线多媒体传感器具有成本低、体积小、易于部署等优点,有望成为下一代移动应用的解决方案之一。然而,无线多媒体传感网络由于缺少物理介质的保护[51-52],与有线解决方案比更容易受到恶意攻击。对于应用程序诸如战场监视和侦察,通信不安全可能是一个潜在的灾难性的问题。因此,递送敏感的多媒体数据使用高效和有效加密技术,同时维持低功耗消耗应被视为无线多媒体传感网络发展设计的主要方面。有了这样的设计方案,采用流行的WLAN标准的安全机制,诸如WMSN中的IEEE802.11e标准,可能是不可行的。

除了保密,无线多媒体传感网络的另一个安全问题是关系到多媒体内容的完整性和合法性。诸如数字水印和多媒体指纹技术可以被应用于解决这些问题。在文献[53]中,采用数字版权管理(DRM)的安全机制提出了视频传感器网络。如果视频内容通过互联网传输,而不是私人租用线路,DRM技术服务有两个主要好处:①数字版权管理可以有效屏蔽未经授权的访问来保护数据,例如,对于患者的监视应用中,对患者的私人配置文件(如患者的外观)的访问可仅限于特定个人;②有些传感器的内容可能持有显著商业价值,如高速公路流量监控、机场监控和工业控制监控。数字版权管理为将数字内容作为商品进行大量的交易、记账与交易处理提供了一套解决方案[53]。

在WMSN,传感器由于功率、计算资源、存储和传输的范围限制,攻击者可以使用具有较高能量和长距离通信功能强大的笔记本电脑以执行攻击。此外,安全WSN的一些设计挑战被提出[54]:

(1)为了使传感器网络在经济上可行,传感器节点的能量计算和低处理能力被约束,另一方面,由于计算开销大,复杂的加密方法不能在WMSN实施[54]。此外,对于配备电池传感器,能源管理可能是一个高可靠解决方案到多媒体应用的一个主要关注点。

(2)物理攻击是WMSN的风险之一,这是基于传感器节点是在开放区域进行访问这样的事实。因此,对手可以轻松地找到并摧毁传感器节点。由于节点可能被物理捕获,攻击者可能会泄露传感器节点的密钥,然后将恶意节点加入到网络中,进行天坑攻击[55]等攻击。另外,一些传感器配备了太阳能电池以后可能会重新加入网络。因此,在WMSN应该提供一种机制来保证新加入传感器的节点不是恶意节点。

(3)由于部署大规模传感器的节点,密钥建立会更加困难。举例来说,不希望部署公共密钥算法,如Diffie-Hellman密钥协议[56]或RSA,因为其计算的[57]复杂性。此外,使用不同的密钥,每个传感器将扩大内存的大小,这增加了生产成本。另一方面,共享密钥的开销比公共密钥小。共享密钥的缺点是一旦攻击者损害网络中的单个节点将会泄露密钥,然后导致网络流量可以很轻易地被解密[54]。

(4) 不同于传统的无线应用,WMSN 有利于分布式处理机构,其中数据可以在本地进行聚合,以减少通信带宽和能量消耗[58]。然而,对于特设 WSN[59]和多层结构 WMSN[36,58],传感器传送被加密的数据到簇头;簇头节点必须在执行聚合任务之前解密负载。对于实时的 WMSN 应用,这种聚合任务引入额外延迟是不可接受的,例如监视和战场监控。此外,某些安全协议需要密钥交换[54],并且协议握手的优势应该也被考虑。同样重要的是要考虑拒绝服务攻击,影响终端设备之间的通信甚至路由表更新。例如,使用 HELLO 报文的路由协议容易受到 HELLO 洪泛攻击。在不安全的路由协议中,数据传输的路由可能存在路由环路的问题[60-61]。

(5) WMSN 可以看作是一个专门用于多媒体应用的无限传感网络。因为承载丰富的多媒体内容,能量消耗和端到端的传输延迟应在 WMSN 被最小化。在文献[62]中对链路层安全体系结构进行了研究。在首次注入时通过检测未授权的数据包,作者提出了相邻节点之间报文交换的真实性、完整性和机密性。在文献[63]中,在传感器网络中的网络层的攻击如天坑攻击进行了讨论。此外,通过讨论这些攻击,还提供了可能的解决方案。

如前面所指出的,密钥建立与可信的连接设置可以深深影响 WMSN 的安全性。由于资源的限制[51],公共密钥和共享密钥的方法不适合大规模 WMSN。因此,密钥分布已在 WSN 是一个活跃的研究课题。Cheng 等人[64]将增强型密钥预分配机制分为三类:随机密钥预方案、多项式密钥预分配方案和基于位置的密钥预分配方案。随机密钥[65]允许节点在后期部署时安全地加入网络。从总的可能的密钥空间挑选一个随机的密钥池,节点执行密钥发现,找到了它们各自的子集内的公用密钥,并用它作为自己的共享密钥进行安全链接。随机密钥预分发解决了公钥的计算开销,在两个节点之间建立安全连接;然而,它也增加了关键发现通信的开销。多项式密钥预分配不仅需要一个较低的通信开销,而且比随机密钥预分布安全性更低。基于位置的密钥预分配[61]利用传感器节点的位置部署以提高网络的表现。如前面所指出的,因为传感器的硬件约束,WMSN 易受各种类型的攻击。网络层的攻击和对这些攻击的可能解决方案概述如下:

(1) 重放攻击。文献[66-67]对 WMSN 重放攻击进行了研究。对手在同一时间窃听两个授权节点和重播之间发送的合法邮件。对于监控应用,攻击者可以通过放置照片和播放记录欺骗系统。在文献[62]中,共同防御包括一个单调递增计数器消息和拒绝携带旧计数值的消息。然而,主要缺点是维护相邻表的成本和必需的额外的设备存储。

(2) 剪切和粘贴攻击。在文献[68]中,对剪切和粘贴攻击进行了研究。通过分解一个未经加密的邮件和建造另一条解密的有意义的消息,剪切和粘贴攻击是一种消息修改攻击的类型,该类型中攻击者从网络移除一个消息,然后修改消息,最后重新插入消息到网络。剪切和粘贴攻击可能的解决方案是在图像中集成数字水印算法[69]。这种解决方案的主要缺点包括增加了失真和能量消耗。

(3) 选择性转发。在多跳 WMSN 中,传感器是基于这样的假设,即参与节点将忠实地转发接收到的消息。但是,攻击者可以创建恶意节点,从邻居接收数据并拒绝进一步转发。WMSN 应用中,如战场监测,遥感数据可以很容易被破坏,造成灾难性的问题。在文献[70]中,提供了选择性转发的检测方法。由部署多跳确认技术启动报警,可获得中间节点的响应。中间节点可以对基站和源节点报告异常丢包和可疑节点。这种方法的主要缺点是额外的处理需求将消耗更多的能量。

(4) sinkhole 攻击。攻击者可以发送不可靠的路由信息给邻居,然后进行选择性转发或更改经过的数据。为了解决这个问题,用于检测 sinkhole 攻击的两步算法示于文献[71]。首先,它通过检查数据的一致性,找到可疑的节点列表,然后通过分析网络业务流识别该列表中的入侵者。这种方法的缺点是它额外的处理需求也将导致额外的延迟。

(5) Sybil 攻击。在文献[72]中提出了关于 Sybil 攻击及其防御策略的分析研究。攻击者可以利用一个具有多重身份的物理设备在数据融合,投票和资源配置期间产生 Sybil 攻击。此外,Sybil 攻击对减少容错方案有着显著的效果。采用可行的防御物理设备来验证身份。Newsome 等人在文献[72]中提出了诸如无线电资源测试、随机密钥预分配、登记、核查位置和代码认证等方法。随机密钥预分配是最有前途的技术,无需额外的开销,以防止 Sybil 攻击[72]。

(6) 虫洞。攻击者在一个位置记录数据包,在该网络中,传送数据到另一个位置,并在新位置重放数据包。即使攻击者不具有任何加密密钥也可以执行攻击[73]。恶意节点可以通过这个节点宣布最短路径,并在这一区域创建黑洞。时间限制是可能的解决方案,TIK 提供及时接收认证包。使用 MAC 可有效地防止 TIK 的欺骗答复,而虫洞攻击不在 MAC 层有另外的处理需求[73]。

(7) HELLO 洪泛攻击。根据协议要求的 HEIIO 消息建立组合,并宣布它和它们邻居的存在,对手可能执行 HELLO 洪泛攻击[60]。在 HELLO 洪泛攻击,恶意节点可以发送一个具有异常高功率的消息,让所有节点,相信这是它们的邻居。当正常的传感器从这个恶意节点听到 HEIIO 消息,它们将视恶意节点为下一跳，然后创建路由环路。在本文中，作者还提出了用可疑节点传播信息协议（SNIDP）来处理此问题。SNIDP 的概念是，节点 A 通过信号强度检测可疑信号。一旦可疑节点 S 被检测到，节点 A 将向节点 S 的邻居节点们发起针对节点 S 身份的可疑性投票。在这个过程中，恶意节点可以检测到。然而，这种方法的缺点是通过 SNIDP 执行会产生额外的信息检查和能源消耗。

（8）节点捕获攻击研究[55]。由于传感器节点的物理限制，攻击者可以捕捉一些关键的传感器节点和危及它们数据和通信的密钥。在文献[65,74]中，不需要传感器来存储所有已分配的密钥，作者部署随机密钥预分发到 WMSN 中。虽然攻击者可以危及加密，但只有部分信息能进行解密。

22.2.5 服务质量

QoS 是一种衡量网路的性能指标，以确保数据传输有效和可靠。延迟、抖动、带宽和丢包是无线多媒体传感器网络的典型的 QoS 指标。然而，一些无线多媒体传感器网络的应用可能还依赖其他的 QoS 指标。例如，视频监视应用需要良好的视觉覆盖。不清晰的图片质量或盲区使得 QoS 变差，甚至作为安全缺陷进行考虑。另一个衡量无线多媒体传感器网络的重要的 QoS 指标是网络寿命和覆盖范围。

实时视频应用，如战场监控、视频和音频的传输延迟可能会导致关键决策出现严重的甚至是灾难性问题。造成无线多媒体传感器网络延迟的因素包括网络处理、排队延迟和传输延迟[75]。在一般情况下，相比较数据处理造成的延时，传输延时是比较小的；因此，应该尽量减少数据处理造成的延时。此外，多跳传输由于减少节点之间的传输距离，因而有助于减少功耗，并且有助于延长无线多媒体传感器网络的生命周期[3]。然而，这种方法也带来一些缺点，包括这些端到端扩展带来的延时、安全漏洞和队列调度困难[41]。此外，大多数的延误是由于在类同范围收集图像数据等待时隙，解密、解压缩和聚集图像处理时间。因此，减少延迟时间是无线多媒体传感器网络应用的一个关键任务。

降低功耗是保证网络寿命的一个重要课题。合并传感装置抓取的冗余视频数据有助于降低过多的带宽使用，从而降低传输功率。然而，簇头传感器处理的复杂的聚集算法需要额外的处理能力和内存。为减少功耗，另一个策略是让传感器进入休眠状态，这可能会引入额外的延迟，如休眠延迟[76]。寻找能耗与延迟之间的最佳平衡点，是 QoS 的一个重要问题。

基于 QoS 的路由是无线多媒体传感器网络的另一个重要课题。在无线 Ad Hoc 网络[77-79]中使用的传统 QoS 路由协议，由于其严重的资源限制，使其不适合在无线多媒体传感器网络中使用。顺序分配路由(SAR)[34]是一个基于 QoS 的无线传感器网络路由协议。对功耗和图像质量之间的平衡,SAR 采用三个因素进行路由决策:能源资源、每个路径上的 QoS 和数据包的优先级。此外,SAR 也采用多路径传输。SPEED 是另一个用于无线传感器网络的著名路由协议,它能保证软件实时要求[34]。此外,为了解决无线多媒体传感器网络中有限的带宽和能源等稀缺资源,SPEED 使用了不确定性转发来平衡多路由器之间的流量。虽然 SPEED 采用了一种新型的反压路由来解决数据包拥塞,但是它没有一个数据包优先级方案。MMSPEED[35]是一个基于 SPEED 的协议,它是为处理多媒体传输而设计的,具有嵌入式可扩展性和适应性。能量感知 QoS 路由机制[80]用于处理无线多媒体传感器网络中的实时数据传输。通过在一系列路径成本中找到一个最低成本,并且延时约束的路径,它获取节点的能量储备、传输能量和其他参数作为路由衡量标准。通过这些方法,传输将被分为两类:非实时和实时。这种方法的缺点是它不支持多优先级的实时传输[37]。

在无线多媒体传感器网络传输多媒体的传感数据时,检查它的音频或视频的感知质量作为质量测量的重要组成部分,这样的测量可以称为服务或 PQoS 的感知质量。在文献[81],质量测量也考虑图像质量和功耗之间的关系。其他人认为能量、速率和失真[82]之间的平衡在无线传感器网络设计中扮演了一个重要角色。另一项研究也表明,复杂性、速率和失真之间的平衡也应该被检查[8]。为研究系统资源对系统整体性能的影响,提出了资源失真分析作为传统失真率分析的测量选择[83]。此外,"累计视觉信息"(AVI)来衡量的视觉信息在无线视频传感器[8]的收集量,并结合共同评估熵,图像失真,编码效率,能耗作为衡量系统质量的指标[84]。

无线多媒体传感器网络可以用来促进监测或监控的应用,但视觉覆盖是另一个重要的 QoS 参数。由于传感器可以随机放置在一个开放的空间,可能会有由不同的传感器组成的不同重叠密度。这些传感器将能源消耗效率低下[36]。通过使用成本功能协调传感器激活状态和传感器交替切换到休眠模式,可以延长整个网络的寿命并减少带宽需求[36]。三维场景下也出现类似的结果[85]。文献[86]讨论了无线多媒体传感器网络和畸变图像的网络寿命之间的权衡。通过为无线多媒体传感器网络选择部署混合或自适应相机,可以提供"生命周期 - 失真"权衡。虽然重叠覆盖能耗增加,但是却能给最终用户提供更多的信息。例如,更多的传感器节点在活动,可以从不同的角度跟踪对象。类似通过无线传输发送实际不存在的图片等恶意攻击是可以预防的。

22.3 从业者指南

无线多媒体传感器网络不仅保持无线传感器网络的性能,如低功耗和短范围传输,也捕捉高比特率的传感数据,如视频和音频。因此,这些网络可以支持广泛的应用,如军事、环境监测。下面是无线多媒体传感器网络的应用场景。

(1) 安全。在室内临时展览等情况下,安装传统的监控摄像机比较昂贵和难以拆除。无线多媒体传感器网络可以作为临时监测系统或在线参观指南。此外,多媒体传感器节点可以放置在靠近入口处,它们可以监视和记录客户,然后传输视频和音频数据到基站。

(2) 野生动物跟踪。在一个国家公园,由于安装成本高,用固定监测系统跟踪野生动物的习惯很难。无线传感器可以用于移动的物体。此外,在从传感器到基站直接传输受阻的情况下,可以在 WMSN 中嵌入多跳方案进行传输。因此,信息丢失或延迟是可以避免的。

(3) 交通监控和环境测量。多媒体传感器可以应用到市中心区监控交通高峰期,帮助司机避开拥挤路段。此外,传感器可以测量噪声水平和研究空气质量。

(4) 远程医疗。在一个荒凉的地区,传感器可以向居住在都市地区的医生传送病人的视频和音频信息。有了这些数据,通过应用远程医疗、处方,并监测患者心跳、脉搏、体温、血压[87],医生可以在有人受伤时提供急救。

(5) 气候和海岸监测。传感器可以不间断地记录气候视频数据,如日出、日落、云、月亮和温度。此外,对于海洋监测[88],WMSN 具有更大的灵活性和低成本的设备。

(6) 战场监视。对于战场监视,视觉传感器可以用于远程监视敌人。此外,WMSN 加上执行节点,一旦某些感官事件被触发,就可以发动反击导弹。

(7) 机场监控。“9・11”恐怖袭击之后,机场安检水平和措施已经显著提高。低成本的传感器可用于监测登记处、行李托运、飞机到达或离开以及客户密度。

(8) 消防报警和控制。传感器和执行网络可以集成到火灾报警系统中。火灾前,基于传感信息,洒水执行节点可以在火灾失控之间被激活[90]。

22.4 未来的研究方向

虽然 WMSN 可以检索如视频和音频等多媒体内容,但是 WMSN 面临的一些挑战仍然需要研究。①因为WMSN提供了更多的传感信息,在WMSN中高数据率和高带宽的支持是必需的[50,91]。因此,不同的编码方法,如源编码和分布式编码能够延长系统的寿命,降低带宽使用[17]。②多媒体传感器捕获的是视频和音频信息,而不是简单的文本数据,类似网络中图像融合等数据处理会消耗巨大的电量。虽然电力回收技术可以提供一个临时的解决方案,但是专业的处理技术更应该得到发展。③由于缺乏无线信道的物理保护使WMSN安全成为问题。而802.11无线局域网中使用的常规安全机制不适于WMSN。因此,应该为WMSN设计一个轻量级的安全机制。④大多数用于WMSN的路由协议注重低功耗,而不是服务质量。对于类似远程医疗等应用,高丢包和高延时可能会导致灾难性的问题。因此,应当为WMSN设计具体的路由技术和物理层协议。

22.5 小结

WMSN的潜在应用前景很有前途,近几年正经历着迅速的发展。无线传感器网络扩展了多媒体功能,可以促进多媒体应用,如环境监测、战场监视、结构健康监测、机器人技术、视频监控和人体运动捕捉。然而,由于能源不足的约束,一些设计方面,如通信协议、安全机制、QoS和先进源和信道编码技术的应予以考虑。

传感器一般搭载供电有限的能源资源,如电池,并且节能减排和质量之间的权衡是一个重大的设计挑战。传统的无线传感器网络的标准可能不适合WMSN用来捕捉和处理、发送视频及音频感觉信息。未来WMSN的主要挑战是高效和有效的信源编码技术、分布式编码技术安全性、跨层设计的路由和交换以及质量方面、服务介绍等。

名词术语

无线传感器网络(WSN):无线传感器网络由低成本、低功耗、在空间中分布的监测感知数据的自主传感器组成。

无线多媒体传感器:小型廉价的设备,它捕获和处理多媒体感官信号,如音频和视频。无线多媒体传感器由视频和音频捕捉传感单元和模数转换器单元、处理单元(如DSP)、易失性或非易失性存储器、电源单元、无线收发单元组成。

无线多媒体传感器网络(WMSN):一种特殊类型的无线传感器网络,支持丰富的多媒体的感官数据如视频和音频。

异构传感器网络:异构传感器网络由配备不同电池容量的无线传感器节点组成,用于不同的应用。

均匀的传感器网络:在一个均匀的传感器网络,传感器有着相同的处理能力、电池能源、硬件复杂性。

WMSN 源编码:WMSN 中多媒体传感数据编码的压缩技术。

分布式编码:一种新的编码技术,其目的是向解码器转移复杂性编码算法,用于 WMSN。

簇头:这种节点负责收集和聚合来自集群内部传感器的感知数据,并将聚合后的数据发送给基站或汇聚节点。用在低功耗自适应分簇(LEACH)路由协议中,以降低 WMSN 的通信能量。

数字版权管理(DRM):保证多媒体感官数据的完整性和合法性的技术,例如数字水印和多媒体指纹。在 WMSN 上称为数字版权管理。

PQoS 数据:检查接收到的目的地数据的质量。例如,视频和音频在 WMSN 传输的质量。

习　题

1. 传感器网络和多媒体传感器网络之间的区别是什么?
2. 多媒体传感器网络的主要问题是什么?
3. 描述异构传感器网络和均匀传感器网络之间的差异。
4. 什么是分层聚类网络? 使用分层聚类网络有什么优点?
5. 传统的信源编码和多媒体信号的编码在分布上有什么差别?
6. 能源管理是 WMSN 的一个关键问题。请提供三个电流设计方案来延长网络寿命。
7. 针对 WMSN 描述有挑战的安全设计。
8. 指出传统的 QoS 和 PQoS 数据在 WMSN 上视图之间的不同。
9. 描述 WSN 与 Ad Hoc 网络之间的区别。
10. 描述 WMSN 的应用。

参考文献

1. V. Mhatre, C. Rosenberg, Homogeneous vs heterogeneous clustered networks: A comparative-study, Proceedings of IEEE International Conference on Communications, June 2004.
2. K. Sohrabi, J. Gao, V. Ailawadhi, and G. J. Pottie, Protocols for self-organization of a wireless-sensor network, IEEE Wireless Communications, 7(5), 16–27, 2000.

3. I. F. Akyildiz, W. Su, Y. Sankarasubramaniam, and E. Cayirci, A survey on sensor networks, IEEE Communications Magazine, 40(8), 102–114, 2002.
4. H. Karl and A. Willig, Protocols and Architectures for Wireless Sensor Networks, Chichester: Wiley, 2005.
5. T. Arampatzis, J. Lygeros, and S. Manesis, A survey of applications of wireless sensors and wireless sensor networks, Proceedings of the IEEE International Symposium on Intelligent Control, Mediterrean Conference on Control and Automation, pp. 719–724, 2005.
6. J. Zander, Radio resource management – an overview, IEEE Vehicular Technology Conference, vol. 1, pp. 16–20, May 1996.
7. G. Pekhteryev, Z. Sahinoglu, P. Orlik, and G. Bhatti, Image transmission over IEEE 802.15.4 and ZigBee networks, IEEE International Symposium on Circuits and Systems, vol. 4, pp. 3539–3542, May 2005.
8. W. C. Feng, E. Kaiser, W. C. Feng, and M. Le Baillif, Panoptes: scalable low-power video sensor networking technologies, ACM Transactions on Multimedia Computing, Communications, and Applications, 1, 151–167, 2005.
9. Advanced video coding for generic audiovisual services, ITU-T Recommendation H.264.
10. Y. Zhao, and G. Taubin, Real-time median filtering for embedded smart cameras, IEEE International Conference on Computer Vision Systems, 2006.
11. T. Wiegand, G. J. Sullivan, G. Bjntegaard, and A. Luthra, Overview of the H.264/AVC video coding standard, IEEE Transactions on Circuits and Systems for Video Technology, 13(7), 560–576, 2003.
12. A. S. Spanias, Speech coding: a tutorial review, Proceedings of the IEEE, 82(10), 1541–1582, 1994.
13. A. Gersho, Advances in speech and audio compression, Proceedings of the IEEE, 82(6), 900–918, 1994.
14. M. Budagavi and J. D. Gibson, Speech coding in mobile radio communications, Proceedings of the IEEE, 86(7), pp. 1402–1412, 1998.
15. J. D. Gibson, Speech coding methods, standards, and applications, IEEE Circuits and Systems Magazine, 5(4), 30–49, 2005.
16. B. Girod, A. M. Aaron, S. Rane, and D. Rebollo-Monedero, Distributed video coding, Proceedings of the IEEE, 93(1), 71–83, 2005.
17. R. Puri, A. Majumbar, P. Ishwar, and K. Ramchandran, Distributed source coding for sensor networks, IEEE Signal Processing Magazine, 21(5), 80–94, 2004.
18. Z. Xiong, A. D. Liveris, and S. Cheng, Distributed source coding for sensor networks, IEEE Signal Processing Magazine, 21(5), 80–94, 2004.
19. D. Slepian and J. Wolf, Noiseless coding of correlated information sources, IEEE Transactions on Information Theory, 19(4), 471–480, 1973.
20. A. Wyner and J. Ziv, The rate-distortion function for source coding with side information at the decoder, IEEE Transactions on Information Theory, 22(1), 1–10, 1976.
21. A. Aaron, S. Rane, R. Zhang, and B. Girod, Wyner-Ziv coding for video: Applications to compression and error resilience, Proceedings of the Conference on Data Compression, 2003.
22. J. Garcia-Frias and Z. Xiong, Distributed source and joint source-channel coding: from theory to practice, Proceedings of IEEE International Conference on Acoustics, Speech, and Signal Processing, vol. 5, pp. 1093–1096, March 2005.
23. H. Dong, J. Lu, and Y. Sun, Distributed audio coding in wireless sensor networks, International Conference on Computational Intelligence and Security, vol. 2, pp. 1695–1699, Nov 2006.
24. A. Mohan and V. Kalogeraki, Speculative routing and update propagation: a kundali centric approach, IEEE International Conference on Communication, vol. 1, pp. 343–347, May 2003.
25. N. Pham, J. Youn, and W. Chulho, A comparison of wireless sensor network routing protocols on an experimental testbed, IEEE International Conference on Sensor Networks, Ubiquitous, and Trustworthy Computing, vol. 2, pp. 276–281, 2006.
26. J. N. Al-Karaki and A. E. Kamal, Routing techniques in wireless sensor networks: a survey, IEEE Wireless Communications, 11, 6–28, 2004.

27. R. Singh, M. Gandetto, M. Guainazzo, D. Angiati, and C. S. Ragazzoni, A novel positioning system for static location estimation employing WLAN in indoor environment, IEEE International Symposium on Personal, Indoor and Mobile Radio Communications, vol. 3, pp. 1762–1766, Sept 2004.
28. K. Kaemarungsi and P. Krishnamurthy, Properties of indoor received signal strength for WLAN location fingerprinting, International Conference on Mobile and Ubiquitous Systems: Networking and Services, pp. 14–23, Aug 2004.
29. W. R. Heinzelman, A. Chandrakasan, and H. Balakrishnan, Energy-efficient communication protocol for wireless microsensor networks, Proceedings of the Hawaii International Conference on System Sciences, vol. 2, p. 10, Jan 2000.
30. J. Kulik, W. Heinzelman, and H. Balakrishnan, Negotiation-based protocols for disseminating information in wireless sensor networks, Wireless Networks, 8, 169–185, 2002.
31. W. R. Heinzelman, J. Kulik, and H. Balakrishnan, Adaptive protocols for information dissemination in wireless sensor networks, Proceedings of the ACM/IEEE International Conference on Mobile Computing and Networking, pp. 174–185, 1999.
32. Q. Jiang and D. Manivannan, Routing protocols for sensor networks, IEEE Consumer Communications and Networking Conference, pp. 93–98, Jan 2004.
33. T. He, J. A. Stankovic, T. F. Abdelzaher, and C. Lu, A spatiotemporal communication protocol for wireless sensor networks, IEEE Transactions on Parallel and Distributed Systems, 16(10), 995–1006, 2005.
34. T. He, J. A. Stankovic, C. Lu, and T. Abdelzaher, SPEED: a stateless protocol for real-time communication in sensor networks, Proceedings of International Conference on Distributed Computing Systems, pp. 46–55, May 2003.
35. E. Felemban, C. G. Lee, and E. Ekici, MMSPEED: multipath multi-SPEED protocol for QoS guarantee of reliability and timeliness in wireless sensor networks, IEEE Transactions on Mobile Computing, 5(6), 738–754, 2006.
36. S. Soro and W. B. Heinzelman, On the coverage problem in video-based wireless sensor networks, Second International Conference on Broadband Networks, vol. 2, pp. 932–939, Oct 2005.
37. J. A. Stankovic, T. F. Abdelzaher, C. Lu, L. Sha, and J. C. Hou, Real-time communication and coordination in embedded sensor networks, Proceedings of the IEEE, vol. 91, pp. 1002–1022, 2003.
38. I. Demirkol, C. Ersoy, and F. Alagoz, MAC protocols for wireless sensor networks: a survey, IEEE Communications Magazine, 44(4), 115–121, 2006.
39. M. Caccamo, L. Y. Zhang, L. Sha, and G. Buttazzo, An implicit prioritized access protocol for wireless sensor networks, IEEE Real-Time Systems Symposium, pp. 39–48, 2002.
40. R. Nusser and R. M. Pelz, Bluetooth-based wireless connectivity in an automotive environment, IEEE Vehicular Technology Conference, vol. 4, pp.1935–1942, 2000.
41. R. Benkoczi, H. Hassanein, S. Akl, and S. Tai, QoS for data relaying in hierarchical wireless sensor networks, Proceedings of the First ACM International Workshop on Quality of Service and Security in Wireless and Mobile Networks, pp. 47–54, 2005.
42. E. H. Callaway, Jr., Wireless Sensor Networks, Architecture and Protocols, 2004. Boca Raton, FL: Auerbach.
43. L. Zheng, ZigBee Wireless Sensor Network in Industrial Applications, SICE-ICASE, pp. 1067–1070, Oct 2006.
44. G. Pekhteryev, Z. Sahinoglu, P. Orlik, and G. Bhatti, Image transmission over IEEE 802.15.4 and ZigBee networks, IEEE International Symposium on Circuits and Systems, vol. 4, pp. 3539–3542, May 2005.
45. I. Kim, J. Shim, J. Schlessman, and W. Wolf, Remote wireless face recognition employing zigbee, Workshop on Distributed Smart Cameras (DSC), Oct 2006.
46. E. Ljung, E. Simmons, A. Danilin, R. Kleihorst, and B. Schueler, 802.15.4 Powered distributed wireless smart camera network, Workshop on Distributed Smart Cameras, Boulder, CO, Oct 2006.

47. K. Mandke, H. Nam, L. Yerramneni, C. Zuniga, and T. Rappaport, The evolution of ultra wide band radio for wireless personal area networks, High Frequency Electron, pp. 22–32, Sept 2003.
48. J. Foerster, E. Green, S. Somayazulu, and D. Leeper, Ultra-wideband technology for short- or medium-range wireless communications, Intel Technology Journal, 2, 1–11, 2001.
49. I. Oppermann, L. Stoica, A. Rabbachin, Z. Shelby, and J. Haapola, UWB wireless sensor networks: UWEN – a practical example, IEEE Communications Magazine, 42(12), 27–32, 2004.
50. I. F. Akyildiz, T. Melodia, and K. R. Chowdhury, A survey on wireless multimedia sensor networks, Computer Networks, 51, 921–960, 2007.
51. D. Djenouri, L. Khelladi, and AN Badache, A survey of security issues in mobile ad hoc and sensor networks, Communications Surveys and Tutorials, 7, 2–28, 2005.
52. Y. Wang, G. Attebury, and B. Ramamurthy, A survey of security issues in mobile ad hoc and sensor networks, IEEE Communications Surveys and Tutorials, 7(4), 2–28, 2005.
53. T. Wu, L. Dai, Y. Xue, and Y. Cui, Digital rights management for video sensor network, Proceedings of the IEEE International Symposium on Multimedia, pp. 131–138, 2006.
54. A. Perrig, J. Stankovic, and D. Wagner, Security in wireless sensor networks, Communications of the ACM, 47, 53–57, 2004.
55. P. Tague and R. Poovendran, Modeling adaptive node capture attacks in multi-hop wireless networks, Ad Hoc Networks, 5, 801–814, 2007.
56. W. Diffie and M. Hellman, New directions in cryptography, IEEE Transactions on Information Theory, 22(6), 644–654, 1976.
57. R. L. Rivest, A. Shamir, and L. Adleman, A method for obtaining digital signatures and public-key cryptosystems, Communications of the ACM, 21(2), 120–126, 1978.
58. X. Fan, W. Shaw, and I. Lee, Layered clustering for solar powered wireless visual sensor networks, Proceedings of IEEE International Symposium on Multimedia, Dec 2007.
59. P. Biswas and Y. Ye, Semidefinite programming for ad hoc wireless sensor network localization, Proceedings of International Symposium on Information Processing in Sensor Networks, pp. 46–54, 2004.
60. W. R. Pires, T. H. P. Figueiredo, H. C. Wong, and A. A. F. Loureiro, Malicious node detection in wireless sensor networks, International Parallel and Distributed Processing Symposiums, 2004.
61. Y. Zhang, W. Liu, W. Lou, and Y. Fang, Securing sensor networks with location-based keys, IEEE Wireless Communications and Networking Conference, vol. 4, pp. 1909–1914, March 2005.
62. C. Karlof, N. Sastry, and D. Wagner, TinySec: a link layer security architecture for wireless sensor networks, Proceedings of the Second International Conference on Embedded Networked Sensor Systems, pp. 162–175, 2004.
63. C. Karlof and D. Wagner, Secure routing in wireless sensor networks: attacks and countermeasures, Proceedings of the First IEEE International Workshop on Sensor Network Protocols and Applications, pp. 113–127, May 2003.
64. Y. Cheng and D. P. Agrawal, An improved key distribution mechanism for large-scale hierarchical wireless sensor networks, Ad Hoc Networks, 5, 35–48, 2007.
65. H. Chan, A. Perrig, and D. Song, Random key predistribution schemes for sensor networks, Proceedings of Symposium on Security and Privacy, pp. 197–213, May 2003.
66. H. Bredin, A. Miguel, I. H. Witten, and G. Chollet, Detecting replay attacks in audiovisual identity verification, Proceedings of IEEE International Conference on Acoustics, Speech, and Signal Processing, 2006.
67. Y. C. Hu, D. B. Johnson, and A. Perrig, SEAD: secure efficient distance vector routing for mobile wireless ad hoc networks, Proceedings of IEEE Workshop on Mobile Computing Systems and Applications, pp. 3–13, 2002.
68. P. Barreto, H. Y. Kim, and V. Rijmen, Toward secure public-key blockwise fragile authentication watermarking, Proceedings of IEE Vision, Image and Signal Processing, 149(2), 57–62, 2002.
69. C. T. Li and H. Si, Wavelet-based fragile watermarking scheme for image authentication, Journal of Electronic Imaging, 16(1), 2007.

70. B. Yu and B. Xiao, Detecting selective forwarding attacks in wireless sensor networks, Proceedings of the International Workshop on Security in Systems and Networks, 2006.
71. E. C. H. Ngai, J. Liu, and M. R. Lyu, On the intruder detection for sinkhole attack in wireless sensor networks, Proceedings of the IEEE International Conference on Communications, 2006.
72. J. Newsome, E. Shi, D. Song, and A. Perrig, The Sybil attack in sensor networks: analysis and defences, Third International Symposium on Information Processing in Sensor Networks, pp. 259–268, 2004.
73. Y. C. Hu, A. Perrig, and D. B. Johnson, Packet leashes: A defense against wormhole attacks in wireless ad hoc networks, Proceedings of Annual Joint Conference of the IEEE Computer and Communications Societies, 2003.
74. K. Ren, K. Zeng, and W. Lou, On efficient key pre-distribution in large scale wireless sensor networks, IEEE Military Communications Conference, vol. 1, pp. 20–26, Oct 2005.
75. D. Chen and P. K. Varshney, QoS support in wireless sensor networks: A survey, Proceedings of International Conference on Wireless Networks, 2004.
76. W. Ye, J. Heidemann, and D. Estrin, Medium access control with coordinated adaptive sleeping for wireless sensor networks, IEEE/ACM Transactions on Networking, 12(3), 493–506, 2004.
77. R. Sivakumar, P. Sinha, and V. Bharghavan, CEDAR: a core-extraction distributed ad hoc routing algorithm, IEEE Journal on Selected Areas in Communications, 17(8), 1454–1465, 1999.
78. C. R. Lin, On-demand QoS routing in multihop mobile networks, Proceedings of Twentieth Annual Joint Conference of the IEEE Computer and Communications Societies, vol. 3, pp. 1735–1744, 2001.
79. C. Zhu, M. S. Corson, F. Technol, and N. J. Bedminster, QoS routing for mobile ad hoc networks, Proceedings of Joint Conference of the IEEE Computer and Communications Societies, vol. 2, pp. 958–967, 2002.
80. K. Akkaya and M. Younis, An energy-aware QoS routing protocol for wireless sensor networks, Proceedings of International Conference on Distributed Computing Systems Workshops, pp. 710–715, May 2003.
81. K. Chow, K. Lui, and E.Y. Lam, Balancing image quality and energy consumption in visual sensor networks, International Symposium on Wireless Pervasive Computing, p. 5, Jan 2006.
82. Z. He and D. Wu, Resource allocation and performance analysis of wireless video sensors, IEEE Transactions on Circuits and Systems for Video Technology, 16, 590–599, 2006.
83. Z. He, and D. Wu, Accumulative visual information in wireless video sensor network: Definition and analysis, IEEE International Conference on Communications, vol. 2, pp. 1205–1208, May 2005.
84. Z. He and C. W. Chen, From rate-distortion analysis to resource-distortion analysis, IEEE Circuits and Systems Magazine, 5(3), 6–18, 2005.
85. S. Soro and W. Heinzelman, Camera selection in visual sensor networks, Proceedings of IEEE International Conference on Advanced Video and Signal based Surveillance, Sep 2007.
86. C. Yu, S. Soro, G. Sharma, and W. Heinzelman, Coverage-distortion in image sensor networks, Proceedings of IEEE International Conference on Image Processing, San Antonio, CA, Sep 2007.
87. D. Malan, T. Fulford-Jones, M. Welsh, and S. Moulton, CodeBlue: An ad hoc sensor network infrastructure for emergency medical care, Proceedings of the Workshop on Applications of Mobile Embedded Systems, 2004.
88. R. Holman, J. Stanley, and T. Ozkan-Haller, Applying video sensor networks to nearshore environment monitoring, IEEE Pervasive Computing, 2(4), 14–21, 2003.
89. R. Vedantham, Z. Zhuang, and R. Sivakumar, Addressing hazards in wireless sensor and actor networks, Proceedings of the International Conference on Mobile Computing and Communications, 10, 20–21, 2006.
90. I. F. Akyildiz and I. H. Kasimoglu, Wireless sensor and actor networks: research challenges, Article Ad Hoc Networks, 2(4), 351–367, 2004.
91. E. Gurses and O. B. Akan, Multimedia communication in wireless sensor networks, Annals of Telecommunication, 60, 799–827, 2005.

第 23 章 无线传感器网络的中间件

无线传感器网络(WSN)的应用程序开发要求分布式与嵌入式编程的专业知识。为了简化应用程序开发任务,使这个领域更容易被非专业人员接受,中间件抽象概念被普遍应用。中间件被定义为一种软件,它位于软件应用程序与硬件之间。类似于操作系统,中间件以服务的形式,为应用程序提供了一个高抽象的功能实现环境,由于 WSN 设备的处理能力和内存都很小,因此其相应的操作系统在应用程序开发方面也只提供了非常基本的支持。同时各种应用都具有额外的需求以简化它们的实现,众多的中间件方法填补了这一空白,为简化应用开发提供了支持。在这个领域,我们将讨论常见应用程序的建模、可用的中间件方法,并通过映射应用程序所需要的中间件服务来提供它们的适用性的评价。

23.1 引言

在过去的几年间,电子设备小型化的进展促进了嵌入式设备的多样化发展,从而提高了人们的日常生活水平。典型领域包括自动化及楼宇控制、车辆性能微调、个人健康监测甚至大面积地区监测,所有这些都依赖于传感器测量出的一些数据的帮助。在数据采集过程中,通常都需要多个传感器的介入,例如,在现象分散的情况下,在一定区域中,依靠多个或不同类型的传感器在专门的地点测量,在这种分散式设备上运行的应用程序可以观察到采样数据的进展,并传输到一个中央实体,以用于进一步分析并对事件作出反应。在这种情况下无线介质被用于通信设备,通常为传感器节点,这些节点的集合称为无线传感器网络。

像所有的嵌入式设备一样,传感器节点也面临着可用资源方面的限制。在能源的消耗、内存限制和有限的处理能力范围内,重要的软件堆栈,可以被安装在传感器节点上。从开发者角度看,开发运行在 WSN 上的应用程序对硬件的依赖比较大,要求熟悉该领域的专业知识,与面向问题的开发模式相矛盾,以上这些使得软件开发变成一个乏味的工作。而位于系统软件和该应用程序之间的一个抽象层可帮助开发人员专注于应用程序的需求。截至目前,许多不同的关于以提供合适的抽象的传感器网络领域支持的应用程序的解决方案已经被提出。它们的特征可以从两个垂直的角度进行评估：一方面，它是倾向于从系统面临的挑战进行抽象，阻碍应用程序开发的系统强加的标准在 23.1.1 节中进行了简要回顾。另一方面，通过提供支持共同的应用程序构建模块来接近目标，以促进应用开发。为了能够指出该应用的共性，我们可以通过用例展望传感器网络在下一步的部署。并提取广泛适用的操作和任务。有了这些帮助，参数目录就会被编译，以对目前的中间件系统定性评价。为简单起见，我们将把在本章中介绍的所有方法都称为中间件方法，尽管在分布式系统上下文中使用的术语“中间件”可能不完全适用于这些方法。为简化广泛使用有效术语这个问题，对无线传感器网络测量所代表的中间件方法，我们将阐明表示方法的标准。

23.1.1　无线传感器网络面临的特殊挑战

无线传感器网络的应用程序开发是一个耗时的任务，多种原因直接关系到这些网络的常规设置。这些原因如下：

(1) 资源受限(能源、内存、处理能力)；

(2) 分布式应用程序；

(3) 不可靠的通信；

(4) 实时性要求。

最重要的，为了让其在旧有技术不易使用的场景下动作，其设想的物理尺寸是任意小。无所不在的传感器暴露出这一设想的缺点，该软件将不得不对嵌入式设备进行编程，这就要求在编程领域专长的知识。例如，内存和能源短缺，这意味着在软件方面需要一个精心制作的软件堆栈。

第二个挑战是自然产生的，当完成任务时，涉及多个设备被分布管理。例如，当多个节点被查询采取一个数据样本的情况下，如果已观察到的大多数参与节点之间一个显著的变化，计算出各自数值的中位数，并且只报告结果。共享数据必须防止其受制于竞争条件，因而全局状态在传感器节点间被同步。

这取决于应用程序的类型，不可靠的通信可能无法进行。在无线情况下、反射、折射、衰落和多径传播会导致错误的传输信号和通信对象之间的链接不对称。为了达到所需的稳定性，必须制定相应的协议，通过应用程序以确保通信质量的要求。传感器网络被利用来及时报告一个事件，诸如警报系统在健康监测中的应用，这可能会有实时性的要求。在这种情况下，进行事件处理所需的时间，以及数据传输所需要的时间是决定提出申请成功的关键参数。因此，这些时间要求严格的操作，所有的软件组件必须精心设计，以满足所需的阈值。

23.1.2 使用案例

该网络研究团体付出巨大的努力来实现愿景,这将允许任何日常用品与任何通信物相联网。这可以简化人类的日常生活,并提供额外的舒适度。无线传感器网络的应用程序可以被设置为执行多种不同的应用程序。下面我们将参照图 23.1 绘制一个未来传感器网络的应用程序的例子。

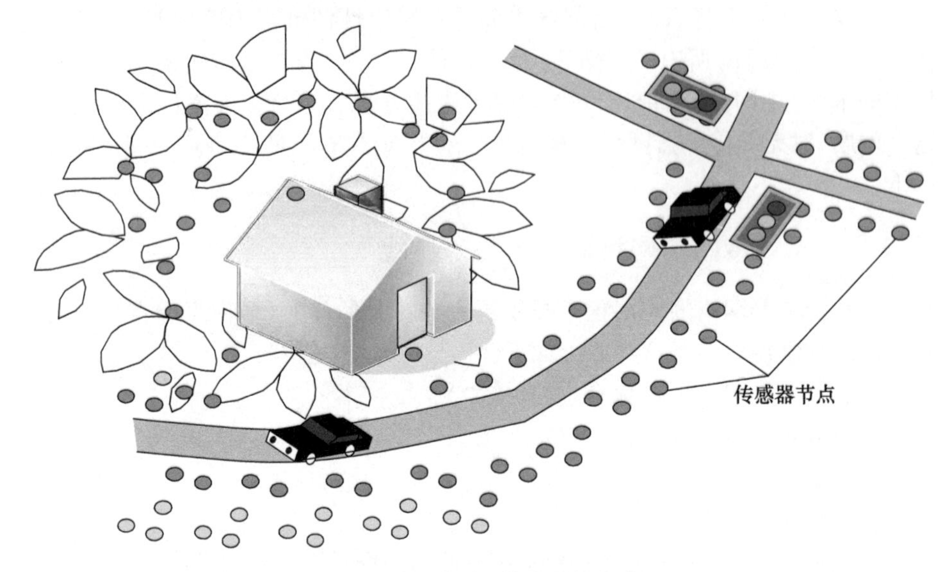

图 23.1　传感器网络应用的方案

人们将生活在智能型的环境中,其为居民提供许多增值服务。人们会将不同的计算机和传感器系统安装并集成到家中,如空调、采暖系统、照明系统和报警系统。当爱丽丝在早晨醒后,照明系统将根据光线调试房间的亮度,使她有良好的心情,并且供热系统将调试房间温度,以支持她的免疫系统。早餐时,她可以得到家庭、花园和汽车状况的报告。根据该报告,她可以在家里、花园里和车子里触发重要的任务,如汽车的加热系统。白天她离开家去工作时,她会被提醒,能源控制系统将关闭不会被使用,直到她返回时,储存能量的所有设备和报警系统将打开。

爱丽丝在她的花园里种植了各种植物,其中对水、光和氮有着不同的要求。为了观察和护理她的植物,她安装了一个传感器网络。此外,爱丽丝能够利用传感器网络在房子和花园中来追踪她的猫。

在路上,爱丽丝可以坐在车中通过电信方法代替她的智能手机来沟通,并检查汽车的状况,如燃油状态、刹车以及接下来的服务时间。此外,信息也可以从道路基础设施上的各种传感器数据所收集。例如,关于空气污染的信息被传递到汽车上的空气调节系统，其切换到一个合适的过滤器。汽车的制动系统会被告知街道的湿润度和汽车记忆的坑洞位置，并释放合适的悬浮液。此外，道路基础设施收集关于汽车的信息，为他们提供额外的交通信息，如顺利通过速度检测区间，以避免交通堵塞。

23.1.3　常见的应用程序建模

本节将讨论在无线传感器网络之上构建应用程序所需的通用构建模块。为此，我们参照所使用情况以及其他实现传感器网络应用程序原型。

23.1.3.1　数据流模式（DSP）

数据流由多个节点到一个接收器来进行数据收集，这在传感器网络中是非常常见的任务。在使用案例上面勾画，要求爱丽丝对她的财物状态报告进行一个数据流操作。这个只读请求可能被应用到她所有的设备或过滤的情况下，她只关心某一子集或组节点，如当前在她的花园植物的水分供给水平，连续监督，保证正确的自动供水，植物需定期被测量，如一天或一年，当然可能需要一次性快照。

下面的数据流模式，它已经在真实世界的例子中构建，无线传感器网络主要包括环境的配置，例如文献[1-4]。在这里，网络已被用来了解更多关于火山气候、火山喷发或鸟类的行为。尤其是在下面描述的这个领域，基础设施往往不能直接访问，现象通常分布在一定区域内，使得无线传感器网络数据采集成为重要工具。依赖于数据流的其他例子包括个人健康监测，允许网络监管身体区域，对某些人、动物进行定位，例如爱丽丝的猫或车辆。

23.1.3.2　意思与反应模式

无线传感器网络的另一种使用模式可根据关键字感知与反应模式（SARP）来概括。爱丽丝的自动光控是一个很好的例子，在比较数据流感知和反应的应用程序中数据的改变范围的说明：从光度传感器中得出的数据样本直接影响早晨卧室内太暗时的灯光和夏季的阴凉处的灯光的控制，以提供最佳照明条件。在房子的另一边，获得传感器数据是没有意义的，因为局部照明的状态是不同的。因此，在 SARP 的数据通常有效范围有限，并触发通过预定义的控制规律进行本地操作。这些控制规律可以体现在简单的事件中，例如一个数值传递特定阈值，也可以是多个时空条件下的复杂结合。为了保证稳定性，从而避免触发基于一个错误的传感器读取数值或因某事件的空间分布的错误动作，数值通常是由多个在物理上彼此接近节点所收集来的。本地化的协调互动和有意义或丰富的语言来控制表达事件，是 SARP 的重大挑战。

暖气、通风和空调（HVAC）应用[5]或事件检测及分类[6]在真实世界中是遵循 SARP 的范例。

23.1.3.3 读写模式

在数据流情况下，状态信息传输主要从数据源传送到接收器，如爱丽丝的花园网络或者车辆与路旁的通信网络则需要上行链路才能连接到无线传感器网络。上行链路可以用来调整参数，如取样频率，在极端的气候条件下为达到防止爱丽丝的植物干燥或冷冻，或提供已部署的节点传感器的软件更新，如果爱丽丝把新的鲜花放置到她的花园，它们肯定有不同的培育方案，需要提供动态软件更新。

围栏监测或火山监测等部署利用读-写模式通过调整事件识别的采样频率，来保证一侧的数据粒度和另外一侧能源曝光之间有很好的权衡。紧急部署公路隧道监控已经明确允许将新的软件组件动态加载到部署的传感器节点，重新配置使用场景。

23.1.3.4 集团处理模式

不同于互联网规模的网络，WSN 中单个节点的目标往往是不重要的。相反，网络作为一个实体而非个体节点有自己的目的，这需要新的地址和数据操作计划。

从上面的例子来看，我们可以观察到使用集团处理模式来跟踪爱丽丝的猫的条件。为实现目的，其中一个做法是询问在网络中各个节点爱丽丝的猫当前是否在其附近，从而把每个节点的完整的状态信息发送到汇聚节点。显然，随着该网络规模的变大，通信开销是巨大的。一个更好的方法是将应用程序的逻辑推到网络或者具体的节点，指定节点的行为并依赖其成员组的特定节点。形成的标准组可以是功能性的，如一个节点上的特定传感器的可用性，也可以是应用性的，如爱丽丝的猫的检测，或者基于网络连通从而包含在一个事件或节点的 n 跳邻域的所有节点。这样一来，节点之间的协调可以被限制在组成员，从而使网络负载下降。

集团解决方案在对有共享功能或共享程序依赖的节点们重新设定任务时，也将有很大的价值。例如，爱丽丝想改变所有传感器节点的采样频率，这些传感器可以发现猫。

集团处理已经在使用，例如红木树的监控部署。

23.1.3.5 异构性和互联

到目前为止，提出这种模式纯粹为了解决网络内部活动，网络互联和异质性成为实现无处不在的计算的重要方案。

异构性通常是中间件解决的问题，并且可以在整个描述的用例中发现。道路传感器层与车辆控制器之间需具备网络互联能力，以对湿滑的道路、道路建设或拥堵作出警告。网络参与者可能来自不同的厂家，有不同的能力，也可能来自不同的网络。

异构硬件已进行了实验,包括模拟隧道监控应用的小装置。

23.2　背景:中间件的定义和分类

传统上,中间件被定义为介于操作系统和应用之间,并在网络背景下的分布式应用程序,见图 23.2,这一定义可归结为库、软件组或者工作框架。伯恩斯坦指定了一组由中间件处理常用服务标准。这包括所选择的平台、中间件的独立性,因此服务必须移植到各种系统架构与模型、可预见的结果,提供各种功能来满足各种各样应用程序和分布式服务本身的需求。从开发者的角度来看,中间件的实现提供了一个平台无关的 API,来屏蔽分布式处理和底层网络的复杂性。

众所周知,传统的中间件系统是 CORBA 规范,这允许使用不同语言编写并在不同计算机上运行的多个软件组件协同工作,或面向消息的中间件(如 MQSeries)依赖一个消息队列或消息在异构环境下通过消息实现应用互连。

从无线传感器网络中使用的中间件来看,操作系统功能和中间件功能的边界开始模糊,如图 23.2 所示。操作系统中部分经典功能实现现在转移到中间件,因此整个中间件实现的时候,不存在于程序员的应用程序中。这一观察结果可以通过中间件的起源加以解释,发展的主要驱动力是支持专用的未特定类的应用程序。可用内存的限制导致 API 接口的实现,而不是针对建立中间件功能的共同点担任通用设置。为了表征和把握无线传感器网络中的中间件,有两种不同的选项。中间件是指可以被定义的且必须提供给软件的核心功能的集合,或者前面的定义扩大到指出路径的多样性并提供差异与共性的标准。

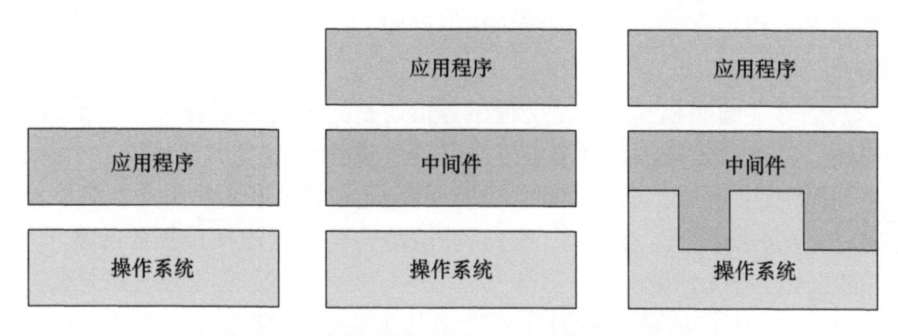

图 23.2　操作系统中间件和应用程序的关系

据了解,不存在通用的无线传感器网络,使用模式决定了需要、性质和价值,我们选择了根据使用方式决定需求。重要的是所有的应用程序都共享系统相关的挑战,但它们的影响和需要在中间件层解决的问题会因部署而不同。

下面我们将依靠一个单一的目前可用的模型方法来分类,如图 23.3 所示。该模型能够快速理解结束一个解决方案的操作。

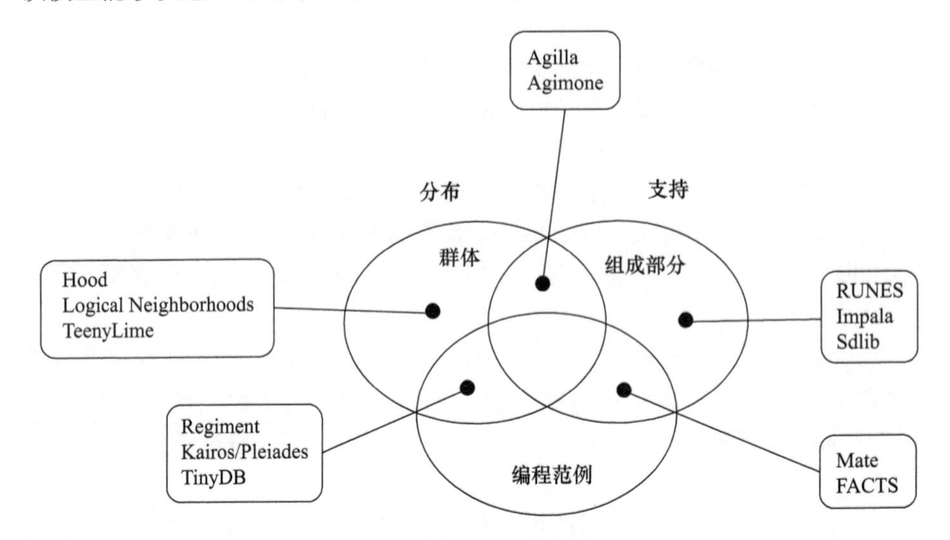

图 23.3　系统中间件的分类

三个圆圈每一个象征着一个基本的抽象机制,以解决核心问题,揭开开发无线传感器网络应用程序的面孔。目标群体所在的第一个圈代表的方案是解决循环途径一般节点分布的问题,提供一个比应用程序员更好更具体的机制,并协调一套专用的传感器节点。第二个圈包括中间件,提出并实现了一种编程抽象、克服差异系统和解决问题为导向之间的视图,从而促进测绘上下文。领域特定语言或语言增强功能是在上下文中使用宽泛的关键字。最后,第三类途径有了专门支持捆绑功能的必要组成部分,需要开发一个中间件。在这里,将常见的特定于 WSN 的应用程序需求外包到模块化组件中,在必要的时候,将它们链接到应用程序。

显然,这些圆圈相互重叠。宏程序等指的是允许将网络作为一个抽象整体进行编程,从而指定被编译到节点级代码的全局程序,这些方法可以位于群组与编程范例的交叉区域。这两种抽象功能编程,允许封装嵌套在组件功能里,可以根据关键字进行综合汇总编程。最后,分散结构化是指组接口抽象与基于组件的中间件系统交叉领域的方法。

中间件方法在抽象类中的分配根据其主要设计目标已经完成。接下来将讨论一个更详细的评估方案。应用程序构建块将在本章结束时提出并讨论。

23.3　无线传感器网络的中间件方法

无线传感器网络中中间件的抽象概念已经提出有若干年了。篇幅所限,下面将陈述一小部分方案。选择动机是要说明各种不同的抽象机制。

23.3.1　集团抽象

当节点互动要完成一个共同的任务,程序员需要选择并组织相应的任务及相应的节点。中间件提供至少一种广场组抽象的支持,并允许从节点的问题抽象。

23.3.1.1　引擎

Whitehouse 等人[11]提出了中间件架构引擎,它提供一个到称为邻域的传感器节点子集的接口。基于选择邻居的标准和一组共享的属性,用户可以指定不同的邻域。例如,邻域可以是能够提供温度读数的一个单跳距离节点群。然后处理所产生问题,如邻居列表的监督、节点间数据缓存和共享、消息协议的定义。

通信内的邻域是基于广播/过滤器的机制。如果一个节点想要共享它的一个属性,它可以简单地广播该值。通过分组过滤,节点可以根据接收到的属性去判断是否感兴趣并缓存它。相反,在概念建筑的可靠网络,没有反馈值到发送节点,引擎只需要节点之间的不对称链接。

纵观方法的编程部分,一个邻居变成一个编程原语。要创建一个新的邻居,并允许其参数变化,代码生成工具必须由开发者调用。该系统本身建立在 TinyOS 上,TinyOS 是一个广泛部署在传感器节点的操作系统。通过引擎提供几个接口,提供处理访问居委会的属性及定义共享和更新方法。此外,存储在本地节点上的邻居的值可以用“涂鸦”来注释。注意这些只是额外的信息,例如节点链接到镜像的质量。

总体而言,一个在引擎上构建应用的程序员可以同时部署和控制整个网络的功能模块,而不是同时只处理一个节点。该项目努力缓解低层次的维护和关注,并承担了程序员处理单跳区域分发的负担。

23.3.1.2　逻辑邻居

逻辑邻居由 Mottola 等[13]提出,将邻域思想从一跳的节点组扩展到多跳的传感器网络逻辑分区。为了完成这个任务,逻辑邻里提供了两种基本框架组件。

首先,声明性语言是用来指定节点在模板中的输出属性并与节点模板定义了邻域。节点的当前成员到一个特定的邻域由实例化决定,并要求应用程序员声明附近的起点。将消息发送的能耗绑定到传感器节点上,带来的好处是用框架实现了基于信用的成本函数,其可以限制邻居范围,从而实现对资源消耗的应用级控制。

逻辑邻居的第二部分是一个邻域路框架由原始的逻辑节点向其他附近成员广播。因此,一个无结构的路由机制,使它实现了在动态环境中消息的传递。

从应用程序的程序员的角度来看,分布式应用程序可以以一种成本敏感的方式构建,不必在依赖逻辑邻域时显式地开发底层网络协议。

23.3.1.3 TeenyLime

TeenyLime 由 Costa 等提出[14],是最新加入的 Lime 家族的中间件平台。在无线传感器网络中专门设计了复杂的感知和反应的应用程序,它允许其元组空间实现相邻节点间的数据共享。可靠地共享数据,指定多个任务的能力并支持互动反应是 TeenyLime 提供给应用程序的主要好处。

TeenyLime 的实现中心是元组空间,一个共享的数据库,通过模式匹配可以插入和缩回数据元组。一个节点的本地元组空间是与它的单跳邻居自动共享,由此,它作为一个通信原语。例如,节点可以通过在元组空间中放入一个特殊的元组来发布它们提供传感器数据的能力。当另一节点想要调用一个读取时,它匹配这个能力元组的模式,将自动提供所请求的数据样本。节点之间必要的通信被开发商保护并由 TeenyLime 中间件处理。此外,TeenyLime API 指定命令来添加和删除在元组中作用部位将被触发的反应,而状态协调是通过引入可靠的操作支持。该 TeenyLime 中间件是在 nesC 的 TinyOS 基础上实现的。由于数据在本地共享,一个节点的单跳背景由元组空间界面和 TeenyLime 提供的简单 API 推动,当本地化互动必须协调时开发人员可以受益于依靠中间件的实现。

23.3.2 宏编程

用来克服分配问题的辅助功能都直接纳入编程语言,因此应用程序员可以编写网络程序,方法通常在宏编程的关键字下总结。节点级代码生成和节点协调须遵守中间件框架。

23.3.2.1 TinDB

TinyDB[15]是一个建议,以减轻应用程序员的网络编程。使用数据库抽象中间件的想法是,一个知名的、声明式编程语言在不用处理网络问题的分布式节点上可以使用。因此,由传感器节点建立的网络被理解为一个分布式数据库,可以使用 SQL 的一个子集进行查询。作者分别添加了一些重要的专用于传感网邻域的关键字眼以提升编程语言的使用。在这个概念中,每个节点都贡献一行到一个单一的、虚拟的表,每一列表示一个可查询的属性之一。查询处理器在每一个节点上运行，以处理并聚合查询说明书质疑的传感数据。因此，为了从网络获得值，用户发出一个查询，然后将其自动传送到所有节点。TinyDB 从初始化请求的节点维护一个生成树，从而使得到的数据可以被发送回来。查询将被标记来定期评估，或其值在通过网络返回时被汇总分组。任何有关引导节点问题或故障维护将通过 TinyDB 处理，不与程序员有任何交互。

TinyDB 贡献的 SQL 风格的编程方式的接口已经被广泛接受。因为分配的问题是对用户透明的，即使是没有经验的用户也能够尝试适当的网络。

23. 3. 2. 2　严密的编组

严密的编组系统在文献[16]中被提出，并且它在文献[17]中实际评估通过提供一个功能特定领域的语言支持应用程序的程序员。严密编组提供宏编程基元而不是指定节点级行为，从而使编译到中间级语言的整个程序的详细说明在单个节点上得到解释。

从该文作者的角度来看，在无线传感器网络的应用场景的核心特点是数据流。从一组在空间上分布的传感器节点发起，因此提供语言基础来处理这些数据流，透明聚合来自多个节点形成的相邻数据，并从数据采集的信息和存储中摘要。处理后的数据流，例如，检测到的诸如传感器的值超过节点的某个区域内的阈值的事件，将被自动转发到一个预定义的基站。

团程序由处理所谓信号的函数和作用于区域的函数组成。为了构建一个地区，一个程序员可能要么通过一个生成树算法从一个确定的节点开始，或者他可以依靠两种不同的流言为基础的原语。在这些构建体的帮助下，可以很容易地定义包括对节点的数据流进行过滤、将其组织到邻近区域以及在中心实体上自动交付的程序。请注意，他是不可能改变节点的本地状态的，因为团语言是没有副作用的。

源代码被编译成中间语言，称为令牌机器语言(TML)，它被相应的节点解释。令牌是类似于活跃消息，封装私有数据的有效载荷，并触发相关的标记处理程序在接收处执行。

利用团的主要好处是，它提供了一个非常高的抽象层次来组织数据流，这使得它对快速原型特别具有吸引力。

23. 3. 2. 3　Kairos 和 Pleiades

Kairos[18]和他的继承者 Pleiades[19]同样有用宏编程来注释顺序代码的想法。他们都提供语言基本命令来访问本地节点状态和遍历一组节点，但不同的是支持串行性、并发性和代码迁移的方式。

Kairos 介绍了 C 源代码的 3 个简单扩展，该节点的数据类型允许传感器节点的逻辑命名，并导出一组在节点上常见的操作，get_neighbors( )函数返回一个一跳邻居列表，可以进行迭代操作，并为命名节点提供远程访问数据的能力。为达到上面提到注释的效果,预处理器为这些增强功能过滤程序。编译器接着生成节点级的代码,并且 Kairos 命令被转换成必须在每个节点上安装的 Kairos 运行时间。任何由远程访问支配的变量(即所谓的管理对象),或者由一个节点引用,但驻留在远程节点(即是所谓的缓存对象),运行时都由环境管理。程序涉及远程访问的程序执行遵循同步执行模式,并在内部分派到参与异步消息与 Kairos 运行时的传感器节点之间传递。

Pleiades 基本上采用了类似的方法,增强了 C 语言基本命令,但他还提供了在多个传感器节点可靠地并发执行代码的支持。Pleiades 运行时负责对共享变量的同步访问,保证可串行性,并锁定相应的资源。当调用并发迭代一组节点时该编译器和运行时系统支持分布式死锁检测和恢复算法来避免潜在的死锁,功能通过引入 C 循环来实现。此外,该程序会自动由编译器划分成节点级的程序,其控制流的管理和运行在运行时环境节点之间迁移,来减少通信费用。Pleiades 程序被转换成 C 代码,而 Pleiades 运行时作为 TinyOS 模块的集合。

通过插入新的语句,监视共享变量并允许简单的一组操作,依靠这些宏编程方法使一个程序员不必处理共享状态。

23.3.3 混合编程

嵌入式应用程序开发的困难往往是由底层硬件的低水平抽象带来的。那些还旨在使中间件的功能模块组成特定于域的语言都可以在混合编程方法的术语下进行分类。

23.3.3.1 马特

为了解决一个任务在运行时重新分配网络的问题,Lewis 等人[20]开发了一个虚拟机:马特和一个它可以解释的字节码。这样,软件更新可只牵涉到新应用程序的传输,而不是一个完整的二进制图像到闪存。

在传感器节点用马特基于应用程序必须用特殊的马特指令表达。合适语言的设计对表示应用程序的能力是至关重要的,进而决定该虚拟机是否成功。强制性目标包括精简指令和密集字节码,以节省传输的能源,以及一个有表现力但简单的语言以实现设想中的广泛应用。作者采用了基于堆栈的体系结构和指令集的编程风格。由于马特高度依赖 TinyOS 并利用其通信基础设施,整个系统架构进行了共生关系的优化。马特指令的大小是定制的,以完全适合 TinyOS 软件包。程序可以分割成相等大小的块,即所谓的胶囊,这有利于上层软件的安装。马特指令集合了低层次和高层次的指令,并允许使用三种可能的操作数据类型:值、传感器读数和消息。除了算术计算、中断和分支的基本指令,传感器网络特定的命令是可用的,并为应用程序的程序员提供一个方便的抽象。例如一个内置的路由算法可以通过发出一个指令被调用,这个指令负责发送指定的包到目的地。在网络中,一个单独的调用命令可以将数据包用于安装新的应用程序。此外,该指令集包括由应用程序实现的 8 个指令,因此适合特殊的应用场景。由虚拟机提供一个安全的执行环境隐藏了硬件的复杂性,或在这种情况下,TinyOS 复杂的异步执行模式、防止系统崩溃的特点可以提供安全的执行环境。该指令集的设计专门针对传感器网络,程序员可以轻松地满足自己的应用需求。

23.3.3.2　FACTS

FACTS[21]受众多传感器网络应用的事件的启发,提供了一个解决方案来表达异步行为。模块化的处理指令和规则封装了何时以及如何处理系统的数据。这允许程序员在一些交互规则的帮助下指定,如过滤、数据聚合,或更复杂的数据处理方案的任务。既然 FACTS 被设计成只对应用程序相关的变化做出反应,在没有任何事件触发规则执行的情况下节点可以进入低功耗模式。

因此,FACTS 提供了一种规则规范的新语言,称为规则集定义语言(RDL)。这样就直接在语言级别上掌握无线传感网络所需的命令。拥有一组小而精确的编程原语不仅很方便,而且还允许针对目标领域优化语言。规则集被编译成一个密集的字节码,在节点上运行时被解释,从而使程序员无需关注底层硬件和网络的问题。例如,数据被指定为一个特殊的格式,称为一个实例。节点之间的局部交互变得容易,因此全局的网络行为可能是应用程序开发人员关注的重点。

一方面,应用程序编程人员利用 FACTS 可以从它的高层次的数据抽象功能中受益,另一方面还受益于简洁的、表达事件为中心和操作传感数据需要的集合。相互作用的规则集合可以实现应用程序以及中间件的功能,因此 FACST 为处理传感器网络提供了一个模块化的框架。

23.3.4　分散结构

可以归入分散结构化的标签下的方法,将面向组件的方法与透明编程设备组的能力结合起来。

23.3.4.1　Agilla

Agilla[22]为基于移动代理的无线传感器网络提供了一个抽象概念。一个特殊的运行时环境是 Agilla 的核心特性,该环境的特点为驻留在主机的多个代理和执行代理的平台之间的异步通信元组空间。一般的想法是能够部署一个简朴的传感器网络,只能突出 Agilla 的运行环境。后来,在封装应用程序逻辑的代理帮助下,不同的应用程序可以插入网络中。这些代理自主地在网络中移动,来收集数据或协调本地任务。

代理规范依赖于增强指令集,支持代理迁移、代理克隆和元组空间的变更。Agilla 运行环境已经在 TinyOS 中实现了。

在部署时间未知,多个应用程序必须使用相同的网络时,使用 Agilla 来实现传感器网络应用程序非常有用。

23.3.4.2 Agimone

Agimone[23]的设计允许使用一个 IP 网络的多个传感器网络之间产生耦合。因此,作者利用两个移动代理平台,实现了无线传感器网络和 Limone,并将其集成实现跨网交互。每个传感器网络与一个专用的网关相连,使其能够参与到其他网络中。Agilla 代理要迁移到远距离传感器网络中,在网关处被包装成 Limone 代理,整个 IP 网络转移依靠 Limone 迁移与拆开,并注入目标网络。

依靠移动代理中间件,Agimone 提供了一个简单的跨网络传输信息方法。

23.3.5 基于组件的抽象概念

与群组和语言抽象相比,基于组件的方法不能明确解决单个 WSN 特定问题,而是提供一个基础设施封装的应用程序的支持。主要的思想是根据需要提供合适的软件,并确保不同的应用程序重新使用。

23.3.5.1 符文中间件

符文[7]是一个满足中间件经典需求的方法。设计的目的在于缓解因交互设备的异构性制造商、操作系统和系统功能及动态网络设置产生的问题,作者提出一个支持二级中间件。独立的组件特性需要中间件功能,根据应用程序的需要,在运行时可以单独部署。要确保这些实现,则要组件模型作为基础以独立语言的方式指定基本运行时间单位和相应接口。

各种各样的组件模型平台相关实现的被开发出来,包括基于 Java 虚拟机执行、基于 C/Unix 上运行的执行以及实现 Contiki 操作系统,以确保对异构系统模型的适用性。

平台相关和中间件关注点明确分离为程序员提供了一个应用程序工具,可以开发专用的组件。

23.3.5.2 Impala

Impala[24]是一个在 ZebraNet 项目中实现的架构[25]。主要目标是为应用程序建立一个模块化的、轻量级运行环境,来管理设备和事件。因此,Impala 将其分为两层,一层封装应用程序协议和 ZebraNet 项目,底层包含应用程序更新、兼容性和事件过滤功能。

应用程序编程遵从一个基于事件编程的范式,因此部署在节点的任何应用程序必须实现一组事件和数据处理程序,响应不同类型的事件,包括计时器、数据包、数据、设备事件。除了提供事件过滤器机制,Impala 强调在系统架构运行时,对应用程序的自适应和更新的必要性。

由于系统的变化,应用程序的适应或应用层协议成为必要,如某些传感器失效或电量或低,以及特定于应用程序的修改,如成功交付的数据包突然丢失。一个中间件代理,即应用程序适配器,应定期检查系统的整体状态,并且根据目前的情况选择最合适的配置。动态软件在执行期间可能强制更新,但同时由于设备是不可重复编程的(ZebraNet 给野生动物配备传感器节点,这导致了高密度动态拓扑结构,所以软件可以通过不完整的数据包被接收),应用程序更新器可以作为有效版本和代码包的管理组件。

总的来说,Impala 是一个为 ZebraNet 项目特别制作的中间件,这一事实反映了在传感器网络环境中中间件抽象概念面向应用的开发过程。

23.3.6 Sdlib

sdlib[26] 的想法是为建立无线网络的常见操作提供标准库,从而使功能可能被多个应用程序共享,减少隐含的开销。作为一个例子,基本服务的实现,如数据收集或数据传播都已经在书中提出和讨论了。

Sdlib 一直为 TinyOS 而设计,因此使用 nesC 编程语言及其连接的概念。Sdlib 运行时引擎作为核心管理实体,这些实体包括数据流组件、简单的内存管理组件或保证可靠消息传播的辅助组件。应用程序程序员可调用这些服务,以缓解人工流或数据管理所产生的问题。

23.4 从业者指南

中间件的目的是为应用程序开发人员提供合适方法来实现应用程序。我们在本节中,讨论了所提出的中间件方法,它们适合于开发异构的分布式传感器网络应用程序。这种定性评价包括应用程序以及与系统相关的标准。

23.4.1 面向应用的中间件方法选择

表 23.1 概述了中间件方法。在这里,我们分析了基于第一个部分编译模式的中间件方法。重点是传感器网络应用程序的典型要求和对中间件方法的支持。我们将两个模式的规定分为两类,中间件方法明确支持的模式,而 O 模式可能使用一个中间件方法实现,但不是该方法的重点。对中间件方法这两方面的评价在某种程度上是任意的,但是代表了作者的经验和理解。

表 23.1 中间件方法的概述

方法	数据流模式	感应和相应模式	只读	读写	网络互连	实体处理模式	组处理模式
Hood	○			○		○	●
Logical neighborhoods	●			○		○	●
Regiment	●		●				●
Kairos/Pleiades	○			●		○	●
Maté	○			●		●	
TinyDB	●		●	○		○	●
TeenyLime		●		●		○	●
Agilla		○		○		●	
Aginome		○		○	●	●	
Runes	○	○		○	●	○	○
Impala	○				○	●	○
Facts	○	●		●		●	
Sdlib	●		○			●	

注:●表示由中间件方法明确支持的,○表示可能使用的但不是核心的中间件方法;由中间件方法明确支持的 O 中间件方法可能被使用,但不是重点;DSP:数据流模式;SARP:感应和响应模式;RO:只读;RW:读写;Inet:网络互连;EPP:实体处理模式;GPP:组处理模式

大多数方法明确支持 DSP,因为网络首次大的部署采用了这种模式。然而 SARP 通常没有同时实现,尽管这在从纯监控发展到传感器行动网络时变得特别有趣。讨论的中间件方法只有两种模式,即符文和事实。

我们也可以从概述中得知几乎所有方法支持读写模式(RW)。要实现一个读写模式,较低的层要提供下行和上行通信。

寻址方案、实体处理模式(EPP)和组处理模式(GPP)方法各不相同。我们将明确组处理方案和只允许实体处理的方法加以区分。虽然一个组可能只包含一个传感器节点,组处理方案不单独处理传感器节点,而是过滤用于选择该传感器节点。

所有中间件方法中,只有三个支持不同传感器网络的网络互连模式,因此在必要时可以选择限制设置。

因此,只有一个中间件(即符文)支持几乎所有的模式。然而,必须注意的是:符文提供了一个框架结构包含由应用程序开发人员实现的服务组件。

23.4.2　面向系统的中间件方法选择

中间件方法提供了强大的工具来加速无线传感器网络的应用程序开发。因为每种方法凭借隐藏在特定域的复杂性,有助于实现更高层次的系统抽象。在中间件上的编程很可能错误更少,应更多地关注实际的应用程序逻辑。

然而,选择利用哪一种中间件不仅要依赖上面所讨论的功能,还包括应用程序开发的生命周期:在原型设计的第一个阶段,系统参数的低级调优可能不相关,对于以后部署可能至关重要。能源效率和节点的低功率重复可以成为强制参数,这将决定应用程序是否成功。因此,必须注意一个方法是否可以访问这些供应参数,或已包括相应的支持,或是这些选项被开发人员完全屏蔽。

23.5　未来的研究方向

与通常的系统开发不同,我们观察在系统开发中出现了一个将多种功能集成到单个方法的趋势,传感器网络的中间件开发将多元化。新部署和应用将显示新的使用模式,因此从长远来看,需要新中间件解决方案。在这种背景下,特别是从纯感应转向更复杂的传感器作用网络,可能会出现新的挑战。

在稍后会详细讨论的问题是,使无线传感器网络与其他更成熟的网络连接,不同类型设备之间达到一个更好的互动。高效和强大的网状网络是一个关键的挑战,它需要解决很多问题,才能像之前讨论的案例一样被广泛使用。

23.6　小结

分布式传感器网络应用软件包括限制资源的微型电脑,它的发展是一项复杂的任务。由于这些系统不能提供一个高度复杂的操作系统,软件开发过程有额外的挑战,因此面向系统的问题必须在应用程序层解决。应对这种情况的一种方法是采用适合传感器网络领域的中间件解决方案。

本章介绍了各种网络中间件的方法,讲解了它们的部署,推断出通用中间件的要求,对应用程序方法进行了分类。我们还从应用程序开发人员追求舒适支持的角度讨论了中间件方法。讨论表明,符合特定应用程序的无线传感器网络中间件方法是有局限的。

名词术语

无线传感网络(WSN):无线传感网络是一种分布式传感网络,通过无线方式通信和协同监控。

中间件:是介于操作系统与分布式系统应用和网络环境之间的软件。

邻居:在无线传感网络中,一个邻居用于描述一系列至少有一个通用属性的共享节点,但通常不一定是邻近网络。

数据流:是指(周期性地)发送所需数据样本到一个或多个特定的网络链接,可能需要多次路由。

感知-反馈:在"感知-反馈"应用中,数据样本由"扳机"反馈事件处理。反馈范围从本地节点动作到全局影响的网络。

宏编程:定义为编写一个大的不包括编程系统中外部抽象节点更适合做独立网络的分布式计算的传感网络。

特定领域语言:相对于常规目的语言,一个特定领域编程语言是为特定工作或操作领域而设计的语言。

复合编程:是将一个基于组件的软件开发方法并入一个特定领域编程语言中的过程。

分散构成:是指将基于组件的软件开发与传感器节点的组级任务集成在一起的方法。

路由:是选择数据在数据网络节点中传输路径的过程。

习　　题

1. 应用中间件实现传感网络的主要优点有哪些?

2. 向一个应用程序员描述三个可以模仿的中间件实现无线传感网络服务,并说明相应的步骤。

3. 请描述提供抽象集群的步骤和提供抽象宏编程的步骤之间的区别。

4. 请给出一个不适于宏编程的应用实例。

5. 给定一个有50个节点的网络,可以监控大学里某一大楼的咖啡消费情况。每一个节点记录咖啡机的耗水总量。相关节点每小时发送一个报告到数据接收器,最终用来计算这个大学平均每天消费的咖啡量。使用哪个中间件完成这个应用程序?为什么?

6. 如果这个网络仅仅用来计算高峰时间的咖啡消费量,而不是定期的状态信息,哪个中间件可以更好地完成这项工作?

7. 假如你有一个处理事件中心方式的节点集群管理应用,你希望基于组件实现,哪一个中间件能更好地可扩展以满足三个抽象问题?

8. 一个微数据库网络,可以在节点上使用特定 sql 查询编程,并将结构返回到数据池。数值的组合和结果集合可能在路由过程中。构建一个微数据库网络执行下面描述的查询。传感器涉及所有传感器节点表,以及整个网络。假设 CROUP BY 语句依赖如下平均灯组。

组 1:0 < temp < =10

组 2:10 < temp < =20

组 3:20 < temp < =30

填写 1、3、4 节点的值。

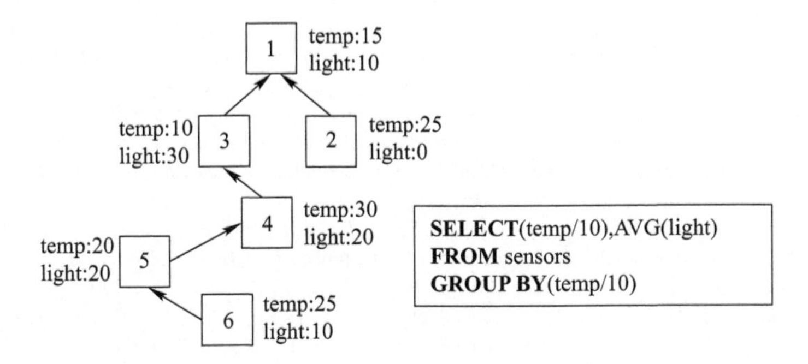

9. 有三个方法分别为 TeenyLime、Agilla 和 FACTS,共用数据抽象模块"数组"(称为 FACTS 里的事实)。定义一个条件数组,并说明为何选择使用数组。

10. 讨论一下当前中间件方法是否可以给应用开发者提供有效的服务。

参考文献

1. K. Martinez, P. Padhy, A. Riddoch, R. Ong, and J. Hart. Glacial environment monitoring using sensor networks. In: Real-World Wireless Sensor Networks (REALWSN 2005), June 20–21 2005, Stockholm, Sweden.
2. G. Werner-Allen, K. Lorincz, J. Johnson, J. Lees, and M. Welsh. Fidelity and yield in a volcano monitoring sensor network. In USENIX'06: Proceedings of the Seventh Conference on USENIX Symposium on Operating Systems Design and Implementation, pp. 381–396, Berkeley, CA, USA, 2006. Berkeley, CA: USENIX Association.
3. R. Freeman. Autonomous monitoring of vulnerable habitats. Available at: http://research.microsoft.com/ero/. Last access: 06.03.2008.
4. A. Mainwaring, J. Polastre, R. Szewczyk, D. Culler, and J. Anderson. Wireless sensor networks for habitat monitoring. In ACM International Workshop on Wireless Sensor Networks and Applications (WSNA'02), Atlanta, GA, September 2002.
5. A. Deshpande, C. Guestrin, and S. Madden. Resource-aware wireless sensor actuator networks. IEEE Data Engineering Bulletin, 28(1):40–47, 2005.
6. G. Wittenburg, K. Terfloth, F. L. Villafuerte, T. Naumowicz, H. Ritter, and J. Schiller. Fence monitoring – Experimental evaluation of a use case for wireless sensor networks. In Proceedings of the Fourth European Conference on Wireless Sensor Networks (EWSN '07), pp. 163–178, Delft, The Netherlands, January 2007.
7. P. Costa, G. Coulson, C. Mascolo, G. P. Picco, and S. Zachariadis. The RUNES middleware: A reconfigurable component-based approach to networked embedded systems. In Proceedings

of the 16th Annual IEEE International Symposium on Personal Indoor and Mobile Radio Communications (PIMRC'05), Berlin (Germany), September 2005.

8. G. Tolle, J. Polastre, R. Szewczyk, D. Culler, N. Turner, K. Tu, S. Burgess, T. Dawson, P. Buonadonna, D. Gay, and W. Hong. A macroscope in the redwoods. In SenSys '05: Proceedings of the Third International Conference on Embedded Networked Sensor Systems, pp. 51–63, New York, NY: ACM, 2005.
9. P. A. Bernstein. Middleware: A model for distributed system services. Communications of the ACM, 39(2):86–98, 1996.
10. OMG Specification: The Common Object Request Broker: Architecture and Specification, Revision 2.0, OMG Document.
11. K. Whitehouse, C. Sharp, E. Brewer, and D. Culler. Hood: a neighborhood abstraction for sensor networks. In MobiSys '04: Proceedings of the Second International Conference on Mobile Systems, Applications, and Services, pp. 99–110, New York, NY: ACM Press, 2004.
12. D. Gay, P. Levis, R. von Behren, M. Welsh, E. Brewer, and D. Culler. The nesc language: A holistic approach to networked embedded systems, In Proceedings of the ACM SIGPLAN Conference on Programming Language Design and Implementation, 2003.
13. L. Mottola and G. P. Picco. Logical neighborhoods: A programming abstraction for wireless sensor networks. In Proceedings of the Second International Conference on Distributed Computing in Sensor Systems (DCOSS), Number 4026 in Lecture Notes on Computer Science, pp. 150–167, San Francisco, CA, June 2006.
14. P. Costa, L. Mottola, A. L. Murphy, and G. P. Picco. Programming wireless sensor networks with the teenylime middleware. In Proceedings of the Eighth ACM/IFIP/USENIX International Middleware Conference (Middleware 2007), Newport Beach, CA, November 2007.
15. S. R. Madden, M. J. Franklin, J. M. Hellerstein, and W. Hong, 2005. TinyDB: an acquisitional query processing system for sensor networks. ACM Transactions on Database System 30:1, 2005.
16. R. Newton and M. Welsh. Region streams: functional macroprogramming for sensor networks. In DMSN '04: Proceedings of the First International Workshop on Data Management for Sensor Networks, pp. 78–87, New York, NY: ACM, 2004.
17. R. Newton, G. Morrisett, and M. Welsh. The regiment macroprogramming system. In Proceedings of IPSN, pp. 489–498, New York, NY: ACM, 2007.
18. R. Gummadi, O. Gnawali, and R. Govindan, Macro-programming wireless sensor networks using kairos. In Proceedings of the First International Conference on Distributed Computing in Sensor Systems (DCOSS), 2005.
19. N. Kothari, R. Gummadi, T. Millstein, and R. Govindan. Reliable and efficient programming abstractions for wireless sensor networks. In PLDI '07: Proceedings of the 2007 ACM SIGPLAN Conference on Programming Language Design and Implementation, pp. 200–210, New York, NY: ACM, 2007.
20. P. Levis and D. Culler. Mate: A tiny virtual machine for sensor networks. In International Conference on Architectural Support for Programming Languages and Operating Systems, San Jose, CA, October 2002.
21. K. Terfloth, G. Wittenburg, and J. Schiller. FACTS – A rule-based middleware architecture for wireless sensor networks. In Proceedings of the First IEEE/ACM International Conference on COMmunication System softWAre and MiddlewaRE (COMSWARE'06), New Delhi, India, January 2006.
22. C.-L. Fok, G.-C. Roman, and C. Lu. Mobile agent middleware for sensor networks: An application case study. In Proceedings of the Fourth International Conference on Information Processing in Sensor Networks (IPSN'05), pp. 382–387, IEEE, 2005.
23. G. Hackmann, C.-L. Fok, G.-C. Roman, and C. Lu. Agimone: Middleware support for seamless integration of sensor and IP networks. In Lecture Notes in Computer Science, vol. 4026, pp. 101–118, 2006.
24. T. Liu and M. Martonosi. Impala: A middleware system for managing autonomic, parallel sensor systems, In ACM SIGPLAN Symposium on Principles and Practice of Parallel Programming, June 2003.

25. P. Juang, H. Oki, Y. Wang, M. Martonosi, L. S. Peh, and D. Rubenstein. Energy-efficient computing for wildlife tracking: design tradeoffs and early experiences with zebranet. In Proceedings of the 10th International Conference on Architectural Support for Programming Languages and Operating Systems, vol. 37, pp. 96–107, New York, NY: ACM, 2002.
26. D. Chu, K. Lin, A. Linares, G. Nguyen, and J. M. Hellerstein. Sdlib: a sensor network data and communications library for rapid and robust application development. In IPSN '06: Proceedings of the Fifth International Conference on Information Processing in Sensor Networks, pp. 432–440, New York, NY: ACM, 2006.

第24章　无线移动传感网络的协议与移动策略

近几年，随着无线传感的技术进步，其性能得到了很大的提高，但是，这些提高仅限于静态无线传感网络。而无线传感网络在机械自动化、车辆、动物或人员移动应用方面增加了可移动的属性后，称为移动无线传感网络（MWSN）。本章主要研究如何通过移动手段提高网络的性能，如提高无线传感络的生命周期、覆盖率和连通性。例如：通过在基站周围部署一些移动传感器的热点，来改善网络的生命周期；通过传感器的持续移动和自我不断定位来扩大网络的覆盖范围；通过引入无线中继单元维护所建立的连接，或是通过重建分区网络来提高网络的连通性，扩大网络覆盖范围。为了使上述内容被更好地诠释，我们依据现有的方法和策略对设计的移动无线传感网络做了全面的验证。

24.1　引言

无线传感网络即分布式传感器的集合，这些传感器主要用于收集环境的监控（如监测火灾、地热温度变化或跟踪入侵者的运动轨迹）。近几年，无线传感网络中传感器硬件方面产出了很多成果，传感器趋于微型化，具有体积小、重量轻、能耗低的特点，从而能使无线传感网络更高效地部署于一系列的应用中。这些工作大多关注如何高效地提高无线传感的性能，诸如网络生命周期、连通性、覆盖率或探测时间。以生产传感网络设备与操作系统（如 tinyOS）著称的 CrossBow 公司最近推出一款新硬件叫 Telos motes，该硬件拥有可依据当前的电源状态来选择是否休眠的调度算法，如 SMAC（sensor - MAC（介质访问控制））[1]、DMAC（数据收集介质访问控制）[2]，该调度算法可以通过适当的休眠或唤醒传感器来延长网络的生命周期。而且 Telos moles 在休眠状态下的功耗只有 2μW，远低于唤醒状态下的功率。另一方面，算法 ASCENT[3] 和 SPAN[4] 也已逐渐完善，这两种算法可以让网络拓扑自主地重新配置网络连接，以保证网络的连通。Dhillon 开发的一种最优的传感器布局算法可以通过使用网格拓扑来最大化网络的覆盖范围。另一方面，覆盖配置协议（CCP）[6] 为不同的应用提供各自所需的覆盖范围。为了支撑上述协议，传感器节点的位置和同步时间[7,8] 必须仔细设置。

上述环境中的无线传感多是静态的,即静态无线传感(SWSN)。目前,很多科研工作者已经意识到静态网络将成为无线传感的瓶颈,因此他们期望使用移动实体设计一个移动无线传感网络,从而提高无线传感网络的性能。随着机械自动化技术的发展[9-10],人们开始逐渐意识到移动实体(如汽车、动物或人员)的移动特性更具潜在价值,采用移动无线传感技术更贴合实际,也更高效。目前,英特尔公司已经在开发移动传感器,并建议传感网络采用移动机器人作为基站、中继节点或传感器。例如,静态传感器可以监测微气候,而移动机器人则可以充当移动基站从这些静态传感器收集信息。为了达到上述目的,基站必须以一定的方式移动,同时在移动过程中以一定的顺序从众多静态传感器收集信息。这种移动基站不仅减少了多跳传输的信息量,而且还提高了传感器的使用寿命。以麻省理工学院 Balakrishnon 教授和 Madden 教授为主导的 CarTel项目[12]研究的是一种移动分布式传感系统,该系统中的传感器安装在汽车上,所以系统中的传感器覆盖范围远远大于静态传感器,此外,移动传感器作为数据采集设备,在收集一系列的静态传感器的数据后先暂存,一旦发现与管理中心建立了连接,就可将缓存数据传送给管理中心。例如,用于澳大利亚卡卡都国家公园的大型无线传感网络 Cane - toad,极易遭到自然灾害(如森林火灾)的破坏,因此,通过部署一定量的移动传感器来重新连接被破坏的网络,可以彻底解决该问题。

本章将侧重于移动无线传感网络的设计,并阐述移动性对提升网络性能的影响。在移动无线传感中,移动实体可以根据需求充当不同"角色",例如移动基站、移动传感器、移动中继或移动簇。本书依据移动轨迹进一步把移动实体分为三种类型:可确定的、可预测的,或不可预测的。为了完全地理解移动无线传感网络,我们研究了已有的移动无线传感网络算法,以提高传感器网络的生命周期、覆盖范围和连通性。同时,为了更全面阐述移动无线传感网络,我们还研究了无线传感网络中现有的,用于移动传感器和数据收集的协议。例如联合移动和路由策略就基于可移动基站。另一方面,移动中继策略利用可控移动中继单元来延长无线传感网络的生命周期。与减少瓶颈传感器的负载量不同,可预测的观察者策略通过可预测但不可控的移动单元来延长网络的生命周期。我们将进一步研究移动无线传感网络的详细设计以期扩大传感网络的覆盖范围和改善传感网络连通性。

其余部分的结构如下:24.2 节主要描述 MWSN 的背景;24.3 节主要阐述 MWSN 中的移动实体,并根据它们的移动模式分成三类;24.4 节阐述一些可应用于提高移动无线传感网络的生命周期的经典策略;24.5 节主要是如何精准地设计移动传感器部署方案以期扩大网络的覆盖范围;24.6 节进一步深入研究小中继节点集合保证网络的连通性;最后,24.7 节 ~ 24.9 节主要是未来发展方向和结束语。

24.2 背景

在此,我们首先阐述 WSN 的研究背景。其主要内容包括系统架构、系统每部分所扮演的角色、关键性能。

典型的 WSN 系统由空间分布的传感器和基站(BS)组成,如图 24.1 所示。传感器节点集可用集合 $N=\{0,1,\cdots,n\}$ 表示,λ 表示传感器的密度。图 24.1 中,X,Y 代表两个传感器,B 代表基站 BS。整个网络部署了大量的传感器,并配备各种组件来执行诸如数据传感、计算和链接网络等功能。传感器具有自动感知周围环境变化的功能,且可以处理感应的数据,并可以通过无线网络将数据传送到目的地。WSN 内一般包含一个或多个作为网关管理中心的基站集。这些基站配备高增益天线、大数据存储空间和富余的能量供应,所以,基站可以执行一些诸如数据计算、结果分析、数据存储等复杂操作。

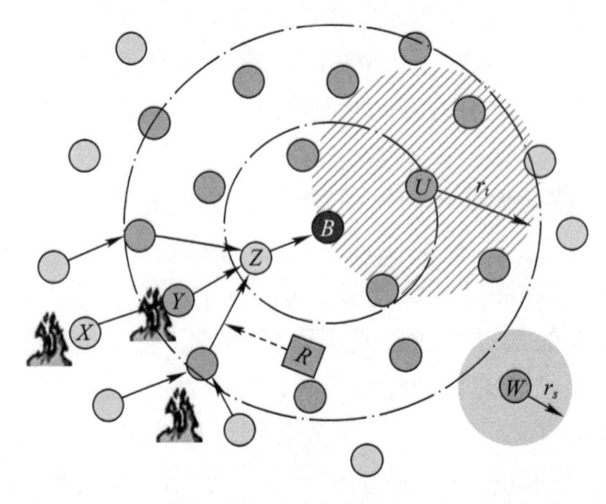

图 24.1 无线传感器网络在森林火灾监测中的应用,基站 B 位于网络的中心,且每个环形表示该环形传感器最大发射范围

一般传感器能量有限且随机地被部署在一定范围空间内,例如,通过飞机、直升机、无人机或汽车进行部署。WSN 有可能需要部署在恶劣的或不利的环境中,在这些环境下手动部署是不切实际的。为了监测环境的变化,传感器需要感知周围环境并通过单跳或多跳传输汇聚中继数据到基站。受传感器自身能量的限制,网络协议必须以减少能量消耗的方式进行设计,无论协议是用于信息收集或是数据中继传输。出于同样的考虑,基站必须被部署在最优位置以期达到减少传感器能量的消耗。由于传感器一般把感知信息传送给基站,且基站只分发

控制信息或查询消息，所以如图 24.1 所示，WSN 中传感器的部署是均匀的，而基站则比较适合部署在网络域的中心。为了数据分析的便利，保证传感器的传输范围最大化原则，WSN 网络可以分成几个小的环网，例如图 24.1 中所标示的 r_t。假设环网由中心向外划分标示为一个递增序列$(1 \sim k)$，在第 i 环网中的传感器至少经过 i 跳才能到达基站。例如，在监测火灾的传感网络中，传感器节点 X 和 Y 监测到信息必须经过节点 Z 以多跳传输的方式传递给基站。由于附近随机部署的传感器资源稀缺，且采用多跳传输方式的无线通信方式，所以 WSN 的设计非常复杂，WSN 的一些关键设计点如网络生命周期、覆盖范围和连通性的具体要求如下：

(1) 网络生命周期。网络需要在尽可能长的时间内保持可用性。环境监测的 WSN 应该保持一个令人满意的传感范围，并能够收集几个月到几年不等的时间范围内的传感数据（如森林火灾）为设计目标。

(2) 网络覆盖。因为在涉及的区域中的任何位置都将会发生无法预知的情况，所以整个网络域需要全面覆盖所有传感器。

(3) 网络连通性。WSN 中的所有传感器必须是互连的，这样可以保证一旦检测到异常事件，任何传感器中的传感数据（如警报消息）都可以通过无线方式传输到基站。因此，网络的连通性可以保证传感器之间的彼此通信，从而进行协作或者将传感数据上传到基站。例如，数据聚合的过程可能是在传感器之间进行的，然后传感器将压缩数据上报给管理中心（即基站）。否则，即便传感器能够检测到事件的发生，这也是没有意义的。

24.2.1　网络生命周期

WSN 的网络生命周期的含义有细微的变化，这主要是因为应用的特殊性质和网络拓扑的动态变化。例如，WSN 的生命周期可以定义为在数据挖掘应用中，稀疏部署的传感器中的第一个传感器失效的时间[15]，不过，在稀疏的网络中，失去一个传感器会导致网络中的传感器大面积断网。相反的，在密集部署的 WSN 中，WSN 的生命周期可以被定义为一定比例的传感器失效的时间，这是因为存活的传感器依然能够保持连通，并且通过剩余的传感器网络功能依然能够实现。另外，网络生命周期也可以根据包的递送时间或者存活的流数目以使得 WSN 中的通信能够实现来定义。然而，上述定义不损害网络功能，从应用程序的角度来看是很重要的。Bhardwaj 等人[16]将网络生命周期定义为首次失去覆盖的时间。这个定义的局限是没有考虑到网络的连通性。关于生命周期的定义最常用的是由 Blough 和 Santi[17]提出：在 t 时刻 $G(t)=(V(t),E(t))$ 是传感网络的通信图，$V(t)$ 是活跃节点的集合。假设 $t=0$ 时刻 $G(0)$ 是相连通的并且 $V(0)$ 覆盖 d 维区域 $R=[0,1]^d$，其中 l 是网络区域的边长，这里用 $n(t)$ 表示

$n=n(0)$的情况下$V(t)$的基数。因此网络生命周期定义为t_1、t_2和t_3中较小的时间,其中t_1是$G(t)$的最大连接部分的基数降低至$c_1 \cdot n(t)$的时间,t_2是$n(t)$降低至$c_2 \cdot n$的时间,t_3是覆盖量降低至$c_1 \cdot l^d$的时间,并且$0<c_1,c_2,c_3<1$。这个定义可以通过对c_1、c_2和c_3选择适当的赋值简化为目前存在的大多数的定义。例如,令$c_1=0$且$c_2=1$,就相当于定义网络生命周期为第一个传感器的时间。

本章我们将覆盖问题从生命周期中分开来处理。因此,生命周期定义为第一台传感器失效的时间,对于密集部署的网络来说这是一个有缺陷的定义。因为当失去了一个传感器之后会对临近的传感器带来额外的负担,因此它们也很可能很快失效,这个效应的传播就像一个链式反应。所以,这个定义在密集部署的网络中可以被当做一个接近到达传感器网络生命周期的指示。

在这个定义下,SWSN的生命周期被临近基站的传感器所限制,因为它们需要从基站或向基站转发更多的数据。如图24.1所示,和外环的传感节点相比,传感节点Z至少接收三倍数量的来自其他节点的数据包并将它们转发给基站。因此,不论路由协议如何优化,这样的局限在SWSN中会一直存在[18]。我们一般把这类节点认为是热点。

24.2.2 网络覆盖

网络域就覆盖而言可以分为两类:覆盖的和非覆盖的。覆盖的区域指区域中任何一点都至少被一个传感器覆盖。非覆盖的区域指覆盖区域的补集。每个传感器都有一个传感范围,所有传感器的传感范围的合集称为网络覆盖。让我们考虑一个理想的传感器模型,一个传感器拥有半径为r_s的一个圆形的测量范围。例如,图24.1中节点W的测量范围是以W为中心的阴影区域。如果测量范围内发生了一个事件,它能够被传感器测量到。等价的,如果一个事件发生位置的r_s范围内有传感器的存在,则它能够被检测到。例如,在图24.1中,在距节点X距离r_s范围内发生火灾时,因为森林火灾发出的光和热的辐射强度足够被传感器X检测到,这个网络就可以探测到火灾的发生。让我们考虑一个随机部署的SWSN,其中传感器的位置是在R区域(即网络域)中是均匀和相互独立分布的。这个分布可以以静态二维泊松过程为模型。网络的密集程度为泊松过程中的λ。位于区域R中的传感器数$N(R)$服从参数为$\lambda \| R \|$的泊松分布,其中$\| R \|$表示区域的面积。式(24.1)给出了k个传感器位于区域R的概率,即

$$P(N(R)=k)\frac{=\mathrm{e}^{-\lambda \| R \|}(\lambda \| R \|)^k}{k!} \tag{24.1}$$

假设每个传感器覆盖一个 r_s 为半径的碟形区域，那么传感网络的初始配置可以描述为一个泊松－布尔模型 $B(\lambda, r_s)$，至少被一个传感器所覆盖的那部分地理区域可以由式(24.2)给出。

$$C(\lambda, r_s) = 1 - e^{-\lambda \pi r_s^2} \tag{24.2}$$

由此可见，网络覆盖是由网络的初始配置所决定的，包括传感范围 r_s 和传感密度 λ。如果我们部署更多的传感器或者使用具有更大传感范围的传感器，网络就可以得到更好的覆盖。然而问题在于，密集部署因为其高成本导致并不是在所有的时候都是可行的（即便每个传感器价格很低，但是大量的部署依然很昂贵），以至于随机部署也不能保证完全覆盖。失效的传感器也可能会造成覆盖空洞。

24.2.3　网络连通性

理想情况下，每一个部署的传感器都有一个利用共享无线信道的传输范围 r_t。其网络拓扑可以用一个 $G(V,E)$ 的图来建模，其中 V 是代表传感器和基站的顶点集，E 是代表通信链路的集合。如图 24.1 所示的例子，如果节点 U 和基站之间的欧几里得距离小于最大传输半径 r_t，那节点 U 和 BS 之间就有一条边。我们忽略任何节点对之间的非对称通信，也就是说链路是“双向”的，而非“单向”。这意味着如果节点 U 有一条链路连接到基站，那么这条链路也能用于反向的基站 BS 到节点 U。如果节点集合 V 中任何一对节点间都存在至少一条路径，那我们称这个图 G 是连通的，否则该图就是不连通的。也就是说，如果图 G 包含一个或多个孤立的节点使得图 G 被分成两个或多个子图，那么图 G 就是不连通的。不存在孤立节点是网络连通性的必要不充分条件。在一个随机部署的 WSN 中，孤立节点会很频繁地出现，这是因为随机图过程中，节点间的链路是均匀且随机形成的[19]。当我们增加连接最后一个节点链路的可能性，网络图变“连通”的可能性就更大。一个由 $n \gg 1$ 个传感器组成、节点密度为 λ 的 WSN 为连通的可能性为

$$p(G\text{是连通的}) = \left(1 - \sum_{N=0}^{n_0-1} \frac{(\lambda \pi r_t^2)^N}{N!} e^{-\lambda \pi r_t^2}\right)^n \tag{24.3}$$

式中：n_0 为网络到 G 的最小的节点度。

比如，如果 n_0 是 2，那么节点集 V 中的每个节点都至少有 2 个邻居节点。我们把这种网络称为“最小双联”。很显然，当 n_0 值比较高时，该网络对于链路失效就具有高抵抗性。同时，式(24.3)也指出了如果部署更多的传感器，传输范围 r_t 更大，那么网络连通的可能性会更大。

24.3 MWSN 的功能与移动性

在 MWSN 中,至少有一个移动实体,而剩下的实体都是静态的。根据设计目标,移动实体在需要时能够与邻近的传感器进行通信。此外,如果有多个移动实体,它们之间能够组成一个类似于移动自组网(MANET)的局部网络,该网络具有能自我配置、环境自适应、强大的可扩展性的特点。这些移动实体既能像移动基站一样作为网络的数据接收器,也能作为移动传感器去检测环境变化或当做数据中继节点。移动基站或移动传感器的移动模式可以用来加强网络的性能,比如网络生命周期。此外,一个移动实体也可以作为一个中继节点或者网络的簇,这取决于部署策略、网络结构和应用。在图 24.1 中,让消防队员知道火情的具体信息是非常重要的,比如火的传播方向、火灾的面积、当前的氧气水平和温度。因此,维护从传感器到基站数据流的连续性是成功监测火情的关键。然而,由于传感器的硬件缺陷可能导致 WSN 被分割,从而使一些传感器(如图 24.1中的节点 Y 和 Z)到基站的数据流被断开。相反,如果移动中继节点 R 能够继承传感器节点 Y 和 Z 的角色,那么就能保持网络的连通性。在详细阐述部署策略和移动性之前,我们先根据这些移动实体的移动轨迹来描述一下其潜在功能。

1)移动基站[18,21-22]

基站的基本功能是收集由各类传感器产生的数据。此外,安装在移动单元上的移动基站按照预先设定的策略来定期地或连续地改变其位置,可以有效地提高网络生命周期。网络生命周期的增加基于两个原因。第一,当基站移动时,其周围没有固定的传感器集合,这样能帮助分散网络中的瓶颈传感器,同时使能量消耗更均匀。第二,一个高效的传输安排可以减少从传感器到基站的传输跳数。例如,延迟容忍应用中的传感器可以等移动基站进入其直接传输范围后再发送其收集的数据给移动基站。我们假定图 24.1 中的节点 R 是一个移动基站,它周期性地在节点 Y 所处的第二个环里循环。因此,可以设计一个安排:当节点 Y 和 R 很接近时,允许节点 Y 发送它的数据包给节点 R。这样就可以避免过长的传输路径。

2)移动传感器

传感器的基本功能是监测环境,并定期将监控数据传递给基站。另一方面,移动传感器可以用来增加数据中继的效率、控制网络拓扑。与分布在网络区域中的静态传感器比较,移动传感器需要的人为干预最少。在一个 SWSN 中,一旦部署阶段执行过后,其覆盖范围和连通性就已经固定了。从另一方面来说,移动传感器能够形成一个理想的拓扑,从而提高覆盖范围和连通性,或者减轻一些瓶颈节点的中继负载。

3）移动中继节点[23-25]

移动中继节点是特殊的移动传感器，设计它是用来减轻网络中一些传感器的中继负载压力。移动中继节点能够以某种路径移动，作为其他中继节点的替换品。例如，像 MULEs(Mobile Ubiquitous LAN Extensions)[24]或 Message Ferry[23]这些特定设计的移动设备就是移动中继节点，在其移动时会收集附近传感器的数据并交付给基站。

4）移动簇[26]

移动簇是一种由移动传感器自动选择设定或人工放置的特殊节点。它们在网络中形成簇，并且把簇内收集的信息传递给基站。和静态簇不同，移动簇能增加能源效率、根据网络中的环境变化自适应地形成簇拓扑。

这些移动单元能够被自然引入或人工放置。每种移动实体的移动模式都是由特定应用和该 WSN 的规模所决定的。根据移动模式，可以把移动单元分成三类：

（1）可控的移动单元。它们遵守一些预先设定的轨迹。比如移动机器人，网络设计师可以设计程序满足要求。一个例子就是卡梅隆大学设计的 TagBot，如图 24.2(a)[9]所示。TagBot 是一个先进的机器人，它能与类似 MicaZ或 Telos 等传感器通信。它能向前后移动，也能通过存在 Intel 主板上的控制程序随意转向。图 24.2(b)中的三个 RobomoteRobomote[27]在尺寸上比较小。图 24.2(c)中的 Robomote 装备有太阳能面板用来充电，并且能通过程序设计管理其移动。

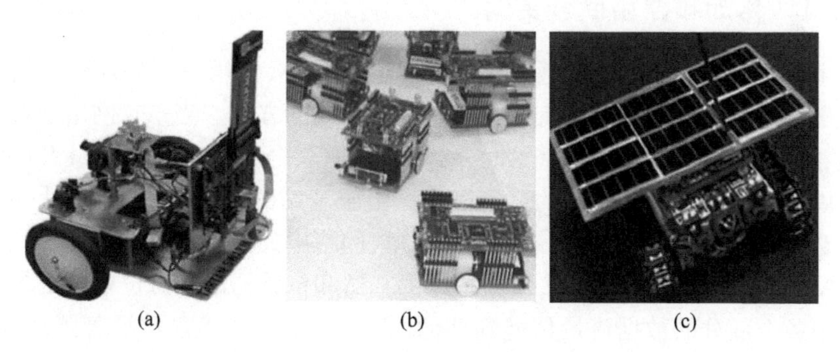

图 24.2　可控的移动单元

(a)TagBot；(b)Robomote；(c)具备太阳能充电功能的 Robomote。

（2）不可控，不可预测的移动单元。它们以随机的方式移动，因此不能预测其下一步的动作。例如，当传感器被动物或人所携带，其移动通常就被认为属于此类。举个例子，如果在非洲的一头大象上安装传感器用来探索它的群体行为，这个传感器的移动就是随机的。

(3) 不可控、可预测的移动单元。它们就像是公交车或火车等根据预定的方案移动。因此,携带在公交车或火车上的传感器通常不是随机移动的,而是遵循一个预设的路径。然而,它们又不能被传感器本身所控制。例如,一辆公交车在收集传感器数据时,其移动路径对于 WSN 的性能来说并不是最好的。

事实上,一个 MWSN 的移动性和部署设计是一个很复杂的问题,其中包含了设计要求、移动传感器的移动能力、网络环境和诸如延时要求等应用限制。例如,实时性的要求需要传感器到移动基站间的持续连通性。根据这些设计约束,要从网络性能方面认真解决移动策略、协作方案、数据包和路由调度等问题。下面的章节将研究用移动实体来提高网络生命周期、覆盖范围和连通性的方法。

24.4 MWSN 中网络生命周期的提高

大多数人都认可的利用移动单元改进 WSN 生命周期的算法有三种:移动和路由联合策略[18]、可预测的观察者策略[23]以及移动中继[25]。前两种算法利用一个移动基站来延长网络生命周期:前者使用了一个可控的移动单元,后者利用了一个不可控但是可预测的移动单元。第三种算法也使用了可控的移动单元,然而它不同于前两种之处在于移动单元是中继实体而不是一个基站。

24.4.1 移动和路由联合策略

由于网络中基站的数目通常比传感器的数目小,使用一些移动的基站而不是更多移动节点是一种较为有效的提高生命周期的方式。当来自网络中各个部分的数据持续地流向移动的基站时,移动和路由联合策略是一种以最大化网络生命周期为目的的针对基站的移动策略。由于基站的移动性,必须设计一种多跳的路由协议,从而使无论基站移动到哪里,网络中的静态传感器都能转发数据到基站。正如图 24.3 所示,多跳路径是由基站和传感器的相对位置决定的。当网络中各个部分的数据流量传递到移动的基站 B,移动基站 B 沿着圆环移动。位于以 R_m 为半径的内环的节点 C 利用最短路径传输数据。另一方面,节点 A 使用一个环形路线到基站。同静态的基站相比,延迟并没有受到严重的影响,这是因为如果有包要发送,到基站的连接可以立即建立。

使用移动和路由联合策略的基本思想是使移动的基站围绕网络周期性地循环移动以及广播它的移动轨迹。起初,传感器通过一个定位模式感知自己的位置。它们再次学习基站的移动模式以便它们在指定的时间了解基站的位置。因

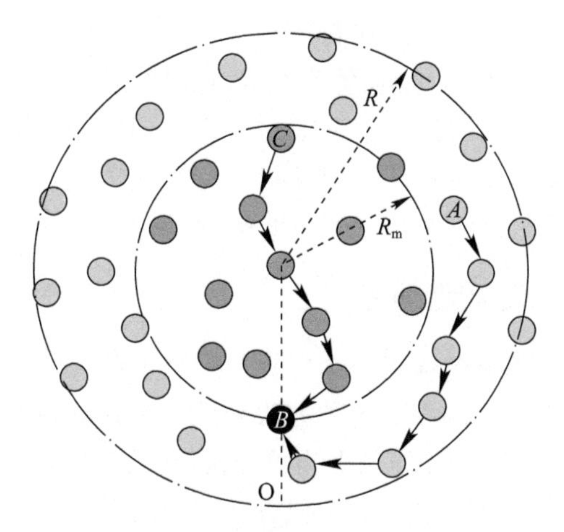

图 24.3　移动和路由联合策略

此,数据包被转发,不会产生诸如计算移动基站的位置和到达基站的路径这些严重的开销。

例如,图 24.3 中的基站沿着半径为 R_m 的圆环移动。同样如图 24.3 所示,位于以 R_m 为半径的内环中的传感器 C 通过最短路径传输数据到基站。然而,同基站位于相同的环的传感器 A 执行两步路由:首先,路径环绕着中心 O 直到它到达线 OB,然后,它沿着最短路径到达基站。环形路径的方向由传感器的位置决定:在直径 OB 顺时针方向的一侧以及逆时针方向的另一侧。例如,传感器 A 的路径是一个顺时针方向的环形路径,因为这个方向的环形路径更接近基站。这种路由策略背后的启发是减小使用最短路径的内环的子网的大小。然而,对于太过接近网络中心点的基站依旧是无效的,因为图 24.4(a)所示的热点问题仍然存在。就网络性能而言,太过远离中心点同样不被期望。这是因为很大部

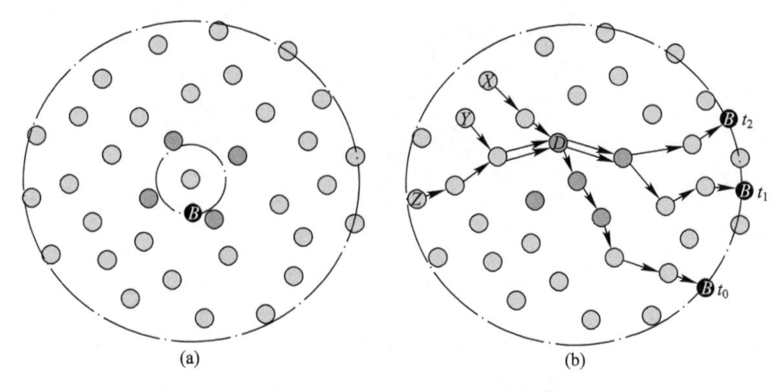

图 24.4　距离中心点的极端情况

(a)当 R_m 过小时引发的问题;(b)当 R_m 过大时引发的问题。

分的数据流量将通过网络中心,这将产生一个临近中心点的热点。如图 24.4(b)所示,当数据流量在时间 t_0 从 X 流到 B,在时间 t_1 从 Y 流到 B,在时间 t_2 从 Z 流到 B 时,节点 D 三次都作为中继节点。因此,选择正确的可以提供最好的能源效率的 R_m 是非常关键的:Luo 和 Hubaux[18] 研究了一个有效的选择 R_m 的经验法则:$R_m = 9R/10$,其中 R 是网络域的半径。

24.4.2 可预测的观察者策略

可预测的观察者策略包含了一个以提高网络生命周期为目的的数据转发调度。不同于使用一个可控的 MS,这种方法利用一个其运动可被传感网络预测但不可控的移动基站。例如,图 24.5 所示的安装在公共汽车上的移动基站 B,沿着砖块式的路径移动。黑灰色的圆圈代表在基站附近的节点。在图 24.5 中,不在基站附近的传感节点 X 首先转发它的数据到最近的节点 V,节点 V 可能位于移动基站的方向传输范围中。当移动基站接近节点 V 时,节点 V 将把它收到的数据以及自己的数据转发到移动基站。因此使用这种方法时,较长的多跳路径就不再是必要的,以及用于包传输的能量可以相应得到节约。这种方法中,基站 B 称为"观察者",因为它在网络中四处移动,搜寻一些事件,如数据传输。

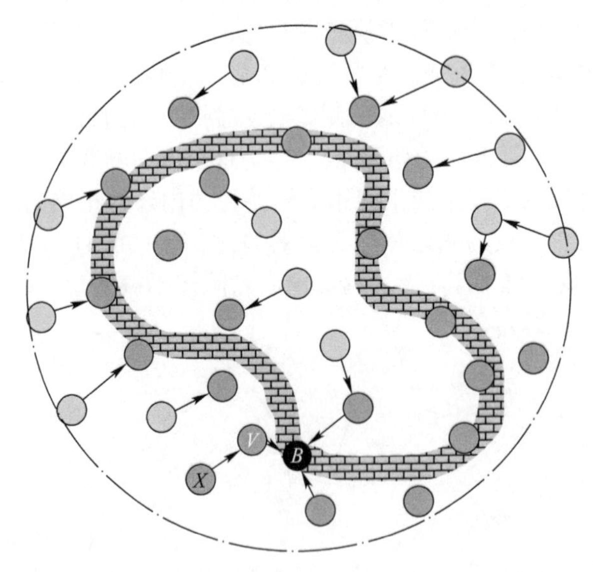

图 24.5　附有可预测但不可控的 BS 的传感网络

在这种方法中,由于基站不可控的移动,从每个传感器调度传输是非常关键的,以至于它能以一种低成本的方式转发包到观察者。例如,在观察者离开之前,在观察者直接传输范围之外的传感器可以通过一个同观察者直接相连的传感器完成它的数据传输。针对这个目的,可预测的观察者策略应该有一个准确的传输功率设置来最小化中断次数，并设定每个传感器的传输表，以最小化冲突碰撞。当观察者在时间 T（时间 T 指的是完成传感器到观察者的数据传输所需要的时间）之前移动到了传感器的传输范围之外即为中断。

为了减少中断，选择临近的节点必须满足一定的条件。让我们考虑一个垂直距离 D，D 源自观察者路径上最近的切点。R 是每个传感器和观察者的最大传输半径。为了实现传感器和观察者的成功传输，对于传感器而言，（仅仅）位于观察者 R 的范围之内是不够的。例如，正如图 24.6(a)所示，节点 S 只同观察者 B 通信了较短的时间，这不足以完成数据传输。如果它们需要时间 T 或者更多的时间来完成数据传输，R 和 D 之间的关系必须满足下式，它假定了一个直线路径：

$$R \geqslant \sqrt{D^2 + (vT/2)^2} \tag{24.4}$$

式中：v 是观察者的速率，假设这个值是恒定的。否则，它应该是观察者的最大速率从而保证需求的传输时间。

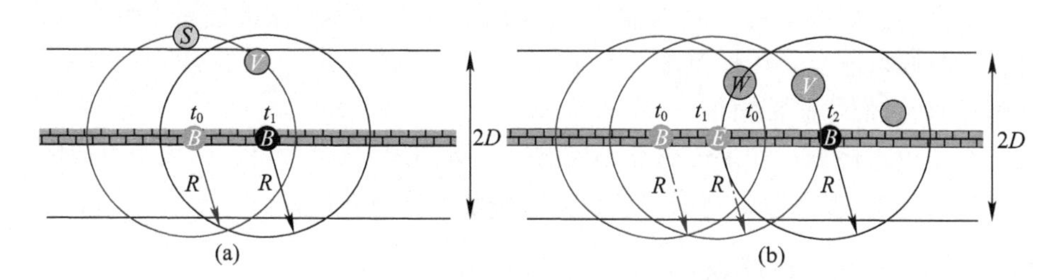

图 24.6　传输中发生中断与碰撞

(a)在节点发生中断；(b)传感器处于等待状态。

在一个随机配置的 WSN 中，存在几个节点紧密相邻的可能。如果这些传感器同时发送它们的数据到观察者，可能造成在基站处的包的冲突。在 SWSN 中使用的一种可能方法是允许每个传感器监听信道，当信道闲置时传输，否则备份。然而，由于监听信道也将消耗能量，这将减少网络的生命周期。因此，可以设计一个单个传感器以最大化节约能源的替代协议。或由观察者而不是传感器负责媒介访问控制、解决冲突、处理冲突以及各种失败。例如，观察者在特定时间内监听某一个传感器，余下的传感器必须等到这个传感器完成现有的传输。以图 24.6(b)为例，在时间 t_1，基站位于传感器 V 附近，所以如果 V 没有觉察到 t_1 时传感器 W 和 BS 的传输，从而开始它到基站的传输，这就会造成包的碰撞。为了避免这个问题，对于基站而言，等到传感器 W 在时间 t_2 完成它的传输之后，调度 V 开始自己的传输是非常重要的。另一方面，任何节点不能永远等待，因此对每个传感器定义了一个最大等待时间 t。最大等待时间是一个距离 D（源于观察者路径）的函数，如下式所示：

$$t = \frac{2(\sqrt{R^2 - D^2}) - vT}{v} \tag{24.5}$$

式(24.5)表明了传感器开始同观察者通信所需要的等待时间。如果在时间 t 后开始通信,传感器将所有的数据包发送给观察者将变得不可能,这会造成一个中断。

在可预测的观察者策略中,设计一个通信协议的目的是确认这个等待时间,并且设计过程分为 3 个阶段——启动、稳定和故障。

(1) 启动阶段。观察者在预定义的路径上移动并同时广播信标消息。由传感器收集的信标消息被用来估计观察者的观察周期和它的范围内停留的持续时间。当评估完成后,传感器将结果报告返回观察者以决定在下一个稳定的阶段等待传输数据的多个传感器的优先级。

(2) 稳定阶段。观察者通过知道的在传输范围内的那个传感器发送唤醒信号。当有几个传感器在这个范围内时,它赋予拥有较小最大等待时间的传感器一个更高的优先级。每个传感器都可以利用启动阶段所收集的信息来预测观察者什么时候可能在其传输范围。为了有效地做到这一点,只有预计到观察者将在附近时,它们才监控信道。

(3) 故障检测。如果传感器不能响应唤醒调用,观察者可以检测节点故障。在这种情况下,观察者必须妥善重新安排剩余传感器的传输。

24.4.3 移动中继策略

移动中继是 MWSN 中另一个用于延长 WSN 生命周期的技术,它基于使用可控的移动中继节点。这种方法的开发立足于基站和传感器都静止的场景。移动中继节点的能力和通常的移动传感器节点是相同的,但它们的移动能量是足够的。移动中继节点移动,并且暂时或永远地继承任何瓶颈传感器的功能。这些功能包括感知环境、处理数据和转发感知或接收到的数据给基站。

图 24.7 说明了一个移动中继节点如何取代瓶颈传感器的策略。如图 24.7(a)所示,移动中继节点(即图 24.7 中的 R)最初停留在基站周围。如图 24.7(b)所示,当基站从一个传感器(即图 24.7 中的 X)接收到关于它即将死亡的通知,基站请求中继节点继承 X 的角色。从图中可以看出,移动中继节点的使用类似于一个由于节点 X 的请求而已经唤醒的静态冗余传感器场景。这些冗余传感器部署在网络周围并一直休眠直到收到主动传感器的请求。此外,如果一个中继节点可以承担两个或两个以上的瓶颈节点的角色,那么使用中继节点将可以更有利。考虑图 24.7(c)中的场景,节点 X 和节点 Y 都是瓶颈节点。在这种情况下,单个冗余传感器将不足以处理两个瓶颈节点。相反,移动中继节点可以履行这两个传感器的角色(图 24.7 中的 X 和 Y)。首先,中继节点执行节点 X

在时间 t_1 的功能,然后移动到节点 Y 的位置。因此,中继节点承担节点 Y 在时间 t_2 的角色,然后再次返回到节点 X 的位置。

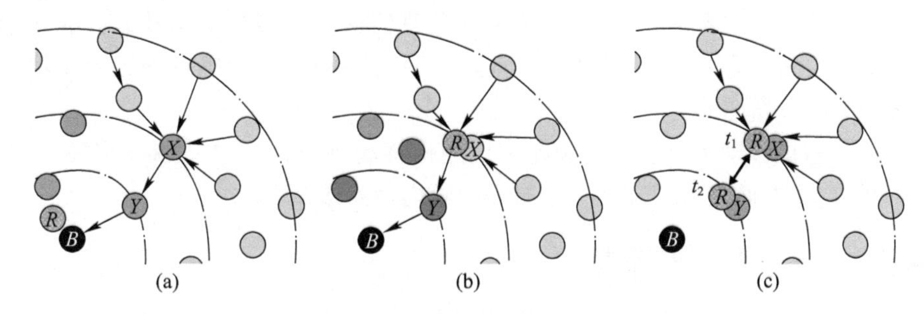

图 24.7 中继节点移动过程

(a)中继节点初始阶段;(b)中继节点从 X 到 Y 的过程;(c)中继节点从 Y 到 X 的过程。

结合这个简单的例子可以看到,通过适当地移动中继节点调度,一个移动中继节点可能会使网络生命周期加倍。事实上,Wang 等[25]人的研究证实,拥有单个移动中继节点的 WSN 的生命周期可以被提高到原来的 4 倍。

24.5 网络覆盖的提高

在 MWSN 中,网络覆盖范围不仅取决于最初的网络配置,同时也取决于传感器的移动行为。由于,一些移动传感器拥有可控移动单元,因此可以通过有效地散布传感器以显著地提高网络覆盖。与全静态传感器的网络相比,通过使用可控移动传感器的重新部署方案,覆盖范围更广,保持周期更长。即使移动传感器是不可控的和不可预测的,它们仍然可以被用来提高覆盖。

不同于 SWSN 中的网络覆盖,传感器一旦被部署就不再变动,在 MWSN 中,如果存在移动传感器,网络覆盖随着时间的推移将不断改变。因此,MWSN 的覆盖需要随着时间的推移重新定义,这是由 Liu 等[28]重新定义的 MWSN。

定义 1 区域覆盖:一个传感器网络在时刻 t 的区域覆盖,即 $f_a(t)$,是由一个或多个传感器在时间 t 所覆盖的那部分地理区域。

定义 2 一个时间间隔内的区域覆盖:一个传感网络在一个时间间隔$[0,t]$的区域覆盖,即 $f_i(t)$,是由至少一个传感器在时间间隔内所覆盖的那部分地理区域。

在接下来的部分,首先介绍两个使用可控传感器单元来提高区域覆盖的部署策略,然后研究使用不可控和不可预测的移动传感器单元来提高一个时间间隔内的区域覆盖策略:

(1) 基于势场的部署[29]。在这种方法中,移动传感器自主部署自己以提高区域覆盖。为了达到这个目的,在机器人中的传感器的运动由势场控制以使传感器均匀分布在一个域内,同时避免障碍。

(2) 移动辅助部署[30]。覆盖盲区是没有任何传感器覆盖的地方。在这个策略中,Voronoi 图被用来检测覆盖盲区,并通过移动一个传感器到这个未覆盖的区域以删除覆盖盲区。

(3) 随机移动策略。这种策略利用随机移动,即每一个传感器以随机的方式不断移动,以便区域覆盖在一个时间间隔内得到提高。

24.5.1 基于势场的部署

传感器部署的目的是将传感器放置到网络中以使由传感器所"覆盖"的区域最大化,同时所有传感器都连接到网络。为了达到这个目标,Howard 等[29]提出的一个基于势场的方法,他们认为每一个传感器都有运动能力。这种方法的基本思想是每个节点形成的场都是被障碍物或其他传感器排斥的。因此,它会自动强制传感器散布在整个网络。换句话说,传感器和障碍物(如办公环境中的墙壁或桌子)一直拥有相互排斥的势场直到达到静态平衡的状态,这时所有的传感器是静止的。这种平衡态具有沿着这个区域均匀散布传感器并且获得最大区域覆盖以及一个连通 WSN 的特点。假设每个传感器节点都有完整的驱动机制(例如,它可以在任何方向同等移动),基于势场的部署步骤包括:

(1) 确定力(force)。由式(24.6)和式(24.7)可知,力被定义为一个标量势场的梯度。

(2) 估计轨迹。节点的移动轨迹通过使用力的式(24.8)来估计,由式(24.9)更新。

(3) 达到静态平衡。重复步骤(1)和步骤(2),直到网络达到平衡状态。

24.5.1.1 力的确定

每个传感器都受制于力 F。该力 F 分为 F_o 和 F_n 两部分,$F = F_o + F_n$,F_o 表示由障碍物产生的力,F_n 则是由传感器施加的力。令 x 表示传感器的位置,x_i 表示其他对象的位置(这个对象可以是传感器或者障碍物)。那么这些力可以用由传感器到对象 $i = \{0, 1, \cdots, u\}$ 的相对距离 $\hat{r}_i = x_i - x$ 和欧几里得距离 $r_i = |x_i - x|$ 来建模,如下:

$$F_o = -k_o \sum_{\forall i} \frac{1}{r_i^2} \frac{\hat{r}_i}{r_i} \tag{24.6}$$

$$F_n = -k_n \sum_{\forall i} \frac{1}{r_i^2} \frac{\hat{r}_i}{r_i} \tag{24.7}$$

式中：k_o 和 k_n 为描述每种类型的场的强度的常数，并且共有 $(u+1)$ 个对象。

24.5.1.2　轨迹（trajectory）的估算

在每次迭代中，每个节点根据势所产生的力来确定它的轨迹，直到网络达到平衡状态。该轨迹可以通过式（24.8）和式（24.9）中的算法表达式来确定，即

$$\Delta v \leftarrow \frac{F - \nu v}{m} \Delta t \tag{24.8}$$

式（24.8）的右边是运动方程的近似形式，它将赋给式（24.8）中的变量 Δv。式中，v 是节点的速度，Δv 是时间 t 到 $t+\Delta t$ 之间的速度的变化，ν 是黏滞系数，m 是传感器节点的质量。之后，速度 v 通过式（24.9）来更新。

$$v \leftarrow v + \Delta v \tag{24.9}$$

另一方面，Δv 和 v 受移动传感器节点的最大加速度和最大速度的约束。如果它们超出限制，就将被相应地限幅到最大值。另外当 v 很小（接近于零速度）的时候，黏性摩擦往往会产生振荡，而不是渐近收敛到零速度。这种现象在离散控制系统中是很典型的，并且可以通过引入速度“死区”来消除。死区是指没有动作发生的区段（即速度为零）。

24.5.1.3　达到静态平衡

当所有传感器都为静态时，平衡状态定义为基于势场的运动都将停止的情况。Harward 等人[29]认为网络是一个整体，并且能在假设环境本身是静态或周期性和间歇性变化的条件下达到静态平衡。例如，如果有能量添加到系统中或是从系统中减去，那么网络就发生了变化，这意味着对象（即传感器或障碍物）是通过代理服务器移动的而不是网络本身。

24.5.2　移动辅助部署

在移动辅助部署方法中，WSN 网络城被分成一组 Voronoi 图。如图 24.8 所示，每个传感器都由它的多边形包围。Voronoi 图具有独特的特性，即多边形内的任意点到其所包围的传感器的距离比其他任何传感器都要近。这使得每个传感器可以本地检测覆盖盲区并检测其周围的特定区域。为了实现全局最大覆盖，移动辅助部署使用的协议如下：

（1）探测覆盖盲区。每个传感器构建 Voronoi 图，并本地检测覆盖盲区。

（2）提高本地覆盖。如果存在覆盖盲区，传感器则移动到 Voronoi 图内更好的位置来提高本地覆盖范围。

（3）重复步骤（1）和步骤（2），直到没有覆盖盲区或与上次迭代中的网络覆盖相比没有进一步改进。

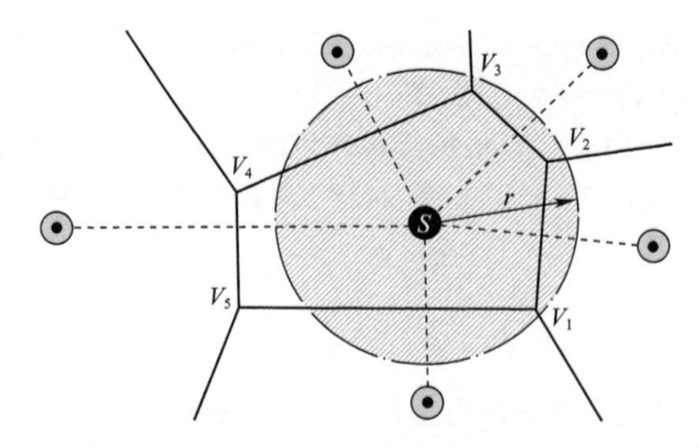

图 24.8　网络中包围移动传感器 S 的 Voronoi 多边形，阴影表示节点 S 的感知范围

24.5.2.1　探测覆盖盲区

Voronoi 图是通过与相邻传感器交换位置信息来构建的。图 24.8 中的一组顶点和边可以定义一个 Voronoi 图。例如，传感器 S 的 Voronoi 图可建模为 $G_p(S)=(V_p(S),E_p(S))$，其中图 24.8 所示的 $V_p(S)=\{v_1,v_2,v_3,v_4,v_5\}$ 表示一组 Voronoi 顶点，$E_p(S)$ 是一组 Voronoi 边，每条边连接一对 Voronoi 顶点。

传感器 S 一旦确认了顶点 $v_i \in V_p(S)$ 的位置，就会对物理距离 $d(S,v_i)$ 和感知范围 r 进行比较。也就是说，传感器会对所有 $v_i \in V_p(S)$ 检验 $d(S,v_i)<r$，这使传感器 S 能够确认哪里存在覆盖盲区，如图 24.8 中 v_4 和 v_5 附近的地方。

24.5.2.2　提高本地覆盖

覆盖盲区是通过向最远 Voronoi 顶点移动来修复的。同时，该移动应被控制以避免出现原本覆盖的顶点成为最远顶点的情况。为此，Wang 等人[30] 设计出了 Minimax 算法，它能选择 Voronoi 图中使传感器到最远 Voronoi 顶点的距离最小化的点作为移动的目标位置。三角形外接圆是经过三角形三个顶点的圆形。如图 24.9(a) 中的两个圆是由 $\{v_1,v_2,v_3\}$ 和 $\{v_1,v_2,v_5\}$ 分别确定的。我们定

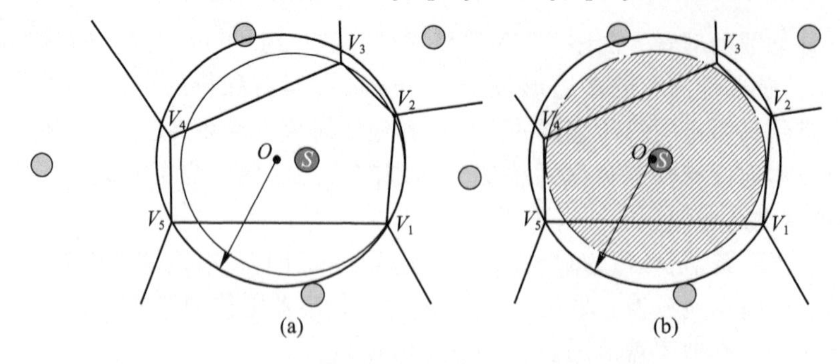

图 24.9　Minimax 算法提高本地覆盖举例

(a) 外切圆 $C(v_1,v_2,v_5)$ 覆盖所有的泰森多边形的顶点，而其他的外切圆如 $C(v_1,v_2,v_3)$ 只能覆盖部分顶点；(b) 距离目标区域越近，覆盖率越大。

义 $C(v_a,v_b,v_c)$ 是经过顶点 $\{v_a,v_b,v_c\}$ 的圆。Minimax 首先找到任意三个 Voronoi 顶点的所有外接圆，如图 24.9(a)中的 $C(v_1,v_2,v_5)$ 和 $C(v_1,v_2,v_3)$，之后选择涵盖所有顶点 $v_i \in V_p(S)$ 的半径最小的圆作为 Minimax 圆。这个圆的圆心就是目标位置，记作 $G_p(S)$ 的点 O。与之前图 24.8 中的位置相比，本地覆盖在移动到图 24.9(b)中新位置后得到了提高。

24.5.3　随机移动策略

在随机移动策略中，每个移动传感器以一种完全独立和随机的方式移动。然而随机移动性在经过一段时间后也可以提高网络覆盖。这是因为移动传感器的覆盖面积随着时间的推移而增长。例如，在图 24.10 中，静止传感器 A 始终覆盖一片近似 πr^2 的单位面积。相比之下如图 24.10 所示，在一段时间 $\Delta t = t_1 - t_0$ 中，移动传感器 M 能覆盖 $\pi r^2 + 2rV_s\Delta t$ 的单位面积，可以看到与静止传感器相比覆盖面积多了 $2rV_s\Delta t$。引理 1 和引理 2 为随机移动策略中的覆盖提高进行了建模。

引理 1　如果传感器的初始位置在网络域中是均匀、独立分布的，则随机移动策略中的网络覆盖保持其初始范围不变。

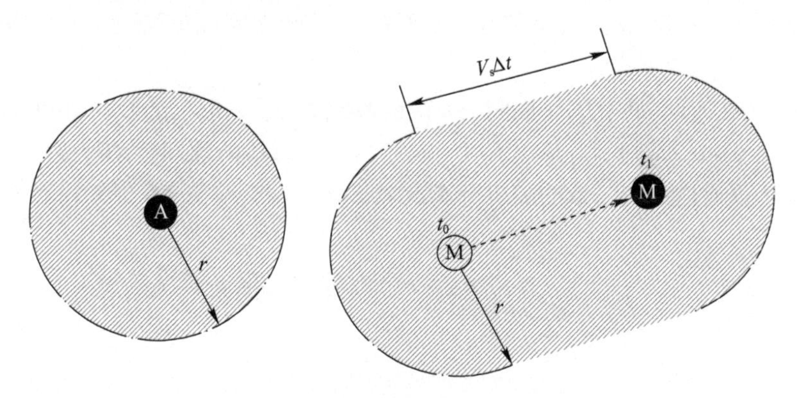

图 24.10　由传感节点 A 和节点 M 组成的区域随时间而迁移；节点 A 是静态传感器，节点 M 是移动传感器

证明：当 $t=0$ 时，$f_a(t=0)$ 表示静态传感器网络的覆盖范围。$X(x)$ 取值 0 或 1。

$$X(x) = \begin{cases} 1, x\ \text{未覆盖} \\ 0, \text{其他} \end{cases} \tag{24.10}$$

未覆盖的区域 V 表示没有被任何一个传感器覆盖，即

$$V = \int_R X(x)\,\mathrm{d}x \tag{24.11}$$

根据富比尼定理[31]，预期的未覆盖区域例如$(E(V))$是

$$E(V) = \int_R E(X(x))\mathrm{d}x \tag{24.12}$$

假设 x 表示区域 R(例如,整个网络域)中一个任一点,N 表示覆盖 x 的感应器的数目。因此,如果任意一个感应节点距离 x 为 r,则 x 就被覆盖。传感器部署遵循点的泊松过程,它是一个参数为 $\lambda\pi r^2$ 泊松分布,其中 λ 表示节点密度,πr^2 是节点的覆盖范围,因此有

$$E(X(x)) = P(x\text{ 未被覆盖}) = P(N=0) = \mathrm{e}^{-\lambda\pi r^2} \tag{24.13}$$

和

$$E(V) = \| R \| \mathrm{e}^{-\lambda\pi r^2} \tag{24.14}$$

式中:$\| R \|$ 表示网络域 R 的面积。此外,初始部署的那部分覆盖区域是

$$f_a(t=0) = 1 - \frac{E(v)}{\| R \|} = 1 - \mathrm{e}^{-\lambda\pi r^2} \tag{24.15}$$

在任何时刻 t,传感器的位置仍然承认一个具有相同的密度 λ 的二维泊松过程。因此,在时刻 t 时被覆盖区域与初始配置保持一致,例如 $f_a(t) = 1 - \mathrm{e}^{-\lambda\pi r^2}$。

定理 2　在随机移动策略中,被覆盖的区域在时间间隔为[0,t]期间会增加。

证明:在时间间隔[0,t]期间,每个传感器覆盖了一个轨迹形状,它的预期区域面积为 $\pi r^2 + 2rE[V_s]t$,其中 $E[V_s]$ 表示移动传感器的预期移动速度。覆盖区域取决于仅通过预期区域的随机分布区域形状,因此,被覆盖区域在一个时间间隔内为

$$f_i(t) = 1 - \mathrm{e}^{-\lambda(\pi r^2 + 2rE[V_s]t)}$$

进而

$$1 - \mathrm{e}^{-\lambda(\pi r^2 + 2rE[V_s]t)} > 1 - \mathrm{e}^{-\lambda\pi r^2}$$

这表明定理的正确性。

根据定理 1 和定理 2,随机移动策略根据时间可以用来提高网络覆盖。一旦移动传感器被予以随机的方式,针对传感器之间的协作移动性,不需要额外的通信开销,也不需要高计算的开销来决定它们的下一个动作。与其他传感器移动协议不同的是,由于每个传感器的运动是完全独立于其他传感器的,因此随机移动策略是可扩展的。

24.6　网络连通性

在随机部署的 WSN 中,每个传感器的网络连接是很难保证的。如果 WSN

网络部署在一个无标号的地形中的话，则更加困难。即使借助于结构性位置或密集部署静态传感器使初始网络完全连接，网络拓扑也可能由于传感器故障而断开连接。断开连接的传感器组称为孤立集群。这可能是由于一些传感器的硬件故障或者不可靠的无线通信媒介造成的。结果，这些传感器的数据包不能成功地交付到基站。如果所有传感器是移动的，通过一个协作方案可以使网络拓扑结构保持为一个连通图。另外，仅通过使用一些移动传感器或者中继传感器，使断开的集群重新连接。在本部分中，我们阐述了一个名为“动态编程维护连通性”的方案。

如果由许多作为中继节点的移动传感器组部署在分区网络，那么，通过在每个岛之间放置一个桥梁就能使断开的岛很容易地与基站重新连接。然而，考虑到这些可控的移动传感器成本，需要使用最少的传感器来找到一种方法提供完整的连通性。为此，使用动态编程法寻找连接所有岛的最优集合，该集合使用了有限数量的移动中继节点。例如，分区的存在首先由来自基站的洪泛路由决定，如图 24.11 中 B。然后，它通过确认是否有收到了来自基站的洪泛消息将传感器划分为岛集，每一个传感器检测到它的邻居传感器，所有直接和间接连接的传感器被标记为这个岛的成员。以后，它计算 $D_{B,C}$ 和 $D_{B,A}$，及连接岛 B 和岛 A 所需的最少的移动传感器数目，或者独自 B 或 A。在连接岛方面，现有两种选择。如图 24.11(a)、图 24.11(b)所示，我们可以分别连接岛 B 和岛 A，或岛 B 和岛 C。既然我们只有两个移动中继节点，则不能连接所有的三个岛。哪一个才是最好的选择呢？很明显，如例图 24.11(b)中集群 C 比 A 达到一个更高的整体覆盖率。

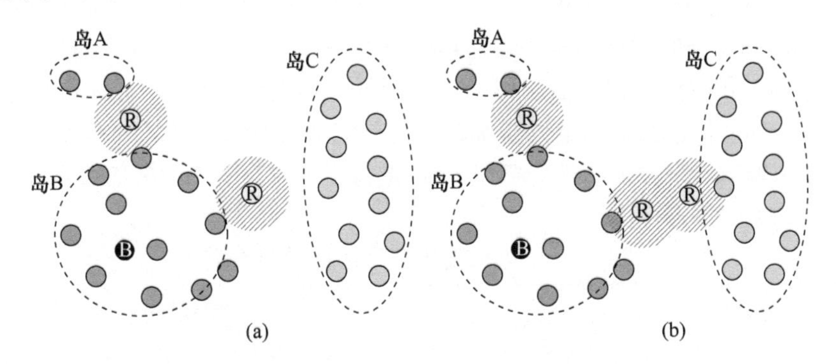

图 24.11　由两个移动中继节点组成的连通的分区网络

(a)连接岛 A 和 B；(b)连接岛 B 和 C。

最优岛集是由有限数量的中继节点连接的，并采用动态规划进行选择的，如下所示。I 表示一组没有连接到基站但可以有中继节点连通的岛。b 是基站的一个集群。$W(G,m)$ 表示最大的网络覆盖，它是一组连通的最优岛集 $\{a_1,$

$a_2, \cdots, a_k\} \subset I$,且 I 由 m 个中继节点连接的,其中

$$G = \bigcup_{i=1}^{k} \{a_i\} \cup \{b\}$$

最佳的岛集合的方法可以表示为一个有多个决策组成的序列,即第 i 个决策是选择一个岛 a_i 作为第 $i+1$ 个用于连接的基站的岛,其中 $i=1,2,\cdots,k$。根据 D_{G,a_1} 中继节点做出的第一个决策(选出岛 a_1)而衍生的问题是从 $I-\{a_i\}$ 中找到岛集的子集,其中 $I-\{a_i\}$ 给出最大的网络覆盖范围。可以很容易证明如下结论:如果集合 $\{b,a_1\}$ 的覆盖范围是最优的,那么集合组 $\{a_2,\cdots,a_k\} \subset I-\{a_1\}$ 的覆盖范围的并集就是最大的覆盖范围。因此,最优的专业化原则成立。所以,得出以下的递推关系:

$$W(G,m) = \max_{\forall A \in I} \{C_{G \cup A} + W(G \cup A, m - D_{G,A})\} \tag{24.16}$$

式中:$C_{G \cup A}$ 表示通过连通 G 和 A 所得的覆盖范围;m 表示可用的移动传感器的数目。

依据式(24.16)推出一个根据 m 个中继节点选择最优岛集的算法,此算法是为了算出最大网络覆盖。需要指出的是,我们并不关心移动中继节点的能源效率。因此,对采用通往 BS 的最短路径或有效的路由没有必须的要求。

24.7 未来的研究方向

表 24.1 描述了移动实体的任务,以及其相对于静态实体的优势。如表 24.1所列,移动实体根据它们的功能分为三类:基站、传感器、中继。从表 24.1 能够看出,移动基站的设计目标是延长网络生命周期。从另一方面来说,允许一些移动传感器重新定位能够增加覆盖范围。通过更换坏死链路,或者利用移动中继节点来添加额外传感器节点,重新连接被分割的网络,能够获得高的连通性和大的覆盖范围。

表 24.1 移动无线传感网络的功能和优势

移动实体	主要功能	相对静态传感网的优势
BSs	收集信息	延长网络的生命周期
传感器	环境监测 转发信息到 BS	增加覆盖范围; 提高监测时间; 适应变化的环境
中继	继承其他传感器的功能	继承其他传感器的功能; 提高连接性能

尽管本章讨论了 MWSN 的优势,MWSN 仍然处于研究初期,很多问题后期可以研究。与 SWSN 相比,MWSN 在控制移动实体,以及移动实体在移动单元间或者移动单元和静态单元间的传输上,会产生额外的复杂度。因此,开发出这样的移动传感器设备,能够灵活地移动控制,拥有适当的计算单元和存储能力,以及具备易充电的能量资源是很必要的。在不久的将来,一些特殊的应用中,传感器有望被设计成粉尘大小。因此,小尺寸存储单元和存储器的发展应当重视起来。

由于 WSN 中的应用多种多样,一个整体的 MWSN 设计不能满足多种应用的需求,比如时延。举例来说,一个实时的 WSN 应用需要移动传感器在不大的时延内(例如移动基站、移动中继)收集、交付传感信息到管理中心。在这种情况下,设计移动单元的移动模型,以及维持到基站连接的合作架构,都是开放性的问题。在大规模的传感器应用中,网络的稳定性需要从多个方面来陈述。移动中继节点的数量应该和静态传感器以相似的数量增长。此外,随着网络的增长,MWSN 将以分层的方式建立结构。对于同时包含移动传感器和静态传感器的混合 MWSN,如何有效地整合移动部分和静态部分是一个挑战。例如,当基站是移动的并且可控制的,路由路径必须连带设计,这样才能大概率地避免任何到达移动 BS 的长距离路径。在传感器都是移动单元的同种 MWSN 中,如果传感器的移动性都是可控的,怎样使传感器合作来提高性能是另外一个挑战。例如,我们需要设计计算复杂度不高的算法来快速、有效地传播传感器,减少覆盖漏洞。另外,当移动节点作为传感器部署在恶劣的环境时,移动单元的安全性也是一个具有挑战性的问题。对手可以捕获和破坏移动节点以及传感器。因此,在 MWSN 中,需要考虑身份认证等安全策略来保护移动单元以及静态传感器之间的通信。

24.8　从业者指南

MWSN 在节约能源和提高网络覆盖和连接方面的长处,使它在许多应用中都有优势。例如,移动和路由联合策略可以用于需要工作时间很长的环境监测。在一个结构安全监测的无线传感器网络中,传感器在刚刚开始施工的时候被混入到混凝土中。但是可能在许多年后才出现结构缺陷,所以实现这样的网络目标需要传感器的工作时间很长。由于给电池充电或者更换嵌入建筑物内部的传感器是不切实际的,使用移动基站收集数据,可能是提高网络的生命周期的唯一可行选择。

在紧急情况中,或移动单元不可控、运动轨迹不可预测的情况下,随机移动策略非常有用。在紧急情况下,网络需要马上建立,但是没有环境的经验和知识。在随机移动策略中,每个移动传感器节点以独立和随机的方式移动。这种运动随着时间的推移提高了覆盖率,有益于搜索到网络目标。在监控自然灾害时,网络的拓扑结构可能由于突发事件频繁地变化。例如,在森林火灾监测应用中,初始连通的网络可能由于火灾损坏一些传感器而断开。在这样的应用中,中继节点可以用来重新连接被分开的网络。

24.9 小结

本章我们根据移动性特性把移动单元归类成三个不同的集合,描述并提出了几种基于移动性的延长生存周期、扩大覆盖范围、增加连通性的算法。

在 WSN 中,随着时间连续地重定位移动基站来传播热点,或利用移动中继节点来共享短寿命静态传感器间的负载,所以说移动性可以延长网络生命周期。WSN 通过移动节点来发现区域、扩大覆盖范围,并且在维持网络连通的条件下尽可能地扩大范围。在移动单元不可控的条件下,仍可以随着时间推移扩大覆盖范围,因为有一个移动传感器覆盖未检测到的目标概率严格来说是大于零的。而在 SWSN 中,没有被发现的区域始终不会被发现。此外,如果网络被分割,移动中继单元对于重新连接断开的链路非常有用。

我们证明了无论移动单元是可控的、可预测的或不可控的,移动单元都有优势。因此,在 MWSN 中,传感器的移动性和基站的移动性都是很有价值的,为设计从多方面提高 WSN 网络性能的有效算法提供了一个额外的维度,然而这在传统的 WSN(例如 SWSN)中是被限制的。

习　　题

1. 假定 64 个传感器分布在一个二维网格中。两个相邻传感器之间的距离为 10 个单元。如果使得在该区域的任何点至少被一个传感器覆盖,那么传感器的最小感知范围是多少?

2. 如果问题 1 中的感知范围加倍,分析覆盖范围。

3. 为了保持在理想的 0－1 的通信环境(两个传感器假定,当它们的欧几里得距离小于通信半径)的所有传感器的完全连接,在问题 1 中,传感器的最小通信范围是多少?

4. 假设传感器的感知和无线连接范围,扩大到在二维网格中的对角线位置。如果 10% 的传感器能量耗尽,假设能量耗尽的传感器分布均匀,那么该区域被完全覆盖、传感器节点完全连接的概率是多少?

5. 在问题 1 的传感器结构中,添加 49 个传感器到每个矩形的中心,会对传感和通信能力产生什么影响? 请阐述清楚。

6. 假设一个基站位于问题 1 中的二维网格的一个角上。如果每个传感器恰好需要将一个消息传到 BS，通过跳数计算，有多少消息需要被发送到 BS？

7. 如果四个 BS 固定在网络的四个角上，对问题 6 有什么影响？请详细阐述。

8. 问题 5 中所采用的方法能够为传感器网络提供容错能力。但是如问题 6 所示，当有一个传感器位于 BS 角上，传感器发送到 BS 的数据包数量并没有减少。相反，基站可以围绕传感器节点移动。试设计有效的方法使基站访问不同的传感器，①使数据包的总数减少 1/3；②延长使用寿命？（假设负载流量是持续的）

9. 如果一个移动基站随机移动，对于问题 8 中的①有什么影响？

10. 在问题 1 的二维网格中，通过 $X-Y$ 坐标值来计算出一个索引，在索引是素数的地方放置传感器。基于这样的分配方式，使用 Voronoi 图来获得传感器分布结构。在这样的网络中会有明显的"洞"出现吗？请解释。

参考文献

1. W. Ye, J. Heidemann, and D. Estrin, An energy-efficient MAC protocol for wireless sensor networks, in Proceedings of IEEE INFOCOM, 2002. New York, NY: IEEE.
2. G. Lu, B. Krishnamachari, and C.S. Raghavendra, An adaptive energy-efficient and low-latency MAC for data gathering in sensor networks, in International Workshop on Algorithms for Wireless, Mobile, Ad Hoc and Sensor Network (WMAN), 2004, Santa Fe, NM.
3. A.E. Cerpa and D. Estrin, ASCENT: Adaptive self-configuring sEnsor networks topologies, IEEE Transactions on Mobile Computing, 2004, 3(3): 272–285.
4. B. Chen, et al., Span: an energy-efficient coordination algorithm for topology maintenance in ad hoc wireless networks, ACM Wireless Network Journal, 2002, 8(5): 481–494.
5. S.S. Dhillon and K. Chakrabarty, Sensor placement for effective coverage and surveillance in distributed sensor networks, in Proceeding of IEEE Wireless Communications and Networking Conference, 2003, pp. 1609–1614.
6. X. Wang, et al., Integrated coverage and connectivity configuration in wireless sensor networks, in Proceeding of the First International Conference on Embedded Networked Sensor Systems, 2003. Los Angeles, CA: ACM, pp. 28–39.
7. J. Bachrach and C. Taylor, Localization in Sensor Networks, in Handbook of Sensor Networks Algorithms and Architectures (I. Stojmenovic, Ed.), 2005. Hoboken, NJ: Wiley, pp. 277–310.
8. K. Romer, P. Blum, and L. Meier, Time synchronization and calibration in wireless sensor networks, in Handbook of Sensor Networks Algorithms and Architectures (I. Stojmenovic, Ed.), 2005. Hoboken, NJ: Wiley, pp. 199–238.
9. J. Butler, Robotics and Microelectronics: Mobile Robots as Gateways into Wireless Sensor Networks, in Technology@Intel Magazine, 2003.
10. A. LaMarca, et al., Making sensor networks practical with robots, in Pervasive '02: Proceedings of the First International Conference on Pervasive Computing, 2002. London: Springer, pp. 152–166.
11. Intel Sensor Nets/RFID. [cited July 2007]; Available from: http://www.intel.com/research/exploratory/wireless sensors.htm.
12. V. Bychkovsky, et al., Data management in the CarTel mobile sensor computing system, in Proceedings of the 2006 ACM SIGMOD International Conference on Management of Data, 2006. Chicago, IL: ACM, pp. 730–732.
13. S. Shukla, N. Bulusu, and S. Jha, Cane-toad monitoring in kakadu national park using wireless

sensor networks, in Proceedings of APAN, 2004, Cairns, Australia.
14. I. Stojmenovic, Handbook of sensor networks algorithms and architectures.
15. J. Chang and L. Tassiulas. Routing for maximum system lifetime in wireless ad hoc networks, in Proceedings of 37th Annual Allerton Conference on Communication, Control and Computing, 1999, Monticello, IL.
16. M. Bhardwaj, T. Garnett, and A.P. Chandrakasan, Upper bounds on the lifetime of sensor networks, IEEE International Conference on Communications, 2001, 26: 785–790.
17. D.M. Blough and P. Santi, Investigating upper bounds on network lifetime extension for cell-based energy conservation techniques in stationary ad hoc networks, in Proceedings of the Eighth ACM Mobicom, 2002.
18. J. Luo and J.-P. Hubaux. Joint mobility and routing for lifetime elongation in wireless sensor networks, in INFOCOM 2005, 24th Annual Joint Conference of the IEEE Computer and Communications Societies, Proceedings IEEE, 2005, Miami, USA.
19. B. Bolob', Modern Graph Theory, 1998. New York, NY: Springer.
20. C. Bettstetter, 2002. On the minimum node degree and connectivity of a wireless multihop network, in Proceedings of the Third ACM International Symposium on Mobile Ad Hoc Networking and Computing (Lausanne, Switzerland, June 09–11, 2002), MobiHoc '02. New York, NY: ACM pp. 80–91.
21. S.R. Gandham, et al., Energy efficient schemes for wireless sensor networks with multiple mobile BSs, in IEEE GLOBECOM, 2003.
22. Z.M. Wang, et al., Exploiting sink mobility for maximizing sensor networks lifetime, in Proceedings of the 38th Annual Hawaii International Conference on System Sciences (Hicss'05), 2005. Washington, DC: IEEE Computer Society.
23. A. Chandrakasan, A. Sabharwal, and B. Aazhang. Using predictable observer mobility for power efficient design of sensor networks, in The Second International Workshop on Information Processing in Sensor Networks (IPSN), 2003.
24. R.C. Shah, et al., Data MULEs: modeling a three-tier architecture for sparse sensor networks, in Proceedings of the IEEE Workshop on Sensor Network Protocols and Applications, 2003.
25. W. Wang, V. Srinivasan, and K.-C. Chua, Using mobile relays to prolong the lifetime of wireless sensor networks, in MobiCom '05: Proceedings of the 11th Annual International Conference on Mobile Computing and Networking, 2005. Cologne, Germany: ACM.
26. T. Benerjee, B. Xie, J.H. Jun, and D.P. Agrawal, LIMOC: Enhancing the LIfetime of a Sensor Network with MObile Clusterheads, IEEE Vehicular Technology Conference (VTC), 2007.
27. G.T. Sibley, M.H. Rahimi, and G.S. Sukhatme, Robomotes: a tiny mobile robot platform for large-scale adhoc sensor networks, Robotics and Automation, 2002; Proceeding ICRA '02; IEEE International Conference, 2002. 2(2): pp. 1143–1148.
28. B. Liu, et al., Mobility improves coverage of sensor networks, in Proceedings of the Sixth ACM International Symposium on Mobile Ad Hoc Networking and Computing, MobiHoc '05, 2005. Urbana-Champaign, IL: ACM.
29. A. Howard, M.J. Mataric, and G.S. Sukhatme. Mobile sensor network deployment using potential fields: A distributed, scalable solution to the area coverage problem, in DARS 02, 2002, Fukuoka, Japan.
30. G. Wang, G. Cao, and T.F.L. Porta, Movement-assisted sensor deployment, IEEE Transactions on Mobile Computing, 2006, 5(6): 640–652.
31. R.M. Aarts and E.W. Weisstein, Fubini Theorem. From MathWorld–A Wolfram Resource. http://mathworld.wolfram.com/FubiniTheorem.html.
32. S. Zhou, M.-Y. Wu, and W. Shu, Finding optimal placements for mobile sensors: wireless sensor network topology adjustment, Emerging Technologies: Frontiers of Mobile and Wireless Communication, 2004; Proceedings of the IEEE 6th Circuits and Systems Symposium on, 2004. 2: pp. 529–532.

第25章　传感器网络的分析方法

传感器网络是一个集成了多种不同设备的复杂系统。对于任何系统或关键部件,仿真系统可以缩短设计时间。通过仿真,设计人员无须建立一台设备或试验台就可以验证系统性能和系统的正确性。因此,仿真非常适用于传感器网络,因为构造一个试验台,需要生产和部署成百上千台设备,可以节省时间和金钱。然而,模拟传感器网络在仿真的发展和运行中涉及相互矛盾的权衡。本章探讨了两种不同的方法,离散事件仿真和分析模型,以验证模拟传感器网络各种方法的利弊。本章最后对两种方法进行比较。

25.1　引言

传感器网络,就是散布或放置在一片区域的成千上万个具有传感能力的小型廉价设备集合。构成该传感器网络中的设备通常通过无线通信设备进行通信。传感器网络的一个重要的应用需求就是长时间监测一个区域的能力。总结在过去10年技术进步的结果,创建和部署传感器网络不仅在技术上,而且在经济上是可行的。功能强大、低功耗、价格便宜的硬件设备,使传感网络部署的可行性变得更好,而节点的减少和网络整体功耗的下降将成为大规模应用传感器网络的关键。

因为有线传感器网络已经使用了很多年,所以传感器网络的概念并不新鲜。整个系统的成本,依赖于传感器电子元件的低成本,以及传感器与CPU之间的有线连接成本[1]。传感器和中央控制器之间的有线连接需求将成为系统部署的一个瓶颈[1]。例如,传感器不能安装在可移动物体上,因为移动的物体或组建会破坏传感器网络的完整性,使得监控失效[1]。有线传感器网络的另一个缺点是对链路中断的抵抗力较差;相反,在无线传感网络中,是允许一些无线传感器失效的。有线传感器中,因为一次通信链路的中断将对所有通信造成影响,因此需要安排多个有线链路来保证网络的完整性[1]。

传感器网络已经在军事应用上得到了广泛的研究和部署。其中最著名的传感器网络就是声音监测系统(SOSUS),它起源于冷战中的潜艇监控工作,而现在这个系统则被用来监测海洋环境[2]。当前传感器网络广泛应用于军事、商业和公共安全领域。传感器网络可以为解决环境监测、安全、交通管控、单一区域或建筑物内监控情况等领域存在的问题服务。传感器网络的一个理想应用是用于大规模环境监测,例如,生态学家需要频繁读取地处偏远或生物栖息地的站点信息,而这些地区是无法到达或被打扰的[3],传感器网络为这种监控提供了近乎最大的监控范围,并且能够实时捕捉到所需要的数据[4]。同时,传感器网络可以用来监控交通状况以减少拥堵[5]。该技术也可以用来进行室内气候控制系统的复杂数据采集和挖掘,这些数据在气候控制系统分析后,用来调节室内温度,以便提供更加舒适的室内环境。

传感器网络领域关注的是如何设计、部署和勘测传感器网络。传感器和射频识别(RFID)网络至关重要的一点,是各个节点和网络的整体功耗大小。一个节点可以从车载电源、太阳能电池或其他外部电源获得所需的能量。外部能源的输入,直接影响到节点的输出功率,从而将严重影响网络的使用。而现有的能量收集技术还无法满足为一个节点供电的需求,收集技术有待提升。因此,当前节点必须使用车载电源或者电池供电。只要电池可以提供所需要的工作功率,节点就能够持续运行。

最大限度地减少单个节点的功耗将增加该节点的生命周期。此外,通过其他方法改变单个节点的电源功耗,可使网络的生命周期增加、减少或保持不变。因此,研究单个节点上和在整个网络中的功耗是很重要的。降低一个网络的整体功耗,将延长网络生命周期。传感器网络设计仿真在分析各种设计方案起重要作用。

25.1.1 背景

传感器网络目前应用在各种不同的领域。目前的技术条件已经能够满足大多数数据采集和通信的需求,但是传感器网络的寿命仍然是严重的问题。传感器网络的生存期取决于很多因素,如何做到覆盖范围最大,生存期最长,需要详细评估。

除了优化网络的生命周期,人们也开始着重关注网络的初始化、通信链路建设、路由协议、网络的移动性和安全性。如何优化传感器网络中的各个节点之间的操作来提高网络生存周期已经成为一个发展方向。人们现在越来越感兴趣的方向,就是通过优化网络架构,选择性地激活节点,以减少网络传输数据量,并由此提高网络生存期。能量收集也许能够增加电池的能量供应,但是目前还无法完全替代电池。在传感器网络中可以设置移动性节点,以保证网络的通信链路。

目前人们正在调研移动传感器网络的优势和应用领域拓展，特别是如何将节点的移动性与能量收集结合使用的技术，例如，利用太阳能电池板的一个节点可以主动移动到附近的位置，以获取更多的太阳能。

路由是无线传感网络初始化操作的关键。有些无线传感器采用的是手工部署，或预定义的路由表，这些节点可能会被随机部署在一个区域，而这些节点没有网络以外的任何支援。最开始的初始化工作是建设和各个传感器的连接，形成传感器网络。初始化包括两个目标的实现：第一是通过寻找和连接节点一起形成基础网络；第二是建立初始通信路径、路线，并保证通信正常。路由专注于网络中信息在实体间的传输路径，传感器网络中的路由方案则必须灵活处理网络中节点的变化（添加和删除）。

初始化一个传感器网络的第一步是确定单个传感器节点的相邻节点。有很多用于寻找邻居的方法，但一个节点必须既侦听来自其他节点的消息并宣布它的存在，也通过广播宣布它的存在。在一个网络构架算法中，新的节点先通过收听邀请以加入网络[6]。新节点接收在一定时间内的邀请广播并请求加入网络[6]，然后发布新的广播以便使其他新节点加入。逐渐重复这个过程，本地网络将持续增长，并逐级连接[6]。

每个传感器节点的位置对确定网络内的路由路径是非常重要的。通过检索位置库，每个节点都可以找到距离自己最近的节点作为消息中继点。有了这些信息，消息可寻址到这些节点更接近目的地。位置的另一个用处是在所有节点之间按最小距离发送，因为接收功率与距离的平方成反比。

然而，要获得每个传感器节点的位置明显是有问题的，如果有意地放置每个节点，很容易获知每个节点的位置并对其编程。这个解决方案只限于小型网络，当网络包含成千上万个节点时定位每个节点是不可行的，并且该解决方案是只在非常小的传感器网络中使用。定位设备（如 GPS）不但能耗高，而且价格昂贵。另外，在几米的误差范围内，GPS 系统显著降低所提供的位置的有用性，因为在密集的传感器网络中节点之间的距离通常将最多只有一两米。两个节点之间的相对距离可以通过测量从其他节点传送的消息的信号强度来估计。而该相对距离并不给出一个确切的位置（即纬度、经度和高度），只是利用相对距离改善和优化拓扑结构和发送路线。使用三个节点再加上三角测量从第四个节点接收的信号强度，可以获得第四个节点的位置[7]。Mondinelli 和 Kovacs - Vajna 提出另一个只使用一个特殊的节点查找位置的方法，但该方法需要复杂的计算和其他常规节点参与其中，但使用三角测量的方法不需要其他的常规节点参与。这些技术能提供位置信息，但发送和接收复杂消息会造成额外开销，所有这些要消耗额外的能源。

在传感器网络中使用的拓扑结构可以概括为两大类:集群拓扑结构和平面拓扑结构。集群拓扑结构的网络划分成一组较小的本地网或簇。每个簇有一个簇头,负责簇间的通信。此外,建立每个簇内的本地网络连接的每个节点到簇头。一个簇中的节点和路径减少到最合适的时候簇中的路由才得到简化。簇还允许更高级别的优化,基于簇而非单个节点的应用程序。这样的优化能从覆盖整个监控区域的所有节点中区分出专用的节点集(覆盖区域由应用和节点定义)[8]。但是其中之一在任何给定时间必须是活动的,因此,对于同类节点组成的网络中,其生命周期与节点集的数目是直接相关的,随着节点集数目的增加而增加[8]。在平面拓扑结构中,节点不分类。

一旦定义了拓扑结构,必须设置通信线路和路由路径允许信息在网络中传送。任何路由算法的首要目标是发现使网络中的所有节点的进行数据通信的网络通信路径。路由算法的第二个目标是最大限度地减少整个网络的数据延迟保持在可接受的限度内,并确保网络畅通。

使用集群拓扑结构的网络可以对数据路径进行更高级别的优化。例如,作为一个贯穿集群的簇头,LEACH 协议随机改变指定的簇头要消耗额外的能量。PEGASIS 协议是 LEACH 协议的扩展,假设可以获取网络的全局信息,可以使用该协议[9]。

其他协议支持一个网络中的数据聚合,或者数据中心网络。数据聚合试图通过平均化或压缩相结合的方式减少整个网络的数据传送。为减少交易中传送的消息的数量或长度,数据聚合必须对传感器节点进行额外的处理。大部分研究都把传感器网络看做一个庞大的数据库,研究集中在数据中心传感网络。数据中心的网络浏览类似于数据库中的 SQL 查询请求。该请求将包含的信息用于指定数据要求,只有那些与请求的数据类型相匹配的节点会作出回应。

虽然节点消失但传感器网络必须继续发挥作用。从路由的角度来看,提高网络容错性的最简单的方法是沿多条路径发送数据。只要一个路径是完整的,数据就能到达目的地。通过选择传送数据包的中间节点,一个路由算法可以在一个源节点和目标节点之间形成多条路线[10]。因为大多数或者理想的中间节点有多种选择,在网络完全断开以前可以容忍某些节点故障,并且网络通过选择路线可以更好地平衡通信负载[10]。这些优点可以延长网络的生存时间,但沿多条路径发送的单个消息显然比沿着单一路径发送消息需要更多的能量。这种解决方案的缺点是,随着网络中节点数目的增加,也会增加存储在节点中的路线的潜在压力,导致企业使用费用成倍增加。

适用于单个节点的优化是研究的另一个领域。大多数优化策略着眼于减少处理器的功耗。对传感器节点等其他硬件的优化，比如传感器、模拟数字转换器（ADC）等，也能减少功率，选择更高效的现成的部件而不是用户定制的部件是唯一解决方案。

在节点级别降低功率消耗可以通过更有效的处理和路由信息来实现。传感器网络产生的信息数量庞大，到达一个节点的消息分为三个类别：该消息属于该节点，该节点必须转发该消息，或该消息可以忽略。无线接口通常用于处理物理接收消息和信息的收集，应用处理器进行解码和处理消息。在这个方案中，处理器决定这三类消息的归属，并采取适当的行动。若该消息将被转发到另一节点，开发定制逻辑并集成到无线接口，以便将消息传递到下一个节点[11]。当该消息不被传送到处理器板解码，将其返回到无线接口板用于重传，这将减少节点能耗[11]。

另一个节点级优化是忽略不属于该节点的所有数据包。这在有源 RFID 标签的网络是特别有用的，忽略信息给其他标签节省电力。当消息到达时唤醒处理器，能够让处理器保持在休眠状态达到最长使用时间。这使每一个标签每单位时间能耗显著减少，这需要处理器对每条信息进行解码检查地址。网络经常用于查询这种优化是最好的。

处理器的状态管理是一个节点的能量消耗的关键。理想的节点将保持处理器的最低水平睡眠模式，除非工作必须完成。然而，进入和离开每级睡眠模式都需要向下或向上的动力延迟时间，因为所需的信息必须在存储或检索的处理器模式之间进行转换[12]。在此期间，没有任何有用的工作可以执行，所以在这段时间内所消耗的能量被浪费掉；因此，处理器必须保持该状态足够长的时间，使该阶段节省的能量至少与浪费的能量相同。Sinha 和 Chandrakasan 已经开发了一种算法，试图预测未来的工作量，并推而广之预测处理器多久可以保持在一个给定的状态，并以此来决定何时和以什么级别的休眠模式进入。如果随后的工作量预计为高，该算法将留在主动处理模式，或进入最小能耗的休眠模式，这需要最小延迟时间和能量以便进入和离开该模式[12]。

传感器网络执行的是整网的任务，少数或所有任务可能能够在几个不同的节点进行处理，但是需要提供假设的详细情况和精确度。在这种情况下，任务可以被分配到不同的节点上，以防止某些节点能量循序消耗或使节点失效。一种新的算法已经被开发出来，这种算法可以分散工作负载到一组节点上。给网络策略中的每一个任务分配额外任务和能量消耗，每个节点可以确定它是否应该执行网络策略给定的额外任务，以便节点能够保留自己的能量[13]。与剩余能量较高的节点相比，能量较低的节点将执行更少的任务，或仅执行高奖励的任务。这种解决方案的缺点是，如果发出的任务请求都是请求低能量节点执行，可能会没有节点愿意执行该任务。如果这恰好是一个关键任务，那么该网络将无法达到运行要求。

对传感器网络来说,大量的节点意味着有大量信息需要处理和报告,但是并不是所有数据都有用,有用的一般都是具体的数据,例如温度,尤其是在网络中的特定区域的温度。节点之间传递和处理着大量无用数据,不仅增加了节点之间的交流次数,也浪费了节点的能量。一个解决方案是减少报告的信息量。这可以通过选择一定数量的节点来执行处理,将数据组合或压缩后再在网络中传递。

选择性地请求和报告数据降低了传感器网络的能量消耗,同时减少了实体必需的读取以及根据读取的信息做出的决定。另一种减少数据读取数量的方式是查询网络,仅获取需要数据。有几篇论文,对包含大量节点的传感器网络做了对比分析[14-15],这些论文设想在传感器网络中部署了一些包含类 SQL 命令的节点,只有这些节点会响应数据中心的查询请求。这类似于使用 SQL 命令中的 Select 方法在数据库中查询匹配的数据字段。这种解决方案需要由节点执行额外的处理,以确定它们是否拥有所请求的信息,这样可以减少发回到数据中心的数据量。通过减少不必要的数据传递达到节能的目的。

传感器网络追踪的目标只需要定位在需要积极监控目标区域的那些节点。Zhao 等人已经开始进行类似研究,建立一个网络,确定哪些传感器节点需要被激活,并确定如何随着条件的变换而切换被激活的节点[16]。有目的的跟踪是这类型网络的理想应用方式,因为只有那些在目标范围之内的传感器需要积极地监控,其他的传感器可以持续休眠,直到目标进入它们的区域。它们提出一种方法,从一个传感器将有用信息传递给另一个传感器,而这些传感器,预计会被最大限度地激活,保持在传感器上没有冗余信息将延长这些传感器节点和整个网络的使用寿命。

在一般网络中,选择性查询和激活可以减少节点答复的次数,但在大型网络中,应答的数量仍然可能很大。数据融合和压缩可以减少数据的传送,同时保持较高应答数据量。一个方法是在一个较小的地理区域内,平均需要的报告数据,然后平均发送到节点。这样可以减少必须处理和发送到目的地的数据量。这个解决方案轻松地分散了通过每个簇的平均数据,并且这些数据可以平均地分散到网络集群中。另一种解决方案是用较少的字节发送压缩过的指定数据。这种解决方案是将响应的数据空间划分成索引箱,每个索引箱都只响应数据空间的一部分,并返回[17]。只要索引的长度小于数据长度,就能减少数据传输的总数据量,以此来达到节能目的。索引箱的大小将影响节点的精准度和节能效果。

由于无线传感网络的重点被放在了网络的实施和部署上,而网络的安全性则少有关注。但是,安全性也是传感器网络部署中不可或缺的部分。Chan 和

Perrig 则列出了例如数据监控、数据保密和网络攻击等一些与传感器网络相关的安全问题[18]。监控通过网络传输的数据很简单,如监听在同一频率上的节点使用,或通过插入节点到网络中收集数据。私有数据现在可以轻松地被第三方获取,那么加密数据可能是一个较好的解决方案,但它需要有效强度、健全的密钥分发以及更多的能量[18]。建议的另一个方案是将数据分段,并通过不同的路径传回[18],这种方法将要求攻击者能够顺利地监控所有几乎可能的路线。这样可能会降低加密密钥的强度要求。此外,还可以通过干扰通信的方式来加速网络节点的能量消耗达到攻击目的[18]。为了防止干扰对通信网络造成影响并快速发现干扰点,可以使用专门的防噪信道[18]。浪费节点的剩余能量,将导致网络通信轻松断开。注入大量的命令到网络中能够快速消耗节点的电源电量,而且可能不会立即检测到[18],为此需要采用命令验证的方法来对付这种攻击[18]。总之,这些反制措施必须精心设计,否则节省下的能量都不足以用于应付各种攻击手段。

25.1.2　能量收集

一些研究人员已经看过用能量采集供电或在节点有充电电池的无线网络[19-21]。这个工作同样可以应用到传感器网络。可行的传感器网络的能量采集方法包括射频能量采集、热电发电、太阳能发电以及从环境中的振动能量采集。

作为节点已经配备用于通信的天线,加入的射频能量采集电路的节点仅需最少的额外的硬件。两个来自传感器网络和外源(即广播电台)环境中大量可用的射频,使得传感器网络中的采用射频能量采集成为首要选择之一。然而,RF 能量收获的缺点是它被能够由天线接收的功率量限制。在自由空间中的接收功率为

$$P_r = \frac{P_t \lambda^2}{(4\pi)^2 d^\alpha}$$

式中:λ 为载波频率的波长;d 为发送器和接收器之间的距离;α 为距离 d 的幂;P_t 为发射功率;P_r 是接收功率。

自由空间模型中 α 取 2,而在真实世界环境 α 会由于干扰变大。因此,接收功率随着距离的增加迅速减小,使其几乎不可能利用现在的射频能量收集技术来给传感器网络供给能源。因此,接收功率随距离的迅速增加,使得用当前技术的功率传感器网络采用射频能量收集变得几乎不可能。

热电发电是适用于传感器网络的另一种能源收获方法。热电装置产生的能量取决于整个发电机的温度差,较大的差异产生更多的能量。但是,对于小的温

度差,则产生较少的能量。在传感器网络中单个节点的内部温度将接近周围环境的温度,所以通常不会遇到大的温度差。因此通过所得到的小的温差是不够提供用于操作该节点所需的能量。

太阳能发电是传感器网络供电的另一种选择。太阳能电池通过光环境获取能量。目前,太阳能电池能收获足够的能量用于小型设备,如手持计算器的操作。太阳能电池的缺点是它们需要在一个明亮照明环境下。在低照明度环境下,太阳能电池产生能量很少。另一个缺点是,光量很少是常数,例如,户外节点在白天有足够的光线,但是在夜间却没有。相对于所述最大光量和受光水平的不确定度,可部署在网络之后的每个节点的一致性使得太阳能发电是无效的。

利用振动产生的能量一直被用在自动上弦手表[20]的制造上。压电材料通常用来从振动中获取能量。这种类型的能量收集类似太阳能电池的缺点,因为它们依赖于环境条件。大多数传感器网络是针对部署在产生很少振动的固定地形如森林或沙漠中。而且,依靠振动提供能量的节点必须有支持长时间充电的电池。由于这些原因,从振动提供能量仅能支持有限的传感器网络。

在文献[21,23]中,有些网络已经提出和研究怎样进行能量收集。通过研究,Kansal 和 Srivastava 提出一个对所有能够通过环境获取能量的节点重新分配任务的网络。我们的目标是分配工作负荷,使得那些能够收获更多能量的节点执行更多的任务。这扩展了以前只根据电池剩余能量分配任务的研究。以这样的方式分配工作负载要求节点可以确定或估计其可从环境中获得的能量,并可以将这个值传送到其他节点。可用能量的确定和该值向其他节点的传送必须以低能耗的方式进行。根据每个节点可用电量和剩余的电池电量进行任务调度,理论上增加了模拟网络的生命周期。Raimi 等描述一个包括两种类型节点的网络体系结构,第一类可以获取能量并移动,可以用满电池更换耗尽电池。第二类是普通节点,不能给电池充电或移动。需要覆盖一个区域的能量收集节点的数目是由总面积,能量收集节点移动能量,可利用的能量,常规节点能量消耗及常规节点[21]的数目确定。这种网络的实现需要可以获得足够可用能量,且网络部署位置的地形条件允许可获取能量节点移动以更换电池。即使有了高效率的能量收集技术与丰富能量来源的环境,崎岖的地形下的无法移动的能量会阻碍对耗尽的电池的更换。

25.2 从业者指南

前面的章节中说明了对目前在无线传感器网络众多的设计权衡。有了这么多的权衡,很难确定哪些设计方案满足要求,并提供传感器网络的最长寿命。该传感器网络具有最长寿命是可取的,因为该传感器网络将是更适合处理突发事件,如接收比设计时预期的更多信息或干扰。

显然一种有效的手段是必需的,通过评估若干备选设计方案,以确定最佳的替代,并评价在部署之前给定的传感器网络的性能。需要建立针对所有设计方案的小规模原型网络并收集其性能结果。然而,这种方法是昂贵的,无论是在金钱还是时间上,而对于大型网络可能无法获得更好的性能。仿真和建模是建设小型原型网络的替代方案。两者通过设计来评估传感器网络与大量的实体(实体是传感器网络中的设备)。常用的两种方法有离散事件仿真和分析模型。这两种技术都有优点和缺点。

25.2.1 离散事件仿真

离散事件仿真通过描述平台在每个时间增量上确定和更新的一组状态变量,为系统提供了一个模型。离散模拟可以扩展成若干个不同的类型。最常见的两种是事件驱动和时间模拟[24]。在时间模拟中,时间在每一个模拟状态更新[24]点上等步前进。在一个时间段型的仿真中,一个时间步长中发生的所有事件被假定为发生在同一时间,从而在一个时间段型模拟,时间步长的选择是影响结果的准确度和精密度的关键[24]。

事件驱动模拟仅在需要时才更新状态,称为事件[24]。每一个事件都包括事件被模拟时的时间标识[24]。仿真状态仅在事件按照时间顺序处理时更新(即最早的事件被首先处理)[24]。确保事件按照时间顺序排列是在模拟时的主要开销,从而使模拟大大减慢[4]。即使优化,每秒产生一个小的或中等尺寸的传感器网络事件的数量也是相当大的。时间阶梯形的模拟通常更快,但是提供了比上述[4]所述的事件驱动仿真较不准确的结果。

离散事件仿真使用事件来传递两个仿真实体之间的消息。事件表示这样的事情作为一个实体发送一个数据消息到另一个实体。在离散事件模拟中事件包含一个时间戳,表示事件发生的时间。事件必须根据它们的时间戳[24]进行处理,这被称为“同步问题”[24]。在一个并行的模拟中,事件的处理结果应与顺序处理系统按时间标记一个接一个处理事件的结果相同。不按顺序处理事件可能会出现一些实体在事件未处理时得出结论导致“因果错误”的情况。

无线网络的模拟,通常使用事件驱动的离散模型提高精度。仿真实体通常代表传感器网络中的节点或接收器,事件通常代表节点或接收器之间发送的消息。对于每个发送的消息需要两个事件,一个是发送消息,另一个是接收消息。对于含有少量节点的网络模拟,事件排序开销不是一个重大问题,但是事件排序的开销也随着网络规模的而增大。一项研究报告指出,3200 个节点的网络中每秒产生超过530万的事件，利用他们提出的优化方法每秒的事件数减少到略超过210000[26]。添加更多处理器的仿真环境会带来新的问题，处理器之间传递额外的信息将开始减少或抵消取得的增益。

离散事件仿真器使用同步算法以确定何时及哪些事件可以处理存在两种类别：保守的同步和开放式的同步。在保守的同步中，当且当仿真确定在考虑事件前没有存在时间标记的事件时处理，而且正在考虑的事件时间标记不会在未来某个时间点与含时间标记的事件同时接收。存在这样的可能，所有仿真实体正在等待来自其他实体可能发生的事件导致所有实体阻断，从而造成死锁[24]。有若干从死锁情况中恢复的方法。开销与首次检测到死锁情况的形式有关。然后确定哪些消息发送到打破僵局，最后是实际发送消息打破僵局。这些新增功能增加通信量，处理量和并行离散事件仿真的最终运行时间。

并行仿真必须防止邮件被传递到具有该实体过去时间戳的模拟实体。当模拟实体希望提前模拟时，必须将还在网络中传播、尚未交付的消息（称为暂态消息）考虑在内[24]。检测瞬时消息的存在，需要实体跟踪它们已发送和接收的消息数量。这一要求增加了仿真的开销，因为两个计数器必须被保持在系统中，并且如果希望提高模拟时间，模拟控制器必须执行额外的处理。此外，一些实体将经历额外的延迟，因为它们必须等到没有瞬态消息在其仿真时间内出现。

模拟时间可以提前的时间量必须为每个时间预先确定。模拟时间可以提前的数额的确定，需要其他的仿真实体的信息。最坏的情况下，所有的实体需要所有其他实体的信息。在包括 N 个实体的仿真中，在最坏的情况下，通过模拟环境[24]需要发送 N^2 个消息。虽然可以采用一些方法来改进所需的消息数量，但确定可以推进模拟的时间量仍需大量开销[24]。因此，最大化每次推进的模拟时间是提高模拟性能的关键。

乐观同步算法形成同步算法的离散事件，模拟平行的第二个主要类别。乐观同步算法允许对消息的处理，不用首先确定它们是否是安全的，允许在模拟[24]时可能违反因果关系。如有因果关系相悖，仿真会回滚到之前的时间[24]。流水线微处理器架构是一个乐观同步算法的一个例子，乐观的算法不需要根据自己的时间戳的消息被顺序发送或接收，也不需要明确确定和定义仿真实体之间的通信链路[24]。

支持仿真回退要求存储描述系统过去的状态信息[24]，存储状态信息的两种流行方法是复制状态保存和增量状态保存，在复制状态保存中所有的状态变量存储后处理每一个事件，在增量状态保存中每个事件的每一个状态变量由该事件修改的前值记录在日志[24]。在每个事件都需要修改大部分状态变量时，使用复制状态存储可以获得更好的性能，而当每个事件只修改一小部分状态变量时，增量状态存储的性能更好[24]。这两种方法都需要额外的开销,用于存储以支持回退所需的冗余状态信息。随着仿真实体数量的增加和事件数量的增加需要额外的内存,因为事件会导致状态变量更改。这种内存的要求可能会严重限制模拟大型网络的能力。

除了状态保存、模拟支持,回退需要取消已发送的错误消息[24]。需要在仿真实体没有处理带有时间戳的消息时,在发送时间之前删除消息[24]。这些消息中包含的数据可能会被之前的消息更改(导致回滚),或该消息可能根本没有发送。这些消息的处理可以在仿真中造成因果违逆,并可能导致不正确的结果。在时间扭曲系统,反向消息是用来摧毁必须取消发送的消息[24]。当一个反向消息和消息一起出现在输入队列它们相互抵消,从而该消息被删除[24]。使用反向消息摧毁先前发送的消息增加了发送消息的数量,并增加对消息的调度任务的压力。在每次回滚都必须删除大量消息的情况下,这样显著增加仿真开销。

为了有效,仿真必须在相同的模拟多次运行产生相同的结果[24]。对于并行处理器,这要求所有的事件都必须以相同的顺序进行处理[24]。此外,用于执行模拟的硬件差异也可能影响结果。例如,如果处理消息不在同一处理器上执行模拟[24],两个不同的处理器在浮点运算的差别可能会导致不同的结果。可重复模拟的难度增加了不同系统精确对比的难度。

在网络中发送的消息不是像有线网络那样点对点,而是从发送节点向所有方向上发送。唯一的要求是,指定的接收节点在信号的范围内,许多节点将偷听未被指定它们的消息。无意中听到该消息的节点,可能仍然需要处理信息,这给这些节点增加了开销,模拟器必须确定在范围内的节点和听到由发送节点发送的消息。这将导致离散事件仿真的另一个性能瓶颈。在最坏的情况下,含有 N 个节点的仿真,在仿真的每个节点的仿真器必须确定通过任何其他 $N-1$ 个节点发送的信号在第 N 个节点被 $N-1$ 个节点是否接收[27]。这导致每个节点 $O(N^2)$ 检查[27]。这个问题放大了节点的数量和节点增加的密度。尽管每个节点检查的数量能够减少,但是这种开销的增加导致在模拟环境下的网络流量的日益增加。尽管优化已经提出[27],但是都有降低模拟结果[26]精度的成本。

25.2.2　传感器网络的离散事件仿真

目前有许多网络仿真软件。由 Akhar 进行的一项调查列出一共有 42 种不同的网络模拟器[28]。用于分析传感器网络的三个最常用的离散事件模拟器是 GloMoSim、NS-2 或 PARSEC。另外,自定义模拟器也很受欢迎。

CloMoSim 是一个库,使用 PARSEC,提供无线网络的离散事件仿真的能力[29-30]。CloMoSim 模拟器的开发是为了提供一种能够模拟包含数千个节点的无线网络环境[29]。CloMoSim 模拟器支持串行和并行仿真[30]。在 GloMosin 环境包括多个层具有每一层接口层正上方和有问题的层的下方使其与七层 OSI 模型兼容[29]。GoMoSim 的分层结构允许几个不同的模型可以在一个层上评估,而不需要重新实现其他层。GloMoSim 的首要目标是建模和评估协议在 OSI 堆栈的不同层的性能。

GloMoSim 支持并行仿真。如上所述,影响并行模拟的效率的一个关键因素是仿真实体之间发送的消息的数量。无线网络中个别实体的每个节点的简单的解决方案包含成千上万的实体模拟。这将导致在实体之间发送几千或可能更多的消息。如此庞大数量的消息将很快饱和,并联系统和高性能的通信基础设施显著降低消息延迟的时间。为了减少实体之间传递的消息的数量及允许可扩展性,GloMoSim 采用分区方式[29]。每个小的区域是由一个单一的模拟实体表示,实体包含放置该区域中的所有节点[29]。在一个较小的区域节点之间发送的消息由代表该地区仿真实体在本地进行路由[29]。只有从一个较小区域的节点向另一个较小区域的节点发送消息时,才通过系统通信结构传输。

在 GloMoSim 仿真的配置是通过改变由模拟器读取的输入文件来实现[29]。覆盖的网络区域可由用户在 x 和 y 方向上自定义的长度的矩形来近似[29]。通过将 x 轴和 y 轴分为几段,可以将总区域划分为数个较小区域,图 25.1 展示了

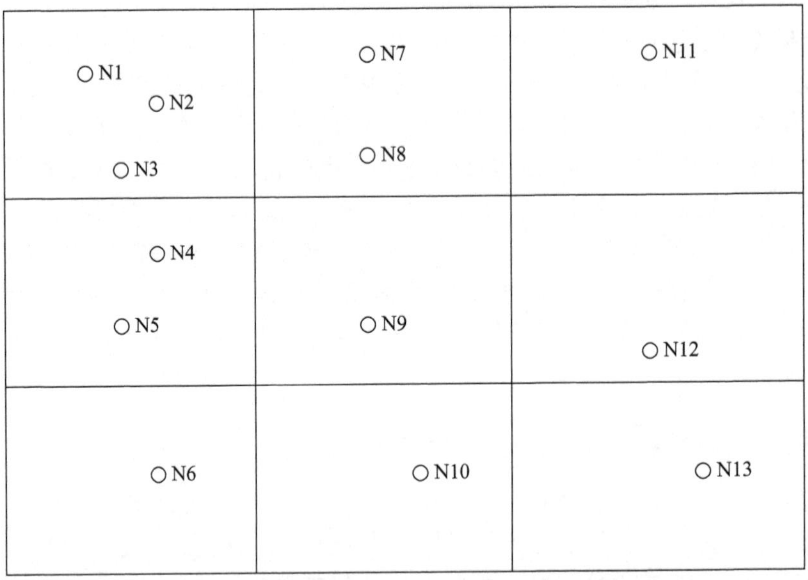

图 25.1　含有 13 个节点,分为 9 个小区域的网络

一个 3×3 的区域划分案例。例如,节点 N1 和 N3(或 N2)通信,该消息是由内部仿真实体路由,然而,如果节点 N7 和 N9 希望进行通信,必须由包含 N7 的仿真实体与包含 N9 的仿真实体通过系统通信结构传递消息。

除了较小的区域的数量,用户可以改变无线接口的最大发射范围。因为将整个区域分制成小区域的目标是,尽量让划分的区域大一些,保证在划分区域内可以在本地处理消息,且大部分节点不能与区域外通信。因此,最大发射范围主要由每个小区域的尺寸、扩展、小区域的数量决定。在模拟过程中,有时一些事件中的一个可能会发生很多次,必须选择一个(即是由环境噪声污染的消息)。在大多数情况下,随机确定哪几个事件的发生。GloMsSim 利用一个随机数发生器,需要一个种子初始化随机数发生器。种子影响所产生的数字,并且是用户可配置的。用户还必须指定模拟执行的最长时间。

此外,必须定义好组成无线网络节点的细节信息。首先,用户必须在无线网络的中指定节点的总数。这些节点可以均匀随机放置在一个二维网格(必须是完整的 2D 网格)的区域内,每个节点的位置(x 和 y 坐标)由用户指定,手动放置[29]。第二,该模型对选定的信号的传播可以是自由空间模型,其中接收的功率与发送者和接收者之间的距离的平方成反比的,则是瑞利衰落分布或莱斯衰落分布[29]。第三,该网络的数据速率必须定义。

GloMoSim 提供了移动节点的支持。两种不同类型的移动性可以在 GloMoSim 进行模拟。第一种类型是随机的移动性,其中一个节点在 x 或 y 方向上移动一个单元。第二种类型是流动模拟节点移动到一个随机选择的航点。节点的移动速度与在路径点停留的时间可由用户进行配置[29]。仿真随机选择航点[29]。最后,仿真允许用户设定位置精度,它确定如何经常移动节点的位置保持更新[29]。

由于 GloMoSim 主要集中在协议的开发和评估,许多内置的协议和算法由数据库提供[29]。这些组件可以允许开发者不必实现其中的代码。最后,定义在模拟过程中所收集的统计数据。数字发送和接收的数据包,每种类型的数据包(UDP、TCP、广播包)的数量和吞吐量都是统计数据,这些数据能够通过 GloMoSim 进行记录[29]。

PARSEC 是一种并行编程和环境的并行仿真语言。PARSEC 是通用的,并非专门针对无线传感器网络和 RFID 网络设计的[31]。PARSEC 设计的消息传递 C(MPC)内核的并行编程,被用来作为一种编程语言和并行仿真环境[31]。PARSEC 的发展解决了并行仿真工具的缺乏[31]。PARSEC 为用户提供了基本的环境和框架来模拟系统中的问题。建立在 PARSEC 框架基础上的无线网络,由于实施模型的耗时性质促进了 GloMoSim 库的发展[31]。

25.2.2.1 离散事件仿真的缺点

大量可用模拟器和保证可重复性前提,给不同模拟器结果比较增加了难度。理想情况下,在给定的系统中不同的模拟器应该有类似的结果或趋势。一项由 Cavin 等人对 NS-2、GlMoSim 和 OPNET 的调在结果表明,仿真网络变化结果显著不同[32]。得到的结果表明显著差异不仅在此,也包括网络中的一般行为[32]。这些差异使 Cavin 等人得出这样的结论,模拟几乎无法改进设计过程[32]。作出准确的比较,不仅需要完成自己模型的开发,也要完成其想与之比较的模型,然后给出所研究仿真器输出结果的变化。虽然有可能实施其他解决方案所需的额外的工作和时间的量变得过高,但他们希望对其解决方案进行比较,用于评价其解决方案的模拟器,以全面测试一个特定的解决方案和评估。

由于许多设计方案要考虑设计人员需要一个离散事件仿真与短的运行时间,以便彻底探索设计空间。目前使用的大多数模拟器有离散事件仿真,后台可扩展很差。例如,一个重要的离散事件模拟器 NS-2 其仿真点数很少,从而限制其最多对几千个节点的网络进行仿真[32]。在核心采用了离散事件仿真是有问题的,因为如果大量的消息被发送,离散事件仿真必须安排每一个事件,并确保交付正确的顺序事件。在传感器或 RFID 网络中,消息的发送数目(因此需要调度)往往变得非常大。这种模式应该执行效率很快,并对于网络规模和信息数量的增加具有很好的扩展性。

25.2.3 分析建模

分析模型是一种替代离散事件仿真分析的传感器网络。分析模型试图发现概率或封闭形式的表达式来描述一个系统的各个方面。马尔可夫过程或马尔可夫链是一种常用的分析建模工具。排队网络、分析网络协议的流行,是另一种类型的分析建模。

马尔可夫过程是分析系统的有效方法。马尔可夫过程可用于对系统进行建模时,该系统的下一个状态依赖于系统的当前状态,而不是过去的状态[33]。马尔可夫过程由一组状态、一组转移概率和一组奖励值组成。该状态表示在一个系统中不同的条件。转移概率是系统从状态 i 过渡到状态 k 的可能性或概率。奖励值表示从状态 i 转移到状态 k 的收益损失。

马尔可夫过程允许在稳态或随时间变化的瞬态分量下进行分析,稳态分析在一定时间内是“稳定的”。稳定是指在一段时间之后状态的概率保持不变。稳态解决方案可以用简单的线性代数方法来实现。如果系统不经过段时间“稳定”,则瞬态分量必须被考虑在内。这需要一系列的微分方程和 Z 变换来求解系统[34]。在稳态分析,瞬态分量之后的某个时间有限数量变为零。很显然,分析一个由稳态马尔可夫过程描述的系统,比分析一个由马尔可夫过程描述的系统更有效。

无论有无瞬态分量,马尔可夫过程都需要有效的线性代数与数值计算技术来求解方程组。许多有效的数值计算算法求解方程组维数存在问题。维度指的是状态变量的数目,马尔可夫过程中使用的概率和奖励矩阵的大小与维数成正比。随着维数的增加,为求解方程系统所需要的时间也增加。

马尔可夫过程的维数通常随着被分析的系统的复杂性的增加而增加。因此,马尔可夫过程用来模拟非常复杂的系统经常具有很大的维度,需要很长的运行时间。利用马尔可夫过程来分析一个庞大而复杂的系统,如传感器网络,维数保持在最低水平是至关重要的。

用闭合形式或概率方程来描述一个系统的行为往往是很难实现的。有时必须通过简化或假设才能得到这些方程。使用这些简化和假设对得到的结果的值会产生不利影响,因为这些简化或假设可能不成立。

例如,Chiassrini 和 Garetto 描述传感器网络的能量消耗在哪些节点可以进入睡眠状态以节省电力的分析模型[35]。这项工作的节点模型限制在所述处理器和通信硬件上,网络建模为一个排队网络,所有消息都没有错误接收[35]。这种简化忽略了关键事实,比如当一个节点是休眠状态时如何接收消息。一个分析模型,允许所需的节点和利用基于现实的行为和性能的假设来连接它们网络内各个部件。而这个模型在寻找一个单一的实体时是有用的,如何在更大的网络功能中进行替代是一项重要的研究。

25.3　未来的研究方向

在离散事件仿真和分析模型两个方面都需要发展,以提高传感器网络在设计阶段的仿真和分析。运行时分析离散事件仿真或分析模型是重要的,必须是一个合理的时间内。离散事件模拟不能很好地随网络规模的增加而扩展,因此研究需要改进的离散事件仿真的可扩展性。描述复杂系统的马尔可夫过程受到维度爆炸的影响。因为大型传感器网络是非常复杂的系统,需要研究限制马尔可夫过程的维数,同时提供有用的和充分的信息。

目前可以模拟传感器网络的离散事件模拟器以各种形式存在。这些模拟器有时很难学,需要大量的时间来开发仿真环境,并要求足够时间才能产生结果,因此可使用的方法个数是有限的。

虽然有一些分析模型存在,但它们通常针对特定的协议算法,或在传感器网络领域感兴趣的一些其他区域。在整个传感器网络内,只有极其有限的范围会用分析模型来模拟,经常用于有问题、单一的网络协议,并且不适合让用户定制,或评估调查最初的想法变化的替代品。需要研究开发定制分析模型的传感器网络"工具箱",允许控制感兴趣的所有参数。有了这样一个"工具箱",设计人员可以快速构建模型与改变参数,来研究设计方案。

准确比较两个或多个不同的网络的能力。即逐个比较,需要不同的设计方案之间作出选择。如果网络的实施遵循网络正在研究的规范,采用建模方法,很容易验证。进一步,分析模型比模拟器写入的精细的代码更透明,从而允许其他研究人员能够快速查看和理解模型如何实施,并确定是否紧密遵循网络规范。这增加的透明度对于比较两个或更多个不同的网络中所获得的结果会有利。

分析模型应该比模拟模型更快地进行评估和扩展,尤其是当考虑大型网络(10000 多个节点),或更长的时间范围(月或年)。一旦解决,分析模型的结果可重复使用,以非常快速和有效地研究了几种设计方法,例如使用不同的组件集来构造实体的性能。离散事件仿真为基础的方法通常需要整个模拟重新运行来获得性能的信息。

25.4 小结

传感器网络的设计需要评估几个设计来确定一组备选方案,满足其最长寿命要求,进而将增加鲁棒性,对于应付不可预见的情况,传感器网络是更好的选择。离散事件仿真和分析模型,特别是马尔可夫过程,这两种方法可以给设计者更好的帮助。

构建和扩大传感器网络离散事件模拟的数据库,有利于调查组成一个传感器网络实体的非通信或基于协议的行为。针对不同类型的传感器网络或情况的库是有益的,因为开发一个马尔可夫过程的主要任务之一是确定状态空间,然后通过方程组来描述系统。通用或特定的马尔可夫过程数据库将极大地简化这一步骤。

考虑到本章中讨论的标准,马尔可夫过程是用于传感器网络分析的一个强大和高效率的工具。状态空间的识别和维数的约束这两个主要问题可以通过(如文献[36]中所描述的)拓扑结构来解决。使用拓扑实体带来的马尔可夫过程在分析网络的规模和时间两个方面都表现良好。因此,使用拓扑实体的方法,设计人员可以在合理的时间(运行时)内长期分析一个非常大的传感器网络。

拓扑实体自动生成描述不同类型的小型传感器网络的马尔可夫过程的一个库。有了这个拓扑实体库,设计人员可以快速生成一个马尔可夫过程描述大型传感器网络。拓扑实体的方法可以通过查看拓扑结构如何变化处理移动性[36]。此外,一旦模型得到了彻底解决,拓扑实体框架就可以支持众多只有少数标量运算的设计方案[36]。

马尔可夫过程可以通过状态机来描述,状态机很容易编码成离散事件模拟器。因此,马尔可夫过程可以很容易地转移到一个离散事件仿真器并使用其对传感器网络进行分析[36]。这将限制离散事件模拟实体数量,保持在合理时间内运行。拓扑实体是一个强大的工具,用于分析无线传感器网络。

名词术语

RFID:射频识别,是关联唯一识别号到对象的一种无线设备。RFID 系统由附着在物体或资产上的标签和与标签通信并将标签识别码传输到后端的读取器组成。

离散事件仿真:模拟其中一个系统被分解成一组对象的方法。模拟中的所有对象都按照预定时间更新。

时间步进离散事件仿真:离散事件仿真中,每一次前进相同的时间量,即 1min。

事件驱动的离散事件仿真:一种离散事件模拟,将时间提前到系统中的下一个事件的时间。在事件驱动的离散事件仿真,时间不具有固定的间隔。

死锁:死锁是指至少两个模拟实体在发出新事件之前,等待来自另一个实体的事件。死锁只发生在事件驱动的离散事件模拟,并且可以被恢复。

马尔可夫过程:一个过程,其中所述下一状态仅依赖于系统的当前状态和当前到系统中的输入。

PARSEC:PARSEC 是一种编程语言,该语言设计目的是为单处理器和多处理器,或者并行处理器进行离散事件仿真。

GloMoSim:GloMoSim 是程序模拟建造的 PARSEC 平台上的传感器网络库。

节点:节点是最众多的传感器网络的设备。节点通常具有一些处理能力、一个无线通信接口,以及一个或多个传感器。

SOSUS:声音监控系统,是用来监测世界各大洋的传感器网络。

习　题

1. 假设接收机距发射机 23km，在 92.1MHz 发射 10W 的信号（在美国 FM 波段）中传输时，$\alpha = 2$，计算接收功率 P_r。

2. 假设该无线电台站距离为 2km，频率为 92.1MHz，在自由空间传输，$\alpha = 2$，问如果接收到的功率 $P_r = 1W$，则发送功率是多少？

3. 如果一个无线电接收器需要至少 1W 的接收信号来接收传输（播放音乐），频率为 92.1MHz 并且是在自由空间中传输，$\alpha = 2$，请问用该接收机接收 1 个 10W 的发射机的信号，最远距离是多少？

4. 能量在传感器网络中的运输可以用来充电耗尽的节点，但需要一种基础结构，在传感器网络是不可行的。基于前面的三个问题的结果，一个节点的信号传送到一个耗尽的节点来充电经济吗？

5. 时间加强和事件驱动的离散事件仿真的主要区别是什么？

6. 一个事件驱动的离散事件模拟的主要瓶颈是什么？

7. 描述使用离散事件仿真和采用马尔可夫过程分析模型评估传感器网络的区别。

8. 运用马尔可夫过程的分析模型的主要缺点是什么？

9. 当使用马尔可夫过程时，为何状态的数量或维数需要保持在最低限度？

10. 为什么一定要在一个传感器网络的发展过程中对几个设计方案进行研究？

参 考 文 献

1. E. H. Callaway, Jr., Wireless Sensor Networks Architectures and Protocols. Auerbach, Boca Raton, FL, 2004.
2. C. Chee-Yee and S. P. Kumar, Sensor networks: evolution, opportunities, and challenges, Proceedings of the IEEE, vol. 91, pp. 1247–1256, 2003.
3. R. Szewczyk, E. Osterweil, J. Polastre, M. Hamilton, A. Mainwaring, and D. Estrin, Habitat monitoring with sensor networks, Communications of the ACM, vol. 47, pp. 34–40, 2004.
4. F. Zhao and L. Guibas, Wireless Sensor Networks An Information Processing Approach. Morgan Kaufmann, San Fransisco, CA, 2004.
5. H. Tim Tau, Using sensor networks for highway and traffic applications, Potentials IEEE, vol. 23, pp. 13–16, 2004.
6. K. Sohrabi and G. J. Pottie, Performance of a novel self-organization protocol for wireless ad-hoc sensor networks, Presented at Vehicular Technology Conference, 1999.
7. F. Mondinelli and Z. M. Kovacs-Vajna, Self-localizing sensor network architectures, IEEE Transactions on Instrumentation and Measurement, vol. 53, pp. 277–283, 2004.
8. S. Slijepcevic and M. Potkonjak, Power efficient organization of wireless sensor networks, Presented at IEEE International Conference on Communications (ICC 2001), 2001.
9. J. Qiangfeng and D. Manivannan, Routing protocols for sensor networks, Presented at First IEEE Consumer Communications and Networking Conference, 2004.
10. S. De, Q. Chunming, and W. Hongyi, Meshed multipath routing: an efficient strategy in sensor networks, Presented at IEEE Wireless Communications and Networking (WCNC 2003), 2003.
11. V. Tsiatsis, S. A. Zimbeck, and M. B. Srivastava, Architecture strategies for energy-efficient packet forwarding in wireless sensor networks, Presented at International Symposium on Low Power Electronics and Design, 2001.

12. A. Sinha and A. Chandrakasan, Dynamic power management in wireless sensor networks, Design and Test of Computers, IEEE, vol. 18, pp. 62–74, 2001.
13. A. Boulis and M. B. Srivastava, Node-level energy management for sensor networks in the presence of multiple applications, Presented at Proceedings. of the First IEEE International Conference on Pervasive Computing and Communications (PerCom 2003), 2003.
14. J. Agre and L. Clare, An integrated architecture for cooperative sensing networks, Computer, vol. 33, pp. 106–108, 2000.
15. C.-C. Shen, C. Srisathapornphat, and C. Jaikaeo, Sensor information networking architecture and applications, Personal Communications, IEEE [see also IEEE Wireless Communications], vol. 8, pp. 52–59, 2001.
16. Z. Feng, S. Jaewon, and J. Reich, Information-driven dynamic sensor collaboration, Signal Processing Magazine, IEEE, vol. 19, pp. 61–72, 2002.
17. S. S. Pradhan, J. Kusuma, and K. Ramchandran, Distributed compression in a dense microsensor network, Signal Processing Magazine, IEEE, vol. 19, pp. 51–60, 2002.
18. C. Haowen and A. Perrig, Security and privacy in sensor networks, Computer, vol. 36, pp. 103–105, 2003.
19. A. D. Joseph, Energy harvesting projects, Pervasive Computing, IEEE, vol. 4, pp. 69–71, 2005.
20. R. Want, K. I. Farkas, and C. Narayanaswami, Guest editors' introduction: Energy harvesting and conservation, Pervasive Computing, IEEE, vol. 4, pp. 14–17, 2005.
21. M. Rahimi, H. Shah, G. S. Sukhatme, J. Heideman, and D. Estrin, Studying the feasibility of energy harvesting in a mobile sensor network, Presented at IEEE International Conference on Robotics and Automation (ICRA '03), 2003.
22. J. A. Paradiso and T. Starner, Energy scavenging for mobile and wireless electronics, Pervasive Computing, IEEE, vol. 4, pp. 18–27, 2005.
23. A. Kansal and M. B. Srivastava, An environmental energy harvesting framework for sensor networks, International Symposium on Low Power Electronic and Design, 2003.
24. R. M. Fujimoto, Parallel and Distributed Simulation Systems. Wiley, New York, NY, 2000.
25. G. F. Riley, Large-scale network simulations with GTNetS, Presented at Proceedings of the 2003 Winter Simulation Conference, 2003.
26. Z. Ji, J. Zhou, M. Takai, and R. Bagrodia, Scalable simulation of large-scale wireless networks with bounded inaccuracies, in Proceedings of the Seventh ACM International Symposium on Modeling, Analysis and Simulation of Wireless and Mobile Systems, Venice, Italy. ACM, New York, NY, 2004.
27. V. Naoumov and T. Gross, Simulation of large ad hoc networks, in Proceedings of the Sixth ACM International Workshop on Modeling Analysis and Simulation of Wireless and Mobile System, San Diego, CA, USA. ACM, New York, NY, 2003.
28. H. Akhtar, An overview of some network modeling, simulation and performance analysis tools, Presented at Proceedings of Second IEEE Symposium on Computers and Communications, 1997.
29. GloMoSim Manual Version 1.2, UCLA Parallel Computing Laboratory, http://pcl.cs.ucla.edu/projects/glomosim/GloMoSimManual.html.
30. X. Zeng, R. Bagrodia, and M. Gerla, GloMoSim: a library for parallel simulation of large-scale wireless networks, Presented at Proceedings of Twelfth Workshop on Parallel and Distributed Simulation (PADS 98), 1998.
31. R. Bagrodia, R. Meyer, M. Takai, Y.-A. Chen, X. Zeng, M. Jay, and H. Y. Song, Parsec: a parallel simulation environment for complex systems, Computer, vol. 31, pp. 77–85, 1998.
32. D. Cavin, Y. Sasson, and A. Schiper, On the accuracy of MANET simulators, in Proceedings of the Second ACM International Workshop on Principles of Mobile Computing, Toulouse, France. ACM, New York, NY, 2002.
33. D. L. Isaacson and R. W. Madsen, Markov Chains, Theory and Applications. Wiley, New York, NY, 1976.
34. M. H. Mickle and T. W. Sze, Optimization in Systems Engineering. Intext Educational Publishers, Scranton, PA, 1972.

35. C. F. Chiasserini and M. Garetto, Modeling the performance of wireless sensor networks, Presented at 23rd Annual Joint Conference of the IEEE Computer and Communications Societies (INFOCOM 2004), 2004.
36. P. J. Hawrylak, Analysis and Development Of A Mathematical Structure To Describe Energy Consumption Of Sensor Networks, Ph.D. dissertation, University of Pittsburgh, Pittsburgh, PA, 2006.

第 26 章　无线传感网络中的仿生通信

无线传感网络(WSN)用于物理世界和互联网之间的连接,期望能在任意时间、任意地点,通过任意通信设备和服务提供任意信息量的访问。然而,这对WSN 是一个非常严峻的考验。由于 WSN 具有发散的特性,WSN 的集中控制并不是一个可行的解决方案。相反,WSN 和其通信协议必须具有可扩展性、自组织性、自适应性和生存性。自然界中的生物系统本质上具有这些能力,因此,构成免疫系统数以亿计的血细胞能够在没有大脑中央控制的情况下去保护机体免受病原体的侵害。相似地,在昆虫巢群里,昆虫可以根据从环境中得到的感知信息,协调分配任务而无需经过任何中央控制。因此,自然界的生物系统可以为WSN 的通信网络模型和技术的发展提供很大的启发。本章介绍源自生物系统的,旨在解决 WSN 面对的诸如可扩展性、自组织性、自适应性和生存性等挑战的潜在解决方法。在给出已有的生物模型后,给出了 WSN 基于生物学的通信方法。这些通信方法的目标是为 WSN 具有有效扩展性、适应性和自组织性的仿生通信技术的发展而服务。

26.1　引言

近期的电子学研究表明,具有有限无线通信能力的低成本、低功耗的传感节点已经研发成功[1]。这些多功能的传感节点已经使得无线传感网络能够完成由大量的传感节点布成的监视类任务。由于有着空间部署节点的优势,WSN 相比传统的环境监视机制有更好的监视能力。同时,由于 WSN 领域的发展,互联网能够通过细小的传感节点从物理世界获得更多的信息。因此,WSN 用于物理世界和互联网之间的连接,期望能在任意时间、任意地点,通过任意通信设备和服务提供任意信息量的访问。然而,这对 WSN 是一个非常严峻的考验。由于WSIN 具有发散的特性,WSN 的集中控制并不是一个可行的解决方案。相反,WSN 和其通信协议必须具有可扩展性、自组织性、自适应性和生存性。

WSN 是基于事件的系统,能使传感节点将观测到的属性传送到汇聚节点。从传感节点到汇聚节点的通信必须具有可靠性,并且汇聚节点能够对事件的属性进行实时地、可靠地评估,同时如果需要的话,还必须做出实时地、恰当的反应。然而,WSN 并不能简单地保证所观测到的事件的信息可以实时地、可靠地传输给汇聚节点,因为大部分信息可能在从事件向汇聚节点传输的过程中丢失了。因此,对于 WSN,由于不能保证汇聚节点和传感节点间的协调,集中式解决方案并不实际。进一步地讲,在地理范围较大时的观测情况下,传感节点具有扩散性,设计一种能够可靠地、实时地通信所观测事件信息的中央控制器也并不实际。因此,对于 WSN 而言,提出一种无需任何中央控制器的自组性协议是十分必要的。

自组性协议的概念提供了很多重要的能力,诸如自适应性、生存性和可扩展性。

自适应性。自组性使得 WSN 能够通过调节传感节点的通信参数来适应环境或者网络中的任何一种改变。

生存性。自组性使得 WSN 能够在任何状态下的网络存活。例如,某些节点失效的情况下,自组性提供了生存性的能力,使得传感节点在可靠的、实时的事件信息通信下得以生存。

可扩展性。自组性允许每一个传感器节点局部地和其相邻节点对事件信息进行通信。因此,当网络规模增大时,自组性允许 WSN 保持正常运作,也就是说,增加网络规模对网络的正常运作没有负面影响。由于 WSN 的需求,自组性对几乎所有的无基础设施的网络架构都是十分必要的。特别某些全网络任务,如拓扑形成和路由,点对点网络体系结构十分需要自组性。WSN 是基于事件的系统,当其检测到一个事件时。会立刻触发从事件到汇聚节点的数据通信,且该通信深受事件属性的影响。例如,在选取源节点的时候,源节点区域的大小对于设置多少个源节点才能覆盖事件区域,及哪些传感节点应该被选为源节点等问题是十分关键的。WSN 中的这种基于事件的通信模式需要更大的自组能力,与传统的点对点网络体系结构中的自组机制相比具有更大的挑战性。这种自组能力可以使得网络能够根据事件的属性、动态变化的环境和网络条件来进行组织。

在自然界,生物系统具有天生的自组系统,并且绝大多数的生物系统可以通过协调组织来对生物事件进行反应,而这一过程并不需要任何的中央控制。例如,在免疫系统里,当一个病原体进入身体中,该事件会被免疫系统里的 T 细胞检测到,之后 T 细胞会触发 B 细胞。然后,这些被触发的 B 细胞进行协调去决定哪些 B 细胞最适合与该病原体进行。通过这种方式,在一个特定的时间内,该病原体会在感染生物体之前被可靠地消除掉。

在稳定的系统里,神经系统、内分泌系统和免疫系统通过相互协调使得生物体从一个不稳定的状态过渡到稳定的状态。内分泌系统中的腺细胞,神经系统中的神经元以及免疫系统中的血细胞相互协调着对生物体的不稳定状态进行反应,使得生物体回到稳定的状态。这个过程不需要任何的中央控制者,稳定的系统使得生物体在一个特定的时间内,在生物体由于不稳定状态而造成某些机体损坏的情况之前,可靠地让生物体进入到稳定的状态。

本章介绍源自生物系统的,旨在解决 WSN 面对的诸如可扩展性、自组织性、自适应性和生存性等挑战的解决方法。在给出已有的生物模型后,给出了 WSN 基于生物学的通信方法。这些通信方法的目标是为 WSN 具有有效扩展性、适应性和自组性的仿生通信技术的发展而服务的。

本章其余内容安排如下:在 26.2 节,简要地介绍了 WSN 的概念,同时讨论了生物系统是如何为 WSN 领域面对的挑战提供解决方法的,然后,给出之前文献中对 WSN 问题的仿生解决方法。在 26.3 节和 26.4 节,提出了基于免疫系统的 WSN,并建立了这些概念之间的类比和映射关系,针对 WSN 建立一种有效的、仿生的通信协议成为可能。在 26.5 节和 26.6 节,提出了一种基于内平衡系统的无线多媒体传感网络(WMSN),其是在内平衡系统与 WMSN 二者之间建立的类比关系基础上提出的,这也为 WMSN 提供了一种高能效的、可靠的且分布式的通信算法。在 26.7 节,讨论了昆虫巢群和无线网络以及行为网络(WSAN)之间的潜在类比关系,并且采取了昆虫巢群中的生物任务分配现象,为 WSAN 提出一种能源高效的、延时可知的、稳定的通信算法。在 26.8 节,我们为实践者和 WSN 的仿生通信技术未来的研究方向做考虑。在 26.9 节,将对 WSN 的仿生通信方法进行展望。

26.2 无线传感网络和生物系统

一个 WSN 包含了大量的密集部署在环境中或者环境边缘的传感节点。网络中的传感节点是随机分布的。这需要传感网络协议和算法具有在节点之间进行自组织的能力[1]。由于 WSN 领域独特的挑战,自组性已经成为 WSN 中最重要的一种网络能力。然而。不是所有的自组算法都适合于事件到汇聚数据型的通信方式。例如,一种过分依赖传感节点之间的协同的自组算法就不是一种适合的算法,因为传感节点之间的协同作用会大量消耗传感节点的能源。而且,该协同会导致时滞负担,同时妨碍传感节点间的实时事件到汇聚通信。因此,设计一种最小能耗的,能够提供可靠的、时滞可知的事件到汇聚数据型通信自组算法是十分必要的。

作为自然进化的一种结果,生物系统获得了很好的自组能力,其可以用来攻克 WSN 领域所面临的问题。实质上,由于几乎所有的生物系统都是由小的实体组成的,自组织性是生物系统组织小的实体以达到最终目标过程中最重要的一种能力。例如,人类免疫系统是由称为 B 细胞和 T 细胞的白细胞组成的。保护机体免受病原体侵害的任务可以通过 B 细胞和 T 细胞之间的自组织性来完成。

像生物系统领域一样，在 WSN 领域，节点间的自组织性是建立高能效、可靠且时滞可知的通信模型中十分重要的一种能力。事实上，能源高效性、可靠性和时滞可知性在生物系统领域和 WSN 领域是相通的。在生物系统中，生物体为了生存必须通过开发自组织能力来达到目的。例如，在昆虫巢群中，数以亿计的昆虫可以通过协调组织而有效地对某一事件进行反应，当它们在特定的时间内对事件进行可靠地反应时，可以达到最小且均匀分布的能耗。例如，如果该任务是喂食幼虫，昆虫能够感觉到幼虫需求并且安排足够的食物在特定的时间内完成幼虫的喂食，即在幼虫饥饿之前完成对幼虫的喂食。

由于生物系统和 WSN 之间有着类似的关系，针对 WSN 中的具有挑战性的仿生算法已经引起了计算机网络领域研究者的关注。现已有一些针对 WSN 的仿生算法和协议的研究工作。文献中的仿生协议主要基于一些如蚁群、萤火虫、群体感应、共生、细胞和分子过程、基因系统和自愈等的生物现象。

生物意义上的蚁群和蜂群往往含有成千上万的动态元素[2]。在蚁群中，每一只蚂蚁有着相对较低的智力，然而整个蚁群的协作行为体现出某些方面最优秀的非常高的群体智慧[2]。这种群体智慧能力显然可以修改后应用在几乎任意一种 WSN 领域的挑战。蚁群对怎样获得食物源，选择哪条路径有特殊的能力。在文献中，蚁群的这种良好的能力可以被用来开发高效的自组性、容错性和可扩展性的路由算法。文献[3]提出了一种高效的路由算法，其能够模拟蚁群的方向探测能力。文献[4]提出了一种节能且时滞可知的路由算法，该算法是基于仿真蚁群的算法。文献[5]提出了 AntHocNet 路由算法，该算法能够在数据包投递率、扩展性、端对端平均时滞和平均抖动方面优于绝大多数的路由算法。

对于 WSN 而言，传感节点间的同步对几乎所有的 WSN 应用都是十分必要的。进一步讲，分布的、可扩展的同步算法对于使传感节点能够及时地有分工地针对给定的如某种现象的实时监控、移动物体的速度测量等任务做出反应也是十分必要的。生物学上的同步现象对 WSN 的分布式的、可扩展的同步算法有着很好的启发作用。文献[6]提出了一种针对大量传感网络的仿生的可扩展的网络同步协议，该协议是由生物学现象中诸如闪烁的萤火虫和脉冲神经元等简单的同步策略所启发的。文献[7]提出了一种受到生物学的启发的分布式同步算法，这种算法基于神经元和萤火虫的同步策略数学模型。

对于一个生物机体而言，基因是所有有关细胞分裂和蛋白质合成的生物过程中最重要的一环。基因不需要大脑的中央控制便可以完成这些过程。因此，这种控制过程是由自组织所体现的。文献[8]提出将遗传学和进化论中的原理应用在有着服务性、自发性和自适应性的通信系统普遍环境中，如 WSN 和无线自组网络。

有机体里所有重要的生物过程都是由单个细胞到复杂器官所构成的元素所具有的自组性来完成的。文献[9]应用细胞和分子生物学里面的原理使得系统结构的高效性和扩展性成为可能。在给出计算机网络和分子细胞生物学之间的映射关系后,其给出了计算机网络的自治通信网络模型,这种模型的高效性、扩展性和自组性与细胞分子生物学极其相似。文献[10]受细胞生物学原理的启发,提出了一种 WSN 的基于反馈环式机制的高效仿生通信模式。文献[11]受细胞和分子生物学中信号通路的启发,提出了一种 WSN 的仿生拥塞控制机制,使得该仿生算法不需要任何拓扑或者地址知识。

在传感器网络中,聚类是一种能够有效防止传感节点向基站远距离传输数据过程中损耗过多能源的有效的技术手段,同时避免了系统过于依赖单个节点易于失败的后果[12]。WSN 中的聚类现象是一种网络中的自发行为。聚类是根据事件区域大小、事件位置等属性建立的。因此,聚类应该根据事件的属性来由传感节点进行分布式的实现。在生物学中,聚类是一种不可或缺的现象,其使得生物体可以完成任何一种生物学过程。群体感应是一种由菌细胞完成的生物学过程,该过程用来监视当菌细胞密度超过某个阈值时导致其行为变化的情况[12]。基于生物学中的群体感应机制,该作者提出了一种聚类的算法,这种算法可以让传感节点根据观测到的事件信号的空间属性来形成聚类。

下面给出 3 种不同的仿生模型,能够保证 WSN 高效自组性、扩展性和自适应性。在每一个模型中,首先给出相应的生物模型。然后提出类比,建立生物系统和 WSN 之间的映射关系。根据这种映射关系,给出能够保证 WSN 仿生网络协议高效性的一种路线方法。最后,就网络协议的自组性、扩展性和自适应性等能力进行分析对比。

26.3 免疫系统和无线传感网络

本章首先简要介绍生物免疫系统,然后阐述从免疫系统到 WSN 的类比关系[13]。

26.3.1 生物免疫系统

生物免疫系统是用来识别外部物质(病原体)和产生抗体反应的一种自然防御机制[14]。免疫系统消除病原体的两个过程的主要任务是由白细胞,即 B 细胞和 T 细胞来完成的。这两个过程被称作 B 细胞刺激和抗体分泌。

26.3.1.1 B 细胞刺激

免疫系统含有两种白细胞,称为 B 细胞和 T 细胞。每一个 B 细胞有着独特的分子结构,且能在其表面产生抗体。B 细胞有着抗体分泌的功能,其分泌的抗体能够识别由病原体产生的抗原并进一步消除它。当一个 B 细胞的抗体绑定到抗原,B 细胞被激活。B 细胞刺激程度取决于抗原和免疫网络中其他 B 细胞的比对成功度[14]。B 细胞的刺激程度由三个因素决定[14]。

第一个因素是 B 细胞和病原体之间的联系程度。该因素定义如下:

$$\mathrm{ps} = (1 - d) \tag{26.1}$$

式中:ps 表示病原体的刺激效果;d 是 B 细胞和病原体之间的距离,且 d 的范围在 0 和 1 之间($0 \leqslant d \leqslant 1$)。

第二个因素是 B 细胞和刺激该 B 细胞的相邻细胞的联系程度。该因素表示为

$$\mathrm{ns} = \sum_{i=1}^{n} (1 - d_i) \tag{26.2}$$

式中:ns 表示来自相邻细胞的刺激该 B 细胞的效果;d_i为 B 细胞和其第 i 个刺激该 B 细胞的邻细胞的正则距离;n 是刺激该 B 细胞的邻细胞个数。

一个 B 细胞同时也受到某些其松散关联邻细胞的抑制作用。因此,第三个因素是 B 细胞和抑制该 B 细胞的邻细胞之间的联系程度。该因素为

$$\mathrm{nn} = - \sum_{i=1}^{m} d_i \tag{26.3}$$

式中:nn 表示来自相邻细胞的抑制作用;d_i是 B 细胞和第 i 个抑制它的邻细胞之间的正则距离;m 是抑制该 B 细胞的邻细胞个数。

因此,最终 B 细胞的刺激表达式如下[14]:

$$\mathrm{sl} = \mathrm{ps} + \mathrm{ns} + \mathrm{nn} \tag{26.4}$$

因此,当 B 细胞的刺激程度超过某个阈值后,该 B 细胞被认为由病原体激活并开始分泌抗体,以消灭由病原体产生的抗原[14]。

正如将在 26.4 节中谈到的,我们采用了上文简要介绍的自然界中 B 细胞的选择机制,将此机制用于开发高效的源节点选择模型上;该模型可以使感知节点能够分布式地选择源节点,展现出了高效的事件信号重建性能。

26.3.1.2 抗体分泌

在 B 细胞刺激之后,被刺激的 B 细胞分泌出自由的抗体去消灭由病原体产生的抗原。根据 B 细胞的刺激程度和抑制程度,以及抗体的自然消亡性质,通过调节抗体浓度把抗原浓度控制在一个理想的范围内。该模型表示如下[16]:

$$\frac{\mathrm{d}S_i(t+1)}{\mathrm{d}t} = \left(\alpha \sum_{j=1}^{N} m_{ij}\, s_j(t) - \alpha \sum_{k=1}^{N} m_{k_i} s_k(t) + \beta g_i - k_i\right) S_i(t) \tag{26.5}$$

式中:s_i是抗体 i 的浓度,m_{ij}是抗体 i 和 j 之间的互耦系数;N 是 B 细胞的数目;$\sum_j m_{ij} s_j(t)$ 表示 B 细胞 i 的邻细胞的刺激作用;$\sum_k m_{k_i} s_k(t)$ 表示 B 细胞 i 的邻

细胞的抑制作用;g_i是抗体 i 和抗原之间的亲和力;k_i是抗体 i 的自然消亡;α 和 β 为常数。S_i表示由 B 细胞 i 所分泌的抗体 i 的总体刺激程度。由S_i可得,抗体 $i(s_i)$的浓度可表示为

$$s_i(t+1)=\frac{1}{1+\mathrm{e}^{(0.5-S_i(t+1))}} \tag{26.6}$$

由式(26.5)和式(26.6)所给出的模型的基本运作方式可以概括如下。

当一个病原体进入生物体,由于抗原浓度增加,抗原和 B 细胞 $i(g_i)$之间的亲和力增加。该过程导致 B 细胞 i 抗体的分泌,s_i增加。

如果 B 细胞 i 受到其邻细胞的强烈抑制,则 B 细胞 i 降低抗体分泌,s_i减少。

如果 B 细胞 i 受到其邻细胞和抗体的强烈刺激,则 B 细胞 i 增加抗体分泌,s_i增加。

如果 B 细胞 i 分泌的抗体 i 的自然消亡(k_i)增加,则 B 细胞 i 降低抗体分泌,s_i减少。

在 26.4 节,我们基于式(26.5)和式(26.6)所给出的抗体分泌机制提出了一种传感节点的高效频率选择模型。26.3.2 节给出了免疫系统和 WSN 之间的一些类比关系。

26.3.2　基于免疫系统的传感网络

免疫系统和 WSN 虽然在概念上是不同的,但是仍可以从功能性方面建立二者之间很多的类比关系。当一个抗原进入生物体,免疫系统被该病原体触发,开始刺激某些 B 细胞并允许这些 B 细胞在不同浓度下去分泌抗体以消灭由病原体所产生的抗原。类似地。当 WSN 环境中发生某个事件,某些作为源节点的传感节点感知到该事件并将该事件的信息以传输频率(f)传送给汇聚节点,并在汇聚节点实现某种事件信息的重建。

在 WSN 中,选择源节点在汇聚节点处的某失真点为阈值,对于整个网络上节约能源去重塑事件信号是十分必要的。对于原节点数目固定的网络,最小失真可以通过选择如下的节点来实现:①它们尽可能地接近事件源;②它们各自间的距离尽可能远[17]。类似地,如文献[14]中所言,离病原体尽可能的近且离其抑制邻细胞尽可能的远的 B 细胞是最有可能被刺激的。在刺激后,该 B 细胞在不同浓度下分泌抗体去维持抗原浓度在一个理想的程度。类似地,在源节点选择完毕后,被选择的源节点会以某种发送频率去给汇聚节点发送事件信息,以达到汇聚节点处对于失真的限制要求。

26.4　基于免疫系统的分布式节点和速率选择

本节基于自然界中免疫系统和 WSN 之间的类比关系。讨论了一种可行的

高效协议,这种协议可以使传感节点能选择源节点分布并调节其发送频率。该协议的目标是在最小能耗的前提下,传感节点能够在汇聚节点处实现某种指定应用事件信号的失真重建。我们首先讨论基于B细胞刺激原则的源节点选择机制,然后讨论基于抗体分泌机制原则的于汇聚节点处成功重塑事件信号的频率选择机制。

26.4.1 分布式源节点选择

在WSN中,最小失真可以通过如下方法进行选择:①它们和事件源间的距离尽可能的近;②它们各自间的距离尽可能的近[17]。①表明源节点应该和事件源紧密相关。因此被选作源节点的节点应该和事件源有看最大的关联程度。为了表示事件源和该源节点之间的关联程度,我们使用关联系数$\beta_{s,i}$。$\beta_{s,i}$表示节点i和事件源之间的关联程度。②表明源节点之间的联系应该尽可能的少。因此,被选作源节点的节点应该和其邻节点有着最小的关联性。为了表达源节点和其邻节点之间的关联性,我们使用关联系数$\rho_{i,j}$。$\rho_{i,j}$表示配节点i和配节点j之间的关联程度。我们使用指数形式来建立系数$\beta_{s,i}$。$\beta_{s,i}$关联系数的模型,如下[18]:

$$\rho_{s,i}=K_\theta(d_{s,i})=\mathrm{e}^{(-d_{s,i}/\theta_1)\theta_2};\quad \theta_1>0,\theta_2\in(0,2] \tag{26.7}$$

$$\rho_{i,j}=K_\theta(d_{i,j})=\mathrm{e}^{(-d_{i,j}/\theta_1)\theta_2};\quad \theta_1>0,\theta_2\in(0,2] \tag{26.8}$$

式中:$d_{s,i}$和$d_{i,j}$分别是事件源和源节点i之间的距离、源节点i和源节点j之间的距离。假定关联系数非负并且随着距离而减少,$d=0$时和$d=\infty$时分别达到边界值1和0。

基于上述选择标准,源节点的选择受这3个因素的影响,类似于26.3.1.1节中所给出的B细胞刺激原则。

第一个因素是源节点和事件源之间的关联程度,可以建模为$\rho_{s,i}$

第二个因素是源节点i和其不相关邻节点之间的关联程度。此处,我们定义特定应用关联半径r并且假设对一个源节点而言,在其关联半径r之内的邻节点称为该源节点的相关联邻节点,然而其他未在关联半径r之内的邻节点称为该源节点的非相关联邻节点。第二个因素可以建模表示为

$$\sum_j(1-\rho_{i,j}) \tag{26.9}$$

此处,源节点j被选作邻节点,其相对于源节点i未出现在i的关联半径之内。因此对于有着很多非相关联节点(r之外)的源节点,$\sum_j(1-\rho_{i,j})$是足够大的。所以这类传感节点更有可能成为源节点。

第三个因素是源节点和相关联(r之内)传感节点之间的关联程度k,满足在源节点i的关联半径内的源节点k的$\forall k$可表示为

$$\sum_{k}(-\rho_{i,k}) \tag{26.10}$$

此处,对于有着很多相关联节点的源节点，$\sum_{k}(-\rho_{i,k})$ 足够小。因此,这类节点最没有可能成为源节点。

作为这三种因素的综合,源节点相对于传感节点 $i(T_i)$ 的选择权重可以表示为

$$T_i = \rho_{s,i} + \sum_{j}(1-\rho_{i,j}) + \sum_{k}(-\rho_{i,k}) \tag{26.11}$$

由于每一个传感节点知道自己和其邻居的位置信息,每一个传感节点都可以根据关联系数计算出它的源节点选择权重(T_i)。此处,我们假定当T_i超过某一阈值时,传感节点 i 成为源节点。当阈值增加的时候,源节点数目会减少,因为权重(T_i)超过阈值的节点数目减少了。相反地,当阈值减少时,源节点数目增加。因此,每一个被选择的阈值影响着网络中的源节点数目。实际上要谨慎选择源节点的数目才能高效地在汇聚节点处重建事件信号,并因此对汇聚节点处的能耗和事件信号的可靠重建方面进行流量控制。另外,对于事件信号的能耗和通信可靠性而言,确定节点的通信频率规范也是十分必要的。26.4.2 节基于免疫系统和 WSN 之间的关系,讨论一种 WSN 的可行的有效自组频率的选择算法。

26.4.2　源节点的分布式频率选择

在 WSN 中,源节点的发送频率被定义为该节点单位时间所传送的包的数目。对于 WSN 而言,就汇聚节点处能耗和事件信号重建失真问题而规范发送频率是十分必要的。为了满足某一失真水平,单位时间内必须将指定数目的包传送到汇聚节点处,同时,要满足产生最小能耗的最小数据量。因此,源节点的发送频率应该考虑源节点的丢包率和汇聚节点处的事件信息重建问题,以实现指定数目的包能够传送到汇聚节点处来满足失真水平要求的目的。相似地,在自然界中的免疫系统里,由式(26.5)和式(26.6)所给出的模型中可以看出,被刺激的 B 细胞可以根据抗原浓度和其自身抗体的自然消亡情况来协同地规范其抗体分泌,以此达到保持抗原浓度在某一指定程度的目的。通过该自然机制,我们引出了一种针对源节点的有效的发送频率选择机制,如下所示[13]:

(1) 每一个源节点被认为是一个被激活的 B 细胞。

(2) 源节点包被看作是由 B 细胞所分泌的抗体,在给定抗体浓度s_i下,我们建立了源节点的发送频率(f_i)模型。f_i表示源节点 i 的发送频率,且它是由归一化源节点 i 的实际发送频率,使之在 0 到 1 的范围内而得到的。

(3) 为了根据重建失真(D)来规范源节点的发送频率和丢包率λ_i,我们将S_i

作为比率控制参数$F_i(t_k)$，其计算公式为

$$F_i(t_{k+1}) = F_i(t_k) + \left(\frac{1}{K}\sum_{j=1}^{K} f_j(t_k) + aD - b\lambda_i\right)f_j(t_k) \tag{26.12}$$

式中：a 和 b 是常数；K 是源节点数目；t_k是第 k 个时间间隔；$f_j(t_k)$是在时间间隔t_k下的节点 i 的发送频率；$F_i(t_{k+1})$是 t_{k+1}下的比率控制参数。

(4) 根据式(26.12)所给出的比率控制参数 $F_i(t_k)$，发送频率$f_j(t_{k+1})$表示为

$$f_j(t_{k+1}) = \frac{1}{1 + e^{(0.5 - F_i(t_k))}} \tag{26.13}$$

这种频率规范机制为传感网络提供了一种新的拥塞控制机制。当数据传送丢包率增加时，f减少；在非拥塞通路f增加。此外，这种比率控制机制无需任何中央控制便能组织传感节点，能够较好地重建汇聚节点处的事件信号。同时在相关联节点的帮助下也保证了低能耗的特性。这种传感节点间的协同作业也保证了 WSN 通信算法的扩展性和容错性。

26.5 生物平衡和无线多媒体传感网络

26.5.1 生物平衡系统

许多生物机体的一个重要的功能是不论外界环境如何快速变化，都能维持一种稳定的内在状态[19]，这种功能称为内稳态，这是有机体维持其自治性的首要特点。动态系统方法是内稳态机制的自治性中最具直接代表性的方法。在该方法中，有机体的状态被表示为某些状态空间，内稳态通常被假设在某个围绕着有机体正常态的吸引点所构成的环路上。

通过内稳态机制的方法，有机体自我规范其生长和发展，维持其自身保持在稳定的状态。为保持机体内部的稳定性，神经系统、内分泌系统和免疫系统形成一个统一且复杂的系统。这三者之间的交互和通信是通过细胞中特定的受体来实现的。

一个生物有机体对不同的外部刺激所开放。生物机体的神经系统通过感觉器官接受如味觉、嗅觉、视觉等刺激，然后向反应器做出触发，如组织和肌肉等。在反应的过程中起作用的两种细胞是神经元和神经胶质[19]。神经元对输入刺激做出产生电脉冲的反应，神经胶质为神经元提供营养，发展和维护神经元。当神经系统检测到机体内部状态的变化时，内分泌系统会通过腺细胞产生并释放激素。于是，神经系统和内分泌系统之间的交互便是有机体维持内稳定状态的

内稳态反应行为。任何在反方向上影响机体的故障行为都会被机体的免疫系统检测到。

概言之，每种系统都经常性地和其他两者进行交互，神经系统、免疫系统和内分泌系统之间自组性、高效性和扩展性的协作，为智能系统的建设和发展提供了良好的模型作用。

26.5.2　基于内稳态的无线多媒体传感网络

在自然界中，对于生物体而言，通过内稳态机制去维持其内部的稳定状态是十分重要的。类似于有机体，WMSN 也必须使其自身保持在一个稳定的状态。该状态保证 WMSN 能够在多媒体事件信号的不同光谱特性的条件下，实现最小丢包率和最低能耗。

在生物内稳态系统里，神经系统的目标是感知外部环境并基于内分泌系统和免疫系统之间的交互，使内分泌系统和免疫系统维持在生物稳态。类似地，在 WMSN 中，某些传感节点也必须检测到多媒体事件信号的光谱特性，并使得源节点和中介节点能够将 WMSN 维持在一个具有最小丢包率和最小能耗的稳定状态。

在 WMSN 中，根据奈奎斯特采样理论，事件信号的光谱特性要求源节点具有能够精确重建多媒体信号的采样频率[20]。多媒体事件信号的光谱特性决定了网络上单位时间传输的采样总数目，因此，转发通路上产生通信负载。当网络中的通信负载过高时，会增加网络上拥塞、碰撞和信道错误的情况。因此，为了保证多媒体传输过程中的节能性、高效性和可靠传输性，建立多媒体信号的光谱带宽是十分必要的。考虑到相似性，我们把某些传感节点看作神经系统中的神经元，并把它们称为 N 传感器。正如神经系统中的神经元一样，在 WMSN 中，每个 N 传感器的目标是估计所检测到的多媒体事件信号的光谱范围，并使得源节点和中介节点能够在汇聚节点处高效地重建多媒体事件信号。

在内分泌系统中，腺细胞基于和神经系统及免疫系统的交互，分泌激素去保持生物体的生物稳态。类似地，在 WMSN 中，源节点采样并传输多媒体事件信号给汇聚节点去实现应用目标，如以最低能耗在汇聚节点处重建事件信号。根据这种相似性，我们将源节点比作腺细胞并称其为 G 传感器。

在免疫系统中，T 细胞感知机体中的错误反应并唤醒神经系统和内分泌系统去维持机体在稳定的状态。类似地，在 WMSN 中，某些传感节点必须检测到错误反应，诸如拥塞、碰撞和新到错误等，来实现高效地重建多媒体事件信号。鉴于此，我们将从源节点到汇聚节点间的中介节点看作 T 细胞并称其为 T 传感器。

26.6 基于内稳态的无线多媒体传感网络的多媒体通信

本节基于前面给出的生物内稳态和WMSN之间的类比映射关系，对由N传感器、G传感器和T传感器所维持的仿生过程进行更详细的阐释，使得这些过程能够将生物领域中的内稳态系统原则应用在WMSN的通信中。

(1) N传感器选择。检测事件信号的传感节点选择一个N传感器。通过事件源的位置信息[21]，传感节点能够协作地选择最合适的，即距事件源最近的传感节点作为N传感器。除了N传感器的邻域，对于N传感器来说，相对于其邻节点从多媒体事件信号中获得最大的信号功率是十分必要的。

(2) 光谱估计。N传感器估计多媒体事件信号的光谱带宽[22]，以此决定由传感器节点所传送的采样数量，以便在汇聚节点处能够很好地重建事件信号。

(3) 传感器选择。G传感器是为汇聚节点采集并传输多媒体事件信号的节点。N传感器首先确定G传感器的数量和它们的发送频率，以便较好地重建多媒体事件信号。然后，N传感器选择最合适的传感节点，即离事件源最近的节点作为G传感器。

(4) 路径选择。每一个将要传输数据的传感节点从其邻节点中选取传输的下一节点，使得该邻节点是距离汇聚节点最近的节点。这保证了最小跳数据包传递，能满足从源节点到汇聚节点的最小时滞，这在实时多媒体通信中是十分必要的。此外，选择下一跳节点的过程中，每一个传感节点从其队列中选择较少数据包的节点作为其下一跳节点，保证这种选择不会引起任何的拥塞。因此，这种路由方法保证了转发路径上的最小跳数据包传递和较小的拥塞率。

(5) 丢包检测。T传感器能够检测到转发路径上的任何可能引起丢包的拥塞、碰撞和信道错误情况。然后，T传感器通知G传感器丢包情况。

(6) 发送频率更新。根据从T传感器所获得的丢包信息，每一个G传感器会规范其发送频率，如果丢包率较高，发送频率会降低，以避免网络出现大量的拥塞情况。

(7) 新的G传感器分配。G传感器通知N传感器其降低后的发送频率。由于发送频率的降低会导致汇聚节点的采样数减少，N传感器会调整新的G传感器的数目以及哪些传感器应该被选作新的G传感器，以此保证较好地重建多媒体事件信号。

在生物内稳态系统中，一个工作周期由三个生物系统构成(如神经系统、免疫系统和内分泌系统)，保持有机体在一个稳定的状态且每一个生物系统都能够以自组的方式运作。类似地，在WMSN中，N传感器、T传感器和G传感器执行上述操作使得网络能够以最小丢包率和时滞，以及低能耗的情况下，于汇聚节点处很好地重建多媒体事件信号的稳态。因此，这些操作需要一个以自组方式来运行的工作周期。这促使了 WMSN 的一种基于内稳态的通信算法的产生。在后文将给出一种可行的工作周期，使得这些操作可以以自组的方式运行。

(1) N 型传感器选择：用来确定某个传感器作为 N 类传感器。

(2) 光谱估计：用来使 N 传感器能够估计多媒体事件信号的光谱带宽。

(3) G 传感器选择：用来使 N 传感器能够选择某些传感器作为 G 传感器，并根据多媒体事件信号的光谱带宽来确定它们的发送频率。

(4) 路径确定：用来使 G 传感器能够确定它们通往汇聚节点的转发路径。

(5) 丢包检测：使 T 传感器能够检测每一个 G 传感器的丢包率，并通知 G 传感器其丢包数量。

(6) 发送频率更新：使 G 传感器能够更新它们的发送频率。

(7) 新的 G 传感器分配：是为了更好地重建多媒体事件信号，由 N 传感器决定是否需要新的 G 传感器。对于新分配的 G 传感器，上述步骤(4)～(6)将会重复进行，直到多媒体事件信号被完好地重建。

上述介绍的通信模型都是基于内稳态的，这些通信模型有统一的特点，这个特点就是基于生物内稳态的原则由传感节点将多媒体事件信号传送给汇聚节点。根据多媒体事件信号的光谱带宽，首先需要确定在汇聚节点处精确重建所需要的由传感节点传送的采样数目。此外，无需传感节点和汇聚节点之间的协调，就能够保证传感节点的自组能力，通过分布式的传感节点控制转发路径上的拥塞情况，可靠地保证传感节点向汇聚节点传输所要求的采样数。

WSN 面临的问题是开发高效的自组通信算法，生物系统中的生物细胞集落为解决此问题提供了很大的灵感；另外，基于昆虫巢群中的任务分配现象，我们提出了针对 WSAN 的一种高效的仿生协同和通信算法。

26.7　无线传感及行为网络的生物启发协同模型

本节首先给出了昆虫巢群中的任务分配模型。然后，基于该任务分配模型，得出了 WSAN 的传感－行为和行为－行为协同模型。

26.7.1　昆虫巢群的任务分配模型

生物中的蚁群和虫群往往含有成千上万种动态元素[2]。在一个蚁群中，每一只蚂蚁有着相对较低的智力，然而整个蚁群的协作行为体现出某些方面最优秀的非常高的群体智慧。在昆虫巢群中，不同的活动往往由更合适的个体同时执行，这种现象称为劳动分工[2]。

在昆虫巢群中的任务分配中。对每一个任务,每个个体都有一个反应阈值。反应阈值指个体对于某个任务相关刺激的反应的可能性。任务相关刺激 s,被定义为某个特定任务下催化剂的强度,且它可以是很多种情况,一种化学成分的浓度或者由个体感觉到的线索[2]。例如,如果任务是喂食幼虫,该任务相关刺激 s,可能是由激素散发所表达出的幼虫需求,例如,真正的蚂蚁沉积的一种化学成分[2]。当 s 超过它们的阈值时,个体就会去执行该项任务。因此,一个相应阈值 θ,其单位由刺激强度 s 所表示,是一种内变量,其决定了个体对刺激 s 做出反应并执行相关任务的倾向程度[2]。因此,基于上述定义,对于任一个体而言,执行某项任务的可能性是 s 和 θ 的一个函数,表达如下:

$$T_\theta(s)=\frac{s^n}{s^n+\theta^n} \tag{26.14}$$

其中 $n>1$ 决定了阈值的斜度[2]。由式(26.14)可以看出,当 $s \ll \theta$ 时,执行该任务的可能性趋于0,当 $s \gg \theta$ 时,该可能性趋于1。

假设 x_i 为表示个体 i 的状态的二元变量,$x_i=0$ 表示非活动态,$x_i=1$ 表示执行任务。同时,假设 θ_i 表示个体 i 的反应阈值。一个非活动的个体开始执行任务的概率 P 表示为

$$P(x_i=0 \rightarrow x_i=1)=T_{\theta_i}(s)=\frac{s_i^n}{s_i^n+\theta_i^n} \tag{26.15}$$

此处简要介绍的昆虫巢群的任务分配模型显然能够用于任何一种实际中的任务分配[12]。在接下来的章节里,将这种虫群的任务分配模型应用于建立WSAN 中的传感 - 行为和行为 - 行为协作模型。

26.7.2 仿生传感 - 行为协作模型

WSAN 指一组由无线介质连接的传感器和行为器,以完成分布的感知和行为任务[23]。传感器负责收集物质世界中的信息,行为器负责采取决策,然后对环境做出合适的行为反应。传感器是一种具有有限感知能力、计算能力和无线通信能力的低成本、低能耗设备[23]。行为器通常可被认为是资源相对富裕的节点,具备更好的处理能力[23]。

传感 - 行为和行为 - 行为协作,以及它们之间有效的协作通信是实现WSAN 时所面临的主要挑战[23]。特别的,由于传感节点的电池容量有限,传感 - 行为通信必须针对每一个传感节点保证最低且均匀分布的能耗。此外,传感 - 行为通信必须规定一个特定的时滞,能使行为节点对环境做出相应的反应。传感 - 行为通信同时必须指定应用丢包率,保证行为节点能够可靠地估计事件的属性。因此,在 WSAN 中,提供可靠的、时延可知的传感 - 行为通信,使得行为节点能够实时地、可靠地对环境做出反应是十分必要的。此外,当接收到事件

信息之后,行为器之间需要相互协作,做出能够成功完成指定任务的决策。因此,传感 - 行为和行为 - 行为之间的协作通信协议是十分重要的,其保证了节能的、时滞可知的和可靠的通信及行为。

在 WSAN 中,节点间的协作行为对于提供传感节点和行为节点间高效的通信是很重要的。在虫群中,个体有着优化某种任务的良好的协作能力。这种个体间的自然协作能力使得每个个体在感知到任务相关刺激和其响应阈值后,能够去执行最适合自己的任务。类似于虫群中的个体,在 WSAN 中,传感节点之间通过相互协作,将感知到的事件信息高效地传送给行为节点。在这点上,我们把建立传感 - 行为协作模型中的一个传感节点看作是虫群中的一个个体。对于这种协作,我们通过应用由式(26.14)所给出的任务执行概率来引入一种节点对节点传送信息的概率(P_{ij})。此处,我们定义节点对节点的传输概率 P_{ij},表示感知节点 j 是从感知节点 i 到行为节点 k 的下一跳感知节点的概率。

定义节点对节点传输概率(P_{ij})的目的是保证传感节点和行为节点对感知到的信息进行高效通信。通过使用 P_{ij},每一个传感器可以选择其最合适的下一跳节点,并在可靠的、时滞可知的传感 - 行为通信过程中提供最小且均匀的能耗。为了获得节点对节点传输概率(P_{ij}),我们将式(26.15)中给出的任务执行概率概念映射为 P_{ij}。

在虫群中,每个昆虫被刺激 s_i 所刺激。当 s_i 增加时,对于任务的反应倾向,$T_{\theta_i}(s_i)$ 也增加,如式(26.15)所示。类似地,在 WSAN 中,每一个传感节点被其剩余能量等级所刺激。如果有较高的剩余能量,其作为源节点或者中介节点对事件的反应倾向增加。鉴于此,我们考虑式(26.15)给出的刺激强度 s_i 作为传感节点 i 的剩余能量 E_i。

在虫群中,对某项任务的反应倾向也依赖于个体的反应阈值 θ_i。如式(26.15)所示,当 θ_i 增加时,对于任务 $T_{\theta_i}(s_i)$ 的反应倾向降低。类似地,在 WSAN 中,向可能的下一跳节点传输的可能性依赖于向该节点传输所需要的能耗。因此,我们把由式(26.15)所给出的反应阈值 θ_i 作为从传感节点 i 经传感节点 j 最终到行为节点的传输过程中所需能耗 θ_{ij}。这里,我们假定传感节点 j 是传感节点 i 到达行为节点 k 可能的下一跳节点。上述所说的虫群和 WSAN 间的关系也在表 26.1 中给出。

表 26.1　昆虫巢群和 WSAN 之间的关系

昆虫巢群	WSAN
昆虫	传感节点
刺激	传感节点剩余能量
反应阈值	能耗

除了最小且均匀分布的能耗外,可靠的传感－行为通信对于行为节点可靠地估计事件属性也是必要的。因此,为了实现可靠的传感－行为通信,传感节点应能够向行为节点传输足够的信息。鉴于此,每一个传感节点必须在保证其数据包有着适当的丢包率的前提下选择其下一跳节点。同时,时滞可知的传感－行为通信对于使行为节点对环境及时做出反应也是很重要的。因此,每一个传感节点选择其下一跳节点时,必须满足能够实现时滞可知的传感－行为通信的最小时滞的条件。因此,为了实现这种可靠的、时滞可知的传感－行为通信,我们也在节点对节点传输概率 P_{ij} 中包含了学习元素。该学习元素的目的是使得每一个传感节点能够学习并选择其下一跳节点,而选择的过程能够满足恰当的丢包率和时延,以实现可靠的、时延可知的传感－行为通信。

接下来:26.7.3 节首先对式(26.15)给出的执行概率 θ_{ij} 获取并整合了能源消耗,使得 P_{ij} 可以提供最小且均匀分布的能耗。然后 26.7.4 节将学习元素整合到 P_{ij} 中,去实现可靠的、时滞可知的通信。最终节点对节点间的传输概率目标是为了在实现可靠的、时滞可知的通信时能够保证最小且均匀分布的能源消耗。

26.7.3 最小且均匀分布的能源消耗

如 26.7.2 节中所言,θ_{ij} 是从传感节点 i 到传感节点 j 传送数据所需的能源。对于节点到节点的传输过程,能耗很大程度上依赖于两节点之间的距离[24]。因此,我们给出了能耗 θ_{ij} 下的节点 i 和节点 j 之间的距离 $d_{ij}^m(2\leqslant m\leqslant 5)$。因此,根据表 26.1 所总结的关系,我们给出了节点对节点的传输概率为

$$P_{ij}=\frac{E_i^n}{E_i^n+\theta_{ij}^n}=\frac{E_i^n}{E_i^n+\alpha\left(d_{ij}^m\right)^n} \tag{26.16}$$

其中,$n>1$ 时决定了传输概率的坡度,α 是使相应的影响规范在 E_i 和 d_{ij} 之间的正常数。每个传感节点按式(26.16)以下列方式去评估节点对节点传输概率。

(1) 当 d_{ij} 减少时,P_{ij} 增加。因此,对于所有跳节点,每个传感节点向为它提供最小能耗的最近节点传输数据是较为合理的。

(2) 对于 E_i 和 d_{ij} 均较小的情况,相比于 E_i 小、d_{ij} 大的情况,P_{ij} 更高些。因此,当 E_i 减少时,传感节点 i 很可能向其最近的节点传输数据,使得传感节点 i 消耗更少的能源。然而,当传感节点 i 有着较高的 E_i 时,d_{ij} 越大,P_{ij} 仍越大。因此,在这种情况下,传感节点 i 很可能向远端节点传输数据,这会导致节点 i 的高能耗。所以,具有较多剩余能源的传感节点可以向近端和远端节点传输数据,具有较低剩余能源的传感节点只能向近端节点传输数据,传感节点能使能耗均匀地分布在整个网络上。

(3) 使用式(26.16)所给出的节点对节点传输信息的概率,每一个传感节

点可以分配调节其信息一次发送的距离。当其剩余的能源较高时,其向远端节点传输数据并消耗其能源;当其剩余的能源较低时,其向最近的节点传输数据,消耗较少的能源。然而,当整个网络上的跳距离减少时,从传感节点到行为节点间的跳数目增加。此外,当跳数目增加时,转发路径上的网络流量增大,可能导致瓶颈、丢包和时滞等问题的出现,这妨碍了传感 - 行为通信的可靠性和时滞可知性。因此,网络上跳距离的计算依赖于该网络能否达到可靠的、时滞可知的传感 - 行为通信。如果不能实现可靠的,时滞可知的传感 - 行为通信,应该进一步调节网络上的跳距离,使得某些导致高丢包率和时滞的跳得以延迟。为此,下节中,我们对式(26.16)给出的节点对节点传输概率加入学习元素。

26.7.4　可靠的时滞可知的通信

除最小且均匀分布的能耗要求外,在 WSAN 中行为节点能够可靠地、及时地对环境做出反应的过程中,可靠的、时滞可知的通信也是很重要的。更具体地说,一个传感节点应该在一个延迟限制内将数据包传送至其最近的行为节点。此外,为了使行为节点能够可靠地估计事件的属性并根据环境做出反应,传感节点必须在指定的时间间隔内传送特定应用的数据包。此处。我们假定对于可靠的、时滞可知的传感 - 行为通信,每一个传感节点必须以一个特定应用的、可靠的、时滞可知的数据包传输率(PD)将其数据包送至其下一跳节点。PD 是每一个传感器节点应该在特定应用时延界限内传送至下一跳节点的数据包数目,使得能够提供可靠的、时滞可知的传感 - 行为通信。

为使得每一个传感节点能够达到 PD,对式(26.16)所给出的点对点传输概率引入了学习因子。学习因子的目的是使传感节点能够彼此间相互协作,每个传感节点都能够学习并选择其下一跳节点以达到 PD。含学习因子的点对点传输概率计算方法如下:

$$P_{ij} = \frac{E_i^n}{E_i^n + \alpha\,(d_{ij}^m)^n + L_{ij}^n} \tag{26.17}$$

其中L_{ij}是能够使节点 i 学习或者遗忘其下一跳节点 j 的学习因子,其方法如下:

(1) 首先,传感节点 i 将其所有邻居的学习因子置为相同的值。

(2) 每一个传感节点对其朝向最近的行为节点方向的所有的邻节点计算其点对点传输概率(P_{ij})。然后,每个传感节点根据所计算的节点对节点传输概率选择并传输至其下一跳节点。令 j 作为传感节点 i 的下一跳节点。

(3) 如果传感节点 i 达到 PD,它将学习传感节点 j 并按照$L_{ij} = L_{ij} - \xi_0$更新L_{ij},只要 j 在当前时刻未被任何传感节点学习。该更新将减少L_{ij}并增加P_{ij},其中,ξ_0是正学习系数。因此,节点 i 更有可能再一次向节点 j 传输数据。

(4) 一旦节点 i 学习了节点 j,它将不能够再次遗忘节点 j。这使得节点能够永久地按照可靠的、时滞可知的传感-行为通信去分配其下一跳节点。

(5) 如果节点 i 不能够达到 PD 并且节点 j 没有被节点 i 所学习，则节点 i 忘记节点 j 并按照$L_{ij}=L_{ij}-\xi_1$更新L_{ij}，其中ξ_1是正学习系数。这将增加L_{ij}并减少P_{ij}，且传感节点 i 将很有可能选择传感节点 j。

(6) 从此，未能达到 PD 的传感节点将遗忘它们的下一跳节点。这种遗忘策略使得这些传感节点延迟其向其他节点的数据传输，这种数据传输可能使传感节点达到 PD。这样，将会避免导致高丢包率和时滞的传感-行为通信的网络瓶颈，确保可靠的、时滞可知的传感-行为通信。

(7) 当节点间的跳距离(d_{ij})减少时，点对点传输概率(P_{ij})增加。因此开始时每个传感节点向尽可能近的传感节点传输数据，因为这些节点对节点的传输概率最大。这些下一跳节点使得从源节点到行为节点之间的跳数增加，并保证了更低的能耗。然而，当跳数增加时，网络流量同样增加。增加的网络流量导致网络上更高的丢包率和时滞，且源节点不能够达到 PD。因此，源节点往往遗忘其最近的下一跳节点，它们开始选择更远的节点作为下一跳节点。这样，随着网络上丢包率和时滞的减少，网络流量降低，源节点可以达到 PD。然而，这些下一跳节点需要更高的能耗。因此，这种学习策略使得源节点在能耗和可靠的、时滞可知的传感-行为通信之间进行折中。对于稍小的 PD，传感节点可以以较小的跳距离和较高的跳数来达到。因此，这保证了能耗更低。然而，当 PD 增加时，源节点可以以更高的跳距离和更小的跳数来达到 PD，导致了更高的能耗。

26.7.5 仿生行为-行为协作模型

在 WSAN 里，行为器之间的协作需要使行为节点能够根据环境做出恰当的动作。我们受 26.7.1 节中所介绍的生物中的任务分配模式启发，引入了一种行为-行为协作模型。我们为每个行为节点 i 定义任务执行能力 A_i，A_i 表示行为节点 i 执行给定任务的能力。为了映射 26.7.2 节介绍的 WSAN 中的行为-行为协作的概念，把行为器看作是虫群中的一个个体。

在虫群中，基于感觉到的任务分配刺激，每一个昆虫在感觉到足够的来自该任务的刺激后会去执行该任务。类似于虫群，在 WSAN 中，基于所获得的事件信息，行为节点结合事件去执行任务。因此，把刺激强度 s 看作是由行为节点 i 所收集的数据包数目(S_i)。

式(26.14)所给出的反应阈值 θ 和响应任务的可能性相关联。对于行为节点 i，响应该事件的可能性依赖行为节点 i 能否可靠地估计事件的属性。此处，假定为了可靠地估计事件的属性，行为节点 i 在每个时间间隔 τ 内收集了一定数目的包，用数据包的数目(rp)表示。因此，如果行为节点 i 能够在间隔 τ 内收集 rp 个包，那么可以认为其能够结合该事件可靠地估计事件属性并执行任务。

因此,将反应阈值 θ 看作是必须用以可靠地估计事件属性而去收集的包数目。因此,由式(26.15),给出执行任务概率 A_i 的表达式,即

$$A_i = \frac{S_i^n}{S_i^n + rp^n + N_i^n} \tag{26.18}$$

其中,$n > 1$ 表示执行任务概率的坡度,N_i是使行为节点去学习或者遗忘事件的学习因子。由式(26.18)所给出的执行任务概率由行为节点以如下方式进行衡量。

(1) 当行为节点 i 能够在间隔 τ 内收集到属于该事件的较多的数据包(S_i),使$S_i > \mathrm{rp}$,则A_i值更高,行为节点 i 更有可能执行和该事件相关的任务。因此,能够可靠地估计该事件的行为节点去执行该任务。

(2) 当行为节点 i 能够在间隔 τ 内收集到属于该事件的较少的的数据包(S_i),使得$S_i < \mathrm{rp}$,则A_i值更低,行为节点 i 几乎不可能去执行任务。因此,不能够可靠地估计时间属性的行为节点可以被阻止执行该任务。

(3) 学习因素N_i使行为节点 i 能够学习或者遗忘该事件。如果行为节点 i 可以从源节点收集到足够的信息去对事件的属性进行可靠的估计($S_i > \mathrm{rp}$),则其学习该事件并按照$N_i = N_i - \xi_2$更新N_i,其中ξ_2是正学习系数。该更新使得A_i增加并且行为节点 i 执行该任务的可能性增加。如果行为节点 i 不能收集到足够的信息去可靠地估计事件属性($S_i < \mathrm{rp}$),则其遗忘事件并按照$N_i = N_i + \xi_3$去更新N_i,其中ξ_3是正遗忘系数。此更新会使A_i减少且行为节点 i 执行该任务的可能性降低。因此,最终能够收集到足够的事件信息的节点去执行该任务。

(4) 当传感节点向行为节点传送更多数目的数据包时,收集到的数据包(S_i)和所有行为节点的执行任务概率(A_i)也增加。这使得更多的行为器去执行与该事件有关的任务。因此,执行该任务的行为节点数目可以根据由传感节点传送的数据来进行调整。例如,对于一个在广大区域里扩散的,并要求较多的覆盖该区域的源节点数目的事件,收集到的数据包(S_i)在所有的行为节点中较高。这使得所有行为节点的执行任务概率(A_i)增加,且将有更多的行为节点去执行此项任务。相反的,在有着少数数目的传感节点感知并传送数据的事件中,收集到的数据包数目S_i在行为节点中较小,对于所有的行为节点,任务执行概率(A_i)也较低。这使得更少的行为节点去执行该任务。因此,利用任务执行概率(A_i),根据事件区域的属性可以调节执行某任务的行为节点的数目。

26.8　从业者指南

使用上述介绍的仿生通信模型,可以开发具有自组性、生存性、扩展性和自适应性的高效通信技术和算法。为了开发基于免疫系统的节点和比率选择

算法,选择并归一化某些参数以更好地利用式(26.11)和式(26.13)的仿生数学等式是十分必要的。例如,对于一个高效的节点选择算法而言,如何选择恰当的源节点选择阈值及关联半径 r 是很有必要的。源节点选择阈值和关联半径决定了源节点数目和事件信号在汇聚节点处的失真情况。因此,源节点阈值和关联半径选择的目标是确定最小源节点数目,这些数目能够在汇聚节点处以最小能耗完成想得到的事件信号的失真情况。然而,基于网络密度和事件信号的光谱属性,为了得到恰当的源节点选择阈值和关联半径仍需要做一些分析。

为了通过仿生数学等式(26.17)开发一种高效的协作协议,选择并调节某些参数也是十分必要的。例如,α 的最优值可以通过一些分析来确定。此外,为了提供最小且均匀分布的能耗,传感节点的传播范围也应该进行考虑。

尽管要确定最佳指标,传感节点仍然可以根据网络状态对这些参数进行调整。例如,α 的调节可以使得每一个传感节点能够根据其剩余能量水平来对其跳距进行调整。当其剩余能量减少时,其可以通过增加 α 来减少平均跳距。因此,每一个传感节点可以延长其寿命。然而,为了实现这种调节,仍需做一些分析以得到调节规则。

26.9 未来的研究方向

正如免疫系统内稳态和昆虫巢群,很多的生物机制可以用来提出高效的算法以解决 WSN 所面临的问题。

(1) 胚胎可用于开发 WSN 的高效安全机制。

(2) 基因调控网络可以用来开发 WSN 的介质访问控制机制。

(3) 基于生物转换路线可以作为 WSN 的高效转发机制。

26.10 小结

本章介绍了生物系统及虫群和 WSN 之间的潜在类比关系,然后,基于这些类比关系,利用一些生物系统和虫群的原则引入了 WSN 的仿生通信方法。这些通信方法的目标是为仿生 WSN 的高效性、可扩展性、适应性和自组性更好地服务。所提出的方法应对 WSN 领域中的挑战是大有希望的,比如 WSN 领域中的能耗、容错、时滞可知和可靠性。从本章所介绍的观点中,针对 WSN 领域面临的问题,生物系统和 WSN 之间的类比关系可以建立进一步的关系,以开发出更高效的自组算法。

名词术语

灵感:可以促使你对某件事产生想法(思路)。

免疫系统:身体中能够保护自身免受感染的不同的细胞和组织。

抗体:由血液产生的能够通过攻击和杀死有害细胞来抗争疾病的蛋白质。

关联性:某人或某事间的吸引力或同感,尤其出于某些共同的特性。

刺激:当某些事物发展或作用于其他事物,能导致其他事物变得更活跃或者更热情。

失真:正常地、原始地、自然地或者有意地改变某些事物的情况或形状。

事件:发生的任何事情,特指重要的或者不寻常的事情。

关联性:两者或更多事情之间的联系,往往其中之一导致或者影响着其他个体。

内分泌系统:一种生物系统,包含生物体内所有向血液产生并释放激素的器官。

神经系统:动物的神经系统包括大脑和所有体内的神经,二者共同通过传递信息使身体产生动作和感知。

多媒体:动态和静态图片、声音、音乐和文字的组合,尤其应用于计算机或者娱乐表演中。

光谱:一系列的波,例如光波或者无线电波。

行为:做事的过程,尤其在处理一个问题或难题的时候。

习　　题

1. 为什么下一代的 WSN 提出了建立物理世界和互联网之间连接的重要挑战?

2. 一个人要如何克服由下一代 WSN 所提出的挑战?

3. 生物系统是如何为开发 WSN 的高效通信算法提供灵感的?

4. 评价生物中的免疫系统的抗体浓度调节和 WSN 中发送频率调节的类比关系。

5. 根据 26.4.1 节给出的源节点分布选择模型,解释当关联半径 r 增加时,源节点数目是如何改变的。

6. 根据 26.5 节提出的类比关系,WMSN 中哪个状态和生物内稳态系统中的稳定状态相符合?

7. 为 26.6 节给出的基于内稳态的多媒体通信模型提出一种高效的丢包检测策略,使得 T 传感器能够在转发路径上检测到所有的丢包情况。

8. 根据式(26.16)给出的节点对节点传输概率,论述当传感节点 i 的剩余能量(E_i)减少时,其跳距(d_{ij})是如何改变的。基于你的论述,解释 26.7 节给出的仿生协作模型,在 WSAN 中是如何使得传感 - 行为通信机制有着最小且均匀分布的能耗的。

9. 解释学习因素 L_{ij}是如何使传感节点 i 在保证了最小丢包率情况下选择其下一跳节点的。

10. 解释由式(26.18)给出的任务执行概率是如何根据传感节点所传输的数据总量来调节其执行任务的行为节点的。

参考文献

1. Akyildiz I F, Su W, Sankarasubramaniam Y, Cayirci E (2002) A survey on sensor networks. IEEE Communications Magazine 40:102–114.
2. Bonabeau E, Dorigo M, Theraulaz G (1999) Swarm Intelligence, From Natural to Artificial System. Oxford University Press, Oxford.
3. Muraleedharan R, Osadciw L A (2003) Sensor communication network using swarm intelligence. IEEE Upstate New York Workshop, Syracuse, NY, USA.
4. Muraleedharan R, Osadciw L A (2003) Balancing the performance of a sensor network using an ant system. Annual Conference on Information Sciences and Systems, Baltimore, MD, USA.
5. Caro G D, Ducatelle F, Gambardella L M (2005) AntHocNet: an adaptive nature-inspired algorithm for routing in mobile ad hoc networks. European Transactions on Telecommunications 16:443–455.
6. Hong Y W, Scaglione A (2005) A scalable synchronization protocol for large scale sensor networks and its applications. IEEE Journal on Selected Areas in Communications 23:1085–1099.
7. Werner-Allen G, Tewari G, Patel A, Welsh M, Nagpal R (2005) Firefly Inspired Sensor Network Synchronicity with Realistic Radio Effects. SenSys'05.
8. Carreras I, Chlamtac I, Woesner H, Kiraly C (2005) BIONETS: Bio-inspired next generation networks. Lecture Notes in Computer Science 3457:245–252.
9. Dressler F (2005) Efficient and Scalable Communication in autonomous networking using bio-inspired mechanisms – An overview. Informatica 29:183–188.
10. Dressler F, Krüger B, Fuchs G, German R (2005) Self-Organization in Sensor Networks Using Bio-Inspired Mechanism. ARCS'05.
11. Dressler F (2005) Locality Driven Congestion Control in Self-Organizing Wireless Sensor Networks. SASO-STEPS'05.
12. Wokoma T, Shum L L, Sacks L, Marshall I (2005) A biologically inspired clustering algorithm dependent on spatial data in sensor networks. Second European Workshop on Wireless Sensor Networks.
13. Atakan B, Akan O B (2007) Immune system based energy efficient and reliable communication in wireless sensor networks. In: Dressler F and Carreras I (eds.) Advances in Biologically Inspired Information Systems, Springer, New York, NY.
14. Timmis J, Neal M, Hunt J (2000) An artificial immune system for data analysis. Biosystems 55:143–150.
15. Jerne N K (1984) Idiotypic network and other preconceived ideas. Immunological Review 79:5–24.
16. Farmer J D, Packard N H, Perelson A S (1986) The immune system, adaptation, and machine learning. Physica 22:187–204.
17. Vuran M C, Akan O B, Akyildiz I F (2004) Spatio-temporal correlation: theory and applications for wireless sensor networks. Computer Networks Journal (Elsevier) 45:245–261.
18. Berger J O, Oliviera V, Sanso B (2001) Objective bayesian analysis of spatially correlated data. Journal of the American Statistical Association 96:1361–1374.
19. Neal M, Timmis J (2005) Once more unto the breach towards artificial homeostasis. Recent

Advances in Biologically Inspired Computing, Idea Group, pp. 340–365.
20. Oppenheim A V, Schafer R W, Buck J R (1999) Discrete-Time Signal Processing, Prentice Hall, Upper Saddle River, NJ.
21. Hightower J, Borriello G (2001) Location systems for ubiquitous computing. IEEE Computer 34:57–66.
22. Welch P D (1967) The use of fast Fourier transform for the estimation of power spectra: A method based on time averaging over short modified periodogram. IEEE Transaction on Audio and Electroacoustics 15:70–73.
23. Akyildiz I F, Kasimoglu I H (2004) Wireless sensor and actor networks: research challenges. Ad Hoc Networks 2:351–367.
24. Heinzelman W, Chandrakasan A, Balakrishnan H (2002) An application-specific protocol architecture for wireless microsensor networks. IEEE Transaction on Wireless Communications 1:660–667.

第27章　移动自组织网络与传感系统在全球和国家安保中的应用

信息社会,通信基础设施是一种非常重要的资产。然而安全事故或危机毁坏,使传统的远程通信系统会轻易地被破坏。本章首先详细阐述通信网络在安全领域应用存在的缺点,找出对这种网络而言的关键要求。而后,通过结合破坏性和容忍性技术,分析对于构建下一代可靠的、安全的和能够快速部署的通信基础设施来说,自组织网络将是最适合的一种模式。研究的重点在网状网络、机会网络、车载网络和传感器网络,给出这些网络最新进展的综述,总结在设计和部署这些网络时所面临的挑战。最后,为实现可靠的通信基础设施,提出开放性的研究课题,需要特别关注的几个方面,例如多个异构网络之间的互操作性,自主网络管理和服务质量保障。

27.1　引言

当今现代社会是一个信息社会,因为生产、流通和控制信息已经渗透到文化、经济和社会生活的许多方面。所以,政府、经济和整个社会,越来越依赖于信息和通信技术(ICT)这种提供信息的手段。因此,用来传输信息的通信基础设施,类似交通运输和电力基础设施被认为是社会的一项重要资产,而且应该受到保护和保障。由于信息基础设施和其他重要基础设施之间紧密的依赖关系,通信系统的灵活性、安全性和可靠性的需求更加重要。如信息系统的安全问题,其故障和失效都可能在交通和能源设施上造成大范围的毁坏。此外,这些威胁对我们的通信基础设施的危害,其性质和程度越来越受到重视。正如欧洲安全研究咨询委员会在其2006年报告中认为:“现代危机正在逐渐改变每个人的角色,从‘可预见的’突发事件……到不可预见的灾难事件。”[1]目前的通信网络还不能承受如自然灾害或人为灾害的意外和突发性破坏事件。事实上,在“9·11”恐怖袭击事件、卡特里娜飓风、伦敦爆炸案事件发生后的余波中,许多网络发生故障甚至不能使用,在评估这些事件所引发的通信故障中,人们发现“通信是备受关注的唯一核心领域”[1-2]。同样需着重指出的是,在危机或紧急情况下,一个可依赖和可靠的通信系统的有效性是第一目击者、救援队以及公共安全机构开展抗灾救灾工作的基础。事实上，所有灾难和危机管理活动都依赖于政府、关键基础设施运营商和救援队之间的信息交换，同时还有第一目击者和公民、受害者之间的互动。在接下来的讨论中，我们将主要关注这样的通信场景，如在灾区的公共保障救灾（PPDR）任务中提供有弹性和灵活的通信服务。

最近的大型灾难（如 2004 年印度洋海啸）或者是大规模恐怖袭击事件（如 2001 年“9・11”恐怖袭击事件和 2004 年马德里火车爆炸案）所得到的经验已明确，现有通信系统缺乏为 PPDR 应用提供必要支持的能力。在所有被各种论坛和委员会确定的最重要缺陷中[2-6]，以下几点对通信建设是很有启发的：对于破坏性事件系统缺乏足够的鲁棒性和灵活性，由于公共安全机构运行的专用网络之间互操作性存在限制，存在整合专用网络和核心通信基础设施比较困难，通信服务的灵活性和多功能性匮乏，以及对于在公共网络中优先通信的支持有限等问题。为了有效地解决上述问题，我们主张利用点对点网络的模式，通过自组织体系结构来实现更有弹性和灵活性的通信系统，以满足灾难响应系统的需求。传统上，移动多跳自组织网络（也称自组网）被视为这样一组系统，它们通过建立多跳的无线网络自组织成对等网络[7-8]。因此，第一目击者可以利用自组织网络技术快速按需在手持设备之间建立通信服务，实现重要信息的可靠传播，以及及时的救灾协作。特别是近年来，移动自组织网络研究取得了重要的进展，其能够成功地利用多跳自组织网络来建立各种类型的专用网络，如网状网络、车载网络、传感器网络和机会网络，目的是给具有明确定义的应用需求提供支持[9]。例如，网状网络提供了快速部署的无线应用，可扩展到传统通信基础设施；车载网络将移动自组织网络技术应用于车辆间的通信；传感器网络被用于支持一般的监控应用；机会网络是移动自组织网络为配合间歇性连接网络的延伸。我们预计这些新兴技术将会提供大部分用于开发一个可靠的、安全的、快速部署的关键任务和突发事件的通信系统，弥补所缺失的通信能力。

本章介绍这些新兴技术的主要特点、性质，特别着重于网状网络、车载网络、传感器网络和机会网络。我们讨论的重点在于解释这些网络解决方案是如何促进灵活易部署且在破坏性与非计划事件后能复原的通信系统的发展。尽管在所有典型的 PPDR 场景特征情况下，这些技术的成熟度满足易于部署要求，但是仍然有一些开放的研究和技术挑战必须解决，以实现在灾难中与现存通信基础设施完全整合为一个信息系统。特别的，在本章的讨论中，将重点关注多个异构网络之间的互操作性、自主网络管理以及服务质量保障。

本章其他部分组织如下：27.1 节描述灾难场景，示例通信挑战，描绘第一目击者的应急响应措施；在 27.2 节中，分析了为开发下一代用于 PPDR 应用，提供有弹性的、快速部署的和安全的通信系统仍旧存在的技术上的缺失；在27.3节中，概述旨在提高PPDR领域安全研究的综合国际倡议法案；27.4节回顾网状网络、机会网络、车载网络和传感器网络的最新部署进展；27.5节讨论一些最重要的研究挑战；最后，27.6节做出总结。

27.2 背景

要识别安全事故发生之后所出现的通信挑战，并强调在灾难救援行动中所需要的通信能力，我们考虑这样一个参考方案，一个自然的或者人为的灾难摧毁了通信基础设施，同时第一响应者参与了紧急响应。

首先，可以观察到，无论是在本地或者地理范围内，现今的公共电信网络的特点在于，提供通信服务的技术和架构存在相当大的异构性。一个极端是，这些网络都是基于有线和无线窄带技术（如租用电话线、移动电话和卫星系统等），它们主要用来提供语音通信和有限的数据传输支持。在另一个极端，这些网络采用宽带有线和无线技术（如WiFi、WiMAX、光网络等）来支持更复杂的多媒体通信。然而，这些系统具有共同的特点，例如对于专用基础设施的依赖，对通信资源的集中式管理，以及利用点对点链路互联设备到其他设备或者控制单元。如果发生事故，造成网络基础设施的局部损害（无论是造成点对点链路的损毁或使某些设备无法工作），那么这些通信系统的大部分可能会停止正常工作。为了减少在破坏性事件中遭受通信服务中断的风险，大规模电信网络中最关键的部分将会被复制。然而，从最近的安全事件和灾难（如9·11恐怖袭击或卡特里娜飓风）中得到的经验突出表明，这种方法并不能有效地保证通信系统的弹性，因为这些备份系统一般来说无法处理在危机情况后产生的庞大流量。设想这样一种情况，当我们处理一个事件对传统通信系统所造成的损害时，解决方案是，如果可能的话通过建立更多的无线备份链路（如卫星链路）和以多跳无线连接替代点对点链路来形成一个更可靠的无线网状主干网。该解决方案如图27.1所示，该图举例说明，在一个城市环境中发生了有线链路中断事件，图中中断以叉来表示，通信设备使用卫星或者地面天线来建立其他的无线链路。

除了在灾区重新建立公共通信系统，快速部署通信平台来保证对于第一反应人员、救援人员以及任何其他在灾区作业的公共安全用户的通信在一个可接受的水平范围之内。这种临时按需建立的通信网络可以通过在第一救援人员所携带的手持设备和在灾区救援的陆地车辆或直升机所运送的通信设备之间建立多跳自组织通信来创建。这些专门的网络可以与传统的网络或与之高度整合的网络并行工作，并且可以作为严重受损的通信基础设施的扩展或替换

(图 27.2)。需要注意的是,对于第一救援者来说,接入传统的无线基础设施,保持与远程命令和控制中心的联系也是有必要的。

图 27.1　通信基础设施部分被毁坏,备份的无线链路来建立网格模式网络

图 27.2　通信基础设施严重受损,可部署异构的、互操作的自组织无线网络弥补

除了部署功能强大的无线通信设备,紧急救援人员还可以在灾区铺设微小的传感器设备。这些传感器装置将形成一个传感器网络,它可以远程实时监控某个地点或某种情况,在应急响应和安全作业时,帮助救援者,同时检测和预测威胁(例如,在化工厂爆炸之后有毒物质的出现,或在地震之后建筑物的随时崩塌)。

在极端的情况下,一个破坏性事件可能会产生几乎摧毁所有现有网络基础设施的巨大损坏。由于高昂的环境限制,铺设足够数量的救援装置来建立良好的自组织网络,是不切实际的。在这种环境下,更可能的情况是,设想如“云”一般众多的手持设备(例如,第一救援者携带的掌上电脑)零星地互相连接着,作为基础设施幸存的一部分。这些通信极端动态,因为救援队会移动,无线链路会不断地出现和消失。极端情况下,一个单一的、未连接的用户就能形成一个通信云。传统的联网方法将无法在这样的情况下保持通信服务,因为它们需要在通信终端连续的路由协议,计算端到端的路径,而这样连续的路径在安全事故区域几乎不可用。与此相反,即使在各个通信终端没有在同一时间连接到同一个网络情况下,机会网络技术仍可利用存储—携带—转发方法使得端到端的路径变得可用。显然,这些设备应具有高度通用的通信能力,以便在可能由孤立设备组成的、高度动态的、异构的、断开的网络中有效运作。此外,在灾难局面中,由于基础设施的损毁,通信受到极大挑战,通信接入成为一种稀缺的资源,需谨慎管理。非常重要的是,避免拥堵和数据的不可用,从而确保关键数据被提供给正确的用户。

27.3 从业者指南

从对之前的参考方案以及其他全球和国土安全方案分析中,可以识别出与典型公共安全、应急和灾难应用相关的用户需求。这些用户需求是产生有弹性的、可快速部署的和安全通信系统的 PPDR 应用设计的需求基础[10]。我们已确认的技术需求如下:

(1) 无处不在的访问。公共安全移动无线网络必须在第一救援者和涉及的受灾群众地区运转良好。这些地区应该包括地下场所、农村、偏远地区或通信服务不足的地区,以及受到灾难破坏的、极具挑战的环境中。此外,对用户移动性的无缝支持应该成为系统设计的组成部分。

(2) 弹性。自然的或人为的灾难可能会导致部分甚至广泛的地面通信基础设施损毁。然而,一个具有弹性的通信系统必须要设计成能够从毁坏和故障中恢复,并且能够确保通信服务的连续性,至少对关键应用来说是如此。为此,由于易出现故障,集中式架构应该避免,并且减少可重构性。

(3) 快速部署。为了有效地应对紧急情况,用于 PPDR 应用的通信系统应该能够轻松快速地部署,并且通信服务应该运行得非常快速。

(4) 自组织性。至关重要的是,公共安全网络实施先进的自我管理能力,以尽可能地限制人为操作和维护,避免意外性和突发性事件,从而保证网络正常运作。自组织是在灾区提供临时、按需通信网络快速动态部署的一个先决条件。

(5) 互操作性。紧急行动要求几组在不同机构和部门的第一救援者参与。

不同单元间的无缝通信不仅需要共同的程序，同时也需要能够互操作的设备和通信协议。此外，公共安全机构所拥有的专有网络应该能够与市民使用的公共网络容易地整合以便促成信息的收集和发布。

(6) 服务质量。应急响应管理和灾难救援行动常常依赖于第一救援者之间重要信息（如语音或图像、视频）的及时交换，以及向公众提供正确和最新的信息。因此，第一救援者所使用的通信系统应提供服务质量支持，以满足实时流量的严格需求。此外，优先权方案应该被纳入公共通信网络，以确保在紧急情况下给第一救援者的重要信息不被传统的数据传输所阻碍。

(7) 安全。在一个被破坏的环境中标准安全性也应该得到保证。然而，除了保护通信隐私外，紧急情况下，在用户间提供一个信任关系的保障制度，保证设备和用户的安全标识，也同样重要。

虽然对 PPDR 操作中使用可靠的通信基础设施技术要求是明确的，但是最近的灾难经历表明，现有的解决方案都无法提供对这些情况的足够支持。传统上，公共安全机构依赖于专用无线网络来支持各个第一救援团队之间的通信。然而，人们普遍认为公共互联网的可靠性和安全性对于关键任务的运作是不够的。特别是对于专用频谱的公共安全应用的分配，应采用比商业网络更加严格的可靠性和安全性的要求，使专用系统在紧急情况下的运作具有足够的鲁棒性。由于这些原因，窄带专用移动无线电网络，例如在欧洲的 ESTI 标准 TETRA、在美国的 APCO25 工业标准在过去的十年中已经在开发中实现，从而推动了这些网络的部署。然而，最近的破坏性事件（如卡特里娜飓风和伦敦爆炸案）的教训是，由公共安全机构维护的专用移动无线电系统已经过时并且不兼容[2-6]。具体来说，这些老化的技术太有限而不能满足日益增长的应急通信服务的需求，因为它们设计的初衷主要是为了语音通信，缺乏如高速数据通信等其他重要的功能。此外，由于各专用网络间缺乏互操作性，来自不同机构的第一救援队之间不能保持很好的通信。这严重阻碍了第一救援者获取、处理和传播重要信息的能力。此外，第一救援者和执法部门所使用的无线通信系统无法与公民所使用的传统的电信网络之间无缝互操作通信。这使得我们无法向灾区的人们发布预警和更新信息。

在大规模灾害中，专用网络在设计和部署上的低效性使得第一救援者和应急管理者们转向使用公共移动网络来提供应急服务。然而，地面通信基础设施（也称为陆地移动无线电系统或 LMR）如传统的 3G 蜂窝系统或区域范围的宽带无线接入技术，一般都基于集中式架构，其中央单元完全控制着每个单元。因此，基本的系统功能，如访问控制、连接建立、移动支持等、依赖于网络基础设施本身的存在性和可用性。这样导致的结果是，当中央基础设施失灵，或者当意外或突发破坏性事件发生时，集中式架构将会崩溃。例如新奥尔良洪水灾害摧毁了所有可用的网络基础设施。目前,应对 LMR 系统部分或全部不可用问题的唯一切实可行的解决方案是使用卫星通信。然而,卫星系统被看作是一个后备技术,只适合户外通信,同时卫星系统受到卫星的可用性作为一个中继站之间的接地终端。楼宇内难以实现无线通信问题,是公共安全 LMR 系统的严重失败,在紧急情况下导致了悲剧性的结果,如"9·11"事件[3,5]。

即使有无线通信能力,商业电信系统在紧急情况下经常遭遇严重的超载。由政府和专家开展的对自然或人为灾难中通信故障原因的调查报告显示,在危机事件中,当公众的需求使系统超负荷时,商用系统往往是最不可靠的[6]。不幸的是,为应急呼叫所预留的专用资源以及限制低优先级用户使用资源等计划在商业系统中很少被执行,或者没有适当的标准。事实上,如果在正常情况下发生拥塞,网络运营商会更重视具有更大创收能力的流量。相反,在特殊情况下,如紧急情况或灾难,网络运营商应考虑更加重要的参与救灾作业用户所产生的流量。以上对公营和私营现存的 PPDR 应用通信系统的缺点分析表明,发展能够提供可靠和可依赖需求度的新网络技术是根本。这种需求,以及对威胁日益提高的洞察能力,提升了研究新安全解决方案的私人和公共投资。这些研究活动将会快速收敛到越来越多共识的事实,那就是满足 PPDR 应用要求最成熟、最适合的网络模式是自组织网络模式[1]。事实上,多跳自组织成为关键的技术驱动,推动有自组织能力的移动设备形成对等网络,构建一个更加具有弹性的通信系统。为了支持这种说法,下面的章节首先概述在国民安全部门中已经启动的国家和国际的研究计划,特别需要关注其通信方面。然后,我们讨论关于自组织网络的最新进展,它是如何成功地应用于构建一个实用 PPDR 的应用通信系统。

27.4 国际法案

用于汇集各国政府、国际组织、产业利益相关者、学术界和应急响应社区的一系列国家和国际倡议已经建立,同时建立了长期的 PPDR 研究议程。所有的这些举措确定了开展可靠的、多功能的以及安全的通信基础设施的新 IT 解决方案研究,将作为重点投资领域。

在应对全球安全挑战中,这种新方法的第一个例子是以美国国土安全部(DHS)建立为代表,其主要目的是定义一个高层次的战略计划,以协调各参与安全任务和应急响应的组织和机构。为实现这个宏伟目标,美国国土安全部创建了科学技术委员会(科技局),旨在驱动支持国土安全的技术和能力发展。为此,各种机构和项目已经确立,以促进由 DHS 故略计划所明确的安全挑战研究。

特别是 SAFECOM 项目的启动，通过对非专有标准、开放体系结构、共同业务程序和能够为应急确保可互操作的语音和数据能力的定义，以提高通信的全面互操作。此外，国土安全部高级研究计划局(HARPA)正在启动一个新的广泛议题，以促进创新安全解决方案的研究和开展募捐和资助计划。HSARPA 现在正提倡新的通信和信息系统的发展，系统能够通过可靠的信息获取和评估支持更有效的和协调的决策过程和危机管理。在这种情况下，更强大和灵活的传感器网络被认为是非常重要的，因为大部分安全任务涉及监控各种环境，并且对这些环境的威胁进行预测和检测。

为了公共安全及应急(PS&E)的标准规范联合协调发展，在欧洲和美国之间已建立合作项目。这些联合行动中最重要的例子是 MESA 项目(移动应急与安全应用程序)。具体来说，MESA 是一个标准化伙伴项目，由欧洲电信标准协会(ETSI)和美国电信工业协会(TIA)共同建立，其最初的目的是阐述部署在 PS&E 的下一代移动宽带技术的共同规范。自 2002 年以来，其版本已经发展到了在异构系统间提供所谓集成的一套互连标准定义。

另一个与之相关的、由欧洲委员会和欧洲空间局共同资助的欧洲法案是环境与安全全球监控(CMES)项目。自 2001 年以来，CMES 小组一直致力于欧洲层面政策以及处理环境监测和安全需求的信息服务实现。GMES 方法是通过卫星和地面系统对地表环境现象的观测与理解。然后向所有参与环境管理和安全执法机构提供这些信息。

虽然这些计划已经取得了重要的结果，但是一些欧洲国家认为有必要在安全研究领域制定长期的计划。由于这些原因，2005 年 4 月，欧洲安全研究咨询委员会(ESRAB)建立，其目的是绘制欧洲安全研究的战略路线，并推荐最适当的手段来实现它。ESARB 与筹备行动安全研究(PASR，2004—2006)所形成的主要成果，已经被定义在 SEVEN 框架计划(FP7)的安全主题中。具体来说，四个优先任务已经确定：反恐和有组织犯罪，边境安全，重要基础设施保护和危机情况下的安全恢复。从这些安全任务的需求分析出发，所需要的技术能力已经明确，如鲁棒的通信能力、改善的态势感知和可互操作的指挥控制能力等。由于这些原因，通过提供具有非集中化、灵活性、可靠性和适应性等固有特征的自组织网络技术，已经成为未来 PPDR 应用通信系统的重要组成部分。

27.5　众多公共安全应用的解决方案

虽然自组织网络已经以各种形式存在了 30 多年时间，其概念并不新鲜。用于军事和战术目的的自组织通信可追溯到 1972 年，当时 DARPA 机构初始化了分组无线网络项目。最初的概念在后续的方案中被扩展,如在1983年的无线网络法案和1994年的全球移动(GloMo)信息项目。1997年,因特网工程任务工作组创建真正的促进了自组织网络研究,该网络称为MANET WG。该工作组的使命是,在多跳动态网络拓扑结构中"规范适合无线路由应用的IP路由协议"。十年来在这一领域的研究产生了相当数量的路由算法,但只有少数成功地部署在实际的自组织网络中。同时,在移动自组织网络领域,几个研究项目已经在学术界启动。在自组织网络领域开展的广泛研究活动为多跳自组织网络营造了理论和技术背景。然而尽管在过去的二十年中在此领域投入了大量的研究,自组织网络在大众市场中的实际应用却难以取得成功。对这种明显矛盾的解释是,最初的MANETS研究采用了相当不切实际的假设:大规模和完全分散的网络能够支持任何类型的传统TCP/IP应用。相反,正如在文献[9]中讨论的那样,自组织网络技术最近取得的成功是由于采用更加务实的方法,以及利用自组织网络模式扩展因特网和支持具有明确要求的应用。在各类正在部署的自组织网络中,我们认为网状网络、车载网络、传感器网络和机会网络对于PPDR方案具有特别的重要性,因为它们被认为是下一代可靠的、能够快速部署的、用于关键任务通信系统的基本构建模块。接下来将展示在这些新兴网络的设计和部署上的最近进展,并讨论与PPDR场景的关联性。

27.5.1 网状网络

网状网络是无线自组织网络的混合应用,在专用节点即网状路由器,通过多跳路径的无线通信构建一个无线主干网。无线主干网可有部分数量节点与现有的有线基础设施连接,为网络提供一个灵活和"低成本"的扩展[13]。移动/漫游用户通过无线主干网直接相互通信,或者通过最接近的网状路由器接入互联网而获得多跳链接。建立多个独立路径,可对运作异常和安全攻击进行恢复,从而增加无线主干网的可用性和可靠性。因此,在某个区域的地面基础设施被部分损毁时,网状技术可用于快速部署一个高容量的主干网,如图27.1所示。

随着对网状结构应用的兴趣日益增加,推动了产业提供多种无线网状网络解决方案。一些厂商专注于标准无线技术,如IEEE802.11(又叫WiFi)和IEEE802.16(又叫WiMAX)[14]。然而,在标准的以802为基础的无线连接之上,他们采用不具有互操作性的专有网络软件解决方案。由于这些原因,各种IEEE标准化组织也在积极致力于包括无线技术规格中的无线网状网络技术。这些标准化活动中最成熟的例子是IEEE802.11s工作组,其正致力于在WiFi技术中引进先进的网状功能[15]。另外一个构建网状网络方案的限制,就是缺乏可靠的自配置过程,该过程可以动态地适应不断变化的网络条件。然而,使用传统的无线技术,如 802.11,构建网状网络,使开发更加容易和低成本。麻省理工学院的 RoofNet 项目[16]表明,为诸如波士顿提供基于 802.11b 无线网络骨干基础设施的宽带接入是可能的。具体来说,RoofNet 由有限数量的节点构成,置于屋顶上,动态创建主干网和支持网状网络。另一个参考场最是相关的网状结构应用是鹌鹑岭储备无线网状网络工程[17],该工程致力于为一个野生动物保护区提供无线通信基础设施。该项目的目的是开展生态系统研究,以及提供对环境的连续和实时监控。最后,CalMesh 项目的例子,部署于加利福尼亚大学圣迭戈分校校园和圣迭戈县,是用于紧急和危机场景的一个实验网状网络,为第一救援者提供本地网络进行相互通信或互联网通信[18]。

27.5.2　车载自组织网络

车载自组织网络(VANETs)正成为最成功的专业(纯粹的)无线自组织网络,预计将会快速渗透到市场。传统的车载自组织网络使用自组织通信进行有效的驾驶辅助并提升了汽车的安全性。在这个意义上,车载自组织网络可看成智能运输系统(ITS)的基本组成部分[19-20]。同时,车载网络在紧急情况下,也可以用在车辆和用户之间进行高效的数据发布,正如图 27.2 所示。需要注意的是,与传统无线自组织网络相比,车载网络具有优势,因为其对相关设备能力(在空间、计算和电源上)很少有限制。此外,车载自组网络由工业和政府组织共同推动。因此,车载自组织网络系统对自组织网络研究来说是一个可以充分发挥其潜力的领域之一。这种成就的例子可以在欧洲 FleetNet 项目中找到。在 FleetNet 项目中,车辆间交换有关本地信息的消息。这些消息能够超出司机的视野和车载传感器范围,告知司机前方障碍或者交通堵塞。其他项目,如欧洲 CarTALK 2000 项目,利用协作驾驶辅助系统和自组织无线网络系统作为通信基础,目标是构建一个未来的标准。CarTALK 使用直接和多跳通信进行数据传输,CarTALK 在授权了位置和空间意识之后,可同时使用直接和多跳通信进行数据传输。同样,在美国,有几个项目涉及这个领域,在某些情况下将车载自组织网络整合到一个更广阔的视野中,包括在 VMesh/VGrid 或 PORTAL 项目中的网状网络或网格网络。同时也融入庞大的军事应用,从 2004 年起,DARPA 赞助城市挑战赛,其中,完全自主的地面车辆必须在城市进行模拟军事补给任务。显然,当组成车载网络的设备由救助地(如卡车)或飞行装置(如直升机)运输时,在紧急情况和危机场景中这些项目开展的车载自组织网络的应用非常有效。例如,在文献[21]中对车际通信系统进行了描述,其能够快速发现以及将来自危机区域的实时多媒体信息传递给前来接应的第一救助者。

27.5.3 传感器网络

在自组织网络中,无线传感器网络扮演着特殊的角色。传感器网络的目的是收集在事件中发生在传感器周围的信息。为此,传感器节点是微小的、低功耗和具有传感功能的低资源消耗设备,其通过部署在监控区域周围收集信息,利用无线多跳自组织网络,传送到收集中心(也叫寄存器)。在一些应用中,通过在网络中引进移动节点(如机器人),传感器信息的获取能以更有效的方式实现,这些移动节点能够在传感区域内移动,通过自组织无线网络从传感器节点收集信息,然后移动到收集中心传送感测到的数据。另外,汇聚节点可以在传感器区域(如无人驾驶直升机飞过传感器时)移动,从每个传感器节点收集数据。此外,机器人(执行器)不仅可用于收集数据而且能够根据在传感器区域中检测到的事件来执行操作。例如,机器人可用来排除炸弹。因此,传感器和执行器网络可以被成功地应用在几个安全场景中。在军事和战术环境中,传感器网络的主要应用之一被认为是目标定位和目标跟踪。为此,开发了各种不同的物理测量手段,用以检测目标的存在和位置[22]。同时,许多传感器网络已经被开发用于民用领域,主要用于栖息地和环境检测。这种类型的应用中一个非常著名的例子是大鸭岛环境检测项目,这是英特尔和伯克利加州大学之间的一个协作项目,其在缅因州大鸭岛上部署了一个传感器网络用以检测迁徙海鸟和周围筑巢洞穴的微气候。另一个更近的例子是 CinySense 项目,该项目在美国马萨诸塞州剑桥市部署了一个城市规模的传感器网络用以监测天气状况和空气污染。需要注意的是,为了环境检测而开发用于部署这些现实世界传感器网络的技术和协议也代表了针对关键应用场景的传感器网络的技术发展趋势,例如监视,入侵者的侦查和跟踪,货物和车辆的跟踪,核、生物和化学攻击的检测,用于海湾控制的水下监视等[23]。

27.5.4 机会网络

机会网络构成一个通用移动自组织网络的中期应用,在无法直接访问互联网时,为通用类设备提供连接机会。传统移动自组织网络的主要限制是,分区导致正在进行的通信失败,以及暂时与网络断开连接的节点无法通信。在机会网络中,信息的传递仍然是多跳的,当没有向目的地的转发信息的机会存在时,中间节点存储消息并利用与其他设备的连接机会来转发信息。换句话说,移动自组织网络的这种演变投机地利用了流动性,这也导致了对传统自组织网络和本地转发的“敌意”。然而,通过发布消息时利用临时的无线连接,这种网络范式对于显著提高第一救援者在灾区重建有效通信能力具有巨大的潜力,正如图 27.2所示以及在文献[24]中所讨论的那样。需要注意的是,机会网络中有几个超越 PPDR 场景的应用,尤其是普适计算和自主环境[25]。例如,IRTF 延迟容忍网络(DTN)研究小组正致力于标准化体系结构和协议以使得网络中的服务能够间歇性连接,即假设不具有连续的端到端连接。DTN 体系结构适合互连不同规模的系统,涵盖了从稀疏部署在环境中的单一移动设备组成的小型网络,到汇集了通过卫星链路连接到类互联网网络的骨干网络。DakNet 或萨米网络连接(SNC)是机会网络和延迟容忍网络潜在应用的一个很好例子。DakNet 旨在为印度村庄提供低成本的连接,利用由村服务站传递移动设备信息(安装在公交车、摩托车甚至是自行车上的接入点),并与它们进行无线数据交换。SNC 使用 DTN 体系结构,可为游牧萨米人提供网络连接。另一个例子是 KionNet 项目,其在发展中国家提供各种服务,如出生、结婚和死亡证明,土地记录,以及医疗和农业问题的咨询等机会网络应用。

27.6　未来的研究方向

在过去二十年移动自组织网络的研究中,为弥补由多跳无线通信所产生的固有限制和约束,以及构建对网络的管理和控制,奠定了基础。正如 27.4 节所讨论的那样,这些广泛的研究活动不仅产生了大量的技术论文,而且对现实的自组织网络的多个领域的发展做出了贡献,即网状网络、车载网络、无线传感器网络和延迟容忍网络,这将在灾难响应通信系统部署中扮演重要的角色。然而,安全应用的具体要求提出了迄今还没充分解决的新挑战。接着将详述为了切实高效的构建系统而仍待解决的研究问题。

27.6.1　自主网络管理

自组织能力的发展是任何有弹性通信系统的一个基本先决条件。因为通信设备应该能够在没有人工干预条件下对变化做出反应。从某种意义上说,无线多跳网络,即基础设施少的对等网络,是代表自组织网络的一个很好例子,因为计算设备必须相互协作,以执行所有的网络功能。然而,大多数在移动自组织领域的研究工作一直致力于移动多跳自组织网络的路由协议,产生了多得难以置信的算法。与此相反,自组织属性是一个多方面的概念,包含了各种各样的功能。具体而言,自组织包括自我修复,指网络自动检测、定位和修复故障的能力;自我配置,指在当前环境中自动生成一组用于操作的适当的配置参数能力;自优化,指为了实现相关目标(例如,期望的服务质量水平)适应网络的能力。因此,一个真正的自组织网络部署需要采取一种全面的方法,应考虑到所有的各种自能力之间的相互影响。

一个自主的网络管理模块最终目标应该是构建自主的网络管理体系结

构,在此体系结构中,网络本身能够有助于检测、诊断和修复故障。以及适应它自身的配置和优化其性能。然而,到目前为止,无线网络的管理比有线网络的管理更加复杂,因为无线通信受到信道条件的不规则性和不稳定性影响,导致不均匀和可变的无线电覆盖区域。此外,无线电干扰可能会导致不可预测的行为和剧烈的性能下降。此外,在发生灾难的情况下,额外的复杂性出现使部分通信网络被以非计划的方式按需部署。因此,节点可能会发生故障,配置不正确或被孤立。个别链路和节点故障极易造成网络分割。网络监控是了解网络当前状态和发现环境特征的重要工具。每个设备不仅要收集本地信息,同时也要与其他设备合作建立整个网络状态表示。收集到的信息是用来检测异常和触发相邻节点或控制单元警报的根本依据。负责网络状态解释的诊断工具可以采取各种策略,如基于规则的(正常的网络状态是建立一套容许的行为)或基于流量的(如一组正常的流量信号描述了网络正常行为特征)分析引擎。警报之后,额外的诊断测试开始被执行,以核实问题的根本原因以及自动触发最恰当的对策,如隔离故障的链路和节点,重新分配信道,寻找另外的多条路径或平衡网络负载。

由于对自组织网络的自我管理研究还处于非常初步的阶段,因此只有少数的解决方案可以被识别,而这些方案通常是适合网状网络的。一个例子是分布式自组织监控(达蒙)[26]系统,它使用代理来监控网络行为和将收集到的测量信息送到中央数据存储库。然而,集中分析的使用没有使得该系统适用于挑战的环境。在文献[27]中描述了最近的一个方案,介绍了一种诊断系统,其采用了跟踪驱动模拟来检测故障,并在网状网络中执行原因分析。尽管基于模拟的方法对模拟几个影响网络行为的因素间复杂交互分析是有用的,但是模拟大规模网络所需的时间阻碍了这种实时网络管理方案的使用。

27.6.2 网络互操作性

无线通信的关键要求是确保第一救援者的设备间的互操作性,从而能够有效地对人为和自然灾害做出响应。由公共安全机构所使用的各种标准的统一和开放体系结构与专有标准之间的切换,在设备互操作性方面都是需要考虑的重要的因素。然而,由于各个国家和国际在频谱分配上的不同规则,在短期/中期内预测无线电系统的全球协调是极其困难的。例如,美国和其他发达国家出于公共安全的目的正计划分配模拟电视正在使用的部分频段[28],而这些频段将继续用于发展中国家广播模拟电视信号。克服这些制约因素的一个前沿技术方法是推广认知无线电和软件定义无线电(即软件可重配置无线电,或 SDR)在第一救援者的设备中使用。具体而言,认知无线电是特殊的 SDR,它可以根据多种因素,如无线电频谱占用或当前的环境状态,调整其发射和接收参数、算法。这个概念为更有效的无线资源管理开辟了一条道路,但它也暴露出频率协调、可用频谱限制和设备不兼容等问题,需要潜在解决方案。由于这些原因,在公共安全领域,认知无线电的设计正成为一个非常活跃的研究领域[29-30],同时两个主要的研究方向已经明确。一方面是廉价和高度灵活的 SDR 设备构建,能够支持不同的调制方案和操作大范围频谱,还存在技术障碍。另一方面是有效的频谱感知能力和冲突解决算法设计,仍然是一个开放性的问题,虽然这些问题已经获得一些结果,但是还不够。例如,在文献[31]中提出了一种协作频谱感知框架,认知无线电可以相互交互本地的感知结果来获得一个对来使用过频谱的精确评估,甚至其他无线电的位置,以减少检测次数。在文献[32]中,开发了一个博弈论的框架用来对认知无线电中适应性和分布性的信道分配效率进行建模。然而,在用于协调频谱分配的开销和网络性能提升的开销之间权衡仍然是不明确的。

27.6.3 服务质量保障

直到最近,支持服务质量层次的机制和策略设计以及一个有弹性的通信基础设施设计才作为两个分开的、不相关的研究领域而出现。然而,在对灾难中通信故障进行分析后发现,通信基础设施和端到端连接的恢复能力不足以保证通信服务的能力恢复。例如,在“9·11”事件调查委员会的最终报告中指出,虽然蜂窝电信网络没有遭到恐怖分子的袭击,但是第一救援队仍旧无法使用它们,因为庞大数量的同时连接尝试造成了它们的严重拥塞。换句话说,在危机响应中,网络的工作负载可以淹没可用的网络容量导致实时流量(语音通信)的最低应用要求得不到满足。与此相反,在紧急情况下,确保关键数据提供给正确的用户群、避免网络拥塞和数据不可用是基本条件[33]。由于这些原因,需要新的机制来支持在自组织网络中的服务质量以保证不同层次的服务质量,这对于信息重要性和网络任务来说是合适的。显而易见的是,系统级的服务质量概念要求服务质量支持应该在每个移动自组织网络协议中实现。因此,服务质量感知路由协议是移动自组织网络中任何服务质量解决方案的基础,自组织路由协议负责找到能够满足应用需求的中继节点。最近几年,移动自组织网络的研究重点已经从维护移动设备间端到端连接路由协议转换到多样化和更复杂的服务质量上。这些研究活动产生了数量可观的解决方案,其中主要的贡献在文献[34]中有概述。然而,这些潜在解决方案大多数忽略了服务质量鲁棒性,即维持与高概率服务质量保证的能力而不管网络的变化。如个体链路和节点故障。因此,为获得可靠和自适应的服务质量支持策略和机制的设计仍然是一个开放性的问题。未来在可靠服务质量领域,一个有趣的方向是利用先发制人的战略。例如,在文献[35]中,作者提出根据可预测的稳定性测量,使用抢占式路由选择。同时,在准入控制策略和专用网络资源的隔离也是潜在研究领域。Beard 和 Frost

[33]描述了这样一种体系结构,该结构由地理上分布的服务器组成,以确定在网络中用户优先级,并限制低优先级用户的资源使用。

27.7 小结

本章主张通过自组织网络技术来解决通信基础设施在遇到自然和人为灾害后显现出的脆弱性。事实上,在最近几年中,自组织网络的显著进步推动了各种类型专用网络的发展,如网状网络、车载网络、传感器网络和机会网络,这些都特别令人感兴趣,同时对 PTDR 场景应用也具有重要性。此外,自组织网络范式本质上提供了灵活性、自配置性和完全的非集中式操作,这对部署下一代用于 PPDR 应用的可靠、通用和安全通信系统来说是一个必要的需求。然而,为了实现一个在灾难中可恢复的通信系统,仍存在几个开放技术挑战必须解决。例如,在危机情况下,一个部分停止正常工作的通信网络是不被接受的。因此,重点是提供连续的通信服务,甚至不惜降低性能。换句话说,对于现代灾难场景来说,关注的重点应该从传统的服务质量提供转移到服务质量保障上来,同时提供与应急流量相关的优先级支持。其次,设备、通信范式以及网络体系结构之间的互操作性是有效实施 PPDR 业务的先决条件。然而,专业的基于移动自组网络设计在很大程度上忽略了互操作性问题。最后,在灾难情况下,对通信基础设施的辅助程序、配置、维护和改编的人为干预是不可能的。因此,自我管理能力应该是一个与生俱来的功能和网络设计的一个完整部分,从而使得网络本身能够提供检测、诊断和修复故障能力,同时具有更改配置和优化性能的能力。

名 词 术 语

执行器:机器人能够在传感器区域执行动作,作为对传感器节点检测到的事件响应。

自组织网络:无线网络中移动设备不依赖于任何预先部署的基础设施而直接进行通信。这种类型网络也称为无基础设施网路。

延迟容忍网络(DTN):体系结构和协议由 IRTF 延迟容忍网络研究小组标准化,当不能实现连续的端到端连接时,通信在间歇性连接的网络中可用。

基于基础设施的网络/系统:预装固定基础设施的无线网络/系统。移动设备通过接入点接入固定基础设施。

网状网络:一个多跳自组织网络,使用专用节点(网状路由)进行无线通信,以构建与有线网络有一定(有限)数量的连接的无线主干网。移动用户通过与最近的网状路由连接实现与互联网的多跳连接性。

移动自组织网络(MANET)：自组织网络的源节点与目的节点不在收此的传输范围内。通信在中间节点发生。移动自组织网络中的节点同时扮演着节点和路由的角色。

机会网络：多跳自组织网络利用任何连接机会来转发信息。通过投机地利用一个节点所拥有的网络接口(有线和无线)来执行转发。当没有转发的机会时(如,在传输范围内没有其他的节点,或者邻节点被认为无法用于通信)节点将信息存储在本地。这种类型的网络适合于稀疏和频繁断开的网络。

公众保护和灾难救助(PPDR)：公众保护是指保护公众免遭危险。它涉及的活动诸如风险识别、预防和危机应对。灾难救助是使得社区回归常态的过程(恢复)。

自组织：一个系统或网络在当前环境中,能够自动和动态地产生合适或优化的配置参数进行运作的能力。

传感器网络：一个具有传感器节点的网络,其中传感器节点被密集和随机地部署在待检测现象的区域中。

传感器节点：一个能够用于各种用途的,具有计算、无线通信和感知能力的微型设备。典型的感知任务有温度、光、声音等。

车载网络：用于车辆间通信的移动自组织网络。位于源和目标汽车之间的汽车可以作为交通中继站来运作。

习　题

1. 详述基于基础设施的网络和无基础设施网络之间的主要不同点。
2. 阐述自组织网络的主要特点。
3. 描述网状网络的主要特点。
4. 描述无线传感器网络的主要特点。
5. 描述车载自组织网络的主要特点。
6. 描述机会网络的主要特点。
7. 详述在 PPDR 场景下与服务质量保障相关的技术挑战。
8. 详述在自组织网络中与自主网络管理相关的技术挑战。
9. 推动自组织网络技术在 PPDR 场景下应用的重要性思考。
10. 讨论私有和专用移动无线电系统在典型应急场景下的技术限制。

致　谢

这项工作部分由欧洲委员会 EU - MESH(Enhanced,Ubiquitous,and Dependable Broadband Access using MESH Networks)项目支持,项目编号 FP7 ICT - 215320。

参考文献

1. ESARB, "Meeting the Challenge: the European Security Research Agenda – A report from the European Security Research Advisory Board", September 2006.
2. London Regional Resilience Forum, "Looking Back, Moving Forward – The Multi-Agency Debrief", September 2006.
3. UK Government (J. Reid, T. Jowell), "Addressing Lessons from the Emergency Response to the 7 July 2005 London Bombings", September 2006.
4. US Homeland Security, "Hurricane Katrina: A Nation Still Unprepared", May 2006.
5. US National Task Force on Interoperability, "Why Can't We Talk?", February 2005.
6. D. Hatfield, P. Weiser, "Toward A Next Generation Strategy – Learning from Katrina and Taking Advantage of New Technologies", 2005.
7. N. Ahmed, K. Jamshaid, O.Z. Khan, SAFIRE: A self-organizing architecture for information exchange between first responders, in Proceedings of IEEE Workshop on Networking Technologies for SDR Networks, San Diego, CA, USA, 8 June 2007.
8. I. Chlamtac, M. Conti, J. Liu, Mobile ad hoc networking: imperatives and challenges, Elsevier Ad Hoc Networks Journal, 1(1), 2003, 13–64.
9. M. Conti, S. Giordano, Multihop ad hoc networking: The reality, IEEE Communications Magazine, 45(4), 2007, 88–95.
10. B.S. Manoj, A. Hubenko-Baker, Communication challenges in emergency response, Communications of the ACM, 50(3), 2007, 51–53.
11. European Commission, "FP7 Cooperation Work Programme – Theme 10: Security (Call 1)", 22 December 2006.
12. M. Conti, S. Giordano, Multihop ad hoc networking: The theory, IEEE Communications Magazine, 45(4), 2007, 78–86.
13. R. Bruno, M. Conti, E. Gregori, Mesh networks: Commodity multi-hop ad hoc networks, IEEE Communications Magazine, 43, 2005, 123–131.
14. C. Eklund, R.B. Marks, K.L. Stanwood, S. Wang, IEEE standard 802.16: A technical overview of the WirelessMAN air interface for broadband wireless access, IEEE Communications Magazine, June 2002, 98–107.
15. IEEE TGs, "Joint SEE-Mesh/Wi-Mesh Proposal to 802.11 TGs," IEEE 802.11s-06/0328r0, March 2006. [Online]. Available: http://grouper.ieee.org/groups/802/11/.
16. J. Bicket, S. Biswas, D. Aguayo, R. Morris, Architecture and evaluation of an unplanned 802.11b mesh network, in Proceedings of ACM MobiCom 2005, Cologne, Germany, 28 August 28–2 September 2005, pp. 31–42.
17. D. Wu, D. Gupta, P. Mohapatra, Quail ridge reserve wireless mesh network: Experiences, challenges and findings, Proceedings of the TRIDENTCOM 2007, Florida, USA, May 2007.
18. R.B. Dilmaghani, R.R. Rao, Future wireless communication infrastructure with application to emergency scenarios, in Proceedings of IEEE WoWMoM 2007, Helsinki, Finland, 18–21 June 2007.
19. S. Yousefi, M.S. Mousavi, M. Fathy, Vehicular ad hoc networks (VANETs): Challenges and perspectives, in Proceedings of sixth International Conference on ITS Telecommunications, Chengdu, China, 21–23 June 2006, pp. 761–766.
20. M. Torrent-Moreno, M. Killat, H. Hartenstein, The challenges of robust inter-vehicle communications, in Proceedings of IEEE VTC-Fall 2005, Dallas, TX, USA, 28–25 September 2005, pp. 319–323.
21. M. Roccetti, M. Gerla, C.E. Palazzi, S. Ferretti, G. Pau, First Responders' crystal ball: How to scry the emergency from a remote vehicle in Proceedings of IEEE IPCCC 2007, New Orleans, LA, USA, 11–13 April 2007, pp. 556–561.
22. S. Liang, D. Hatzinakos, A cross-layer architecture of wireless sensor networks for target tracking, IEEE/ACM Transactions on Networking, 15(1), 2007, 145–158.
23. M. Lopez-Ramos, J. Leguay, V. Conan, Designing a novel SOA architecture for security and surveillance WSNs with COTS, in Proceedings of IEEE MASS-GHS'07, Pisa, Italy, 8 October

2007.
24. L. lilien, A. Gupta, Z. Yang, Opportunistic networks for emergency applications and their standard implementation framework, in Proceedings of IEEE IPCCC 2007, New Orleans, LA, USA, 11–13 April 2007, pp. 588–593.
25. L. Pelusi, A. Passarella, M. Conti, Opportunistic networking: Data forwarding in disconnected mobile ad hoc networks, IEEE Communications Magazine, 44(11), 2006, 134–141.
26. K.N. Ramachandran, E.M. Belding-Royer, K.C. AImeroth, DAMON: A distributed architecture for monitoring multi-hop mobile net-works, in Proceeding of IEEE SECON 2004, Santa Clara, CA, USA, 4–7 October 2004, pp. 601–609.
27. L. Qiu, P. Bahl, A. Rao, L. Zhou, Troubleshooting wireless mesh networks, Computer Communications Review, 36(5), 2006, 19–28.
28. J.M. Peha, The digital TV transition: A chance to enhance public safety and improve spectrum auctions, IEEE Communications Magazine, 44(6), 2006, 22–23.
29. T.W. Rondeau, C.W. Bostian, D. Maldonado, A. Ferguson, S. Ball, S.F. Midkiff, B. Le, Cognitive radios in public safety and spectrum management, in Proceeding of 33rd Research Conference on Communication, Information and Internet Policy, Arlington, VA, USA, 23–25 September 2005.
30. P. Pawelczak, R.V. Prasad, X. Liang, I.G. Niemegeers, Cognitive radio emergency networks – requirements and design, in Proceeding of DySPAN 2005, Baltimora, MD, USA, 8–11 November 2005, pp. 601–606.
31. G. Ganesan, Y. Li, Cooperative spectrum sensing in cognitive radio networks, in Proceeding of DySPAN 2005, Baltimora, MD, USA, 8–11 November 2005, pp. 137–143.
32. N. Nie , C. Comaniciu, Adaptive channel allocation spectrum etiquette for cognitive radio networks, Mobile Networks and Applications, 11(6), 2006, 779–797.
33. C.C. Beard, V.S. Frost, Prioritization of emergency network traffic using ticket servers: A performance analysis, Simulation: Transactions of the Society for Modeling and Simulation, 80(6), 2004, 289–299.
34. L. Hanzo II, R. Tafazolli, A survey of QoS routing solutions for mobile ad hoc networks, IEEE Communications Surveys and Tutorials, 9(2), 2007, 50–70.
35. M. Ayyash, K. Alzoubi, Y. Alsbou, Preemptive quality of service infrastructure for wireless mobile ad hoc networks, in Proceeding of IWCMC'06, Vancouver, British Columbia, Canada, 3–6 July 2006, pp. 707–712.

内 容 简 介

本书系统介绍了无线传感器网络领域的关键主题和技术，深入探讨了高效节能信息处理、自适应分布式资源分配、资源管理技术、移动自组织网络和传感器系统等主题，读者可以全面了解无线传感器网络的基本概念、原理和应用。

本书旨在为电子、通信、物联网、控制、计算机等专业的学生和相关从业者提供一本全面且权威的参考书，帮助他们深入理解无线传感器网络的核心概念和关键技术，并在实际应用中能够设计、部署和管理高效可靠的无线传感器网络系统。